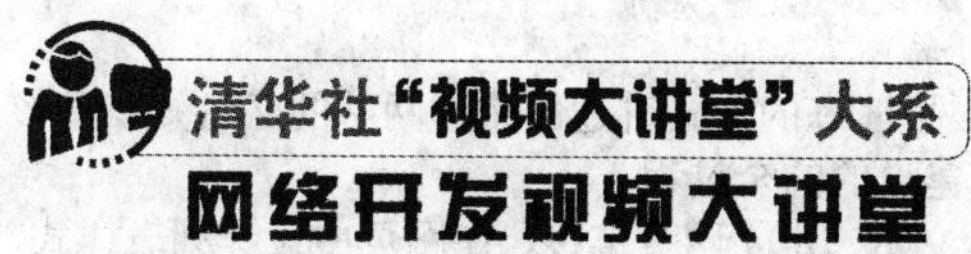

网页设计与网站建设从入门到精通

余　乐　编著

清华大学出版社

北　京

内容简介

《网页设计与网站建设从入门到精通》一书通过基础知识+实战演练的方式讲述了构建网站的必备知识和核心技能，引导读者从零开始，一步步了解和掌握网页设计、网站建设的的全过程。

全书共分23章，主要内容包括：网页制作第一步、美化网页文本、定义网页链接、在网页中设计列表样式、在网页中插入图像、操作表格、制作动态网页、网页图像编辑基础、制作网页图像、网页色彩设计、网页板式设计、网站策划和规划、网站管理、网站推广和SEO、安装PHP服务器、PHP快速入门、请求和获取信息、响应和处理信息、访问MySQL数据库、管理MySQL数据库、使用PHP操作文件和综合案例部分。

1．同步视频讲解，让学习更为直观高效。309节大型高清同步视频讲解，先看视频再学习，效率更高。

2．海量精彩实例，用实例学更轻松快捷。上百个示例、实战案例，模仿练习是最快捷的学习方式。

3．精选行业案例，为高薪就业牵线搭桥。2个大型综合案例，为就业奠定实战经验。

4．完整学习套餐，为读者提供贴心服务。实用模板380套，工具集30部，前端案例1770个，海量设计资源/配色图卡/面试题，让学习更加方便。

5．讲解通俗翔实，看得懂、学得会才是硬道理。

本书适用于从未接触过网页制作的初级读者，以及有一定网页制作基础，想灵活使用Dreamweaver、Flash和Photoshop软件以提高制作技能的中级读者自学使用，也可作为高等院校计算机专业以及相关培训班的教学用书。

图书在版编目（CIP）数据

网页设计与网站建设从入门到精通/余乐编著. —北京：清华大学出版社，2017
（清华社"视频大讲堂"大系　网络开发视频大讲堂）
ISBN 978-7-302-42277-8

I. ①网…　II. ①余…　III. ①网页制作工具　IV. ①TP393.092

中国版本图书馆CIP数据核字（2015）第283451号

责任编辑： 杨静华
封面设计： 李志伟
版式设计： 魏　远
责任校对： 王　云
责任印制： 刘海龙

出版发行： 清华大学出版社
网　　址：http://www.tup.com.cn，http://www.wqbook.com
地　　址：北京清华大学学研大厦A座　　邮　　编：100084
社 总 机：010-62770175　　邮　　购：010-62786544
投稿与读者服务：010-62776969，c-service@tup.tsinghua.edu.cn
质 量 反 馈：010-62772015，zhiliang@tup.tsinghua.edu.cn
印 装 者： 清华大学印刷厂
经　　销： 全国新华书店
开　　本： 203mm×260mm　　印　　张：52.75　　字　　数：1523千字
（附DVD光盘1张）
版　　次： 2017年10月第1版　　印　　次：2017年10月第1次印刷
印　　数： 1～5000
定　　价： 108.00元

产品编号：064924-01

前言

Preface

随着互联网的普及以及电子商务的兴起，网站已经成为企业宣传推广产品及商品交易的一种重要手段。设计精美、架构合理的网站对于提高企业的知名度、树立企业形象有着至关重要的作用。所以，开发设计网站及后期运行维护已经成为企业运营的一部分，具有非常好的发展前景。

网站开发过程涉及到的知识非常多，要在短时间内完全掌握几乎是不可能的。但是，作为一个合格的前端开发人员，必须对这些知识有所了解，掌握其中的重要部分，例如HTML语言、Dreamweaver、Photoshop、样式表、脚本语言等，并至少掌握一种程序设计语言及数据库管理系统。这些都是网站开发人员的基本功。

学习网页制作，仅靠单一工具和一点语言基础是不够的，实战是巩固网站开发最重要的一环。本书除技术讲解较为基础之外，案例实践则非常贴近实际的网站开发。读者通过学习本书中各章节的知识，将会对网站开发所涉及的技术有一个比较全面的了解，基本上可胜任一般的网站开发任务，为今后进一步提高开发水平打下坚实的基础。

本书特色

☑ 内容系统全面，网页/网站设计高手必备知识储备

本书力求成为网站开发人员的入门教程，因此，系统全面是本书最重要的特点之一。在编排上，则本着从入门到提高、从精通到实战的原则，将知识点根据读者学习的难易程度以及在实际工作中应用的轻重顺序进行安排，读者在学习的过程中可以有针对性地选择学习内容。

☑ 由浅入深，快速入门，轻松理解重点难点

本书从基本的网站建设常识及基础的 HTML 语言讲起，逐步介绍各类常见软件工具的使用方法及程序设计语言。同时，每一章都本着“学生好学，教师好教，企业需要”的原则，通过大量示例案例，深入浅出地讲解网站开发中的重难点、易错点，使读者每学完一章都能有所收获，有信心进入下一章的学习。

☑ 精选最流行的技术，打造最核心的技能

由于网站开发涉及到的技术非常多，因此很多读者在学习时会感到无从下手。本书紧扣开发，精选最流行的技术，最核心的技能，按照不同的应用层面进行分拆、讲解，以帮助读者逐个了解并掌握各种技术的基础应用。

☑ 配套多媒体教学，将老师请进家

为了使初学者快速上手，在本书的随书光盘中为读者提供了各章知识点及实例的操作演示视频以及实例代码和素材。通过这些资料，读者可以反复实践，加深对于书中知识的理解。扫描图书封底的二维码，可在手机中在线学习教学视频。

本书内容

本书共 6 部分 23 章，具体结构划分如下。

第 1 部分（第 1 章）：网页制作基础篇。简单介绍网页制作需要了解的基础知识，如网页相关概念、网页脚本语言 HTML、网页设计语言 CSS 等。

第 2 部分（第 2～7 章）：网页制作操作篇。讲解如何使用 Dreamweaver 制作各种类型的网页元素，如网页文本、网页链接、网页图像、网页列表、网页表格、动态特效等。

第 3 部分（第 8～11 章）：网页设计提高篇。系统介绍网页设计需要提升的专业能力，如网页图像设计能力、网页配色素养、网页版式策划等。

第 4 部分（第 12～14 章）：网站建设基础篇。概括介绍网站开发需要掌握的知识，如网站策划思路和方法、网站管理的基本技巧、网站发布和推广方面的实战经验等。

第 5 部分（第 15～21 章）：网站开发技术篇。详细讲解如何使用 PHP+MySQL 技术建设动态网站，包括搭建 PHP 服务器、掌握 PHP 语言开发基础、正确使用 PHP 设计动态网页等，以及灵活使用 PHP 读写数据库的基本操作要领。

第 6 部分（第 22～23 章）：网站开发综合实践篇。本部分通过两个综合案例详细讲解网站开发的全部过程和设计细节，以帮助读者体验真实网站的完整开发过程。

本书读者

本书适用于以下读者：

☑ 具备一定计算机操作基础的初学者。
☑ 具有一定网站开发经验的初、中级用户。
☑ 立志从事网站开发工作的从业人员。
☑ 自学网页设计或网站开发的大中专学生。
☑ 对于网页制作感兴趣的社会培训用户。
☑ 各类网站的站长。

关于我们

本书由余乐组织编写，其他参与编写的人员还包括咸建勋、奚晶、文菁、李静、钟世礼、李增辉、甘桂萍、刘燕、杨凡、李爱芝、孙宝良、余洪萍、谭贞军、孙爱荣、何子夜、赵美青、牛金鑫、孙玉静、左超红、蒋学军、邓才兵、林友赛、苏震巍、崔鹏飞、李斌、郑伟、邓艳超、胡晓霞等。由于编者水平有限，书中疏漏和不足之处在所难免，欢迎读者朋友不吝赐教。广大读者如有好的建议、意见，或在学习本书时遇到疑难问题，可以联系我们，我们会尽快为您解答，联系方式为 jingtongba@163.com。

说明：为了页面效果和便于学习，本书在介绍网页制作过程中使用了一些网络图片。因图片版权无法查找，故未能及时与图片著作权人取得联系，在此深表歉意。如若侵犯了您的权益，请您及时与我们联系，我们将按市场价格支付图片使用费用，谢谢！

编　者

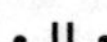

目　录

Contents

第1章　网页制作第一步......1

1.1　认识网页和网站......2

1.1.1　网页和网站......2

1.1.2　网页类型......2

1.1.3　静态网页和动态网页......3

1.2　网页构成元素......4

1.2.1　文本......5

1.2.2　图像和动画......5

1.2.3　声音和视频......5

1.2.4　超链接......6

1.2.5　表格......6

1.2.6　表单......6

1.2.7　导航栏......7

1.2.8　特殊效果......7

1.3　网页制作工具简介......7

1.3.1　网页编辑工具——Dreamweaver......7

1.3.2　网页图像制作工具——Photoshop......7

1.3.3　网页动画设计工具——Flash......8

1.4　HTML 基础......8

1.4.1　认识 HTML......8

1.4.2　HTML 文档基本结构......9

1.4.3　HTML 基本语法......9

1.4.4　HTML 标签......11

1.4.5　HTML 属性......18

1.5　CSS 基础......20

1.5.1　认识 CSS......20

1.5.2　CSS 基本语法......20

1.5.3　CSS 基本用法......21

1.5.4　CSS 样式表......22

1.5.5　导入外部样式表......23

1.5.6　CSS 属性......23

1.5.7　CSS 属性值......24

1.5.8　CSS 选择器......26

1.5.9　CSS 特性......35

1.6　上机练习......39

第2章　美化网页文本......42

视频讲解：79 分钟

2.1　文本输入和编辑......43

2.1.1　输入文本......43

2.1.2　导入文本......45

2.1.3　编辑文本......47

2.2　设置文本基本属性......48

2.2.1　设置字体......48

2.2.2　设置字号......49

2.2.3　设置字体颜色......50

2.2.4　设置文本样式......51

2.3　设置段落文本样式......52

2.3.1　文本对齐......52

2.3.2　文本缩进......53

2.4　设置格式和列表......55

2.4.1　定义文本格式......55

2.4.2　定义文本列表......57

2.5　使用 CSS 定义文本样式......59

2.5.1　定义字体类型......59

2.5.2　定义字体大小......60

2.5.3　定义字体颜色......61

2.5.4　定义粗体......62

2.5.5　定义斜体......62

2.5.6　定义下划线......63

2.5.7　定义大小写......63

2.5.8　定义水平对齐......64

2.5.9　定义垂直对齐......65

2.5.10　定义间距......66

2.5.11　定义行距......66

2.5.12　定义缩进......67

2.6　案例实战......68

Note

2.6.1 设计网页正文样式......68
2.6.2 设计段落版式......70
2.6.3 设计单页图文混排版式......75
2.6.4 设计新闻内容页......81

第 3 章 定义网页链接......85

视频讲解：63 分钟

3.1 认识链接......86
3.2 建立网页链接......87
3.2.1 定义网页间链接......87
3.2.2 定义电子邮件链接......89
3.2.3 定义网页锚点......90
3.2.4 定义图像映射......92
3.3 管理链接......93
3.3.1 设计结构清晰的链接......93
3.3.2 使用【资源】面板管理链接......94
3.4 案例实战：制作框架页......95
3.4.1 框架网页设计......96
3.4.2 制作框架分页面......97
3.4.3 框架合成......100
3.5 设计链接样式......101
3.5.1 定义普通样式......101
3.5.2 定义下划线样式......102
3.5.3 设置链接类型标识......103
3.5.4 模拟按钮样式......105
3.5.5 定义已访问样式......107
3.5.6 定义提示样式......108
3.6 案例实战......110
3.6.1 定义鼠标指针样式......110
3.6.2 定义菜单样式......112
3.6.3 设计苹果风格菜单......115
3.6.4 设计选项卡......118
3.6.5 设计图片预览......122
3.6.6 设计灯箱广告......125

第 4 章 在网页中设计列表样式......128

视频讲解：33 分钟

4.1 设计列表信息......129
4.1.1 无序列表......129
4.1.2 有序列表......131
4.1.3 自定义列表......133
4.2 定义列表样式......134
4.2.1 设置项目符号......134
4.2.2 自定义项目符号......137
4.2.3 定义列表横竖显示......138
4.3 案例实战......139
4.3.1 设计新闻列表......139
4.3.2 设计导航列表......142
4.3.3 设计多级菜单列表......146
4.3.4 设计列表版式......149
4.3.5 设计图文混排列表效果......153
4.3.6 设计图文展示栏目......157

第 5 章 在网页中插入图像......161

视频讲解：49 分钟

5.1 网页图像概述......162
5.1.1 网页图像格式......162
5.1.2 图像下载速度......162
5.1.3 网页图像制作技巧......163
5.1.4 搜集图像素材......165
5.2 案例实战：在网页中插入图像......168
5.2.1 插入背景和标题头......169
5.2.2 插入按钮和修饰图案......171
5.3 设置图片样式......173
5.3.1 定义图片边框......173
5.3.2 定义图片大小......176
5.3.3 定义图片的横向对齐......178
5.3.4 定义图片的纵向对齐......178
5.3.5 设置文字环绕......180
5.4 案例实战......182
5.4.1 设计图文混排......182
5.4.2 设计图片布局......185
5.4.3 设计多图水平排列......189
5.4.4 设计阴影图片......192
5.4.5 设计圆角图片......194
5.4.6 设计圆角栏目......195

第 6 章 操作表格......201

视频讲解：62 分钟

6.1 表格基本操作......202
6.1.1 插入表格......202
6.1.2 编辑表格......203
6.2 设置表格属性......206
6.3 设置单元格属性......209

6.4 案例实战：应用表格......212
6.4.1 制作圆角表格......212
6.4.2 巧做表格细线......214
6.4.3 艺术化处理图像......216
6.4.4 制作立体表格......218
6.5 定义表格样式......220
6.5.1 设置表格颜色......220
6.5.2 设置表格边框......221
6.6 案例实战......224
6.6.1 美化表格......224
6.6.2 设计清晰、醒目的表格......227
6.6.3 设计动态效果的表格......231
6.6.4 设计音乐首页......234
6.6.5 设计个人小站......238

第7章 制作动态网页......243

视频讲解：41分钟

7.1 制作跳转菜单......244
7.2 制作自由拖动层......246
7.3 改变显示属性......252
7.4 制作翻转按钮......254
7.5 制作提示对话框......256
7.6 显示和隐藏元素......257
7.7 制作高亮显示文本......261
7.8 制作弹跳的小球......264
7.9 制作选项卡......267
7.10 设计模态对话框......270

第8章 网页图像编辑基础......274

视频讲解：98分钟

8.1 Photoshop 概述......275
8.2 新建网页图像......275
8.3 使用 Photoshop 绘图......276
8.3.1 使用钢笔工具......276
8.3.2 使用自由钢笔......278
8.3.3 增加和删除锚点......279
8.3.4 转换矢量点......279
8.3.5 打开和关闭路径......281
8.3.6 编辑路径......282
8.3.7 路径与选区转换......283
8.3.8 填充和描边路径......284
8.3.9 绘制几何图形......285
8.3.10 绘制多边形......286
8.3.11 绘制直线......287
8.3.12 绘制自定义形状......288
8.4 在 Photoshop 中编辑图像......289
8.4.1 选择图形对象......289
8.4.2 变形......289
8.4.3 旋转与缩放......290
8.4.4 使用渐变填充......290
8.4.5 使用油漆桶填充......292
8.4.6 使用【填充】命令......293
8.4.7 使用【描边】命令......293
8.5 案例实战：设计网页标志......294
8.5.1 文字型标志......294
8.5.2 几何型标志......298
8.6 案例实战：最优化图像......300
8.7 案例实战：分割图像......303
8.8 案例实战：导出为网页图像......306

第9章 制作网页图像......310

视频讲解：56分钟

9.1 制作网页主图......311
9.1.1 制作主页头部标题和导航区域......312
9.1.2 制作广告区......313
9.1.3 制作标题新闻区......314
9.1.4 制作主体区......315
9.2 制作标题文字......316
9.2.1 文字的输入和编辑......317
9.2.2 标题文字制作技巧......317
9.3 制作网页按钮......319
9.4 制作网页背景图......321
9.4.1 制作背景图像......321
9.4.2 在网页中插入背景图像......322
9.5 制作 LOGO......323
9.5.1 认识网站 LOGO......324
9.5.2 LOGO 的设计原则......325
9.5.3 LOGO 的设计技巧......329
9.5.4 LOGO 实例制作......329
9.6 制作 Banner......334
9.6.1 网站 Banner......334
9.6.2 Banner 实例制作......335
9.7 用 CSS 控制背景图像......339

Note

9.7.1 定义背景图片....339
9.7.2 背景图片的重复....341
9.7.3 定义背景图片的位置....342
9.7.4 固定背景图片....343
9.8 案例实战....344
9.8.1 设置带花纹边框....344
9.8.2 设置圆润的栏目模块....351

第10章 网页色彩设计....356
10.1 网页色彩基础....357
10.1.1 色彩形成....357
10.1.2 色彩特征....357
10.1.3 认识 RGB 与 HSB....361
10.1.4 网页色调搭配....361
10.2 网页色彩对比....362
10.2.1 明度对比....362
10.2.2 色相对比....362
10.2.3 纯度对比....364
10.2.4 冷暖对比....364
10.3 基本配色实例分析....365
10.3.1 红黄蓝三原色配色....365
10.3.2 间色、复色、补色....367
10.3.3 邻近色、同类色....370
10.3.4 暖色、冷色....371
10.3.5 小结....373
10.4 灰色页面配色....374
10.4.1 浅灰色....374
10.4.2 同类灰....375
10.4.3 同类色+多彩色....376
10.4.4 灰色+对比色....377
10.4.5 灰色+青蓝色....378
10.4.6 灰色+棕黄色....378
10.4.7 无彩色....379
10.4.8 小结....380
10.5 黑色页面配色....381
10.5.1 黑色+白色....381
10.5.2 黑白+深灰色....382
10.5.3 大黑色....383
10.5.4 黑白+浅灰....383
10.5.5 黑色+少彩色....384
10.5.6 黑色+橙色....385
10.5.7 黑色+红色....386
10.5.8 小结....387
10.6 紫色页面配色....387
10.6.1 类紫色....387
10.6.2 浅紫色....388
10.6.3 深紫色....390
10.6.4 紫色+绿色....391
10.6.5 紫色+紫红色....392
10.6.6 紫色+红色....392
10.6.7 紫色+绿色....393
10.6.8 小结....394
10.7 蓝色页面配色....395
10.7.1 蓝色+玫瑰色....395
10.7.2 浅蓝色....396
10.7.3 深蓝色....397
10.7.4 纯蓝色....398
10.7.5 蓝色+绿色....399
10.7.6 蓝色+红色....400
10.7.7 蓝色+暖色....401
10.7.8 小结....402
10.8 绿色页面配色....402
10.8.1 绿色....402
10.8.2 高纯绿....403
10.8.3 浅绿色....404
10.8.4 黄绿色....405
10.8.5 绿色+多色....406
10.8.6 泛绿色....407
10.8.7 绿色+红色....408
10.8.8 小结....409
10.9 黄色页面配色....409
10.9.1 黄色....409
10.9.2 中黄色....411
10.9.3 黄绿色....412
10.9.4 黄色+红色....413
10.9.5 黄色+蓝色....414
10.9.6 小结....416
10.10 橙色页面配色....416
10.10.1 橙色....416
10.10.2 深橙色....417
10.10.3 浅橙色....418
10.10.4 黄色+橙色+橙红色....419

10.10.5 橙色+蓝色......420
10.10.6 橙色+绿色......421
10.10.7 橙红色+绿色......421
10.10.8 小结......422
10.11 红色页面配色......423
10.11.1 朱红色......423
10.11.2 深红色......424
10.11.3 玫瑰红色......425
10.11.4 粉红色......426
10.11.5 橙红色+蓝色......427
10.11.6 红色+黑色......427
10.11.7 红色+黑色+灰色......428
10.11.8 小结......429
第 11 章 网页版式设计......430
11.1 网页版式设计基础......431
11.2 网页版式构成原理......431
11.2.1 比例......431
11.2.2 重复与渐变......432
11.2.3 对称与均衡......433
11.2.4 节奏与韵律......434
11.2.5 对比与统一......435
11.3 版式视觉原理......437
11.3.1 视觉突出......437
11.3.2 整体感......437
11.3.3 错觉......437
11.3.4 视线移动规律......438
11.4 版式构成类型......438
11.4.1 水平分割......438
11.4.2 垂直分割......441
11.4.3 水平垂直分割......442
第 12 章 网站策划和规划......446
12.1 网站定位......447
12.1.1 确定网站想要表达什么......447
12.1.2 了解浏览者为什么需要这些信息......447
12.1.3 给浏览者留下什么样的印象......448
12.1.4 想让浏览者做什么......448
12.2 网站创意......449
12.2.1 创意是传达信息的一种特别方式......449
12.2.2 创意是将现有的要素重新组合......449
12.3 网站设计与素材搜集......450
12.3.1 设计网站主题和名称......450
12.3.2 确定网站的栏目和版块......451
12.3.3 搜集素材......452
12.4 制订网站规划......453
12.4.1 制作规划中的几个问题......453
12.4.2 网站规划书......454
12.5 网站结构规划......455
12.5.1 网站结构......455
12.5.2 设计网站导航规范......457
12.5.3 网站框架规范......458
12.6 网站目录和文件规范......460
12.6.1 建立目录的原则......460
12.6.2 网站文件命名规范......460
12.7 案例分析：资讯类网站策划和设计......461
12.7.1 资讯站的定位......461
12.7.2 资讯站的主题分类......462
12.7.3 资讯站的设计要点......463
12.7.4 资讯站的推广重点......463
12.8 案例引导：盘点热门网站类型......464
12.8.1 音乐影视：主打娱乐消费......464
12.8.2 娱乐休闲：主打休闲消费......465
12.8.3 游戏：主打兴趣消费......465
12.8.4 网络服务与应用：主打服务消费......465
12.8.5 博客：主打自媒体消费......466
12.8.6 网址导航：主打导流消费......466
12.8.7 计算机软/硬件：主打专业知识消费......466
12.8.8 数码及手机：主打技术消费......466
12.8.9 教学及考试：主打教育消费......467
12.8.10 医疗保健：主打健康消费......467
12.8.11 女性时尚：主打女性消费......468
12.8.12 社交网络和在线社区：主打社区消费......468
12.8.13 生活服务：主打生活消费......468
12.8.14 房产家居：主打家居消费......469
12.8.15 汽车：主打交通消费......469

Note

12.8.16 旅游：主打旅游消费......469
12.8.17 体育运动：主打体育消费......470
12.8.18 投资金融：主打理财消费......470
12.8.19 新闻媒体：主打新闻消费......470
12.8.20 小说：主打阅读消费......471
12.8.21 人才招聘：主打职业消费......471
12.8.22 网络购物：主打购物消费......471
12.9 案例引导：盘点网站盈利模式......472
12.9.1 广告费......472
12.9.2 技术费......473
12.9.3 标准费......473
12.9.4 服务费......474
12.9.5 平台费......474
12.9.6 会员费......474
12.9.7 增值费......474
12.9.8 游戏费......475
12.9.9 电商盈利费......475
第 13 章 网站管理......476
13.1 定义站点......477
13.1.1 新建静态站点......477
13.1.2 新建虚拟站点......478
13.1.3 新建 FTP 站点......481
13.2 管理站点......483
13.2.1 编辑站点......483
13.2.2 备份站点......484
13.3 设计站点......485
13.3.1 切换站点......485
13.3.2 编辑站点文件......485
13.3.3 查看站点文件......486
13.3.4 站内文件快速定位......487
13.4 网站上传......488
13.4.1 快速上传......488
13.4.2 同步上传......489
13.4.3 遮盖上传......490
13.5 远程管理......491
13.5.1 认识网站管理器......491
13.5.2 操作远程文件......492
13.6 合作开发......493
13.6.1 远程文件存回和取出......493
13.6.2 使用设计备注实现合作开发......494
13.6.3 使用自定义列实现合作交互......495
13.7 站点测试和维护......496
13.7.1 检查断开链接......496
13.7.2 检查孤立文件......497
13.7.3 验证 Web 标准......498
第 14 章 网站推广和 SEO......501
14.1 网站推广概述......502
14.1.1 写给网站推广初学者......502
14.1.2 网络推广 4 个层次......502
14.1.3 网站推广常见问题......503
14.2 精心设计网站域名......503
14.2.1 域名概述......504
14.2.2 域名命名规范......504
14.3 友情链接推广......504
14.3.1 诚恳地申请友情链接......504
14.3.2 如何寻找友情链接......505
14.3.3 友情链接资源......506
14.4 平台推广......506
14.4.1 利用高权重平台进行网络推广......506
14.4.2 利用高流量平台进行网络推广......507
14.4.3 利用高权重和高流量平台综合推广......508
14.4.4 豆瓣网推广......509
14.5 自媒体推广......512
14.5.1 打造成功的自媒体......512
14.5.2 自媒体平台推荐......515
14.6 软文推广......516
14.6.1 软文写作技巧......517
14.6.2 软文提交技巧......519
14.6.3 软文提交网站资源......520
14.6.4 软文代发技巧......521
14.7 微推广......522
14.7.1 微博推广......523
14.7.2 使用微信公众平台......523
14.7.3 挖掘精准微信用户......525
14.7.4 微营销技巧......526
14.8 论坛推广......529
14.8.1 精选论坛......529

14.8.2　设计好帖子......529
14.8.3　论坛发帖技巧......531
14.9　QQ 群推广......532
14.10　名片推广......533
14.10.1　地区网站适合做名片推广......533
14.10.2　制作网络名片......534
14.11　论坛推广......534
14.12　使用收藏夹做推广......535
14.13　博客群推广......536
14.14　英文站推广......537
14.15　淘宝推广......538
14.16　通过数据分析做精准推广......541
14.17　网站 SEO 优化......542
14.18　超越 SEO 竞争对手......545
14.18.1　选择恰当的竞争对手......545
14.18.2　竞争对手分析步骤......545
14.18.3　竞争对手策略分析......547
14.18.4　竞争对手页面分析......548
14.19　长尾关键词优化......549
14.19.1　如何寻找长尾关键词......549
14.19.2　如何优化长尾关键词......550
14.20　网站内链优化策略......551

第 15 章　安装 PHP 服务器......553
视频讲解：80 分钟
15.1　安装 Apache+PHP+MySQL 工具包......554
15.2　安装 PHP 相关软件......556
15.2.1　安装 Apache......556
15.2.2　配置 Apache......559
15.2.3　安装 PHP......560
15.2.4　配置 PHP......563
15.2.5　测试 PHP......564
15.3　安装 MySQL......565
15.4　手动搭建 PHP 服务器......568
15.4.1　搭建 Apache 运行环境......568
15.4.2　运行 PHP 编译器......571

第 16 章　PHP 快速入门......573
视频讲解：140 分钟
16.1　PHP 基本语法......574
16.1.1　PHP 标记......574
16.1.2　PHP 注释......575
16.1.3　PHP 指令分隔符......575
16.2　PHP 数据类型......576
16.2.1　标量类型......576
16.2.2　复合类型......579
16.2.3　特殊类型......581
16.2.4　类型转换......582
16.2.5　检测数据类型......584
16.3　PHP 变量和常量......584
16.3.1　声明和使用变量......585
16.3.2　变量作用域......585
16.3.3　可变变量......587
16.3.4　预定义变量......587
16.4　PHP 运算符......588
16.4.1　算术运算符......588
16.4.2　赋值运算符......588
16.4.3　字符串运算符......589
16.4.4　位运算符......589
16.4.5　比较运算符......589
16.4.6　逻辑运算符......590
16.4.7　错误控制运算符......590
16.4.8　运算符优先级......591
16.5　PHP 表达式......592
16.6　PHP 流程控制......592
16.6.1　if 条件语句......593
16.6.2　else 条件语句......593
16.6.3　else if 条件语句......594
16.6.4　switch 条件语句......594
16.6.5　while 循环语句......596
16.6.6　do-while 循环语句......596
16.6.7　for 循环语句......597
16.6.8　foreach 循环语句......598
16.6.9　流程控制的替代方法......599
16.6.10　break 控制流程语句......599
16.6.11　continue 控制流程语句......599
16.6.12　goto 控制流程语句......600
16.6.13　include 和 require 控制流程语句......600
16.7　PHP 函数......601
16.7.1　定义和调用函数......601

Note

Note

16.7.2 函数参数......602
16.7.3 函数返回值......603
16.7.4 可变函数......604
16.7.5 取消引用......605
16.8 PHP 类和对象......605
16.8.1 定义和调用类......605
16.8.2 类属性......606
16.8.3 类常量......607
16.8.4 构造函数和析构函数......607
16.8.5 对象继承......608
16.8.6 抽象类......609
16.8.7 接口......609
16.9 PHP 编码规范......610
16.9.1 命名规范......610
16.9.2 版式规范......610
16.9.3 注释规范......612

第 17 章 请求和获取信息......614

视频讲解：51 分钟

17.1 定义表单......615
17.1.1 表单结构......615
17.1.2 设计表单页......616
17.1.3 设置表单基本属性......617
17.1.4 使用表单对象......619
17.2 提交数据......623
17.2.1 定义传输类型......624
17.2.2 定义提交方法......624
17.2.3 定义请求地址......625
17.3 获取表单数据......625
17.3.1 获取文本框的值......626
17.3.2 获取复选框的值......628
17.3.3 获取下拉菜单的值......630
17.3.4 获取列表框的值......631
17.3.5 获取密码域和隐藏域的值......633
17.3.6 获取单选按钮的值......634
17.3.7 获取文件域的值......635
17.4 获取查询字符串......637
17.4.1 认识查询字符串......637
17.4.2 获取查询字符串的值......637
17.4.3 查询字符串编码......639
17.4.4 查询字符串解码......640

第 18 章 响应和处理信息......641

视频讲解：80 分钟

18.1 会话管理......642
18.1.1 认识会话变量......642
18.1.2 启动会话......642
18.1.3 注册和读取会话......643
18.1.4 注销和销毁会话......643
18.1.5 传递会话......644
18.1.6 设置会话有效期......646
18.1.7 会话安全......647
18.2 Cookie 管理......648
18.2.1 认识 Cookie......648
18.2.2 创建 Cookie......649
18.2.3 读取 Cookie......650
18.2.4 删除 Cookie......651
18.3 字符串处理......651
18.3.1 格式化字符串......651
18.3.2 连接和分割字符串......654
18.3.3 比较字符串......656
18.3.4 匹配字符串......657
18.4 使用数组......659
18.4.1 认识 PHP 数组......659
18.4.2 定义数字索引数组......660
18.4.3 使用不同索引的数组......661
18.4.4 数组操作符......663
18.4.5 多维数组......663
18.4.6 数组排序......665
18.4.7 数组其他操作......668
18.5 正则表达式......670
18.5.1 字符类......670
18.5.2 重复......671
18.5.3 子表达式......672
18.5.4 子表达式计数......672
18.5.5 定位......672
18.5.6 分支......672
18.5.7 特殊字符......672
18.5.8 设计智能表单......673
18.5.9 查找子字符串......674
18.5.10 替换子字符串......674
18.5.11 分割字符串......675

第 19 章　访问 MySQL 数据库......676

视频讲解：115 分钟

19.1　认识 MySQL......677

19.2　使用 MySQL 服务器......677

19.2.1　启动 MySQL 服务器......678

19.2.2　连接和断开 MySQL 服务器......679

19.2.3　停止 MySQL 服务器......681

19.3　MySQL 命令行数据库......682

19.3.1　创建数据库......682

19.3.2　查看数据库......682

19.3.3　选择数据库......683

19.3.4　删除数据库......684

19.4　MySQL 命令行数据表......684

19.4.1　创建数据表......684

19.4.2　查看数据表结构......685

19.4.3　修改数据表结构......686

19.4.4　重命名数据表......687

19.4.5　删除数据表......688

19.5　MySQL 命令行语句......689

19.5.1　插入记录......689

19.5.2　查询记录......689

19.5.3　更新记录......690

19.5.4　删除记录......691

19.6　MySQL 备份和恢复......691

19.6.1　备份数据......691

19.6.2　恢复数据......692

19.7　PHP 操作 MySQL......693

19.7.1　PHP 与 MySQL 通信......693

19.7.2　连接 MySQL 服务器......695

19.7.3　选择 MySQL 数据库......696

19.7.4　执行 SQL 语句......697

19.7.5　获取记录集数组信息......698

19.7.6　获取记录集对象信息......699

19.7.7　获取记录集行信息......700

19.7.8　获取记录集记录数......701

19.8　案例实战：设计电子公告牌......702

19.8.1　添加公告......702

19.8.2　查询公告......704

19.8.3　更新公告......706

19.8.4　删除公告......708

19.8.5　分页显示......709

第 20 章　管理 MySQL 数据库......712

视频讲解：40 分钟

20.1　安装和配置 phpMyAdmin......713

20.1.1　为什么使用 phpMyAdmin......713

20.1.2　安装 phpMyAdmin......713

20.1.3　配置 phpMyAdmin......715

20.2　管理账户和权限......716

20.2.1　登录 phpMyAdmin......716

20.2.2　添加用户和权限......717

20.2.3　创建数据库......721

20.2.4　关联用户和数据库......722

20.3　管理数据库......726

20.3.1　检查和修改数据库......726

20.3.2　修复数据库......727

20.3.3　备份数据库......729

20.3.4　导入数据库......730

20.4　案例实战：设计简单的数据库......732

第 21 章　使用 PHP 操作文件......735

视频讲解：65 分钟

21.1　操作文件......736

21.1.1　打开和关闭文件......736

21.1.2　读取文件内容......737

21.1.3　写入文件内容......741

21.1.4　编辑文件......742

21.2　操作目录......742

21.2.1　打开和关闭目录......743

21.2.2　浏览目录......743

21.2.3　编辑目录......744

21.3　远程操作文件......745

21.3.1　远程访问......745

21.3.2　远程定位和查询......745

21.3.3　文件锁定......747

21.4　远程文件上传......747

21.4.1　初始化配置参数......747

21.4.2　设置预定义变量$_FILES......748

21.4.3　上传文件......749

21.5　操作 XML 文档......750

21.5.1　创建 XML 文档......750

Note

21.5.2 创建 SimpleXML 对象............751
21.5.3 读取 XML 元素............752
21.5.4 读取 XML 属性............753
21.5.5 访问特定元素和属性............754
21.5.6 编辑 XML 数据............754
21.5.7 保存 XML 数据............755

第 22 章 综合案例：设计留言板............757

视频讲解：70 分钟

22.1 设计思路............758
22.1.1 框架规划............758
22.1.2 设计流程............759
22.2 案例预览............759
22.3 难点详解............761
22.3.1 过滤敏感词............761
22.3.2 添加敏感词............763
22.3.3 读取敏感词............766
22.3.4 设计验证码............768
22.3.5 复选框全选............770
22.4 页面开发............771
22.4.1 设计数据结构............772
22.4.2 访问数据库............773
22.4.3 写入留言............776
22.4.4 显示留言............778
22.4.5 检索留言............782
22.4.6 回复留言............785
22.4.7 删除留言............787
22.4.8 设计悄悄话............790

第 23 章 综合案例：设计在线论坛............792

视频讲解：106 分钟

23.1 设计思路............793
23.1.1 设计流程............793
23.1.2 数据结构设计............794
23.2 案例预览............795
23.3 难点详解............797
23.3.1 主题导航............798
23.3.2 置顶帖子............799
23.3.3 引用帖子............801
23.3.4 收藏帖子............802
23.3.5 屏蔽回帖............803
23.3.6 短信提醒............804
23.4 页面开发............805
23.4.1 发布帖子............805
23.4.2 浏览帖子............808
23.4.3 回复帖子............814
23.4.4 结帖............817
23.4.5 搜索帖子............819
23.4.6 帖子分类............820
23.4.7 置顶管理............824
23.4.8 管理信息............826
23.4.9 管理好友............827
23.4.10 数据备份和恢复............829

第1章 网页制作第一步

随着互联网技术的不断发展和普及，网络与现实生活的结合更加紧密，越来越多的人开始学习和制作网页。但是，网页制作是一个复杂的过程，需要掌握很多技术。为了能够帮助用户对网页有一个总体的认识，本章先介绍网页相关基本概念、网页组成内容、常用网页设计工具等内容，最后详细讲解网页制作必须掌握的HTML和CSS基本语法和用法，为后面章节复杂专业知识和网页技能训练打下扎实的基础。

【学习重点】

- ⏭ 了解网页、网站相关知识和概念
- ⏭ 认识常用网页制作工具
- ⏭ 熟悉HTML基本语法和用法
- ⏭ 熟悉CSS基本语法和用法

1.1 认识网页和网站

Note

不管是上网娱乐，还是网络学习、交流，大家首先接触的概念就是网页和网站，现在就来简单认识这两个概念，开启本书学习之旅。

1.1.1 网页和网站

网页（Web Page）是互联网上显示信息的载体，类似生活中的一页书，在网页中可以包含文字、图像、多媒体等内容，通过这些内容向浏览者传达特定信息。

实际上，网页就是一个文本文件，扩展名多为.html或.htm，也有.asp、.aspx、.php或.jsp等，使用任何文本编辑器都可以打开并进行编辑。网页存放在世界某个角落的某一台计算机中，而这台计算机必须是与互联网相连的。网页经由网址（URL）来识别和存取，当在浏览器输入网址后，经过服务器处理，网页文件会被传送到当前位置的计算机上，然后再通过浏览器解释网页的内容，再展示出来。

网站（Web Site）是指在互联网上根据一定的规则，使用HTML等工具制作的用于展示特定内容的相关网页的集合。简单描述，网站就是一种通信工具，人们可以通过网站发布信息，或者利用网站提供服务。人们可以通过网页浏览器来访问网站，获取个人需要的信息或者服务。

网站是由网页组成的，网页是构成网站的基本单位，是承载各种网站应用的平台。如果一个网站只有域名和虚拟主机而没有制作任何网页的话，那么任何人都无法访问网站。

当人们在浏览器地址栏中输入网站的网址后，会首先看到这个页面，通常被称为主页（Home Page），或者称为首页，首页类似图书中的目录，具有导航作用。

1.1.2 网页类型

网页有多种分类方法，习惯上人们把网页分为静态网页和动态网页。

☑ 静态网页一般以.html或.htm为文件扩展名，多通过网页设计工具一次性设计，并通过手工更新页面信息，信息更新速度相对比较缓慢。如今大型网站都会利用网站管理系统，把所有动态页面自动生成静态网页，以提升用户浏览体验，我们称这种静态网页为伪静态。

☑ 动态网页是通过网页脚本与语言自动处理、自动更新的页面，例如，论坛中的帖子就是通过网站服务器运行程序，自动处理信息，按照流程更新网页。动态网页一般以.asp、.aspx、.php或.jsp为文件扩展名。

目前，实现动态网页的服务器技术主要包括ASP/ASP.NET、PHP和JSP等，简单说明如下。

1. ASP/ASP.NET

ASP（Active Server Pages）是微软公司开发的一种快速、简便的服务器技术，由于它比较简单，学习门槛低，是初学者的首选技术，凭借微软公司强有力的技术支持，成为早期网站建设中最为流行的技术之一。

ASP.NET是微软公司在ASP基础上推出的一种服务器技术，它全面采用效率较高的、面向对象的方法来创建动态Web应用程序。在原来的ASP技术中，服务器端代码和客户端HTML混合、交织在一起，常常导致页面的代码冗长而复杂，程序的逻辑难以理解，而ASP.NET就能很好地解决这个问题，而且能与浏览器独立，且可以支持VB.NET、C#、VC++.NET、JS.NET等多种编程语言。

2. PHP

PHP（Hypertext Preprocessor）是一种HTML内嵌式的语言，PHP与微软的ASP很相似，都是一种在服务器端执行的嵌入HTML文档的脚本语言，语言的风格类似于C语言，现在被很多的网站编程人员广泛地运用。由于PHP源代码是开放的，所有的PHP源代码事实上都可以得到。同时PHP技术又是免费的，因此深受普通用户欢迎。

3. JSP

JSP（Java Server Pages）是Sun公司推出的网站开发技术，是将纯Java代码嵌入HTML中实现动态功能的一项技术。JSP和ASP都是在HTML代码中嵌入某种脚本并由语言引擎解释执行程序代码，它们都是面向服务器的技术，客户端浏览器不需要任何附加软件的支持。两者最明显的区别在于ASP使用的编程语言是VBScript之类的脚本程序，而JSP使用的是Java。此外，ASP中的VBScript代码被ASP引擎解释执行，而JSP中的脚本在第一次执行时被编译成Servlet并由Java虚拟机执行，这是ASP与JSP本质的区别。

1.1.3　静态网页和动态网页

静态网页和动态网页主要根据网页制作的语言来区分。

☑　静态网页使用语言：HTML，如图1.1所示。

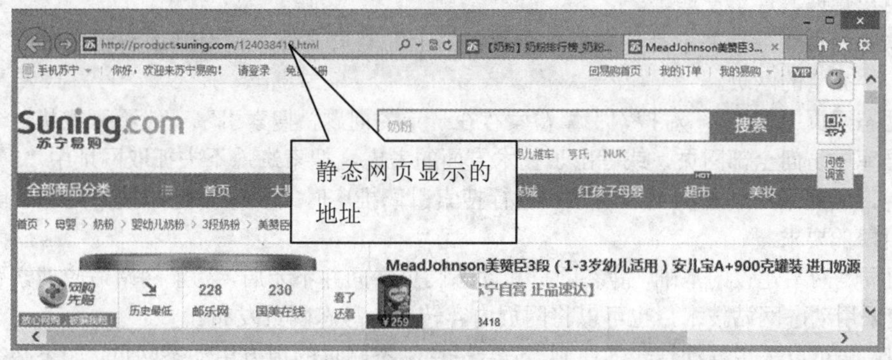

图1.1　静态网页显示的网址

☑　动态网页使用语言：HTML＋ASP、HTML＋PHP或HTML＋JSP等，如图1.2所示。

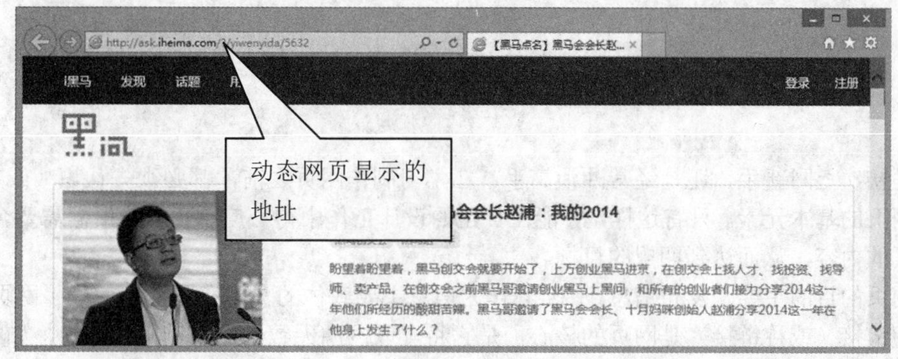

图1.2　动态网页显示的网址

动态网页的程序都是在服务器端运行，最后把运行的结果返回到客户端浏览器上显示。而静态网

页是事先制作好的，直接通过服务器传递给客户端浏览器浏览。

静态网页和动态网页各有特点，网站采用动态网页还是静态网页主要取决于网站的功能需求和网站内容的多少，如果网站功能比较简单，内容更新量不是很大，采用纯静态网页的方式会更简单，反之要采用动态网页技术来实现。

Note

简单概括来说，静态网页具有下面几个特点：

- ☑ 静态网页每个网页都有一个固定的 URL，且网页 URL 以.htm、.html、.shtml 等常见形式为后缀，而不含有“?”。
- ☑ 网页内容一经发布到网站服务器上，无论是否有用户访问，每个静态网页的内容都是保存在网站服务器上的，也就是说，静态网页是实实在在保存在服务器上的文件，每个网页都是一个独立的文件。
- ☑ 静态网页的内容相对稳定，因此容易被搜索引擎检索。
- ☑ 静态网页没有数据库的支持，在网站制作和维护方面工作量较大，因此当网站信息量很大时完全依靠静态网页制作方式比较困难。
- ☑ 静态网页的交互性较差，在功能方面有较大的限制。

动态网页具有下面几个特点：

- ☑ 动态网页以数据库技术为基础，可以大大降低网站维护的工作量。
- ☑ 采用动态网页技术的网站可以实现更多的功能。例如，用户注册、用户登录、在线调查、用户管理、订单管理等。
- ☑ 动态网页实际上并不是独立存在于服务器上的网页文件，只有当用户请求时服务器才返回一个完整的网页。
- ☑ 动态网页中的“ ?”对搜索引擎检索存在一定的问题，搜索引擎一般不可能从一个网站的数据库中访问全部网页，或者出于技术方面的考虑，搜索蜘蛛不去抓取网址中“?”后面的内容，因此采用动态网页的网站在进行搜索引擎推广时需要做一定的技术处理才能适应搜索引擎的要求。

静态网页是网站建设的基础，静态网页和动态网页之间并不矛盾，为了网站适应搜索引擎检索的需要，即使采用动态网站技术，也可以将网页内容转换为静态网页发布。

动态网站也可以采用静动结合的原则，适合采用动态网页的地方用动态网页，如果必须使用静态网页，静态网页相关图片则可以考虑用静态网页的方法来实现。在同一个网站上，动态网页内容和静态网页内容同时存在也是很普遍的。

1.2 网页构成元素

无论是初次上网新手，还是经常冲浪高手，在学习制作网页之前，都必须先认识（或重新认识）一下构成网页的基本元素。只有这样，才能在真正的设计工作中得心应手，才能根据需要合理地组织和安排网页的内容，从而达到期望的目标。

设计网页的目的主要是发布信息，因此，作为信息主要载体的文本和图像也就成了网页的基本组成部分。超链接（或称链接）是网页的核心，是它将互联网中无数的网页链接在一起，如果没有它，网页就无从谈起。此外，表格、动画、音乐和交互式表单等信息的组织、表现，以及交互元素在网页中也具有举足轻重的地位。

如图 1.3 所示是苏宁易购首页。在这个网页中，包含了多种网页元素（当然不可能是全部）。下

Note

面将详细介绍网页中包含的元素及其在网页中的作用。

图 1.3　网页元素概览

1.2.1　文本

文本一直是人类最重要的信息载体与交流工具，网页中的信息也以文本为主。与图像相比，文字虽然不如图像那样能够很快引起浏览者的注意，但却能准确地表达消息的内容和含义。为了克服文字固有的缺点，人们赋予了网页中文本更多的属性，如字体、字形、字号、字体颜色、文字效果、底纹和边框等，通过不同样式的区别，突出显示重要内容，弱化次要信息。此外，用户还可以在网页中设计各种各样的文字列表，来清晰表达一系列项目。这些功能都给网页中的文本赋予了新的生命力。

1.2.2　图像和动画

图像在网页中具有提供信息、展示作品、装饰网页、表达个人情调和风格的作用。用户可以在网页中使用 GIF、JPEG（JPG）、PNG 3 种图像文件格式，其中使用最广泛的是 GIF 和 JPEG 两种格式。

图像虽然在网页中起着非常重要的作用，但如果网页上加入的图片过多，不仅会影响网页整体视觉效果，而且下载速度也将明显下降，可能会影响用户的浏览体验。

在网页中使用动画可以有效地吸引浏览者的注意力，毕竟动态效果比静止对象更有吸引力，因此，许多网站的广告都做成了动画形式。

1.2.3　声音和视频

声音是多媒体网页的一个重要组成部分。当前存在着一些不同类型的声音文件和格式，也有一些不同的方法将这些声音添加到网页中。在决定添加的声音的格式和方式之前，需要考虑的因素包括其用途、格式、文件大小、声音品质和浏览器差别等。不同浏览器对于声音文件的处理方法是非常不同的，彼此之间可能不兼容。

Note

用于网络的声音文件的格式非常多，常用的有 MIDI、WAV、MP3 和 AIF 等。设计者在使用这些格式的文件时，需要加以区别。很多浏览器不用插件也可以支持 MIDI、WAV 和 AIF 格式的文件，而 MP3 和 RM 格式的声音文件则需要专门的浏览器播放。

一般来说，不要使用声音文件作为背景音乐，那样会影响网页下载的速度。可以在网页中添加一个打开声音文件的链接，让播放音乐变得可以控制。

视频文件的格式也非常多，常见的有 RealPlayer、MPEG、AVI 和 FLV 等。视频文件的采用让网页变得非常精彩而且有动感。网络上的许多插件也使向网页中插入视频文件的操作变得非常简单。

1.2.4 超链接

超链接（Hyper Link）是互联网盛行起来的最主要的原因。它能够实现从一个网页跳转到链接目的端的网页位置上。例如，指向另一个网页或者相同网页上的不同位置。这个目的端通常是另一个网页，也可以是一幅图片、一个电子邮件地址、一个文件（如多媒体文件、文档或任意文件）、一个程序或者是本网页中的其他位置。其载体通常是文本、图片或图片中的区域，也可以是一些不可见的程序脚本。

当浏览者单击超链接时，其目的端将显示在网页浏览器上，并根据目的端的类型以不同方式链接。例如，当指向一个 AVI 文件的超链接被单击后，该文件将在媒体播放软件中打开；如果单击的是指向一个网页的超链接，则该网页将显示在网页浏览器上。

1.2.5 表格

在网页中表格用来控制网页中信息的布局方式。这主要包括两方面：一是使用行和列的形式来布局文本和图像以及其他的列表化数据；二是可以使用表格来精确控制各种网页元素在网页中出现的位置。在标准网页设计中，表格更多用在数据的表格化显示。

1.2.6 表单

使用超链接，浏览者和服务器站点便建立起了一种简单的交互关系。表单的出现使浏览者与站点的交互上升到了一个新的高度。网页中的表单通常用来接收浏览者在客户端的输入，然后将这些信息发回到客户端。这些信息既可以是文本文件、网页、电子邮件，也可以是服务器端的应用程序。表单的用途如下：

- ☑ 收集联系信息。
- ☑ 接收用户要求。
- ☑ 收集订单、出货和收费细则。
- ☑ 获得反馈意见。
- ☑ 设置来宾签名簿。
- ☑ 让浏览者输入关键字，在站点中搜索相关的网页。
- ☑ 让浏览者注册为会员并以会员身份登录站点。

表单由不同功能的表单对象组成，最简单的表单也要包含一个输入文本框和一个提交按钮。站点浏览者填写表单的方式通常是输入文本、选中单选按钮与复选框，以及从下拉列表框中选择选项等。

根据表单功能与处理方式的不同，通常可以将表单分为用户反馈表单、留言簿表单、搜索表单和用户注册表单等类型。

1.2.7 导航栏

Note

导航栏是用户在规划好站点结构、开始设计主页时必须考虑的一项内容。导航栏的作用就是要让浏览者在浏览站点时，不会因为迷路而中止对站点的访问。事实上，导航栏就是一组超链接，这组超链接的目标就是本站点的主页以及其他重要网页。在设计站点中的诸网页时，可以在站点的每个网页上显示一个导航栏，这样，浏览者就可以既快又容易地转向站点的其他主要网页。

一般情况下，导航栏应放在网页中较引人注目的位置，通常是在网页的顶部或一侧。导航栏既可以是文本链接，也可以是一些图像按钮。

1.2.8 特殊效果

网页中除了以上几种最基本的元素之外，还有一些其他常用元素，包括悬停按钮、JavaScript 特效、ActiveX 等各种特效。它们不仅能点缀网页，使网页更活泼有趣，而且在网上娱乐、电子商务等方面也有着不可忽视的作用。

1.3 网页制作工具简介

网页内容如此丰富，究竟要用什么工具来进行创作，已经成为广大网页制作者最关心的话题。现在网页制作软件很多，下面介绍用户使用比较广泛的网页编辑、网页图像与动画制作软件。

1.3.1 网页编辑工具——Dreamweaver

Dreamweaver 与 Fireworks、Flash 一起，被人们喻为“网页制作三剑客”。Dreamweaver 是“所见即所得”的网页编辑软件。它能通过鼠标拖动的方式从头到尾制作静态页面和动态 HTML 效果。

Dreamweaver 采用 Roundtrip HTML 技术，可以在设计器和 HTML 代码编辑器之间进行自由转换，而 HTML 语法及结构不变。这样，专业设计者可以在不改变原有编辑习惯的同时，充分享受到“所见即所得”带来的方便。Dreamweaver 最具挑战性和生命力的是它的开放式设计，这项设计使任何人都可以轻易扩展它的功能。

利用 Dreamweaver，开发人员、编程人员和设计人员可以在多种服务器平台上、在一个软件中完成支持几种语言的动态网页的开发，产生和编辑用 ASP、PHP、JSP 开发的 Web 内容。由于 Dreamweaver 是从低版本的 Dreamweaver 环境衍生出来的，因此它也具有十分完美的 HTML、CSS 和 JavaScript 功能。

Dreamweaver 的界面和工作环境简洁、强大，具备与 Photoshop、Flash 紧密集成的诸多优点，以及使用 Dreamweaver 的可扩展结构来扩展和定制 Web 应用和功能。

1.3.2 网页图像制作工具——Photoshop

Photoshop 是图像处理专业工具，被广泛应用于平面设计、媒体广告和网页设计等诸多领域。Photoshop 支持多种图像格式和颜色模式，能同时进行多图层操作。它的绘画功能与选取功能使图像编辑变得非常方便。

在网页图像设计中，经常需要用 Photoshop 完成前期设计和处理工作。例如，使用 Photoshop 设计网页效果图，设计网页按钮、网页背景等元素。针对图像特定区域进行处理，就需要精确选取范围，为此 Photoshop 提供了众多选取工具和命令，灵活使用它们可以轻松设计网页元素。绘图也是网页设计中很重要的工作，Photoshop 提供的绘图工具，基本可以完成各种矢量绘图需要，强大的功能可以媲美专业矢量绘图软件。

Note

Photoshop 提供切片工具，能够把设计图快速切割为网页组成模块，然后一键输出为网页，并根据需要对输出的网页图像进行优化。

1.3.3 网页动画设计工具——Flash

Flash 也是 Adobe 公司的产品，是目前最流行的矢量动画制作软件。Flash 是一种动画创作与应用程序开发于一身的创作软件，为创建数字动画、交互式 Web 站点、桌面应用程序以及手机应用程序开发提供了功能全面的创作和编辑环境。Flash 广泛用于创建吸引人的应用程序，它们包含丰富的视频、声音、图形和动画。可以在 Flash 中创建原始内容或者从其他 Adobe 应用程序（如 Photoshop）导入它们，快速设计简单的动画，以及使用 ActionScript 开发高级交互式项目。

设计人员和开发人员可使用它来创建演示文稿、应用程序和其他允许用户交互的内容。Flash 可以包含简单的动画、视频内容、复杂演示文稿和应用程序以及介于它们之间的任何内容。通常，使用 Flash 创作的各个内容单元称为应用程序，即使它们可能只是很简单的动画。也可以通过添加图片、声音、视频和特殊效果，构建包含丰富媒体的 Flash 应用程序。

1.4 HTML 基础

学习网页制作，用户应该首先了解 HTML。根据 W3C 网页规范化设计要求，网页应该遵循结构（Structure）、表现（Presentation）和行为（Behavior）的分离。

☑ 结构：使用 HTML 设计网页标签，即网页结构和内容。

☑ 表现：使用 CSS 设计网页样式，即网页显示效果。

☑ 行为：使用 JavaScript 和 DOM 规范设计网页脚本，即网页特效、动画或者行为。

因此，读者应该先掌握 HTML 语言基本语法和用法，能够熟练使用 HTML 标签。

1.4.1 认识 HTML

HTML 表示超文本标识语言，使用 HTML 标签编写的文档称为 HTML 文档，目前最新版本是 HTML 5.0，使用最广泛的是 HTML 4.1 版本。

早期的 HTML 版本不适合构建标准化网页，因为它把结构和表现混淆在一起，例如，HTML 把不同类型的元素，如描述性元素 color、i 等和结构性元素 div、table 等，以及元素属性放在一起，为以后的维护和管理埋下隐患。

XHTML 是 HTML 语言的升级版本，与 HTML 在语法和标签使用方面差别不大。熟悉 HTML 语言，再熟悉标准结构和规范，也就熟悉了 XHTML 语言。

HTML 作为一种网页内容标识语言，易学易懂，熟悉使用该语言可以制作功能强大、美观大方的网页。HTML 语言的主要作用说明如下。

☑ 使用 HTMl 语言标识文本。例如，定义标题文本、段落文本、列表文本、预定义文本等。

☑ 使用 HTML 语言建立链接，通过链接可以访问互联网上的所有信息，当使用鼠标单击超链接时，会自动跳转到链接页面。

☑ 使用 HTML 语言创建列表，把信息有序组织在一起，以方便浏览。

☑ 使用 HTMl 语言在网页中显示图像、声音、视频、动画等多媒体信息，把网页设计得更富冲击力。

Note

☑ 使用 HTML 语言可以制作表格，以方便显示大量数据。

☑ 使用 HTML 语言制作表单，允许在网页内输入文本信息，执行其他用户操作，方便信息互动。

1.4.2　HTML 文档基本结构

HTML 文档一般都应包含两部分：头部区域和主体区域。

HTML 文档基本结构由 3 个标签负责组织：<html>、<head>和<body>。其中<html>标签标识 HTML 文档，<head>标签标识头部区域，而<body>标签标识主体区域。一个完整的 HTML 文档基本结构如下：

```
<html> <!--语法开始-->
    <head>
        <!--头部信息，如<title>标签定义的网页标题-->
    </head>
    <body>
        <!--主体信息，包含网页显示的内容-->
    </body>
</html> <!--语法结束-->
```

可以看到，每个标签都是成对组成，第一个标签（如<html>）表示标识的开始位置，而第二个标签（如</html>）表示标识的结束位置。<html>标签包含<head>和<body>标签，而<head>和<body>标签是并列排列。

如果把上面字符代码放置在文本文件中，然后另存为“test.html”，就可以在浏览器中浏览了。当然，由于这个简单的 HTML 文档还没有包含任何信息，所以在浏览器中是看不到任何显示内容的。

1.4.3　HTML 基本语法

编写 HTML 文档时，必须遵循 HTML 语法规范。HTML 文档实际上就是一个文本文件，它由标签和信息混合组成，当然这些标签和信息必须遵循一定的组合规则，否则浏览器是无法解析的。

HTML 语言的规范条文不多，相信读者也很容易理解。从逻辑上分析，这些标签包含的内容就表示一类对象，也可以称为网页元素。从形式上分析，这些网页元素通过标签进行分隔，然后表达一定的语义。很多时候，我们把网页标签和网页元素混为一团，而实际上，网页文档就是由元素和标签组成的容器。

☑ 所有标签都包含在“<”和“>”起止标识符中，构成一个标签。例如，<style>、<head>、<body>和<div>等。

☑ 在 HTML 文档中，绝大多数元素都有起始标签和结束标签，在起始标签和结束标签之间包含的是元素主体。例如，<body>和</body>中间包含的就是网页内容主体。

☑ 起始标签包含元素的名称，以及可选属性，也就是说元素的名称和属性都必须在起始标签中。结束标签以反斜杠开始，然后附加上元素名称。例如：

```
<tag>元素主体</tag>
```

- 元素的属性包含属性名称和属性值两部分，中间通过等号进行连接，多个属性之间通过空格进行分隔。属性与元素名称之间也是通过空格进行分隔。例如：

```
<tag a1="v1" a2="v2" a3="v3" …… an="vn">元素主体</tag>
```

- 少数元素的属性也可能不包含属性值，仅包含一个属性名称。例如：

```
<tag a1 a2 a3 …… an>元素主体</tag>
```

- 一般属性值应该包含在引号内，虽然不加引号，浏览器也能够解析，但是读者应该养成良好的习惯。
- 属性是可选的，元素包含多少个属性，也是不确定的，这主要根据不同元素而定。不同的元素会包含不同的属性。HTML 也为所有元素定义了公共属性，如 title、id、class、style 等。

虽然大部分标签都是成对出现，但是也有少数标签不是成对的，这些孤立的标签，被称为空标签。空标签仅包含起始标签，没有结束标签。例如：

```
<tag>
```

同样，空标签也可以包含很多属性，用来标识特殊效果或者功能，例如：

```
<tag a1="v1" a1="v1" a2="v2" …… an="vn">
```

- 标签可以相互嵌套，形成文档结构。嵌套必须匹配，不能交错嵌套，例如，<div><span></div></span>。合法的嵌套应该是包含或被包含的关系，例如，<div><span></span></div>或<span><div></div></span>。
- HTML 文档所有信息必须包含在<html>标签中，所有文档元信息应包含在<head>子标签中，而 HTML 传递信息和网页显示内容应包含在<body>子标签中。

【示例】对于 HTML 文档来说，除了必须符合基本语法规范外，我们还必须保证文档结构信息的完整性。完整文档结构如下所示：

```
<!DOCTYPE html PUBLIC "-//W3C//DTD XHTML 1.0 Transitional//EN" "http://www.w1.org/TR/xhtml1/DTD/xhtml1-transitional.dtd">
<html xmlns="http://www.w1.org/1999/xhtml">
<head>
<meta http-equiv="Content-Type" content="text/html; charset=utf-8" />
<title>文档标题</title>
</head>
<body></body>
</html>
```

HTML 文档应主要包括如下内容：

☑ 必须在首行定义文档的类型，过渡型文档可省略。

☑ <html>标签应该设置文档名字空间，过渡型文档可省略。

☑ 必须定义文档的字符编码，一般使用<meta>标签在头部定义，常用字符编码包括中文简体（gb2312）、中文繁体（big5）和通用字符编码（utf-8）。

☑ 应该设置文档的标题，可以使用<title>标签在头部定义。

HTML 文档扩展名为.htm 或.html，保存时必须正确使用扩展名，否则浏览器无法正确地解析。如果要在 HTML 文档中增加注释性文本，则可以在“<!--”和“-->”标识符之间增加，例如：

```
<!--单行注释-->
```

或

```
<!----------------
多行注释
---------------->
```

1.4.4 HTML 标签

Note

HTML 定义的标签很多，下面对常用标签进行说明，随着读者学习不断深入，相信会逐步掌握 HTML 所有标签的用法和使用技巧。

1. 文档基本标签

文档基本标签主要用来标识文档的基本结构，也是一个网页文档应该使用的基本标签。

☑ <!DOCTYPE>：定义文档类型。
☑ <html>：定义 HTML 文档。
☑ <head>：定义关于文档的信息。
☑ <meta>：定义关于 HTML 文档的元信息。
☑ <title>：定义文档的标题。
☑ <body>：定义文档的主体。
☑ <h1>… <h6>：定义 HTML 标题。
☑ <p>：定义段落。
☑
：定义简单的折行。
☑ <hr>：定义水平线。
☑ <!--...-->：定义注释。

2. 格式标签

格式标签主要用来标识文本区块，并附带一定的显示格式。

☑ <acronym>：定义首字母缩写。
☑ <abbr>：定义缩写。
☑ <address>：定义文档作者或拥有者的联系信息。
☑ <b>：定义粗体文本。
☑ <bdi>：定义文本的文本方向，使其脱离其周围文本的方向设置。
☑ <bdo>：定义文字方向。
☑ <big>：定义大号文本。
☑ <blockquote>：定义块引用。
☑ <cite>：定义引用（citation）的源 URL。
☑ <code>：定义计算机代码文本。
☑ <del>：定义被删除文本。
☑ <dfn>：定义定义项目。
☑ <em>：定义强调文本。
☑ <i>：定义斜体文本。
☑ <ins>：定义被插入文本。
☑ <kbd>：定义键盘文本。
☑ <mark>：定义有记号的文本。
☑ <meter>：定义预定义范围内的度量。

Note

- ☑ <pre>：定义预格式文本。
- ☑ <progress>：定义任何类型的任务的进度。
- ☑ <q>：定义短的引用。
- ☑ <rp>：定义若浏览器不支持 ruby 元素显示的内容。
- ☑ <rt>：定义 ruby 注释的解释。
- ☑ <ruby>：定义 ruby 注释。
- ☑ <samp>：定义计算机代码样本。
- ☑ <small>：定义小号文本。
- ☑ <strong>：定义语气更为强烈的强调文本。
- ☑ <sup>：定义上标文本。
- ☑ <sub>：定义下标文本。
- ☑ <time>：定义日期/时间。
- ☑ <tt>：定义打字机文本。
- ☑ <var>：定义文本的变量部分。
- ☑ <wbr>：定义视频。

【示例 1】启动 Dreamweaver，新建文档，保存为 test.html。在代码视图下输入下面代码，分别使用<h1>和<p>标签标识网页标题和段落文本。

```
<html>
<head>
<meta http-equiv="Content-Type" content="text/html; charset=utf-8" />
<title>示例代码</title>
</head>
<body>
<h1>文本格式标签</h1>
<p>&lt;p&gt;标签标识段落文本</p>
</body>
</html>
```

【示例 2】使用 Dreamweaver 新建文档，保存为 test1.html。输入下面代码，分别使用各种字符格式标签显示一个数学方程式的解法。

```
<html>
<head>
<meta http-equiv="Content-Type" content="text/html; charset=utf-8" />
<title>示例代码</title>
</head>
<body>
<p>例如，针对下面这个一元二次方程：</p>
<p><i>x</i><sup>2</sup>-<b>5</b><i>x</i>+<b>4</b>=0</p>
<p>我们使用<big><b>分解因式法</b></big>来演示解题思路如下：</p>
<p><small>由：</small>(<i>x</i>-1)(<i>x</i>-4)=0</p>
<p><small>得：</small><br /><i>x</i><sub>1</sub>=1<br />
    <i>x</i><sub>2</sub>=4</p>
</body>
</html>
```

按 F12 键，在浏览器中预览，则显示效果如图 1.4 所示。

3. 列表标签

在 HTML 文档中，列表结构可以分为两种类型：有序列表和无序列表。无序列表使用项目符号来标识列表，而有序列表则使用编号来标识列表的项目顺序。具体使用标签说明如下。

☑ <ul>：定义无序列表。

☑ <ol>：定义有序列表。

☑ <li>：定义列表的项目。

☑ <dl>：定义定义列表。

☑ <dt>：定义定义列表中的项目。

☑ <dd>：定义定义列表中项目的描述。

☑ <menu>：定义命令的菜单/列表。

☑ <menuitem>：定义用户可以从弹出菜单调用的命令/菜单项目。

☑ <command>：定义命令按钮。

【示例 3】使用 Dreamweaver 新建文档，保存为 test2.html。输入下面代码，使用无序列表分别显示了一元二次方程求解有 4 种方法。

```
<html>
<head>
<meta http-equiv="Content-Type" content="text/html; charset=utf-8" />
<title>示例代码</title>
</head>
<body>
<h1>解一元二次方程</h1>
<p>一元二次方程求解有 4 种方法：</p>
<ul>
    <li>直接开平方法 </li>
    <li>配方法 </li>
    <li>公式法 </li>
    <li>分解因式法</li>
</ul>
</body>
</html>
```

按 F12 键，在浏览器中预览，则显示效果如图 1.5 所示。

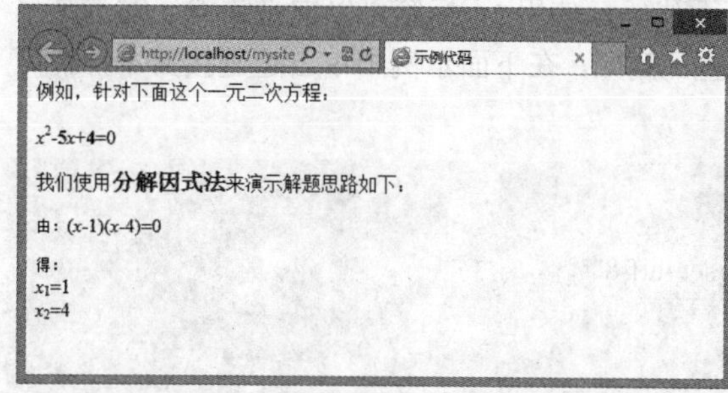

图 1.4 使用格式标签定义数学解方程文本

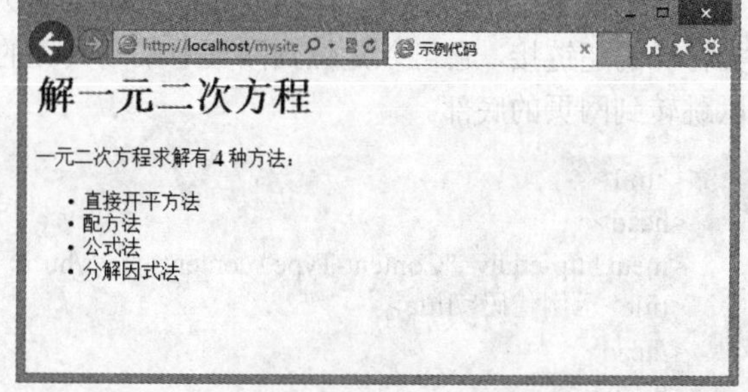

图 1.5 使用无序列表分别显示一元二次方程求解方法

【示例 4】新建文档，保存为 test3.html。输入下面代码，使用定义列表显示两个成语的解释。

Note

```
<html>
<head>
<meta http-equiv="Content-Type" content="text/html; charset=utf-8" />
<title>示例代码</title>
</head>
<body>
<h1>成语词条列表</h1>
<dl>
    <dt>知无不言，言无不尽</dt>
    <dd>知道的就说，要说就毫无保留。</dd>
    <dt>智者千虑，必有一失</dt>
    <dd>不管多聪明的人，在很多次的考虑中，也一定会出现个别错误。</dd>
</dl>
</body>
</html>
```

按 F12 键，在浏览器中预览，则显示效果如图 1.6 所示。

4. 链接标签

链接标签可以实现把多个网页联系在一起。

☑ <a>：定义锚。

☑ <link>：定义文档与外部资源的关系。

☑ <nav>：定义导航链接。

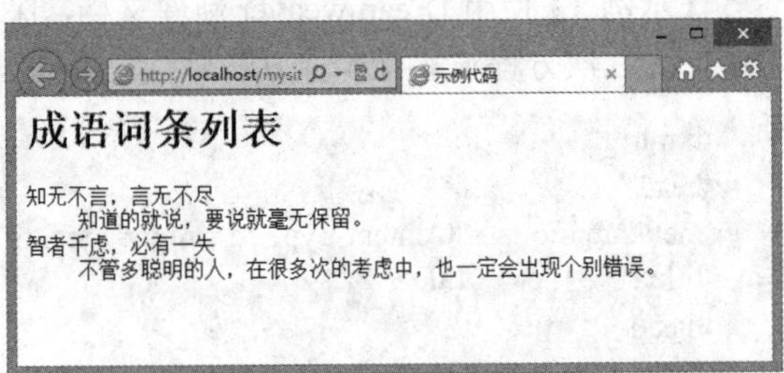

图 1.6　使用定义列表定义成语解释

【示例 5】新建文档，保存为 test4.html。输入下面代码，使用<a>标签定义一个超链接，单击该超链接可以跳转到百度首页。

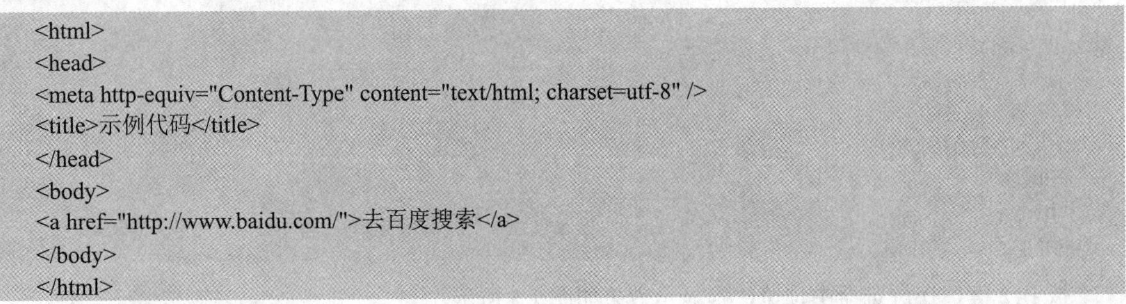

```
<html>
<head>
<meta http-equiv="Content-Type" content="text/html; charset=utf-8" />
<title>示例代码</title>
</head>
<body>
<a href="http://www.baidu.com/">去百度搜索</a>
</body>
</html>
```

【示例 6】新建文档，保存为 test5.html。输入下面代码，使用<a>标签可以定义锚点。锚点是一类特殊的超链接，它可以定位到网页中某个具体的位置。例如，在下面示例中单击超链接文本，就可以跳转到网页的底部。

```
<html>
<head>
<meta http-equiv="Content-Type" content="text/html; charset=utf-8" />
<title>示例代码</title>
</head>
<body>
<a href="#btm">跳转到底部</a>
<div id="box" style="height:2000px; border:solid 1px red;">撑开浏览器滚动条</div>
<span id="btm">底部锚点位置</span>
```

```
</body>
</html>
```

5. 图像多媒体标签

图像多媒体标签主要用于引入外部多媒体文件，并进行显示。主要包括下面几个标签。

- ☑ <img>：定义图像。
- ☑ <map>：定义图像映射。
- ☑ <area>：定义图像地图内部的区域。
- ☑ <canvas>：定义图形。
- ☑ <figcaption>：定义 figure 元素的标题。
- ☑ <figure>：定义媒介内容的分组，以及它们的标题。
- ☑ <audio>：定义声音内容。
- ☑ <source>：定义媒介源。
- ☑ <track>：定义用在媒体播放器中的文本轨道。
- ☑ <video>：定义视频。

6. 表格标签

表格标签用来组织和管理数据，主要包括下面几个标签。

- ☑ <table>：定义表格。
- ☑ <caption>：定义表格标题。
- ☑ <th>：定义表格中的表头单元格。
- ☑ <tr>：定义表格中的行。
- ☑ <td>：定义表格中的单元。
- ☑ <thead>：定义表格中的表头内容。
- ☑ <tbody>：定义表格中的主体内容。
- ☑ <tfoot>：定义表格中的表注内容（脚注）。
- ☑ <col>：定义表格中一个或多个列的属性值。
- ☑ <colgroup>：定义表格中供格式化的列组。

【示例 7】新建文档，保存为 test6.html。输入下面代码，使用表格结构显示 5 行 3 列的数据集。

```
<html>
<head>
<meta http-equiv="Content-Type" content="text/html; charset=utf-8" />
<title>示例代码</title>
</head>
<body>
<table summary="ASCII 是英文 American Standard Code for Information Interchange 的缩写。ASCII 编码是目前计算机最通用的编码标准。因为计算机只能接收数字信息，ASCII 编码将字符转换为数字来表示，以便计算机能够接收和处理。">
                                        <caption>ASCII 字符集（节选）</caption>
    <tr>
        <th>十进制</th>
        <th>十六进制</th>
        <th>字符</th>
    </tr>
    <tr>
```

```
            <td>9</td>
            <td>9</td>
            <td>TAB(制表符)</td>
        </tr>
        <tr>
            <td>10</td>
            <td>A</td>
            <td>换行</td>
        </tr>
        <tr>
            <td>13</td>
            <td>D</td>
            <td>回车</td>
        </tr>
        <tr>
            <td>32</td>
            <td>20</td>
            <td>空格</td>
        </tr>
    </table>
    </body>
    </html>
```

按 F12 键，在浏览器中预览，则显示效果如图 1.7 所示。

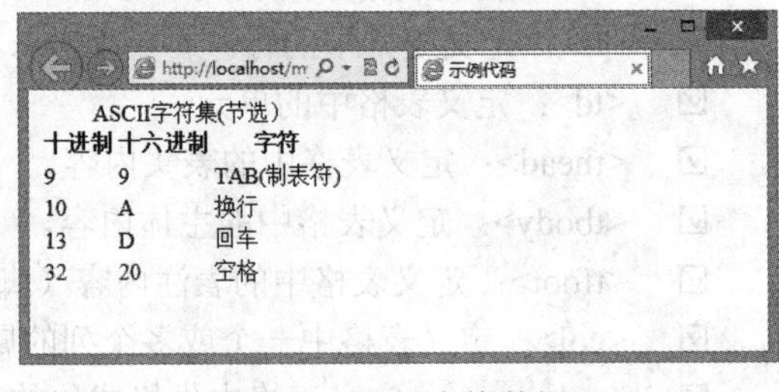

图 1.7　显示表格数据

7. 表单标签

表单标签主要用来制作交互式表单，主要包括下面几个标签。

- ☑ <form>：定义供用户输入的 HTML 表单。
- ☑ <input>：定义输入控件。
- ☑ <textarea>：定义多行的文本输入控件。
- ☑ <button>：定义按钮。
- ☑ <select>：定义选择列表（下拉列表）。
- ☑ <optgroup>：定义选择列表中相关选项的组合。
- ☑ <option>：定义选择列表中的选项。
- ☑ <label>：定义 input 元素的标注。
- ☑ <fieldset>：定义围绕表单中元素的边框。
- ☑ <legend>：定义 fieldset 元素的标题。
- ☑ <datalist>：定义下拉列表。
- ☑ <keygen>：定义生成密钥。
- ☑ <output>：定义输出的一些类型。

【示例 8】新建文档，保存为 test7.html。输入下面代码，分别定义单行文本框、多行文本框、复选框、单选按钮、下拉菜单和提交按钮的表单。

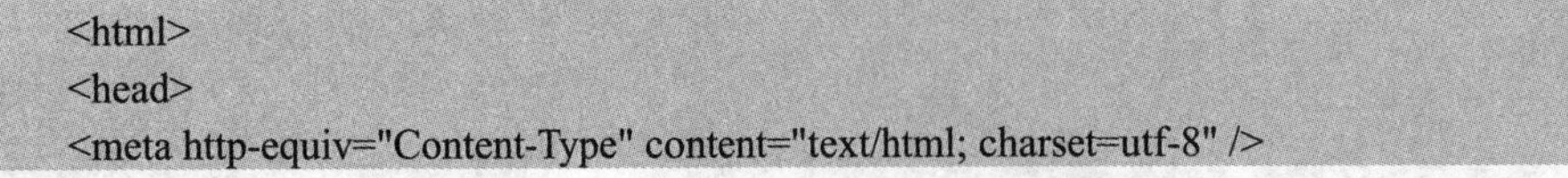

```
<html>
<head>
<meta http-equiv="Content-Type" content="text/html; charset=utf-8" />
```

```
<title>示例代码</title>
</head>
<body>
<form id="form1" name="form1" method="post" action="">
    <p>单行文本域：<input type="text" name="textfield" id="textfield" /></p>
    <p>密码域：<input type="password" name="passwordfield" id="passwordfield" /></p>
    <p>多行文本域：<textarea name="textareafield" id="textareafield"> </textarea></p>
    <p>复选框：复选框 1<input name="checkbox1" type="checkbox" value="" />
              复选框 2<input name="checkbox2" type="checkbox" value="" />
    </p>
    <p>单选按钮：
        <input name="radio1" type="radio" value="" />按钮 1
        <input name="radio2" type="radio" value="" />按钮 2</p>
    <p>下拉菜单：
        <select name="selectlist">
            <option value="1">选项 1</option>
            <option value="2">选项 2</option>
            <option value="3">选项 3</option>
        </select>
    </p>
    <p><input type="submit" name="button" id="button" value="提交" /></p>
</form>
</body>
</html>
```

按 F12 键，在浏览器中预览，则显示效果如图 1.8 所示。

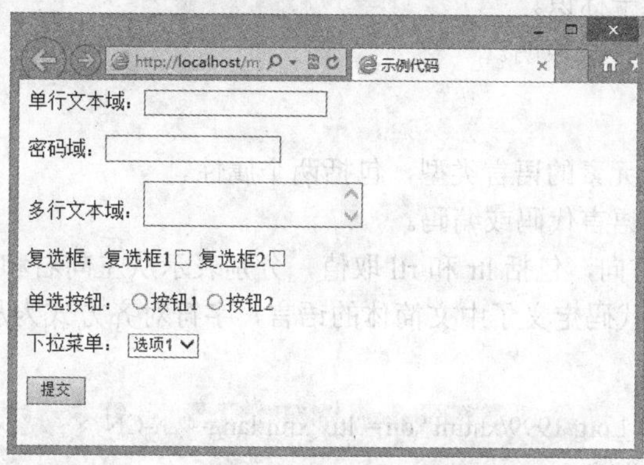

图 1.8　设计表单界面

8. 文档结构块标签

文档结构块标签主要用于定义符合标准化设计需求的文档结构块，主要包括下面几个标签。

- ☑ <div>：定义文档中的分区或节（division/section），节表示内容结构块。
- ☑ <span>：用来组合文档中的行内元素。
- ☑ <header>：定义 section 或 page 的页眉。
- ☑ <footer>：定义 section 或 page 的页脚。
- ☑ <section>：定义 section。
- ☑ <article>：定义文章。

- ☑ <aside>：定义页面内容之外的内容。
- ☑ <details>：定义元素的细节。
- ☑ <dialog>：定义对话框或窗口。
- ☑ <summary>：为<details>元素定义可见的标题。

Note

9. 编程标签

编程标签用于设计复杂的参数配置、程序设计或者样式代码，主要包括下面几个标签。

- ☑ <style>：定义文档的样式信息。
- ☑ <script>：定义客户端脚本。
- ☑ <noscript>：定义针对不支持客户端脚本的用户的替代内容。
- ☑ <embed>：为外部应用程序（非 HTML）定义容器。
- ☑ <object>：定义嵌入的对象。
- ☑ <param>：定义对象的参数。

1.4.5 HTML 属性

每个 HTML 标签还包含很多属性，但是大部分属性都是公共的。公共属性大致可分为基本属性、语言属性、键盘属性、内容属性和延伸属性等类型。

1. 基本属性

基本属性主要包括下面 3 个，这 3 个基本属性为大部分元素所拥有。

- ☑ class：定义类规则或样式规则。
- ☑ id：定义元素的唯一标识。
- ☑ style：定义元素的样式声明。

2. 语言属性

语言属性主要用来定义元素的语言类型，包括两个属性。

- ☑ lang：定义元素的语言代码或编码。
- ☑ dir：定义文本的方向，包括 ltr 和 rtl 取值，分别表示从左向右和从右向左。

【示例 1】分别为网页代码定义了中文简体的语言，字符对齐方式为从左到右的方式。第二行代码为 body 定义了美式英语。

```
<html xmlns="http://www.w1.org/1999/xhtml" dir="ltr" xml:lang="zh-CN">
<body id="myid" lang="en-us">
```

3. 键盘属性

键盘属性定义元素的键盘访问方法，包括两个属性。

- ☑ accesskey：定义访问某元素的键盘快捷键。
- ☑ tabindex：定义元素的 Tab 键索引编号。

accesskey 属性可以使用快捷键（Alt+字母）访问指定 URL，但是浏览器不能很好地支持，在 IE 中仅激活超链接，需要配合 Enter 键确定，而在 Firefox 中没有反应。

【示例 2】在导航菜单中经常设置快捷键。

```
<a href="http://www.mysite.cn/" accesskey="a">按住 Alt 键，按 A 键可以链接到 mysite 首页</a>
```

tabindex 属性用来定义元素的 Tab 键访问顺序，可以使用 Tab 键遍历页面中的所有链接和表单元

Note

素。遍历时会按照 tabindex 的大小决定顺序，当遍历到某个链接时，按 Enter 键即可打开链接页面。例如：

```
<a href="#" tabindex="1">Tab 1</a>
<a href="#" tabindex="3">Tab 3</a>
<a href="#" tabindex="2">Tab 2</a>
```

4. 内容属性

内容属性定义元素包含内容的附加信息，这些信息对于元素来说具有重要的补充作用，避免元素本身包含信息不全而被误解。内容语义包括 5 个属性。

☑ alt：定义元素的替换文本。

☑ title：定义元素的提示文本。

☑ longdesc：定义元素包含内容的大段描述信息。

☑ cite：定义元素包含内容的引用信息。

☑ datetime：定义元素包含内容的日期和时间。

alt 和 title 是两个常用的属性，分别定义元素的替换文本和提示文本。

```
<a href="URL" title="提示文本">超链接</a>
<img src="URL" alt="替换文本" title="提示文本" />
```

替换文本（Alternate Text）并不是用来做提示的（Tool Tip），或者更加确切地说，它并不是为图像提供额外说明信息的。相反，title 属性才负责为元素提供额外说明信息。

当图像无法显示时，必须准备替换的文本来替换无法显示的图像，这对于图像和图像热点是必需的，因此 alt 属性只能用在 img、area 和 input 元素中（包括 applet 元素）。

【示例 3】下面示例使用<input>标签定义一个图像按钮，但没有设置 src 属性值，则会显示“替换文本”的文字按钮效果。

```
<input type="image" src="URL" alt="替换文本" />.
```

title 属性为元素提供提示性的参考信息，这些信息是一些额外的说明，具有非本质性，因此该属性也不是一个必须设置的属性。当鼠标指针移到元素上面时，即可看到这些提示信息。

如果要为元素定义更长的描述信息，则应该使用 longdesc 属性。longdesc 属性可以用来提供链接到一个包含图片描述信息的单独页面或者长段描述信息。其用法如下。

```
<img src="URL" alt="人物照" title="张三于 2015-5-1 上海留念" longdesc="这是张三于 2015 年 5 月 1 日在上海留影，当时天很热，场面热闹非凡" />
```

或者

```
<img src="UTL" alt="替换文本" longdesc="详细描述图像的网页.html" />
```

cite 一般用来定义引用信息的 URL。例如，下面一段文字引自 http://www.mysite.cn/csslayout/index.htm，所以可以这样来设置。

```
<blockquote cite="http://www.mysite.cn/csslayout/index.htm">
    <p>CSS 的精髓是布局，而不是样式，布局需要缜密的结构分析和设计</p>
</blockquote>
```

datetime 属性定义包含文本的时间，这个时间表示信息的发布时间，也可能是更新时间，例如：

```
<ins datetime="2015-5-1 8:0:0">2015 年上海</ins>
```

1.5 CSS 基础

Note

使用 HTML 丰富的标签可以轻松构建不同的网页结构，但是在控制网页显示效果方面，它的能力就比较弱，如果要设计美观大方、赏心悦目的网页效果，就要用到 CSS。CSS 弥补了 HTML 不足，为用户提供了强大的页面样式美化和布局功能。

1.5.1 认识 CSS

CSS 是在 HTML 语言基础上发展而来的，是为了克服 HTML 在网页布局方面存在的不足。在 HTML 语言中，各种显示效果的实现都是通过标签来实现，然后通过标签的各种属性来定义标签的显示样式。这造成了网页代码的臃肿、杂乱，网页后期维护和控制变得非常困难。

【示例】要在一段文字中把一部分文字变成蓝色，HTML 标识代码如下：

```
<p><font color=blue>显示信息</font></p>
```

而使用 CSS 之后，则上例代码可以写成：

```
<p style="color: blue ">显示信息</p>
```

这样简单比较就可以看出 CSS 简化了 HTML 中各种繁琐的标签，使得各个标签的属性更具有一般性和通用性，并且样式表扩展了原先的标签功能，能够实现更多的效果，样式表甚至超越了网页本身显示功能，而把样式扩展到多种媒体上，显示了难以抗拒的魅力。这仅仅是一个小小的例子，如果把整个网页，甚至全部网站都用一张或几张样式表来专门设计网页的属性和显示样式，读者就会发现使用 CSS 的优越性，特别是对后期更改维护提供了方便。

样式表的另一个巨大贡献就是把对象引入了 HTML，使得可以使用 JavaScript 脚本控制网页标签的显示效果，这在早期的 HTML 中实现起来会非常困难。

CSS 比较简单、灵活、易学。除了可以控制文本属性外，如字体、字号、颜色等，还可以设计复杂的网页样式，如对象位置、图片效果、网页布局等。

通过 CSS 样式表，可以统一控制 HTML 中各标签的显示属性。对页面布局、字体、颜色、背景和其他图文效果实现更加精确的控制。用户只修改一个 CSS 样式表文件就可以实现改变一批网页的外观和格式，保证在所有浏览器和平台之间的兼容性，拥有更少的编码、更少的页数和更快的下载速度。

1.5.2 CSS 基本语法

样式是 CSS 最小语法单元，每个样式包含两部分内容：选择器和声明（或称为规则），如图 1.9 所示。

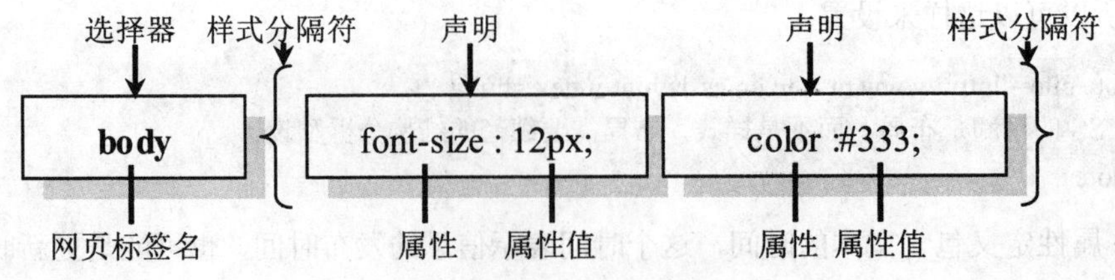

图 1.9　CSS 样式的基本格式

- ☑ 选择器（Selector）：选择器告诉浏览器该样式将作用于页面中哪些对象，这些对象可以是某个标签、所有网页对象、指定 Class 或 ID 值等。浏览器在解析这个样式时，根据选择器来渲染对象的显示效果。
- ☑ 声明（Declaration）：声明可以增加一个或者无数个，这些声明命令浏览器如何去渲染选择器指定的对象。声明必须包括两部分：属性和属性值，并用分号来标识一个声明的结束，在一个样式中最后一个声明可以省略分号。所有声明被放置在一对大括号内，然后整体紧邻选择器的后面。

- ☑ 属性（Property）：属性是 CSS 提供的设置好的样式选项。属性名由一个单词或多个单词组成，多个单词之间通过连字符相连。这样能够很直观地表示属性所要设置样式的效果。
- ☑ 属性值（Value）：属性值是用来定义显示样式的参数，包括数值和单位，或者关键字。

【示例】定义网页字体大小为 12 像素，字体颜色为深灰色，则可以设置如下样式：

```
body{font-size: 12px; color: #CCCCCC;}
```

多个样式可以并列在一起，不需要考虑如何进行分隔。例如，定义段落文本的背景色为紫色，则可以在上面样式基础上定义如下样式：

```
body{font-size: 12px; color: #CCCCCC;}p{background-color: #FF00FF;}
```

由于 CSS 语言忽略空格（除了选择器内部的空格外），因此可以利用空格来格式化 CSS 源代码，则上面代码可以进行如下美化：

```
body {
    font-size: 12px;
    color: #CCCCCC;
}
p { background-color: #FF00FF; }
```

这样在阅读 CSS 源代码时就一目了然了，既方便阅读，也更容易维护。

CSS 使用“/*注释语句*/”对样式进行注释。例如，对于上面样式可以增加注释：

```
body {/*页面基本属性*/
    font-size: 12px;
    color: #CCCCCC;
}
/*段落文本基础属性*/
p { background-color: #FF00FF; }
```

1.5.3 CSS 基本用法

CSS 样式代码必须保存在.css 类型的文本文件中，或者放在网页内<style>标签中，或者插在网页标签的 style 属性值中，否则是无效的，浏览器会视其如普通的字符串，而不对其进行解析。详细说明如下：

- ☑ 直接放在标签的 style 属性中。

【示例 1】在下面代码中，直接使用 style 属性为标签定义样式。

```
<span style="color:red;">红色字体</span>
<div style="border:solid 1px blue; width:200px; height:200px;"></div>
```

这样当浏览器解析这些标签时，检测到该标签包含有 style 属性，于是就调用 CSS 引擎来解析这些样式码，并把效果呈现出来。

这种通过 style 属性直接把样式码放在标签内的做法被称之为行内样式，因为它与传统网页布局中在标签增加属性的设计方法没有什么两样，这种方法实际上还没有真正把 HTML 结构和 CSS 表现分开进行设计，因此不建议使用。除非为页面中个别元素设置某个特定样式效果而单独进行定义。

☑　把样式代码放在<style>标签内。

【示例 2】在下面代码中，把样式代码放置在<style>标签内。

```
<style type="text/css">
body {/*页面基本属性*/
    font-size: 12px;
    color: #CCCCCC;
}
/*段落文本基础属性*/
p { background-color: #FF00FF; }
</style>
```

在设置<style>时应该指定 type 属性，告诉浏览器该标签包含的代码是 CSS 源代码。这样当浏览器解析<style>标签所包含的代码时，会自动调用 CSS 引擎进行解析。

这种 CSS 应用方式也被称为网页内部样式。如果仅为一个页面定义 CSS 样式时，使用这种方法比较高效，且管理方便。但是在一个网站中，或多个页面之间引用时，使用这种方法会产生代码冗余，不建议使用，而且一页页管理样式也是不经济的。

内部样式一般放在网页的头部区域，目的是让 CSS 源代码早于页面源代码下载并被解析，这样避免当网页信息下载之后，由于没有 CSS 样式渲染而使页面信息无法正常显示。

☑　保存在.css 类型的文件中。

把样式代码保存在单独的.css 类型文件中，然后使用<link>标签或者@import 关键字导入。这样当浏览器遇到这些代码时，会自动根据它们提供的 URL 把外部样式表文件导入到页面中并进行解析。关于这个话题将在 1.5.4 节详细分析。

这种应用样式的方式也被称为外部样式。一般网站都采用外部样式来设计网站的表现层问题，以便统筹设计 CSS 样式，并能够快速开发和高效管理。

1.5.4　CSS 样式表

一个或多个 CSS 样式可以组成一个样式表。样式表包括内部样式表和外部样式表，它们没有本质区别，都是由一个或者多个样式组成。

1. 内部样式表

内部样式表包含在<style>标签内，一个<style>标签就表示一个内部样式表。而通过标签的 style 属性定义的样式属性就不是样式表。如果一个网页文档中包含多个<style>标签，就表示该文档包含了多个内部样式表。

2. 外部样式表

如果 CSS 样式被放置在网页文档外部的文件中，则称为外部样式表，一个 CSS 样式表文档就表示一个外部样式表。实际上，外部样式表也就是一个文本文件，扩展名为.css。当把 CSS 样式代码复制到一个文本文件中后，另存为.css 文件，它就是一个外部样式表。如图 1.10 所示就是禅意花园的外部样式表（http://www.csszengarden.com/）。

Note

```
style.css - 记事本
文件(F) 编辑(E) 格式(O) 查看(V) 帮助(H)
/* css Zen Garden default style v1.02 */
/* css released under Creative Commons License - http://creativecommons.org/licenses/by-nc-sa/1.0/  */

/* This file based on 'Tranquille' by Dave Shea */
/* You may use this file as a foundation for any new work, but you may find it easier to start from scratch. */
/* Not all elements are defined in this file, so you'll most likely want to refer to the xhtml as well. */

/* Your images should be linked as if the CSS file sits in the same folder as the images. ie. no paths. */


/* basic elements */
html {
        margin: 0;
        padding: 0;
        }
body {
        font: 75% georgia, sans-serif;
        line-height: 1.88889;
        color: #555753;
        background: #fff url(blossoms.jpg) no-repeat bottom right;
        margin: 0;
        padding: 0;
        }
p {
        margin-top: 0;
        text-align: justify;
        }
h3 {
        font: italic normal 1.4em georgia, sans-serif;
        letter-spacing: 1px;
        margin-bottom: 0;
        color: #7D775C;
        }
a:link {
```

图 1.10　CSS 禅意花园外部样式表文件

可以在外部样式表文件顶部定义 CSS 源代码的字符编码。

【示例】下面代码定义样式表文件的字符编码为中文简体。

```
@charset "gb2312";
```

如果不设置 CSS 文件的字符编码，可以保留默认设置，则浏览器会根据 HTML 文件的字符编码来解析 CSS 代码。

1.5.5　导入外部样式表

外部样式表必须导入到网页文档中，才能够被浏览器识别和解析。外部样式表文件可以通过两种方法导入到 HTML 文档中。

1. 使用<link>标签导入

使用<link>标签导入外部样式表文件：

```
<link href="001.css" rel="stylesheet" type="text/css" />
```

其中，href 属性设置外部样式表文件的地址，可以是相对地址，也可以是绝对地址。rel 属性定义该标签关联的是样式表标签，type 属性定义文档的类型，即为 CSS 文本文件。

2. 使用@import 关键字导入

在<style>标签内使用@import 关键字导入外部样式表文件：

```
<style type="text/css">
@import url("001.css");
</style>
```

在@import 关键字后面，利用 url()函数包含具体的外部样式表文件的地址。

1.5.6　CSS 属性

CSS 属性众多，在 W3C CSS 2.0 版本中共有 122 个标准属性（http://www.w1.org/TR/CSS2/propidx.

html），在 W3C CSS 2.1 版本中共有 115 个标准属性（http://www.w1.org/TR/CSS21/propidx.html），其中删除了 CSS 2.0 版本中的 7 个属性：font-size-adjust、font-stretch、marker-offset、marks、page、size 和 text-shadow。在 W3C CSS 1.0 版本中又新增加了 20 多个属性（http://www.w1.org/Style/CSS/current-work#CSS3）。

Note

CSS 属性被分为不同的类型，如字体属性、文本属性、边框属性、边距属性、布局属性、定位属性、打印属性等。关于 CSS 属性的详细列表和用法可以参阅 CSS 参考手册。

CSS 属性的名称比较有规律，且名称与意思紧密相连，根据意思记忆属性名称是一个不错的方法。

【示例】任何元素都可以包括外边距、边框、内边距、宽和高等。用英文表示就是 margin（外边距，或称为边界）、border（边框）、padding（内边距，或称为补白）、height（高）和 width（宽），还有 background（背景），如图 1.11 所示。

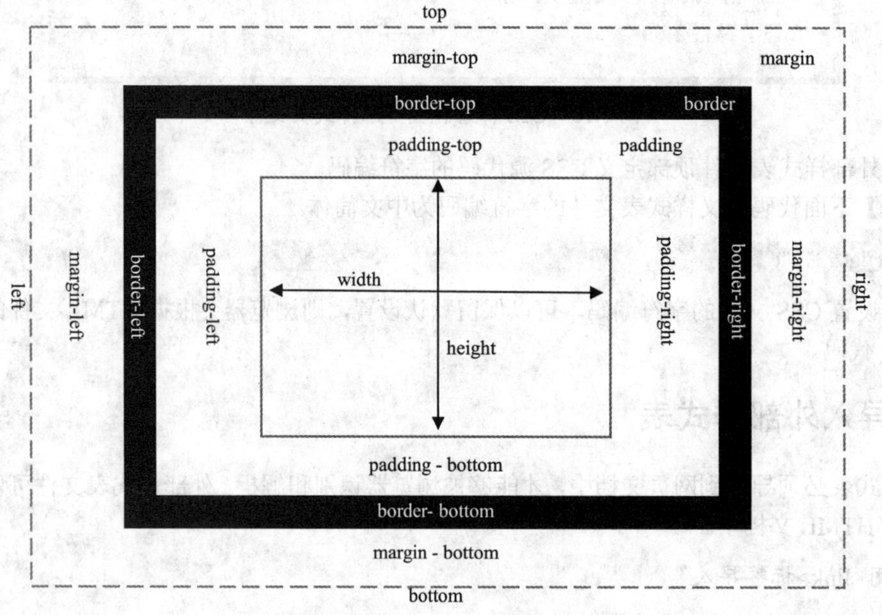

图 1.11　CSS 盒模型属性

外边距按方位又可以包含 margin-top、margin-right、margin-bottom、margin-left 共 4 个分支属性，分别表示顶部外边距、右侧外边距、底部外边距和左侧外边距。

内边距也可以包含 padding-top、padding-right、padding-bottom、padding-left、padding 属性。

边框可以分为边框类型、粗细和颜色，因此可以包含 border-width、border-color 和 border-style 属性，这些属性又可以按 4 个方位包含很多属性，例如，border-width 属性又分为 border-top-width、border-right-width、border-bottom-width、border-left-width 和 border-width 属性。

1.5.7　CSS 属性值

1. 颜色值

颜色值包括颜色名、百分比、数值和十六进制数值。

☑　使用颜色名是最简单的方法。虽然目前已经命名的颜色约有 184 种，但真正被各种浏览器支持，并且作为 CSS 规范推荐的颜色名称只有 16 种，如表 1.1 所示。

表 1.1 CSS 规范推荐的颜色名称

名　称	颜　色	名　称	颜　色	名　称	颜　色
black	纯黑	silver	浅灰	navy	深蓝
blue	浅蓝	green	深绿	lime	浅绿
teal	靛青	aqua	天蓝	maroon	深红
red	大红	purple	深紫	fuchsia	品红
olive	褐黄	yellow	明黄	gray	深灰
white	亮白				

不建议在网页中使用颜色名，特别是大规模的使用，避免有些颜色名不被浏览器解析，或者不同浏览器对颜色的解释差异。

☑ 使用百分比。这是一种最常用的方法，例如：

```
color:rgb(100%,100%,100%);
```

这个声明将红、蓝、绿 3 种原色都设置为最大值，结果组合显示为白色。相反，可以设置 rgb (0%,0%,0%)为黑色。3 个百分值相等将显示灰色，同理哪个百分值大就偏向哪个原色。

☑ 使用数值。数值范围从 0 到 255，例如：

```
color:rgb(255,255,255);
```

上面这个声明将显示白色，相反，可以设置为 rgb(0,0,0)将显示黑色。3 个数值相等将显示灰色，同理哪个数值大哪个原色的比重就会加大。

☑ 十六进制颜色。这是最常用的取色方法，例如：

```
color:#ffffff;
```

其中要在十六进制前面加一个#颜色符号。上面这个声明将显示白色，相反，可以设置#000000 为黑色，用 RGB 来描述：

```
color: #RRGGBB;
```

从 0 到 255，实际上十进制的 255 正好等于十六进制的 FF，一个十六进制的颜色值等于 3 组这样的十六进制的值，它们按顺序连接在一起就等于红、蓝、绿 3 种原色。

2. 绝对单位

绝对单位在网页中很少使用，一般多用在传统平面印刷中，但在特殊的场合使用绝对单位是很必要的。绝对单位包括英寸、厘米、毫米、磅和 pica。

☑ 英寸（in）：是使用最广泛的长度单位。

☑ 厘米（cm）：生活中最常用的长度单位。

☑ 毫米（mm）：在研究领域使用广泛。

☑ 磅（pt）：在印刷领域使用广泛，也称点。CSS 也常用 pt 设置字体大小，12 磅的字体等于六分之一英寸大小。

☑ pica（pc）：在印刷领域使用，1pica 等于 12 磅，所以也称 12 点活字。

3. 相对单位

相对单位与绝对单位相比显示大小不是固定的，它所设置的对象受屏幕分辨率、可视区域、浏览

器设置，以及相关元素的大小等多种因素影响。

☑ em

em 单位表示元素的字体高度，它能够根据字体的 font-size 属性值来确定单位的大小。

【示例 1】下面样式代码中，一个 em 等于 font-size 的属性值，如果设置 font-size:12pt，则 line-height:2em 就会等于 24pt。

Note

```
p{/*设置段落文本属性*/
font-size:12px;
line-height:2em;/*行高为 24px*/
}
```

【示例 2】如果设置 font-size 属性的单位为 em，则 em 的值将根据父元素的 font-size 属性值来确定。

```
<html>
<head>
<meta http-equiv="Content-Type" content="text/html; charset=utf-8" />
<title>示例代码</title>
<style type="text/css">
#main {font-size:12px;}
p {font-size:2em; } /*字体大小将显示为 24px*/
</style>
</head>
<body>
<div id="main">
<p>em 相对长度单位使用</p>
</div>
</body>
</html>
```

同理，如果父对象的 font-size 属性的单位也为 em，则将依次向上级元素寻找参考的 font-size 属性值，如果都没有定义，则会根据浏览器默认字体进行换算，默认字体一般为 16px。

☑ ex

ex 单位根据所使用的字体中小写字母 x 的高度作为参考。在实际使用中，浏览器将通过 em 值除以 2 得到 ex 值。

☑ px

px 单位是根据屏幕像素点来确定的。这样不同的显示分辨率就会使相同取值的 px 单位所显示出来的效果截然不同。

实际设计中，建议网页设计师多使用相对长度单位 em，且在某一类型的单位上使用统一的单位。如设置字体大小，根据个人使用习惯，在一个网站中，可以统一使用 px 或 em。

4. 百分比

百分比也是一个相对单位值。百分比值总是通过另一个值来计算，一般参考父对象中相同属性的值。例如，如果父元素宽度为 500px，子元素的宽度为 50%，则子元素的实际宽度为 250px。

百分比可以取负值，但在使用中受到很多限制。

1.5.8 CSS 选择器

CSS 选择器是一种匹配模式，用于匹配需要应用样式的元素，类似于 Photoshop 中各种选取工具

或命令，灵活使用 CSS 选择器是精确定义网页样式的基础。

CSS 选择器是个强大的工具，它允许用户在标签中匹配特定的 HTML 元素而不必使用多余的 class、ID 或 JavaScript。如果用户希望设计一个干净的、轻量级的标签以及结构与表现更好的分离，高级选择器是非常有用的。它可以减少在标签中的 class 和 ID 的数量并让设计师更方便地维护样式表。

Note

CSS1、CSS2 和 CSS3 提供了非常丰富的选择器，下面分类进行列表说明，以方便用户快速参考。

1. 基本选择器（如表 1.2 所示）

表 1.2　基本选择器

选　择　器	说　　明	示　　例
*	通用元素选择器，匹配任何元素	* { margin:0; padding:0; }
E	标签选择器，匹配所有使用 E 标签的元素	p { font-size:2em; }
.info E.info	Class 选择器，匹配所有 class 属性中包含 info 的元素	.info { background:#ff0; } p.info { background:#ff0; }
#info E#info	ID 选择器，匹配所有 id 属性等于 footer 的元素	#info { background:#ff0; } p#info { background:#ff0; }

2. 组合选择器（如表 1.3 所示）

表 1.3　组合选择器

选　择　器	说　　明	示　　例
E,F	多元素选择器，同时匹配所有 E 元素或 F 元素，E 和 F 之间用逗号分隔	div,p { color:#f00; }
E F	后代元素选择器，匹配所有属于 E 元素后代的 F 元素，E 和 F 之间用空格分隔	#nav li { display:inline; } li a { font-weight:bold; }
E > F	子元素选择器，匹配所有 E 元素的子元素 F	div > strong { color:#f00; }
E + F	毗邻元素选择器，匹配所有紧随 E 元素之后的同级元素 F	p + p { color:#f00; }

3. CSS 2.1 属性选择器（如表 1.4 所示）

表 1.4　CSS 2.1 属性选择器

选　择　器	说　　明	示　　例
E[att]	匹配所有具有 att 属性的 E 元素，不考虑它的值（注意：E 在此处可以省略，如[cheacked]，以下同）	p[title] { color:#f00; }
E[att=val]	匹配所有 att 属性等于 val 的 E 元素	div[class="error"] { color:#f00; }
E[att~=val]	匹配所有 att 属性具有多个空格分隔的值，其中一个值等于 val 的 E 元素	td[class~="name"] { color:#f00; }
E[att|=val]	匹配所有 att 属性具有多个连字号分隔（hyphen-separated）的值，其中一个值以 val 开头的 E 元素，主要用于 lang 属性，如 en、en-us、en-gb 等	p[lang|=en] { color:#f00; }

提示：CSS 2.1 属性选择器支持使用多个选择器，设计同时满足这多个选择器，如 blockquote[class=quote][cite] { color:#f00; }。

Note

4. CSS 2.1 伪类选择器（如表 1.5 所示）

表 1.5　CSS 2.1 伪类选择器

选　择　器	说　明	示　例

E:first-child	匹配父元素的第一个子元素	p:first-child { font-style:italic; }
		input[type=text]:focus {
		color:#000; background:#ffe; }
		input[type=text]:focus:hover { background:#fff; }
		q:lang(sv) {
		quotes: "\201D" "\201D" "\2019" "\2019"; }

E:link	匹配所有未被点击的链接	
E:visited	匹配所有已被点击的链接	
E:active	匹配鼠标已经按下、还没有释放的 E 元素	
E:hover	匹配鼠标悬停其上的 E 元素	
E:focus	匹配获得当前焦点的 E 元素	
E:lang(c)	匹配 lang 属性等于 c 的 E 元素	

5. CSS 2.1 伪元素选择器（如表 1.6 所示）

表 1.6　CSS 2.1 伪元素选择器

选　择　器	说　明	示　例
E:first-line	匹配 E 元素的第一行	p:first-line { font-weight:bold; color;#600; } .preamble:first-letter { font-size:1.5em; font-weight:bold; } .cbb:before { content:""; display:block; height:17px; width:18px; background:url(top.png) no-repeat 0 0; margin:0 0 0 -18px; } a:link:after { content: " (" attr(href) ") "; }
E:first-letter	匹配 E 元素的第一个字母	
E:before	在 E 元素之前插入生成的内容	
E:after	在 E 元素之后插入生成的内容	

6. CSS 3 同级元素通用选择器（如表 1.7 所示）

表 1.7　CSS 3 同级元素通用选择器

选　择　器	说　明	示　例
E ~ F	匹配任何在 E 元素之后的同级 F 元素	p ~ ul { background:#ff0; }

7. CSS 3 属性选择器（如表 1.8 所示）

表 1.8　CSS 3 属性选择器

选　择　器	说　明	示　例
E[att^="val"]	属性 att 的值以 val 开头的元素	div[id^="nav"] { background:#ff0; }
E[att$="val"]	属性 att 的值以 val 结尾的元素	
E[att*="val"]	属性 att 的值包含 val 字符串的元素	

8. CSS 3 用户界面伪类选择器（如表 1.9 所示）

表 1.9　CSS 3 用户界面伪类选择器

选　择　器	说　明	示　例
E:enabled	匹配表单中激活的元素	input[type="text"]:disabled { background:#ddd;}
E:disabled	匹配表单中禁用的元素	
E:checked	匹配表单中被选中的 radio（单选按钮）或 checkbox（复选框）元素	
E::selection	匹配用户当前选中的元素	

9. CSS 3 结构性伪类选择器（如表 1.10 所示）

表 1.10 CSS 3 结构性伪类选择器

选 择 器	说 明	示 例
E:root	匹配文档的根元素，对于 HTML 文档，就是 HTML 元素	p:nth-child(3) { color:#f00; } p:nth-child(odd) { color:#f00; } p:nth-child(even) { color:#f00; } p:nth-child(3n+0) { color:#f00; } p:nth-child(3n) { color:#f00; } tr:nth-child(2n+11) { background:#ff0; } tr:nth-last-child(2) { background:#ff0; } p:last-child { background:#ff0; } p:only-child { background:#ff0; } p:empty { background:#ff0; }
E:nth-child(n)	匹配其父元素的第 n 个子元素，第一个编号为 1	
E:nth-last-child(n)	匹配其父元素的倒数第 n 个子元素，第一个编号为 1	
E:nth-of-type(n)	与:nth-child()作用类似，但是仅匹配使用同种标签的元素	
E:nth-last-of-type(n)	与:nth-last-child() 作用类似，但是仅匹配使用同种标签的元素	
E:last-child	匹配父元素的最后一个子元素，等同于:nth-last-child(1)	
E:first-of-type	匹配父元素下使用同种标签的第一个子元素，等同于:nth-of-type(1)	
E:last-of-type	匹配父元素下使用同种标签的最后一个子元素，等同于:nth-last-of-type(1)	
E:only-child	匹配父元素下仅有的一个子元素，等同于:first-child:last-child 或:nth-child(1):nth-last-child(1)	
E:only-of-type	匹配父元素下使用同种标签的唯一一个子元素，等同于:first-of-type:last-of-type 或:nth-of-type(1):nth-last-of-type(1)	
E:empty	匹配一个不包含任何子元素的元素，注意，文本节点也被看作子元素	

10. CSS 3 反选伪类选择器（如表 1.11 所示）

表 1.11 CSS 3 反选伪类选择器

选 择 器	说 明	示 例
E:not(s)	匹配不符合当前选择器的任何元素	:not(p) { border:1px solid #ccc; }

11. CSS 3 的:target 伪类选择器（如表 1.12 所示）

表 1.12 CSS 3 的:target 伪类选择器

选 择 器	说 明
E:target	匹配文档中特定"id"单击后的效果

【示例 1】启动 Dreamweaver，新建文档，保存为 test.html。切换到代码视图下，在<head>标签中输入<style type="text/css">标签，定义一个内部样式表。

在内部样式表中输入下面 CSS 代码，定义一个标签样式，声明 p 元素的基本样式，该样式将应用于网页中所有段落文本，它将段落内的字体大小定义为 12 像素，字体颜色为红色。

```
<style type="text/css">
p {
    font-size:12px;                    /*字体大小为 12 像素*/
    color:red;                         /*字体颜色为红色*/
}
</style>
```

Note

【示例 2】新建文档，保存为 test1.html。切换到代码视图下，在<body>标签中输入下面 HTML 代码，输入 3 行文本。

```
<div class="font18px">问君能有几多愁，恰似一江春水向东流。</div>
<p class="font18px">剪不断，理还乱，是离愁。别是一般滋味在心头。</p>
<p>独自莫凭栏，无限江山，别时容易见时难。流水落花春去也，天上人间。</p>
```

在<head>标签中输入<style type="text/css">标签，定义一个内部样式表。

在内部样式表中输入下面 CSS 代码，定义 3 个样式：

```
<style type="text/css">
p {/*段落样式*/
    font-size:12px;                    /*字体大小为 12 像素*/
}
.font18px {/*类样式*/
    font-size:18px;                    /*字体大小为 18 像素*/
}
p.font18px {/*指定段落的类样式*/
    font-size:24px;                    /*字体大小为 24 像素*/
}
</style>
```

第 1 个样式声明所有段落文本的字体大小为 12 像素，在第 2 个样式中定义一个 font18px 类，声明字体大小为 18 像素，在第 3 个样式中声明 font18px 类在段落文本中显示为 24 像素。

保存文档，按 F12 键，在浏览器中预览，则显示效果如图 1.12 所示。

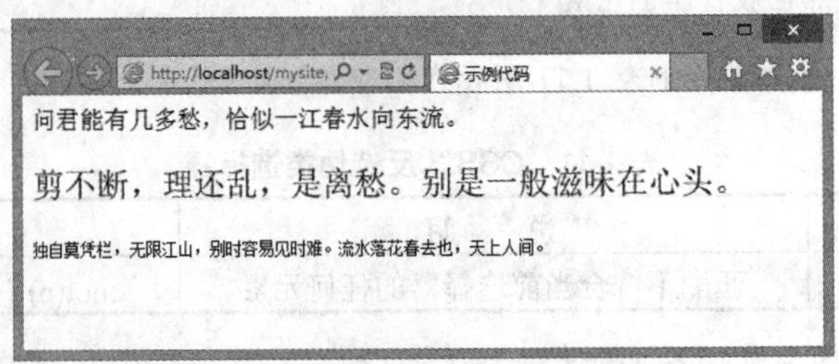

图 1.12　指定类选择器的应用效果

【示例 3】新建文档，保存为 test2.html。输入下面代码，定义了一个盒子，为该盒子固定宽和高，并设置背景图像，以及边框和内边距大小，显示效果如图 1.13 所示。

```
<html>
<head>
<meta http-equiv="Content-Type" content="text/html; charset=utf-8" />
<title>示例代码</title>
<style type="text/css">
#box {/*ID 样式*/
```

```
        background: url(images/bg1.gif) center bottom;        /*定义背景图像并居中、底部对齐*/
        height: 200px;                                        /*固定盒子的高度*/
        width: 400px;                                         /*固定盒子的宽度*/
        border: solid 2px red;                                /*边框样式*/
        padding: 20px;                                        /*增加内边距*/
}
</style>
</head>
<body>
<div id="box">问君能有几多愁，恰似一江春水向东流。</div>
</body>
</html>
```

图 1.13　ID 选择器的应用效果

【示例 4】新建文档，保存为 test3.html。输入下面代码，分别使用不同的方式定义 3 个子选择器：div > span 表示 div 元素包含的所有 span 子元素的样式，div > .font24px 表示 div 元素包含的所有命名 font24px 类的子元素，#box>.font24px 表示#box 元素包含的类名为 font24px 的所有子元素的样式，演示效果如图 1.14 所示。

```
<html>
<head>
<meta http-equiv="Content-Type" content="text/html; charset=utf-8" />
<title>示例代码</title>
<style type="text/css">
span {font-size:12px;}
div > span {font-size:16px;}
div > .font24px {font-size:20px;}
#box > .font24px {font-size:24px;}
</style>
</head>
<body>
<h2><span>HTML 文档树状结构</span></h2>
<div id="box"><span class="font24px">问君能有几多愁，恰似一江春水向东流。</span></div>
<div><span class="font24px">问君能有几多愁，恰似一江春水向东流。</span></div>
<div><span>问君能有几多愁，恰似一江春水向东流。</span></div>
</body>
</html>
```

Note

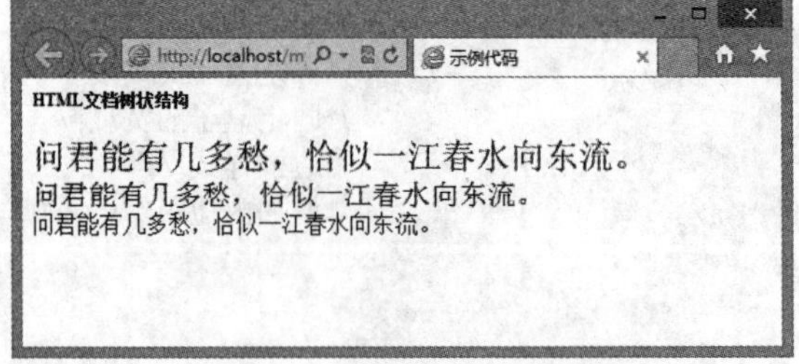

图 1.14　子选择器演示效果

【示例 5】新建文档，保存为 test4.html。输入下面代码，利用相邻选择器递进控制并列显示的几个元素的显示样式：h2 + div 表示标题元素 h2 后面相邻的 div 元素的样式，div + p 表示 div 元素后面相邻的 p 元素的样式，p + div 表示 p 元素后面相邻的 div 元素的样式，而 div + div 表示 div 元素后面相邻的 div 元素的样式。显示效果如图 1.15 所示。

```
<html>
<head>
<meta http-equiv="Content-Type" content="text/html; charset=utf-8" />
<title>示例代码</title>
<style type="text/css">
h2 {font-size:12px;}
h2 + div {font-size:16px;}
div + p {font-size:20px;}
p + div {font-size:24px;}
div + div { font-size:28px;}
</style>
</head>
<body>
<h2>HTML 文档树状结构</h2>
<div>问君能有几多愁，恰似一江春水向东流。</div>
<p>问君能有几多愁，恰似一江春水向东流。</p>
<div class="class1">问君能有几多愁，恰似一江春水向东流。</div>
<div>问君能有几多愁，恰似一江春水向东流。</div>
</body>
</html>
```

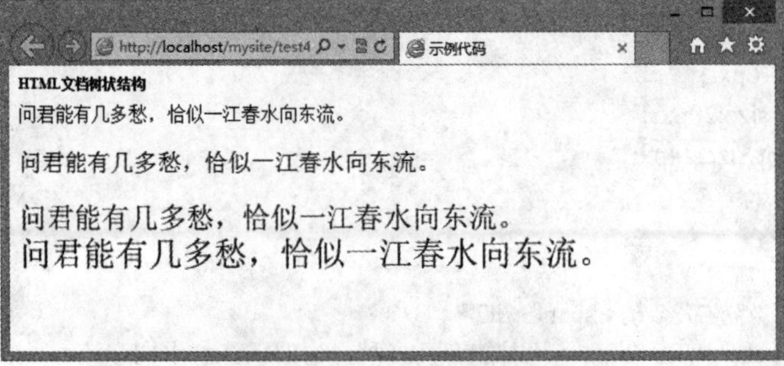

图 1.15　相邻选择器演示效果

【示例 6】新建文档，保存为 test5.html。输入下面代码，定义<div id="header">包含框内的段落文本字体大小为 14 像素，然后定义<div id="main">包含框内的段落文本字体大小为 12 像素。

Note

```
<html>
<head>
<meta http-equiv="Content-Type" content="text/html; charset=utf-8" />
<title>示例代码</title>
<style type="text/css">
#header p { font-size:14px;}
#main p {font-size:12px;}
</style>
</head>
<body>
<div id="wrap">
    <div id="header">
        <p>头部区域第 1 段文本</p>
        <p>头部区域第 2 段文本</p>
        <p>头部区域第 3 段文本</p>
    </div>
    <div id="main">
        <p>主体区域第 1 段文本</p>
        <p>主体区域第 2 段文本</p>
        <p>主体区域第 3 段文本</p>
    </div>
</div
</body>
</html>
```

提示：也可以使用子选择器来定义它们的样式：

```
<style type="text/css">
#header > p { font-size:14px;}
#main > p {font-size:12px;}
</style>
```

【示例 7】新建文档，保存为 test6.html。输入下面代码，定义一个 div[class]属性选择器，该选择器能够为 div 元素中设置了 class 属性的对象定义样式，而不管 class 属性的属性值是什么，显示效果如图 1.16 所示。

```
<html>
<head>
<meta http-equiv="Content-Type" content="text/html; charset=utf-8" />
<title>示例代码</title>
<style type="text/css">
body {font-size:12px;}
div[class] {font-size:24px;}
</style>
</head>
<body>
<div class="class1">问君能有几多愁，恰似一江春水向东流。</div>
<p>问君能有几多愁，恰似一江春水向东流。</p>
<div class="class2">问君能有几多愁，恰似一江春水向东流。</div>
<div>问君能有几多愁，恰似一江春水向东流。</div>
</body>
</html>
```

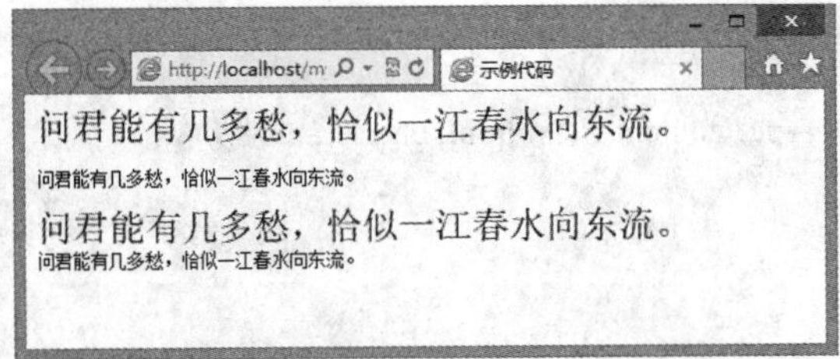

图 1.16　匹配属性名选择器演示效果

【示例 8】新建文档，保存为 test7.html。输入下面代码，通过指定属性值来为第 1 个图像定义样式，即使第 1 个图像显示红色边框线，演示效果如图 1.17 所示。

```
<html>
<head>
<meta http-equiv="Content-Type" content="text/html; charset=utf-8" />
<title>示例代码</title>
<style type="text/css">
img { width:260px;}
img[alt="图像"][title="图像"] {
    border:solid 2px red;
}
</style>
</head>
<body>
<img src="images/pic1.jpg" alt="图像" title="图像" />
<img src="images/pic2.jpg" alt="图像" />
<img src="images/pic3.jpg" title="图像" />
</body>
</html>
```

图 1.17　匹配图像中多个属性值的样式演示效果

【示例 9】新建文档，保存为 test8.html。输入下面代码，分别定义了 5 个模糊匹配的属性选择器，然后把匹配的 div 元素显示出来以测试浏览器是否支持该属性选择器，演示效果如图 1.18 所示。

```
<html>
<head>
<meta http-equiv="Content-Type" content="text/html; charset=utf-8" />
<title>示例代码</title>
<style type="text/css">
div {display: none; }/*隐藏所有 div 元素*/
[class|="blue"] {display: block; }/*连字符匹配*/
```

```
[class~="blue"] {display: block; }/*空白符匹配*/
[class^="Red"] {display: block; } /*前缀匹配*/
[class$="Green"] {display: block; }/*后缀匹配*/
[class*="gre"] {display: block; }/*子字符串匹配*/
</style>
</head>
<body>
<div class="red-blue-green">支持[|=]（连字符匹配）属性选择器</div>
<div class="red blue green">支持[~=]（空白符匹配）属性选择器</div>
<div class="Red-blue-green">支持[^=]（前缀匹配）属性选择器</div>
<div class="red-blue-Green">支持[$=]（后缀匹配）  属性选择器</div>
<div class="red-blue-green">支持[*=]:（子字符串匹配）属性选择器</div>
</body>
</html>
```

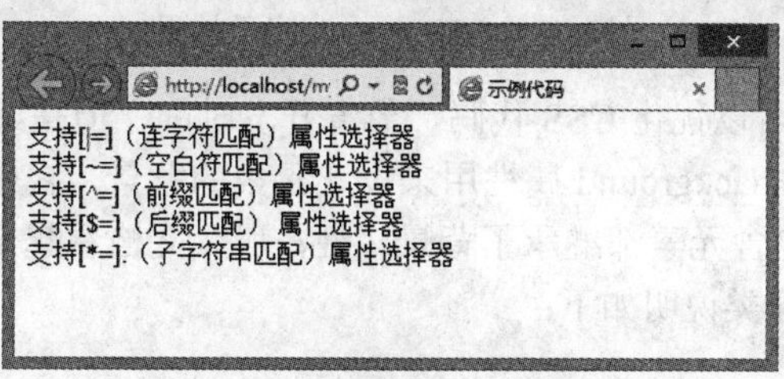

图 1.18　模糊匹配属性选择器演示效果

上面示例中省略了属性选择器的指定标签选择器，这时它将匹配任意标签元素。

1.5.9　CSS 特性

CSS 样式遵循 3 个基本规则：继承性、层叠性和特殊性，这些规则确保 CSS 样式能够准确、高效地发挥作用。

CSS 继承性最典型的应用就是在 body 元素中定义整个页面的字体大小、字体颜色等基本页面属性，这样包含在 body 元素内的其他元素都将继承该基本属性，以实现页面显示效果的统一。

【示例 1】 启动 Dreamweaver，新建文档，保存为 test.html。切换到代码视图下，在<body>标签中输入下面 HTML 代码：

```
<div id="wrap">
    <div id="header">
        <div id="menu">
            <ul>
                <li><span>首页</span></li>
                <li>菜单项</li>
            </ul>
        </div>
    </div>
    <div id="main">
        <p>主体内容</p>
    </div>
</div>
```

然后，在<head>标签中输入<style type="text/css">标签，定义一个内部样式表。

接着，在内部样式表中输入下面 CSS 代码，定义一个标签样式，在 body 上定义字体大小为 12 像素，通过继承性，包含在 body 元素的所有其他元素都将继承该属性，并设置包含的字体大小为 12 像素。

Note

```
body { font-size:12px;}
```

最后，保存文档，按 F12 键，在浏览器中预览，则显示效果如图 1.19 所示。

图 1.19　CSS 继承性演示效果

灵活利用 CSS 继承性，可以优化 CSS 代码，节省开发时间，但是继承也有其局限性。首先，有些属性是不能继承的。例如，background 属性用来设置元素的背景，它是没有继承性的。实际上它也不应该有继承性，如果所有包含元素都继承了背景属性，那么文档看起来就会很怪异。CSS 强制规定部分属性不具有继承特性，分类说明如下：

☑ 边框属性。
☑ 边界属性。
☑ 补白属性。
☑ 背景属性。
☑ 定位属性。
☑ 布局属性。
☑ 元素宽高属性。

继承是非常重要的，使用它可以简化代码，降低 CSS 样式的复杂性。但是，如果在网页中所有元素都大量继承样式，那么判断样式的来源就会变得很困难。一般对于字体、文本类属性等涉及网页中通用属性可以使用继承。例如，网页显示字体、字号、颜色、行距等可以在 body 元素中统一设置，然后通过继承影响文档中所有文本。

下级标签通过继承性获取上级对象的样式，但是这些样式影响力是非常弱的，如果元素本身包含了相冲突的样式，则将忽略继承得来的样式。

对于相同 CSS 起源来说，不同位置的样式其优先级也是不同的：一般来说，行内样式会优先于内嵌样式表，内部样式表会优先于外部样式表。而被附加了!important 关键字的声明会拥有最高的优先级。

【示例 2】在下面示例中，分别在 p 元素行内定义一个内嵌属性样式（style="font-size:14px"），然后在文档的头部定义一个内部样式 p { font-size:24px;}，最后在外部样式表文件（style1.css）中定义一个外部样式 p { font-size:36px;}，并利用<link>标签链接到文档中。在浏览器中预览，则根据 CSS 样式的优先级，最终显示结果为 14 像素，显示效果如图 1.20 所示。

```
<html>
<head>
<meta http-equiv="Content-Type" content="text/html; charset=utf-8" />
<title>示例代码</title>
```

```
<style type="text/css">
p {font-size:24px;}
</style>
<link href="style1.css" rel="stylesheet" type="text/css" />
</head>
<body>
<p style="font-size:14px">段落文本</p>
</body>
</html>
```

Note

图 1.20　CSS 样式继承效果

对于常规选择器它们都拥有一个优先级加权值，说明如下。

☑　标签选择器：优先级加权值为 1。

☑　伪元素或伪对象选择器：优先级加权值为 1。

☑　类选择器：优先级加权值为 10。

☑　属性选择器：优先级加权值为 10。

☑　ID 选择器：优先级加权值为 100。

☑　其他选择器：优先级加权值为 0，如通配选择器等。

然后，以上面加权值数为起点来计算每个样式中选择器的总加权值数。计算的规则是：

☑　统计选择器中 ID 选择器的个数，然后乘以 100。

☑　统计选择器中类选择器的个数，然后乘以 10。

☑　统计选择器中的标签选择器的个数，然后乘以 1。

依此方法类推，最后把所有加权值数相加，即可得到当前选择器的总加权值，最后根据加权值来决定哪个样式的优先级大。

【示例 3】在下面代码中，把每个选择器的特殊性进行加权，希望读者好好研究一下，它们都具有比较实用的典型性，其他选择器的特殊性也将依此类推。

```
/*[选择器特殊性加权值]*/
div{/*特殊性加权值＝1*/
    color:Green;
}
div h2{/*特殊性加权值：1+1＝2*/
    color:Red;
}
.blue{/*特殊性加权值：10＝10*/
    color:Blue;
}
div.blue{/*特殊性加权值：1+10＝11*/
    color:Aqua;
}
div.blue .dark{/*特殊性加权值：1+10+10＝21*/
```

```
    color:Maroon;
}
#header{/*特殊性加权值：100=100*/
    color:Gray;
}
#header span{/*特殊性加权值：100+1=101*/
    color:Black;
}
```

提示：

- ☑ 被继承的值加权值为 0。一个元素显示声明的样式都可以覆盖继承来的样式。
- ☑ 内联样式优先。带有 style 属性的元素，其内联样式的特殊性可以为 100 或者更高，总之，它拥有比上面提到的选择器具有更大的优先权。
- ☑ 在相同加权值下，CSS 将遵循就近原则，也就是说靠近元素的样式具有最大优先权，或者说排在最后的样式具有最大优先权。
- ☑ CSS 定义了一个!important 命令，该命令被赋予最大权力。也就是说不管特殊性如何，以及样式位置的远近，!important 都具有最大优先权。

【示例 4】新建 CSS 样式表文件，保存为 style2.css，然后输入下面样式代码：

```
/*CSS 文档，文件名称为 style.css*/
#header{/*外部样式*/
    color:Red!important;
}
```

新建 HTML 文档，保存为 test3.html。然后在其中输入下面代码：

```
<html>
<head>
<meta http-equiv="Content-Type" content="text/html; charset=gb2312" />
<title>test</title>
<link href="style2.css" rel="stylesheet" type="text/css" />
<style type="text/css">
#header{/*内部样式*/
    color:Gray;
}
</style>
</head>
<body>
<div id="header"   style="color:Yellow"><!--内嵌样式-->
    天王盖地虎，天下唯!important 命令独尊
</div>
</body>
</html>
```

上面页面被解析后，则<div>元素显示为红色。注意!important 命令必须位于属性值和分号之间，否则无效，IE6 及更低版本不支持!important 命令。

1.6　上机练习

1．表格主要是用来组织显示数据，当然也要注意版式效果，请模仿图 1.21 所示效果设计一个表格结构和样式。

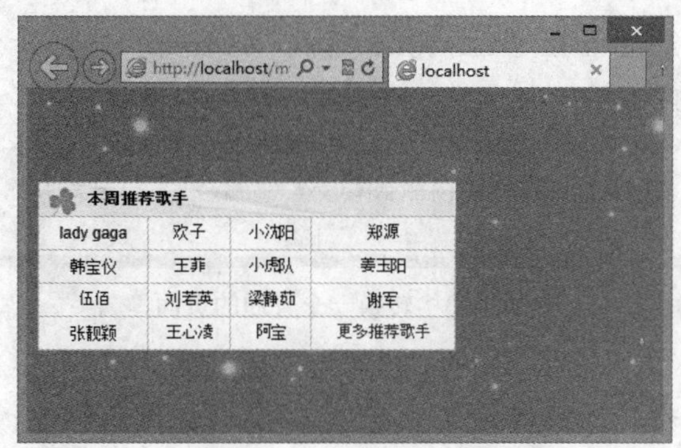

图 1.21　设计表格效果

2．下面页面效果包含文本、超链接和图片的显示，演示如图 1.22 所示，这里主要使用<div>标签定义页面结构，使用<h1>标签定义标题，使用<a>标签定义超链接，使用<img>标签定义图像，使用<ul>和<li>标签定义导航列表结构。请模仿本示例页面，设计一个简单的公司首页效果。

图 1.22　页面局部结构效果

3．下面这段 HTML 文档源代码是不符合 XHTML 标准的，请把它转换为 XHTML 过渡型文档要求，演示如图 1.23 所示。

```
<html>
<head></head>
<body>
<p><b>将 CSS 样式表文件引入到 HTML 页面</b></p><br>
<p>  1.直接写在标签元素的属性 style 中，通常称之为行间样式；
<p>  2.将样式写在&lt;style&gt;和&lt;/style&gt;标签之内，通常称之为内嵌样式表；
```

```
<p>  1.通过在&lt;link /&gt;方式外链 CSS 样式文件，通常称之为外联样式表；
<p>  4.通过@import 关键字导入外部 CSS 样式文件，通常称之为导入样式表。
</body>
</html>
```

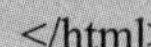

Note

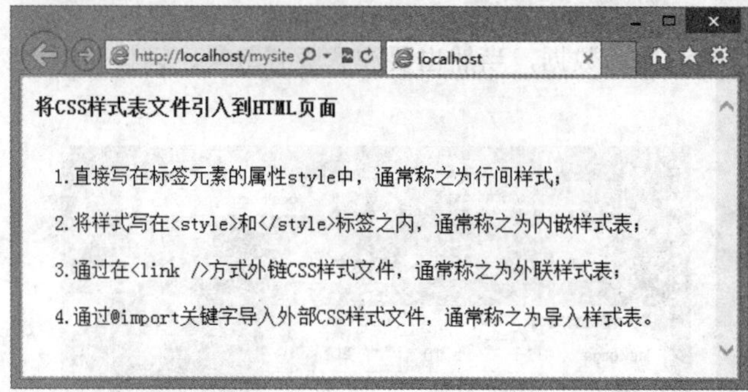

图 1.23　转换一个普通的页面

【练习提示】

☑　注意标明文档类型和名字空间。

☑　使用标题标签设计标题。

☑　使用有序列表标签设计列表样式。

☑　注意标签的闭合。

☑　不要使用非语义字符填充 HTML 文档。

4．学习编写高效的 CSS 样式，应避免使用一些低效的 CSS 选择器去匹配大量的元素，这样能够加速浏览器对页面的解析效率。启动 Dreamweaver，新建一个网页，保存为 index.html，在<body>标签内输入如下结构：

```
<div class="menu">
    <ul class="submenu">
        <li class="topmenu"><a href="" ></a></li>
        <li class="topmenu"><a href="" ></a> </li>
        <li class="topmenu"><a href=""></a> </li>
    </ul>
</div>
<div class="news">
    <ul class="subnews">
        <li class="new"><a href="" ></a></li>
        <li class="new"><a href="" ></a> </li>
        <li class="new"><a href=""></a> </li>
    </ul>
</div>
```

在<head>标签内添加<style type="text/css">标签，定义一个内部样式表，然后定义样式，练习使用不同的组合选择器匹配导航菜单中的 a 元素。

☑　.topmenu a {　}

☑　.submenu li a {　}

☑　.menu ul a {　}

☑　.menu li a {　}

☑　.menu .submenu li a { }

5．模仿如图 1.24 所示的网页效果，练习使用类选择器和 ID 选择器控制页面对象，具体细节可以根据图中效果酌情进行设置。

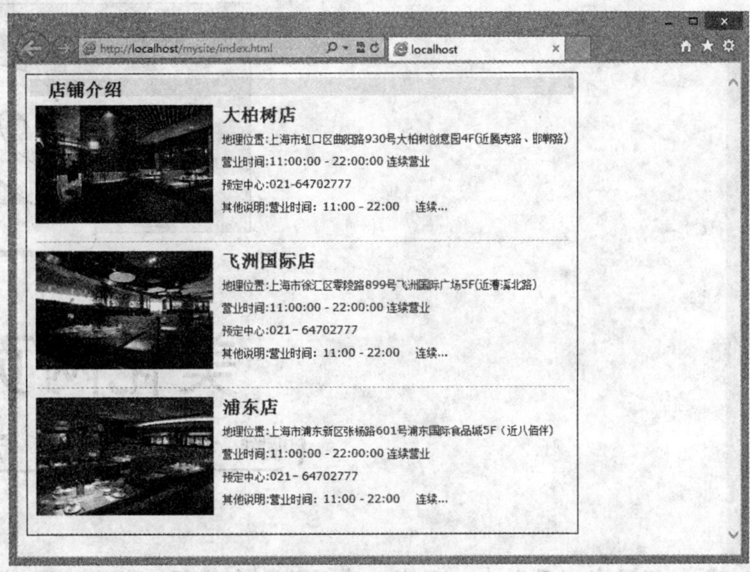

图 1.24　图文混排版面

6. 在网页中经常会用到嵌套选择器，嵌套选择器是控制页面对象比较常用的方法。模仿如图 1.25 所示图文混排的版面效果，练习复杂选择器的使用。

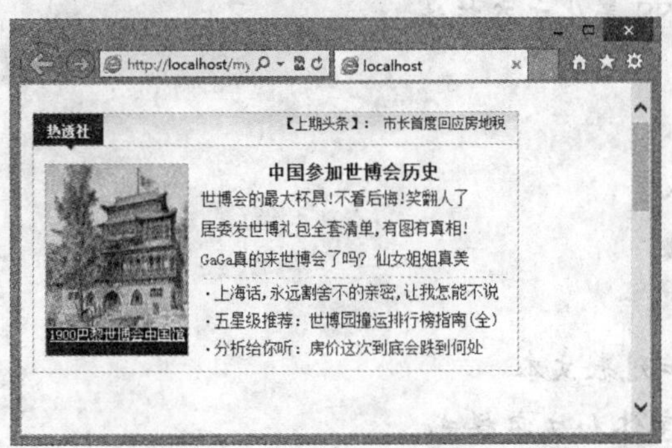

图 1.25　图文版式效果

第2章

美化网页文本

（视频讲解：79分钟）

与报刊杂志一样，网页离不开文本。文本元素的输入与编辑在整个网页制作过程中占有举足轻重的地位。Dreamweaver 是一款“所见即所得”的可视化网页编辑工具，即使不懂程序设计或 HTML 语言编写，也可以设计出版面整洁优雅的页面。本章将介绍使用 Dreamweaver 来编排网页文本，以及使用 CSS 美化文本技法。

【学习重点】

- 网页文本的输入
- 网页文本的编辑
- 设置文本属性
- 定义格式文本和列表文本
- 使用 CSS 设置字体和文字样式
- 使用 CSS 控制边距和段落的方法
- 灵活使用 CSS 设计精美的网页正文版式

2.1　文本输入和编辑

文本的输入和编辑是网页制作中最基本的操作。只要用过 Word 软件，就可以轻松地掌握本部分内容。下面介绍如何使用 Dreamweaver 完成文本输入和编辑。

2.1.1　输入文本

如图 2.1 所示的页面就是以文本为主要内容的页面，此外还包括表格和图像等网页元素。本节重点讲述如何在页面中输入文本，以及设置文本的格式等。

图 2.1　网页中的文本

【操作步骤】

第 1 步，启动 Dreamweaver，选择【文件】|【新建】命令，或者按 Ctrl+N 快捷键，打开【新建文档】对话框，保持默认设置，单击【创建】按钮，新建一个空白的 HTML 5 文档，如图 2.2 所示。

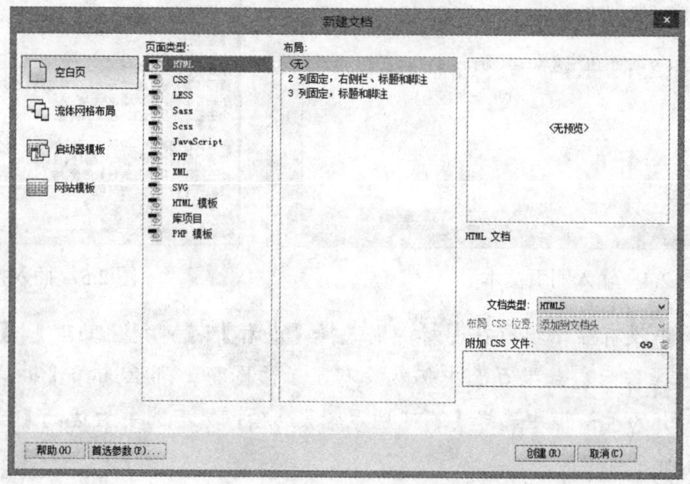

图 2.2　【新建文档】对话框

Note

提示：如果需要打开已经编辑好的文档，可以选择【文件】|【打开】命令，或者按 Ctrl+O 快捷键，在打开的对话框中选择要打开的文档。

第 2 步，在设计视图下，可以看到编辑窗口中显示一个空白页面，将鼠标指针置于该页面的文档窗口中单击，将光标定位到页面中，如图 2.3 所示。

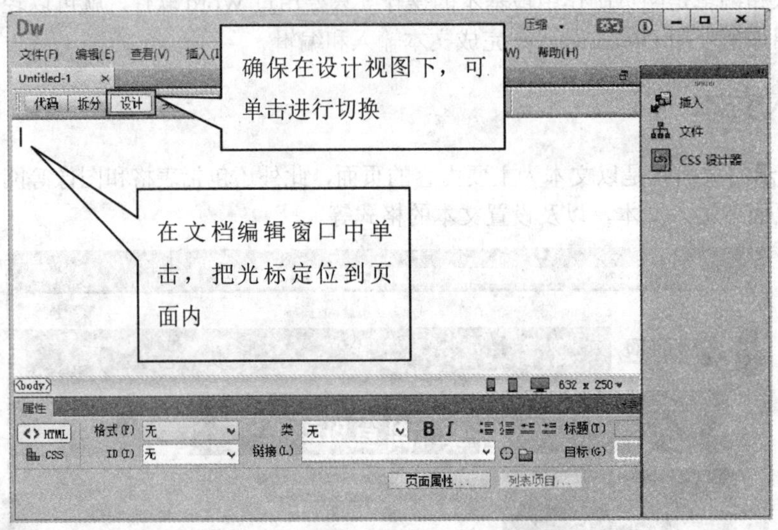

图 2.3　切换到设计视图下并定位光标位置

第 3 步，在编辑窗口中输入文本。输入方法如同在 Word 等字处理软件中一样方便。输入完一段文本后按 Enter 键，另起一段可以继续输入文本，如图 2.4 所示。

第 4 步，输入完一行后按 Shift+Enter 快捷键，就可以插入一个换行符（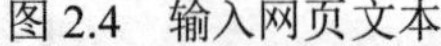），如图 2.5 所示。该符号表示换行输入，但不是另起一段，所以，有换行符的多行文本还应看成是一个段落。

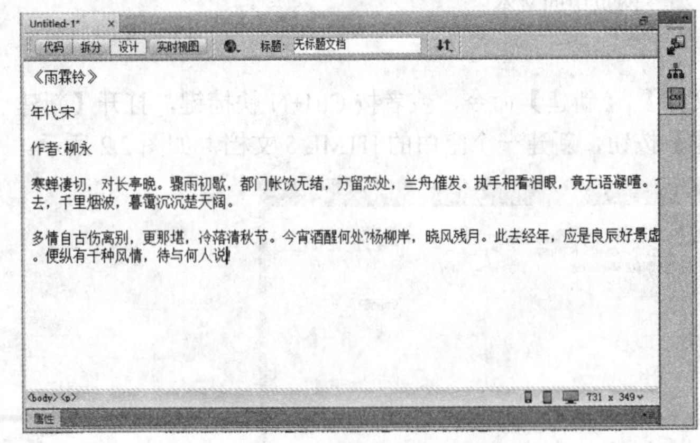

图 2.4　输入网页文本

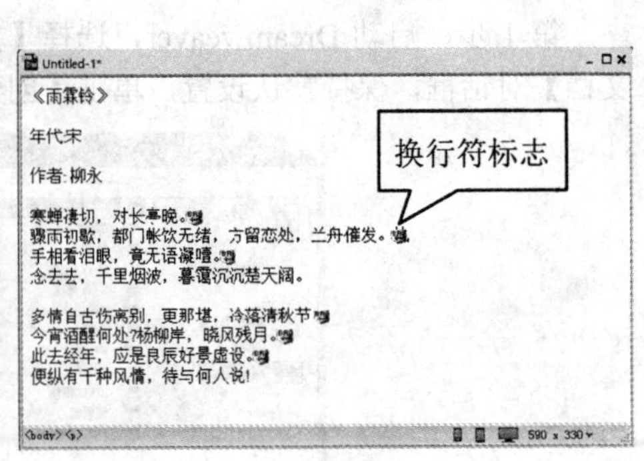

图 2.5　插入换行符的页面

提示：如果页面中没有显示换行符图标，则选择【查看】|【可视化助理】|【不可见元素】命令。进行以上操作后，如果页面中仍然没有显示该图标，那么选择【编辑】|【首选参数】命令，在弹出的对话框中选择【不可见元素】选项，然后选中右边的【换行符】复选框即可，如图 2.6 所示。

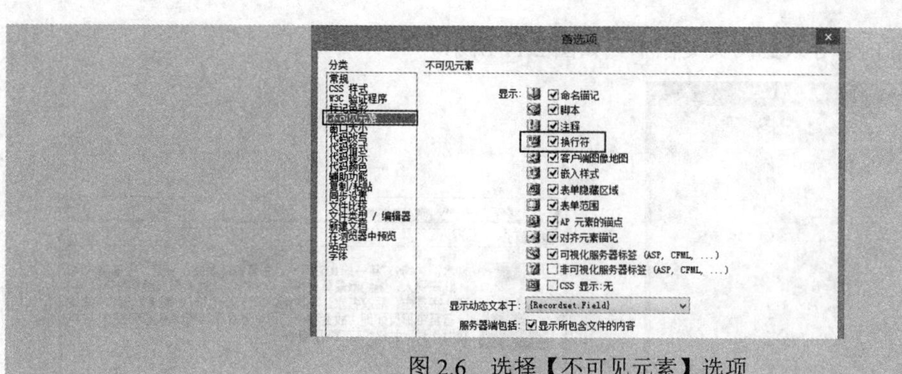

图 2.6　选择【不可见元素】选项

【拓展】也可以通过复制粘贴的方法快速输入，方法是在其他窗口或界面中先选中复制文本，然后回到 Dreamweaver 编辑窗口中，把光标置于需要插入文本的地方，按 Ctrl+V 快捷键粘贴即可。

第 5 步，输入完毕，选择【文件】|【保存】命令，或者按 Ctrl+S 快捷键，打开【另存为】对话框，设置文档的名称和保存位置，如图 2.7 所示，最后单击【保存】按钮即可。

注意：网页文档的扩展名一般为.html 或.htm，不要保存为文本文件（.txt）或者 Word 格式（.doc）。

第 6 步，按 F12 键，在浏览器中预览，则显示效果如图 2.8 所示。

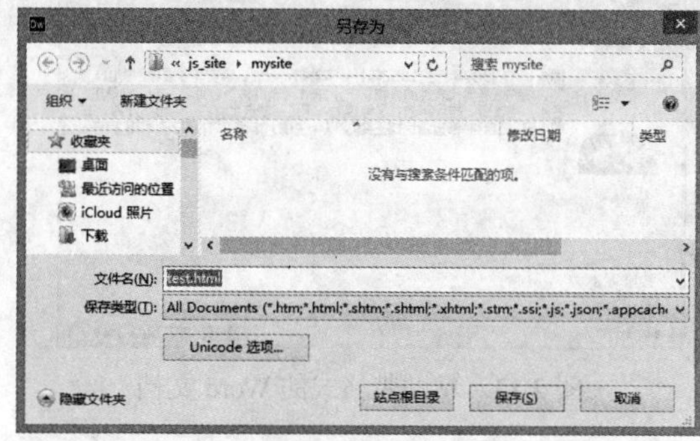

图 2.7　保存文档

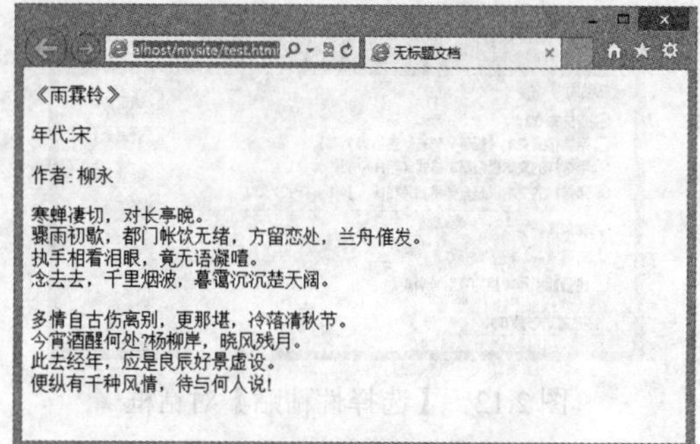

图 2.8　预览网页文档

2.1.2　导入文本

利用 Dreamweaver 提供的导入命令，可以大批量地导入外部文件中的文本，例如 Word 文档、Excel 文档、表格式数据等。

1. 导入 Word 文档

【操作步骤】

第 1 步，准备好 Word 文档，本示例准备导入的文档内容如图 2.9 所示。

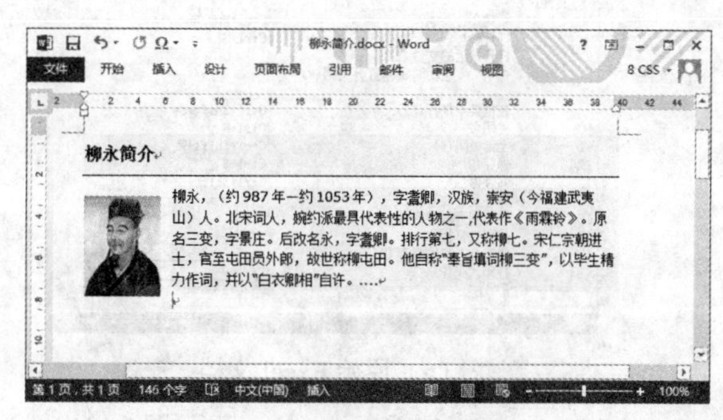

图 2.9　预导入的 Word 文档

第 2 步，启动 Dreamweaver，新建一个空白的 HTML 文档，保存为 test.html。

第 3 步，把光标置于网页文档中，选择【文件】|【导入】|【Word 文档】命令，打开【导入 Word 文档】对话框，如图 2.10 所示。

第 4 步，单击【打开】按钮，即可把“柳

永简介.docx”文档中的内容导入到网页文档中，如图 2.11 所示。

图 2.10 打开【导入 Word 文档】对话框

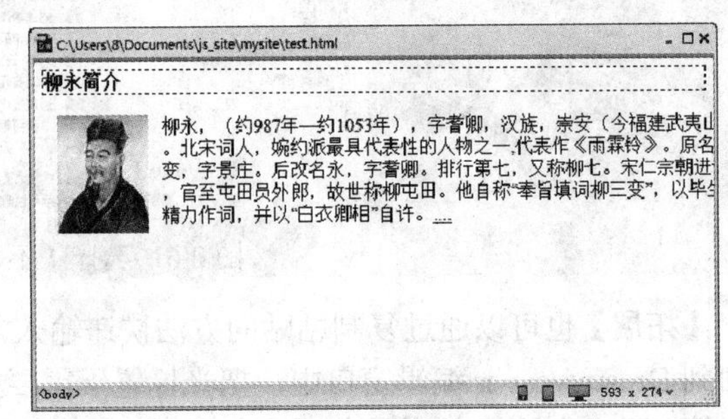

图 2.11 导入 Word 文档效果

【拓展】如果想保留 Word 文档中的格式，可以选中复制全部 Word 文档，在网页编辑窗口中选择【编辑】|【选择性粘贴】命令，打开【选择性粘贴】对话框，如图 2.12 所示。在该对话框中选中【带结构的文本以及全部格式（粗体、斜体、样式）】单选按钮，则粘贴效果如图 2.13 所示。

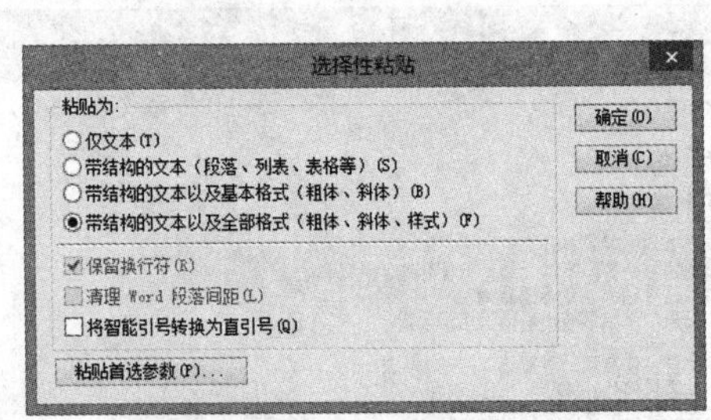

图 2.12 【选择性粘贴】对话框

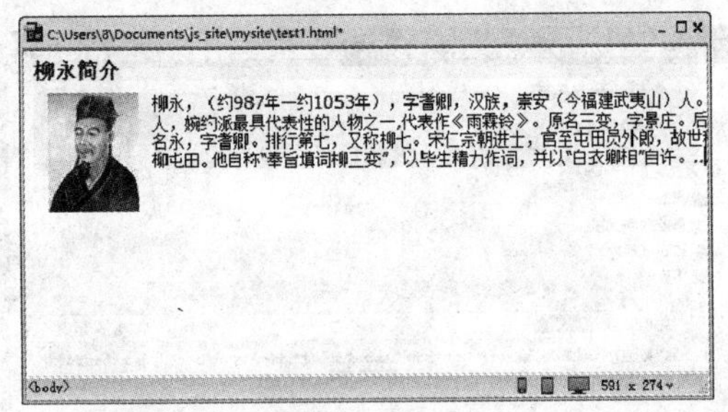

图 2.13 粘贴带格式的 Word 文档

2. 导入 Excel 文档

在如图 2.14（a）所示的 Excel 文档中，只需要选择【文件】|【导入】|【Excel 文档】命令，即可把该文档导入到网页中，如图 2.14（b）所示。具体操作步骤可参考上面示例演示。

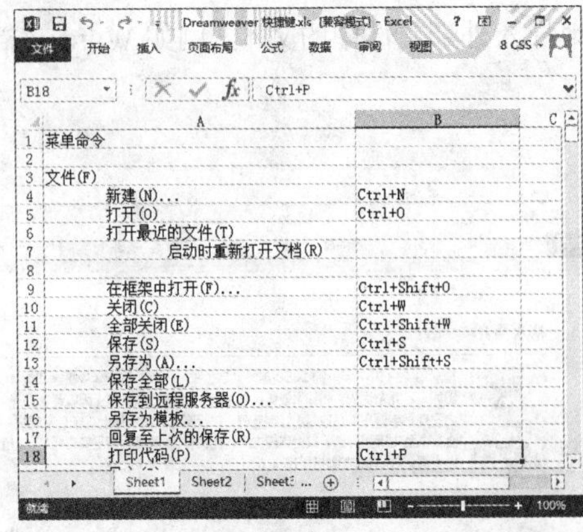

（a）原始 Excel 文档

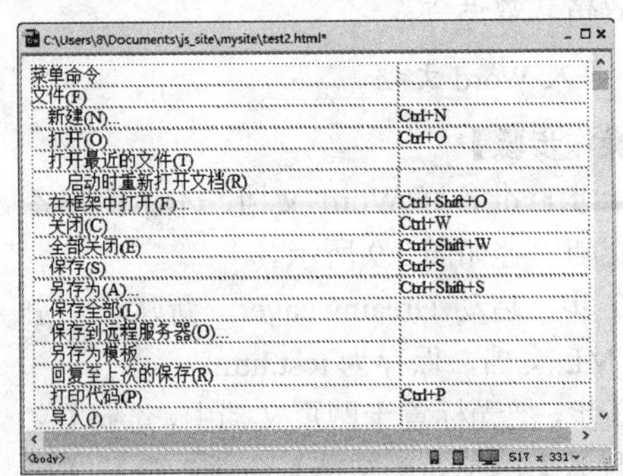

（b）导入 Excel 文档

图 2.14 导入 Excel 文档

在图 2.4（b）中，可以看到系统自动增加表格来实现对 Excel 文档的组织。通过复制粘贴的方式也可以实现相通的目的。

3. 导入表格式数据

表格式数据是按着一定格式排列的数据，一般多指文本文件中按一定分隔符号排列的数据，如图 2.15 所示。选择【文件】|【导入】|【表格式数据】命令，打开【导入表格式数据】对话框，如图 2.16 所示。

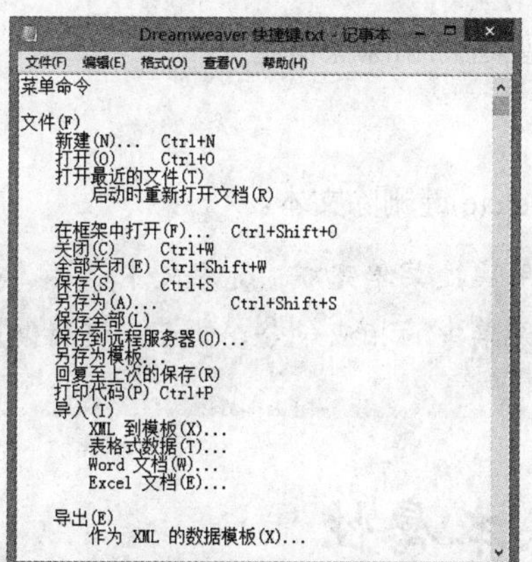

图 2.15 文本文件

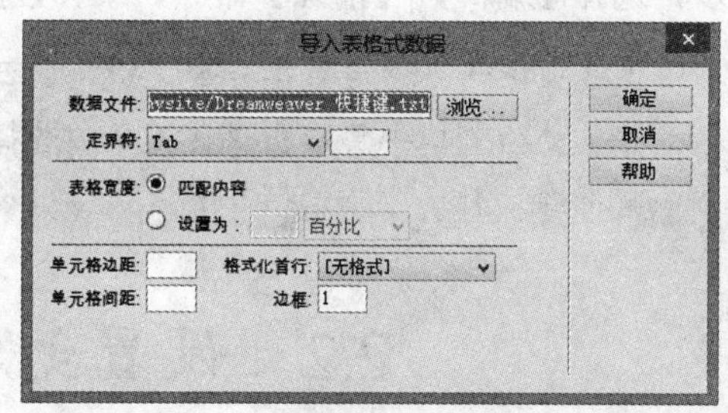

图 2.16 【导入表格式数据】对话框

在【导入表格式数据】对话框中选择数据文件，并设置数据之间的定界符，其他选项可以保持默认，在导入之后仍然可以进行设置，按着图 2.16 所示设置导入的文本文件数据如图 2.17 所示。

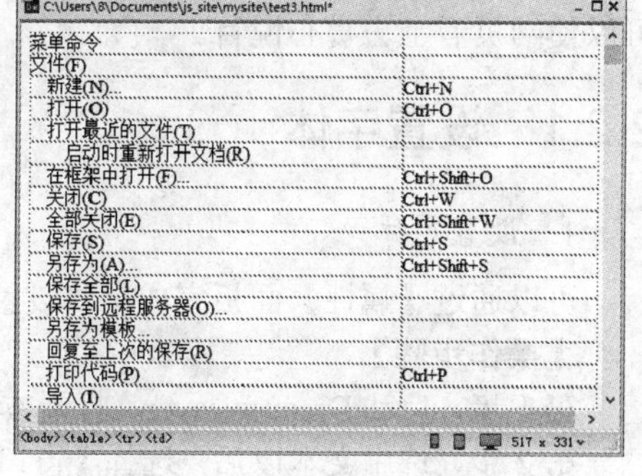

菜单命令	
文件(F)	
新建(N)...	Ctrl+N
打开(O)	Ctrl+O
打开最近的文件(T)	
启动时重新打开文档(R)	
在框架中打开(F)...	Ctrl+Shift+O
关闭(C)	Ctrl+W
全部关闭(E)	Ctrl+Shift+W
保存(S)	Ctrl+S
另存为(A)...	Ctrl+Shift+S
保存全部(L)	
保存到远程服务器(O)...	
另存为模板	
回复至上次的保存(R)	
打印代码(P)	Ctrl+P
导入(I)	

图 2.17 导入的表格式数据

2.1.3 编辑文本

输入文本后需要对文本进行编辑，主要包括文本的选定、复制、删除、移动等操作。在 Dreamweaver 中进行文本的编辑与在 Word 中的方法基本相同。

1. 复制文本

如果文档中出现大量相同的文本，或者频繁出现相同的文本，就可以通过复制文本完成文本的输入。

【操作步骤】

第 1 步，选中需要复制的文本，这时被选中的文本将高亮显示。

第 2 步，选择【编辑】|【拷贝】命令。

第 3 步，单击要复制文本的位置，然后选择【编辑】|【粘贴】命令。

技巧：复制文本还可以使用更简单的方法——选定要复制的文本，然后按住 Ctrl 键，将复制文本拖动到目标文本处即可。

2. 移动文本

移动文本操作就是将选中的文本从一个位置移动到另一个位置。

【操作步骤】

第 1 步，选中要移动的文本。

第 2 步，选择【编辑】|【剪切】命令。

第 3 步，将鼠标指针置于目标位置，然后选择【编辑】|【粘贴】命令。

技巧：移动文本最简单的方法是，选中要移动的文本，按住鼠标左键拖动鼠标指针至目标位置，然后释放鼠标左键，即可完成移动操作。

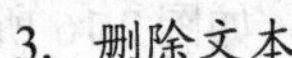

3. 删除文本

如果文档中出现错误，需要删除一部分内容，这时就要进行删除操作。

【操作步骤】

第 1 步，选中要删除的文本。

第 2 步，选择【编辑】|【清除】命令，或者直接按 Delete 键删除文本。

技巧：以上 3 项操作可通过菜单命令完成，也可以使用快捷菜单完成。选中文本以后，在文本上右击，文档窗口中将弹出快捷菜单。选择快捷菜单中的相应命令，就可以进行复制、移动和删除等操作。

2.2 设置文本基本属性

在网页制作中，文本格式非常重要。如果网页中文本格式千篇一律，那么整个网页就显得呆板，没有生气。Dreamweaver 为文本格式提供了多种选择，通过选择相应的字体、大小、颜色和样式等，可以使网页看上去赏心悦目。

2.2.1 设置字体

1. 设置字体

可以通过【属性】面板完成字体设置。

【操作步骤】

第 1 步，启动 Dreamweaver，打开本节示例 test.html，或者新建文档，自做一个简单的文本页面。

第 2 步，选中文本以后，选择【窗口】|【属性】命令，或者按 Ctrl+F3 快捷键，打开文本【属性】面板，如图 2.18 所示。

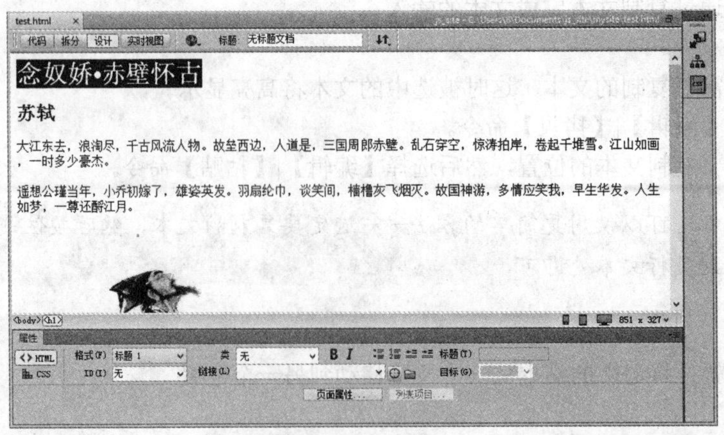

图 2.18 选中文本

Note

第 3 步，在【属性】面板中选择 CSS 选项卡，切换到 CSS 属性设置面板中，单击【字体】右面下拉列表框的下三角按钮，从下拉列表框中选择一种字体，如图 2.19 所示。设置字体也可以通过选择菜单命令或者快捷菜单命令完成。

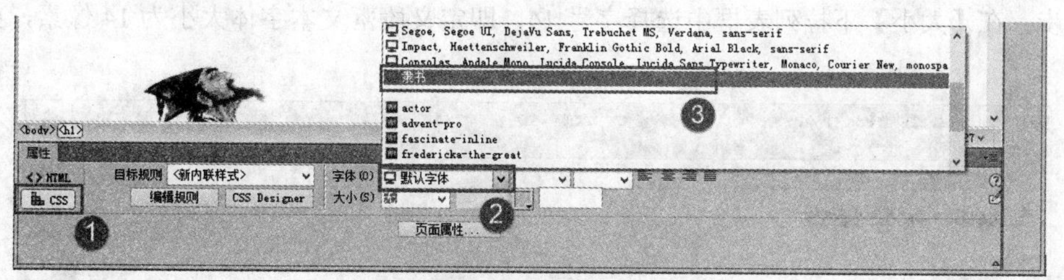

图 2.19　设置字体类型

第 4 步，以同样的方式设置二级标题和正文字体类型，然后按 F12 键在浏览器中预览，则演示效果如图 2.20 所示。

2. 编辑字体

通过【属性】面板设置字体，有时会发现其中缺少一些字体，这时就要进行字体的编辑。

【操作步骤】

第 1 步，选择【修改】|【管理字体】命令，打开【管理字体】对话框，切换到【自定义字体堆栈】选项卡。在【可用字体】列表中选择一种本地系统中可用字体类型，如“隶书”。

第 2 步，单击 << 按钮，把选择的可用字体添加到【选择的字体】列表中，如图 2.21 所示。

图 2.20　预览字体效果

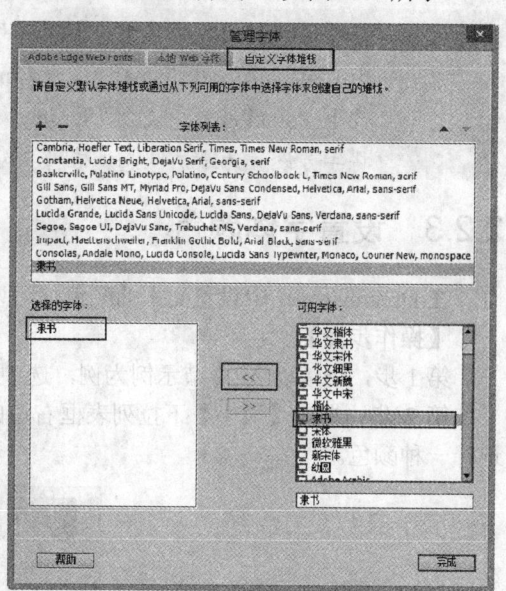

图 2.21　添加可用字体

第 3 步，单击【完成】按钮，关闭对话框即可。

2.2.2　设置字号

字号就是文字的大小，它用数字来表示，其值越大，字号就越大。在 Dreamweaver 中设置字号的

Note

步骤如下。

【操作步骤】

第 1 步，继续以 2.2.1 节示例为例，选中正文文本，并打开文本【属性】面板。

第 2 步，在【大小】下拉列表框中选择字号 14，即定义段落文本字体大小为 14 像素，如图 2.22 所示。

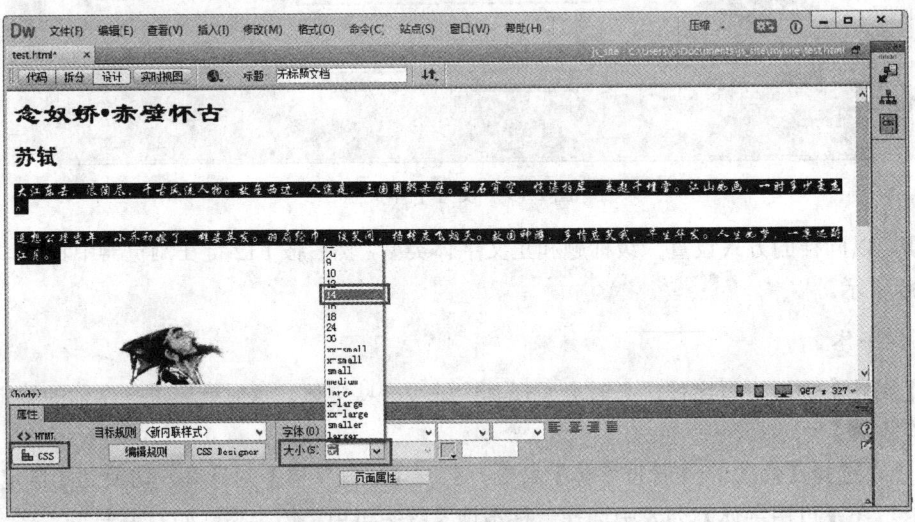

图 2.22　在【属性】面板中设置字号

提示：在【属性】面板的【大小】下拉列表框中，除数字选项以外，还有极小（xx-small）、特小（x-small）、小（small）、中（medium）、大（large）、特大（x-large）、极大（xx-large）、较小（smaller）、较大（larger）选项，它们用来改变字体相对于默认字号的大小。如果将字号设置为默认状态，在【大小】下拉列表框中选择【无】即可。

2.2.3　设置字体颜色

在 Dreamweaver 中设置文本的颜色，可以通过【属性】面板完成。

【操作步骤】

第 1 步，继续以 2.2.2 节示例为例，选中标题文本，并打开文本【属性】面板。

第 2 步，单击【大小】下拉列表框右边的颜色框，弹出调色板，如图 2.23 所示，在颜色面板中选择一种颜色。

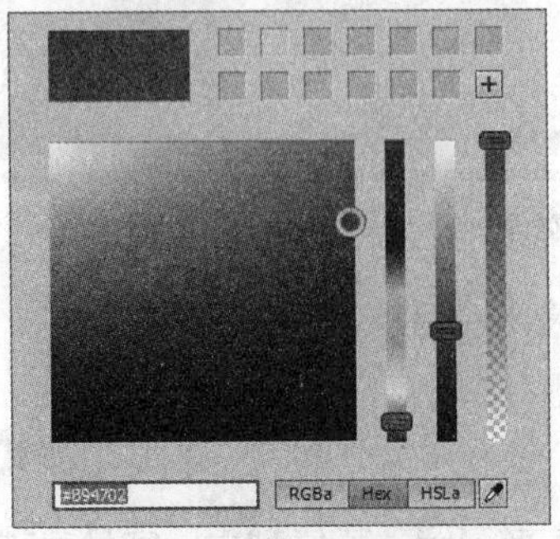

图 2.23　用调色板设置文本颜色

第 3 步，如果在调色板中没有合适的颜色，可以在窗口界面或者网页内找一种颜色。方法：单击面板中的吸管工具，然后移动光标，随着光标不断移动，调色板会动态显示当前位置的颜色，找到合适的颜色后单击即可，如图 2.24 所示。

第 4 步，单击调色板中的加号按钮，可以把当前选中的颜色保存起来，以方便在网页中随意调用，如图 2.25 所示。

图 2.24　自定义颜色

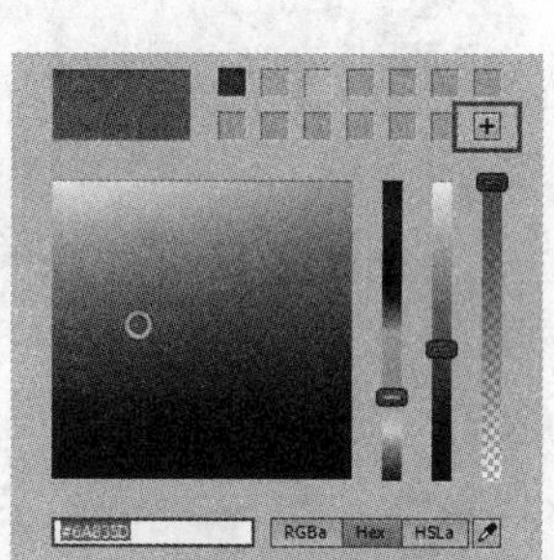

图 2.25　保存颜色

2.2.4　设置文本样式

文本样式包括粗体（Bold）、斜体（Italic）和下划线（Underline）等。在【属性】面板上，只提供粗体按钮**B**和斜体按钮*I*。在【格式】|【HTML 样式】菜单下包含更多的样式，如图 2.26 所示。

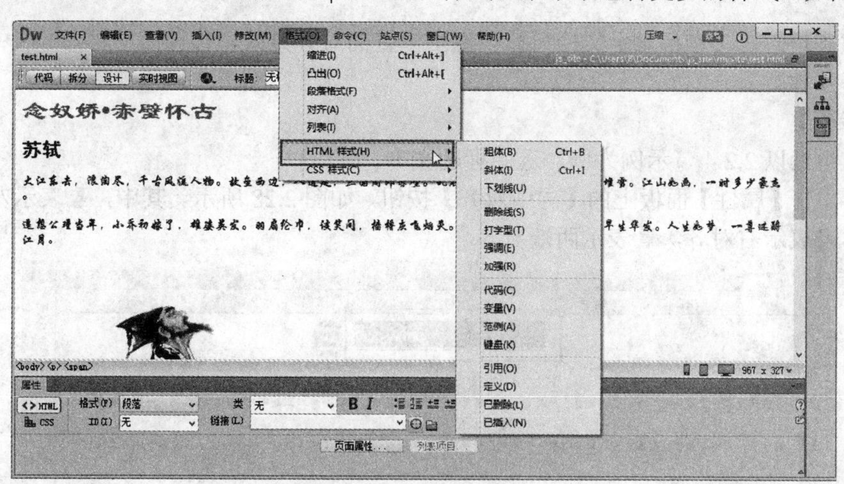

图 2.26　【HTML 样式】子菜单

除【粗体】、【斜体】和【下划线】以外，【样式】命令的子菜单中还包括【删除线】、【打字型】和【强调】等多种选择。

【操作步骤】

第 1 步，继续以 2.2.3 节示例为例，选中标题文本。

第 2 步，选择【格式】|【HTML 样式】|【下划线】命令。

Note

第 3 步，按 Ctrl+S 快捷键保存文档，然后按 F12 键在浏览器中预览，则显示效果如图 2.27 所示。

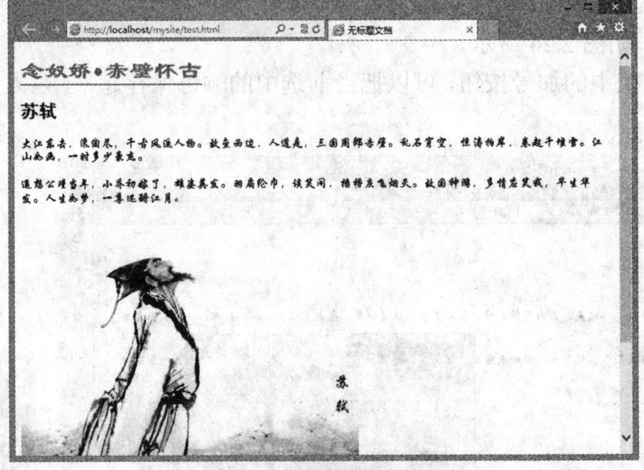

图 2.27　为标题定义下划线样式

2.3　设置段落文本样式

2.2 节主要讲述了文本基本样式属性设置。本节将介绍文本的对齐和缩进。在网页中应用文本的对齐和缩进功能可以让文本排列有序，重点突出。

2.3.1　文本对齐

文本的对齐指的是文本相对于文档窗口在水平位置的对齐方式，它包括左对齐、居中对齐、右对齐和两端对齐 4 种类型。

【操作步骤】

第 1 步，继续以 2.2.4 节示例为例，选中标题文本。

第 2 步，单击【属性】面板上的【居中对齐】按钮，如图 2.28 所示。其中，▤表示左对齐，▤表示居中对齐，▤表示右对齐，▤表示两端对齐。

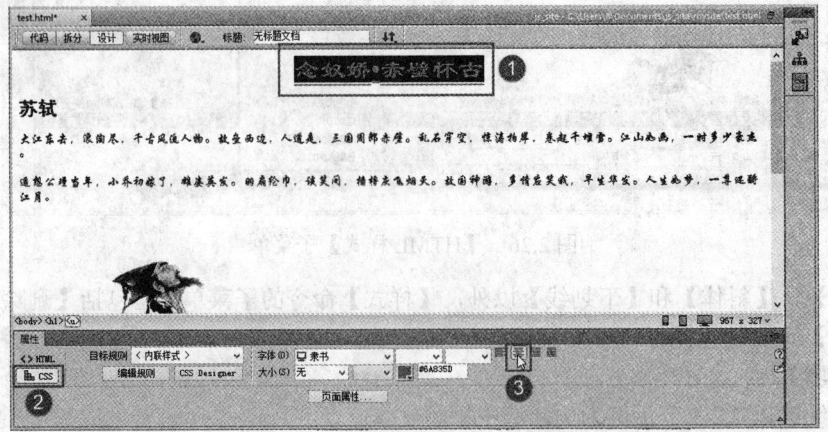

图 2.28　文本居中对齐

Note

提示：设置文本的对齐方式，也可以选择【文本】|【对齐】子菜单中的命令，或者利用快捷菜单中的【对齐】子菜单完成。

注意：对齐文本是针对整段文本进行操作的，不可以只对段内部分文本单独实行对齐操作。

第 3 步，以同样的方式设置二级标题文本“苏轼”居中对齐。保存文档，按 F12 键预览文档，演示效果如图 2.29 所示。

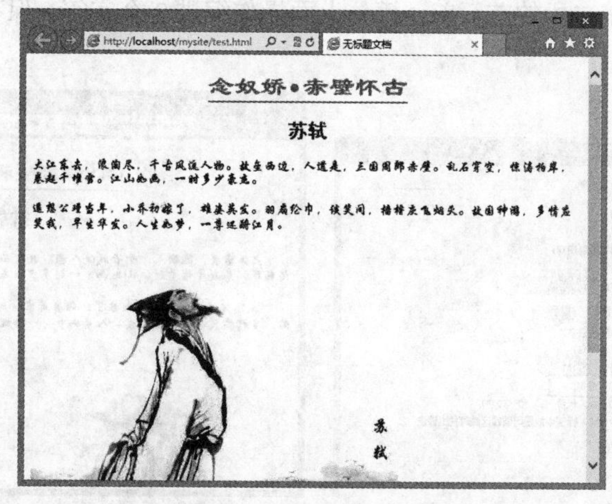

图 2.29 文本居中预览效果

2.3.2 文本缩进

文本的缩进包括首行缩进和段落缩进。下面是设置首行缩进的方法。

【操作步骤】

第 1 步，继续以 2.3.1 节示例为例，打开文档。

第 2 步，将鼠标指针置于第一段行首。

第 3 步，选择【插入】|【字符】|【不换行字符】命令，如图 2.30 所示。在【插入】面板的【字符】选项中，单击【不换行空格】按钮。

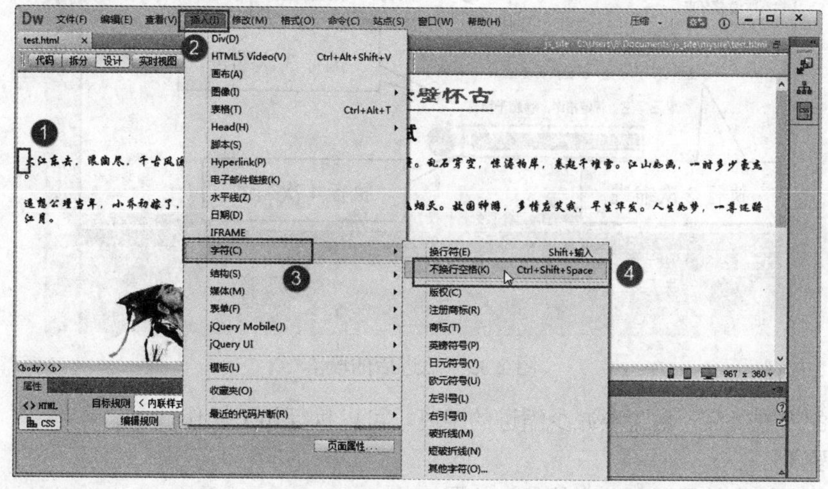

图 2.30 插入不换行空格

第 4 步，连续执行【不换行空格】命令 8 次，实现首行缩进 2 个字符。

> 技巧：将输入法中的半角状态切换为全角状态，并把鼠标指针置于行首，按空格键即可实现首行缩进。

Note

如果在【首选项】对话框中选中【允许多个连续的空格】复选框，可以设置空格键自动增加空格效果，则空格键就具有缩进功能，如图 2.31 所示。

第 5 步，把光标置于第二段的首行前，模仿上面操作缩进 2 个字符。保存文档，按 F12 键，预览效果如图 2.32 所示。

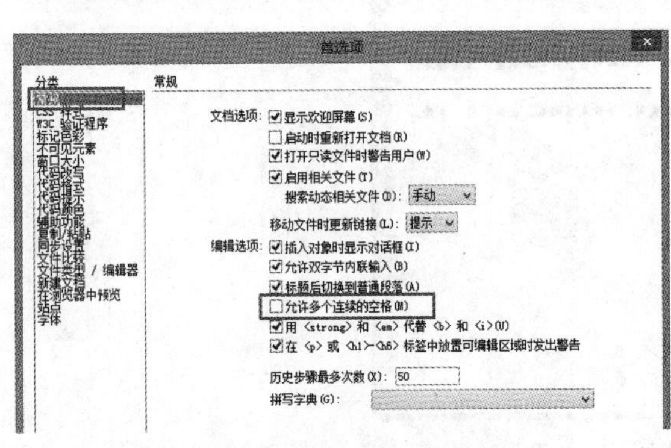

图 2.31　设置空格键缩进功能

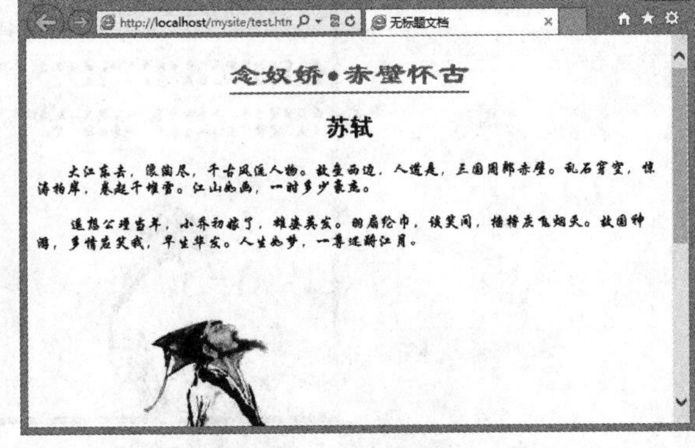

图 2.32　设置首行缩进效果

设置段落的缩进方法很简单，首先要将鼠标指针置于段落中，然后任选以下几种方法之一。

☑　打开【属性】面板，单击【属性】面板上的【缩进】按钮。

☑　选择【格式】|【缩进】命令。

☑　直接按 Ctrl+Alt+]组合键。

☑　右击该段落，选择快捷菜单中的【列表】|【缩进】命令。

缩进后的段落如图 2.33 所示。

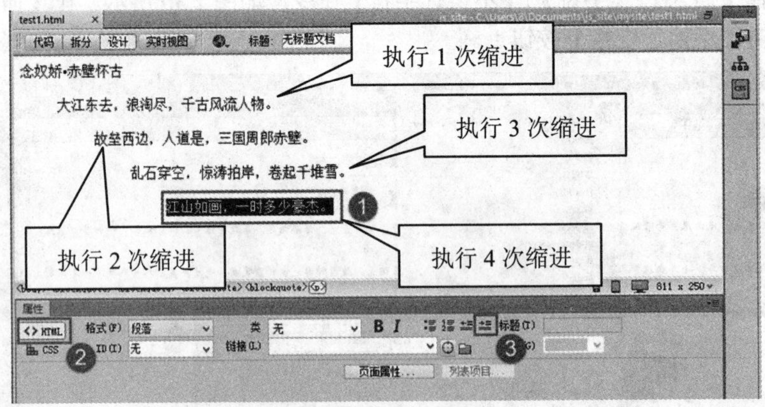

图 2.33　缩进后的段落

实现文本的缩进以后，如果要减少缩进的距离，可以执行如下操作。

【操作步骤】

第 1 步，将鼠标指针置于段落中的任一位置。

第 2 步，选择以下一种方法，减少段落的缩进。

☑　单击【属性】面板上的【文本凸出】按钮。

☑　选择【格式】|【凸出】命令。

☑　直接按 Ctrl+Alt+[组合键。

☑　将鼠标指针置于该段落中，右击该段落，选择快捷菜单中的【列表】|【凸出】命令。

重复单击【缩进】按钮或【减少缩进】按钮，可以增加或减少缩进的距离。

2.4　设置格式和列表

格式和列表是网页文本排版中两个非常有用的功能，格式主要用来设置固定标题、预定义文本格式、显示和设置段落；列表主要用来组织多列文本，方便排版。

2.4.1　定义文本格式

Dreamweaver 中有几种既定的文本格式，每种格式都有规定的大小、对齐方式等属性值。Dreamweaver 中共定义了 6 级标题，用来实现文本的格式化。

【操作步骤】

第 1 步，启动 Dreamweaver，选择【文件】|【新建】命令，或者按 Ctrl+N 快捷键，新建一个空白的 HTML 文档，保存为 test.html。

第 2 步，把光标置于文档编辑窗口中，输入文本“HTML 标题标签：”，在【属性】面板中设置【格式】为“段落”，如图 2.34 所示。

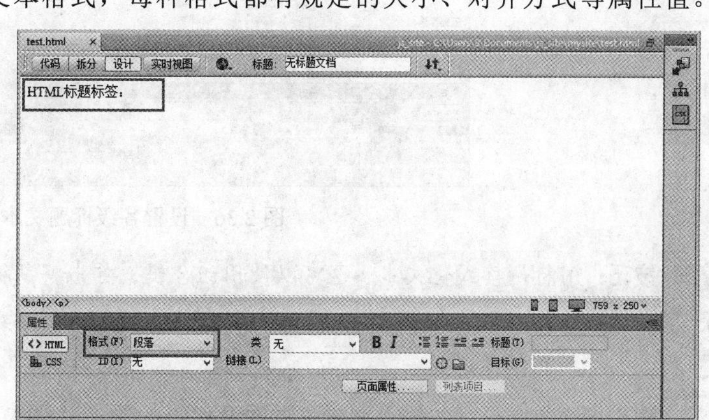

图 2.34　设置段落格式文本

> 提示：【格式】下拉列表框中各选项的含义分别如下。
>
> ☑　无：没有设置文本的格式。
>
> ☑　段落：设置当前文本为段落文本，即表示能自动换行并以一个段落块显示。
>
> ☑　标题 1：它的字号约为 6 号，行的高度大于正文。
>
> ☑　标题 2~标题 6：字号相应地逐渐减小。
>
> ☑　预先格式化的：表示保留文本预先定义的格式。

第 3 步，按 Enter 键换行，然后输入文本“一级标题”，在【属性】面板中设置【格式】为“标题 1”，如图 2.35 所示。

第 4 步，重复操作：按 Enter 键换行，分别输入文本“二级标题”、“三级标题”、“四级标题”、“五级标题”和“六级标题”，然后在【属性】面板中分别设置【格式】为“标题 2”、“标题 3”、“标题 4”、“标题 5”和“标题 6”，如图 2.36 所示。

Note

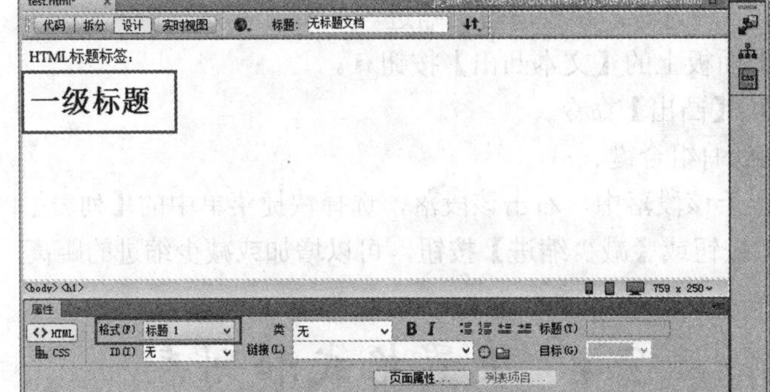

图 2.35　设置一级标题文本

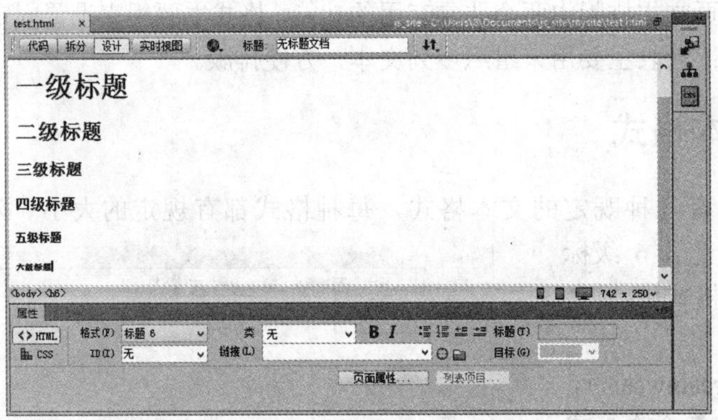

图 2.36　设置各级标题文本

技巧：用标题格式化文本，也可以使用组合键。首先将鼠标指针置于要格式化的段落中，然后按快捷键“Ctrl+相应的标题号”。例如，将某一段落设置为标题 3 的格式，就可以用 Ctrl+3 快捷键来实现。

第 5 步，另起一行，输入文本“页面源代码：”，设置文本格式为“段落”。按 Enter 键换行，在【属性】面板中设置文本格式为“预先格式化的”，如图 2.37 所示。

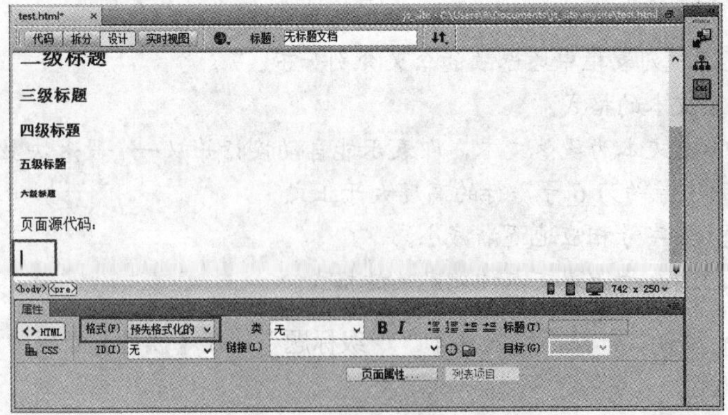

图 2.37　设置预定义文本

第 6 步，输入本页源代码，这时可以看到用户输入的代码能够正确显示，且可以自由缩进显示，效果如图 2.38（a）所示。如果不设置为预定义格式，而改为段落格式，则文本效果如图 2.38（b）所示。

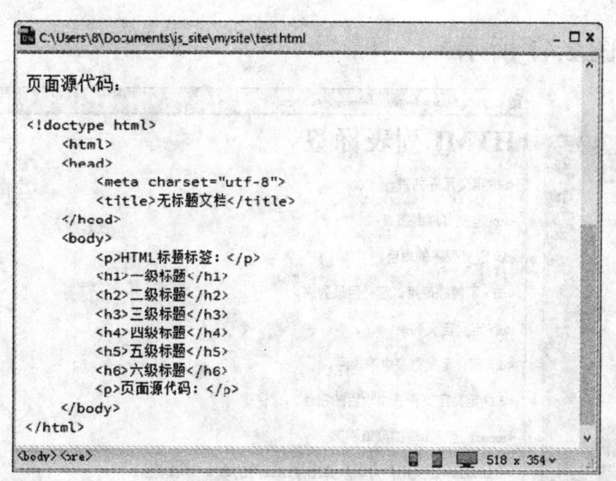

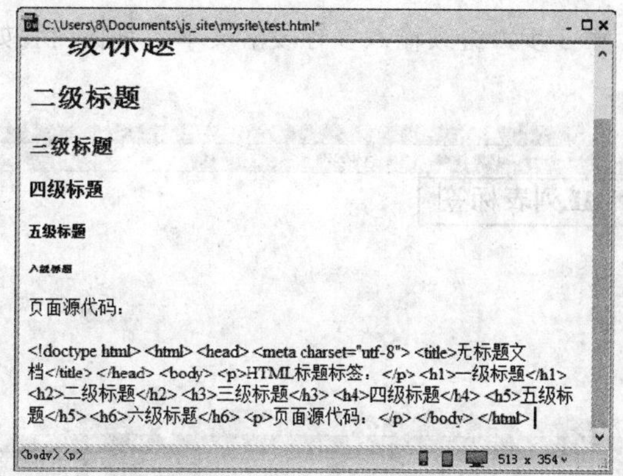

（a）预定义格式　　　　（b）段落格式

图 2.38　输入预定义文本

第 7 步，按 Ctrl+S 快捷键保存文档，然后按 F12 键在浏览器中预览，则显示效果如图 2.39 所示。

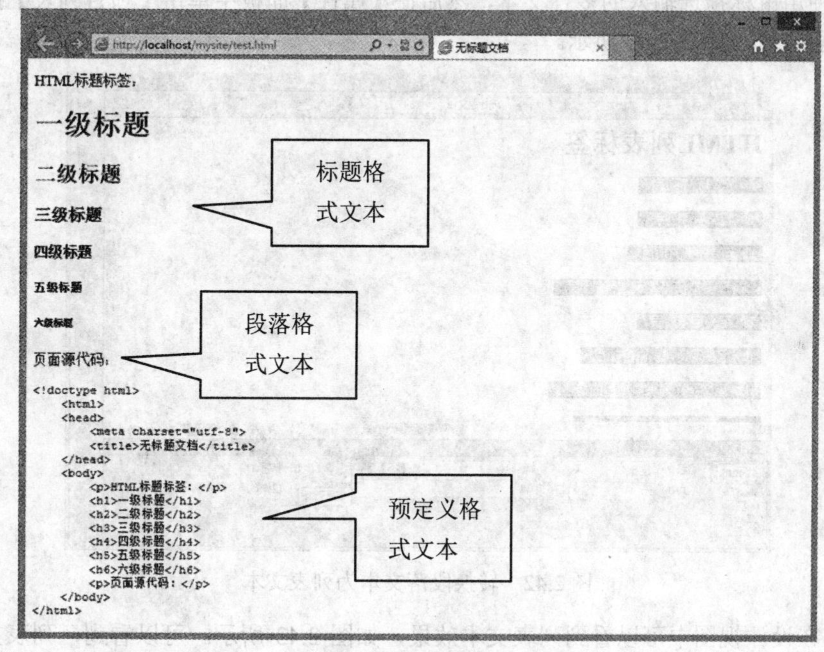

图 2.39　文本格式显示效果

2.4.2　定义文本列表

列表是文本组织最有效的方式，传统习惯上用户喜欢用表格来组织文本等网页元素，但随着网页技术新标准的推出，CSS 技术革新，W3C 组织建议广大用户最好用列表组织文本。

【操作步骤】

第 1 步，启动 Dreamweaver，选择【文件】|【新建】命令，或者按 Ctrl+N 快捷键，新建一个空白的 HTML 文档，保存为 test.html。

第 2 步，把光标置于文档编辑窗口中，输入文本“HTML 列表标签”，在【属性】面板中设置【格式】为“标题 1”，如图 2.40 所示。

Note

第 3 步，继续输入多行段落文本，具体内容如图 2.41 所示。

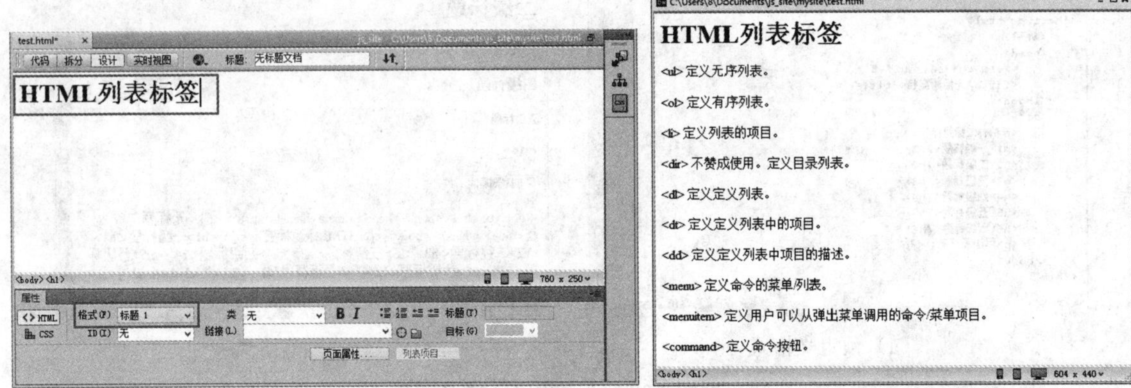

图 2.40　输入标题文本　　　　图 2.41　输入多段段落文本

第 4 步，使用鼠标拖选输入的多行文本，然后在【属性】面板中单击【项目列表】按钮，把段落文本转换为列表文本，如图 2.42 所示。

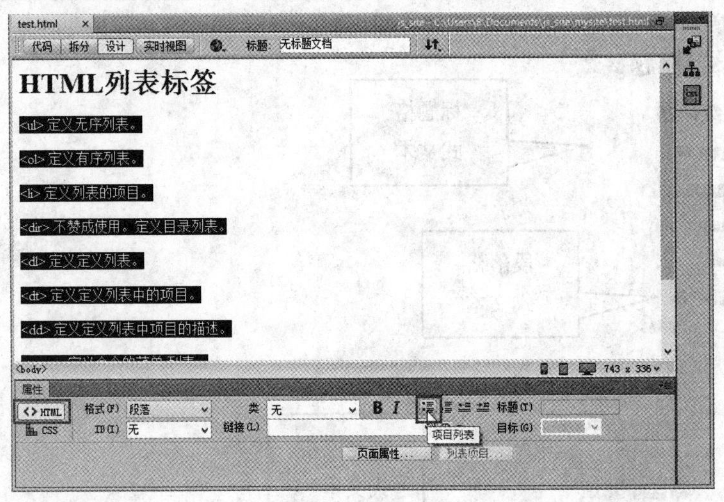

图 2.42　转换段落文本为列表文本

第 5 步，在设计视图中可以看到列表文本效果，如图 2.43 所示。可以看到，列表文本前面都添加一个项目符号，同时文本缩进显示。

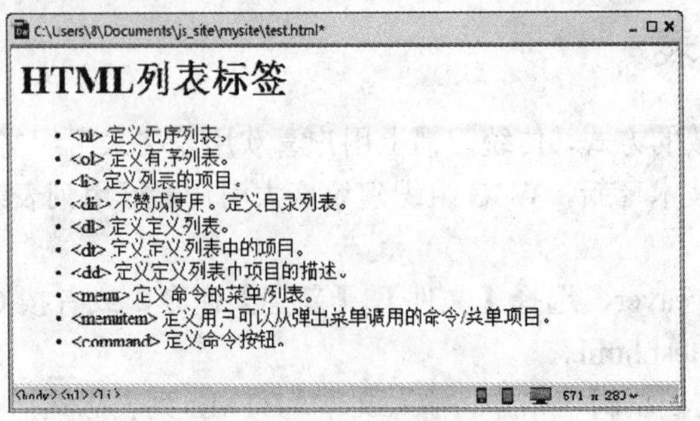

图 2.43　列表文本效果

提示：任选以下几种方法之一都可以定义列表文本。

☑　打开【属性】面板，单击该面板上的【项目列表】按钮或者【编号列表】按钮。

☑　选择【格式】|【列表】命令，在打开的子菜单中选择一个命令即可。

☑　右击选中段落，选择快捷菜单中的【列表】子菜单中的命令。

如果设置编号列表，则效果如图 2.44 所示。

也可以自定义这些列表的属性，选择【格式】|【列表】|【属性】命令，打开【列表属性】对话框，如图 2.45 所示。在该对话框中可以定义不同类型列表的各种属性。

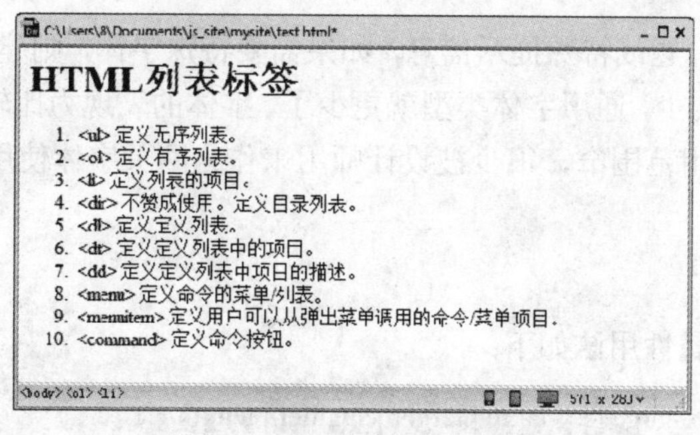

图 2.44　编号列表文本效果

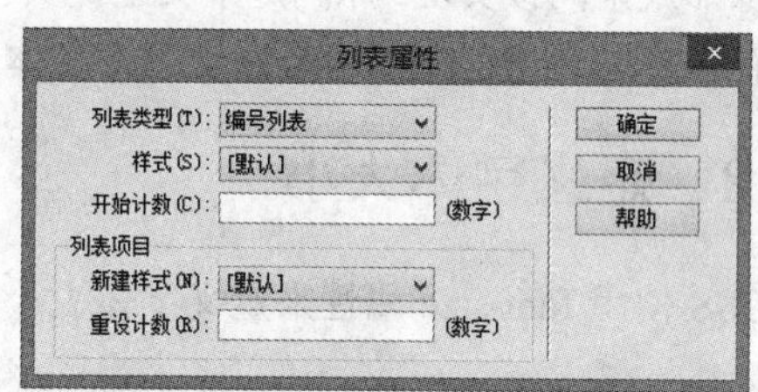

图 2.45　【列表属性】对话框

2.5　使用 CSS 定义文本样式

字体样式涉及文字型体效果，包括字体类型、字体大小、字体颜色等基本效果，还包括字体粗细、下划线、斜体、大小写等特殊效果。文本样式主要涉及文本排版效果。

2.5.1　定义字体类型

CSS 使用 font-family 属性来定义字体类型，另外使用 font 属性也可以定义字体类型。

☑　font-family 是字体类型专用属性，用法如下：

```
font-family : name
font-family :ncursive | fantasy | monospace | serif | sans-serif
```

name 表示字体名称，可指定多种字体，多个字体将按优先顺序排列，以逗号隔开。如果字体名称包含空格，则应使用引号括起。第二种声明方式使用所列出的字体序列名称，如果使用 fantasy 序列，将提供默认字体序列。

☑　font 是一个复合属性，该属性能够设置多种字体属性，用法如下：

```
font : font-style || font-variant || font-weight || font-size || line-height || font-family
font : caption | icon | menu | message-box | small-caption | status-bar
```

属性值之间以空格分隔。font 属性至少应设置字体大小和字体类型，且必须放在后面，否则无效。前面可以自由定义字体样式、字体粗细、大小写和行高，详细讲解将在后面内容中分别介绍。

【示例】启动 Dreamweaver，新建一个网页，保存为 test.html，在<body>标签内输入一行段落文本。

```
<p>定义字体类型</p>
```

在<head>标签内添加<style type="text/css">标签，定义一个内部样式表，然后输入下面样式，用来定义网页字体的类型。

```
body {
    font-family:Arial, Helvetica, sans-serif;          /*字体类型*/
}
p {/* 段落样式 */
    font:14px "黑体";                                  /*14 像素大小的黑体字体*/
}
```

中文网页字体一般多定义为宋体类型，对于标题或特殊提示信息，如果需要特殊字体，则建议采用图像形式来间接实现。原因是中文字体类型比较少，通用字体类型就更少了，字体的表现力比较弱，即使存在各种艺术字体，但是恐于艺术字体的应用范围窄，很少被设计师用来作为网页字体使用。

2.5.2 定义字体大小

CSS 使用 font-size 属性来定义字体大小，该属性用法如下：

```
font-size : xx-small | x-small | small | medium | large | x-large | xx-large | larger | smaller | length
```

其中，xx-small（最小）、x-small（较小）、small（小）、medium（正常）、large（大）、x-large（较大）、xx-large（最大）表示绝对字体尺寸，这些特殊值将根据对象字体进行调整。

larger（增大）和 smaller（减少）这对特殊值能够根据父对象中字体尺寸进行相对增大或者缩小处理，使用成比例的 em 单位进行计算。

length 可以是百分数，或者浮点数字和单位标识符组成的长度值，但不可为负值。其百分比取值是基于父对象中字体的尺寸来计算，与 em 单位计算相同。

【示例】启动 Dreamweaver，新建一个网页，保存为 test.html，在<body>标签中输入以下内容：

```
<div>
    <p class="p1">明月几时有？  0.6in</p>
    <p class="p2">明月几时有？  0.8em</p>
    <p class="p3">明月几时有？  2cm</p>
    <p class="p4">明月几时有？  16pt</p>
    <p class="p5">明月几时有？  2pc</p>
</div>
```

在<head>标签内添加<style type="text/css">标签，定义一个内部样式表，然后输入下面样式，分别设置各个段落中的字体大小。

```
div{font-size:20px;}                /*以像素为单位设置 div 标签字体大小*/
.p1{ font-size: 0.6in; }            /*以英寸为单位设置字体大小*/
.p2{ font-size: 0.8em; }            /*以父级字体大小为参考设置大小*/
.p3{ font-size: 2cm ; }             /*以厘米为单位设置字体大小*/
.p4{ font-size: 16pt; }             /*以点为单位设置字体大小*/
.p5{ font-size: 2pc; }              /*以皮卡为单位设置字体大小*/
```

显示结果如图 2.46 所示。

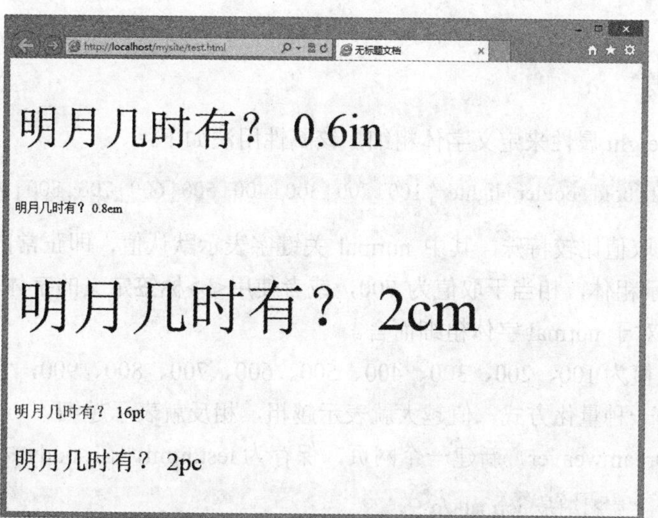

图 2.46　设置段落中的字体大小

2.5.3　定义字体颜色

CSS 使用 color 属性来定义字体颜色，该属性用法如下：

```
color : color
```

在 CSS 中，颜色的设置统一采用 rgb 格式，即按“红黄蓝”三原色的不同比例组成每种颜色。例如 rgb(100%,0%,0%)或者是用十六进制表示为#ff0000，即为红色。

【示例】启动 Dreamweaver，新建一个网页，保存为 test.html，在<body>标签中输入以下内容：

```
<p class="p1">明月几时有？</p>
<p class="p2">明月几时有？</p>
<p class="p3">明月几时有？</p>
<p class="p4">明月几时有？</p>
```

在<head>标签内添加<style type="text/css">标签，定义一个内部样式表，然后输入下面样式，分别定义<p>标签包含的字体颜色。

```
.p1 { color:red;}                          /*使用颜色名*/
.p2 { color:#693333;}                      /*使用十六进制*/
.p3 { color:rgb(120,120,120);}             /*使用 RGB*/
.p4 { color:rgb(0%,100%,50%);}
```

显示结果如图 2.47 所示。

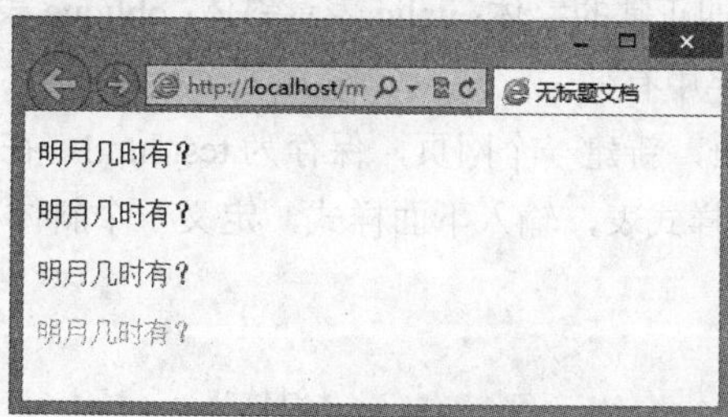

图 2.47　设置字体颜色

2.5.4 定义粗体

Note

CSS 使用 font-weight 属性来定义字体粗细，该属性用法如下：

```
font-weight : normal | bold | bolder | lighter | 100 | 200 | 300 | 400 | 500 | 600 | 700 | 800 | 900
```

font-weight 属性取值比较特殊，其中 normal 关键字表示默认值，即正常的字体，相当于取值为 400。bold 关键字表示粗体，相当于取值为 700，或者使用<b>标签定义的字体效果。bolder（较粗）和 lighter（较细）相对于 normal 字体粗细而言。

另外也可以设置值为 100、200、300、400、500、600、700、800、900，它们分别表示字体的粗细，是对字体粗细的一种量化方式，值越大就表示越粗，相反就表示越细。

【示例】启动 Dreamweaver，新建一个网页，保存为 test.html，在<body>标签中输入以下内容：

```
<p>明月几时有？ 文字粗细是 normal</p>
<h1>明月几时有？文字粗细是 700</h1>
<div>明月几时有？ 文字粗细是 bolder</div>
<p class="bold">明月几时有？ 文字粗细是 bold</p>
```

在<head>标签内添加<style type="text/css">标签，定义一个内部样式表，然后输入下面样式，分别定义段落文本、一级标题、<div>标签包含字体的粗细效果，同时定义一个粗体样式类。

```
p { font-weight: normal }                /*等于 400*/
h1 { font-weight: 700 }                  /*等于 bold*/
div{ font-weight: bolder }               /*可能为 500*/
.bold { font-weight:bold; }              /*加粗显示*/
```

显示结果如图 2.48 所示。

> **提示：**设置字体粗细也可以称为定义字体的重量。对于中文网页设计来说，一般仅用到 bold（加粗）、normal（普通）两个属性值即可。

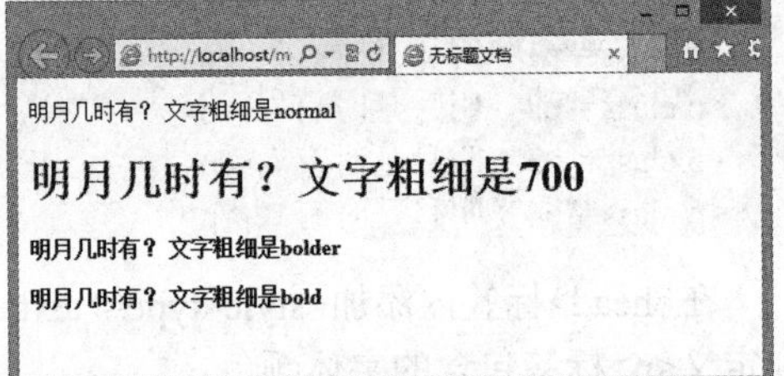

图 2.48 设置字体的粗细

2.5.5 定义斜体

CSS 使用 font-style 属性来定义字体倾斜效果，该属性用法如下：

```
font-style : normal | italic | oblique
```

其中，normal 表示默认值，即正常的字体；italic 表示斜体；oblique 表示倾斜的字体。italic 和 oblique 两个取值只能在英文等西方文字中有效。

【示例】启动 Dreamweaver，新建一个网页，保存为 test.html，在<head>标签内添加<style type="text/css">标签，定义一个内部样式表，输入下面样式，定义一个斜体样式类。

```
.italic {
    font-size:24px;
    font-style:italic;                    /*斜体*/
}
```

然后在<body>标签中输入一行段落文本，并把斜体样式类应用到该段落文本中。

```
<p>设置<span class="italic">文字斜体 </span></p>
```

显示结果如图 2.49 所示。

2.5.6　定义下划线

CSS 使用 text-decoration 属性来定义字体下划线、删除线和顶划线效果，该属性用法如下：

```
text-decoration : none || underline || overline || line-through || blink
```

其中，none 表示默认值，即无装饰字体；underline 表示下划线效果；line-through 表示删除线效果，overline 表示顶划线效果；blink 表示闪烁效果。

【示例】启动 Dreamweaver，新建一个网页，保存为 test.html，在<head>标签内添加<style type="text/css">标签，定义一个内部样式表，然后输入下面样式，定义 3 个装饰字体样式类。

```
.underline {text-decoration:underline;}                /*下划线样式类*/
.overline {text-decoration:overline;}                  /*顶划线样式类*/
.line-through {text-decoration:line-through;}          /*删除线样式类*/
```

然后在<body>标签中输入 3 行段落文本，并分别应用上面的装饰类样式。

```
<p class="underline">设置下划线</p>
<p class="overline">设置顶划线</p>
<p class="line-through">设置删除线</p>
```

显示结果如图 2.50 所示。

图 2.49　设置斜体字

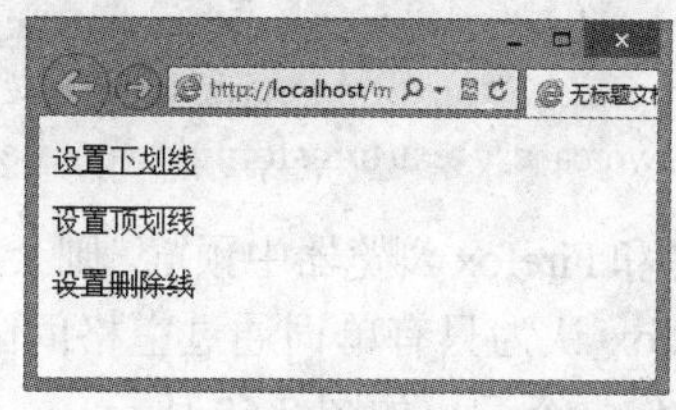

图 2.50　设置字体的下划线、顶划线和删除线

2.5.7　定义大小写

CSS 使用 font-variant 属性来定义字体大小效果，该属性用法如下：

```
font-variant : normal | small-caps
```

其中，normal 表示默认值，即正常的字体；small-caps 表示小型的大写字母字体。

【示例 1】启动 Dreamweaver，新建一个网页，保存为 test.html，在<head>标签内添加<style type="text/css">标签，定义一个内部样式表，然后输入下面样式，定义一个类样式。

```
.small-caps {/*小型大写字母样式类*/
    font-variant:small-caps;
}
```

然后在<body>标签中输入一行段落文本，并应用上面定义的类样式。

```
<p class="small-caps">font-variant </p>
```

注意：font-variant 仅支持英文为代表的西文字体，中文字体没有大小写效果区分。如果设置了小型大写字体，但是该字体没有找到原始小型大写字体，则浏览器会模拟一个。例如，可通过使用一个常规字体，并将其小写字母替换为缩小过的大写字母。

【拓展】CSS 还定义了一个 text-transform 属性，该属性也能够定义字体大小写效果。不过该属性主要定义单词大小写样式，用法格式如下：

```
text-transform : none | capitalize | uppercase | lowercase
```

其中，none 表示默认值，无转换发生；capitalize 表示将每个单词的第一个字母转换成大写，其余无转换发生；uppercase 表示把所有字母都转换成大写；lowercase 表示把所有字母都转换成小写。

【示例 2】新建一个网页，保存为 test.html，在<head>标签内添加<style type="text/css">标签，定义一个内部样式表，然后输入下面样式，定义 3 个类样式。

```
.capitalize {/
    text-transform:capitalize;                /*首字母大写*/
}
.uppercase {
    text-transform:uppercase;                 /*全部大写*/
}
.lowercase {
    text-transform:lowercase;                 /*全部小写*/
}
```

然后在<body>标签中输入 3 行段落文本，并分别应用上面定义的类样式。

```
<p class="capitalize">text-transform:capitalize;</p>
<p class="uppercase">text-transform:uppercase;</p>
<p class="lowercase">text-transform:lowercase;</p>
```

分别在 IE 和 Firefox 浏览器中预览，则会发现：IE 认为只要是单词就把首字母转换为大写，如图 2.51 所示；而 Firefox 认为只有单词通过空格间隔之后，才能够成为独立意义上的单词，所以几个单词连在一起时就算作一个词，如图 2.52 所示。

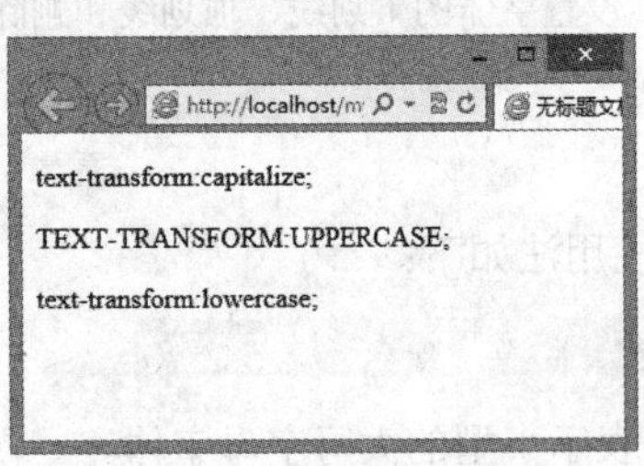

图 2.51　IE 中解析的大小效果

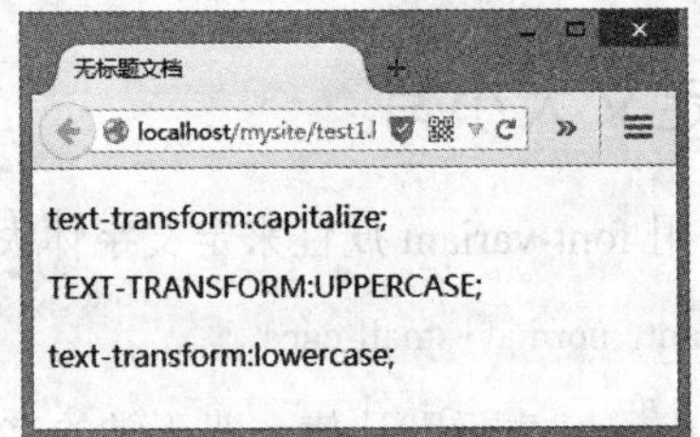

图 2.52　Firefox 中解析的大小效果

2.5.8　定义水平对齐

在传统布局中，一般使用 HTML 的 align 属性来定义对象水平对齐，这种用法在过渡型文档类型中依然可以使用。CSS 使用 text-align 属性来定义文本的水平对齐方式，该属性的用法如下：

```
text-align : left | right | center | justify
```

该属性取值包括 4 个：其中 left 表示默认值，左对齐；right 表示右对齐；center 表示居中对齐；

justify 表示两端对齐。

【示例】新建一个网页，保存为 test.html，在<head>标签内添加<style type="text/css">标签，定义一个内部样式表，然后输入下面样式，定义居中对齐类样式。

```
.left{    text-align:left;}                    /*左对齐*/
.center { text-align:center; }                 /*居中对齐*/
.right{ text-align:right;}                     /*右对齐*/
.justify{ text-align:justify;}                 /*两端对齐*/
```

然后在<body>标签中输入两行段落文本，并分别使用传统的 HTMLalign 属性和标准设计中的 CSS 的 text-align 属性定义文本居中。

```
<p align="left">左对齐</p>
<p class="center">居中对齐</p>
<p class="right">右对齐</p>
<p class="justify">两端对齐</p>
```

显示效果如图 2.53 所示。

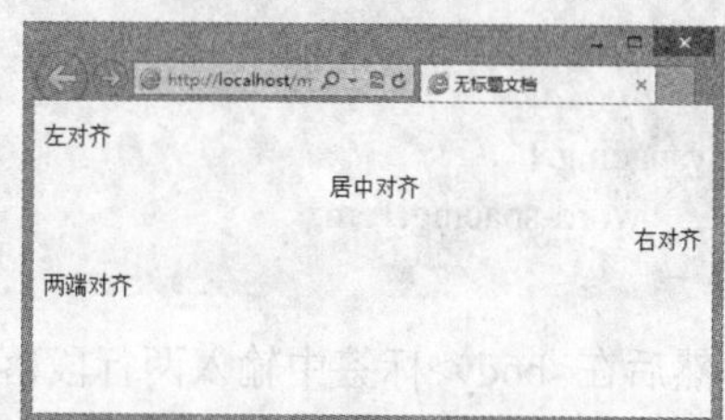

图 2.53　设置文本的水平对齐

2.5.9　定义垂直对齐

在传统布局中，一般元素不支持垂直对齐效果，不过在表格中可以实现。例如，在下面表格结构中使用 td 元素的 valign 属性定义单元格内包含的对象垂直居中显示。

```
<table border="1">
    <tr>
        <td valign="middle">垂直对齐</td>
    </tr>
</table>
```

CSS 使用 vertical-align 属性来定义文本垂直对齐问题，该属性的用法如下：

```
vertical-align : auto | baseline | sub | super | top | text-top | middle | bottom | text-bottom | length
```

其中，auto 属性值将根据 layout-flow 属性的值对齐对象内容；baseline 表示默认值，表示将支持 valign 特性的对象内容与基线对齐；sub 表示垂直对齐文本的下标；super 表示垂直对齐文本的上标；top 表示将支持 valign 特性的对象的内容对象顶端对齐；text-top 表示将支持 valign 特性的对象的文本与对象顶端对齐；middle 表示将支持 valign 特性的对象的内容与对象中部对齐；bottom 表示将支持 valign 特性的对象的内容与对象底端对齐；text-bottom 表示将支持 valign 特性的对象的文本与对象顶端对齐；length 表示由浮点数字和单位标识符组成的长度值或者百分数，可为负数，定义由基线算起的偏移量，基线对于数值来说为 0，对于百分数来说就是 0%。

【示例】新建一个网页，保存为 test.html，在<head>标签内添加<style type="text/css">标签，定义一个内部样式表，然后输入下面样式，定义上标类样式。

```
.super {
    vertical-align:super;
}
```

然后在<body>标签中输入一行段落文本，并应用该上标类样式。

```
<p>vertical-align 表示垂直<span class=" super ">对齐</span>属性</p>
```

Note

在浏览器中预览，则显示效果如图 2.54 所示。

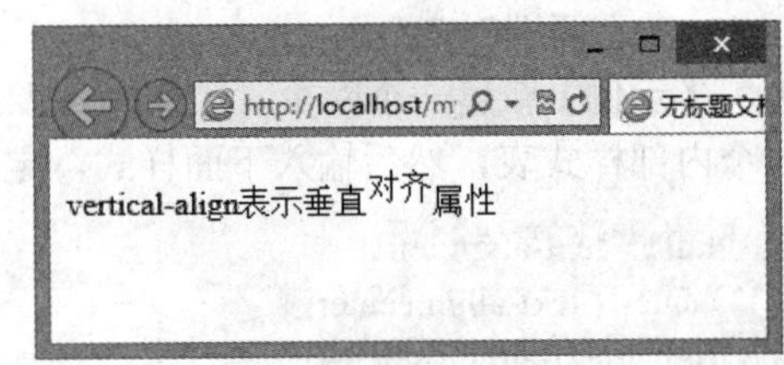

图 2.54　文本上标样式效果

2.5.10　定义间距

CSS 使用 letter-spacing 属性定义字间距，使用 word-spacing 属性定义词距。这两个属性的取值都是长度值，由浮点数字和单位标识符组成，既可以是绝对数值又可以是相对数值，默认值为 normal，它表示默认间隔。

定义词距时，以空格为基准进行调节，如果多个单词被连在一起，则被 word-spacing:视为一个单词；如果汉字被空格分隔，则分隔的多个汉字就被视为不同的单词，word-spacing:属性此时有效。

【示例】新建一个网页，保存为 test.html，在<head>标签内添加<style type="text/css">标签，定义一个内部样式表，然后输入下面样式，定义两个类样式。

```
.lspacing {
    letter-spacing:1em;
}
.wspacing {
    word-spacing:1em;
}
```

然后在<body>标签中输入两行段落文本，并应用上面两个类样式。

```
<p class="lspacing">letter spacing（字间距）</p>
<p class="wspacing"> word spacing（词间距）</p>
```

在浏览器中预览，则显示效果如图 2.55 所示。从图中可以直观地看到，所谓字距就是定义字母之间的间距，而词距就是定义西文单词的距离。

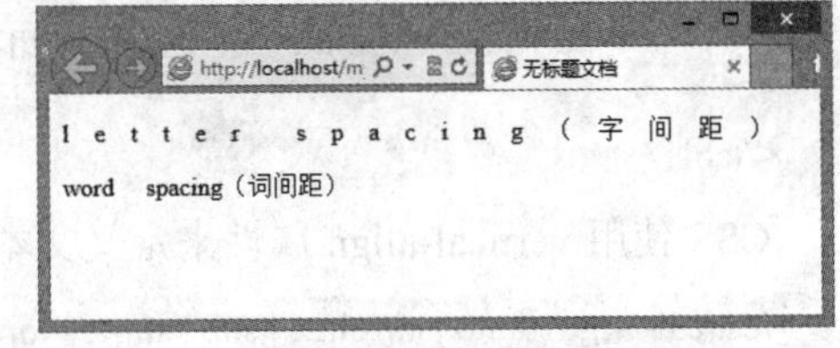

图 2.55　字距和词距演示效果比较

注意：字距和词距一般很少使用，使用时应慎重考虑用户的阅读体验和感受。对于中文用户来说，letter-spacing 属性有效，而 word-spacing: 属性无效。

2.5.11　定义行距

行间距，是段落文本行之间的距离。CSS 使用 line-height 属性定义行高，该属性的用法如下。

```
line-height : normal | length
```

其中，normal 表示默认值，一般为 1.2em；length 表示百分比数字，或者由浮点数字和单位标识符组成的长度值，允许为负值。

【示例】新建一个网页，保存为 test.html，在<head>标签内添加<style type="text/css">标签，定义一个内部样式表，然后输入下面样式，定义两个行高类样式。

```
.p1 {
    font-size:12pt;
    line-height:12pt;                    /*行间距为绝对数值*/
}
.p2 {
```

```
    font-size:10pt;
    line-height:2em;                                  /*行间距为相对数值*/
}
```

然后在<body>标签中输入两行段落文本，并应用上面两个类样式。

```
<h1>社戏</h1>
<h2>鲁迅 </h2>
<p class="p1">我在倒数上去的二十年中，只看过两回中国戏，前十年是绝不看，因为没有看戏的意思和机会，那两回全在后十年，然而都没有看出什么来就走了。</p>
<p class="p2">第一回是民国元年我初到北京的时候，当时一个朋友对我说，北京戏最好，你不去见见世面么？我想，看戏是有味的，而况在北京呢。于是都兴致勃勃的跑到什么园，戏文已经开场了，在外面也早听到冬冬地响。我们挨进门，几个红的绿的在我的眼前一闪烁，便又看见戏台下满是许多头，再定神四面看，却见中间也还有几个空座，挤过去要坐时，又有人对我发议论，我因为耳朵已经嘡的响着了，用了心，才听到他是说“有人，不行！”  </p>
```

在浏览器中预览，则显示效果如图 2.56 所示。

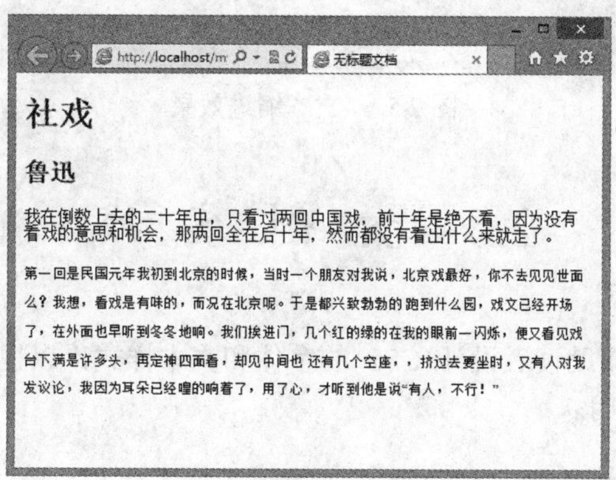

图 2.56　段落文本的行间距演示效果

2.5.12　定义缩进

CSS 使用 text-indent 属性定义首行缩进，该属性的用法如下：

```
text-indent : length
```

length 表示百分比数字，或者由浮点数字和单位标识符组成的长度值，允许为负值。建议在设置缩进单位时，以 em 为设置单位，它表示一个字距，这样比较精确确定首行缩进效果。

【示例】新建一个网页，保存为 test.html，在<head>标签内添加<style type="text/css">标签，定义一个内部样式表，然后输入下面样式，定义段落文本首行缩进 2 个字符。

```
p {
        text-indent:2em;      /*首行缩进 2 个字距*/
}
```

然后在<body>标签中输入如下标题和段落文本。

```
<h1>社戏</h1>
<h2>鲁迅 </h2>
<p >我在倒数上去的二十年中，只看过两回中国戏，前十年是绝不看，因为没有看戏的意思和机会，那两回全在后十年，然而都没有看出什么来就走了。</p>
```

```
<p >第一回是民国元年我初到北京的时候，当时一个朋友对我说，北京戏最好，你不去见见世面么？我想，看戏是有味的，而况在北京呢。于是都兴致勃勃地跑到什么园，戏文已经开场了，在外面也早听到冬冬地响。我们挨进门，几个红的绿的在我的眼前一闪烁，便又看见戏台下满是许多头，再定神四面看，却见中间也还有几个空座，挤过去要坐时，又有人对我发议论，我因为耳朵已经喤的响着了，用了心，才听到他是说"有人，不行！"  </p>
```

Note

在浏览器中预览，则可以看到文本缩进效果，如图 2.57 所示。

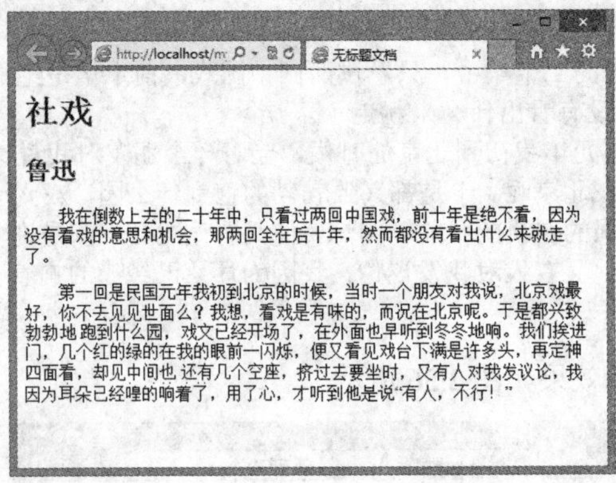

图 2.57　文本缩进效果

2.6 案例实战

本节将通过实例的形式帮助读者设计 CSS 的字体和文本样式，以提高实战技法和技巧，快速理解 CSS 字体和文本属性的应用。

2.6.1 设计网页正文样式

本例着重介绍对正文文本样式的设置，并进一步讲述 CSS 文字和段落的排版方法。本例的演示效果如图 2.58 所示。

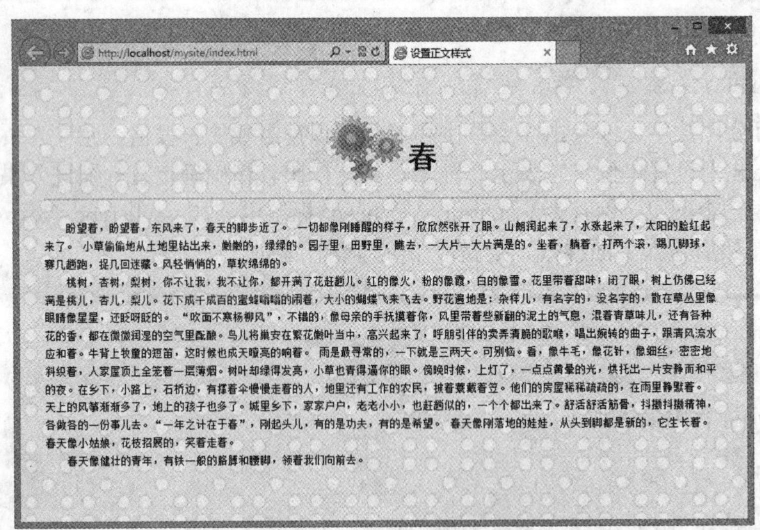

图 2.58　正文样式效果

【操作步骤】

第 1 步，构建网页结构。使用<h1>标签定义文章的标题，同时增加了 3 个<p>标签，添加段落文本。

```
<h1><img   src="images/logo.gif" >春</h1>
<p>盼望着，盼望着，东风来了，春天的脚步近了。一切都像刚睡醒的样子，欣欣然张开了眼。山朗润起来了，水涨起来了，太阳的脸红起来了。小草偷偷地从土地里钻出来，嫩嫩的，绿绿的。园子里，田野里，瞧去，一大片一大片满是的。坐着，躺着，打两个滚，踢几脚球，赛几趟跑，捉几回迷藏。风轻悄悄的，草软绵绵的。</p> <p>桃树，杏树，梨树，你不让我，我不让你，都开满了花赶趟儿。红的像火，粉的像霞，白的像雪。花里带着甜味；闭了眼，树上仿佛已经满是桃儿，杏儿，梨儿。花下成千成百的蜜蜂嗡嗡的闹着，大小的蝴蝶飞来飞去。野花遍地是：杂样儿，有名字的，没名字的，散在草丛里像眼睛像星星，还眨呀眨的。"吹面不寒杨柳风"，不错的，像母亲的手抚摸着你，风里带着些新翻的泥土的气息，混着青草味儿，还有各种花的香，都在微微润湿的空气里酝酿。鸟儿将巢安在繁花嫩叶当中，高兴起来了，呼朋引伴的卖弄清脆的歌喉，唱出婉转的曲子，跟清风流水应和着。牛背上牧童的短笛，这时候也成天嘹亮的响着。 雨是最寻常的，一下就是三两天。可别恼。看，像牛毛，像花针，像细丝，密密地斜织着，人家屋顶上全笼着一层薄烟。树叶却绿得发亮，小草也青得逼你的眼。傍晚时候，上灯了，一点点黄晕的光，烘托出一片安静而和平的夜。在乡下，小路上，石桥边，有撑着伞慢慢走着的人，地里还有工作的农民，披着蓑戴着笠。他们的房屋稀稀疏疏的，在雨里静默着。 天上的风筝渐渐多了，地上的孩子也多了。城里乡下，家家户户，老老小小，也赶趟似的，一个个都出来了。舒活舒活筋骨，抖擞抖擞精神，各做各的一份事儿去。"一年之计在于春"，刚起头儿，有的是功夫，有的是希望。春天像刚落地的娃娃，从头到脚都是新的，它生长着。 </p>
<p>春天像小姑娘，花枝招展的，笑着走着。 </p>
<p>春天像健壮的青年，有铁一般的胳膊和腰脚，领着我们向前去。</p>
```

此时的显示效果极其简单，仅仅是简单的文字和标题，如图 2.59 所示。

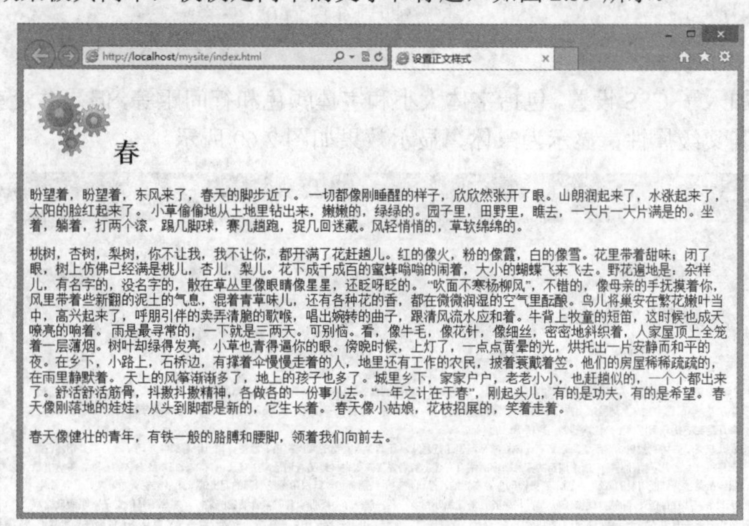

图 2.59　网页基本结构，未加入 CSS 语句

第 2 步，定义网页基本属性、标题属性，与上一节示例基本相同。

```
body {
    margin:20px;                                        /*边界*/
    background:url(images/bg.jpg);                      /*背景图片*/
    font-size:14px;                                     /*网页字体大小*/
    font-family:"宋体", Arial, Helvetica, sans-serif;   /*网页字体默认类型*/
}
h1{
  font-family:"黑体";
```

```
    color:#086916;
    padding-bottom:24px;
    text-align:center;
    border-bottom:2px solid #cecaca;
}
img{
    position:relative;
    bottom:-24px;
}
```

有读者可能会产生这样的疑问，在<body>标签中设置了字体为宋体，为什么在<h1>标签中又设置为黑体呢？到底页面会显示出哪种字体呢？

CSS 是这样规定的，下级标签的属性可以继承其父级的属性，在<.body>标签中定义了字体为宋体，如果<h1>标签中没有再定义字体属性，那么<h1>标签的字体属性会继承<body>中的属性，其内容将会以宋体显示，在此例中<h1>标签又重新定义了字体为黑体，那么标题将会以黑体显示。

第 3 步，设置正文样式，即<p>标签中的段落内容。

```
p{
    line-height:1.6em;                    /*行间距*/
    font-size:13px;                       /*字体大小*/
    color:#000;                           /*字体颜色*/
    text-indent:2em;                      /*定义首行缩进 2 个字*/
    margin:0;                             /*四周补白为 0*/
}
```

此时<p>标签加入了 CSS 设置，包括字体大小和字体颜色和行间距等，但是并没有设置字体类型，所以<p>将会继承其父级属性，显示为宋体，显示效果如图 2.60 所示。

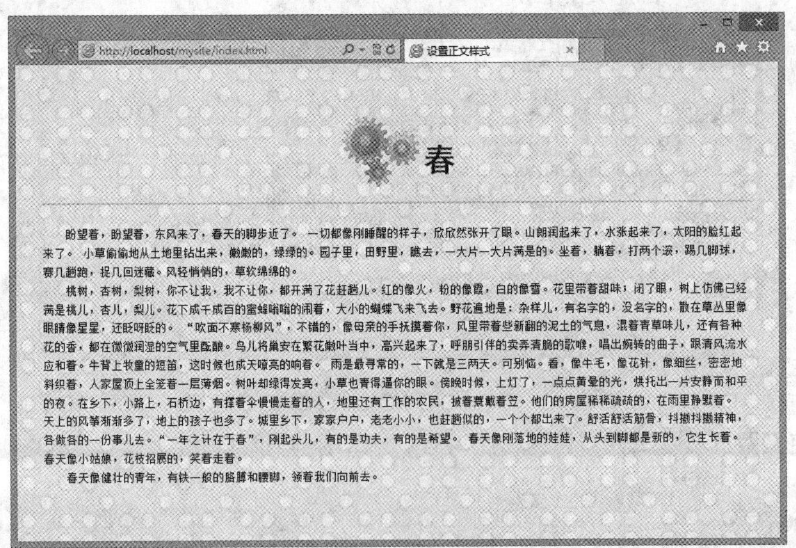

图 2.60　最终显示效果

2.6.2　设计段落版式

本示例通过网上常见的一则新闻，介绍了设置段落版式样式的方法，从而进一步讲述 CSS 段落

的排版方法。本例的演示效果如图 2.61 所示。

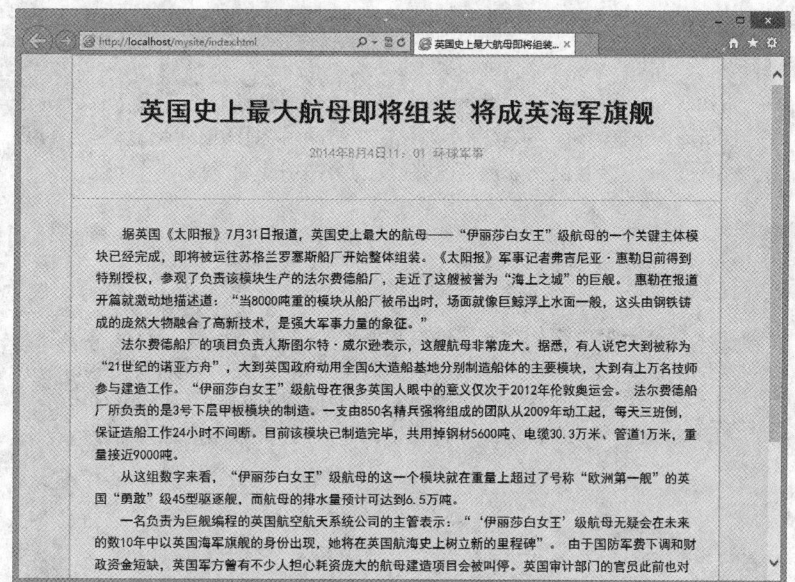

图 2.61　设置段落版式样式

【操作步骤】

第 1 步，构建网页结构。考虑到页面中有标题和正文两部分，所以页面在结构上分为上下两部分，分别是 header 和 main，用<div>标签进行分块。

```
<div class="container">
    <div class="header">
        <h1>英国史上最大航母即将组装 将成英海军旗舰</h1>
        <p class="p1">2014 年 8 月 4 日 11：01　环球军事</p>
    </div>
    <div class="main">
        <p>据英国《太阳报》7 月 31 日报道，英国史上最大的航母——“伊利莎白女王”级航母的一个关键主体模块已经完成，即将被运往苏格兰罗塞斯船厂开始整体组装。《太阳报》军事记者弗吉尼亚·惠勒日前得到特别授权，参观了负责该模块生产的法尔费德船厂，走近了这艘被誉为“海上之城”的巨舰。惠勒在报道开篇就激动地描述道：“当 8000 吨重的模块从船厂被吊出时，场面就像巨鲸浮上水面一般，这头由钢铁铸成的庞然大物融合了高新技术，是强大军事力量的象征。”</P>
        <P>法尔费德船厂的项目负责人斯图尔特·威尔逊表示，这艘航母非常庞大。据悉，有人说它大到被称为“21 世纪的诺亚方舟”，大到英国政府动用全国 6 大造船基地分别制造船体的主要模块，大到有上万名技师参与建造工作。“伊丽莎白女王”级航母在很多英国人眼中的意义仅次于 2012 年伦敦奥运会。法尔费德船厂所负责的是 3 号下层甲板模块的制造。一支由 850 名精兵强将组成的团队从 2009 年动工起，每天三班倒，保证造船工作 24 小时不间断。目前该模块已制造完毕，共用掉钢材 5600 吨、电缆 30.3 万米、管道 1 万米，重量接近 9000 吨。</p>
        <p>从这组数字来看，“伊丽莎白女王”级航母的这一个模块就在重量上超过了号称“欧洲第一舰”的英国“勇敢”级 45 型驱逐舰，而航母的排水量预计可达到 6.5 万吨。</P>
        <P>一名负责为巨舰编程的英国航空航天系统公司的主管表示：“‘伊丽莎白女王’级航母无疑会在未来的数 10 年中以英国海军旗舰的身份出现，她将在英国航海史上树立新的里程碑”。由于国防军费下调和财政资金短缺，英国军方曾有不少人担心耗资庞大的航母建造项目会被叫停。英国审计部门的官员此前也对这艘巨舰的未来表示了担心，称其资金需求可能会飙升到预算的两倍。伦敦已经考虑为“伊丽莎白女王”级航母购进更便宜的装备，这一变动为审计和财政部门所欢迎，却为军方所反对。 </p>
    </div>
```

Note

```
<div class="footer">
    <div>
        <ul>
            <li><a href="#">日《防卫白皮书》</a></li>
            <li><a href="#">安理会通过声明  谴责叙利亚当局对平民用武力</a></li>
            <li><a href="#">巴 34 岁美女外长惊艳访印  打通印巴对话之门</a></li>
            <li><a href="#">叙利亚局势紧张  安理会闭门磋商</a></li>
        </ul>
    </div>
    <div>
        <ul>
            <li><a href="#">美化学武器库发生芥子气泄漏</a></li>
            <li><a href="#">美提高债务上限同时提升军费为确保霸主地位</a></li>
            <li><a href="#">加拿大与美国海军联合在北极展开军事使命</a></li>
            <li><a href="#">阿富汗和平进程疑问重重  巴美合作但合力有限</a></li>
        </ul>
    </div>
</div>
</div>
```

在整体的 container 框架下，页面分为 header 和 main 两部分。在 header 下，分别定义了<h1>标签和<p>标签。在 main 下，分别定义 3 个<p>标签的文本段落。此时的显示效果极其简单，仅仅是简单的文字和标题，并没有友好的界面，如图 2.62 所示。

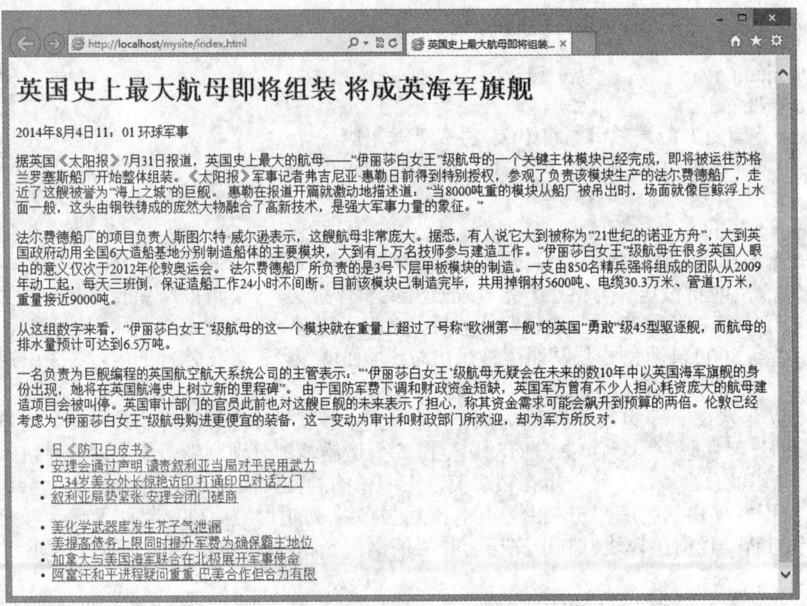

图 2.62　网页基本结构

第 2 步，定义网页基本属性。

```
body{
    background-color:#f1e2d9;
    font-family:"宋体";
    text-align:center;
```

```
}
.container{
        width:800px;
        border:2px solid #c1bebc;
        margin:0px auto;
        background-color:#c0f5ef;
}
```

Note

在以上代码中，body 标签定义了背景色、字体类型和对齐方式等属性。在 container 中定义了 container 容器的宽度为 800px，另外使用 border:2px solid #c1bebc 语句为 container 容器的四周添加了边框，这种添加边框的方法是一个由 3 个部分组成的语句：宽度、式样、颜色。读者可以试着改变它们的值以产生不同的效果。需要特别指出的是，在<body>标签中定义了 text-align:center，在 container 中定义了 margin:0px auto，两条语句配合使用，目的是使 container 容器水平居中，而且只有两条语句配合使用才使网页有更强的兼容性。

注意：只在<body>标签中定义 text-align:center，而不在 container 中定义 margin:0px auto，只能在 Firefox 浏览器中居中显示，不能兼容 IE。只在 container 中定义 margin:0px auto 而不在<body>标签中定义 text-align:center，会使有些低版本 IE 无法兼容。显示效果如图 2.63 所示。

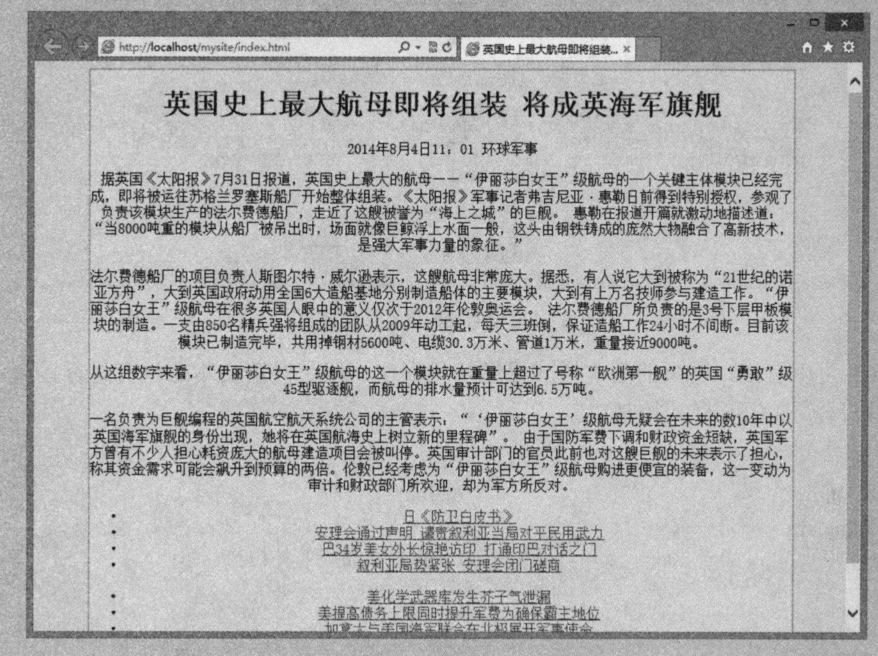

图 2.63　设置网页的基本属性

第 3 步，设置 header 部分样式。

```
.header{
      width:800px;                          /*header 宽度*/
      border-bottom:1px solid #c1bebc;      /*下边框*/
}
h1{
      font-family:"黑体";
      margin-top:50px;                      /*标题文字上方补白为 50px*/
}
```

```
.headline{
    color:#000099;
    text-align:center;
}
```

Note

在上方代码中，首先定义了 header 容器的样式，并在容器的下方添加一条宽为 1px 的边框。在<h1>标签中定义了标题的字体类型，以及用 margin-top:50px 语句定义标题文字上方补白为 50px。用 headline 定义了副标题样式。显示结果如图 2.64 所示。

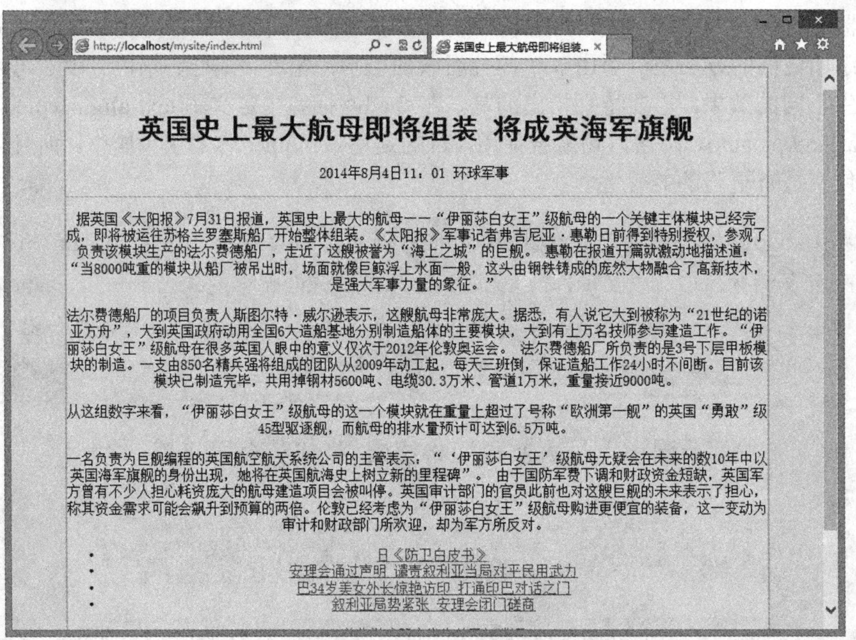

图 2.64　设置 header 部分样式

从图 2.63 可以看出，网页的基本样式已经初见端倪，但是段落文本还没有进行设置，接下来对 main 部分的段落添加 CSS 样式控制。

```
.main{
    width:740px;                          /*main 的宽度*/
    text-align:left;
    margin:20px 30px 40px 30px;           /*main 容器四周的补白*/
}
.main p{
    font-size:15px;
    text-indent:2em;
    line-height:1.6em;
}
```

在以上代码中，main 定义其宽度为 740px，有的读者可能会问，为什么在 container 中定义了宽度为 800px，这里为什么是 740px 呢？因为在 main 中定义了 margin:20px 30px 40px 30px，也就是上方补白为 20px，右方补白为 30px，下方补白为 40px，左方补白为 30px，左右的补白分别是 30px，相加（740px+60px）就是 800px。在 main 下的 p 标签中，定义了文本的水平对齐为左对齐。显示效果如图 2.65 所示。

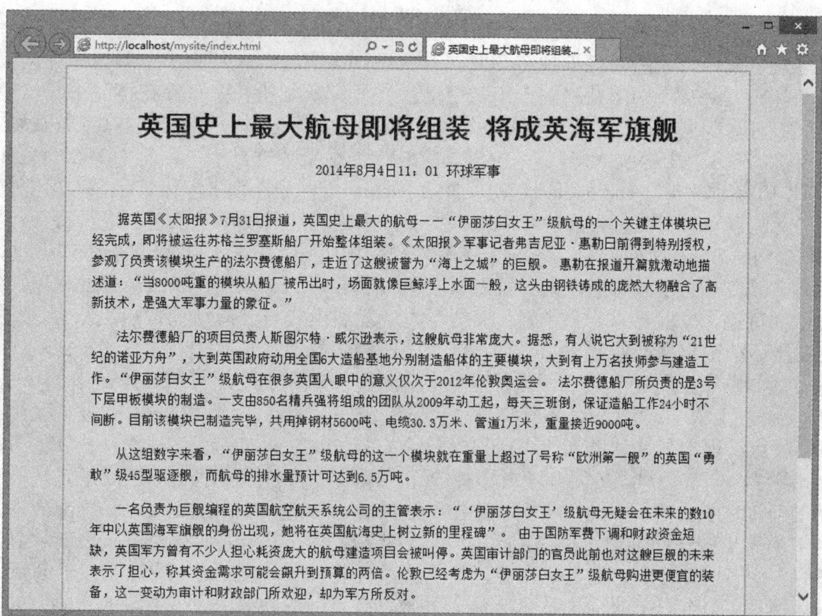

http://localhost/mysite/index.html

英国史上最大航母即将组装 将成英海军旗舰

2014年8月4日11：01 环球军事

据英国《太阳报》7月31日报道，英国史上最大的航母——“伊丽莎白女王”级航母的一个关键主体模块已经完成，即将被运往苏格兰罗塞斯船厂开始整体组装。《太阳报》军事记者弗吉尼亚·惠勒日前得到特别授权，参观了负责该模块生产的法尔费德船厂，走近了这艘被誉为“海上之城”的巨舰。惠勒在报道开篇就激动地描述道：“当8000吨重的模块从船厂被吊出时，场面就像巨鲸浮上水面一般，这头由钢铁铸成的庞然大物融合了高新技术，是强大军事力量的象征。”

法尔费德船厂的项目负责人斯图尔特·威尔逊表示，这艘航母非常庞大。据悉，有人说它大到被称为“21世纪的诺亚方舟”，大到英国政府动用全国6大造船基地分别制造船体的主要模块，大到有上万名技师参与建造工作。“伊丽莎白女王”级航母在很多英国人眼中的意义仅次于2012年伦敦奥运会。法尔费德船厂所负责的是3号下层甲板模块的制造。一支由850名精兵强将组成的团队从2009年动工起，每天三班倒，保证造船工作24小时不间断。目前该模块已制造完毕，共用掉钢材5600吨、电缆30.3万米、管道1万米，重量接近9000吨。

从这组数字来看，“伊丽莎白女王”级航母的这一个模块就在重量上超过了号称“欧洲第一舰”的英国“勇敢”级45型驱逐舰，而航母的排水量预计可达到6.5万吨。

一名负责为巨舰编程的英国航空航天系统公司的主管表示：“‘伊丽莎白女王’级航母无疑会在未来的数10年中以英国海军旗舰的身份出现，她将在英国航海史上树立新的里程碑”。由于国防军费下调和财政资金短缺，英国军方曾有不少人担心耗资庞大的航母建造项目会被叫停。英国审计部门的官员此前也对这艘巨舰的未来表示了担心，称其资金需求可能会飙升到预算的两倍。伦敦已经考虑为“伊丽莎白女王”级航母购进更便宜的装备，这一变动为审计和财政部门所欢迎，却为军方所反对。

图 2.65　最终显示效果

2.6.3　设计单页图文混排版式

本示例通过网上常见的一则新闻正文页，介绍如何设置段落版式样式的方法，进一步讲述 CSS 段落的排版方法。本例的演示效果如图 2.66 所示。

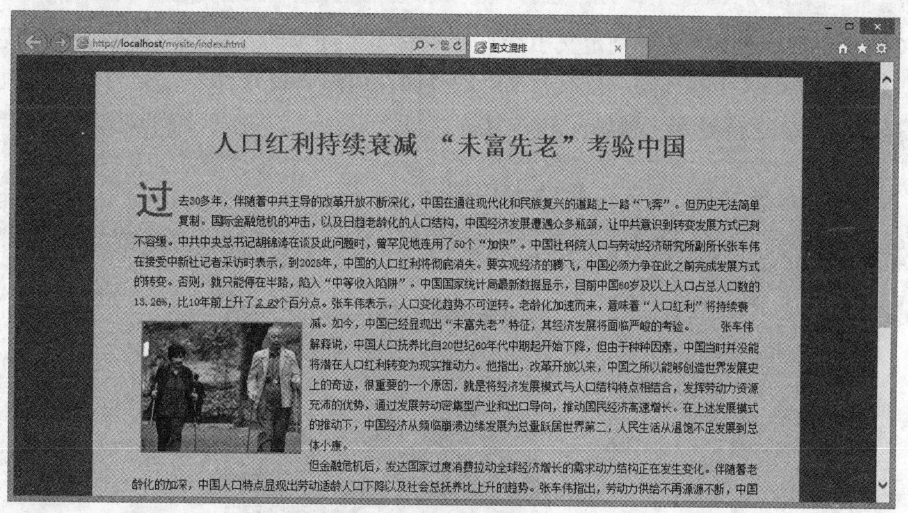

http://localhost/mysite/index.html

图文混排

人口红利持续衰减 “未富先老”考验中国

过去30多年，伴随着中共主导的改革开放不断深化，中国在通往现代化和民族复兴的道路上一路“飞奔”。但历史无法简单复制。国际金融危机的冲击，以及日趋老龄化的人口结构，中国经济发展遭遇众多瓶颈，让中共意识到转变发展方式已刻不容缓。中共中央总书记胡锦涛在谈及此问题时，曾罕见地连用了50个“加快”。中国社科院人口与劳动经济研究所副所长张车伟在接受中新社记者采访时表示，到2025年，中国的人口红利将彻底消失。要实现经济的腾飞，中国必须力争在此之前完成发展方式的转变。否则，就只能停在半路，陷入“中等收入陷阱”。中国国家统计局最新数据显示，目前中国60岁及以上人口占总人口数的13.26%，比10年前上升了2.93个百分点。张车伟表示，人口变化趋势不可逆转。老龄化加速而来，意味着“人口红利”将持续衰减。如今，中国已经显现出“未富先老”特征，其经济发展将面临严峻的考验。　　张车伟解释说，中国人口抚养比自20世纪60年代中期起开始下降，但由于种种因素，中国当时并没能将潜在人口红利转变为现实推动力。他指出，改革开放以来，中国之所以能够创造世界发展史上的奇迹，很重要的一个原因，就是将经济发展模式与人口结构特点相结合，发挥劳动力资源充沛的优势，通过发展劳动密集型产业和出口导向，推动国民经济高速增长。在上述发展模式的推动下，中国经济从频临崩溃边缘发展为总量跃居世界第二，人民生活从温饱不足发展到总体小康。

但金融危机后，发达国家过度消费拉动全球经济增长的需求动力结构正在发生变化。伴随着老龄化的加深，中国人口特点显现出劳动适龄人口下降以及社会总抚养比上升的趋势。张车伟指出，劳动力供给不再源源不断，中国

图 2.66　单页图文混排版式

【操作步骤】

第 1 步，构建网页结构。使用<div>标签，设置 container 为页面整体框架，在此框架下分别定义了<h1>标签、3 个<p>标签，在 p 标签中又定义了<span>标签，目的是为文本添加特殊效果。

```
<div class="container">
    <h1>人口红利持续衰减 “未富先老”考验中国</h1>
    <p ><span class="sh">过</span>去 30 多年，伴随着中共主导的改革开放不断深化，中国在通往现代化
```

Note

```
和民族复兴的道路上一路“飞奔”。但历史无法简单复制。国际金融危机的冲击，以及日趋老龄化的人口结构，中国经济发展遭遇众多瓶颈，让中共意识到转变发展方式已刻不容缓。中共中央总书记胡锦涛在谈及此问题时，曾罕见地连用了 50 个“加快”。中国社科院人口与劳动经济研究所副所长张车伟在接受中新社记者采访时表示，到 2025 年，中国的人口红利将彻底消失。要实现经济的腾飞，中国必须力争在此之前完成发展方式的转变。否则，就只能停在半路，陷入“中等收入陷阱”。中国国家统计局最新数据显示，目前中国 60 岁及以上人口占总人口数的 13.26%，比 10 年前上升了<span class="s1">2.93</span>个百分点。张车伟表示，人口变化趋势不可逆转。老龄化加速而来，意味着“人口红利”将持续衰减。如今，中国已经显现出“未富先老”特征，其经济发展将面临严峻的考验。<img src='images/1.jpg'>        张车伟解释说，中国人口抚养比自 20 世纪 60 年代中期起开始下降，但由于种种因素，中国当时并没能将潜在人口红利转变为现实推动力。他指出，改革开放以来，中国之所以能够创造世界发展史上的奇迹，很重要的一个原因，就是将经济发展模式与人口结构特点相结合，发挥劳动力资源充沛的优势，通过发展劳动密集型产业和出口导向，推动国民经济高速增长。在上述发展模式的推动下，中国经济从频临崩溃边缘发展为总量跃居世界第二，人民生活从温饱不足发展到总体小康。</p>
        <p>但金融危机后，发达国家过度消费拉动全球经济增长的需求动力结构正在发生变化。伴随着老龄化的加深，中国人口特点显现出劳动适龄人口下降以及社会总抚养比上升的趋势。张车伟指出，劳动力供给不再源源不断，中国经济要继续向前迈进，必须将过去那种依靠要素投入刺激经济增长的发展模式转到依靠生产率提高及技术进步推动的经济增长上来。不过，一个总量近<span class="s2">40 万亿元人民币</span>的经济体要完成转身绝非易事。经济学家吴敬琏回忆说，早在 1981 年中国国务院就曾提出，要把经济发展转移到效率提高的基础上去。但多年来的实践表明，转型的路上会有着诸多挑战。在张车伟看来，最大的挑战在于创新。他表示，目前，中国经济依靠外部驱动的特征比较明显，技术来源于外部，产品销往外部，这和中国创新能力的不足有密切的关系。未来，必须加强创新能力的培养。扩内需也是当务之急。张车伟指出，中国要确保内需的增长，需要做好三件事情。首先，加快劳动者工资的增长，至少与劳动生产率的增长同步。其次，健全社会保障体系，避免有钱不敢花钱的现象。再次，要进行完全的城市化。目前进入到城市的人都是年轻的人，农村的留守老人生活艰难。今后城市化，要让老年人也进入到城市当中去。</p>
        <p>此外，政府职能的转变也十分关键。张车伟说，中国此前的增长和政府的主导是密不可分的。但今后，政府应该把主要精力从关注经济增长转移到为社会提供公共服务上来。</p>
    </div>
```

在整体的 container 框架下，分别定义了<h1>标签和 3 个<p>标签的文本段落。此时的显示效果极其简单，仅仅是简单的文字和标题，并没有友好的界面，如图 2.67 所示。

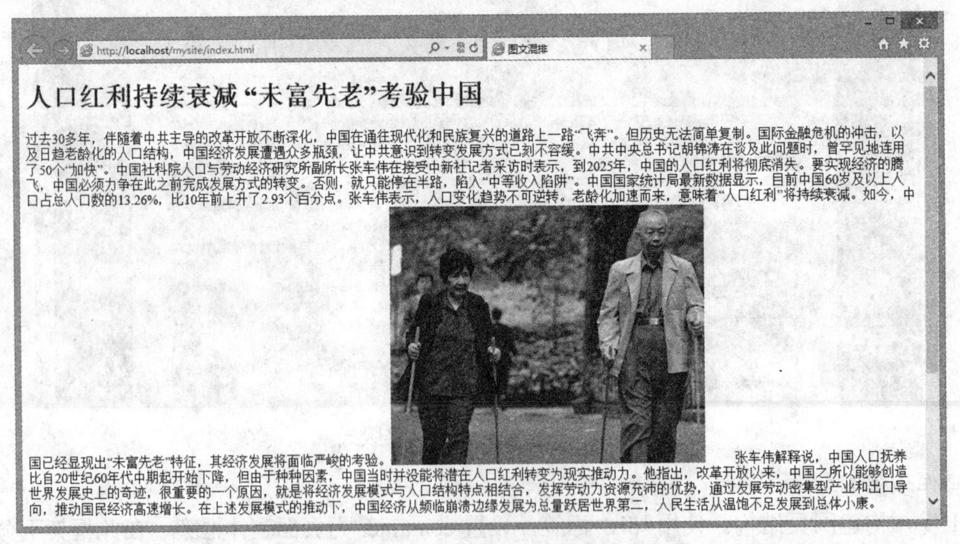

图 2.67　网页基本结构

第 2 步，定义网页基本属性。

```
body{
```

```
        font-family:"宋体";
        text-align:center;
        background-color:#445545;
    }
    .container{
        width:850px;
        border:1px solid #66CCFF;
        margin:0px auto;
        padding:40px 40px 80px 40px;
        background-color:#CCCCCC;
    }
```

Note

在以上代码中，body 标签定义了背景色、字体类型和对齐方式等属性。在 container 中定义了 container 容器的宽度为 850px，另外使用 border 语句为 container 容器的四周添加了边框。与 2.6.2 节的示例相同，在<body>标签中定义了 text-align:center，在 container 中定义了 margin:0px auto，两条语句配合使用，目的是使 container 容器水平居中。完成此步骤后，页面中的属性设置完毕，显示效果如图 2.68 所示。

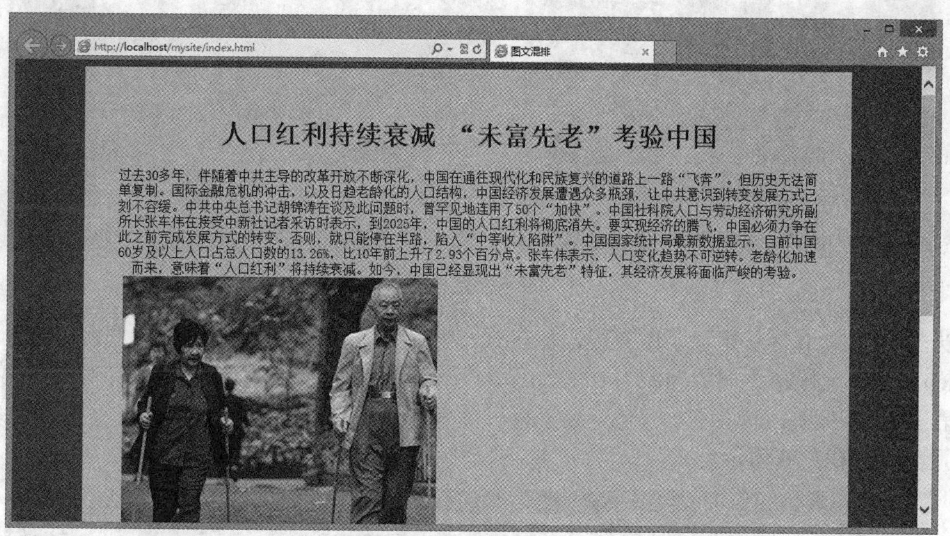

图 2.68　设置网页的基本属性

第 3 步，设置标题样式。

```
h1{
    font-weight:bold;
    color:#000066;
    margin:20px auto;                    /*标题文字上边界和下边界为 20px*/
}
```

在上方代码中，首先定义了标题的字体粗细为 bold，用 margin:20px auto 语句定义标题文字上边界和下边界为 20px，左右边界为浏览器自动适应宽度。显示结果如图 2.69 所示。

第 4 步，从图 2.69 可以看出，网页的基本样式已经初见端倪，但是段落文本还没有进行设置，接下来对段落添加 CSS 样式控制。

```
.container p{
```

```
        font-size:14px;
        text-align:left;
        margin:0;
        padding:0;
        line-height:1.8em;
}
.p1{
        text-indent:2em;
}
```

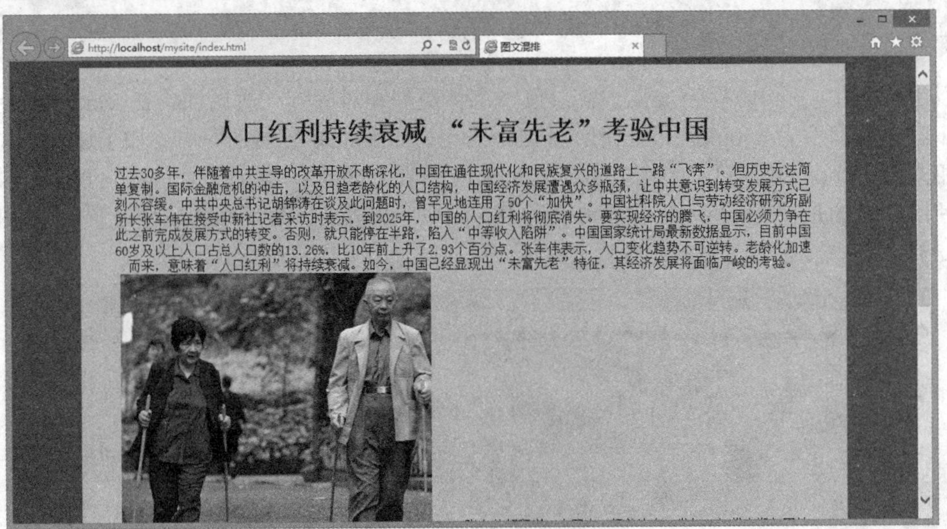

图 2.69　设置标题样式

在以上代码中，p 标签定义了所有段落的样式，包括字体大小、对齐方式、行间距等，用 margin:0 和 padding:0 来定义段落之间的间距为 0。在 p1 中设置了首行缩进，这一设置专门针对的是第二个<p>标签和第三个<p>标签，因为第一个<p>标签有一个首字下沉的效果，所以不需要进行首行缩进的设置。显示效果如图 2.70 所示。

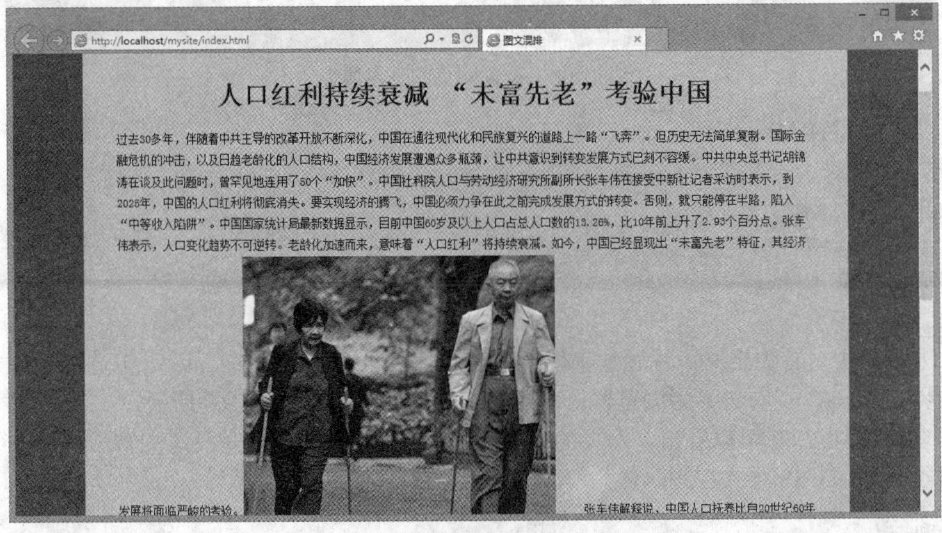

图 2.70　设置段落文本

Note

第 5 步，设置图片样式。

```
img{
    width:200px;
    border:#339999 2px solid;
    float:left;
    margin:10px;
}
```

图片的相关内容在后面的章节会详细介绍，这里只做一个简单的叙述，width 定义了图片的宽度，border 语句为图片添加了 2px 宽的边框，float:left 是对图片进行左浮动，margin: 10px 表示图片四周补白为 10px。显示效果如图 2.71 所示。

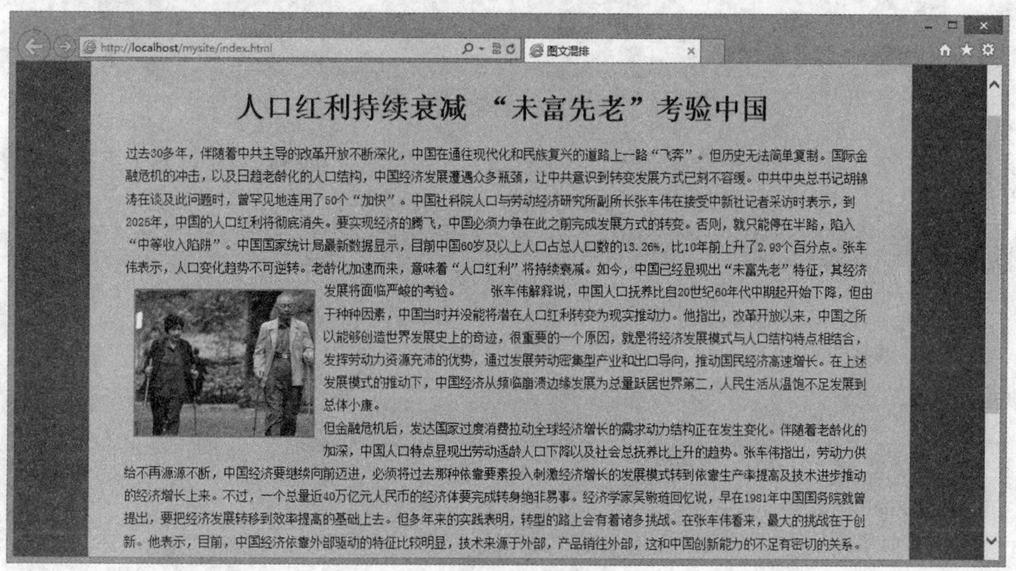

图 2.71　设置图片样式

第 6 步，设置首字下沉效果。首字下沉的效果往往能在第一时间吸引人的眼球。在 CSS 中，首字下沉的效果是通过对第一个字进行单独设置样式来实现的。在本例中，通过对<span>标签中的文本首个字进行单独设置实现。

```
.sh{
    font-size:50px;                  /*首字的字体大小*/
    color:green;                     /*首字的字体颜色*/
    float:left;                      /*设置左浮动以实现下沉的效果*/
    padding-bottom:2px;              /*首字的底部补白*/
    padding-right:5px;               /*首字的右边界补白*/
    font-weight:bold;                /*首字的字体粗细*/
    font-family:"黑体";              /*首字的字体类型*/
}
```

在以上的代码中，实现首字下沉主要是通过 float 语句来进行控制的，并且用<span>标签，对首字进行了单独的样式设置，以达到突出显示的目的，其显示效果如图 2.72 所示。

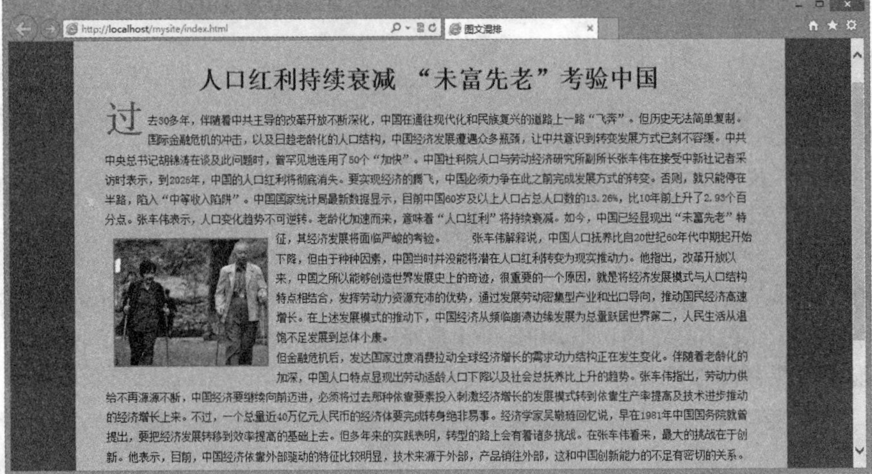

图 2.72　首字下沉

第 7 步，为文本段中的数字设置特殊的显示效果。在段落中，有两处数字，为了突出，把这两个数字进行特殊显示，方法同样也是通过<span>标签，对数字进行了单独的样式设置。

```
.s1{
    font-size:20px;
    font-style:italic;
    text-decoration:underline;
    color:#FF0000;
}
.s2{
    font-size:20px;
    text-decoration:line-through;
    color:#CC0000;
}
```

在 s1 中定义了字体为斜体，为字体添加了下划线。在 s2 中定义了字体的颜色，并添加了删除线。显示效果如图 2.73 所示。

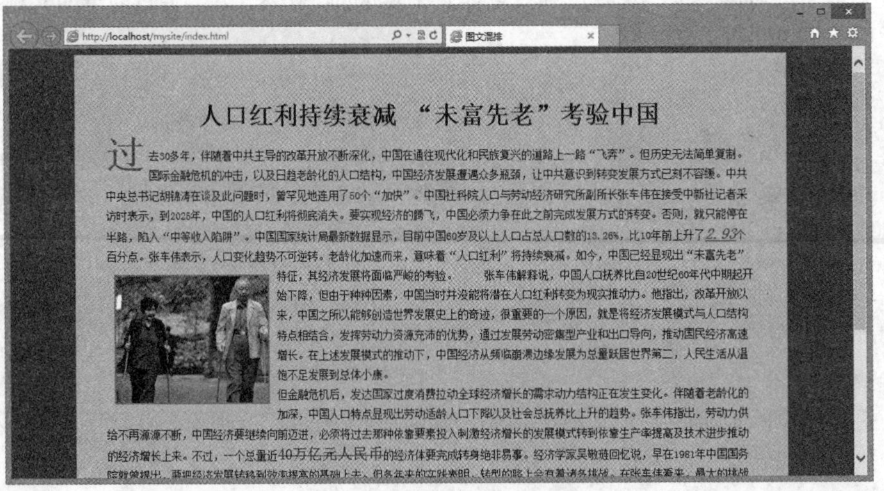

图 2.73　最终显示效果

2.6.4　设计新闻内容页

新闻内容主要包含了新闻标题、新闻摘要、新闻发布相关信息、新闻内容以及相关讨论等内容。在 HTML 代码中相对应地采用可以相关联的 HTML 标签，使 HTML 代码结构相对性地更具有语义化，如图 2.74 所示。

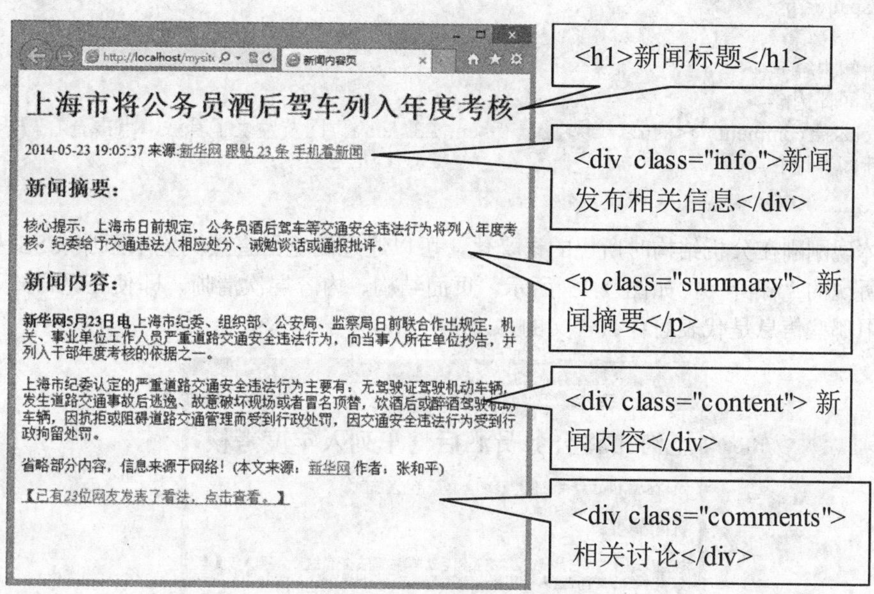

图 2.74　新闻内容页整体结构分析

【操作步骤】

第 1 步，构建网页结构。根据图 2.74 的结构分析，可以将新闻内容页的内容区域在 HTML 代码中的结构表示如下：

```
<div class="news-box">
    <!--新闻标题 S-->
    <h1>上海市将公务员酒后驾车列入年度考核</h1>
    <!--新闻标题 E-->
    <!--新闻相关信息 S-->
    <div class="info"> <span class="date">2014-05-23 19:05:37</span> <span class="from">来源:<a href="#">
新华网</a></span> <a href="#" class="comments_num">跟贴 23 条</a> <a href="#">手机看新闻</a> </div>
    <!--新闻相关信息 E-->
    <!--新闻摘要 S-->
    <div class="summary">
        <h2>新闻摘要：</h2>
        <p>核心提示：上海市日前规定，公务员酒后驾车等交通安全违法行为将列入年度考核。纪委给予
交通违法人相应处分、诫勉谈话或通报批评。</p>
    </div>
    <!-- 新闻摘要 E -->
    <!-- 新闻内容 S -->
    <div class="content">
        <h2>新闻内容：</h2>
        <p><strong>新华网 5 月 23 日电</strong> 上海市纪委、组织部、公安局、监察局日前联合作出规
```

Note

```
定：机关、事业单位工作人员严重道路交通安全违法行为，向当事人所在单位抄告，并列入干部年度考核的依据之一。</p>
                <p>上海市纪委认定的严重道路交通安全违法行为主要有：无驾驶证驾驶机动车辆，发生道路交通事故后逃逸、故意破坏现场或者冒名顶替，饮酒后或醉酒驾驶机动车辆，因抗拒或阻碍道路交通管理而受到行政处罚，因交通安全违法行为受到行政拘留处罚。</p>
                <p>省略部分内容，信息来源于网络！<span class="editor">(本文来源：<a href="#">新华网</a> 作者：张和平)</span></p>
        </div>
        <!--新闻内容 E-->
        <!--新闻评论 S-->
        <div class="comments"><a href="#">【已有<em>23</em>位网友发表了看法，点击查看。】</a></div>
        <!--新闻评论 E-->
    </div>
```

为了能体现刚刚在分析结构时所说的语义化，可以通过浏览器直接浏览未添加 CSS 样式的网页（即网络中所说的“裸奔”），如图 2.75 所示。页面结构、内容层次清晰，即使在无样式下都能使他人了解页面中哪些信息是代表着什么含义的。

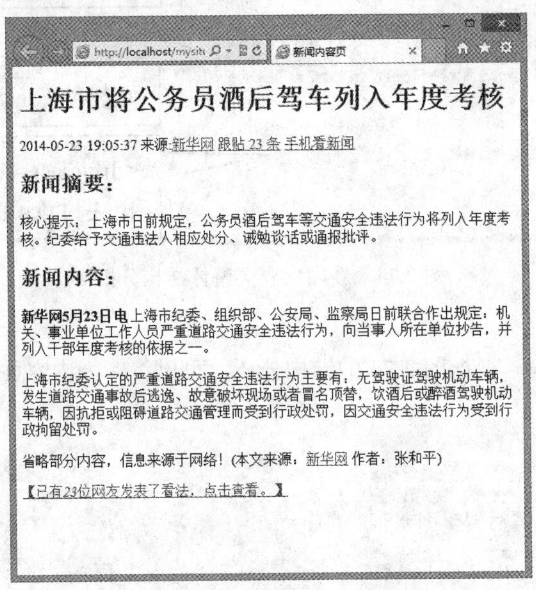

图 2.75　内容结构层次清晰的“裸奔”页面

第 2 步，但最终一个页面是需要通过 CSS 样式的美化才能更漂亮，因此需要根据设计稿将页面美化。首先，将页面中所有元素的内外补丁全部清零，并将.news-box 这个容器设置宽度、文字大小、背景色等样式。

```
* {/*清除页面中所有元素的内外补丁*/
    margin:0;
    padding:0;
}
.news-box {/*设置新闻内容区域的宽度，并设置文字大小、颜色等样式*/
    width:580px;
    padding:10px;
    font:normal 14px/1.5em simsun, Verdana,Lucida, Arial, Helvetica, sans-serif; /*simsun 字体就是宋体的英文写法*/
```

```
    color:#000000;
    border:1px solid #333333;
    background-color:#F6FAFD;
}
```

第 3 步，根据设计稿所示，HTML 结构中的“新闻摘要”和“新闻内容”是不需要显示在页面中，因此可以在 CSS 样式中将其隐藏。

```
.news-box h2 { /*隐藏新闻内容区域中不需要的标题*/
    display:none;
}
```

第 4 步，整体的 CSS 样式已经差不多完成了，那么就可以开始将其从头到尾的修饰，先将新闻的标题 h1 标签中的文字样式修饰一下。

```
.news-box h1 {/*设置新闻标题的样式高度为 30px，宽度为默认值 auto，并添加行高以及设置文字大小*/
    height:20px;
    padding:5px 0;
    line-height:26px;
    overflow:hidden; /*行高比高度属性值大，设置 overflow:hidden; 隐藏超过部分*/
    font-size:20px;
}
```

第 5 步，对“新闻相关信息”文字添加 CSS 样式进行美化。

```
.news-box .info {/*设置新闻相关信息样式，添加外补丁，使其与内容信息产生间距*/
    height:20px;
    margin-bottom:15px;
    font-size:12px;
}
```

第 6 步，“新闻摘要”部分比较特殊，有属于其自己的背景色以及边框，不过不用担心，可以利用 CSS 样式来达到效果。

```
.news-box .summary { /*设置新闻摘要内容区域的样式*/
    padding:5px;
    margin-bottom:10px;
    text-indent:2em; /*首行缩进 2 个汉字的宽度*/
    border:1px solid #DCDDDD;
    background-color:#FFFFFF;
}
```

第 7 步，“新闻内容”区域的文字信息都是存在段落 p 标签中的，其中的 strong 加强标签代表着该处内容是“新闻内容”区域中需要强调的部分，将每个段落的行间距加大，并设置首行缩进。

```
.news-box .content p {/*新闻内容区域的每个段落加大行间距（行高），并首行缩进，段落与段落之间存在一点间距*/
    margin-bottom:10px;
    line-height:22px;
    text-indent:2em;
}
```

第 8 步，最后一个“相关讨论”区域的内容也要将其用 CSS 样式美化，主要体现就是背景色以

及上下两边的边框样式，还有高度的属性。

```
.news-box .comments {/*设置讨论区域上下边框样式为虚线的灰色，背景色为白色*/
    height:30px;
    padding:0 5px;
    line-height:30px; /*行高属性值与高度属性值相同，可将单行文字垂直居中显示*/
    border-top:1px dashed #AFAFB0;
    border-bottom:1px dashed #AFAFB0;
    background-color:#FFFFFF;
}
```

第 9 步，通过以上的 CSS 样式定义，新闻内容页面已经基本上完成了。只能说是基本上已经完成，有部分细节内容还需要添加 CSS 样式将其美化。

部分细节主要体现在链接的文字颜色，以及部分特殊的文字链接样式。那么最后需要做的事情就是将文档中文字链接的样式美化一下。

```
a {/*设置页面中所有 a 链接的颜色*/
    color:#1E50A2;
}
a:hover {/*设置页面中所有 a 链接被触发时的颜色以及下划线消失*/
    color:#BA2636;
    text-decoration:none;
}
a.comments_num {/*设置新闻相关信息处的跟帖信息链接的文字颜色*/
    color:#BA2636;
}
.comments a em {/*设置新闻评论处的评论数据文字样式非倾斜*/
    font-style:normal;
}
```

第 10 步，细节部分修饰完毕，现在通过浏览器查看页面效果，如图 2.76 所示。

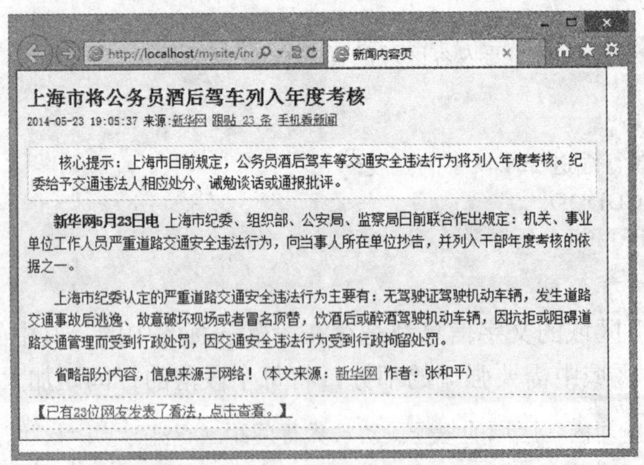

http://localhost/mysite/inc
新闻内容页

上海市将公务员酒后驾车列入年度考核

2014-05-23 19:05:37 来源:新华网 跟贴 23 条 手机看新闻

核心提示：上海市日前规定，公务员酒后驾车等交通安全违法行为将列入年度考核。纪委给予交通违法人相应处分、诫勉谈话或通报批评。

新华网5月23日电 上海市纪委、组织部、公安局、监察局日前联合作出规定：机关、事业单位工作人员严重道路交通安全违法行为，向当事人所在单位抄告，并列入干部年度考核的依据之一。

上海市纪委认定的严重道路交通安全违法行为主要有：无驾驶证驾驶机动车辆，发生道路交通事故后逃逸、故意破坏现场或者冒名顶替，饮酒后或醉酒驾驶机动车辆，因抗拒或阻碍道路交通管理而受到行政处罚，因交通安全违法行为受到行政拘留处罚。

省略部分内容，信息来源于网络！（本文来源：新华网 作者：张和平）

【已有23位网友发表了看法，点击查看。】

图 2.76　新闻内容页完成后的效果图

第3章

定义网页链接

（视频讲解：63分钟）

通过网页链接可以在互联网上实现方便、快捷地跳转访问。只需用鼠标轻轻点击，就能跳转到想去的地方，真正实现网络无国界、来去自由的梦想。所以说链接是网页上不可缺少的重要元素。本章将详细介绍如何用Dreamweaver轻松创建链接，以及设计链接样式，美化网页链接文本。

【学习重点】

- 认识链接
- 建立链接
- 管理链接
- 框架与链接
- 定义链接的基本样式
- 设计链接下划线样式
- 设计按钮样式
- 设计导航菜单

3.1 认识链接

Note

使用链接可以真正实现在互联网上自由跳转，例如，在不同站点间、同一站点的不同网页间，或者同一网页上的不同区域间跳来跳去。

一个完整的链接包括链接载体、链接标志（默认为手形）和链接目标。在网页链接载体上（通常为文字或图像），当鼠标指针变为手形时（默认状态下），所指之处便可实现链接，同时所指文字或图像的颜色或其他属性会随之发生变化（可以自由控制），通过单击或者其他触发事件跳转到要显示的链接目标。下面通过两个实例来认识链接。

【示例 1】 链接是指从一个网页指向一个目标的连接关系，在网页中用来链接的对象，可以是一段文本或者是一个图片，当浏览者单击已经链接的文字或图片后，链接目标将显示在浏览器上，并且根据目标的类型来打开或运行。网页之间的链接，效果如图 3.1 和图 3.2 所示。

图 3.1　链接的三要素

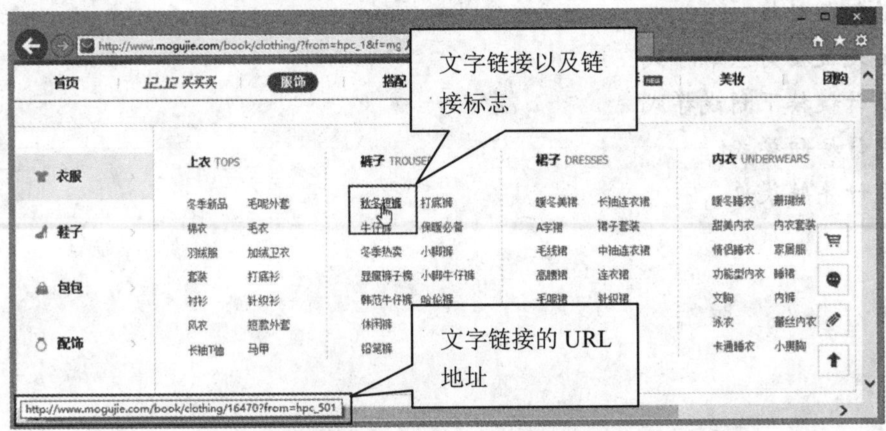

图 3.2　文字链接目标

Note

提示：URL（Uniform Resource Locator，统一资源定位符）用以指明在互联网上取得信息的方式与位置。其格式为“通信协议://服务器地址/路径/文件名”，如 http:/www.adobe.com/software/。

【示例 2】电子邮件地址的链接，效果显示如图 3.3 所示。当用户单击链接文字，将会在本地启动电子邮件客户端软件，以便快速发送邮件。

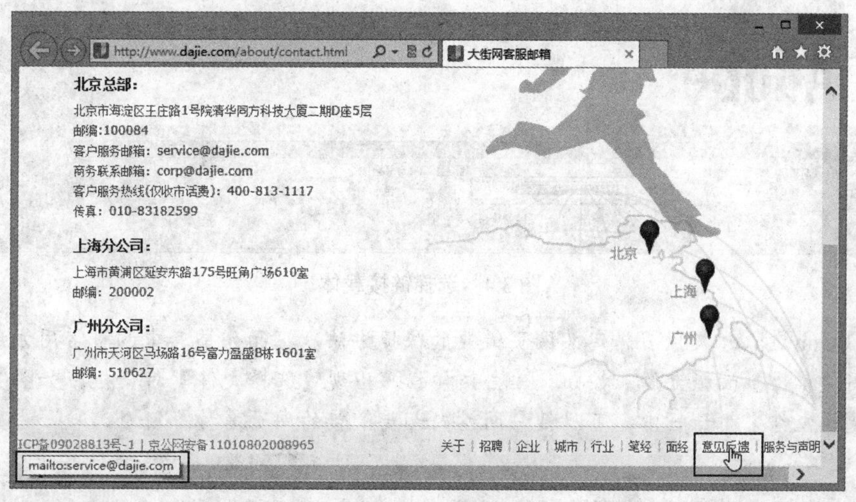

图 3.3　电子邮件的链接

提示：邮件地址链接的 URL 必须使用 mailto 协议形式，如图 3.3 状态栏中显示的 mailto:service@dajie.com。电子邮件发送软件为浏览器默认的程序。

3.2　建立网页链接

按照链接路径的不同，网页链接一般分为 3 种类型：内部链接、锚点链接和外部链接。如果按照使用对象的不同，网页链接又可以分为文本链接、图像链接、Email 链接、锚点链接、多媒体文件链接、空链接等。下面重点介绍几种常用的链接形式。

3.2.1　定义网页间链接

在互联网上网页间的链接使用非常广泛，单击那些具有链接功能的文字或图片就可以跳转到相应的网页。例如，以文字为链接载体建立链接，链接到 Adobe 公司的网站首页，具体操作步骤如下。

【操作步骤】

第 1 步，首先启动 Dreamweaver，新建一个网页文件。选择【窗口】|【属性】命令，打开【属性】面板。按 Ctrl+F3 快捷键可快速打开【属性】面板。

第 2 步，选择链接载体“Adobe”，如图 3.4 所示。

第 3 步，在【属性】面板的【链接】下拉列表框中输入 Adobe 公司的 URL（http://www.adobe.com/），如图 3.4 所示。定义好的链接文字会改变颜色（默认色为蓝色），并带有下划线。

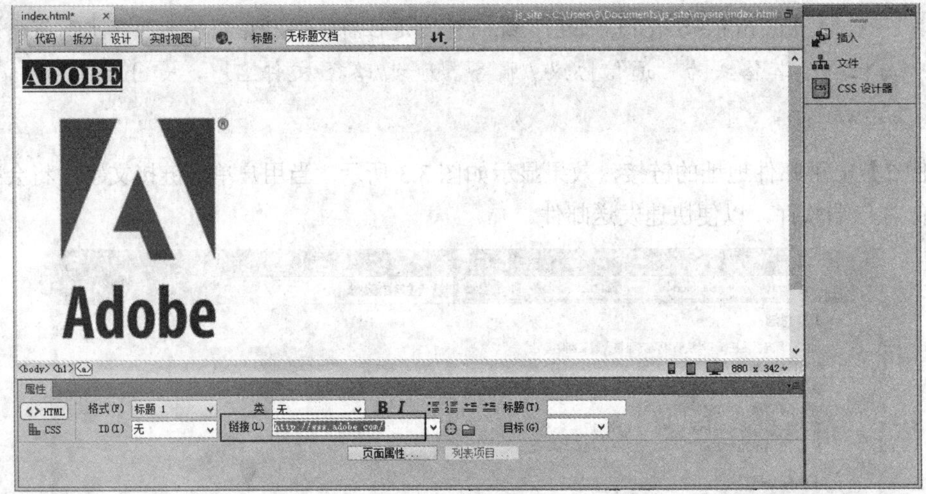

图 3.4　选择链接载体

提示：Dreamweaver 提供多种定义网页链接的快捷方法，下面列举其中两种常用方法。

☑ 利用【属性】面板上的按钮。单击该按钮，出现【选择文件】对话框，如图 3.5 所示。在【选择文件】对话框中，可以搜寻网站内部要链接的网页名称。

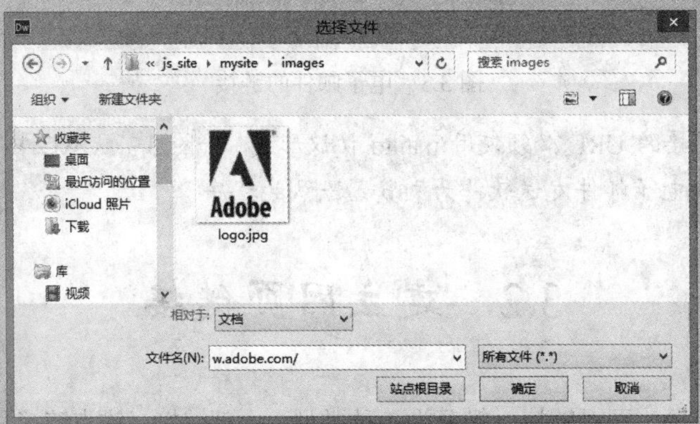

图 3.5　【选择文件】对话框

☑ 利用【属性】面板上的按钮，配合【文件】窗口也可设置链接。首先选择【窗口】|【文件】命令，打开【文件】面板，然后在网页中选取需要建立链接的文字，拖动【属性】面板上【链接】文本框右侧的按钮到【文件】面板中要链接的网页名称上，释放鼠标即可。

第 4 步，选择链接目标的载入位置。在默认情况下，被链接网页是在当前窗口中打开的。要想使链接目标显示在其他窗口，需要在【目标】下拉列表框中进行选择，如图 3.6 所示。

图 3.6　选择网页的载入位置

☑ _blank：把链接目标载入到新的浏览器窗口中显示。

☑ new：把链接目标载入到新窗口中显示。

☑ _parent：把链接目标载入到父窗口或包含该链接的框架窗口中显示。

☑ _self：把链接目标载入到与该链接相同的框架或窗口中显示（默认设置）。

☑ _top：把链接目标载入到顶部浏览器窗口并删除所有框架。

第 5 步，链接设置完毕后，按 F12 键在主浏览器中浏览页面效果。鼠标指针移到链接载体上变成手形，单击就会链接到 Adobe 公司的网站首页。

Note

3.2.2　定义电子邮件链接

链接目标除了网页之外，常见的还有电子邮件地址。这种链接为用户提供了一个信息交流的途径。下面介绍如何使用 Dreamweaver 快速建立电子邮件链接。

【操作步骤】

第 1 步，首先启动 Dreamweaver，新建一个网页文件。把鼠标指针置于文档窗口中希望显示链接的位置，或者选择链接载体。

第 2 步，按 Ctrl+F2 快捷键，打开【插入】面板，单击按钮，如图 3.7 所示。

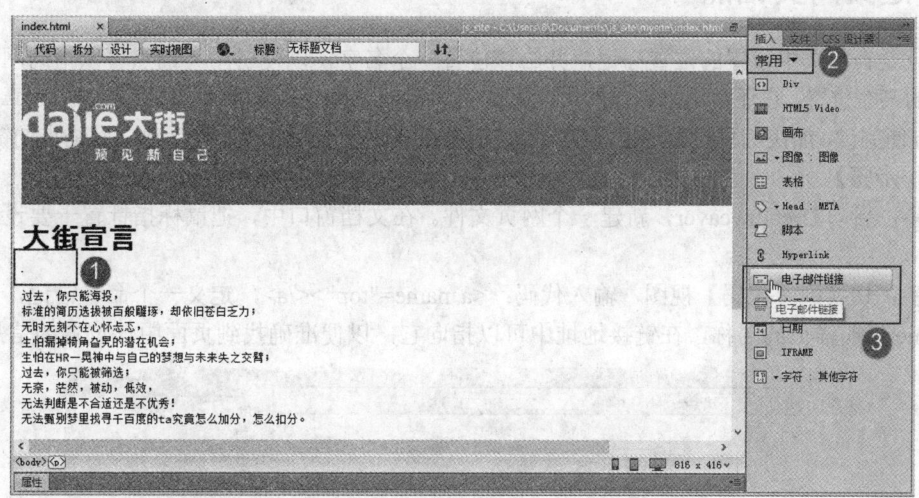

图 3.7　在【插入】面板中单击【电子邮件链接】按钮

第 3 步，打开【电子邮件链接】对话框，在【文本】文本框中输入（或编辑）作为链接载体的文本，如“联系我们”；在【电子邮件】文本框中输入收件人的电子邮件地址，如 mailto:service@dajie.com，效果如图 3.8 所示。

图 3.8　【电子邮件链接】对话框

第 4 步，单击【确定】按钮，即可建立链接，预览效果如图 3.9 所示。

Note

图 3.9　建立的邮件链接效果

3.2.3　定义网页锚点

锚点就是在网页中设置的位置标记，并给该位置一个名字，以便引用。锚点可以指向网页内部或其他网页的某个位置；它还常用来制作网页文章的目录链接，通过单击目录可以跳转到指定章节起始位置，这样方便阅读，加快信息检索速度。建立锚点链接应先定义一个锚点，然后建立到锚点的链接即可。

【操作步骤】

第 1 步，启动 Dreamweaver，新建一个网页文件。在文档窗口中，把鼠标指针置于要设置锚点的位置。

第 2 步，切换到【代码】视图，输入代码：<a name="top"></a>，定义一个命名锚记，如图 3.10 所示。name 指明锚记的名称，在链接地址中可以指向它，以便准确找到页面中该位置的信息。

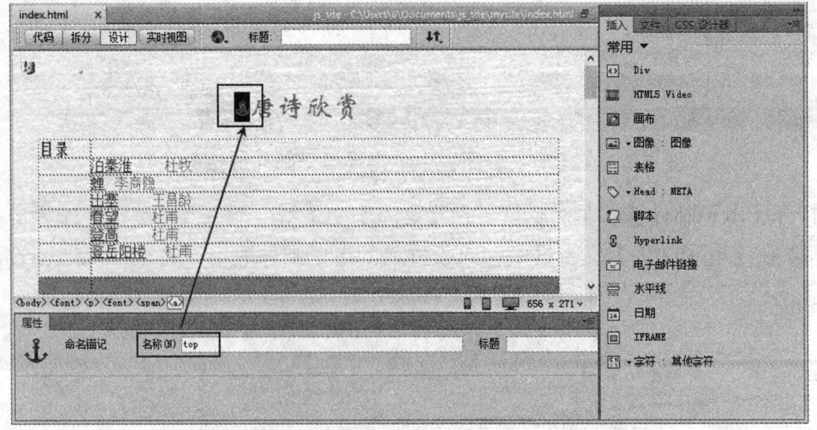

图 3.10　定义命名锚记

【拓展】所有浏览器都支持为任何标签定义 ID 属性值，在链接 URL 中也能通过锚记形式快速找到该位置。例如，在下面页面中，当单击页面底部的链接文本时，会自动跳转到页面顶部。

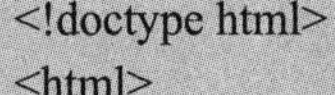

```
<!doctype html>
<html>
```

```
<head>
<meta charset="utf-8">
<title></title>
</head>
<body>
<div id="top" style="margin-bottom:2000px;">网页顶部</div>
<a href="#top">跳转到网页顶部</a>
</body>
</html>
```

第 3 步，在文档窗口中选择要建立链接的载体，如文本或链接图标。

第 4 步，在【属性】面板的【链接】下拉列表框中输入“#+锚点名称”，如图 3.11 所示。

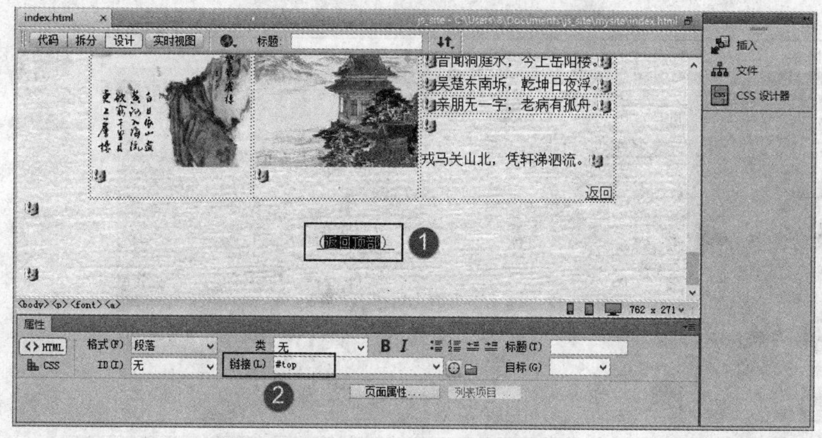

图 3.11　建立锚点链接

提示：如果要指向不同的网页，在【链接】下拉列表框中需输入“URL+#+锚点名称”。

第 5 步，保存网页，按 F12 键，在浏览器中预览，则预览效果如图 3.12 所示。当单击链接文本“返回顶部”，会快速跳转到网页顶部，在浏览器地址栏可以看到锚记信息。

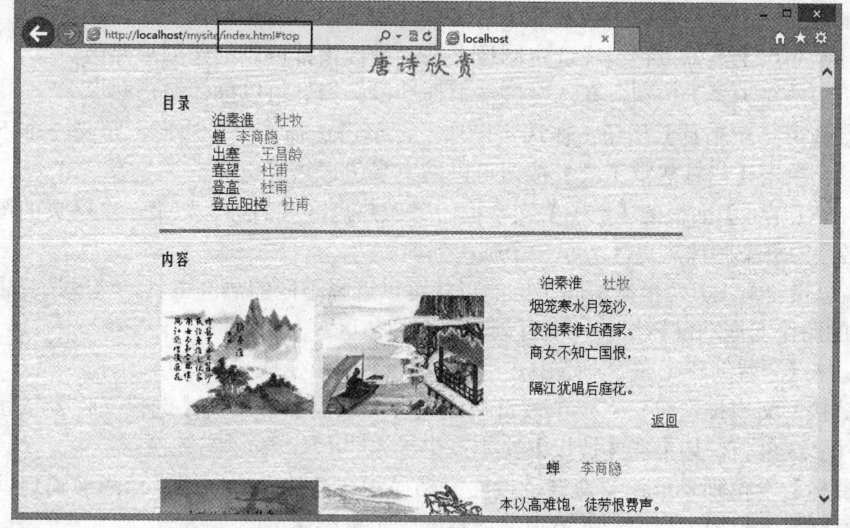

图 3.12　锚点链接预览效果

3.2.4 定义图像映射

Note

图像映射（Image Map）就是在一张图片的不同区域建立链接，指向不同的URL。图片上的区域也称为“热点（hotspots）”。当单击该热点区域时，会触发超链接，并跳转到其他网页或网页的某个位置。图像地图是一种特殊的超链接形式，常用来在图像中设置局部区域导航。

【操作步骤】

第1步，插入图像，然后选中图像，打开【属性】面板，并单击该面板右下角的展开箭头▽，显示图像地图制作工具。使用【指针热点工具】、【矩形热点工具】、【椭圆热点工具】和【多边形热点工具】可以调整和创建热点区域，如图3.13所示。

图3.13 图像【属性】面板

☑ 【地图】文本框：输入热点区域名称，便于引用。

☑ 【指针热点工具】按钮：调整和移动热点区域。

☑ 【椭圆热点工具】按钮：在选定图像上拖动鼠标指针可以创建圆形热区。

☑ 【矩形热点工具】按钮：在选定图像上拖动鼠标指针可以创建矩形热区。

☑ 【多边形热点工具】按钮：在选定图像上，单击选择一个多边形，定义一个不规则形状的热区。单击【指针热点工具】按钮可以结束多边形热区定义。

第2步，在【属性】面板的【地图】文本框中输入热点区域名称。如果一个网页的图像中有多个热点区域，必须为每个图像热点区域起一个唯一的名称。

第3步，选择一个工具，根据不同部位的形状可以选择不同的热区工具，这里选择【矩形热点工具】，在选定的图像上拖动鼠标指针，便可创建出图像热区。

第4步，热点区域创建完成后，选中热区，【属性】面板变成如图3.14所示。

☑ 【链接】文本框：可输入一个被链接的文件名或页面，单击【选择文件】按钮可选择一个文件名或页面。如果在【链接】文本框中输入“#”，表示空链接。

☑ 【目标】下拉列表框：要使被链接的文档显示在其他地方而不是在当前窗口或框架，可在【目标】下拉列表框中输入窗口名或选择一个框架名。

☑ 【替换】文本框：在该文本框中输入所定义热区的提示文字。在浏览器中当鼠标移到该热

点区域中将显示提示文字。可设置不同部位的热区显示不同的文本。

图 3.14 热点【属性】面板

第 5 步，用【矩形热点工具】创建一个热区，在【替换】文本框中输入提示文字，并设置好链接和目标窗口，如图 3.14 所示。

第 6 步，以相同的方法分别为各个部位创建热区，并输入不同的链接和提示文字，保存并预览，这时单击不同的热区就会跳转到对应的页面中。

3.3 管 理 链 接

前面几节介绍了单个链接的建立，而在一个网站里包含着形形色色的多个链接，如何安排和管理这些链接，关系到网站能否良好地运作。

3.3.1 设计结构清晰的链接

在网站中建立清晰的链接，既提供给浏览者一个良好的访问环境，也方便网站管理人员的管理与维护。为此，要考虑到以下几点。

1. 设计一个清晰的网站结构图

首先要定位网站的主题，如个人网站、商业网站、知识类网站和娱乐类网站等，然后再来看这个网站要包含哪些内容，需要多少网页文件。可以画一个草图来理清思路。

2. 首页上的链接要“有去有回”

不论网站的链接多么丰富，都要随时给浏览者回到首页的可能，使之不会在互联网上迷失方向。

3. 给图像链接做文字说明

简单的文字说明可以让浏览者了解要链接的目标。为图像链接做说明有两种方法。

☑ 把文字直接做在图像上，成为图像的一部分。

☑ 把文字直接写在【属性】面板的【替换】文本框中。

这样当鼠标指针指向图像时，就会出现文字提示。

3.3.2 使用【资源】面板管理链接

充分利用 Dreamweaver 提供的【资源】面板可以极大地方便操作。一般可以在【资源】面板中快速找到站点已有资源，并方便插入到网页中。

在链接视图中记录了整个网站所有使用过的外部链接，包含 FTP、gopher、HTTP 以及 E-Mail 链接等。用链接分类中的资源快速改变网页中文字或图像的链接。

【操作步骤】

第 1 步，启动 Dreamweaver，打开已定义的站点，新建文档，保存到站点根目录下，命名为 test.html。

提示：没有定义站点，可以参考第 13 章相关小节内容进行操作。

第 2 步，在编辑窗口中插入一幅图片。然后选中网页中要作链接的文字或图像。

第 3 步，在【链接】分类列表中单击选择网站的链接，接着单击【资源】面板左下角的【应用】按钮，插入链接。也可以使用鼠标将链接直接拖动到页面编辑窗口中选中的文字上，如图 3.15 所示。

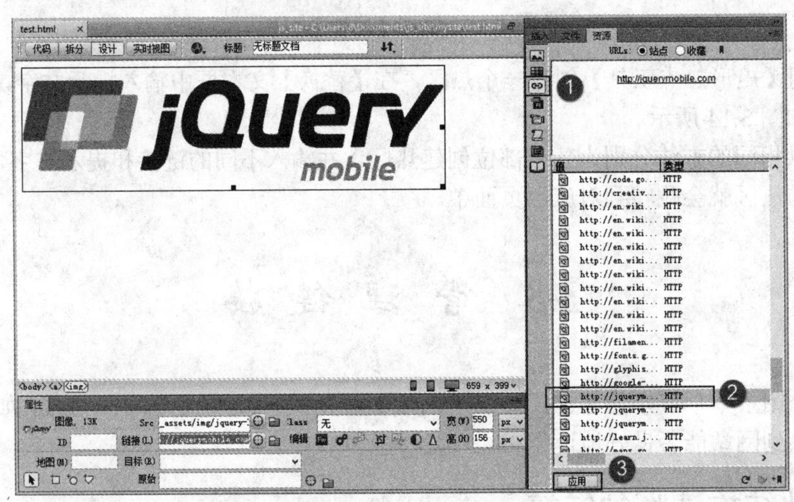

图 3.15 应用超链接

【拓展】【资源】面板充当网站的资源调配中心，把握这个中心的运转，能够帮助网站建设者高效开发网站。在【资源】面板中，用户可以选择多个资源或者编辑资源，也可以收藏个人喜爱的资源等。

1. 选择资源

要选择多个资源文件，可执行如下操作：

（1）选中第一个资源文件，然后按住 Shift 键，再次单击最后一个资源文件，可以选择连续排列的文件。

（2）按住 Ctrl 键，然后逐个单击，可以选择不连续的文件。

2. 修改资源

要修改资源文件，首先将该资源文件选中，接着单击【资源】面板右下角的【编辑】按钮，系统会启动该分类对应的外部编辑器，然后在外部编辑器中即可进行编辑资源文件的操作。

Note

3. 收藏资源

当站点比较庞大，资源非常丰富时，要查找一个资源是比较麻烦的，为了提高利用资源的效率，Dreamweaver 在【资源】面板中提供了收藏功能，用户可以把经常使用的资源增加到【收藏】列表中，并进行归类排列，引用资源就方便多了。将资源添加到【收藏】列表的方法如下：

（1）在【站点】列表中，选择一个或多个资源，然后单击【资源】面板右下角的【添加到收藏夹】按钮 。

（2）在【站点】列表中，选择一个或多个资源，然后单击鼠标右键，在弹出的快捷菜单中选择【添加到收藏夹】命令。

（3）用鼠标右键单击编辑窗口的对象，在弹出的快捷菜单中选择【添加到××收藏】命令，即可快速增加到【资源】面板的收藏列表中。

（4）在【文件】面板中，选择一个或多个文件，单击鼠标右键，从弹出的快捷菜单中选择【添加到收藏】命令也能增加到【资源】面板的收藏列表中。

4. 共享资源

【资源】面板中显示的资源只能在当前站点中利用，如果要在其他站点中引用该站点资源，必须先复制过去，复制时可以是一个单独的资源、一组单独的资源或整个收藏夹。

【操作步骤】

第 1 步，在【资源】面板中选择要复制的资源。

第 2 步，右击要复制的资源，在弹出的快捷菜单中选择【拷贝到站点】命令，在该子菜单中列出了所有定义过的站点，从中选择目标站点即可。

3.4　案例实战：制作框架页

框架网页是非常实用的一种网页，特别适合架设聊天室、论坛等类型网站。下面结合框架技术和链接技术制作一个作品展示站点，整个站点浏览效果如图 3.16 所示。

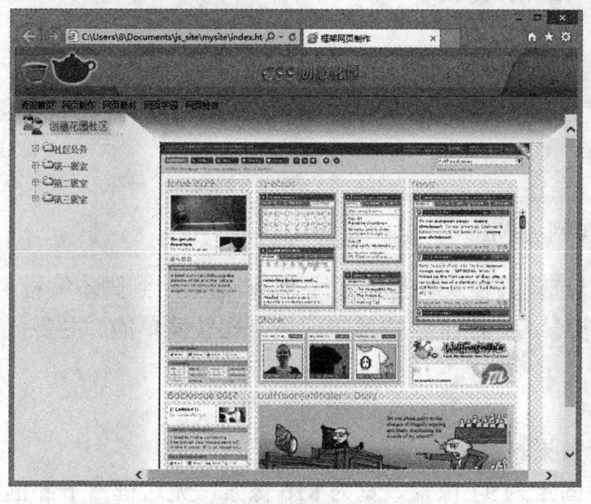

首页　　　　浏览展室

图 3.16　框架集网页效果

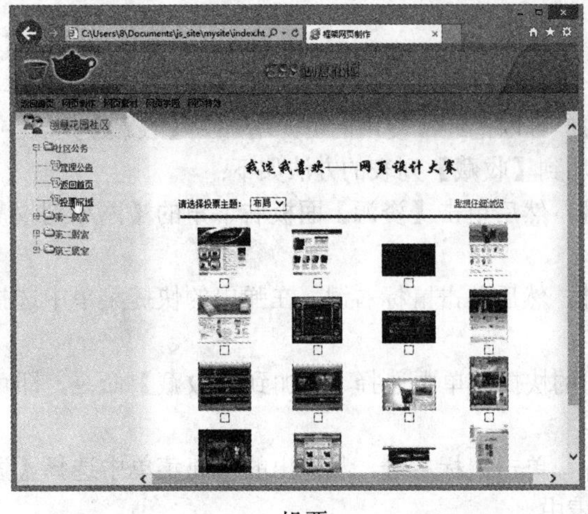

投票

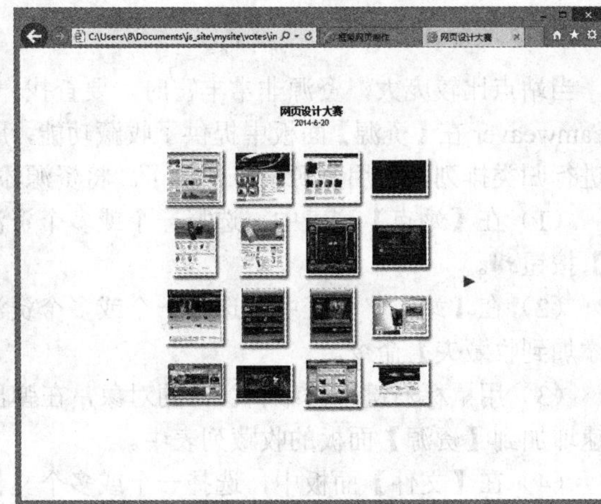

电子相册浏览

图 3.16　框架集网页效果（续）

3.4.1　框架网页设计

本框架网页的设计目标是想把网页标题放在顶部，并固定不动，在网页的左侧放置导航条，右边作为网页的主体显示主要动态内容。有了初步的想法，不妨在具体动手之前把这样的设计想法画出来，如图 3.17 所示。

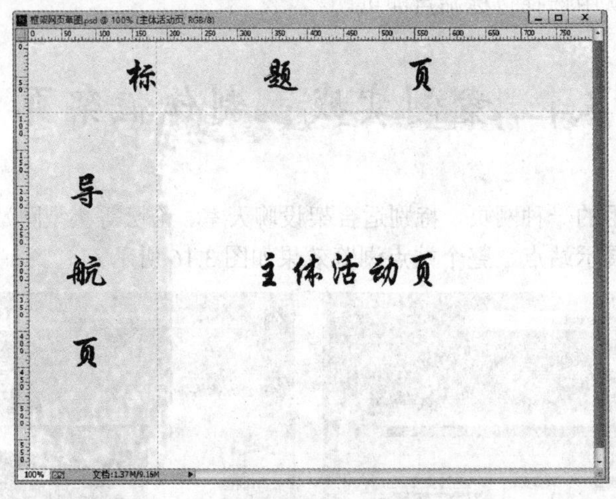

图 3.17　框架网页草图

实现上述想法用框架技术是不错的选择，也可以选择其他实现技术和途径，但需要用到脚本编程，如用<iframe>标签或用 CSS 技术等来实现。但作为初学者，用框架技术实现还是比较简单的。主要技术参数如下：

- ☑ 框架集页面宽度为 816 像素。
- ☑ 需要用到框架集嵌套技术，类似表格嵌套效果。
- ☑ 先创建上下结构的框架集，上部框架高度固定为 94 像素，宽为 816 像素，无边框；下部框架高度为相对，宽为 816 像素，无边框。
- ☑ 在下部框架内嵌套框架集，嵌套框架集的左框架为固定宽度 160 像素，无边框；右框架宽

度为相对，边框为默认。

3.4.2　制作框架分页面

根据设计参数，下一步骤需要制作各个分页面，具体介绍如下。

1. 标题页（top.html）

【操作步骤】

第 1 步，用 Photoshop 绘制网页图像，本例图像的大小为 816×94 像素，效果如图 3.18 所示。

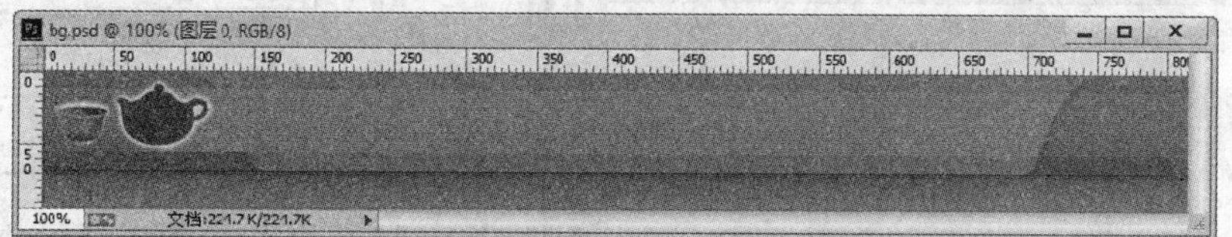

图 3.18　制作网页底图

第 2 步，在工具箱中选择【切片工具】，在【原稿】编辑窗口中根据网页编辑需要切分图像，如图 3.19 所示。

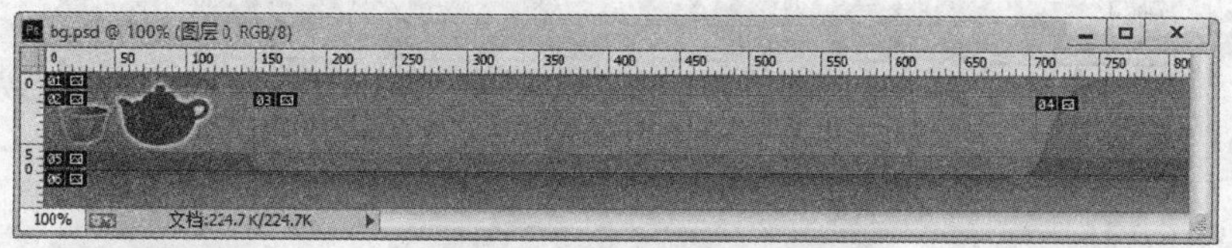

图 3.19　切分网页底图

第 3 步，选择【文件】|【存储为 Web 所用格式】命令，打开【存储为 Web 所用格式】对话框，对于该对话框可以保持默认设置，选择保存位置，单击【确定】按钮保存即可。Photoshop 提供的这个全自动优化并导出网页图像是个非常实用的命令。

第 4 步，启动 Dreamweaver，新建一个文件。选择【文件】|【打开】命令，打开第 3 步输出的网页图像，另存为 top.html，要注意源图像切分图片保存文件夹 images 和 top.html 文件的位置关系，即要处在同一文件夹中，否则会找不到。

第 5 步，在 Dreamweaver 编辑窗口中，把需要输入文本或插入图像等网页元素的切片区域设置为背景显示图像，方法是先根据单元格插入图像的大小，在【属性】面板中设置该单元格的大小，然后复制插入图片路径，再选中单元格，在【属性】面板中把该路径复制到【背景】文本框中，如图 3.20 所示。

图 3.20　编辑网页图像

第 6 步，在最后一行单元格中嵌入一个 JavaScript 脚本文件，用来制作动态下拉菜单，感兴趣的读者可以参考本书示例，浏览效果如图 3.21 所示。

2. 导航页（left.html）

【操作步骤】

第 1 步，启动 Dreamweaver，新建文档，保存为 left.html。选择【修改】|【页面属性】命令，打开【页面属性】对话框，设置页面背景色为浅蓝色，靠近左上角对齐网页，如图 3.22 所示。

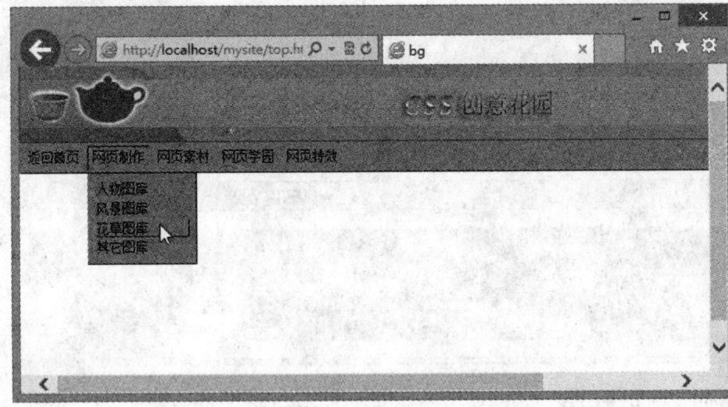

图 3.21　制作下拉菜单

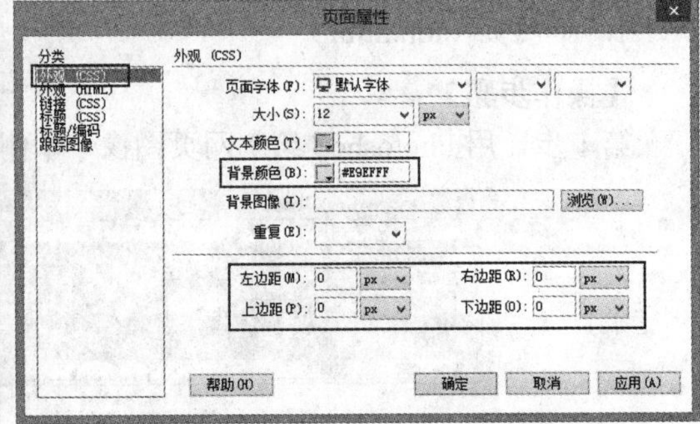

图 3.22　【页面属性】对话框

第 2 步，插入一个 2 行 1 列的表格，设置宽为 60 像素，其他设置如图 3.23 所示。

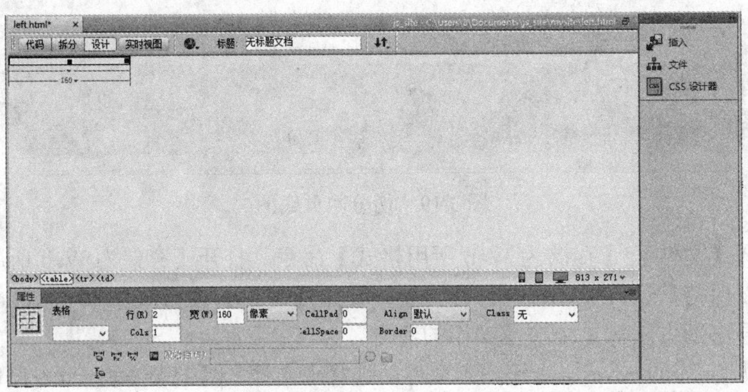

图 3.23　插入表格

第 3 步，在表格的第 1 行中插入标题图片，在第 2 行中插入一个 4 行 2 列的表格，宽度为 100%，如图 3.24 所示。根据设计输入文本和提示小图标，效果如图 3.25 所示。

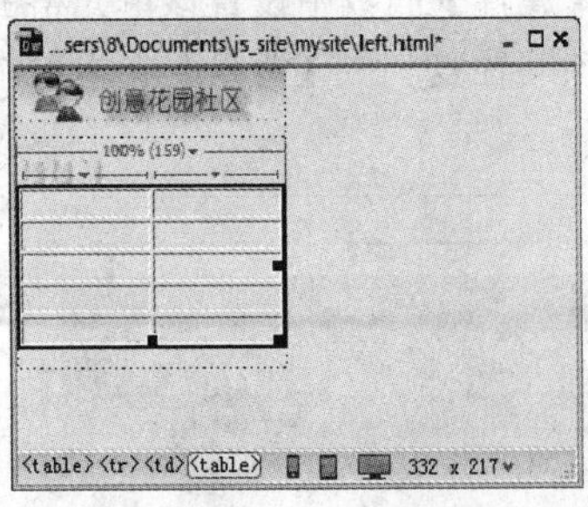

图 3.24　插入嵌套表格

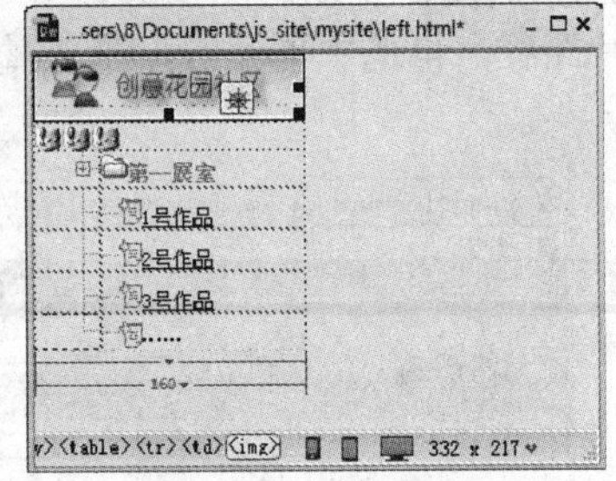

图 3.25　输入文本和图标

第 4 步，选中第 2~4 行所有单元格，如图 3.26 所示，切换到【代码】视图，会高亮显示选中单元格的代码，并在这段代码前输入“<tbody id="Content4" style="display:none;">”，在后面输入“</tbody>”，详细代码如图 3.27 所示。

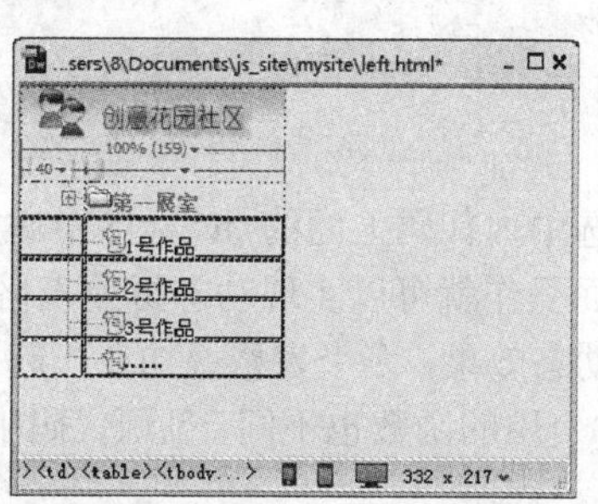

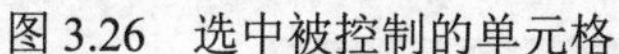

图 3.26 选中被控制的单元格

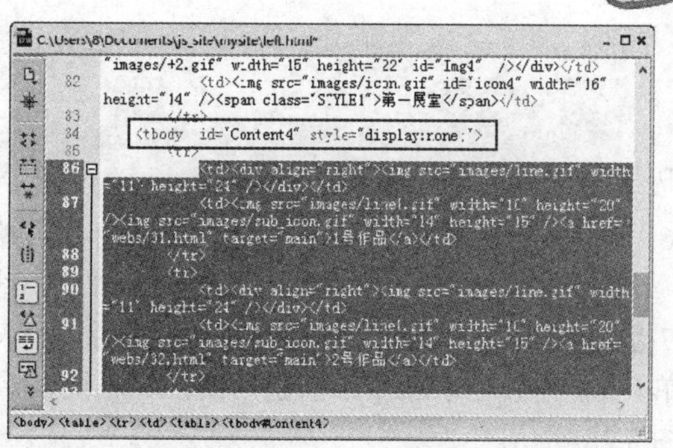

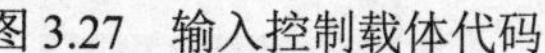

图 3.27 输入控制载体代码

第 5 步，同时，在<head>和</head>之间输入一段 JavaScript 脚本，用来控制第 2~4 行单元格的显示，实际上该代码主要用来控制<tbody>和</tbody>标签中间包含的所有表格和元素显示和隐藏。代码如下（详细页面代码可参考本书示例源代码）：

```
<script>
//控制第一个表格显隐函数
function turnit(ss,ii,aa){
    if (ss.style.display=="none"){
        ss.style.display="";
        ii.src="images/_0.gif";
        aa.src="images/icon01.gif";
    }else{
        ss.style.display="none";
        ii.src="images/+0.gif";
        aa.src="images/icon.gif";
    }
}
//控制最后一个表格显隐函数
function turnit1(ss,ii,aa){
    if (ss.style.display=="none"){
        ss.style.display="";
        ii.src="images/_.gif";
        aa.src="images/icon01.gif";
    }else{
        ss.style.display="none";
        ii.src="images/+2.gif";
        aa.src="images/icon.gif";
    }
}
//控制中间表格显隐函数
function turnit2(ss,ii,aa){
    if (ss.style.display=="none") {
        ss.style.display="";
        ii.src="images/_.gif";
        aa.src="images/icon01.gif";
    }else{
        ss.style.display="none";
        ii.src="images/+.gif";
```

```
            aa.src="images/icon.gif";
        }
    }
</script>
```

Note

第 6 步，切换到【设计】视图，选中第 1 行单元格，在选中内代码上面的<tr>标签中增加脚本控制脚本：onMouseUp="turnit(Content1,Img1,icon1);"，经过上面操作就可以实现动态折叠表格效果。

第 7 步，以同样的方式制作中间表格和最后一个表格的动态效果，多个表格叠加在一起就形成了导航菜单。要注意各个表格由于所引用的图标不同，所以事件引用的函数也不同，见源代码中的注释，效果如图 3.28 所示。

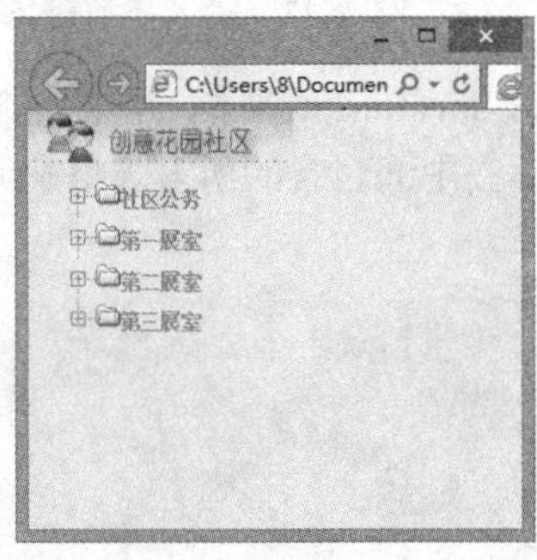

折叠表格

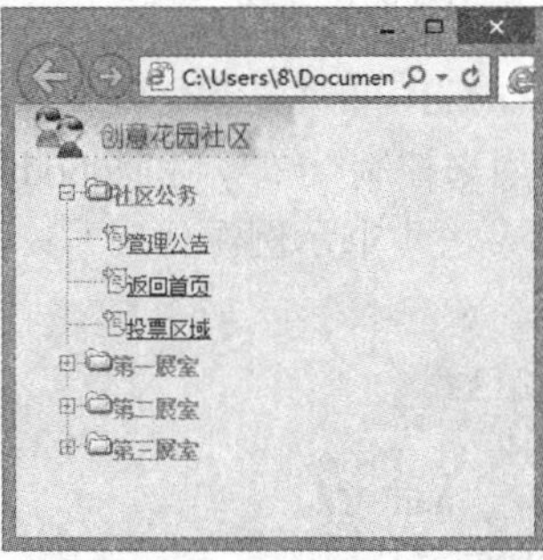

展开表格

图 3.28　动态折叠表格效果

3.4.3　框架合成

3.4.1 节和 3.4.2 节重点介绍了两个关键页面的制作，其他页面可以参考本书示例。完成框架分页的设计工作后，下面只需要创建一个框架集页面把这些分页面合成在一起即可。

【操作步骤】

第 1 步，启动 Dreamweaver，新建文档，保存为 index.html。

第 2 步，切换到【代码】视图，输入下面代码，创建一个嵌套框架集。

```
<html xmlns="http://www.w3.org/1999/xhtml">
<head>
<meta http-equiv="Content-Type" content="text/html; charset=gb2312" />
<title>框架网页制作</title>
</head>
<frameset rows="94,*" framespacing="0" frameborder="no" border="0" bordercolor="0">
    <frame src="top.html" frameborder="no" scrolling="no" noresize="noresize" marginwidth="0" marginheight="0" id="top">
    <frameset cols="160,*" framespacing="0" frameborder="no" border="0" bordercolor="0">
        <frame src="left.html" name="left" frameborder="no" scrolling="no" noresize="noresize" marginwidth="0" marginheight="0" id="left">
        <frame src="main.html" name="main" frameborder="no" noresize="noresize" marginwidth="0" marginheight="0" id="main">
    </frameset>
</frameset>
<noframes>
<body>
```

```
<h1>当前浏览器不支持框架页。</h1>
</body>
</noframes>
</html>
```

第 3 步，保存框架页，按 F12 键即可预览页面。

Note

3.5　设计链接样式

网页链接的外观：蓝色、下划线，这种默认样式没有吸引力，使用 CSS 可以产生令人吃惊的效果。

3.5.1　定义普通样式

对链接应用样式最容易的方式是使用类型选择器。例如，以下规则将使所有链接显示为红色。

```
a{
    color:red;
}
```

但是，锚可以作为内部引用，也可以作为外部链接，所以使用类型选择器不总是理想的。例如，下面的第一个锚包含一个片段标识符，当用户单击这个锚时，页面将跳到第二个锚的位置。

```
<p><a href="#mainContent">跳转到标题位置</a></p>
<h1><a name="mainContent"> </a></h1>
```

虽然只想让真正的链接变成红色，但是标题的内容也成了红色的。为了避免这个问题，CSS 提供了两个特殊的选择器，即链接伪类选择器。

☑　:link 伪类选择器用来寻找没有被访问过的链接。

☑　:visited 伪类选择器用来寻找被访问过的链接。

【示例】在下面的示例中定义两个样式，设置所有没有被访问过的链接将是蓝色的，所有被访问过的链接将是绿色的。

```
a:link{
    color:blue;
}
a:visited{
    color:green;
}
```

可以用来对链接应用样式的另外两个选择器是:hover 和:active 动态伪类选择器。

☑　:hover 动态伪类选择器用来寻找鼠标停留处的元素。

☑　:active 动态伪类选择器用来寻找被激活的元素。

对于链接来说，激活发生在链接被单击时。所以，在下面的示例中，当鼠标停留在链接上或单击链接时链接将变成红色。

```
a:hover,a:active {
    color:red;
}
```

很多设计师最初使用这些选择器的目的之一是去掉链接的下划线，然后在鼠标停留在链接上或单击链接时打开下划线。实现的方法是将未访问和已访问的链接的 text-decoration 属性设置为 none，将鼠标停留和激活的链接的 text-decoration 属性设置为 underline。

Note

```
a:link,a:visited {
    text-decoration:none;
}
a:hover,a:acriove {
    text-decoration:undexline;
}
```

在上面示例中，选择器的排列是非常重要的。如果顺序反过来，鼠标停留和激活样式就不起作用了。

```
a:hover,a:active {
    text-decoration:undexline;
}
    a:link,a:visited {
    text-decoration:none;
}
```

这是由层叠造成的，当两个规则具有相同的特殊性时，后定义的规则优先。在这个示例中，两个规则具有相同的特殊性，所以:link 和 visited 样式将覆盖:hover 和:active 样式。为了确保不会发生这种情况，最好按照以下顺序应用链接样式。

- ☑ a:link
- ☑ a:visited
- ☑ a:hover
- ☑ a:active

3.5.2 定义下划线样式

从易用性和可访问性的角度分析，通过颜色之外的某些方式让链接区别于其他内容是很重要的。这是因为有视觉障碍的人很难区分对比不强烈的颜色，尤其是在文本比较小的情况下。例如，有色盲症的人无法区分具有相似亮度或饱和度的某些颜色。因此，链接在默认情况下会加上下划线。

下划线让页面看上去比较乱。如果决定去掉链接的下划线，那么可以让链接显示为粗体。这样页面看起来没那么乱，而链接仍然醒目。

```
a:link, a:visited{
    text-decoration:none;
    font-weight:bold;
}
```

当鼠标停留在链接上或激活链接时，可以重新应用下划线，从而增强其交互状态。

```
a:hover, a:active{
    text-decoration:underline;
}
```

也可以使用边框创建不太影响美观的下划线。

【示例】在下面示例中，取消默认的下划线，将它替换为不太刺眼的点线。当鼠标停留在链接上或激活链接时，这条线变成实线，从而为用户提供视觉反馈。

```
a:link, a:visited{
    text-decoration: none;
    border-bottom: 1px dotted #000;
}
a:hover,a:active{
    border-bottom-style:solid;
}
```

通过使用图像创建链接下划线，可以产生非常有意思的效果。例如，创建了一个非常简单的下划线图像，它由点线组成，可以使用以下代码将这个图像应用于链接，显示效果如图 3.29 所示。

```
a:link, a:visited{
color:#f00;
font-weight:bold;
    text-decoration: none;
    background:url(images/dashed1.gif) left bottom repeat-x;
}
```

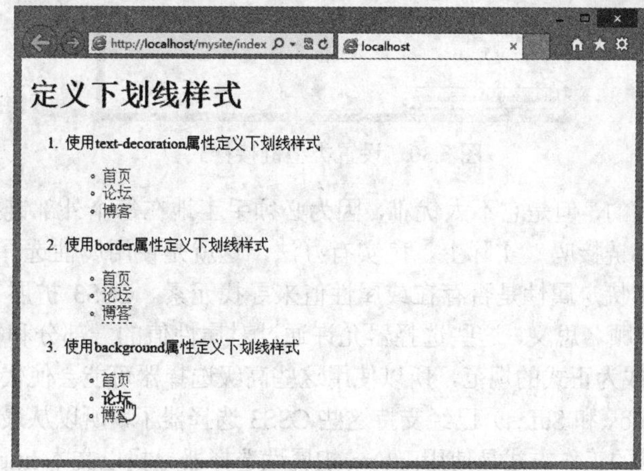

图 3.29　设计下划线样式

这种方式并不限于 link 和 visited 样式。在下面示例中，为 hover 和 active 状态创建了一个动画 GIF，然后使用以下 CSS 应用它。

```
a:hover, a:active{
    background-image:url(images/underline1-hovez.gif);
}
```

当鼠标停留在链接上或单击链接时，点线从左到右滚动出现，这就产生了一种有意思的效果。并非所有浏览器都支持背景图像动画，但是不支持这个特性的浏览器常常会显示动画的第一帧，这确保效果在老式浏览器中可以平稳退化。当然使用动画要小心，因为它会对某些用户造成可访问性问题。

3.5.3　设置链接类型标识

在很多网站中，很难看出链接是指向网站中另一个页面，还是指向另一个站点。为了解决这个问题，许多站点在新窗口中打开外部链接。但是，这不是好办法，最好的解决方案是让外部链接看起来不一样，让用户自己选择是离开当前站点，还是在新窗口或新的标签页中打开这个链接。

可以在外部链接旁边加一个小图标，而且对于离站链接的图标已经出现了一种约定：一个框加一

Note

个箭头。实现这种效果最容易的方法是在所有外部链接上加一个类，然后将图标作为背景图像应用。

【示例】在下面的示例中，给链接设置少量的右填充，从而给图标留出空间，然后将图标作为背景图像应用于链接的右上角，如图 3.30 所示。

```
.external{
    background: url(images/externalLink.gif) no-repeat right top;
    padding-right:l0px;
}
```

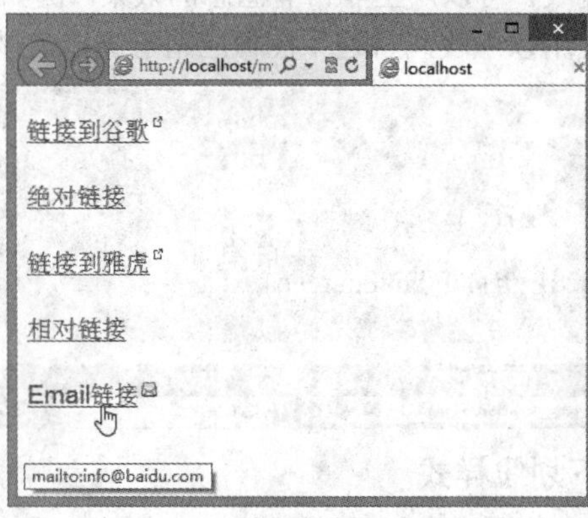

图 3.30　设置类型链接样式

尽管这个方法是有效的，但是它不太优雅，因为必须手工地在每个外部链接上添加类。有办法让 CSS 判断链接是否是外部链接吗？实际上，确实有办法，这就是使用属性选择器。

属性选择器允许根据特定属性是否存在或属性值来寻找元素。CSS3 扩展了它的功能，提供了子字符串匹配属性选择器。顾名思义，这些选择器允许通过对属性值的一部分和指定的文本进行匹配来寻找元素。CSS3 还没有成为正式的规范，所以使用这些高级选择器可能会使代码失效。但是，许多符合标准的浏览器（如 Firefox 和 Safad）已经支持这些 CSS3 选择器了，所以从最终规范中去掉它们的可能性是很小的。这种技术的工作方式是使用[att^=val]属性选择器寻找以文本 http:开头的所有链接。

```
a[href^="http:"] {
    background: url(images/externalLink.gif) no-repeat right top;
    padding-right: 10px;
}
```

这应该会突出显示所有外部链接。但是也会选中使用绝对 URL 而不是相对 URL 的内部链接。为了避免这个问题，需要重新设置指向网站内部的所有链接，删除它们的外部链接图标。方法是匹配指向自己网站域名的链接，删除外部链接图标，重新设置右填充。

```
a[href^="http://www.yoursite.com"], a[href^="http://yoursite.com"]{
    background-image:none;
    padding-right: 0;
}
```

大多数符合标准的浏览器都支持这种技术，而老式浏览器（如 IE 6 及更低版本）会忽略它。

还可以扩展这种技术，如对邮件链接也进行突出显示。在下面的示例中，在所有 mailto 链接上添加一个小的邮件图标。

```
a[href^="mailto:"] {
    background: url(images/email.png) no-repeat right top;
```

```
    padding-right: 10px;
}
```

甚至可以突出显示非标准的协议，如用小的图标突出显示。

```
a[href^="aim:"] {
    background: url(images/im.png) no-repeat right top;
    padding-right: 10px;
}
```

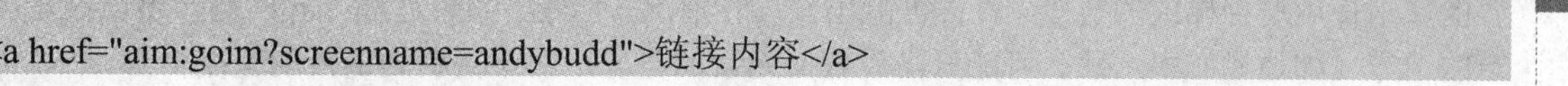

```
<a href="aim:goim?screenname=andybudd">链接内容</a>
```

突出显示可下载的文档和提要另一种不好的常见情况是，单击一个链接，本以为会进入另一个页面，却开始下载一个 PDF 或 Word 文档。幸运的是，CSS 也可以帮助区分这些类型的链接。这要使用 [att$=val]属性选择器，它寻找以特定值（如.pdf 或.doc）结尾的属性。

```
a[href$=".pdf"] {
    background: url(images/PdfLink.gif) no-repeat right top;
    padding-right: 10px;
}
a[href$=".doc"]{
    background: url(images/wordLink.gif) no-repeat right top;
    padding-right: 10px;
}
```

采用与前面示例相似的方式，可以用不同的图标突出显示 Word 和 PDF 文档。这样访问者就知道它们是文档下载，而不是链接到另一个页面的链接。为了避免可能发生的混淆，读者还可以通过类似的方法用 RSS 图标突出显示链接的 RSS 提要。

```
a[href$=".rss"], a[href$=".rdf"] {
    background: url(images/feedLink.gif) no-repeat right top;
    padding-right: 10px;
}
```

通过提醒用户注意离站链接或可下载的文档，让他们明确地了解在单击链接时会发生的情况，避免了不必要的取消操作和烦恼。

3.5.4　模拟按钮样式

a 是行内元素，只有在单击链接的内容时才会激活链接。但是，有时候希望它显示为按钮样式，因此可以将 a 的 display 属性设置为 block，然后修改 width、height 和其他属性来创建需要的样式和单击区域。

【示例 1】在页面中为所有链接定义按钮样式效果，由于链接现在显示为块级元素，单击块中的任何地方都会激活链接。

```
a{
    display: block;
    width: 6em;
    padding:0.2em;
    line-height: 1.4:
    background-color: #g488E9;
    border: 1px solid black;
```

```
        color: #000;
        text-decoration: none;
        text-align: center;
}
```

Note

在上面代码中，宽度是以em 为单位显式设置的。由于块级元素会扩展，填满可用的宽度，所以如果父元素的宽度大于链接所需的宽度，那么需要将希望的宽度应用于链接。如果希望在页面的主内容区域中使用这种样式的链接，就很可能出现这种情况。但是，如果这种样式的链接出现在宽度比较窄的地方（如边栏）中，那么可能只需设置父元素的宽度，而不需要为链接的宽度担心。

为什么使用 line-height 属性定义按钮的高度，而不是使用 height 属性？

这实际上是一个小技巧，能够使按钮中的文本垂直居中。如果设置 height，就必须使用填充将文本压低，模拟出垂直居中的效果。但是，文本在行框中总是垂直居中的，所以如果使用 line-height 属性，文本就会出现在框的中间。

上述缺点：如果按钮中的文本占据两行，按钮的高度就是需要的高度的两倍。避免这个问题的唯一方法是调整按钮和文本的尺寸，让文本不换行，至少在文本字号超过合理值之前不会换行。

使用:hover 伪类就可以创建翻转效果，不需要 JavaScript。如在鼠标停留时设置链接的背景和文本颜色，从而实现非常简单的动态效果。

```
a:hover {
        background-color:#369;
        color:#fff;
}
```

【示例 2】修改背景颜色对于简单的按钮很合适，但是对于比较复杂的按钮，最好使用背景图像。在下面示例中，创建了两个按钮图像，一个用于正常状态，一个用于鼠标停留状态，也可以添加激活状态，即使用:active 动态伪类触发。预览效果如图 3.31 所示。

```
a:link, a:visited {
        display:block;
        width:200px;
        height:40px;
        line-height:40px;
        color:#000;
        text-decoration:none;
        background:#9488E9 url(images/button.gif) no-repeat left top;
        text-indent:50px;
}
a:hover{
        background:#369 url(images/butten_over.gif) no-repeat left top;
        color:#fff;
}
```

图 3.31　设置按钮样式

上面代码与前面示例相似。主要的差异是使用背景图像而不是背景颜色，同时使用固定宽度和高度的按钮，所以在 CSS 中设置显式的像素尺寸。但是，也可以创建特大的按钮图像，或者结合使用背景颜色和图像创建流体的或弹性的按钮。

【**示例 3**】多图像方法的主要缺点是在浏览器第一次装载鼠标停留图像时有短暂的延迟。这会造成闪烁效果，让按钮感觉起来有点儿反应迟钝。可以将鼠标停留图像作为背景应用于父元素，从而预先装载它们。但是，有另一种方法。并不切换多个背景图像，而是使用一个图像并切换它的背景位置。使用单个图像的好处是减少了服务器请求的数量，而且可以将所有按钮状态放在一个地方。

首先，创建组合的按钮图像，如图 3.32 所示。

图 3.32　设计背景图像

在这个示例中，使用正常状态和鼠标停留状态，也可以使用激活状态和已访问状态。代码几乎与前面的示例相同。设计在正常状态下，将翻转图像对准左边，而在鼠标停留状态下对准右边。

```
a:link,a:visited{
    display:block;
    width:200px;
    height:40px;
    line-height:40px;
    color:#000;
    text-decoration:none;
    background:#9488E9 url(images/pixy-rollover.gif) no-repeat left top;
    text-indent:50px;
}
a:hover{
    background-color:#369;
    background-position:right top;
    color:#fff;
}
```

由于 IE 仍然会向服务器请求新的图像，这会产生轻微的闪烁，为了避免闪烁，需要将翻转状态应用于链接的父元素，如包含它的段落。

```
p {
    background:#g488Eg url(images/pixy-rollover.gif) ;
    no-repeat right top;
}
```

在图像重新装载时，它仍然会消失一段时间。但是，由于提前加载，现在会露出相同的图像，消除了闪烁。

3.5.5　定义已访问样式

用户常常忘记处理已访问链接样式，导致已访问的链接和未访问的链接采用同样的样式。但是，不同的已访问链接样式可以帮助用户，让他们知道哪些页面或站点他们已经访问过了，避免不必要的取消操作。

【**示例**】通过在每个已访问链接的旁边添加一个提示框，就可以创建一种非常简单的已访问链接

样式：

```
a:visited {
    padding-right:20px;
    background:url(check.gif)right middle;
}
```

Note

假设在边栏中有一系列外部链接。

```
<ul>
    <li><a href="http://www.baidu.com/" target="_blank">百度</a></li>
    <li><a href="http://www.google.com.hk/" target="_blank">谷歌</a></li>
    <li><a href="http://www.sina.com/" target="_blank">新浪</a></li>
    <li><a href="http://www.sohu.com/" target="_blank">搜狐</a></li>
</ul>
```

为未访问状态和已访问状态创建单一图像，然后按照与前面一样的方式应用背景图像。背景图像给锚和已访问状态添加了样式。

```
ul{list-style:none; }
li{margin:5px; }
li a{
    display:block;
    width:300px;
    height:30px;
    line-height:30px;
    color:#000;
    text-decoration: none;
    background:#9488E9 url(images/visited.gif) no-repeat left top;
    text-indent:l0px;
}
li a:visited{
    background-position:right top;
}
```

每个已访问站点的旁边显示一个图标标记，这个反馈图标表示访问者已经访问过该链接。

3.5.6 定义提示样式

链接提示是当鼠标停留在具有 title 属性的元素上时一些浏览器弹出的黄色小文本框。一些开发人员结合使用 JavaScript 和 CSS 创建了样式独特的链接提示。但是，通过使用 CSS 定位技术，可以创建纯 CSS 链接提示。

【示例】先创建结构良好且有意义的 HTML 结构。

```
<p>
<a href="http://www.baidu.com/" class="tooltip">百度<span>（百度一下，你就知道）</span></a>
</p>
```

这个链接设置类名为 tooltip，以便从其他链接中区分出来。在这个链接中，添加希望显示为链接文本的文本，然后是包围在 span 中的链接提示文本。将链接提示包围在圆括号中，这样的话在样式关闭时这个句子仍然是有意义的。

首先，将 a 的 position 属性设置为 relative。这样就可以相对于父元素的位置对 span 的内容进行

绝对定位。不希望链接提示在最初就显示出来，所以应该将它的 display 属性设置为 none。

```
a.tooltip{
    position:relative;
}
a.tooltip span{
    display:none;
}
```

当鼠标停留在这个锚上时，希望显示 span 的内容。方法是将 span 的 display 属性设置为 block，但是只在鼠标停留在这个链接上时这样做。如果现在测试此代码，当鼠标停留在这个链接上时，链接的旁边会出现 span 文本。

为了让 span 的内容出现在锚的右下方，需要将 span 的 position 属性设置为 absolute，并且将它定位到距离锚顶部 lem，距离左边 2em。

```
a.tooltip:hover span {
    display:block;
    position:absolute;
    top:lem;
    left:2em;
}
```

这就是这种技术的主体部分。余下的工作是添加一些样式让 span 看起来像链接提示。可以给 span 加一些填充、一个边框和背景颜色。最后演示效果如图 3.33 所示。

```
a.tooltip:hover span{
    display:block;
    position:absolute;
    top:lem;
    left:2em;
    padding:0.2em 0.6em;
    border:1px solid #996633;
    background-color:#FFFF66;
    color:#000;
}
```

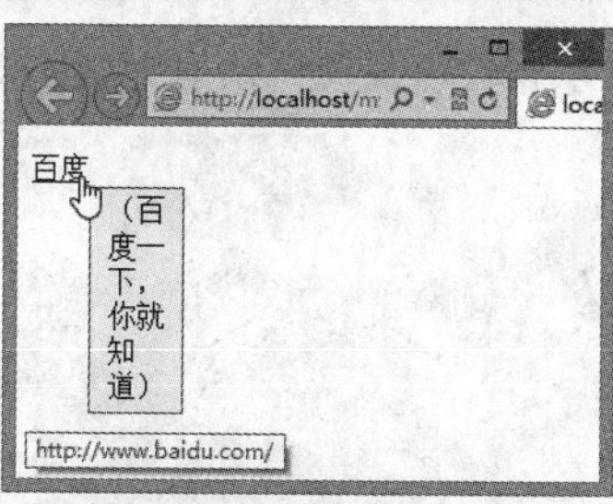

图 3.33　链接提示样式

注意：绝对定位元素的定位相对于最近的已定位祖先元素，如果没有，就相对于根元素。在这个示例中，已经定位了 a，所以 span 相对于 a 进行定位。

```
a.tooltip:hover{
    font-size:100%;
}
```

3.6 案例实战

Note

本节将通过实例的形式帮助读者设计 CSS 的链接样式，以提高实战技法和技巧，快速理解 CSS 链接属性的应用。

3.6.1 定义鼠标指针样式

在默认状态下，鼠标移过链接则显示为箭头样式，如果链接显示为按钮样式，我们还可以把光标设计为手形样式，这样能够提高用户使用体验。设计鼠标样式的效果如图 3.34 所示。

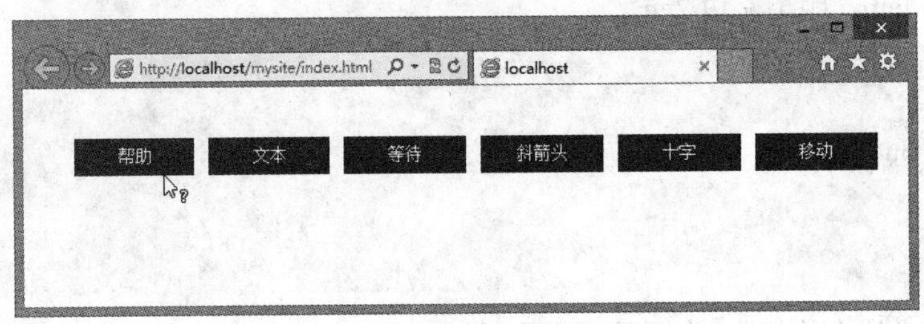

图 3.34 鼠标样式

【操作步骤】

第 1 步，构建网页结构，在<body>标签中输入以下内容：

```
<ul>
    <li> <a href="#">帮助</a></li>
    <li> <a href="#">文本</a></li>
    <li> <a href="#" >等待</a></li>
    <li> <a href="#">斜箭头</a></li>
    <li> <a href="#">十字</a></li>
    <li> <a href="#">移动</a></li>
</ul>
```

第 2 步，规划整个页面的基本显示属性以及统一所有元素的默认样式。

```
* {
    margin:10px 0 0 10px;
    padding:0px;
}
body {
    font-size:14px;
    font-family:"宋体";
}
```

第 3 步，定义水平显示的导航菜单样式。在 ul 类型选择器中清除列表项目符号，通过 li 选择器让所有列表项并列显示，通过添加左侧边界 2 像素，实现列表项目之间留有一点距离。定义 a 元素为块显示，设计背景色为亮蓝色，通过固定高和宽设置方形样式，利用 line-height 属性实现文本垂直居中，清除默认的下划线样式，设置字体为白色。显示效果如图 3.35 所示。

```
ul {
    list-style-type:none;
}
li {
    float:left;
    margin-left:2px;
}
a {
    display:block;
    background-color:#3424ff;
    width:100px;
    height:30px;
    line-height:30px;
    text-align:center;
    color:#FFFFFF;
    text-decoration:none;
}
```

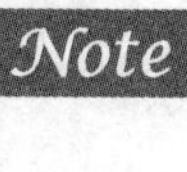

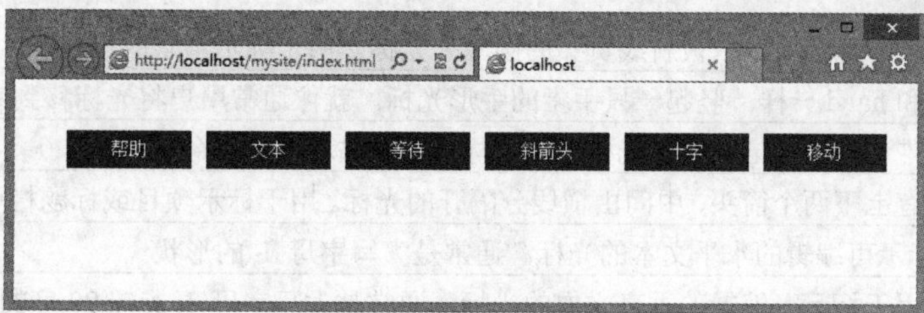

图 3.35　设置水平导航样式

第 4 步，利用 CSS 的 cursor 属性定义多个光标样式类。

```
.help {
    cursor:help;
}
.text {
    cursor:text;
}
.wait {
    cursor:wait;
}
.sw-resize {
    cursor:sw-resize;
}
.crosshair {
    cursor:crosshair;
}
.move {
    cursor:move;
}
```

提示：cursor 是 CSS2.0 定义的一个属性，具体用法如下：

cursor : auto | all-scroll | col-resize| crosshair | default | hand | move | help | no-drop | not-allowed | pointer | progress | row-resize | text | vertical-text | wait | *-resize | url (url)

该属性的取值说明如表 3.1 所示。

Note

表 3.1　cursor 取值说明

属 性 值	说　明
auto	默认值。浏览器根据当前情况自动确定鼠标光标类型
all-scroll	IE6.0 有上、下、左、右 4 个箭头，中间有一个圆点的光标。用于标示页面可以向上、下、左、右任何方向滚动
col-resize	IE6.0 有左右两个箭头，中间由竖线分隔开的光标。用于标示项目或标题栏可以被水平改变尺寸
crosshair	简单的十字线光标
default	客户端平台的默认光标。通常是一个箭头
hand	竖起一只手指的手形光标。就像通常用户将光标移到链接上时那样
move	十字箭头光标。用于标示对象可被移动
help	带有问号标记的箭头。用于标示有帮助信息存在
no-drop	IE6.0 带有一个被斜线贯穿的圆圈的手形光标。用于标示被拖起的对象不允许在光标的当前位置被放下
not-allowed	IE6.0 禁止标记（一个被斜线贯穿的圆圈）光标。用于标示请求的操作不允许被执行
pointer	IE6.0 和 hand 一样。竖起一只手指的手形光标。就像通常用户将光标移到链接上时那样
progress	IE6.0 带有沙漏标记的箭头光标。用于标示一个进程正在后台运行
row-resize	IE6.0 有上下两个箭头，中间由横线分隔开的光标。用于标示项目或标题栏可以被垂直改变尺寸
text	用于标示可编辑的水平文本的光标。通常是大写字母 I 的形状
vertical-text	IE6.0 用于标示可编辑的垂直文本的光标。通常是大写字母 I 旋转 90 度的形状
wait	用于标示程序忙用户需要等待的光标。通常是沙漏或手表的形状
*-resize	用于标示对象可被改变尺寸方向的箭头光标。w-resize | s-resize | n-resize | e-resize| ne-resize | sw-resize | se-resize | nw-resize
url(url)	IE6.0 用户自定义光标。使用绝对或相对 url 地址指定光标文件（后缀为.cur 或者.ani）

第 5 步，把这些样式类绑定到列表项目中包含的链接 a 元素上即可。

```
<ul>
    <li> <a href="#" class="help">帮助</a></li>
    <li> <a href="#" class="text">文本</a></li>
    <li> <a href="#" class="wait">等待</a></li>
    <li> <a href="#" class="sw-resize">斜箭头</a></li>
    <li> <a href="#" class="crosshair">十字</a></li>
    <li> <a href="#" class="move">移动</a></li>
</ul>
```

3.6.2　定义菜单样式

很多链接放在一起，就可以组成菜单，菜单是网站的导航中心，在每个页面都会看见它，因此设计链接样式，以及导航菜单样式就成为网页设计中很重要的组成部分。

菜单样式风格不一、种类繁多，页面该用什么样式，这个需要结合网页设计风格。3.6.1 节中曾经介绍了按钮样式，下面就以按钮样式为基础，设计一个水平显示的菜单样式，示例效果如图 3.36 所示。

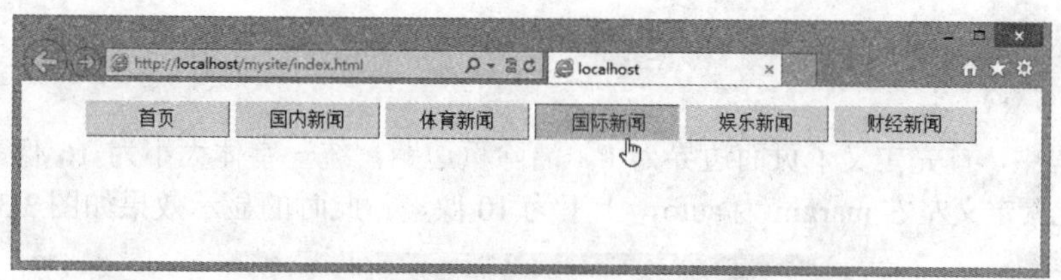

图 3.36　设计菜单样式

【操作步骤】

第 1 步，构建网页结构，在<body>标签中输入以下内容：

```
<div>
    <ul>
        <li><a href="#">首页</a></li>
        <li><a href="#">国内新闻</a></li>
        <li><a href="#">体育新闻</a></li>
        <li><a href="#">国际新闻</a></li>
        <li><a href="#">娱乐新闻</a></li>
        <li><a href="#">财经新闻</a></li>
    </ul>
</div>
```

整个菜单结构以无序列表为基础，使用<ul>和<li>标签配合，设计每个菜单项，在每个菜单项中包含一个链接，此时的显示效果如图 3.37 所示，可以看到，无序列表结构呈现垂直显示，并带有项目符号，每个项目以缩进呈现。

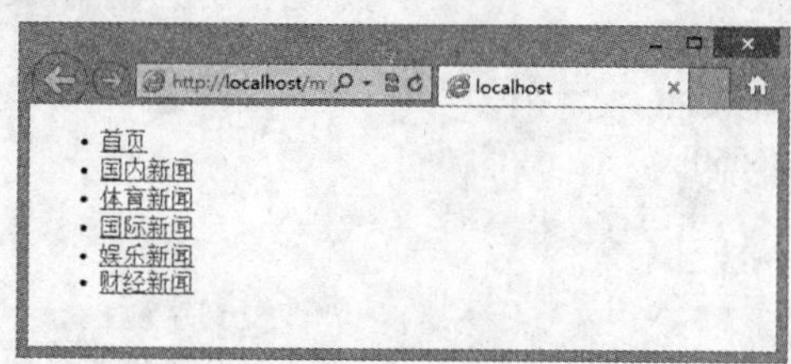

图 3.37　构建列表结构

第 2 步，定义网页基本属性，设置列表默认样式，清除项目符号，并让菜单文本居中显示。

```
body {
    margin:0px;
    padding:0px;
    font-size:16px;
    font-family:"宋体";
}
div {
    margin:10px auto auto 10px;
}
ul {
    list-style-type:none;
    text-align:center;
}
li {
    float:left;
```

```
        margin-left:5px;
    }
```

Note

在以上代码中，首先定义了页面边界为 0，清除页边距，统一字体大小为 16 像素，字体类型为宋体，为 div 元素定义左右 margin 为 auto，上下为 10 像素。此时的显示效果如图 3.38 所示。

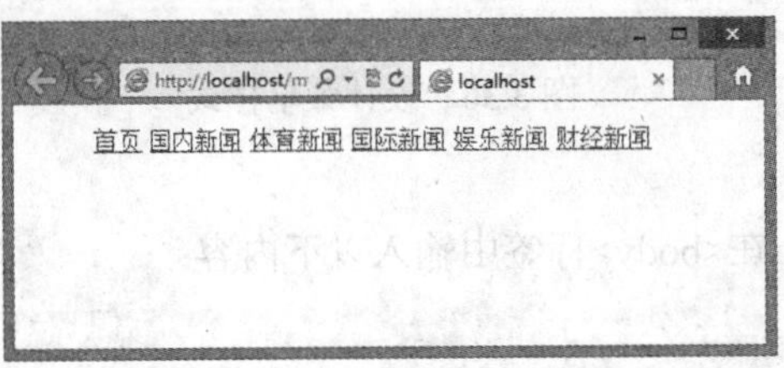

图 3.38　设置列表基本属性

第 3 步，定义按钮样式。

```
a:link, a:visited {/*链接正常状态、被访问过的样式*/
    color: #000;
    display:block;
    width:100px;
    height:20px;
    line-height:20px;
    padding:4px 10px 4px 10px;
    background-color: #ffd8db;
    text-decoration: none;
    border-top: 1px solid #ece0e0;                    /*边框实现阴影效果*/
    border-left: 1px solid #ece0e0;
    border-bottom: 1px solid #636060;
    border-right: 1px solid #636060;
}
a:hover {/*鼠标经过时的链接*/
    color:#821818;                                    /*改变文字颜色*/
    padding:5px 8px 3px 12px;                         /*改变文字位置*/
    background-color:#e2c4c9;                         /*改变背景色*/
    border-top: 1px solid #636060;                    /*边框变换，实现“按下去”的效果*/
    border-left: 1px solid #636060;
    border-bottom: 1px solid #ece0e0;
    border-right: 1px solid #ece0e0;
}
```

在上面代码中定义链接在默认状态下显示黑色，顶部边框线和左侧边框线为浅色效果，而右侧和底部边框线颜色为深色。当鼠标经过时，则重新设置四边边框线颜色，把上下和左右边框线颜色调换，这样利用错觉就设计出了一个凸凹立体效果，此时网页的显示效果如图 3.39 所示。

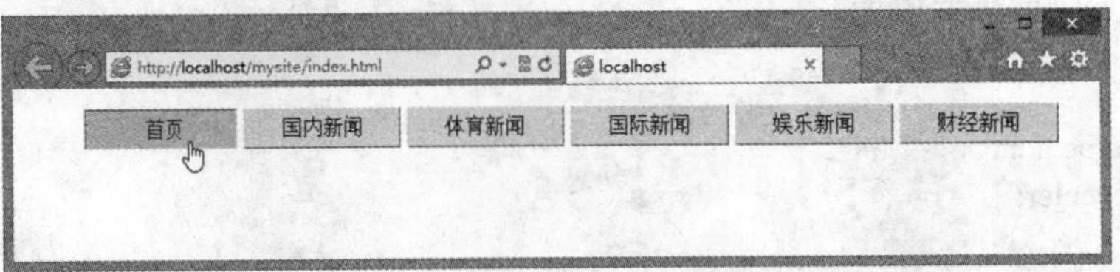

图 3.39　设计立体按钮样式

提示：设计立体样式的技巧就是借助边框样式的变化（主要是颜色的深浅变化）来模拟一种凸凹变化的过程，即营造一种立体变化效果。使用 CSS 设计立体效果的 3 种技巧如下。

☑ 利用边框线的颜色变化来制造视觉错觉。可以把右边框和底部边框结合，把顶部边框和左边框结合，利用明暗色彩的搭配来设计立体变化效果。

☑ 利用链接背景色的变化来营造凸凹变化的效果。链接的背景色可以设置相对深色效果，以营造凸起效果，当鼠标经过时，再定义浅色背景来营造凹下效果。

☑ 利用环境色、字体颜色（前景色）来烘托这种立体变化过程。

3.6.3　设计苹果风格菜单

苹果菜单风格：简洁、优雅、圆润。这种设计风格比较流行，本示例模仿苹果风格设计导航菜单样式，演示效果如图 3.40 所示。

【操作步骤】

第 1 步，构建网页基本结构。在本示例中构建了一个无序列表结构。

```
<div id="nav">
    <ul>
        <li class="n01"><a href="#">index</a></li>
        <li class="n02"><a href="#">Store</a></li>
        <li class="n03"><a href="#">Mac</a></li>
        <li class="n04"><a href="#">iPod + iTunes</a></li>
        <li class="n05"><a href="#">iPhone</a></li>
        <li class="n06"><a href="#">Downloads</a></li>
    </ul>
</div>
```

此时在没有 CSS 样式设置时的显示结果如图 3.41 所示。

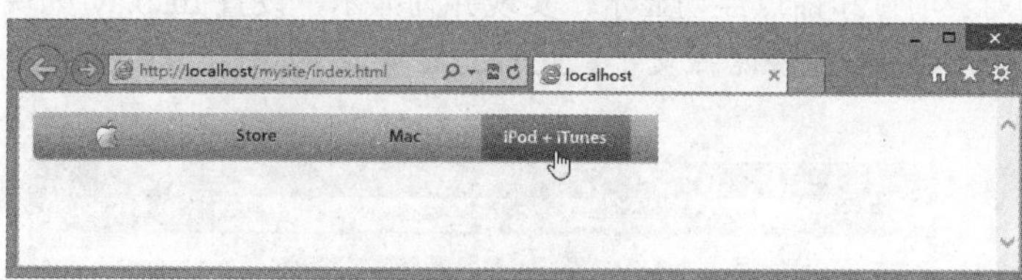

图 3.40　设计苹果导航菜单

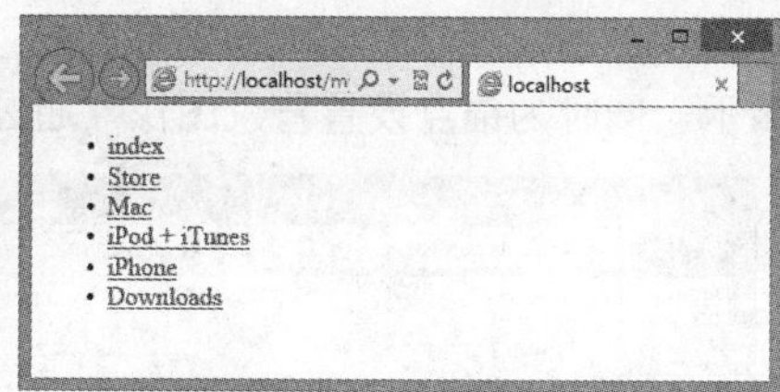

图 3.41　构建列表结构

第 2 步，设置标签默认样式。

```
html, body {
    height:100%;
    background:#fff;
}
body {
    font:12px "宋体", Arial, sans-serif;
    color:#333;
}
body, form, menu, dir, fieldset, blockquote, p, pre, ul, ol, dl, dd, h1, h2, h3, h4, h5, h6 {
    padding:0;
    margin:0;
```

```
}
ul, ol, dl {
    list-style:none;
}
```

Note

以上代码中，首先设置了 html 和 body 样式，然后统一常用标签的样式，设置它们的边界都为 0，并清除列表结构的项目符号。此时的显示效果如图 3.42 所示。

第 3 步，定义导航菜单样式。

```
#nav {
    width:490px;
    height:38px;
    margin:15px 0 0 10px;
    overflow:hidden;
    background:url(images/globalnavbg.png) no-repeat;
}
#nav li, #nav li a {
    float:left;
    display:block;
    width:117px;
    height:38px;
    background:#fff;
}
#nav li a {
    width:100%;
    text-indent:-9999px;
    background:url(images/globalnavbg.png) no-repeat 0 0;
}
```

以上代码中，首先定义了导航菜单包含框样式，定义固定宽度和高度，设置背景图，通过 overflow: hidden 声明隐藏超出区域的内容。设置列表项目和锚点浮动显示，实现并列显示，设置 display 为块显示，同时为锚点设置背景图像，通过 text-indent 属性隐藏文字。此时的显示效果如图 3.43 所示。

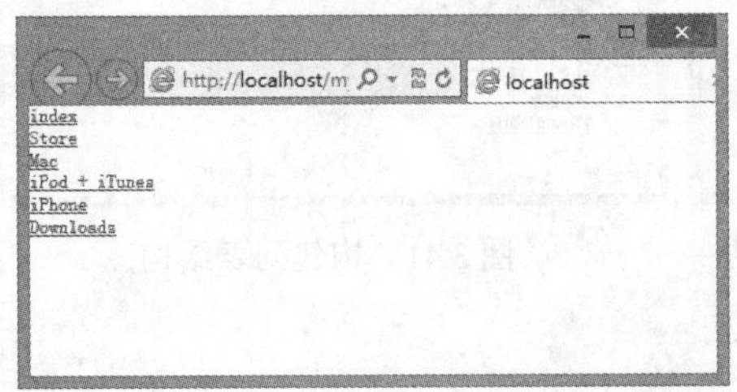

图 3.42　设置标签默认样式

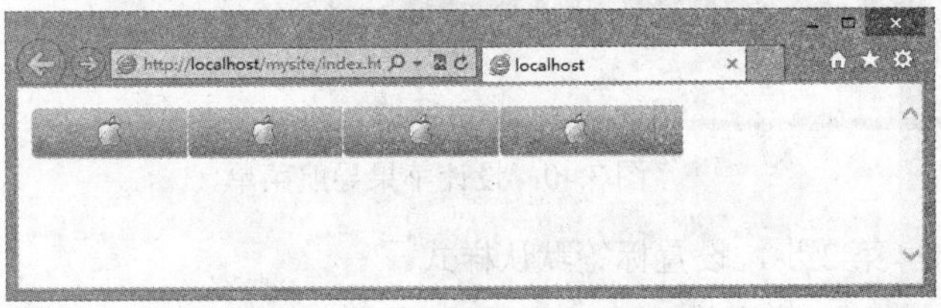

图 3.43　设置导航菜单项目样式

第 4 步，为每个列表项目定位背景图像的显示位置。

```
#nav .n01 { width:118px; }
#nav .n01 a:visited { background-position:0 -114px; }
#nav .n01 a:hover { background-position:0 -38px; }
#nav .n01 a:active { background-position:0 -76px; }
#nav .n02 a:link { background-position:-118px 0; }
#nav .n02 a:visited { background-position:-118px -114px; }
#nav .n02 a:hover { background-position:-118px -38px; }
```

```
#nav .n02 a:active { background-position:-118px -76px; }
#nav .n03 a:link { background-position:-235px 0; }
#nav .n03 a:visited { background-position:-235px -114px; }
#nav .n03 a:hover { background-position:-235px -38px; }
#nav .n03 a:active { background-position:-235px -76px; }
#nav .n04 a:link { background-position:-352px 0; }
#nav .n04 a:visited { background-position:-352px -114px; }
#nav .n04 a:hover { background-position:-352px -38px; }
#nav .n04 a:active { background-position:-352px -76px; }
#nav .n05 a:link { background-position:-469px 0; }
#nav .n05 a:visited { background-position:-469px -114px; }
#nav .n05 a:hover { background-position:-469px -38px; }
#nav .n05 a:active { background-position:-469px -76px; }
#nav .n06 a:link { background-position:-586px 0; }
#nav .n06 a:visited { background-position:-586px -114px; }
#nav .n06 a:hover { background-position:-586px -38px; }
#nav .n06 a:active { background-position:-586px -76px; }
```

从以上代码可以看到，定义了 6 个样式类，利用包含选择器，为每个锚点定义不同伪类状态下的样式。最终效果如图 3.44 所示。

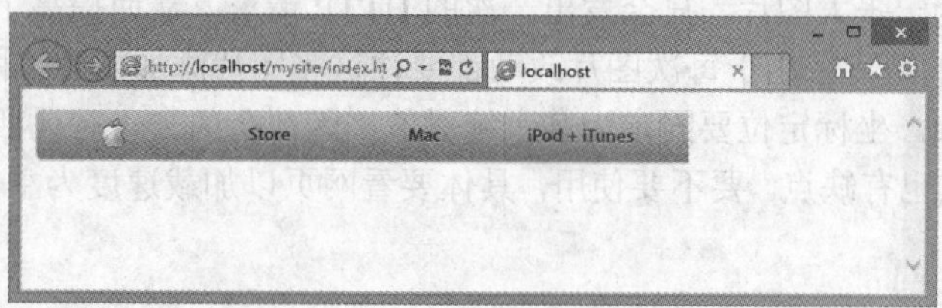

图 3.44　定位背景图像效果

【拓展】在以用户体验为中心的网页设计时代，很多用户会因为打开网页速度太慢而关闭网页。网页提速有很多的方法，其中一条就是减少 HTTP 请求。每一个网站都会用到图片，当一个网站有 10 张单独的图片，就意味着在浏览网站时会向服务器提出 10 次 http 请求来加载图片。在 CSS 设计中，一般使用 CSS Sprites 技巧减少图片请求的方法，该方法也称之为 CSS 精灵。

简单描述就是，将多张小图片合成为一张大图片，减少 HTTP 请求次数而达到网页提速。下面以淘宝网为例子，为大家讲解下 CSS Sprites 是如何实现的。如果要在网页上显示“今日淘宝活动”这个图片，如图 3.45 所示。

实现代码如下：

```
<div style="width:107px; height:134px; background:url(sprites.gif) no-repeat -133px -153px"></div>
```

- ☑　width：要定位图片的宽度。
- ☑　height：要定位图片的高度。CSS Sprites 要求必须定义容器的大小，不然会显示出错。
- ☑　background：url(sprites.gif)定义背景图片的路径，no-repeat 定义背景不重复，-133px 定义 X 坐标的位置，-153px 定义 y 坐标的位置。

可能有人会不明白这个-133px 和-153px 是怎么来的，这个坐标是小图片在大图片中的 x 坐标和 y 左边坐标，如图 3.46 所示。红色点的坐标是在大图上 x 坐标为 133px，y 坐标为 153px。坐标也可以用百分比表示，如 50% 50%。有人会提出，为什么坐标是正数，这里却写成了负数呢？

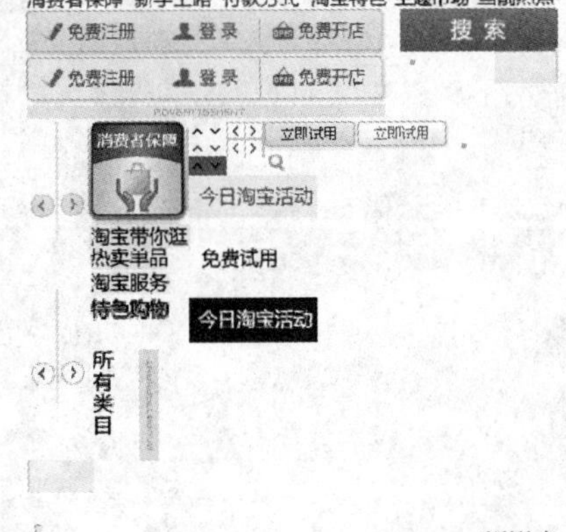

图 3.45　拼合的背景图像

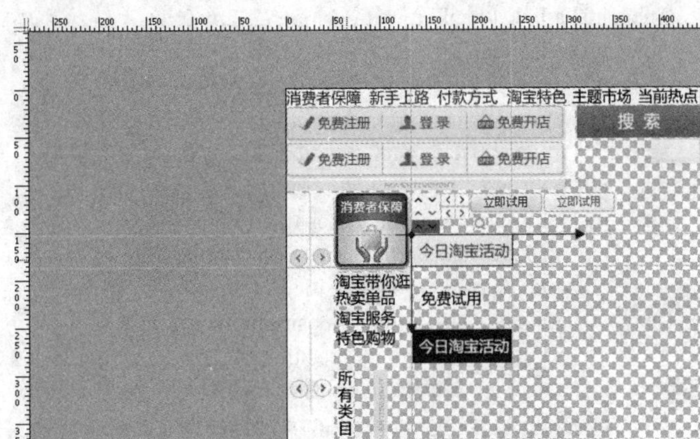

图 3.46　定位背景图像在大图中的坐标位置

因为用 background 定义背景图片，默认 x、y 坐标是 0、0。如图 3.46 所示今日淘宝活动图片的坐标是 133px、153px，所以要用-133px、-153px 才能正确地显示图片。

☑　CSS Sprites 的优点：可以减少 HTTP 的请求数，如 10 张单独的图片就会发出 10 次的 HTTP 请求，合成为一张大图片，只会发出一次的 HTTP 请求，从而提高了网页加载速度。

☑　CSS Sprites 的缺点：由于每次图片改动都要往这张图片添加内容，图片的坐标定位要很准确，稍显繁琐。坐标定位要固定为某个绝对值，因此会失去一些灵活性。

CSS Sprites 有优点也有缺点。要不要使用，具体要看网页以加载速度为主，还是以维护方便容易为主。

3.6.4　设计选项卡

选项卡，也称之为标签页，通过单击相应的标签名后将内容显示在固定的区域。而在网页中，我们可以以多种不同的形式表现。一般通过 JavaScript 脚本辅助显示需要浏览的内容，隐藏暂时不需要浏览的内容。本示例使用纯 CSS 设计这种效果，演示效果如图 3.47 所示。

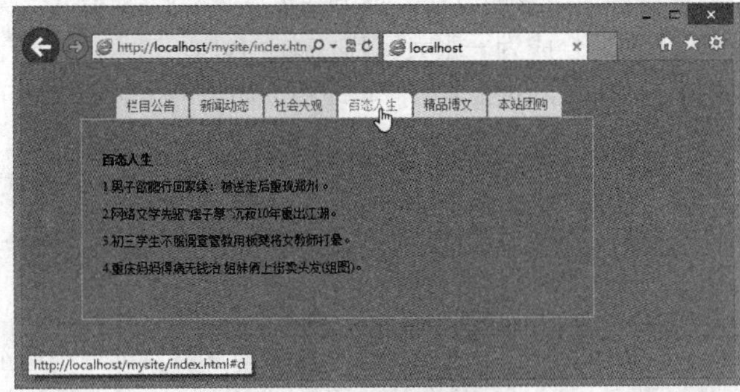

图 3.47　块状选项卡

【操作步骤】

第 1 步，设计原理。这类选项卡主要是由选项卡标题以及其内容区域所组成，并且是由多个相同类似性质的内容组成了一个选项卡群体，通过鼠标单击选项卡标题的事件或者鼠标经过选项卡标题的事件触发选项卡标题相对应的内容区域显示。下面以效果示意图分析一下选项卡是怎么通过 CSS 样

式实现最终效果图中的布局方式的，如图3.48所示。

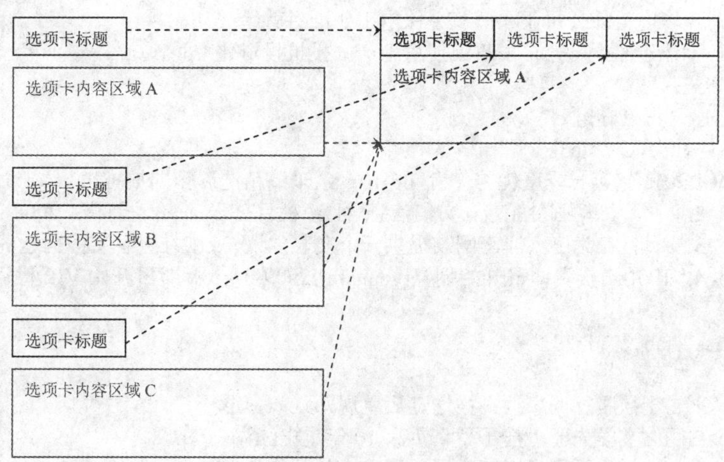

图3.48　选项卡示意图

从图3.48可以看到，选项卡主要是由多个“选项卡标题”和“选项卡内容区域”组成。通过CSS样式中的浮动（float）属性或者定位（position）属性将“选项卡标题”和“选项卡内容区域”分别控制在某个区域，例如，可以通过浮动（float）的方式将“选项卡标题”横向排列在一排，再通过定位（position）的方式将“选项卡内容区域”定位在“选项卡标题”的下面。

第2步，设计选项卡结构。首先利用一个div标签将所有的内容包含在一个容器中，再根据示意图所展示的效果书写“选项卡标题”和“选项卡内容区域”的代码结构。在“选项卡标题”（<div class="tab_1">包含框）区域包含一个列表结构，在“选项卡内容区域”（<div class="content">）中包含多个内容框。

```
<div class="tab">
    <div class="tab_1">
        <ul>
            <li><a href="#a"><span>栏目公告</span></a></li>
            <li><a href="#b"><span>新闻动态</span></a></li>
            <li><a href="#c"><span>社会大观</span></a></li>
            <li><a href="#d"><span>百态人生</span></a></li>
            <li><a href="#e"><span>精品博文</span></a></li>
            <li><a href="#f"><span>本站团购</span></a></li>
        </ul>
    </div>
    <div class="content">
        <div class="tab_2"   id="a">
            <h3>栏目公告</h3>
            <p>1.2011年第一季度优秀作者 06-10 •《来稿精选》第四期推出。</p>
            <p>2.动画片，动画梦工场...文集信息 标题:栏目公告 简介: 创建：2008-01-09。</p>
            <p>3.栏目旨在为广大河南网友提供一个发表建议、反映社会各层面问题的公共网络平台。</p>
            <p>4.VIP用户资费即日开始调整[gongxm][2009-07-23] 即日开始VIP栏目实现限制访问。</p>
        </div>
        <div class="tab_2" id="b">
            <h3>新闻动态</h3>
```

Note

```
            <p>·南方五省区电力供应告急，紧张情况或持续</p>
            <p>·二三线城市限购名单呼之欲出“金九银十”</p>
            <p>·华电新疆公司亚欧博览会保电工作准备就绪</p>
            <p>·住建部正研究相关政策使房地产去投机投资化</p>
        </div>
        <div class="tab_2" id="c">
            <h3>社会大观</h3>
            <p>1.2011 年第一季度优秀作者 06-10 ·《来稿精选》第四期推出。</p>
            <p>2.动画片，动画梦工场...文集信息 标题:栏目公告 简介: 创建：2008-01-09。</p>
            <p>3.栏目旨在为广大河南网友提供一个发表建议、反映社会各层面问题的公共网络平台。</p>
            <p>4.VIP 用户资费即日开始调整[gongxm][2009-07-23] 即日开始 VIP 栏目实现限制访问。</p>
        </div>
        <div class="tab_2" id="d">
            <h3>百态人生</h3>
            <p>1.男子欲爬行回家续：被送走后重现郑州 。</p>
            <p>2.网络文学先驱“痞子蔡”沉寂 10 年重出江湖。</p>
            <p>3.初三学生不服调查管教用板凳将女教师打晕。</p>
            <p>4.重庆妈妈得病无钱治 姐妹俩上街卖头发（组图）。</p>
        </div>
        <div class="tab_2" id="e">
            <h3>精品博文</h3>
            <p>1.济缘算命，哪种八字适合嫁入豪门？命理点评。</p>
            <p>2.楼市新政引发海外购房热 国人恋房情结令人担忧。</p>
            <p>3.佛教在线精品博文频道，汇集佛教界法师博客中的精品文章，为大家提供的平台。</p>
            <p>4 远离黑暗的提示不要让情感乱了心智，在“假相、妄想”中“求不得”。</p>
        </div>
        <div class="tab_2" id="f">
            <h3>本站团购</h3>
            <p>1.世界知名品牌 Swissgear 专场！仅 48 元全国包邮。</p>
            <p>2.上网一族必备！仅 39.9 元，原价 228 元香港 RAKISH 电脑防辐。</p>
            <p>3.2011 新款 9726，第一团首发震撼全新上市！99 元全国包邮。</p>
            <p>4.世界知名品牌 Swissgear 专场！仅 48 元全国包邮，即享原价 1。</p>
        </div>
    </div>
</div>
```

第 3 步，定义网页基本属性和外层包含框样式。

```
* {font-size:12px;}
html, body {
    margin:0;
    text-align:center;
    overflow:hidden;
    height:100%;
    width:100%;
    padding-left:30px;
    background:#999999;
}
ul {
    list-style-type:none;
    margin:0px;
```

```
}
.tab {
    width:500px;
    clear:both;
    height: 200px;
    margin: 20px 0 2px 0;
}
```

在以上代码中，首先定义了网页基本属性，统一网页字体大小为 12 像素，并定义网页背景色为灰色。清除列表结构的项目符号，清除列表缩进，设置选项卡包含框宽度为 500 像素，固定高度。显示效果如图 3.49 所示。

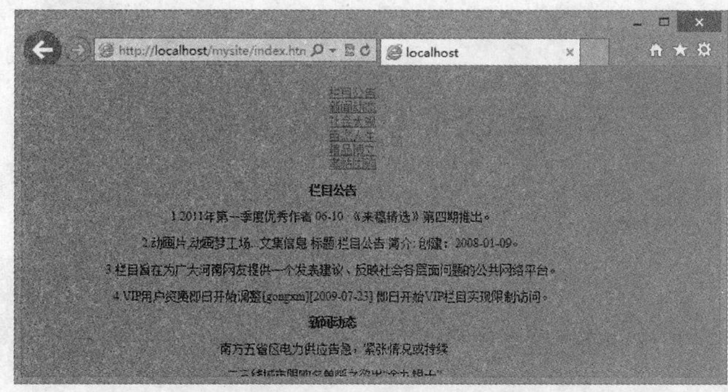

图 3.49　设计网页基本样式

第 4 步，设置内层包含框和内容样式。

```
.tab_1 {
    width:100%;
    background:#f1b1de;
    font-size:93%;
    line-height:normal;
}
.tab_1 ul {
    margin:0;
    padding:10px 10px 0 35px;
    list-style:none;
    float:left;
}
.tab_1 li {
    display:inline;
    margin:0;
    padding:0;
    cursor: pointer;
}
.tab_1 a {
    float:left;
    background:url("images/1.gif") no-repeat left top;
    margin:0;
    padding:0 0 0 4px;
    text-decoration:none;
}
```

Note

```
.tab_1 a span {
    float:left;
    display:block;
    background:url("images/2.gif") no-repeat right top;
    padding:5px 15px 4px 6px;
    color:#666;
}
div.content{
    margin:0px;
    width:500px;
    height:190px;
    overflow:hidden;
    border: 1px solid #CCCCCC;
}
.tab_1 a:hover span {
    color:#FF9834;
    display:block;
    background-position:100% -42px;
}
.tab_1 a:hover {
    background-position:0% -42px;
}
.tab_2 {
    height:auto;
    padding:20px;
    clear:both;
    text-align:left;
}
```

以上代码包括 3 部分：第一部分是前 5 个样式，逐层定义选项卡标题包含框样式，从外到内，逐层设置；第二部分是定制内容包含框样式；第三部分定义鼠标经过标题栏时，选项卡的样式，显示效果如图 3.50 所示。

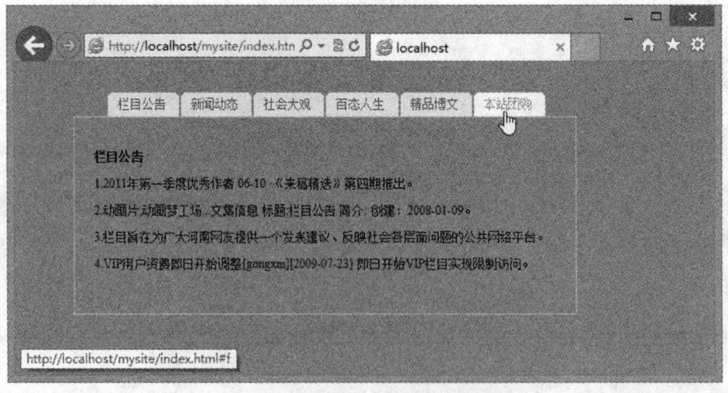

图 3.50　设置完毕的选项卡效果图

3.6.5　设计图片预览

图片浏览的功能主要是展示相片，让图片以特定的方式展现在浏览者的面前。本示例利用纯 CSS 设计，功能简单但很有趣，其中应用很多 CSS 技巧，演示效果如图 3.51 所示。

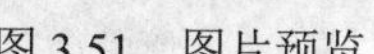
图 3.51 图片预览

【操作步骤】

第 1 步，设计原理。简易的 CSS 相册功能分析如下。

☑ 相册在默认状态情况下以缩略图的形式展现给浏览者，并且不压缩相片的原有宽度和高度属性，而是取相片的某个部分作为缩略图形式。

☑ 当鼠标悬停于某张缩略图时，相册列表中的缩略图恢复为原始相片的宽度和高度，展现在相册的某个固定区域。

☑ 当鼠标移开缩略图区域时，缩略图列表恢复原始形态。

☑ 保持相册的 HTML 结构是最简洁、最合理的结构，不出现多余的相片内容。

根据以上几个关于CSS样式制作的简易相册功能要求，可以归纳为以下几点在HTML结构与CSS样式上需要把握的重点：

☑ 结构清晰明了，无冗余的 HTML 结构代码。

☑ 鼠标悬停效果在 CSS 样式中就只能利用:hover 伪类才能完成，而 IE6 浏览器在解释:hover 伪类时只能将其使用在锚点 a 标签中才有效。

了解整个 CSS 相册中需要把握的重点，还需要分析如何实现以下两个效果：

☑ 不压缩图片，而是将相片中的某个部分作为缩略图显示在缩略图列表区域。

☑ 当鼠标悬停缩略图时，如何将图片以完整的图片形式显示在相片展示区域。

第 2 步，设计选项卡结构。使用 a 元素包含一个缩略图和一个大图，通过<span>标签包含动态显示的大图和提示文本，此时页面显示效果如图 3.52 所示。

```
<div class="container">
    <a class="picture" href="#"><img class="small-pic" src="images/small-1.jpg" /><span><img src="images/1.jpg" /><br />卤煮火烧 北京的传统小吃</span></a>
    <a class="picture" href="#"><img class="small-pic" src="images/small-2.jpg" /><span><img src="images/2.jpg" /><br />台湾菜式 药材米酒香气的烧酒鸡</span></a> <br />
    <a class="picture" href="#"><img class="small-pic" src="images/small-3.jpg" /><span><img src="images/3.jpg" /><br />福建菜 十香醉排骨</span></a>
    <a class="picture" href="#"><img class="small-pic" src="images/small-4.jpg" /><span><img src="images/4.jpg" /><br /> 家常菜 宫保鸡丁</span></a> <br />
    <a class="picture" href="#"><img class="small-pic" src="images/small-6.jpg" /><span><img src="images/6.jpg" /><br />中华美食 东坡肘子</span></a>
```

```
<a class="picture" href="#"><img class="small-pic" src="images/small-5.jpg" /><span><img src="images/5.jpg" /><br />毛主席爱吃的毛氏红烧肉 </span></a> </div>
```

Note

图 3.52　设计结构效果图

第 3 步，定义图片浏览样式。

```
body {
    background-color:#CCCCCC;
}
.container {
    position: relative;
    margin-left:50px;
    margin-top:50px;
}
.picture img {
    border: 1px solid white;
    margin: 0 5px 5px 0;
}
.picture:hover {
    background-color: transparent;
}
.picture:hover img {
    border: 2px solid blue;
}
.picture .small-pic {
    width:100px;
    height:60px;
    border:#FF6600 2px solid;
}
.picture span {
    position: absolute;
    background-color:#FFCC33;
    padding: 5px;
    left: -1000px;
    border: 1px dashed gray;
    visibility: hidden;
```

```
        color: black;
        font-weight:800;
        text-decoration:none;
        text-align:center;
    }
    .picture span img {
        border-width: 0;
        padding: 2px;
        width:400px;
        height:300px;
    }
    .picture:hover span {
        visibility: visible;
        top: 0;
        left: 230px;
    }
```

在上面代码中，首先定义了包含框样式，设置包含框定位为相对定位 position:relative;，这样其中包含的各个绝对定位元素都是以当前包含框为参照物进行定位。

默认设置 a 元素中包含的 span 元素为绝对定位显示，并隐藏起来，而当鼠标经过时，重新恢复显示 span 元素，以及其包含的大图。鼠标移出之后，重新隐藏起来。

由于 span 元素是绝对定位，可以把所有大图都固定到一个位置，并统一大小，默认时它们都是重叠在一起，并隐藏显示。

本实例中所提到的两个重点，其实就是对于 CSS 样式的两种应用方式：相对定位应用以及绝对定位应用时的参照对象。对这个图片浏览实现方式有兴趣的读者可以通过尝试调整相册列表的布局方式、显示的位置等 CSS 样式而巩固加深对 CSS 样式的理解。

3.6.6　设计灯箱广告

在网页上随处可见的灯箱广告，有效地提高了视觉冲击力，不断变换的图片和文字，给浏览者不同的感受，灯箱广告的动静结合，引起人们的注意，从而吸引人眼球，以达到最好的经济利益。本例介绍用 CSS 设置最简单的灯箱广告的方法。演示效果如图 3.53 所示。

图 3.53　灯箱广告

【操作步骤】

第 1 步，首先构建网页结构。在本例中，应用<dl>标记创建列表，从而实现灯箱广告效果。

```
<dl id="menu">
    <dt>
        <a href="#img1">1</a>
        <a href="#img2">2</a>
        <a href="#img3">3</a>
        <a href="#img4">4</a>
    </dt>
    <dd>
```

```
            <img src="images/1.JPG" id="img1"/>
            <img src="images/2.JPG" id="img2"/>
            <img src="images/3.JPG" id="img3"/>
            <img src="images/4.JPG" id="img4"/>
        </dd>
    </dl>
```

Note

在本示例中应用<dl></dl>标记来创建列表，并创建“menu”类来声明其样式，在列表中添加 4 幅图片，从而实现灯箱广告。

第 2 步，定义网页的基本属性和 menu 类样式。

```
*{ margin:0; padding:0;}
body{                                   /*网页基本属性*/
    margin:30px auto auto 30px;         /*四周补白*/
    background-color:#000000;           /*网页背景颜色*/
}
#menu{                                  /*dl 标记类样式*/
    position:relative;                  /*相对定位*/
    height:180px;                       /*高度*/
    width:210px;                        /*宽度*/
    background:#ccc;                    /*dl 标记的背景颜色*/
    text-align:center;
    padding-top:20px;
}
```

在以上的代码中用*{ margin:0; padding:0;}语句设置了网页中所有标签的 margin 和 padding 属性，并设置了网页背景颜色。在 menu 类样式中，首先设置其定位为 relative，此时的显示效果如图 3.54 所示。

图 3.54　设置网页属性

从图 3.54 中可以看到，由于没有设置<dl></dl>中<dt>和<dd>的样式，使得 4 幅图片以及数字“1、2、3、4”的位置错乱，接下来对 dt 样式进行设置。

第 3 步，设置 dt 样式类和 dt 标记中的 a 样式类，从而实现设置<dl>列表中的项目标题“1、2、3 和 4”。

```
#menu dt{                               /*dt 样式类*/
    position:absolute;                  /*绝对定位*/
    right:5px;                          /*右边框离父级元素的距离*/
    bottom:5px;                         /*下边框离父级元素的距离*/
}
```

```
#menu dt a{                              /*a 样式类*/
    float:left;                          /*左对齐*/
    display:block;                       /*定义为块级元素*/
    padding:1px 4px;
    border:1px solid #ccc;               /*为列表项加边框*/
    margin-left:2px;
    text-decoration:none;                /*不显示下划线*/
    color:#309;                          /*字体颜色*/
    font-size:12px;
}
#menu dt a:hover {                       /*鼠标悬停时的 a 样式类*/
    background:#fff;
    color:#FF0000;
}
```

以上代码实现了如图 3.55 所示的样式。

图 3.55　dt 样式类

首先定义了 dt 类样式，其中 position:absolute 语句表示绝对定位，也就是其定位参照父级元素的原点，进行上、下、左、右的移动。在 dt 样式类的 a 标记下，首先利用 float:left 语句，使列表项横向显示，由于 a 标记默认是行内元素，所以用 display:block 语句将其定义为块级元素，在 a:hover 中定义了鼠标悬停时的背景颜色和字体颜色。

第 4 步，设置 dd 样式类。

```
#menu dd{                                /*dd 类样式*/
    width:210px;                         /*宽度*/
    height:144px;                        /*高度*/
    overflow:hidden;                     /*隐藏溢出*/
}
```

在 dd 类样式中，应用 overflow:hidden 语句实现图片的溢出隐藏，overflow:hidden 的作用就是把超过其设置的高度和宽度部分隐藏起来，在本例中，设置了图片的宽度为 210px，高宽为 144px，但是由于在 dd 中添加了 4 张图片，而只需要显示一张，不能让 4 张图片同时显示，所以在这里设置了 overflow:hidden 语句，让其他 3 张图片隐藏起来。

在网页中设计列表样式

（视频讲解：33 分钟）

列表在生活中随处可见，在网页中也是如此。大多数网页都包含形式多样的列表，如新闻列表、导航列表或分类列表等。页面制作人员为了能使网页的 HTML 结构更加符合语义，会选用不同的标签将列表信息表现在网页中。

HTML 提供了项目列表的基本功能，包括顺序列表的<ol>标签和无顺序列表的<ul>标签等。当引入 CSS 后，项目列表被赋予了很多新的表现形式。本章主要围绕项目列表的基本 CSS 属性进行介绍，同时结合网页设计中经常应用的列表结构栏目，配合 CSS 进行多样化样式设计。

【学习重点】

- 设计列表信息
- 用 CSS 设置项目列表符号
- CSS 控制项目列表横竖的方法
- 综合运用项目列表进行网页中的菜单设计
- 设计图文混排的列表栏目
- 设计列表结构的导航栏目

4.1　设计列表信息

在现实生活中每个人都会接触到各式各样的列表信息，去超市购物前会罗列一张购物清单，购物完毕结账时需要排队等候，结账完毕会收到结账清单。诸如此类的情况出现，我们都可以将其视为列表。购物清单是列表，排队等候的人群是列表，结账清单还是列表，如此之多的列表出现在大家的身边，你是否注意到了呢。

网络生活近似于现实生活，在现实生活中随处可见的列表，在网页中也是可以看到的。例如，当我们在网络中购物时，会选择很多东西放入购物车中，那么在购物车中看到的物品列表；网购完毕付账后看到的购物清单列表等。

网页中的列表并非都是显而易见的，例如，网站的导航其实也是列表，用户在某个站点中排名也是列表。这么多的列表是不是让你感觉有点晕眩了？不用担心，在分析各个列表在网站如何运用之前，先了解一下 HTML 中的 3 种列表模式：无序列表（ul）、有序列表（ol）和自定义列表（dl）。

4.1.1　无序列表

无序列表就是没有次序的列表，列表项目不分先后。以生活中去超市购物为例，不会考虑先买什么再买什么，而是看到所需物品就直接放到购物车中。

<ul>标签表示无序列表的集合，并且<ul>标签中一定是紧跟<li>标签才是正确的写法。

```
<ul>
    <li>无序列表中的其中一条内容</li>
    <li>无序列表中的其中一条内容</li>
</ul>
```

HTML 对标签有着相对严格的要求，每个标签都必须关闭，而且每个标签之间的嵌套要正确，尤其是列表的结构。下面罗列几种在 HTML 中无序列表的错误嵌套方法。

☑　错误一：<ul>标签和<li>标签之间插入了其他的标签。

```
<ul>
    <li>无序列表中的其中一条内容</li>
    <li>无序列表中的其中一条内容</li>
    <div>错误的无序列表嵌套结构</div>
</ul>
```

☑　错误二：多层<ul>标签嵌套时的错误。

```
<ul>
    <li>错误的无序列表嵌套结构</li>
    <ul>
        <li>错误的无序列表嵌套结构</li>
    </ul>
</ul>
```

☑　错误三：<li>标签未关闭。

```
<ul>
    <li>错误的无序列表嵌套结构
```

```
        <ul>
            <li>错误的无序列表嵌套结构</li>
        </ul>
    <li>错误的无序列表嵌套结构</li>
</ul>
```

Note

以上几种错误的写法纠正后，应该以如下形式书写。

☑ 错误一的纠正，将<div>标签放到<ul>标签的外面，或者删除。

```
<ul>
    <li>无序列表中的其中一条内容</li>
    <li>无序列表中的其中一条内容</li>
</ul>
<div>将该标签内容移出<ul>标签的嵌套，或者删除</div>
```

☑ 错误二的纠正，多层 ul 无序列表标签嵌套时，应该将<ul>标签放在<li>标签之间。

```
<ul>
    <li>多层<ul>标签嵌套时
        <ul>
            <li><ul>标签应该放在<li>标签之间</li>
        </ul>
    </li>
</ul>
```

☑ 错误三的纠正，关闭<li>标签即可。

```
<ul>
    <li>将<li>标签关闭即可
        <ul>
            <li>将<li>标签关闭即可</li>
        </ul>
    </li>
    <li>将<li>标签关闭即可</li>
</ul>
```

无序列表可以分为一级无序列表和多级无序列表，一级无序列表在浏览器中解析后，会在列表<li>标签前面添加一个小黑点的修饰符，而多级无序列表则会根据级数而改变列表前面的修饰符。

一级无序列表，在无任何样式修饰的浏览器默认解析时显示效果，如图 4.1 所示。

```
<ul>
    <li>一级无序列表的浏览器默认解析后的页面效果</li>
    <li>一级无序列表的浏览器默认解析后的页面效果</li>
</ul>
```

多级无序列表，在无任何样式修饰的浏览器默认解析时显示效果，如图 4.2 所示。

```
<ul>
    <li>多级无序列表的浏览器默认解析后的页面效果 1
        <ul>
            <li>多级无序列表的浏览器默认解析后的页面效果 2</li>
            <li>多级无序列表的浏览器默认解析后的页面效果 2</li>
            <li>多级无序列表的浏览器默认解析后的页面效果 2
```

```
                <ul>
                        <li>多级无序列表的浏览器默认解析后的页面效果 3</li>
                        <li>多级无序列表的浏览器默认解析后的页面效果 3</li>
                </ul>
            </li>
        </ul>
    </li>
    <li>多级无序列表的浏览器默认解析后的页面效果 1</li>
</ul>
```

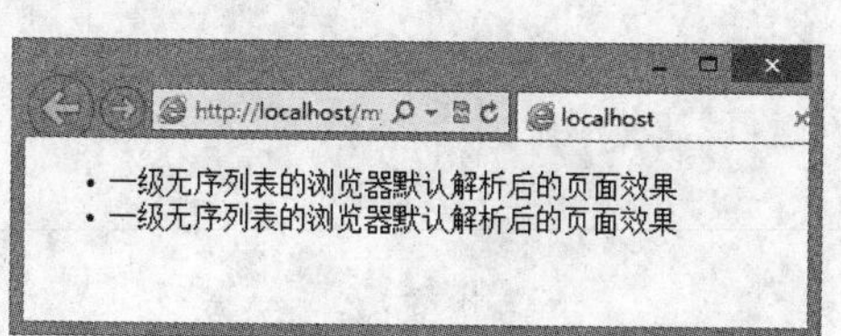

图 4.1　一级无序列表的默认解析效果

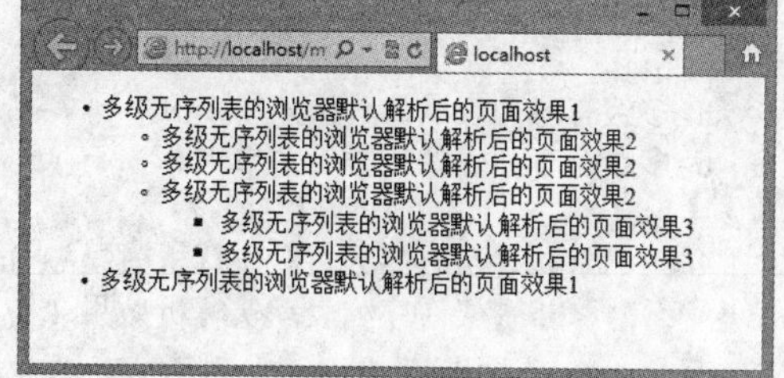

图 4.2　多级无序列表的默认解析效果

通过效果图可以发现无序列表在随着其所包含的列表级数的增加而逐渐缩进，并且随着列表级数的增加而改变不同的修饰符。

浏览器在解析无序列表时，会不断地对不同级别的无序列表进行缩进显示，但修饰符却只有 3 种。如果 3 层嵌套都无法满足网页中所需要使用的无序列表时，读者就应该反思这个页面中的列表嵌套是否过多了。

合理地使用 HTML 标签才能让页面的结构更加清晰，相对地更符合语义。不过不用担心，如果网页中实在需要更多层嵌套，并且是不同的修饰符时，还是可以利用 CSS 样式来修改其修饰符的。

4.1.2　有序列表

成绩单是大家比较熟悉的有序列表了，从第一名一直排到最后一名。有序列表，相对于无序列表而言，最大的区别就是有序列表是带有排名性质的列表，如图 4.3 所示。

```
<ol>
    <li>张三</li>
    <li>李四</li>
    <li>王五</li>
    <li>赵六</li>
</ol>
```

<ol>标签表示有序列表的集合，其必须包含<li>标签，具体形式与无序列表一样，但浏览器解析有序列表时的默认效果却是不同的。

有序列表也可分为一级有序列表和多级无序列表，浏览器默认解析时都是将有序列表以阿拉伯数字表示，并增加缩进，如图 4.4 所示为一级有序列表。

```
<ol>
    <li>一级有序列表默认解析效果</li>
    <li>一级有序列表默认解析效果</li>
    <li>一级有序列表默认解析效果</li>
</ol>
```

Note

图 4.3　有序列表简单示例

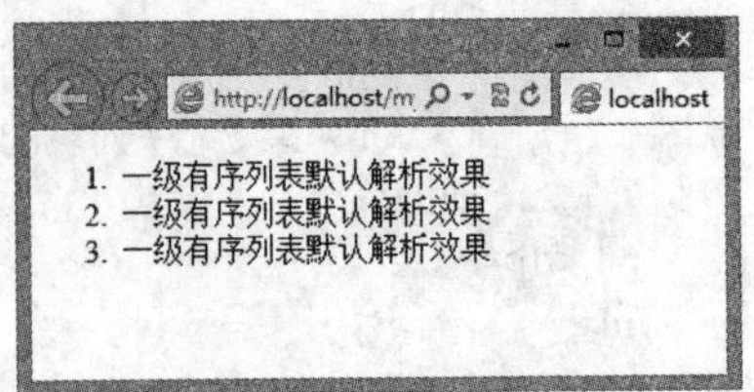

图 4.4　一级有序列表默认解析效果

多级有序列表在浏览器中默认解析效果如图 4.5 所示。

```
<ol>
    <li>多级有序列表默认解析效果 1</li>
    <li>多级有序列表默认解析效果 1
        <ol>
            <li>多级有序列表默认解析效果 2</li>
            <li>多级有序列表默认解析效果 2
                <ol>
                    <li>多级有序列表默认解析效果 3</li>
                    <li>多级有序列表默认解析效果 3</li>
                    <li>多级有序列表默认解析效果 3</li>
                </ol>
            </li>
            <li>多级有序列表默认解析效果 2</li>
        </ol>
    </li>
    <li>多级有序列表默认解析效果 1</li>
</ol>
```

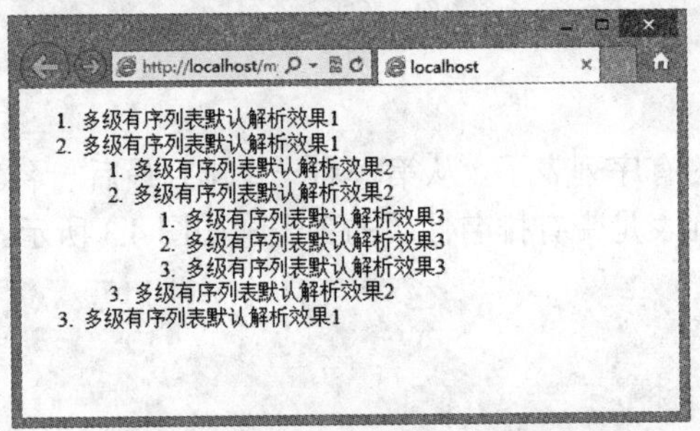

图 4.5　多级有序列表默认解析效果

有序列表在多级的情况下，理论上应该是随着层级的增加而出现 1.1 或者 1.1.1 之类的数字，但浏览器却无法在网页中直接解析出这样的效果，如果需要使用 1.1 或者 1.1.1 之类的数字表示方式，那么就只能使用 CSS、JavaScript 或者手工加入。

【示例】在上面示例基础上，在文档中添加如下 CSS 样式代码，可以设计数字目录效果，如图 4.6 所示。

```
<style type="text/css">
ol { list-style:none;}                                        /*清除默认的序号*/
li:before {color:#f00; font-family:Times New Roman;}          /*设计层级目录序号的字体样式*/
li{counter-increment:a 1;}                                    /*设计递增函数 a，递增起始值为 1 */
li:before{content:counter(a)". ";}                            /*把递增值添加到列表项前面*/
```

```
li li{counter-increment:b 1;}                                   /*设计递增函数 b，递增起始值为 1 */
li li:before{content:counter(a)"."counter(b)". ";}              /*把递增值添加到二级列表项前面*/
li li li{counter-increment:c 1;}                                /*设计递增函数 c，递增起始值为 1 */
li li li:before{content:counter(a)"."counter(b)"."counter(c)". ";}  /*把递增值添加到三级列表项前面*/
</style>
```

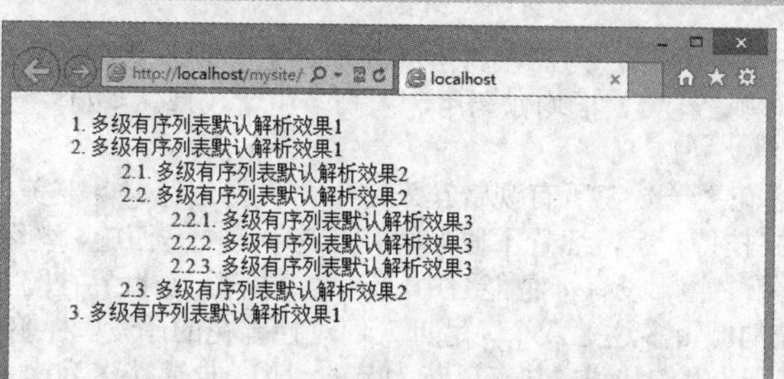

图 4.6　设计多级有序列表目录效果

4.1.3　自定义列表

顾名思义，自定义列表就是以自定义形式定义的列表。在 HTML 中自定义列表用<dl>标签表示，在<dl>标签中包含<dt>标签和<dd>标签，一个<dt>标签对应多个或者一个<dd>标签。HTML 结构如下：

```
<dl>
    <dt>自定义列表标题</dt>
    <dd>自定义列表内容</dd>
</dl>
```

或者：

```
<dl>
    <dt>自定义列表标题</dt>
    <dd 自定义列表内容></dd>
    <dd>自定义列表内容</dd>
</dl>
```

也可以是一组自定义列表项目：

```
<dl>
    <dt>自定义列表标题</dt>
    <dd>自定义列表内容</dd>
    <dt>自定义列表标题</dt>
    <dd>自定义列表内容</dd>
    <dd>自定义列表内容</dd>
    <dd>自定义列表内容</dd>
</dl>
```

无论是以哪种形式，都应该注意下面几个问题：

☑　<dl>标签必须与<dt>标签相邻，<dd>标签需要相对于一个<dt>标签。

☑　<dl>、<dt>、<dd> 3 个标签之间不允许出现其他标签。

☑　标签必须是成对出现，嵌套要合理。

<dl>标签是自定义列表集合，<dt>是自定义列表标题，<dd>是自定义列表的内容，因此自定义列表<dl>标签一般都出现在名词性解释的信息中。

Note

【示例】当需要介绍花圃中花的种类时，就可以采用自定义列表的形式。

```
<div class="flowers">
    <h1>花圃中的花</h1>
    <dl>
        <dt>玫瑰花</dt>
        <dd>玫瑰花，一名赤蔷薇，为蔷薇科落叶灌木。茎多刺。花有紫、白两种，形似蔷被和月季。一般用作蜜饯、糕点等食品的配料。花瓣、根均作药用，入药多用紫玫瑰。</dd>
        <dt>杜鹃花</dt>
        <dd>中国十大名花之一。在所有观赏花木之中，称得上花、叶兼美，地栽、盆栽皆宜，用途最为广泛的。白居易赞曰：“闲折二枝持在手，细看不似人间有，花中此物是西施，鞭蓉芍药皆嫫母”。在世界杜鹃花的自然分布中，种类之多、数量之巨，没有一个能与中国匹敌，中国，乃世界杜鹃花资源的宝库！今江西、安徽、贵州以杜鹃为省花，定为市花的城市多达七八个，足见人们对杜鹃花的厚爱。杜鹃花盛开之时，恰值杜鹃鸟啼之时，古人留下许多诗句和优美、动人的传说，并有以花为节的习俗。杜鹃花多为灌木或小乔木，因生态环境不同，有各自的生活习性和形状。最小的植株只有几厘米高，呈垫状，贴地面生。最大的高达数丈，巍然挺立，蔚为壮观。</dd>
    </dl>
</div>
```

一般列表信息需要添加一个标题，自定义列表<dl>中的内容主要是通过自定义列表的标题和内容让阅读者明白该列表介绍的信息。当向他人介绍花圃中花的品种时，先说明主题，其次再分别介绍花的种类以及针对不同种类的花进行详细的介绍，预览如图 4.7 所示。

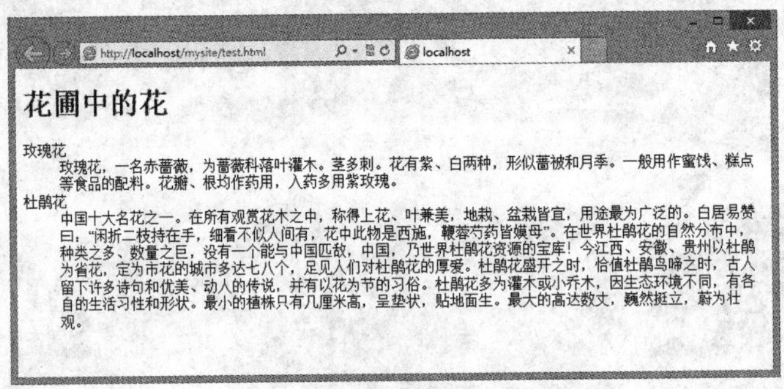

图 4.7　自定义列表 dl 结构分析图

4.2　定义列表样式

CSS 可设置的列表样式，包括各种无序列表和有序列表的符号和编号、列表的横向显示等。本节将通过实例介绍 CSS 可设置的列表的样式。

4.2.1　设置项目符号

在 CSS 中，使用 list-style-type 属性来定义列表的项目符号。具体用法如下：

```
list-style-type : disc | circle | square | decimal | lower-roman | upper-roman | lower-alpha | upper-alpha | none | armenian | cjk-ideographic | georgian | lower-greek | hebrew | hiragana | hiragana-iroha | katakana | katakana-iroha | lower-latin | upper-latin
```

该属性的参数值说明如表 4.1 所示。

表 4.1　list-style-type 属性的参数及其显示效果

列表类型	参数	显示效果
无序列表	disc	实心圆
无序列表	circle	空心圆
无序列表	square	正方形
有序列表	decimal	阿拉伯数字 1，2，3，4，……
有序列表	upper-alpha	A，B，C，D，E，……
有序列表	lower-alpha	a，b，c，d，e，……
有序列表	upper-roman	I，II，III，IV，V，VI，VII，……
有序列表	lower-roman	i，ii，iii，iv，v，vi，vii，……
无序列表、有序列表	none	不显示任何符号

【示例 1】启动 Dreamweaver，新建一个网页，保存为 test.html，在<body>标签内输入如下代码：

```
<h2>北京最吸引人的地方</h2>
<ul>
    <li>什刹海</li>
    <li>故宫</li>
    <li>音乐会古钢琴咖啡厅</li>
    <li>北海公园泛舟</li>
    <li>秋天的香山公园赏红叶</li>
</ul>
```

在<head>标签内添加<style type="text/css">标签，定义一个内部样式表，然后输入下面样式，用来定义网页属性和列表样式。

```
body {                                  /*页面基本属性*/
    background-color: #CCCCCC;          /*设置页面背景颜色*/
}
ul {                                    /*列表样式*/
    color: #CC0000;
    list-style-type: square;            /*项目符号*/
}
```

网页背景颜色为#CCCCCC，list-style-type:square 语句设置了项目符号为正方形，显示效果如图 4.8 所示。

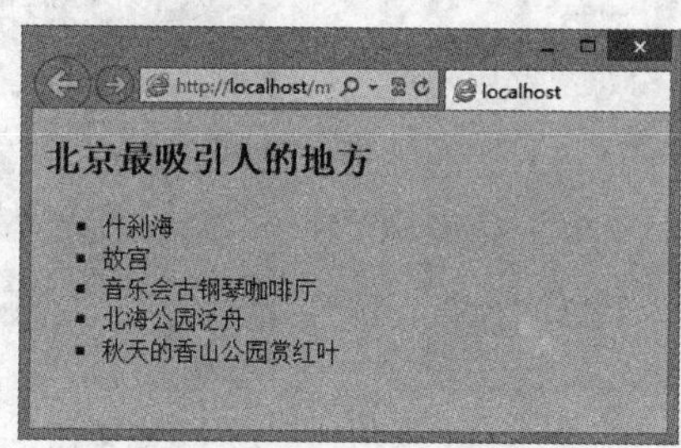

图 4.8　设置项目列表符号

在 CSS 中，无论是<ol>还是<ul>都可以使用相同的属性值，而且效果是完全相同的。例如，本示例中修改<ul>标签的样式为项目编号。

```
ul{                                                   /*列表样式*/
    color:#CC0000;
    list-style-type:decimal;                          /*项目编号*/
}
```

Note

显示结果如图 4.9 所示。可以看到，项目列表按阿拉伯数字显示编号，这本身是有序列表<ol>的属性参数，但是由于在 CSS 中<ul>和<ol>的分界并不十分严格，只要利用 list-style-type 属性，二者就可以通用。

【示例 2】当给<ul>或<ol>标签设置 list-style-type 属性时，在它们中间的所有<li>标签也都默认设置为该属性，而如果单独为某个<li>标签设置 list-style-type 属性时，则仅仅作用在该条项目上。

启动 Dreamweaver，新建一个网页，保存为 test2.html，在<body>标签内输入如下代码：

```
<h2>北京最吸引人的地方</h2>
<ul>
    <li>什刹海</li>
    <li>故宫</li>
    <li class="special">音乐会古钢琴咖啡厅</li>
    <li>北海公园泛舟</li>
    <li>秋天的香山公园赏红叶</li>
</ul>
```

在<head>标签内添加<style type="text/css">标签，定义一个内部样式表，然后输入下面样式，用来定义网页属性和列表样式。

```
body{                                         /*页面基本属性*/
        background-color:#CCCCCC;             /*设置页面背景颜色*/
    }
ul{                                           /*列表样式*/
    color:#CC0000;
    list-style-type:disc;                     /*项目符号为实心圆*/
}
.special{
    list-style-type:square;                   /*单独设置项目符号为正方形*/
}
```

显示效果如图 4.10 所示。可以看到，单独设置的<li>标签和其他标签的符号是不同的。

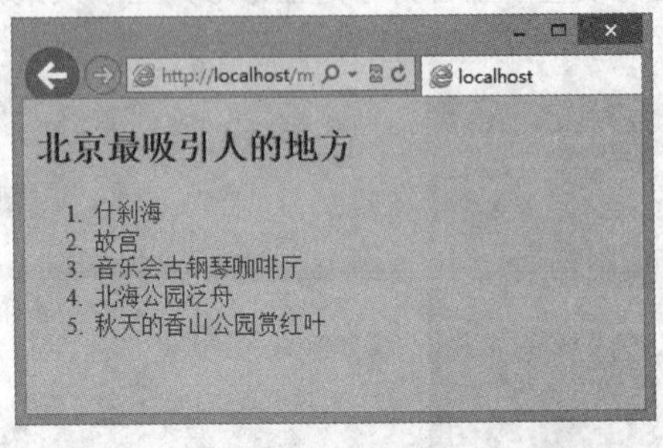

图 4.9　项目编号

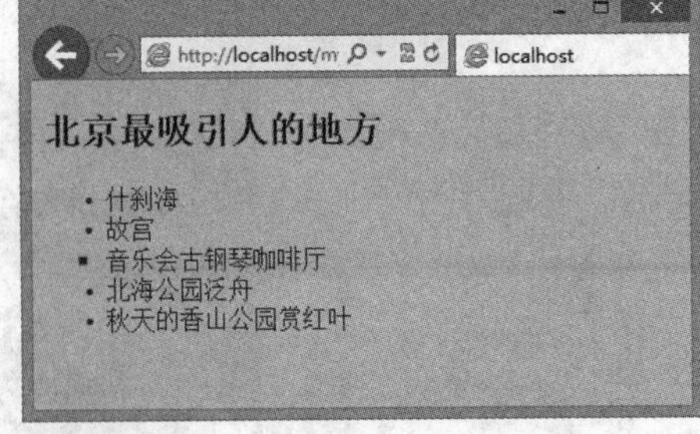

图 4.10　单独设置项目列表符号

提示：list-style-type 属性在<ul>标签中默认的参数是实心圆，如果在没有设置 list-style-type 属性时，列表的项目符号将显示为实心圆，在<ol>标签中默认的项目编号是阿拉伯数字，如果希望列表不显示任何符号或编号，需要添加声明语句：list-style-type:none。

Note

4.2.2　自定义项目符号

CSS 使用 list-style-image 属性来定义项目的图片符号样式。用法如下：

```
list-style-image : none | url ( url )
```

其作用是给列表添加项目图片，其中 url 是图片的路径，可以是绝对路径，也可以是相对路径。

【示例】启动 Dreamweaver，新建一个网页，保存为 test.html，输入以下内容：

```
<h2>京郊采摘好去处</h2>
<ul>
    <li>顺义大胡子采摘园</li>
    <li>静逸清农业生态观光园</li>
    <li>英龙果园</li>
    <li>永新源生态农业有限公司</li>
    <li>金海湖观光采摘园</li>
</ul>
```

在<head>标签内添加<style type="text/css">标签，定义一个内部样式表，然后输入下面样式，用来定义列表项目图片样式。

```
ul{                                          /*列表样式*/
    color:#CC0000;
    list-style-image:url(icon.jpg);          /*项目符号图片*/
}
```

以上代码中，定义了项目图片，显示结果如图 4.11 所示。

提示：为了添加定制的列表符号，可以使用 list-style-image 属性。但是，这种方法对符号图像的位置的控制能力不强。更常用的方法是关闭列表符号，并且将定制的符号作为背景添加在列表元素上。然后可以使用背景图像的定位属性精确地控制定制符号的对准方式。

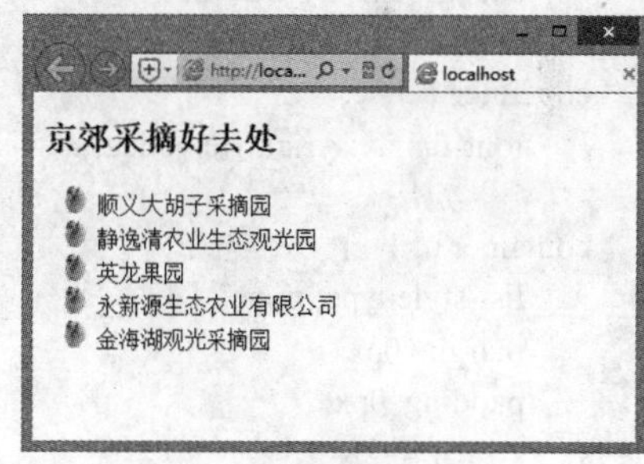

图 4.11　图片符号

IE 和 Opera 使用左空白边控制列表的缩进，而 Safari 和 Firefox 选择使用左填充。因此，首先需要将列表的空白边（margin）和填充（padding）设置为零，从而去掉这个缩进。要去掉默认的符号，只需将列表样式类型设置为 none。

```
ul {
    margin:0;
    padding:0;
    list-style-type:none;
}
```

添加定制的符号非常简单。在列表项左边添加填充，为符号留出所需的空间。然后将符号图像作为背景图像应用于列表项。如果列表项跨越多行，你可能希望将符号放在接近列表项顶部的位置。但是，如果知道列表项的内容不会跨越多行，那么可以将垂直位置设置为 middle 或 50%，从而让符号

Note

垂直居中。

```
li{
    background: url(icon.jpg) no-repeat 0 50%;
    padding-left:30px;
}
```

4.2.3 定义列表横竖显示

浏览器默认列表项竖向显示，有时需要列表项横向显示。通过 CSS 控制，可以轻松实现项目列表的横竖转换。

【示例】启动 Dreamweaver，新建一个网页，保存为 test.html，输入以下内容：

```
<div class="container">
    <ul>
        <li><a href="#">首页</a></li>
        <li><a href="#">公司新闻</a></li>
        <li><a href="#">公司产品</a></li>
        <li><a href="#">公司图片</a></li>
        <li><a href="#">关于我们</a></li>
    </ul>
</div>
```

在<head>标签内添加<style type="text/css">标签，定义一个内部样式表，然后输入下面样式，用来定义列表样式。

```
body {
    background: #CCCCCC;                          /*页面背景色*/
}
.container {                                      /*container 容器样式*/
    font-family: Arial, Helvetica, sans-serif;
}
.container ul {                                   /*列表样式*/
    list-style-type: none;                        /*不显示项目符号*/
    margin: 0px;
    padding: 0px;
}
```

以上代码中，定义了项目列表样式，显示结果如图 4.12 所示。

为了让列表横向显示，在<li>标签中添加 float:left 样式声明，使各个列表项都水平显示，并设置<a>标签的相关属性，代码如下：

```
.container li {
    float: left;                                  /*左浮动，实现列表项的横向显示*/
}
.container li a {                                 /*<a>标签的样式*/
    display: block;                               /*定义为块级元素*/
    padding: 3px 6px;                             /*上、下、左、右内边距*/
    margin: 2px;                                  /*四周补白*/
    text-decoration: none;                        /*无下划线*/
    border: 1px solid #996600;                    /*边框样式*/
```

```
        background: #CCFF66;                                    /*背景颜色*/
}
```

以上代码实现了列表的横向显示，显示结果如图 4.13 所示。

图 4.12　项目列表

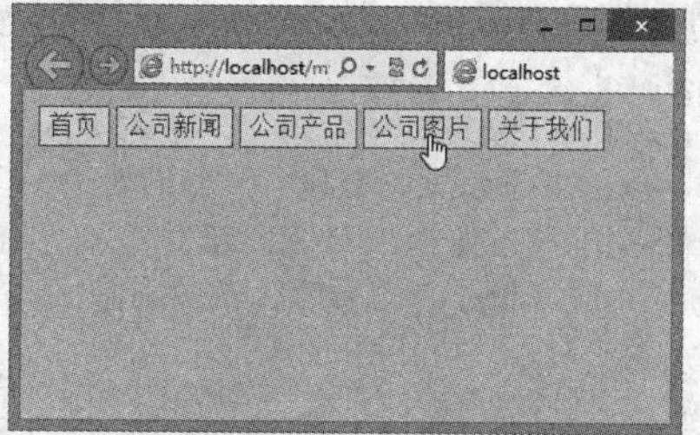

图 4.13　横向显示列表

提示：display:block 语句能够将超链接设置成块级元素，当鼠标进入该块的任何部分时都会被激活，而不仅仅是在文字上方才被激活。

Note

4.3 案例实战

本节将通过实例的形式帮助读者设计 CSS 的列表样式，以提高实战技巧，快速理解 CSS 列表属性的应用。

4.3.1 设计新闻列表

前面详细介绍了 CSS 可设置的列表样式，本节通过新闻栏目实例练习 CSS 设置列表的方法，以及列表在网页中的应用。示例效果如图 4.14 所示。

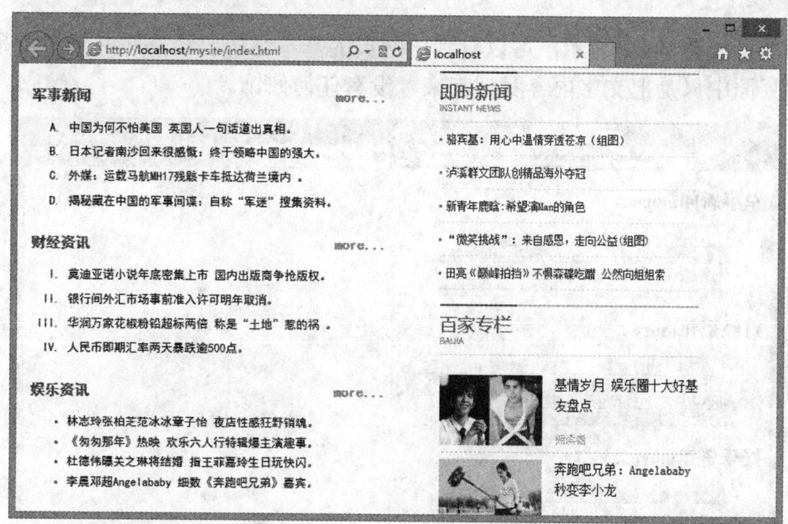

图 4.14　新闻栏目

【操作步骤】

第 1 步，启动 Dreamweaver，新建一个网页，保存为 index.html。

Note

第 2 步，构建网页结构。在本示例中首先用 3 个<div>标签设置了新闻栏目的容器，在每一个<div>块中分别用<ul>标签和<li>标签定义了新闻栏目和新闻标题。

```
<div class="junshi">
    <h2>军事新闻<span>more...</span></h2>
    <ul>
        <li><a href="#">中国为何不怕美国 英国人一句话道出真相。</a> </li>
        <li><a href="#">日本记者南沙回来很感慨：终于领略中国的强大。</a></li>
        <li><a href="#">外媒：运载马航 MH17 残骸卡车抵达荷兰境内。</a> </li>
        <li><a href="#">揭秘藏在中国的军事间谍：自称“军迷”搜集资料。</a></li>
    </ul>
</div>
<div class="caijing">
    <h2>财经资讯<span>more...</span></h2>
    <ol>
        <li><a href="#">莫迪亚诺小说年底密集上市 国内出版商争抢版权。</a> </li>
        <li> <a href="#">银行间外汇市场事前准入许可明年取消。 </a></li>
        <li><a href="#">华润万家花椒粉铅超标两倍 称是“土地”惹的祸。 </a></li>
        <li> <a href="#">人民币即期汇率两天暴跌逾 500 点。</a></li>
    </ol>
</div>
<div class="yule">
    <h2>娱乐资讯<span>more...</span></h2>
    <ul>
        <li><a href="#">林志玲张柏芝范冰冰章子怡 夜店性感狂野销魂。</a> </li>
        <li><a href="#"> 《匆匆那年》热映 欢乐六人行特辑爆主演趣事。 </a></li>
        <li><a href="#">杜德伟曝关之琳将结婚 指王菲嘉玲生日玩快闪。</a> </li>
        <li><a href="#">李晨邓超 Angelababy 细数《奔跑吧兄弟》嘉宾。</a></li>
    </ul>
</div>
```

此时的显示效果如图 4.15 所示，可以看到，网页的基本结构已经搭建好了，但是由于没有进行 CSS 样式设置，界面中只是把文字内容罗列起来，没有任何修饰。

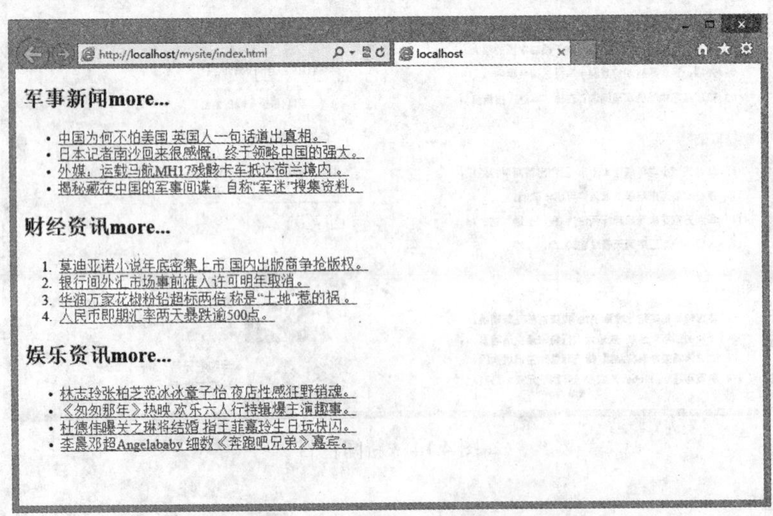

图 4.15　构建网页的基本结构

第 3 步，在<head>标签内添加<style type="text/css">标签，定义一个内部样式表，然后输入下面样式，定义网页基本属性、新闻栏目的样式以及文字“more…”样式。

```
body {/*网页基本属性*/
    font-size: 13px;                                /*字体大小*/
    font-family: "黑体";                            /*字体样式*/
    margin: 0px;                                    /*清除页边距*/
    padding: 0px;                                   /*清除页边距*/
    background:url(images/bg.png) no-repeat;        /*模拟新闻栏目页面效果*/
}
h2 {/*新闻栏目的文本样式*/
    margin: 24px 0 0 5px;                           /*新闻栏目文字上下补白*/
    color: #006699;
    font-size: 16px;
}
h2 span {                                           /*文字“more…”的显示样式*/
    color: #999;
    float: right;                                   /*右对齐*/
}
```

以上代码中，设置了页面的基本属性，<h2>标签的内容是新闻的栏目，设置了其字体颜色、大小等属性。<span>标签的内容是文字“more…”，此时的显示效果如图 4.16 所示。

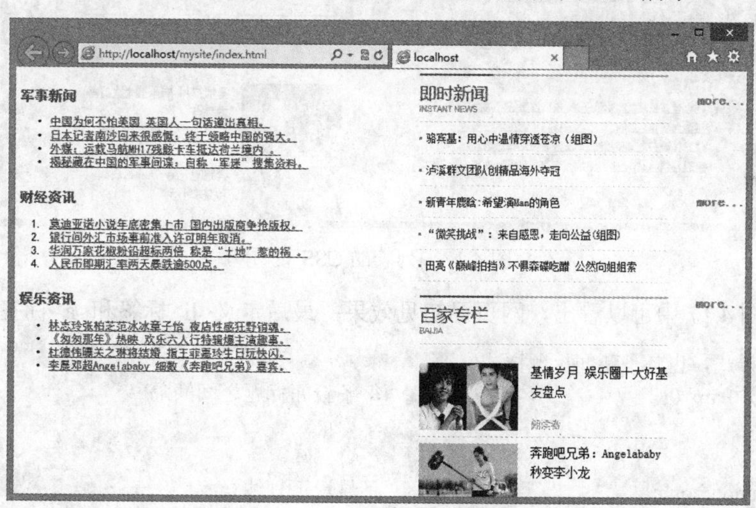

图 4.16　设置网页基本属性

第 4 步，定义网页<div>块，也就是新闻栏目块的共有属性。

```
div{                                    /*每一个新闻栏目块的样式*/
    line-height:16pt;                   /*行间距*/
    width:400px;                        /*块的宽度*/
    margin:10px 0 0 10px;               /*各个新闻块之间距离*/
}
```

第 5 步，为列表<ul>和<ol>添加 CSS 样式。

```
.part1 ul{                              /*第一个新闻块的列表样式*/
    margin-left:40px;                   /*文字左侧离边框的距离*/
```

```
        list-style-type:upper-alpha;                    /*项目符号是大写字母*/
}
.part2 ol {                                             /*第二个新闻块的列表样式*/
        margin-left:40px;
        list-style-type: upper-roman;                   /*项目符号是大写罗马字母*/
}
.part3 ul {                                             /*第三个新闻块的列表样式*/
        margin-left:40px;
        list-style-type: circle;                        /*项目符号是空心圆*/
}
```

Note

以上代码中，分别设置了 3 个新闻栏目的列表样式。此时的显示效果如图 4.17 所示，可以看到，项目符号和编号按设置的样式进得了显示。

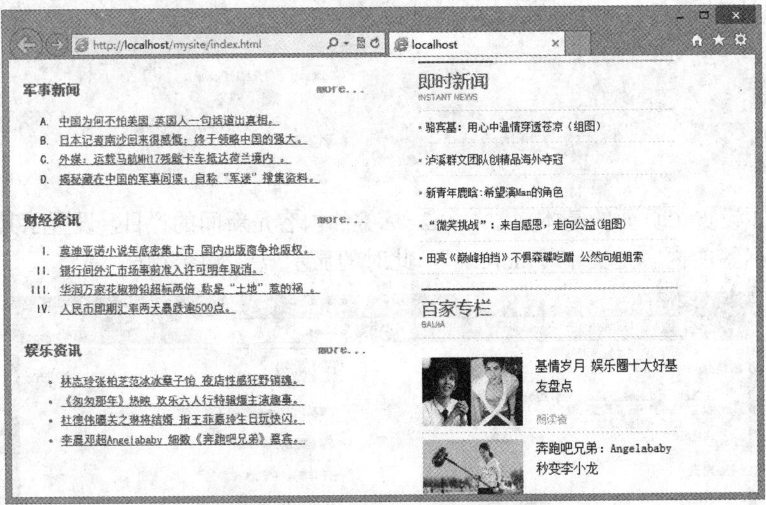

图 4.17　列表的 CSS 设置

第 6 步，从图 4.17 中可以看出，网页已初见效果，最后定义<li>标签和<a>标签的样式。

```
li { /*<li>标签样式，也就是新闻标题样式*/
        margin:5px 0 5px 0;                     /*每条新闻标题之间间隔*/
}
a { /*链接样式*/
        text-decoration:none;                   /*不显示下划线*/
        color:#000;
}
```

此时新闻栏目示例设计完成，显示效果如图 4.14 所示。

4.3.2　设计导航列表

在网页中，导航菜单随处可见，大多都是通过设置 CSS 列表样式创建的，本例以介绍网页中常见的导航菜单制作方法，来说明列表网页菜单在网页中的应用。整个网页设计效果如图 4.18 所示。

【操作步骤】

第 1 步，启动 Dreamweaver，新建一个网页，保存为 index.html。

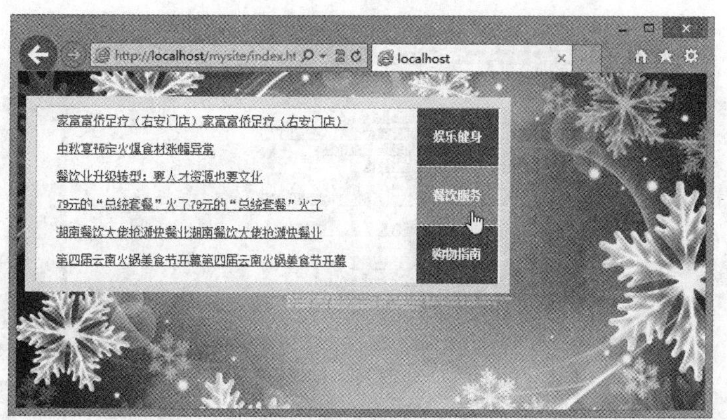

图 4.18 网站导航菜单

第 2 步，构建网页结构，在<body>标签中输入以下内容：

```
<dl>
    <dt> <a href="#a">娱乐健身</a> <a href="#b">餐饮服务</a> <a href="#c">购物指南</a> </dt>
    <dd>
        <ul id="a">
            <li><a href="#">博纳悠唐国际影城博纳悠唐国际影城</a></li>
            <li><a href="#">家富富侨足疗（右安门店）家富富侨足疗（右安门店）</a></li>
            <li><a href="#">朱国凡良子（长虹桥店）朱国凡良子（长虹桥店）</a></li>
            <li><a href="#">昆泰大酒店游泳馆昆泰大酒店游泳馆</a></li>
            <li><a href="#">奥力健身俱乐部（亚运村旗舰店）</a></li>
            <li><a href="#">炫力骄阳健身（玺萌丽苑店）炫力骄阳健身（玺萌丽苑店）</a></li>
        </ul>
        <ul id="b">
            <li><a href="#">家富富侨足疗（右安门店）家富富侨足疗（右安门店）</a></li>
            <li><a href="#">中秋宴预定火爆食材涨幅异常</a></li>
            <li><a href="#">餐饮业升级转型：要人才资源也要文化</a></li>
            <li><a href="#">79 元的“总统套餐”火了 79 元的“总统套餐”火了</a></li>
            <li><a href="#">湖南餐饮大佬抢滩快餐业湖南餐饮大佬抢滩快餐业</a></li>
            <li><a href="#">第四届云南火锅美食节开幕第四届云南火锅美食节开幕</a></li>
        </ul>
        <ul id="c">
            <li><a href="#">网上购物，凡客诚品促销中！优质低价，超值网购!</a></li>
            <li><a href="#">蓝色港湾购物蓝色港湾购物</a></li>
            <li><a href="#">走秀网-全球品牌网络旗舰店：正品，支持货到付款 </a></li>
            <li><a href="#">昆泰大酒店游泳馆昆泰大酒店游泳馆</a></li>
            <li><a href="#">英国出现少女购物狂掀起网络炫富潮</a></li>
            <li><a href="#">炫力骄阳健身（玺萌丽苑店）炫力骄阳健身（玺萌丽苑店）</a></li>
        </ul>
    </dd>
</dl>
```

在上面的代码中，首先用<dl>标签创建了一个定义列表，在<dt>标签中，定义 3 个项目，分别是“娱乐健身”、“餐饮服务”和“购物指南”，在<dd>标签中包含了 3 个<ul>标签，用于创建<ul>无序列表，分别对应于上面的 3 个项目“娱乐健身”、“餐饮服务”和“购物指南”的内容。此时的显示没有任何 CSS 样式设置，结果如图 4.19 所示。

Note

Note

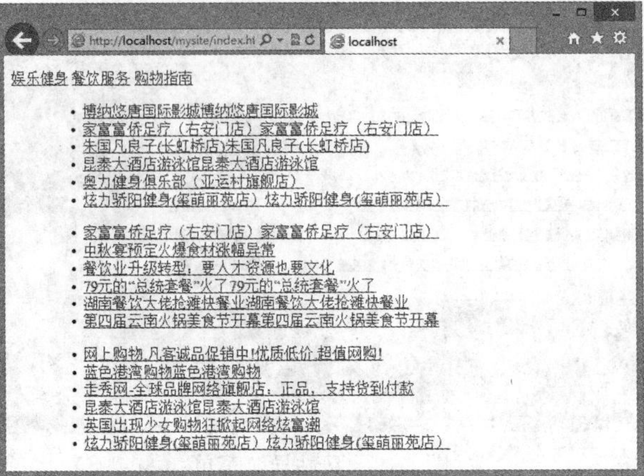

图 4.19　网页基本结构

第 3 步，在<head>标签内添加<style type="text/css">标签，定义一个内部样式表，然后输入下面样式，规划整个页面的基本显示属性：字体颜色、背景颜色等。

```
dl {                                          /*定义列表样式*/
    position:absolute;                        /*定义元素的绝对定位*/
    width:460px;
    height:170px;
    border:10px solid #eee;                   /*定义元素的边框样式*/
 }
dt {                                          /*定义<dt>标签（菜单）的样式*/
    position:absolute;                        /*定义元素的绝对定位，以父元素的原点为原点*/
    right:1px;                                /*右边框离父标签 1px*/
}
dd {                                          /*定义<dd>标签（菜单内容）样式*/
    margin:0;
    width:460px;
    height:170px;
    overflow:hidden;                          /*溢出隐藏*/
 }
```

在以上代码中，定义了<dl>列表的样式。在<dd>样式中，overflow:hidden 语句的作用是将超出其设置的高度和宽度部分隐藏起来，如果缺少这句，那么 3 个<ul>标签中的内容将全部显示出来，此时的显示效果如图 4.20 所示。

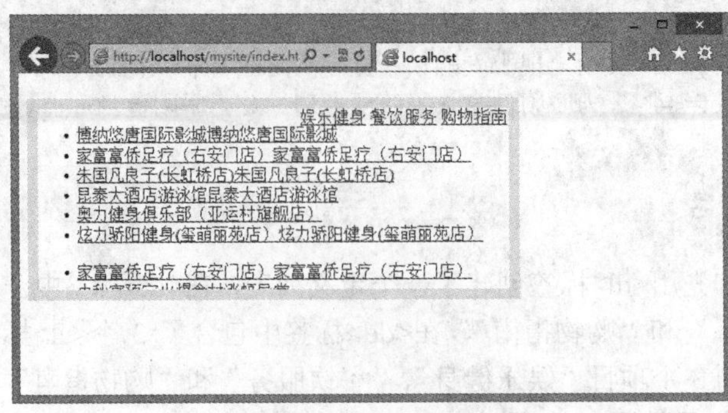

图 4.20　设置 dl 列表属性

第 4 步，设置菜单项的链接样式。

```
dt a { /*dt（菜单项）的链接样式*/
    display:block;                              /*设置为块级元素*/
    margin:1px;                                 /*四周补白为 1px，这样设置可使菜单项有 1px 间隔*/
    width:80px;                                 /*菜单项的宽度*/
    height:56px;                                /*菜单项的高度*/
    text-align:center;
    font:700 12px/55px "宋体";                  /*用 font 属性综合设置字体样式*/
    color:#fff;                                 /*字体颜色*/
    text-decoration:none;                       /*不显示项目符号*/
    background:#666;                            /*背景颜色*/
}
dt a:hover { /*鼠标悬停时菜单项的样式*/
  background:orange;                            /*鼠标悬停时背景色改为橙色*/
}
```

在以上代码中，设置了菜单项<dt>中的链接样式，其中 display:block 将本是行内元素的<a>标签改为了块元素，通过该语句，当鼠标进入到该块的任何部分时都会被激活，而不仅仅是在文字上方时才被激活，也就是如图 4.21 所示，鼠标进入菜单区域时，变为橙色。

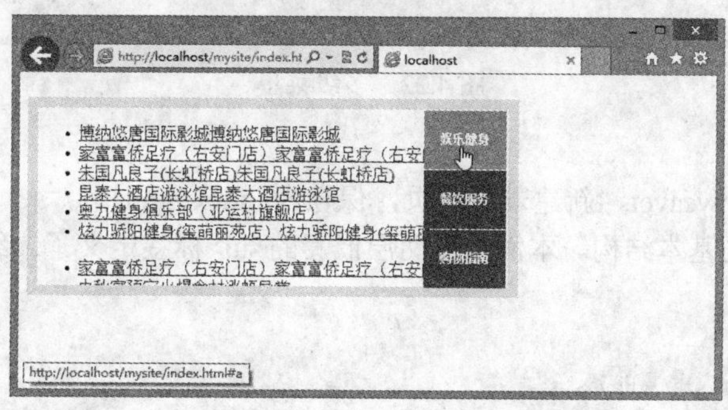

图 4.21　设置 dt 中<a>标签的样式

第 5 步，设置<ul>列表和<li>标签的样式。

```
ul {/*设置列表 ul 样式*/
    margin:0;                                   /*使列表内容紧靠父标签*/
    padding:0;
    width:460px;
    height:170px;
    list-style-type:none;                       /*不显示列表项目*/
    background:#fff;                            /*背景颜色*/
}
li { /* <li>标签的样式*/
    width:405px;                                /*<li>标签的宽度*/
    height:27px;
    padding-left:20px;                          /*文字左侧距离边框有 20px 距离*/
    font:12px/27px "宋体";                      /*用 font 属性综合设置字体样式*/
}
```

在以上代码中，定义了<ul>和<li>标签的样式，其中有一个语句读者可能有些陌生：font:12px/27px "宋体"，在这里 12px/27px 表示字体大小为 12px，行间距为 27px，相当于：font-size:12px;line-height:

27px。此时网站导航完成设置。

4.3.3 设计多级菜单列表

Note

多级下拉菜单在一些企业网站应用非常广泛，它存在使用方便、占用空间小等特点。本节将向读者介绍横向导航菜单的二级菜单的制作方法，从而进一步说明列表在制作导航菜单上的应用。本例的演示效果如图 4.22 所示。

图 4.22　多级菜单

【操作步骤】

第 1 步，启动 Dreamweaver，新建一个网页，保存为 index.html。

第 2 步，构建网页的基本结构。本例中由两层嵌套的<ul>标签定义了二级菜单。

```
<div class="menu">
    <ul>
        <li><a href="#">文 件</a>
            <ul>
                <li><a href="#">打 开</a></li>
                <li><a href="#">保 存</a></li>
                <li><a href="#">新 建</a></li>
            </ul>
        </li>
        <li><a href="#">查 看</a>
            <ul>
                <li><a href="#">工具栏</a></li>
                <li><a href="#">标 尺</a></li>
                <li><a href="#">缩 放</a></li>
            </ul>
        </li>
        <li><a href="#">修 改</a>
            <ul>
                <li><a href="#">属 性</a></li>
                <li><a href="#">样 式</a></li>
            </ul>
        </li>
        <li><a href="#"> 窗 口</a>
```

```
            <ul>
                <li><a href="#">历史记录</a></li>
                <li><a href="#">颜 色</a></li>
                <li><a href="#">时间轴</a></li>
            </ul>
        </li>
    </ul>
    <div class="clear"> </div>
</div>
```

Note

此时的网页显示结果如图 4.23 所示。

第 3 步，在<head>标签内添加<style type="text/css">标签，定义一个内部样式表，然后输入下面样式，定义网页的 menu 容器样式，并定义一级菜单中列表样式。

```
.menu {/*menu 样式类*/
    font-family:"黑体";                    /*定义整个 menu 容器中的字体为黑体*/
    width:440px;                           /*menu 容器宽度*/
    margin:0;                              /*定义四周补白为 0*/
}
.menu ul {/*定义一级菜单中列表样式*/
    padding:0;                             /*一级菜单中列表的内边距为 0*/
    list-style-type: none;                 /*不显示项目符号*/
}
.menu ul li {
    float:left;                            /*使菜单项横向显示*/
    position:relative;                     /*定义一级菜单中列表的定位方式为相对定位*/
}
```

在以上代码中，定义了一级菜单的样式，其中<li>标签中，通过 float:left 语句使原来竖向显示的列表项横向显示，并用 position:relative 语句设置其 position 属性为相对定位。此时的显示效果如图 4.24 所示。

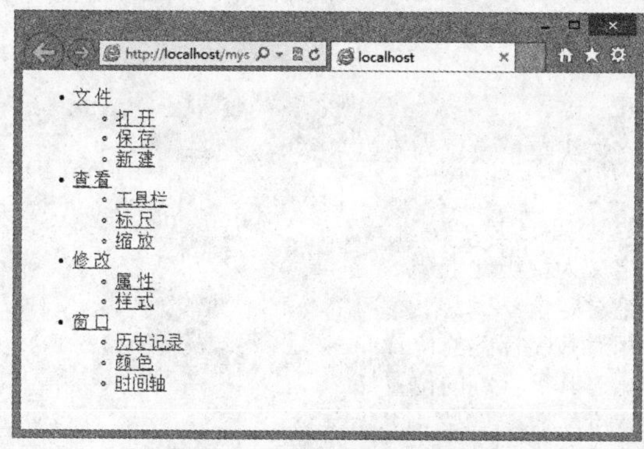

图 4.23　网页基本结构

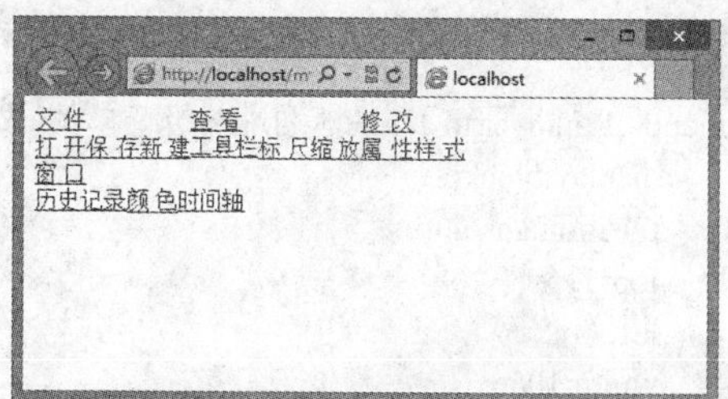

图 4.24　设置一级菜单样式

第 4 步，设置一级菜单中的<a>标签的样式和<a>标签在已访问过时和鼠标悬停时的样式。

```
.menu ul li a, .menu ul li a:visited {     /*定义一级菜单中 a 对象样式及 a 对象在已访问过时的样式*/
    display:block;                         /*定义为块级元素*/
    text-align:center;                     /*居中对齐*/
    text-decoration:none;                  /*不显示下划线*/
    width:104px;                           /*定义菜单的宽度*/
    height:30px;                           /*高宽*/
```

```
    color:#fff;                          /*字体颜色*/
    border:1px solid #666;               /*定义边框*/
    background: #252525;                 /*背景颜色*/
    line-height:30px;                    /*行间距*/
    font-size:14px;                      /*字体大小*/
}
.menu ul li:hover a {/*鼠标悬停时<a>标签样式*/
    color:#fff;                          /*鼠标悬停时改变字体颜色为#fff*/
}
```

在以上代码中，首先定义了 a 为块级元素，border: 1px solid #fff 语句虽然定义了菜单项的边框样式，但是由于 border-width:1px 1px 0 0 的作用，所以在这里只显示上边框和右边框，下边框和左边框由于宽度为 0，所以不显示任何效果。在这里值得注意的是，既定义了 height:30px，又定义了 line-height: 30px，两者的区别在于 height 定义的是整个 a 块的高度，而 line-height 定义的是文字的行高，在这里，line-height 还有一个作用就是一行 30 个像素，文字会相对于这 30 个像素垂直居中显示。此时，网页的显示效果如图 4.25 所示，如果在这里不设置 line-height:30px，显示效果如图 4.26 所示。

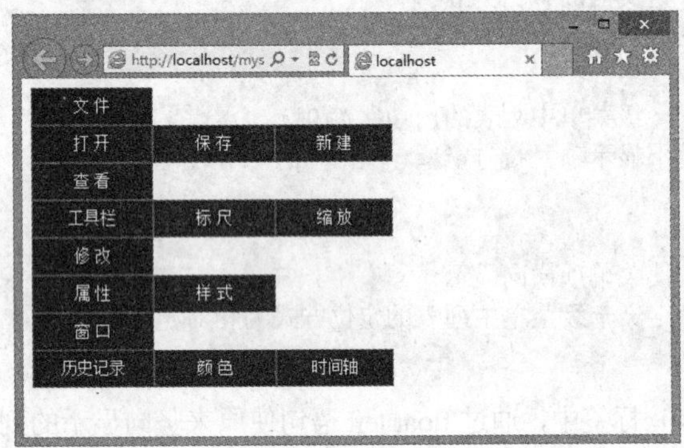

图 4.25　设置 a 对象的链接样式和鼠标悬停、已访问过的样式

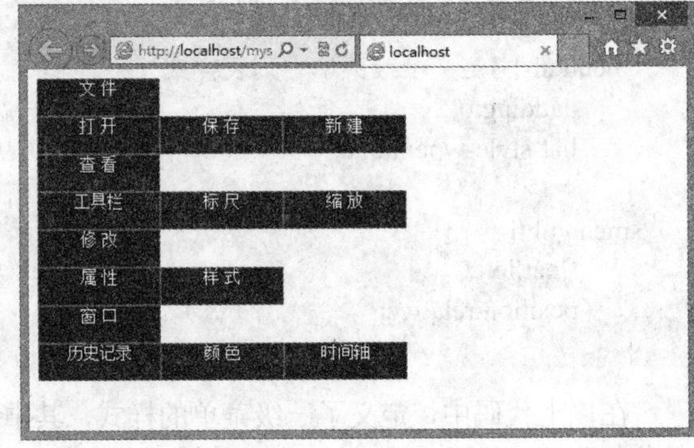

图 4.26　不设置 line-height:30px 时的效果

第 5 步，设置二级菜单样式。

```
.menu ul li ul {/*二级菜单中 ul 样式*/
    display: none;                       /*将二级菜单设置为不显示*/
}
.menu ul li:hover ul {/*鼠标划过一级菜单的 ul 时，二级菜单才显示*/
    display:block;                       /*定义为块级元素 */
    position:absolute;                   /*绝对定位*/
    top:31px;                            /*相对其父标签的位置*/
    left:0px;                            /*相对其父标签的位置*/
    width:105px;                         /*宽度*/
}
```

在以上代码中，首先定义了二级菜单的<ul>标签样式，display:none 语句的作用是将其所有内容隐藏，并且使其不再占用文档中的空间；然后定义了一级菜单中<li>标签的伪类，当鼠标经过一级菜单时，二级菜单开始显示，这就实现了我们想要的效果，目前 IE6 只支持 a 的伪类，其他标签的伪类不支持。在 menu ul li:hover ul 中设置了 position:absolute 属性，也就是绝对定位，它将脱离原来文档流，以其父标签的原点为原点定位，其定位为 top:31px;left:0px，为什么是 31px 呢，因为其父级标签的 height 属性为 30px，所以，如果想要在一级菜单下显示，就应该是 31px 的位置；width:105px，是由于一级菜单的 width 是 104px，加上右边框的 1px，正好是 105px。此时的显示效果如图 4.27 所示。

第 6 步，设置二级菜单的链接样式和鼠标悬停时的效果。

```
.menu ul li:hover ul li a {/*二级菜单链接样式*/
    display:block;
    background:#ff4321;                          /*二级菜单背景色*/
    color:#000;                                  /*二级菜单字体颜色*/
}
.menu ul li:hover ul li a:hover {/*二级菜单的鼠标悬停样式*/
    background:#dfc184;                          /*二级菜单的鼠标悬停时背景色*/
    color:#000;                                  /*二级菜单的鼠标悬停时的字体颜色*/
}
```

在以上代码中，设置了二级菜单的背景色、字体颜色和鼠标悬停时的背景色、字体颜色。此时的显示效果如图 4.28 所示。

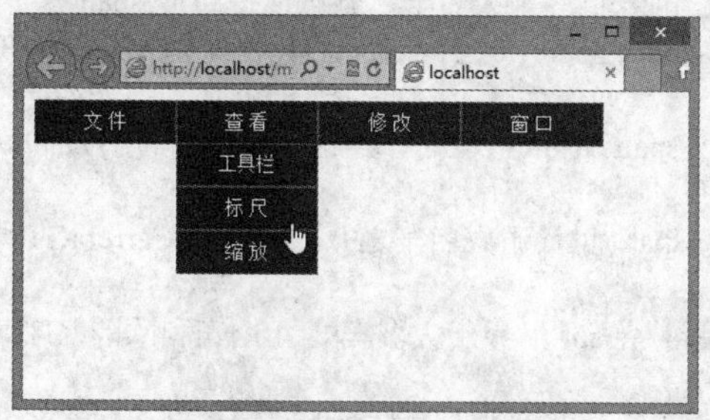

图 4.27　设置二级菜单样式

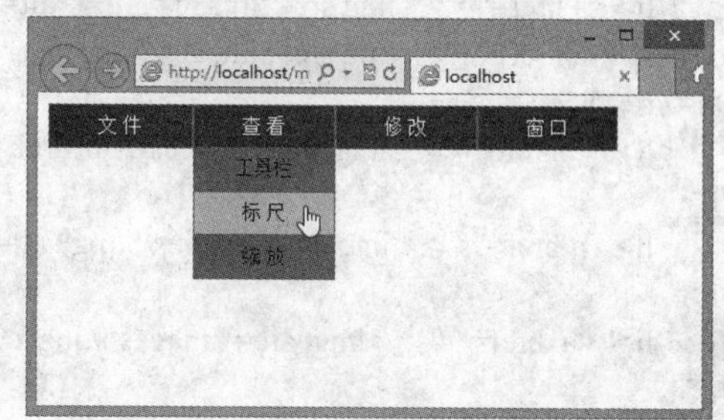

图 4.28　设置二级菜单样式

4.3.4　设计列表版式

前面的示例展示了用列表制作新闻栏目、菜单等网页元素，实际上，列表还能在网页中进行简单的排版，尤其是对图文的排列，是网络中经常见到的形式，本例以名为“世界十大名车欣赏”的网页为例，介绍列表排版的应用。演示效果如图 4.29 所示。

图 4.29　列表排版的应用

Note

【操作步骤】

第 1 步，启动 Dreamweaver，新建一个网页，保存为 index.html。

第 2 步，首先构建网页结构。在本例中，应用<ul>标签创建列表，在每一个<li>标签中添加图片，从而实现本例效果。

```
<h3><a href="#/">世界十大名车欣赏</a></h3>
<ul>
    <li> <a href="#"><img src="images/1.jpg" alt="1"><span>世界十大名车之一：恩佐.法拉利</span>
</a></li>
    <li> <a href="#"> <img src="images/2.jpg" alt="2"> <span>世界十大名车之二：兰博基尼</span></a></li>
    <li> <a href="#"> <img src="images/3.jpg" alt="3"> <span>世界十大名车之三：奔驰 SLR</span></a></li>
    <li> <a href="#"> <img src="images/4.jpg" alt="4"> <span>世界十大名车之四：布加迪.威龙</span>
</a></li>
    <li> <a href="#"> <img src="images/5.jpg" alt="5"> <span>世界十大名车之五：福特 GT</span></a></li>
    <li> <a href="#"> <img src="images/6.jpg" alt="6"> <span>世界十大名车之六：克莱斯勒 ME-Four-Twelve
</span> </a></li>
    <li> <a href="#"> <img src="images/7.jpg" alt="6"> <span>世界十大名车之七：阿斯顿.马丁 DB9</span>
</a></li>
    <li> <a href="#"> <img src="images/8.jpg" alt="6"> <span>世界十大名车之八：保时捷 CarreraGT</span>
</a></li>
    <li> <a href="#"> <img src="images/9.jpg" alt="6"> <span>世界十大名车之九：宾利欧陆 GT</span>
</a></li>
    <li> <a href="#"> <img src="images/10.jpg" alt="6"> <span>世界十大名车之十：帕格尼一风之子</span>
</a></li>
    <div style="clear:both;"></div>
</ul>
```

此时，网页的基本结构已经创建完成，由于没有进行 CSS 控制，所以界面还离我们希望的样式相差甚远，显示结果如图 4.30 所示。

图 4.30　设置网页基本结构

第 3 步，在<head>标签内添加<style type="text/css">标签，定义一个内部样式表，然后输入下面

样式，定义网页的基本属性和标题样式。

```
body,h3,ul { /*设置页面、h3 标签、<ul>标签的四周补白和内边距都为 0*/
    margin:0;
    padding:0;
}
h3 {/*h3 标题样式*/
    width:800px;                    /*宽度*/
    height:30px;                    /*高度*/
    margin:20px auto 0 auto;        /*设置顶部补白为 20px，左右距离为 auto，实现 h3 块的居中显示*/
    font-size:20px;                 /*字体大小*/
    text-indent:10px;               *首行缩进*/
    line-height:30px;               /*行间距，可实现文字的垂直居中*/
    background:#E4E1D3;             /*背景颜色*/
     text-align:center;             /*h3 标签中文字的居中*/
}
h3 a {                              /*标题的链接样式*/
    color:#c00;                     /*字体颜色*/
    text-decoration:none;           /*不显示下划线*/
}
h3 a:hover {                        /*鼠标悬停时标题的样式*/
    color:#000;                     /*字体颜色*/
}
```

在以上代码中用 body,h3,ul{ margin:0;padding:0;}语句设置了 body、h3 和<ul>标签的 margin 和 padding 属性；在 a 样式类和 a:hover 样式中，分别定义了标题的链接样式和鼠标经过时的样式。此时的显示效果如图 4.31 所示。

图 4.31　设置网页属性和标题样式

从图 4.31 中可以看到，由于没有设置<ul> <li>的样式，使得图片的位置错乱，接下来对列表样式进行设置。

第 4 步，设置 ul 样式类和<li>标签的样式，从而实现对网页中图文的排版。

```
ul {/*ul 列表样式*/
    width:774px;                        /*ul 列表宽度*/
    margin:0 auto;                      /*ul 中所有内容居中显示*/
    padding-left:20px;                  /*左侧内边距*/
    border:3px solid #E4E1D3;           /*边框样式*/
}
 ul li {/*<li>标签样式*/
    float:left;                         /*<li>标签中的内容横向显示*/
    margin:5px 10px 3px 0px;            /*四周的外边距*/
    list-style-type:none;               /*不显示项目标签*/
}
 ul li a {/*设置 li 中的<a>标签样式*/
    display:block;                 /*定义为块级元素，使鼠标进入块中任何位置链接就被激活*/
    width:370px;                        /*宽度*/
    height:175px;                       /*高度*/
    text-decoration:none;               /*不显示下划线*/
}
```

以上代码定义了 ul 的宽度为 774px，边框样式为宽 3px 的实线，774px 加两条 3px 的边框恰好和前面定义的 h3 宽度 800px 一致。

第 5 步，设置<li>标签下的<img>标签样式和<span>标签样式。

```
ul li a img {                           /*设置 li 中图片样式*/
    width:370px;                        /*图片宽度*/
    height:150px;                       /*图片高度*/
    border:1px #000099 solid;           /*1px 宽的边框*/
}
ul li a span {                          /*每个图片标题的样式*/
    display:block;
    width:370px;                        /*宽度是 370px*/
    height:23px;                        /*高宽*/
    line-height:20px;                   /*行间距*/
    font-size:14px;                     /*字体大小*/
    text-align:center;                  /*文字居中*/
    color:#333;                         /*文字颜色*/
}
```

以上代码实现的列表效果如图 4.32 所示。

图 4.32 实现列表排版效果

在上述代码中，设置了图片高度是 150px，图片的上下边框各 1px，图片标题高宽是 23px，三者

相加正好是前面讲的设置 li 的高度 175px。

4.3.5　设计图文混排列表效果

在 4.3.4 节的示例中，详细讲述了用列表进行排版的方法，本例就用列表实现图文混排的效果进行进一步的说明，从而继续学习列表的相关知识。本例的演示效果如图 4.33 所示。

图 4.33　列表实现图文混排的效果

【操作步骤】

第 1 步，启动 Dreamweaver，新建一个网页，保存为 index.html。

第 2 步，构建网页结构。本例中首先用<div>标签设置 container 容器，然后通过<div>标签创建网页的 title 和 content 两部分，又通过<ul>标签分别创建这两个部分的列表。

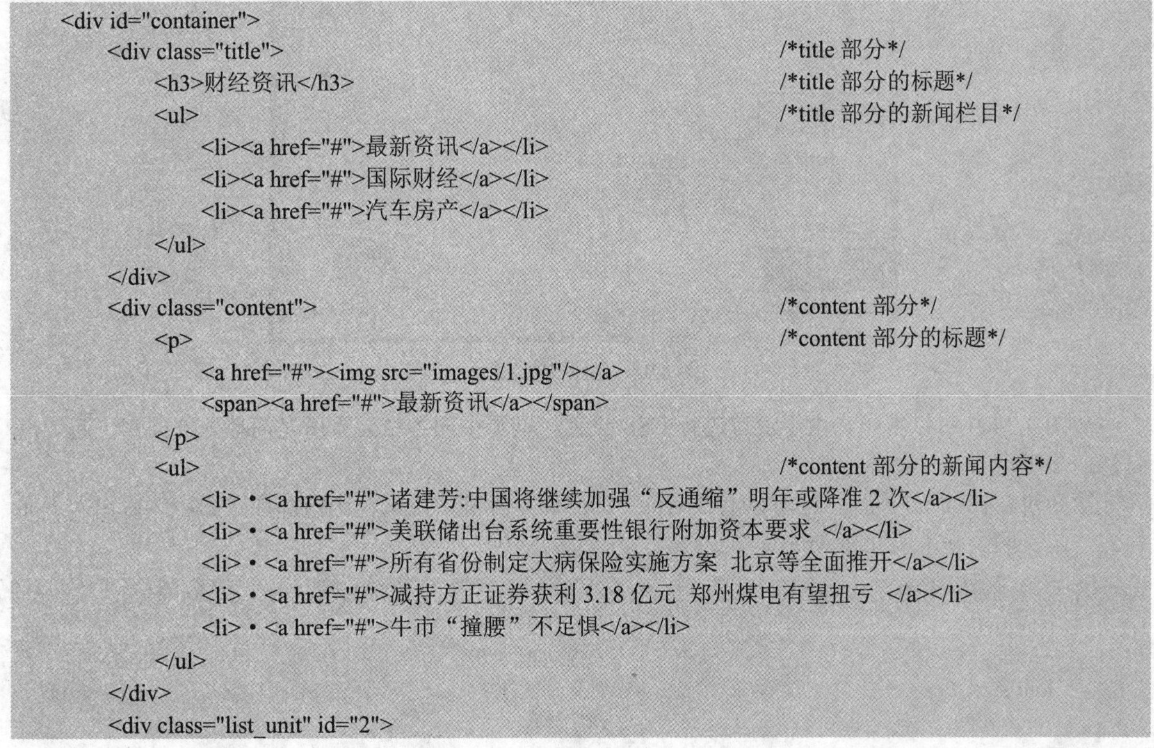

```
<div id="container">
    <div class="title">                                        /*title 部分*/
        <h3>财经资讯</h3>                                       /*title 部分的标题*/
        <ul>                                                   /*title 部分的新闻栏目*/
            <li><a href="#">最新资讯</a></li>
            <li><a href="#">国际财经</a></li>
            <li><a href="#">汽车房产</a></li>
        </ul>
    </div>
    <div class="content">                                      /*content 部分*/
        <p>                                                    /*content 部分的标题*/
            <a href="#"><img src="images/1.jpg"/></a>
            <span><a href="#">最新资讯</a></span>
        </p>
        <ul>                                                   /*content 部分的新闻内容*/
            <li>·<a href="#">诸建芳:中国将继续加强“反通缩”明年或降准 2 次</a></li>
            <li>·<a href="#">美联储出台系统重要性银行附加资本要求 </a></li>
            <li>·<a href="#">所有省份制定大病保险实施方案 北京等全面推开</a></li>
            <li>·<a href="#">减持方正证券获利 3.18 亿元 郑州煤电有望扭亏 </a></li>
            <li>·<a href="#">牛市“撞腰”不足惧</a></li>
        </ul>
    </div>
    <div class="list_unit" id="2">
```

Note

```
            <p> <a href="#"><img src="images/2.jpg"></a> <span><a href="#">国际财经</a></span> </p>
            <ul>
                <li>·<a href="#">全球最大集装箱船“中海环球”轮首航宁波港</a></li>
                <li>·<a href="#">中国中小企业全球发展论坛迎来重量级嘉宾</a></li>
                <li>·<a href="#">建行龙卡全球支付卡跨境支付更方便</a></li>
                <li>·<a href="#">明年美国经济增长 3.1%</a></li>
                <li>·<a href="#">汇丰：2015 年全球十大风险</a></li>
            </ul>
        </div>
        <div class="list_unit" id="3">
            <p> <a href="#"><img src="images/3.jpg"></a> <span><a href="#">汽车房产</a></span> </p>
            <ul>
                <li>·<a href="#">上海：奥迪 Q3 最高让利 8.6 万元  豪华小型 SUV</a></li>
                <li>·<a href="#">上海：路虎发现 4 最高降 13 万  全国销售现车充足 </a></li>
                <li>·<a href="#">2015 年投产  丰田扩大投资提高 Mirai 产能 </a></li>
                <li>·<a href="#">北京：新宝来现金优惠 8500 元起  置换另享补贴</a></li>
                <li>·<a href="#">首套房贷利率北京外资银行能打折</a></li>
            </ul>
        </div>
        <div class="di"></div>                                    /*清除浮动*/
    </div>
</body>
```

在整个 container 框架下，分别由 title 和 content 两块组成，在 title 块下，又包含了 h3 和 ul 两部分。在 content 块下，定义了<p>标签和<ul>标签。此时的显示结果如图 4.34 所示。

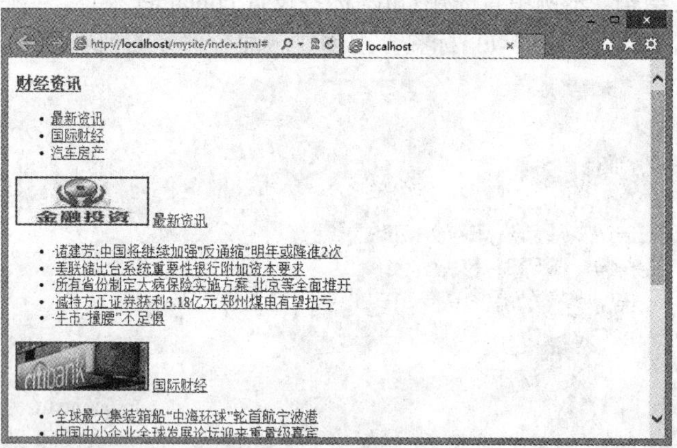

图 4.34　网页基本结构

从图 4.34 中可以看出，由于没有进行 CSS 设置，网页中的各个元素就是简单地罗列到一起，没有任何美观可言。

第 3 步，在<head>标签内添加<style type="text/css">标签，定义一个内部样式表，然后输入下面样式，定义网页基本属性和 wrap 样式。

```
* {/*网页中所有标签的共同样式*/
    margin:0;                           /*外边框为 0*/
    padding:0;                          /*内边框为 0*/
    font-size:12px;                     /*字体大小*/
    color:#000;                         /*字体颜色*/
```

```
        list-style:none;                              /*不显示项目符号*/
    }
    a {/*定义网页中所有的<a>标签样式*/
        color:#03c;
        text-decoration:none;                         /*不显示下划线*/
    }
    a:hover{
        text-decoration:underline;                    /*当鼠标经过时显示下划线*/
    }
    #wrap{/*wrap 容器样式*/
        width:418px;                                  /*宽度*/
        margin:30px auto;                             /*上下补白是 30px，左右为 auto，显示为居中的效果*/
        border:1px solid #999;                        /*边框样式*/
    }
```

在以上代码中，首先定义了网页基本属性；wrap 容器样式类中定义了容器宽度和居中对齐等属性。此时的显示结果如图 4.35 所示。

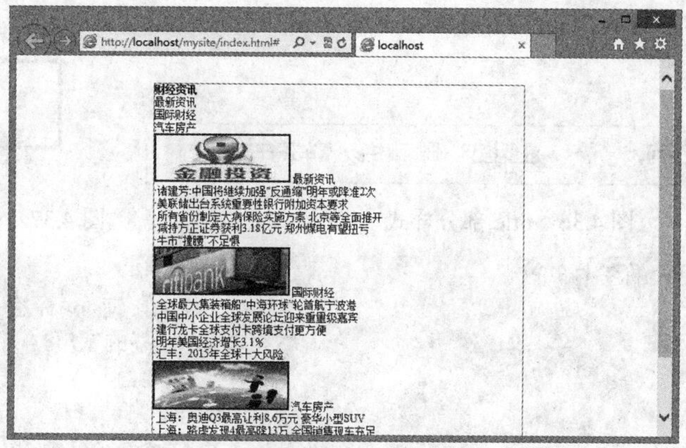

图 4.35　设置网首 container 部分和<a>标签样式

第 4 步，设置 title 部分样式。

```
    .title { /*定义 title 样式*/
        width:418px;                                  /*title 块的宽度*/
        height:32px;                                  /*title 块的高宽*/
        border-bottom:1px solid #999;                 /*添加底部边框*/
        background:#f2f9fd;                           /*背景颜色*/
    }
    .title h3 { /*定义 title 部分*/
        float:left;                                   /*左浮动*/
        ine-height:32px;                              /*行间距，实现文字垂直居中*/
        padding-left:20px;                            /*左侧内间距*/
    }
    .title ul { /*title 中列表样式*/
        float:right;                                  /*右浮动*/
        width:230px;                                  /*列表宽度*/
    }
    .title ul li { /*<li>标签样式*/
        float:left;
```

```
        line-height:32px;                       /*行间距*/
        padding:0 5px;                          /*左右补白 5px*/
    }
    .title ul li a { /*<a>标签样式*/
            color:#333;                         /*字体颜色*/
    }
```

以上代码完成如图 4.36 所示的样式设置。

第 5 步，设置 warp 样式。

```
.warp { /*warp 块样式*/
    height:100px;                               /*块高宽*/
    margin-left:15px;                           /*左侧补白*/
    padding:15px 0 8px 0;                       /*顶部内边距 15px，底部内边距 8px*/
    border-bottom:1px dotted #9AC4E9;           /*底部边框*/
}
```

第 6 步，完成 warp 块中<p>标签样式的设置，在<p>标签中，包含了<a>标签、<img>标签和<span>标签，分别定义了新闻栏目的图片和栏目标题。完成效果如图 4.37 所示。

最新最快的财经资讯　　最新资讯　国际财经　汽车房产

图 4.36　title 部分样式

图 4.37　warp 中<p>标签样式

```
.warp p { /*warp 块中<p>标签样式*/
    float:left;                                 /*左浮动，使<p>标签下的图片和标题靠左*/
    width:156px;                                /* <p>标签的宽度*/
}
.warp p a {                                     /*<a>标签样式*/
    display:block;                              /*定义<a>标签为块级元素*/
}
.warp p a:hover {
    border:1px dashed #00f;                     /*当鼠标经过时显示边框*/
    }
.warp span a { /*warp 块下的<span>标签样式也就是标题样式*/
    height:22px;                                /*高宽*/
    line-height:22px;                           /*文字实现垂直居中*/
    text-align:center;                          /*水平居中*/
}
.warp span a:hover {                            /*鼠标经过时的<span>标签样式*/
   border:0;                                    /*清除边框*/
   color:#c00;                                  /*字体颜色*/
}
```

在以上代码中，定义了 warp 中的<p>标签样式，在<p>标签中分别包含了一幅图片和一个标题，在这里关键是<a>标签和<span>标签的样式设置。其中 a 和 a:hover 的样式是针对图片的设置，span a 和 span a:hover 是针对标题的样式，其中 border:0 是清除边框，因为在语句 warp p a:hove{ border:1px dashed #00f;}样式类中定义了<p>标签下所有的<a>标签显示边框，所以在这里需要清除边框。此时网页的显示效果如图 4.38 所示。

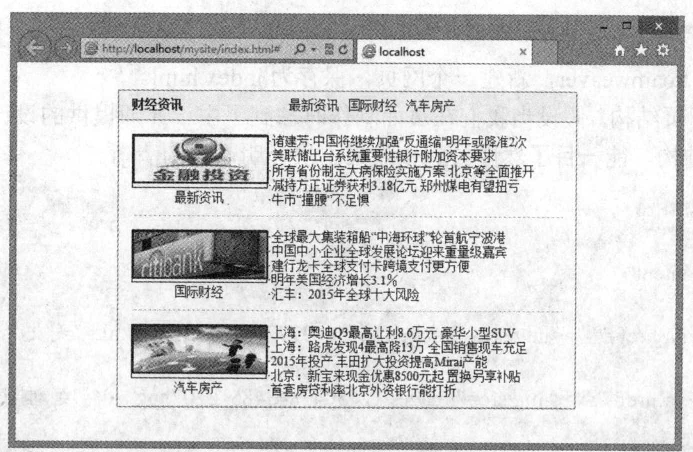

图 4.38　对<p>标签样式的设置

第 7 步，从图 4.38 中可以看到，网页基本已经完成，最后再给 warp 中的<ul>标签进行设置。

```
.warp ul {                                   /*warp 中 ul 样式*/
    float:right;                             /*右浮动*/
    width:216px;                             /*ul 宽度*/
    margin:5px 0px;                          /*设置上下补白*/
}
.warp ul li a:hover{                         /*鼠标经过时的 li 效果*/
    color:red;
}
.clear {                                     /*清除左右浮动*/
    clear:both;
}
```

以上代码设置了 warp 中 ul 列表样式，此时网页完全创建完成。

4.3.6　设计图文展示栏目

4.3.5 节通过示例分析过图文排版的处理技巧，那么对于图文列表信息的处理其实大同小异，不同的是图文列表信息的表现方式是将列表内容以图片的形式在页面中体现，简单理解就是图片列表信息附带简短的文字说明。在图中展示的内容主要有列表标题、图片和图片相关说明的文字。本例的演示效果如图 4.39 所示。

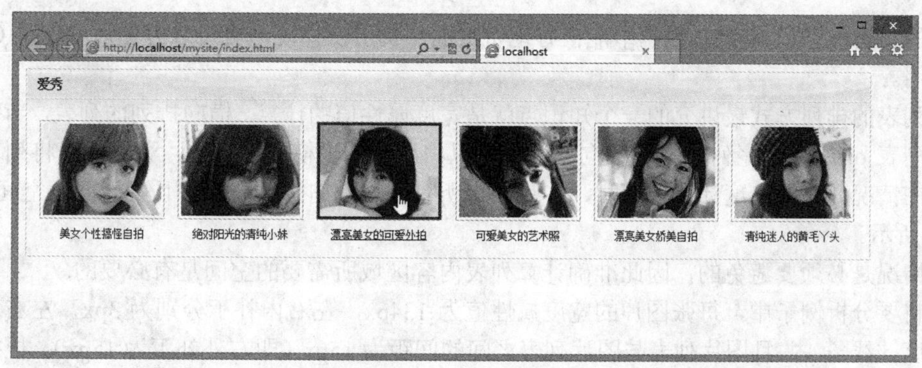

图 4.39　图文列表信息

Note

【操作步骤】

第 1 步，启动 Dreamweaver，新建一个网页，保存为 index.html。

第 2 步，构建网页结构。假设当我们在页面制作时拿到了由设计师提供的设计稿中出现了这样的一个图文列表信息结构，能一目了然地看到该效果主次分明，结构清晰。

```
<div class="pic_list">
    <h3>爱秀</h3>
    <div class="content">
        <ul>
            <li><a href="#"><img src="images/1245043772194_7521.jpg" alt="美女个性搞怪自拍" />美女个性搞怪自拍</a></li>
            <li><a href="#"><img src="images/1245043843485_8207.jpg" alt="绝对阳光的清纯小妹" />绝对阳光的清纯小妹</a></li>
            <li><a href="#"><img src="images/1245134073454_9288.jpg" alt="漂亮美女的可爱外拍" />漂亮美女的可爱外拍</a></li>
            <li><a href="#"><img src="images/1245134177473_9822.jpg" alt="可爱美女的艺术照" />可爱美女的艺术照</a></li>
            <li><a href="#"><img src="images/1245200548148_5487.jpg" alt="漂亮美女娇美自拍" />漂亮美女娇美自拍</a></li>
            <li><a href="#"><img src="images/1245201554383_4640.jpg" alt="清纯迷人的黄毛丫头" />清纯迷人的黄毛丫头</a></li>
        </ul>
    </div>
</div>
```

对于列表的内容已经讲解的不少了，本例以图 4.40 所示分析的结构编写 HTML 列表结构代码。

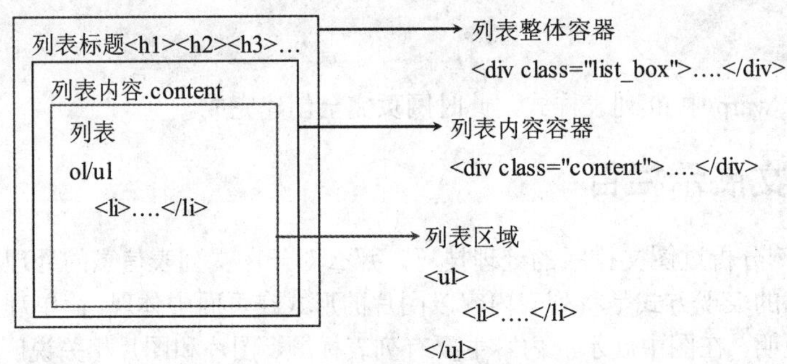

图 4.40　列表结构的分析示意图

这样的结构不仅在 HTML 代码中能很好地将页面结构层次体现，更可以方便后期通过 CSS 样式对其的利用。

图文列表的排列方式最讲究的一个知识点就是宽度属性值的计算。横向排列的列表，当整体的列表（有序列表 ol 或者无序列表 ul）横向空间不足以将所有列表横向显示时，浏览器会将列表换行显示。这样的情况只有在宽度计算正确时，才足够将所有列表横向排列显示并且不会产生空间的浪费，如图 4.41 所示。

这种情况是必须要避免的，因此准确计算列表内容区域所需要的空间是有必要的。

我们将要分析例子中，每张图片的宽度属性值为 134px，左右内补丁分别为 3px，左右边框分别为 1px 宽度的线条，并且图片列表与图片列表之间的间距为 15px（即右外补丁为 15px），根据盒模型的计算方式，最终列表 li 标签的盒模型宽度值为 1px+3px+134px+3px+1px+15px=157px，因此图文列

表区域总宽度值为 157px×6=942px。

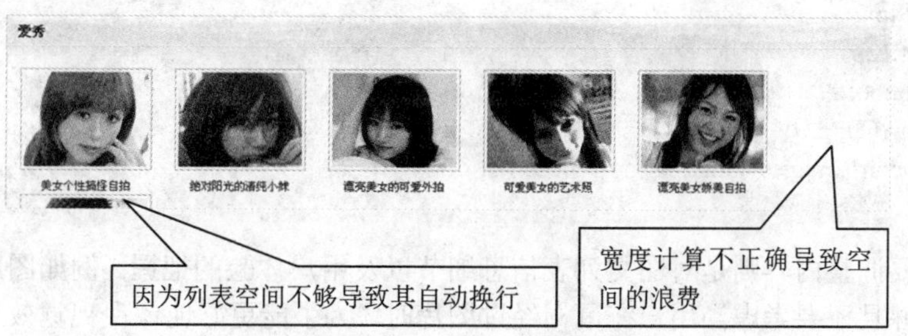

图 4.41　列表宽度计算不正确导致的结果

第 3 步，在<head>标签内添加<style type="text/css">标签，定义一个内部样式表，然后输入下面样式，定义图文列表区域的相关区域样式。

```
.pic_list .content {
    width:942px;
    height:150px;
    overflow:hidden; /*设置图文列表内容区域的宽度和高度，超过部分隐藏*/
    padding:22px 0 0 15px; /*利用内补丁增加图文列表内容区域与其他元素之间的间距*/
}
.pic_list .content li {
    float:left;
    width:142px;
    margin-right:15px; /*列表 li 标签设置浮动后，所有列表将根据盒模型的计算方式计算列表宽度，并且并排显示*/
    display:inline; /*设置浮动后并且增加了左右外补丁，IE6 会产生双倍间距的 Bug，利用该属性解决*/
}
```

.pic_list .content 作为图文列表内容区域，增加相应的内补丁使其与整体之间有空间感，这个是视觉效果中必然会处理的一个问题。

.pic_list .content li 因为具有浮动属性，并且有左右外补丁中其中一个外补丁属性，在 IE6 浏览器中会产生双倍间距的 Bug 问题。而神奇的是添加 display:inline 可以解决该问题，并且不会对其他浏览器产生任何影响。

第 4 步，主要内容设置成功之后，就可以对图文列表的整体效果做 CSS 样式的修饰，例如图文列表的背景和边框以及图文列表标题的高度、文字样式和背景等。

```
.pic_list {
    width:960px; /*设置图文列表整体的宽度*/
    border:1px solid #D9E5F5; /*添加图文列表的边框*/
    background:url(images/wrap.jpg) repeat-x 0 0; /*添加图文列表整体的背景图片*/
}
.pic_list * {/*重置图文列表内部所有基本样式*/
    margin:0;
    padding:0;
    list-style:none;
    font:normal 12px/1.5em "宋体", Verdana,Lucida, Arial, Helvetica, sans-serif;
}
.pic_list h3 { /*设置图文列表的标题的高度、行高、文字样式和背景图片*/
    height:34px;
```

```
        line-height:34px;
        font-size:14px;
        text-indent:12px;
        font-weight:bold;
        color:#223A6D;
        background:url(images/h3bg.jpg) no-repeat 0 0;
    }
```

第 5 步，需要调整内容则是对图文列表信息细节以及用户体验的把握。例如图片的边框、背景和文字的颜色等，并且还要考虑当用户在鼠标经过图片时，为了能更好地体现视觉效果，给用户一个全新的体验，我们还要添加当鼠标经过图片列表信息时图片以及文字的样式变化。

```
.pic_list .content li a {
    display:block;                          /*将内联元素 a 标签转换为块元素使其具备宽高属性*/
    width:142px;                            /*设置转换为块元素后的 a 标签的宽度*/
    text-align:center;                      /*文本居中显示*/
    text-decoration:none;                   /*文本下划线*/
    color:#333333;                          /*文本的颜色 */
}
.pic_list .content li a img {
    display:block; /*当图片设置为块元素时，可以解决 IE6 中图片底部几个空白像素的 bug*/
    width:134px;
    height:101px;
    padding:3px; /*设置图片的宽高属性以及内补丁属性*/
    margin-bottom:8px; /*将图片的底部外补丁设置为 8px，使其与文字之间产生一定间距*/
    border:1px solid #CCCCCC;
    background-color:#FFFFFF; /*背景颜色将通过内补丁的空间显示*/
}
.pic_list .content li a:hover {
    text-decoration:underline;
    color:#CC0000; /*当鼠标经过图文列表时，文字有下划线并且改变颜色*/
}
.pic_list .content li a:hover img {
    background-color:#22407E; /*当鼠标经过图文列表时，图片的背景颜色改变*/
}
```

第 6 步，设计完成，漂亮的图文列表信息经过简单的 CSS 样式处理后就会完美地呈现出来，如图 4.42 所示。

图 4.42　图文信息列表的最终页面效果

在网页中插入图像

（视频讲解：49分钟）

在网页中，图像的作用越来越重要。在一个页面中加入适当的图像，可以使页面显得更生动活泼、美观大方，尤其是在一些展示、宣传、艺术页面中，图像是必不可少的。此外，图形给人的视觉印象总要比文字强烈得多，善用图像可为网页增色不少。如何合理有效地插入图像就是本章要讨论的问题。同时，本章还将介绍使用CSS设置图像样式的方法，包括边框、对齐方式和图文混排等，并通过具体的实例阐述文字和图片的综合应用。

【学习重点】

- 网页图像概述
- 搜集网页图像素材
- 在网页中插入图像
- CSS设置图片样式的方法
- CSS控制图片的对齐方式
- 灵活使用CSS文字和图片属性进行图文混排

5.1 网页图像概述

Note

在设计和制作网页之前，首先要制作网页图像，这是不可缺少的前期工作。制作一个网页大部分时间都花在版面安排和图像设计上。如果一个网页版面安排合理、整洁、图形设计精美，一定能让人喜爱。制作网页使用的图像不仅要简单，还需要与整个页面设计风格、结构特点、图像要表达的内容相协调，否则很难与页面匹配。

5.1.1 网页图像格式

网页中对所使用的图像格式是有限制的，不是任何一种图像格式的文件都能应用到网页中，所以在制作之前就要考虑到这一点，以免制作出来的图像无法在网页中使用。

目前，网络支持的图形格式主要有 JPEG/JPG、GIF 和 PNG 3 种。由于这 3 种格式各有利弊，在设计网页时，要根据实际情况来选择使用何种图像格式。

☑ JPEG/JPG：这是一种失真压缩的图像文件格式，其压缩效果非常明显，并支持真彩色 24 位和渐进格式。虽然此格式支持真彩色 24 位，但压缩后的文件相对网络图像而言仍然显得很大，仅适用于对于质量要求高的图像，如颜色丰富的风景画和照相作品等，可以考虑使用这一格式。JPEG 格式在压缩保存的过程中会以失真最小的方式丢掉一些人眼不易察觉的数据，因而以此格式保存后的图像没有原图像的质量好。

☑ GIF：这是网页中使用最多的图像格式，它最大的优点就是所生成的文件比较小，非常适合网络传输，并且支持透明背景和动画功能。因此，此格式在网页中应用非常广泛。GIF 格式的图像与 JPEG 格式不同，它为非失真压缩，存储格式为 1 位~8 位。只支持 256 色，而不支持真彩色 24 位，这是 GIF 格式的主要缺点。

☑ PNG：此格式是 Fireworks 的默认格式，它是一种非失真压缩格式，具有 JPEG 和 GIF 格式的全部优点，如支持透明背景、动画和真彩色 24 位。

除了上面介绍的 3 种图像格式之外，还有许多种图像格式，如 BMP、TIF、PSD、EPS 等格式，但这些格式都无法直接使用到网页中。因此，在设计网页过程中，必须将这些图像格式的文件先转换成 GIF、JPEG 或 PNG 格式的文件。转换方法很多，只要用 Photoshop 等图像处理软件打开要转换的图像文件，另存为在网页中使用的 JPEG、GIF 或 PNG 格式文件即可。

5.1.2 图像下载速度

从图像显示效果而言，当然是图像颜色越丰富越好，这样可以很清晰地欣赏图像。但对浏览者而言，就需要等待更多的时间才能浏览到此图像。因为颜色越丰富，图像文件就越大，其在网络上的传输也就越慢。因此，在设计网页时，万不得已不要放入过大的图像文件，也不要用过多的多媒体文件造成浏览者观看页面时的麻烦。

其实，制作网络图像与制作普通图像没什么两样，不同点在于网络图像要在网络上传输，因此除了要考虑图像品质之外，更多的则要考虑图像文件的大小，以便图像能够更快地在网络上传输。控制图像文件大小，以便于在网络上传输时，应注意以下几项。

☑ 图像格式：不同的图像格式，其压缩率不同，所存储的文件大小也不同。

☑ 图像尺寸：图像尺寸越大，图像文件就越大。反之，图像尺寸越小，文件就越小。

- ☑ 颜色数目：在一个图像中，颜色越丰富，所记录的数据就越多，因而保存后的文件也就越大。
- ☑ 分辨率：分辨率是指在单位长度内所含有的点（或像素）的多少。因此，分辨率越大，所记录的数据也就越多，文件也就越大。

根据以上几点，用户就可以在制作图像时，合理有效地控制图像文件的大小了。但要注意，不要一味地追求文件大小，而忽略了图像质量。若如此，即使图像文件再小也失去了意义。有时，不得不在网页中放入一些大图，但应为浏览者多考虑，尽量让这个图像文件最小。例如，可以使用 Photoshop 中的图像分割功能，将图像分割成多个小区域。这样，在网络上下载时就不会因图像太大而造成漫长的等待了。

5.1.3 网页图像制作技巧

无论用户是初学者还是图像制作高手，在制作网页图像时，都应掌握下面几个要点。

1. 网络图像制作要小而精，忌大而滥

网络图像不是在个人电脑上，在网络上浏览网页，速度非常重要，所以首先要考虑图像文件的大小，尽量不使用 500KB 以上的图像。此外，网页中的图像不在于多，而在于能否衬托出主题、渲染内容，即图像一定要与内容有关，不要只追求漂亮，而加入没有意义的图像，如图 5.1 所示是腾讯公司的首页。

图 5.1 图像小巧以服务内容为目的的页面效果

图 5.1 页面以蓝色为主色调，各个栏目的标题颜色为浅蓝色，与白色背景相协调，文字链接的背景也用淡蓝色，虽然网页信息量大，但这种以冷色调为主的网页颜色规划会给人以清新的感觉，不会因为网页的内容多而感到烦躁。该网页所用的图形大多是卡通或简笔画，气氛轻松活泼，图像的色彩也采用单一的较纯的颜色，让人耳目一新。更为主要的是这些图像文件都非常小，不过几 KB。整个图像设计小巧简约却不幼稚，色调明晰却不妖艳，让人感到轻松愉悦。

2. 图像要分主次，忌喧宾夺主

同一页面中的图像，要有主次之分，在大小、颜色、位置上辅助图不要超过主图。一般来说，一个页面上只有一幅主图，应放在较醒目的位置，其余放在次一些的位置。而且图像大小也应有所不同，除非是介绍性的图像，如产品图像、风光照片等可以同等大小。

如图 5.2 所示是苹果中国官网页面，整个页面就插入了一幅图片，占据整体页面，图片虽然有点

Note

大，但不喧宾夺主，其主要原因就在于色调和内容的协调统一。

图 5.2　图像与页面融为一体的页面效果

3. 用色讲究主色调，忌杂乱无章

一个优美的网页，都有一种主色调来烘托内容。页面的大部分应该用同一种颜色或者相近的颜色，而图形可以用与主色调反差大一些的颜色，起到画龙点睛的作用。如图 5.3 所示，页面插入多幅小图，这些小图重在渲染气氛，烘托主题，使不明白本页功能的浏览者一看见该图就知道网页的内容，即使图像的颜色与网页主色调反差比较大，但作用不可小视，也很引人注目。

图 5.3　图像烘托主题的页面效果

4. 选择合适的软件会事半功倍

图像制作软件有很多，如 Photoshop、Fireworks、Illustrator 等。随着这些软件的不断升级和功能的不断改善，均可以用来制作网页图像。它们制作出来的图像最终效果都差不多。如何在众多软件中选择一种适合制作网页图像的软件呢？

最主要的是看自己用起来能否得心应手，此外，使用起来是否方便。如果用户熟悉 Photoshop，那么 Photoshop 肯定是首选，毕竟 Photoshop 是一个比较专业的图像处理软件。如果要为后期网页设

计工作多考虑一些，则可能会选择 Fireworks，因为 Fireworks 是专业的网页图像设计工具，与 Dreamweaver 也能够很好地协作。例如，在 Fireworks 中保存的网页或是分割区域，可以直接插入到 Dreamweaver 中使用，而不会改变原有位置，并且在 Fireworks 中所做的一切设置（如图像位置、链接地址等）都不会改变。

Note

5.1.4 搜集图像素材

只有拥有了丰富的网页素材，才能制作出优质的网页。一般来说，图像文件均可作为网页的图像素材使用，但是由于网页图像受格式和文件大小的限制，因此并不是所有图像都可直接用于网页中，而需要经过处理（如缩小文件等）和格式转换后才能使用。

网页图像不同于普通图像，它包含了各种专门用于网页的图像元素，如 LOGO（网站图标）、Banner（广告条，或网页横幅）、按钮、背景、项目符号、小图标和分隔线等，如图 5.4 所示。因此，搜集网页图像素材，不只是搜集一些漂亮的风景图像，还要搜集一些专门用于网页的图像素材。

站长素材提供的 LOGO 下载

昵图网提供的 Banner 下载

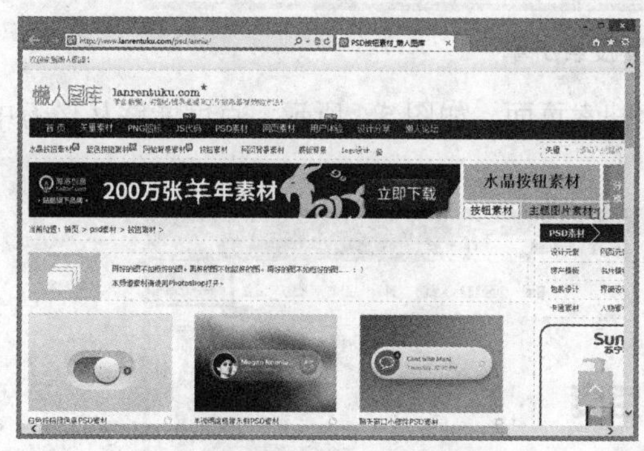

懒人图库网提供的各种按钮

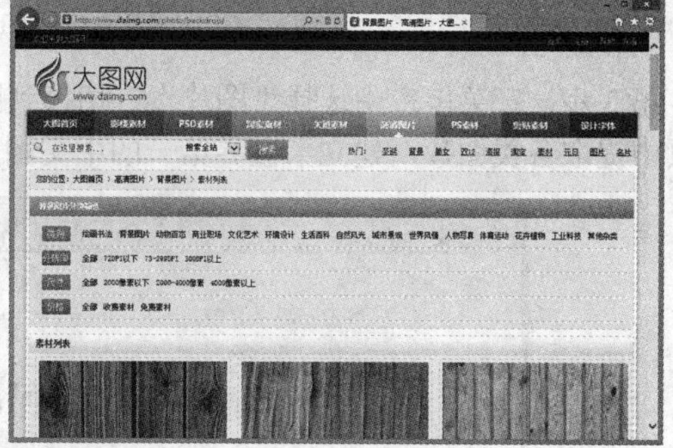

大图网提供的网页纹理背景

图 5.4 各种网页使用的图像素材

如何获得图像素材呢？

☑ 购买网页素材光盘。

☑ 通过百度搜索网页素材。

下面列出一些比较专业的网页资源站点仅供参考：

☑ http://www.sucaiw.com（素材精品屋）。

☑ http://www.jzzy.com/（建站资源网）。

☑ http://www.dabaoku.com/（网页制作大宝库）。

☑ http://www.68design.net/（网页设计师联盟）。

☑ http://www.mbsky.com/（模板天下）。

☑ http://www.citk.net/（丁丁家园）。

Note

利用搜索引擎可以快速找到需要的网页素材。例如，利用百度搜索网页 LOGO。

【操作步骤】

第 1 步，先拨号上网，并启动 IE 浏览器。

第 2 步，在 IE 地址栏中输入“http://www.baidu.com/”，打开百度搜索引擎，如图 5.5 所示。百度是全球最大的中文搜索引擎，能够提供专业快速的搜索功能，特别在搜索音乐、图片等多媒体信息方面功能强大。

图 5.5　打开百度搜索引擎

第 3 步，在菜单栏中选择“图片”，切换到图片搜索页面，如图 5.6 所示。百度能够从亿万中文网页中提取各类图片，建立了世界第一的中文图片库。

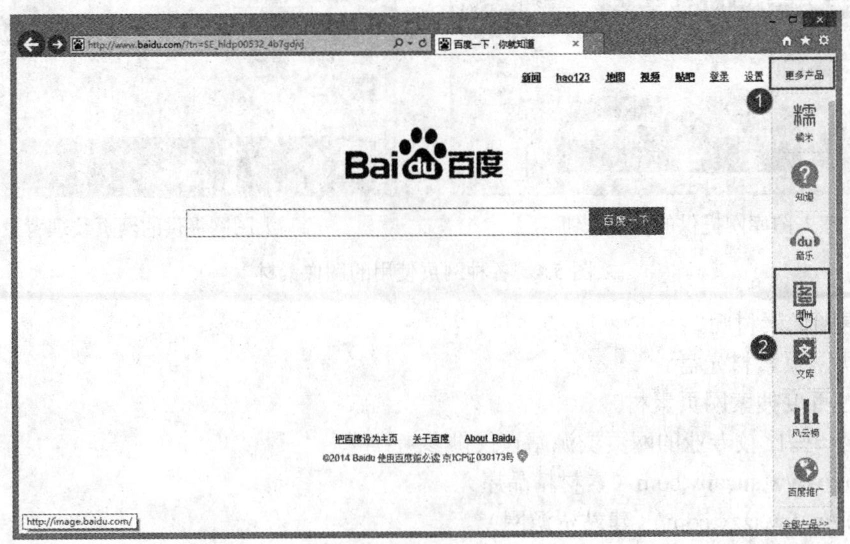

图 5.6　选择搜索图片

Note

第 4 步，在【图片搜索】文本框中输入要搜索的关键字，例如“LOGO 网页”，然后在下面选项组中选择搜索图片的大小、颜色、类型和格式，如图 5.7 所示。在搜索时，默认的选择是搜索所有格式的图片。

图 5.7　设置搜索条件

第 5 步，单击【百度一下】按钮，即可搜索出相关的全部图片，如图 5.8 所示。

图 5.8　搜索图片列表

第 6 步，在搜索结果页面中，单击合适的缩略图，可将图片放大观看，如图 5.9 所示。有时当单击缩略图后会出现“找不到图片”等情况时，这是由于图片所在的源网页已经删除、改动或暂时无法访问等问题所导致的。对于这种情况，只能以翻页查看更多图片来进行选择。

第 7 步，如果想看到更多的图片，可以滚动鼠标，向下翻页查看，最后单击页面底部的【加载更多图片】按钮查看更多搜索结果，如图 5.10 所示。

Note

图 5.9　打开要查看的图片

图 5.10　在图片列表中查找需要的图片

如果要在网页中展示公司产品，或者是个人照片等图像，则还需要配备一台扫描仪或数码相机，这样可以随时将各种风景、人物、艺术作品或公司产品的图像输入到计算机中，加以处理后应用到网页中。由于使用扫描仪和数码相机所涉及的内容较多，这里就不做介绍了。

以上获取图像素材的方法方便快捷，但是，要很快找到能够真正应用于网页中的图像，却并不容易。所以，最有效的方法还是用户自己制作网页图像，这样更具有针对性，并且可以结合网页内容来制作图像。当然，也可以找一些图像素材作为底稿，在其基础上进行修改。

5.2　案例实战：在网页中插入图像

有了丰富的图像素材，就可以利用 Dreamweaver 把这些图像组织在一起，设计出具有一定审美效果的网页页面。下面设计一个简单的网页演示在网页中如何插入图像的一般方法。本网页的效果如

图 5.11 所示。

图 5.11　在网页中插入图像的效果

该页面由 LOGO 图标、Banner 广告条、按钮、背景和修饰图案组成，制作并整理的图像素材如图 5.12 所示。

图 5.12　本页所需要的图像素材

5.2.1　插入背景和标题头

面对图 5.12 所列图像素材，如何把它们有机地组织在一起，在具体上机之前用户应心中有数，最好在纸上随意打个草稿，避免盲目操作。本页布局简明，结构也不是太复杂，但对于初学者来说仍然会存在不小的困难，下面就逐步介绍。

【操作步骤】

第 1 步，启动 Dreamweaver，新建一个网页文件，保存为 main.html。

> **提示：**把上面制作的所有图像素材都汇集到 images 文件夹中，并保证该文件夹和 main.html 文件同处在一个目录下。

第 2 步，在 Dreamweaver 文档编辑窗口中，单击窗口底部的【属性】面板中的【页面属性】按钮，

Note

如图 5.13 所示。如果没有显示【属性】面板，可以选择【窗口】|【属性】命令。

Note

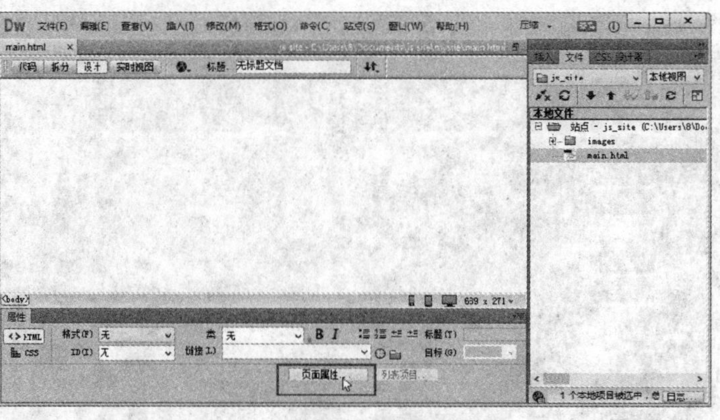

图 5.13　单击【页面属性】按钮

第 3 步，打开【页面属性】对话框，在【分类】列表框中选择【常规】选项，然后在右侧设置区域设置网页的背景图像，如图 5.14 所示。

第 4 步，设置完毕，单击【确定】按钮关闭【页面属性】对话框，则编辑窗口如图 5.15 所示。

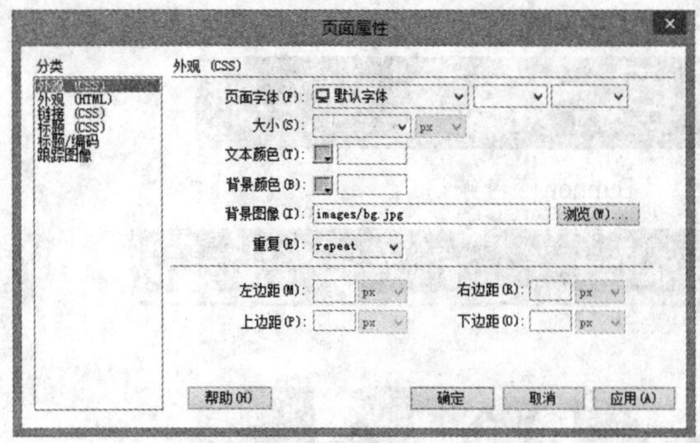

图 5.14　设置网页背景图像

图 5.15　设置背景图像的网页效果

第 5 步，在编辑窗口中插入一个表格。选择【插入】|【表格】命令，打开【表格】对话框，设置：1 行 2 列，宽度 800 像素，边框、单元格边距和单元格间距都为 0，如图 5.16 所示。

第 6 步，插入表格之后，在【属性】面板中设置表格居中显示，如图 5.17 所示。

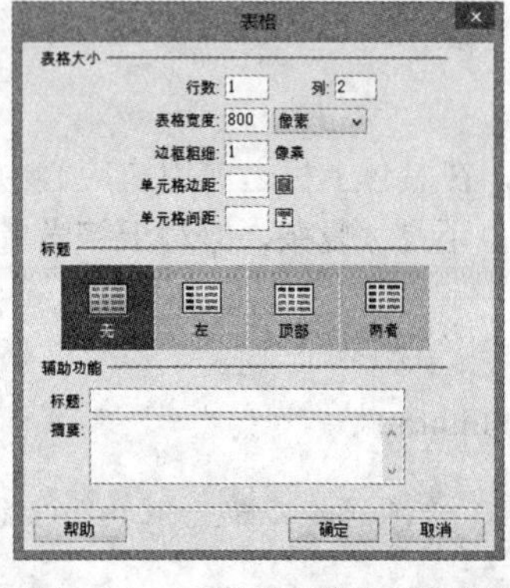

图 5.16　设置【表格】对话框

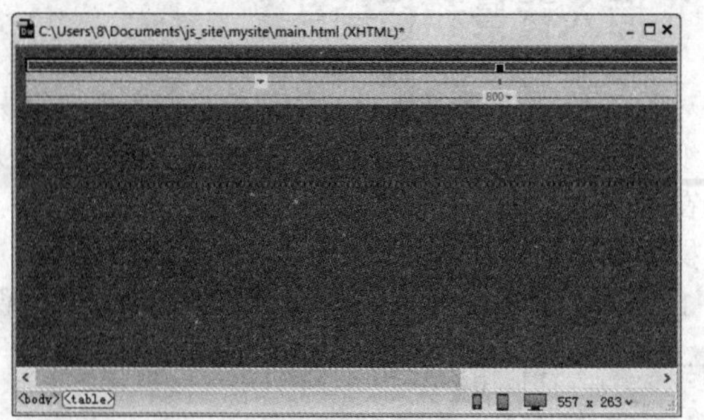

图 5.17　插入表格并使其居中显示

第 7 步，把光标置于插入表格的第 1 个单元格中，在【属性】面板中设置第 1 个单元格宽为 200

像素，如图 5.18 所示。

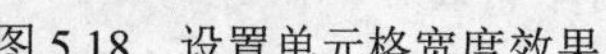

图 5.18　设置单元格宽度效果

第 8 步，选择【插入】|【图像】|【图像】命令，在打开的【选择图像源文件】对话框中选择要插入的 LOGO 图标。然后，把光标置于第 2 个单元格中，以同样的方法插入 Banner 广告条，并设置该图像在单元格中居中显示，如图 5.19 所示。

图 5.19　插入 LOGO 和 Banner 效果

5.2.2　插入按钮和修饰图案

5.2.1 节完成了网页页面的标题设计，本节利用表格插入导航按钮和制作圆角的修饰图案。

【操作步骤】

第 1 步，把光标置于第 1 个表格的后面，选择【插入】|【表格】命令，插入一个表格，设置：1 行 2 列，宽度 800 像素，边框粗细、单元格间距和单元格边距都为 0，与 5.2.1 节中【表格】对话框设置相同。

第 2 步，插入表格之后，在【属性】面板中设置表格居中显示，同时设置第 1 个表格也居中显示，并设置第 2 个表格的第 1 个单元格宽度为 100，效果如图 5.20 所示。

第 3 步，在第 1 个单元格中插入一个 8 行 1 列的表格，设置宽度为 100%，同时设置边框粗细、单元格间距和单元格边距都为 0 的表格，对话框设置如图 5.21 所示。

第 4 步，在表格中按顺序从上到下分别插入圆角图案（border1.gif）、6 个按钮（about.jpg、services.jpg、gallery.jpg、freebies.jpg、portfolio.jpg、contact.jpg）和圆角图案（border2.gif），插入效果如图 5.22 所示。

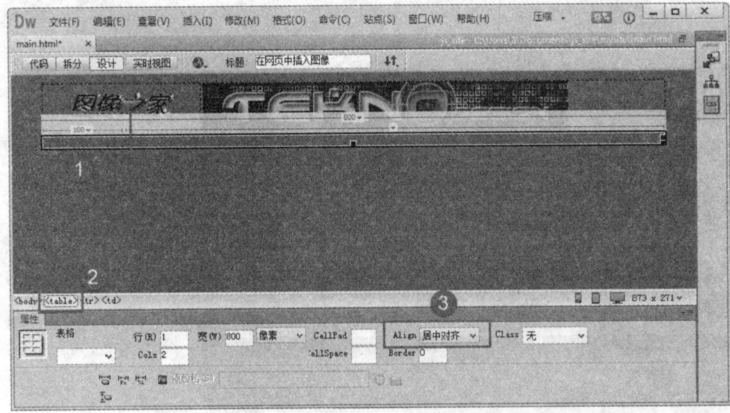

图 5.20　插入第 2 个表格效果

图 5.21　插入第 3 个表格设置

图 5.22　插入图像后的效果

第 5 步，以同样的方式在右边单元格中插入一个 3 行 3 列的表格，设置表格宽度为 98%，并在【属性】面板中设置居中显示。

第 6 步，在 4 个顶角的单元格中插入圆角修饰图案，并设置单元格宽、高为图案大小，如图 5.23 所示。

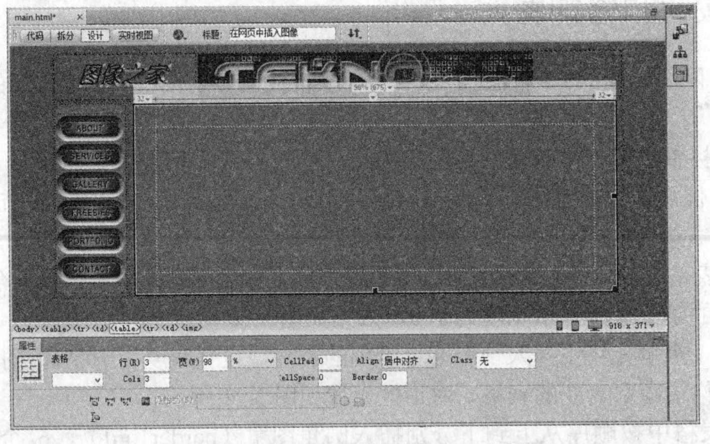

图 5.23　插入表格和圆角图案后的效果

第 7 步，设置没有插入圆角图案的单元格背景颜色为图案的颜色，即保持表格背景颜色的一致性，

Note

最后效果如图 5.24 所示。

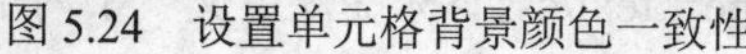

图 5.24　设置单元格背景颜色一致性

5.3　设置图片样式

图片的效果很大程度上影响到网页效果，要使网页图文并茂并且布局结构合理，就要注意图片的设置。通过 CSS 统一管理，不但可以更加精确地调整图片的各种属性，还可以实现很多特殊效果。本节将对图片的边框、图片的大小与缩放、图片对齐等属性进行介绍。

5.3.1　定义图片边框

在 HTML 语法中，可以直接通过<.img>标签的 border 属性来为图片添加边框，语法如下：

```
<img src="图片路径" border="数值">
```

【示例 1】启动 Dreamweaver，新建一个网页，保存为 test.html，在<body>标签内输入以下代码：

```
<img src="images/11.jpg" border="0">
<img src="images/11.jpg" border="1">
<img src="images/11.jpg" border="2">
<img src="images/11.jpg" border="3">
```

按 F12 键，在浏览器中预览，其显示效果如图 5.25 所示。

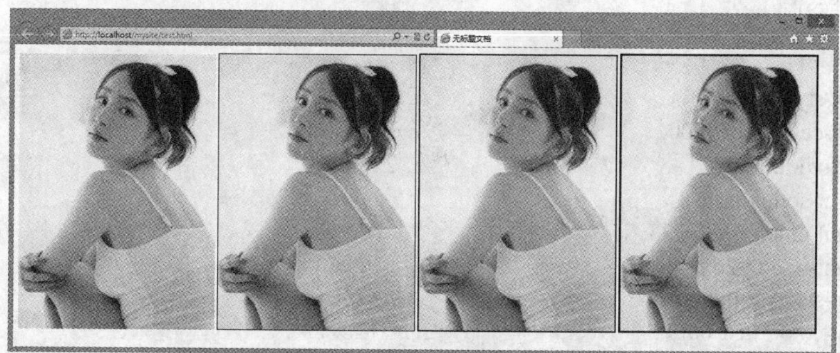

图 5.25　HTML 控制图片边框

通过图 5.25 可以看到，用 HTML 控制图片边框是无法设计出丰富多彩的图片效果的，需要使用 CSS 中的 border-style、border-color 和 border-width 3 个属性来定义边框。其语法如下：

Note

```
border-style :参数;
border-color:参数;
border-width:数值;
```

border-style 属性用于设置边框的样式，用的最多的两个参数是 dotted 表示点划线，用 dashed 表示虚线，其他的一些值会在后面的章节中详细说明。border-color 属性用于设置边框的颜色。border-width 属性用于设置边框的宽度。

【示例 2】启动 Dreamweaver，新建一个网页，保存为 test1.html，在<body>标签内输入以下代码：

```
<img src="images/22.jpg" class="pic1"/>
<img src="images/22.jpg" class="pic2"/>
```

在<head>标签内添加<style type="text/css">标签，定义一个内部样式表，然后输入下面样式，用来定义图片边框样式。

```
.pic1 {
    border-style: dotted;                    /*点划线*/
    border-color: #000066;                   /*边框颜色*/
    border-width: 2px;                       /*边框粗细*/
}
.pic2 {
    border-style: dashed;                    /*点划线*/
    border-color: #FF0000;                   /*边框颜色*/
    border-width: 10px;                      /*边框粗细*/
}
```

其显示效果如图 5.26 所示，第 1 幅图片设置的是蓝色、2 像素的点划线，第 2 幅图片设置的是红色、10 像素宽的虚线。

【示例 3】下面示例为图像四边设计不同的边框样式。

在 CSS 中，还可以分别设置 4 个边框的不同样式，即分别设置 border-left、border-right、border-top、border-bottom 的样式。

启动 Dreamweaver，新建一个网页，保存为 test2.html，在<body>标签内输入以下代码：

```
<img src="images/33.jpg"/>
```

在<head>标签内添加<style type="text/css">标签，定义一个内部样式表，然后输入下面样式，用来定义图片边框样式。

```
img {
    border-left-style: dotted;               /*左点划线*/
    border-left-color: #FF9900;              /*左边框颜色*/
    border-left-width: 5px;                  /*左边框粗细*/
    border-right-style: dashed;
    border-right-color: #33CC33;
    border-right-width: 2px;
    border-top-style: solid;                 /*上实线*/
    border-top-color: #CC00FF;               /*上边框颜色*/
    border-top-width: 10px;                  /*上边框粗细*/
    border-bottom-style: groove;
```

```
        border-bottom-color: #666666;
        border-bottom-width: 15px;
}
```

其显示效果如图 5.27 所示，图片的 4 个边框被分别设置了不同的样式。

图 5.26　设置各种图片边框

图 5.27　分别设置 4 个边框

【示例 4】在示例 3 中介绍了分别设置 4 个边框的方法，border 属性还可以将各个值写到同一语句，用空格分隔，这样可以大大缩短代码长度。

启动 Dreamweaver，新建一个网页，保存为 test3.html，在<body>标签内输入以下代码：

```
<img src="images/44.jpg" class="pic1"/>
<img src="images/44.jpg" class="pic2"/>
```

在<head>标签内添加<style type="text/css">标签，定义一个内部样式表，然后输入下面样式，用来定义图片边框样式。

```
.pic1 { border: 5px double #FF00FF;                    /*将各个值合并*/
}
.pic2 {
      border-right: 5px double #000;
      border-left: 8px solid #45673A;
}
```

其显示效果如图 5.28 所示，可以看到代码的长度明显减少，这样不但清晰易读，而且大大加快了网页下载速度。

【拓展】示例 4 是将 border 的各个属性值写到一起，有的时候还会出现这样的语句：border-style: dotted solid dashed doubel、border-width:5px 10px，这种设置方法也是正确的，但是上面这种语句如果写成这样：border:dotted solid dashed doubel、borderh:5px 10px，就不对了。在设置边框样式时，如果 border-style、border-width、border-color 只设置一个参数，则该参数将作用于 4 个边，即 4 个边的样式风格一样；如果设置两个参数，则第一个参数作用于上、下边框，第二个参数作用于左、右边框；如果设置 3 个参数，则第一个参数作用于上边框，第二个参数作用于左、右边框，第三个参数作用于下边框；如果设置 4 个参数，则按照上-右-下-左的顺序作用于各个边框。例如示例 4 中的 CSS 改为

Note

这样，显示效果如图 5.29 所示。

```
.pic1 {
    border-style: dotted solid;                /*上、下边框为 dotted，左、右边框为 solid*/
    border-width: 5px 10px 8px 3px; /*上边框为 5px，右边框为 10px，下右边框为 8px，左边框为 3px*/
    border-color: #009966 #000;                /*分别设置上、下和左、右边框颜色*/
}
.pic2 { border: 5px double #000;               /*合并 border 的各个属性*/
}
```

图 5.28　合并 CSS 代码

图 5.29　另一种合并代码的方法

CSS 中很多其他的属性也可以进行类似的操作，例如 margin 和 padding:padding:0px 5px、margin:0px 10px 3px 20px。

提示：在设置 border-style、border-color 和 border-width 时，设置的顺序是有讲究的，在设置 border-color 和 border-width 之前必须先设置 border-style，否则 border-color 和 border-width 的效果将不会显示。

5.3.2　定义图片大小

CSS 设置图片大小只需设置图片的宽度属性 width 和高度属性 height 即可，设置方法如下：

```
img   {
    width:数值;
    height:数值;
}
```

其中，宽度属性 width 和高度属性 height 的值既可以是绝对数值，如 200px，也可以是相对数值，如 50%，当 width 设置为 50%时，图片的宽度将调整为父元素宽度的一半。

【示例 1】启动 Dreamweaver，新建一个网页，保存为 test.html，在<body>标签中输入以下内容：

```
<img src="images/1.jpg">
```

在<head>标签内添加<style type="text/css">标签，定义一个内部样式表，然后输入下面样式：

```
img{
    width:50%;                /*相对宽度*/
}
```

其显示效果如图 5.30 所示。因为设置的是相对大小，这里是相对于 body 元素的宽度，因此图片的大小总是保持相对于 body 的 50%，当改变浏览器大小时，图片的大小也相对变化，但总是保持在 50%的水平。

图 5.30　图片的宽度相对变化

这里需要指出的是，在此例中仅仅设置了图片的 width 属性，而没有设置 height 属性，但是图片的大小会等纵横比例缩放，如果只设定了 height 属性而没有设置 width 属性道理也是一样的。

【示例 2】在设置图片大小时，当同时设定了 width 和 height 属性时，图片将不等比缩放。启动 Dreamweaver，新建一个网页，保存为 test.html，在<body>标签内输入如下结构：

```
<img src="images/2.jpg">
```

在<head>标签内添加<style type="text/css">标签，定义一个内部样式表。

```
img {
    width: 60%;              /*相对宽度*/
    height: 200px;           /*绝对宽度*/
}
```

其显示结果如图 5.31 所示。可以看到图片的高度固定为 280px，当浏览器窗口变化时，高度并没有随着图片宽度的变化而变化，图片发生了不等比的缩放。

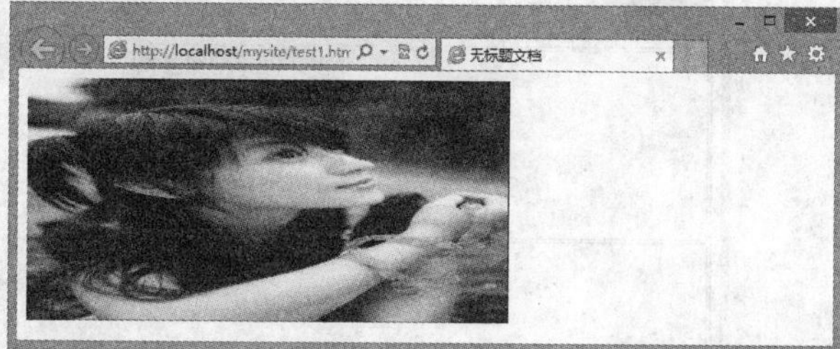

图 5.31　不等比缩放

【拓展】在图片缩放中，等比例地修改图片的宽度值和高度值，可以保证图片不变形。其实在 CSS 中还有一个参数 max-width，通过设置它可以保证图片不变形。这个参数就是用来设置图片的最大值，如果图片的尺寸超过这个图片的最大值（max-width），那么就按设置的 max-width 值显示宽度，而图片的高度将做同比例变化。但是，如果图片的尺寸小于最大宽度值，那么图片是按原尺寸来显示，不做缩放。这个参数的用法如下：

```
img{
    max-width:最大宽度值;
}
```

其中，max-width 属性的值一般为数值类型，只要将其定义为一个固定的数值就可以控制图片的最大宽度。例如定义 max-width:400px，那么就定义了图片的最大宽度为 400px，就算超出这个宽度值，也只会显示 400px 大小；如果图片的宽度值小于这个值，则会按图片的原大小显示。

Note

5.3.3　定义图片的横向对齐

图片的横向对齐和文字的横向对齐方法基本相同，分为左、中、右 3 种。不同的是图片的对齐不能直接通过设置图片的 text-align 属性来定义，而是需要通过设置其父元素的该属性，使其继承 text-align 属性来实现。

【示例】新建一个网页，保存为 test.html，在<body>标签中输入以下代码，并分别设置 align 属性调整对齐方式。

```
<table width="100%" border="1">
    <tr>
        <td style="text-align:left;"><img src="images/1.jpg"></td>
    </tr>
    <tr>
        <td style="text-align:center;"><img src="images/1.jpg"></td>
    </tr>
    <tr>
        <td style="text-align:right;"><img src="images/1.jpg"></td>
    </tr>
</table>
```

显示效果如图 5.32 所示。

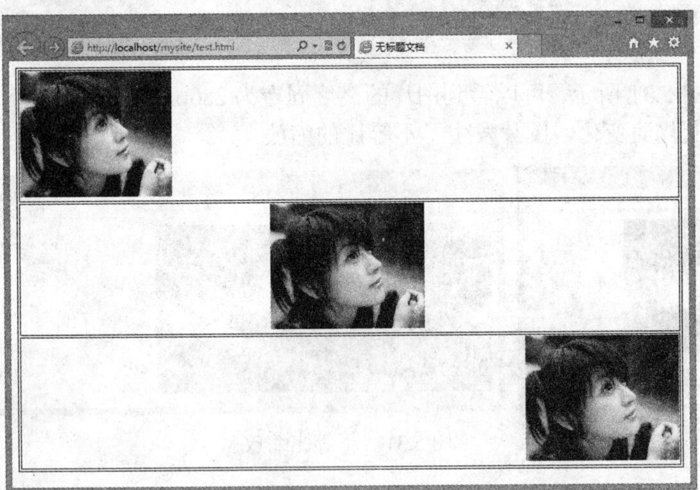

图 5.32　设置图片的水平对齐

5.3.4　定义图片的纵向对齐

图片的纵向对齐主要体现在和文字的搭配使用中，当图片的高度和宽度与文字部分不一致时，可以通过 CSS 中的 vertical-align 属性来设置纵向对齐。

```
{vertical-align:参数}
```

【示例 1】新建一个网页，保存为 test.html，在<head>标签内添加<style type="text/css">标签，定义一个内部样式表，然后输入下面样式：

```
img {
    border: 1px #990000 solid;                /*设置图片边框*/
    height: 50px;                             /*设置图片高度*/
}
```

然后在<body>标签中输入一行段落文本，并应用上面的类样式。

```
<p class="baseline">纵向对齐 baseline<img src="images/1.jpg" style="vertical-align:baseline" /></p>
<p class="sub">纵向对齐 sub：<img src="images/1.jpg" style="vertical-align:sub" /></p>
<p class="super">纵向对齐 super：<img src="images/1.jpg" style="vertical-align:super" /></p>
<p class="top">纵向对齐 top：<img src="images/1.jpg" style="vertical-align:top" /></p>
<p class="middle">纵向对齐 middle：<img src="images/1.jpg" style="vertical-align:middle" /></p>
<p class="bottom">纵向对齐 bottom：<img src="images/1.jpg" style="vertical-align:bottom" /></p>>
```

在浏览器中预览，则显示效果如图 5.33 所示。

图 5.33　图片的纵向对齐效果

【示例 2】与文字的纵向对齐相似，图片的纵向对齐也可以设置具体的数值。启动 Dreamweaver，新建一个网页，保存为 test1.html，在<body>标签内输入如下结构：

```
<p>纵向对齐<img src="images/1.jpg" style="vertical-align:5px;">方式: 5px</p>
<p>纵向对齐<img src="images/1.jpg" style="vertical-align:-20px;">方式: -20px</p>
<p>纵向对齐<img src="images/1.jpg" style="vertical-align:15px;">方式: 15px</p>
```

在<head>标签内添加<style type="text/css">标签，定义一个内部样式表，然后定义如下两个样式：

```
p { font-size: 20px; }
img {
    border: 1px #990000 solid;
    height: 80px;
}
```

在浏览器中预览测试，显示结果如图 5.34 所示。可以看出，图片在垂直方向上发生了位移，当设置的值为正数时，图片向上移动相应的数值；当设置为负数时，图片向下移动相应的数值。

Note

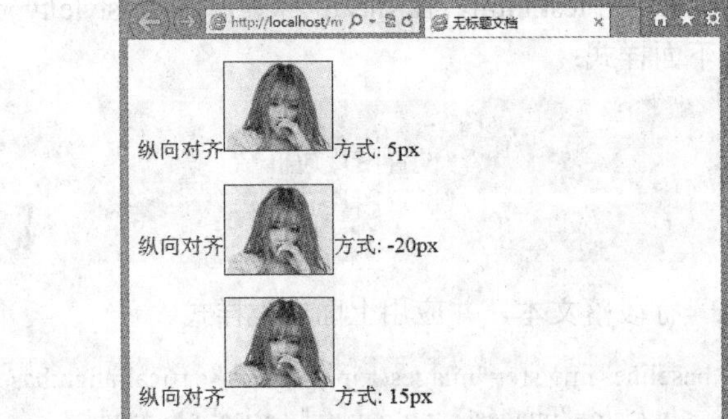

图 5.34　用数值调整纵向对齐

5.3.5　设置文字环绕

CSS 使用 float 属性来实现图片的文字环绕，另外，除了 float 属性以外，再配合使用 padding 属性和 margin 属性，使图片和文字达到一种最佳的效果。float 属性的作用是使对象产生浮动，其语法如下：

```
{float:left|right|none;}
```

float 属性共有 3 个值，其作用分别如下。

☑　none：默认值，对象不浮动。

☑　left：左浮动，对象向其父元素的左侧仅靠。

☑　right：右浮动，对象向其父元素的右侧仅靠。

【示例 1】新建一个网页，保存为 test.html，在<head>标签内添加<style type="text/css">标签，定义一个内部样式表，然后输入下面样式，定义两个类样式。

```
body {
    font-family: "宋体";
    font-size: 14px;
    text-align: center;
    color: #000066;
}
.container {
    width: 600px;                   /*容器 container 的宽度*/
    margin: 20px auto 0 auto;       /*container 四周边界，左右值为 auto，实现居中显示*/
    padding: 20px 10px;             /*容器 container 的内边距*/
    border: #990000 1px solid;      /*容器 container 的边框*/
}
img {
    border: 2px #009966 solid;      /*图片的边框*/
    float: left;                    /*图片的左浮动*/
    width: 150px;                   /*图片的宽度*/
}
p {
    line-height: 2em;               /*行间距*/
    text-align: left;               /*左对齐*/
    text-indent: 2em;               /*首行缩进*/
}
```

然后在<body>标签中输入代码，并应用上面的类样式。

```
<div class="container">
    <h1>北湖诗韵</h1>
    <p>可是熏风吹来的季节？秋是蓝色的。蓝的苍穹，蓝的泥土，蓝的微风……。静谧、清凛的早晨，是你最妩媚的时刻；清丽世界，蓝的柔情，轻轻簇拥着你，像流溢着蓝色秋思的明眸，深邃、沉静。什么时候，燃烧的云霞迸现了。<img src="images/1.jpg" alt=""  />你羞涩的面庞，透出淡淡的红晕，而后来又隐去了。你不喜欢浓妆艳抹，你不钟爱飘渺的烟云？尽管它一度那么诱人，你却重新找回了宁静；像一幅泼墨如云的画卷，天与湖的组合，风与情的融汇，蓝色太浓，太多。远处，一群孩童在船上嬉戏，还撑起了荷叶的小伞；博大的蓝色锦绣，瞬间缀上几点绿色的希冀，于是，你心底流出一首诗，很长很长；关于童年，关于绚丽的梦幻……
        阿波罗——不是你爱恋许久的太阳神么？你却等它升到了极点，才坦露出那环抱你的、蓊郁的绿树；那篱笆或栅栏似的苇丛，那依稀点缀的苦江草。南面那巍巍的影子，是黄山、白山……。四周淡淡的雾气笼罩着，或银灰、米黄，或淡青、浅蓝。在映日荷花安葬的地方，亭亭的荷叶依然伫立着，几多深情，几多眷念。那荷叶编织的屏障后面，却传来喁喁私语，萧萧瑟瑟，触动了你多情的心弦，于是，你心底飘来一首歌，很美很美；关于初恋，关于大自然……</p>
</div>
```

在浏览器中预览，则显示效果如图 5.35 所示。本例中运用了 float:left 使图片移至页面左边，从而文字在右边环绕。

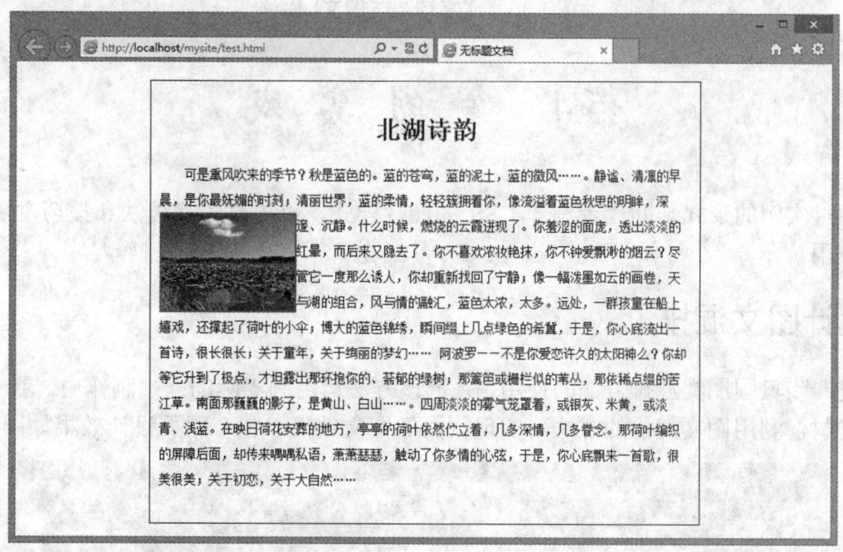

图 5.35　文字环绕

【示例 2】在示例 1 中，可以看到文字紧紧环绕在图片周围，如果希望图片本身与文字有一定的距离，只需要给 img 元素添加 padding 和 margin 属性即可，将示例 1 中的 img 元素做如下修改：

```
img {
    border: 2px #009966 solid;          /*图片的边框*/
    float: left;                        /*图片的左浮动*/
    width: 150px;                       /*图片的宽度*/
    padding: 10px;
    margin: 10px;
}
```

在浏览器中预览，则显示效果如图 5.36 所示。可以看到图片的边框离文字有 10px 的距离，这是由于添加了 margin:10px 语句，而图片的边框离图片也有 10px 的内边距，这是由于添加了 padding:10px

语句。这样设置使文字与图片的距离明显变远，显示效果更佳。至于 margin 和 padding 属性的详细用法，在后面的章节中会陆续提到。

Note

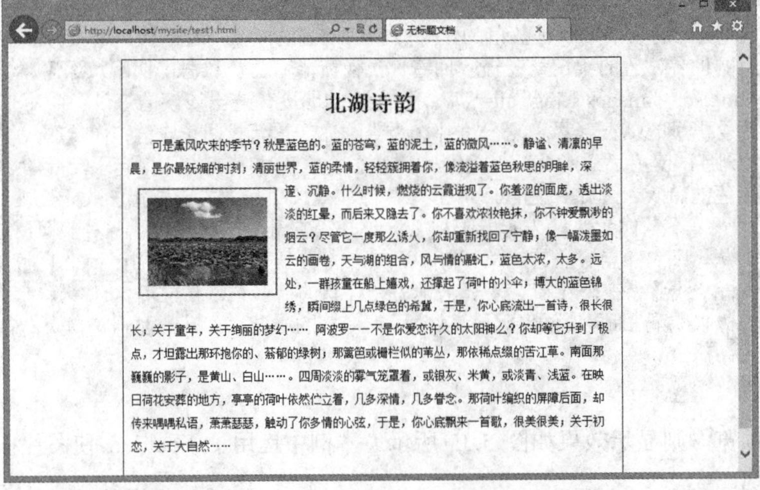

图 5.36　文字环绕与图文间距

5.4　案例实战

本节将通过实例的形式帮助读者设计 CSS 的图片样式，以提高实战技法和技巧，快速理解 CSS 图片属性的应用。

5.4.1　设计图文混排

本实例进一步巩固图文混排方法的使用，并把该方法运用到实际的网站制作中。示例介绍中国的传统节日为题材，利用图文混排的方法，实现页面的图文效果。整个网页设计效果如图 5.37 所示。

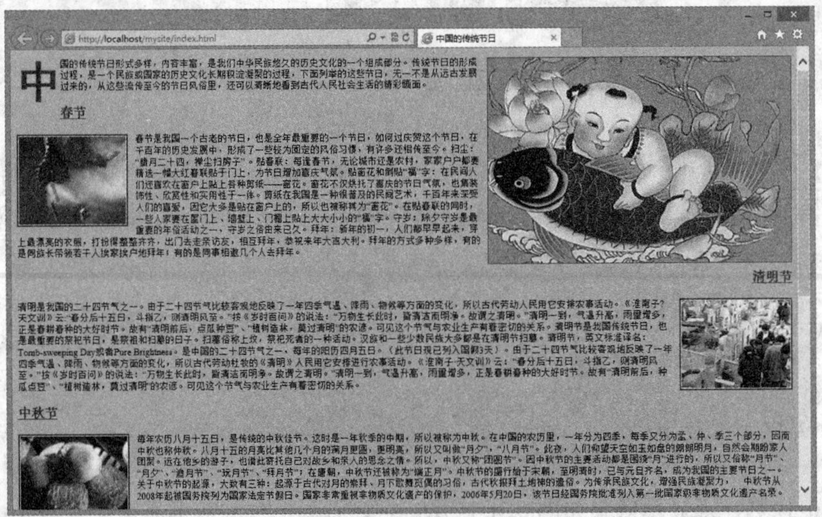

图 5.37　图文混排

Note

【操作步骤】

第 1 步，启动 Dreamweaver，新建文档，保存为 index.html。

第 2 步，构建网页的整体结构。第一个<p>标签的内容是网页的首段，在首段中用<span>标签设置了首字下沉效果。然后是各个分标题，每个分标题都由两个<p>标签、一个<img>标签组成，分别是分标题中的标题、图片和段落内容。具体代码如下：

```
<body>
<p><span class="first">中</span>国的传统节日形式多样，内容丰富，是我们中华民族悠久的历史文化的一个组成部分。……</p>
<p class="title1">春节</p>
<img src="images/chunjie.jpg" class="pic1">
<p class="content">春节是我国一个古老的节日，也是全年最重要的一个节日，如何庆贺这个节日，在千百年的历史发展中，形成了一些较为固定的风俗习惯，有许多还相传至今。……</p>
<p class="title2">清明节</p>
<img src="images/qingming.jpg" class="pic2">
<p class="content">清明是我国的二十四节气之一。由于二十四节气比较客观地反映了一年四季气温、降雨、物候等方面的变化，所以古代劳动人民用它安排农事活动。《淮南子?天文训》云:“春分后十五日，斗指乙，则清明风至。” ……</p>
<p class="title1">中秋节</p>
<img src="images/zhongqiu.jpg" class="pic1">
<p class="content">每年农历八月十五日，是传统的中秋佳节。这时是一年秋季的中期，所以被称为中秋。……</p>
</body>
```

第 3 步，规划整个页面的基本显示属性：为网页选择一个合适的背景颜色，设置<p>标签的字体大小，也就是所有段落的字体大小，并设置首字下沉效果。

```
<style type="text/css">
body { background-color: #d8c7b4;              /*页面背景色*/ }
p { font-size: 12px;                           /*段落文字大小*/ }
span.first {                                   /*首字放大*/
    font-size: 60px;
    font-family: 黑体;
    float: left;
    font-weight: bold;
    color: #59340a;                            /*首字颜色*/
}
</style>
```

此时的显示效果如图 5.38 所示。

第 4 步，考虑到整体的图文排版，采用一左一右的形式，所以图文混排的 CSS 分为左右两段，分别定义为 img.pic1 和 img.pic2，不同的是一个在左边一个在右边。

```
img.pic1 {
    float: left;                               /*左侧图片混排*/
    margin-right: 10px;                        /*图片右端与文字的距离*/
    margin-bottom: 5px;                        /*图片底端与文字的距离*/
}
img.pic2 {
    float: right;                              /*右侧图片混排*/
```

```
    margin-left: 10px;                              /*图片左端与文字的距离*/
    margin-bottom: 5px;
}
```

此时的显示效果如图 5.39 所示。

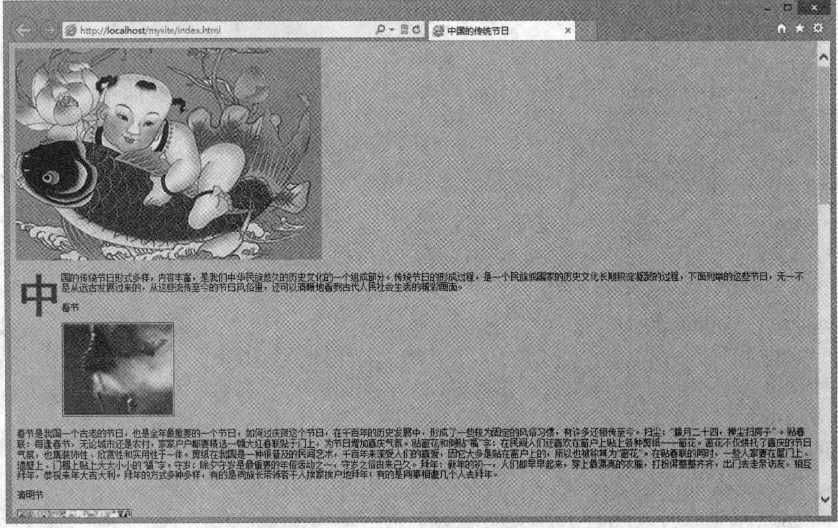

图 5.38　首字下沉

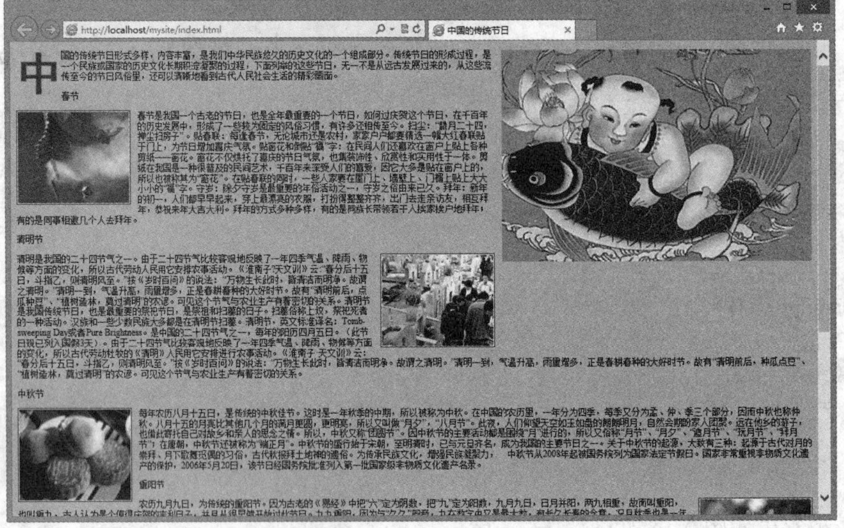

图 5.39　图片处于左右两边

第 5 步，设置正文的文字，文字本身不需要做太多调整，但是每一个段落的标题同样是分为左右两侧的，要根据图片的位置做出变化。所以小标题也和图片一样进行左右两个 CSS 设置，分别为 title1 和 title2。

```
.title1 {/*左侧标题*/
    text-decoration: underline;                  /*下划线*/
    font-size: 18px;
    font-weight: bold;                           /*粗体*/
```

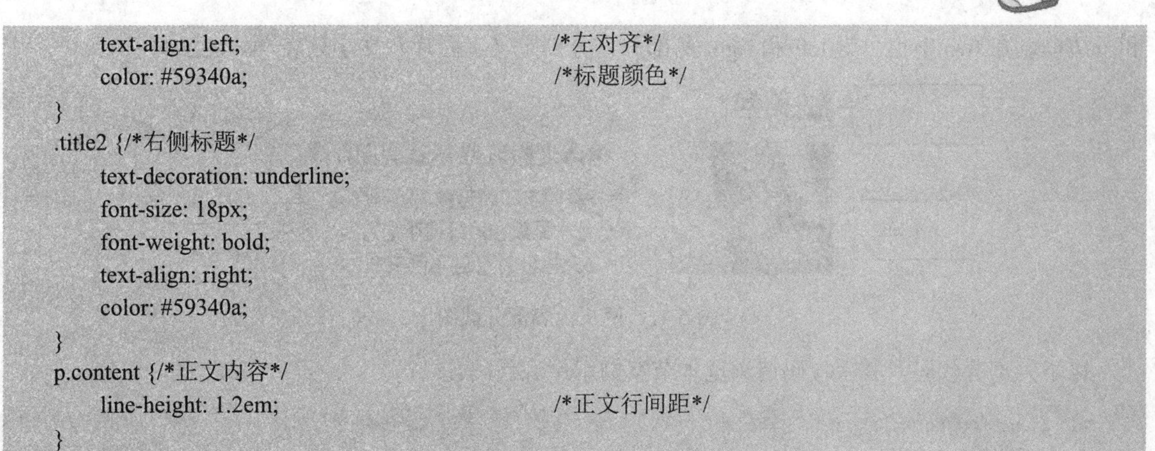

```
    text-align: left;                                    /*左对齐*/
    color: #59340a;                                      /*标题颜色*/
}
.title2 {/*右侧标题*/
    text-decoration: underline;
    font-size: 18px;
    font-weight: bold;
    text-align: right;
    color: #59340a;
}
p.content {/*正文内容*/
    line-height: 1.2em;                                  /*正文行间距*/
}
```

Note

从代码中可以看出，两段标题的代码不同就在于文字的对齐方式，当图片应用 img.pic1 而位于左侧时，标题则使用 title1，也相应地在左侧。当图片应用 img.pic2 而位于右侧时，标题则使用 title2，也相应地在右侧。p.content 设置了段落正文的样式。

本例主要是通过图文混排的技巧，使文字和图片一左一右应用两种不同的对齐方式，采用两组不同的 CSS 类样式标记，合理地将图片和文字融为一体。

5.4.2　设计图片布局

本例模仿淘宝网上的图片布局，进一步展示了图片与文字之间混排和用图片布局的方法，演示效果如图 5.40 所示。

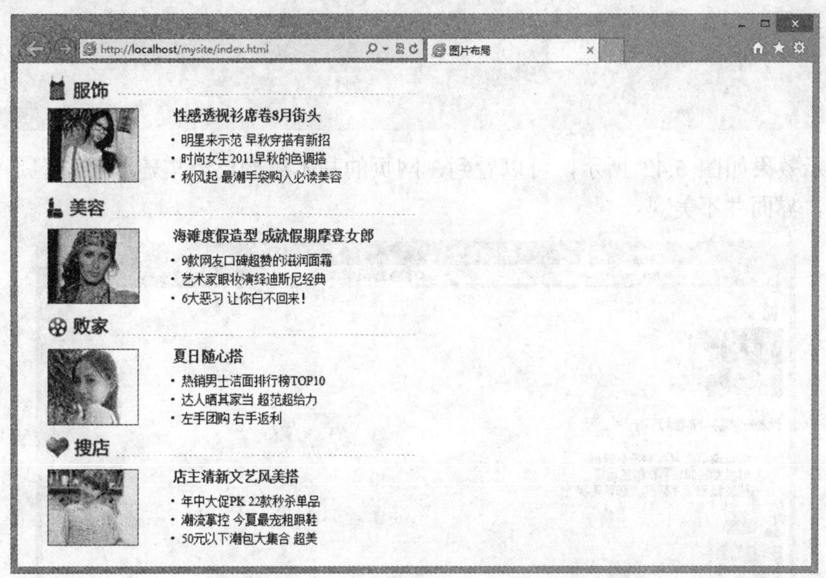

图 5.40　设置标题样式的演示效果

【操作步骤】

第 1 步，启动 Dreamweaver，新建文档，保存为 index.html.。

第 2 步，构建网页结构。在本例中，首先用<div>标签设置 container 容器，在此页面中，所有内容分为 4 个部分，每个部分用 one 和 two 分为两块，one 中又分为 left 和 right 两部分，分别定义图片

Note

和下边框，在 two 中也分为 left 和 right 两部分，分别定义了图片和文字列表，如图 5.41 所示。

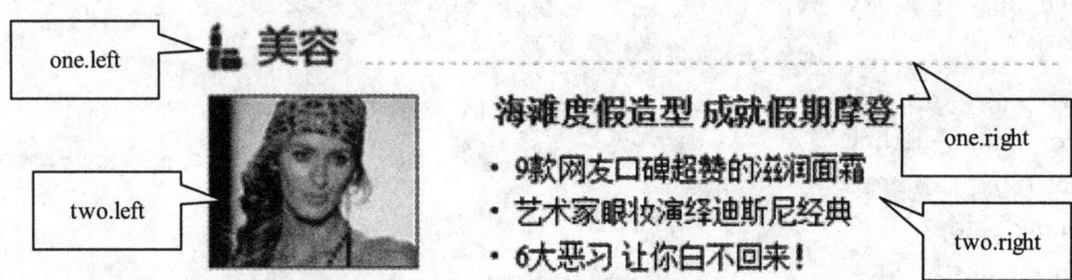

图 5.41　网页内容部分截图

以下为部分代码，其余代码请浏览本节案例示例源代码。

```
<div class="container">
    <div class="one">
        <div class="left"> <img src="images/001.jpg"/> </div>
        <div class="right"> </div>
    </div>
    <div class="two">
        <div class="left"> <img src="images/002.jpg"/> </div>
        <div class="right">
            <h3>性感透视衫席卷 8 月街头</h3>
            <ul>
                <li>明星来示范  早秋穿搭有新招</li>
                <li>时尚女生 2011 早秋的色调搭</li>
                <li>秋风起  最潮手袋购入必读美容</li>
            </ul>
        </div>
    </div>
</div>
```

此时的显示效果如图 5.42 所示，可以看到，网页的基本结构已经搭建好了，但是由于没有进行 CSS 样式设置，界面并不美观。

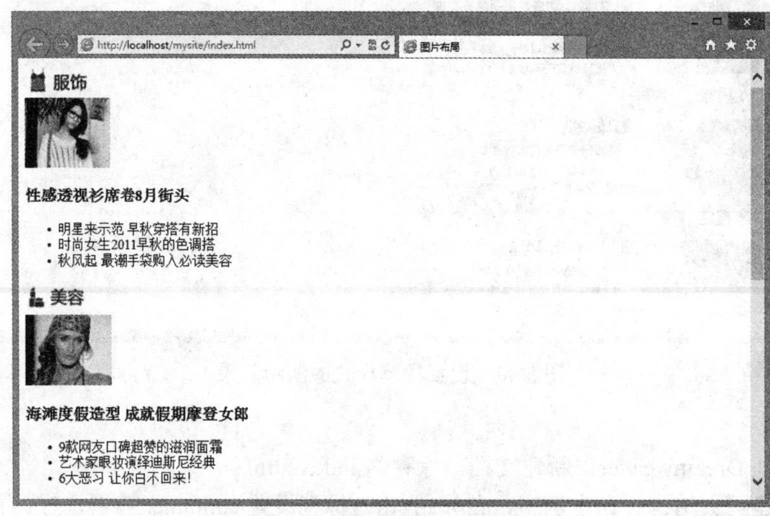

图 5.42　构建网页的基本结构

第 3 步，定义网页基本属性以及 container 容器的宽度和左侧内边距。

```
* {
    margin: 0px;
    padding: 0px;
}
.container {
    width: 430px;
    padding-left: 30px;
}
```

以上代码中，*{margin:0px;padding:0px}表示将网页中所有标签的 padding 和 margin 都设定为 0px，*可以理解为一个通配符，指的是所有标签。

第 4 步，定义第一部分内容中的 one 部分，这一部分为 one.left 和 one.right。

```
.one .left {
    float: left;                          /*左浮动*/
    width: 85px;                          /*宽度*/
    height: 30px;                         /*高度*/
    margin-top: 10px;                     /*顶部补白*/
}
.one .right {
    float: right;
    width: 345px;
    border-bottom: #CCCCCC 1px dashed;    /*底部边框*/
    height: 35px;
    margin-bottom: 15px;
}
```

.left 中的内容包含了一个<img>标签，left 类样式定义了其浮动为左浮动。.right 中没有实际的内容，只是在 right 类样式中定义了底部边框，此时显示效果如图 5.43 所示。

图 5.43　one 部分的 CSS 设置

第 5 步，第 4 步实现了 one 部分的设置，接下来进行 two.left 和 two.right 部分的设置。

```
.two .left {
    float: left;
```

Note

```
        width: 120px;
        height: 85px;
    }
    .two .right {
        float: right;
        width: 280px;
        height: 85px;
        padding-left: 30px;
    }
    .two .left img {
        border: #FF3300 1px solid;        /*图片边框*/
        margin-left: 5px;
    }
```

two.left 与 one.left 一样，都包含了一个<img>标签，同样将图片设置为左浮动。two.right 标签中包含了一个<h3>标签和一个<ul>标签，分别定义了标题和文字列表。另外，在 left.img 中定义了图片样式。此时的显示效果如图 5.44 所示。

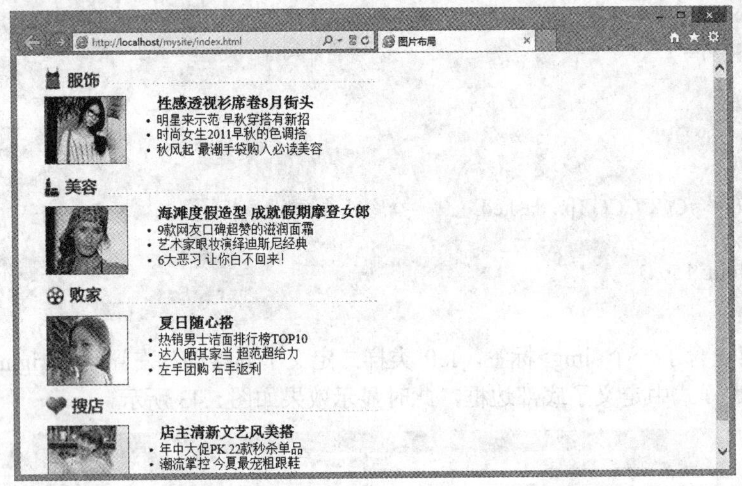

图 5.44　two 部分的 CSS 设置

从图 5.44 中可以看出，页面的基本样子已经建好，最后完成标题和文字部分的样式设置。

第 6 步，定义<h3>标签的标题样式和<ul>标签的列表样式。

```
h3 {
    color: #FF0000;
    padding-bottom: 10px;
    font-size: 16px;
}
ul {
    padding-left: 10px;
    font-size: 14px;
}
li { padding-bottom: 5px; }
```

在<h3>标签中定义了标题的字体大小和颜色，并设置了底部补白。<ul>标签定义了文字列表，关于对<ul>标签的样式定义会在后面的章节中详细介绍。最终的显示效果如图 5.45 所示。

Note

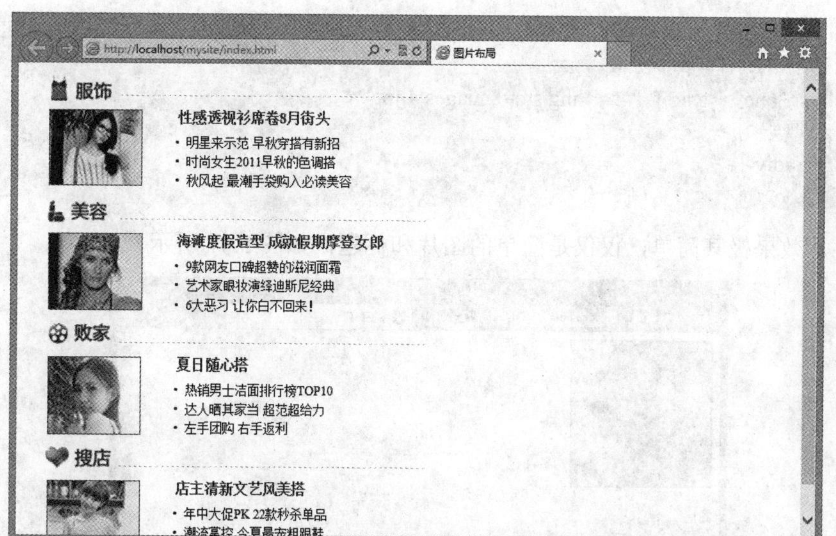

图 5.45　最终效果

5.4.3　设计多图水平排列

在网页中，经常能见到多张图片排列的情况，在本例中，将介绍对于多图排列的设置，并进一步了解 CSS 设置图片的方法。本例的演示效果如图 5.46 所示。

图 5.46　多图排列效果

【操作步骤】

第 1 步，启动 Dreamweaver，新建文档，保存为 index.html.。

第 2 步，构建网页的基本结构。本例中首先用<div>标签设置 container 容器，然后分别用<div>标签将页面分为 4 块，每一块中包含一个<img>标签、一个<a>标签和一个<p>标签。

```
<div class="container">
    <div class="one"><a href="#"><img src="images/1.jpg">
        <p>老虎</p>
        </a></div>
    <div class="one"><a href="#"><img src="images/2.jpg">
        <p>大熊猫</p>
        </a></div>
    <div class="one"><a href="#"><img src="images/3.jpg">
```

```
            <p>大象</p>
            </a></div>
        <div class="one"><a href="#"><img src="images/4.jpg">
            <p>野马</p>
            </a></div>
</div>
```

Note

此时的显示效果极其简单，仅仅是简单的图片和标题，如图 5.47 所示。

图 5.47　网页基本结构，未加入 CSS 语句

第 3 步，定义网页基本属性及 container 容器的样式。

```
body {
    margin: 20px;
    padding: 0;
}
.container {
    text-align: center;
    width: 800px;
    height: 240px;
    background-image: url(images/bg.jpg);
    border: 1px #000 solid;
}
```

首先在 body 中定义了四周补白以及内边距为 0。在 container 中定义了 container 下所有元素的水平对齐方式为居中对齐，定义了 container 的宽度、高度以及边框样式。background-image:url(bg.jpg)语句的作用是为 container 标签添加名为 bg.jpg 的背景图片，此时页面的显示效果如图 5.48 所示。

第 4 步，设置 container 容器下的<div>标签，以及在<div>下的<p>标签的样式。

```
.container div {
    float: left;
    margin-top: 30px;
    margin-left: 35px;
}
```

```
.container p {
    font-size: 20px;
    font-family: 黑体;
}
```

图 5.48　定义网页基本属性

<div>标签中包含一个<img>标签、一个<a>标签和一个<p>标签，首先将<div>块设置为左浮动，并设置其顶部补白与左侧补白。<p>标签中显示的是标题，设置其样式为字体大小 20px、字体为黑体。此时显示效果如图 5.49 所示。

图 5.49　设置 container 容器下的<div>标签

第 5 步，设置<a>标签样式。

```
a {
    text-decoration: none;                    /*不显示超链接的下划线*/
    color: #204402;                           /*字体颜色*/
}
a:hover {
    text-decoration: underline;               /*鼠标悬停时显示下划线*/
    color: red;                               /*鼠标悬停时字体颜色*/
}
a:hover img { border: 4px #0b35ce solid;      /*鼠标悬停时图片的边框样式*/
}
```

Note

<a>标签的样式设置了下划线，a:hover 定义了当鼠标悬停时链接的样式。a:hover img 定义了图片在鼠标悬停时的样式。关于<a>标签的 CSS 样式将在后面章节详细介绍。鼠标悬停时的效果如图 5.50 所示。

图 5.50　鼠标悬停时的效果

5.4.4　设计阴影图片

在网页中插入图片是再平常不过的事情了，有时为了美观的需要，可以给图片加上阴影，让图片有一种特殊的效果，CSS 可以为图片加上阴影吗？答案是肯定的，在本例中将给读者介绍为图片加阴影的方法，演示效果如图 5.51 所示。

图 5.51　图片阴影

【操作步骤】

第 1 步，启动 Dreamweaver，新建文档，保存为 index.html。

第 2 步，构建网页基本结构。页面的结构很简单，只有两个<div>标签，在每个<div>标签中都包含了一个<div>标签和一个<img>标签，分别定义了一左一右两幅图片。

```
<div class="pic"><div class="left"><img src="images/2.jpg" border=0 alt="pic" /></div></div>
<div class="pic"><div class="right"><img src="images/1.jpg" border=0 alt="pic" /></div></div>
```

此时的页面极其简单，只有两张图片，没有任何样式的设置，如图 5.52 所示。

图 5.52　构建网页基本结构

第 3 步，定义图片的阴影。其实给图片加阴影的原理很简单，就是运用两个<div>块的相对位置偏移而实现，阴影的宽度和颜色深浅由用户决定，也就是 CSS 中的相对定位属性 position:relative;。

```
.pic {
    position: relative;
    background: #CCC;
    margin: 10px;
    margin-right: 50px;
    float: left;
}
.pic div {
    position: relative;
    border: 1px solid #333;
    background: #FFF;
    padding: 3px;
}
.right {
    top: -6px;              /*阴影在右边时*/
    left: -6px;
}
.left {
    top: -6px;              /*阴影在左边时*/
    right: -6px;
}
```

给外层的<div>定义一个类样式为 pic，设置其 position 属性为 relative，也就是相对定位。设置它的背景色为#CCC，设置四周补白 10px，并使两图之间距离为 50px。最后，定义其为左浮动。

对内层<div>进行设置：首先仍然是设置其 position 属性为 relative，这也是本例最关键的一步，之后设置内层 div 的背景色为#FFF，并设置边框样式和内边距 padding。left 和 right 类样式分别定义了左侧图片的内侧<div>的偏移量和右侧图片的内侧<div>的偏移量，这句话可能有些饶舌，请读者仔细理解，也就是说我们必须让内侧的<div>进行位移，而左侧图片的位移方向与右侧图片是不同的，所以分别用 left 和 right 来进行设置。

Note

5.4.5 设计圆角图片

页面中圆角的实现一直是个很难解决的问题，虽然现在有很多种实现方法，但都是比较麻烦的，这里想通过此例介绍一种 CSS 新技术，即 CSS 新的属性 border-radius 来实现图片的圆角化。本例的演示效果如图 5.53 所示。

【操作步骤】

第 1 步，启动 Dreamweaver，新建文档，保存为 index.html。

第 2 步，首先构建网页结构，网页结构非常简单，就是在网页添加了 4 张图片。

```
<img class="a" src="images/1.jpg"/>
<img class="a" src="images/2.jpg"/>
<img class="a" src="images/3.jpg"/>
<img class="a" src="images/4.jpg"/>
```

第 3 步，定义网页的基本属性。

```
body {
    margin: 20px;
    padding: 20px;
}
```

在以上的代码中设置了网页四周的补白为 20px，用 padding 了网页的内边距为 20px，设置为居中。显示效果如图 5.54 所示。

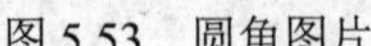
图 5.53　圆角图片

图 5.54　设置网页属性

第 4 步，运用 border-radius 属性设置圆角图片。

```
.a {
    width: 150px;
    height: 150px;
    border: 1px solid gray;
    -moz-border-radius: 10px;                    /*仅 Firefox 支持，实现圆角效果*/
    -webkit-border-radius: 10px;                 /*仅 Safari，Chrome 支持，实现圆角效果*/
    -khtml-border-radius: 10px;                  /*仅 Safari，Chrome 支持，实现圆角效果*/
    border-radius: 10px;                         /*Firefox，Opera，Safari，Chrome 支持，实现圆角效果*/
}
```

在以上代码中，首先定义了图片的宽度和高度，接着设置了图片的边框样式，然后用 border-radius 定义了图片的圆角。

Note

提示：border-radius 属性的作用分别如下。

- ☑ 最多可以设置 4 个值，分别是矩形 4 个圆角的半径，如 border-radius:10px，表示 4 个角都为圆角，且每个圆角的半径都为 10px。
- ☑ 也可以设置两个值，如 border-radius:10px 5px，第 1 个值代表左上圆角和右下圆角，第 2 个值代表右上圆角和左下圆角。
- ☑ 如果设置 3 个值，如 border-radius:10px 5px 1px，第 1 个值代表左上圆角，第 2 个值代表右上圆角和左下圆角，第 3 个值代表右下圆角。
- ☑ 如果设置了 4 个值，如 border-radius:10px 9px 8px 7px，4 个值分别代表左上圆角、右上圆角、右下圆角和左下圆角。
- ☑ 也可以将 4 个角拆分成 4 个单独的属性来设置：左上圆角：border-top-left-radius、右上圆角：border-top-right-radius，右下圆角：border-bottom-right-radius，左下圆角：border-bottom-left-radius。

如 IE8 及其以下版本浏览器就不能支持这种技术，所以在使用它的时候还要考虑到浏览器的兼容问题。

5.4.6　设计圆角栏目

栏目圆角化是网上常见的一种美化网页的方法，本例运用 5.4.5 节中介绍的图片圆角化方法，通过设置一个名为《精品文摘》的网页，从而进一步讲述 CSS 设置图片的方法。本例的演示效果如图 5.55 所示。

图 5.55　设置圆角栏目

【操作步骤】

第 1 步，启动 Dreamweaver，新建文档，保存为 index.html。

第 2 步，构建网页结构。本例首先用<div>标签设置 container 容器，然后分别用<div>标签将页面

分为 header 和 main 两部分。以下为部分代码，完整代码请参考本节示例源代码。

Note

```
<div class="container">
    <div class="header"> <img class="bgimg" src="images/bg.jpg"> </div>
    <div class="main">
        <div class="lanmu b1">
            <div class="headline"><img class="c" src="images/bg1.gif"></div>
            <div class="content1">
                <h3>散文随笔</h3>
                <ul class="topic">
                    <li>[生活感悟]  晴，----简单生活，感受美好，期待明天</li>
                    <li>[生活感悟]  多年后，我们或许会嫁给这样的他 </li>
                    <li>[生活感悟]  从今以后，试着做个这样的人</li>
                    <li>[生活感悟]  人最大的不幸，就是不知道自己是幸福的</li>
                    <li>[生活感悟]  人生至境是不争 恬静出尘心自宁 </li>
                    <li>[生活感悟]  没有如意的生活，只有看开的人生</li>
                </ul>
                <p class="more"><a href="#">更多内容</a></p>
            </div>
        </div>
        ……
    </div>
</div>
```

在整体的 container 框架下，页面分为 header 和 main 两部分。在 header 下，定义了<img>标签，用于设置 banner 图片。在 main 下，又分为 4 部分，分别定义了 4 个栏目。在 lanmu 标签中定义了每个栏目的具体内容。每个栏目的显示效果截图如图 5.56 所示。

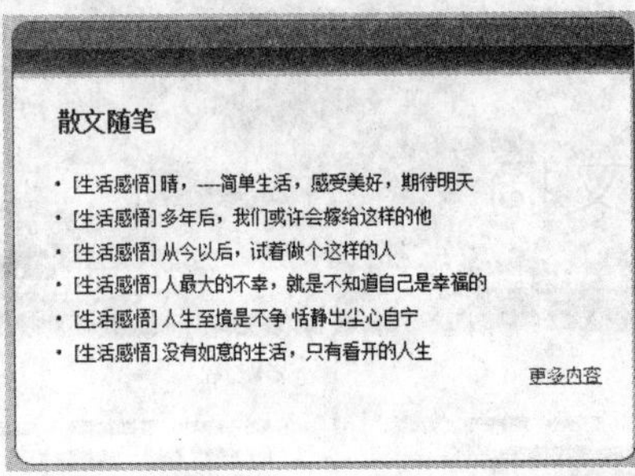

图 5.56　栏目截图

如图 5.56 如示，每一个栏目是一个<div>块，在此块下又分为两部分，分别是 headline 和 content，也就是圆角图片和栏目的文字信息。

第 3 步，定义网页基本属性。

```
* {/*定义页面中所有标签的统一样式*/
    margin: 0;
    padding: 0;
    font-size: 12px;
    text-align: center;
}
body { background: #d3d3d3;                /*页面背景色*/ }
.container {
```

```
    width: 844px;
    margin: 0 auto;                                 /*居中显示*/
}
.bgimg {
    width: 840px;
    border: 2px #fff solid;                         /*给 header 部分图片定义 2px 宽的边框*/
}
.c {
    width: 422px;
    height:33px;
}
```

在以上代码中，*{}表示将页面中所有的标签都设置为此样式。body 标签定义了背景色。在 container 中定义了 container 容器的宽度为 844px，另外在 container 中定义了 margin:0px auto，目的是使 container 容器水平居中。bgimg{border:2px #fff solid}设置了 header 部分图片的边框，在这里可以很容易地理解为什么把 container 容器的宽度设置为 844px 了，因为 header 部分的图片宽是 840px，而其边框宽为 2px，所以 border−left+border−right=4px，所以相加为 844px。此时的显示效果如图 5.57 所示。

图 5.57　设置网页的基本属性

第 4 步，以上的效果离我们想要的网页似乎距离很远，请读者不要着急，网页结构搭建好以后，可以逐步设置每个部分的样式，以实现最终的效果，接下来设置栏目的样式。

```
.lanmu {
    width: 412px;
    float: left;
    -moz-border-radius: 10px;                       /*仅 Firefox 支持，实现圆角效果*/
    -webkit-border-radius: 10px;                    /*仅 Safari，Chrome 支持，实现圆角效果*/
    -khtml-border-radius: 10px;                     /*仅 Safari，Chrome 支持，实现圆角效果*/
    border-radius: 12px;                            /*Firefox，Opera，Safari，Chrome 支持，实现圆角效果*/
    overflow:hidden;
    margin:4px;
```

```
}
.b1 {border:solid 1px #C2188D;}
.b2 {border:solid 1px #DF290F;}
.b3 {border:solid 1px #F7C63C;}
.b4 {border:solid 1px #3E71A5;}
```

Note

在上方代码中，首先定义了 lanmu 容器的样式，设置了容器的宽度为 412px，也就是 container 宽度的一半。同时定义圆角显示，考虑到外包含框被定义圆角，其内部内容可能会覆盖圆角效果，使用 overflow:hidden;可以把超出的区域隐藏起来，以便显示圆角。设置 margin:4px;，调整每个栏目之间的距离，定义 4 个边框样式类，分别为不同栏目定义不同颜色的边框，显示结果如图 5.58 所示。

图 5.58　设置 header 部分样式

从图 5.58 可以看出，由于在 lanmu 样式中设置了 float:left，使得各个栏目可以水平显示，又由于 container 宽度为 844px，而 lanmu 宽度为 412px，所以宽度决定了每行只可以显示两个栏目，关于 float 的知识在后面内容还会有所涉及。

第 5 步，设置 content1 和 content2 容器的样式。此容器中包含了<h3>标签和<ul>标签，分别是标题和栏目内容。

```
.content1 {
    height: 250px;
    background: #fff;
    margin-right: 2px;
}
.content2 {
    height: 250px;
    background: #fff;
}
```

在以上代码中，分别设置了 content1 和 content2 标签的样式，这里为什么还要分为 content1 和 content2 呢？由于本例中的栏目分为左右两边，为了让左右两边的栏目有一个 2px 宽的间隙，在这里设置了左边栏目也就是 content1 的右侧补白为 2px。而右边栏目也就是 content2 并没有如此设置。显示效果如图 5.59 所示。

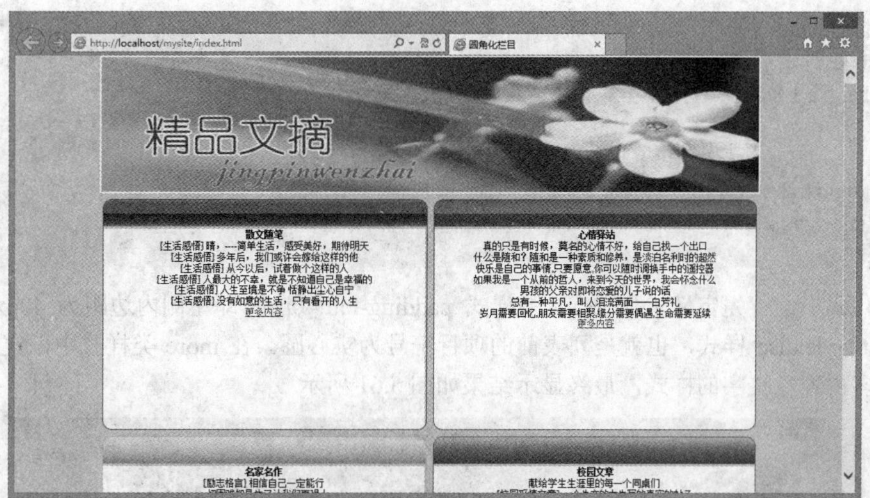

图 5.59　设置 content1 和 content2 容器

第 6 步，定义栏目中的标题样式。

```
h3 {
    padding: 20px 30px;
    font-size: 16px;
    color: #000066;
    text-align: left;
}
```

在以上代码中，padding:20px 30px 定义了上、下内边距为 20px，左、右内边距为 30px。定义了对齐方式为左对齐。完成此步骤后，显示效果如图 5.60 所示。

图 5.60　设置栏目标题

第 7 步，设置栏目中的文本样式，其中包括一个<ul>标签的样式、一个<li>标签的样式和一个<p>标签的样式，代码如下：

```
ul { padding-left: 40px; }
li {
```

```
        text-align: left;
        list-style: disc;
        line-height: 1.8em;
}
.more {
        text-align: right;
        padding-right: 20px;
}
```

Note

在上方代码中，首先定义了列表<ul>的样式 padding-left:40px，即左侧内边距为 40px。<li>标签中定义了 list-style:disc 样式，也就是列表前的项目符号为实心圆。在 more 类样式中，定义了栏目右下角的“更多内容”文字的样式，最终显示结果如图 5.61 所示。

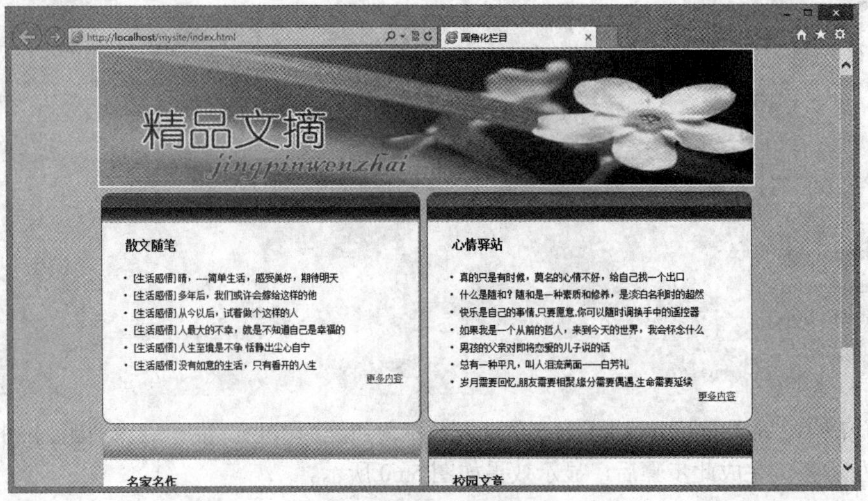

图 5.61　最终显示效果

第6章

操作表格

（视频讲解：62分钟）

将一定的内容按特定的行、列规则进行排列就构成了表格，表格可以将各种数据（包括文本、预格式化文本、图像、链接、表单、Flash动画以及其他表格等网页元素）排成行和列，从而获得特定的表格效果。无论在日常生活、工作中，还是在网页设计中，表格都可以使信息排列得有秩序、更容易理解。Dreamweaver具有强大的表格功能，可以很方便地创建出各种规格不同样式的表格，并能对表格进行特定的修饰，从而使网页更加生动活泼。

【学习重点】

- 插入表格
- 设置表格属性
- 设置单元格的属性
- 使用CSS定义表格样式
- 在实战中用表格设计页面

Note

6.1 表格基本操作

浏览互联网上绝大部分网页，都会发现表格控制页面的影子。表格能使各种元素在页面中布局得整齐统一、井然有序。Dreamweaver 为网页设计提供了强大的表格功能。在 Dreamweaver 中可以很轻松地插入表格、设置表格属性，以及改变表格的结构和大小等。

6.1.1 插入表格

在网页中插入表格的方法非常简单。例如，插入一个 3 行 3 列的表格，可以按照下列步骤进行操作。

【操作步骤】

第 1 步，启动 Dreamweaver，新建 HTML 文档，保存为 test.html。

第 2 步，将光标置于文档中要插入表格的位置。

第 3 步，选择【插入】|【表格】命令，打开【表格】对话框，如图 6.1 所示。

第 4 步，在【表格】对话框中设置主要属性。

☑ 行数：在该文本框中输入表格的行数为 3。

☑ 列：在该文本框中输入表格的列数为 3。

☑ 表格宽度：在该文本框中设置表格的宽度值为 200，单位为像素，也可以用百分比来设置。

第 5 步，其他选项暂时保留默认值。输入完毕后，单击【确定】按钮，关闭对话框，这时页面中将显示插入的表格，如图 6.2 所示。

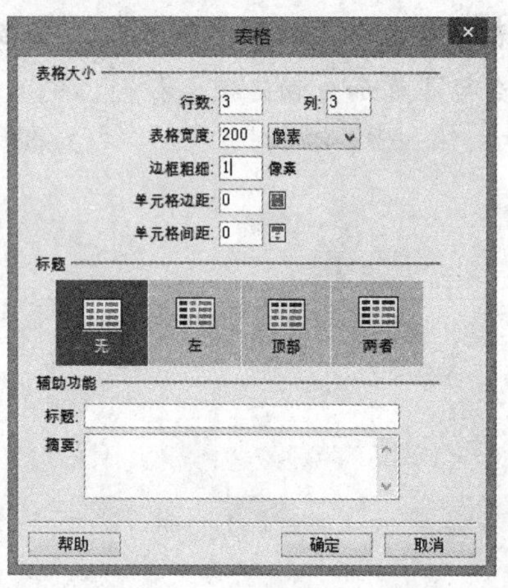

图 6.1 【表格】对话框

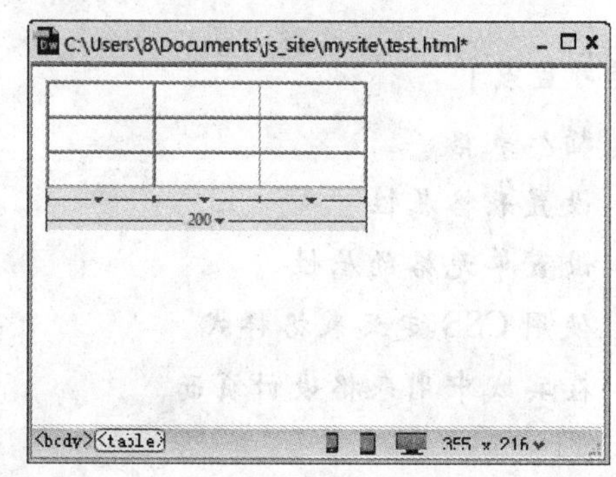

图 6.2 在页面中插入表格

提示：在【表格】对话框中，还涉及其他的参数设置。

☑ 边框粗细：该文本框用于设置表格的边框宽度，以像素为单位。如果表格边框设置为 0，则不显示表格边框。

☑ 单元格边距：该文本框用于设置单元格中的内容和边框之间的距离，以像素为单位。它的默认值为 1。

☑ 单元格间距：该文本框用于设置各单元格之间的距离，以像素为单位。它的默认值为 2。

在【标题】选项组中可以为表格设置拥有标题的行或列。

☑ 无：不使用行或列标题。

☑ 左：将表格的第 1 列作为标题列，以便为表格中的每一行输入一个标题。

☑ 顶部：将表格的第 1 行作为标题列，以便为表格中的每一列输入一个标题。

☑ 两者：可以在表格中输入行标题和列标题。

在【辅助功能】选项组中可以设置表格辅助功能。

☑ 标题：提供了一个显示在表格外的表格标题。

☑ 摘要：可以输入表格的说明文本。屏幕阅读器可以读取摘要文本，但是该文本不会显示在用户的浏览器中。

第 6 步，插入表格以后，如果在单元格中再插入一个表格，这时插入的表格即为嵌套表格。插入嵌套表格的方法与插入表格的方法基本一致，只要将插入点置于要嵌套的单元格中，然后按照插入表格的方法插入嵌套表格即可，如图 6.3 所示。

6.1.2　编辑表格

插入表格以后，如果该表格不符合要求，可以改变表格的结构和大小。例如，合并和拆分单元格、插入行或列，以及删除行或列。

1. 改变表格的大小

在页面中插入表格以后，可以通过拖动表格框线来改变表格的大小。

【操作步骤】

第 1 步，选中整个表格。

第 2 步，将鼠标指针置于边框的控制点上，当鼠标指针变为双向箭头形状时，单击并拖动鼠标，即可改变表格的大小，如图 6.4 所示。

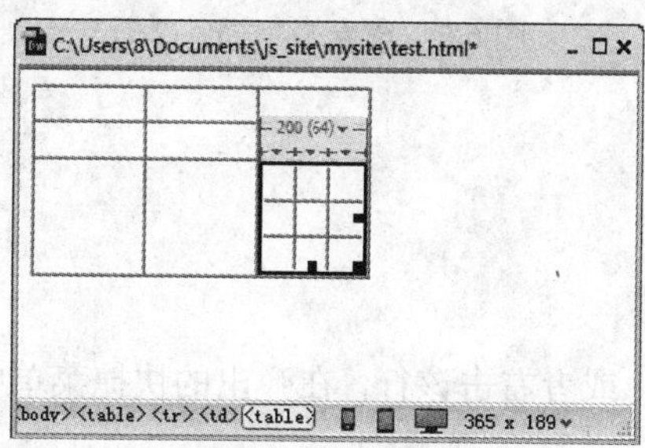

图 6.3　嵌套表格

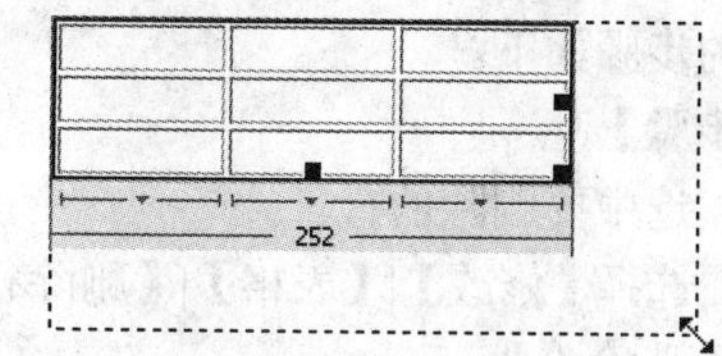

图 6.4　拖动改变表格大小

提示：要选定整个表格，可采用以下几种方法之一。

☑ 将鼠标指针置于表格的边框或者 4 个顶角上，当鼠标指针变为✥形状时，单击选中表格，这时表格的外边框显示 3 个黑色控制点。

☑ 将鼠标指针置于表格中，选择【修改】|【表格】|【选择表格】命令。

☑ 将鼠标指针置于表格中，在状态栏左下角的标签选择器内会显示<table>标记，单击该标记，即可选中整个表格。

2. 增加行或者列

要为插入的表格增加行或者列，首先要将插入点置于要插入行或列的单元格中，然后任选以下几种方法之一：

Note

☑ 选择【修改】|【表格】|【插入行】命令，插入一行；选择【修改】|【表格】|【插入列】命令，插入一列。

☑ 右击表格，在打开的快捷菜单中选择【表格】|【插入行】命令，插入一行；选择【表格】|【插入列】命令，插入一列。

☑ 直接按 Ctrl+M 快捷键，插入一行；按 Shift+Ctrl+A 组合键，插入一列。

要插入多行或者多列，可采用下面的步骤。

【操作步骤】

第 1 步，选择【修改】|【表格】|【插入行或列】命令，或者右击，在弹出的快捷菜单中选择【表格】|【插入行或列】命令，打开【插入行或列】对话框，如图 6.5 所示。

第 2 步，在图 6.5 所示的对话框中，输入相应的参数值。

☑ 插入：在该选项组中选中【行】单选按钮，插入行。

☑ 行数：在该微调框中设置要插入的行数。

☑ 位置：选择插入的位置，选中【所选之上】单选按钮，表示在当前行之前插入。

☑ 如果选中【所选之下】单选按钮，则在当前行之后插入。

第 3 步，单击【确定】按钮，关闭对话框。如图 6.4 所示的 3 行 3 列的表格将变为 5 行 3 列的表格，如图 6.6 所示。

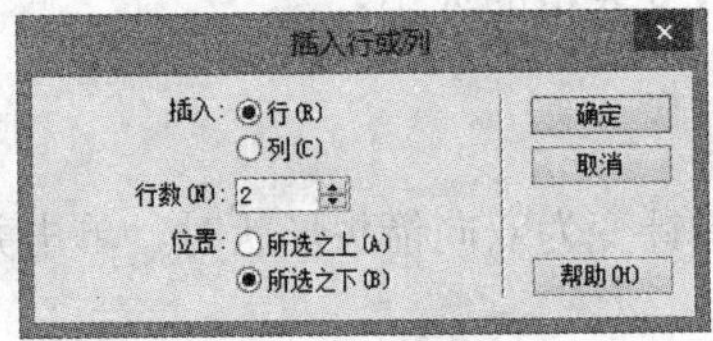

图 6.5 【插入行或列】对话框

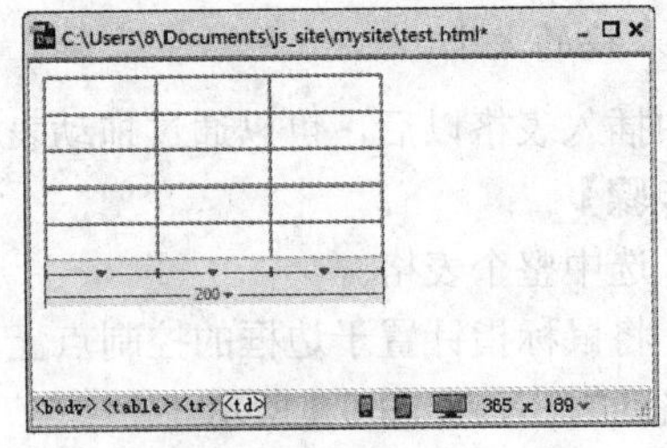

图 6.6 在表格中插入 2 行

3．删除行或者列

删除行的步骤如下。

【操作步骤】

第 1 步，选中要删除的行。

第 2 步，选择【修改】|【表格】|【删除行】命令，或者右击该行，在弹出的快捷菜单中选择【表格】|【删除行】命令。

提示：选中行的方法有以下几种。

☑ 将鼠标指针置于行首，当鼠标指针变为向右的箭头➔时，拖动到要选中的最后一行，可以选中多行。

☑ 将鼠标指针置于单元格中，在状态栏中左下角标签选择器中会显示<tr>标记，单击该标记，可选中鼠标指针所在的一行。

删除列的步骤如下。

【操作步骤】

第 1 步，选定要删除的列。

第 2 步，选择【修改】|【表格】|【删除列】命令，或者右击该列，在弹出的快捷菜单中选择【表格】|【删除列】命令。

提示：选中列的方法是，将鼠标指针置于列首，当变为向下的箭头⬇时，单击可选中一列，这时拖动鼠标可以选中多列。

在表格底部添加行，或者在表格最右边添加列的操作步骤如下。

【操作步骤】

第 1 步，选中表格以后，选择【窗口】|【属性】命令，打开【属性】面板。

第 2 步，如图 6.7 所示，在【属性】面板的【行】文本框或者 Cols 文本框中输入要添加后的行数或者列数。例如，在图 6.6 所示的 5 行 3 列的表格底部和右边分别添加 1 行和 2 列，使图 6.6 所示的表格变为 6 行 5 列。

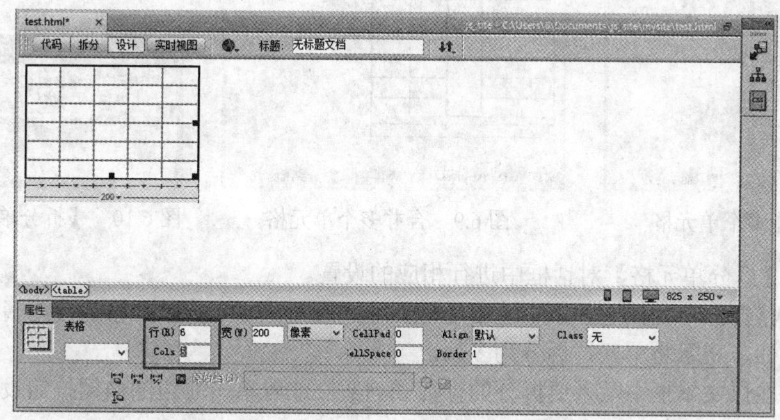

图 6.7　在表格底部和右边添加多行和多列

4. 合并单元格

合并列或者行中相邻的单元格的步骤如下。

【操作步骤】

第 1 步，将鼠标指针置于第 1 个单元格中。

第 2 步，选择【修改】|【表格】|【增加行宽】命令，合并一列中相邻的两个单元格；或者选择【修改】|【表格】|【增加列宽】命令，合并一行中相邻的两个单元格。

提示：右击，在弹出的快捷菜单中选择【表格】|【增加行宽】命令，合并一列中相邻的两个单元格，或者在快捷菜单中选择【表格】|【增加列宽】命令，合并一行中相邻的两个单元格。

合并多个单元格的具体步骤如下。

【操作步骤】

第 1 步，将鼠标指针置于第 1 个单元格中，单击并拖动鼠标至要合并的最后一个单元格，选中多个单元格，如图 6.8 所示。

第 2 步，选择【修改】|【表格】|【合并单元格】命令，则合并单元格，效果如图 6.9 所示。

提示：合并单元格，还可以采用以下几种方法。

☑ 选中要合并的单元格后右击，在弹出的快捷菜单中选择【表格】|【合并单元格】命令。

☑ 打开【属性】面板，单击【合并单元格】按钮▣。

☑ 按 Ctrl+Alt+M 组合键。

5. 拆分单元格

拆分单元格的步骤如下。

【操作步骤】

第 1 步，将光标置于要拆分的单元格中。

第 2 步，选择【修改】|【表格】|【拆分单元格】命令；或者右击选中的多个单元格，在弹出的快捷菜单中选择【表格】|【拆分单元格】命令；或者打开【属性】面板，单击【拆分单元格】按钮；或者按 Ctrl+Alt+S 组合键，打开【拆分单元格】对话框，如图 6.10 所示。

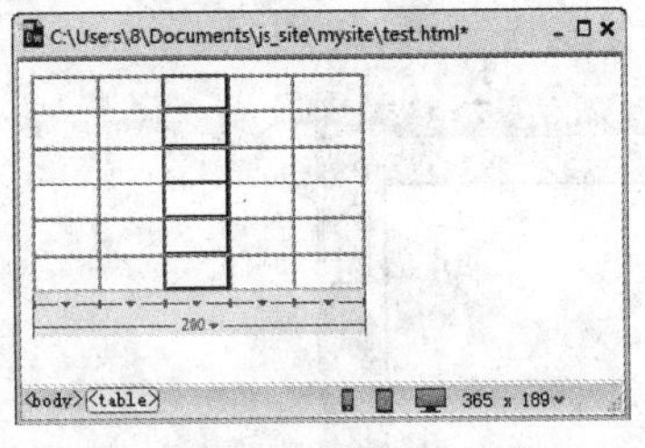
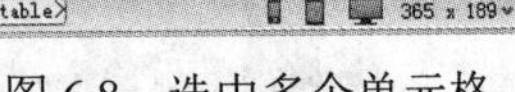

图 6.8 选中多个单元格

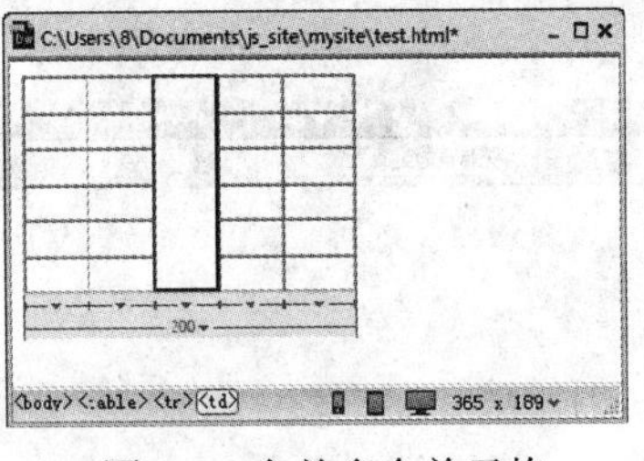

图 6.9 合并多个单元格

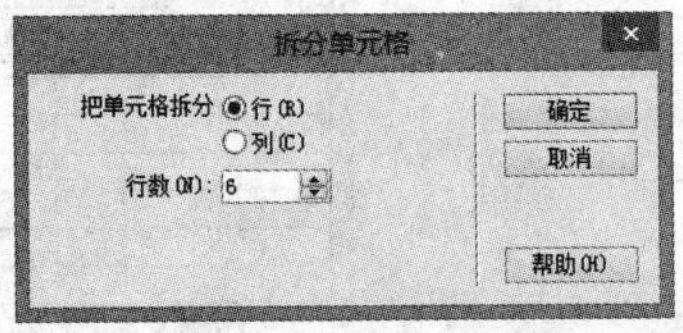

图 6.10 【拆分单元格】对话框

第 3 步，在【拆分单元格】对话框中进行相应的设置。

☑ 把单元格拆分：在该选项组中选中【行】单选按钮，表示将单元格拆分为多行；选中【列】单选按钮，表示将单元格拆分为多列。

☑ 行数：在该文本框中输入要拆分的行数或列数，或者单击右边的微调按钮设置行数或列数。

第 4 步，设置完毕，单击【确定】按钮即可。

6.2 设置表格属性

在 Dreamweaver 中设置表格的属性，可以通过【属性】面板完成。设置表格属性的具体操作步骤如下。

【操作步骤】

第 1 步，启动 Dreamweaver，新建 HTML 文档，保存为 test.html。

第 2 步，在页面中插入一个 3 行 3 列的表格，选中整个表格。

第 3 步，选择【窗口】|【属性】命令，打开【属性】面板，如图 6.11 所示。

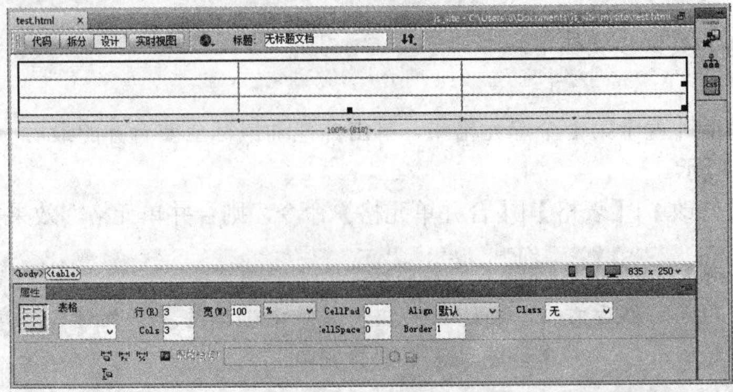

图 6.11 表格【属性】面板

如果没有看到整个表格【属性】面板，可以单击【属性】面板右下角的扩大箭头图标▽，展开【属性】面板，显示表格的所有属性。

第 4 步，在【属性】面板中设置表格的属性。

☑ 表格 Id：在该文本框中输入表格的名称，如 table 1，一般在脚本控制中便于引用该表格。

☑ 行：在该文本框中设置表格的行数，利用该文本框可以重新设置已插入表格的行数，从最底部行开始可以增加或减少行数，减少行数时，会一并删除行中的数据。

☑ Cols（列）：在该文本框中设置表格的列数，利用该文本框可以重新设置已插入表格的列数，从最右侧列开始可以增加或减少列数，减少列数时，会一并删除列中的数据。

☑ 宽：在该文本框中设置表格的宽度，以像素或百分比作为单位，如输入“600”，然后在后面的列表框中选择单位。如果要设置百分比时，要在后面的下拉菜单中选择百分比符号“%”选项。也可以直接在第 1 个文本框中输入数值和百分比符号，系统会自动把第 2 个列表框设置为%，但对于以像素为单位时，就不能在第 1 个文本框中同时输入。

☑ CellPad（填充）：在该文本框中设置单元格内容与单元格边距之间的距离，默认单位为像素，一般可以不考虑单位，如输入数值 10。填充的初始化默认值为 1，如果插入过表格，该默认值会保存最新设置。

☑ CellSpace（间距）：在该文本框中设置单元格之间的距离，单位默认为像素，一般可以不考虑单位，如输入数值 20。间距的初始化默认值为 2，如果插入过表格，该默认值会保存最新设置。

☑ Align（对齐）：在该下拉列表框中选择表格在容器中的对齐方式，包括“默认”、“左对齐”、“右对齐”和“居中对齐”。所谓容器就是装载表格的元素对象，如果在网页中直接插入表格，则容器为浏览器窗口；如果是嵌套表格，则容器为单元格；如果在层中插入表格，则容器为层。如在页面中直接插入表格，并设置居中显示。

☑ Border（边框）：在该文本框中设置表格边框的厚度，单位默认为像素，一般可以不考虑单位，如输入数值 10。边框的初始化默认值为 1，如果插入过表格，该默认值会保存最新设置。如果输入 0，表示不显示表格边框，同时也会自动隐藏单元格之间的分割线，在浏览器中不显示表格边框，在编辑窗口中以虚线显示。

☑ 边框颜色：单击颜色框，可以设置边框线的颜色，如输入“#FF0000”，设置表格边框为红色。

关于填充、间距、边框等概念示意图如图 6.12 所示。设置表格属性以后，该表格显示效果如图 6.13 所示。

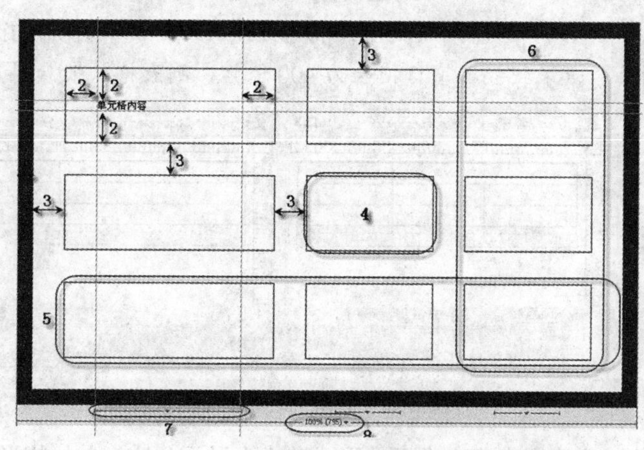

图 6.12　表格相关概念示意图

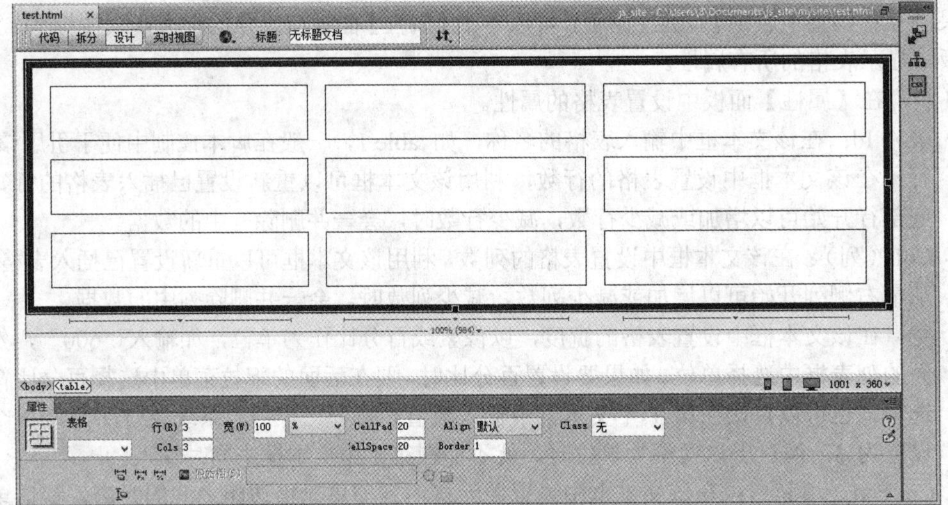

图 6.13　利用【属性】面板修改的表格效果

在【属性】面板中还涉及其他属性和功能设置，分别介绍如下。

☑　和按钮：清除表格中行的高度值和列的宽度值，如图 6.14 所示。

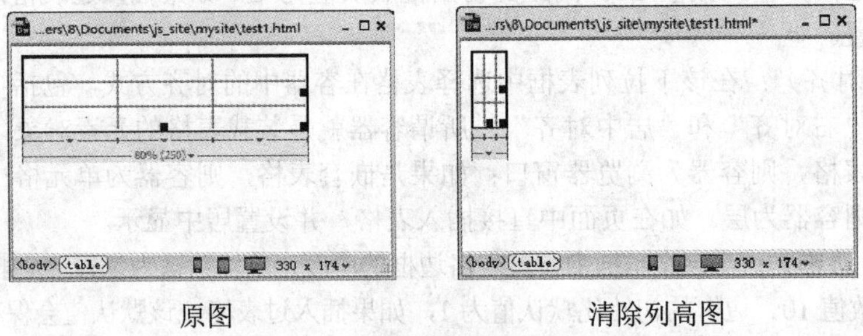

原图　　清除列高图

图 6.14　清除表格的行高和列高

☑　和按钮：将表格的宽度和高度由百分比单位的形式转换为像素的形式。变换单位后，输入的数值也随之变化。

注意：这个转化是以当前编辑窗口的大小为参考进行的，例如，编辑窗口宽为 300 像素，表格宽度为 100%，如图 6.15（a）所示，然后将表格宽度转换为像素，则表格宽度为 286 像素，如图 6.15（b）所示，如果把编辑窗口拖长为 400 像素，则表格效果如图 6.15（c）所示。

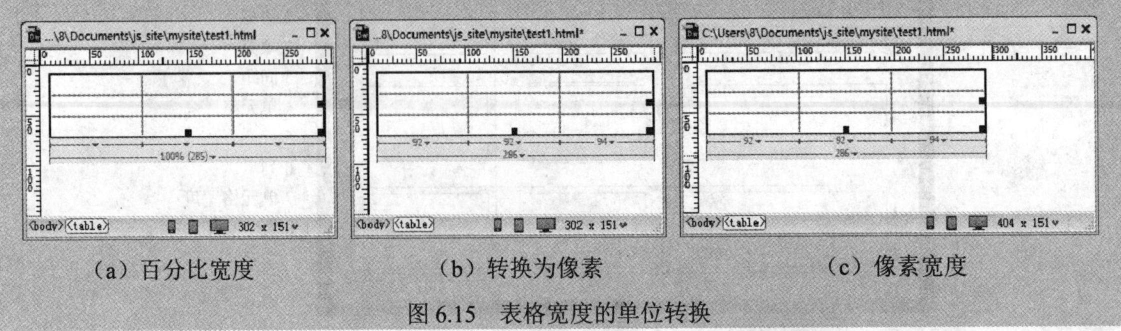

（a）百分比宽度　　（b）转换为像素　　（c）像素宽度

图 6.15　表格宽度的单位转换

☑　和按钮：将表格的宽度和高度由像素的形式转换为以百分比为单位的形式。

6.3 设置单元格属性

设置好表格的整体属性后，还可以根据不同的要求，设置相应单元格的属性。设置单元格属性的操作步骤如下。

【操作步骤】

第 1 步，选中要设置属性的单元格。例如，选中表格的第 1 行，并按 Ctrl+F3 快捷键，打开【属性】面板，如图 6.16 所示。

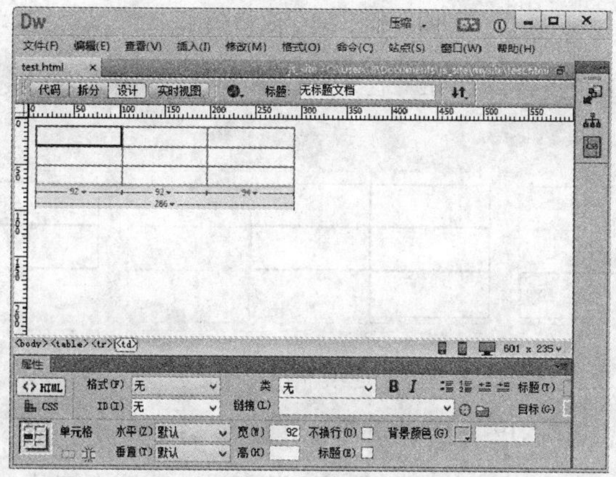

图 6.16 选中并设置单元格

提示： 把光标置于单元格内，也可以设置该单元格属性，如图 6.17 所示。这种方法比较方便快捷，也是最常用的设置单元格方法。

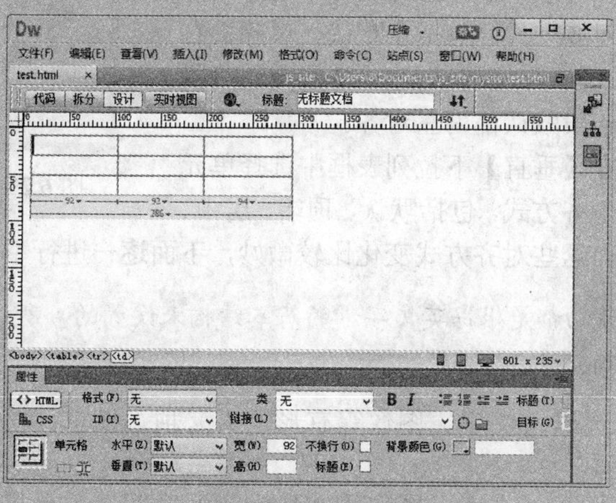

图 6.17 不选中并设置单元格

技巧： 任选以下方法都可以选中单元格。

☑ 单击表格单元格，并拖动鼠标选中多个单元格。

☑ 按住 Ctrl 键，并单击要选中的单元格，可以选中多个不相连的单元格。

☑ 单击要选中的矩形区域的第 1 个单元格，按住 Shift 键，并单击该区域的最后一个单元格，可以选中连续的多个单元格。

Note

第 2 步，在【属性】面板中进行如下设置。

☑　【合并单元格】按钮▭：可以把多个单元格合并为一个单元格，如图 6.18 所示。

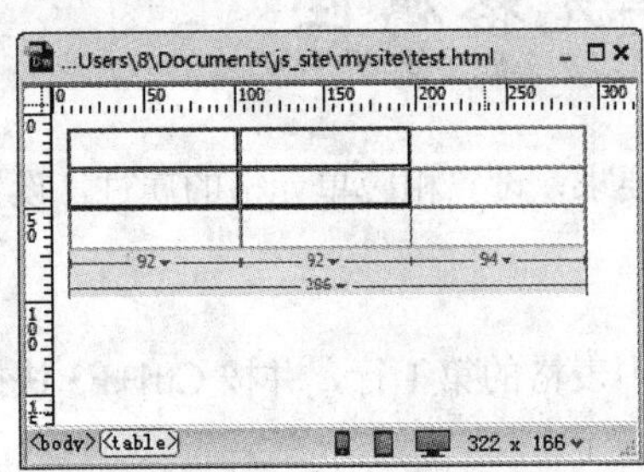

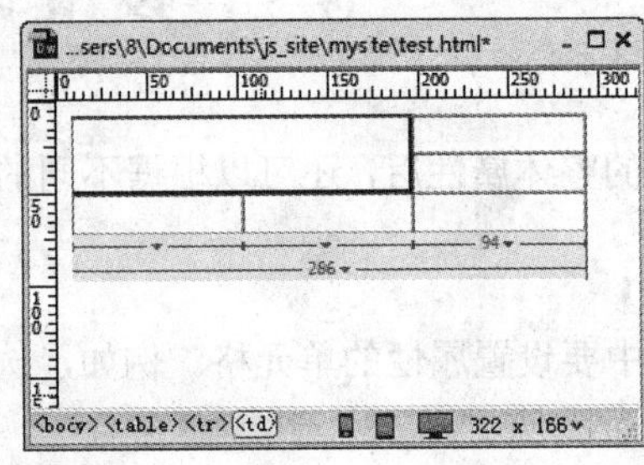

图 6.18　细线表格效果

注意：选中的单元格必须是连续的矩形区域内，如图 6.19 所示的被选中多个单元格是不能够被合并的。

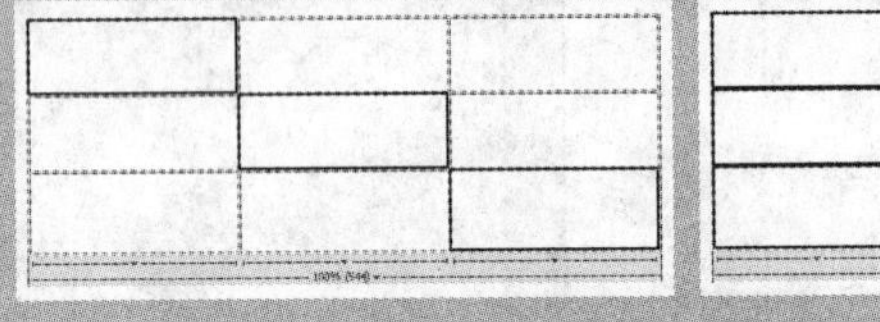
不连续非矩形

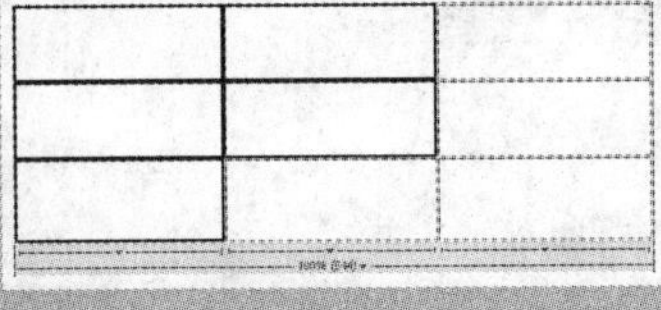
连续非矩形

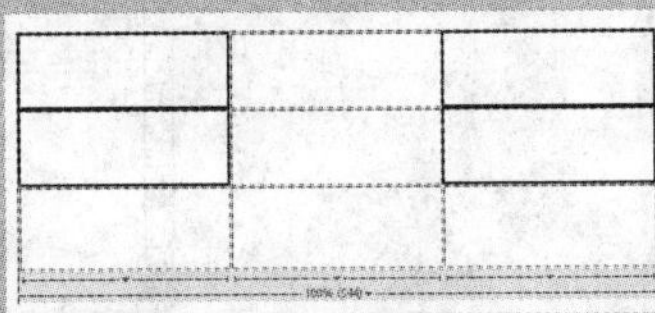
矩形非连续

图 6.19　不能合并的选中多个单元格区域形状

☑　【拆分单元格】按钮⊞：可以把选中的单元格拆分为多个单元格。单击该按钮时，会打开【拆分单元格】对话框，如图 6.20 所示。在该对话框中设置要拆分为行或列，并设置拆分的行数或列数。注意，不能同时拆分多行和多列。

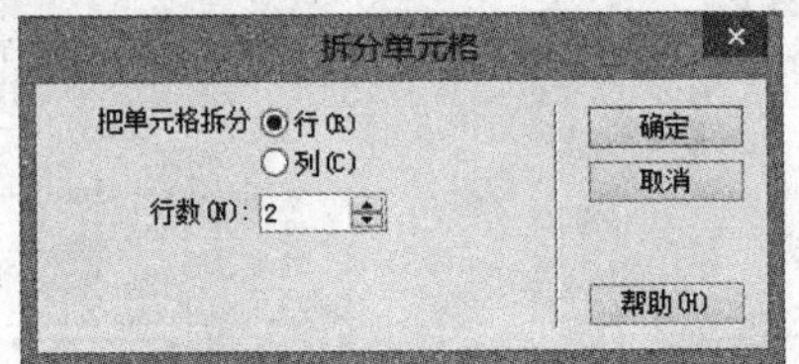

图 6.20　【拆分单元格】对话框

☑　水平对齐方式：在【水平】下拉列表框中选择单元格内元素的水平对齐方式，包括左默认、对齐、右对齐和居中对齐。其中“默认”选项会根据浏览器内部设置而定，一般默认都为左对齐。

☑　垂直对齐方式：在【垂直】下拉列表框中选择单元格内元素的垂直对齐方式，包括默认、顶端、居中、底部和基线 5 种。这些对齐方式变化比较微妙，下面逐一进行举例说明。

注意：这些对齐方式最初都是根据英文字母的基本结构来设置的，所以，参照汉字对齐方式可能就不是那么精确。

- 顶端：插入元素（文字、图像等有形元素）顶端以单元格内顶端为线进行对齐，如图 6.21 所示。
- 底部：插入元素（文字、图像等有形元素）底部以单元格内底部为线进行对齐，如图 6.22 所示。
- 居中：插入元素（文字、图像等有形元素）的中线以单元格内中线为参考线进行对齐，如图 6.23 所示。
- 默认：插入元素（文字、图像等有形元素）会根据各个浏览器的设置决定对齐方式，一般为居中对齐。
- 基线：插入元素（文字、图像等有形元素）的基线以行内最低基线为参照线进行对齐。

基线是针对英文字母的结构来说的，它和英文字母的底部是有区别的，如图 6.24 所示。

图 6.21　顶端对齐

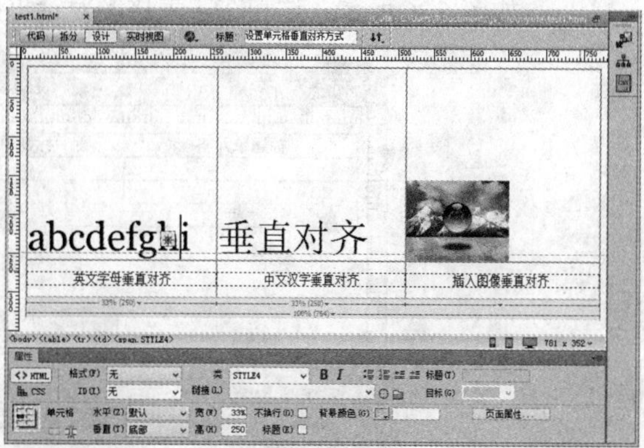

图 6.22　底部对齐

图 6.23　居中对齐

图 6.24　英文字母结构

☑　宽和高：用于设置单元格的宽度和高度，以像素为单位。

☑　不换行：设置单元格中的内容是否自动换行。选中该复选框，则在单元格中输入文本时不会自动换行，而是扩展单元格的宽度，如图 6.25 所示。

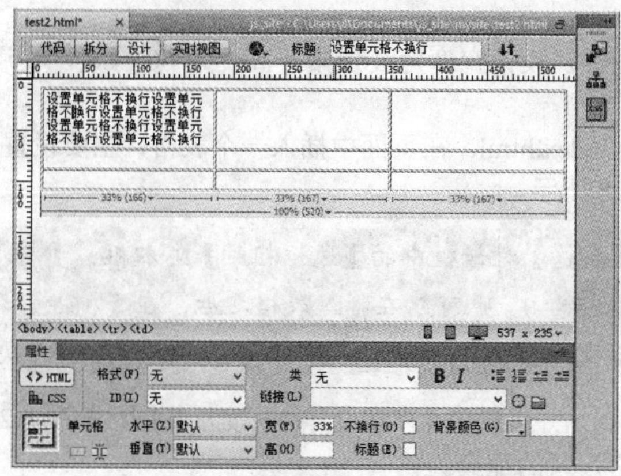

换行文本

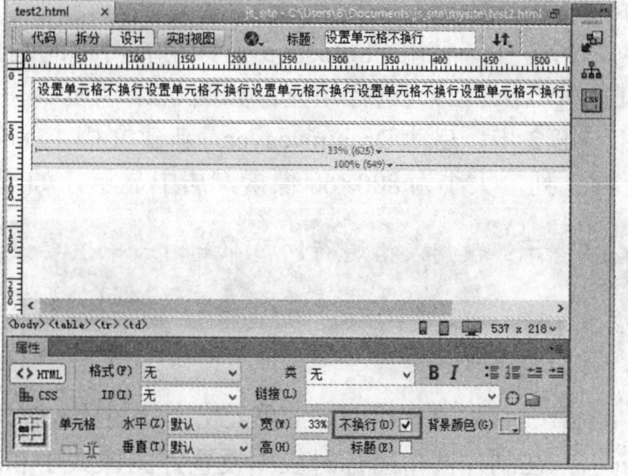

不换行文本

图 6.25　换行和不换行效果比较

Note

☑ 标题：可以将所选的单元格设置为标题单元格。而单元格里的文本内容将会居中加粗显示，如图 6.26 所示。这和在【表格】对话框中设置【页眉】选项效果是一致的。

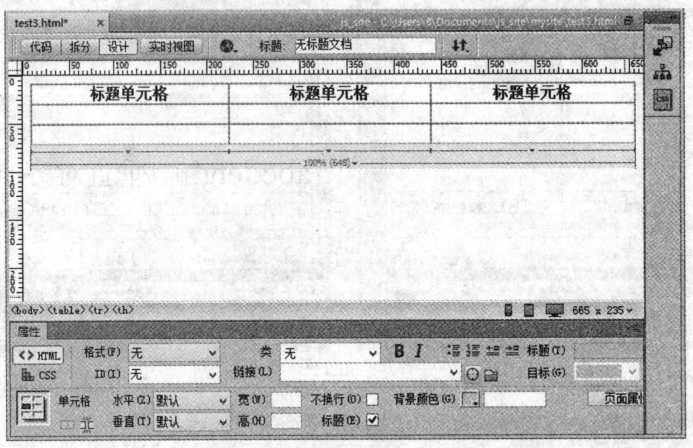

图 6.26　设置标题单元格

☑ 背景颜色：在【背景颜色】文本框中可以设置单元格的背景颜色。

6.4　案例实战：应用表格

表格素有网页设计“灵魂”之称，当然在标准设计过程中，很多效果可以直接使用 CSS 快速实现，但即便如此，其作用不可小视。下面结合实例介绍如何巧妙运用表格、单元格属性设计富有创意的网页布局效果。

6.4.1　制作圆角表格

圆角表格在网页布局中使用频率最高。由于表格没有提供直接设置圆角的属性，制作圆角表格需要间接方法来完成，实现圆角表格的方法有很多种，如图像法、像素法、编程法，其中图像法使用范围最广。用图像制作圆角表格的步骤如下。

【操作步骤】

第 1 步，使用 Photoshop 设计左右对称的圆角图标，设计宽度为 8 像素，高度为 60 像素，使用红色（#DA2129）进行填充，如图 6.27 所示。

第 2 步，启动 Dreamweaver，新建文档，保存为 index.html。在页面中插入一个表格，主要设置：1 行 3 列，大小为 800×60 像素，居中显示，如图 6.28 所示。

> 提示：使用表格进行网页布局时，一般要设置【表格】对话框中的【边框粗细】文本框、【单元格边距】文本框和【单元格间距】文本框都为 0。也可以在插入表格之后，在【属性】面板中设置【填充】、【间距】和【边框】文本框为 0。

第 3 步，在表格两端的单元格中分别插入圆角图标，并设置单元格宽度和图标宽度相同，如图 6.29 所示。在制作圆角图标时应先设置好图像大小和表格尺寸的配套。

第 4 步，设置中间单元格的背景颜色为深红色，使其与和圆角图标颜色保持一致，如图 6.29 所示。

left.gif right.gif

图 6.27 使用 Photoshop 设计半圆角素材

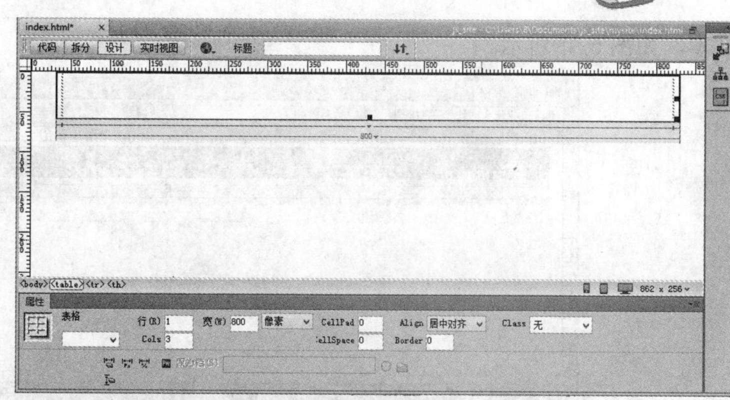

图 6.28 插入并设置表格属性

图 6.29 插入圆角图标和设置中间单元格背景色

第 5 步，在中间单元格内插入一个 3 行 3 列的表格。用该表格来布局标题栏，第 1 列用来控制标题与左侧距离，中间列用来绘制白色竖线，第 3 列分别用来输入标题和导航栏目，设置效果如图 6.30 所示。

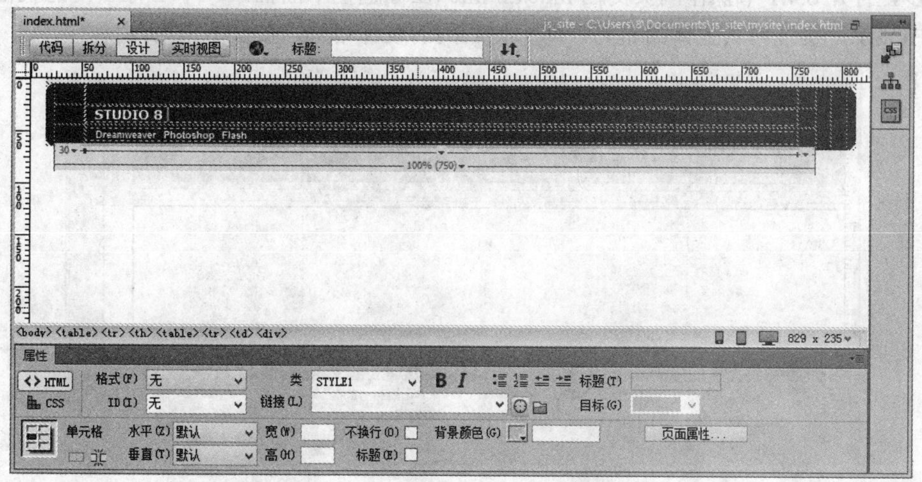

图 6.30 插入布局表格

第 6 步，以同样的方式在下面再插入一个表格，背景颜色设置为浅灰色，然后输入深灰色的导航

Note

文本，如图 6.31 所示。

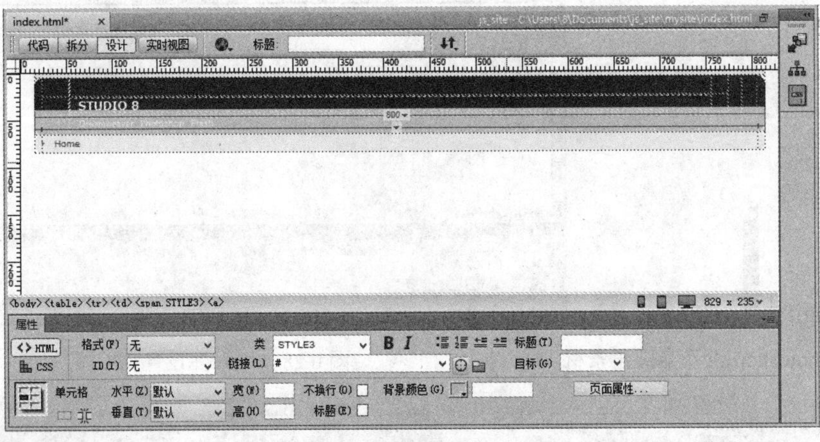

图 6.31　制作灰色圆角表格

6.4.2　巧做表格细线

制作网页线条方法多样，简单总结如下。

☑　使用图像法：用 Photoshop 制作直线，然后插入网页。

☑　在 Dreamweaver 中选择【插入】|【水平线】命令插入，即使用<hr>标签绘制水平直线。

☑　用 CSS 定义元素边框来制作直线，例如，div {border:solid 1px #FF0000;}代码可以绘制红色 1 像素宽的实线。

☑　通过设置表格边框。

上述方法各有利弊，可根据个人需要进行选择。在 CSS 之前，用表格制作细线比较常用。下面介绍一种独特方法，通过设置单元格背景色来显示直线，这种方法方便简单，又具有非常大的灵活性和实用性。

【操作步骤】

第 1 步，打开 6.4.1 节操作网页文档 index.html。在标题栏下面插入一个 1 行 3 列的表格，宽 800 像素，居中显示，实现网页主体的布局，即一栏三列的设计格局，如图 6.32 所示。

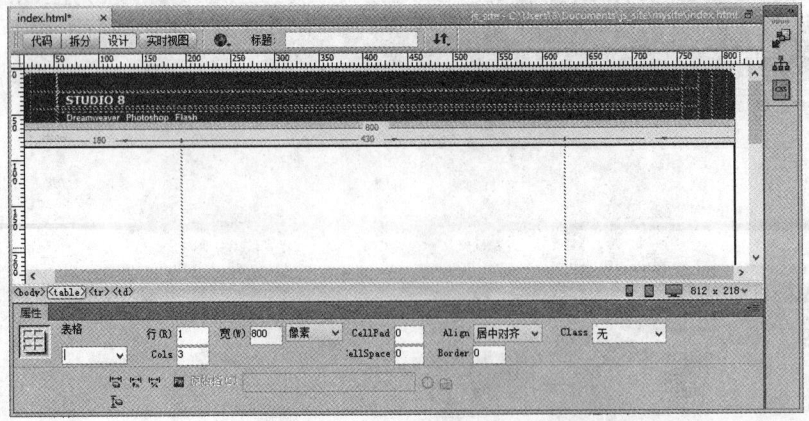

图 6.32　插入主体表格

第 2 步，设置第 1 个单元格宽度为 180 像素，在该单元格中插入一个 14 行 1 列的表格，宽度为

94%，居中显示，如图 6.33 所示。

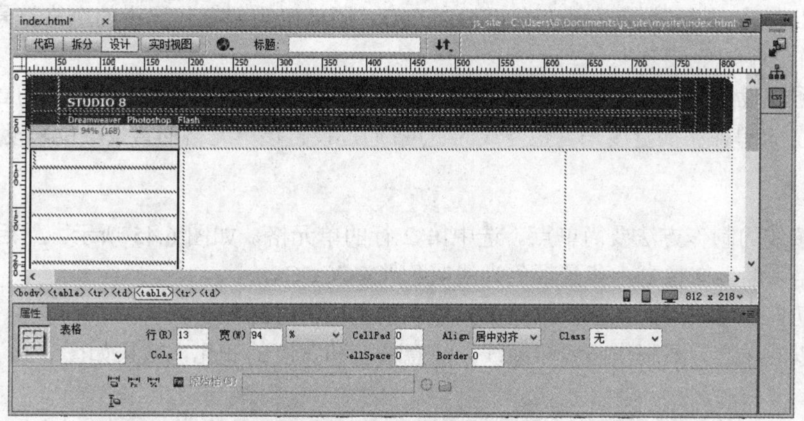

图 6.33　插入左侧栏目表格

1. 制作竖线

第 1 步，在第一个单元格中插入一个 1 行 3 列的表格，宽为 100%，高为 20 像素。设置插入表格的第 1 个单元格宽为 5 像素。

第 2 步，由于 Dreamweaver 在插入表格时自动在每个单元格中嵌入一个空格符号 ，用来撑大单元格，当插入元素时，空格消失。所以在没有输入任何元素时，单元格最小宽度为 10 像素，最小高度为 13 像素，如图 6.34 所示（放大为 400%后效果）。

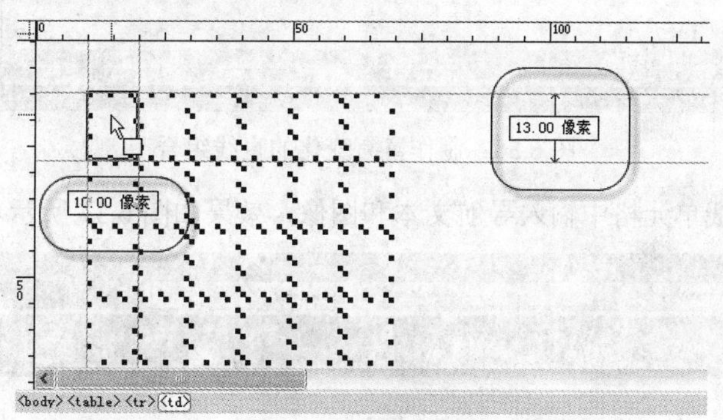

图 6.34　插入单元格最小宽和高

第 3 步，当要设置单元格高或宽为最小值时，就应该把这些空格符号 清除掉，方法是把光标置于该单元格内或选中该单元格，再切换到【代码】视图，把<td width="5"> </td>代码中的 删除即可，如图 6.35 所示。

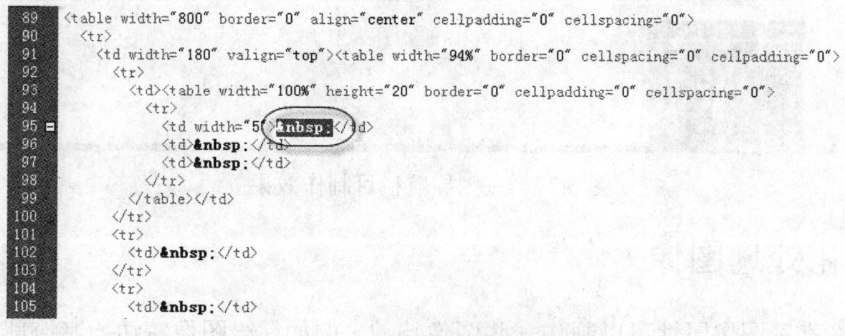

图 6.35　插入单元格最小宽和高

第 4 步，删除空格符号 之后，设置的小单元格效果就可以立即显示出来。然后设置第 2 个单元格宽度为 1 像素，背景颜色为浅灰色#DDDDDD，同样也需要把代码中的空格符号 删除。这样就可以制作一个短竖线效果。

Note

第 5 步，通过设置第 1 个单元格的宽度来调整竖线的横向位置；通过设置表格的高度来调整竖线的长短；通过设置该单元格的宽度来调整竖线的宽度；通过设置该单元格的背景颜色来设置竖线的颜色。

2. 制作横线

第 1 步，横线的制作方法要简单点。选中第 2 行的单元格，如图 6.45 所示。然后在【属性】面板中设置单元格高度为 2 像素，背景颜色为浅灰色#CCCCCC。

第 2 步，切换到【代码】视图，删除单元格中的空格符号 。

第 3 步，以同样的方式制作竖线和横线，注意灰度和宽度的变化，效果如图 6.36 所示。

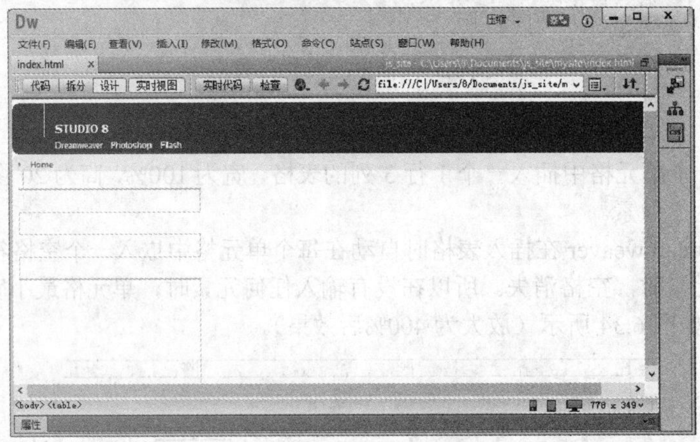

图 6.36　制作富有变化的直线组合

第 4 步，在这些直线单元格中输入导航文本和图像，效果如图 6.37 所示。

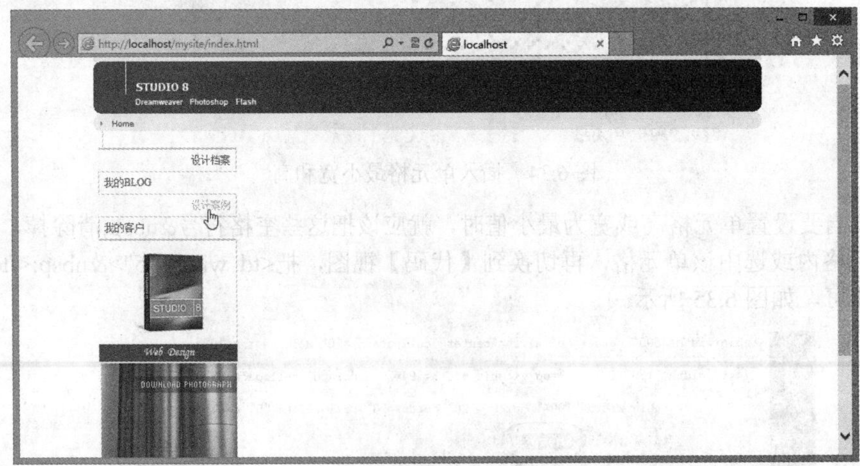

图 6.37　左侧导航栏目制作效果

6.4.3　艺术化处理图像

通过设置表格背景图像属性可以制作一些图像特效，例如，给图像镶边、遮掩部分图像实现图像

的虚化显示等效果。本例就是利用这一方法实现制作图像残缺效果，效果如图 6.38 所示。

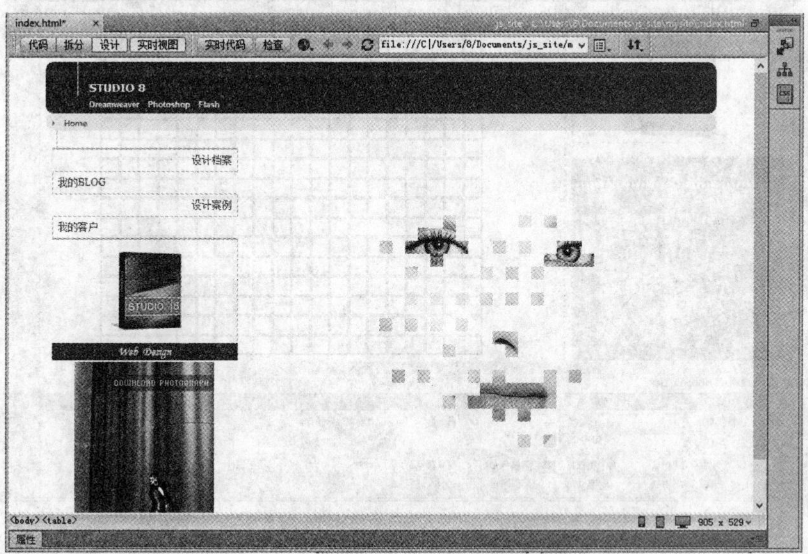

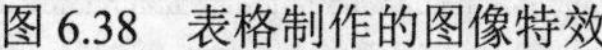
图 6.38　表格制作的图像特效

【操作步骤】

第 1 步，在主体表格的第 2 个单元格中插入一个 20 行 20 列的表格，设置大小为 300×300 像素。然后设置背景图像，效果如图 6.39 所示。设置表格属性的代码如下：

```
<table width="300" height="300" border="0" align="center" cellpadding="0" cellspacing="0" background=
"image/33.jpg">
```

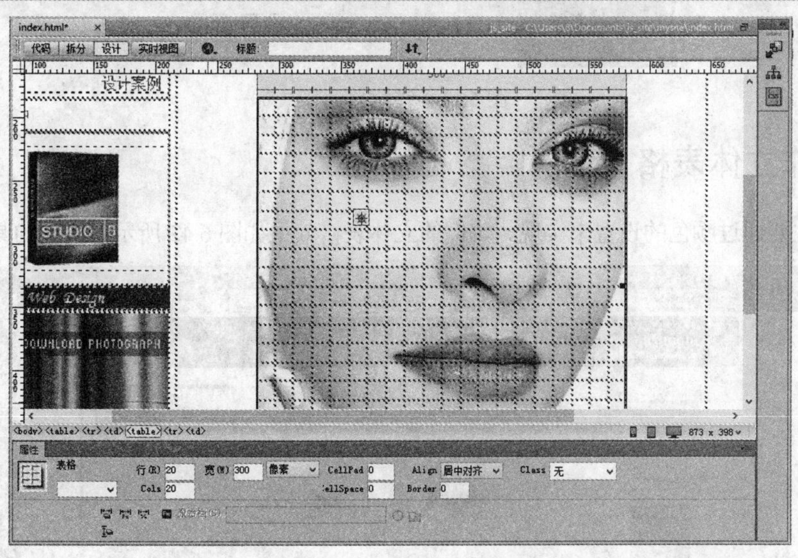

图 6.39　插入多行多列表格

第 2 步，拖选所有单元格，设置所有单元格大小为 15×15 像素，背景为白色，则把表格的背景图像遮盖住，如图 6.40 所示。

第 3 步，在上面雕刻，按住 Ctrl 键单击选中要镂空的单元格，然后在【背景】文本框中删除设置的白色即可，如图 6.41 所示。利用这种方式可以创意设计出各种图案和变形，犹如绘制像素画。

Note

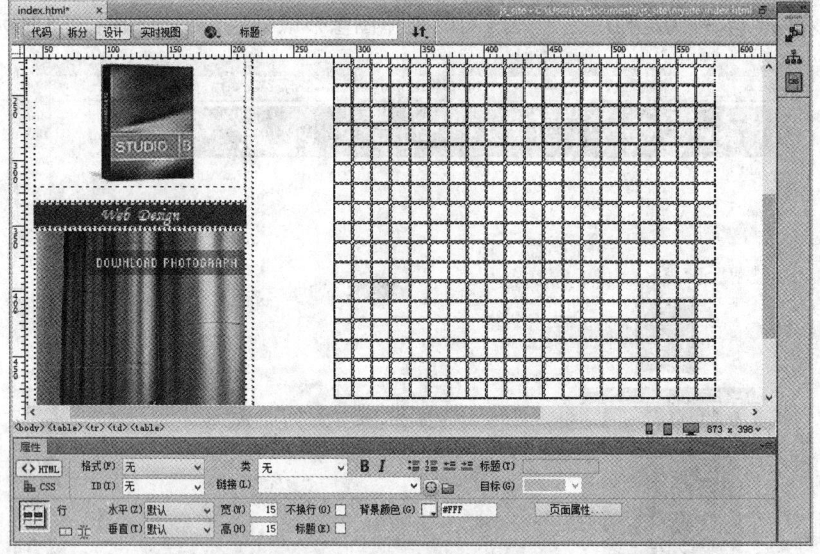

图 6.40　设置单元格属性

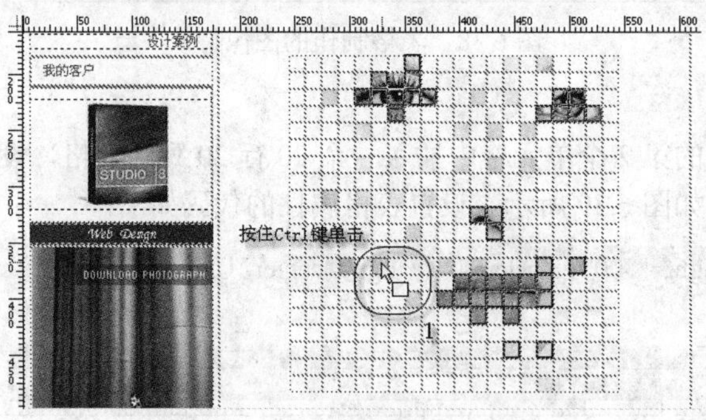

图 6.41　镂空单元格

6.4.4　制作立体表格

立体表格主要通过颜色的设置来实现。本例的立体表格效果如图 6.42 所示。实现的具体步骤如下。

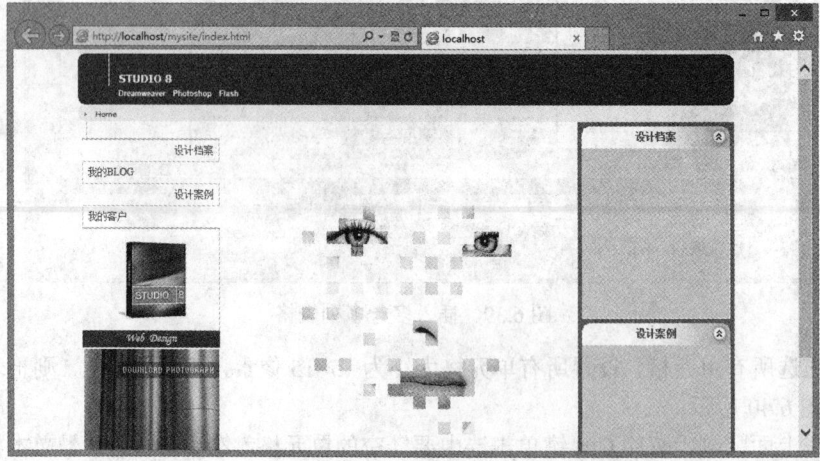

图 6.42　立体表格效果

【操作步骤】

第 1 步，继续以 6.4.3 节示例为基础，打开 index.html。选中 6.4.3 节插入的表格，设置主体表格的第 3 个单元格背景颜色为蓝色（#667BD8），设置垂直对齐方式为顶端。

第 2 步，在该单元格中插入一个 4 行 2 列的表格，设置宽度为 180 像素，居中显示，效果如图 6.43 所示。

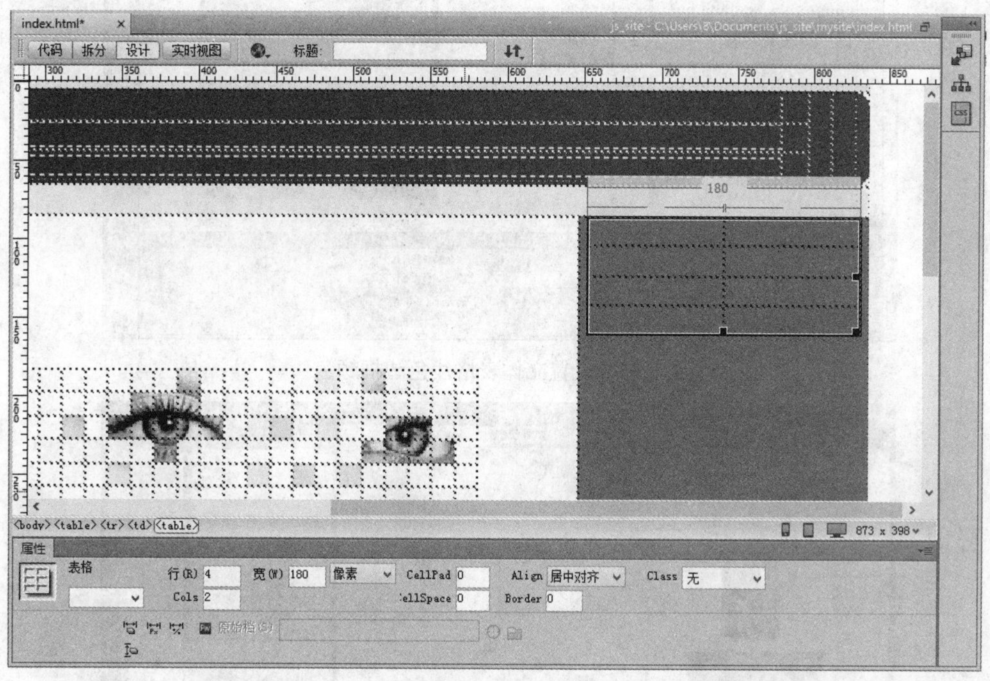

图 6.43　插入表格

第 3 步，插入表格的第 1 行用来控制表格与顶部标题栏的距离，合并第 2 行的两个单元格，并设置合并单元格背景图像，在设置之前应把第 2 行高度设置为背景图像的高度，如图 6.44 所示。

图 6.44　设置单元格

第 4 步，设置表格的最后一行和表格右侧单元格为 1 像素高或宽，背景颜色为白色。并设置主体单元格背景颜色为浅蓝色（#D6DFF7），高为 200 像素，如图 6.45 所示。

第 5 步，以同样的方式或复制上面制作的表格，就可以重复制作多个立体表格，最后效果如图 6.46 所示。

Note

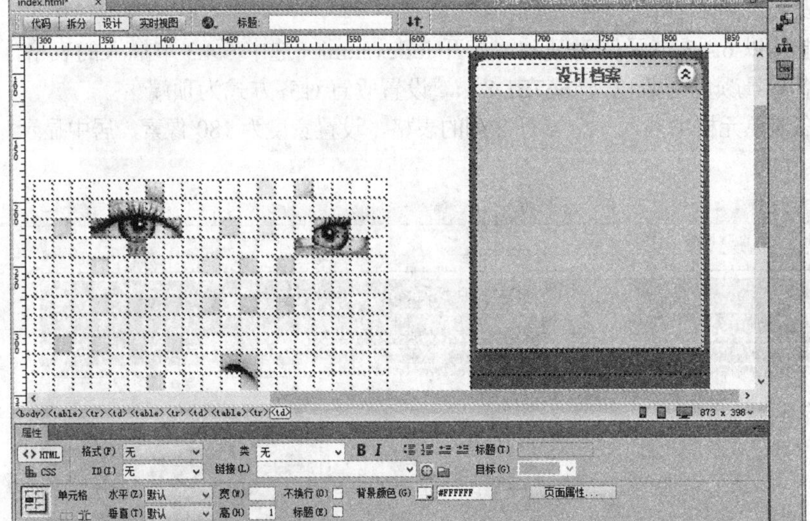

图 6.45　设置立体表格浅色边框颜色

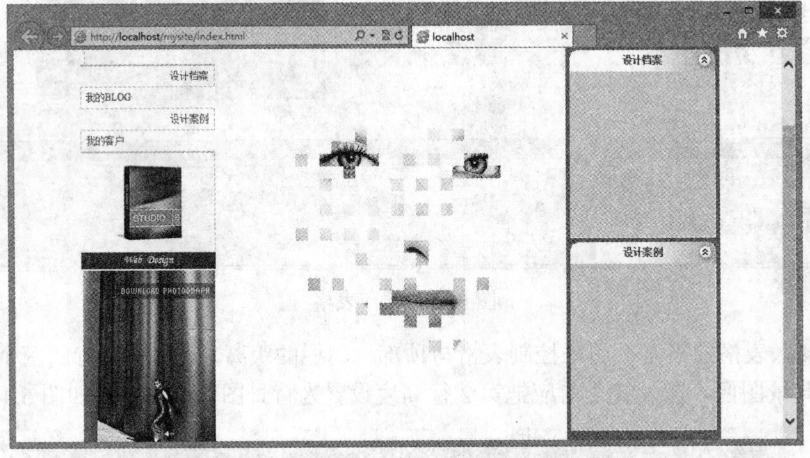

图 6.46　制作的立体表格效果

6.5　定义表格样式

使用 CSS 可以实现对表格的样式控制，其中表格样式包括边框宽度、边框颜色、边框样式以及表格背景等效果，以及如何使用 CSS 控制表格特性等。

6.5.1　设置表格颜色

CSS 使用 color 属性设置表格中文字的颜色，通过 background-color 属性来设置表格的背景颜色。

【示例】启动 Dreamweaver，新建一个网页，保存为 test.html，在<body>标签内输入如下代码：

```
<table width="300" border="1">
    <tr>
        <td>姓名</td>
```

```
            <td>性别</td>
            <td>地址</td>
            <td>单位</td>
            <td>邮编</td>
        </tr>
        <tr>
            <td> </td>
            <td> </td>
            <td> </td>
            <td> </td>
            <td> </td>
        </tr>
        <tr>
            <td> </td>
            <td> </td>
            <td> </td>
            <td> </td>
            <td> </td>
        </tr>
        <tr>
            <td> </td>
            <td> </td>
            <td> </td>
            <td> </td>
            <td> </td>
        </tr>
    </table>
```

在<head>标签内添加<style type="text/css">标签，定义一个内部样式表，然后输入下面样式，用来定义网页字体的类型。

```
table{ /*设置表格的 CSS 样式*/
    background-color:#00CCFF; /*表格的背景颜色*/
    color:#FF0000; /*表格的字体颜色*/
}
```

上面代码中，用<table>标签创建了一个表格，设置表格的宽度为 300，表格的边框宽度为 1，这里没有给出单位，默认为 px。使用<tr>和<td>标签创建了 4 行 5 列的表格。可以看到，表格的背景颜色和字体颜色通过 CSS 进行了设置。显示效果如图 6.47 所示。

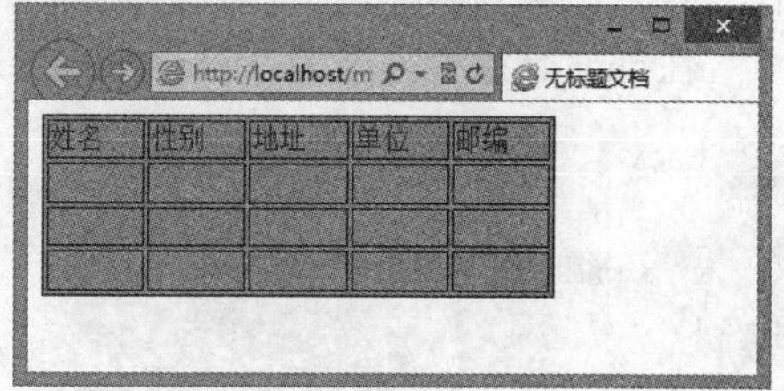

图 6.47　设置表格颜色

6.5.2　设置表格边框

在 CSS 中，设置表格边框同样是通过 border 属性，设置方法与设置图片边框完全一样，只不过要特别注意单元格边框的设置。

【示例】启动 Dreamweaver，新建一个网页，保存为 test.html，在<body>标签内输入如下内容：

```
<table>
    <caption>
```

```
        2012-2015 年招生情况
        </caption>
        <tr>
            <th></th>
            <th scope="col">2012</th>
            <th scope="col">2013</th>
            <th scope="col">2014</th>
            <th scope="col">2015</th>
        </tr>
        <tr>
            <th scope="row">招生总数</th>
            <td>980</td>
            <td>650</td>
            <td>700</td>
            <td>600</td>
        </tr>
        <tr>
            <th scope="row">男生</th>
            <td>480</td>
            <td>300</td>
            <td>400</td>
            <td>290</td>
        </tr>
        <tr>
            <th scope="row">女生</th>
            <td>500</td>
            <td>350</td>
            <td>300</td>
            <td>310</td>
        </tr>
</table>
```

在以上代码中，用<caption>标签定义了表格的标题，该标签可以出现在<table>与</table>之间的任意位置，不过通常习惯放在表格的第 1 行，紧接着<table>标签。<th>标签在表格中主要用于定义行或列的名称，在本例中，行的名称为“2012”“2013”等，列的名称为“招生总数”“男生”“女生”，在<th>标签中的 scope 属性就是用来区分行名称和列名称的，分别设置 scope 的值为 row 或 col，分别代表行名称或列名称。

在<head>标签内添加<style type="text/css">标签，定义一个内部样式表，然后输入下面样式：

```
body { /*网页基本样式*/
    margin: 0px;
    padding: 4px;
}
table {
    color: #0046a6;                          /*表格文字颜色*/
    font-family: Arial;                      /*表格字体*/
    border: #006666 solid 1px;               /*表格边框*/
}
table caption {
    font-size: 18px;                         /*标题文字大小*/
```

```
    font-weight: bold;                          /*标题文字粗体*/
}
```

在以上代码中，设置了表格边框，显示效果如图 6.48 所示。

从图 6.48 中可以看到，虽给表格设置了边框，但是单元格并没有任何边线，所以，在设置表格边框时，还要注意给单元格也单独地设置相应的边框，在以上 CSS 样式表中，添加下列样式代码：

```
table th, table td {
    color: #003e7e;                             /*行、列名称颜色*/
    border: #006666 solid 1px;                  /*单元格边框*/
}
```

显示效果如图 6.49 所示。

图 6.48　表格边框

图 6.49　为单元格设置边框

读者会发现，如上所述设置完成后，单元格的边框之间会有空隙，这时需要设置 CSS 中整个表格的 border-collapse 属性，使得边框重合到一起，具体代码如下：

```
table {
    color: #0046a6;                             /*表格文字颜色*/
    font-family: Arial;                         /*表格字体*/
    border: #006666 solid 1px;                  /*表格边框*/
    border-collapse: collapse;                  /*边框重叠*/
}
```

显示效果如图 6.50 所示。

图 6.50　边框重叠

【补充】由于表格边框默认是立体效果，在浏览时会显得很粗，即使设置边框为 1 像素也是这样。利用 HTML 属性也可以设计细线表格，具体方法如下。

【操作步骤】

第 1 步，新建文档，保存为 test1.html，复制 test.html 文档中的表格结构。设置表格【间距】为 1，【边框】为 0，同时设置表格的背景颜色。上面 3 个属性是关键点，其他属性可以任意设置，如图 6.51 所示。HTML 标签设置属性如下：

```
<table width="100%" border="0" cellpadding="0" cellspacing="1" bgcolor="#FF00FF">
```

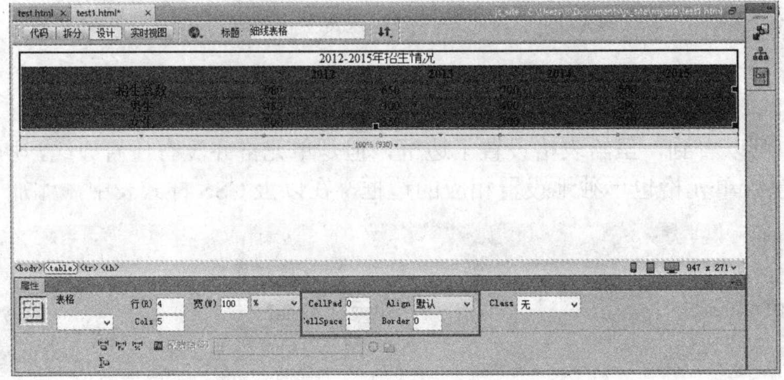

图 6.51　设置表格间距、边框和背景色

第 2 步，用鼠标拖选全部单元格，并在【属性】面板中设置背景色为白色，如图 6.52 所示。

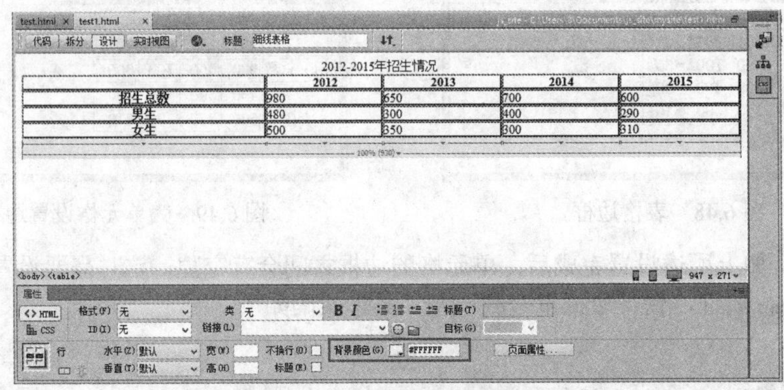

图 6.52　设置单元格背景色

第 3 步，保存文档，并在浏览器中浏览，则效果如图 6.53 所示。细线表格技巧原理就是利用表格背景颜色包含表格间距区域，并利用“遮罩”技法间接实现的一种效果。

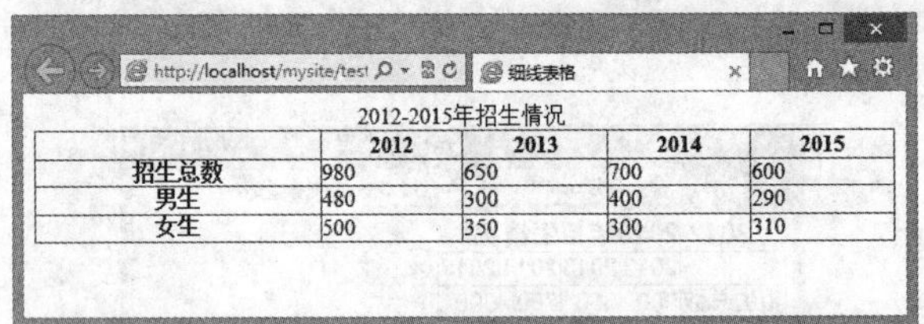

图 6.53　细线表格效果

6.6　案例实战

本节将通过实例的形式帮助读者设计 CSS 的表格样式，以提高实战技法和技巧，快速理解 CSS 表格属性的应用。

6.6.1　美化表格

在 6.5 节中，介绍了 CSS 可设置的表格颜色和表格边框样式，本节通过一个简单的实例来介绍通

过 CSS 美化的方法，整个网页设计效果如图 6.54 所示。

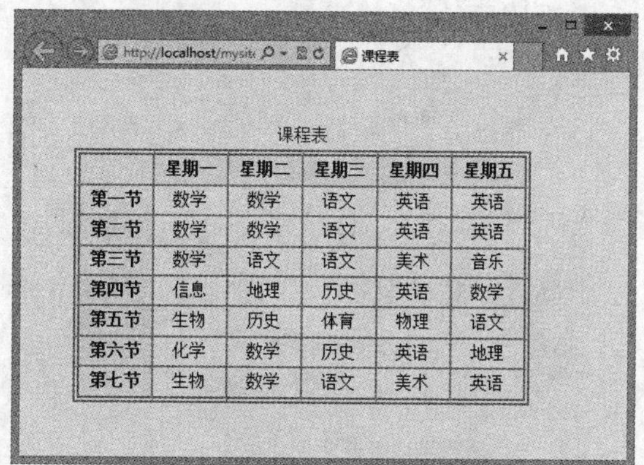

课程表

	星期一	星期二	星期三	星期四	星期五
第一节	数学	数学	语文	英语	英语
第二节	数学	数学	语文	英语	英语
第三节	数学	语文	语文	美术	音乐
第四节	信息	地理	历史	英语	数学
第五节	生物	历史	体育	物理	语文
第六节	化学	数学	历史	英语	地理
第七节	生物	数学	语文	美术	英语

图 6.54　美化表格

【操作步骤】

第 1 步，新建文档，保存为 index.html。构建网页结构，在<body>标签中输入以下内容：

```
<table>
    <caption class="cap" >
    课程表
    </caption>                                      /*表格标题*/
    <tr>
        <th></th>
        <th scope="col">星期一</th>                  /*表格列名称*/
        <th scope="col">星期二</th>
        <th scope="col">星期三</th>
        <th scope="col">星期四</th>
        <th scope="col">星期五</th>
    </tr>
    <tr>
        <th scope="row">第一节</th>                  /*表格行名称*/
        <td>数学</td>
        <td>数学</td>
        <td>语文</td>
        <td>英语</td>
        <td>英语</td>
    </tr>
    <tr>
        <th scope="row">第二节</th>
        <td>数学</td>
        <td>数学</td>
        <td>语文</td>
        <td>英语</td>
        <td>英语</td>
    </tr>
    <tr>
        <th scope="row">第三节</th>
        <td>数学</td>
```

Note

```
            <td>语文</td>
            <td>语文</td>
            <td>美术</td>
            <td>音乐</td>
        </tr>
        <tr>
            <th scope="row">第四节</th>
            <td>信息</td>
            <td>地理</td>
            <td>历史</td>
            <td>英语</td>
            <td>数学</td>
        </tr>
        <tr>
            <th scope="row">第五节</th>
            <td>生物</td>
            <td>历史</td>
            <td>体育</td>
            <td>物理</td>
            <td>语文</td>
        </tr>
        <tr>
            <th scope="row">第六节</th>
            <td>化学</td>
            <td>数学</td>
            <td>历史</td>
            <td>英语</td>
            <td>地理</td>
        </tr>
        <tr>
            <th scope="row">第七节</th>
            <td>生物</td>
            <td>数学</td>
            <td>语文</td>
            <td>美术</td>
            <td>英语</td>
        </tr>
    </table>
```

第 2 步，规划整个页面的基本显示属性以及设置表格样式。在<head>标签内添加<style type="text/css">标签，定义一个内部样式表，然后输入下面样式：

```
body {/*网页基本样式类*/
    background-color: #f8e6e6;                    /*网页背景颜色*/
    margin: 50px;                                 /*表格四周补白*/
}
table {/*表格样式*/
    border: 6px double #3186dd;                   /*表格边框*/
```

```
    font-family: Arial;
    text-align: center;                                  /*表格中文字水平居中对齐*/
    border-collapse: collapse;                           /*边框重叠 */
}
```

此时的显示效果如图 6.55 所示。可以看到，网页背景颜色发生了改变，并且表格添加了边框。

第 3 步，设置表格标题的样式。样式代码如下，显示效果如图 6.56 所示。

```
.cap {/*设置表格标题 */
    padding-top: 3px;                                    /*设置表格标题的顶部边距*/
    padding-bottom: 4px;                                 /*设置表格标题的底部边距*/
    font-size: 30px;                                     /*表格标题字体大小*/
    color: red;                                          /*表格标题字体颜色*/
}
```

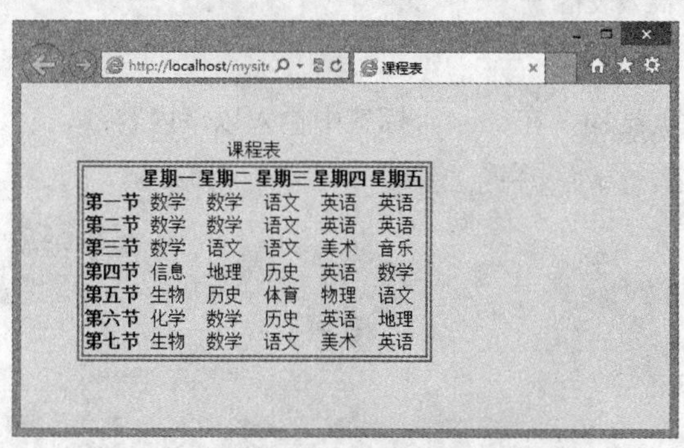

课程表

	星期一	星期二	星期三	星期四	星期五
第一节	数学	数学	语文	英语	英语
第二节	数学	数学	语文	英语	英语
第三节	数学	语文	语文	美术	音乐
第四节	信息	地理	历史	英语	数学
第五节	生物	历史	体育	物理	语文
第六节	化学	数学	历史	英语	地理
第七节	生物	数学	语文	美术	英语

图 6.55　设置网页基本属性及表格样式

课程表

	星期一	星期二	星期三	星期四	星期五
第一节	数学	数学	语文	英语	英语
第二节	数学	数学	语文	英语	英语
第三节	数学	语文	语文	美术	音乐
第四节	信息	地理	历史	英语	数学
第五节	生物	历史	体育	物理	语文
第六节	化学	数学	历史	英语	地理
第七节	生物	数学	语文	美术	英语

图 6.56　设置表格标题

第 4 步，设置表格中的单元格样式。

```
table th {/*表格的行、列名称单元格的样式*/
    border: 2px solid #429fff;                 /*行、列名称边框*/
    background-color: #d2e8ff;                 /*行、列名称单元格的背景颜色*/
    font-weight: bold;                         /*行、列名称字体加粗*/
    padding-top: 4px; /*设置行、列名称单元格的上、下、左、右边距*/
    padding-bottom: 4px;
    padding-left: 10px;
    padding-right: 10px;
}
table td {/*表格单元格样式*/
    border: 2px solid #429fff;                 /*单元格边框*/
}
```

以上代码中，分别设置了<th>和<td>标签的样式，对表格的单元格的背景颜色、边框样式进行了设置，从而达到美化表格的目的。

6.6.2　设计清晰、醒目的表格

当表格的行和列比较多时，表格如果采用相同的背景颜色，用户就会感到凌乱，那么可以设置隔行变色的效果，使奇数行和偶数行背景颜色不同，就能使表格看起来清晰而一目了然，从而达到高效浏览的目的。示例效果如图 6.57 所示。

Note

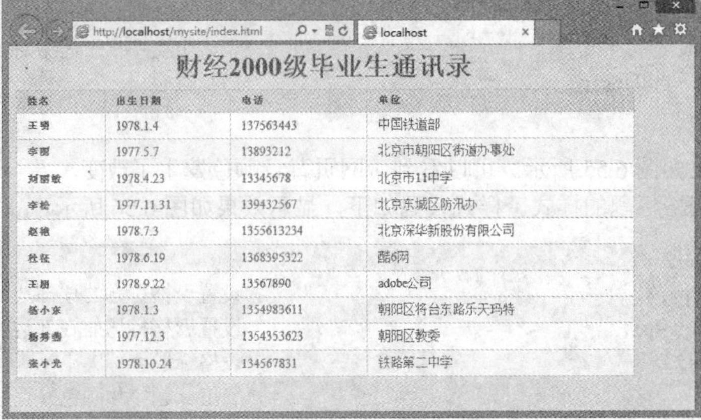

图 6.57　设计高效表格

【操作步骤】

第 1 步，新建文档，保存为 index.html。构建网页结构，在<body>标签中输入以下内容：

```
<table id="mytable" cellspacing="0" summary="财经 2000 级毕业生通讯录">
    <caption>
    财经 2000 级毕业生通讯录
    </caption>
    <tr>
        <th scope="col" abbr="Configurations" >姓名</th>
        <th scope="col" abbr="Dual 1.8">出生日期</th>
        <th scope="col" abbr="Dual 2">电话</th>
        <th scope="col" abbr="Dual 2.5">单位</th>
    </tr>
    <tr>
        <th scope="row" abbr="Model" class="spec">王明</th>
        <td>1978.1.4</td>
        <td>137563443</td>
        <td>中国铁道部</td>
    </tr>
    <tr>
        <th scope="row" abbr="G5 Processor" class="specalt">李丽</th>
        <td class="alt">1977.5.7</td>
        <td class="alt">13893212</td>
        <td class="alt">北京市朝阳区街道办事处</td>
    </tr>
    <tr>
        <th scope="row" abbr="Frontside bus" class="spec">刘丽敏</th>
        <td>1978.4.23</td>
        <td>13345678</td>
        <td>北京市 11 中学</td>
    </tr>
    <tr>
        <th scope="row" abbr="L2 Cache" class="specalt">李松</th>
        <td class="alt">1977.11.31</td>
        <td class="alt">139432567</td>
```

```
            <td class="alt">北京东城区防汛办</td>
        </tr>
        <tr>
            <th scope="row" abbr="Frontside bus" class="spec">赵艳</th>
            <td>1978.7.3</td>
            <td>1355613234</td>
            <td>北京深华新股份有限公司</td>
        </tr>
        <tr>
            <th scope="row" abbr="L2 Cache" class="specalt">杜征</th>
            <td class="alt">1978.6.19</td>
            <td class="alt">1368395322</td>
            <td class="alt">酷 6 网</td>
        </tr>
        <tr>
            <th scope="row" abbr="Frontside bus" class="spec">王朋</th>
            <td>1978.9.22</td>
            <td>13567890</td>
            <td>adobe 公司</td>
        </tr>
        <tr>
            <th scope="row" abbr="L2 Cache" class="specalt">杨小东</th>
            <td class="alt">1978.1.3</td>
            <td class="alt">1354983611</td>
            <td class="alt">朝阳区将台东路乐天玛特</td>
        </tr>
        <tr>
            <th scope="row" abbr="Frontside bus" class="spec">杨秀燕</th>
            <td>1977.12.3</td>
            <td>1354353623</td>
            <td>朝阳区教委</td>
        </tr>
        <tr>
            <th scope="row" abbr="L2 Cache" class="specalt">张小光</th>
            <td class="alt">1978.10.24</td>
            <td class="alt">134567831</td>
            <td class="alt">铁路第二中学</td>
        </tr>
</table>
```

以上代码中，将奇数行名称定义为 spec 类，偶数行名称定义为 specalt 类，并通过<td class="alt">定义了偶数行中的单元格，此时的显示效果如图 6.58 所示，可以看到，表格的基本结构已经搭建好了，但是由于没有进行 CSS 样式设置，界面中只把数据罗列起来，没有任何修饰。

第 2 步，定义网页基本属性、表格#mytable 样式以及表格标题样式。在<head>标签内添加<style type="text/css">标签，定义一个内部样式表，然后输入下面样式：

```
body { background: #E6EAE9; } /*网页基本样式*/
#mytable { /*表格样式*/
    width: 700px;                                   /*表格宽度*/
    padding: 0;
```

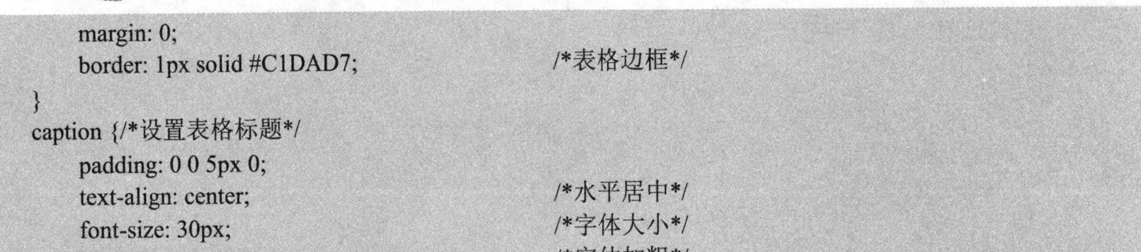

```
    margin: 0;
    border: 1px solid #C1DAD7;                    /*表格边框*/
}
caption {/*设置表格标题*/
    padding: 0 0 5px 0;
    text-align: center;                           /*水平居中*/
    font-size: 30px;                              /*字体大小*/
    font-weight: bold;                            /*字体加粗*/
}
```

在以上代码中，通过首先定义了页面的背景颜色，在#mytable 中设置了表格的宽度为 700px，并为其添加了表格边框。此时的显示效果如图 6.59 所示。

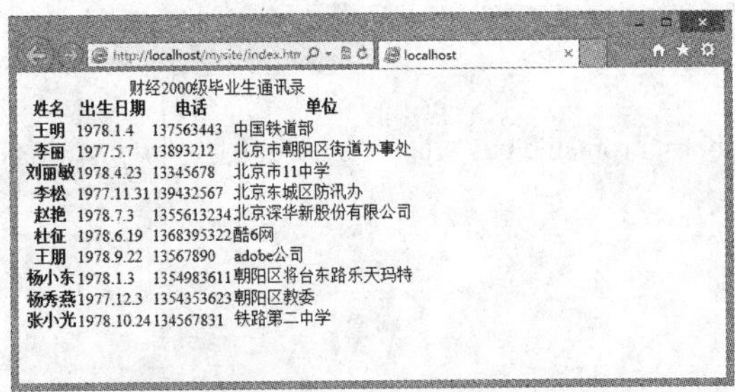

姓名	出生日期	电话	单位
王明	1978.1.4	137563443	中国铁道部
李丽	1977.5.7	13893212	北京市朝阳区街道办事处
刘丽敏	1978.4.23	13345678	北京市11中学
李松	1977.11.31	139432567	北京东城区防汛办
赵艳	1978.7.3	1355613234	北京深华新股份有限公司
杜征	1978.6.19	1368395322	酷6网
王朋	1978.9.22	13567890	adobe公司
杨小东	1978.1.3	1354983611	朝阳区将台东路乐天玛特
杨秀燕	1977.12.3	1354353623	朝阳区教委
张小光	1978.10.24	134567831	铁路第二中学

图 6.58　构建表格结构

姓名	出生日期	电话	单位
王明	1978.1.4	137563443	中国铁道部
李丽	1977.5.7	13893212	北京市朝阳区街道办事处
刘丽敏	1978.4.23	13345678	北京市11中学
李松	1977.11.31	139432567	北京东城区防汛办
赵艳	1978.7.3	1355613234	北京深华新股份有限公司
杜征	1978.6.19	1368395322	酷6网
王朋	1978.9.22	13567890	adobe公司
杨小东	1978.1.3	1354983611	朝阳区将台东路乐天玛特
杨秀燕	1977.12.3	1354353623	朝阳区教委
张小光	1978.10.24	134567831	铁路第二中学

图 6.59　设置表格基本属性

第 3 步，定义单元格的共有属性。

```
th {/*表格名称样式*/
    color: #4f6b72;                               /*表格名称的字体颜色*/
    letter-spacing: 2px;                          /*字间距*/
    text-align: center;                           /*水平居中*/
    padding: 6px 6px 6px 12px;                    /*名称单元格的内边距*/
    background: #CAE8EA;                          /*名称单元格的背景颜色*/
    border: 1px solid #C1DAD7;                    /*名称单元格的边框*/
}
td { /*表格单元格样式*/
    background: #fff;                             /*单元格背景色*/
    padding: 6px 6px 6px 12px;
    color: #4f6b72;
    text-align: center;
    border: 1px solid #C1DAD7;                    /*单元格边框*/
}
```

在以上代码中，定义了表格中所有单元格的共有样式。此时网页的显示效果如图 6.60 所示。从图 6.60 中可以看到，表格已经呈现出来，但是还没有实现隔行变色。

财经2000级毕业生通讯录

姓名	出生日期	电话	单位
王明	1978.1.4	137563443	中国铁道部
李丽	1977.5.7	13893212	北京市朝阳区街道办事处
刘丽敏	1978.4.23	13345678	北京市11中学
李松	1977.11.31	139432567	北京东城区防汛办
赵艳	1978.7.3	1355613234	北京深华新股份有限公司
杜征	1978.6.19	1368395322	酷6网
王朋	1978.9.22	13567890	adobe公司
杨小东	1978.1.3	1354983611	朝阳区将台东路乐天玛特
杨秀燕	1977.12.3	1354353623	朝阳区教委
张小光	1978.10.24	134567831	铁路第二中学

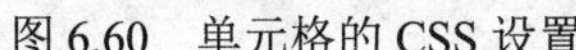

图 6.60　单元格的 CSS 设置

第 4 步，实现表格的隔行变色。

```
.spec { /*奇数行名称样式*/
    background: #fff;                        /*背景颜色*/ }
.specalt {                                   /*偶数行名称样式*/
    background: #f5fafa;
    color: #797268;                          /*字体颜色*/
}
.alt {/*偶数行单元格样式*/
    background: #F5FAFA;
    color: #797268;
}
```

以上代码中，首先通过 spec 设置了奇数行中<th>标签的样式，通过 specalt 设置了偶数行中<th>标签的样式，最后在 alt 中设置了偶数单元格，也就是<td>标签的样式。

提示：在 CSS 中，设置隔行变色十分简单，主要在于给奇数行和偶数行设置不同的背景颜色，为奇数行和偶数行的<th>标签添加相应的类以及为单元格<td>标签添加相应的类，代码如下：

```
<th scope="row" class="spec">
th scope="row" class="specalt">
<td class="alt">
```

然后在 CSS 样式表中对奇数行和偶数行进行单独的样式设置，主要是在配合整体设计协调的基础上，改变背景颜色、字体颜色等。

6.6.3　设计动态效果的表格

对于长时间浏览大量表格数据的用户来说，即使是隔行变色的表格，阅读时间长了仍然会感到疲劳。如果数据行能动态地根据鼠标来变色，就会大大较少用户的疲劳感，也会使表格更易用，本例介绍了鼠标经过时变色的表格，演示效果如图 6.61 所示。

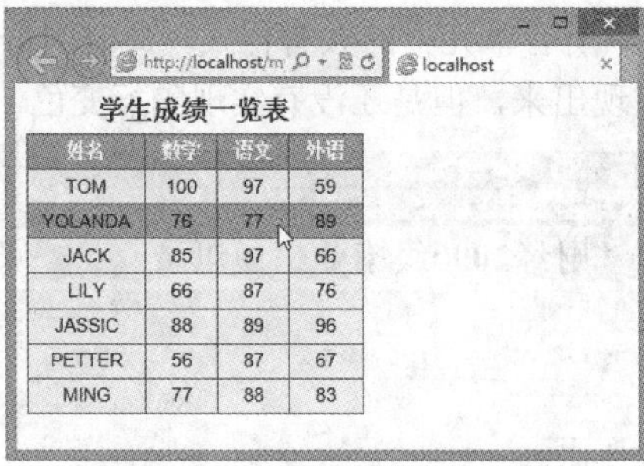

图 6.61　鼠标经过时变色的表格

【操作步骤】

第 1 步，新建文档，保存为 index.html。构建网页基本结构。在本例中构建了一个 8 行 4 列的表格。

```
<table class="chart" summary="list of members in EE Studay">
    <caption>
    学生成绩一览表
    </caption>
    <tr>
        <th scope="col">姓名</th>
        <th scope="col">数学</th>
        <th scope="col">语文</th>
        <th scope="col">外语</th>
    </tr>
    <tr>
        <td>TOM</td>
        <td>100</td>
        <td>97</td>
        <td>59</td>
    </tr>
    <tr>
        <td>YOLANDA</td>
        <td>76</td>
        <td>77</td>
        <td>89</td>
    </tr>
    <tr>
        <td>JACK</td>
        <td>85</td>
        <td>97</td>
        <td>66</td>
    </tr>
    <tr>
        <td>LILY</td>
        <td>66</td>
        <td>87</td>
        <td>76</td>
    </tr>
    <tr>
```

```
            <td>JASSIC</td>
            <td>88</td>
            <td>89</td>
            <td>96</td>
        </tr>
        <tr>
            <td>PETTER</td>
            <td>56</td>
            <td>87</td>
            <td>67</td>
        </tr>
        <tr>
            <td>MING</td>
            <td>77</td>
            <td>88</td>
            <td>83</td>
        </tr>
</table>
```

此时在没有 CSS 样式设置时的显示结果如图 6.62 所示。

第 2 步，定义表格和表格标题样式。在<head>标签内添加<style type="text/css">标签，定义一个内部样式表，然后输入下面样式。

```
.chart {/*表格样式*/
    border: 1px solid #0058a3;                    /*表格边框*/
    font-family: Arial;
    border-collapse: collapse;                    /*边框重叠*/
    background-color: #eaf5ff;                    /*表格背景色*/
    font-size: 14px;
}
.chart caption {/*表格标题样式*/
    padding-bottom: 5px;
    font-size: 20px;
    font-weight: bold;
    text-align: center;
}
```

以上代码中，首先设置了表格的样式和表格的边框，并对表格标题样式进行了定义。此时的显示效果如图 6.63 所示。

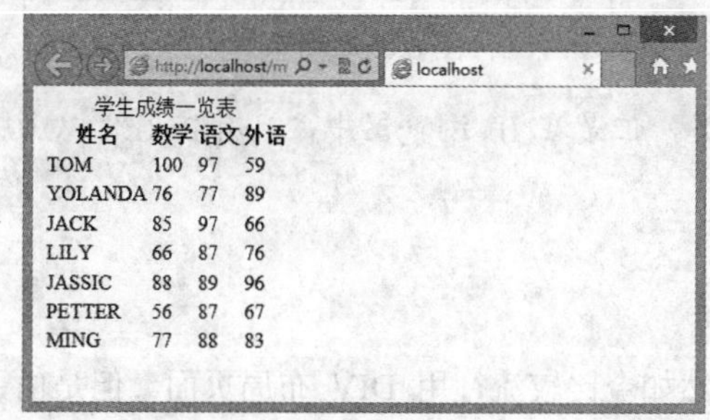

姓名	数学	语文	外语
TOM	100	97	59
YOLANDA	76	77	89
JACK	85	97	66
LILY	66	87	76
JASSIC	88	89	96
PETTER	56	87	67
MING	77	88	83

图 6.62　构建表格结构

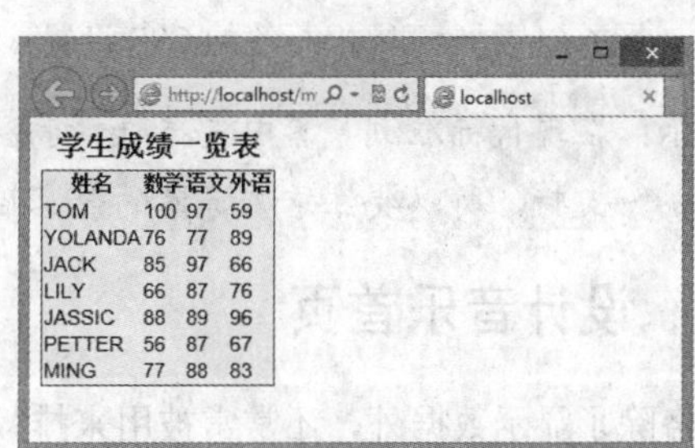

姓名	数学	语文	外语
TOM	100	97	59
YOLANDA	76	77	89
JACK	85	97	66
LILY	66	87	76
JASSIC	88	89	96
PETTER	56	87	67
MING	77	88	83

图 6.63　设置表格样式

第 3 步，定义表格的行名称样式和单元格样式。

```
.chart th {/*行名称样式*/
    border: 1px solid #0058a3;                    /*行名称边框*/
    background-color: #4bacff;                    /*行名称背景色*/
    color: #FFFFFF;                               /*行名称颜色*/
    font-weight: bold;
    padding-top: 4px;
    padding-bottom: 4px;
    padding-left: 12px;
    padding-right: 12px;
    text-align: center;                           /*水平对齐*/
}
.chart td {/*单元格样式*/
    border: 1px solid #0058a3;                    /*单元格边框*/
    text-align: center;                           /*水平对齐*/
    padding-top: 4px;
    padding-bottom: 4px;
    padding-left: 10px;
    padding-right: 10px;
}
```

以上代码中，首先定义了<th>标签样式和<td>标签样式，此时网页的显示效果如图 6.64 所示。从图 6.64 中可以看到，整个表格样式已经形成，最后只差实现动态变色。

第 4 步，实现动态变色。

```
.chart tr:hover { background-color: #CC9999;       /*动态变色*/
}
```

从以上代码可以看到，实现动态变色可以直接调用<tr>标签的伪类 hover。最终效果如图 6.65 所示。

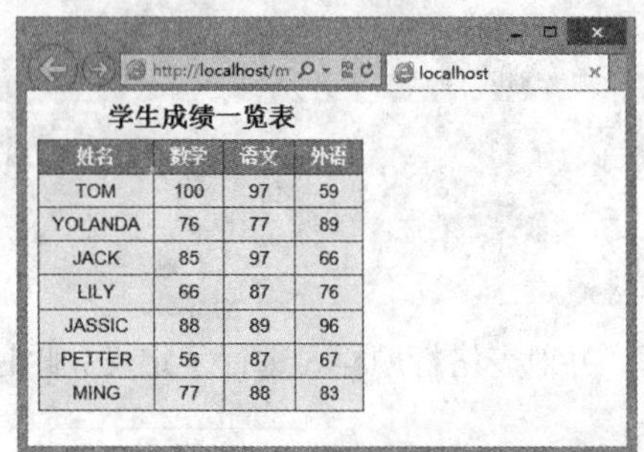

学生成绩一览表

姓名	数学	语文	外语
TOM	100	97	59
YOLANDA	76	77	89
JACK	85	97	66
LILY	66	87	76
JASSIC	88	89	96
PETTER	56	87	67
MING	77	88	83

图 6.64　<th>和<td>标签的 CSS 设置

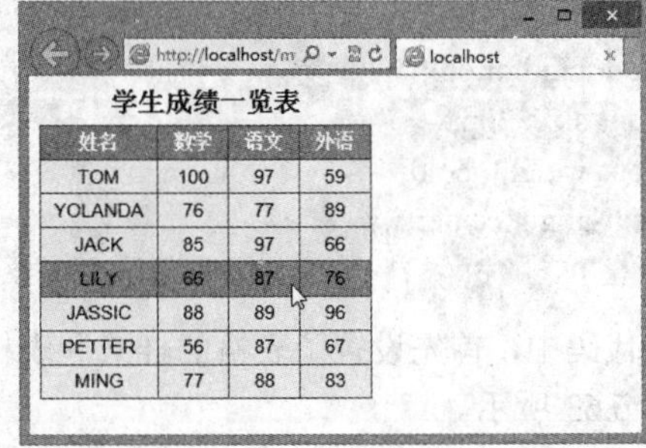

学生成绩一览表

姓名	数学	语文	外语
TOM	100	97	59
YOLANDA	76	77	89
JACK	85	97	66
LILY	66	87	76
JASSIC	88	89	96
PETTER	56	87	67
MING	77	88	83

图 6.65　动态变色

提示： 在现代标准浏览器中支持<tr>标签的伪类，但是在 IE 浏览器中，只有在 IE8 以上版本才支持，所以要注意浏览器的兼容性。

6.6.4　设计音乐首页

表格除了显示数据外，还常常被用来排版。虽然如今比较流行用 DIV 布局页面，但是由于表格容易上手、快捷、兼容性好，所以表格布局仍然受到不少设计者的青睐。本例的演示效果如图 6.66

所示。

图 6.66　音乐首页效果

【操作步骤】

第 1 步，新建文档，保存为 index.html。构建网页结构。本例中应用了表格嵌套，设置了外层表格 outer 和内层表格 inner 进行布局，结构示意图如图 6.67 所示。

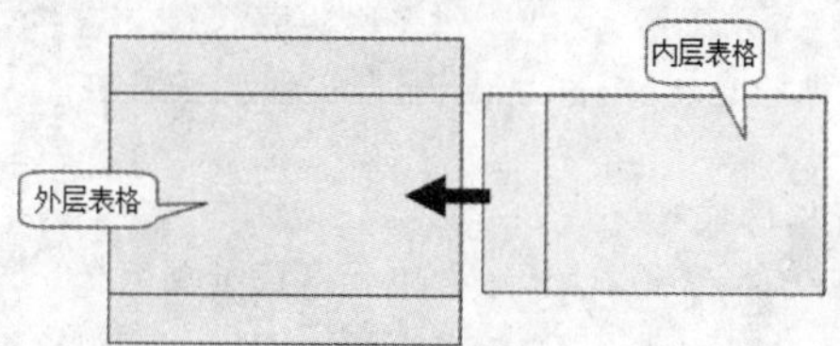

图 6.67　表格嵌套示意图

从图 6.67 中可以看到，外层表格是一个 3 行 1 列的表格，在外层表格的第 2 行中，又嵌套了一个 1 行 2 列的表格。

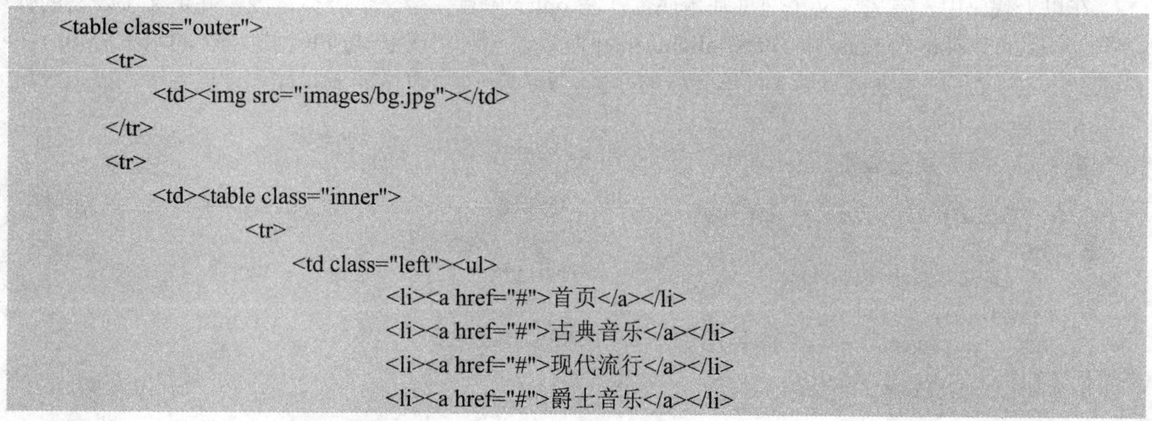

```
<table class="outer">
    <tr>
        <td><img src="images/bg.jpg"></td>
    </tr>
    <tr>
        <td><table class="inner">
                <tr>
                    <td class="left"><ul>
                            <li><a href="#">首页</a></li>
                            <li><a href="#">古典音乐</a></li>
                            <li><a href="#">现代流行</a></li>
                            <li><a href="#">爵士音乐</a></li>
```

Note

```
                    <li><a href="#">70 后音乐</a></li>
                    <li><a href="#">80 后音乐</a></li>
                    <li><a href="#">90 后音乐</a></li>
                </ul></td>
            <td class="right"><img src="images/1.jpg" /></td>
        </tr>
    </table></td>
    </tr>
    <tr>
        <td class="footer"><p>|联系我们    | 关于我们   |</p>
            <p>感谢您的支持，希望明天会更好！！ </p></td>
    </tr>
</table>
```

以上代码定义了表格的结构，外层表格的 3 行分别是：第 1 行设置了 banner 图片，第 2 行是网页正文部分，嵌套了另一个表格，第 3 行定义了网页的 footer 部分；内层表格是一个 1 行 2 列的表格，左侧单元格设置了<ul>列表，定义网页的导航栏，右侧单元格是网页的内容部分。

第 2 步，定义网页基本属性和外层表格样式。在<head>标签内添加<style type="text/css">标签，定义一个内部样式表，然后输入下面样式：

```
body { /*网页基本属性*/
    background: #e9e8dd;                    /*网页背景颜色*/
    text-align: center;
}
.outer {/*外层表格样式*/
    width: 800px;                           /*表格宽度*/
    border: 1px #999999 solid;              /*表格边框*/
    margin: 0 auto;/*与父标签中的 text-align:center 配合实现水平居中*/
}
.footer {/*外层表格第 3 行单元格样式*/
    background-color: #BEC4D0;              /*单元格背景颜色*/
    text-align: center;                     /*水平居中*/
    font-size: 12px;                        /*字体大小*/
    color: #0033FF;                         /*字体颜色*/
}
```

在以上代码中，首先定义了网页基本属性；在 outer 中首先定义了表格宽度，并定义了表格的外边框，margin:0 auto 与 body 中的 text-align:center 两条语句可实现 IE 与 FF 浏览器中的水平居中。在 footer 中，定义了外层表格中第 3 行单元格的样式。此时，外层表格的所有样式设置完毕，显示效果如图 6.68 所示。

第 3 步，设置内层表格 inner 样式。

```
.left { /*内层表格左侧单元格样式*/
    width: 150px;                           /*左侧单元格宽度*/
    background-color: #FF3300;              /*背景颜色*/
    border: 1px red solid;                  /*单元格边框*/
    text-align: center;                     /*水平居中*/
}
```

```
.right {/*内层表格右侧单元格样式*/
    width: 650px;                         /*右侧单元格宽度*/
    background-color: #BEC4D0;            /*背景颜色*/
    border: 1px red solid;                /*单元格边框*/
    text-align: center;                   /*水平居中*/
}
```

以上代码完成了内层表格中两个单元格样式的设置，显示效果如图 6.69 所示。

图 6.68　网页基本属性及外层表格样式设置

图 6.69　设置内层表格样式

第 4 步，设置内层表格中的左侧导航条样式。

```
ul {/*列表样式*/
    list-style-type: none;                /*不显示列表项目符号*/
    font-weight: bold;                    /*字体加粗*/
    font-size: 16px;                      /*字体大小*/
```

```
}
li { height: 40px;                                    /*列表项的高宽*/ }
```

Note

上面代码实现了导航栏的样式，如图 6.70 所示效果。

图 6.70　导航栏效果

6.6.5　设计个人小站

本节继续使用表格来设计完整页面，整个页面通过多层嵌套表格设计 3 行 3 列的页面布局样式，演示效果如图 6.71 所示。

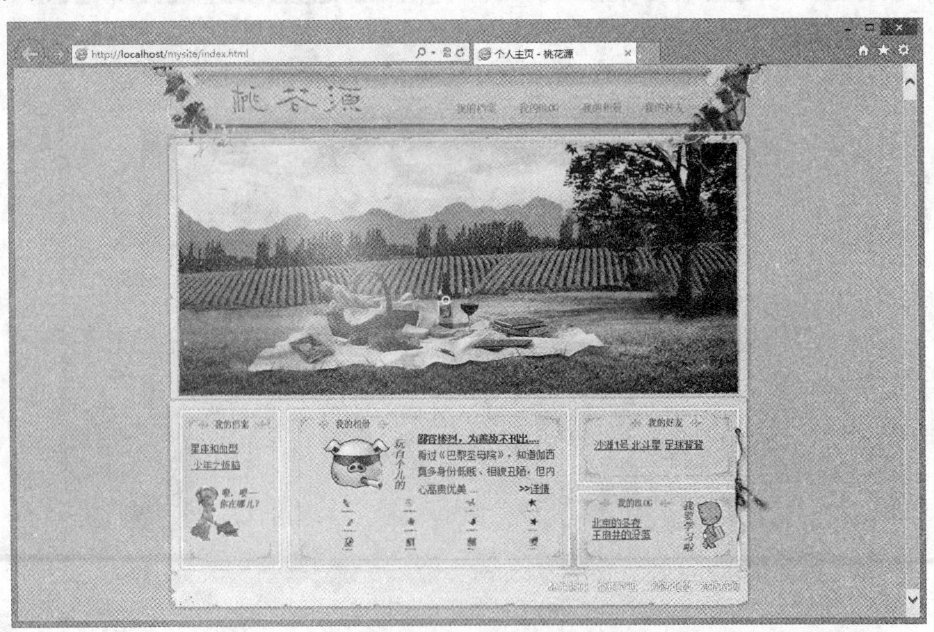

图 6.71　个人小站页面效果

【操作步骤】

第 1 步，在设计页面之前，使用 Photoshop 制作并处理网页中使用的图像，然后建立一个 images 文件夹，将这些图像文件都放在该文件夹中，以备引用。

整个首页的布局思路在制作之前应先在草稿纸上勾画一下，然后用 Photoshop 制作一个模板，如

图 6.72 所示。

图 6.72　设计网页模板

第 2 步，根据需要再用切片工具切割图像，如图 6.73 所示。

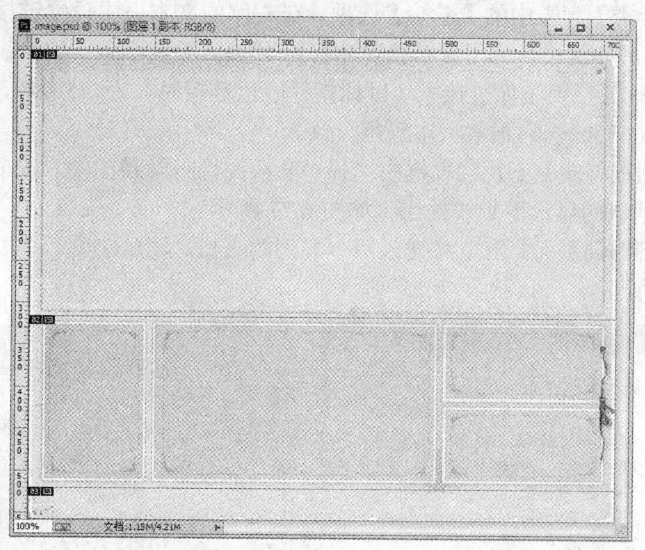

图 6.73　切分并输出图像

第 3 步，启动 Dreamweaver，新建文档，保存为 index.html。在主窗口中选择【修改】|【页面属性】命令，打开【页面属性】对话框，在该对话框中单击左侧【分类】列表中的【标题/编码】选项，在【标题】文本框中输入网页的标题“个人主页－桃花源”，如图 6.74 所示。当用户在浏览器中打开此网页时，网页标题会出现在浏览器的标题栏中。

第 4 步，单击【分类】列表中的【外观（CSS）】选项，在右侧的【背景图像】文本框中输入网页背景图像的完整名称，如图 6.75 所示。本例中，已将背景图像复制到站点中的 images 文件夹中，因此输入文件的相对路径即可，单击【浏览】按钮可以在打开的对话框中快速找到背景图像。

第 5 步，在【重复】下拉菜单中选择 repeat-x，即定义横向重复，因为本页背景图像为渐变色图

像，只能在横向上重复。

第 6 步，为使网页在浏览器中不留空白边距，可以在下面 4 个边距文本框中输入“0”，设置网页与浏览器之间没有边距，如图 6.75 所示。

Note

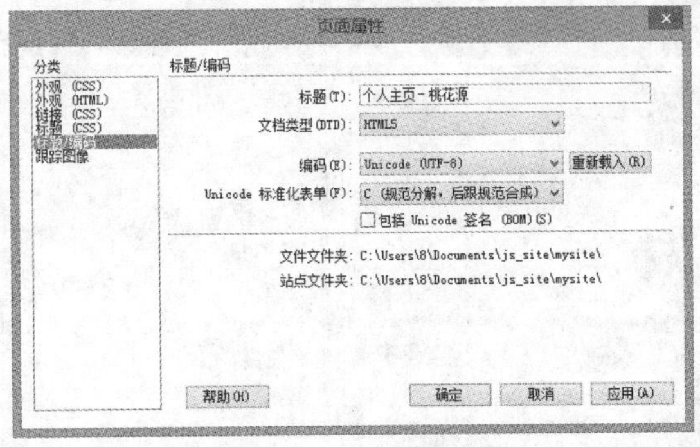

图 6.74　设置网页标题

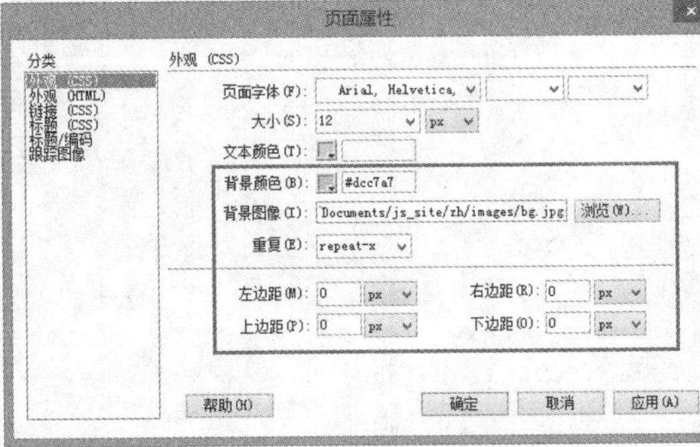

图 6.75　设置网页背景

> 提示：如果使用的图像文件不在站点中，可以单击文本框右边的【浏览】按钮，在打开的对话框中查找图像。单击【确定】按钮后，系统会弹出提示对话框询问是否把该图像保存到站点内，并打开【复制文件为】对话框让用户保存该图像到站点内。

第 7 步，单击【分类】列表中的【链接】选项，在右侧的文本框中设置链接文本在不同状态下的样式，如图 6.77 所示。本例中，为了使链接文本和网页整体颜色协调一致，设置【链接颜色】（正常状态下）为#663300，【交换图像链接】（鼠标指针经过链接时）为#857940，【已访问链接】（单击后的文本链接）为#663300，和正常状态颜色一致。

第 8 步，在【下划线样式】下拉列表框中选择“交换图像时隐藏图像”选项，即当鼠标指针经过链接时不再显示系统默认的显示下划线效果，如图 6.77 所示。

第 9 步，使用表格布局页面。上下共插入两个并列的表格，然后在第 2 个表格中嵌入多个不同层级的表格，如图 6.78 所示。

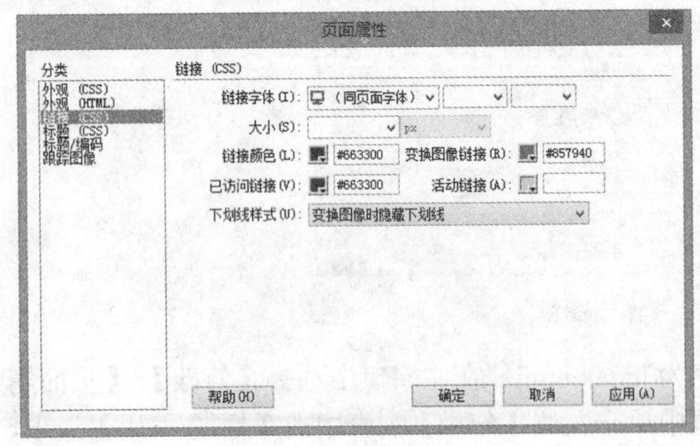

图 6.77　设置链接样式

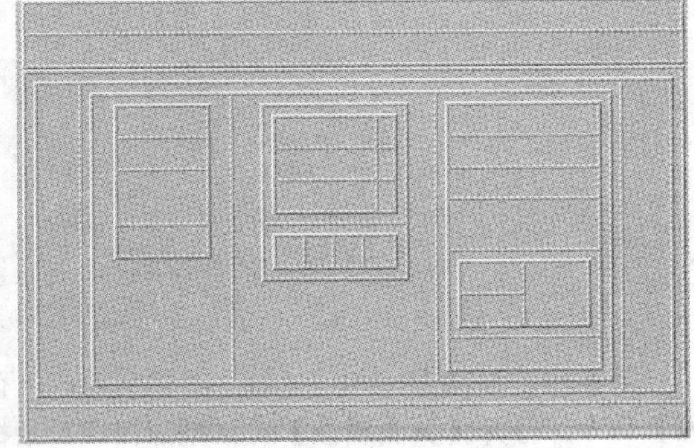

图 6.78　使用嵌套表格布局页面

> 提示：插入的表格要隐藏边框，设置单元格边距和单元格间距为 0，避免这些属性对页面的影响。关于表格的行数、列数可以根据需要自由设置，表格的长度一般设置原则为：最外围表格建议指定固定数值，单位为像素；嵌套表格可以设置为百分比，一般情况下为 100%。表格之间可以嵌套，嵌套表格的目的是为了更详细地布局网页，但建议不要嵌套太深，一般不要超过 5 层，最好保持在 3 层内。此时可以放大视图，以方便观察。

Note

第 10 步，在表格中插入图像。在插入前，先在表格的单元格中单击，选择【插入】|【图像】|【图像】命令，打开【选择图像源文件】对话框。在该对话框的文件列表中选择要插入的图像文件。单击【确定】按钮，选定的图像即被插入到单元格中，如图 6.79 所示。

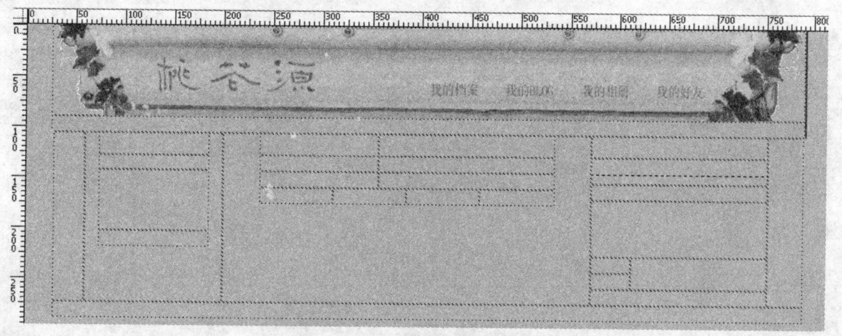

图 6.79　在单元格中插入图片

第 11 步，在表格中插入背景图像。网页可以设置背景图像，表格、单元格、行都可以设置背景图像。

背景图像在插入表格之后会根据表格大小进行重复显示。当表格比图像小时，则显示局部图像；当表格比图像大时，则重复显示图像；如果希望正好显示背景图像，可以设置单元格大小和图像大小一致。本例中的单元格背景图像设置如图 6.80 所示。

图 6.80　设置单元格背景图像

第 12 步，在网页中输入和设置文本。将插入点定位到需要插入文本的位置，然后输入文本即可。

要设置文本属性，首先要选定文本。在【属性】面板中设置：文本的颜色为深色，字体大小为 12 像素，文本【属性】面板中的各项设置如图 6.81 所示。

在该页面中运用了样式 maincontent，使用样式的好处就是能够快速便捷地控制页面元素的属性，例如，定义一个样式 maincontent，代码如下：

```
.maincontent {
    font-size: 12px;
    color: #663300;
```

```
        line-height: 20px;
        font-family: arial, helvetica, sans-serif;
        text-decoration: none
}
```

Note

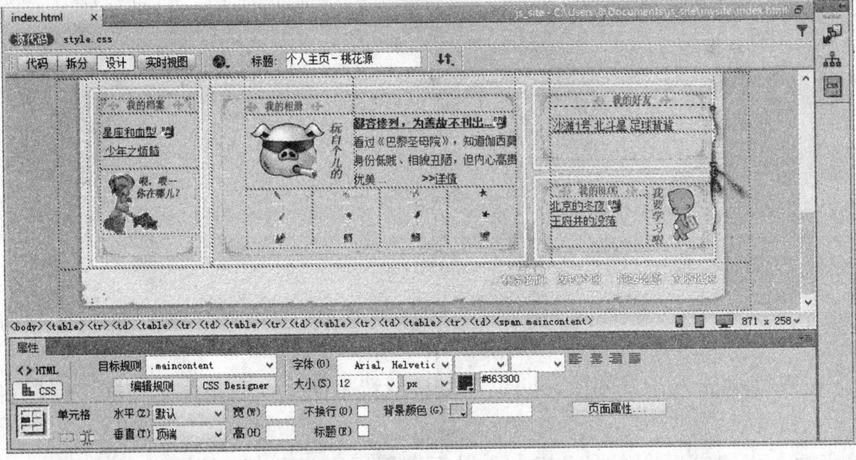

图 6.81　设置字体属性和样式

上面代码就表示定义元素的字体大小为 12 像素，颜色为#663300，行高为 20px，字体为 arial、helvetica、sans-serif 中的一种，不定义文本修饰。

定义完毕样式，就可以把这些样式应用到网页中任何选中的文本。

第 13 步，设置超链接文本。选定要作为超链接载体的文本，在【属性】面板中【链接】文本框中直接输入目标网页文件的绝对 URL，如 files/documnets.html。

第 14 步，完成页面设计操作，按 Ctrl+S 快捷键保存文档，然后按 F12 键在浏览器中预览，则显示效果如图 6.82 所示。

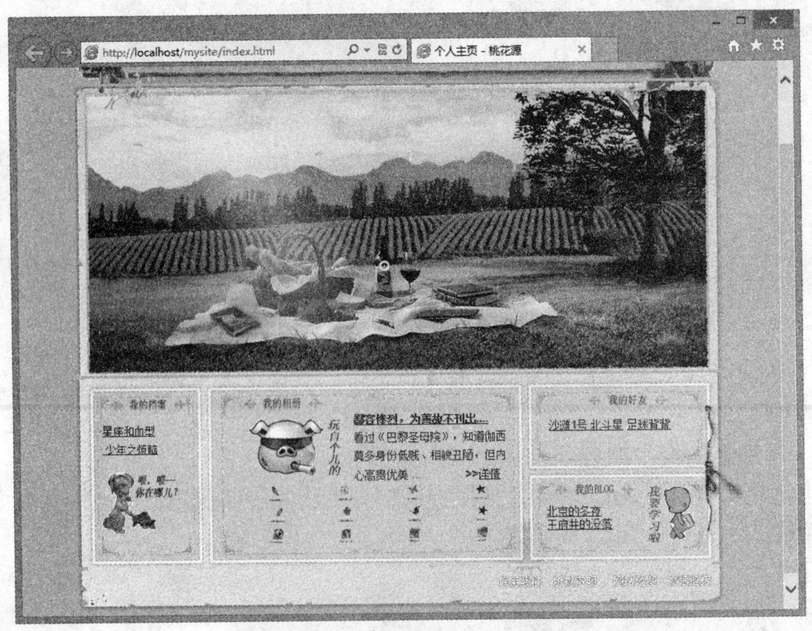

图 6.82　设置字体属性和样式

第7章 制作动态网页

（视频讲解：41分钟）

动态网页不但能够实现复杂的动态效果，还能实现友好的人机交互，因此更容易引起浏览者的兴趣。Dreamweaver 提供了多种实现动态与交互网页的功能。例如，通过行为执行指定的动作来实现各种动态效果。本章将结合 Dreamweaver 行为、特效和 jQuery 组件以案例的形式进行介绍，帮助用户能够初步制作动态网页效果。

【学习重点】

- 制作跳转菜单
- 制作可拖动对象
- 改变对象显示属性
- 制作交换按钮
- 制作提示对话框
- 显示和隐藏元素
- 设计动画特效
- 设计 Tab 选项卡和模态对话框

7.1 制作跳转菜单

Note

跳转菜单是链接的一种特殊形式。它不仅丰富了网页中超链接的形式，同时最大限度地节省版面。在制作网页时，如果页面布局比较紧张，可以使用它将一些不太重要的链接进行归类集中。

在 Dreamweaver 中，利用“跳转菜单”行为可以设计弹出式下拉链接列表。下拉菜单中的每个选项都定义一个超链接。当浏览者选择菜单中的选项时，就如同单击网页中的超链接文本一样，跳转到选项所定义的目标网页。当然，还可以利用它链接图片、文档等对象。

【操作步骤】

第 1 步，启动 Dreamweaver，新建文档，保存为 test.html。将鼠标指针定位到预定义位置，选择【插入】|【表单】|【选择】命令，插入一个空的下拉菜单控件，在【属性】面板中设置 Name 为 menu1，如图 7.1 所示。

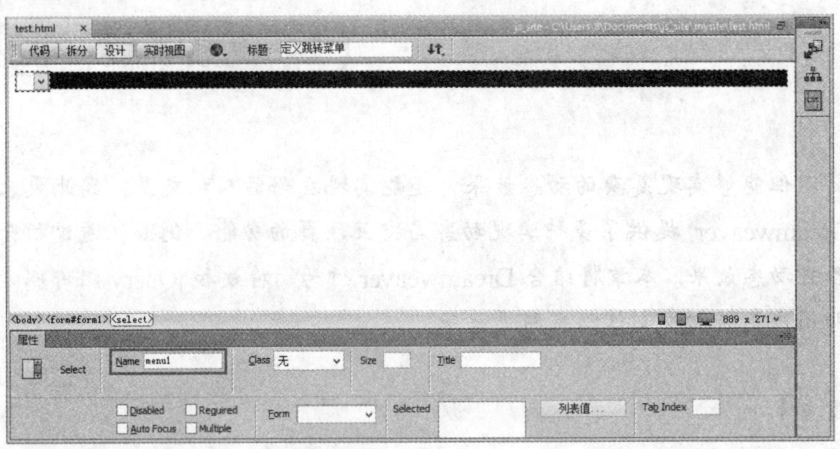

图 7.1 插入空菜单

第 2 步，选择【窗口】|【行为】命令，打开【行为】面板。单击【行为】面板列表框上面的+按钮，在打开的下拉菜单中选择【跳转菜单】行为，如图 7.2 所示。

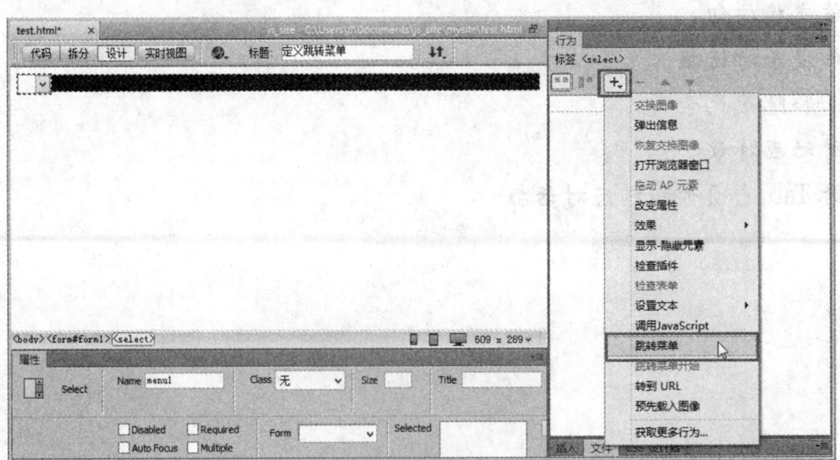

图 7.2 选择【跳转菜单】行为

第3步，打开【跳转菜单】对话框，如图7.3所示，然后在该对话框中进行设置。

第4步，在【文本】文本框中设置项目的标题。在【选择时，转到URL】文本框中设置链接网页的地址，如http://www.baidu.com/，或者直接单击【浏览】按钮找到链接的网页。

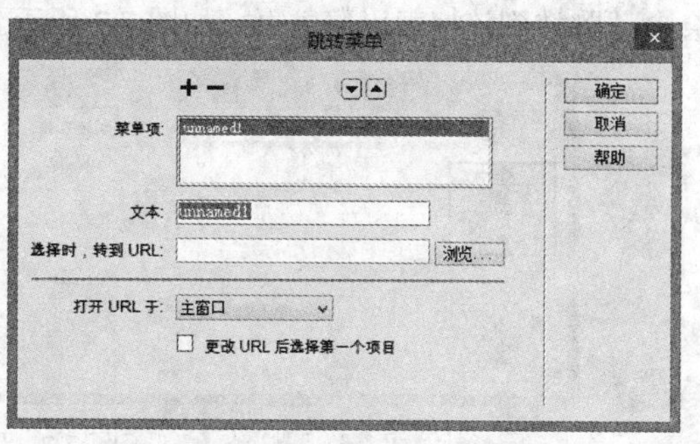

图7.3 打开【跳转菜单】对话框

第5步，在【打开URL于】下拉列表框中设置打开链接的窗口。如果选中【更改URL后选择第一个项目】复选框，可以设置在跳转菜单链接文件的地址发生错误时，自动转到菜单中第一个项目的网址，如图7.4所示。

第6步，设置完成，单击面板上方的+按钮，可以添加新的链接项目，然后按第5步介绍的方法进行设置，最后设置的结果如图7.5所示。当选择【菜单项】列表框中的项目，然后单击面板上方的-按钮，可以删除项目。

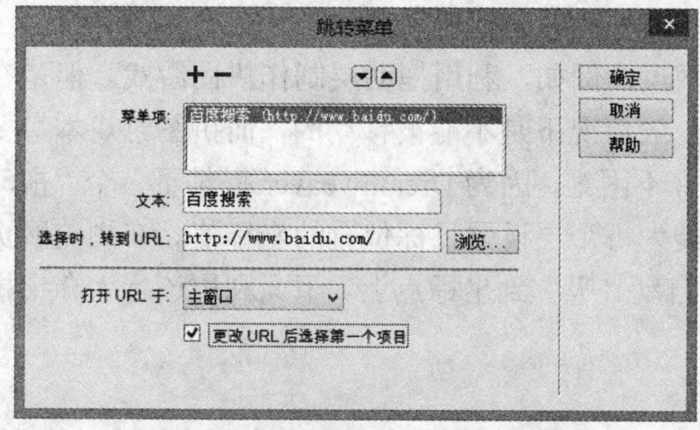

图7.4 设置【跳转菜单】对话框

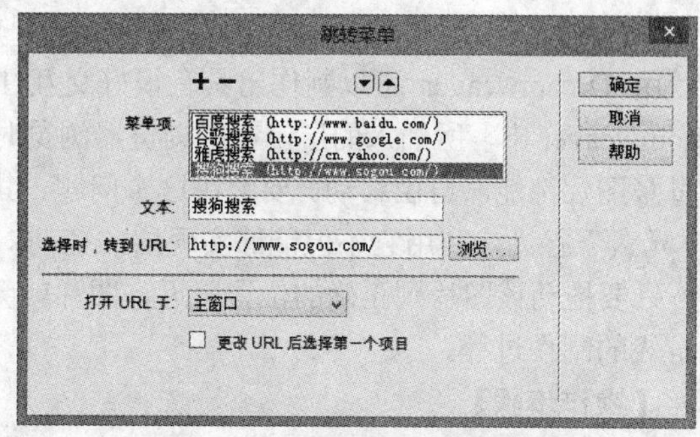

图7.5 设置【跳转菜单】对话框

提示：选择已经添加的项目，然后单击面板上方的【向上】▲或者【向下】▼按钮调整项目在跳转菜单中的位置。

第7步，设置完毕，这时可以看到在【行为】中自动定义了“跳转菜单”行为，根据需要设置事件类型，这里设置为onChange，即当跳转菜单的值发生变化时，将触发跳转行为，如图7.6所示。

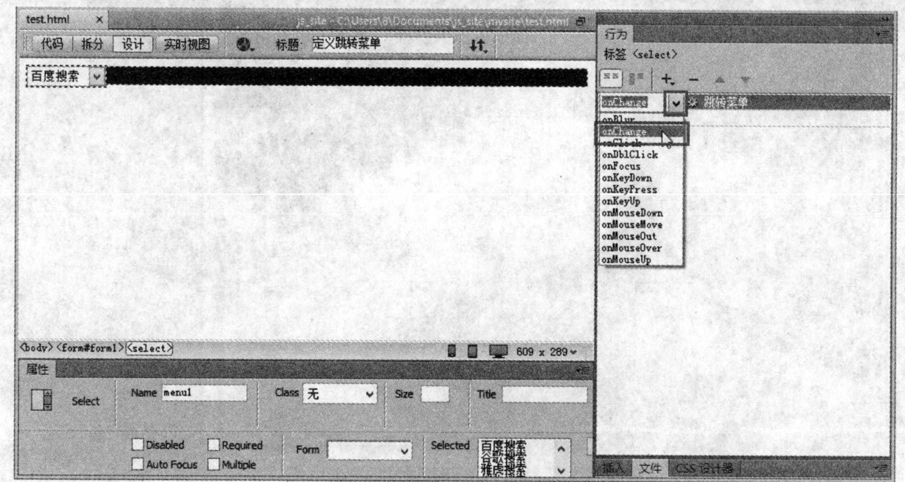

图7.6 定义事件类型

第 8 步，保存页面，在浏览器中预览，可以看到一个跳转下拉菜单，当选择不同的搜索引擎时，会自动跳转到该搜索引擎主页，如图 7.7 所示。

Note

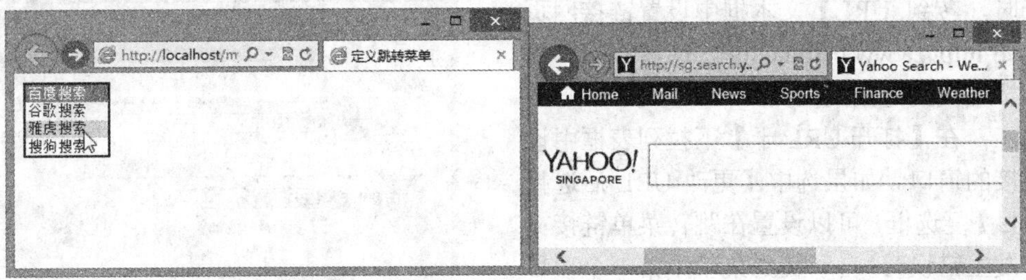

图 7.7　跳转菜单演示效果

7.2　制作自由拖动层

用 Dreamweaver 可以制作出具有很好交互性的网页，例如，利用拖动层制作拼图游戏。但是在 Dreamweaver 中，所插入的层，在用浏览器浏览时，一般情况下是不能被移动的，而拼图游戏本身要求每张图片都能够自由移动。要解决这个问题，其实并不困难，因为 Dreamweaver 提供了一个“拖动 AP 元素”行为，利用它不但能够实现层的拖动，还能为每个层设置目标位置的坐标值。在浏览网页时，只要拖动该图片到正确的位置附近，图片就会被自动“吸”到坐标点上。下面利用该行为介绍拼图游戏的制作过程。

【操作步骤】

第 1 步，在制作拼图游戏之前，首先要找一幅图片，并利用 Photoshop 将图片切分成多块。如图 7.8 所示将一张完整的图片平均分成 9 块。

图 7.8　制作切片

技巧：在工具箱中选择【切片选取工具】，在工具选项栏中单击【划分】按钮，打开【划分切片】对话框，选中【水平划分为】复选框，然后在下面的文本框中输入数字 3，设置水平分为 3 栏；选中【垂直划分为】复选框，然后在下面的文本框中输入数字 3，设置垂直分为 3 栏，设置如图 7.9 所示。

单击【确定】按钮，关闭【划分切片】对话框，此时 Photoshop 会自动把整个图片切分为 9 块。

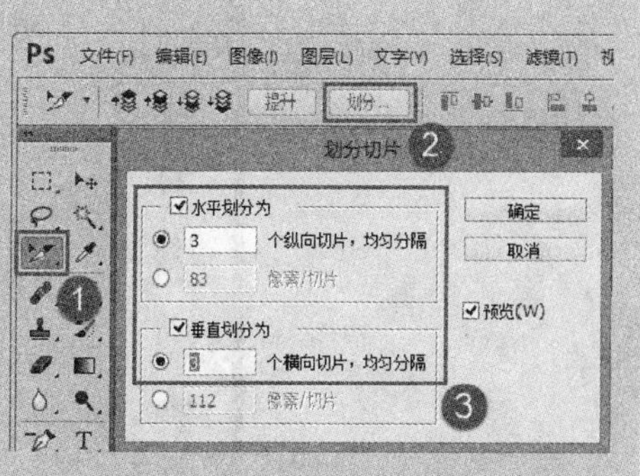

图 7.9　设置自动切片

第 2 步，在 Photoshop 中选择【文件】|【存储为 Web 所用格式】命令，打开【存储为 Web 所用格式】对话框，如图 7.10 所示。

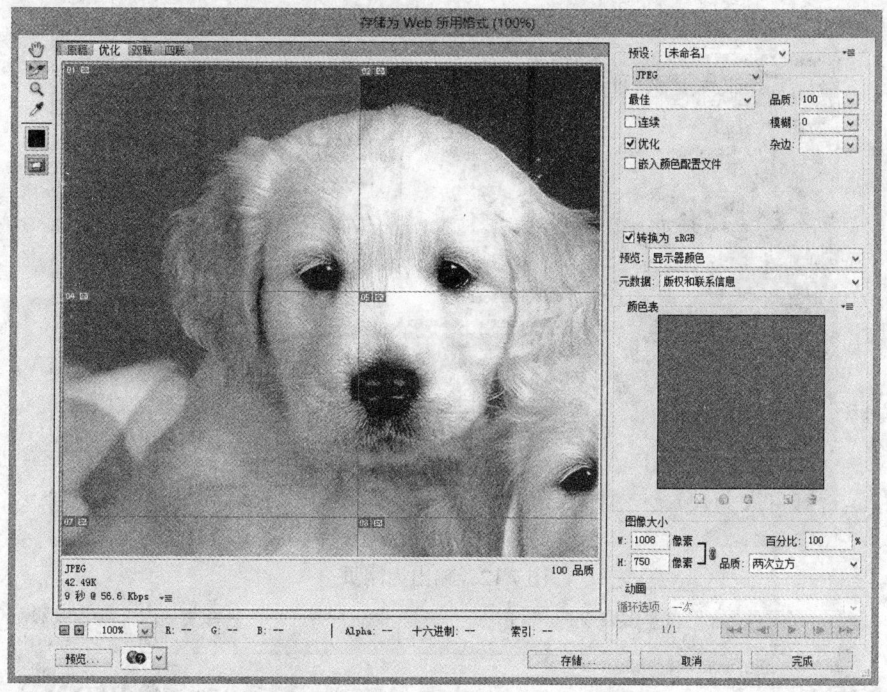

图 7.10　【存储为 Web 所用格式】对话框

第 3 步，保存默认设置，单击【存储】按钮，打开【将优化结果存储为】对话框，在【文件名】文本框中设置网页的名称，建议以英文字母配合数值进行命名；在【格式】下拉列表框中选择【HTML 和图像】选项；在【设置】下拉列表框中保持默认设置，在【切片】下拉列表框中选择【所有用户切片】选项，详细设置如图 7.11 所示。

第 4 步，单击【保存】按钮，输出并存储切片和网页，可以在当前站点目录下看到所存储的 HTML 文档和 images 文件夹，在 images 文件夹中保存着所有的用户切片图像，直接双击 HTML 文件名，即可在网页浏览器中预览网页效果，如图 7.12 所示。

第 5 步，启动 Dreamweaver，打开使用 Photoshop 输出的 HTML 文档。可以看到该页面为表格布局页面，如图 7.13 所示。

Note

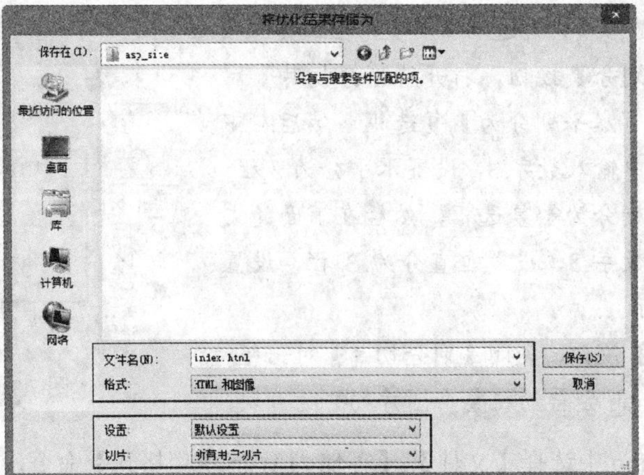

图 7.11　存储为网页格式

图 7.12　输出为网页

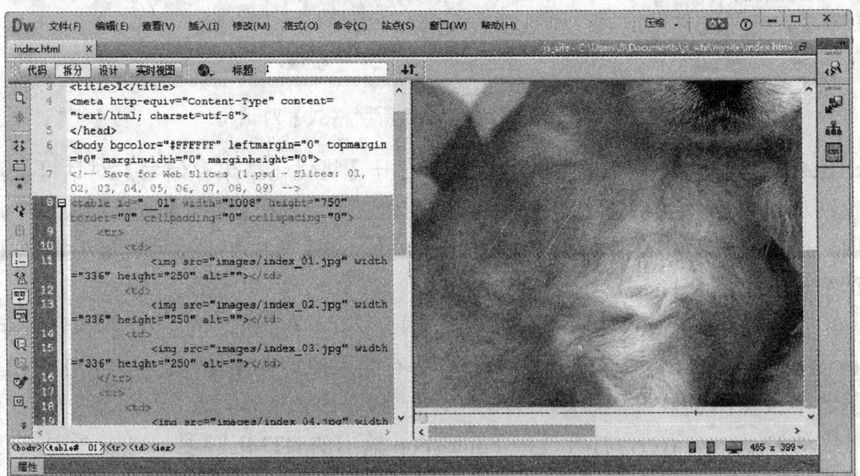

图 7.13　使用 Dreamweaver 打开 Photoshop 输出页面

第 6 步，选择【文件】|【另存为】命令，把 index.html 另存为 pintu.html。然后切换到代码视图，使用 CSS 把表格布局的图像转换为图层布局图像，如图 7.14 所示，具体源代码可以参考本书示例源代码。

图 7.14　把表格转换为图层

提示：在 Dreamweaver 以前的版本中，可以快速把表格布局转换为图层布局。方法是：选择【修改】|【转化】|【表格到层】命令，把插入的表格图像文件转换为层布局网页。

第 7 步，选择【窗口】|【行为】命令，打开【行为】面板。

第 8 步，在【标签选择器】内选择整个网页标签<body>，再单击【行为】面板中的 按钮，弹出一个菜单，在菜单中选择【拖动 AP 元素】命令，打开【拖动 AP 元素】对话框，如图 7.15 所示。

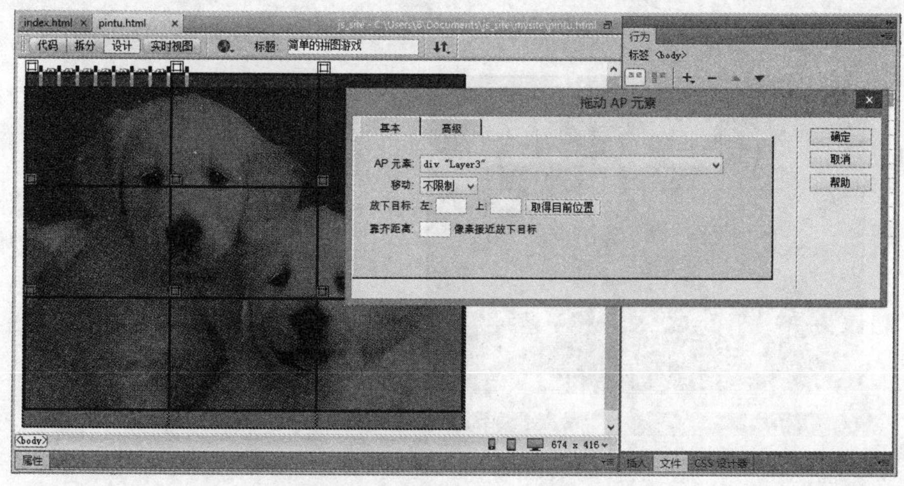

图 7.15　【拖动 AP 元素】对话框

第 9 步，在【AP 元素】下拉列表框中选择要设置的层。在本例中，由于插入了 9 个层，在该对话框中依次选择这 9 个层，并分别设置其目标位置的坐标值等参数。

第 10 步，在【移动】下拉列表框中选择【不限制】选项。该列表框提供了两种拖动方式。

☑　【不限制】为不受限制拖动，可将层拖动到浏览器的任何位置。

☑ 【限制】为受限制拖动，在该对话框中，可利用【上】、【下】、【左】、【右】选项为拖动层设置一个矩形范围，这样浏览者就只能在该范围内拖动层。

第 11 步，在【放下目标】选项组的【左】和【上】文本框中输入层目标位置的坐标值。它是指每个图片在目标位置时，其左上角的坐标值。

Note

提示：如果不能确定该坐标值，可用下面的方法来获取坐标值。

☑ 选择【查看】|【标尺】|【显示】命令，在窗口中显示出标尺，并将鼠标指针移到单元格的左上角，记下标尺上虚线所对应的数值。其中顶部标尺显示的是【左】文本框的值，左面标尺显示的是【右】文本框的值。

☑ 先将层拖到对应的单元格中，并用键盘上的方向键调整好层的位置；然后打开【拖动 AP 元素】对话框，单击【取得目前位置】按钮，即可自动获取该图片的坐标值。

第 12 步，在【靠齐距离】文本框中设置目标点的允许误差范围。例如设为 50，表示如果图片被拖动到距离目标位置小于 50 个像素时，就认为已经拖动到了目标点上。完成对话框设置如图 7.16 所示。

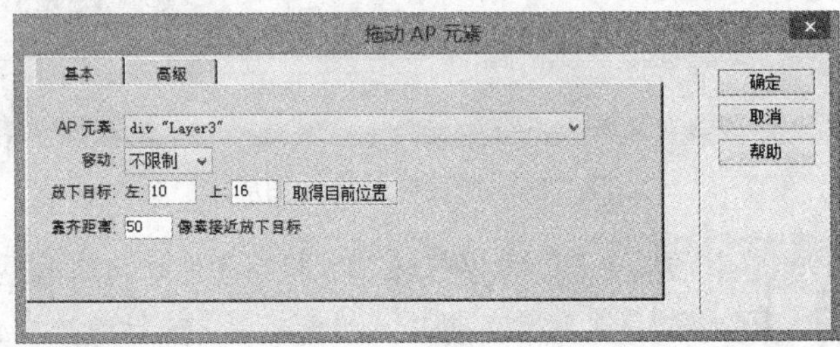

图 7.16　设置拖动参数

第 13 步，重复第 8 步~第 12 步操作，分别为其他 8 个层设置移动操作行为。最后，设置拖动触发事件为 onLoad，如图 7.17 所示。

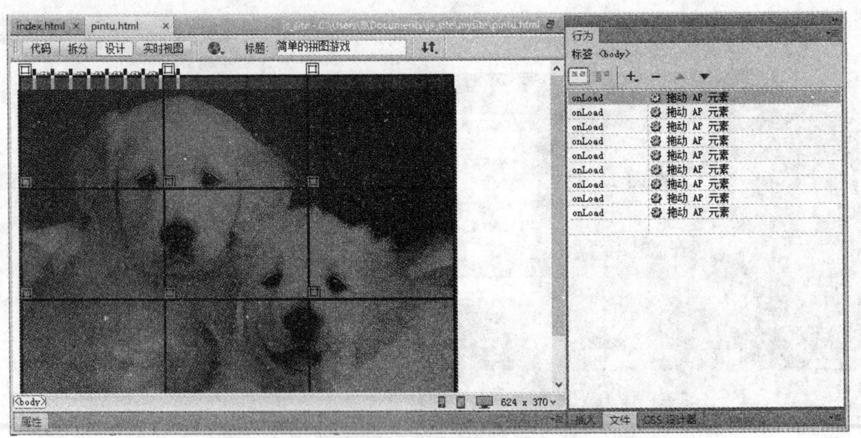

图 7.17　定义触发事件

第 14 步，完成设置后，保存文档，按 F12 键预览页面，效果如图 7.18 所示。如果想把游戏做得更好一些，可在其中加入一些动画以及设置【开始】、【重玩】和【结束】等按钮。

【拓展】经过以上设置后，基本上已经能够实现所需要的功能了。如果需要对层进行更进一步的设置，例如层被拖动后的层次、拖动到目标点后引发的动作等，可单击【高级】标签，打开【高级】选项卡，如图 7.19（a）所示。

图 7.18　制作的拼图游戏效果

在该选项卡中，可设置的选项如下。

☑　拖动控制点：该下拉列表框用于设置可拖动的区域，其默认值为【整个元素】，即在该图片上的任何位置都可以拖动。如果选择了【元素内的区域】选项，则对话框如图 7.19（b）所示。列表框右侧的【左】、【上】、【宽】和【高】文本框用于确定拖动区域在图片上的位置，其中【左】和【上】文本框用于定位拖动区域距图片左边和顶边的距离，【宽】和【高】文本框用于设置拖动区域的宽度和高度。

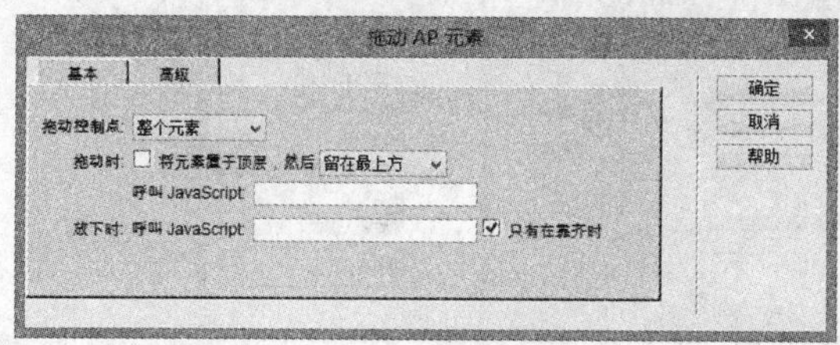

（a）拖动整个层

（b）拖动层内指定区域

图 7.19　【高级】选项卡

☑　拖动时：在该选项组中，如果不选中【将元素置于顶层，然后】复选框，在拖动层时将不改变层的叠放次序，这意味着它有可能被其他层遮盖；如果选中该复选框，并在后面的下拉列表框中选择【留在最上方】选项，则层在拖动时将处于最顶层，释放鼠标后，该层也将变为顶层；如果选择【恢复 z 轴】选项，则层在被拖动时处于顶层，放开鼠标指针后将恢复原来的层次。

☑　呼叫 JavaScript：该文本框用于调用 JavaScript。可以在其后面的文本框中输入完整的 JavaScript 语句。同时该选项也可进行某函数的调用。在拖动层时系统将反复执行所输入的语句。

☑　放下时，呼叫 JavaScript：用于在释放鼠标时调用 JavaScript 语句。可以在此文本框中输入 JavaScript 语句或其他函数。所输入的语句或函数，将在图形被拖动完成后执行。如果选中【只有在靠齐时】复选框，则只有当图形被拖动到目标位置后才能执行所输入的语句。

利用【高级】选项卡中提供的这种可调用 JavaScript 语句的功能，可制作巧妙的换图效果。例如，当拖动该层到目标位置时，该图片立刻切换为其他图片。

7.3 改变显示属性

Note

在 Dreamweaver 中，利用“改变属性”行为可以动态地改变指定对象的某些属性，这些属性包括背景颜色、尺寸和背景图片等。制作网页时，如果用这种行为设置一些特殊的区域，例如，当鼠标指针经过某个区域时，该区域的背景颜色会立即发生变化；当鼠标指针离开后又恢复为原来的背景色。下面通过一个实例介绍增加该行为的方法。

【操作步骤】

第 1 步，打开本节示例中的 orig.html 文件，另存为 effect.html。设计当鼠标经过缩略图时，高亮显示。

第 2 步，选中<div id="apDiv1">标签，单击【行为】面板中的+.按钮，从弹出的行为菜单中选择【改变属性】命令，打开【改变属性】对话框，如图 7.20 所示。

图 7.20　打开【改变属性】对话框

第 3 步，在【元素类型】下拉列表框中设置要更改其属性的对象的类型。实例中要改变 AP 元素的属性，因此选择 DIV。

第 4 步，在【元素 ID】下拉列表框中显示网页中所有该类对象的名称，如图中会列出网页中所有的 AP 元素的名称。在其中选择要更改属性的 AP 元素的名称，如 DIV“apDiv1”。

第 5 步，在【属性】选项组中选择要更改的属性，因为要设置背景，所以选择 border。如果要更改的属性没有出现在下拉菜单中，可以在【输入】文本框中手动输入属性。

第 6 步，在【新的值】文本框中设置属性新值。这里要定义 AP 元素的边框线，设置为 solid 2px red，如图 7.21 所示。

第 7 步，设置完成后单击【确定】按钮。在【行为】面板中确认触发动作的事件是否正确，这里设置为 onMouseover，如果不正确，需要在事件菜单中选择正确的事件，如图 7.22 所示。

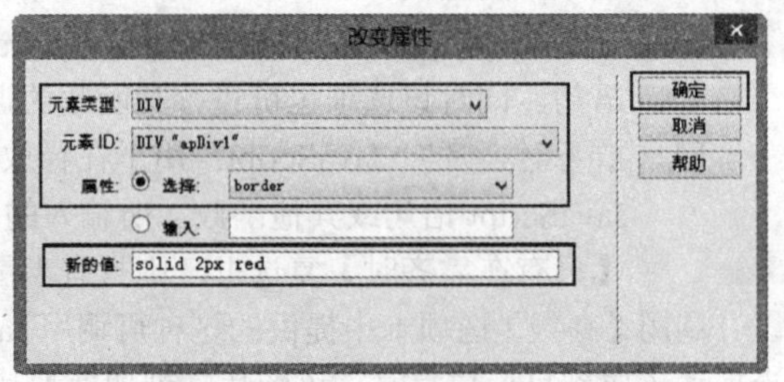

图 7.21　设置【改变属性】对话框

图 7.22　修改事件类型

第 8 步，再选中 ap Div1 元素，继续添加一个“改变属性”行为，设计鼠标移出该元素后恢复默认的边框效果，设置【改变属性】对话框如图 7.23 所示。

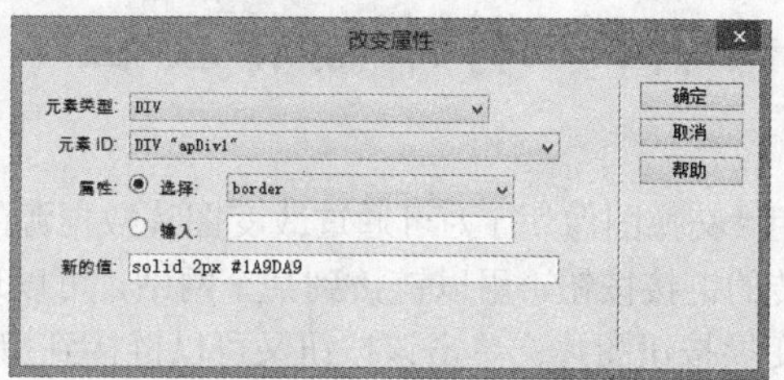

图 7.23　设置【改变属性】对话框

第 9 步，设置完成后单击【确定】按钮。在【行为】面板中确认触发动作的事件是否正确，这里设置为 onMouseout，即设计当鼠标离开对话框时，恢复默认的无边框状态，如图 7.24 所示。

图 7.24　修改事件类型

第 10 步，保存并预览网页。当鼠标移到对话框上时会显示红色边框线，以提示用户注意，当鼠标移出对话框时则隐藏边框线，恢复默认的效果，演示效果如图 7.25 所示。

Note

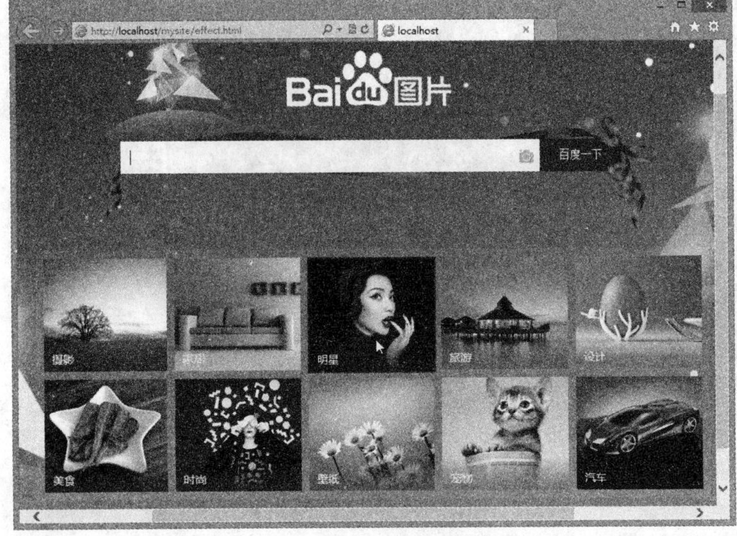

图 7.25　改变属性效果

7.4　制作翻转按钮

在 Dreamweaver 中，利用"交换图像"行为可通过改变图片数据源的属性将原图片替换为另一幅图片。如果要建立一个可翻转的链接按钮，用以链接到某个网站，可以选择该行为。当移动鼠标指针到交换图像按钮上时，即可变换按钮图片；单击该按钮又可以链接到指定的网页上。

【操作步骤】

第 1 步，打开本节示例中的 orig.html 文件，另存为 effect.html。设计当鼠标经过缩略图时，显示翻转图像。

第 2 步，将鼠标指针定位到文档中要插入链接图片的位置。选择【插入】|【图像】|【图像】命令，在打开的【选择图像源文件】对话框中选择要插入的图片，完成后单击【确定】按钮。

第 3 步，选中该图片，并打开【属性】面板，在【链接】文本框中输入要链接的 URL 地址，并命名图像，即设置图像的 id 属性值，如图 7.26 所示。

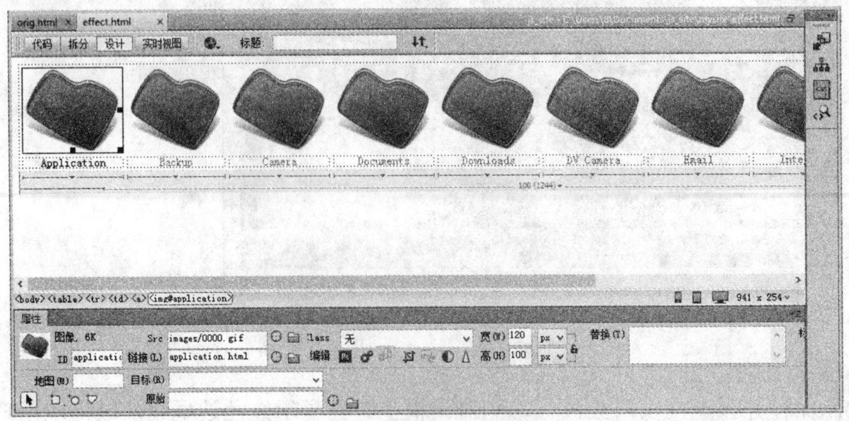

图 7.26　设置链接地址

第 4 步，选择【窗口】|【行为】命令，打开【行为】面板，并单击其中的+按钮，在打开的菜单中选择【交换图像】命令，如图 7.27 所示。

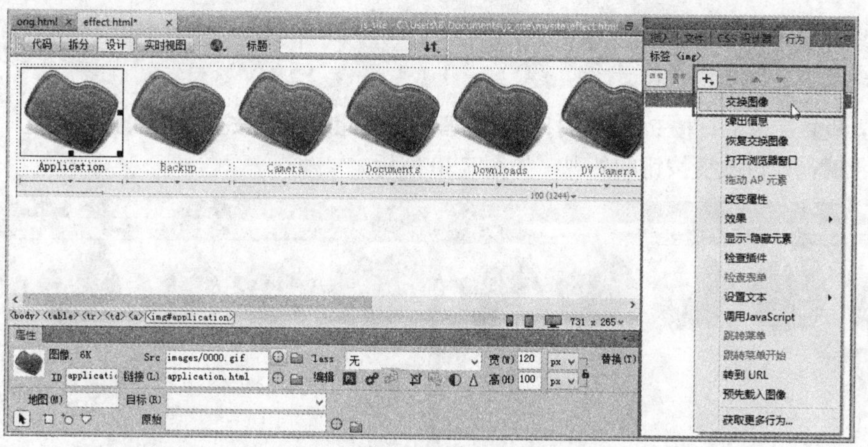

图 7.27　选择【交换图像】命令

第 5 步，打开【交换图像】对话框，如图 7.28 所示，单击【浏览】按钮，在【选择图像源文件】对话框中选择要替换的按钮图片。

第 6 步，完成后单击【确定】按钮，返回到【交换图像】对话框。

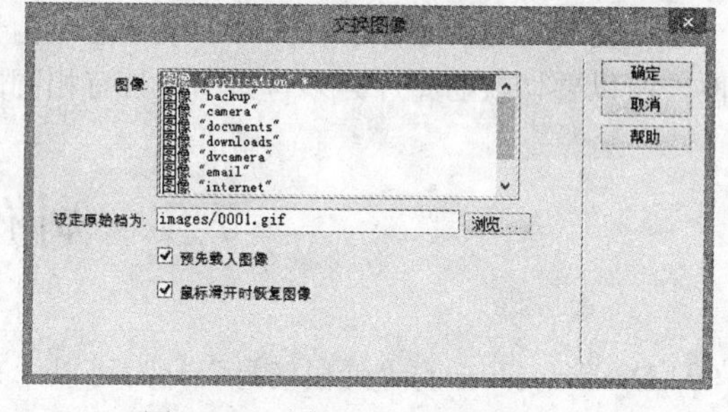

图 7.28　选择要替换的按钮图片

在【交换图像】对话框中，有两个复选框可供设置。

- ☑ 预先载入图像：选中该复选框后，在浏览网页时系统同时将该图片载入缓存中，而不是在调用 JavaScript 时才下载，以防止在图片切换时延时。
- ☑ 鼠标滑开时恢复图像：选中该复选框后，当鼠标指针移出图片时，将恢复原来的按钮图片。

第 7 步，单击【确定】按钮，返回【行为】面板。此时便可看到所加入的“交换图像”行为，其默认的触发事件为 onMouseOver，即当鼠标指针移过图片时触发换图动作，如图 7.29 所示。

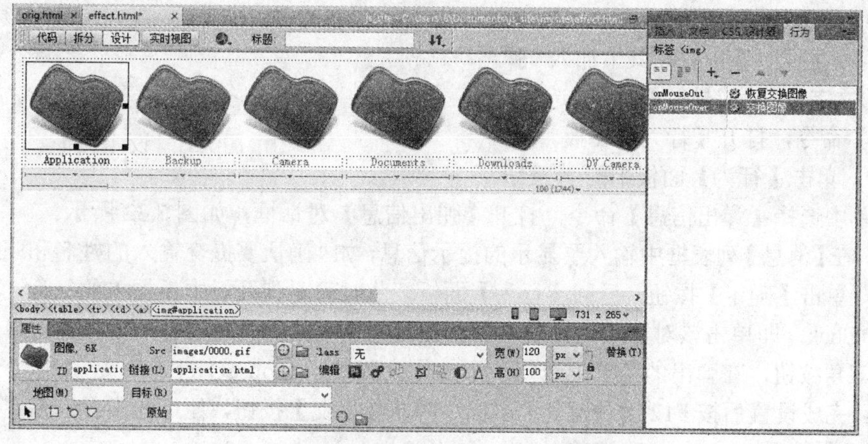

图 7.29　增加行为后的【行为】面板

Note

提示：在【交换图像】对话框中，如果选中【鼠标滑开时恢复图像】复选框，在【行为】面板中将加入一个新的行为——【恢复交换图像】，如图 7.29 所示。其默认的触发事件为 onMouseOut，它的意思是当鼠标指针移开时触发动作。正是该行为使按钮在鼠标指针移开时自动恢复原来的样子。

第 8 步，设置完成后，按 F12 键，打开浏览器预览。此时如果按上述方法正确设置，则将鼠标指针移到按钮上时，即可改变按钮的外观，如图 7.30 所示。

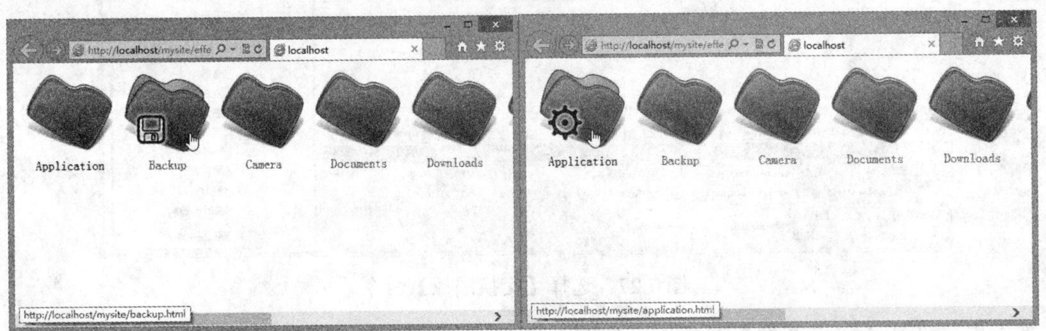

图 7.30　按钮换图效果

在使用【交换图像】行为时必须注意，由于该行为所改变的只是图片的信息源属性，即 SRC 属性，所以要切换的图片必须与原图片具有相同的尺寸，以免图片在切换时变形。

7.5　制作提示对话框

Dreamweaver 的“弹出信息”行为可以用来显示指定的信息，例如当网站中某个网页正在更新，此时便可在主页中，连接该网页的文字、图片或在导航栏按钮上加入该行为。单击该链接时，系统将弹出一个对话框提示稍后再访问。

【操作步骤】

第 1 步，启动 Dreamweaver，新建文档，保存为 test.html。在空白页面中设计一个简单的表单，如图 7.31 所示。

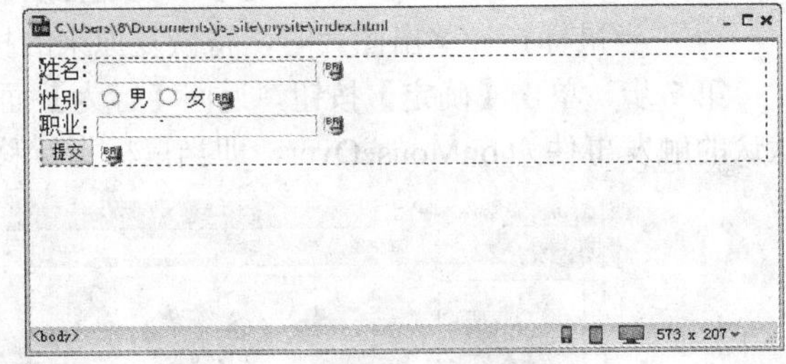

图 7.31　设计表单

第 2 步，在主页中选中要在其上加入“弹出信息”行为的文字、图片或导航栏按钮。选择【窗口】|【行为】命令，打开【行为】面板。

第 3 步，单击【行为】面板中的 + 按钮，在打开的菜单中选择【弹出信息】命令，打开【弹出信息】对话框，如图 7.32 所示。

第 4 步，在【消息】列表框中输入要显示的提示信息，如“确认要提交输入的姓名和职业信息。”。

第 5 步，单击【确定】按钮，返回【行为】面板。此时可看到面板中新加入的行为，其默认的触发事件为 onClick，即单击该对象后的触发事件。如果想使用其他触发事件的动作，可单击【事件】列表的向下三角按钮，在弹出的菜单中选择一个动作，例如 onMouseOver。

第 6 步，完成设置后按 F12 键预览。在页面中单击【提交】按钮，便可弹出含有指定信息的对话框，如图 7.33 所示。

图 7.32 设置【弹出信息】对话框

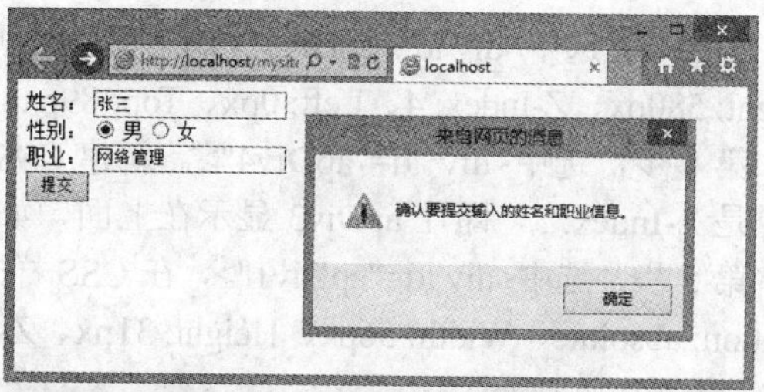

图 7.33 弹出提示对话框

提示：在“弹出信息”行为所显示的 JavaScript 提示对话框中只有一个【确定】按钮，所以它只能作为一个提示对话框来使用，而不能进行更进一步的交互操作。

7.6 显示和隐藏元素

Dreamweaver 中的“显示-隐藏元素”行为具有显示和隐藏元素的功能，通过事件隐藏或显示所指定的对象，一般常被用作与网页交互时的信息。例如，当鼠标指针指向某个图片和文字时，即可显示有关详细信息。

利用“显示-隐藏元素”行为，可在站点的主页上，为每个导航按钮所链接的网页设置一个包含该网页主要信息的层，并为每个导航按钮加入行为。在浏览网页时，层一开始处于隐藏状态，只有将鼠标指针指向该导航按钮时，才可显示该层；移开按钮后层自动消失，单击该按钮又可跳转到目标网页上。

【操作步骤】

第 1 步，打开本节示例中的 orig.html 文件，另存为 effect.html。本例将利用“显示-隐藏元素”行为制作切换面板。

第 2 步，单击【代码】视图，切换到代码编辑窗口下，在<body>标签中添加如下 4 行代码，如图 7.34 所示。

```
<div id="apDiv1"><img src="images/e1.png" /></div>
<div id="apDiv2"><img src="images/e2.png" /></div>
<div id="apDiv3"><img src="images/1.png" /></div>
<div id="apDiv4"><img src="images/2.png" /></div>
```

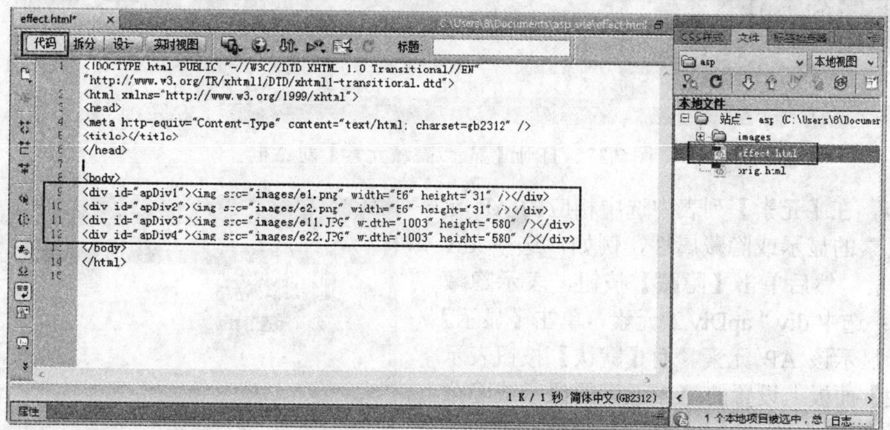

图 7.34 设计标签结构

第 3 步，选中<div id="apDiv3">，新建 CSS 规则，设置定位样式，Position: absolute、Width: 1003px、Height: 580px、Z-Index: 4、Left: 0px、Top: 89px，如图 7.35 所示。

第 4 步，选中<div id="apDiv4">，新建 CSS 规则，设置定位样式，设置参数与 apDiv3 相同，不同点是 Z-Index: 3，即让 apDiv3 显示在上面，如图 7.35 所示。

Note

第 5 步，选中<div id="apDiv1">，在 CSS 样式面板中单击【新建 CSS 规则】按钮，设置定位样式，Position: absolute、Width: 56px、Height: 31px、Z-Index: 2、Left: 500px、Top: 37px，如图 7.36 所示。

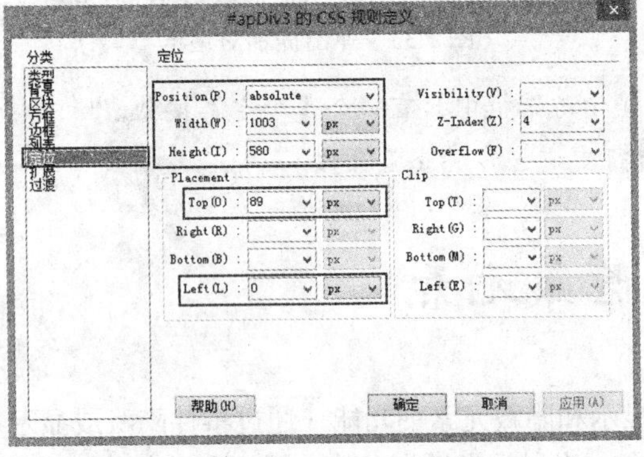

图 7.35　设计<div id="apDiv3">标签样式

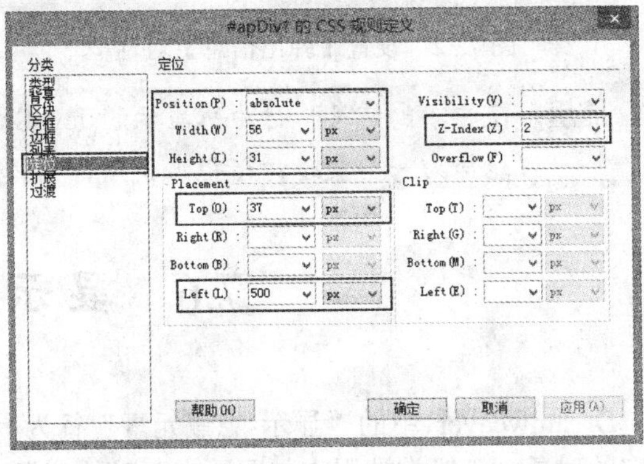

图 7.36　设计<div id="apDiv1">标签样式

第 6 步，选中<div id="apDiv1">，然后在【行为】面板中单击 + 按钮，在弹出的下拉列表中选择【显示-隐藏元素】选项，打开【显示-隐藏元素】对话框，如图 7.37 所示。

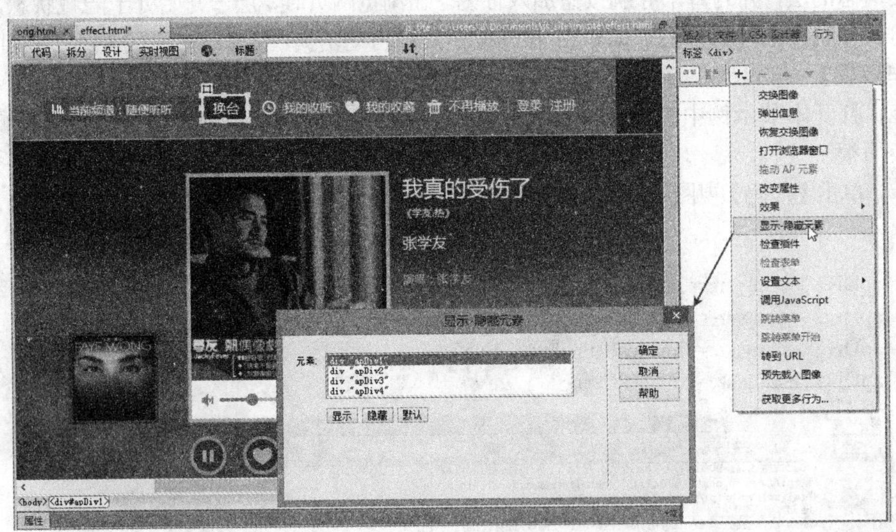

图 7.37　打开【显示-隐藏元素】对话框

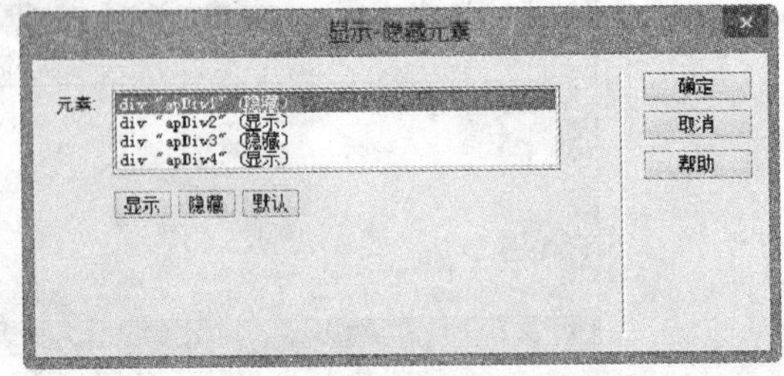

图 7.38　设置【显示-隐藏元素】对话框

第 7 步，在【元素】列表中选中相应的 AP 元素并设置元素的显示或隐藏属性，例如，选中 div "apDiv1"元素，然后单击【隐藏】按钮，表示隐藏该 AP 元素；选中 div " apDiv 2"元素，单击【显示】按钮，表示显示该 AP 元素。而【默认】按钮表示使用【属性】面板上设置的 AP 元素的显示或隐藏属性。最后，设置<div id="apDiv3">隐藏，而<div id="apDiv4">显示，详细设置如图 7.38 所示。

第 8 步，设置完成后单击【确定】按钮。在【行为】面板上查看行为的事件是否正确。如果不正确，单击事件旁的向下按钮，在弹出的菜单中选择相应的事件。在本例中设置鼠标事件为 onClick，如图 7.39 所示。

图 7.39　设置事件响应类型

第 9 步，选中<div id="apDiv2">，由于<div id="apDiv2">被<div id="apDiv1">标签覆盖住，在【设计】视图下看不到该标签，因此单击【代码】视图，在【代码】视图下拖选<div id="apDiv2">标签的完整结构，如图 7.40 所示。

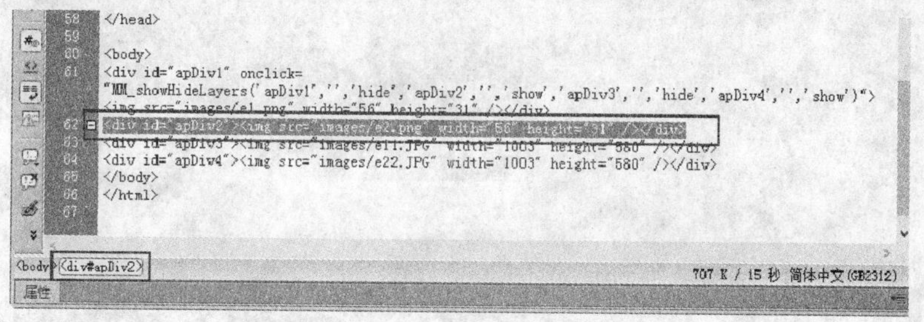

图 7.40　拖选<div id="apDiv2">标签

第 10 步，单击【行为】面板中的+按钮，从中选择【显示-隐藏元素】选项。在打开的【显示-隐藏元素】对话框中选中相应的 AP 元素并设置元素的显示或隐藏属性，具体设置如图 7.41 所示。

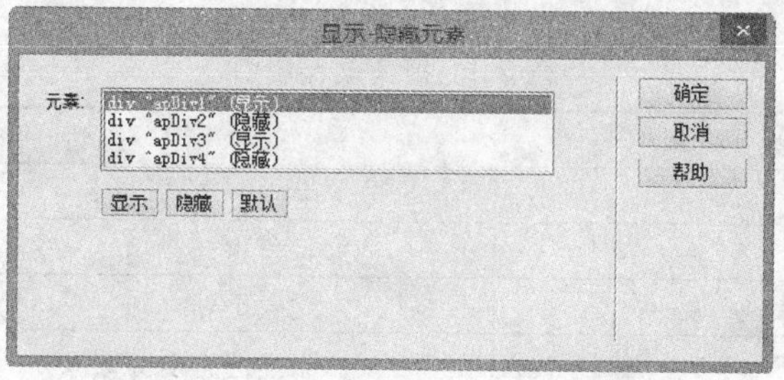

图 7.41　设置【显示-隐藏元素】对话框

第 11 步，单击【确定】按钮后，在【行为】面板中将鼠标事件更改为 onClick，如图 7.42 所示。

Note

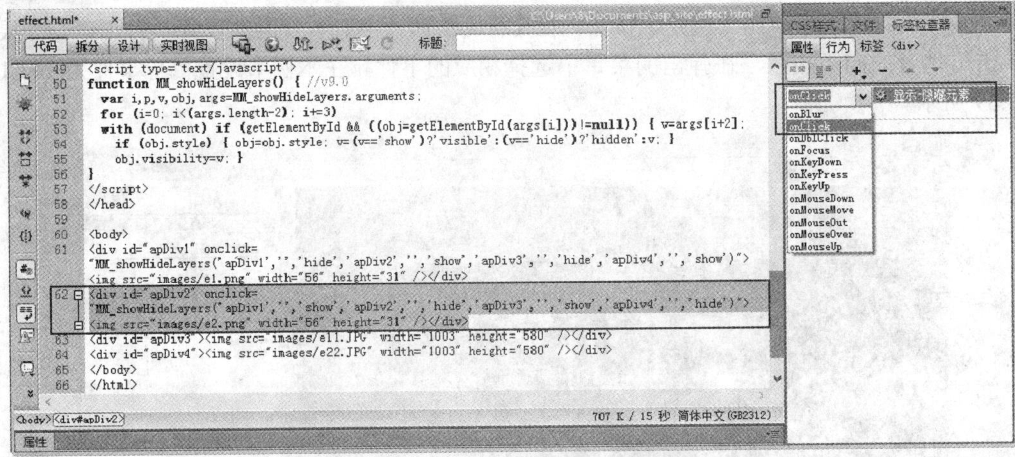

图 7.42　设置事件响应类型

第 12 步，设置完成后保存为页面，浏览效果如图 7.43 所示。当单击【换台】按钮，则会切换到选台页面，此时按钮显示为“返回”，如果单击【返回】按钮，则返回到前面页面。

图 7.43　显隐控制按钮

提示：为了便于参考，下面给出行为的触发事件的动作、说明列表，如表 7.1 所示。

表 7.1　行为动作说明

动　作	说　明
onAbort	中断对象载入时
onAfterUpdate	对象更新之后
onBeforeUpdate	对象更新之前
onBlur	取消选中对象时
onBounce	选框中的内容到达选框边界时
onChange	更改页面上的值时

Note

续表

动　作	说　明
onClick	单击对象
onDblClick	双击对象
onError	载入页面或图像期间出错
onFinish	选框成分的内容完成一个循环
onFocus	选中指定对象时
onHelp	调用帮助时
onKeyDown	按下键盘任意键时
onKeyPress	按下并释放键盘任意键时
onKeyUp	按下键盘任意键后释放时
onLoad	图像或页面载入完成时
onMouseDown	按下鼠标指针键时
onMouseMove	鼠标指针在指定对象上移动时
onMouseOut	鼠标指针离开指定对象时
onMouseOver	鼠标指针刚开始指向指定对象时
onMouseUp	释放按下的鼠标指针键
onMove	移动窗口或框架时
onReadyStateChange	指定对象状态改变时
onReset	将表单重设为默认值时
onResize	重调浏览器窗口或框架大小时
onRowEnter	更改绑定数据源的当前记录指针时
onRowExit	将要更改绑定数据源的当前记录指针时
onScroll	上下拖动浏览器窗口中的滚动条时
onSelect	选定文本区中的文本时
onStart	选框成分中的内容开始一个循环时
onSubmit	提交表单时
onUnload	卸载页面时

7.7　制作高亮显示文本

高亮特效指的是任何调用该方法的对象都被设置为高亮显示效果，即设置背景色为高亮显示，然后再恢复默认样式。这种效果常用来设计交互提示作用，如鼠标经过数据行时，表格行呈现高亮显示效果，或者鼠标单击目标对象时，让目标对象高亮显示一下，以示界面友好。

本示例利用 jQuery 高亮特效设计段落文本在鼠标经过时，呈现高亮闪现效果，以增强文本的互动特性。

【操作步骤】

第 1 步，启动 Dreamweaver，打开本节示例中的 orig.html 文件，另存为 effect.html。在本示例中设计一个数据表格版面，当鼠标经过时，定义数据行能够高亮闪现一下，以提示用户留意和注意。

第 2 步，把光标置于数据行第 1 行，然后拖选第 1 行，在【属性】面板中定义第 1 行<tr>标签的

Note

ID 值为 t1，如图 7.44 所示。

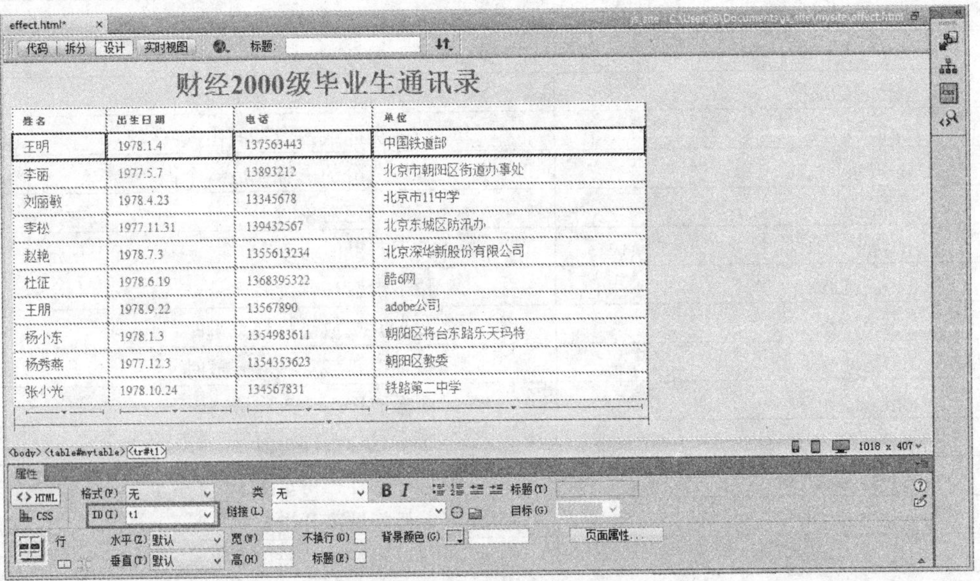

图 7.44　设置文本为二级标题

第 3 步，以同样的方式，分别拖选第 2 行、第 3 行、第 4 行等，在【属性】面板中分别设置 ID 值为 t2、t3、t4 等，如图 7.45 所示。

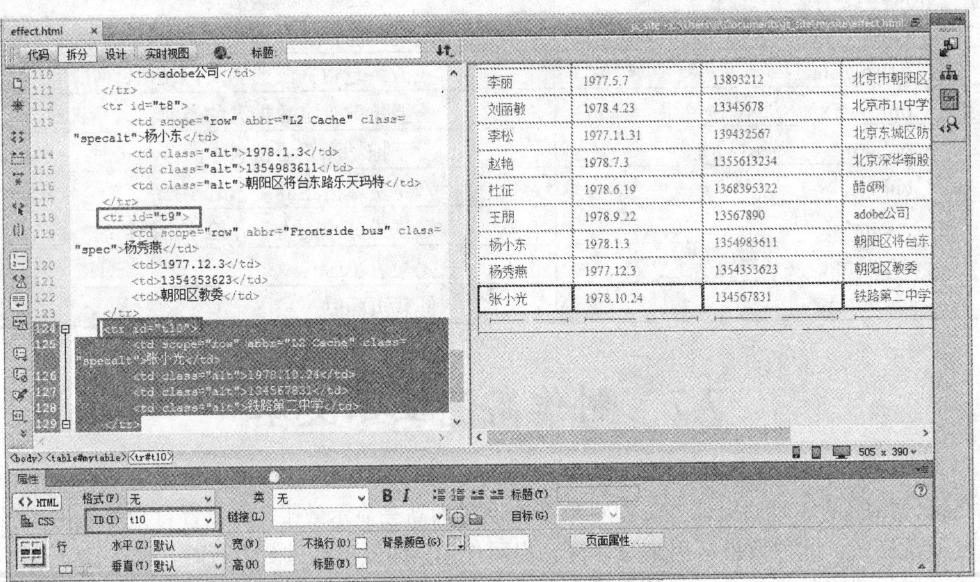

图 7.45　定义标题样式

第 4 步，选中第 2 行标签<tr id="t1">，选择【窗口】|【行为】命令，打开【行为】面板，单击加号按钮，从弹出的下拉菜单中选择【效果】| Highlight 命令，如图 7.46 所示。

第 5 步，打开 Highlight 对话框，设置【目标元素】为“<当前选定内容>”，【效果持续时间】为 1000ms，即一秒钟；设置【可见性】为 hide，即效果结束后隐藏元素；设置【颜色】为#ffff99，即定义高亮颜色为亮黄色，设置如图 7.47 所示。设置完毕，单击【确定】按钮完成操作。

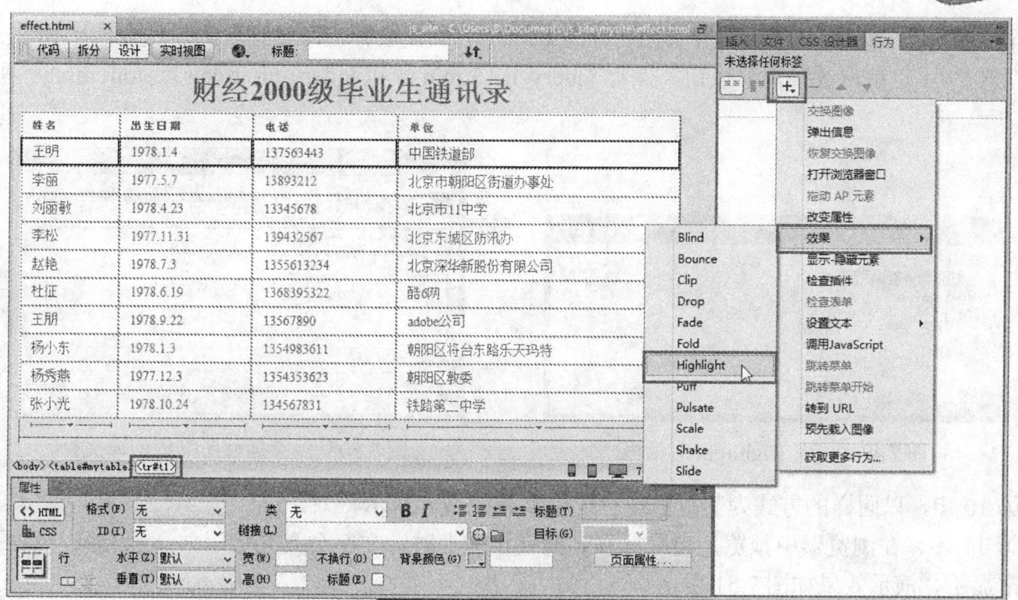

图 7.46　选择 Highlight 命令

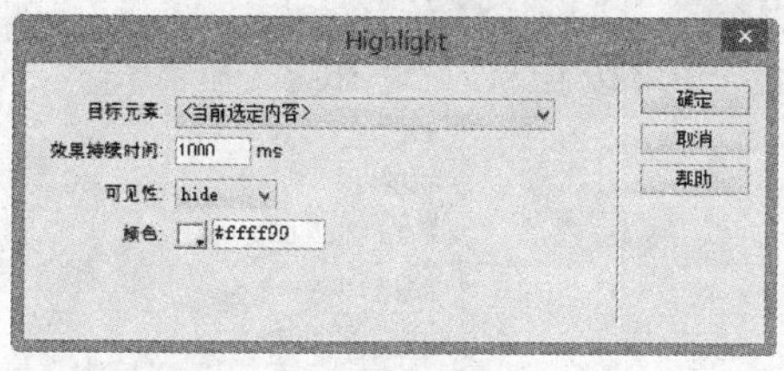

图 7.47　设置 Highlight 对话框

第 6 步，在【行为】面板中可以看到新增加的行为，单击左侧的 onClick，从弹出的下拉菜单中选择 onMouseOver，即设计当鼠标经过正文区域时，将触发高亮特效，设置如图 7.48 所示。

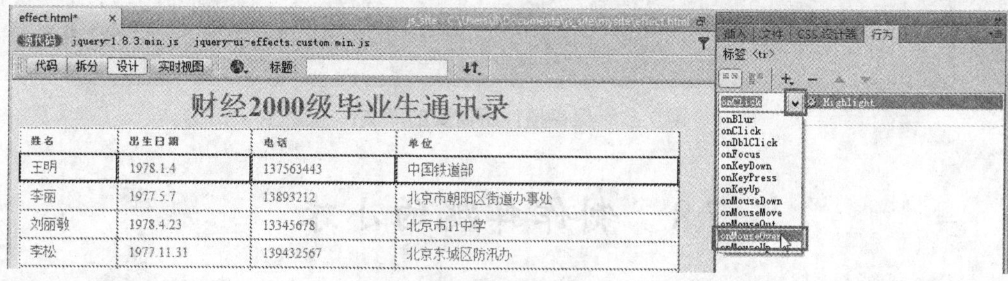

图 7.48　修改触发事件

第 7 步，继续模仿第 4、5、6 步操作，再添加一个 Highlight 特效，设置如图 7.49 所示。其中设置【目标元素】为“<当前选定内容>”，【效果持续时间】为 100ms，即十分之一秒钟；设置【可见性】为 show，即效果结束后显示元素；设置【颜色】为#ffff99，即定义高亮颜色为亮黄色，然后单击【确定】按钮完成操作。

第 8 步，在【行为】面板中可以看到新增加的行为，单击左侧的 onClick，从弹出的下拉菜单中选择 onMouseOver，即设计当鼠标经过正文区域时，将触发高亮特效，然后单击向下箭头按钮，把当前行为移到下面，让该行为在上一步定义的行为之后发生。

Note

第 9 步，按 Ctrl+S 快捷键保存页面，此时 Dreamweaver 会弹出对话框，提示保存两个插件文件，如图 7.50 所示。单击【确定】按钮，保存 jquery-1.8.3.min.js 和 jquery-ui-effects.custom.min.js 两个库文件。

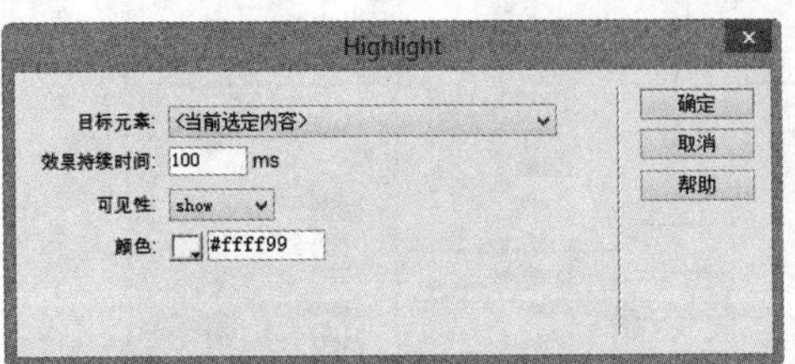

图 7.49　设置 Highlight 对话框

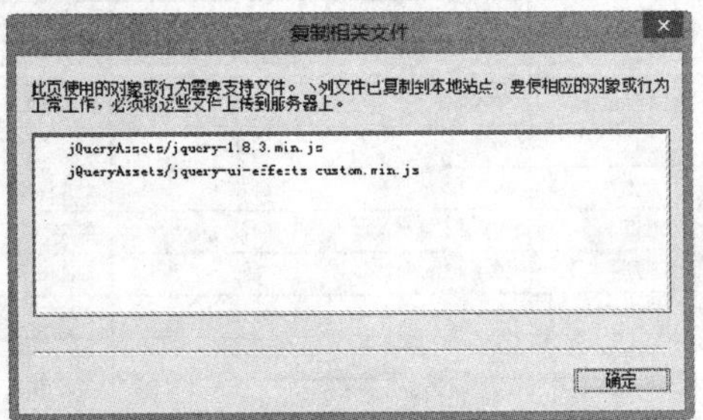

图 7.50　保存插件所需要的库文件

第 10 步，以同样的方式为其他数据行绑定高亮隐藏和显示特效。

第 11 步，在浏览器中预览，当鼠标移到摘要正文上时，文字会高亮显示并逐步隐藏，然后再恢复正常显示，演示效果如图 7.51 所示。

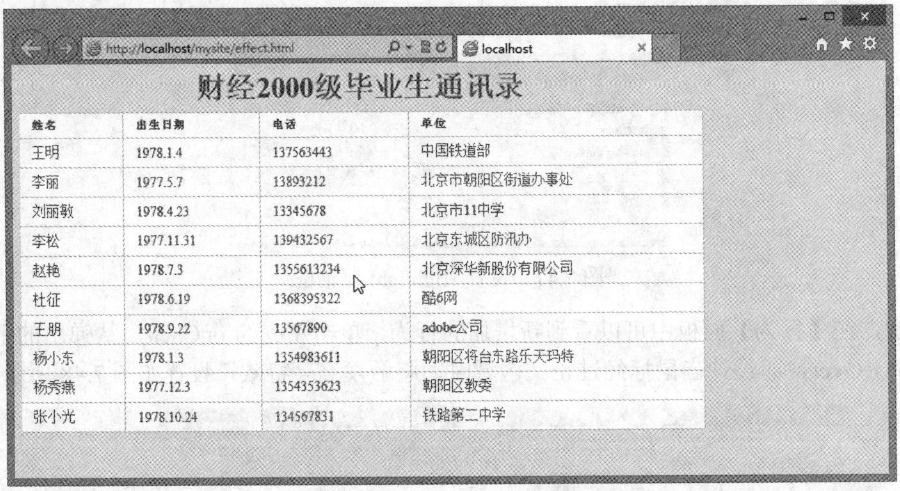

http://localhost/mysite/effect.html

财经2000级毕业生通讯录

姓名	出生日期	电话	单位
王明	1978.1.4	137563443	中国铁道部
李丽	1977.5.7	13893212	北京市朝阳区街道办事处
刘丽敏	1978.4.23	13345678	北京市11中学
李松	1977.11.31	139432567	北京东城区防汛办
赵艳	1978.7.3	1355613234	北京深华新股份有限公司
杜征	1978.6.19	1368395322	酷6网
王朋	1978.9.22	13567890	adobe公司
杨小东	1978.1.3	1354983611	朝阳区将台东路乐天玛特
杨秀燕	1977.12.3	1354353623	朝阳区教委
张小光	1978.10.24	134567831	铁路第二中学

图 7.51　保存插件所需要的库文件

7.8　制作弹跳的小球

弹跳特效指的是任何调用该方法的对象都被设置为弹跳显示效果，利用该效果可以设计各种晃动行为，以便设计一种富有动态化的交互视觉。

本示例利用 jQuery 弹跳特效设计交互行为，当在鼠标经过小球时，呈现弹跳显示效果，以增强界面的游戏互动特性。

【操作步骤】

第 1 步，启动 Dreamweaver，打开本节示例中的 orig.html 文件，另存为 effect.html。

第 2 步，把光标置于页面中，选择【插入】|【图像】|【图像】命令，在页面中插入一个小球，在【属性】面板中设置小球宽度为 300 像素，如图 7.52 所示。

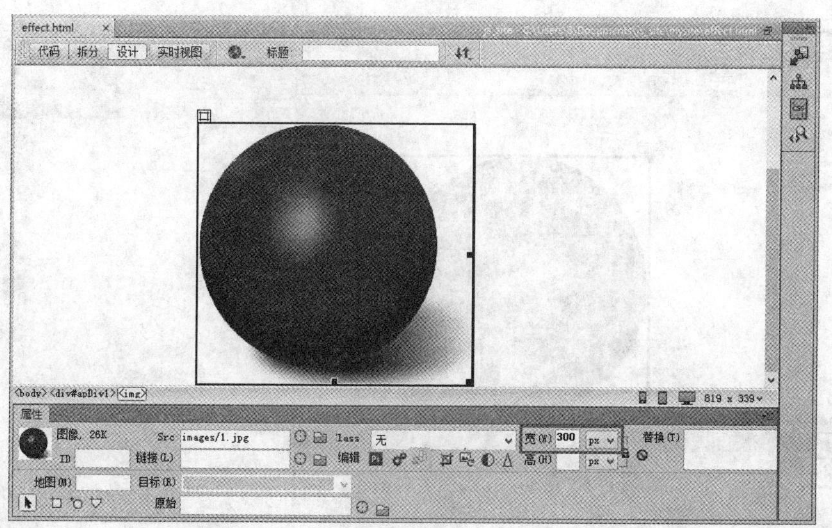

图 7.52　插入小球

第 3 步，选中标签<div id="apDiv1">，选择【窗口】|【行为】命令，打开【行为】面板，单击加号按钮，从弹出的下拉菜单中选择【效果】| Bounce 命令，如图 7.53 所示。

图 7.53　选择 Bounce 命令

第 4 步，打开 Bounce 对话框，设置【目标元素】为“<当前选定内容>”，【效果持续时间】为 1000ms，即一秒钟；设置【可见性】为 hide，即效果结束后隐藏元素；设置【方向】为 up，即定义目标对象向上弹跳，定义【距离】为 50 像素，【次】为 5 次，设置如图 7.54 所示。设置完毕，单击【确定】按钮完成操作。

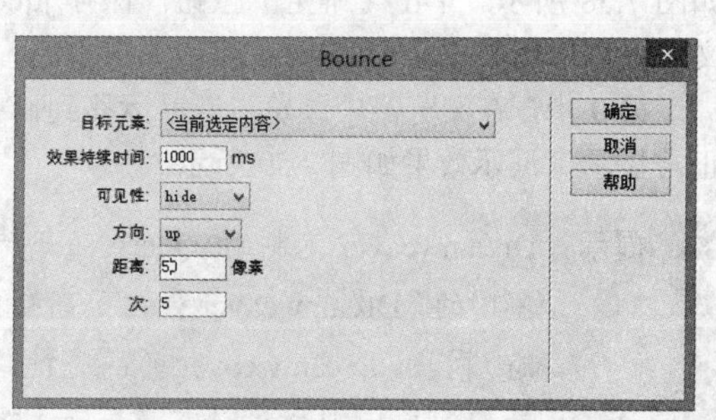

图 7.54　设置 Bounce 对话框

第 5 步，在【行为】面板中可以看到新增加的行为，单击左侧的 onClick，从弹出的下拉菜单中选择 onMouseOver，即设计当鼠标经过正文区域时，将触发弹跳特效，设置如图 7.55 所示。

Note

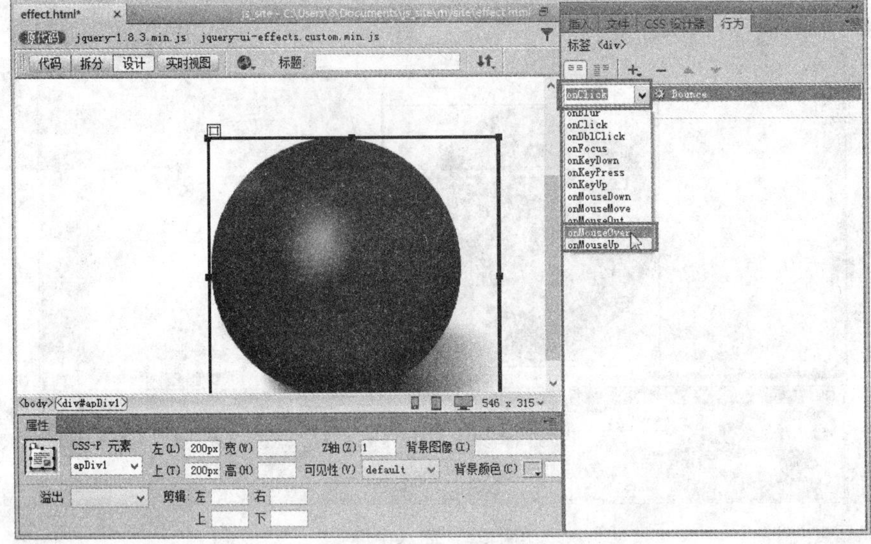

图 7.55　修改触发事件

第 6 步，继续模仿第 3、4、5 步操作，再添加一个 Bounce 特效，设置【目标元素】为“<当前选定内容>”，【效果持续时间】为 1000ms，即一秒钟；设置【可见性】为 show，即效果结束后显示元素；设置【方向】为 up，即定义目标对象向上弹跳，定义【距离】为 50 像素，【次】为 5 次，设置如图 7.56 所示。设置完毕，单击【确定】按钮完成操作。

第 7 步，在【行为】面板中修改事件类型，单击左侧的 onClick，从弹出的下拉菜单中选择 onMouseOver，即设计当鼠标经过时，将触发弹跳特效，然后单击向下箭头按钮，把当前行为移到下面，让该行为在上一步定义的行为之后发生，设置如图 7.57 所示。

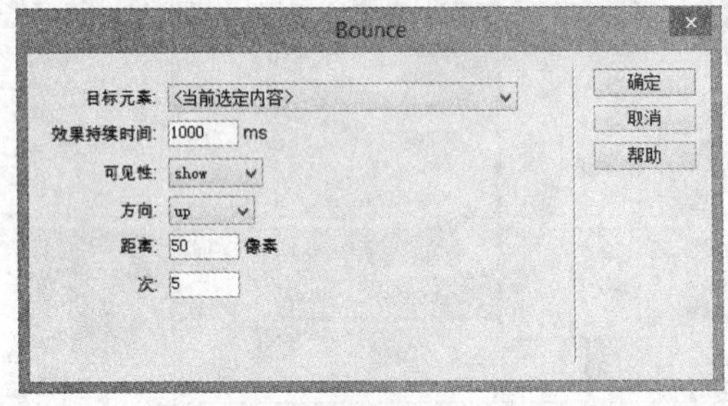

图 7.56　设置 Bounce 对话框

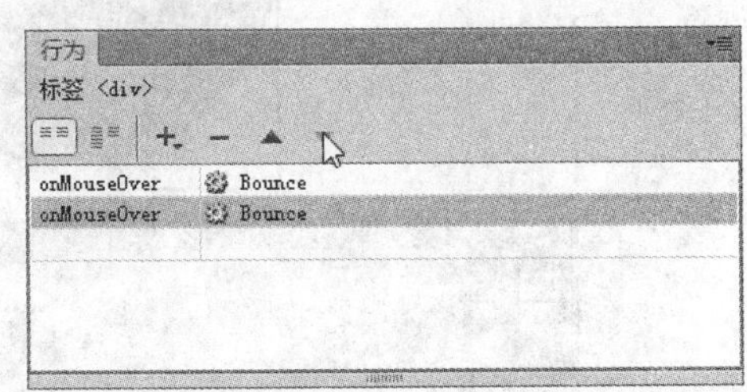

图 7.57　修改触发事件并调整响应顺序

第 8 步，按 Ctrl+S 快捷键保存页面，此时 Dreamweaver 会弹出对话框，提示保存两个插件文件，如图 7.58 所示。单击【确定】按钮，保存 jquery-1.8.3.min.js 和 jquery-ui-effects.custom.min.js 两个库文件。

第 9 步，在浏览器中预览，当鼠标移到摘要正文上时，文字会高亮显示并逐步隐藏，然后再恢复正常显示，演示效果如图 7.59 所示。

> **提示：** Dreamweaver 定制的 jQuery 高亮特效，实际上与 jQuery 原生的高亮特效所产生的效果是不同的，Dreamweaver 强化了高亮显示后显示或隐藏对象，而不是保持对象默认的显示状态。因此，Dreamweaver 的高亮特效适合设计渐隐、渐显特效。如果希望使用 Dreamweaver 的 Highlight 特效设计高亮显示，必须使用两个 Highlight 行为叠加设计，方法如本节示例。

图 7.58 保存插件所需要的库文件

图 7.59 小球弹跳效果

7.9 制作选项卡

选项卡组件用于在一组不同元素之间切换视角，可以通过单击每个元素的标题来访问该元素包含的内容，这些标题都作为独立的选项卡而出现。每个元素，或者说每个内容片断都具有一个与之关联的选项卡，并且在同一时刻只能够打开其中一个内容片断。

【操作步骤】

第 1 步，启动 Dreamweaver，打开本节示例中的 orig.html 文件，另存为 effect.html。在本示例中将在页面中插入一个 Tab 选项卡，设计一个 Tab 面板切换版面，当鼠标经过时，会自动切换表单面板。

第 2 步，把光标置于页面所在位置，然后选择【插入】|【jQuery UI】|【Tabs】命令，在页面当前位置插入一个 Tabs 面板，如图 7.60 所示。

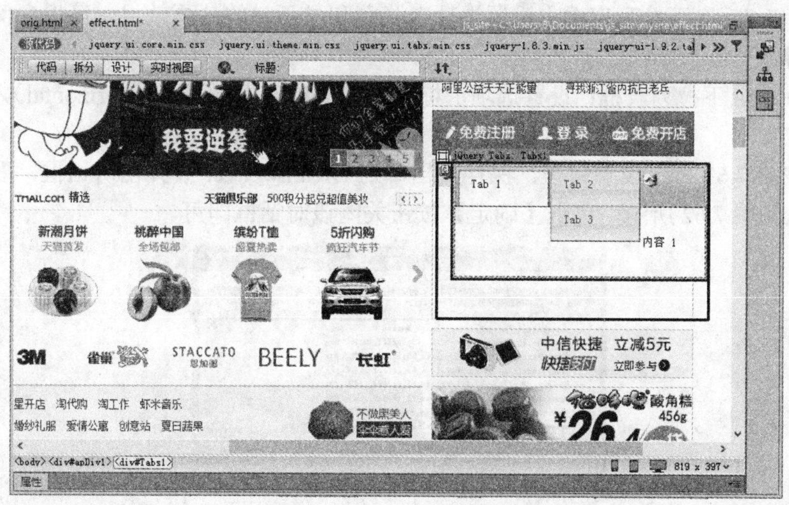

图 7.60 插入 Tabs 选项卡

第 3 步，使用鼠标单击选中 Tabs 面板，可以在【属性】面板中设置选项卡的相关属性，同时可以在编辑窗口中修改标题名称并填写面板内容，如图 7.61 所示。

Note

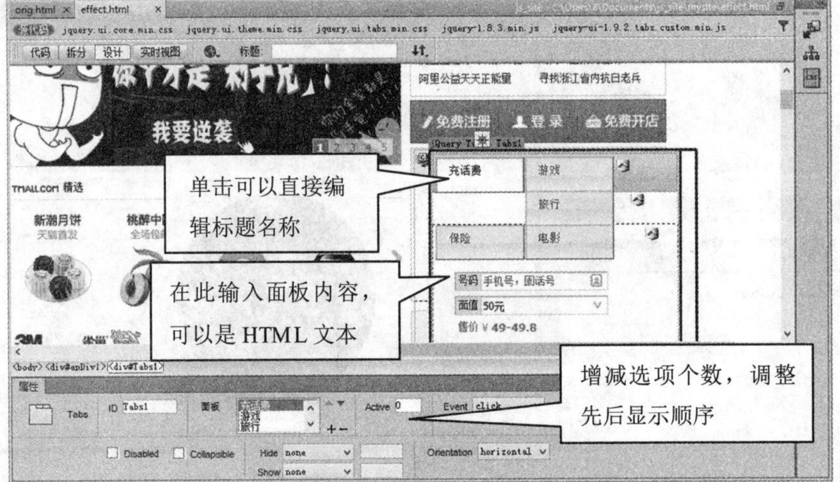

图 7.61 设置 Tabs 选项卡

（1）ID 文本框：设置 Tab 选项卡外包含框 div 元素的 ID 属性值，以方便 JavaScript 脚本控制。

（2）【面板】列表框：在这里显示选项卡中每个选项标题的名称，可以单击▲和▼按钮图标调整选项显示的先后位置，单击+按钮可以增加一个选项，而单击−按钮可以减少一个选项。

（3）Active 文本框：设置在默认状态下显示的选项，第一个选项值为 0，第二个选项值为 1，依此类推。

（4）Event 下拉列表框：设置选项卡响应事件，包括 click（鼠标单击）和 mouseover（鼠标经过）。

（5）Height Style 下拉列表框：设置内容框的高度，包括 fill（固定高度）、content（根据内容确定高度）和 auto（自动调整）。

（6）Disabled 复选框：是否禁用选项卡。

（7）Collapsible 复选框：是否可折叠选项卡。默认选项是 false，不可以折叠。如果设置为 true，允许用户单击可以将已经选中的选项卡内容折叠起来。

（8）Hide 和 Show 下拉列表框：设置选项卡隐藏和显示时的动画效果，可以参阅下面小节关于 jQuery 特效介绍。

（9）Orientation 下拉列表框：设置选项卡标题栏是在顶部水平显示（horizontal），还是在左侧堆叠显示（vertical）。

第 4 步，按图 7.61 所示设置完毕，保存文档，则 Dreamweaver 会弹出对话框，要求保存相关的技术支持文件，如图 7.62 所示。单击【确定】按钮关闭该对话框即可。

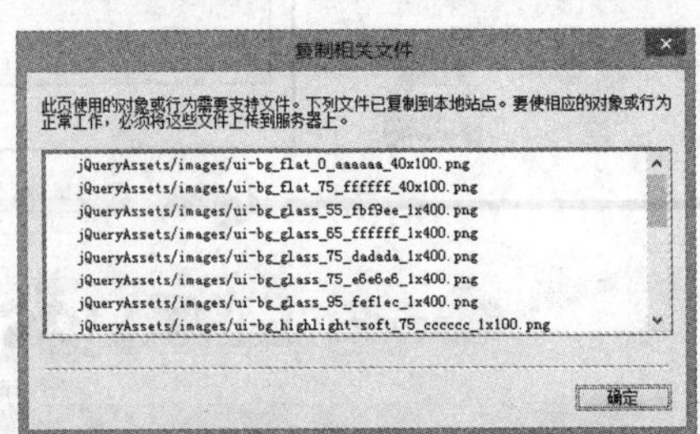

图 7.62 确定保存相关技术文件

第 5 步，在内容框中分别输入内容，这里插入表单截图。

第 6 步，切换到代码视图，在<head>标签中添加<style type="text/css">标签，定义一个内部样式

表，然后定义两个样式，修改 Tab 选项卡默认的样式，其中#Tabs1 > div 定义选项卡容器样式，清除容器包含框的边界和补白，避免默认的边界对包含内容的影响。#Tabs1 > ul > li > a 用来控制 Tab 选项卡标题栏字体大小和左右补白，以便适应当前页面的栏目布局。设计如图 7.63 所示。

```
#Tabs1 > div {
    padding:0;
    margin:0;
}
#Tabs1 > ul > li > a{
    font-size:14px;
    padding-left:8px;
    padding-right:8px;
}
```

图 7.63　清除 Tab 选项卡默认样式

第 7 步，按 Ctrl+S 快捷键保存文档，然后按 F12 键预览，则演示效果如图 7.64 所示。

图 7.64　Tab 选项卡预览效果

Note

提示：选项卡组件是基于底层的 HTML 元素结构，该结构是固定的，组件的运转依赖一些特定的元素。选项卡本身必须从列表元素中创建，列表结构可以是排序的，也可以是无序的，并且每个列表项应当包含一个 span 元素和一个 a 元素。每个链接还必须具有相应的 div 元素，与它的 href 属性相关联。例如：

```
<ul>
    <li><a href="#tabs"><span>标题</span></a></li>
</ul>
<div id="tabs1">Tab 面板容器 </div>
```

对于该组件来说，必要的 CSS 样式是必需的，默认可以导入 jquery.ui.all.css 文件，或者 jquery.ui.tabs.css，也可以自定义 CSS 样式表，用来控制选项卡的基本样式。

一套选项卡面板包括了几种以特定方式排列的标准 HTML 元素，根据实际需要可以在页面中编写好，也可以动态添加，或者两者结合。

- ☑ 列表元素（ul 或 ol）。
- ☑ a 元素。
- ☑ span 元素。
- ☑ div 元素。

前 3 个元素组成了可单击的选项标题，以用来打开选项卡所关联的内容框，每个选项卡应该包含一个带有链接的列表项，并且链接内部还应嵌套一个 span 元素。每个选项卡的内容通过 div 元素创建，其 id 值是必需的，标记了相应的 a 元素的链接目标。

7.10 设计模态对话框

如果需要在 Web 应用中显示简短的信息提示，或者向访问者询问，可以有两种方式：一是使用 JavaScript 原生的对话框，如 alert()或者 confirm()方法等，另一种方法是打开一个新的页面，预先定义好尺寸，并且将其样式设置为对话框风格。不过，JavaScript 提供的原生方法既不灵活，也不巧妙，它们在解决一个问题的同时，通常会产生新的问题。

jQuery UI 提供了更多功能和更加丰富特性的对话框组件，该对话框组件可以显示消息，附加内容（如图片或文字等），甚至包括交互型内容（如表单），为对话框添加按钮也更加容易，如简单的【确定】和【取消】按钮，并且可以为这些按钮定义回调函数，以便在它们被单击时做出反应。

【操作步骤】

第 1 步，启动 Dreamweaver，打开本节示例中的 orig.html 文件，另存为 effect.html。在本示例中将在页面中插入一个按钮图标，单击该按钮图标可以打开模态对话框。

第 2 步，把光标置于页面所在位置，然后插入图像 images/out.png，命名为 help，如图 7.65 所示。

第 3 步，选中插入的图像，打开【行为】面板，为当前图像绑定交换图像行为，详细设置如图 7.66 所示。绑定行为之后，在【行为】面板中设置触发事件，交换图像为 onMouseOver，恢复交换图像为 onMouseOut，即设计当鼠标经过图像时，能够动态显示图像交换效果。

第 4 步，在页面内单击，把光标置于页面内，不要选中任何对象，然后选择【插入】| jQuery UI | Dialog 命令，在页面当前位置插入一个模态对话框，如图 7.67 所示。

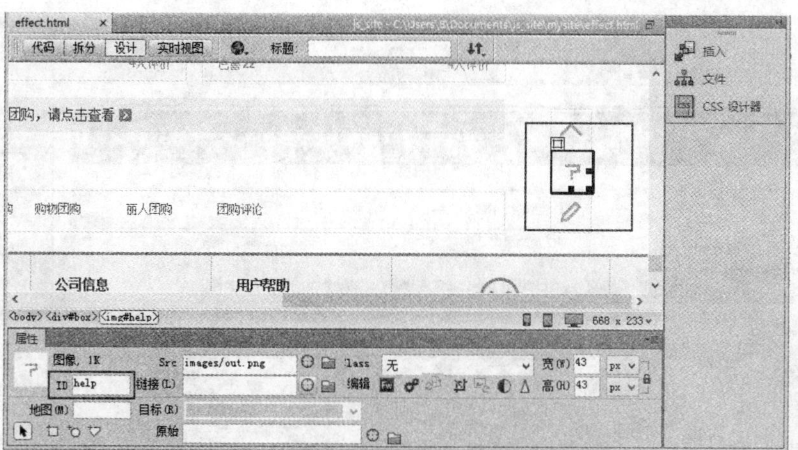

图 7.65　插入图像

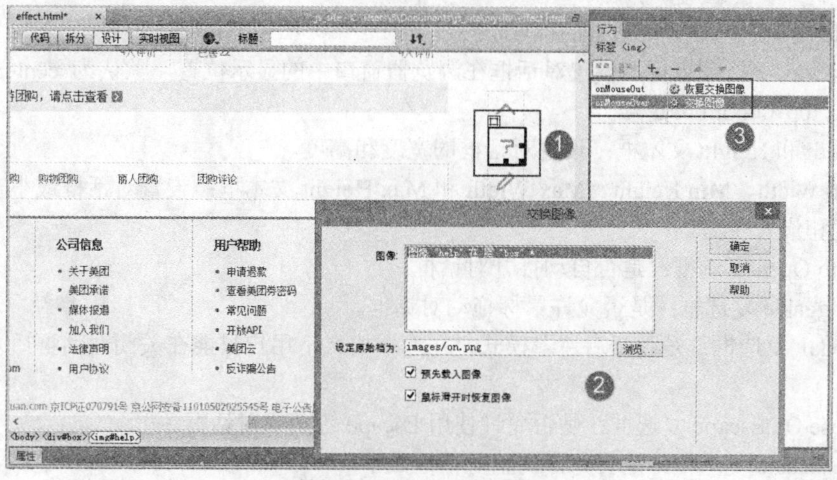

图 7.66　为图像绑定交换图像行为

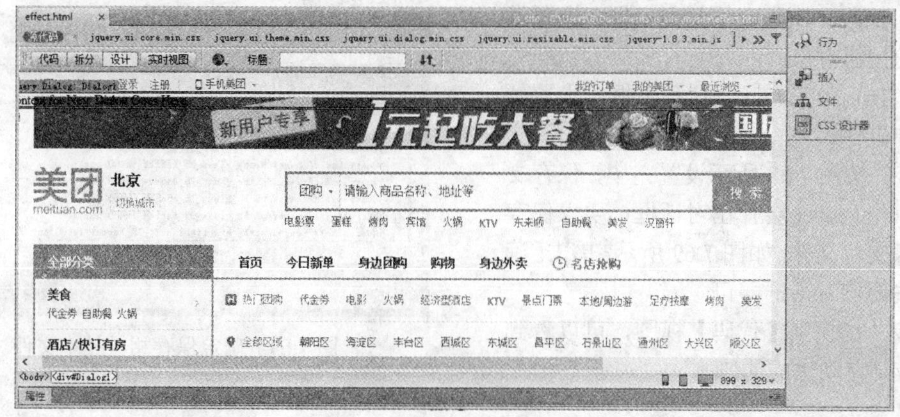

图 7.67　插入模态对话框

第 5 步，使用鼠标单击选中 Dialog 面板，可以在【属性】面板中设置对话框的相关属性，同时可以在编辑窗口中修改对话框面板的内容，如图 7.68 所示。

（1）ID 文本框：设置对话框外包含框 div 元素的 ID 属性值，以方便 JavaScript 脚本控制。

Note

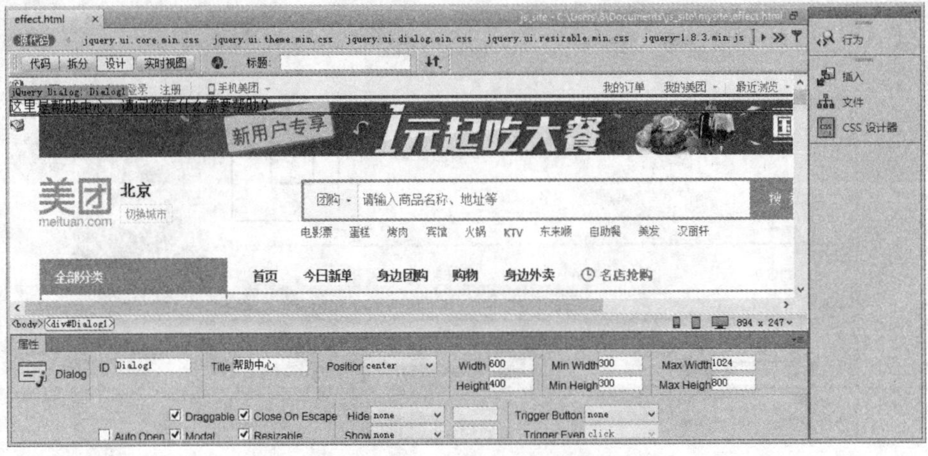

图 7.68 设置相关属性

（2）Title 文本框：设置对话框的标题。

（3）Position 下拉列表框：设置对话框在浏览器窗口中的显示位置，默认为 center（中央），包括 left、right、top 和 bottom 选项。

（4）Width 和 Height 文本框：设置对话框的宽度和高度。

（5）Min Width、Min Height、Max Width 和 Max Height 文本框：设置对话框最小宽度、最小高度、最大宽度和最大高度。

（6）Auto Open 复选框：是否自动打开对话框。

（7）Draggable 复选框：是否允许鼠标拖动对话框。

（8）Modal 复选框：是否开启遮罩模式，在遮罩模式下用户只能在关闭对话框后才能够继续操作页面。

（9）Close On Escape 复选框：是否允许使用 Escape 键关闭对话框。

（10）Resizable 复选框：是否允许调整对话框大小。

（11）Hide 和 Show 下拉列表框：设置对话框隐藏和显示时的动画效果。

（12）Trigger Button 下拉列表框：设置触发对话框的按钮对象。

（13）Trigger Event 下拉列表框：设置触发对话框的事件。

第 6 步，按图 7.68 所示设置完毕，保存文档，则 Dreamweaver 会弹出对话框，要求保存相关的技术支持文件，如图 7.69 所示。单击【确定】按钮关闭该对话框即可。

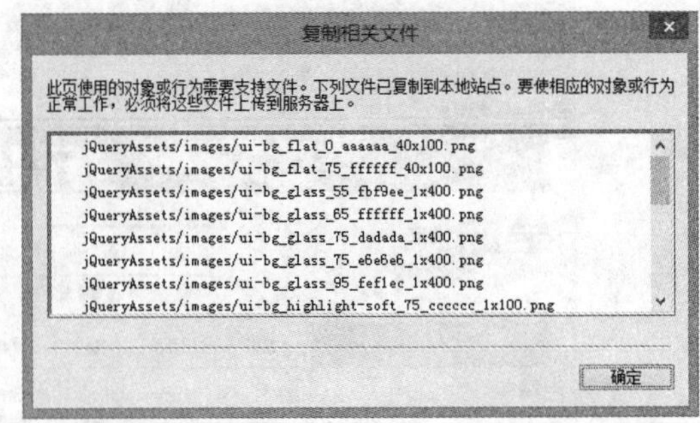

图 7.69 确定保存相关技术文件

第 7 步，切换到【代码】视图，可以看到 Dreamweaver 自动生成的脚本。

```
<script type="text/javascript">
$(function() {
    $( "#Dialog1" ).dialog({
        modal:true,
        autoOpen:false,
        title:"帮助中心",
```

```
            minWidth:300,
            width:600,
            height:400,
            minHeight:300,
            maxHeight:800,
            maxWidth:1024
        });
});
</script>
```

第 8 步，在$(function() {}函数体内增加如下代码，为交换图像绑定激活对话框的行为。

```
<script type="text/javascript">
$(function() {
    $( "#Dialog1" ).dialog({
    });
    $( "#help" ).click(function() {
        $( "#Dialog1" ).dialog( "open" );
    });
});
</script>
```

第 9 步，按 Ctrl+S 快捷键保存文档，然后按 F12 键预览，当单击帮助图标时，会自动显示一个模态对话框，效果如图 7.70 所示。

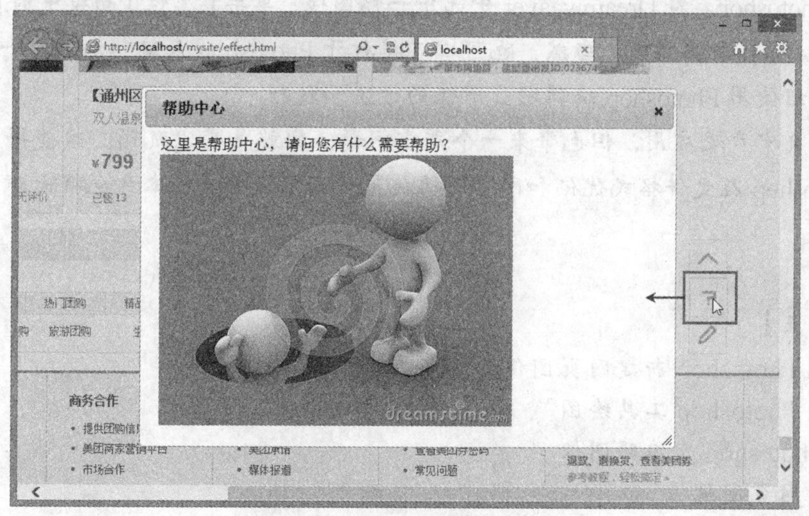

图 7.70　模态对话框预览效果

提示：对话框组件带有内建模式，在默认情况下是非激活的，而一旦模式被激活，将会启用一个模式覆盖层元素，覆盖对话框的父页面。而对话框将会位于该覆盖层的上面，同时页面的其他部分将位于覆盖层的下面。

这个特性的好处是可以确保对话框被关闭之前，父页面不能够进行交互，并且为要求访问者在进一步操作前必须关闭对话框提供了一个清晰的视觉指标。

改变对话框的皮肤使之与内容相适应是很容易的，可以从默认的主题样式表（jquery.ui.dialog.css）中进行修改，也可以自定义对话框样式表。

网页图像编辑基础

（视频讲解：98 分钟）

Dreamweaver 只能组织和布局图像，要想完全设计和编辑网页图像，还应该借助专业级图像处理软件 Photoshop。在 Dreamweaver 中选中一幅图像，单击【属性】面板中的【编辑】按钮，即可启动 Photoshop 来编辑它，当然，也可以直接打开 Photoshop 来编辑和新建一个网页图像。本章将着重介绍使用 Photoshop 编辑网页图像的方法和技巧。

图像在网页中广泛应用，但也带来一个严重问题，那就是带宽瓶颈，这使得图像优化变得很重要。Photoshop 在文件格式优化和网页图像优化方面功能强大，本章也将围绕网页图像优化问题展开介绍。

【学习重点】

- 使用 Photoshop 新建网页图像
- 使用 Photoshop 工具绘图
- 在 Photoshop 中编辑图像
- 设计网页图像
- 最优化图像
- 分割图像
- 导出为网页图像

8.1　Photoshop 概述

Photoshop 是 Adobe 公司推出的一个全方位的网页图形编辑软件。它具有以下 3 个特性。

☑　绘图功能：使用 Photoshop 可以绘制出各种形状的图形。

☑　图像处理功能：Photoshop 可以对图像进行各种效果处理，如填充纹理、渐变颜色、笔画及添加滤镜特效等。此外，Photoshop 还兼有位图和矢量图的功能，能够同时处理位图和矢量图两种不同类型的图像，这是 Photoshop 突出的优点。

☑　网页编辑功能：Photoshop 是一个网页图形编辑软件，所以，它还具有网页编辑功能。用户可以在 Photoshop 中分割图片、设置超链接、制作 GIF 动画、快速制作无缝分割图片和图像映射，并能够输出它们的 HTML 代码。可以不用编写任何程序，就能轻松地制作出具有 JavaScript 程序交互性的效果，甚至还可以直接将图形保存为 CSS 代码。

因此，Photoshop 是一款既具备图像处理功能，又可以编辑网页的软件。该软件推出后，深受广大网页设计者的喜爱。再加上 Photoshop 与 Adobe 公司的网页编辑软件 Dreamweaver 结合得非常紧密，因而使用它保存 HTML 网页文件，可以直接插入到 Dreamweaver 中使用，并且不会改变在 Photoshop 中所做的一切设置，如分割图片的位置、超链接地址等。此外，使用 Photoshop 输出的图像不但品质好，而且文件小。

安装 Photoshop 软件后，就可以启动该软件制作网页图形了。在此之前，先简单介绍一下该软件的窗口组成，让用户对 Photoshop 有一个初步了解。如图 8.1 所示是启动 Photoshop 后的窗口，从中可了解到 Photoshop 窗口的组成。

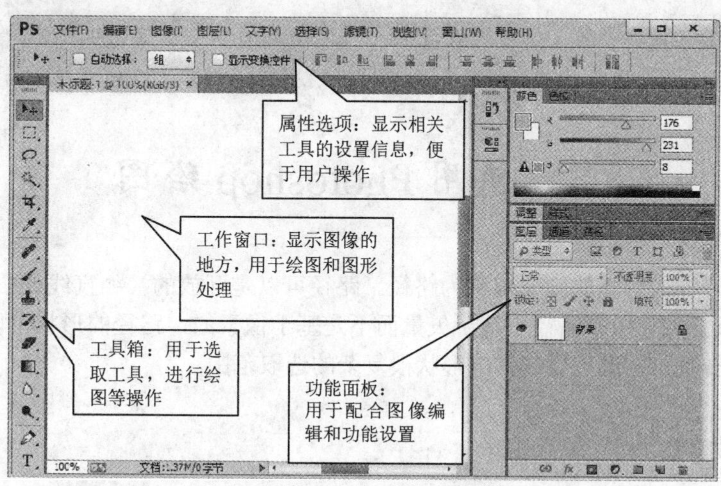

图 8.1　Photoshop 的窗口

要显示或隐藏 Photoshop 中的面板，可以选择【窗口】菜单中的命令，或者按 Tab 键显示或隐藏各种功能面板。

8.2　新建网页图像

要制作网页图像，应先建立一个新文件。

Note

【操作步骤】

第 1 步，启动 Photoshop。

第 2 步，在 Photoshop 中选择【文件】|【新建】命令，打开如图 8.2 所示的【新建】对话框。

第 3 步，在对话框中设置图像的高度、宽度及分辨率等各项参数。如果要制作网页图像大小为 800 像素×600 像素，如图 8.2 所示。

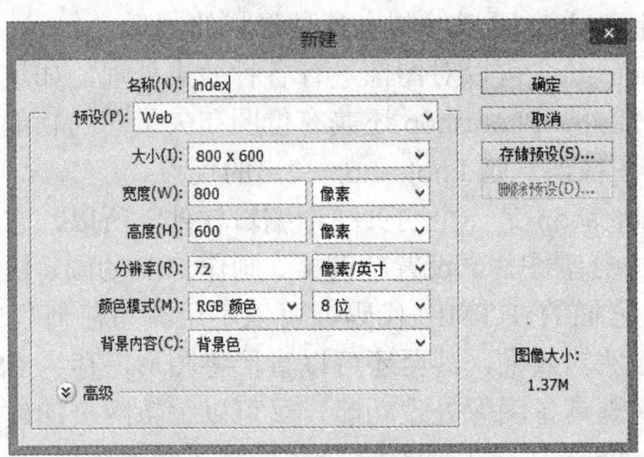

图 8.2 【新建】对话框

第 4 步，单击【确定】按钮，就可以建立一个新图像。

提示： 新建图像的尺寸大小最好与应用到 Dreamweaver（即网页）中的实际大小一致，这样可以方便以后使用。若所制作的图形与在 Dreamweaver 中的尺寸不符，插入到 Dreamweaver 中再进行缩放，则会影响图像的显示效果。

注意： 在设置图像分辨率时，切勿设置过大。因为分辨率越大，保存后的文件也越大，这样就会增大网页容量，不利于在网络上传输。对于网页图像而言，72 像素/英寸的分辨率就足够了。

8.3 使用 Photoshop 绘图

在矢量图形中，构成形状的轮廓被称为路径。路径可以是开放的（如直线或曲线），也可以是闭合的（如圆圈或多边形）。由于路径是基于矢量而不是基于像素的，路径的形状可以任意改变，且它能和选取范围互相转换，因此可以制作出形状很复杂的选取范围。

8.3.1 使用钢笔工具

【钢笔工具】是建立路径的基本工具，用于徒手绘制路径，使用该工具可创建直线路径和曲线路径。下面先介绍如何绘制一个多边形的直线路径。

【操作步骤】

第 1 步，新建网页图像。单击工具箱中的钢笔工具组，选择其中的【钢笔工具】，移动鼠标至图中某点位置单击，定出路径的开始点，即第一个锚点，如图 8.3 所示。

第 2 步，移动鼠标到要建立第 2 个锚点的位置上单击，Photoshop 自动将第 1 个和第 2 个锚点连接起来，如图 8.4 所示。

第 3 步，按照第 2 步中的方法依次创建其他锚点。

图 8.3　单击定义路径起始点

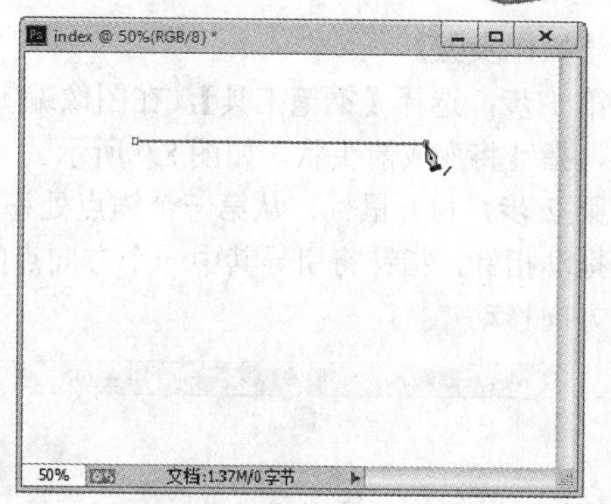

图 8.4　绘制第 2 个锚点

第 4 步，当绘制的锚点回到开始点时，如图 8.5 所示，在鼠标的右下方会出现一个小圆圈，表示终点已经连接开始点，此时单击可以完成一个封闭式的路径，如图 8.6 所示。

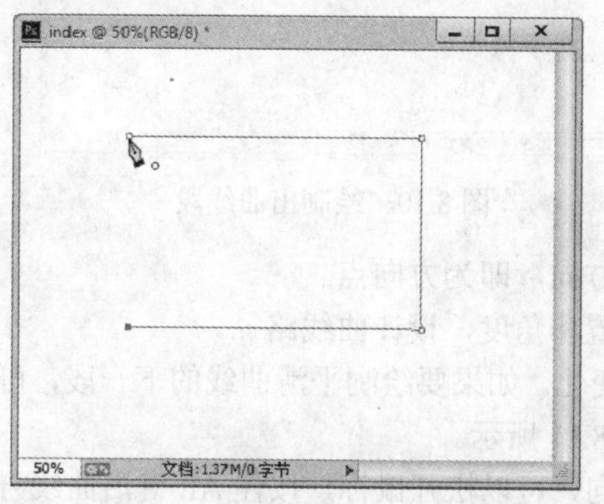

图 8.5　回到起始点位置单击

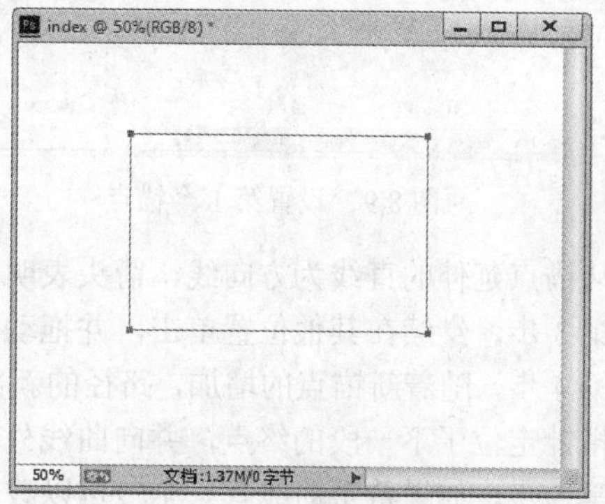

图 8.6　绘制封闭的路径

提示：此图绘制的是一个封闭式的路径，当锚点的终点和起点重合时，Photoshop 自动结束绘制操作。如需结束一个开放路径的绘制，则在绘制完成后需要点击选择钢笔工具组，然后单击路径外的任何位置即可。

注意：在绘制路径之前，若未在【路径】面板中新建路径，则会自动出现一个工作路径，如图 8.7 所示，工作路径是一种暂时性的路径，一旦有新的路径建立，则马上被新的工作路径覆盖，原来创建的路径将会丢失。用户可以单击【路径】面板右上角的按钮，在打开的菜单中选择【存储路径】命令将其保存为普通路径，如图 8.8 所示。

图 8.7　工作路径　　图 8.8　保存工具路径

【钢笔工具】除了可以绘制直线路径以外，还可以绘制曲线，绘制曲线路径要比绘制直线路径复杂一些，用户可以通过沿曲线伸展的方向拖动【钢笔工具】来创建曲线。

Note

【操作步骤】

第 1 步，选择【钢笔工具】，在图像编辑窗口单击定义第一个锚点，不要松开鼠标并向任意方向拖动，指针将变成箭头状，如图 8.9 所示。

第 2 步，松开鼠标，从第一个锚点处移开，定义下一个锚点，如图 8.10 所示。向绘制曲线段的方向拖动指针，指针将引导其中一个方向点的移动。如果按住 Shift 键，则可限制该工具沿着 45° 的倍数方向移动。

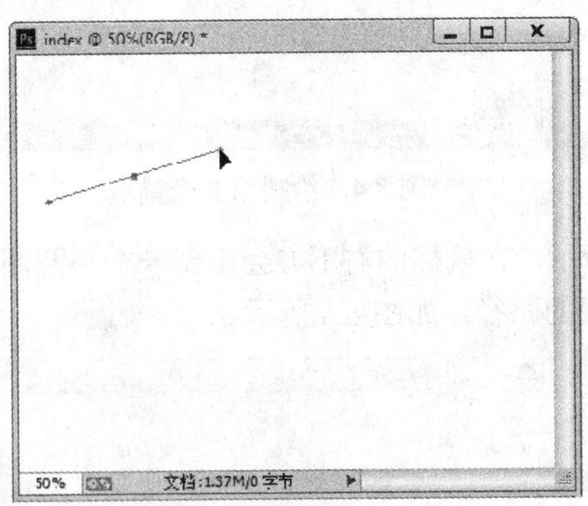

图 8.9　设置第 1 个锚点

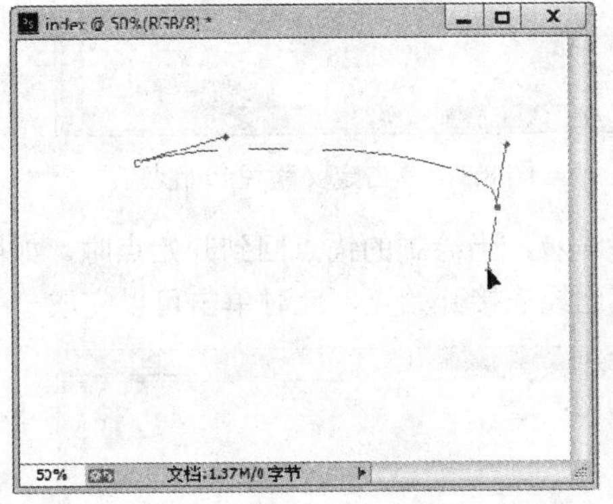

图 8.10　绘制出曲线段

从锚点延伸的直线为方向线，箭头表明鼠标拖动的方向，即为方向点。

第 3 步，继续在其他位置单击，并拖动方向点的位置和角度，设计曲线路径。

第 4 步，随着新锚点的增加，路径的新部分也随之变化。如果要绘制平滑曲线的下一段，可以将鼠标指针定位于下一段的终点，并向曲线外拖动，如图 8.11 所示。

第 5 步，如果希望曲线有一个转折以改变曲线的方向，可以松开鼠标，按住 Alt 键沿曲线方向拖动方向点。松开 Alt 键及鼠标，将指针重新定位于曲线段的终点，并向相反方向拖动就可绘制出改变方向的曲线段，如图 8.12 所示。

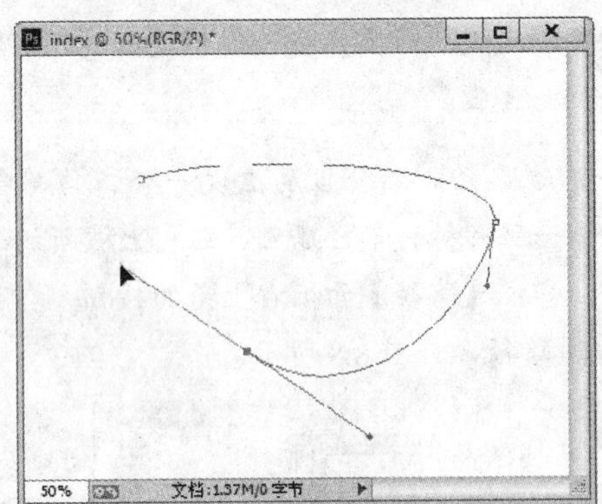

图 8.11　绘制平滑曲线

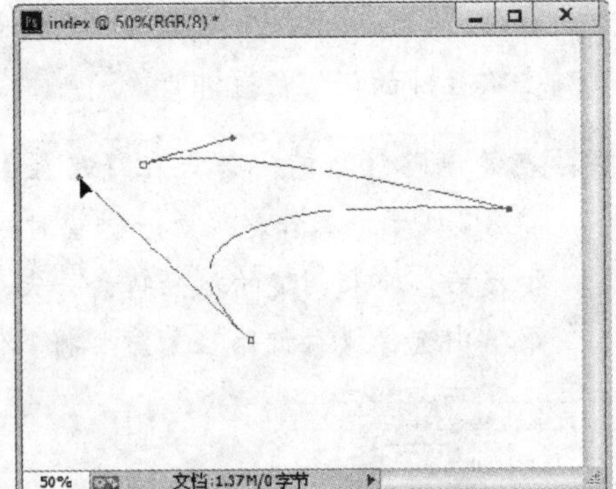

图 8.12　改变平滑曲线的方向

8.3.2　使用自由钢笔

【自由钢笔工具】同样用于徒手绘制路径，与【钢笔工具】不同的是，【自由钢笔工具】不是通过创建锚点来建立路径，而是通过绘制曲线来直接创建路径的，绘制完成后 Photoshop 会自动在曲线的拐角等位置添加相应的锚点，是比较灵活随意的路径创建工具。

Note

【操作步骤】

第 1 步，新建一幅图像，在工具箱中选择【自由钢笔工具】。

第 2 步，在图像窗口中拖动鼠标绘制任意形状的曲线，如图 8.13 所示，释放鼠标后即可创建路径。

第 3 步，如果想对未封闭的路径继续进行绘制，可以将鼠标移到曲线的任意一个端点上，按下鼠标左键并拖动，当到达路径的另一端点时松开鼠标左键即可完成封闭路径的绘制。

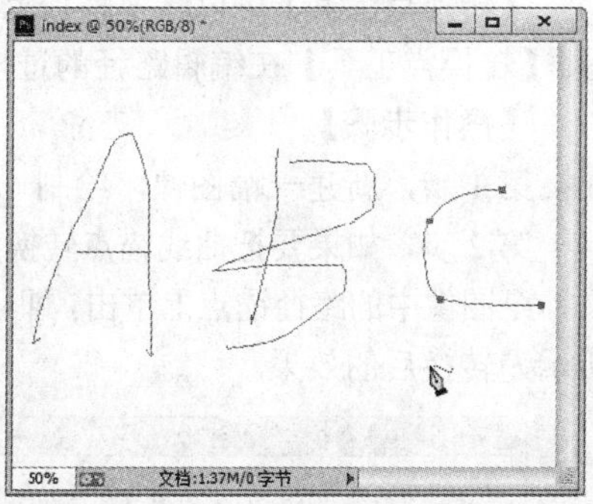

图 8.13 使用【自由钢笔工具】绘制路径

8.3.3 增加和删除锚点

使用【添加锚点工具】和【删除锚点工具】工具可以添加和删除路径上的锚点，从而使用户对路径图形做更细致的编辑。

【操作步骤】

第 1 步，新建一幅图像，在工具箱中选择【钢笔工具】或者任意一种形状工具，绘制一个路径图形，如图 8.14 所示。

第 2 步，选择【添加锚点工具】，当鼠标指针靠近路径时在路径段上单击就在该路径上添加了一个锚点。

第 3 步，如果需要在路径上添加锚点并且改变线段的形状，可以在路径上单击并拖动以定义锚点的方向线，如图 8.15 所示。

第 4 步，使用【添加锚点工具】时按住 Alt 键单击并拖动平滑点一侧的方向点，可以将该锚点转变成角点。

第 5 步，当用户已经绘制完成一条路径并且决定删除路径上某些多余的锚点时，选择【删除锚点工具】可以完成这项工作。当鼠标指针靠近路径上的锚点时，在指针右下角会出现减号，单击该锚点它就会从这条路径上消失。

第 6 步，如果使用【删除锚点工具】单击并拖动一个锚点，不但会将该锚点删除，同时还会改变路径的形状，如图 8.16 所示。

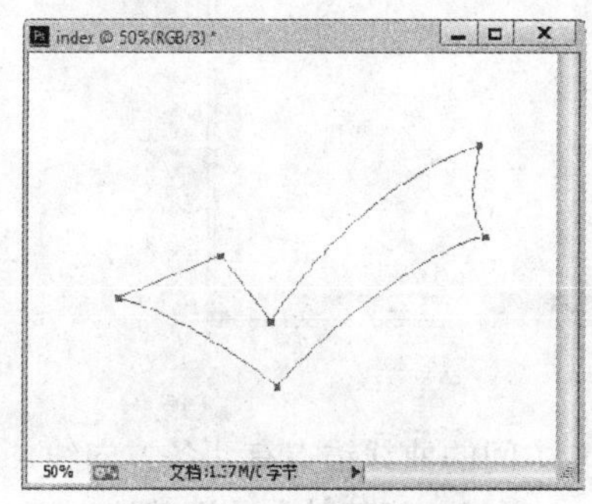

图 8.14 绘制路径图形

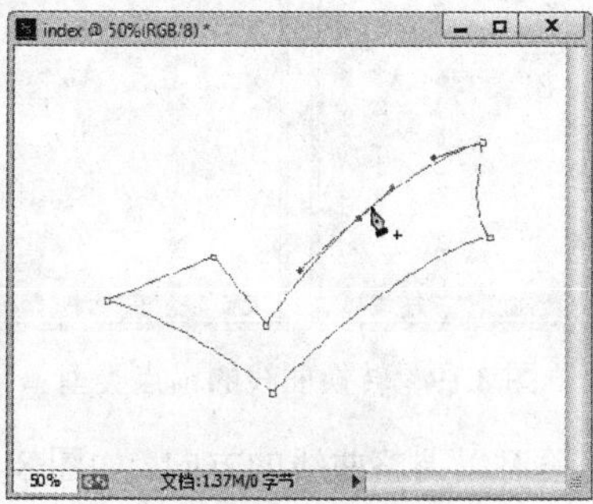

图 8.15 添加锚点

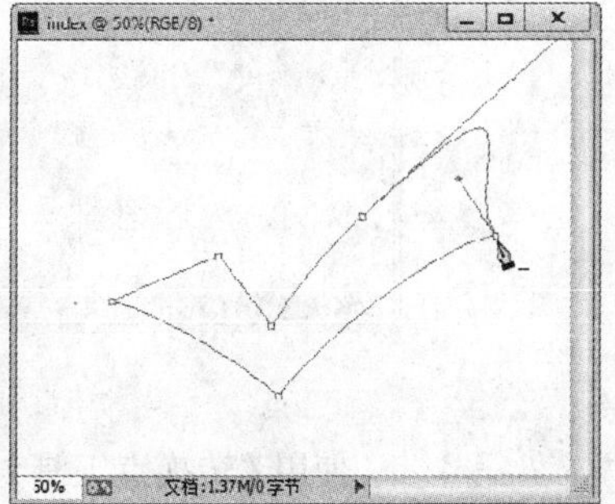

图 8.16 删除锚点

8.3.4 转换矢量点

路径由直线路径和曲线路径构成，而直线路径和曲线路径又分别是由直线锚点和曲线锚点连接而成，有时为了满足路径编辑的要求，需要在直线锚点和曲线锚点之间互相转换，为了达到此目的，需要使用工具箱中的【转换点工具】。

【转换点工具】可以转换路径上的锚点类型，例如，将平滑点转换成角点，将角点转换成平滑点等。【转换点工具】在编辑路径的过程中扮演着重要的角色，它使路径编辑工作更具灵活性。

Note

【操作步骤】

第 1 步，新建一幅图像，绘制一个路径。

第 2 步，如果要把曲线锚点转换为直线锚点，操作方法：在工具箱中选择【转换点工具】，移动鼠标至图像中的路径锚点上单击，即可将一个曲线锚点转换为一个直线锚点，如图 8.17 所示，如图 8.18 所示为转换后的效果。

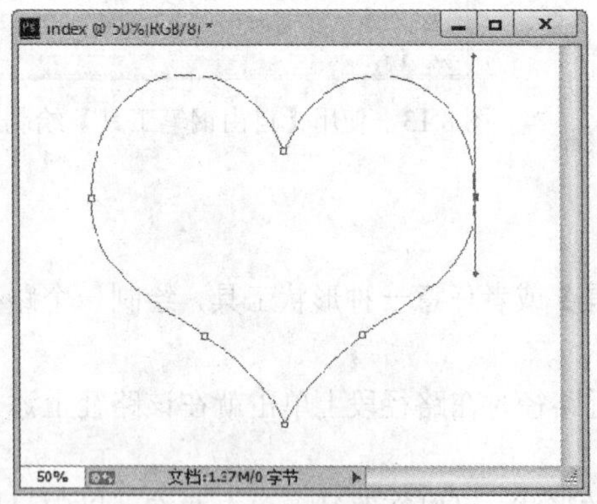

图 8.17　转换前路径

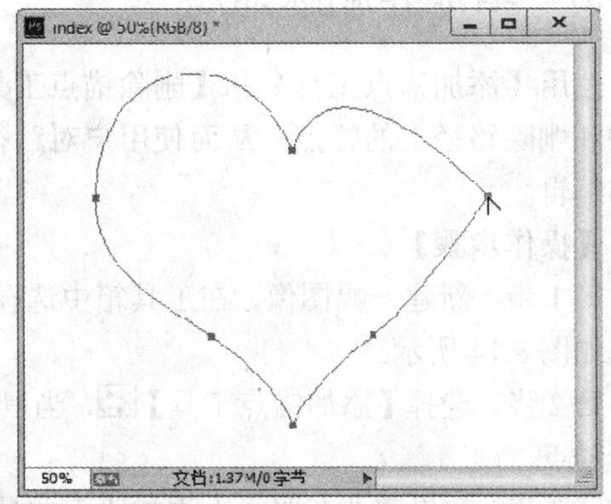

图 8.18　转换为一个直线锚点

第 3 步，如果要把直线锚点转换为曲线锚点，操作方法：在工具箱中选择【转换点工具】，单击需要转换的锚点并拖动调整弯曲形状，如图 8.19 所示是将图 8.18 中间的直线锚点转换为曲线锚点后的效果。

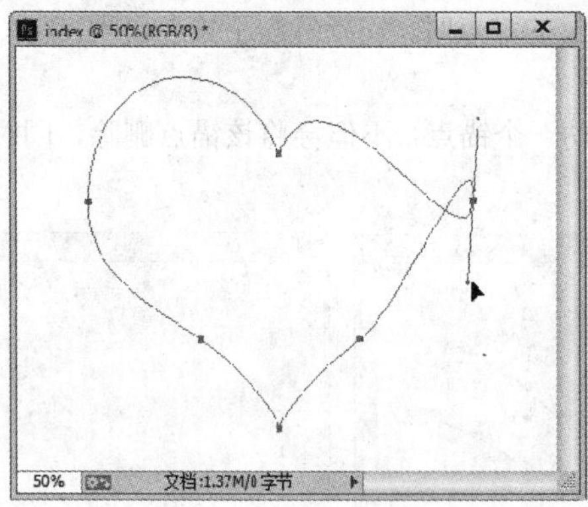

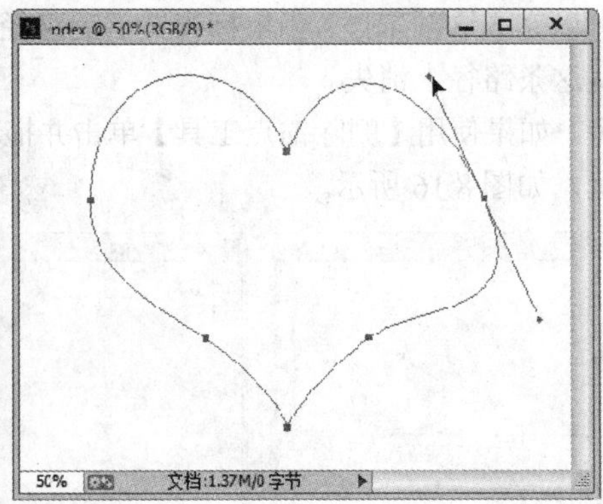

图 8.19　转换曲线的锚点类型

第 4 步，使用【转换点工具】还可以调整曲线的方向。如图 8.19 中间的曲线锚点有两条方向线，用【转换点工具】单击其中一条方向线的一端并进行拖动，如图 8.20 所示，就可以单独调整这一端方向线所控制的曲线形状。图 8.21 是将该端点拖动至窗口左上角时路径的效果图。

 提示：在选中【钢笔工具】的情况下，移动鼠标指针至曲线的方向线上按下 Alt 键，则会变为【转换点工具】。

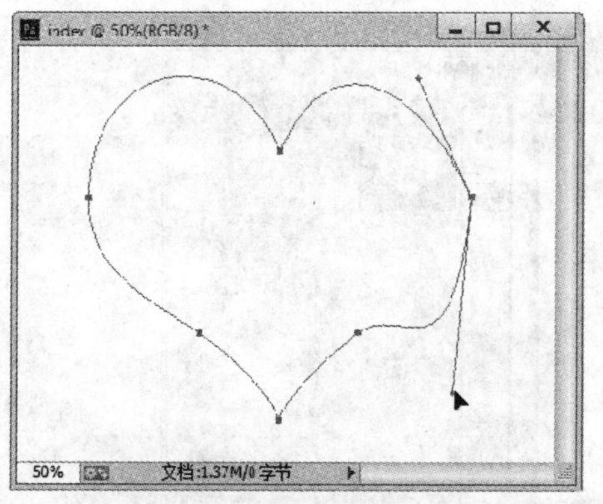

图 8.20　用【转换点工具】调整曲线

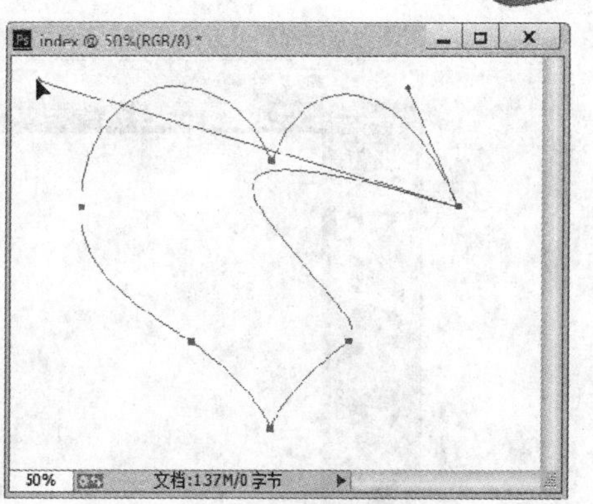

图 8.21　调整后的曲线

8.3.5　打开和关闭路径

路径绘制完成以后，该路径始终出现在图像中，在对图像进行编辑时，显示的路径会带来诸多的不便，此时，就需要关闭路径。

【操作步骤】

第 1 步，新建一幅图像，绘制一个路径。

第 2 步，要关闭路径，首先在【路径】面板中选中需要关闭的路径名称，在【路径】面板上的灰色区域单击一下，如图 8.22 所示。

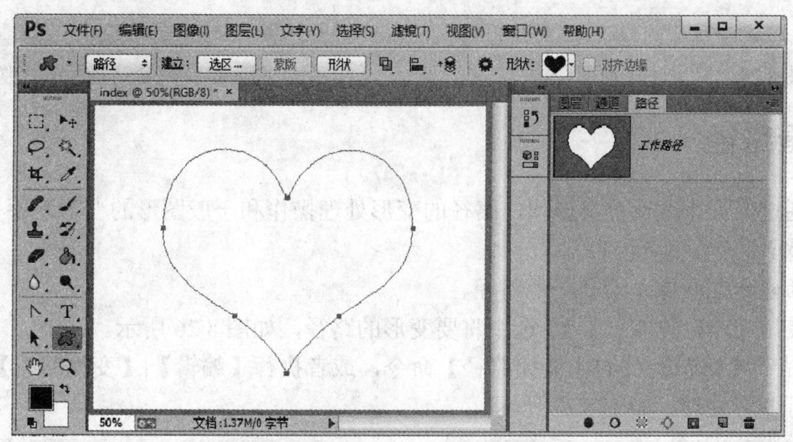

图 8.22　关闭路径

第 3 步，就会取消所有路径的作用状态，在图像上的所有路径都会被关闭。也可以通过按住 Shift 键单击路径名称来快速关闭当前路径。如图 8.23 所示是关闭路径后的图像。

第 4 步，要打开路径，只需在【路径】面板中单击要显示的路径名称即可。

第 5 步，路径可以关闭，也可以隐藏。选择【视图】|【显示】|【目标路径】命令或按 Shift+Ctrl+H 组合键，可以隐藏路径，如图 8.24 所示是隐藏路径前的图像，图 8.25 是隐藏路径后的图像。此时虽然在图像窗口中看不见路径的形状，但并未将其删除，在【路径】面板中该路径仍然处于打开状态。

第 6 步，若要重新显示路径，则可以再次选择【视图】|【显示】|【目标路径】命令或按 Shift+Ctrl+H 组合键。

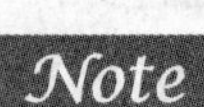

图 8.23　关闭路径后的图像

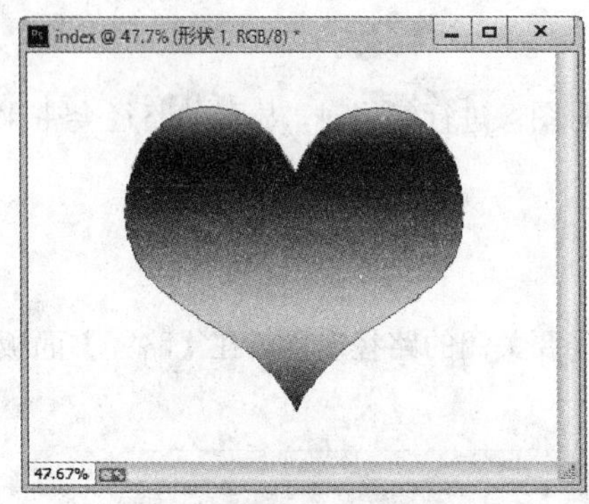

图 8.24　隐藏路径前的图像

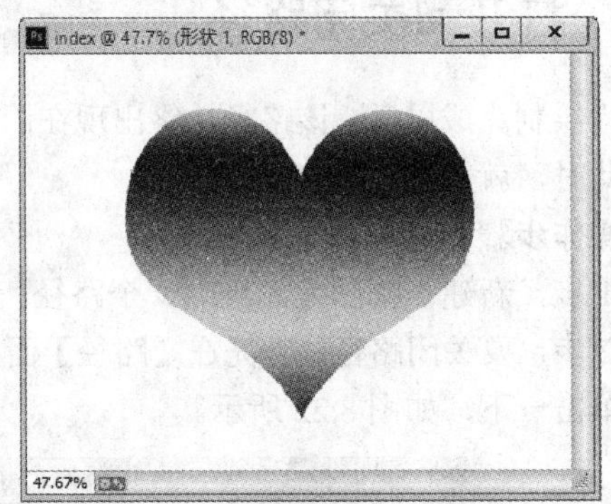

图 8.25　隐藏路径后的图像

8.3.6　编辑路径

路径可以通过变形来改变自身形状，路径的变形处理操作和一般图形的变形差不多。

【操作步骤】

第 1 步，新建一幅图像，绘制一个路径。

第 2 步，使用【路径选取工具】，选中将要变形的路径，如图 8.26 所示。

第 3 步，执行【编辑】|【自由变换路径】命令，或者执行【编辑】|【变换路径】下的各种变形命令对路径进行变形处理，如图 8.27 所示。

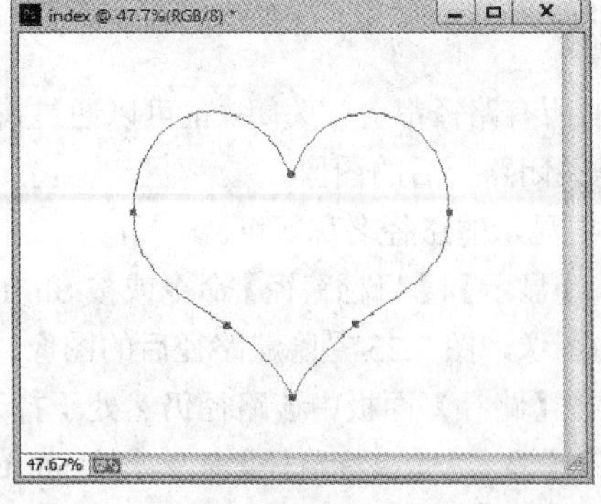

图 8.26　建立路径

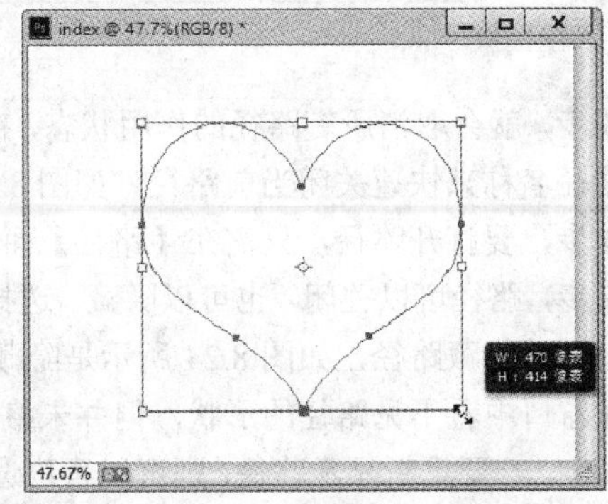

图 8.27　对路径进行变形

8.3.7 路径与选区转换

创建路径的一个目的就是要将其转换为选取范围，而将一个选取范围转换为路径，利用路径的功能对其进行精确的调整，可以制作出许多形状较为复杂的选取范围。

Note

【操作步骤】

第 1 步，打开一张图片，在图中创建路径，如图 8.28 所示。

第 2 步，打开【路径】面板菜单，选择【建立选区】命令。另外，在选中路径后，也可以单击【路径】面板底部的【将路径作为选区载入】按钮，直接将路径转换为选取范围，并省去第 3 步的操作。

第 3 步，弹出【建立选区】对话框，如图 8.29 所示，将【羽化半径】设置为 0，选中【消除锯齿】复选框，然后单击【确定】按钮，路径就被转换为选区。

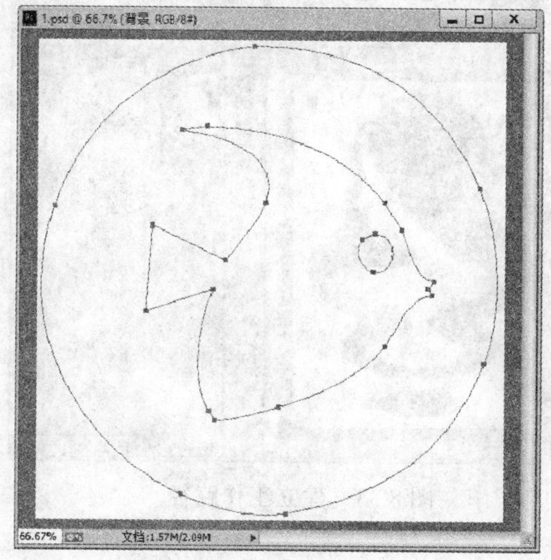

图 8.28 创建路径

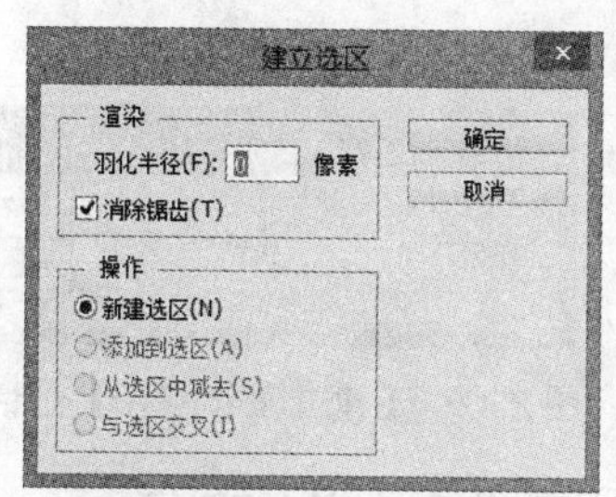

图 8.29 【建立选区】对话框

> 提示：【建立选区】对话框中的【羽化半径】文本框可以控制选取范围转换后的边缘羽化程度，变化范围为 0.0~250.0 像素。若选中【消除锯齿】复选框，则转换后的选取范围具有消除锯齿的功能。

如果是一个开放式的路径，则在转换为选取范围后，路径的起点会连接终点成为一个封闭的选取范围。

因为路径可以进行编辑，因此当选取范围不够精确时，可以将选取范围转换为路径进行调整。将选取范围转换成路径，可按如下操作进行。

【操作步骤】

第 1 步，打开一幅图像，并选取一个范围，如图 8.30 所示。

第 2 步，选择【路径】面板中的【建立工作路径】命令，如图 8.31 所示。另外，也可单击【路径】面板中的【从选区生成工作路径】按钮，直接将当前选取范围转换为路径，并省去第 3 步的操作。

第 3 步，选择【建立工作路径】命令后，弹出【建立工作路径】对话框，如图 8.32 所示，【容差】文本框用于控制转换后的路径平滑度，变化范围为 0.5~8.0 像素，该值越小所产生的锚点越多，线条越平滑，设置完成后单击【确定】按钮，选取范围即可转换为路径，如图 8.33 所示。

图 8.30　选取范围

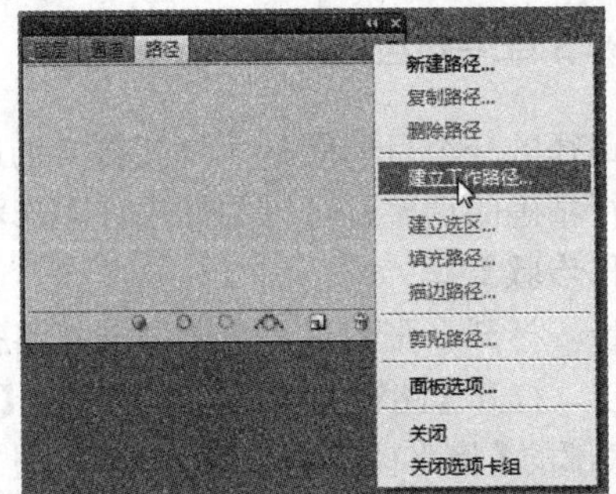

图 8.31　选择【建立工作路径】命令

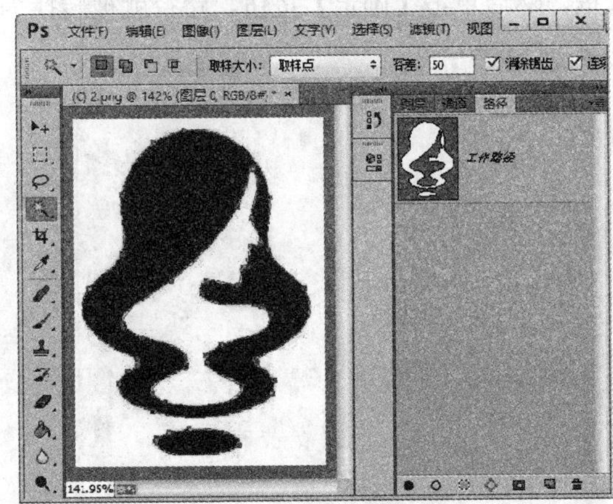

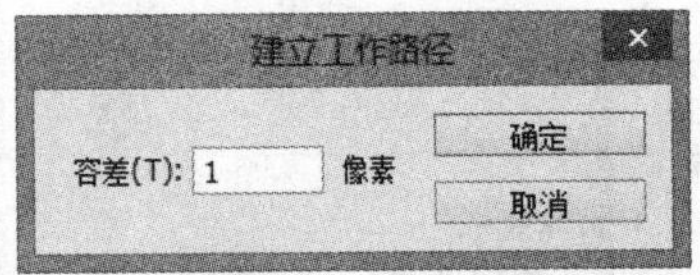

图 8.32　【建立工作路径】对话框

图 8.33　建立工作路径

8.3.8　填充和描边路径

绘制好的路径可以直接在其内部填充前景色，也可以进行描边处理。

【操作步骤】

第 1 步，打开要进行填充的路径，如图 8.34 所示。选择【路径】面板菜单中的【填充路径】命令。

第 2 步，或单击【路径】面板上的【用前景色填充路径】按钮，直接进行填充。其填充的各选项设置，与上一次使用【填充路径】对话框的设置相同。这样做可省去后面 3、4 两步操作。

第 3 步，弹出【填充路径】对话框，如图 8.35 所示。该对话框中的选项与前面介绍的【填充】对话框中的各选项功能相同，可参阅相应的内容。完成设置后，单击【确定】按钮。

第 4 步，按 Shift+Ctrl+H 组合键隐藏路径，可得到如图 8.36 所示的图像效果。

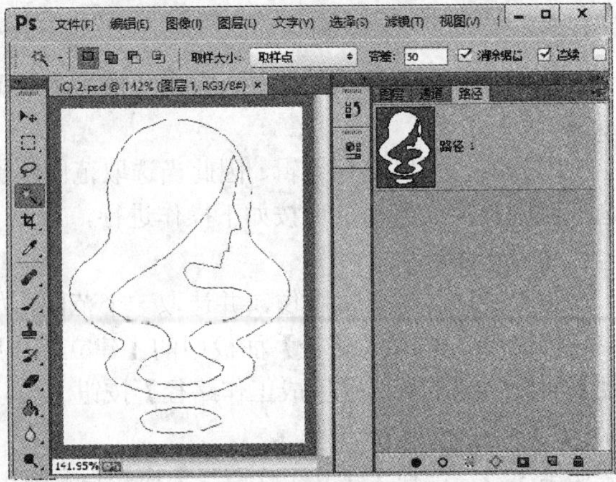

图 8.34　选择【填充路径】命令

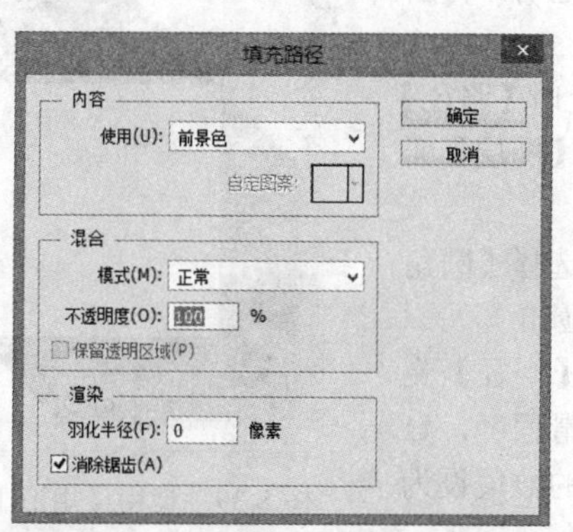

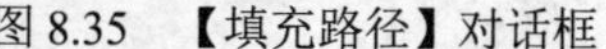
图 8.35　【填充路径】对话框

图 8.36　填充后的效果图

除了可以对路径进行填充以外，还可以对其进行描边，在描边过程中可以指定一种绘图工具来进行描边。

【操作步骤】

第 1 步，打开需要描边的路径，选择【路径】面板菜单中的【描边路径】命令，或者按住 Alt 键单击【用画笔描边路径】按钮，打开【描边路径】对话框，如图 8.37 所示。

第 2 步，在【描边路径】对话框中选择一种工具进行描边，然后单击【确定】按钮，描边操作即可完成，如图 8.38 所示。

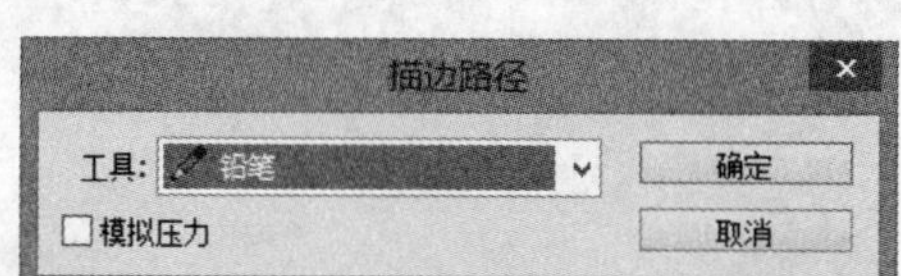

图 8.37　【描边路径】对话框

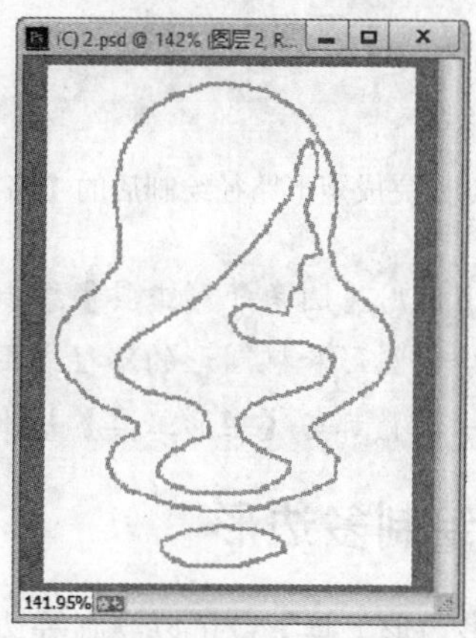

图 8.38　路径描边后效果

提示：在【路径】面板上单击【用画笔描边路径】按钮，可以直接对路径执行描边操作。此时使用的描边工具是当前在工具箱中选定的工具，其选项设置也与当前工具的设置一致。

8.3.9　绘制几何图形

在工具箱中选择【矩形工具】后，可以绘制出矩形、正方形的路径或形状。下面介绍使用【矩形工具】绘制一个按钮的方法。

【操作步骤】

第 1 步，在工具箱中选择【矩形工具】，单击选项栏中的【形状】按钮。

第 2 步，在选项栏上单击【填充】下拉列表框，在打开的面板中选择填充颜色为白色。

第 3 步，将鼠标移至图像窗口，按下鼠标左键并拖动，将出现一个矩形框，如图 8.39 所示。

第 4 步，释放鼠标左键后，矩形按钮绘制完成。此时【路径】面板自动建立了一个工作路径，如图 8.40 所示，并在【图层】面板中自动建立了一个形状图层，如图 8.41 所示。

Note

绘制圆角矩形的方法与此相同，只要在工具箱中选择【圆角矩形工具】，按上述方法进行操作，就可以绘制出圆角矩形。两者的区别是，【圆角矩形工具】的选项栏多了一个【半径】文本框。【半径】文本框用于控制圆角矩形 4 个角的圆滑程度，数值越大，所绘制的矩形 4 个角越圆滑。若将【半径】的数值设为 0，则【圆角矩形工具】就与【矩形工具】的作用一样。

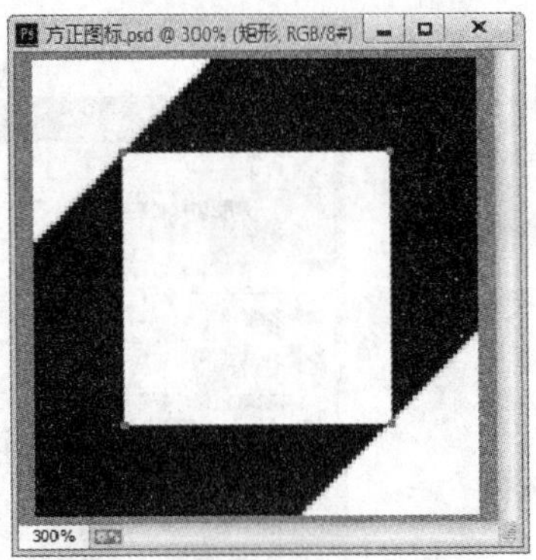

图 8.39　使用【矩形工具】绘制

图 8.40　完成矩形路径绘制后的【路径】面板

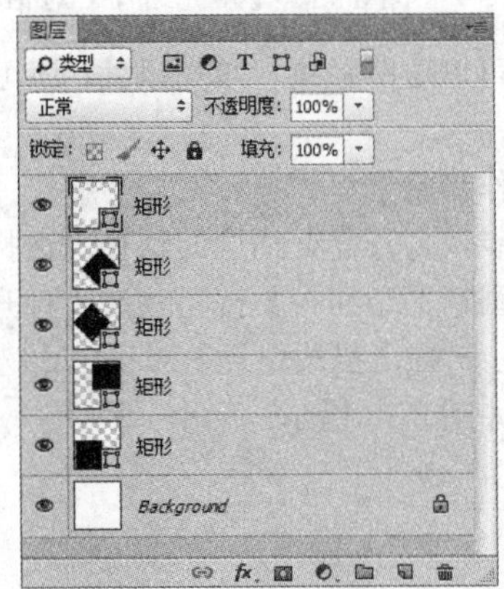

图 8.41　【图层】面板

提示：当使用【圆角矩形工具】绘制时，如果同时按住 Shift 键，则绘制的是正圆形。

绘制圆形和椭圆形的路径或形状需要用到工具箱中的【椭圆工具】，其使用方法和选项栏设置都与【矩形工具】基本相同。

8.3.10　绘制多边形

使用【多边形工具】可以绘制等边多边形，如等边三角形、五角星和星形等。在工具箱中选中【多边形工具】后会显示其选项栏，用户通过在选项栏中设置多边形工具的选项，可以绘制出更多的多边形效果。

【多边形工具】的选项栏与【矩形工具】的选项栏相似，只是多了一个【边】文本框，用于设置所绘制的多边形边数，范围为 3~100，当边数为 100 时，绘制出来的形状是一个圆。

【操作步骤】

第 1 步，在工具箱中选择【多边形工具】。

第 2 步，在选项栏中设置【多边形工具】的选项。

第 3 步，移动鼠标至图像窗口中，拖动鼠标进行绘制，绘制的多边形效果如图 8.42 所示。

提示：在绘制多边形时，图形的中心点为鼠标在图像窗口中首次单击时的位置。拖动鼠标绘制时，图形可以绕中心点旋转以调整方向。

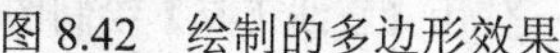

图 8.42　绘制的多边形效果

8.3.11　绘制直线

使用【直线工具】可以绘制出直线、箭头的形状和路径。其绘制操作与【矩形工具】基本相同，只要使用此工具在图像窗口拖动就可以拉出一条直线。

【操作步骤】

第 1 步，在工具箱中选择【直线工具】。

第 2 步，在选项栏中的【粗细】文本框设置线条的宽度，数值范围为 1~1000，数值越大，绘制出来的线条越粗。

第 3 步，在选项栏中单击【设置】图标，打开【箭头】面板，如图 8.43 所示。通过【箭头】面板进行设置，【直线工具】可以绘制出各种各样的箭头。【箭头】面板中各个选项的具体含义如下。

☑　起点：在起点位置绘制出箭头。

☑　终点：在终点位置绘制出箭头。

☑　宽度：设置箭头宽度，范围在 10%~1000%之间。

☑　长度：设置箭头长度，范围在 10%~5000%之间。

☑　凹度：设置箭头凹度，范围在 50%~−50%之间，如图 8.44 所示。

图 8.43　【箭头】面板

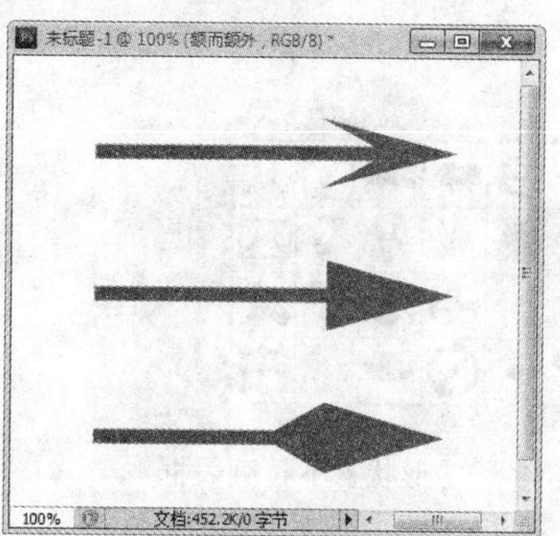

图 8.44　设置凹度

Note

第 4 步，使用【直线工具】绘制的图标效果如图 8.45 所示。

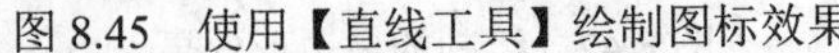
图 8.45　使用【直线工具】绘制图标效果

8.3.12　绘制自定义形状

【自定义形状工具】提供的是一些不规则的图样，用户可以在这里选择套用矢量图、路径和位图填充区域。使用【自定义形状工具】可以绘制出 Photoshop 预设的各种形状，如箭头、月牙形和心形等形状。

【操作步骤】

第 1 步，首先设置前景色，设置的颜色将会填入所绘制的图形中。

第 2 步，在工具箱中选择【自定义形状工具】。

第 3 步，在选项栏中单击【形状】下拉列表框，打开如图 8.46 所示的下拉列表框。其中显示了许多预设的形状，在其中单击选择一个图形。

第 4 步，在选项栏中设置其他选项，如样式等。设置完各选项后，在图像窗口中按住鼠标左键拖动，就可以在图像窗口中绘制自己想要的图形形状了。绘制完成后的效果如图 8.47 所示。

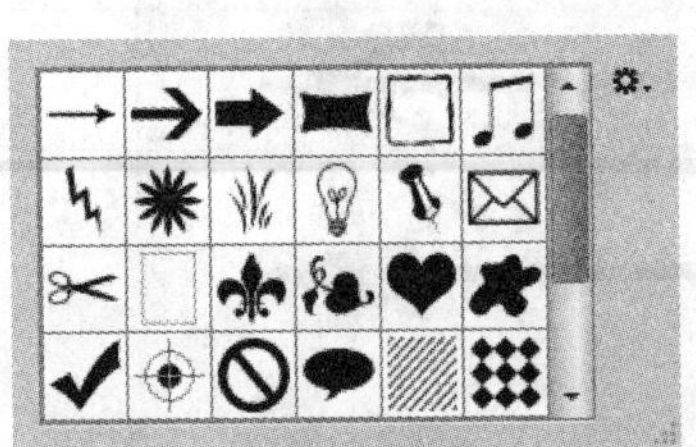

图 8.46　【形状】下拉列表框

图 8.47　绘制好的自定义形状

第 5 步，单击【形状】面板右上角的小三角形按钮，可以打开一个面板菜单，从中可以载入、保存、替换和重置面板预设的形状，以及改变面板中形状的显示方式。

Note

8.4　在 Photoshop 中编辑图像

在 Photoshop 中绘制图形时，图形的位置和大小不符合制作要求是很常见的事，所以需要对它们进行编辑修改，如选取图像、缩放图像大小、旋转，以及重新排列和组合各个对象等。下面就介绍这些相关功能。

8.4.1　选择图形对象

选择图形对象的操作很简单，只要在工具箱中选择【路径移动工具】，然后移动鼠标指针至窗口中的图形上单击选中对象，如图 8.48 所示。

图 8.48　选择图形对象

提示：在 Photoshop 中绘制的图形和插入的外部图像，都是以对象的方式叠放在一起的，各个对象之间是独立的，在编辑某一对象时，并不会影响另一个对象。只是前面的对象有时会遮盖后面的对象。

8.4.2　变形

选取对象后，要对对象进行缩放变形，可以使用工具箱中的【直接选择工具】。将鼠标指针移到路径上单击，拖动鼠标就可以改变对象的形状，如图 8.49 所示。

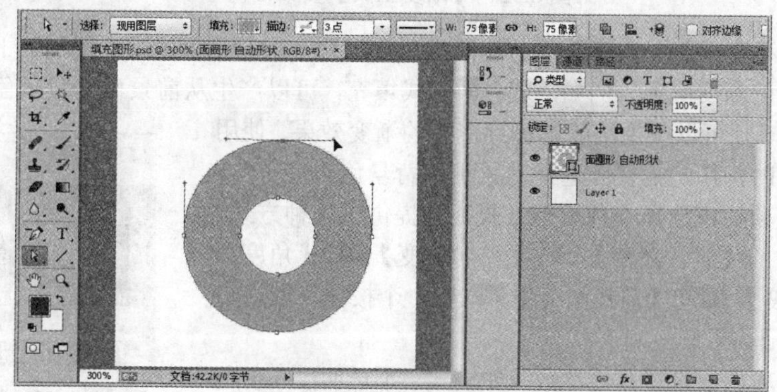

图 8.49　变形图像

Note

8.4.3 旋转与缩放

选中图形对象，然后执行【编辑】|【自由变换路径】命令，或者执行【编辑】|【变换路径】下的各种变形命令对路径进行变形处理。

此时图形对象四周将出现 8 个控制点，移动鼠标指针至控制点，当鼠标指针变为双向箭头时按住并拖动鼠标可以缩放图形，如图 8.50 所示；而将鼠标指针移至对象外的区域，变为↻形状时，拖动鼠标指针则可以旋转图形，如图 8.51 所示。

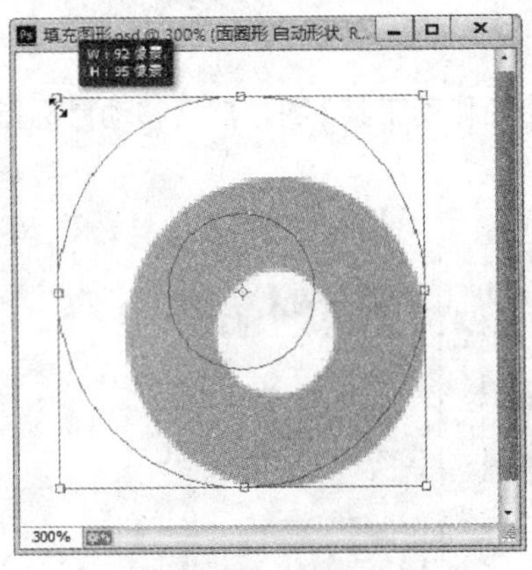
图 8.50　缩放图形

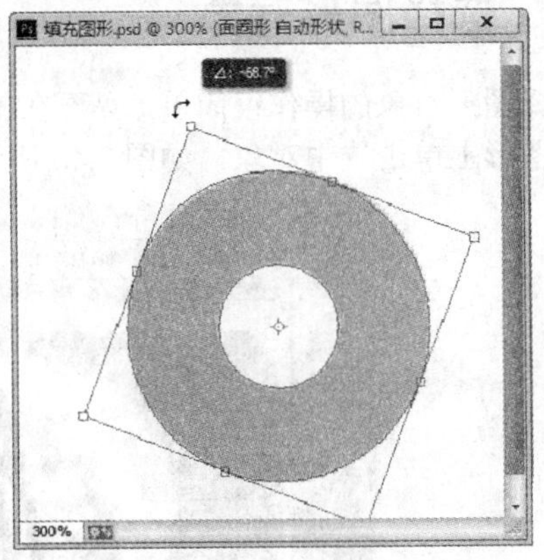
图 8.51　旋转图形

8.4.4 使用渐变填充

使用【渐变工具】可以创建多种颜色间的逐渐混合，实质上就是在图像中或图像的某一区域中填入一种具有多种颜色过渡的混合色。

1. 使用渐变颜色填充

【操作步骤】

第 1 步，在工具箱中选择【渐变工具】。

第 2 步，此时，在选项栏中将显示如图 8.52 所示的设置。

图 8.52　【渐变工具】参数设置

第 3 步，单击渐变预览图标右边的黑色小三角，打开如图 8.53 所示的下拉列表框，从中选择一种用于填充的渐变颜色。例如，选择方式填充，可以产生从前景色到背景色的渐变效果；如果选择方式填充，则可以产生从前景色到透明的渐变效果。使用以上两种方式填充时，用户需要先选择前景色或背景色。

第 4 步，在选项栏中选择一种填充方式，共提供了 5 种方式，分别对应选项栏中的【线性渐变】、【径向渐变】、【角度渐变】、【对称渐变】和【菱形渐变】这 5 个按钮。默认设置下为【线性渐变】。

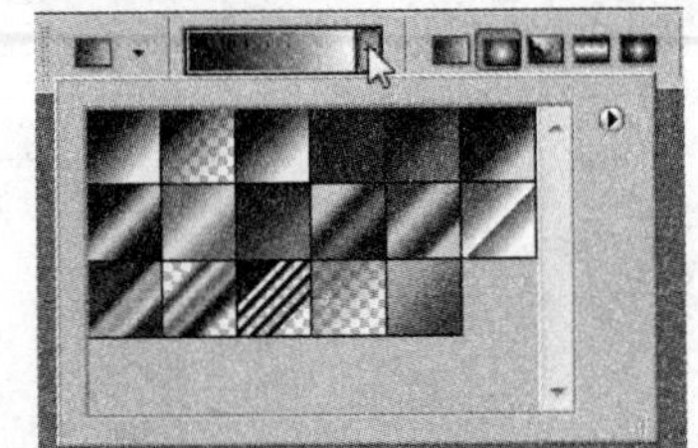
图 8.53　选择渐变方式

第 5 步，在选项栏中设置其他参数，如模式、不透明度、仿色和反向等，其不透明度和模式的作用前面已经介绍过，这里不再重

复。下面简单介绍其他几个选项的功能。

☑　【反向】复选框：选中该复选框后，填充后的渐变颜色刚好与用户设置的渐变颜色相反。

☑　【仿色】复选框：选中该复选框，可用递色法来表现中间色调，使渐变效果更加平顺。

☑　【透明区域】复选框：选中该复选框，将打开透明蒙版功能，使渐变填充时可以应用透明设置。

Note

第 6 步，设置以上参数后，移动鼠标指针至图像中按下鼠标并拖动，当拖动至另一位置后放开鼠标即可在图像（选取范围）中填入渐变颜色，效果如图 8.54 所示。

提示：拖动鼠标填充颜色时，若按下 Shift 键，则可以按 45°、水平或垂直的方向填充颜色。此外，在填充颜色时拖动的距离越长，两种颜色间的过渡效果就越平顺，拖动的方向不同其填充后的效果也不一样。如果在填充渐变颜色之前先选取范围，那么填充操作只对选取范围起作用。

注意：【渐变工具】不能在位图和索引颜色模式下使用。

2. 定义渐变填充效果

使用【渐变工具】填充渐变效果的操作很简单，但是在创作图形时，当 Photoshop 提供的渐变色不能满足你的要求时，还可以对渐变颜色进行编辑，以获得新的渐变色。所以，自己定义一个渐变颜色是创建渐变效果的关键。

【操作步骤】

第 1 步，选中【渐变工具】，然后在选项栏中单击【渐变】下拉列表框中的渐变预览条▬，打开如图 8.55 所示的【渐变编辑器】对话框。

图 8.54　填充渐变颜色后的效果

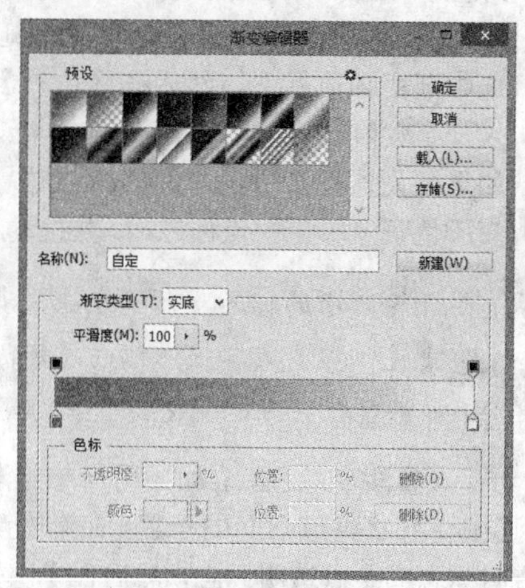

图 8.55　【渐变编辑器】对话框

第 2 步，单击【新建】按钮；或者右击，在弹出的快捷菜单中选择【新渐变】命令，新建一个渐变颜色。

第 3 步，此时在【预设】列表框中将多出一个渐变样式。选中它，并在其基础上进行编辑。

第 4 步，在【名称】文本框中输入新建渐变的名称，再在【渐变类型】下拉列表框中选择【实底】选项。

第 5 步，在渐变颜色条上单击起点颜色标志，此时【色标】选项组中的【颜色】下拉列表框将会置亮，接着单击【颜色】下拉列表框右侧的小三角按钮，在打开的下拉列表中选择一种颜色。当选择

【前景】或【背景】选项时，则可用前景色或背景色作为渐变颜色；当选择【用户颜色】选项时，需要用户自己指定一种颜色，即将鼠标指针移至渐变颜色条上或者是图像窗口中变成吸管形状，此时单击就可以取色。另外，也可以双击渐变颜色条上的颜色标志打开【拾色器】对话框选取颜色。

Note

第 6 步，选定起点颜色后，该颜色会立刻显示在渐变颜色条上，接着需要指定渐变的终点颜色，即选中终点颜色标志，按照第 5 步中介绍的方法选择一种颜色。

提示：如果用户要在颜色渐变条上增加一个颜色标志，则可以移动鼠标指针到颜色条的下方，当指针变为小手形状时单击即可，如图 8.56 所示。

图 8.56　增加渐变颜色

第 7 步，指定渐变颜色的起点颜色和终点颜色后，还可以指定渐变颜色在渐变颜色条上的位置，以及两种颜色之间的中点位置，这样整个渐变颜色编辑才算完成。设置渐变位置的方法如下。

- ☑ 选中渐变颜色标志，然后按下鼠标拖动，如图 8.57 所示。
- ☑ 选中渐变颜色标志，然后在【位置】文本框中输入一个数值。
- ☑ 如果要设置两种颜色之间的中点位置，则可在渐变颜色条上单击中点标志◇，并拖动鼠标即可。

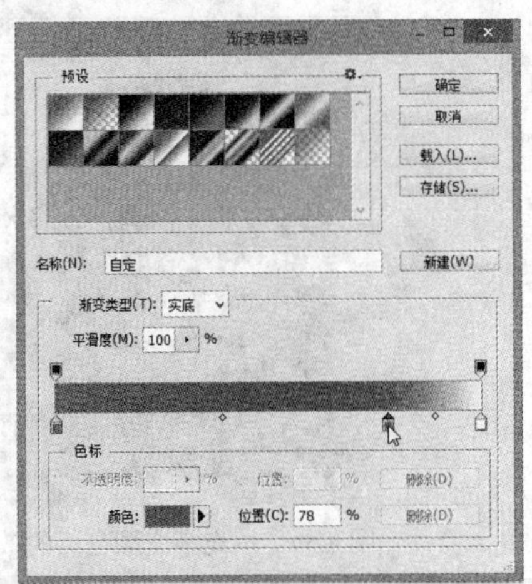

图 8.57　改变渐变颜色位置

提示：要删除新增的标志，可以在选中颜色标志后，单击【位置】文本框右侧的【删除】按钮，或者将颜色标志拖出渐变颜色条均可。

第 8 步，设置渐变颜色后，如果用户想给渐变颜色设置一个透明蒙版，那么继续后面的步骤。在渐变颜色条上方选中起点透明标志或终点透明标志，然后在【色标】选项组的【不透明度】和【位置】文本框中设置不透明度和位置（假设起点为 100，终点为 0），并且调整这两个透明标志之间的中点位置。

第 9 步，设置好上述所有内容后，单击【确定】按钮即可完成渐变样式的编辑。

8.4.5　使用油漆桶填充

使用【油漆桶工具】可以在图像中填充颜色，但它只对图像中颜色相近的区域进行填充。【油

漆桶工具】有点类似于【魔棒工具】的功能，首先分析被填充颜色的亮度值，然后指定色差范围（填充的范围一般是图像的近似色域或固定的选区）。

在使用【油漆桶工具】填充颜色之前，需要先选定前景色，然后才可在图像中单击以填充前景色。如果进行填充之前选取了范围，则填充颜色只对选取范围之内的区域有效。

Note

8.4.6 使用【填充】命令

使用【填充】命令可以对整个图像或选取范围进行颜色填充，使用【填充】命令除了能填充一般的颜色之外，还可以填充图案和快照内容。

【操作步骤】

第 1 步，先在图像中选中要进行填充的图层，如果是对某一个选取范围进行填充，则先在图像中选取范围（例如载入一个选取范围），如图 8.58 所示。

第 2 步，选择【编辑】|【填充】命令，打开【填充】对话框，如图 8.59 所示。

第 3 步，在【填充】对话框中设置各选项。各选项功能如下。

☑ 【内容】选项组：在【使用】下拉列表框中可选择要填充的内容。选项有【前景色】、【背景色】、【图案】、【历史记录】、【黑色】、【50%灰色】及【白色】。当选择【图案】方式填充时（要选择此选项，必须事先定义图案内容，否则不能使用图案填充），对话框中的【自定图案】下拉列表框会被置亮，从中可选择用户定义的图案进行填充。

☑ 【混合】选项组：用于设置不透明度和模式。

☑ 【保留透明区域】复选框：对图层填充颜色时，可以保留透明的部分不填入颜色。该复选框只有对透明的图层进行填充时有效。

第 4 步，单击【确定】按钮即可得到如图 8.59 所示的效果。

图 8.58 选定填充范围

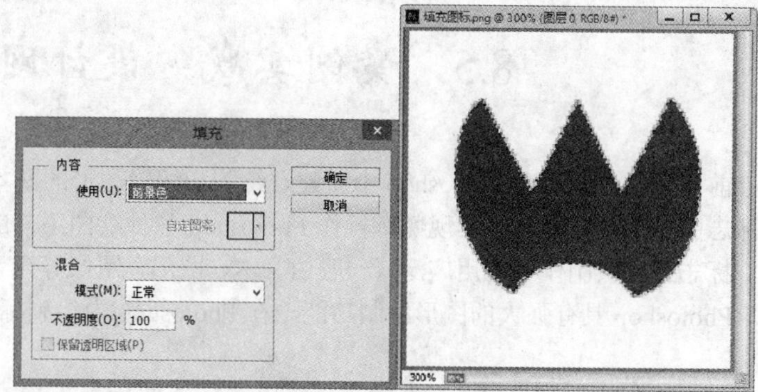

图 8.59 填充颜色后效果

提示：若要快速填充前景色，可按 Alt+Delete 快捷键或 Alt+Backspace 快捷键；若要快速填充背景色，可按 Ctrl+Delete 快捷键或 Ctrl+Backspace 快捷键。

8.4.7 使用【描边】命令

使用【描边】命令可以在选取范围或图层周围绘制出边框。【描边】命令的操作方法与【填充】命令的操作方法基本相同。

【操作步骤】

第 1 步，先选取一个范围或选中一个已有内容的图层（注意，如果当前所选图层是背景层，则必

须先选取范围）。

第 2 步，选择【编辑】|【描边】命令，打开如图 8.60 所示的【描边】对话框，在对话框中设置如下内容。

Note

☑ 【描边】选项组：在该选项组的【宽度】文本框中，可以输入一个数值（范围为 1~16 像素）以确定描边的宽度，在【颜色】列表框中选择描边的颜色。

☑ 【位置】选项组：设置描边的位置，可分别在选取范围边框线的内、中和外进行。

☑ 【混合】选项组：设置描边的不透明度和模式。

☑ 【保留透明区域】复选框：其功能与在【填充】对话框中相同。

第 3 步，单击【确定】按钮就可以完成描边的操作。如图 8.61 所示是对文字进行描边后的效果。

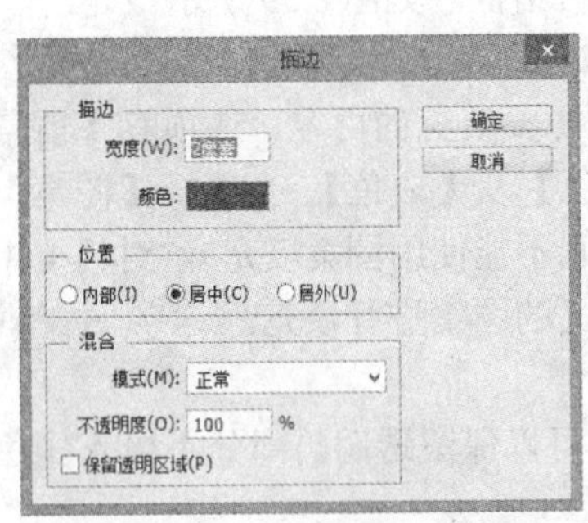

图 8.60 【描边】对话框

图 8.61 文字描边效果

8.5 案例实战：设计网页标志

前面详细介绍了在 Photoshop 中新建、绘制和编辑图形的基本方法，下面将重点介绍如何绘制网页标志的方法和技巧，以实现熟练操作 Photoshop 各种绘图工具的能力。

标志在网页制作中应用广泛，一般由文本、图形、图像等元素构成，有的标志是多种元素兼而有之。Photoshop 具有强大的图形绘制功能，在 Photoshop 中绘制标志并不难。

8.5.1 文字型标志

一幅别致的文字标志，就欣赏角度来说绝不亚于一幅优美的图像。这样一幅好的文字标志在 Photoshop 中可以轻松制作。一般方法是对文字进行变形、错位、叠加、艺术组合、卡通化、图像化等艺术操作，使文字具有审美特征，如图 8.62 所示。

下面以实例的形式介绍几种文字型图标设计方法。

图 8.62 文字型标志欣赏

1. 文字变形

实例效果如图 8.63 所示，通过对文字适当变形会设计出非常活泼的图标效果。

【操作步骤】

第 1 步，启动 Photoshop，新建文件，画布大小适当。用文本工具输入“DELL”字样，如图 8.64 所示。

图 8.63　变形文字型标志效果

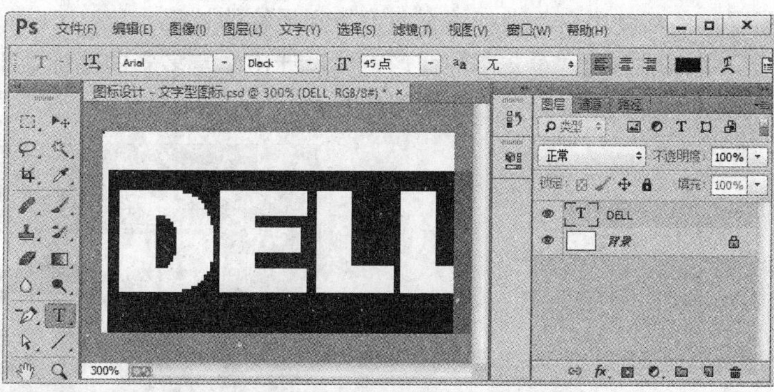

图 8.64　输入文字

第 2 步，复制文本图层，进行备份（以后在设计中要随时养成图层备份习惯，避免不能返回的错误），把备份图层隐藏。选择中间文字图层，选择【图层】|【栅格化】|【文字】命令，把文字转换为位图图形。

第 3 步，用【魔棒工具】选取文字位图的空白处，按 Shift+Ctrl+I 组合键反选文字，要注意再按住 Shift 键增加选取字母“D”中间的空白。

第 4 步，在【路径】面板菜单中选择【建立工作路径】命令，把选区转换为路径，如图 8.65 所示。

图 8.65　输入文字

第 5 步，使用【路径选择工具】选择字母路径“E”，选择【编辑】|【自由变换路径】命令，在工具选项栏中设置逆时旋转 45 度，如图 8.66 所示。

图 8.66　旋转路径

第 6 步，使用【直接选择工具】缩短字母路径“L”中的横线，然后用【移动工具】移动各个对象，使其排列更紧密，如图 8.67 所示。

第 7 步，在【路径】面板中把路径转换为选区，在【图层】面板中隐藏文字转换图层，新建空白图层，然后使用白色进行填充即可得到最终的效果。

Note

【拓展】通过对文字的变形可以设计出丰富多彩的图标效果，如图 8.68 所示是对字母“W”的变形而得到的上海大众公司的图标效果。

图 8.67　调整字母 L 的路径

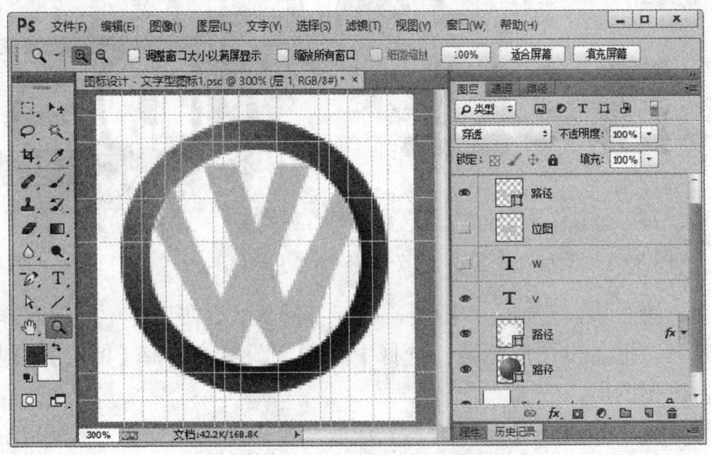

图 8.68　上海大众公司的图标

2. 文字抽象化

抽象化标志最大特点就是把文字意象化，讲究内容的丰富性，抽象化设计取决于设计者的想象力的发挥，以及主旨的需要。下面以 Adobe 公司的图标设计为例进行介绍，Adobe 公司的图标把字母“A”进行艺术化处理，效果如图 8.69 所示。

【操作步骤】

第 1 步，新建文件，先用参考线布局图标的比例，方法是选择【视图】|【标尺】命令，显示标尺，然后用鼠标指针在标尺上拖出参考线到编辑窗口中，如果不合适可以随时用鼠标进行调整，如图 8.70 所示。

第 2 步，选择【视图】|【参考线】|【对齐参考线】命令，使下面所有操作时绘制的图形对齐到参考线。

第 3 步，用【矩形工具】在编辑窗口中绘制一个长方形，填充为红色，如图 8.71 所示。

图 8.69　抽象文字型标志效果

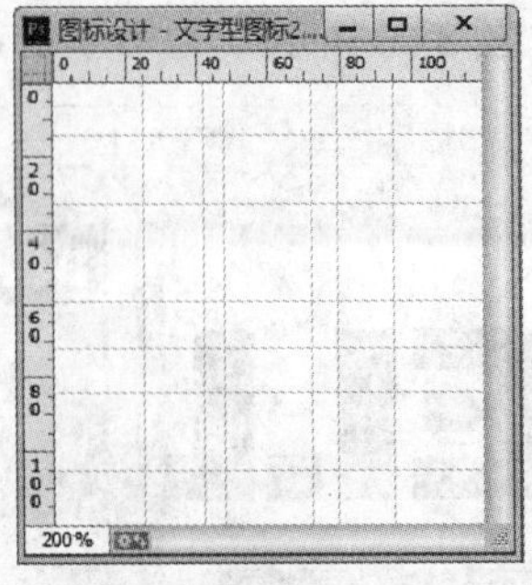

图 8.70　绘制参考线

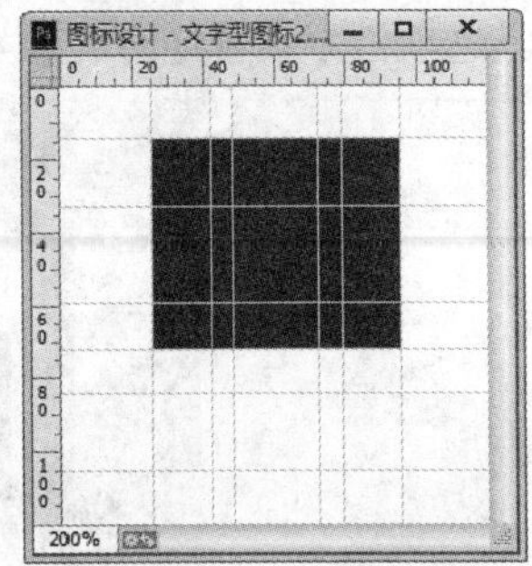

图 8.71　绘制矩形

第 4 步，复制该矩形，并设置填充色为白色，选择【编辑】|【变换】|【斜切】命令，矩形四周

显示有 8 个控制点，把光标置于矩形的右上角，按住 Shift 键向中间拖动，如图 8.72 所示。

第 5 步，同样的方法，复制红色矩形，把上边向中间倾斜为一个点，变形为一个正三角形，然后按住 Shift 键缩小该三角形，如图 8.73 所示。

第 6 步，设置缩小的三角形与矩形底边对齐和横向居中对齐。复制白色填充的梯形，以同样的方法缩小，并对齐到底部，遮住三角形的左下角，如图 8.74 所示。

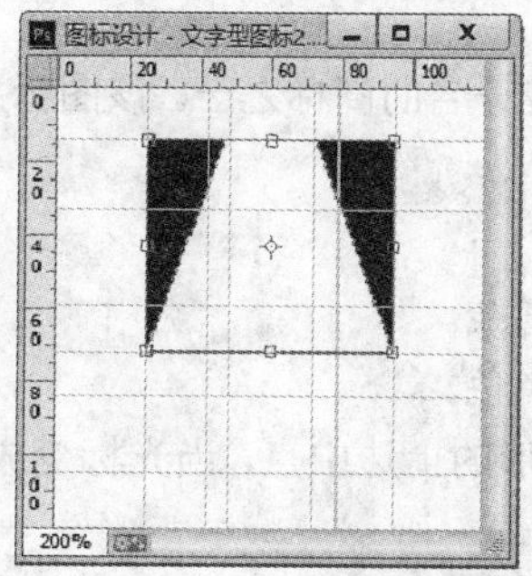

图 8.72　矩形变形

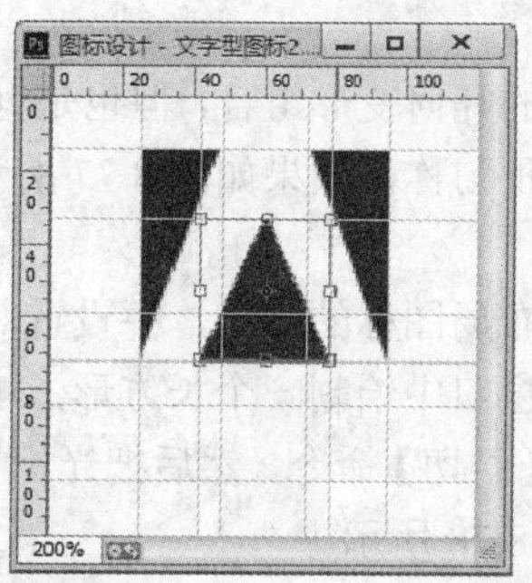

图 8.73　三角形变形

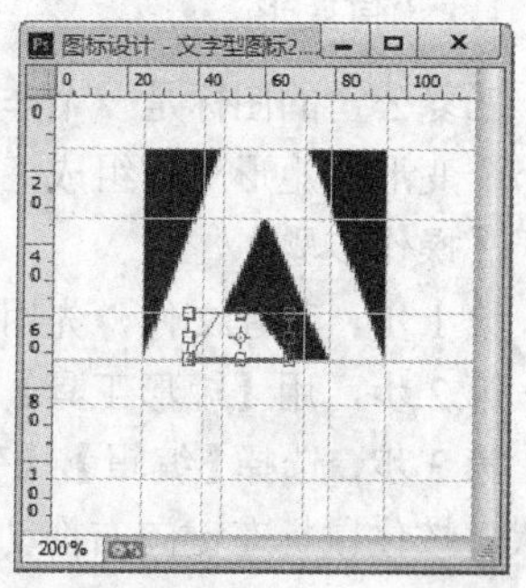

图 8.74　复制并缩小梯形

第 7 步，在图标底部输入“Adobe”公司名称，如图 8.75 所示。

图 8.75　设置文本

【拓展】以同样的方法，可以设计出另外一种效果的公司图标，效果如图 8.76 所示。

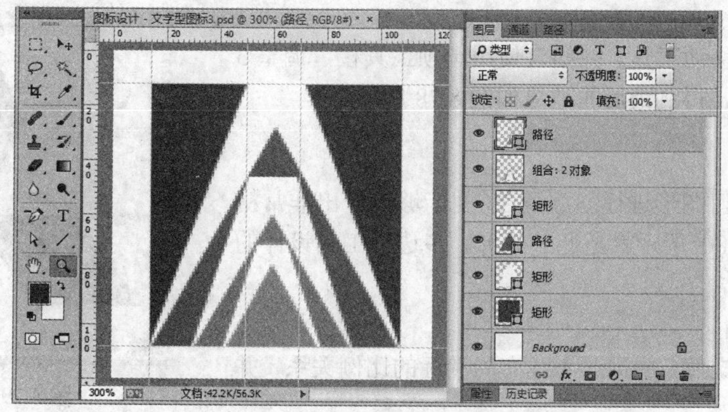

图 8.76　重叠组合文字型标志效果

8.5.2 几何型标志

Note

利用 Photoshop 提供的图形工具可以绘制一些基本的几何图形，然后通过变形组合也能够设计出很多漂亮的图标。

1. 几何变形

三菱公司的图标是一个非常简单的几何变形组合，但也是世界上最著名的商标之一。该图标主要由 3 个变形的矩形对称组成，结构端正匀称，效果如图 8.77 所示。

【操作步骤】

第 1 步，新建文件，先用参考线布局图标的比例，并设置对齐参考线。

第 2 步，用【矩形工具】在编辑窗口中绘制一个长方形，填充为黑色。

第 3 步，选择【编辑】|【变换】|【斜切】命令，然后把光标置于矩形的上边中点，当光标变成↔形状，按住鼠标左键向右拖动，如图 8.78 所示。

图 8.77 简单几何型标志效果

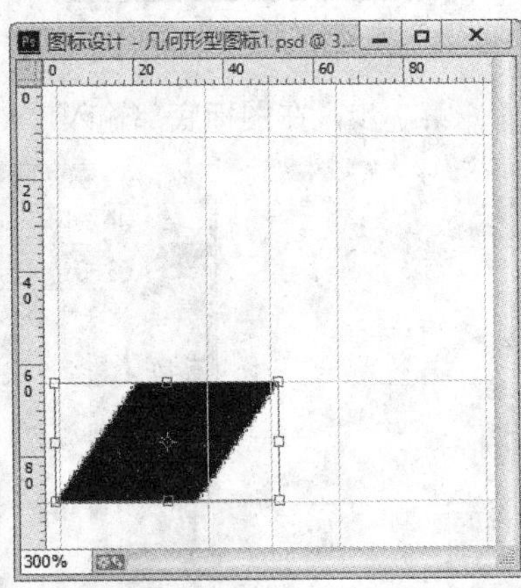

图 8.78 变形平行四边形

第 4 步，复制该变形矩形，选择【编辑】|【变换】|【水平翻转】命令，然后向右移动该图形即可。

第 5 步，在编辑窗口的上部按住 Shift 键绘制一个正方形，旋转 45 度角，然后用缩放工具缩小，并左右压扁该菱形，如图 8.79 所示。

第 6 步，用【移动工具】并结合使用选项工具栏，调整 3 个图形的位置关系，得到最后的效果如图 8.78 所示。

2. 几何组合

利用基本的几何图形进行创意组合，也能够设计出非常精美的图标，如图 8.80 所示就是通过矩形、多边形工具设计的图标。

【操作步骤】

第 1 步，新建文件，先用参考线布局图标的比例关系，并设置对齐参考线。

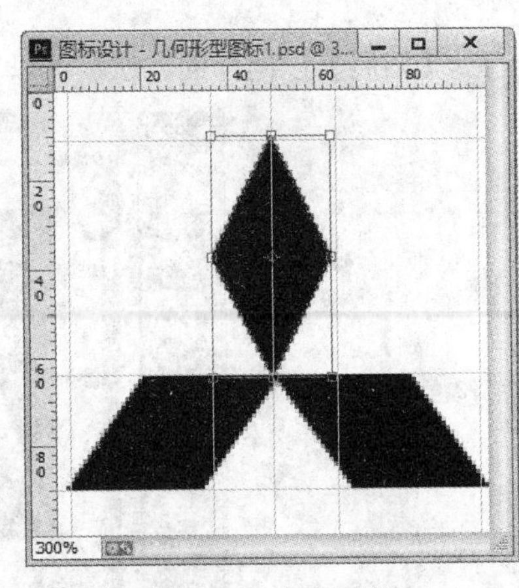

图 8.79 变形菱形

第 2 步，用【矩形工具】在编辑窗口中绘制 3 个正方形，填充为不同的颜色，分别为深绿色、黑色、深红色，并对角排列，如图 8.81 所示。

图 8.80　组合几何型标志效果

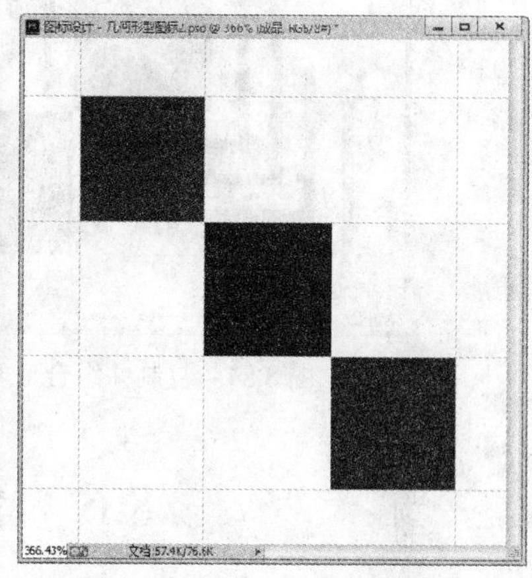

图 8.81　绘制矩形

第 3 步，在工具箱中选择【直线工具】，设置前景色为黑色，在编辑窗口中绘制一个 L 形状。

第 4 步，选择【编辑】|【变换】|【水平翻转】命令，翻转 L 形状。

第 5 步，在【属性】面板中设置该形状的大小和位置，如图 8.82 所示。

第 6 步，复制 L 形状，并向左下角移动 10 像素。重复操作 3 次，效果如图 8.83 所示。

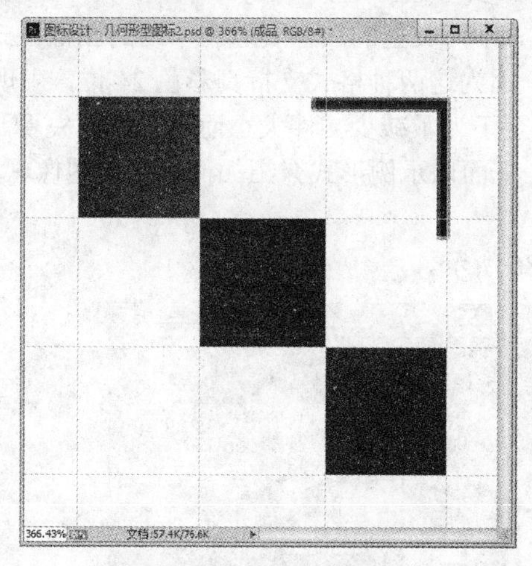

图 8.82　绘制 L 形状

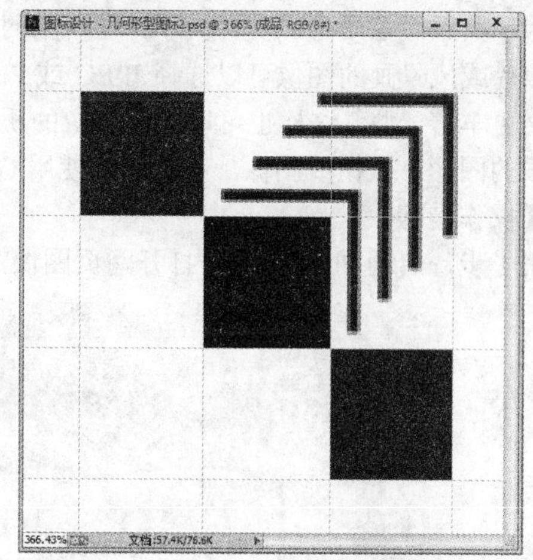

图 8.83　复制 L 形

第 7 步，选择 4 个 L 形状，复制并合并。方法是按 Ctrl+J 快捷键复制，按 Ctrl+E 快捷键合并图层。

第 8 步，对该组合对象进行水平翻转和垂直翻转，并移动到左下角，如图 8.84 所示。

第 9 步，使用【钢笔工具】，设置前景色为白色，绘制两个斜角为 45°的三角形，覆盖 L 形状的平头形状，设计 L 形状为尖角，如图 8.85 所示。

Note

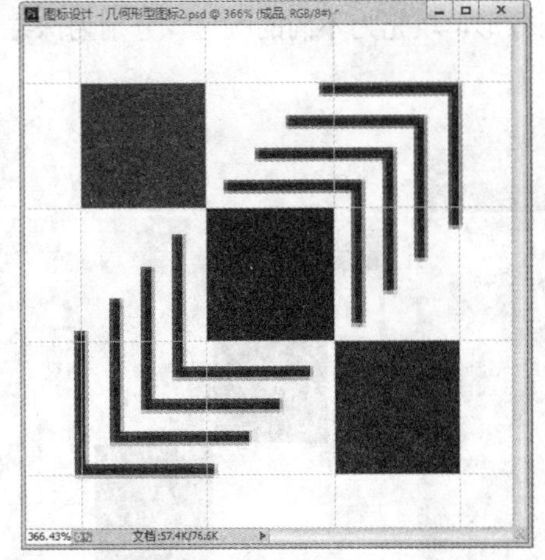
图 8.84　复制并组合 L 形状

图 8.85　设计尖角形状的 L 形状

8.6　案例实战：最优化图像

最优化图像通常是在处理网页图像时的一种说法，究竟何为最优化图像呢？简单地说，就是让制作出来的图像不但质量好，而且文件小，易于在网络上传输，这就是最优化图像。所以，要达到最优化图像的目标，在处理图像时就不能只追求图像品质而忽视文件大小了。

影响文件大小的几个重要因素是分辨率、图像尺寸、颜色数目和图像格式。所以，要最优化图像，就必须考虑这些相关因素，特别是对颜色数目和图像格式要考虑得更多一些。

为了兼顾图像质量和文件大小，在使用网页图像时，不同类型的图像要选用不同的图像格式。例如，照片或风景画的图像可以选择 JPEG 或 PNG 格式，因为这两种格式支持真彩色 24 位，表现出的色彩会更丰富一些，这样也可以确保图像的质量，而不至于为了减少文件大小而产生图像失真。如果是一般的图形、按钮或图标，则均可以使用 GIF 格式。下面以示例形式介绍如何最优化图像。

【操作步骤】

第 1 步，启动 Photoshop，打开网页图像，如图 8.86 所示。

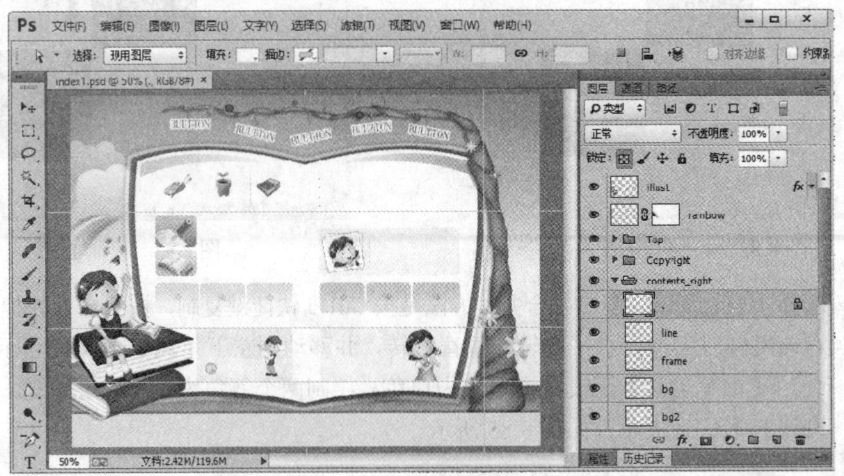
图 8.86　打开网页图像

第 2 步，选择【文件】|【存储为 Web 所用格式】命令，打开【存储为 Web 所用格式】对话框，如图 8.87 所示，切换到【四联】窗口模式显示图像，同时显示【优化】设置面板。

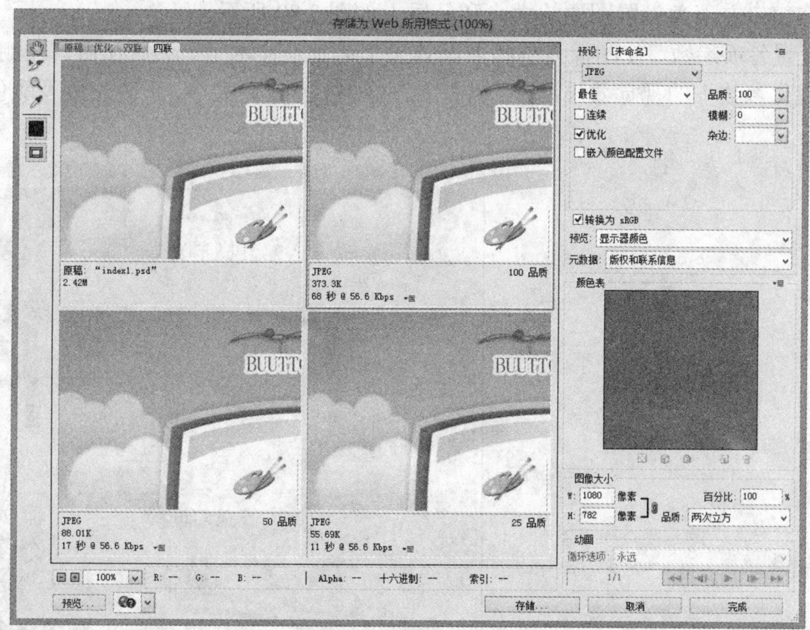

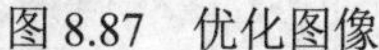

图 8.87　优化图像

第 3 步，在【四联】模式的窗口中，单击选择一个预览窗口（被选中的窗口有一个黑色边框）。

第 4 步，在【优化】面板的【保存的设置】下拉列表框中选择一种图像格式。

提示： 虽然存在有非常多的图片格式，但是依据压缩方法不同，所有的图片都能进一步归类为两大类别：无损和有损。

无损数据压缩保证了图像在没有任何品质和信息丢失的情况下重现，而有损数据压缩的结果就是可能造成品质和信息的丢失。在平面设计领域最主流的无损媒介格式包括 GIF、PNG 和 TIFF，而 JPEG 是最主流的有损压缩的图形格式。

第 5 步，选择 GIF 格式，在此面板中将显示图像颜色数及其他参数，如图 8.88 所示。选择 GIF 格式时，在颜色列表中将显示出图像所使用的所有颜色。在该列表中用户可以增加、更改或删除颜色来改变图像效果，以及进行锁定颜色、设置透明颜色等操作。

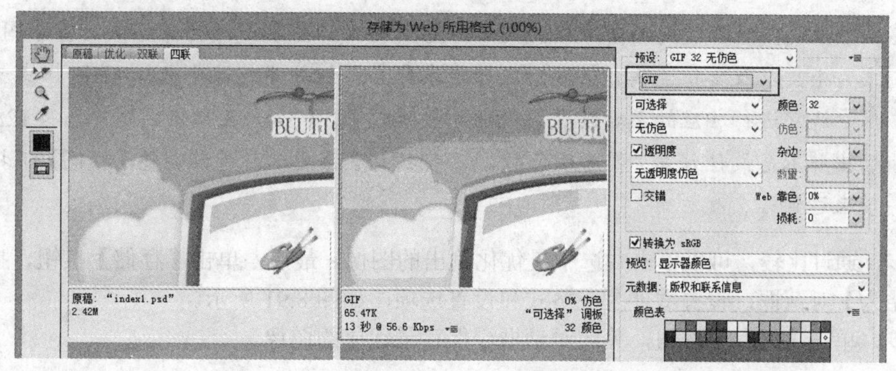

图 8.88　选择 GIF 格式

如果选择 JPEG 格式，则可以通过设置【质量】的值来改变文件大小，【质量】值越高文件越大；反之文件越小，其失真程度也就越严重。

第 6 步，在窗口右下角设置图像的大小和品质，如图 8.89 所示。

第 7 步，设置各项参数，使图像大小和图像效果都达到最佳水平。然后在窗口左侧 4 个视图中比较不同格式和优化参数下的视觉效果，还可以查看图像格式、文件大小、下载速度及颜色数目等信息，如图 8.90 所示。

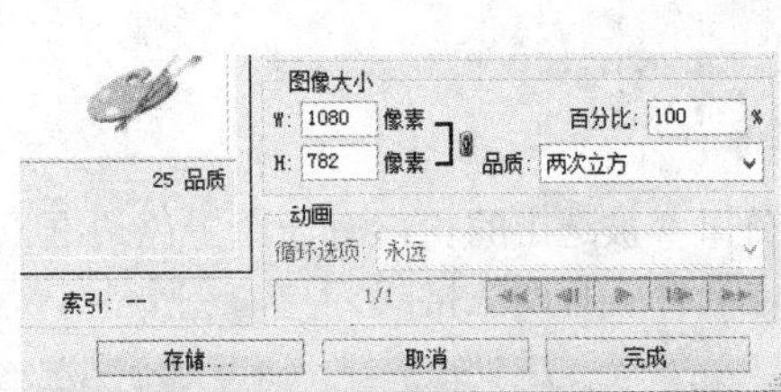

图 8.89　定义图像大小和品质

图 8.90　比较不同优化品质

提示： 当用户在窗口右侧进行设置时，应随时观察预览窗口中的图像效果，以及窗口下方的提示信息，以便确定一个最佳的图像设置。例如，可以在 3 个预览窗口中分别选择 JPEG、GIF 和 PNG 3 种不同的格式。从中可以看到，3 种图像格式下图像显示的效果区别。而 3 种格式设置下，图像的大小却相差很大。选择 JPEG 和 PNG 格式时图像均较大，而 GIF 格式设置下的图像却很小，但是部分渐变颜色在 GIF 格式下显得不是很自然。因此，对此图形来讲，选择 JPEG 格式是最合适的。

提示： 一般来说，网页使用的图像格式大多为 GIF 格式，主要是因为此格式具备了图像效果好、文件小，以及支持透明背景和动画等诸多优点。但并不是只要选择 GIF 格式就很好了，用户还需进行相应的参数设置才能达到最佳效果。例如，在本例的图中，以 128 色的颜色输出并不是最佳效果，因为颜色数目还可以设置得更少，通过调整【颜色】下拉列表框的值来达到。

第 8 步，通过比较，可以单击并选中最优化输出的图像。最后，单击【存储】按钮，打开【将优化结果存储为】对话框，设置文件名、格式和设置选项，如图 8.91 所示。

第 9 步，单击【保存】按钮，关闭对话框，保存最优化的图像。

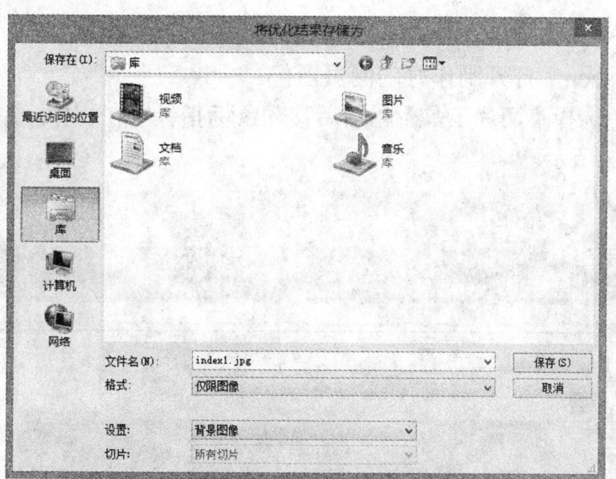

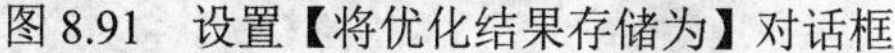

图 8.91　设置【将优化结果存储为】对话框

8.7　案例实战：分割图像

分割图像最大的作用就是可以局部优化图像，从而易于在网络中传输；另外一个作用则是可以给同一图像中的各个分割区域设置超链接。

例如，如图 8.92 所示的图像是一个网页主图，这么一个大图直接应用到网页中是不合适的，因为图像文件太大，浏览者需要很长时间才能下载此图片。为了解决这一问题，可以使用 Photoshop 的分割功能，将大图变成小图，这样就有利于浏览了。

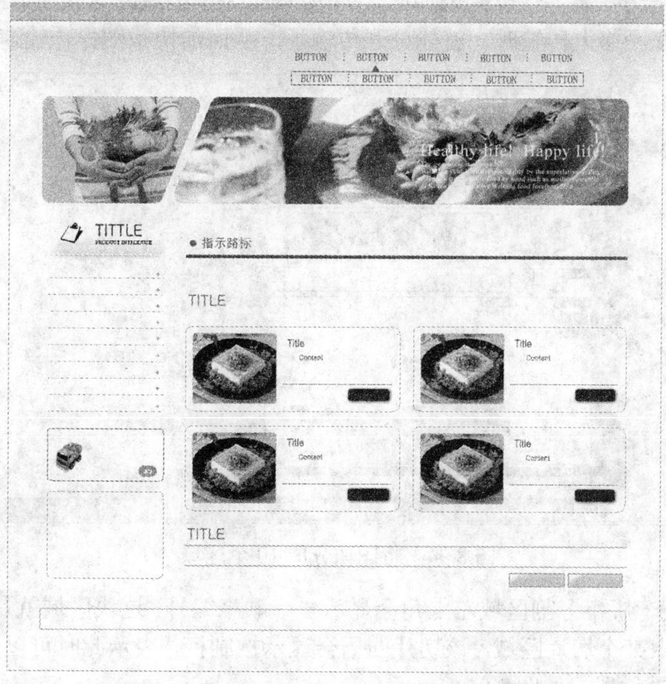

图 8.92　用 Photoshop 制作的首页主图

【操作步骤】

第 1 步，启动 Photoshop，打开制作好的网页图像。

第 2 步，在工具箱中选择【切片工具】，然后移动鼠标指针至窗口中，单击并拖动鼠标即可拉出一个分割区域，如图 8.93 所示。

图 8.93　使用【切片工具】分割图像

提示：建立切片之后，如果不满意，可以按 Ctrl+Z 快捷键还原操作，即可重新创建新切片。也可以在工具箱中单击【切片工具】右下方的下三角，从弹出的下拉选项中选择【切片选取工具】，然后单击选择切片，拖动切片边框来调整切片区域大小。

第 3 步，用同样的方法将图像分割成如图 8.94 所示的 8 个区域，这样在输出时就会被分为 8 个图像文件进行保存。在网络上传输时，就能分开传输了，从而加快了图像传输速度。

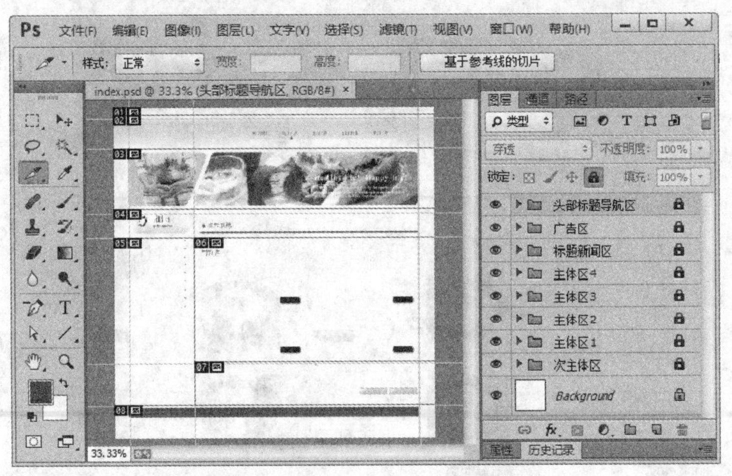

图 8.94　将图像分成 10 个区域

第 4 步，图像被分割后，分割区域左上角会显示一个顺序编号，这块区域就是分割区域。使用【切片选取工具】可以选中某个切片区域，该切片四周会显示控制柄，表示此时可以对该切片区域进行编辑操作，如改变大小、位置，如图 8.95 所示。

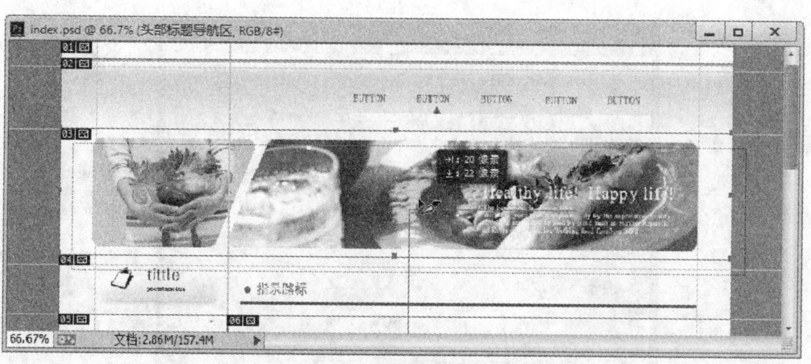

Note

图 8.95 编辑选中的切片

提示：在使用【切片工具】分割效果图时，应该注意 3 个问题：

☑ 切片之间不要预留空隙。

在切分图片时，应该确保切片之间不要留出空隙，读者可以通过切片编号观察，从上到下，从左到右，如果切片编号出现跳跃，则可能中间出现空隙区域。

☑ 切片之间不要重叠。

除了切片之间不要预留空隙外，也不能够出现切片重叠现象。如果出现重叠现象，应该及时使用【切片选取工具】进行调整。

☑ 确保切片之间对齐。

考虑到切片最终都被转换为表格，因此不规则的切片会产生大量嵌套表格，并产生很多冗余代码。在操作时，应该尽量确保上下、左右切片之间保持对齐。

第 5 步，右击当前编辑状态切片，在弹出的菜单中可以选择为切片执行各种操作，如图 8.96 所示。

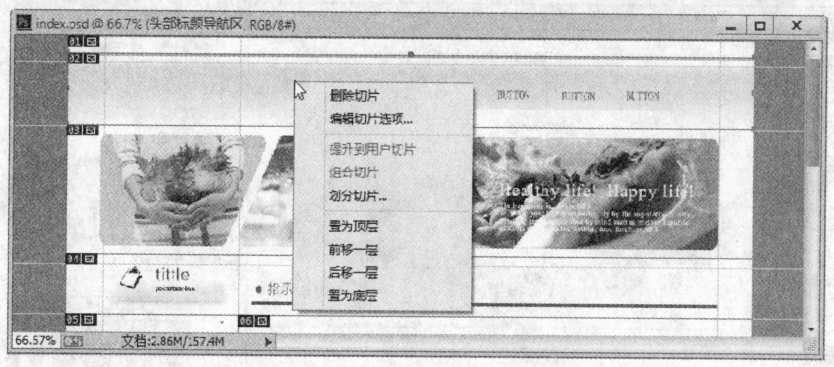

图 8.96 使用快捷菜单编辑切片

第 6 步，如果从快捷菜单中选择【编辑切片选项】命令，可以打开【切片选项】对话框，定义切片的类型、名称，以及输出为网页后会产生的 URL、链接目标（目标）、描述的信息文本（信息文本）、鼠标经过时的提示文字（Alt 标记）。另外，在【尺寸】选项组中可以精确定位切片的坐标位置（X 和 Y），以及切片大小（W 和 H）。设置完毕，单击【确定】按钮即可，如图 8.97 所示。

提示：在实际操作中网页图像会被分割得很细，这样方便在 Dreamweaver 中进行编辑。新建切片之后，除了使用【切片选取工具】调整切片的位置和大小外，也可以使用【切片选取工具】双击切片区域，打开【切片选项】对话框。

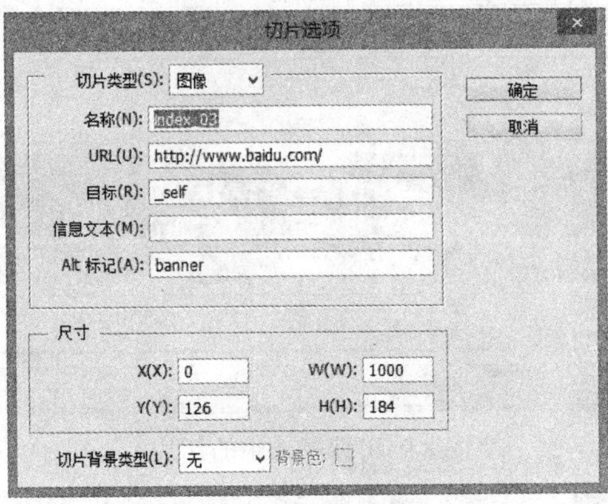

图 8.97　设置【切片选项】对话框

8.8　案例实战：导出为网页图像

在 Photoshop 中绘制图像和优化图像，最终目的都是为了输出图像并应用到网页中。完成设计图的切割之后，就需要把它输出为网页文档。

【操作步骤】

第 1 步，继续以上面示例为基础进行演示。在 Photoshop 中选择【文件】|【存储为 Web 所用格式】命令，打开【存储为 Web 所用格式】对话框，如图 8.98 所示。

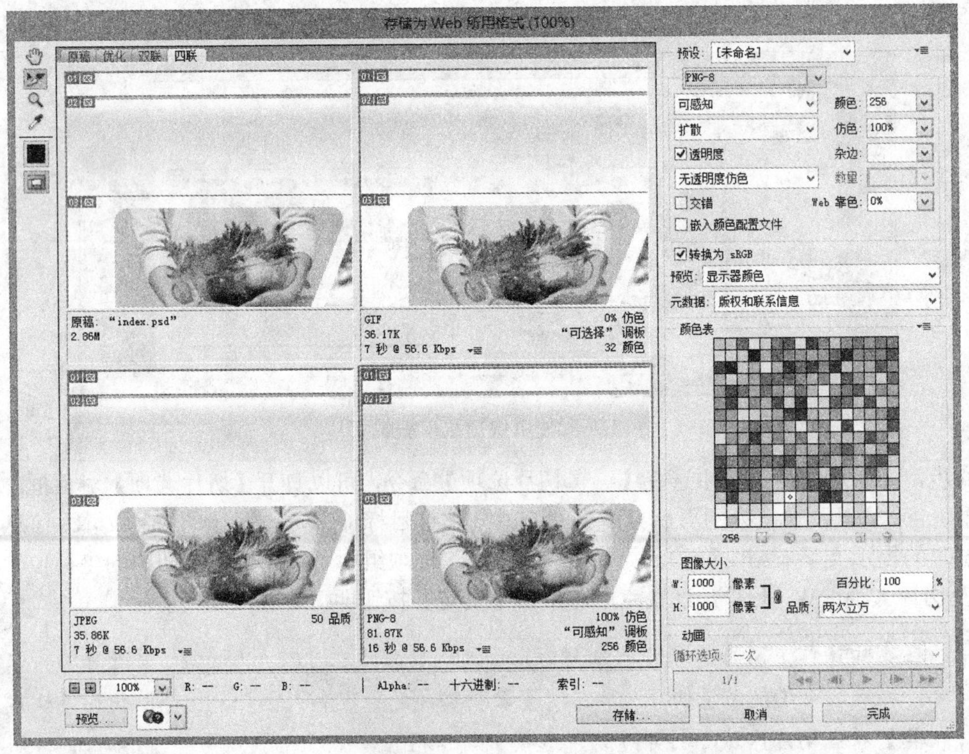

图 8.98　打开【存储为 Web 所用格式】对话框

Note

提示：每个 PSD 源图建议都设计 3 套配色方案，按照同样规格分别切图，且 3 种配色切出的同一区域图片命名必须相同。按照配色方案建立 3 个以颜色命名的文件夹，每个文件夹中放置“配色方案”制作成网页所需的资料。

每种配色方案文件夹中包含的必需内容：images、css、headers、buttons 文件夹和两个 HTMLl 文件，以及两张大小网页效果图；所有命名按照样例进行，自定义内容可以自由命名。

网页布局，所有网页都由以下几部分组成。

☑　页头（logo、headers）。

☑　一级导航条（buttons）。

☑　二级导航条（buttons）。

☑　页面内容区（内容区用于显示正文网页）。

☑　页脚（底部菜单、copyright）。

根据 PSD 文件决定制作的区域，源图中绘制出的区域必须制作出来，没有的区域（如二级导航条，或页脚）不需要制作。

整个页面要制作在一个表格之内。然后通过表格嵌套设计不同部分，具体说明如下。

☑　页头：可以把 header 制作成背景，或者有些 header 图片属于不规则图形可以切成几部分来处理，要尽量减少切割次数。logo 区域单独制作在一个表格内（可以限定表格宽度）；logo 分为 logo 图片、公司名称和公司标语 3 部分。

☑　一级导航：一级菜单（导航）中的内容必须制作在一个独立的表格内；不得设置单元格的宽度和高度；按钮图片需要制作出超连接的 3 种状态变化（根据 PSD 图，有些可能只有两种状态）；每一项里的图片和文字必须制作在一行里面，可以使用
使它们产生分行显示效果。

☑　二级导航（竖导航）：二级菜单（导航）中的内容必须制作在一个独立的表格内；不得设置表格的高度；文字链接最少需要制作出超连接的两种状态变化。

☑　页面内容区：可以使用替代文本使页面撑开，达到在 1024×768px 的屏幕下使用的 IE 浏览器出现左右上下拉伸条。

☑　页脚：版权信息区域要与上下区域保留一定的距离。

底部菜单：二级菜单（导航）中的内容必须制作在一个独立的表格内；不得设置表格的高度。

第 2 步，在窗口左侧选择【切片选取工具】，依次单击选中每个切片，设置切片的图像质量。在设置中，对于图像比较复杂且比较重要的切片，则可以设定比较高的品质，对于高品质的图片，应该设定为 JPG 格式（品质：60%），其他切片没有包含图像或者复杂的色彩，设定为 GIF 格式即可，如图 8.99 所示。

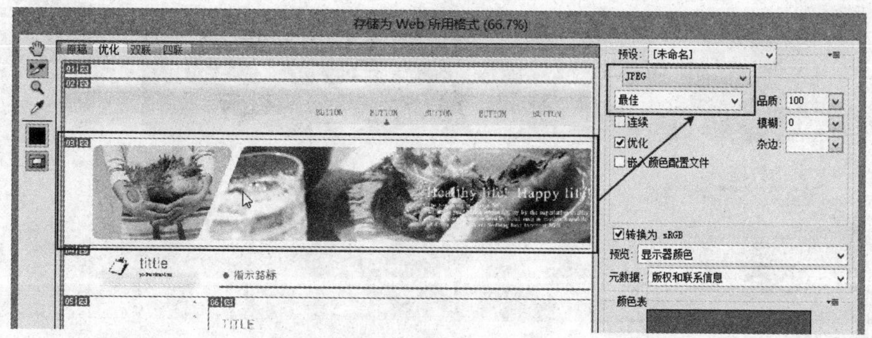

图 8.99　设定为 JPG 格式切片

第 3 步，在窗口左上位置单击选择【优化】标签，切换到优化状态，检查每个切片的优化效果，以便根据情况调整优化品质，并在左下角可以查看优化图片的大小、传输速率等信息。

第 4 步，在优化过程中，单击窗口底部的【预览】按钮，可以自动开启网页浏览器，预览当前图片转换为网页的效果。

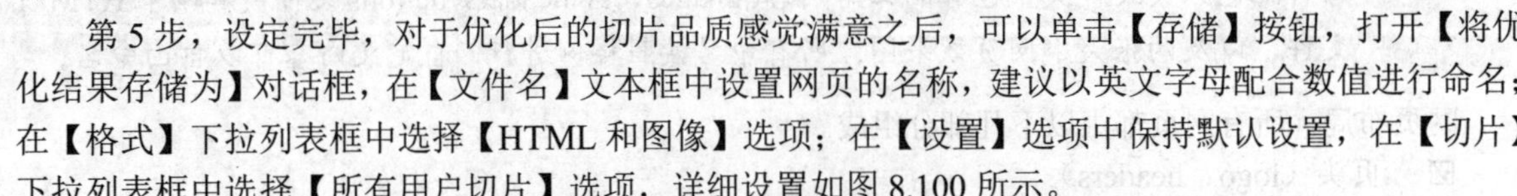

第 5 步，设定完毕，对于优化后的切片品质感觉满意之后，可以单击【存储】按钮，打开【将优化结果存储为】对话框，在【文件名】文本框中设置网页的名称，建议以英文字母配合数值进行命名；在【格式】下拉列表框中选择【HTML 和图像】选项；在【设置】选项中保持默认设置，在【切片】下拉列表框中选择【所有用户切片】选项，详细设置如图 8.100 所示。

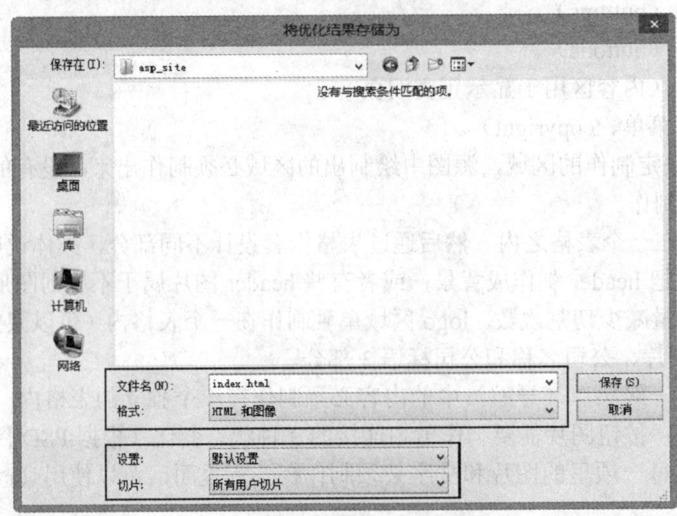

图 8.100　存储为网页格式

存储之后，可以在当前站点目录下看到所存储的 HTML 文档和 images 文件夹，在 images 文件夹中保存着所有的用户切片图像，直接双击 HTML 文件名，即可在网页浏览器中预览网页效果。

第 6 步，在 Dreamweaver 中打开 HTML 文件，可以看到所有的切片图像都是通过隐形表格进行控制，接着可以让表格居中显示，并设计网页背景色，如图 8.101 所示。

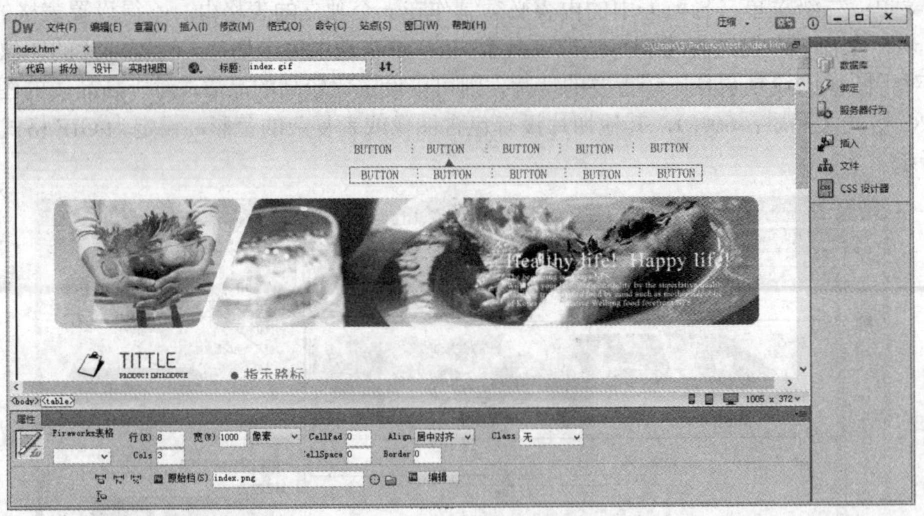

图 8.101　设置网页居中显示

Note

【拓展】

☑　色彩模式

网页图像都在屏幕中预览，一般均为 RGB 格式，如果要更改色彩模式，可以在 Photoshop 中打开图片，选择【图像】|【模式】|【RGB 色彩】命令即可。

☑　解析度

对于屏幕来说，大部分网页图像的解析度只需要 72 像素/英寸，如果高于这个解析度，就会导致图像大小暴增。

☑　图像大小

在网页中，图像大小直接影响到浏览器的下载速度，在兼顾小而美的设计原则下，图像尽可能要压缩小，当然要确保图像浏览质量的前提下，一般对于网页修饰性的图片一般大小不应该大于 30KB。

☑　图像格式

网页图像格式主要包括 GIF、JPG 和 PNG。JPG 格式适合应用色彩丰富的图片场合，但不适合做简单色彩（色调少）的图片，如 LOGO、各种小图标（ICONS）。GIF 不适合应用于色彩丰富的照片，主要适合应用于 LOGO、小图标和用于布局的图片（如布局背景、角落、边框等），对于仅包含不超过 256 种色彩的简单图片也可以考虑使用。GIF 支持基本的透明特性，可以设置透明背景；也支持动画，可以用来设计简单的动态提示性效果。PNG 拥有 JPG 和 GIF 格式的不同优点，使其具有更广泛的应用场合。它支持多色彩，也支持透明特性，成为网页设计中首选的图像格式。

制作网页图像

（视频讲解：56分钟）

图像是网页中不可或缺的组成成分，恰当地使用图像，可以使网站充满生命力与说服力。另外，网页图像又包括很多功能的类型图像元素。例如，用于完成站内导航功能的图像按钮和导航条；用于装饰页面的背景图像；用于显示动态效果的图像交换；实现页面布局的网页主图；吸引浏览者关注的LOGO图标，以及图像标题；实现网站经济收入的Banner广告条等。这些图像元素在网页中扮演不同的角色，构成一幅完美的网页。本章将介绍用Photoshop制作上述各种类型的图像元素，并用Dreamweaver在网页中插入制作的图像元素，以及使用CSS控制背景图像的方法。

【学习重点】

- 制作和插入网页主图
- 制作标题文字
- 制作网页按钮
- 制作网页背景图像
- 制作其他网页元素
- 制作LOGO
- 制作Banner
- CSS控制背景图片的方法
- 综合运用CSS的背景样式进行网页设计

9.1　制作网页主图

Note

网页主图是一个网页的门面，它体现所在网页的整体风格。例如，如图9.1所示是一个公司的主页，主页设计在很大程度上决定了整个网页的主体色彩、布局以及风格。因此，在网页设计时，一般应首先在Photoshop中设计主页图形。

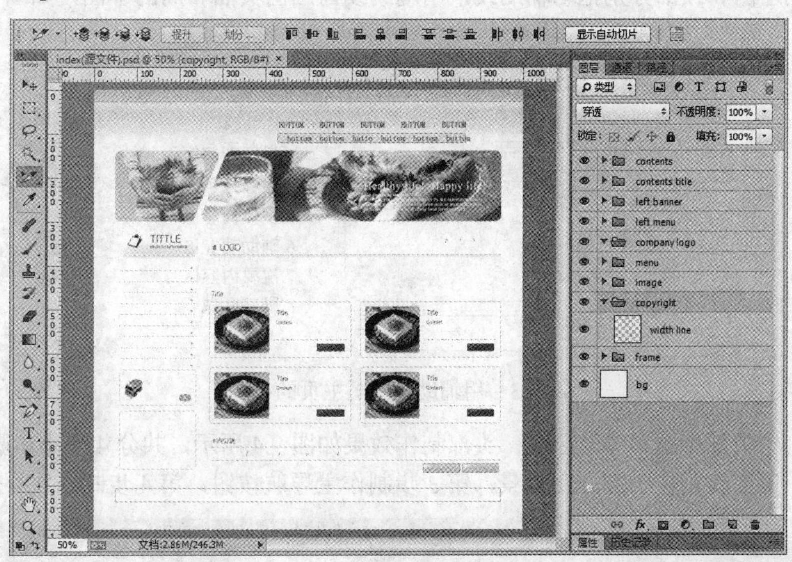

图9.1　公司首页主图制作效果

设计网页主图是比较关键的环节，主图制作得好坏，将直接关系到能否吸引浏览者的注意力。一个优秀的主图寥寥几笔就能生动地勾画网站的特点。一般来说，主图的颜色必须与网页完美融合、有独特的创意，这是制作主图时必须注意的。另外，网页中的主图不仅要好看，还应恰当地表现网页主题思想、图像文件大小等要求。

提示： 主图是多种多样的，它可以是一幅极具创意的特效图像，也可以是一个特别精致的小图，或者干脆整个网页就使用一幅大图，如图9.2所示是两家类型和风格迥然不同的主页，网站主题、颜色和布局都不同，但主页中都使用了一幅大图，而这个简单漂亮的图形充分体现出了其网页的特色。

家饰商品类

儿童乐园类

图9.2　以一幅大图作为首页

Note

下面就以图 9.1 所示首页主图为实例，介绍主图的一般制作方法。

9.1.1 制作主页头部标题和导航区域

主页头部标题和导航区域具体操作如下。

第 1 步，启动 Photoshop，新建文档，设置画布大小为 1000 像素×1000 像素大小。选择【视图】|【标尺】命令，显示标尺刻度。

第 2 步，在左侧和顶部分别拖动辅助线，用辅助线勾画出页面布局的草图，如图 9.3 所示。

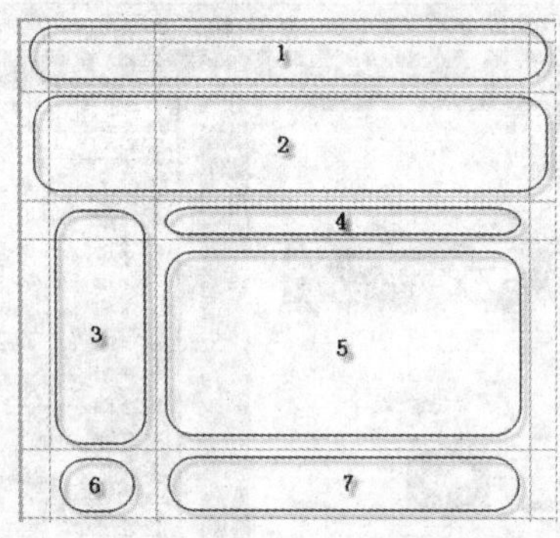

1.头部标题、导航区
2.广告区
3.标题新闻区
4.路标指示区
5.主体内容区
6.辅助功能区
7.次要内容区
8.脚部区域

图 9.3 用辅助线勾画主页的布局

第 3 步，制作头部标题和导航区域。头部制作效果如图 9.4 所示，共分 4 个小步骤，第 1 步制作头部修饰边框，第 2 步制作头部渐变背景，第 3 步制作主导航按钮，第 4 步制作次导航按钮。

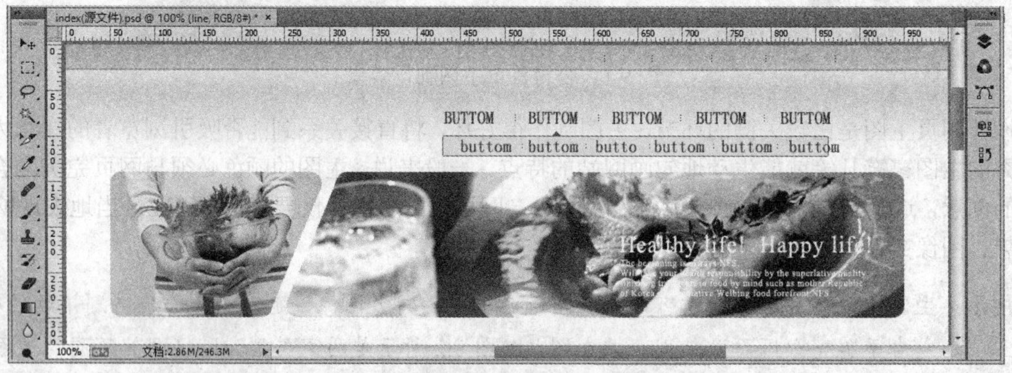

图 9.4 设计头部标题和导航区域效果

第 4 步，头部修饰边框需要自定义一块纹理图案，如图 9.5 所示。然后选择【编辑】|【定义图案】命令，把当前图案图像定义为 Photoshop 图案。

图 9.5 自定义图案背景

第 5 步，自定义图案越小越好，保存在同一文件夹中。用【矩形选框工具】绘制一个 1004 像素×28 像素的长条矩形。

第 6 步，新建图层，选择【编辑】|【填充】命令，在【填充】对话框的【使用】下拉列表框中选择【图案】选项，然后选择上面定义好的背景图案，如图 9.6 所示。单击【确定】按钮，填充选区，制作顶部装饰条。

第 7 步，用【直线工具】绘制一条直线，在工具选项栏中设置填充颜色为#e4b5a6，粗细为 4 像素，然后按住 Shift 键，在顶部拉出一条直线，效果如图 9.7 所示。

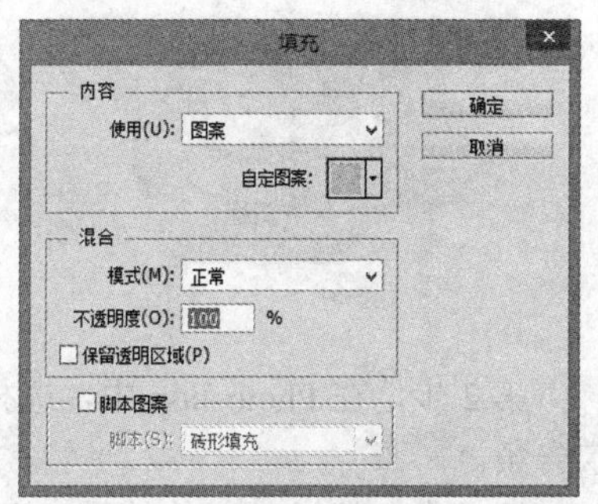

图 9.6　填充图案背景

第 8 步，新建图层，使用【渐变工具】在线条的下方应用渐变填充，渐变类型为直线渐变，颜色从白色到浅黄色，如图 9.8 所示。

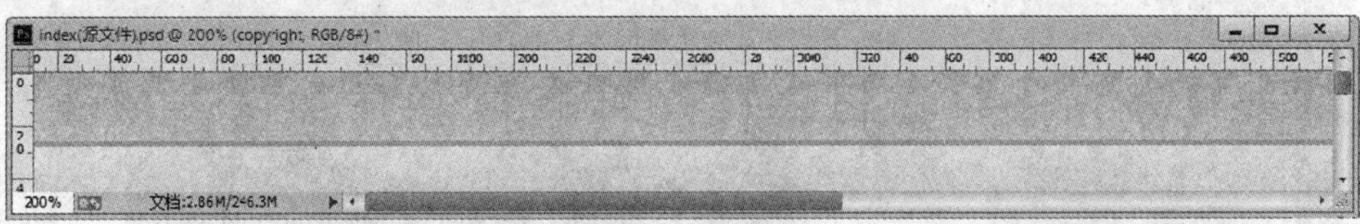

图 9.7　制作直线

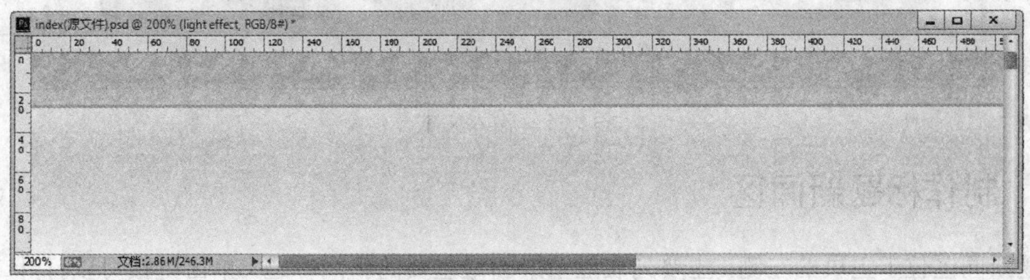

图 9.8　制作渐变背景

第 9 步，关于导航按钮可以用文本制作，按钮间隔点为直线，并设置直线点线线型，如图 9.9 所示。

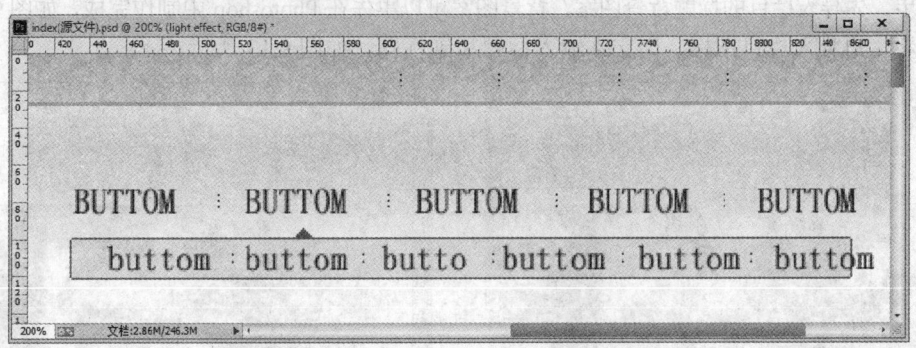

图 9.9　设置点线步骤和效果

9.1.2　制作广告区

广告区主要是导入事先制作好的广告条，并输入装饰性的文字。

【操作步骤】

第 1 步，先制作好两条广告条，效果如图 9.10 所示。

Note

图 9.10　制作好的广告条

第 2 步，在 Photoshop 中，选择【文件】|【置入】命令，在打开的【置入】对话框中选择上面的广告条。

第 3 步，按 Ctrl+T 快捷键，调整置入的图像大小，并使用【移动工具】调整位置。

第 4 步，用【文本工具】在广告条的图像中输入修饰性文本，如图 9.11 所示。

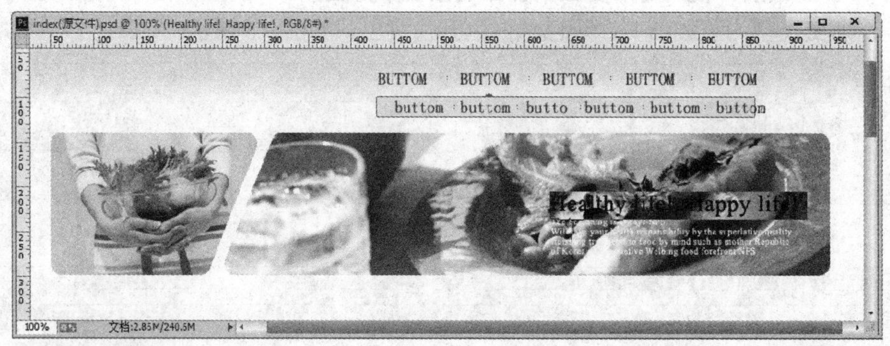

图 9.11　输入文本

9.1.3　制作标题新闻区

标题新闻区位于主页的左侧，主要列表显示最新最重要的新闻标题，单击链接可以打开二级页面查看详细内容。

【操作步骤】

第 1 步，先导入栏目的标题背景图案，背景图案可以事先在 Photoshop 中制作完成，如图 9.12 所示。

第 2 步，再导入栏目图标，用文本输入标题和副标题，如图 9.13 所示。

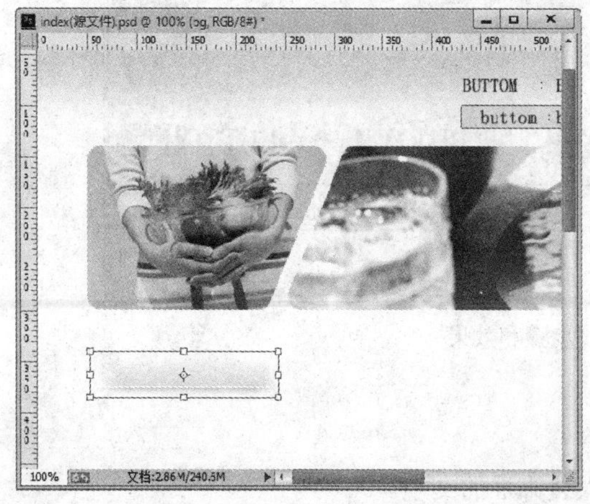

图 9.12　导入栏目标题背景

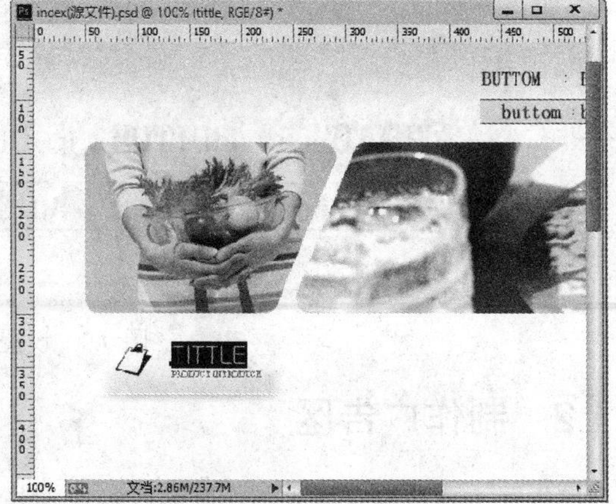

图 9.13　输入文本

第 3 步，在栏目标题的下面增加栏目间隔线和指示图标，其中间隔线设置为虚线显示，颜色为灰色。

第 4 步，复制该间隔线和指示图标，按向下方向键移动位置，重复多次操作，制作一序列间隔线和指示图标，如图 9.14 所示。

第 5 步，用圆角矩形绘制两个功能区，并导入装饰图标，用【文本工具】输入跳转按钮，如图 9.15 所示。

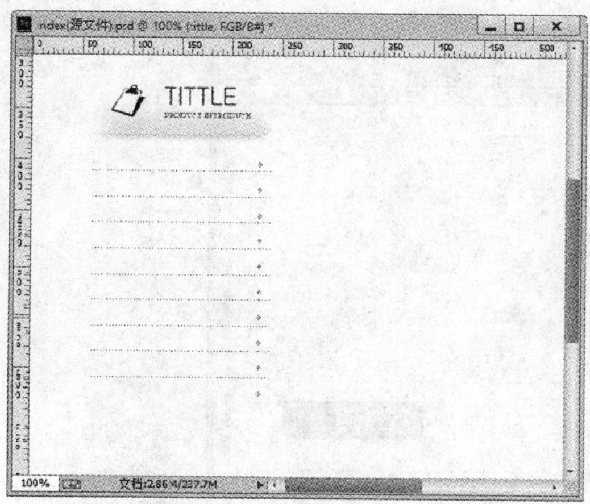

图 9.14　设置分隔线

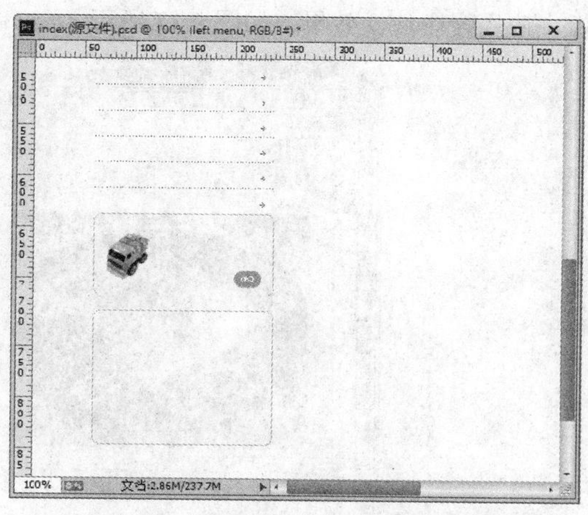

图 9.15　绘制圆角矩形框和跳转按钮

9.1.4　制作主体区

主体区域包括主体图片信息和次要信息，浏览效果如图 9.16 所示。同时，为了介绍方便，本节把路标指示区和脚部区域的设计一同介绍。

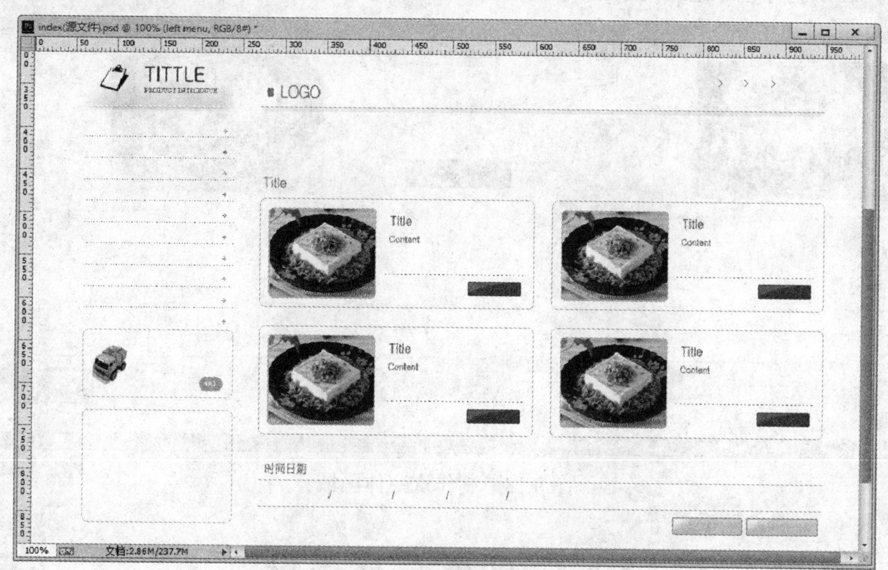

图 9.16　主体区域设计效果

【操作步骤】

第 1 步，用【椭圆工具】绘制路标指示牌前的图标，用文本输入路径提示文字。用【直线工具】绘制一条宽为 69.9 像素、大小为 1 像素的直线，颜色和上面文本颜色一致，全部为土黄色（#D98359）。再用【矩形工具】绘制一个长方形，长为 69.9 像素，高为 4 像素，填充色为浅青色（#456A9.C），

和上面直线紧密排列在一起。

第 2 步，新建一个图层文件夹，命名为“主体区 1”。用【文本工具】输入标题和内容英文字母，用圆角矩形工具绘制一个区域边框，并导入新闻图片。

第 3 步，绘制一条虚线作为信息分隔线，用【圆角矩形工具】绘制一个圆角矩形按钮，在【属性】面板中应用投影滤镜效果，如图 9.17 所示。

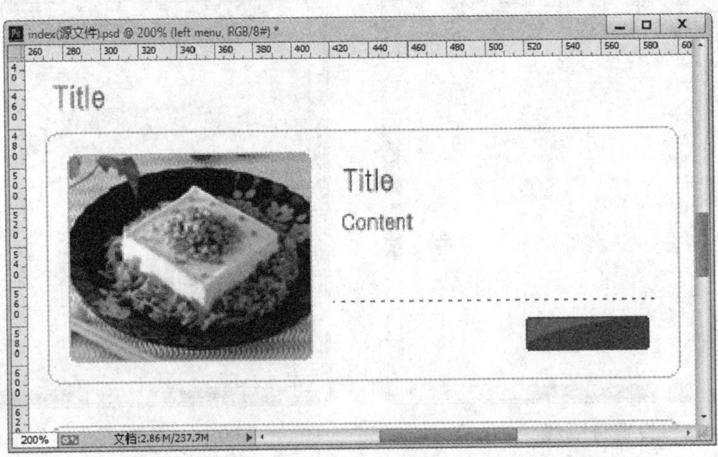

图 9.17　制作图片新闻主体区

第 4 步，全部设计完毕，用鼠标拖动“主体区 1”文件夹，复制该文件夹所有内容，并用方向键整体移动复制的文件夹内容。用此方式制作 3 个相同设计的图片新闻区。

第 5 步，在次主体区域绘制两条直线，作为分隔线，并设置颜色，输入标题。效果如图 9.18 所示。

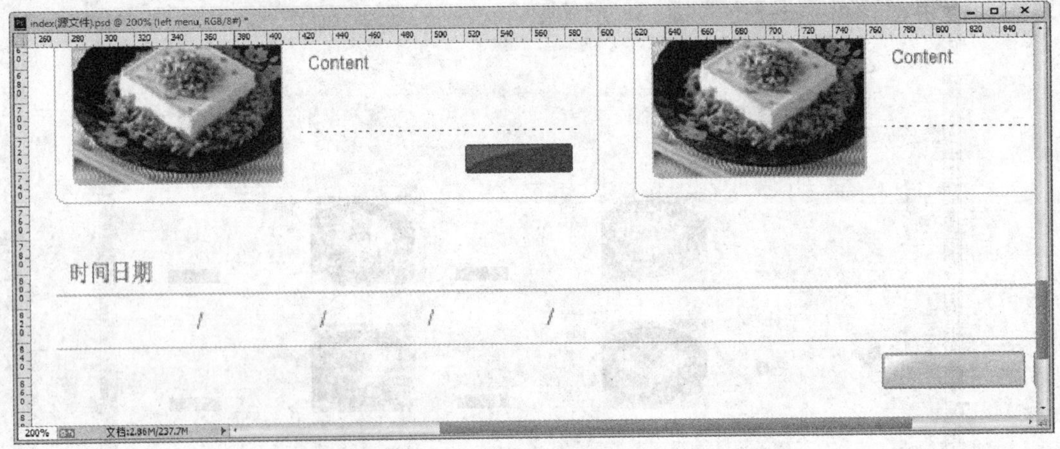

图 9.18　制作次主体区域

9.2　制作标题文字

在网页设计中，标题文字比较重要，因为标题文字设计得是否吸引人，将直接关系着网页的整体效果。而在设计标题文字时，除了名字好听、易懂、富有情趣之外，还要在文字效果的创意上下一番工夫，这样才能引起浏览者的注意。

Note

9.2.1　文字的输入和编辑

要制作标题文字，首先要输入文字内容，然后才能对文字做各种特效处理。在 Photoshop 的工具箱中选择【文本工具】A。然后移动鼠标指针到图像窗口中并单击，即可在窗口中直接输入文字，如图 9.19 所示。

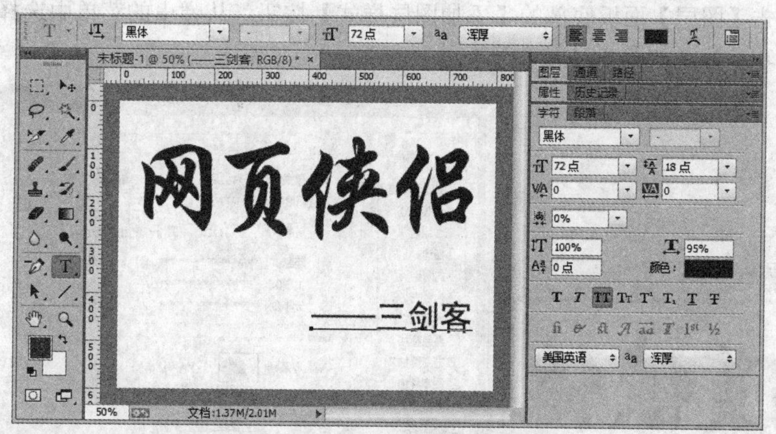

图 9.19　使用【文本工具】输入文字

选择【窗口】|【字符】命令，打开【字符】面板。利用该面板可以为文字设置字体、字号、对齐方式及颜色等格式。完成设置后，即可在文档窗口中看到设置文本格式后的效果。

> 提示：如果用户对输入的文字字体等格式不满意，可以使用【文本工具】选中窗口中的文字对象，然后在【字符】面板中重新设置即可。

9.2.2　标题文字制作技巧

在制作网页标题文字时，要做到简单、醒目，所以需对标题文字进行一些简单的特效处理，如添加阴影、发光及渐变颜色等效果。但并不是将标题文字搞得越复杂就越漂亮，往往是简单明了的效果反而让人喜欢。如图 9.20 所示是一些常见的标题文字效果。

——三剑客　　——三剑客

阴影文字　　发光文字　　有背景图像的文字

sina 新浪网 .com.cn　　搜 狐 SOHU.com

合理规划的文字　　图标加文字的标题

图 9.20　一些常见的标题文字效果

Note

1. 制作阴影效果

阴影文字是万能的特效文字，可适用于任何页面。只要给文字添加阴影效果，就可以立竿见影地收到奇效。制作阴影文字时，一般可按如下步骤操作。

【操作步骤】

第 1 步，在 Photoshop 中输入文字，并设置文本格式。

第 2 步，单击【图层】面板底部的【添加图层样式】按钮，从弹出的菜单中选择【投影】命令，并设置阴影的各项参数，如图 9.21 所示。

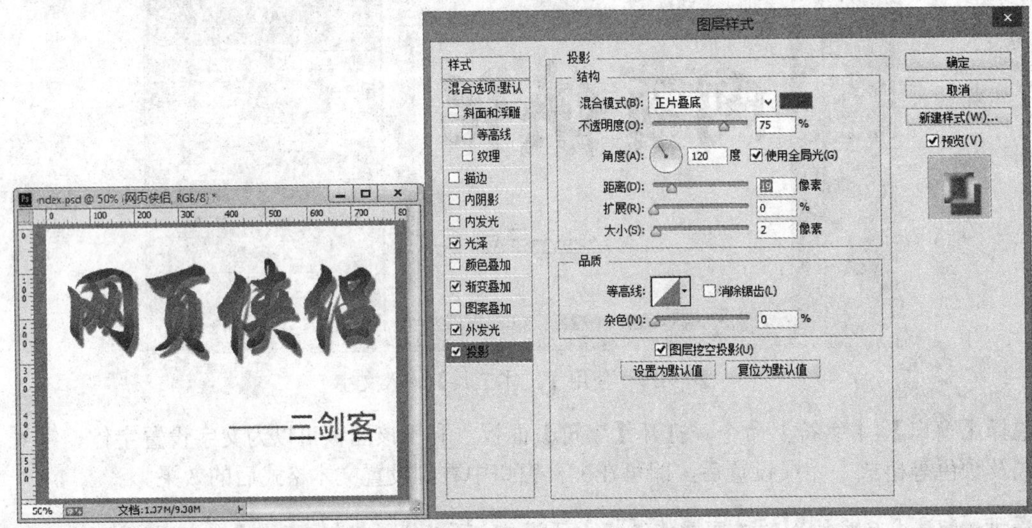

图 9.21 设置投影样式

2. 制作发光效果

发光文字的效果不亚于阴影文字，其制作方法与制作阴影文字相同，只要在输入文字后单击【图层】面板底部的【添加图层样式】按钮，从弹出的菜单中选择【外发光】或【内发光】命令，在打开的【图层样式】对话框中进行设置，然后单击【确定】按钮即可，如图 9.22 所示。

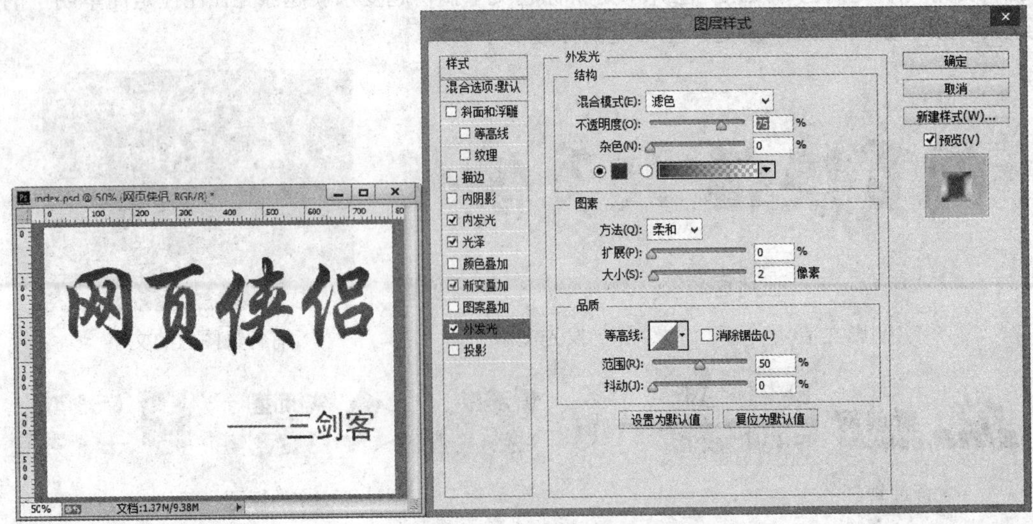

图 9.22 设置投影样式

提示：制作发光文字时，文字颜色与发光的颜色一定要有较大反差。如果文字为白色，则发光的颜色就必须是深颜色；反之，若文字为黑色，发光颜色就应为淡颜色。此外，还要考虑背景颜色，即背景颜色与发光颜色之间也要有较大的反差，只有做到这一点，才能使文字发光效果明显。

3. 制作背景效果

给标题文字加入背景图像，也是在制作标题文字时常用的手法。例如，可以加入一些漂亮的小图标，或者有渐变颜色的色块等。但要记住，前景文字与背景图像的颜色及大小要搭配得当，否则就会画蛇添足。

此外，在设计标题文字时，要合理安排文字内容。特别是当标题中文字较多或者有副标题时，更需要合理地规划文字，如文字的内容、字体、大小、颜色及排列方式等。只有做到这些，才能使标题内容重点突出、主题鲜明。

提示：标题文字的制作没有固定的标准，是否成功，取决于设计者的创意和设计思想。至于该如何制作，要看用户对 Photoshop 软件的熟悉程度。

9.3 制作网页按钮

在 Photoshop 中制作网页按钮，一般可以按如此步骤进行操作。

【操作步骤】

第 1 步，在 Photoshop 中绘制出按钮形状，如矩形、圆形、椭圆或多边形。绘制按钮形状，可以使用 Photoshop 提供的形状工具；如果是绘制不规则的形状，则可使用【钢笔工具】、【刷子工具】和【铅笔工具】，再用【自由变形工具】和【更改区域形状工具】进行调整。

第 2 步，利用【图层样式】对话框对按钮对象进行处理。例如，给按钮填充渐变颜色，或者填入一些底纹效果等。

第 3 步，给按钮添加立体效果，使其一看就是一个按钮，此时可以使用【样式】面板为按钮添加一些样式效果，使按钮具有立体感。当然也可以使用其他效果。

第 4 步，进行按钮形状的编辑，最后给按钮命名。这样就完成了网页按钮的制作。

悬停按钮是一组按钮的组合，它在网页中有多种显示状态。在 Photoshop 中制作悬停按钮的操作步骤如下。

【操作步骤】

第 1 步，新建文档，在【图层】面板中新建图层 1，使用图形工具绘制一个圆角矩形，填充颜色指定，如图 9.23 所示。

第 2 步，选择【窗口】|【样式】命令，打开【样式】面板，从中选择一款样式，单击为当前背景图层进行应用，如图 9.24 所示，也可以自己利用【图层样式】对话框自定义设计。

第 3 步，重命名“图层 1”为“正常”，然后按 Ctrl+J 快捷键复制该图层，命名为“移过”。为该图

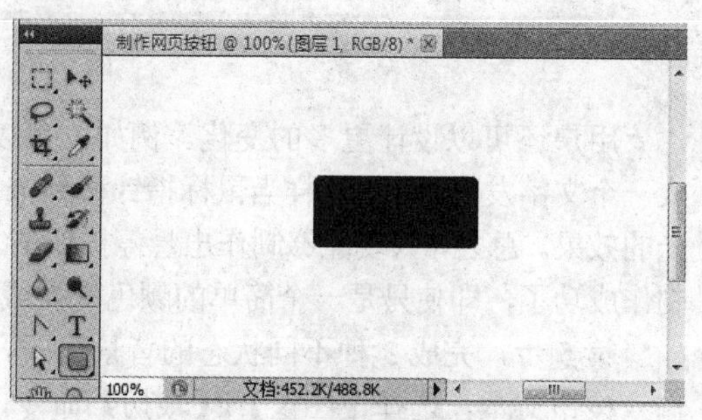

图 9.23 设计悬停按钮背景

Note

层应用“投影”效果，设置保持默认值即可，设置【不透明度】为50%，降低阴影度，效果如图9.25所示。

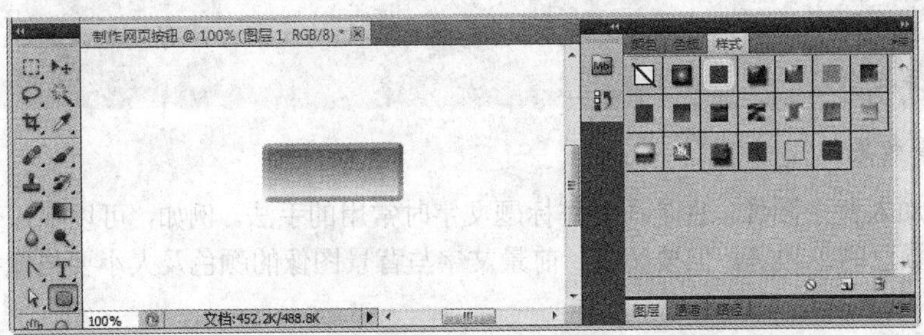

图9.24　为按钮应用样式

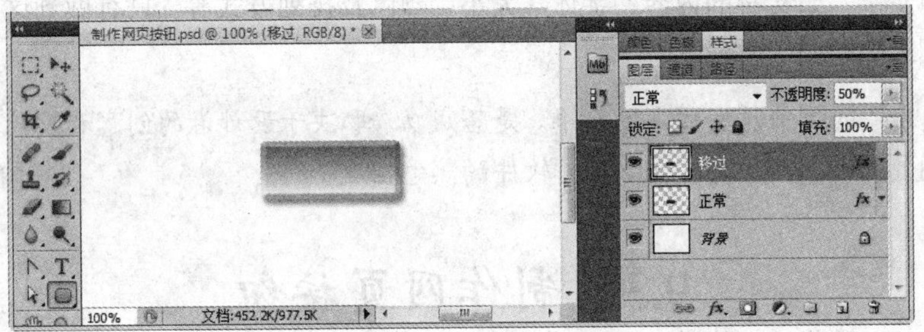

图9.25　设计鼠标经过样式

第4步，复制“移过”图层，并命名为“按下”，双击图层缩略图，在打开的【图层样式】对话框中修改浮雕设置参数，如图9.26所示，完成鼠标按下时按钮的效果。

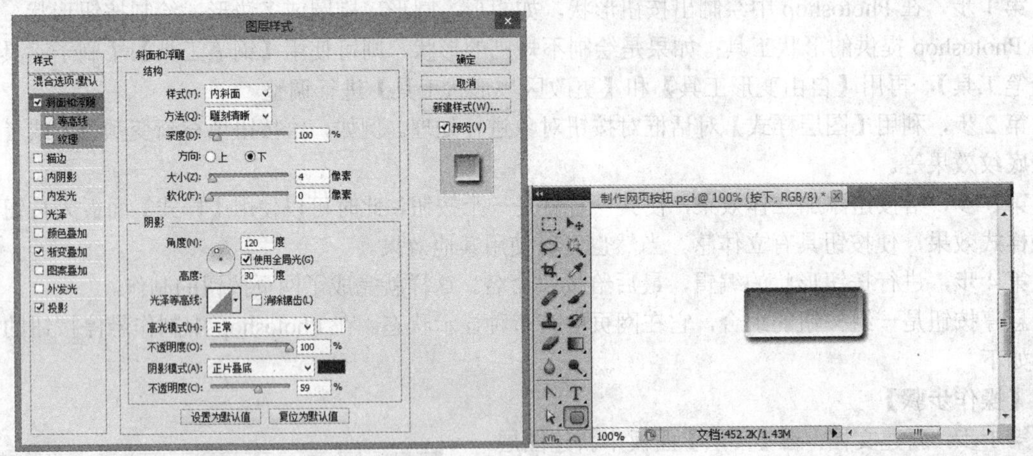

图9.26　设计鼠标按下样式

用户还可以设计更多的变化。例如，可以将鼠标指针移过状态设成一个文字发光效果。这样当鼠标指针移到按钮上时，就会出现文字发光的效果。总之，只要能够制作出悬停按钮的3种状态，悬停按钮就算制作成功了，即使只是一个简单的颜色变换或是位置的移动也可以。

第5步，完成3种不同状态的背景样式，最后使用【文本工具】输入按钮文本，选择【图像】|【裁切】命令，打开【裁切】对话框，裁切掉多余的区域，如图9.27所示。

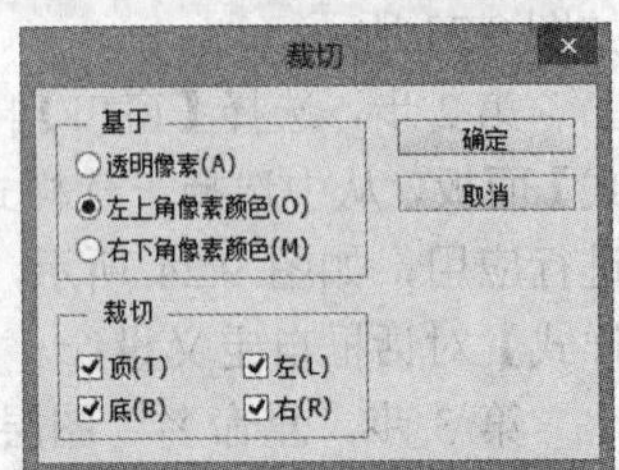

图9.27　输入按钮文本

第 6 步，隐藏“背景”图层，仅显示“正常”图层和“面对面”文字图层，选择【文件】|【存储为 Web 所用格式】命令，在打开的【存储为 Web 所用格式】对话框中单击【存储】按钮即可，如图 9.28 所示。

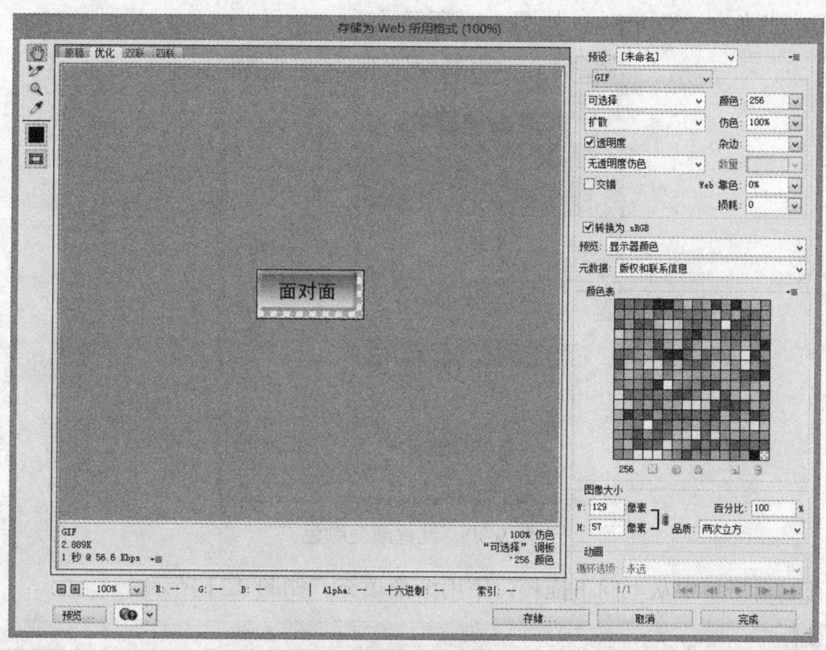

图 9.28　输出悬停按钮状态图

第 7 步，以同样的方式输出鼠标移过和鼠标按下时的按钮状态图，最后效果如图 9.29 所示。

正常　　鼠标移过　　鼠标按下

图 9.29　设计的悬停按钮

9.4　制作网页背景图

网页背景既可以用简单的颜色来填充，也可以用一个背景图像来填充。如果是使用背景颜色填充，直接在 Dreamweaver 中设置即可；如果是使用背景图像填充，则必须使用 Photoshop 制作一个背景图像，才可以载入到 Dreamweaver 中使用。

一般来说，背景图像的格式均采用 GIF 格式。在 Dreamweaver 中，还可以使用 GIF 动画格式来作为网页背景（注意，使用动画作为背景会占用很多内存）。此外，背景图像的尺寸不宜过大，否则在网络上传输太慢。所以，实际应用中经常是使用一小块背景图像。

9.4.1　制作背景图像

如何才能快速地制作一张美观的背景图像呢？最快的方法就是使用 Photoshop 进行操作，下面以如何编辑渐变背景图像为例介绍背景图像的制作方法。

【操作步骤】

第 1 步，启动 Photoshop，新建一个高为 600 像素，宽为 1 像素的文档。

第 2 步，在工具箱中选择【渐变工具】，在工具选项栏中选择填充类型为“线性”渐变。设置渐变颜色从白色到亮蓝色（# 00cbff），如图 9.30 所示。

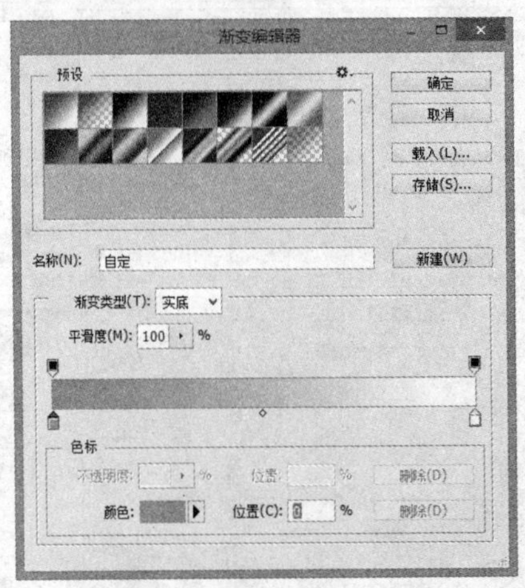

图 9.30　设置渐变颜色

第 3 步，在编辑窗口中从上向下拖拉，应用渐变填充，如图 9.31 所示。

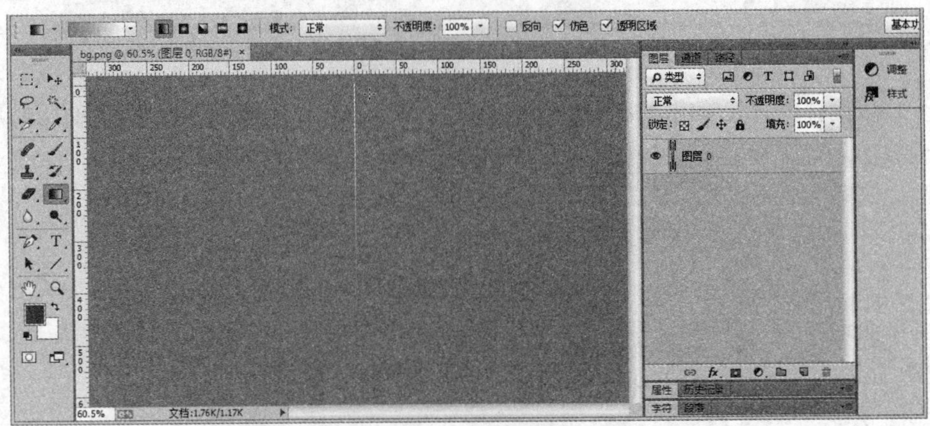

图 9.31　应用渐变填充

第 4 步，将完成的渐变图像最优化，并输出为 GIF 格式的文件，即可将此背景图像应用到网页中。

注意：背景图像的整体色调都不宜过深。应选用淡色，以便突出前景文字的内容。不得已使用深色背景时，前景内容（如文字）就应选用淡色调。

9.4.2　在网页中插入背景图像

要在网页中应用背景图像，可进行如下操作。

【操作步骤】

第 1 步，在 Dreamweaver 中建立一个新文件，并进行保存。

第 2 步，选择【修改】|【页面属性】命令，打开【页面属性】对话框，如图 9.32 所示。

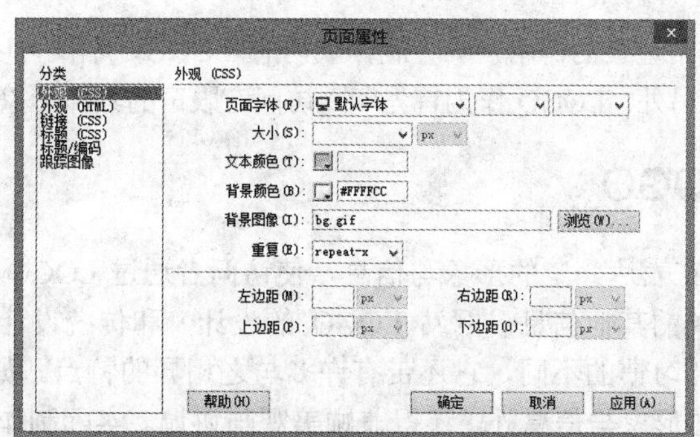

Note

图 9.32　设置背景图像或背景颜色

第 3 步，在对话框的【背景图像】文本框中设置网页背景图像。可以直接在文本框中输入文件名称，也可单击其右侧的【浏览】按钮，打开对话框进行指定。例如，将 9.4.1 节制作的背景图像应用到网页中。如果要在背景中填充背景颜色，可以在【背景颜色】文本框中输入。只要单击【颜色框】图标，打开调色板，在其中单击即可选择。同时设置背景图像和背景颜色的好处就是避免当背景图像找不到时，可以显示背景颜色。

第 4 步，为了避免背景图像在纵向上的重复显示，可以在【页面属性】对话框中设置【横向重复】选项。

第 5 步，完成设置后单击【确定】按钮即可，背景图像就可以应用到网页中，如图 9.33 所示。

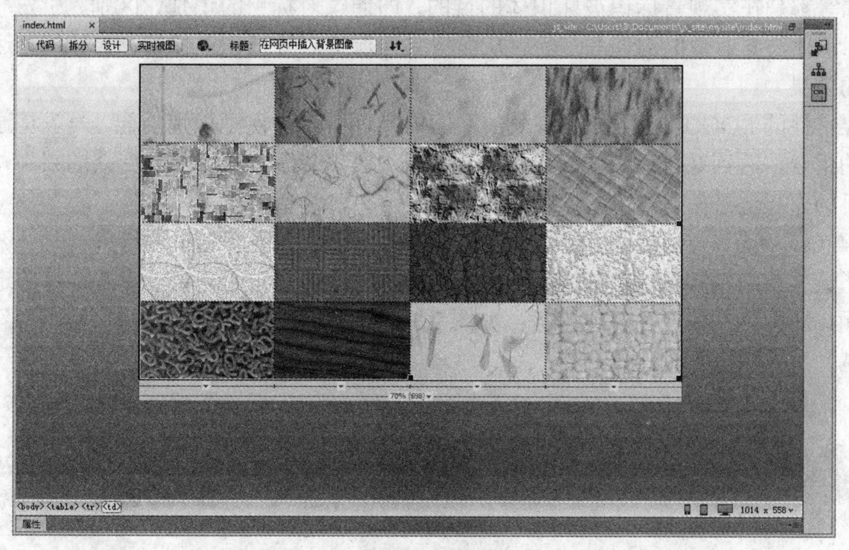

图 9.33　在网页中插入背景图像

注意：如果用户在【页面属性】对话框中，既设置了背景图像，又选择了背景颜色，则在页面中只会显示图像背景，而看不到背景颜色。

9.5　制作 LOGO

LOGO 一词在英文中的意思为商标或公司名称的图案字和标识语。在网页设计中，LOGO 常常作为网站的标志出现，起着非常重要的作用，一个制作成功的 LOGO，不仅可以很好地树立网站形象，还可以传达网站的相关信息。另外，LOGO 作为首先印入访问者眼帘的具体形象，所以更增加了其重要性。

9.5.1 认识网站 LOGO

网站 LOGO 的设计重在表达一定的形象与信息，使访问者通过 LOGO 就可以对网站有初步的了解，接着进一步去了解相关的其他信息。网站 LOGO 的设计，和传统设计有着很多的相通性，但由于网络本身的限制以及浏览习惯的不同，它还带有许多与之相异的特点。如网站 LOGO 一般要求简单醒目，除了表达出一定的形象与信息外，还得兼顾美观与协调。实际制作中，很多靠的是灵感和仿效，而更多的时候是通过繁琐的工作与多次的尝试完成的。

1. LOGO 定义

LOGO 是表明特征的符号，主要由企业品牌的标准名称、标准图形（字体图形和形象图形）、标准色彩，按照标准规范组合构成。

企业识别标志从语义指称、印象感染、色彩冲击及其组合协同方式 4 个方面，表现和展示企业生产经营独特的发展战略和行为方式、开发和创造独特的产品品牌、塑造和传播良好形象。

2. LOGO 的职能

作为独特的传媒符号，标识（LOGO）一直是传播特殊信息的视觉文化语言。现代洗练的抽象纹样、简单字标等都是在实现着标识被标识体的目的，即通过对标识的识别、区别、引发联想、增强记忆，促进被标识体与其对象的沟通与交流，从而树立并保持对被标识体的认知、认同，达到提高认知度、美誉度的效果。

具有传媒特性的 LOGO，为了在最有效的空间内实现所有的视觉识别功能，一般是通过特示图案及特示文字的组合，达到对被标识体的出示、说明、沟通、交流，从而引导受众的兴趣，达到增强美誉、记忆等目的。

如图 9.34（a）所示，天极网的 LOGO 通过一个抽象的人顽强攀越极地给人一种强烈的力量感，同时也传达了天极人的精神风貌；如图 9.34（b）所示，263 在线通过对“@”符号的造型来阐释自己网站的内涵，即网络的快捷和在线服务；如图 9.34（c）所示，新浪网通过对字母“i”的艺术化夸张和拟人造型，给人留下深刻印象。

（a）

（b）

（c）

图 9.34 LOGO 标识的作用

一个 LOGO 在网站中的作用主要体现在以下几个方面。

- ☑ 树立形象：一个网站的 LOGO 可以说就是这个网站的形象，它代表网站的整体风格，特别是对于企业网站来说，LOGO 就是一个品牌的形象，所以 LOGO 对树立一个网站的形象起着至关重要的作用。
- ☑ 传递信息：一个网站的信息，绝大多数都需要通过 LOGO 来传递。如常见的网站链接，一个网站被链接到另一个网站传递，此时这个网站的信息都需要通过被链接的 LOGO 来达到

让访问者了解的目的。

☑ 品牌拓展：在网络中，LOGO 就是一个网站形象的代表，一切主题活动都要围绕这个形象来进行，如在设计制作一些宣传页面时，都要将 LOGO 放置到显著的位置。另外，LOGO 也是网络广告中不可缺少的构成要素。

Note

9.5.2 LOGO 的设计原则

LOGO 的设计需要从很多方面来分析，它涉及图形、文字、颜色、排版等各个方面的内容，设计 LOGO 通常从以下几个方面考虑。

1. 构成

一个 LOGO 的构成要素，一般由网站的英文名称、网站的网址、网站的标志图形、网站的主题描述构成，对于中文网站的 LOGO 来说，它还会包括网站的中文名称。但是这几个构成要素并不一定同时存在，而是适当地组合在一起。如图 9.35 所示的 LOGO 就是由网站的英文名称和网站的标志图形构成。

图 9.35 英文 LOGO

对于中文网站来说，LOGO 中还会包括网站中文名称，如图 9.36 所示为赛迪网的 LOGO 标识。

2. 形体

对于一些企业网站，它们的 LOGO 一般都是由企业品牌标识和英文名称组成，并不对网站的 LOGO 进行特别的设计，如图 9.37 所示的 Adobe 公司的 LOGO，就是由企业品牌标识和英文名称组成。

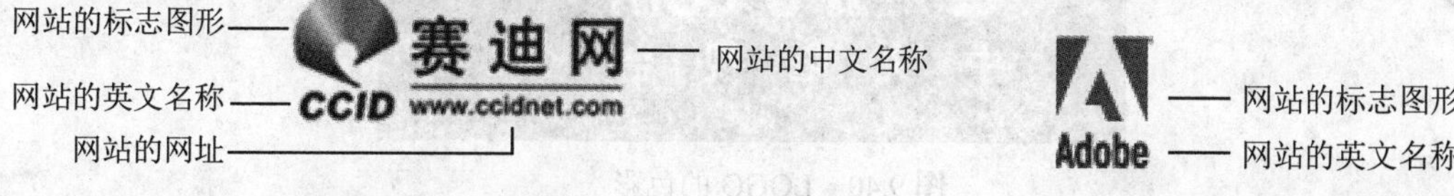

图 9.36 中文 LOGO

图 9.37 Adobe 公司的 LOGO

除了上面的情况外，开始进行 LOGO 设计通常都会有一些真实形体作参考，例如，以农业为主的网站可能会在网站的 LOGO 中放置农作物形体，以书籍为主的网站会在网站的 LOGO 中放置书本形体等。但在创作过程中很少有直接了当进行放置的，艺术创作常常将自然形体与设计结合在一块，网站 LOGO 创作则往往通过技术提取与朴素制作来完成。技术提取使实际形体与网站内容相结合，用会意体现内容，用轮廓体现形体。而朴素制作则是摒弃不相关的元素信息，力图用最简单的方式表达最丰富的内涵。例如，中资源的 LOGO 抽象形体使人联想到网络字符@和信息查询，如图 9.38（a）所示；广州视窗通过简练的窗口使人联想到广州是中国改革开放的窗口，如图 9.38（b）所示。

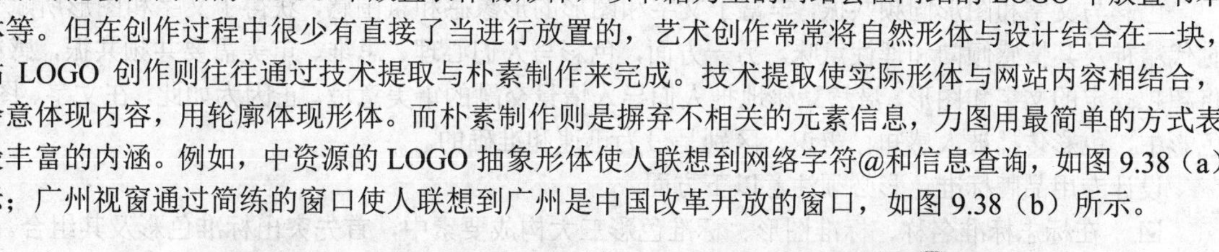

（a）

（b）

图 9.38 LOGO 形体变化

Note

3. 颜色

在网站 LOGO 的颜色选择中应尽量少用颜色。一方面减小图像尺寸，另一方面避免给人过于花哨的感觉。另外在颜色的选择中，要与网站的整体相关联。如微软公司网站的 LOGO，以蓝色和白色搭配为主，符合微软公司的形象颜色，如图 9.39 所示。

图 9.39　微软公司的 LOGO

标准色彩是标志不可缺少的主要构成因素，以光色效应表现企业及其产品，一般包括了专用品牌标准字体图形的标准色彩和标准形象图形的标准色彩。

网站给人的第一印象来自视觉冲击，确定网站的标准色彩是相当重要的一步。不同的色彩搭配产生不同的效果，并可能影响到访问者的情绪。标准色彩是指同 LOGO 颜色相匹配，能体现网站形象和延伸内涵的色彩。

一般来说，网站的标准色彩不超过 3 种，太多则让人眼花缭乱。标准色彩要用于网站的标志、标题、主菜单和主色块，给人以整体统一的感觉。至于其他色彩也可以使用，只是作为点缀和衬托，不能喧宾夺主。例如，263 网络集团以红色为背景，衬托白色字体，比较醒目；中央电视台以蓝色系渐变为背景，衬托红、白色文字，和电视屏幕相符合；SUN 公司以蓝紫色为背景，衬托白色文字，符合企业文化；IBM 以深蓝色为背景，衬托白色文字，显示该公司的厚重，如图 9.40 所示。

图 9.40　LOGO 的色彩

色彩组合具有物理、生理、心理、认知、审美五大效应，不仅凝聚和积淀了民族文化传统的情感倾向和理性意味，而且引发和激励人们的情感性接受和逻辑辨识认定。

色彩与文字和图形同频共振，丰富了文字和图形的形象感和氛围感，获得了文字和图形所赋予的时代精神及其情感倾向和理性意味。另一方面，色彩与人们心理、思维、审美需要共频共振，感染力将超越既定的文字和图形，潜移默化地把人们导入情景交融的审美意境。正因为如此，在文字、图形、色彩中，色彩传播被人感知、辨识、区别是最为迅速和准确的。

设计专用品牌标准色彩必须注意以下方面。

☑ 在标志标准名称、标准图形、标准色彩三大构成要素中，首先突出标准色彩及其组合。
☑ 充分发挥色彩之间多重的鲜明对比和强烈反差作用，加快信息传播速度，加大信息传播力度。
☑ 深层次开发和运用标准色彩组合的情感倾向和理性意味，强化企业识别标志、企业识别系统的吸引力和传播力，而且极大地促进企业对自身独特发展战略、运行实态的约束力和激励力。

4. 字体

在网站 LOGO 设计中，文字是设计中非常重要的一环，很多要传递的信息都是通过文字来表达的。

首先文字的字体选择，对于一种字体，不仅要了解其历史，还要弄清楚它的应用场合。哪一种字体具有古典风范，哪一种字体比较新颖，哪一种字体在这种场合中更便于阅读，都是在设计中应该考虑到的。字体的选择起着相当重要的作用，但选择的标准却是没有定式的，对于一个 LOGO，永远不知道到底哪种字体才是最贴切的，只有不断地尝试，才能找到让大家满意的字体。

如图 9.41 所示的字体风格各自不同，上海热线是行书字体，爽快；凤凰网（凤凰卫视）字体是隶书，就具有古典的风范，也符合网站的主题；人民网（人民日报）字体模仿毛泽东手书，和人民日报标题风格保持一致。

图 9.41　LOGO 的字体

另外关于字体大小写的问题。一般地，无论是字体还是图像都得保持风格的一致性，因此在字体大小写的选择上也要遵循下面的原则。

☑　选择大写给人以整齐的感觉。

☑　选择小写主要使用其起伏性。

☑　在大小写混用时，因为大小写的字体，无论是宽度还是高度，以及整个字体风格都会有区别，所以一定要注意整齐性。

文字的抽象在网站 LOGO 的制作中十分重要，对文字进行适当的抽象处理，可以使 LOGO 看起来更加的人性化。例如，熟悉的太平洋电脑网，将 PConline 中的字母“o”抽象成一个地球，和背景中的圆形地球相呼应，如图 9.42 所示。

LOGO 合成字体是一种表象表意的综合，指文字与图案结合的设计，兼具文字与图案的属性，但都导致相关属性的影响力相对弱化，为了不同的设计取向，制作偏图案或偏文字的 LOGO，会在表达时产生较大的差异。有两种情况：只对印刷字体作简单修饰，或把文字变成一种装饰造型让大家去猜。例如，百度中的“du”进行图形艺术化；QQ 网中“QQ”用两个可爱的卡通图形代替，如图 9.43 所示。

图 9.42　LOGO 的字体抽象

图 9.43　LOGO 的字体合成

完整的 LOGO 设计，尤其是有中国特色的 LOGO 设计，在国际化的要求下，一般都应考虑至少有中英文双语的形式，要考虑中英文字的比例、搭配，一般要有图案中文、图案英文、图案中英文及单独的图案、中文、英文的组合形式。有的还要依据实际用途考虑繁体、其他特定语言版本等。

5. 图案

LOGO 特示图案属于表象符号，独特、醒目；图案本身易被区分、记忆；通过隐寓、联想、概括、抽象等绘画表现方法表现被标识体，对其理念的表达概括而形象。

如果与被标识体关联性不够直接，观众容易记忆图案本身而模糊徽标含义。认知需要相对较曲折

的过程，但一旦建立联系，就会对被标识体记忆相对持久。所以对持久记忆要求高时应设计良好的特示图案形象，如图 9.44 所示，下面这些 LOGO 都是一些大家较熟悉的标志，由文字会联想到它的图案；或由图案联想到文字。

图 9.44　LOGO 的图案

另外，如果希望在较短期限内建立形象的，还应该设计相应的吉祥物，以便公司形象让用户耳熟能详、藉以强化沟通和理解。

6. 版式

其实 LOGO 的版式设计并没有定式，因为它的设计前提都是在尽可能简单的情况下表达出其所代表的形象和要传递的信息。下面介绍几个典型的 LOGO。如图 9.45 所示的 LOGO 采用左侧图标右侧文字的版式，这个版式是最常用也是最容易接受的版式。

与之相反，有的网站 LOGO 在设计时，将图标放置在右侧，如图 9.46 所示的网站 LOGO。

另外，有的 LOGO 采用上下放置的版式，将图标放置在上面，将文字放置在下面，如图 9.47 所示的网站 LOGO。

图 9.45　文字放在右边

图 9.46　文字放在左边

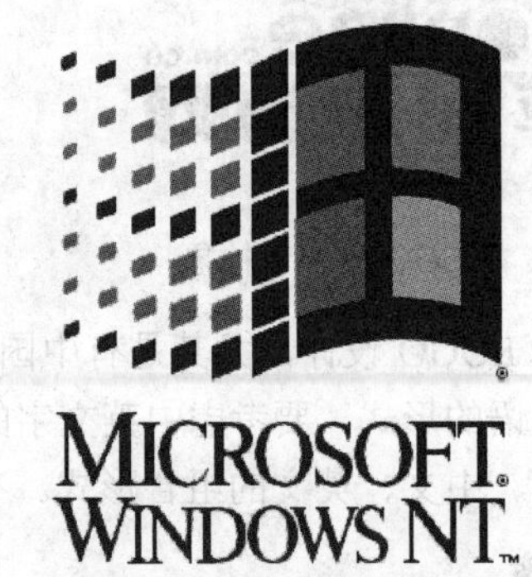

图 9.47　文字放在下边

LOGO 版式完全由用户根据具体情况来设置，下面列出一些不同板式的图标，如图 9.48 所示。

文字居中　　文字倾斜　　文字融合　　文字变形

文字缩小　　文字居中　　文字变形　　文字圆形

图 9.48　文字不同放置

9.5.3　LOGO 的设计技巧

设计 LOGO 应该遵循访问者的认识规律，突出主题、引人注目。按照从上到下，从左到右，从小到大，从远到近的视觉习惯以及思维习惯、审美能力和审美心理等要求，力争使 LOGO 做到主题突出，引人注目。在实际的设计制作中，一般通过以下几个方面来把握：

☑ 在版式设计上，要保持视觉平衡、讲究线条的流畅，使得整体形状美观大方。
☑ 通过运用反差、对比或边框等，使要表达的主题得到突出。
☑ 选择恰当的字体，使字体在符合整体风格的基础上具有独特性。
☑ 版式的设计要注意留白，给访问者提供想象空间。
☑ 合理地运用色彩。因为访问者对色彩的反映比对形状的反映更为敏锐和直接，更能激发情感，在色彩选择方面，基色要相对稳定，要强调色彩的记忆感和感情规律，合理使用色彩的对比关系，因为色彩的对比能产生强烈的视觉效果，而色彩的调和则构成空间层次。

9.5.4　LOGO 实例制作

为了便于网上信息传播，一个统一的国际标准是需要的。实际上已经有了这样的一整套标准。关于网站 LOGO 现在主要有 3 种规格。

☑ 88×31 像素：这是目前最普遍的 LOGO 规格。
☑ 120×60 像素：这种规格用于中型大小的 LOGO。
☑ 120×90 像素：这种规格用于大型 LOGO。

下面就以 Disco Style 为站名来设计 LOGO，设计效果如图 9.49 所示。

【操作步骤】

第 1 步，启动 Photoshop，新建文档，设置画布大小为 88×31 像素。为便于操作和观察效果，在制作时可以设置实际大小为 500×300 像素，当设计完成后再缩放或剪切。

图 9.49　Disco Style 站点 LOGO 效果

第 2 步，新建图层，选择【渐变工具】，设置渐变类型为直线渐变，颜色为#6a0037 和#3f000c，在编辑窗口中从上向下拖拉，应用渐变填充，效果如图 9.50 所示。

第 3 步，使用【直线套索工具】勾选一个选区，然后

新建图层，使用白色填充选区，如图 9.51 所示。

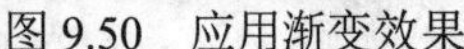

图 9.50　应用渐变效果

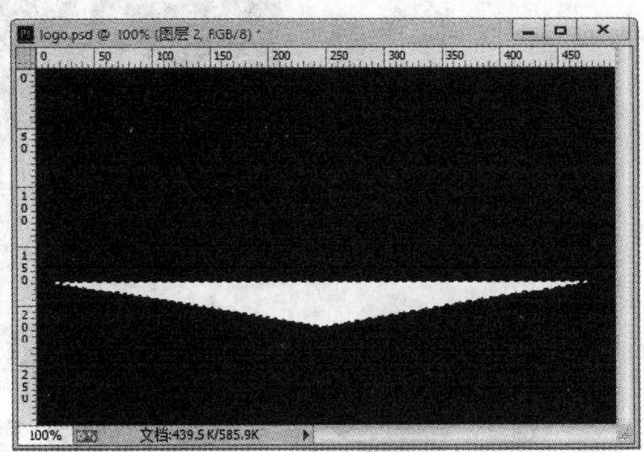

图 9.51　新建白色区域

第 4 步，选择【滤镜】|【模糊】|【高斯模糊】命令，设置模糊半径为 6 像素，应用高斯模糊。再选择【滤镜】|【模糊】|【动感模糊】命令，打开【动感模糊】对话框，设置角度为 0，距离为 559 像素，确定应用动感模糊，则设计效果如图 9.52 所示。

第 5 步，在【图层】面板中设置该图层的混合模式为“叠加”，则此时效果如图 9.53 所示。

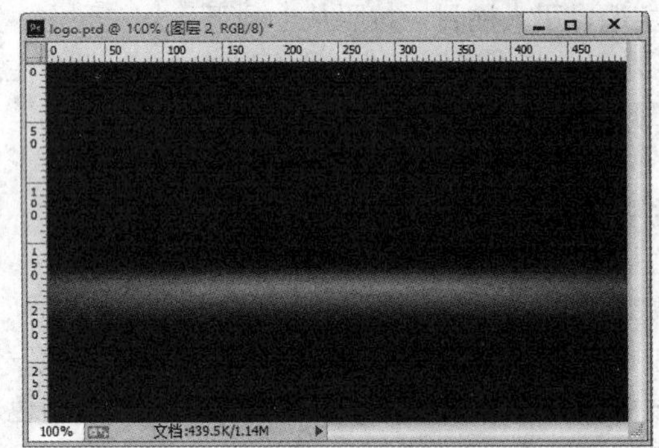

图 9.52　模糊图层

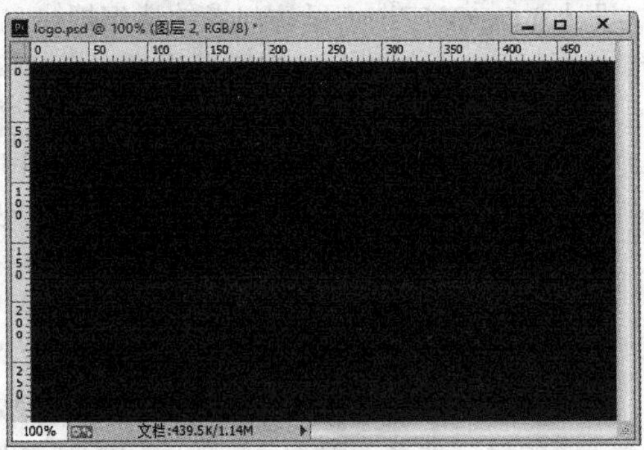

图 9.53　叠加图层

第 6 步，使用【文本工具】输入文字“Disc”。设置字体颜色为白色，字体类型为 Lucida Sans Unicode，字体大小为 48 点，如图 9.54 所示。

图 9.54　输入 LOGO 字体

第 7 步，为该文字应用投影和渐变叠加样式。在【图层】面板底部单击【添加图层样式】按钮，然后分别选择【投影】和【渐变叠加】命令，设置投影距离为 4 像素，投影颜色为# 60012d；渐变叠加

的渐变色为#DF7E8F 和#91003E，具体设置如图 9.55 所示。应用图层样式后的文字效果如图 9.56 所示。

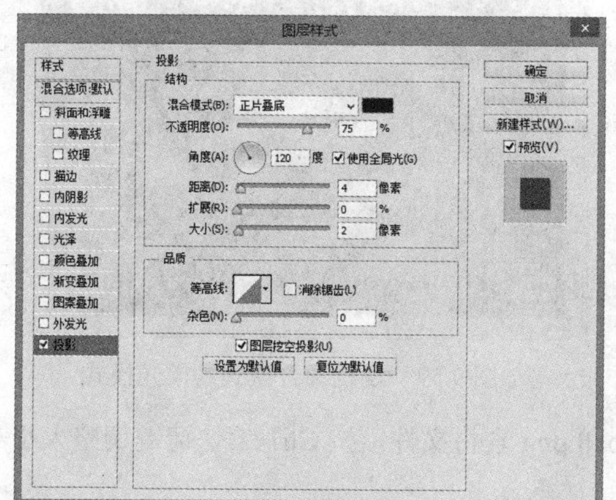

投影样式

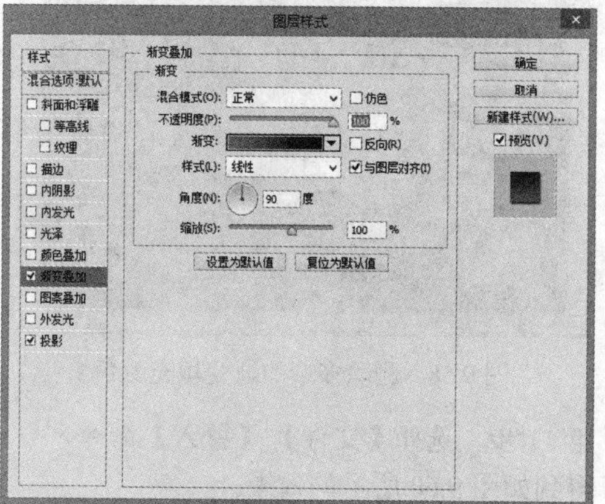

渐变叠加样式

图 9.55　应用图层样式

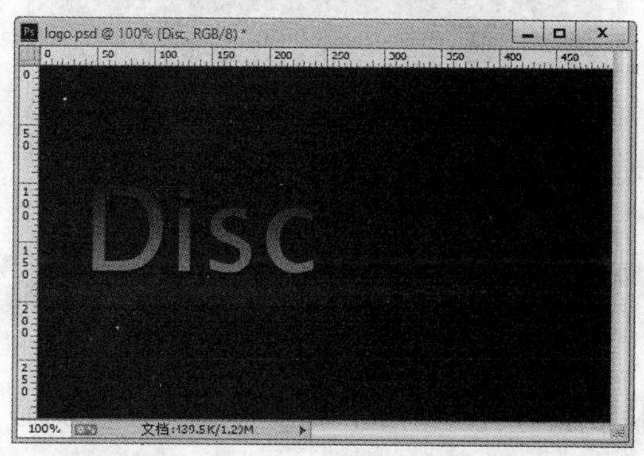

图 9.56　应用图层样式后的文字效果

第 8 步，新建一层，使用【椭圆选框工具】画一个椭圆，再选择【渐变工具】，设置渐变类型为直线渐变，渐变颜色为白色到透明，然后设计透明到白色的渐变填充，如图 9.57 所示。

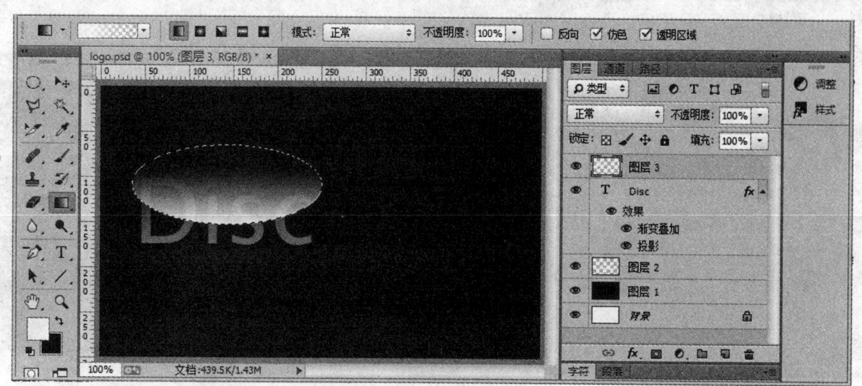

图 9.57　应用渐变填充效果

第 9 步，按住 Ctrl 键，单击文字图层，调出文字选区，再按 Shift+Ctrl+T 组合键反选，切换到渐变填充图层，按 Delete 键删除多余的部分，所得效果如图 9.58 所示。

第 10 步，在【图层】面板中，设置该图层为柔光模式，则所得效果如图 9.59 所示。

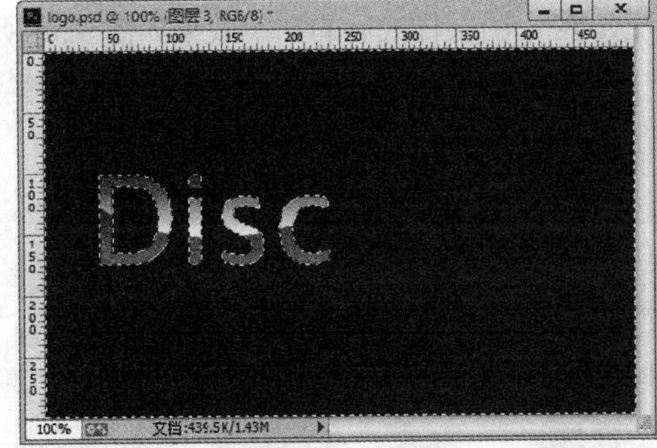
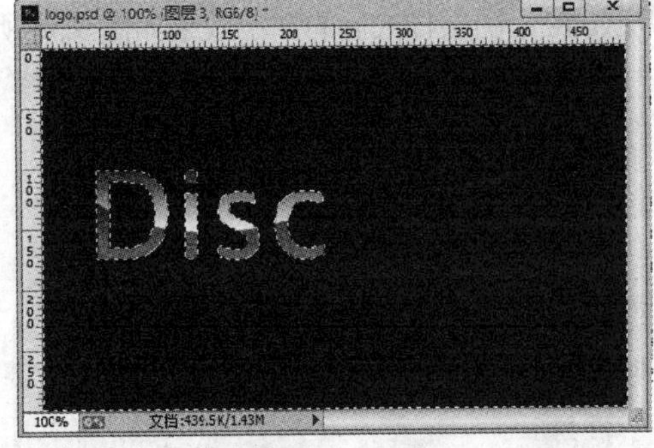

图 9.58　删除多余的渐变填充颜色　　　　图 9.59　设置混合模式为柔光模式

第 11 步，选择【文件】|【置入】命令，导入 ball.png 素材文件，按 Ctrl+T 快捷键调整大小和位置，得到如图 9.60 所示的效果。

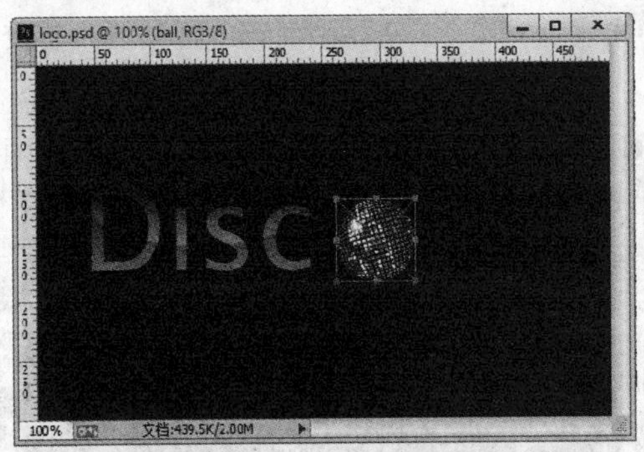

图 9.60　应用渐变填充效果

第 12 步，为导入的素材图像应用投影样式，角度为 120°，距离为 5 像素，大小为 5 像素，设置和效果如图 9.61 所示。

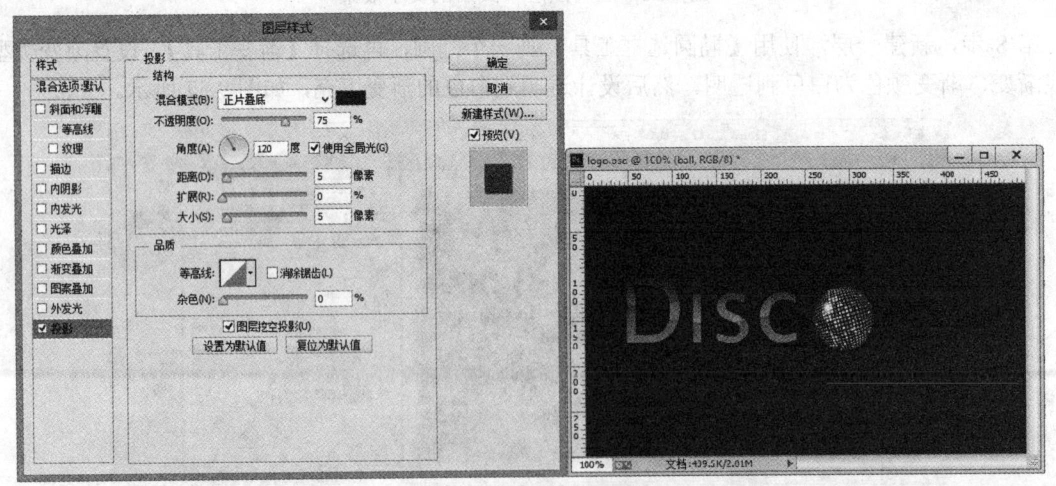

图 9.61　应用投影样式

第 13 步，使用【椭圆选框工具】绘制一个小椭圆，然后新建图层，使用白色填充椭圆，效果如图 9.62 所示。

第 14 步，按 Ctrl+J 快捷键复制椭圆图层，按 Ctrl+T 快捷键调整大小，并拖移到不同位置。以同

样的方式复制很多个小球，并有规律地排列在一起，注意大小渐变缩小，设计一种立体平面排列效果，如图 9.63 所示。

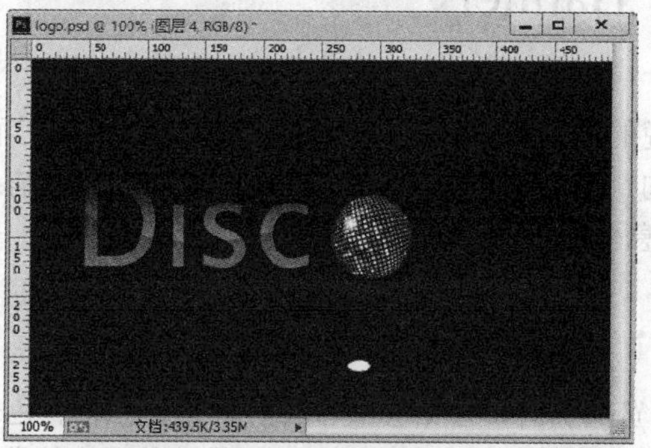

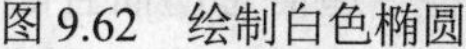

图 9.62 绘制白色椭圆

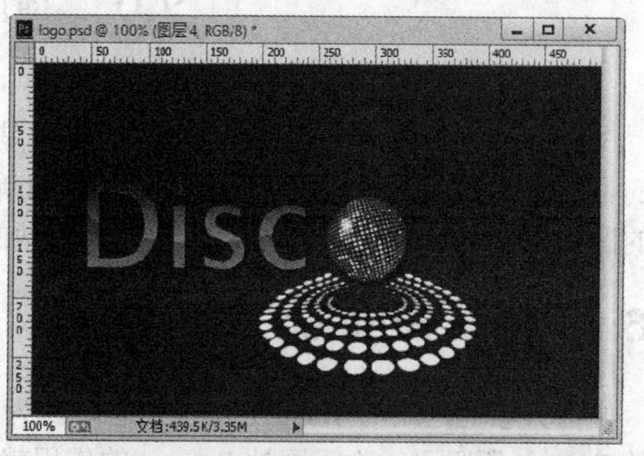

图 9.63 设计椭圆小球矩阵效果

第 15 步，按 Ctrl+E 快捷键，逐一合并这些图层。在【图层】面板中设置该图层的混合模式为“叠加”，则所得效果如图 9.64 所示。

第 16 步，放大图像，在工具箱中选择【套索工具】，按住 Shift 键，勾选部分小球，如图 9.65 所示。

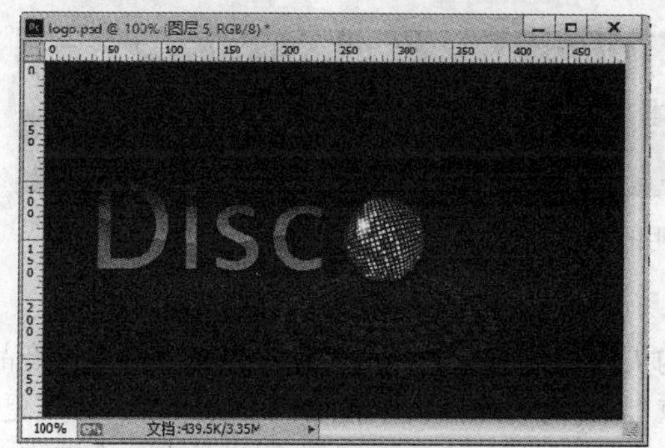

图 9.64 设计叠加效果

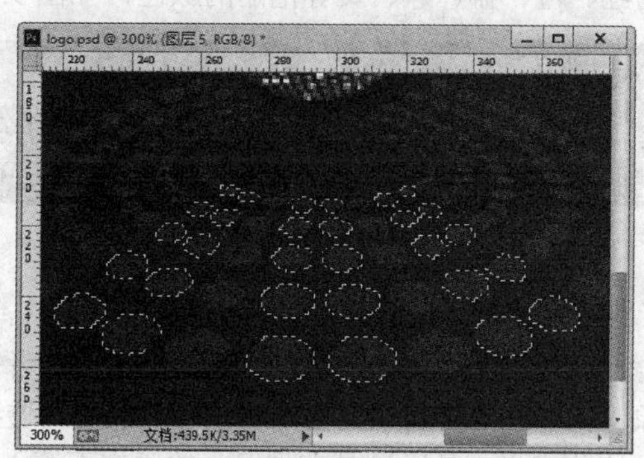

图 9.65 勾选部分小球

第 17 步，按 Shift+F6 快捷键，打开【羽化选区】对话框，设置羽化半径为 1 像素，羽化选区。然后新建图层，使用颜色#ff768d 进行填充，效果如图 9.66 所示。

第 18 步，使用【文本工具】输入字母：Style，大小为 24 点，颜色为#ff768d，字体类型为 Britannic Bold，在【图层】面板中设置该字体图层的不透明度为 50%，调整字体颜色深浅，效果如图 9.67 所示。

图 9.66 填充部分小球颜色

图 9.67 输入并设置字体样式

Note

9.6 制作 Banner

Banner 一词在英文中的意思为旗帜，也就是常说的广告条，主要用于传递一些信息，起到广而告之的目的，例如，网站要开展的活动、网站的新动向、商品信息等。Banner 与 LOGO 在传递信息方面的区别在于网站的 Banner 可以用于非本网站的信息传递。

9.6.1 网站 Banner

相信大家对网站的 Banner 都很熟悉，因为在浏览网页时，经常会被各种各样设计独特、色彩艳丽的 Banner 所吸引。由于网站 Banner 的作用就是向广大的访问者传递信息，而且随着网络的发展，网站 Banner 已经成为网络广告的重要途径，也是一些以广告为盈利目的网站的重要手段，所以在设计网站 Banner 时应该注意以下几点。

☑ 具有鲜明的色彩

网站 Banner 只有具有鲜明的色彩，才能在第一时间吸引访问者的注意，色彩的选用，应该尽量使用红、橙、蓝、绿、黄等艳丽的颜色，如图 9.68 所示的 Banner 使用了 4 种颜色组合。

图 9.68 鲜明的颜色

☑ 语言具有号召力

日常生活中做广告的目的，就是要使消费者去购买所宣传的产品，在消费者的心中树立该产品的形象。如熟悉的雪碧饮料的广告语“晶晶亮，透心凉”，奥柯玛冰柜的广告语“没有最好，只有更好”等，这些广告都是通过具有号召力的语言而深入人心。在网站的 Banner 中也同样具有这个特点，让文字给访问者很强的号召力、吸引力，如图 9.69 所示的 Banner 所使用的语言。

图 9.69 语言具有号召力

☑ 文字的字体

Banner 的设计初衷就是要最大限度地吸引访问者的注意力，所以字体的字号不能过小，字体的间隙也不能过于拥挤，一般来说选择的字体要大小适中，字体之间要用足够的间隙，使其能够清晰地展现在访问者的视线中。如图 9.70 所示的 Banner 的字体就十分清晰，使访问者能很直观地了解其所传递的信息。

图 9.70　文字的字体醒目

☑　图形

在 Banner 设计中，主体图形一般都会放置在 Banner 的左侧，这样符合浏览的习惯，因为人在看物体时，都是按照视觉习惯，从左到右浏览，所以将图形放置到 Banner 的左侧，更能吸引访问者的注意，如图 9.71 所示。

图 9.71　图形的使用

9.6.2　Banner 实例制作

Banner 和 LOGO 一样也有一定的标准，1999 年美国报业协会第一次公布了网络广告（Banner）标准。

☑　横幅广告长宽为 468×60 像素。

☑　导航广告长宽为 392×9.2 像素。

☑　半幅广告长宽为 234×60 像素。

☑　竖幅广告长宽为 120×240 像素。

2001 年美国互联网广告联合会公布了新网络广告标准。

☑　"摩天大楼"形长宽为 120×600 像素。

☑　"宽摩天大楼"形长宽为 160×600 像素。

☑　长方形长宽为 180×150 像素。

☑　中级长方形长宽为 300×250 像素。

☑　大长方形长宽为 336×280 像素。

☑　竖长方形长宽为 240×400 像素。

☑　"正方形弹出"式广告长宽为 250×250 像素。

目前，制作 Banner 所使用的工具主要包括 Flash、Photoshop 等。Flash 适合制作超眩动态效果的网页广告，而 Photoshop 仅能够制作静态图像广告，不过其适应范围和适应能力都比较强。

下面通过一个实例介绍在 Photoshop 中制作广告条的一般方法和步骤，显示效果如图 9.72 所示。

设计思路：本作品是一个温泉广告，温泉总是给人一种温暖的、放松的感觉，这种感觉好像人沐浴在春风里一样。这让人想到了春天，和春天里面的桃花。同时，洗温泉时，需要用到的木桶木盆。所用素材：雪山大地、一枝桃花、一个木盆，一个木勺。

【操作步骤】

第 1 步，启动 Photoshop，新建一个宽为 372 像素，高为 188 像素的文档，保存为 banner.psd。

第 2 步，选择【文件】|【置入】命令，导入素材文件 1.jpg。调整大小和位置，使完全覆盖文档

Note

窗口，如图 9.73 所示。使用冰天雪地营造一个蓝天的背景。

图 9.72　制作的温泉 Banner 广告效果

图 9.73　导入素材图像

第 3 步，由于蓝色和白色分明，对其进行高斯模糊，突出前景的桃花，设计层次感和对比感。选择【滤镜】|【模糊】|【高斯模糊】命令，打开【高斯模糊】对话框，设置模糊半径为 25 像素，单击【确定】按钮，效果如图 9.74 所示。

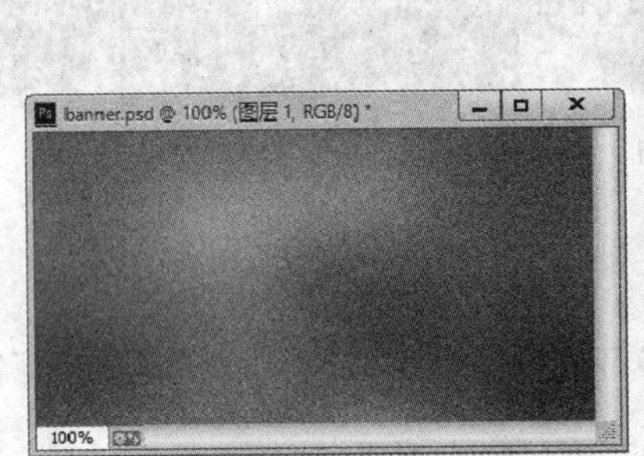

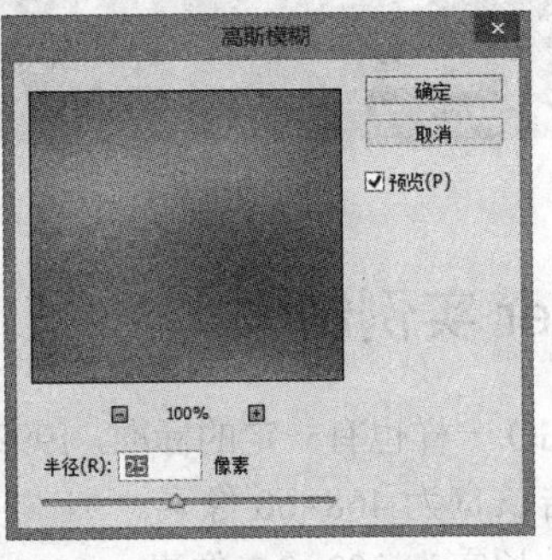

图 9.74　高斯模糊素材图像

第 4 步，按 Ctrl+U 快捷键，打开【色相/饱和度】对话框，调整背景图像的饱和度和亮度，让它的颜色变得淡一些、亮一些，设计一种天空的感觉。然后按 Ctrl+M 快捷键，打开【曲线】对话框，调整曲线，让整体变得更加亮一些。设置和效果如图 9.75 所示。

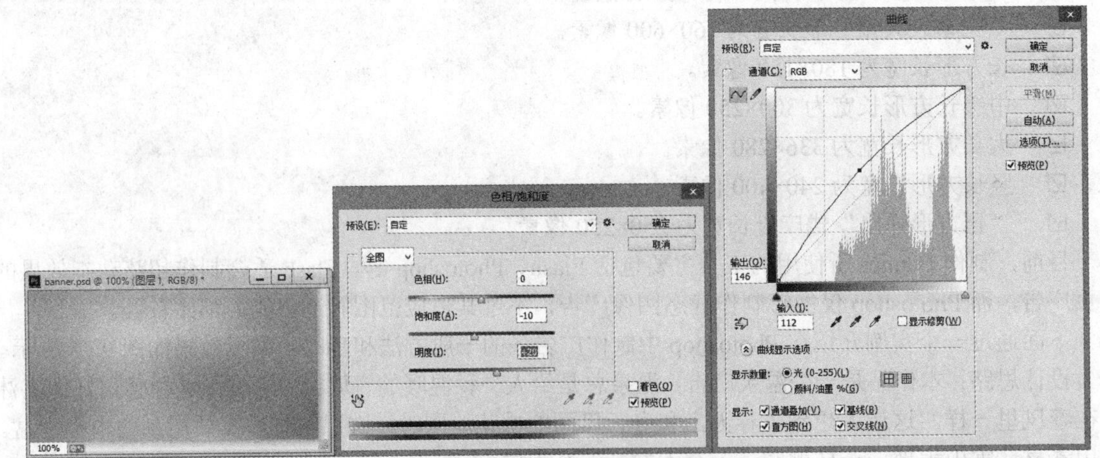

图 9.75　调整素材图像色调

第 5 步，打开素材文件 2.jpg，该图的背景颜色比较统一，抠图就很简单。在工具箱中选中【魔棒工具】，设置【容差】为 20 像素，按住 Shift 键，多次单击，选中背景，然后按 Shift+Ctrl+I 组合键

Note

反选选区，获取桃花的选区范围，如图 9.76 所示。

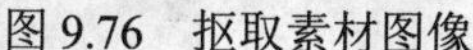

图 9.76　抠取素材图像

第 6 步，把桃花抠出来后，按 Ctrl+C 快捷键，把它复制到 banner.psd 文件中，调整大小和位置，如图 9.77 所示。

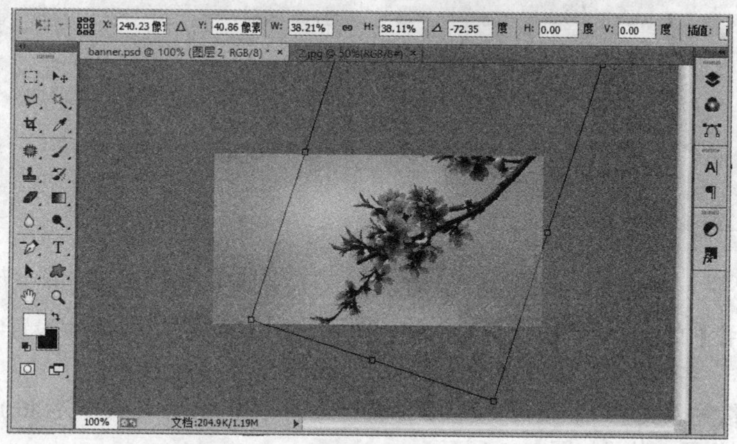

图 9.77　调整桃花的位置和大小

第 7 步，调整桃花的饱和度和亮度。按 Ctrl+U 快捷键，打开【色相/饱和度】对话框，按图 9.78 左图进行调整，使桃花更鲜亮；按 Ctrl+M 快捷键，打开【曲线】对话框，适当向上调整曲线，设计较亮的桃花效果，如图 9.78 右图所示。

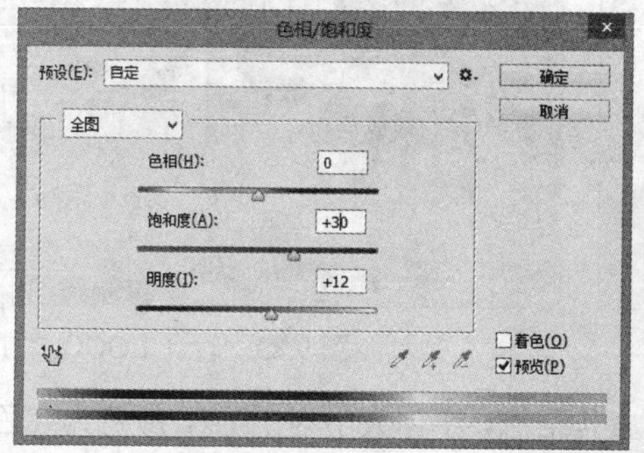

图 9.78　调整桃花饱和度和亮度

Note

第 8 步，对桃花进行局部模糊处理，在工具箱中选择【模糊工具】，涂抹远景花瓣，让前景主题的大花朵清晰，背景的小花朵模糊，同时也形成一个对比，突出重点，效果如图 9.79 所示。

图 9.79　模糊处理局部细节

第 9 步，打开素材文件 6.jpg，抠出其中的人物和木桶对象到 banner.psd，然后按 Ctrl+T 快捷键缩放大小，并调整位置，如图 9.80 所示。

第 10 步，使用【钢笔工具】绘制一个任意形状的封闭路径，然后在【路径】面板中单击底部的【将路径作为选区载入】按钮，把路径转换为选区。新建图层，使用#d70d47 颜色填充选区，效果如图 9.81 所示。

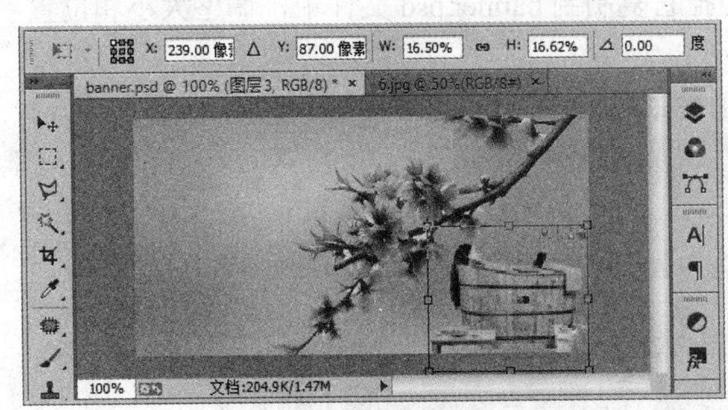

图 9.80　复制素材图像

图 9.81　绘制图形并填色

第 11 步，使用【文本工具】输入 LOGO 标识文字，并在【字符】面板中设置字体颜色为白色，字体类型为新宋体，字体大小为 12 点，字体高度为 80%，如图 9.82 所示。

第 12 步，继续输入文字“温泉”，设置字体类型为华文隶书，字体大小为 36 点，字体颜色为黑色，调整字符排列位置，效果如图 9.83 所示。

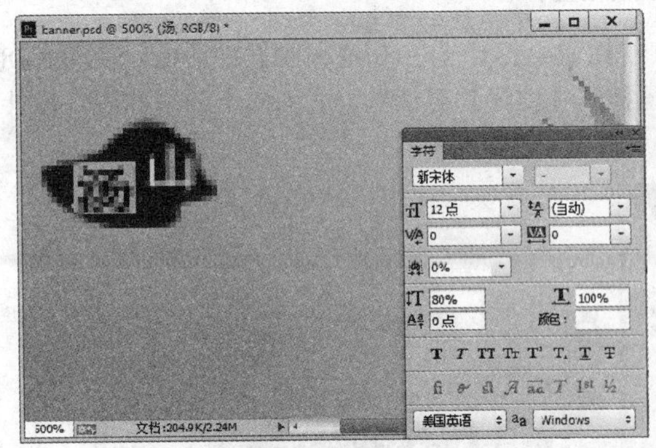

图 9.82　设计 LOGO 标识

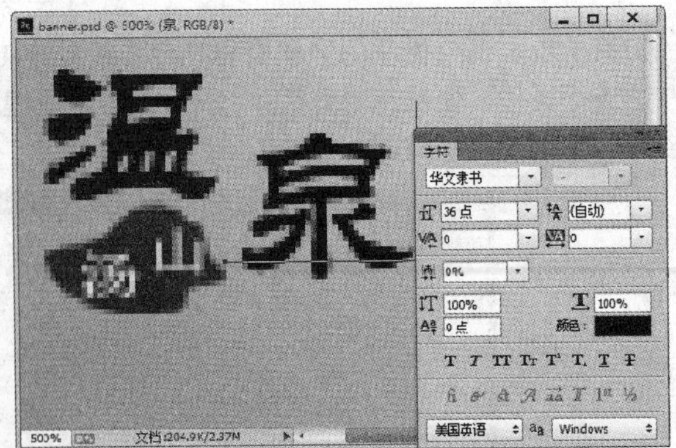

图 9.83　设计 LOGO 文字

第 13 步，继续使用【文本工具】输入详细宣传信息，字体大小为 14 点，颜色为红色（#d70d47），字体类型为黑体，然后放在 LOGO 标识的下面，效果如图 9.84 所示。

图 9.84　设计详细宣传信息

9.7　用 CSS 控制背景图像

CSS 可设置背景图片的样式。任何一个页面，都有它的背景色或背景图来突出其基调，本节将通过实例介绍背景图片的样式设置。

9.7.1　定义背景图片

CSS 使用 background-image 属性来定义背景图片样式，该属性用法如下：

```
background-image: url;
```

其作用是给页面添加背景图片，其中 url 是图片的路径，可以是绝对路径，也可以是相对路径。导入的图片其默认属性是在横向和纵向上重复，如果不希望重复，则需要设置 no-repeat 属性，其具体用法会在下面讲到。

【示例 1】 启动 Dreamweaver，新建一个网页，保存为 test.html，输入以下内容：

```
<!doctype html>
<html>
<head>
<meta charset="utf-8">
<title></title>
<title>背景图片</title>
<style>
body { background-image: url(images/bg.jpg);        /*页面背景图片*/ }
</style>
</head>
<body>
</body>
</html>
```

以上代码中，图片默认会在横向和纵向上重复，本例中图片的原型如图 9.85 所示。

其在网页中平铺的效果如图 9.86 所示。

如果网页中使用的背景图片是 GIF 格式的透明图片，那么此时如果再设置网页的背景颜色

background-color，则背景图片和背景颜色将同时生效。

Note

图 9.85　图片原型

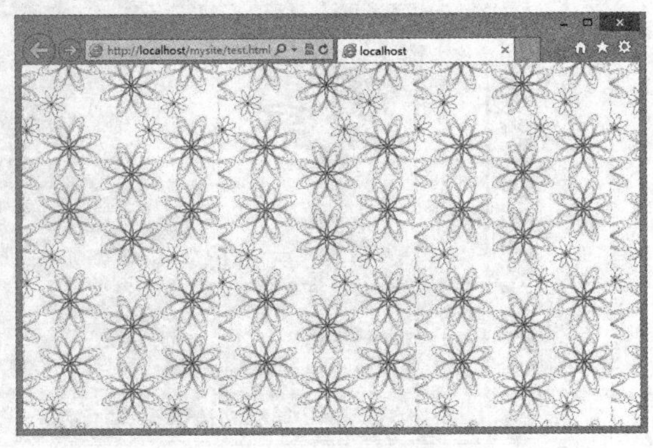

图 9.86　为网页添加背景图片

【示例 2】启动 Dreamweaver，新建一个网页，保存为 test1.html，输入以下内容：

```
<!doctype html>
<html>
<head>
<meta charset="utf-8">
<title></title>
<title>背景图片</title>
<style>
body {
    background-image: url(images/bg1.gif);          /*页面背景图片*/
    background-color: #A7D3A0;                      /*页面背景颜色*/
}
</style>
</head>
<body>
</body>
</html>
```

其显示结果如图 9.87 所示。可以看到淡绿色的背景颜色和背景图片同时显示在网页中。

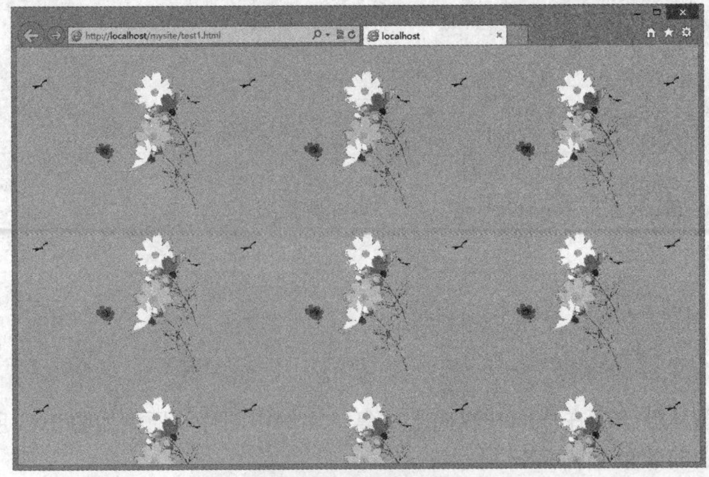

图 9.87　同时设置背景图片和背景颜色

9.7.2　背景图片的重复

CSS 使用 background-repeat 属性来定义背景图片的重复，该属性用法如下：

```
background-repeat:repeat-x|repeat-y|no-repeat
```

background-repeat 属性的 3 个取值作用如下。

☑　repeat-x：图片在 x 轴方向上重复。

☑　repeat-y：图片在 y 轴方向上重复。

☑　no-repeat：不平铺，图片只显示一次。

【示例】启动 Dreamweaver，新建一个网页，保存为 test.html，输入以下内容：

```
<!doctype html>
<html>
<head>
<meta charset="utf-8">
<title></title>
<style>
body {
    background-image: url(images/bg.jpg);          /*页面背景图片*/
    background-repeat: repeat-y;                   /*页面背景图片纵向重复*/
}
</style>
</head>
<body>
</body>
</html>
```

显示结果如图 9.88 所示，背景图片在纵向上进行了重复显示。背景的原图如图 9.89 所示。其实际高度为 1 像素，这里为了让读者看得清楚，因此将其放大了。

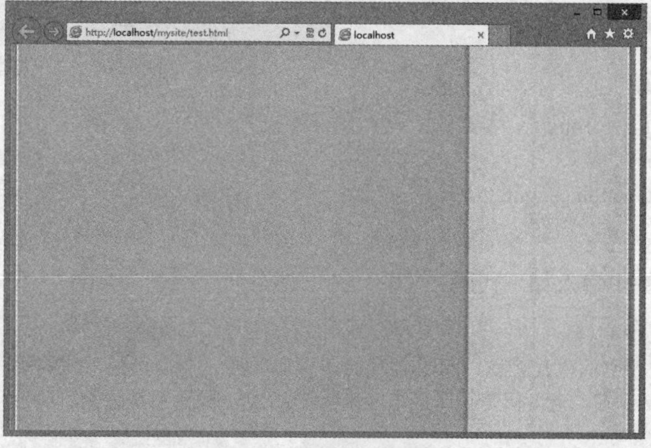

图 9.88　背景图片的纵向重复

图 9.89　背景图片原图

提示：如果是要设置两个方向上的平铺，就不需要设置属性值，这时 CSS 会采用默认的向横向和纵向两个方向重复的效果。但是，如果手动地设置 repeat-x 和 repeat-y 的两个值的话，那么系统会自动认定后设的一种平铺方式有效，只会向一个方向平铺。

Note

9.7.3 定义背景图片的位置

默认情况下，背景图片都是从设置了 background 属性的标记的左上角开始出现，但实际制作网页过程中，可能希望图片出现在指定的位置。在 CSS 中使用 background-position 来调整图片的位置，该属性用法如下：

```
background-position : position|数值
```

其中，position 可以是 center、center center、top left、top center、top right、center left、center right、bottom left、bottom center、bottom right；数值可以是百分数，如 background-position:40% 60%，表示背景图片的中心点在水平方向上处于 40%的位置，在竖直方向上处于 60%的位置，此时如果改变浏览器的大小，背景图片也会相应地调整，但始终处于 40%和 60%的位置，除了百分数，还可以是具体的数值，如 background-position:200px 40px，表示距离页面左侧 200px，距离页面顶部 40px，但是此时如果浏览器大小改变，图片不会做出相应调整，可能会出现图片显示不全的现象。

【示例】启动 Dreamweaver，新建一个网页，保存为 test.html，在<head>标签内添加<style type="text/css">标签，定义一个内部样式表，然后输入下面样式：

```
body{ /*页面基本属性*/
    padding:0px;
    margin:0px;
    background-image:url(images/1.jpg);          /*背景图片*/
    background-repeat:no-repeat;                 /*不重复*/
    background-position:bottom right;            /*背景位置，右下*/
    background-color:#0066CC;
}
p{ /*段落样式*/
    line-height:1.6em;
    margin:0px; font-size:14px;
    padding-top:10px;
    padding-left:6px; padding-right:8px;
}
```

然后在<body>标签中输入如下代码：

```
<h1>可爱的企鹅</h1>
<p>去南极，第一个想到的就是企鹅，那毛茸茸的肉嘟嘟的样子非常可爱。我们第一次登陆就是去看它，兴奋的心情和期待的心情交织在一起，但是，真正踏上南极半岛的一瞬间不是因为看到企鹅而兴奋，而是因为企鹅在自己的脚边而惊讶。
……
</p>
```

显示结果如图 9.90 所示。从图中可以看出，图片位于页面右下方。

图 9.90　设置图片位置

Note

9.7.4　固定背景图片

对于大幅的背景图片，当浏览器出现滚动条时，通常希望图片不要随着文字的移动而移动，而是固定在一个位置上。CSS 使用 background-attachment 属性来定义背景图片的固定，该属性用法如下：

```
background-attachment: scroll | fixed
```

其中，scroll 指背景图片随着对象内容滚动，fixed 则是将背景图片固定。

【示例】启动 Dreamweaver，新建一个网页，保存为 test.html，在<head>标签内添加<style type="text/css">标签，定义一个内部样式表，然后输入下面样式，定义一个类样式。

```
body { /*网页属性样式*/
    padding: 0;
    margin: 0;
    background-image: url(images/1.jpg);
    background-position: right center;
    background-repeat: no-repeat;
    background-attachment: fixed;
    height: 1000px;
}
p {/*定义段落样式*/
    line-height: 1.6em;
    font-size: 18px;
}
```

然后在<body>标签中输入以下段落文本，并应用上面定义的类样式。

```
<p>古代有一位农夫女儿名叫明姑，她憨厚老实，长得俊俏，却被后娘“女霸王”视为眼中钉，受到百般凌辱虐待。一次，因一件小事，顶撞了后娘一句，惹怒了后娘，使用皮鞭抽打她，可一下失手打到了前来劝解的亲生女儿身上，这时后娘又气又恨，夜里趁明姑熟睡之际挖掉了她的眼睛。明姑疼痛难忍，破门出逃，不久死去，死后在她坟上开着一盘鲜丽的黄花，终日面向阳光，它就是向日葵。表示明姑向往光明，厌恶黑暗之意，这传说激励人们痛恨暴力、黑暗，追求光明。这向日葵便繁衍至今。</p>
```

在浏览器中预览，如图 9.91 所示，从其显示效果可以看出，当拖动浏览器的滚动条时，背景图片是固定的，不会随着滚动条的移动而改变。

图 9.91　设置固定背景图片

【拓展】与 font 和 border 属性一样，background 属性也可以将各种关于背景的设置集中到一个语句中来，这样不但可以减少代码量，还可以加快网页的下载速度。例如有如下设置背景的语句：

```
background-color:#7876ea;
background-image:url(bg.jpg);
background-repeat:repeat-x;
background-position:10px 5px;
background-attachment:fixed;
```

以上代码可以统一将其用一句语句代替：

```
Background:#7876ea url(bg.jpg) repeat-x 10px 5px fixed;
```

两种属性声明的方法在显示效果上完全一样，第一种方法代码长，但是可读性好，第二种代码简洁，提高页面下载速度，所以两种方法各有优点，读者可以根据自己喜好进行选择。

9.8　案例实战

本节将通过实例的形式帮助读者设计 CSS 的图片样式，以提高实战技法和技巧，快速理解 CSS 图片属性的应用。

9.8.1　设置带花纹边框

为页面添加边框，只要使用 border 属性就可以做到，但是，如果想要给页面添加一个带花纹的边框，使用 border 属性是无法完成的，本例利用图片背景，来实现为页面添加带花纹的边框，示例效果如图 9.92 所示。

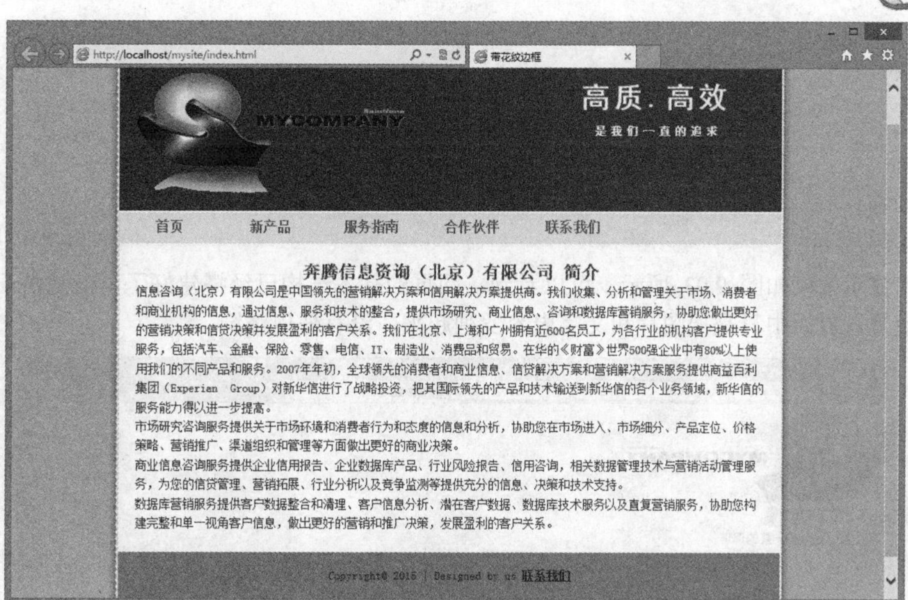

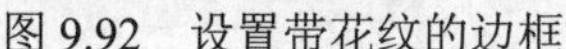
图 9.92　设置带花纹的边框

Note

【操作步骤】

第 1 步，构建网页结构。在本例中首先用<div>标记设置 container 容器，在此页面中，所有内容分为 4 个部分，分别用<div>定义为 header、menu、content 和 footer。

```
<div id="container">
    <div id="header">
        <div class="logo"><img src="images/logo.gif"></div>
        <div id="title">高质.高效  <span>是我们一直的追求</span> </div>
    </div>
    <div id="menu_container">
        <div id="menu">
            <ul>
                <li><a href="#" class="current"><span></span>首页</a></li>
                <li><a href="#" target="_parent"><span></span>新产品</a></li>
                <li><a href="#" target="_blank"><span></span>服务指南</a></li>
                <li><a href="#"><span></span>合作伙伴</a></li>
                <li><a href="#"><span></span>联系我们</a></li>
            </ul>
        </div>
    </div>
    <div id="content_container">
        <div id="content">
            <h2>奔腾信息资询（北京）有限公司　简介</h2>
            <p>信息咨询（北京）有限公司是中国领先的营销解决方案和信用解决方案提供商。我们收集、分析和管理关于市场、消费者和商业机构的信息，通过信息、服务和技术的整合，提供市场研究、商业信息、咨询和数据库营销服务，协助您做出更好的营销决策和信贷决策并发展盈利的客户关系。我们在北京、上海和广州拥有近 600 名员工，为各行业的机构客户提供专业服务，包括汽车、金融、保险、零售、电信、IT、制造业、消费品和贸易。
            ……
            </p>
```

```
            </div>
        </div>
        <div id="footer_container">
            <div id="footer"> Copyright@ 2015  | Designed by us <a href="#/" target="_parent">联系我们</a>
</div>
        </div>
    </div>
```

此时的显示效果如图 9.93 所示，可以看到，网页的基本结构已经搭建好了，但是由于没有进行 CSS 样式设置，界面中只是把图片和文字内容罗列起来，没有任何修饰。

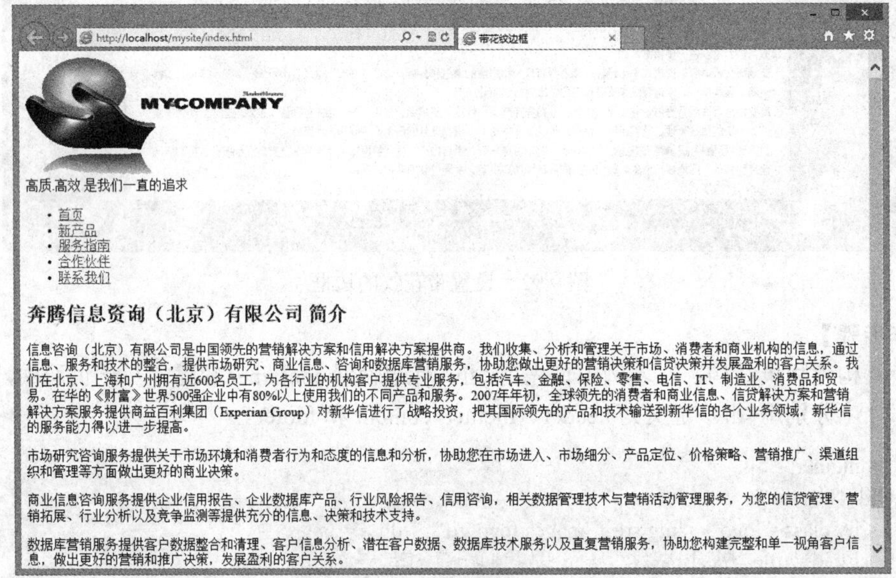

图 9.93　构建网页的基本结构

提示：在本例中，网页的结构是：在 container 容器中包含了 header、menu、content 和 footer 4 部分，设计带花纹边框的原理就是 container 的宽度设置比 header、menu、content 和 footer 的宽度多，并让这 4 部分居中显示，那么 container 中的背景图片就会在左右各露出一部分，我们所看到的似乎就是页面左右各有两条带花纹的边框，如果是设置上、下、左、右边框，道理是一样的。本例示意图如图 9.94 所示。

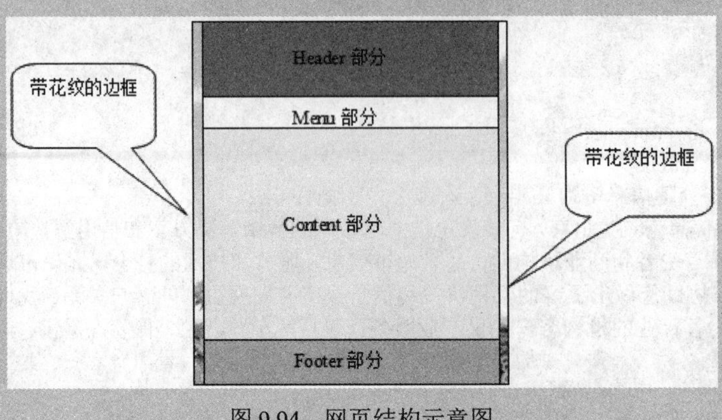

图 9.94　网页结构示意图

第 2 步，定义网页基本属性、container 容器的样式以及所有段落的共有样式。

```
* {
    padding : 0;
    margin : 0;
}
body { /*网页基本样式*/
    font-family :  宋体, Arial, Helvetica, sans-serif;
    color : #024977;
    font-size : 14px;
    background: #dfbfc0;
    text-align: center;
}
p {   /*段落文本样式*/
    margin: 0px;
    padding: 0 20px;                          /*段落之间的间距*/
    line-height: 1.6em;
    text-align: justify;                      /*两端对齐*/
    text-indent: 2em;                         /*首行缩进*/
}
#container {
    width: 810px;                             /*容器宽度*/
    margin: 0 auto;                           /*居中*/
    background: url(images/bg1.jpg) repeat-y; /*网页背景图片*/
}
```

以上代码中，*{margin:0px;padding:0px}将网页中所有标签的 padding 和 margin 都设定为 0px，在 body 中定义了页面的背景颜色，在 container 中设置了容器宽度为 810px，并为其添加了图片背景。此时的显示效果如图 9.95 所示。

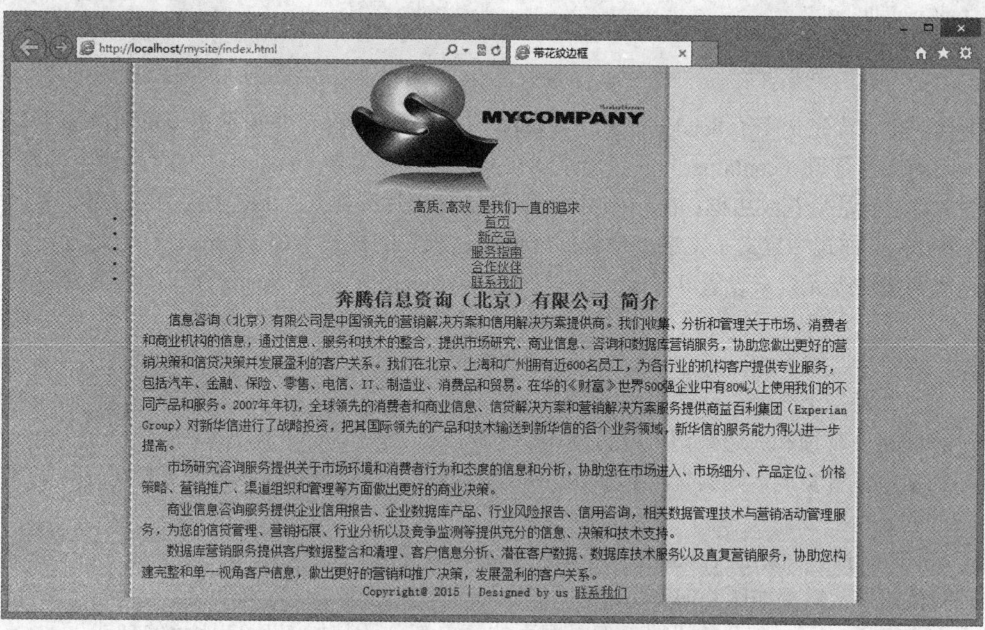

图 9.95　设置网页基本属性

Note

第 3 步，定义网页 header 部分样式。

```
#header {
    width: 790px;                          /*header 部分 div 块的宽度*/
    height: 200px;                         /*高宽*/
    margin: 0 auto;                        /*header 居中*/
    background:#3f4857;                    /*背景颜色*/
    border-top:#FFFFFF 2px solid;          /*header 上边框*/
}
#header .logo{                             /*logo 图片样式*/
    float:left;                            /*左对齐*/
    margin-top:40px;                       /*顶端补白*/
    margin-left:20px;                      /*左侧补白*/
    }
#header #title {
    float: right;
    color: #fff;
    font-size: 34px;
    font-weight: bold;                     /*文字粗细*/
    letter-spacing: 5px;                   /*字间距*/
    font-family:黑体;
    margin-top:50px;
    margin-right:60px;
}
#header #title span {
    display: block;                        /*定义为块级元素*/
    margin: 10px 0 0 5px;
    font-size: 14px;
    color: #fff;
    font-weight: bold;
    letter-spacing: 5px;
}
```

以上代码中，首先定义了 header 样式，其宽度为 790px，这样设置正是实现页面两侧带花纹边框的关键，因为图片背景（container）的宽度是 810px，也就是说在 header 的左右两侧会各显示 10px 的背景图片，这就是带花纹边框；在 logo 中设置了 logo 图片的样式；title 中定义了文字“高质.高效”的样式；在 span 样式中定义了文字“是我们一直的追求”的样式，由于<span>标记是行内元素，但是在这里需要按块级元素来设置其样式，所以 display:block 表示将<span>标记中的内容定义为块级元素。

块级元素的特点如下：

☑ 总是在新行上开始。

☑ 行间距以及顶和底边距都可以控制。

☑ 如果不设置宽度，则其宽度会默认为整个容器的 100%；而如果设置了宽度，其宽度为设置的值。

☑ <p>、<h1>、<form>、<ul>、<li>标签都是块级元素。

此时网页的显示效果如图 9.96 所示。

上一步实现了 header 部分的设置，但是网页的菜单部分还是如图 9.97 所示的样式。

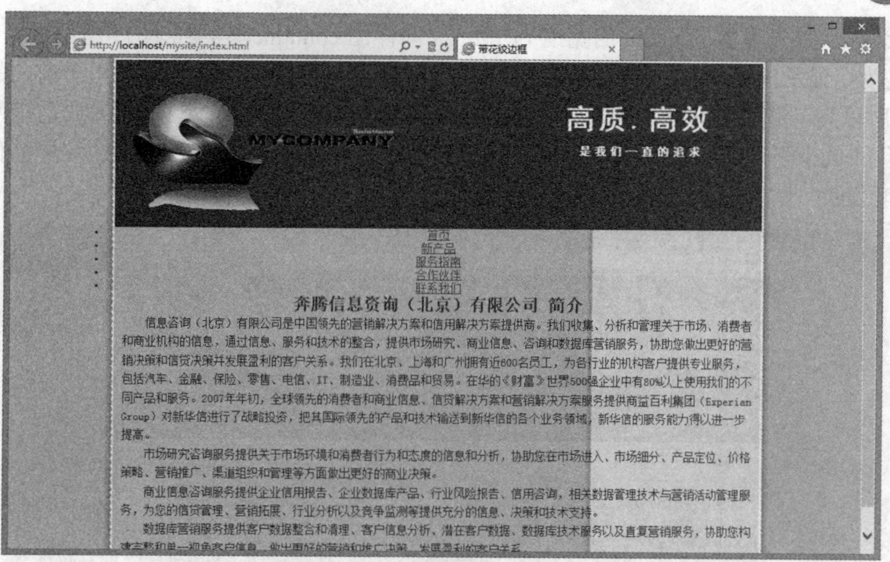

图 9.96　header 部分的 CSS 设置

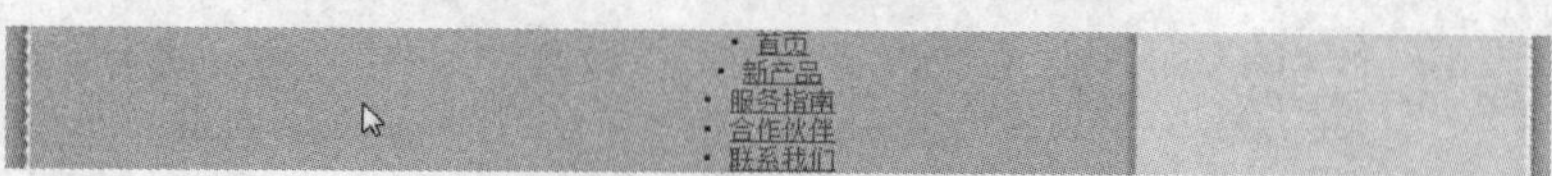

图 9.97　没有添加 CSS 的菜单样式

第 4 步，为 menu 部分添加 CSS 样式。

```
#menu {/*menu 容器样式*/
    clear: both;                          /*清除左浮动和右浮动*/
    width: 790px;                         /*menu 宽度*/
    margin: 0 auto;                       /*menu 容器居中*/
    height:36px;                          /*menu 容器的高度*/
}
#menu ul { /*ul 样式*/
    float: left;
    width:790px;                          /*ul 宽度*/
    height:36px;
    list-style: none;                     /*不显示项目符号*/
    border-top:#FFFFFF 2px solid;         /*设置菜单的上边框*/
    border-bottom:#FFFFFF 2px solid;      /*设置菜单的下边框*/
    background:#f7f392;                   /*ul 的背景颜色*/
}
#menu ul li a { /*设置链接样式*/
    float: left;                          /*左浮动*/
    height: 28px;
    width: 100px;
    padding: 10px 0 0 10px;
    font-size: 16px;
    font-weight: bold;
    text-decoration: none;
    color: #f54f06;                       /*字体颜色*/
}
```

以上代码中，首先设置了 menu 的宽度为 790px，同样比 container 容器的宽度左右两侧各少 10px，目的同样是为了显示出 container 的背景图片，clear:float 语句是为了清除浮动，由于前面的代码中使用了浮动，所以为了消除左右浮动的影响，使用此语句；在 ul 样式中定义了菜单的样式，其中用 border 语句定义了 ul 的上下边框；在 a 中定义了菜单的链接样式，其中 float:left 语句在这里的作用是使列表项目横向显示。此时的显示效果如图 9.98 所示。

Note

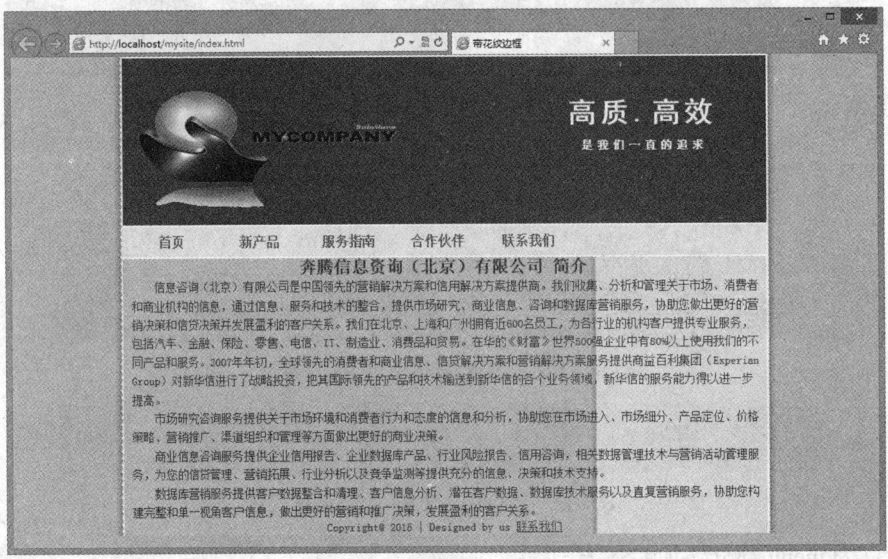

图 9.98　menu 部分的 CSS 设置

第 5 步，从图 9.98 中可以看出，网页已初见效果，接下来定义 content 样式和<h2>标题样式。

```
#content { /*正文样式*/
    clear: both;                        /*清除浮动*/
    width: 790px;
    margin: 0 auto;
    padding-bottom:20px;
    padding-top:20px;                   /*顶端内边距*/
    background:#FFFFFF;                 /*正文部分背景颜色*/
}
h2{/*标题样式*/
    padding:40px auto;                  /*标题内边距*/
}
```

在 content 中定义了正文容器的样式，用 clear:both 语句清除了左右浮动，然后设置正文容器的宽度为 790px。在 h2 中定义了标题样式。此时的显示效果如图 9.99 所示。

第 6 步，设置网页 footer 部分的样式。

```
#footer { /*footer 部分样式*/
    margin: 0 auto;                     /*居中*/
    width: 790px;                       /*footer 部分的宽度*/
    height:50px;
    color: #033a5d;                     /*字体颜色 */
    font-size:14px;
    background:#999999;                 /*footer 部分的背景颜色*/
```

```
    border-bottom:2px #FFFFFF solid;            /*footer 部分的下边框*/
    border-top:2px #FFFFFF solid;               /*footer 部分的上边框*/
    padding-top:20px;                           /*内边距*/
}
```

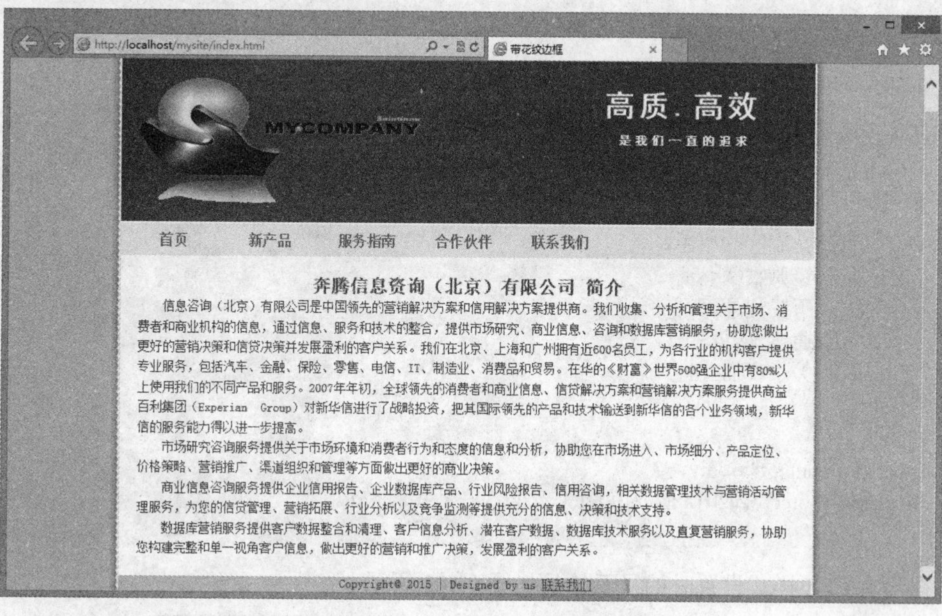

图 9.99 设置正文部分样式

9.8.2 设置圆润的栏目模块

在网页中常常可以看到整个页面或者是某些模块是圆角的，这使网页和模块显得更圆润，本例运用<div>块的圆角化，实现使模块看起来更圆润的方法，示例演示效果如图 9.100 所示。

图 9.100 模块更圆润

Note

【操作步骤】

第 1 步，构建网页基本结构。在本例中首先用<div>标记设置 container 容器，在此容器中，分别用<div>定义了 header、menu、content 和 footer 4 部分。

```
<div class="container">
    <div class="header"></div>
    <div class="menu">
        <ul>
            <li>首页</li>
            <li>热门推荐</li>
            <li>精华帖</li>
            <li>交流区</li>
            <li>经典收藏</li>
            <li>历史记录</li>
            <li>通讯录</li>
            <li>关于我们</li>
        </ul>
    </div>
    <div class="content"></div>
    <div class="footer">@2015 版权所有|关于我们|联系我们|</div>
</div>
```

此时在没有 CSS 样式设置时的显示结果如图 9.101 所示。

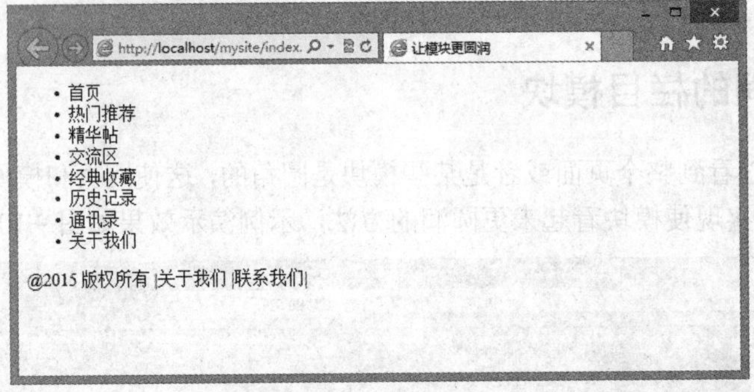

图 9.101　网页基本结构

第 2 步，定义网页基本属性、container 容器的样式。

```
body{/*网页基本属性*/
    text-align:center;                  /*居中对齐*/
    background-color:#CCCCCC;           /*背景颜色*/
    font-family:黑体;
}
.container{   /*container 容器样式*/
    width:800px;
    margin:0 auto;                      /*居中*/
}
```

以上代码中，首先设置了 body 的背景颜色，在 container 中设置了容器宽度为 800px。此时的显示效果如图 9.102 所示。

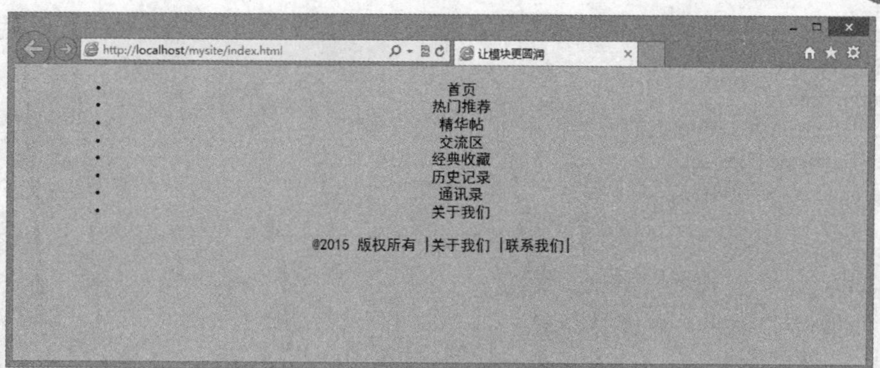

图 9.102　设置网页基本属性

第 3 步，定义网页 header 部分的样式。

```
.header{/*header 样式*/
    width:100%;                              /*相对宽度*/
    height:200px;
    background-image:url(images/bg.gif);     /*定义背景图片*/
    border-top-left-radius:10px;             /*左上角圆角化*/
    border-top-right-radius:10px;            /*右上角圆角化*/
    border:green 2px solid;                  /*给 header 加边框*/
}
```

以上代码中，首先定义了 header 样式，其宽度为相对宽度，父标记的 100%，border-top-left-radius: 10px 和 border-top-right-radius:10px 两句定义了 header 模块的左上角和右上角显示为圆角。虽然这种方法比其他实现圆角的方法简单，但是由于此方法的兼容性差，Firefox 支持，所以请读者还是谨慎使用为好。此时网页的显示效果如图 9.103 所示。从图中可以看到，header 部分的左上和右上角变为圆角，使 header 显得圆润了许多。

图 9.103　header 部分的 CSS 设置

第 4 步，第 3 步实现了 header 部分的设置，接下来为 menu 部分添加 CSS 样式。

```
.menu{/*menu 样式*/
    width:800px;                             /*宽度*/
```

Note

```
        height:35px;
        padding-top:5px;
        text-align:center;
        border-left:green 2px solid;                    /*左侧边框*/
        border-right:green 2px solid;                   /*右侧边框*/
        background-color:#f0d835;                       /*背景颜色*/
    }
    ul{
        margin:0px;
        padding:0px;
        list-style-type:none;                           /*不显示项目标记*/
    }
    li{
        float:left;                                     /*左浮动*/
        padding:0px 20px;                               /*内边距*/
    }
```

在以上代码中，首先设置了 menu 的宽度为 800px；在 ul 中定义了菜单的样式，其中用 list-style-type:none 语句定义列表不显示项目符号；在 li 中定义了标签<li>的样式，其中 float 语句的作用是使项目列表中的各项左浮动，在这里使用此语句，可以达到使原本纵向排列的列表各项横向排列。此时的显示效果如图 9.104 所示。

图 9.104 menu 部分的 CSS 设置

第 5 步，从图 9.104 中可以看出，网页的菜单部分已经设置完毕，接下来定义 content 样式。

```
.content{ /*正文样式*/
    width:800px;
    height:200px;
    background-color:#FFFFFF;                           /*正文部分背景颜色*/
    border-left:green 2px solid;                        /*左侧边框*/
    border-right:green 2px solid;                       /*右侧边框*/
    border-top:green 2px solid;                         /*顶部边框*/
}
```

在 content 中定义了正文容器的样式。此时的显示效果如图 9.105 所示。

图 9.105　设置正文部分样式

第 6 步，设置网页 footer 部分的样式。

```
.footer{/*footer 部分样式*/
    width:800px;
    height:80px;
    background:url(images/footer_bg.jpg);          /*footer 部分的背景图片*/
    border-bottom-left-radius:10px;                /*设置左下边框的圆角化*/
    border-bottom-right-radius:10px;               /*设置右下边框的圆角化*/
    border:green 2px solid;                        /*边框*/
    padding-top:20px;
}
```

提示： 以上网页由于使用了 border-radius 属性，所以对浏览器的兼容性有一定要求，在 IE 浏览器中无法显示圆角，所以请读者在 Firefox 浏览器中浏览。

第10章

网页色彩设计

网页给人的第一印象来自于视觉，在网页设计中，合适的色彩能给网页作品带来鲜活的生命力。它既是界面设计的语言，又是视觉信息传达的手段和方式，是网页界面设计中不可或缺的重要元素。色彩的选择和搭配相当重要，不同的色彩搭配产生不同的效果，从而呈现给访问者以不同的视觉效果，吸引访问者的注意。作为一个网页设计者，要在网页设计中灵活、巧妙地运用色彩，使网页达到各种精彩效果，就必须对色彩的相关知识有深入的了解。

【学习重点】

- 色彩原理
- 色彩的对比
- 色彩的混合
- 色彩的心理效应
- 网页色彩搭配应用

Note

10.1　网页色彩基础

在五彩缤纷的生活中，色彩赋予了这个世界更多的活力。人对色彩相当敏感，在浏览一个网页时，最先使访问者注意的就是网页的颜色，其次才是图像和文字。下面介绍色彩的相关原理。

10.1.1　色彩形成

色彩的形成离不开光的作用，当光刺激眼睛时，就会使视觉产生色彩的概念，也就有了现在的这个被色彩渲染得五颜六色的世界，简单地说，色彩是一种视知觉，是光作用于眼睛的结果。

如果让一束白光从狭缝射入黑色的房间，并且使光穿过三棱镜，这时会发现白光被分离成红、橙、黄、绿、青、蓝、紫等各种颜色的光，这就是能看到各种不同颜色物体的原因，如图 10.1 所示。

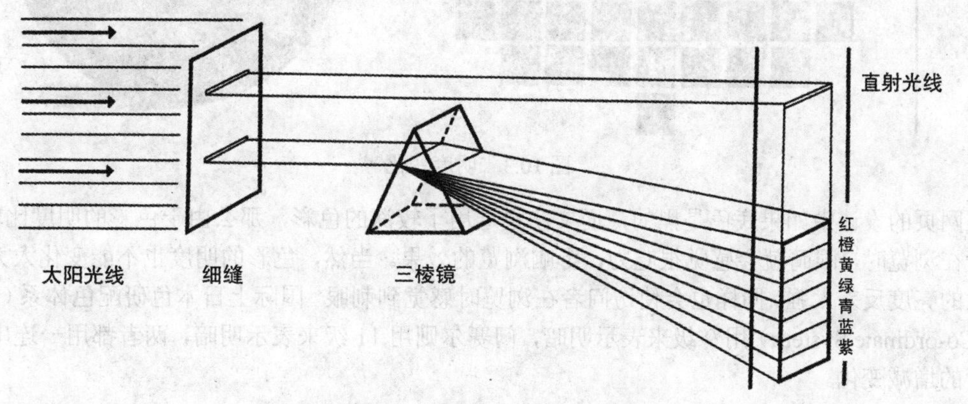

图 10.1　三棱镜对白光的分解

当被分解的红、橙、黄、绿、青、蓝、紫等颜色的光再次经过三棱镜时不再发生光的分解现象，这样的光就被称为单色光。而红色、绿色、蓝色的光被称为三原色光。自然界的任何色光都可以由一定比例的三原色光组合而成，如红色光和绿色光混和可以产生黄色光，红色光和蓝色光混和可以产生品红色光，蓝色光和绿色光混和可以产生青色光，红橙黄绿青蓝紫光、绿色光、蓝色光三者等量混和可以产生白色光，如图 10.2 所示。

紫红、黄、蓝绿 3 种颜色称为色彩三原色，自然界的任何色彩都可以由一定比例的色彩三原色组合而成。理论上色彩三原色等量混和可以得到黑色，紫红色和黄色混和可以得到红色，紫红色和蓝绿色混和可以得到蓝色，蓝绿色和黄色混和可以得到绿色。

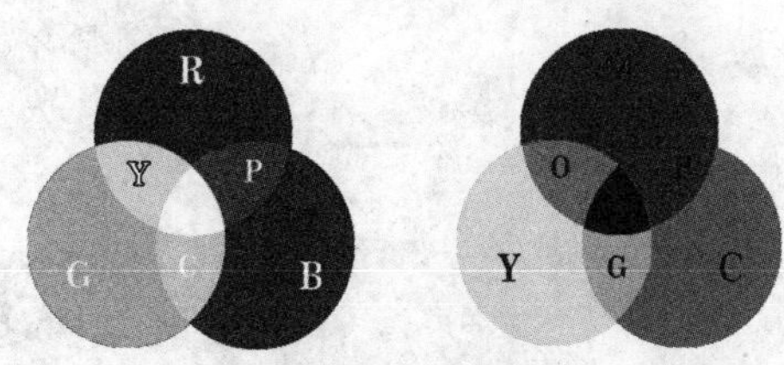

图 10.2　三原色

10.1.2　色彩特征

颜色可以分为非彩色和彩色两大类。非彩色指黑色、白色和各种深浅不一的灰色，而其他所有颜色均属于彩色。从心理学和视觉的角度出发，彩色具有 3 个属性：色相、明度、纯度（彩度）。明度表现了色彩的深浅，色相表现了色彩的种类，纯度表现了色彩的鲜艳程度。

1. 明度（Value）

明度也叫亮度，指颜色的深浅、明暗程度，没有色相和饱和度的区别。不同的颜色，反射的光量强弱不一，因而会产生不同程度的明暗。非色彩的黑、灰、白较能形象地表达这一特质。

光量越多，明度越高，反之明度越低。色彩的明度则取决于混色中白色和黑色含量的多少。关于明度的变化如图 10.3 所示。

图 10.3　明度变化

在网页的设计中如果底色是黑的，而文字也选用了较深的色彩，那么由于色彩的明度比较接近，访问者在浏览时，眼睛就会感觉很吃力，影响浏览的效果。当然，色彩的明度也不能变化太大，否则屏幕上的亮度反差太强，同样也会使访问者在浏览时感觉到刺眼。国际上日本色研配色体系（Practical Color Co-ordinate System）用 9 级来表示明暗，门赛尔则用 11 级来表示明暗，两者都用一连串数字表示明度的增减变化。

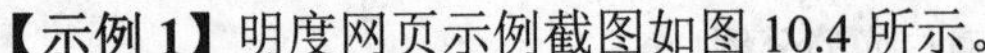

【示例 1】明度网页示例截图如图 10.4 所示。

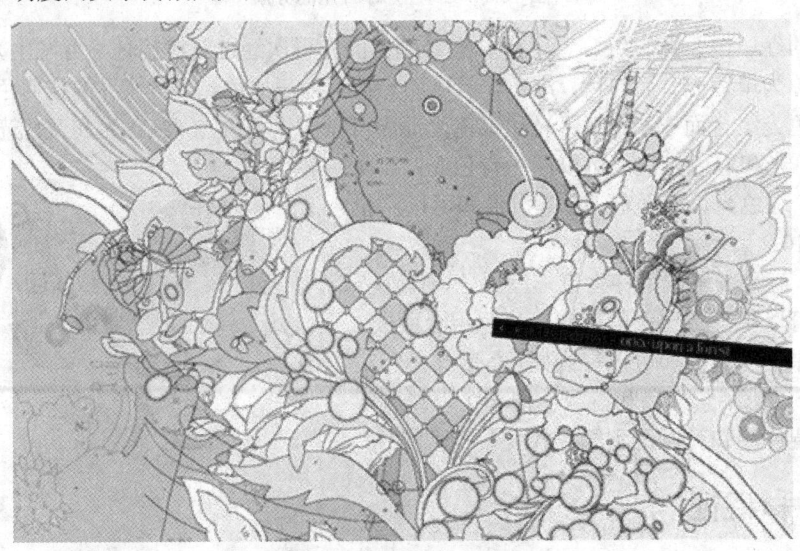

图 10.4　明度网页效果

【分析】

R 223　G 227　B 200

R 207　G 221　B 221

R 247　G 246　B 2225

R 247　G 247　B 247

从图 10.4 所示的网页所选取的 4 个主要色块的 RGB 数值来看，这 4 块色彩组合显示 RGB 数值很高，接近于最高值 255。RGB 相互间数值相近，由于有 RG 的高数值与 B 高数值混合，整个网页给人的感觉非常协调，柔和雅致，心情愉悦。

Note

【点评】

RGB 同时呈现相近的高数值时，相近等量的色彩相互混合，页面呈高明度灰色段，协调的柔和状态，令人遐想，对视觉刺激是缓慢的，适合长时间观看。但由于数值接近，因此色阶平稳，同时存在着不够醒目的状态。

2. 色相（Hue）

色彩的色相也叫色调，简单地说就是指色彩的种类。色相和色彩的强弱及明暗没有关系，只是纯粹表示色彩相貌的差异。最初的基本色相为红、橙、黄、绿、蓝、紫。在各色中间加插一两个中间色，其头尾色相，按光谱顺序为红、橙红、黄橙、黄、黄绿、绿、绿蓝、蓝绿、蓝、蓝紫、紫、红紫、红和紫中再加个中间色，可制出 12 基本色相，如图 10.5 所示。

色轮是表示最基本色相关系的色表。色轮上 90° 角内的几种色彩称作同类色，也叫近邻色或姐妹色。90° 角以外的色彩称为对比色。色轮上相对位置的色叫补色，也叫相反色，如图 10.6 所示。

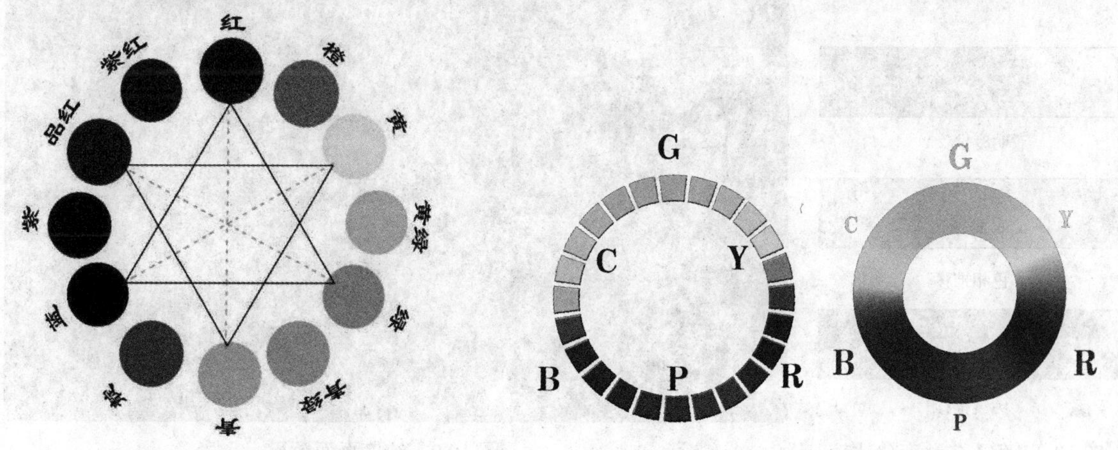

图 10.5　12 色相环　　　　图 10.6　色轮

一般来说，在网页设计中选择暖色相，即红色、橙色、黄色、赭色等色彩的搭配，可以使网站显得温馨、和煦、热情。在网页设计中选择冷色相，即青色、绿色、紫色等色彩的搭配，可以使网站显得宁静、清凉、高雅。在网页设计中选择对比色相，即把色性完全相反的色彩搭配在同一个空间里，如红与绿、黄与紫、橙与蓝等的搭配，可以产生强烈的视觉效果。

3. 纯度

纯度（Chroma）也叫饱和度，指色彩的鲜艳程度。原色最纯，颜色的混合越多则纯度逐渐减低。如某一鲜亮的颜色，加入了白色或者黑色，使得它的纯度低，颜色趋于柔和、沉稳。

一种色相纯度，也有强弱之分，拿正红来说，有鲜艳无杂质的纯红，也有较淡薄的粉红，但它们的色相都相同，只是强弱不一。纯度常用高低来描述，纯度越高，色越纯，越艳；纯度越低，色越涩，越浊。纯色是纯度最高的一级。色彩纯度的高低受物体表面结构、照射光源的特点以及视觉生理特性

Note

的影响。关于色彩纯度的变化如图 10.7 所示。

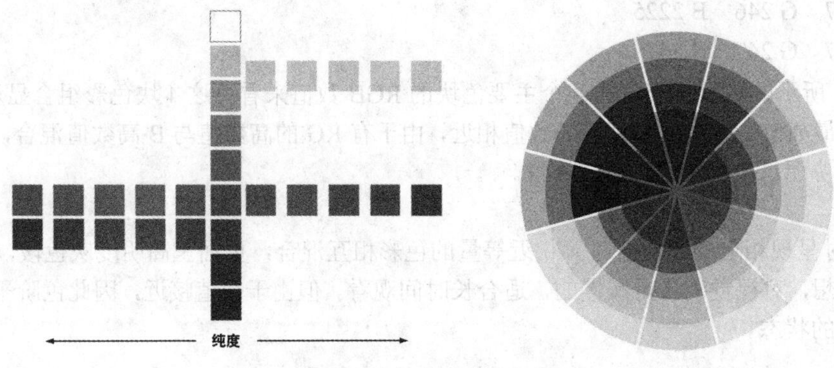

图 10.7　色彩纯度的变化

掌握明度、色相和纯度 3 个方面的知识，能产生良好的色彩感，如图 10.8 所示展示明度、色相和纯度不同推移变化。

【示例 2】纯度网页示例截图如图 10.9 所示。

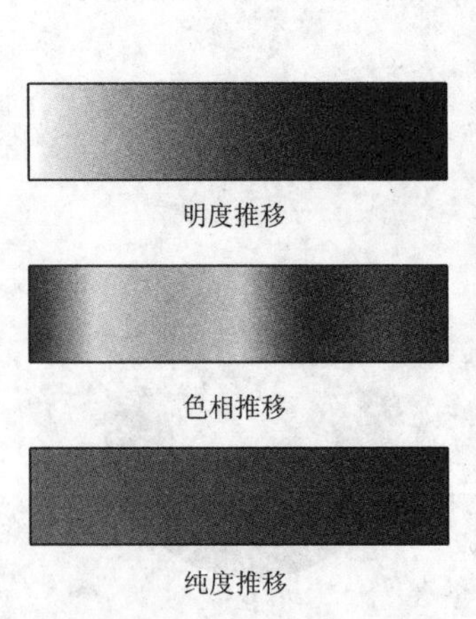

图 10.8　色彩推移变化比较

图 10.9　纯度页面效果

【分析】

H 213　S 99%　B 79%

H 327　S 85%　B 97%

图 10.9 所示的网页中选取了主要的两种色系为组合。运用 HSB 数值模式更易于理解分析该网页的纯度情况，我们看到蓝色 S 数值呈现 100%具有相当高的饱和度，B 明度为 80%，玫瑰色 S 饱和度数值为 85%，B 明度为 97%。当饱和度和明度同时呈最高值时，色彩对视觉的刺激强度达到最高状态。由于蓝色的明度稍低，饱和度较高，而玫瑰色的明度较高，该颜色纯度随之加强，因此玫瑰色相对蓝色对人的视觉刺激更强烈。

【点评】

HSB 模式中 S 和 B 呈现的数值越高，饱和度明度越高，页面色彩强烈艳丽，对视觉刺激是迅速的，醒目的效果，但不易于长时间的观看。以上两种颜色的 S 数值接近，是强烈的状态。H 显示的度

是代表在色轮表里某个角度所呈现的色相状态，相对于 SB 来说，意义不大。

10.1.3 认识 RGB 与 HSB

在实用美术中，常有“远看色彩近看花，先看颜色后看花，七分颜色三分花”的说法。这说明在任何设计中，色彩对视觉的刺激起到第一信息传达的作用。因此，掌握好色彩的基础知识，在网页设计中才能做到游刃有余。为了使下面的网页配色分析更易于理解，先来了解色彩的 RGB 模式和 HSB 模式。

☑ RGB

RGB 表示红色、绿色、蓝色，又称为三原色光，英文为 R（Red）、G（Green）、B（Blue），在电脑中，RGB 的所谓“多少”就是指亮度，并使用整数来表示。

通常情况下，RGB 各有 256 级亮度，用数字表示为从 0、1、2 至 255。虽然数字最高是 255，但 0 也是数值之一，因此共 256 级。按照计算，256 级的 RGB 色彩总共能组合出约 1678 万种色彩，即 256×256×256＝16777216。通常也被简称为 1600 万色或千万色，也称为 24 位色（2 的 24 次方）。

对于单独的 R 或 G 或 B 而言，当数值为 0 时，代表这种颜色不发光；如果为 255，则该颜色为最高亮度。因此当 RGB 3 种色光都发到最强的亮度，纯白的 RGB 值就为 255,255,255。屏幕上黑的 RGB 值是 0,0,0。R,意味着只有红色存在,且亮度最强,G 和 B 都不发光。因此最红色的数值是 255,0,0。同理，最绿色就是 0,255,0；而最蓝色就是 0,0,255。黄色较特殊，是由红色加绿色而得，就是 255,255,0。

RGB 模式是显示器的物理色彩模式。这就意味着无论在软件中使用何种色彩模式，只要是在显示器上显示的，图像最终就是以 RGB 方式出现。

☑ HSB

颜色分为色相、饱和度、明度 3 个因素。英文为 H（Hue）、S（Saturation）、B（Brightness），饱和度高色彩较艳丽，饱和度低色彩就接近灰色。亮度高色彩明亮，亮度低色彩暗淡，亮度最高得到纯白，最低得到纯黑。一般浅色的饱和度较低，亮度较高，而深色的饱和度高而亮度低。

10.1.4 网页色调搭配

在网页页面中总是由具有某种内在联系的各种色彩，组成一个完整统一的整体，形成画面色彩总的趋向，称为色调。也可以理解为色彩状态。色彩给人的感觉与氛围，是影响配色视觉效果的决定因素。

为了使网页的整体画面呈现稳定协调的感觉，以便充分地掌握其规律来更好地分析学习，我们把视觉角色主次位置分为如下几个概念，以便在网页设计配色时更容易操纵主动权。

☑ 主色调

页面色彩的主要色调、总趋势、其他配色不能超过该主要色调的视觉面积。背景白色不一定根据视觉面积决定，可以根据页面的感觉需要而定。

☑ 辅色调

仅次于主色调的视觉面积的辅助色，是烘托主色调、支持主色调、起到融合主色调效果的辅助色调。

☑ 点睛色

在小范围内点上强烈的颜色来突出主题效果，使页面更加鲜明生动。

☑ 背景色

衬托环抱整体的色调，协调、支配整体的作用。

一个页面的色彩角色主要是根据其面积多少来区别主次关系、达到最终目的的。

当不同的颜色使用的面积相当，这个页面容易呈现枯燥单调之感，而没有局部细节的变化。当一个页面使用的颜色过多、面积大小用得过于琐碎，这个页面容易呈现花哨、主次不分没有整体的感觉。

为页面设计配色时，应根据主题内容主次需要，各颜色有其各自的功能角色：面积使用最多的、最少的、不多不少的，加上冷暖的适度安排，纯度明度的合理变化，遵循这条原则，网页配色定能得心应手。

Note

10.2 网页色彩对比

将两个或者两个以上的色彩放在一起(包括在尽可能接近的时间和空间里，也就是说在同一视域，最好在同一视域中心之内)，能准确地发现色彩的异同，才能最充分地显示出应有的对比效果。充分地理解和运用色彩的对比，对设计制作网页尤为重要。

10.2.1 明度对比

明度对比是指色彩明暗程度的对比，也称色彩的黑白度对比。明度对比是色彩构成中最重要的因素之一，色彩的层次与空间关系主要依靠色彩的明度对比来表现。

用黑色和白色按等差比例相混，建立一个含 11 个等级的明度色标，如图 10.10 所示。

图 10.10 明度色标

根据明度色标可以划分为 3 个明度基调。

☑ 低明基调：由 0~3 级的暗色组成的基调。具有沉静、厚重、迟钝、忧郁的感觉。

☑ 中明基调：由 4~7 级的中明色组成的基调。具有柔和、甜美、稳定的感觉。

☑ 高明基调：由 8~10 级的亮色组成的基调。具有优雅、明亮、寒冷、软弱的感觉。

明度对比的强弱决定于色彩明度差别的大小。

☑ 明度弱对比：相差 3 级以内的对比，又称短调。具有含蓄、模糊的特点。

☑ 明度中对比：相差 4~5 级的对比，又称中调。具有明确、爽快的特点。

☑ 明度强对比：相差 6 级以上的对比，又称长调。具有强烈、刺激的特点。

色彩匹配时，只有色相的对比而无明度的对比，图形的轮廓难以辨认；只有纯度的区别而无明度的对比，图形轮廓更为模糊。可见，色彩的明度对比在色彩构成中起主导作用。将相同的色彩，放在黑色和白色上，比较色彩的感觉，会发现黑色上的色彩感觉比较亮，放在白色上的色彩感觉比较暗，这就是明度对比的结果。

明暗的对比效果非常强烈明显，对配色结果产生的影响，明度差异很大的对比，会让人有不安的感觉。对于网页设计中的色彩的应用来说，明度对比的正确与否，是决定配色的光感、明快感、清晰感以及心理作用的关键。

10.2.2 色相对比

色相对比是基于色相差别而形成的对比。色相的差别虽然是由于可见光波长的长短差别所形成，

但不能完全根据波长的差别来确定色相的差别和确定色相的对比程度。

色相对比的强弱，决定于色相在色相环上的距离。色相距离在 15°以内的对比，一般看作色相的不同明度与纯度的对比，因为距离 15°的色相属于模糊的、较难区分的色相，这样的色相对比称为邻接色相对比，是最弱的色相对比。色相距离在 15°以上、45°左右的对比，称为邻近色相对比，或近似色相对比，是软弱的色相对比。色相距离在 130°左右的对比，一般称为对比色相对比，是色相中对比。色相距离在 180°左右的对比，称互补色相对比，是色相强对比。色相距离如果大于 180°，从余下的弧度来看，必然小于 180°，所以距离恰好在 180°的对比，称最强色相对比。色相对比的强弱可以由色相环上的距离来表示，如图 10.11 所示。

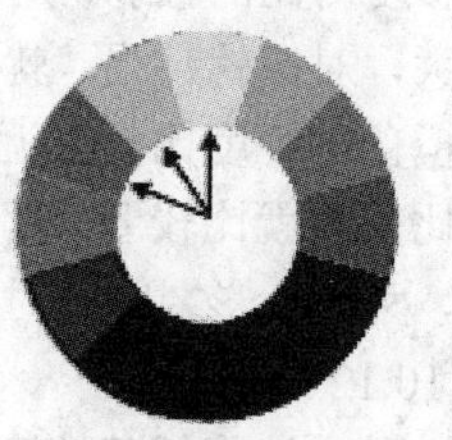

邻近色对比

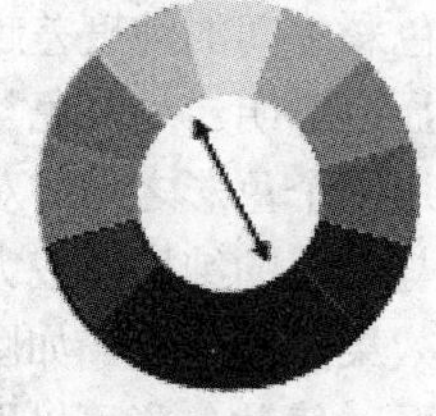

补色对比

图 10.11　色相对比

在色相对比中邻接色、类似色为色相弱对比，中差色为色相中对比，对比色为色相强对比，互补色为色相最强对比。

- ☑ 邻接色相对比：邻接色相差很小，色彩对比非常微弱，因此配色易于单调，必须借助明度、纯度对比的变化来弥补色相感的不足。
- ☑ 类似色相对比：红与橙、橙与黄、黄与绿、绿与青、青与紫、紫与红等在 24 色相环上间隔 15°~60°色组的对比为类似色对比。类似色相对比要比邻接色相对比明显些，但是仍然比较接近。类似色相都含有共同的色素，它既保持了邻接色的单纯、统一、柔和和主色调明确的特点，同时又具有含蓄耐看的优点，但运用类似色配色如不注意明度和纯度变化，也容易流于单调。为了改变色相对比不足的弊病，一般需要运用小面积的对比色或比较鲜艳的色作点缀，以增加色彩生气。
- ☑ 中差色相对比：黄与红、红与蓝、蓝与绿等在 24 色相环上间隔 60°~120°的色相为中差色相对比。它介于类似色相和对比色相之间。色相差比较明确，色彩对比效果比较明快，是色彩设计中常用的配色。
- ☑ 对比色相对比：色相环上间隔 120°~160°的三色如：品红、黄、青，红、黄、绿青，橙、绿、青紫，黄橙、青绿、紫，黄、绿青、红紫等色相形成的色彩对比为对比色相对比。色相环上的品红、黄、青称为三原色的对比。色环上橙、绿、青紫是由第一次色混合而得的间色的对比。间色的对比较三原色的对比缓和。色相环上间隔 90°左右的 4 色如：红、黄、青绿、青紫，橙、黄绿、绿青、紫，黄橙、绿、青、红紫等色组也属于对比色相对比。对比色相对比的色感要比类似色相鲜明强烈，具有饱满、华丽、欢乐、活跃的感情特点，容易使人兴奋、激动。
- ☑ 互补色相对比：色相环上距离 180°左右的色相为互补色相对比，是最强的色相对比。如红、青绿，黄、青紫，绿、红紫，青、橙等色组。互补色相配，能使色彩对比达到最大的鲜明程度，并强烈地刺激感官，从而引起人们视觉的足够重视和达到生理上的满足。互补色相对比的特点是强烈、鲜明、充实、有运动感，但是容易产生不协调、杂乱、过分、刺激、动荡不安、粗俗生硬等缺点。要想把互补色相对比组织得倾向鲜明、统一与调和，配色技术的难度就更高了。在运用同种色、邻接色或类似色配色时，如果色调平淡乏味、缺乏生气，那么恰当地借用补色对比的力量将会使色彩效果得到改善。

网页设计中，在使用色相对比时，应该先确定主色调，然后明确其他色彩与主色调是什么关系，

要表现内容和情感，增强构成色调的计划性、明确性与目的性。

10.2.3 纯度对比

Note

纯度对比是由纯度差引起的对比，是指较鲜艳的色与模糊的浊色的对比。一般来说，对比色彩间纯度差的大小，决定彩度对比的强弱，对比色彩之间的纯度差越大，对比就越强，就会显得鲜明。如红色与橙色的纯度比较接近，这两个色彩之间的对比效果就比较弱，黄色与橙色的纯度差较大，两个色彩之间的对比效果比较强烈，如图 10.12 所示。

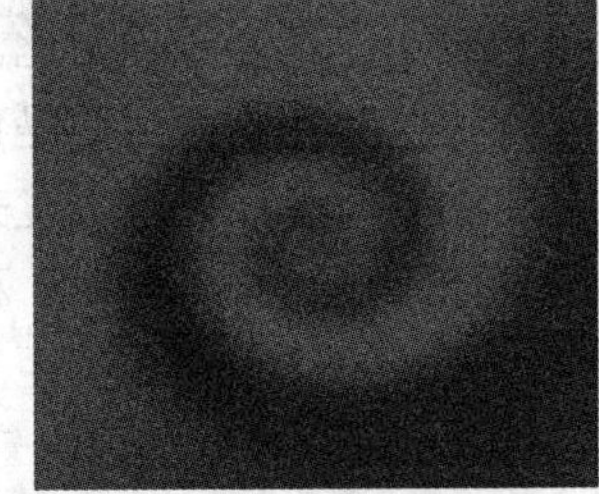

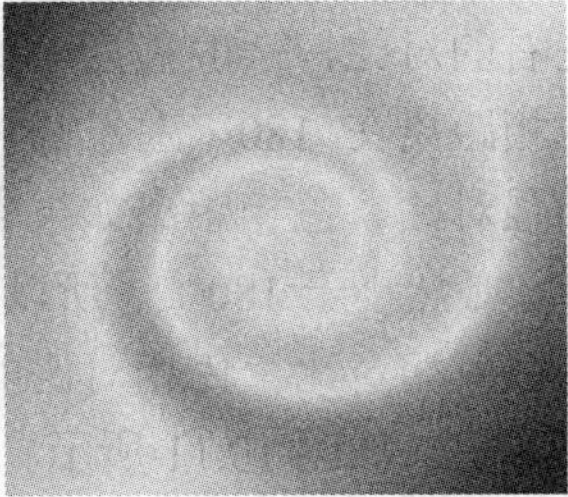

图 10.12 纯度对比

每种色彩可以用 4 种方法降低其纯度。

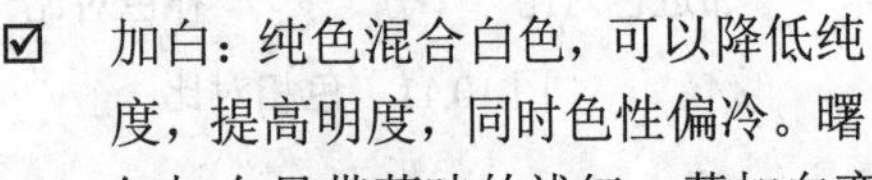

☑ 加白：纯色混合白色，可以降低纯度，提高明度，同时色性偏冷。曙红加白呈带蓝味的浅红；黄加白变冷的浅黄，各种色混合白色以后都会产生色性偏冷。

☑ 加黑：纯色混合黑色，即降低了纯度，又降低了明度。各种颜色加黑以后，会失去原有的光彩，而变得沉着、幽暗，同时大多数色性转暖。

☑ 加灰：纯色混入灰色以后，纯度逐步降低，色味迅速变得混浊。相同明度的纯色与灰色混合，可以得到丰富的相同明度、不同纯度的含灰色。含灰色具有柔和、软弱的特点。

☑ 加互补色：任何纯色都可以用相应的补色来使其变淡。纯色混合补色，实际上相当于混合无色系的灰，因为一定比例的互补色混合也会产生灰，如黄加紫可以得到不同的灰黄。如果互补色相混合，再用白色淡化，可以得到各种微妙性格的含灰色调。

在应用色彩中，单纯的纯度对比很少出现，其主要表现为包括明度、色相对比在内的以纯度为主的对比，可构成极其丰富的色调，但是凡以纯度对比为主构成的色调，其最大特点就是含蓄、柔和、耐人寻味。凡过分生硬、刺激，过分的模糊、脏、灰、粉的配色都应在纯度对比方面查找原因。因此，在网页设计中当色调发生苍白无力和干枯乏味的现象时，除了调整色彩间明度对比关系以外，使用纯度对比也是增添生气的重要手段。

10.2.4 冷暖对比

因冷暖差别而形成的色彩对比称为冷暖对比。色彩的冷暖感觉并非为肌肤的温度感觉，而是人们视觉色彩的一种心理反应，它与人们的生活经验相联系，是联想的结果。

一般来说，红色、黄色、橙色往往使人联想起阳光、火花，从而与温暖的感觉联系起来。青色、蓝色会使人联想起晴空大海、夜晚及阴影，从而与清凉的感觉联系起来。色彩的冷暖感觉也与生理的刺激有关，红色、橙色的刺激能加快血液循环，青色、蓝色的刺激能降低血液循环速度，前者因血液循环加快而体温上升，后者因血液循环减慢而体温下降，从而使人有了冷暖的感觉。

色彩的冷暖感主要由色相决定，红、橙、黄为暖色系；青绿、青、蓝为冷色系；绿、紫为中性色系，如图 10.13 所示。不同色相的冷暖以含有红橙和青蓝的比例而定。其次，在同一色相中，明度的变化也会

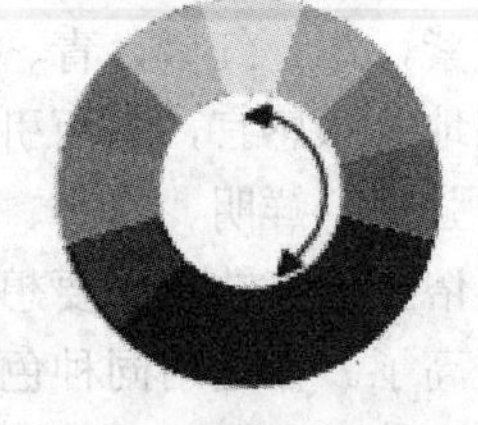

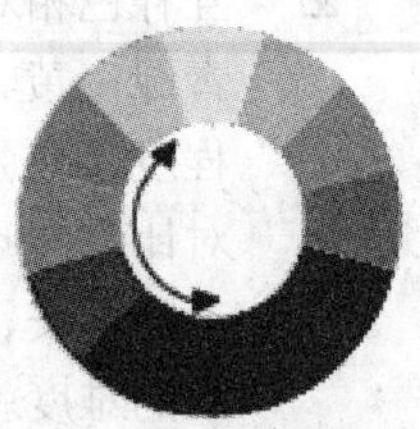

图 10.13 冷暖色调对比

引起冷暖倾向的变化，凡掺和白而提高明度者色性趋向冷，凡掺和黑降低明度者色性趋向暖。色彩的冷暖性质不是绝对的，它往往与色性的倾向有关，同为暖色系，偏青光者相对倾向于冷，偏红光者则相对倾向于暖。同为冷色系，偏青光者相对倾向于冷，偏红光者相对倾向于暖，因此色彩的冷暖感觉常常由偏离基本色的倾向色所决定。

Note

色彩的冷暖对比在色彩艺术中具有丰富的表现力，冷暖色可以用一些相对应的术语来表示。

☑　冷色：透明、镇静、阴影、稀薄、空气感、遥远、轻的、潮湿。

☑　暖色：不透明、刺激、日光、浓密、土质感、重的、干燥。

在网页设计中，适当地运用色彩的冷暖对比不仅可以增强远近距离感，而且可以加强色彩的艺术感染力。色彩的明暗对比虽然能强化素描层次，但是易于单调乏味，如果同时采用冷暖转换、冷暖调节等方法，那么色彩效果就会显得更加生动活泼。

色彩对比运用得是否得当，是网页配色成功与否的关键。用户在学习这部分内容时，可以借助于互联网上配色比较好的网页作品和一些平面广告作品，从视觉的角度来加深对知识的理解。

10.3　基本配色实例分析

在实用美术中，常有“远看色彩近看花，先看颜色后看花，七分颜色三分花”的说法。这也就说明，在任何设计中，色彩对视觉的刺激起到第一信息传达的作用。因此，对色彩的基础知识的良好掌控，在网页设计中才能做到游刃有余。

10.3.1　红黄蓝三原色配色

原色也叫“三原色”，即红、黄、蓝 3 种基本颜色。自然界中的色彩种类繁多，变化丰富，但这 3 种颜色却是最基本的原色，原色是其他颜色调配不出来的。除白色外，把三原色相互混合，可以调和出其他种颜色。根据三原色的特性做出相应的色彩搭配，有最迅速、最有力、最强烈的传达视觉信息效果。

【示例 1】黄色网页示例截图如图 10.14 所示。

图 10.14　黄色页面效果

Note

【分析】

R 255　G 255　B 0　H 60　S 100%　B 100%

选取了主色调黄色为示例，RGB 数值中 RG 呈现较高值 255 和 255 时，HSB 数值中的 SB 也呈现最高值 100%、100%，页面呈现较高纯度亮度：较纯黄色。因此黄色在三原色中也是亮度最高的颜色。

【点评】

HSB 中 SB 呈现的数值越高，饱和度明度越高，页面色彩强烈艳丽，由于黄色是亮度最高的颜色这一特性，也给人视觉产生强烈刺激的状态，对视觉刺激是迅速的、警戒、醒目的效果，但不易于长时间观看。

【示例 2】红色网页示例截图如图 10.15 所示。

图 10.15　红色页面效果

【分析】

R 227　G 30　B 40　H 357　S 87%　B 89%

选取了主色调红色为示例，RGB 中 R 的数值是 227，混合了 G30、B40，因此红色的纯度轻微降低，颜色稍偏深红。HSB 数值中 S 显示的饱和度为 87%，B 为 89%，因此颜色还是较为饱和明亮。

【点评】

主色 R227 数值较高时，由于混合了 G30、B40 少许颜色，饱和度明度稍微降低，视觉刺激减弱，红色特性显得较沉稳。但由于红色是最温暖最有视觉冲击力的颜色特性，该网页整体看来仍然厚重而热烈地表达了主题。

【示例 3】蓝色网页示例截图如图 10.16 所示。

【分析】

R 2　G 83　B 131　H 203　S 98%　B 51%

选取了主色调蓝色为示例，RGB 数值中 B 蓝色的数值是 131 与 R2、G83 相混合，蓝色的纯度降低。结合 HSB 中数值 H 色相目前显示的是 203°，而三原色的纯蓝为 240°来看，蓝色的色相偏离较大，加上 B 为 51%的明度，颜色偏暗，因此视觉冲击力较弱。页面沉稳、凝重。

Note

图 10.16　蓝色页面效果

【点评】

当蓝色色相偏离于三原色的纯蓝时，视觉冲击力削弱。页面呈沉稳、平静的感受。蓝色在三原色里是视觉传递速度最慢的颜色特性，适合用于表达成熟、稳重、安静的网页设计主题。在网页设计里蓝色也是使用得较频繁的颜色。

10.3.2　间色、复色、补色

1. 间色

间色又叫“二次色”。它是由三原色调配出来的颜色，是由两种原色调配出来的。红与黄调配出橙色；黄与蓝调配出绿色；红与蓝调配出紫色，橙、绿、紫 3 种颜色又叫“三间色”。在调配时，由于原色在分量多少上有所不同，所以能产生丰富的间色变化。

【示例 1】间色网页示例截图如图 10.17 所示。

图 10.17　间色页面效果

【分析】

R 189　G 208　B 18　H 66　S 91%　B 82%

R 148　G 87　B 170　H 258　S 49%　B 67%

R 250　G 27　B 109　H 338　S 89%　B 98%

R 255　G 145　B 34　H 30　S 87%　B 100%

Note

以上网页示例截图 4 种间色搭配一起非常明快、鲜亮。以上 4 组颜色 RGB 数值的共同点是以两色混合为主，都是 3 位数值，另外一色分量较少，为两位数值，因此饱和度较高，色相倾向明显。HSB 数值的共同点是，除了紫色，其他三色的 S 饱和度相当，属较高数值，因此视觉刺激也强。

从 RGB 数值显示上看，绿色含量较高达到 208，混合了 R189 的黄色光，因此颜色偏黄绿色，由于添加了 B18，饱和度相对降低。玫瑰色中 R 的含量最高，与 B109 混合为主要组成色，添加了少量的 G27 黄，纯度偏高。橙色中 R 的含量很高为 255，混合了 G145 黄为主要组成色，添加了第三色 B34，饱和度稍降低。紫色是由蓝色和红色调配而成，B 为 170，R 为 148，混色分量相当也就成为了组合紫色这一间色的主要成分，但是由于添加了 G87，也是 4 组颜色中的间色混合第三色数值最高的，HSB 中 S 数值相对其他三色，降低很多，因此颜色相对于其他 3 种较沉稳、缓和。

【点评】

间色是由三原色中的两原色调配而成的，因此在视觉刺激的强度相对三原色来说缓和不少。属于较易搭配之色。间色尽管是二次色，但仍有很强的视觉冲击力，容易带来轻松、明快、愉悦的气氛。

2. 复色

也叫“复合色”。复色是由原色与间色相调或由间色与间色相调而成的“三次色”，复色是纯度最低的，含灰色成分。复色包括了除原色和间色以外的所有颜色。

【示例 2】复色网页示例截图如图 10.18 所示。

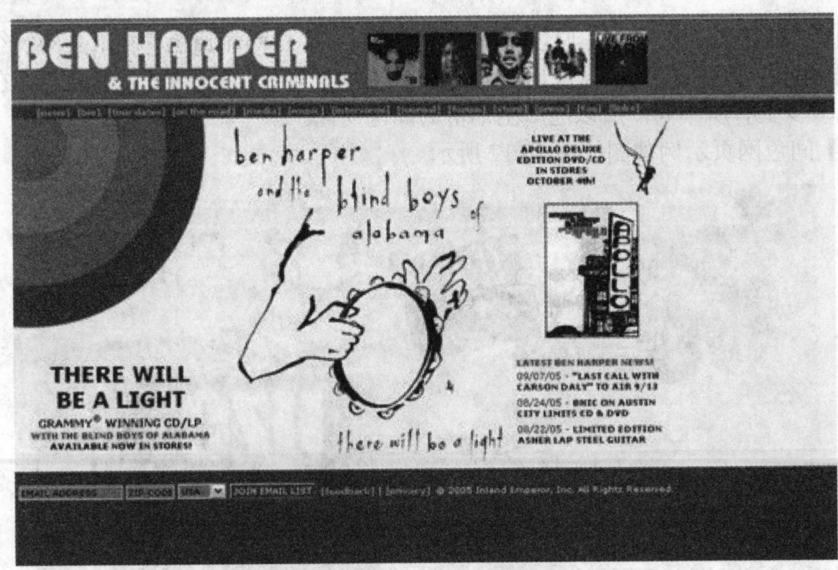

图 10.18　复色页面效果

【分析】

R 35　G 124　B 59　H 66　S 53%　B 49%

R 118　G 72　B 61　H 11　S 48%　B 46%

R 255 G 247 B 186

R 255 G 110 B 6

以上 4 种颜色中深绿色和赭石色为复色，之所以还选择其他两种颜色，为的是更好地配合说明复色的特性，如果没有另外两种非复色搭配，页面配色就可能出现肮脏等不舒服的感觉。

深绿和赭石这两种复色的数值都是一个分量最多的 3 位数，另外两者成分相当，都为两位数组合而得。RGB 之间的数值差距较接近、不明显，色阶较趋于直线平稳，呈灰阶。HSB 中 SB 显示的数值也非常接近，成为符合复色特性的必须条件。

【点评】

复色是由两种间色或原色与间色混合而成，因此色相倾向较微妙、不明显，视觉刺激度缓和，如果搭配不当，页面便呈现易脏或易灰蒙蒙的效果，沉闷、压抑之感，属于不好搭配之色。但有时复色加深色搭配能很好地表达神秘感、纵深感和空间感；明度高的多复色多用来表示宁静柔和、细腻的情感，易于长时间的浏览。

3. 补色

补色是广义上的对比色。在色环上划直径，正好相对（即距离最远）的两种色彩互为补色。如红色是绿色的补色；橙色是蓝色的补色；黄色是紫色的补色。补色的运用可以造成最强烈的对比。

【示例 3】补色网页示例截图如图 10.19 所示。

图 10.19 补色页面效果

【分析】

R 95 G 124 B 59 H 66 S 51% B 48%

R 118 G 72 B 61 H 354 S 85% B 67%

选用了一组红绿对比色，极赋视觉冲击力，所表现出的性格异常鲜明。我们看到 RGB 中绿色的数值显示情况符合复色的条件，因此注定了该颜色明度稍暗、纯度较低的特性，而红色 R 数值 118 构成了该色的主要成分，其他 G72、B61 数值接近，纯度和亮度相对绿色较高，因此 2 色在构成色彩空间差距上拉大。HSB 中 2 色的 S 数值也显示出，它们的饱和度相差较大。

【点评】

补色最能传达强烈、个性的情感。纯度稍低的绿色为背景的大面积使用，对比并突出了前景纯度明度较高的面积较小红色的图形，形成了视觉中心重点突出，达到主次分明的主题效果。

红绿、橙蓝、黄紫这 3 组补色中，前两种使用得最频繁。这三组补色搭配出的最终效果和目的，可以用两个字来概括——强烈。

Note

10.3.3 邻近色、同类色

1. 邻近色

邻近色在色环上表示任一颜色同其毗邻之色。邻近色也是类似色关系，只是范围缩小了一点。例如红色和黄色，绿色和蓝色，互为邻近色。

【示例 1】邻近色网页示例截图如图 10.20 所示。

图 10.20 邻近色页面效果

【分析】

R 204	G 0	B 1	H 0	S 100%	B 80%
R 255	G 78	B 0	H 18	S 100%	B 100%
R 255	G 150	B 0	H 35	S 100%	B 100%
R 252	G 178	B 0	H 43	S 100%	B 100%
R 253	G 238	B 138	H 42	S 46%	B 100%

图 10.20 选用了红色、黄色为邻近色示例，主要在色相上做区别丰富了页面色彩上的变化。从 RGB 数值上看，以上 5 色 R 的数值都很高，仅是微妙的不同。其中浅黄色的 B 为 138，因此在 HSB 数值中纯度 S 显示最低，为 46%；5 色 RGB 中 G 的数值都不同，色相、明度也产生相应的不同。从数值上分析整体看来，5 色都有在同一频率的变化。

【点评】

由于是相邻色系，视觉反差不大，统一、调和，形成协调的视觉韵律美，相较显得安定、稳重的

同时不失活力，是一种恰到好处的配色类型。

2. 同类色

比邻近色更加接近的颜色，它主要指在同一色相中不同的颜色变化。例如，红颜色中有紫红、深红、玫瑰红、大红、朱红、橘红等种类，黄颜色中又有深黄、土黄、中黄、橘黄、淡黄、柠檬黄等区别。它起到色彩调和统一，又有微妙变化的作用。

【示例 2】同类色网页示例截图如图 10.21 所示。

图 10.21　同类色页面效果

【分析】

R 231	G 76	B 33	H 13	S 86%	B 91%
R 228	G 89	B 105	H 352	S 62%	B 91%
R 244	G 174	B 165	H 351	S 29%	B 96%
R 251	G 225	B 229	H 349	S 11%	B 98%

选用红色系 4 种同类色示例，主要在明度上做区别变化。由于是红色系，4 色 RGB 数值中的 R，数值都很高且相当。从 HSB 数值看出，明度越高的颜色饱和度越低。从这 4 种同类色相来看，明度在强中弱的节奏中缓和地进行变化。

【点评】

第一眼看上去给人温柔、雅致、安宁的心理感受，便可知该组同类色系非常调和统一。只运用同类色系配色，是十分谨慎稳妥的做法，但是有时会有单调感。添加少许相邻或对比色系，可以体现出页面的活跃感和强度。

10.3.4　暖色、冷色

1. 暖色

暖色指的是红、橙、黄这类颜色。暖色系的饱和度越高，其温暖特性越明显。可以刺激人的兴奋

Note

性，使体温有所升高。

【示例 1】暖色网页示例截图如图 10.22 所示。

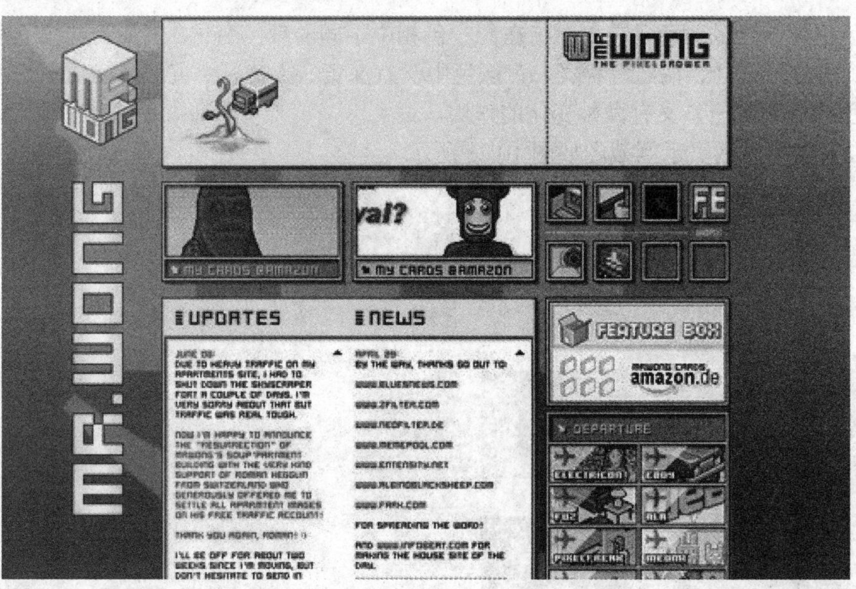

图 10.22　暖色页面效果

【分析】

R 204　G 0　B 0　H 0　S 100%　B 100%

R 255　G 150　B 0　H 35　S 100%　B 100%

R 255　G 255　B 0　H 60　S 100%　B 100%

由于是暖色系，以上面 3 种颜色 RGB 数值中 R 的含量为主导，B 都为 0，暖度强度倾向在 G 的添加黄色成分变化中可以看到，较规律的数值变化、较有视觉节奏感。HSB 中纯度 S 和明度 B 都达到最高值，是鲜艳夺目的搭配色组合。

【点评】

高明度高纯度的色彩搭配，把页面表达得鲜艳炫目，有非常强烈刺激的视觉表现力，充分体现了暖色系的饱和度越高，其温暖特性越明显的性格。

2. 冷色

冷色指的是绿、青、蓝、紫等颜色，冷色系亮度越高，其特性越明显，能够使人的心情平静、清爽、恬雅。

【示例 2】冷色网页示例截图如图 10.23 所示。

【分析】

R 47　G 113　B 132　H 194　S 64%　B 52%

R 90　G 173　B 197　H 194　S 54%　B 77%

R 153　G 204　B 219　H 193　S 30%　B 86%

R 157　G 208　B 4　H 75　S 98%　B 82%

R 175　G 232　B 4　H 75　S 98%　B 91%

图 10.23　冷色页面效果

该网页示例主要选用了邻近色系蓝色绿色和同类色的明度变化。其中 3 种蓝色系的 RGB 数值从两位数到 3 位数，随着明度递增的同时，由低到高在有规律、有节奏地变化。HSB 的数值 SB 也相对随着同比变化，纯度 S 的含量都不大，因此这几组色彩相对含蓄柔和。绿色系 RGB 数值 G 的色相明显，相应添加了高亮度的黄色 R，使色彩较鲜艳明快。HSB 数值 SB 也显示出其高纯度高亮度的特性。

【点评】

冷色系的亮度越高，其特性越明显。单纯冷色系搭配视觉感比暖色系舒适，不易造成视觉疲劳。蓝色、绿色是冷色系的主要系，是设计中较常用的颜色，也是大自然之色，带来一股清新、祥和安宁的空气。

10.3.5　小结

从本节示例可以看出三原色视觉冲击力最强，也是最刺目的，容易制造冲突、烦燥、不舒适的心情，所以是较难掌握的配色，大面积大范围使用要慎重。

间色是由三原色中的两色调配两次，间于原色和复色之间，属于中性色，视觉冲击力次之，颜色的刺激缓和不少，给人舒适、愉悦的心情，是较容易掌握的配色，也是在设计中使用得比较多的颜色。复色是由两种间色或原色与间色相混合而产生的颜色，呈灰色阶，视觉冲击力更弱，柔和但是使人沉闷压抑。复色调配好了，能体现出高层次、高素养的成熟特性魅力，也称为高级灰，是很耐看的颜色。因此，颜色相互混合得越多，饱和度越低，视觉冲击力越弱。

色彩运用到一定程度后，应该逐渐认识到在一个环境、区域范围里，色彩的属性、性能特性是相对的。例如，黄色在蓝色、绿色这两个区域环境下，黄色可以说这个时候是呈暖色，而出现在橘红、朱红、深红这几个区域环境下，黄色可以说在这个时候是呈冷色。同样地，蓝色相对绿色是冷色，紫色相对蓝色是暖色等。可根据网页设计主题的目的要求、环境协调度的需要等做相应的搭配调整。

RGB 三者的数值越接近，色阶较趋于直线平稳，呈灰阶，网页对视觉的刺激性越缓慢、柔和；RGB 三者的数值相互间差距越大，色阶曲线波动就大，网页对视觉的刺激性越迅速、强烈。HSB 数值中 SB 相应数值越高，视觉刺激度越强烈。抓住以上这些规律及色彩特性，在以后的网页设计配色中，根据不同的需要配置不同的颜色，来达到某些不同的目的和效果。

通过 RGB 数值和 HSB 数值的计算，有助于更科学理性的分析判断，更准确地研究分析网页设计配色的协调性、合理性，掌握其规律性。有经验的设计师通常仅仅凭目测、直觉，就能随心所欲地掌控色彩的配置。

Note

10.4 灰色页面配色

灰色介于黑色和白色之间，中性色、中等明度、无色彩、极低色彩的颜色。灰色能够吸收其他色彩的活力，削弱色彩的对立面，能够制造出融合的作用。

灰色也是一种中立色，具有中庸、平凡、温和、谦让、中立和高雅的心理感受，也被称为高级灰，是经久不衰、最耐看的颜色。

任何色彩加入灰色都能显得含蓄而柔和。但是灰色在给人高品味、含蓄、精致、雅致耐人寻味的同时，也容易给人颓废、苍凉、消极、沮丧、沉闷的感受，如果搭配不好，页面容易显得灰暗、脏。

从色彩学上分析，灰色调又泛指所有含灰色度的复合色，而复合色又是 3 种以上颜色的调和色。色彩可以有红灰、黄灰、蓝灰等上万种彩色灰，这都是灰色调，而并不单指纯正的灰色。

10.4.1 浅灰色

【示例】明度浅灰色示例截图如图 10.24 所示。

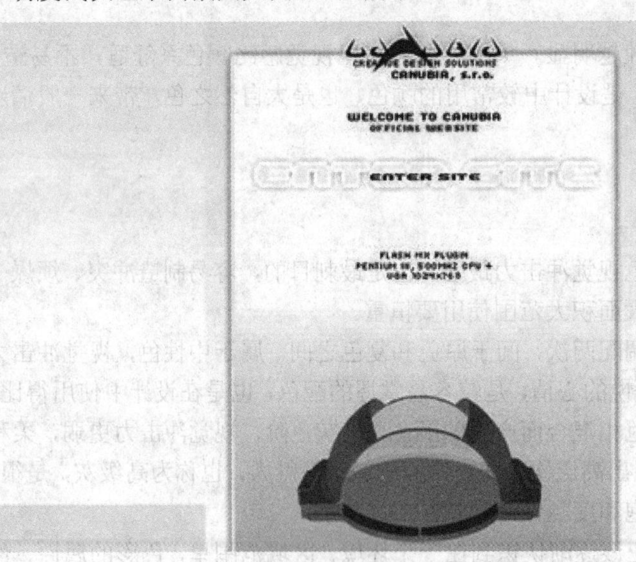

图 10.24 明度浅灰色页面效果

【分析】

☑ 主色调 R 251 G 251 B 251 H 0 S 0% B 98%

☑ 辅色调 R 226 G 226 B 226 H 0 S 0% B 89% 白色

☑ 点睛色 R 217 G 9 B 0 H 2 S 100% B 85% 黑色

☑ 背景色 白色

从页面所呈现的明度色调来看，整个页面偏浅灰色调，柔美高雅的灰调子。主色调及背景色是接近于明度白色且非常浅的灰调，辅色调的灰调子明度上较主色调稍深些，另一辅色调为白色。

Note

RGB 模式显示点睛色红色 R217 及 G9 来看不是正红色，在如此灰调子的页面来看，如果不参考 RGB 模式肉眼几乎看不出来。如果没有点睛色的加入，整个页面呈毫无生气的灰色系，略有些脏的感觉，平淡且乏味，没能使大家对它产生过多的印象。红色的特性把以上的这些平淡的感受打破了，让人愿意细品灰色所带来的悠长韵味。

HSB 模式的 B 也能看出浅灰色在明度上较高，部分渐变的深灰色在页面上所占用的面积也不少，另一点睛色黑色的作用就是使明度色阶跨度加深、明确，整个页面呈现灰蒙蒙的感觉得以减弱。

【点评】

从整体上看，该页面看起来只有两种色彩搭配，即非色彩系黑白灰和色彩系红色，页面显得非常简洁而含蓄。点睛色的加入减少了非色调浅灰色有可能产生的单调感觉。

10.4.2　同类灰

【示例】同类灰色页面（灰色+橙色）示例截图如图 10.25 所示。

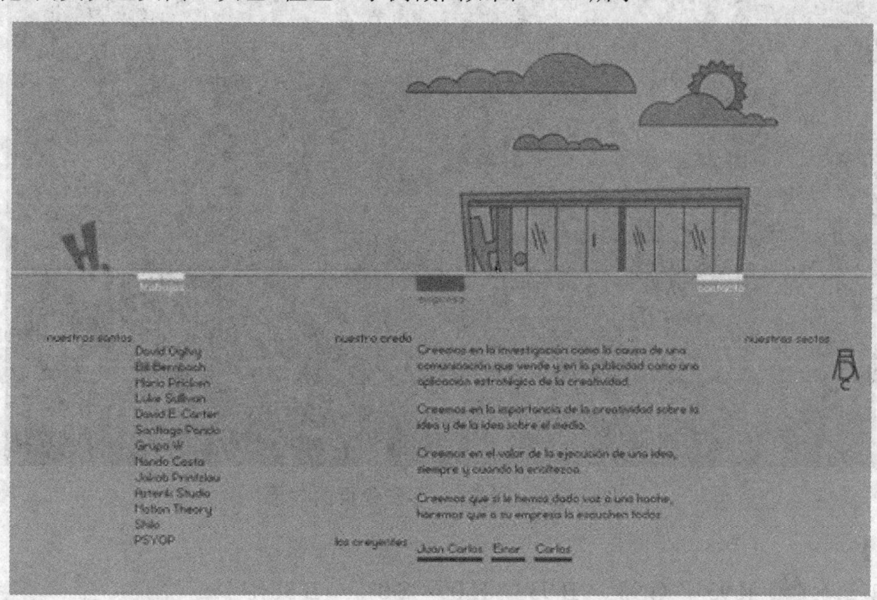

图 10.25　同类灰色页面效果

【分析】

☑　主色调　R 194　G 194　B 194　H 0　S 0%　B 76%

☑　辅色调　R 169　G 170　B 170　H 180　S 1%　B 67%

☑　点睛色　R 255　G 128　B 0　H 30　S 100%　B 100%　白色

☑　背景色　R 194　G 194　B 194　H 0　S 0%　B 76%

该页面主要以大面积的灰色系列为主，主色调为背景色非常明确。部分灰色只在明度上加深了，增强灰色的空间感。

从 RGB 所呈现的均衡数值及 HSB 模式的 HS 都为 0 来看，主色调的浅灰色属于非常纯净的非色彩，没有掺杂其他色系进去。而辅色调的两个模式上就有些差异，HSB 模式的 H 显示 180° 色相上

偏青蓝色，有及其微弱的饱和度，明度也较低。

点睛色的 SB 显示为正橘红色且饱和度和明度都为 100%，应该是及其耀眼的颜色，然而在大面积背景主色调下，此种耀眼的颜色得到缓解，这正是与灰色配色后显示出灰色最强烈的特性：削弱缓和刺激耀眼的颜色。

Note

点睛色橙色和白色点缀下打破了平面平淡的配色格局，眼前顿时一亮的感觉。

【点评】

灰色调非色彩所构成的页面颇具有独特的魅力，整个页面呈现出平稳缓和的气质。两个点睛色橙色和白色起到调动配色页面的作用。

10.4.3 同类色+多彩色

【示例】灰色搭配应用（同类灰色+多种颜色）网页示例截图如图 10.26 所示。

图 10.26　同类色+多彩色页面效果

【分析】

☑ 主色调　R 93　G 93　B 93　H 0　S 0%　B 36%

☑ 辅色调　R 70　G 70　B 70　H 0　S 0%　B 27%

☑ 点睛色　H 50　S 80%　B 100%　H 90　S 64%　B 77%

H 357　S 24%　B 99%　H 196　S 39%　B 92%　白色

☑ 背景色　黑色

这是一个灰色阶变化较多的页面，形成较有节奏块面分明的韵律美感。这一变化改善了灰色容易形成的呆板单调特性。

从 HSB 模式数值来看，主色调、辅色调都是非色彩的正灰色，没有掺杂其他色彩进去。点睛色黄色、绿色 H 数值上显示有些色相偏移都略向暖色色环靠拢，这两种颜色的特性属于较显眼的颜色。另外，两点睛色粉红和粉蓝色在色相上已经较接近于正色系，明度较高饱和度降低。这 4 种颜色尽管所使用的面积非常少，但结合了面积上相对使用较多的非色彩白色，让整个页面配色雅致的同时不乏

生动活跃。

【点评】

不同灰色背景的变化，前景使用面积较少的纯净色点缀，这几种颜色还同样出现在右上角产生平衡色彩的呼应作用，整个页面产生雅致和谐的视觉美感。

Note

10.4.4　灰色+对比色

【示例】灰色与对比色搭配网页示例截图如图 10.27 所示。

图 10.27　灰色+对比色页面效果

【分析】

		R	G	B	H	S	B	
☑	主色调	R 117	G 110	B 102	H 32	S 13%	B 46%	
☑	辅色调	R 142	G 142	B 142	H 0	S 0%	B 56%	
☑	点睛色	R 166	G 115	B 36	H 36	S 78%	B 65%	
		R 43	G 199	B 147	H 206	S 71%	B 56%	
		R 242	G 242	B 194	H 60	S 20%	B 95%	○ 白色
☑	背景色	R 51	G 51	B 20	H 0	S 0%	B 20%	

从 RGB 和 HSB 模式上可看出主色调不是纯正的非色系，里面掺杂了其他色彩，肉眼识别及 H 色相为 32 范围上都能看出含有微弱的黄色调在里面，S13%、B46%分别显示该种颜色含浓重的灰色，有少量的黄色加入结合整个页面的配色是比较调和的搭配。辅色调则是运用了比较正的浅灰色。

点睛色主要是由一组橙色、蓝色对比色构成，从双方的 H 色相上也能看出来。RGB 模式上看到这两种颜色都或多或少地掺杂了其他的颜色在里面，所以明度纯度上呈灰色阶倾向。另一点睛色浅黄色相上呈现正黄色，但由于明度非常高因此色彩呈不饱和状态，尽管如此，在主色调灰色的背景下还是比较突出的。

【点评】

该页面依旧以灰色为主导位置，虽然主色调灰色少量掺杂了黄色，与页面其他黄色色彩元素较统一调和。点睛色主要是以两对比色做主导，相对其他颜色饱和度较高且面积使用得不少，较响亮和突

出产品目的。在主色调灰黄色特性掌控下却也达到醒目又和谐的目的。

10.4.5 灰色+青蓝色

Note

【示例】灰色搭配青蓝色应用网页示例截图如图 10.28 所示。

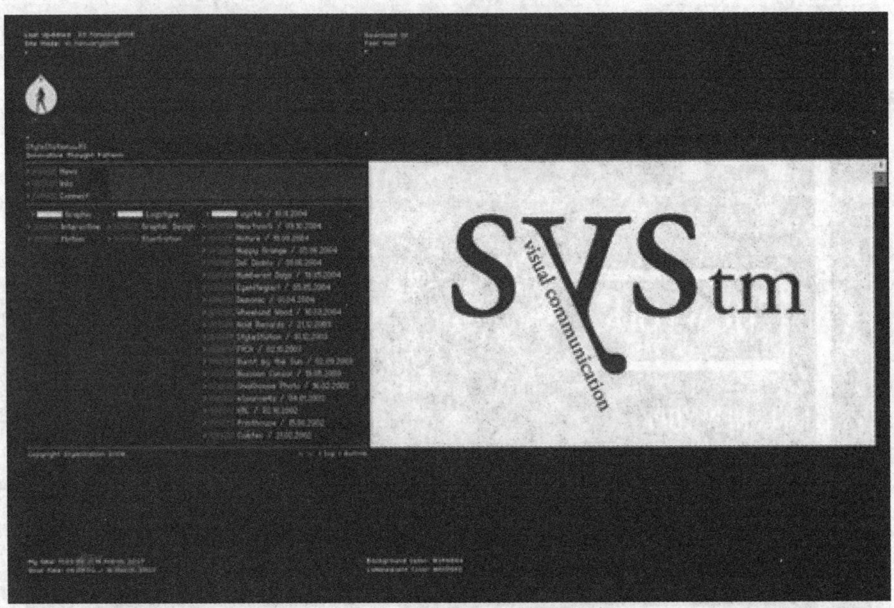

图 10.28 灰色+青蓝色页面效果

【分析】

☑ 主色调 R 63 G 63 B 69 H 180 S 9% B 27%

☑ 辅色调 白色

☑ 点睛色 R 197 G 247 B 247 H 180 S 20% B 97%

☑ 背景色 黑色

直观看去能够识别到深灰色主色调有青蓝色倾向，从 HSB 模式上能够看到色相为 180°，该深灰色饱和度和明度都比较低。点睛色是浅青蓝色，HSB 模式 H 色相所呈现的色相与主色调的数值一致，属高明度低饱和度色系。

主色调是明度较低的深灰色，是属于较沉闷的颜色；而点睛色是浅青蓝色，在深灰色的背景下略呈现有些暗淡，并没有改善和带来明快的感觉，辅助色是白色大面积的介入而因此使得整个页面得到一定的透亮缓解，这是该页面至关重要的一色。

【点评】

该页面用色不多，深灰、浅青蓝、白，但合理地运用这 3 种颜色的配色角色，能使页面焕发与众不同的气质魅力。

10.4.6 灰色+棕黄色

【示例】灰色搭配棕黄色应用网页示例截图如图 10.29 所示。

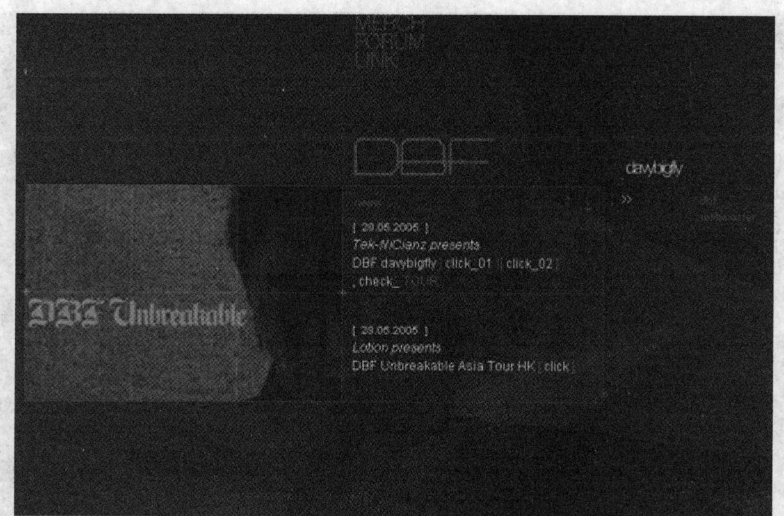

图 10.29 灰色+棕黄色页面效果

Note

【分析】

☑ 主色调 R 47 G 47 B 47 H 0 S 0% B 18%

R 35 G 35 B 35 H 0 S 0% B 14%

☑ 辅色调 R 110 G 104 B 45 H 54 S 59% B 43%

☑ 点睛色 R 52 G 138 B 52 H 120 S 62% B 54% 白色

☑ 背景色 黑色

主色调是由两种明度较接近的灰色构成。从 RGB 和 HSB 模式上能看到这两种灰色属于纯正的非色彩，没有其他的颜色掺杂进去。

辅助色为复色，我们知道复色是由两种间色或者原色和间色混合产生，通常所混合产生的颜色色相不明显，当某种颜色所占的比重大时，该颜色的色相才相较突出。从 H 色相上看颜色稍偏黄色，由于混合其他颜色且明度较低，因此呈棕黄色。复色棕黄色在背景深灰的衬托下低调不张扬，能很好地与之融为一体。

点睛色 H 显示 120°是正绿色。该绿色选择了明度适中纯度不高的配色，既表达了主题，又能与整个页面灰调子很好地调和在一起。另一点睛色白色让所有颜色的特性都得以很好地发挥，并起到拉开色阶层次的作用。

【点评】

深灰色具有谦虚、平凡、沉默、中庸、寂寞、忧郁、消极的心理感受。主色调主要集中在背景的运用和变化上，增强页面的空间感，视觉元素颇有时尚现代的气息，与前景的色彩明度纯度稍有变化，又在视觉上达到风格统一。

10.4.7 无彩色

【示例】灰色配色以无彩色搭配为主的应用网页示例截图如图 10.30 所示。

【分析】

☑ 主色调 R 27 G 27 B 27 H 0 S 0% B 11%

☑ 辅色调 R 175 G 175 B 175 H 0 S 0% B 65%

Note

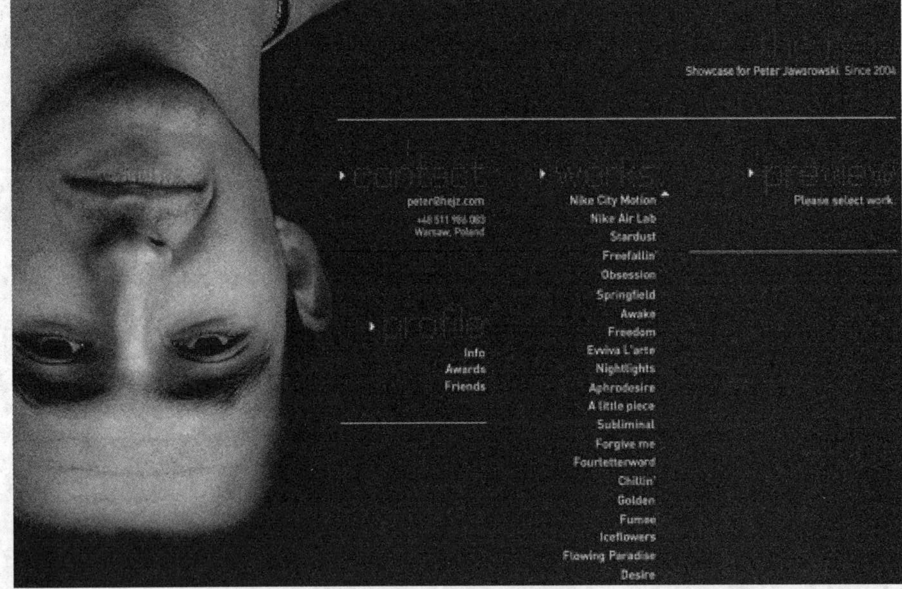

图 10.30　无彩色页面效果

☑　点睛色 ○ 白色

☑　背景色 ● 黑色

整个页面效果如同古老的黑白照。初看该页面容易把背景的深灰色误认为是黑色，再仔细观看就感觉到了此种深灰色不凡的作用，假如背景色使用了黑色，页面的主体人物和空间感的相互作用就变得僵硬且呆板。

从 RGB 和 HSB 模式上可知主色调深灰色为纯正的非色彩，明度很低。但与人物的毛发对比就能看出它们明度之间的差异。

辅助色取的是照片的肤色，也是纯正的浅灰色，该人物占据了该页面三分之一的面积，主次鲜明。尽管点睛色是明度最高的白色，但是由于只在小文字上小面积地使用，因此只起到了点缀一下页面细节突显主次关系的作用。

【点评】

根据主色调、辅色调、点睛色所使用的面积比例来看，该页的例子得到了很好的诠释。由于该页面是非色彩黑白灰构成，页面配色分析就变得简单化了不少，因此在其他页面实例中出现的主色调、辅色调、点睛色不同的色彩内敛与张扬的特性在这里也就涉及不到了。

10.4.8 小结

以上灰色页面配色示例不难看出，都是非色彩系灰色为主色调点缀极少面积的色彩系，色彩运用的面积反差越大，页面所呈现的独特魅力也就越强烈。灰色的特性在于能把刺激耀眼的颜色柔和化，这将是调和多个页面配色的利器，但是也要注意不同明度灰色所起到的配色作用，不同明度的灰色搭配不同的彩度颜色时，所得到的结果差别很大，根据整体页面配色应在灰色明度上反复地调整。

灰色谦和内敛的特性决定了不同明度的灰色扮演的是辅佐陪衬的角色。灰色相对黑色、白色要多些变化，因为它能通过明度来表达不同的性格特征。灰色与其他彩度色彩搭配时能降低张扬耀眼的颜色，是调和色彩的方法之一。两种或两种以上的色彩混合，如能配上灰色，这两个色调本身必能相互

调和。无彩度的黑白灰不同面积的使用，相对彩度色系来说是比较容易的颜色搭配，且能包容所有的彩度颜色。

10.5　黑色页面配色

黑色是暗色，是纯度、色相、明度最低的非彩色。黑色象征着力量，有时感觉沉默、虚空，有时感觉庄严肃穆，有时又意味着不吉祥和罪恶。自古以来，世界各族都公认黑色代表死亡，悲哀黑色具有能吸收光线的特性，别有一种变幻无常的感觉。

黑色能和许多色彩构成良好的对比调和关系，运用范围很广。黑色给人深沉、神秘、寂静、悲哀、压抑的感受。黑色是最有力的搭配色，常用来表示英俊的男人。

10.5.1　黑色+白色

【示例】黑色系明度对比：黑色+白色，黑色网页示例截图如图 10.31 所示。

图 10.31　黑色+白色页面效果

【分析】

☑　主色调　黑色

☑　辅色调　白色

☑　点睛色　白色

☑　背景色　黑色

从 RGB 和 HBS 模式可以看出，3 组数字显示没有掺杂任何的数字，都统一到最高级 0 到 255，即纯黑和纯白。

黑色白色属于没有色相和饱和度、只在明度两极的非色彩。两种极端强烈对比的只在明度上有区别的颜色，与前面所说的三原色、对比色的对比还是有较大区别的。该页面只有两种非色彩搭配，即

黑色白色，衬映得该页面的设计元素也非常干净简练，旁边点缀大小得当的文字元素减小该页面有可能因此产生的单调感觉。

【点评】

黑白纯色在明度上反差非常大，视觉冲击强烈，主次分明，全站的贯穿运用，构成特色鲜明的设计风格，散发迷人的高品位的贵族气息。黑白两种颜色的搭配使用通常可以表现出都市化的感觉，常用于现代派页面设计中。

10.5.2 黑白+深灰色

【示例】非色彩系：黑白+深灰色，黑色网页示例截图如图 10.32 所示。

图 10.32 黑白+深灰色页面效果

【分析】

☑ 主色调 ● 黑色

☑ 辅色调 ● R 93 G 93 B 93 H 0 S 0% B 36%

☑ 点睛色 ○ 白色

☑ 背景色 ● R 21 G 21 B 21 H 0 S 100% B 8%

该页面与上页配色类似，只是多了一组辅助色——灰色，黑、灰、白这 3 种非色彩在该页面里都运用到了。从该页整体效果可以看到，多了辅助色灰色，令该页面层次感更丰富，过渡更柔和，空间感觉增强。左上部点睛色白色块面的运用，使得这种空间感差距拉大，增强视觉层次感，同时突出标志品牌、主题思想。另一作用在于突出文字的功能运用。

背景深灰色明度非常低，接近于黑色，稍不留心有可能会被忽略。结合辅助色灰色再整体上看该色配色，主要起到丰富视觉层次感，缓和主色调黑色有可能带来的僵硬感。

【点评】

黑白灰非色彩色调所构成的页面较具特色，尤其灰色的加入更增添层次感。结合黑白图形，营造出一段古典的故事场景。契合该网站所体现的内容思想。

10.5.3　大黑色

【示例】黑色背景应用网页示例截图如图 10.33 所示。

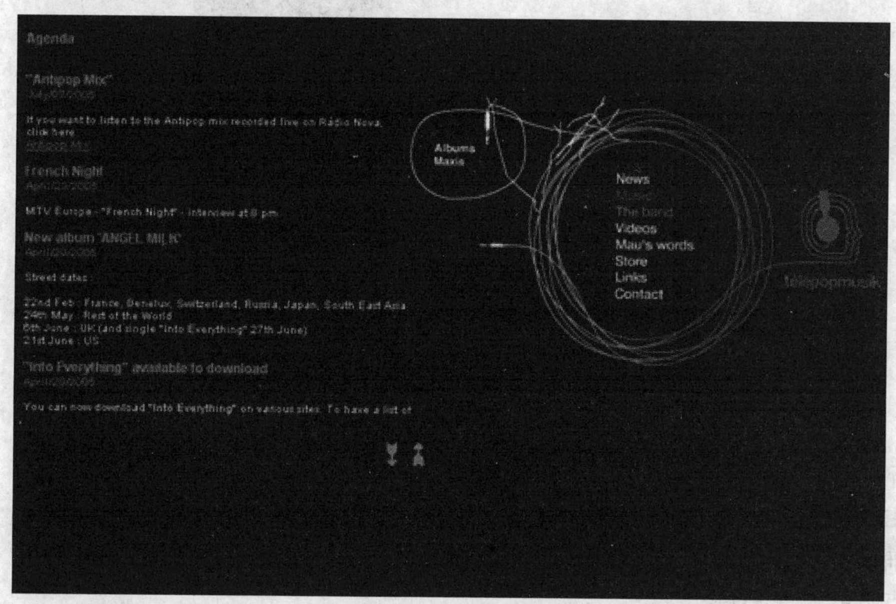

图 10.33　大黑色页面效果

【分析】

☑　主色调　黑色

☑　辅色调　R 41　G 192　B 75　H 134　S 79%　B 75%

R 94　G 77　B 144　H 268　S 32%　B 45%　白色

☑　点睛色　R 174　G 22　B 61　H 345　S 87%　B 68%

☑　背景色　黑色

背景黑色下，除了白色，还有其他 3 种颜色绿色、紫色、红色分布在不同的位置。其中绿色和紫色虽然被称之为辅助色，但它们使用的面积仍然不多，只是相对于点睛色红色来说。绿色主要是用于文字方面，紫色用于图形方面，所指向的分工明确。从 RGB 模式 RGB 3 个数值上看到紫色混合数值上较接近，因此纯度降低，相对于绿色、红色来说为中间色，色彩性能上呈低调缓和状态。

从 HSB 模式 S 数值来看，绿色虽然纯度上比红色稍低些，也许是因为使用面积较多的原因，看起来似乎比红色醒目些。红色在这里主要起到的是点明目前所属的状态这一功能性作用，在黑色的背景下尽管使用面积非常小，但依旧容易被浏览者注意到。

【点评】

黑色的背景下所使用的颜色面积虽然不多，但由于黑色这一衬托放大的特性，其他颜色较容易引起浏览者的注意，充分发挥其设计意图。

10.5.4　黑白+浅灰

【示例】黑白浅灰配色网页示例截图如图 10.34 所示。

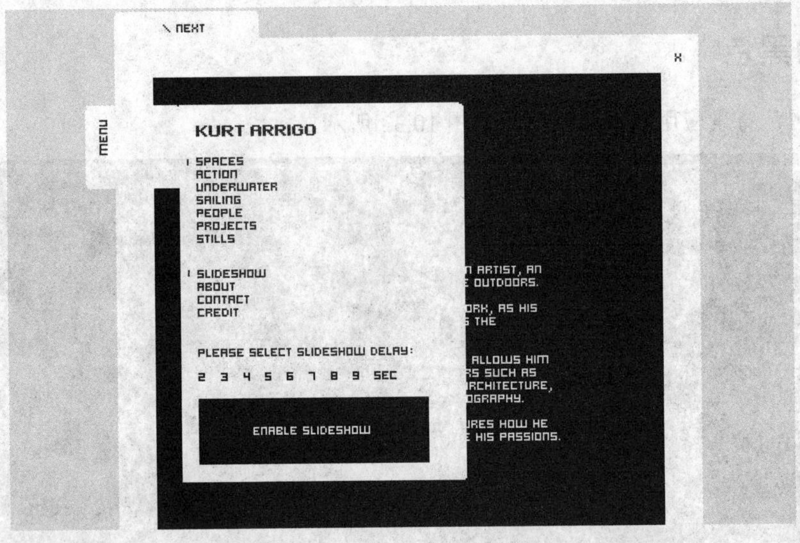

图 10.34 黑白+浅灰页面效果

【分析】

☑ 主色调 黑色

☑ 辅色调 白色

☑ 点睛色 白色

☑ 背景色 R 234 G 234 B 234 H 0 S 0% B 92%

该页面无论从设计上还是配色上都非常简洁，主要是以黑白文字为重点，背后的白黑色块面粗、白色边框线条无不是为了突出前景文字的作用。

从 RGB 数值都是 234 来看，255 为白色，背景色 234 只是在明度上稍做变化得到的浅灰色。背景的浅灰色把前景的白黑对视觉的刺激力变得柔和协调很多。虽为背景灰色，实际在整个页面配色作用上起到了点睛之笔，使得页面焕发出另外一种神秘且特殊的气息。

【点评】

该页面设计风格极其简约，除了方形块面边框，没有多余的图形修饰，主要是以文字的大小粗细、疏密间距排版为设计元素。浅灰色的加入让本来具强烈冲突色的黑白变得素雅些了，也颇具高层次格调许多。

10.5.5 黑色+少彩色

【示例】黑色+少量彩色配色应用网页示例截图如图 10.35 所示。

【分析】

☑ 主色调	黑色						
☑ 辅色调	R 8	G 50	B 110	H 215	S 93%	B 43%
	R 234	G 234	B 234	H 0	S 0%	B 92%
☑ 点睛色	R 166	G 50	B 48	H 1	S 71%	B 65%
	R 52	G 158	B 103	H 149	S 67%	B 62%
☑ 背景色	R 234	G 234	B 234	H 0	S 0%	B 92%

该页面以黑色为主色调，虽然多了不少颜色的加入，但是由于使用面积都较少，除了少许修饰外

主要运用于功能文字方面的强调。

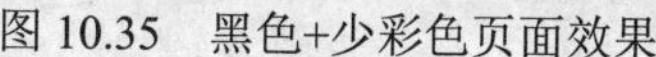

图 10.35　黑色+少彩色页面效果

辅助色为蓝色，正蓝色的 HSB 模式中 H 是 240，目前该页面显示的是 215，可看出色相上稍向绿色靠拢，S93%和 B43%来看纯度和明度都不高，因此该蓝色在黑色上显示不明显。点睛色主要都运用在文字功能上，红色几乎是正红，由于降低了纯度和明度，该颜色不明显。绿色 H 数值为 149，正绿色为 120，色相上稍向蓝色倾斜，纯度和明度不高，因此该颜色也不明显。

【点评】

低纯度低饱和度的色彩在黑色背景下，较易使整体色彩达到统一的目的，颜色变得柔和而含蓄。

10.5.6　黑色+橙色

【示例】黑色搭配橙色应用网页示例截图如图 10.36 所示。

图 10.36　黑色+橙色页面效果

Note

【分析】

☑ 主色调 黑色

☑ 辅色调 白色

☑ 点睛色 R 255 G 125 B 33 H 25 S 87% B 100%

R 234 G 97 B 18 H 22 S 92% B 92%

☑ 背景色 黑色

橙色的 HSB 模式 H 色值显示是 25，而正橙色是 30，该橙色色相上稍往黄色倾斜。橙色适用于视觉要求较高的时尚网站，运用于该网站主题设计再适合不过了。另一点睛橙色在色相上稍偏橙红色，是基于橙色的一个过渡或者说是增加视觉节奏感的一个小方法。右边文字在不同程度上也使用了橙色作为点睛，稍平衡了左右视觉，起到色彩左右呼应的作用。辅色调白色使得黑色和橙色的搭配上不至于太生硬，增强页面视觉的愉悦感。

【点评】

橙色在黑色的背景上显得很鲜亮，它的特性得到了最大化的发挥。

10.5.7 黑色+红色

【示例】黑色搭配红色应用网页示例截图如图 10.37 所示。

图 10.37 黑色+红色页面效果

【分析】

☑ 主色调 黑色

☑ 辅色调 R 255 G 0 B 0 H 0 S 100% B 100%

☑ 点睛色 白色

☑ 背景色 黑色

从 HBS 模式上看，辅助色红色的 H 为 0 度，该红色为正红色且纯度明度都为最高值 100%，在黑色这一背景的衬托下，高纯度、高明度的正红色遇到黑色搭配结合而得的特性简直发挥到了极致。

因此该页面色彩配色具有极强的视觉冲击力。

点睛色白色是让这两种颜色配合起来更透亮，缓和对人视觉不适的压迫力。尽管页面的设计元素为噪声效果，颜色在不同面积分配上也参差不齐的感觉，但是由于黑色主色调为背景，牢牢掌控了全局，页面设计及配色上也能达到统一的目的。

Note

【点评】

红色和黑色的搭配被誉为商业的成功色。一是因为红色是一种对人刺激性很强的颜色，是最鲜明生动的、最热烈的颜色。在黑色的反衬下鲜明红色极容易吸引人们的目光。红色相对于其他颜色，视觉传递速度最快。红黑这两种配色也被广泛地运用于较能体现个性的时尚类网站，让人印象强烈的深刻。

10.5.8 小结

黑色是最暗的颜色，是纯度、色相、明度最低的非彩色。因此它较容易起到衬托和发挥起其他颜色的特性，是最有力的搭配色。无论页面上使用或者色相跨度大的多种颜色，或是高纯度低纯度，或者高对比的颜色，只要有黑色这一最得力的色彩为主色调掌控着，页面设计配色上能得到和谐统一的效果。

黑白色的搭配充满个性，合理运用能散发出另外一种迷人的高品位高格调的贵族气质。黑色与橙色搭配较容易营造视觉要求较高的时尚网站。黑色与红色的搭配被誉为是商业的成功色，具有极强的视觉冲击力。

10.6 紫色页面配色

在自然界中紫色是一种比较少见的颜色。象征着女性化，代表着高贵和奢华、优雅与魅力，也象征着神秘与庄重、神圣和浪漫。另一方面又有孤独等意味。紫色在西方宗教世界中是一种代表尊贵的颜色，大主教身穿的教袍便采用了紫色。

紫色的明度在有彩色的色度中是最低的。紫色的低明度给人一种沉闷、神秘的感觉。在紫色中红的成分较多时，显得华丽和谐。紫色中加入少量的黑，沉重、伤感、恐怖、庄严的感觉。紫色中加入白，变得优雅、娇气，并充满女性的魅力。

不同色调的紫色可以营造非常浓郁的女性化气息，在白色的背景色和灰色的突出颜色的衬托下，紫色可以显示出更大的魅力。紫色通常用于以女性为对象或以艺术作品介绍为主的站点，但很多大公司的站点中也喜欢使用包含神秘色彩的紫色，但很少做大面积使用。

10.6.1 类紫色

【示例】紫色高纯度对比网页示例截图如图 10.38 所示。

【分析】

☑ 主色调 ● R 153 G 0 B 153 H 300 S 100% B 60%

☑ 辅色调 ● R 251 G 202 B 14 H 48 S 94% B 98%

● R 240 G 89 B 89 H 0 S 63% B 84%

● H 212 S 39% B 100%

Note

图 10.38　类紫色页面效果

☑　点睛色　H 120　S 100%　B 91%
　　　　　H 248　S 52%　B 98%
　　　　　H 213　S 100%　B 87%
　　　　　H 13　S 93%　B 100%

☑　背景色　R 153　G 0　B 153　H 300　S 100%　B 60%

紫色的 HSB 数值 H 色相为 300 度时是正紫色。图 10.38 的 HSB 模式 S 数值显示，上组颜色饱和度基本都比较高，加上部分较高的明度组合，使该页面异常奢华艳丽。

辅色调之一的黄色是紫色强度最高的对比色，主、辅色面积的大小不同是形成视觉冲击力最大的主要原因。值得一提的是右下角的浅蓝色的运用，它在整个页面配色上是很谦逊的角色，但却既突出上面的文字内容，又不张扬地压抑住其他颜色的配色，属于丰富于页面的辅助作用。如果把它试换成别的颜色似乎还是没有这个浅蓝色效果好。另一辅助色浅紫红色又称粉红色，粉红色主要用于包含少女在内的女性站点。因为从明亮到浅白色调的粉红色能够表现出可爱、乖巧的感觉，这里只做少量运用。

其他点睛色使用得虽多，但面积很小，主要是主色调紫色附近的过渡色，例如群青、青莲、玫瑰、红色等点缀，闪亮耀眼，增强页面的视觉感染力，有渲染出华丽凸显现代气息的作用。

【点评】

该页面具有非常强烈的现代奢华感。时尚张扬的配色组合，符合该页面主题所要表达的环境，让人容易记住它。

紫色结合红色的紫红色是非常女性化的颜色，它给人的感觉通常都是浪漫、柔和、华丽、高贵优雅，特别是粉红色可以说是女性化的代表颜色。高彩度的紫红色可以表现出超凡的华丽，而低彩度的粉红色可以表现出高雅的气质。紫红色并不能随意在所有的站点中使用，但使用恰当的紫红色会给人留下深刻的印象。高彩度的紫色和粉红色之间的搭配通常都能得到较好的效果。

10.6.2　浅紫色

【示例】浅紫色网页示例截图如图 10.39 所示。

Note

图 10.39　浅紫色页面效果

【分析】

☑ 主色调	R 255	G 102	B 255	H 300	S 60%	B 100%
☑ 辅色调	R 31	G 16	B 131	H 248	S 88%	B 51%
	R 190	G 14	B 1	H 4	S 99%	B 75%
☑ 点睛色	H 40	S 100%	B 100%			
	H 0	S 100%	B 100%			
	H 73	S 89%	B 86%	白色		
☑ 背景色	R 255	G 102	B 255	H 300	S 60%	B 100%

该页面使用紫色为 100%高明度的主色调，很容易抓住人们的视线成为聚焦点，是非常大胆又时尚的配色。辅色调则是使用冷色系代表的深蓝色，明度较低。主要是为了烘托左边导航菜单，凸显上面的内容信息，由于人们对网页已然形成了视觉惯性，也起到了很好的视觉引导作用。主、辅色的搭配运用构成了较强烈的视觉对比效果。另一辅色调浅蓝色，在主色调浅紫色的烘托下呈现稚嫩的感受，里面的白色块起到浅紫的背景和浅蓝色调和、明快的作用。

点睛色的使用实际有不少，这里只选几种起到主要作用的颜色做举例分析。中黄色运用得很珍贵，只在左上区域出现，旨在突出主题文字的效果。其他配色主要是根据左下文字字母而来，红和绿色出现在页面的浅紫色较为宽敞的位置，小范围的做色彩对比效果。其他点睛色则极少的零星分布，既调和呼应又起到活跃于页面的角色作用，以上这些都是点缀和渲染页面气氛不可缺少的配色元素。

【点评】

使用高明度、高饱和的主色调非常个性，让人很容易记住它，但是色彩都有两面性，此种颜色略显骄躁感过于刺激视觉，不易于长时间的注目浏览。

在紫色中加入白色，可使紫色略显沉闷的特征消失，变得清秀、优雅、娇气，并充满女性的魅力。白色、粉紫色、天蓝色的颜色搭配，是比较稚嫩的配色，同时也是最受少女欢迎的配色方案，这里运用也较得体。

Note

10.6.3 深紫色

【示例】深紫色网页示例截图如图 10.40 所示。

图 10.40　深紫色页面效果

【分析】

☑ 主色调　R 76　G 7　B 76　H 298　S 91%　B 31%

☑ 辅色调　R 122　G 12　B 126　H 298　S 90%　B 48%

☑ 点睛色　H 60　S 91%　B 100%

H 63　S 76%　B 96%

H 323　S 72%　B 91%　白色

☑ 背景色　R 76　G 7　B 76　H 298　S 91%　B 31%

以略有渐变色为背景主色调，渐变色是调和方法之一，起到增加层次感、空间感、柔和视觉的作用。背景色左上最亮处的特殊处理，主要起到突出了标志的作用。从 HSB 模式 H 色相数值上看到辅助色依旧以主色调延伸而成，仅在明度上做了些变化，属于同类色的调和色系。

点睛色皆选用了色彩色系中明度最高的黄色及相近色黄绿、玫瑰红。黄色和黄绿色是点睛之笔——黄色是紫色的对比色，深紫色背景上的高明度黄色被衬托得异常跳跃。黄绿色既和谐又增添了页面配色的高强度节奏。玫瑰红在这里是最温暖的颜色，协调且增强了页面配色的层次感。根据各颜色的特质，在视觉上成功做了先后次序的引导。白色虽是非色彩，但也起到拉大色彩之间色阶层次的作用，增强了页面空间感，也使以上配色更调和。

【点评】

整个页面配色尤其是点睛色的妙用，使得整个页面非常新颖别致，极赋现代都市气息。根据面积的大小对比，适当的对比色能让页面有活跃、明快的气氛。

深紫色给人华贵、深远、神秘、孤寂、珍贵的心理感受。较暗色调的紫色可以表现出成熟沉稳的感觉，创造、谜、忠诚、神秘、稀有。

Note

10.6.4　紫色+绿色

【示例】紫色搭配绿色的网页示例截图如图 10.41 所示。

图 10.41　紫色+绿色页面效果

【分析】

☑	主色调	R 102	G 24	B 125	H 286	S 81%	B 49%	
☑	辅色调	R 185	G 222	B 30	H 72	S 86%	B 87%	
		R 19	G 0	B 124	H 249	S 100%	B 49%	白色
☑	点睛色	R 255	G 149	B 0	H 35	S 100%	B 100%	
		R 0	G 150	B 130	H 181	S 100%	B 60%	
☑	背景色	R 102	G 24	B 125	H 286	S 81%	B 49%	

绿色被誉为紫色的绝配色。主色调是饱和度降低明度较低的紫色，辅色调是色彩明度较高的草绿色及沉稳的深蓝色。

点睛色虽然被称为点睛色，但在整个页面中使用的面积极小，与其他色系所占的比重来看，这两种点睛色小到几乎给忽略。尽管从 HSB 模式数值上看到，橙黄色为高纯度、高明度色，只在主题文字上有些体现。另一蓝绿色所处的位置在显眼的网站名称后方，谦逊程度几乎不为人们注意到，尽管它才是网站背后所要表达的真正主题。

草绿色和深蓝色把大面积的白色框起来，衬托起前景，但也许由于白色面积使用过大，为了不至于让它太突出，在白色的背景上点缀较浅的纹样来降低这种感觉。背景色紫色由于色彩特质明度较低的缘故，与明度较高的辅助色草绿色形成较明快的效果。

【点评】

点睛色根据页面所占的面积因素，也有的仅起到辅助的作用。相反草绿色或许由于色彩特质的原因，这里起到比较强调的强势目的，在该页面配色里起到非常关键的作用。

Note

10.6.5　紫色+紫红色

【示例】紫色与邻近紫红色搭配的网页示例截图如图 10.42 所示。

图 10.42　紫色+紫红色页面效果

【分析】

☑ 主色调	R 153	G 102	B 255	H 260	S 60%	B 100%		
☑ 辅色调	R 204	G 153	B 254	H 270	S 40%	B 99%		
	R 255	G 153	B 203	H 331	S 40%	B 100%	白色	
☑ 点睛色	R 203	G 51	B 152	H 320	S 75%	B 80%		
	R 50	G 0	B 152	H 260	S 100%	B 60%		
☑ 背景色	R 153	G 102	B 255	H 260	S 60%	B 100%		

该页面配色的色组和紫色关联上稍有些偏移，从 HSB 的 H 色相数值上显示的 260 来看，正紫色数值为 300，主色调整个往蓝色系稍偏移，构成较有视觉感染力的蓝紫色。蓝紫色在色相环中位于蓝色和紫色之间，所以它也蕴含着紫色的一些神秘感。尽管饱和度不是很高 60%，但明度达到最高状态为 100%，使得该色彩艳度很强，较高亮度的蓝紫色显得非常高雅，契合网站主题。

辅色调 HSB 的 H 色相数值为 270，已经稍往紫色偏移，紫色特征较明显，明度较高且较明快的感觉。另一辅助色粉红色 H 色相数值为 331，稍往红色系偏移，明度极高为 100%，更增添了明快的气息。

点睛色在这里起到了不可忽视的作用，由于浅紫红较有女性气质特征，增添了该页面的女性温柔细腻的美感。另一点睛色深蓝色由于色彩特质所致，这里只是辅助性做些点缀。

【点评】

浅紫色系给人妩媚、优雅、娇气、清秀、梦幻，充满女性魅力。上面的配色除了点睛色深蓝色明度较低，其他的色彩组合都在不同的程度上提高了明度，增强了页面所要表达的主题效果。

10.6.6　紫色+红色

【示例】紫色搭配红色应用网页示例截图如图 10.43 所示。

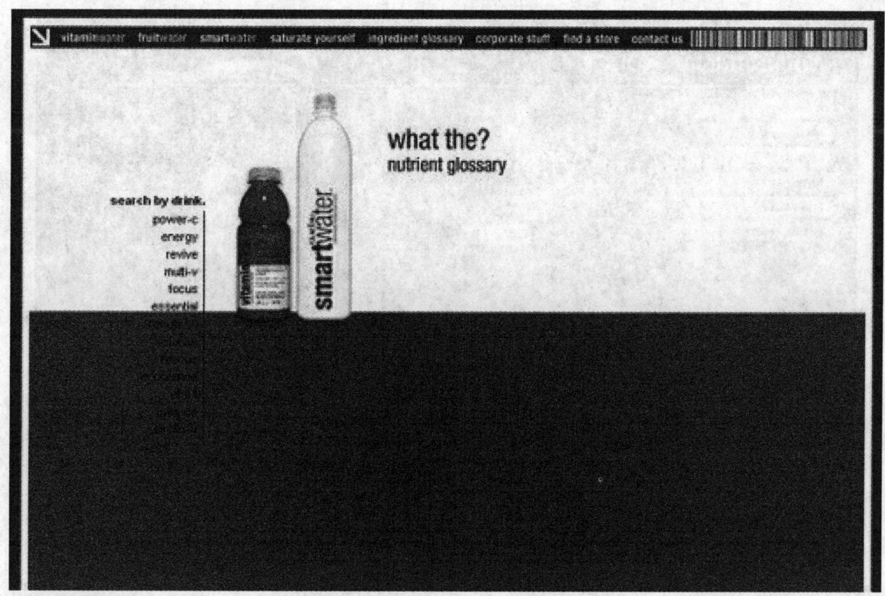

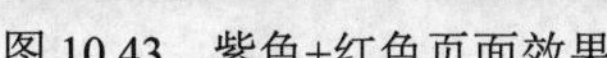

图 10.43　紫色+红色页面效果

【分析】

☑　主色调　R 109　G 33　B 139　H 283　S 76%　B 55%

☑　辅色调　白色

☑　点睛色　H 347　S 82%　B 75%

　　　　　H 221　S 92%　B 42%

　　　　　H 31　S 70%　B 91%

☑　背景色　黑色

本页面配色简洁精干。主要使用了主、辅两色调为界，点缀小配色，整体疏密得当，色块分明的色彩构成。主色调紫 HBS 模式的 H 色相数值是 283，稍向蓝色方位偏移，以至于此种紫色略呈现冷色特征。点睛色主要选择红、蓝、黄 3 种，其中红色的 H 色相显示为 347，色值向蓝色偏移略呈冷调，因此该颜色在这里显示没有僵硬的感觉。另一点睛色橙黄色使用面积非常之小，几乎让人忽略。

右上角多个线条的小色块的修饰增强了页面的视觉感染力。背景黑色不是孤立使用，既响亮地突出前景，又与前景的线条、文字呼应起来，让整个页面高品位、高层次的特质更明显。

【点评】

主色调紫色在这里既有沉静又显高贵的感觉，提升产品的档次。点睛色红色的加入让这种高贵又档次的感觉更加明显。蓝色有稳住紫色和红色的效果。该页面大色块的构图及配色极其简约，独具魅力。

10.6.7　紫色+绿色

【示例】紫色低纯度配色（紫色+绿色）应用网页示例截图如图 10.44 所示。

【分析】

☑　主色调　R 172　G 112　B 164　H 308　S 35%　B 67%

☑　辅色调　R 82　G 125　B 116　H 167　S 34%　B 49%

　　　　　R 213　G 199　B 299　H 317　S 7%　B 84%

Note

图 10.44　紫色+绿色页面效果

☑　点睛色　R 250　G 207　B 17　H 49　S 93%　B 98%　白色

☑　背景色　R 172　G 112　B 164　H 308　S 35%　B 67%

该页面除了点睛色外，整体配色饱和度都很低，所以在视觉上呈柔和状态。主色调紫色的 HSB 模式 H 色相为 308，数值稍向红色倾斜，由于饱和度及明度降低，颜色呈现很平和，空间感增强。

辅助色绿色 H 色相为 167，数值稍向蓝色偏移，从 RGB 模式上看，G 为 125（正绿色时为 255，R 为 0，B 为 0），R 为 82，B116，有这两色混合，因此饱和度和明度都很低，然而在雅致的紫色背景的烘托下，较为突出了绿色的产品这一主角，达到配色目的。另一辅助色灰色，为整体的柔和状态增添了雅致的气息。

点睛色黄色的特质因素，无疑是这页面最响亮耀眼的颜色，尽管使用的面积较小，它是紫色的对比色，高纯度的黄色与低纯度的紫色形成较强烈的视觉反差对比效果，也因此使得页面的沉闷得到一定程度的缓解，提升页面配色的空间透亮感。

【点评】

整体柔和的配色调子较吻合地体现了尊贵高雅的服饰感觉，并透露出宁静、安稳、雅致的环境氛围，充分体现出了紫色运用的最大魅力。

10.6.8　小结

HSB 数值 H 色相为 300 度时是正紫色，从上面的网页配色实例中我们较全面地看到了不同紫色的性格体现。紫色是色彩系里明度最低的颜色。尽管如此，高纯度的紫色与高级灰度的紫色都透出不同的气质。神秘、高雅在这里配色是它普遍的诠释。

紫色的纯色明度很低，因此它与浅色在一起，从明度关系上就分出了泾渭。为了不与黑白对比混淆，适当地将紫色加白色效果会更好。由于紫色发冷，紫色配暖色时，暖色不能直接介入，需要调整纯度或明度才能形成比较和谐的配色。

绿色被誉为紫色的绝配色，也是一对复色对比色，它比三原色的对比色要温和含蓄，由于它们都带有一点共同成分，相互配合也会协调得多。各自的特质原因，对比之下绿色通常起到比较关键的作用。紫色对比色组通常是较小面积的做对比使用，不同面积、不同明度饱和度的使用所表达的感受是

Note

不一样的。

紫色传达着高贵、优雅、幻想、神秘、庄重的心理感受。蓝紫色可以用来创造出都市化的成熟美，且蓝紫色可以使心情浮躁的人冷静下来。明亮的色调直至灰亮的蓝紫色有一种与众不同的神秘美感。低亮度的蓝紫色显得沉稳，高亮度的蓝紫色显得非常高雅。在网页中，蓝紫色通常与蓝色一起搭配使用。

10.7　蓝色页面配色

蓝色是色彩中比较沉静的颜色。象征着永恒与深邃、高远与博大、壮阔与浩渺，是令人心境畅快的颜色。蓝色的朴实、稳重、内向性格，衬托那些性格活跃、具有较强扩张力的色彩，运用对比手法，同时也活跃页面。另一方面又有消极、冷淡、保守等意味。蓝色与红、黄等色运用得当，能构成和谐的对比调和关系。

蓝色是冷色调最典型的代表色，是网站设计中运用得最多的颜色，也是许多人钟爱的颜色。蓝色表达着深远、永恒、沉静、无限、理智、诚实、寒冷的多种感觉。蓝色会给人很强烈的安稳感，同时蓝色还能够表现出和平、淡雅、洁净、可靠等。

10.7.1　蓝色+玫瑰色

【示例】蓝色高纯度对比（蓝色+玫瑰色）网页示例截图如图 10.45 所示。

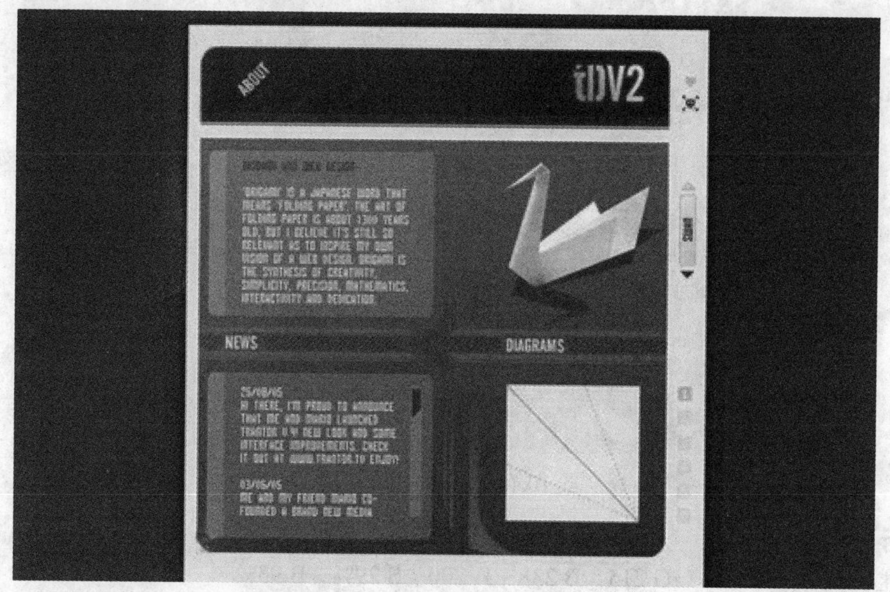

图 10.45　蓝色+玫瑰色页面效果

【分析】

☑ 主色调	R 0	G 85	B 162	H 209	S 100%	B 72%		
☑ 辅色调	R 0	G 145	B 246	H 205	S 100%	B 96%		白色
☑ 点睛色	R 226	G 0	B 167	H 316	S 100%	B 89%		

☑ 背景色 R 0 G 85 B 162 H 209 S 100% B 72%

蓝色的 HSB 数值 H 色相为 240 度时是正蓝色。图 10.45 的 HSB 模式 S 数值显示，所有主要配色的饱和度都是 100%。从主色调、辅色调 HSB 模式的数值可看出，这两种颜色在明度上有较大的区别，色相上稍有轻度变化，饱和度相同。

Note

RGB 模式上看，主色调与辅色调 R 数值都为 0，G 绿色的数值和 B 蓝色数值分量的变化，得到了不同蓝色的两结果。点睛色仅是 R 红色与 B 蓝色两色调和而得没有掺杂其他颜色，因此饱和度呈最高值 100%。整个页面配色的饱和度都为 100%，页面整体配色看起来视觉冲击力异常强烈。辅助色白色让页面上的颜色的特性发挥到极致，是不可缺少的辅助配色。

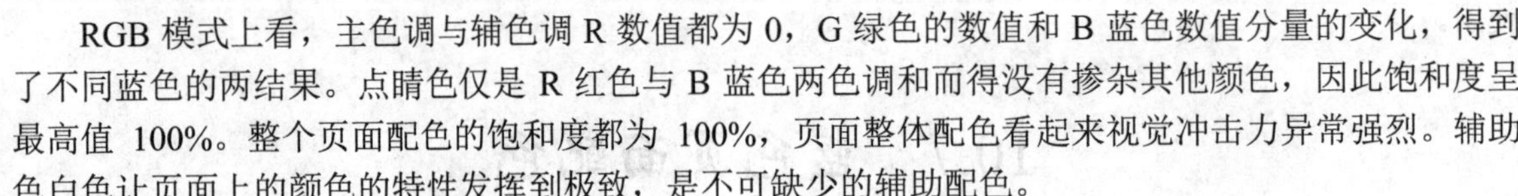

【点评】

高纯度烘托、微妙的冷暖变化配色，体现出现代都市张扬时尚的气息。白色块面的线型使得这种高纯度、高强度的配色变得响亮却也缓和。

辅色调蓝色的运用透露出设计师的大胆与魄力，玫瑰色在色轮表里算是冷色系，但是与蓝色广义上的对比来说是暖色，在这里与蓝色搭配算是绝配了。整个页面无不体现出特色和个性。

10.7.2 浅蓝色

【示例】同类浅蓝色网页示例截图如图 10.46 所示。

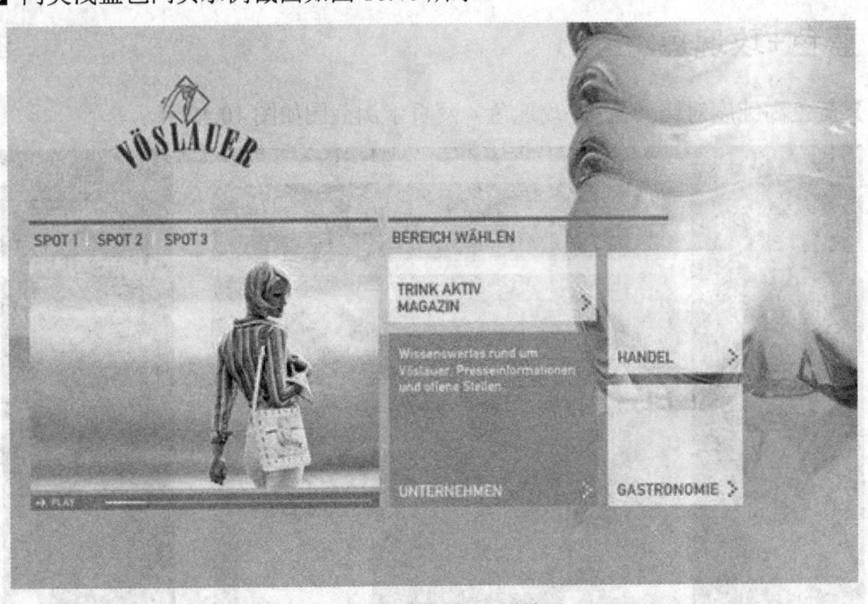

图 10.46 浅蓝色页面效果

【分析】

☑ 主色调 R 169 G 215 B 238 H 200 S 29% B 93%

☑ 辅色调 R 225 G 246 B 251 H 192 S 10% B 98% 白色

☑ 点睛色 R 100 G 75 B 157 H 258 S 52% B 62%

☑ 背景色 R 169 G 215 B 238 H 200 S 29% B 93%

该页面中间色较多，主要是在蓝色范畴内做明度的变化，所以色度差非常缓和，以至于页面的色彩呈现非常柔和，甚至稍有些发灰的感觉，好在该页面还有些较大色块的浅蓝色及白色，拉大了页面的色阶，使得这种灰的感觉减弱不少。

主色调 HSB 数值 H 显示 200 度，色轮度稍向绿色方位倾斜，但是由于从 180 度到 270 度基本上给人的视觉呈现还是蓝色范畴，因此与视觉上广义的蓝色差别不大。

点睛色的 HSB 数值是 258，色轮趋势是向暖色紫色（相对冷暖色）倾向，变化微妙，是本页面最温暖的颜色。蓝紫色在色相环中位于蓝色和紫色之间，所以它也蕴含着紫色的一些神秘感，加上浅蓝色的雅致，所以亮度较高的蓝紫色显得非常高雅。在网页中，蓝紫色通常与蓝色一起搭配使用。

【点评】

浅蓝色给人一种很宁静、安静的心理感受。浅蓝色系有淡雅、清新、浪漫、高级的特质，常用于化妆品、女性、服装网站。它是最具凉爽、清新特征的色彩。和白色混合时，能体现柔顺、淡雅、浪漫的气氛。

主色调选择明亮的蓝色，配以白色的背景和灰亮的辅助色，可以使站点干净而整洁，给人庄重、充实的印象。该页面基本上属于同类色系，也是最保守稳妥且调和的配色方案。但该种配色看久了容易呈现出平淡乏味的感受。

10.7.3 深蓝色

【示例】深蓝色网页示例截图如图 10.47 所示，网址是 http://www.ro-audio.com。

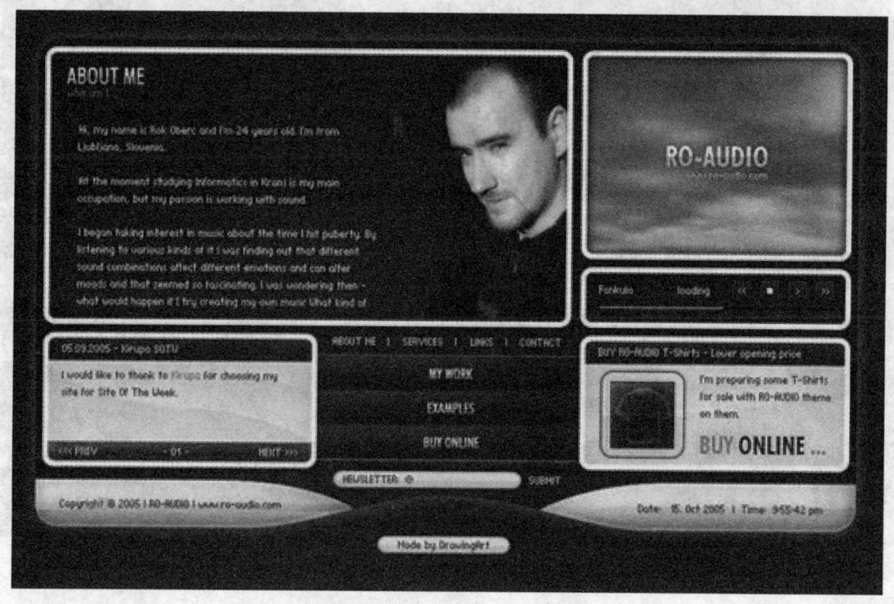

图 10.47 深蓝色页面效果

【分析】

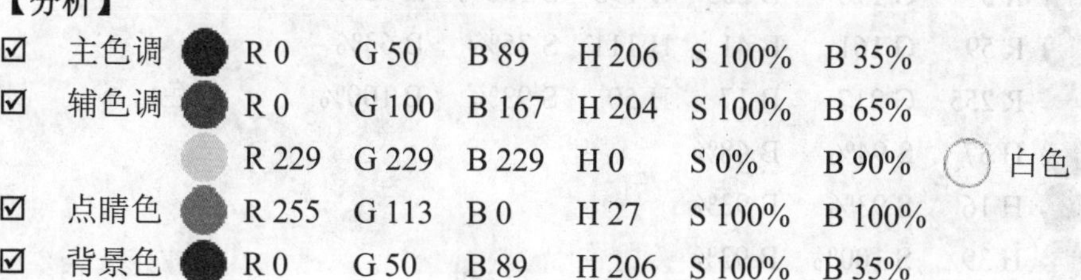

☑	主色调	R 0	G 50	B 89	H 206	S 100%	B 35%	
☑	辅色调	R 0	G 100	B 167	H 204	S 100%	B 65%	
		R 229	G 229	B 229	H 0	S 0%	B 90%	白色
☑	点睛色	R 255	G 113	B 0	H 27	S 100%	B 100%	
☑	背景色	R 0	G 50	B 89	H 206	S 100%	B 35%	

HSB 数值显示主色调和辅色调的 H 色相接近，饱和度为最高，都为 100%，两者只在明度上有区别，分别是 35%和 65%。三维厚重的设计风格，用调和法之一的渐变手法，把主色调和辅色调进行

了缓缓的过渡，增强了层次感，体现个性魅力，符合该页面视音频风格网站的主题。

从整个页面来看由于面积关系，点睛色在这里所起的作用不大，仅仅就蜻蜓点水而已。相反的辅助色在这里却起到了较为突显的作用，让整个沉闷的本只起烘托作用的深蓝色得到充分的展示。另一辅色调灰色令白色与深蓝色反差不易过大，起到调和的目的。白色增强了整个页面的视觉感，使之更醒目。

Note

【点评】

深蓝色是沉稳的且较常用的色调。能给人稳重、冷静、严谨、冷漠、深沉、成熟的心理感受。它主要用于营造安稳、可靠、略带有神秘色彩的氛围。

深蓝色明度偏暗，基于上面对深蓝色的特质描述，在常规网站的设计里，可能不适合做太大面积的使用。但根据不同网站主题的设计需要可以做些不同的尝试。

10.7.4 纯蓝色

【示例】蓝色纯度对比网页示例截图如图 10.48 所示。

图 10.48 纯蓝色页面效果

【分析】

☑ 主色调 R 0 G 178 B 235 H 195 S 100% B 92%

☑ 辅色调 R 59 G 161 B 41 H 111 S 75% B 63%

R 255 G 217 B 17 H 50 S 93% B 100% 白色

☑ 点睛色 H 37 S 94% B 68%

H 16 S 93% B 93%

H 39 S 100% B 93%

☑ 背景色 R 0 G 178 B 235 H 195 S 100% B 92%

从 HSB 模式上的数值显示情况进行分析，全页基本上是属于高纯度配色，各颜色特性相互辉映、

相互交融，把整个页面环境渲染得异常鲜亮和热闹。由于有大面积的主色调和背景色做掌控，加之以上因素综合分析，无论页面再多、再细、再耀眼的颜色都能很好地统一在同一个页面之中。

冷暖色系之间跨度很大：蓝色、绿色、黄色、橙黄色、朱红色、土橙黄色、墨绿色，几乎按照色轮表上的轨迹进行。也由于面积有多有少的原因，因此页面看起来较明快调和。其中土橙黄色和墨绿色是页面明度最重的颜色，从 RGB 色值上可看出，都分别混合了其他颜色，因此饱和度相对较低，略呈灰色状态，另一种意义上来说这种灰色状态是调和色的一种很好的方式。

【点评】

高纯度的蓝色主色调配合的其他高纯度冷暖色调对比，会营造出一种整洁轻快的印象。根据色轮表的缓和过渡及使用面积多少，判断分析出页面调和程度。非常明快活泼、跳跃的富有趣味性的配色，使人勾起了无限愉悦的童趣。

10.7.5 蓝色+绿色

【示例】蓝色与邻近色绿色搭配的网页示例截图如图 10.49 所示。

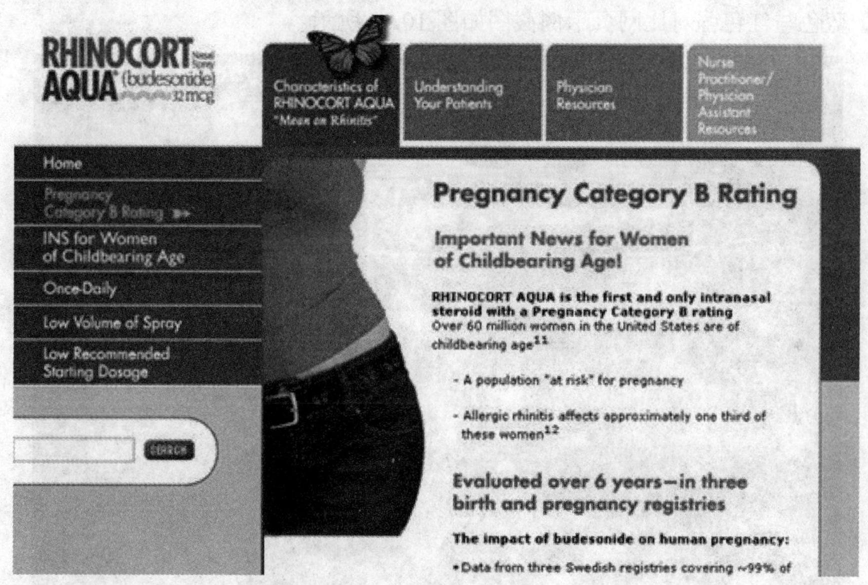

图 10.49 蓝色+绿色页面效果

【分析】

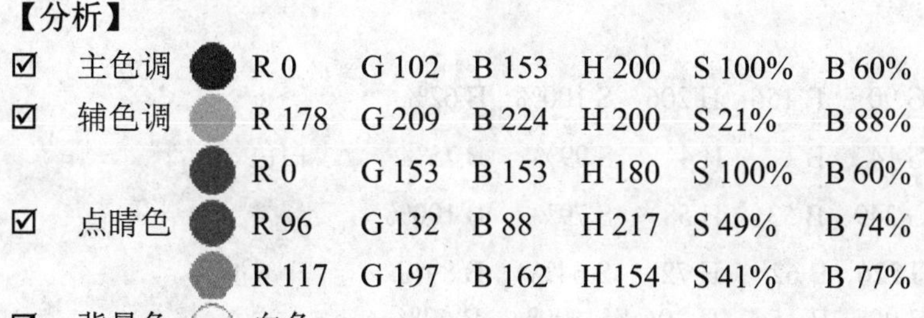

☑ 主色调	R 0	G 102	B 153	H 200	S 100%	B 60%
☑ 辅色调	R 178	G 209	B 224	H 200	S 21%	B 88%
	R 0	G 153	B 153	H 180	S 100%	B 60%
☑ 点睛色	R 96	G 132	B 88	H 217	S 49%	B 74%
	R 117	G 197	B 162	H 154	S 41%	B 77%
☑ 背景色	白色					

从 HBS 模式的 S 饱和度数值 100%上看，不少用户会很疑惑，误以为较为柔和的颜色饱和度或许会低，刺眼的颜色通常饱和度较高，其实不然，每个颜色有每个颜色的不同属性特性。高纯度的色彩，明度的降低是协调视觉的一个因素，容易给人造成低纯度的错觉。不同块面的邻近色交错排列，增强本页面视觉动感。

辅色调浅蓝色是背景色白色和主色调蓝色的中间色，它形成了页面配色的中间色阶，色彩层次感增强以外，还使整个页面的颜色更为和谐。另一辅色调青色，是蓝色和绿色的结合体，包括在标志文字、文字标题上的运用，无疑活跃了整个页面的配色环境。

两个点睛色都略调高了明度，另一意义上是该页面配色的中间色阶。两点睛色都是在主色调蓝色、辅色调青色的基础上衍生出来的颜色，这里“点睛”的作用不大，都属于和谐色系。

Note

【点评】

很多站点都在使用蓝色与青绿色的搭配效果。蓝色、青绿色、白色的搭配可以使页面看起来非常干净清澈，在我们的现实生活中运用的范围很广，可以说是随处可见的。

主颜色选择明亮的蓝色，配以白色的背景和灰亮的辅助色，加上中间色阶的运用，可以使页面有干净整洁，给人庄重、充实的印象。这是一组非常愉悦和谐的邻近色系配色。中间色适度面积的运用及背景白色让这组颜色特征发挥到了极致。

10.7.6 蓝色+红色

【示例】蓝色与红色强对比网页示例截图如图 10.50 所示。

图 10.50　蓝色+红色页面效果

【分析】

☑ 主色调　R 0　G 90　B 156　H 206　S 100%　B 62%

☑ 辅色调　R 190　G 14　B 1　H 4　S 99%　B 75%　白色

☑ 点睛色　R 255　G 249　B 53　H 58　S 79%　B 100%

R 198　G 226　B 62　H 72　S 64%　B 89%

☑ 背景色　R 0　G 90　B 156　H 206　S 100%　B 62%

蓝色是冷色系的最典型的代表了，而红色是暖色系里最典型的代表，两冷暖色系对比下让全页的色彩对比异常强烈且兴奋，很容易感染带动浏览者的激昂情绪。红色把文字图片框起来，在蓝色背景对比下，很好地突出主题，又好似模仿投影荧屏的感觉，让人迅速地聚焦于视频中心，达到网站背后的最终目的。

Note

辅色调是红色，从数值上看接近于正红色，红色对视觉传递的信息是很快的，属于高昂响亮的颜色。

点睛色分别是黄色、黄绿色。大家知道，黄色是明度最高的颜色，也较响亮、刺目，在这里的运用能强烈地突现标题。从大的方面来看，点睛色黄绿色与辅助色红色是对比色，虽然面积不太大，只小范围的对比，但是已经足以达到了迅速传递信息的效果，让人印象深刻，促成再访点击。

【点评】

冷暖色系的对比碰撞，充满激情，能传递炽热情感、强烈刺激主题的目的。该页面运用了冷暖、红绿两种比较鲜明的对比色，配色积极大胆，视觉冲击力很强。

10.7.7　蓝色+暖色

【示例】蓝色同类色（蓝色+暖色）对比网页示例截图如图 10.51 所示。

图 10.51　蓝色+暖色页面效果

【分析】

☑	主色调	R 0	G 102	B 153	H 200	S 100%	B 60%
☑	辅色调	R 0	G 153	B 204	H 195	S 100%	B 80%
☑	点睛色	R 217	G 31	B 41	H 357	S 86%	B 85%
		R 255	G 255	B 0	H 60	S 100%	B 100%
		R 47	G 59	B 137	H 232	S 66%	B 54%
☑	背景色	R 0	G 102	B 153	H 200	S 100%	B 60%

本页面配色难度较大，如何使这些配色和谐又能达到带动对比的目的，就要求要有一定的配色经验了。难度一，在于主色调、辅色调及点睛色的这 3 种蓝色所充当的角色运用。难度二，高纯度、高亮度的正黄色在这个页面的使用。难度三，黑色的运用。

运用排除法细分得到：主色调、辅色调的蓝色饱和度一样都是最高值，色相 H 上稍微有些微妙区别，亮度上有些变化。点睛色蓝色饱和度和明度都较低，介于两种蓝色之间。三者面积如果用得不好页面容易呈混沌的灰色状态。拿出辅色调蓝色，再回到整个页面的配色来看，页面色彩偏重，亮度不够，缺少中间色阶，冷暖主次倾向不够明显，这时把辅色调蓝色添加进去正好弥补了这种缺憾。

HSB 模式显示 H 是 60 度，S 饱和度与 B 明度都是 100%，正是正黄色。正黄色只适合做小面积的点睛色使用，大面积使用页面配色较难协调，当然正黄色作为主色调能好配色些。

在这样的页面色彩组合里，黑色是很难运用进去的，面积使用多了，页面有可能会破坏所营造的氛围、产生不协调的感觉。只在辅助性地勾勒于边框是很好的使用办法。图片里的产品颜色，有降低纯度的棕黄色、土黄色、米黄色等同类黄色系，对该页面色彩组合调配具有一定的协调能力。

Note

【点评】

通常矢量页面的配色相对于图片配色来说，难度较大，色彩的组织搭配，是根据设计师们自己以往的丰富配色经验，反复调配、反复加减而得。

该页面设计师选取了页面的产品图片中的两三种颜色，例如点睛色里的红色、蓝色和黄色，再大胆地发挥出主色调蓝色、较浅的辅色调蓝色和点睛色正黄色，点睛色黄色运用于最能突出产品特色的文字上，这些和谐的元素生动趣味，让整个页面充满了故事情节。

10.7.8 小结

HSB 数值 H 色相为 240 度时是正蓝色，从以上不同属性的蓝色页面色调上能看到，不同色相、饱和度、明度的蓝色本身色彩特性表现得不是非常特殊，这也是低调沉稳的蓝色所具备的特征之一。关键在于该种蓝色都是与哪几种颜色衬托、对比的。

冷色系以蓝色为最典型的代表，因此就产生了广义的相对暖色。例如，当与玫瑰紫色做对比时，玫瑰紫就呈现出微妙的暖色，当与绿色做对比色，绿色就呈出了相对的暖色，但是此种特性呈现得非常的微弱，应根据不同的主题页面做具体分析。当在蓝色色相、明度上暗色亮色非常明朗的情况下，可以考虑添加中间色，减弱可能造成的单调感，丰富两极色阶的过渡，调和页面的视觉感受。

10.8 绿色页面配色

绿色在黄色和蓝色（冷暖）之间，属于较中庸的颜色，这样使得绿色的性格最为平和、安稳、大度、宽容，是一种柔顺、恬静、满足、优美、受欢迎之色。也是网页中使用最为广泛的颜色之一。绿色与人类息息相关，是永恒的欣欣向荣的自然之色，代表了生命与希望，也充满了青春活力，绿色象征着和平与安全、发展与生机、舒适与安宁、松弛与休息，有缓解眼部疲劳的作用。

绿色具有一定的与自然、健康相关的感觉，所以也经常用于与自然、健康相关的站点。绿色还经常用于一些公司的公关站点或教育站点。绿色能使我们的心情变得格外明朗。黄绿色代表清新、平静、安逸、和平、柔和、春天、青春、升级的心理感受。

10.8.1 绿色

【示例】绿色网页示例截图如图 10.52 所示。

【分析】

☑	主色调	R 68	G 204	B 20	H 104	S 90%	B 80%	
☑	辅色调	R 40	G 119	B 12	H 104	S 90%	B 47%	白色
☑	点睛色	R 162	G 13	B 57	H 342	S 92%	B 64%	
☑	背景色	R 68	G 204	B 20	H 104	S 90%	B 80%	

Note

图 10.52　绿色页面效果

从图 10.52 的主色调、辅色调 HSB 模式的数值可看出，这两种颜色只是在明度上有区别，其显示的色相与饱和度是一样的。正绿色是 120 度，这两种颜色从 RGB 数值上看，都不同程度地混合了其他少许颜色，因此离正绿色稍有些偏差。由于绿色本身的特性，所以整个网页看起来很安稳舒适。

辅助色只在明度上降低，让页面多了些层次感、空间感。白色块面使得绿色的特性发挥到最好的状态并增强了视觉节奏感。点睛色恰到好处，极尽诱惑力，整个页面顿时生动提神起来，增强了页面主题的表达力。

【点评】

整个页面配色很少：最大色块的翠绿，第二面积的白色，第三面积的深绿色，但得到的效果却是强烈的、显眼的，达到充分展现产品主题的目的。深绿色给人茂盛、健康、成熟、稳重、生命、开阔的心理感受。

主、辅色调是属于同类色绿色系，通过不同明度的变化，能较递增缓和变化，同时却也较明显地体现出页面的色彩层次感来。如果不是通过数值来分析判断，可能会误认为这两种颜色除了明度外有可能纯度会有所不同，这时适当地使用数值模式会很容易得到正确的结论。

10.8.2　高纯绿

【示例】绿色高纯度网页示例截图如图 10.53 所示。

【分析】

☑	主色调	R 152	G 203	B 0	H 75	S 100%	B 80%	
☑	辅色调	R 178	G 236	B 5	H 75	S 98%	B 93%	白色
☑	点睛色	R 46	G 180	B 216	H 193	S 75%	B 85%	
		R 255	G 178	B 54	H 37	S 79%	B 100%	
☑	背景色	R 70	G 66	B 55	H 44	S 21%	B 27%	

HSB 数值 H 显示 60 度为正黄色，该主、辅色调 H 为 75 度，向绿色倾斜了一点。大面积明度稍低的黄绿色为主要色调，饱和度却非常高，达到了 100%，辅助色使用了提高明度的嫩绿色和白色，

Note

这两种辅色除了增加页面的层次感的同时，还能让整个页面配色有透亮的感觉，增强了绿色的特性。背景深褐色无疑把前景的所有纯色烘托得都耀眼于舞台上。

图 10.53　高纯绿页面效果

该页面有两组小小的对比色，一组是黄绿与橙红色，一组是橙黄色与天蓝色，这两组配色严格地来说不算对比色，因为色彩多少有些偏差。虽然它们的饱和度降低，但在这个页面中足以构成了最响亮的色调，把整个页面烘托得非常活跃、鲜明。

【点评】

主、辅色调黄绿色大面积使用并不刺目，反而使得页面看起来很有朝气、活力。适当运用不同纯度的不是相当严格意义上的对比色系组合时，通常能起到的主要作用是主次关系明确。不“标准”的对比色系对比特性虽然减弱，页面色彩看起来容易协调、柔和，但一样能突出主题。

10.8.3　浅绿色

【示例】同类浅绿色网页示例截图如图 10.54 所示。

【分析】

☑	主色调	R 185	G 223	B 139	H 67	S 36%	B 87%	
☑	辅色调	R 89	G 178	B 36	H 98	S 80%	B 70%	白色
☑	点睛色	R 223	G 0	B 49	H 347	S 100%	B 87%	
		R 241	G 202	B 56	H 47	S 77%	B 95%	
☑	背景色	R 185	G 223	B 139	H 67	S 36%	B 87%	

主色调绿色属性是明度很高的浅绿色，通常情况下明度高饱和度就降低，饱和度低页面色彩度就降低，加上大面积的辅助色白色，整个页面看起来很清淡、柔和、宁静，甚至有温馨的感觉。页面中使用了渐变的浅绿色，使得整个页面视觉上更加柔和舒适。

尽管点睛色只在主要标志上出现，按钮也只有少许一点，但也给整个页面的色彩带来些亮笔。尤其是红色的 HSB 模式的 H 数值显示颜色接近于正红色，饱和度达到最高值。另一个点睛色中黄色，在页面视觉上呈绿色与红色这一组对比色起到缓和视觉的作用。因为在色轮表上，黄色正是在绿色和

红色之间的过渡色。

图 10.54　浅绿色页面效果

【点评】

浅绿色系有优雅、休息、安全、和睦、宁静、柔和的感觉。渐变效果更能加深这种印象。但页面配色上浅色过多时，整个页面容易呈现发“灰”的感受，这就需要适量地添加纯度稍高的颜色，例如左下角的辅助色绿色块，适当的鲜艳的点睛都能很好地解决这一问题。

10.8.4　黄绿色

【示例】黄绿色弱对比网页示例截图如图 10.55 所示。

图 10.55　黄绿色页面效果

Note

【分析】

☑	主色调	R 149	G 186	B 31	H 74	S 83%	B 73%
☑	辅色调	R 56	G 91	B 9	H 86	S 90%	B 36%
☑	点睛色	R 76	G 133	B 148	H 192	S 49%	B 58%
		R 158	G 14	B 14	H 0	S 91%	B 62%
☑	背景色	白色					

从 HSB 模式的数值看，主色调是接近于黄色的基础上加入了少许绿色，饱和度和明度降低，色彩看起来较柔和。辅色调墨绿色的绿色的倾向稍高，饱和度也较高，只是明度降低，该色看起来踏实沉稳。

点睛色红色 H 数值为零度，呈正红色，但是该颜色饱和度和明度降低，而红色本身的色度比黄绿色要暗不少，因此颜色稳重。另一点睛色蓝绿色，明度和饱和度都很低，在页面配色中似乎没有点睛感觉，更多的是呈辅助状态。

【点评】

主色调是相对比较鲜亮的颜色，而辅助色和点睛色是属于比较沉稳的颜色，页面通过大小色块的对比提高视觉的反差力度，增强页面的感染力。由于整个页面的饱和度整体稍微降低，因此该页面配色较协调、缓和。

10.8.5 绿色+多色

【示例】同类绿色+多种点睛色示例截图如图 10.56 所示。

图 10.56 绿色+多色页面效果

【分析】

☑	主色调	R 153	G 204	B 0	H 75	S 100%	B 80%
☑	辅色调	R 204	G 255	B 102	H 80	S 60%	B 100%
☑	点睛色	H 60	S 60%	B 100%			
		H 189	S 97%	B 88%			

H 36　S 100%　B 100%

H 0　S 100%　B 78%

☑ 背景色　R 153　G 204　B 0　H 75　S 100%　B 80%

主色调 HSB 模式 H 数值显示 75 度，依旧是色轮表里倾向于黄色区域方位边缘的绿色，呈现出的黄绿色调。辅色调在明度上有些提亮，与主色调形成较强的对比。

点睛色里所使用的对比色组合有两组，红色与绿色，蓝色与橙黄色，其中黄色是介于暖色（橙黄、红色）和冷色（绿色、蓝色）的过渡色，也是调和色。

【点评】

该网页配色不少，且还有两组对比色在内，但是页面配色也很协调。原因之一，从下面抽取的色块可以看出来，是一个过渡柔和的色轮表：以黄色为中界一边是较浅的黄绿到绿色再到蓝色，另一边是橙黄再到红色。原因之二，点睛色毕竟是扮演着点睛色的角色，有主色调和辅色调大面积的控制，即便再多些点睛色也不至于很快干扰到页面的整体配色。整个页面保证了协调、不凌乱的步调，但是又能把商业网站的热闹氛围很好地渲染。此种配色方法值得我们学习借鉴。

10.8.6 泛绿色

【示例】绿色邻近色应用网页示例截图如图 10.57 所示。

图 10.57　泛绿色页面效果

【分析】

☑ 主色调　R 123　G 223　B 73　H 100　S 67%　B 87%

☑ 辅色调　R 208　G 245　B 197　H 106　S 20%　B 96%

R 93　G 214　B 255　H 195　S 64%　B 100%

☑ 点睛色　H 206　S 96%　B 70%

H 21　S 90%　B 80%

H 325　S 99%　B 47%

H 137　S 100%　B 55%

☑　背景色　R 123　G 223　B 73　H 100　S 67%　B 87%

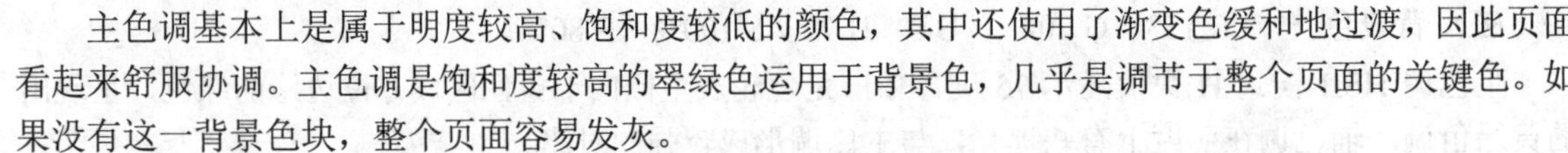

主色调基本上是属于明度较高、饱和度较低的颜色，其中还使用了渐变色缓和地过渡，因此页面看起来舒服协调。主色调是饱和度较高的翠绿色运用于背景色，几乎是调节于整个页面的关键色。如果没有这一背景色块，整个页面容易发灰。

Note

右边的粉绿大块面积稍多，有些灰的感觉，好在前景的文章使用了色度明度稍深的蓝色压住，稍显好些，关键还是有白色的箭头很好地把粉绿和蓝色文字的色阶拉开了距离。左边的照片清晰且纯度较高，也对整个页面配色起到一定的调节作用。点睛色主要是标志的颜色，如果可以忽略不计，页面配色更趋于平淡。

【点评】

明度较高、饱和度较低的颜色，如果没有明度较深、饱和度较高的颜色进行勾勒或者点缀，这个页面配色看起来容易发灰。

10.8.7　绿色+红色

【示例】绿色与对比色红色网页示例截图如图 10.58 所示。

图 10.58　绿色+红色页面效果

【分析】

☑　主色调　R 88　G 177　B 373　H 98　S 79%　B 69%

☑　辅色调　R 254　G 219　B 224　H 351　S 14%　B 99%

R 205　G 231　B 241　H 197　S 15%　B 95%

R 222　G 239　B 211　H 96　S 12%　B 94%

☑　点睛色　R 230　G 33　B 61　H 351　S 86%　B 90%

☑　背景色　R 88　G 177　B 373　H 98　S 79%　B 69%

主色调是有点黄色倾向的绿色，从 HSB 数值上可以看到 H 为 98 度，绿色特性较明显。辅助色

则是 3 个浅色系，起到调和整个页面色彩的作用。粉红和粉绿色分别取的是页面绿色、红色通过提高明度而得，因此整个页面色彩前后呼应、配色调和。点睛色红色的 HBS 模式 H 数值 351 度，在色轮表上偏向于紫色方位，因此倾向于冷红色，色度上稍有些刺目和艳丽。

主色调绿色和点睛色红色所放置的位置，让页面导航区域和内容区域视觉引导较为分明：主色调绿色的设计亮点是，既用于导航又很流畅自然地融合到背景，浑然一体；这里尤其是点睛色红色放置于背景的处理很独到，烘托突出于前景内容，在众多网页设计中并不多见。

Note

【点评】

整个页面的配色取色于标志色，量身定做的感觉。适当地运用对比色有强调的感觉，但页面配色处理上并不强烈、耀眼，因为使用了白色及其相应的提高明度的粉色做视觉的缓和处理。

10.8.8　小结

绿色是缓和健康的颜色，HSB 数值 H 色相为 120 度时是正绿色。通过以上实例可以看到，偏向于黄色方位的绿色运用得最多，也就更受到大众的欢迎。纯正的正绿色在视觉感受上可能稍微显得有些色度较低的生硬，配色难度稍大。不同的黄绿色饱和度、明度的不同变化可以表达不同主题的页面效果。

点睛色可以是几种，也可以是不同对比色的组合，有的起到丰富并活跃页面配色的视觉节奏，有的起到调和整体页面配色的作用。辅助色通常是同类色系或者邻近色系，起到辅助并烘托主色调的作用。辅色调和主色调分别在不同的页面作为唯一高纯度色时，能够起到挽救于整个页面发灰的作用。

当整个页面配色明度太高色度降低时，页面容易呈现发灰的感觉，可以适当地使用少许纯度较高或者明度较低的色系来加以改善。

10.9　黄色页面配色

黄色是阳光的色彩，具有活泼与轻快的特点，给人十分年轻的感觉。象征光明、希望、高贵、愉快。浅黄色表示柔弱，灰黄色表示病态。它的亮度最高，和其他颜色配合很活泼，有温暖感，具有快乐、希望、智慧和轻快的个性，有希望与功名等象征意义。黄色也代表着土地、象征着权力，并且还具有神秘的宗教色彩。

黄色的性格冷漠、高傲、敏感，具有扩张和不安宁的视觉印象。浅黄色系明朗、愉快、希望、发展，它的雅致，清爽属性，较适合用于女性及化妆品类网站。中黄色有崇高、尊贵、辉煌、注意、扩张的心理感受。深黄色给人高贵、温和、内敛、稳重的心理感受。

10.9.1　黄色

【示例 1】黄色系同类色网页示例截图如图 10.59 所示。

【分析】

☑　主色调　R 255　G 255　B 51　H 60　S 80%　B 100%

☑　辅色调　黑色

☑　点睛色　白色

☑　背景色　R 255　G 255　B 51　H 60　S 80%　B 100%

Note

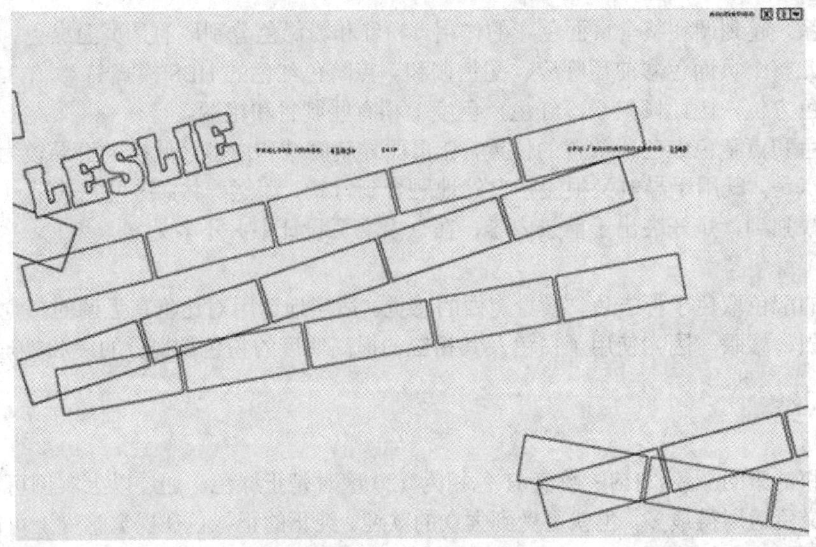

图 10.59　黄色页面效果

黄色是所有彩色中明度最高的颜色。图 10.59 看到 HSB 模式的 H 数值是 60 度，正是正黄色，但 RGB 数值中加入了 B 蓝色数值为 51，因此降低了 HSB 的饱和度 S 为 80%，但是大面积的黄色仍使得该页面色彩明亮显眼。

辅助色是纯黑色，非色彩明度最低的颜色。大面积显眼的正黄色有黑色的线条压制，黄色顿时显得沉稳，页面增添内容感。白色虽然是点睛色，但由于非色彩的白色与黄色的明度最高，因此这里似乎没有起到“点睛”的作用。

【点评】

当鲜度、明度高的背景色与前景辅助色暗度低的黑色在明度形成较强烈的对比时，艳度降低，较能协调视觉。整个页面配色单纯，却也不简单，形成另一种设计风格。

【示例 2】黄色同类色网页示例截图如图 10.60 所示。

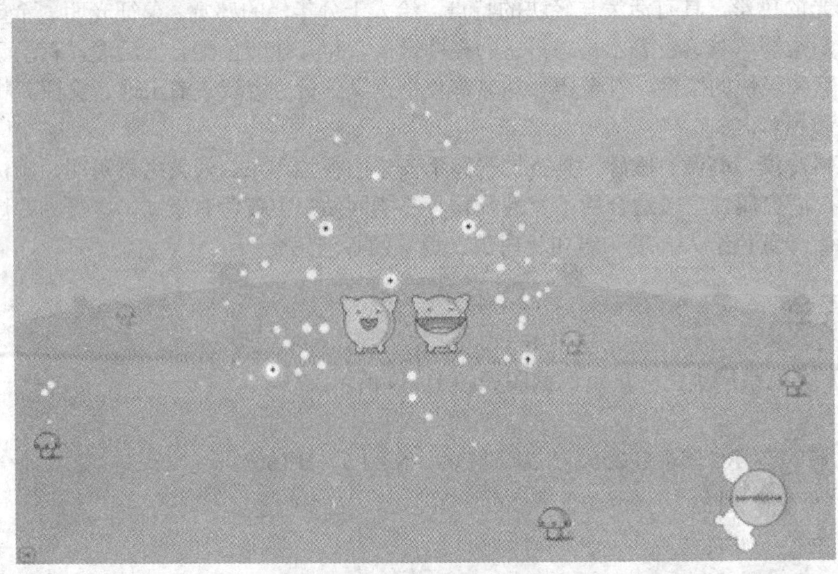
图 10.60　黄色同类色页面效果

Note

【分析】

☑　主色调　R 255　G 221　B 0　H 52　S 100%　B 100%

☑　辅色调　R 250　G 212　B 0　H 51　S 100%　B 96%

☑　点睛色　R 252　G 241　B 0　H 57　S 100%　B 100%　白色

☑　背景色　R 255　G 221　B 0　H 52　S 100%　B 100%

该页面的配色很单纯，是同类色的黄色不同明度颜色，页面看起来干净、单纯。点睛色白色、淡黄色在深色黄色背景下比较显眼，且在最中间位置，是整个页面中的高调部分。这 3 种黄色，明度都很高，只有背景辅助色明度稍低，点睛黄色 H 色相是 3 种颜色中黄色倾向最高的，为 57 度，而 60 度是正黄色，因此明度也是最高的，充分地发挥其点睛色的作用。

背景色和前景色只在色相上和明度上有非常微妙的变化，却也很巧妙，形成了变化较明显的空间层次感，削弱了同类色易产生的单调感。点睛色白色让层次感更明显。

【点评】

同类色的属性使得整个页面非常和谐，可以根据不同的主题来设计配色。可以通过明度、饱和度的不同变化来加强页面配色的层次感。

10.9.2　中黄色

【示例】中黄色应用网页示例截图如图 10.61 所示。

图 10.61　中黄色页面效果

【分析】

☑　主色调　R 255　G 204　B 0　H 48　S 100%　B 100%

☑　辅色调　R 204　G 225　B 102　H 80　S 60%　B 100%

R 204　G 0　B 0　H 0　S 100%　B 80%

☑　点睛色　白色

☑　背景色　R 255　G 204　B 0　H 48　S 100%　B 100%

背景中黄色上点缀多种艳度较高的颜色，都是属于跳跃的颜色，渲染整个网站的热闹环境气氛，符合该网站的设计主题。加之商品图片多种亮艳的色泽混合在同一页面上，点睛色白色在这里起到了调和多种颜色的作用。

Note

从 HSB 数值上看，该中黄色的明度和饱和度呈最高值，属于明亮耀眼的颜色。辅助色是黄绿色和红色，黄绿色在中黄背景下呈冷色调，轻快单薄的亮色；红色的 HSB 数值 H 色相上看是正红色，明度稍低，这里属于厚重沉稳的颜色，在中黄色背景下呈现暖色调；背景中黄色在黄绿色和红色两者中这时呈中间色，是很好的整体页面视觉过渡色。

【点评】

当背景色起到中间色的作用时，页面少量冷暖色彩搭配较容易调和。通常商品网站意在渲染热闹气氛，比较适合活泼跳跃、色彩绚丽的配色方案，但色彩的调和难度较大。

10.9.3 黄绿色

【示例】黄绿色调网页示例截图如图 10.62 所示。

图 10.62 黄绿色页面效果

【分析】

☑ 主色调 R 255 G 255 B 51 H 60 S 80% B 100%
☑ 辅色调 黑色
☑ 点睛色 R 159 G 140 B 64 H 48 S 60% B 62%
☑ 背景色 R 255 G 255 B 51 H 60 S 80% B 100%

主色调为黄绿色，单纯来看，黄绿色是通常的暖色的起始色、色彩中亮度最高的黄色与冷色的起始色、绿色相结合而得，因此该颜色看起来非常明快清新。处于辅助色的非色彩黑色，中间的点缀色是主色调黄绿色，很容易让人一时以为该颜色就是点睛色。实际主色调黄绿色的明度非常高，饱和度这时也很高，在明度最低的黑色衬映下就异常显眼。

背景色使用略有些渐变的效果，正是黄绿和黑（灰）颜色的柔和过渡，页面调和。点睛色在这里混色较多，RGB、HSB 数值差距都不大，因此颜色偏灰色阶，仔细分析是黄绿色与少许黑色混合而得，起到了调和背景色与辅助色明度差异过大的作用。

【点评】

点睛色可以是少许耀眼的颜色，也可以是少许协调于视觉的混合灰色，无论是耀眼的颜色还是谦逊沉稳的灰色，都是不可缺少的角色，有着不可替代的作用。

整个页面配色较单纯，只有 3 种色，非色彩来说分别起到黑（辅助黑）白（主色黄绿）灰（点睛混合色）的作用，所以页面配色较有层次感，并不显得单调。

10.9.4　黄色+红色

【示例 1】黄色与邻近色红色网页示例截图如图 10.63 所示。

图 10.63　黄色+红色页面效果

【分析】

☑　主色调　R 249　G 244　B 0　H 59　S 100%　B 98%
☑　辅色调　R 238　G 154　B 0　H 39　S 100%　B 93%
☑　点睛色　R 223　G 0　B 12　H 357　S 100%　B 87%
☑　背景色　R 249　G 244　B 0　H 59　S 100%　B 98%

图 10.63 的三组色中 HSB 数值的 B 明度虽然都有些变化，但 S 饱和度分毫没有受到影响，仍都呈最高值 100%，因此页面配色异常耀眼。好在其间有少量不同明度饱和度的红色系色块做压制，页面显得沉稳许多，页面色彩层次也丰富了许多，块面交织设计富有节奏韵律美，却也有雀跃的感觉。

页面照片人物也经过了双色调处理，与页面色彩风格一致。整个页面属于明暗反差较大的色调，所以页面响亮明快，极赋视觉冲击力、感染力。

【点评】

耀眼的颜色有深色块压制，也是很好的调和方法。该页面里的不少小色块混合了暗灰色，因此页面饱和度刺激程度得到少许降低并调和。同类色系、类似色系不同纯度明度的深浅变化搭配，增添现代美感。

【示例 2】高纯度黄色邻近色配色（黄色+红色）应用网页示例截图如图 10.64 所示。

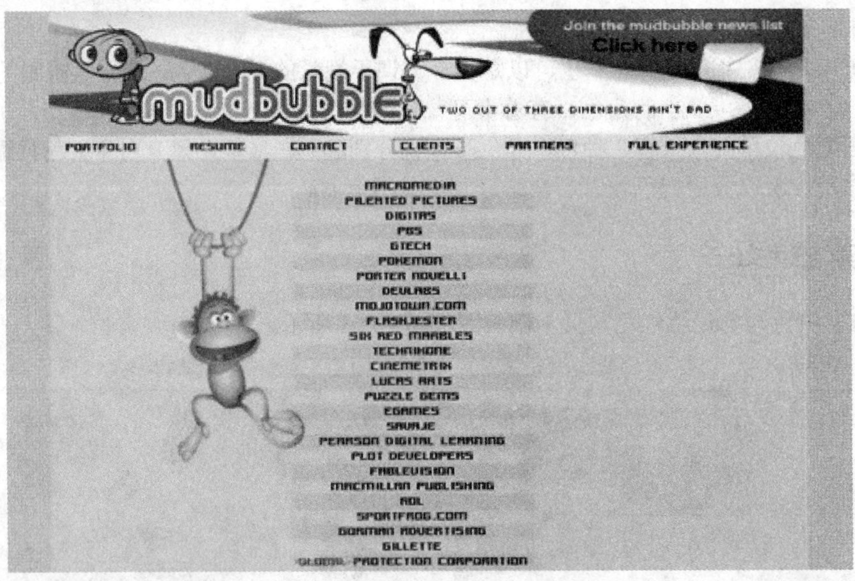

图 10.64　高纯度黄色页面效果

【分析】

☑	主色调	R 255	G 203	B 0	H 48	S 100%	B 100%	
☑	辅色调	R 255	G 224	B 1	H 53	S 100%	B 100%	
		R 255	G 0	B 0	H 0	S 100%	B 100%	白色
☑	点睛色	R 255	G 255	B 0	H 60	S 100%	B 100%	
☑	背景色	R 255	G 203	B 0	H 48	S 100%	B 100%	

全页选取的几个色彩组合是高纯度、高明度的邻近色正黄、淡黄（这里的淡黄色不是指浅黄色，而是色彩颜料色里的称呼）、中黄及正红色。

黄色是色彩系里明度最高的耀眼色，HSB 数值 H 色相 60 度是正黄色，特性越高明度越高。H 色相度往 60 度前是接近红色，而红色明度相较于黄色低，背景色 HSB 数值 H 色相为 48 度，往红色靠近，因此色度较深，呈现为中黄色。使用中黄背景正是烘托突出前景的淡黄色。淡黄色的前景上设计少许中黄色带进入，页面的色彩层次感生动了不少。

另一个辅助色红色 HSB 数值的 H 色相是 0 度，显示正红色且高纯度、高亮度，放在最显眼的标志广告区域，实现视觉引导作用，主次感增强了。

白色也是辅助色三色之一，在顶部面积较大的使用，使整个页面的纯度缓和了许多，起到提亮并拉开空间的作用。点睛色用于导航栏，提示导航区域的醒目与重要性。

【点评】

高纯度、高明度的颜色调子耀眼响亮，通常对视觉的刺激程度较大。邻近色由正黄到最后的正红色是色轮表的协调过渡色，因此页面调和。邻近色与同类色一样，是调和色，但较同类色更生动、更多变化。

10.9.5　黄色+蓝色

【示例】黄色低纯度配色应用网页示例截图如图 10.65 所示。

Note

图 10.65 黄色+蓝色页面效果

【分析】

☑ 主色调	R 247	G 209	B 48	H 49	S 81%	B 97%	
☑ 辅色调	R 252	G 230	B 119	H 50	S 53%	B 99%	
	R 11	G 185	B 241	H 189	S 95%	B 84%	
	R 124	G 67	B 24	H 26	S 81%	B 49%	
☑ 点睛色	R 251	G 0	B 18	H 356	S 100%	B 98%	白色
☑ 背景色	R 247	G 209	B 48	H 49	S 81%	B 97%	

该页面是属于纯度较低的多组配色页面，配色难度较大，但是按主色调、辅助色、点睛色来细细分析就会发现容易多了。标志是红色，下面的绿色是红色的对比色，目的是突出标志的作用，同时也是黄色与蓝色的中间视觉过渡色。

主色调的中黄色，从 RGB 数值 B 明度 48 来看，提高了明度，RGB 数值的变化 HSB 也相应变化，该色调纯度降低，黄色的耀眼特性相应缓和。

该页面辅助色比较多，这里选了主要的 3 种浅黄、浅蓝、棕红色，明度纯度不同的变化来分析。浅黄色的 RGB 3 个数值接近，因此呈现偏灰的柔和状态。正蓝色的 RGB 数值 R 为 0，G 为 255，B 为 255，从该蓝色 RGB 数值上看，混合了 R 红色 11，G 的绿色数值较低，B 蓝色的数值较高，因此饱和度降低，颜色呈浅色调。从棕红色的 RGB 的三数值上看，R 的数值最高为 124，加入了对比色 G 绿色 67，因此颜色变暗发乌，调入了适量 B 蓝色 24，因此该颜色饱和度亮度降低，也是该页面沉稳的主要色调，牵制艳度较高的几种颜色。

点睛色的 HSB 数值 H 色相为 356 度，几乎呈正红色，只是调入了少许 B 蓝色 18，因此颜色在明度上稍偏暗。另一点睛色白色的作用除了提亮整个页面，同时也突出标志图像。

【点评】

多种辅助色分量相当冷暖搭配时，有饱和度稍低的主色调牢牢把握住，整个页面容易调和。由于页面颜色较丰富，点睛色在这里起到拉开各个色彩层次的作用，明确主次角色。

10.9.6 小结

Note

黄色是色彩系里明度最高的耀眼颜色，尤其是 HSB 数值 H 色相为 60 度正黄色时，它的特性越明显。由于黄色的特性，在页面配色时可适当添加明度较深的颜色，色阶层拉开，并起到协调刺眼的艳度作用。黄色饱和度、明度的不同变化传达不同的意义和作用。

无论是高纯度、低纯度，还是多色彩的页面配色，白色起到关键的作用。点睛色不一定就是非常显眼的颜色，也有起到调和整体页面配色的作用。中间色通常被大面积的使用为主色调、辅助色，是调和辅助色（有可能是同时几种）与点睛色（有可能是几种）的色彩，是调和色、调和方法的关键。

10.10 橙色页面配色

橙色具有轻快、欢欣、收获、温馨、时尚的效果，是快乐、喜悦、能量的色彩。在整个色谱里，橙色具有兴奋度，是最耀眼的色彩。给人以华贵而温暖，兴奋而热烈的感觉，也是令人振奋的颜色。具有健康、富有活力、勇敢自由等象征意义，能给人有庄严、尊贵、神秘等感觉。橙色在空气中的穿透力仅次于红色，也是容易造成视觉疲劳的颜色。

在网页颜色里，橙色适用于视觉要求较高的时尚网站，属于注目、芳香的颜色，也常被用于味觉较高的食品网站，是容易引起食欲的颜色。

10.10.1 橙色

【示例】橙色网页示例截图如图 10.66 所示。

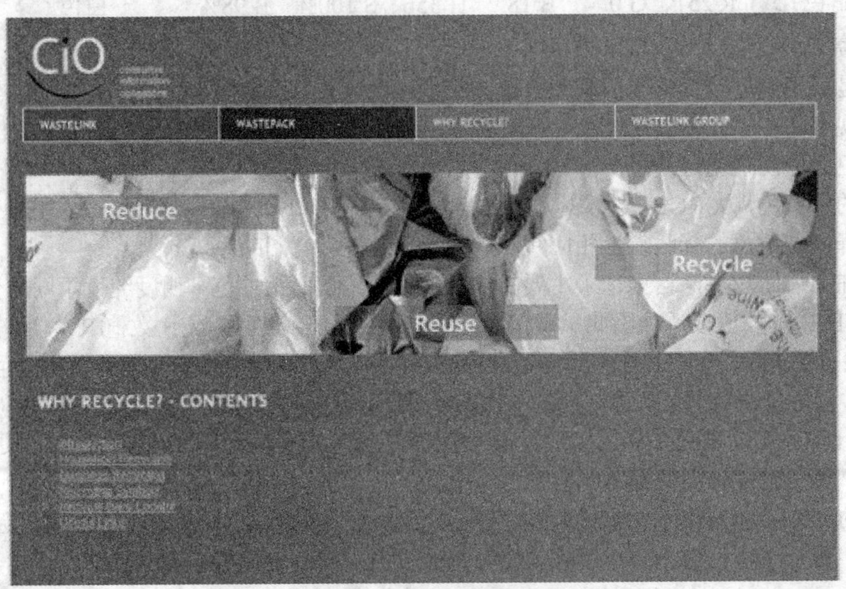

图 10.66 橙色页面效果

【分析】

☑ 主色调 R 252 G 124 B 0 H 30 S 100% B 100%

Note

☑　辅色调　R 237　G 101　B 107　H 30　S 55%　B 93%

☑　点睛色　R 61　G 141　B 54　H 115　S 62%　B 55%

R 0　G 84　B 159　H 208　S 100%　B 62%

R 115　G 143　B 191　H 218　S 40%　B 75%

☑　背景色　白色

主色调橙色 HSB 数值的 H 表示色相，显示的是 30 度，而 30 度正是橙色显示特征最标准的颜色——正橙色。饱和度和亮度同时达到最高值，因此整个页面的视觉刺激是极其耀眼强烈的。

这里选取了 3 种面积相当又是整个页面使用得最少的颜色为点睛色，使页面生动的同时又运用于导航位置，从而达到突出主题的效果。从 HSB 数值上看它们的明度纯度相对较低，与明度纯度较高的背景正橙色形成鲜明的对比。

通过范围较大的背景白色、前景图片灰白色和小细节前景白色文字制造出明快气氛的同时，又呼应统一于整个页面。辅助色在这里是橙色与白色的过渡色。

【点评】

饱和度与纯度很高特性明显的颜色，在达到视觉冲击力的同时，可适当采用少许对比色调和缓和于视觉，从而削弱视觉的疲劳度。

10.10.2　深橙色

【示例】深橙红色网页示例截图如图 10.67 所示。

图 10.67　深橙色页面效果

【分析】

☑　主色调　R 250　G 119　B 41　H 22　S 84%　B 98%

☑　辅色调　R 7　G 29　B 95　H 225　S 93%　B 37%

R 191　G 35　B 31　H 1　S 84%　B 75%

R 101　G 131　B 146　H 224　S 31%　B 57%

☑ 点睛色 黑色 白色

☑ 背景色 R 250 G 119 B 41 H 22 S 84% B 98%

从色相度中可以知道 0 度为正红色，30 度为正橙色，而主色调的 HSB 数值 H 显示 22 度可知，该深橙红色是橙色基础上加入少许邻近色红色，整体上降低了明度而得，因为红色本身较橙色明度低，因此这里橙红色的明度呈现出较低状态。这个页面背景色运用了纹样，是以目前选取的主色调颜色和明度较暗的深红色结合而得，使得明度稍暗。

辅助色选取了明度相对于主色调更低的 3 种颜色，前面两种饱和度都较高，最后一种灰蓝色由于明度较高因此饱和度降低，是主色调与前面两种辅助色的协调色。

从数值上看，主色调也就是背景色的饱和度较高，但是由于降低了明度，颜色变得较沉稳。辅助色 RGB 数值显示，添加了适量的其他颜色，G 和 B 数值区别不大，因此饱和度降低，颜色趋于柔和稳定。点睛色的加入和提亮，使页面视觉效果得到强化。

【点评】

前景色通常要较明显地区别于背景色，达到台前的宣传目的。当饱和度较低的前景色与背景色变化不明显时，形成的是另外一种柔和统一的效果。

10.10.3 浅橙色

【示例】浅橙色同类色网页示例截图如图 10.68 所示。

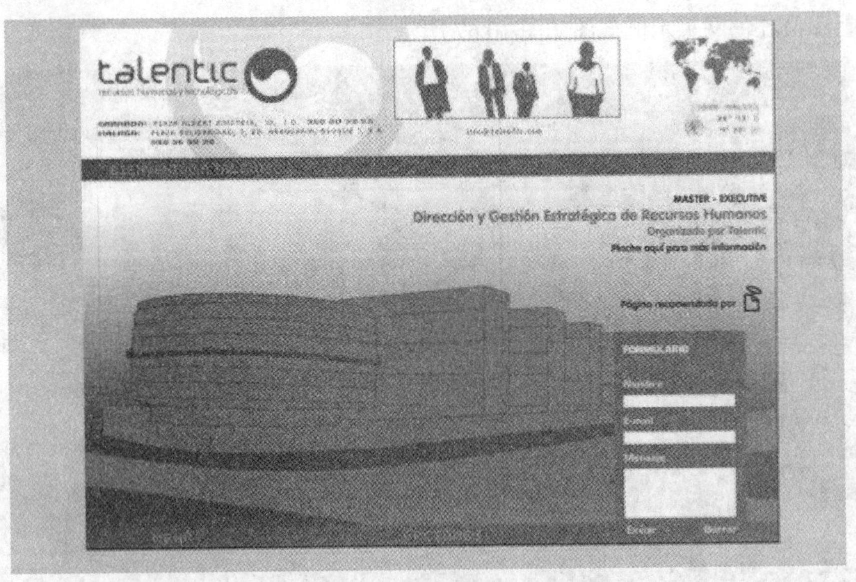

图 10.68 浅橙色页面效果

【分析】

☑ 主色调 R 252 G 220 B 174 H 35 S 31% B 99%

☑ 辅色调 R 249 G 159 B 25 H 36 S 90% B 98%

☑ 点睛色 白色

☑ 背景色 R 252 G 220 B 174 H 35 S 31% B 99%

从主色调和辅色调在 HSB 数值 H 显示的数值是 36 可以看出，该页面色调是在同一种橙色的基础上只在明度上发生了变化。由于主要色调是浅橙色，明度越高饱和度越低，页面上减弱了饱和度较

Note

高的橙色特性，整个网页呈现出柔和自然稍有些发灰的调子。

该网页是在橙色这一个颜色上做不同明度黑白灰色阶的柔和变化，属于单色调，配色非常的单纯。色阶平稳，同时存在着不够醒目的状态。白色在这里是起到了拉开主色调和辅色调空间距离，增强辅色调橙色的特性，使整个稍许有些发灰的页面明快了不少。但也由于白色属于非色彩，只在明度上呈最高数值而无彩度，不能给页面带来彩度所具有的鲜活靓丽的感觉，另一方面却也呈现出质朴的感受。

【点评】

同类色是在同一色相中不同的明度颜色变化。因此这类颜色相对其他类别颜色来说明净而单纯，配色上较容易达到协调统一，但也容易显得单调。

初看该页面配色协调舒服，但看多了的确有些单调乏味的感觉，这也是同类色搭配的特性。同时由于运用了渐变色这一调和方法，该页面同时占有了前面提到的 4 种色彩中的调和方法的两种，整个页面呈现出调和中的调和是毋庸置疑的，但也同时显得有些单调，没有色彩亮点。

10.10.4 黄色+橙色+橙红色

【示例】橙色系邻近色网页示例截图如图 10.69 所示。

图 10.69 黄色+橙色+橙红色页面效果

【分析】

☑ 主色调 R 255 G 105 B 48 H 30 S 80% B 100%

☑ 辅色调 R 237 G 211 B 129 H 46 S 46% B 93% 白色

☑ 点睛色 R 255 G 102 B 0 H 24 S 100% B 100%

☑ 背景色 R 255 G 105 B 48 H 30 S 80% B 100%

页面第一眼看上去似乎色调上变化很多，但该网页的色彩构成主要是由黄色和橙色这两种邻近色构成的，通过不同的明度和纯度的变化而得到更为丰富的色阶，它们是浅黄色、黄色、橙色、橙红通过不同的形状面积，位置变化而得。从 HSB 数值中的 H 可以看出属于暖色范畴，3 个色相的倾向不是很明显，以至于色彩呈现较规律、缓和。由于不同数值的明度表达，纯度也做出了不同的数值变化。

浅色在这里主要起到调和主色调和点睛色的色彩过渡作用。点睛色在这里起到强调整个页面的华丽感，增强整个页面彩度的作用。

【点评】

Note

橙色与邻近色黄、红暖色调的搭配组合，是一种简单又安全的方法，视觉韵律上处理得井然有序。整个页面看起来艳泽华丽、新鲜充满活力的感觉，符合 Tide 这一主题所要表达的目的。

10.10.5 橙色+蓝色

【示例】橙色系对比色应用网页示例截图如图 10.70 所示。

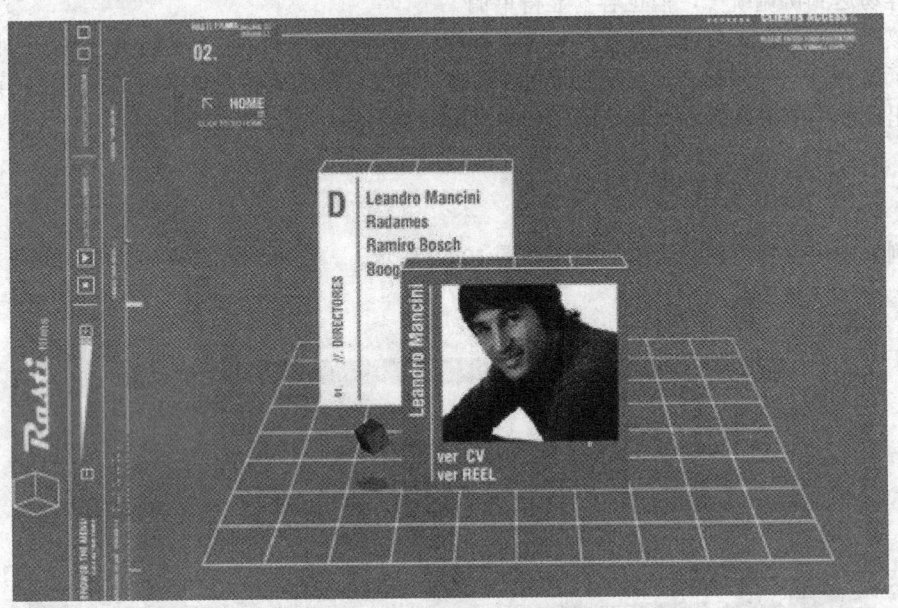

图 10.70　橙色+蓝色页面效果

【分析】

☑　主色调　R 255　G 110　B 0　H 26　S 100%　B 100%

☑　辅色调　白色

☑　点睛色　R 0　G 160　B 200　H 192　S 100%　B 76%

☑　背景色　R 255　G 110　B 0　H 26　S 100%　B 100%

HSB 数值中的 H 色相显示主色调橙红色为 26，因为正红色的 H 为 0，正橙 H 为 30，主色调橙红色是往 0 偏移而得。正蓝色是 240，而该点睛色蓝色为 192，往绿度偏移，在 RGB 中的数值 G160 也能看出来，因此蓝色的特性不是很强。但由于橙红色的明度和饱和度达到最高值，因此尽管蓝色不是正蓝，但它的特性得到了很大程度的发挥。

此种橙蓝对比色中的蓝色调配，比较少见，让人很容易记住它。而橙红色的饱和度明度都非常高，刺激度强，属于让人不可久视的颜色。介于橙红色和蓝色之间，与蓝色面积相当的白色，起到调和对比色橙红与蓝色之间关系的作用。

【点评】

这组对比色通过使用的面积位置的不同来反映主次之间的关系。对比色能相互强烈地突出色彩特性。这组对比色属于非常能突显个性的颜色。

10.10.6 橙色+绿色

【示例】橙色系低对比度应用网页示例截图如图 10.71 所示。

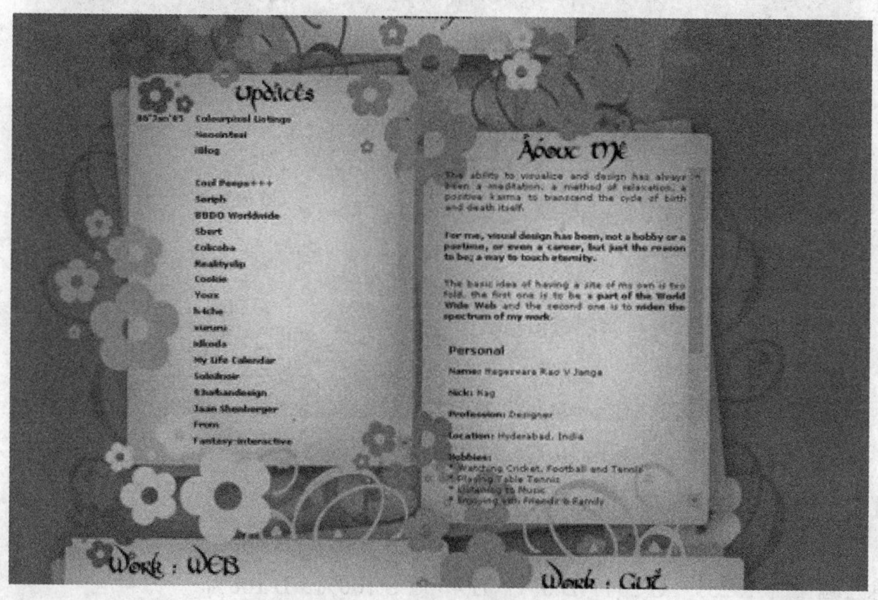

图 10.71　橙色+绿色页面效果

【分析】

☑	主色调	R 206	G 103	B 2	H 30	S 99%	B 81%
☑	辅色调	R 188	G 155	B 0	H 49	S 100%	B 74%
		R 254	G 196	B 54	H 43	S 79%	B 99%
☑	点睛色	R 255	G 152	B 1	H 36	S 99%	B 100%
		R 255	G 204	B 1	H 48	S 99%	B 100%
☑	背景色	R 206	G 103	B 2	H 30	S 99%	B 81%

如果不看数值参数，直观分析这是一组纯度较低的颜色。HSB 数值 H 显示主色调为正橙色，而黄绿色的明度较低且色相倾向不够明确，加之背景有少许的暗橙色纹样，整个页面没有高亮度白色点缀衬托，使得纯度的彩度不够确切，就很容易造成该页面纯度较低的错觉。

整个页面最亮的颜色除了“书本”最亮色浅黄色外，就是点睛色黄色了。我们知道黄色是所有彩度色中明度最高的颜色，不同明度纯度的黄色系让整个页面明亮了不少，它是整个页面明度色阶的最高调。黄绿色的出现，让本只有邻近色的橙色系列多了些内容，页面配色丰富不少、视觉节奏多了些变化。

【点评】

这类颜色的组合随着不同色阶明度的变暗，整个页面没有白色衬托，制造出另外一种古典的环境氛围，有如娓娓道来的故事场景，也是一种不错的主题配色方法。本页面的配色设计亮点是——无白色设计。

10.10.7 橙红色+绿色

【示例】橙色系高纯度高对比度应用网页示例截图如图 10.72 所示。

Note

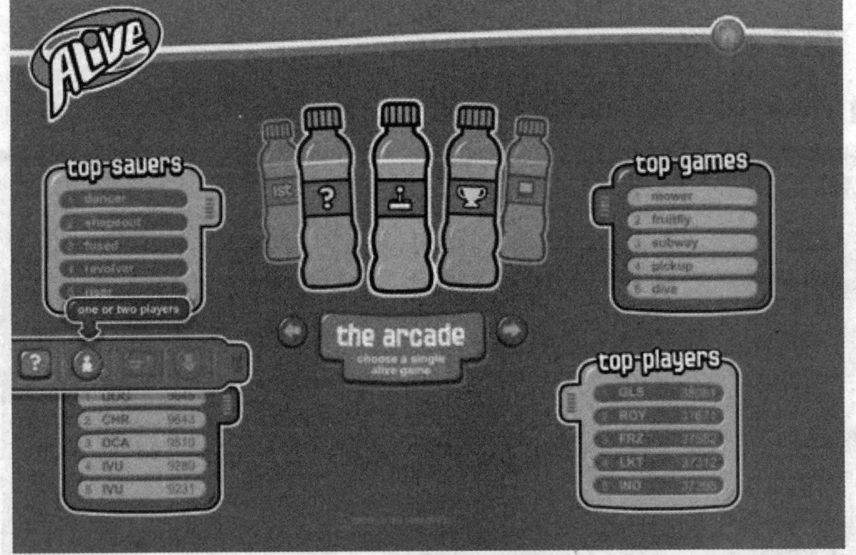

图 10.72　橙红色+绿色页面效果

【分析】

☑ 主色调	R 255	G 102	B 0	H 24	S 100%	B 100%	
☑ 辅色调	R 255	G 204	B 0	H 48	S 100%	B 100%	
☑ 点睛色	R 0	G 204	B 0	H 120	S 100%	B 80%	
	R 51	G 204	B 255	H 195	S 80%	B 100%	白色
☑ 背景色	R 255	G 102	B 0	H 24	S 100%	B 100%	

黄色是中间色，起到过渡对比色作用，在这组色里属于调和色。蓝色出现在产品图案上，引导主次关系，增强视觉的注目点。

与上组的橙色绿色相比，这组颜色强烈而刺激，色彩倾向无疑明确了很多。主色调橙红色往红色倾向，而红色的对比色是绿色，因此整组颜色有强烈的对比效果。从 HSB 数值 H 上看，除了蓝色外，其余几种颜色纯度都非常高，加上又是近于红绿对比色。页面的刺激强度是可想而知的强烈。

【点评】

橙色是容易引起食欲的颜色，在这里得到了较充分的应用。非色彩的白色和黑色在这里起到了非常重要的作用，拉大了色彩色阶空间的距离。白色让整个色调组合更加明快，而黑色增添色彩的厚重质感——强烈中的强烈，增强对产品的视觉刺激。

10.10.8　小结

橙色在 HSB 数值的 H 中为 30 度，是正橙色。橙色是一个非常响亮注目的颜色。橙色的对比色是蓝色，当这两种颜色彩度倾向越明确，对比强度就越大。但我们也看到，除了正宗的对比色橙蓝色外，橙色和绿色随着纯度的升高，达到的对比效果也很强烈。

在配色设计中可以多些不同明度、纯度冷暖对比的尝试，会有意想不到的收获。白色是所有网页设计中属于较通用的颜色，它容易突出彩度的特性，明快于整个页面，当一个页面设计没有使用白色时，空间感觉减弱，容易造成彩度不够明确、页面有些沉闷等反应，相对来说增添页面的厚重感觉，制造另外一种环境气氛。黑色在色调组合的辅助角色里容易制造出厚重的色彩效果。

色彩都是相对的，没有绝对的配色组合，它们总是根据搭配不同的色彩组合或强或弱地表现出什么样的特性。同类色、邻近色的组合，是非常调和的色彩组合，即使减少了色相的数量，一样也可以调配出很多不同的调和色彩。对于初学者来说，这是一个非常实用的配色方法。

Note

10.11 红色页面配色

红色的色感温暖，性格刚烈而外向，是一种对人刺激性很强的颜色。红色容易引起人的注意，也容易使人兴奋、激动、紧张、冲动，还是一种容易造成人视觉疲劳的颜色。在众多颜色里，红色是最鲜明生动的、最热烈的颜色。因此红色也是代表热情的情感之色。鲜明红色极容易吸引人们的目光。

红色在不同的明度、纯度的状态（粉红、鲜红、深红）里，给人表达的情感是不一样的。在网页颜色的应用几率中，根据网页主题内容的需求，纯粹使用红色为主色调的网站相对较少，多用于辅助色、点睛色，达到陪衬、醒目的效果。通常都配以其他颜色调和。红色相对于其他颜色，视觉传递速度最快。由于以上的这些红色传达出的特性，因此人们喜欢用红色作为警示符号的颜色，例如消防、惊叹号、错误提示等。

10.11.1 朱红色

【示例】朱红色网页示例截图如图 10.73 所示。

图 10.73 朱红色页面效果

【分析】

☑ 主色调 R 255 G 51 B 0 H 12 S 100% B 100%

☑ 辅色调 R 222 G 43 B 0 H 12 S 100% B 87% 黑色

☑ 点睛色 白色

☑ 背景色 R 255 G 51 B 0 H 12 S 100% B 100%

朱红色在红色系里倾向黄色方向，是大红色加入黄色而得。在色环表中，纯红色在 HSB 里为 0

度，往 360 度方向呈现的是冷红色系，0 度方向为黄色系。

主色调朱红色面积非常大、确定明显，辅助色主要由黑色、深红构成（数值上选取的是深红色做标示）。主色调的 R 呈现出 255 最高数值，S 100%，充分标明了红色最高特性。辅助色的深红 R 为 222，B 87%，显示其充当辅助角色的这一特性。

Note

【点评】

背景色朱红由于红色特性明显，饱和度、明度都非常的高，这里运用了辅助色深红、黑色压住并牵制朱红色抢眼的个性，也同样能达到突出前景主要图片内容的目的。点睛色主要用于标志的突出上，其他导航文字、图片的部分运用等，调和并达到了不至于使得整个页面刺激中又透出的沉闷感。

这类颜色的组合比较容易使人提升兴奋度，红色特性明显，这一醒目的特殊属性，比较被广泛地应用于食品、时尚休闲等类型的网站。

10.11.2 深红色

【示例】深红色网页示例截图如图 10.74 所示。

图 10.74 深红色页面效果

【分析】

☑ 主色调 ● R 177 G 24 B 26 H 359 S 86% B 69%

☑ 辅色调 ● R 188 G 67 B 86 H 352 S 64% B 74%

☑ 点睛色 ○ 白色

☑ 背景色 ● R 177 G 24 B 26 H 359 S 86% B 69%

深红色在原有的红色基础上降低了明度而得，是红色系中的明度变化。通过图 10.74 的数值显示看出明度较低。这类颜色的组合随着明度的变暗，比较容易制造深邃、幽怨的故事气氛。传达的是稳重、成熟、高贵、消极的心理感受。整个页面背景色运用了纹样，是以目前选取的主色调颜色和明度较暗的深红色结合而成的，使得明度稍暗。

从数值上看，主色调也就是背景色的饱和度较高，但是由于降低了明度，颜色变得较沉稳。辅助色 RGB 添加了适量的其他颜色，G 和 B 数值区别不大，因此饱和度降低，颜色趋于柔和稳定。点睛

色的加入提亮，页面视觉效果强化。

【点评】

前景色通常要较明显地区别于背景色，达到台前的宣传目的。当饱和度较低的前景色与背景色变化不明显时形成的是另外一种柔和统一的效果。

Note

10.11.3 玫瑰红色

【示例】玫瑰红色网页示例截图如图 10.75 所示。

图 10.75 玫瑰红色页面效果

【分析】

☑ 主色调 R 189 G 0 B 64 H 340 S 100% B 74%

☑ 辅色调 R 227 G 12 B 90 H 338 S 95% B 85%

☑ 点睛色 白色

☑ 背景色 R 189 G 0 B 64 H 340 S 100% B 74%

玫瑰红色在色环上实际已经接近冷色，是红色系中的色相的微妙变化，是红色系里的冷色系。在 HSB 中 H 数值可以看出，0 度为红色的最高值，越接近 0 度数值红色特性越明显，否则逐渐冷色倾斜，而该数值偏离 0 度稍远。

整个页面主要由两种不同明度、纯度的玫瑰色调组成。两色数值显示，RGB 数值中 R 呈现的数值最高，红色特性较明显。辅助色调的玫瑰色，加入少许 G，色调向冷色稍微偏移，也由于加入了 G，在 HSB 数值中，饱和度轻微减弱，但随着明度增加，色彩趋于艳丽，符合突出前景的目的。主色调虽然纯度达到最高饱和，但由于明度降低，相对于辅色调较沉稳，适合做背景色。从数值上看，由于背景色和前景色的明度较为接近，加入白色边框，强烈了前景色与背景色的区分，加强视觉强化效果。

【点评】

背景色和前景色的明度较接近，颜色给人的视觉表象较闷，加入少量白色划分使得色彩引导的主次块面更分明，页面明快许多。这类颜色的组合多用于女性主题，例如化妆品、服装等，容易营造出娇媚、诱惑、艳丽等气氛。

10.11.4　粉红色

Note

【示例】明度粉红色网页示例截图如图 10.76 所示。

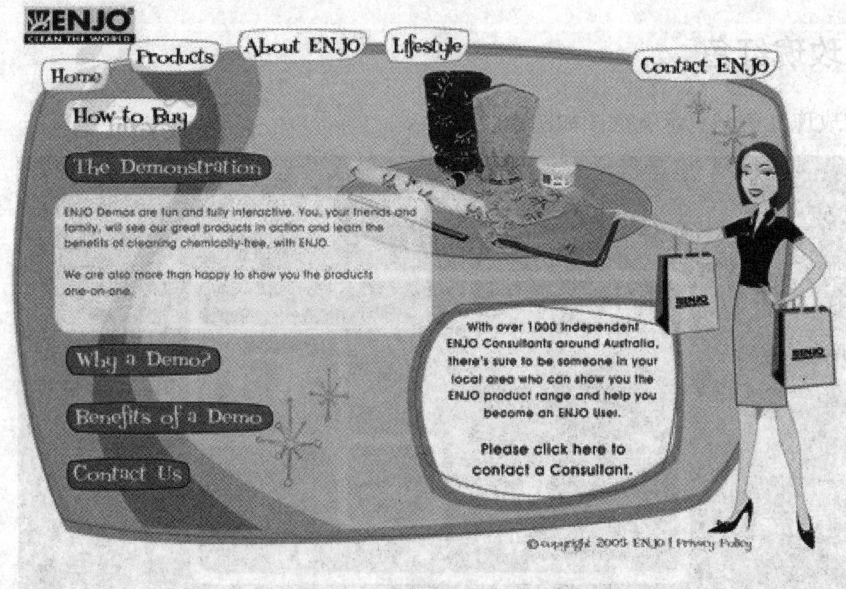

图 10.76　粉红色页面效果

【分析】

☑　主色调　R 240　G 201　B 222　H 331　S 16%　B 94%

☑　辅色调　R 242　G 165　B 199　H 333　S 32%　B 95%

☑　点睛色　R 255　G 237　B 15　H 55　S 94%　B 100%

☑　背景色　白色

粉红色主要是红色系中的明度的高亮度的变化。是红色系里的冷色系。RGB 数值显示明度较高，因此 HSB 中 S 纯度下降，几乎呈最低值。

主色调和辅助色调数值对比可知：主色调混合的 G 的分量较多且明度较高，因此纯度较低，色调柔和，在框架区域内较适合做类似背景色的辅助性岗位。辅助色 R 数值比主色调的 R 数值稍高，红色性稍明显，加入的 G 相对少，B 明度稍低，因此相对纯度要高，辅色位置应用在框架区域的导航位置，起到突出导航作用。点睛色突出标志及购物主体的作用。

背景白色除了突出前面粉红色主体的作用，在前景也有出现，背景色与前景色的相互牵制，减少空间距离的效果。

【点评】

在 RGB 数值中，数值同时呈现相近的高数值时，色彩越柔和协调，纯度相对降低，页面呈高明度灰色段，视觉刺激缓慢。这里以粉红色为主色调的页面，女性主题内容特征倾向明显。这组粉红色页面里，由于纯度都较低，任何一个纯度高小面积使用的颜色都能起到点睛的效果。

这类颜色的组合多用于女性主题，例如化妆品、服装等，鲜嫩而充满诱惑，传达着柔情、娇媚、温柔、甜蜜、纯真、诱惑的心理感受。

10.11.5 橙红色+蓝色

【示例】对比色橙红色应用网页示例截图如图 10.77 所示。

图 10.77　橙红色+蓝色页面效果

【分析】

☑　主色调　R 255　G 75　B 0　H 18　S 100%　B 100%

☑　点睛色　白色

☑　背景色　R 3　G 95　B 162　H 205　S 98%　B 64%

橙色是蓝色的对比色，这组对比色中的橙红色倾向于红色。该页面的背景色使用纹理图形由深至浅的制造空间范围，模拟真实环境。这里的数值选取其中间色值来分析，由于背景蓝色 B 的明度较低，又由于冷色比暖色视觉传递速度慢的特点，很适合作为辅助角色突出前景的应用。

主色调橙红色 R 的数值达到最高值 255，SB 都达到了最高值 100%，视觉刺激非常强烈，运用大面积高纯度来突出蓝色产品主体物，又形成了一次页面上的视觉对比——背景蓝色与前景橙红色，前景橙红色与产品主体物蓝色的二次对比。点睛色白色，使这组对比色在页面中表现得更协调。

【点评】

这组橙色蓝色对比色在网页上比其他两组对比色红色绿色、黄色紫色应用得多，能迅速地传达网站主题内容、网页主体，容易增添强烈的兴奋度，多用于食品、休闲娱乐、产品等，但却又是跨越于各行业的主题网站，适用的范围非常大。

颜色的深浅除了能营造空间感的效果，也能辅助性地制造主次效果。颜色除了性能对比，面积对比、位置安排也是制造主次效果的关键。

10.11.6 红色+黑色

【示例】红色与黑色搭配应用网页示例截图如图 10.78 所示。

图 10.78　红色+黑色页面效果

【分析】

☑　主色调 ● R 152　G 17　B 21　H 358　S 89%　B 60%

☑　辅色调 ● 黑色

☑　点睛色 ○ 白色

☑　背景色 ● R 152　G 17　B 21　H 358　S 89%　B 60%

红色与黑色的搭配在商业设计中，被誉为商业成功色，鲜亮的红色多用于小面积的点缀色。从数值上看，红色添加了 G 和 B 饱和度稍降低，因此该红色大面积使用不会觉得刺激或不舒服，这也与背景色蓝色加入了适量渐变的技法，使得页面的节奏呈现缓和。

辅助色黑色的加入，与深红色在明度拉大，页面色彩元素相对活跃不少。点睛色白色，所放的位置和面积，起到平衡黑色位置面积的作用，当然也达到醒目的效果。

【点评】

这里颜色位置的摆放，起到平衡页面视觉，突出主题效果的作用。背景色加了渐变效果、整体与前景人物黑色对比呈浅色，前景人物黑色与背景深红色、背景深红与前景白色文字相互之间的关系，构成空间环境的视觉效果。

这组配色中，红色是降低了明度的深红色，为主色调和背景色的大面积使用。红黑搭配色，常用于较前卫时尚、娱乐休闲、电子商务等要求个性的网页设计配色里，也又有用于部分政治、新闻的页面。

10.11.7　红色+黑色+灰色

【示例】红色与黑色和灰色搭配应用网页示例截图如图 10.79 所示。

【分析】

☑　主色调 ● 黑色

☑　辅色调 ● R 216　G 0　B 1　H 0　S 100%　B 85%

☑　点睛色 ○ 白色

☑　背景色 ● R 199　G 184　B 165　H 34　S 17%　B 78%

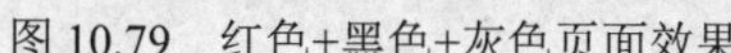

图 10.79　红色+黑色+灰色页面效果

这组配色，达到最高纯度的红色做小面积的使用。虽然这里选取了红色作为辅助色，但从整个页面的功能和所表达的主题来看，红色可以作为该页面的点睛色，强烈地突出了主题。红色的数值显示，HBS 中的 H 为 0 度，达到红色特性的最高值，S 为最高饱和度 100%，在明度最低的黑色背景的衬托下，其特性发挥到极致，页面醒目而响亮。

红色与黑色本是对比强烈的配色，但由于背景灰色的作用，缓和整个页面的视觉刺激度。背景色灰色 RGB 数值变化不大，因此颜色纯度较低、趋于平稳柔和，辅助前景内容的呈现。白色让前景和背景的划分更明显，活跃页面中的色彩元素。

【点评】

使用面积小的纯度高的颜色在非色彩的黑色和灰色上，是产生变化页面的颜色，达到容易突出主题的目的。

10.11.8　小结

红色在 RGB 数值的 R 为 255 左右，HSB 数值的 H 中为 0 度左右，达到红色最高值。随着纯度的提高、亮度的适度增加，它易于迅速的传达、醒目性的特征发挥得越明显。和其他颜色一样，颜色相互混合得越多，明度越低，饱和度越低，视觉冲击力越弱。

对比色红色绿色的搭配，红色的特性发挥得越明显。绿叶衬红花的效果。另外红与黑的搭配，也较能展现红色的魅力。根据主题的需要，除了对比色的应用，还有面积上、位置上的对比应用，也能很好地配合达到突出主题产品主体物的目的。

Note

第11章 网页版式设计

网页版式设计，是将文字、图形图像、动画、视频等网页元素，根据特定的内容和主题，在网页所限定的范围中，运用造型元素和形式原理进行视觉的关联与配置，从而将设计意图以视觉形式表现出来。

在网页设计领域，很长时间以来版式设计被认为是技术性工作，网页的设计和制作主要由技术人员来完成，他们只是习惯性地规定一种格式，习惯性地放入文字和符合需要的图形图像。由于缺乏对网页的整体理解，网页的版式设计缺乏创造性的构思和系统性的考虑。现在，人们越来越认识到版式设计在网页设计中的重要作用，它是技术和艺术的高度统一。

【学习重点】

- 版式设计的造型元素
- 版式构成原理
- 版式视觉原理
- 版式构成类型

11.1　网页版式设计基础

网页版面不同于传统意义上的报纸、杂志、平面广告等具有固定的版面尺寸。

首先，在水平方向上，由于大多数人的桌面显示器分辨率设置为 800×600 像素、1024×768 像素或者 1366×768 像素等，在网页设计时应以 1024×7680 像素为标准，除去滚动条占用的 20 像素，安全宽度应控制在 1000 像素内，才能浏览到全部页面内容。而在分辨率 13664×768 像素的设置下，页面内容只占版面空间的一部分（居左或居中），其余空间为背景色。

其次，在垂直方向上，由于页面是可以滚动的，版面的长度不做限制。因而这样一个动态的、变化的版面空间，给版式设计增加了难度。

为避免版面空间的不固定给网页设计带来的负面影响，取得较好的版面视觉效果，很多网页在设计时采取了相应的措施。

☑　将背景作适当设计，以适应不同分辨率的版面效果。

☑　应用自动适合宽度的技术，当版面宽度大于 800 像素时，页面内容会自动伸缩，充满整个版面宽度，这一技术对版式设计提出了更高的要求，以适应不同的版面宽度。

在网页界面中，各种具体、抽象的形象按其形态、大小的不同均可以归纳为相应的点、线、面，因而，点、线、面、空白的关系从本质上反映了客观世界普遍存在的对立统一的关系。版式中点、线、面、空白的成分兼而有之、相互影响，往往能使观众在视觉上得到满足。根据点、线、面、空白各自不同的感觉属性，将它们灵活处理，以产生各种生动的页面版式效果。

11.2　网页版式构成原理

自然界的万事万物，从宏观的宇宙到微观的原子、分子，到处都存在着内在的规律性。网页版式设计和其他视觉形式一样，也遵循这些规律。具有秩序感的版式设计，善于将各组成部分系统化、整体化，处理好相互关系，在整体秩序中体现出美感。版式设计的造型元素相互依赖、相互组织、相互配合，体现出构成方式的规律性，具体包括比例、对称、均衡、反复、渐变、节奏、韵律、统一、变化等。

11.2.1　比例

比例是部分与部分之间、部分与整体之间的比率关系。整体形式中一切有数量的条件，如长短、大小、宽窄、明暗、多少等，在搭配适当时均能产生优美的比例。比例具有强烈的数理概念，设计中常用的比例均可用数学或几何学的方法求出。例如，黄金分割率把线段分成两段，发现 1:1.618 的数比关系构成了美的标准尺度。

在网页版式设计中，比例表现有多种形式。例如，页面的长宽比，实体内容与虚空间（空白的面积）比，页面分割比，图文关系比，以及各种造型元素内部的比例等。

确立良好的比例关系，能使页面各部分之间易于产生相互联系，使版式设计和谐、匀称、明朗。

【示例 1】在如图 11.1 所示网页页面中，上下的灰蓝色块宽度远大于高度，让人感觉左右视野开阔，左下角的导航照片和右边的灰底色均采用了接近黄金矩形的比例，视觉上极为舒适。

Note

图 11.1 开阔构图

【示例 2】如图 11.2 所示小图标处于页面宽度的黄金分割点位置，如同页面的支点，此种比例的分割让页面稳定而不失灵活。

图 11.2 黄金构图

11.2.2 重复与渐变

重复是相同或相似的形态连续而有规律的反复出现。重复的特点是以单纯的手法求得整体形象的秩序和统一，具有节奏美，使人产生清晰、连续、平和、安定、无限之感。重复可分为单纯重复和变化重复两种形式。单纯重复是单一基本形的反复再现，其形状、大小、方向都是相同的，这种重复体现了一种标准化、追求简约的特征。在网页界面中，单纯重复多用于具有同一基本形的图案、底纹中。

【示例 1】在如图 11.3 所示的网页中主体图片中间有一排重复排列的 3 个长方形图形，图形中的

图案各异，这种变化是为避免重复的单调，或者在重复中有变化，这种重复既整齐又具多样性，因而在网页版式中经常被用作通向其他页面的超链接。

图 11.3 重复构图

渐变是形态有规律地连续变化，它通过类似的形态获得了形式的统一。渐变能让相互对立的两极形成过渡，从而达到统一，如色彩的黑与白之间，形态的大与小之间等。渐变体现了形态的发展变化过程，让人感觉含蓄、柔和，具有强烈的时间和空间特征。网页界面中，各种造型元素都可以采用渐变的方法进行处理。

【**示例 2**】如图 11.4 所示页面通过明暗的渐变关系，衬托一个变幻而又充满神秘的魔界，给人一种紧张而又神往的视觉效果。

图 11.4 渐变构图

11.2.3 对称与均衡

对称是指以某一点为中心，其左右或者上下因同等、同量、同形而形成的平衡。对称有以中轴线为轴的左右对称，以水平线为轴的上下对称和以中心点为基准的放射对称。

【**示例 1**】对称的版式设计稳定、庄严、整齐、秩序、安宁、沉静，如同中国古代宫殿一样庄重、

严肃，体现了一种古典主义的风格。在如图 11.5 所示网页中，男、女装以对称的形式左右排布，给人感觉平稳、有序。

Note

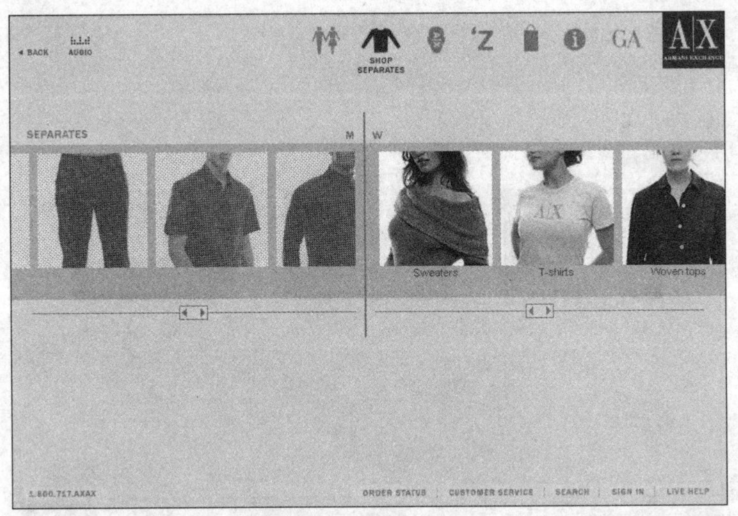

图 11.5　对称构图

均衡是指版面以某一点为中心，左右或者上下等量不等形的配置。均衡是一种造型上有变化的平衡状态，具有变化的统一性。它揭示了形式内在的、含蓄的秩序和平衡，体现了造型动与静相结合的动态之美。均衡的形式灵活而富于变化，易于产生现代感。进行网页界面的版式设计时，根据内容的逻辑性，将各要素按主次、强弱关系进行设计，将获得视觉上的均衡感，表现为呼应关系或起承关系，即由一个要素转移至承接它的另一要素，二者之间必然产生呼应关系，引发观众的情感效应。

【示例 2】在如图 11.6 所示网页中，以一个水晶球为中心点，通过两侧色调的轻重使页面版式获得心理上的量的均衡。

图 11.6　均衡构图

11.2.4　节奏与韵律

节奏是指单体按照一定的条理、秩序，重复连续地排列，形成一种律动形式。例如，呼吸、心跳

是人的生理节奏，波浪的前进、四季的交替是自然界的节奏，而图案的连续纹样、建筑上的柱窗结构是设计中的节奏。在版式设计中也是如此，同样的形态、同样的色彩变化、同样的明暗对比以反复、渐变的方式出现，使人体会到一种类似音乐中的节奏，从而产生美学体验。节奏使单纯的更单纯，统一的更统一。

韵律是一种规律性的变化，它是比节奏更高一级的律动。韵律是宇宙间普遍存在的一种美感形式，天体的运行、季节的更迭、昼夜的交替、人体的运动体现出一种韵律，音乐、诗歌、舞蹈中更是包含着韵律的美。音乐是用时间的间隔使声音在强弱或高低变化中产生韵律，诗歌是运用诗的押韵或语言内在的声韵秩序来表达韵律，舞蹈是靠人的舞姿在空间塑造出变化的形态来体现韵律。而视觉艺术的韵律，则由造型元素的有规律的节奏变化形成。

一般来说，节奏感和韵律感同时存在，但细分起来，节奏较多地强调“节拍”，韵律较多地强调“变化”，如果说韵律感不够，是指缺少变化，过于平板；如果说节奏感不强，是指变化缺乏条理规则。

【示例】运用节奏与韵律的形式法则，能创造出形象鲜明、形式独特的视觉效果，表达轻松、优雅的情感，使网页界面产生不可思议的活力与魅力。如图 11.7 所示的网页，页面反复通过不同的人体排列在一起，让人处处感受到音乐的轻松节奏。如图 11.8 所示，用大弧度的曲线、椭圆形作轿车的背景，使页面流畅、富于韵律，用来衬托产品的高贵品质。

图 11.7　节奏构图

图 11.8　韵律构图

11.2.5　对比与统一

对比是指将性质相异的形态要素直接或间接地配置在一起，相异的特点因比较而更加鲜明，使人产生强烈的紧张感。对比有形的对比（大小、方圆、长短、曲直、宽窄等），色的对比（色相、明度、纯度、冷暖），质的对比（刚柔、粗细、强弱、干湿、轻重、软硬、虚实等），势的对比（疾缓、疏密、动静、抑扬、进退等）。对比能使视觉效果更生动、强烈、感人、富于活力，从而使人记忆深刻。对比关系越清晰，视觉效果就越强烈。在网页界面中，文字与文字、图形与图形、实体与空白间处处都

存在对比关系。在一个页面中，通常是多种对比关系同时并存，以产生多姿多彩的表现效果。

Note

【示例 1】如图 11.9 所示网页中，大大的椅子与水平放置的黑色色块构成方向上的对比，同时还具有色彩纯度、明度、色相的对比，使人获得视觉上的平衡感。

图 11.9　对比构图

如果说，对比是将矛盾强化，强调“异”的概念，那么统一就是将矛盾弱化，产生调和，趋向于“同”的概念。统一是指性质相同或类似的形态要素并置在一起，形成一种一致或趋向于一致的感觉。统一并不是设计形式的单一化，它使多种多样变化的因素具有条理性和规律性，使各个局部相互联系。为了获得版面的整体效果，我们常用各种手法来取得统一，如在页面的不同位置运用相同的字体、相同的色调，出现相同特征和形状的造型因素等，使版面各处协调一致。

【示例 2】如图 11.10 所示页面，背景用色、线条均与照片中产品的风格一致，页面充满了和谐的美。

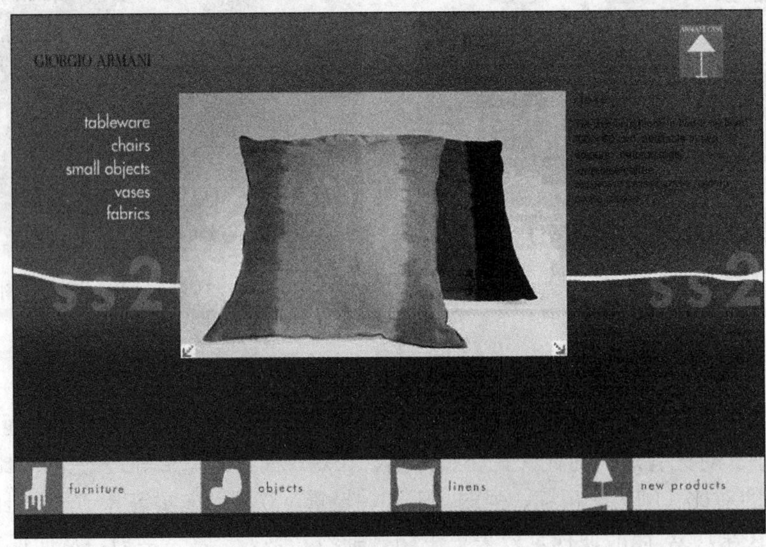

图 11.10　统一构图

11.3　版式视觉原理

人通过视觉可以感知外部世界的多方面的信息。由视觉传达的信息比其他所有感官所传递信息的总和还要高出好几个数量级。因此，本节主要从视觉生理、心理的角度进行分析，以实现网页界面的版式合理布局、便于浏览的功能。

11.3.1　视觉突出

在具有一定配置的视觉空间内，有些对象突现出来形成主体，有些对象退居到衬托地位而成为背景。一般来说，主体与背景的区分度越大，主体就越突出而成为我们视觉感知的对象，“万绿丛中一点红”就是这个道理。反之，主体与背景的区分度越小，就越难以把主体与背景分开。要使主体突出让视觉容易感知，不仅要具备突出的特点，且要具有明确的轮廓、明暗度和统一性。

11.3.2　整体感

人具有将由许多部分或多种属性组成的对象看作具有一定结构的统一整体的特性，称为视觉的整体性。在感知熟悉的对象时，只要感知到它的个别属性或主要特征，就可以根据累积的经验推断它的其他属性和特征，从而整体地感知它。

【示例】当一个熟人从远处走来时，我们从他的大致轮廓和走路姿势就可以辨认，而无须看清他的脸。但对于不熟悉的对象，我们往往倾向于把它感知为具有一定结构的有意义的整体。如图 11.11 所示，人的第一视觉是一个完整的头像，而不是一条条黑白相间的线条。

图 11.11　整体感

11.3.3　错觉

错觉是视觉形态受光、形、色等视知觉要素的干扰，在人的视觉中所产生的错误感，亦即主观感受与客观事实有所出入。这种视觉现象在设计领域应用很广，网页界面设计涉及的错觉现象主要有如下几类。

1. 构形错觉

图形与图形之间互相影响而产生的形态变化，主要体现在造型要素的几何形方面。

【示例】如图 11.12 所示，由于透视线的作用，同样大小的立方体在靠近集中点（灭点）时，看起来显得较大。

2. 色彩错觉

当两种或两种以上的色并置时，由于色彩的对比因素，人在视觉上会产生错觉。同样灰度块，放在不同颜色中，色相倾向不同，如图 11.13 所示。

通过以上对错觉的视觉规律的把握，在网页版式设计中应尽量避免因错觉所带来的不利影响。

Note

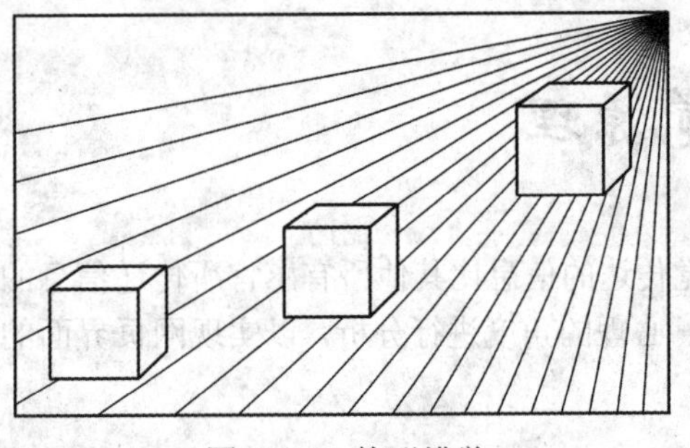

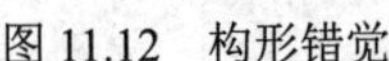
图 11.12　构形错觉

图 11.13　色彩错觉

11.3.4　视线移动规律

人眼的视线沿水平方向运动比沿垂直方向运动快而且不易疲劳。视线的变化习惯于从左到右，从上到下和顺时针方向运动。当视线沿既不水平，也不垂直的斜线方向移动时，在水平方向上下约 45°的范围视线为从左到右移动，在垂直方向左右约 45°的范围，视线为从上到下移动。

了解了这些视觉特征，在进行版式设计时会更加科学、理性，而不仅仅停留在“感觉”层面，更多地为使用者考虑，是网页界面人性化设计的要求。

网页界面的版式设计属于视觉设计，其最终目的是要有效地传递视觉信息。这里涉及提高传达效率的问题，也就是说，版式设计应该能增强人们对页面的注意，增进对内容的理解和记忆，从而影响人们的思想和行为。因此，必须依据人的视觉生理、心理特征，采取相应的手段，让版式设计发挥出更大的功效，达成最佳的诉求效果。因此网页的版式设计一定要符合人的视觉习惯，满足人的视觉生理需求。同时要注意产生疲劳感。合理安排视觉的流程，符合人的阅读习惯。

11.4　版式构成类型

不同的版式就会有不同的视觉效果，根据视觉效果不同可以总结出以下版式构成的类型：水平分割、垂直分割、水平-垂直交叉分割、中轴型、倾斜型、曲线型、重心型、反复型、散点型等。其中，水平分割、垂直分割、水平-垂直交叉分割常用到水平线、垂直线、矩形等，这些形式在网页制作时容易实现，且页面能容纳较多的信息含量，因而是网页界面中使用相当广泛的构成类型。

11.4.1　水平分割

页面中的水平分割与排列，强调了水平线的作用，使页面具有安定、平静的感觉，观众的视线在左右移动中捕捉视觉信息，符合人们的视觉习惯。

1. 水平均匀分割

水平均匀分割将页面分割成上下相等的两部分。如图 11.14 所示，上半部用作视觉表现，引发情感，下半部用来解释说明，上半部多为主体形象。

2. 水平不均匀分割

水平不均匀分割是将页面分割成上下不相等的两部分。一般来说，如果在上半部安置标题或导航，则面积较小；如果在上半部安置图片或主体形象，则面积适当加大，如图 11.15 所示。

图 11.14 水平均匀分割

图 11.15 水平不均匀分割

3. 水平多次分割

水平多次分割是页面沿水平分割成大小不等的几个部分。如图 11.16 所示，横向排列的图片和标题文字，强调了水平分割的层次和精确感。多层分割有助于不同信息的归类。

4. 水平变化分割

水平变化分别是在水平分割的基础上进行变化。如图 11.17 所示，水平分割与斜线相结合，打破了页面的安定，产生动感。

Note

图 11.16　水平多次分割

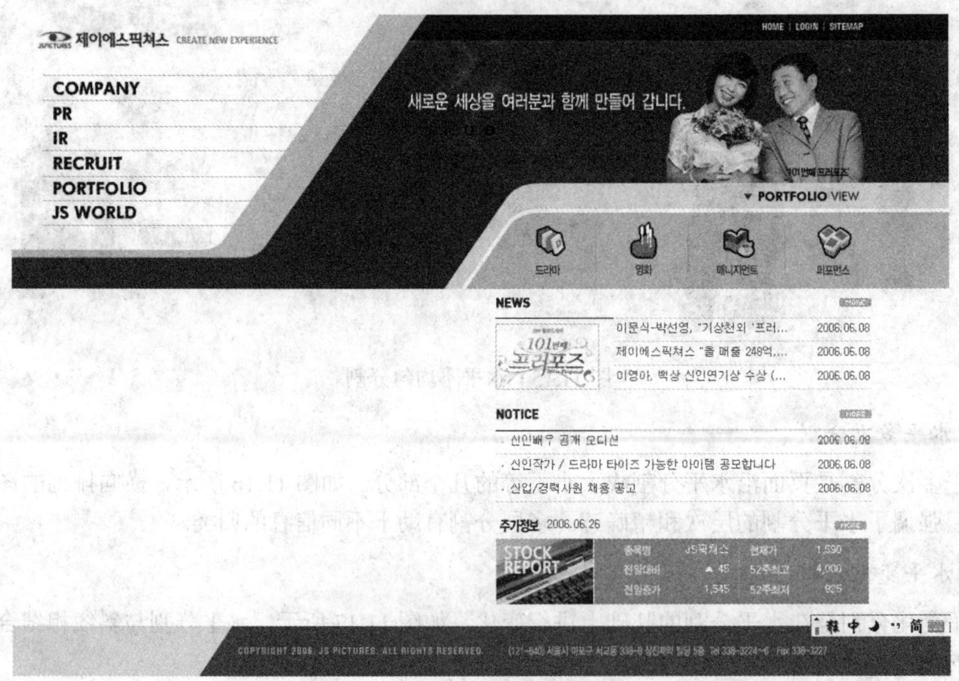

图 11.17　水平变化分割

Note

11.4.2 垂直分割

页面中的垂直分割与排列，则强调垂直线的作用，具有坚硬、理智、冷静和秩序的感觉。

1. 垂直均匀分割

垂直均匀分割是把页面分割为左右相等的两部分。在视觉习惯上，当左右两部分形成强弱对比时，会造成视觉心理的不平衡。这时，可将分割线作部分或全部的弱化处理，或在分割处加入其他元素，使左右部分的过渡自然而和谐。如图 11.18 所示，左右两部分在色彩上的对比由于视觉中心的图文而减弱，左上角的标志减轻左半部的重量感，使页面更为融合。

图 11.18　垂直均匀分割

2. 垂直不均匀分割

垂直不均匀分割是把页面分割为左右不相等的两部分。左边的视觉注意度较高，因而放置标志、导航信息、主体形象等，如图 11.19 所示。如果将主体形象放在左右分割处，则会减弱左右部分的对比，加强它们的联系，成为该页面的视觉中心。

3. 垂直多次分割

垂直多次分割是页面沿垂直方向分割成大小不等的几部分。在图 11.20 中，页面具有很强的层次性，左边为主栏目导航，右边为次级栏目导航，中间为相应的内容，中间和右边由色彩统一，而左边用形态的渗入来加强它与中间部分的衔接。

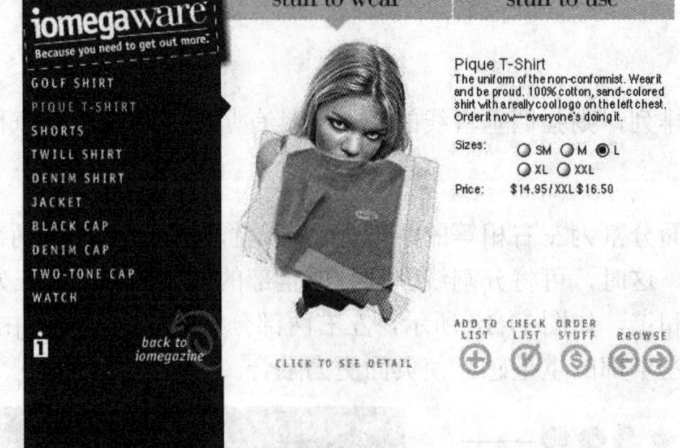

图 11.19　垂直不均匀分割

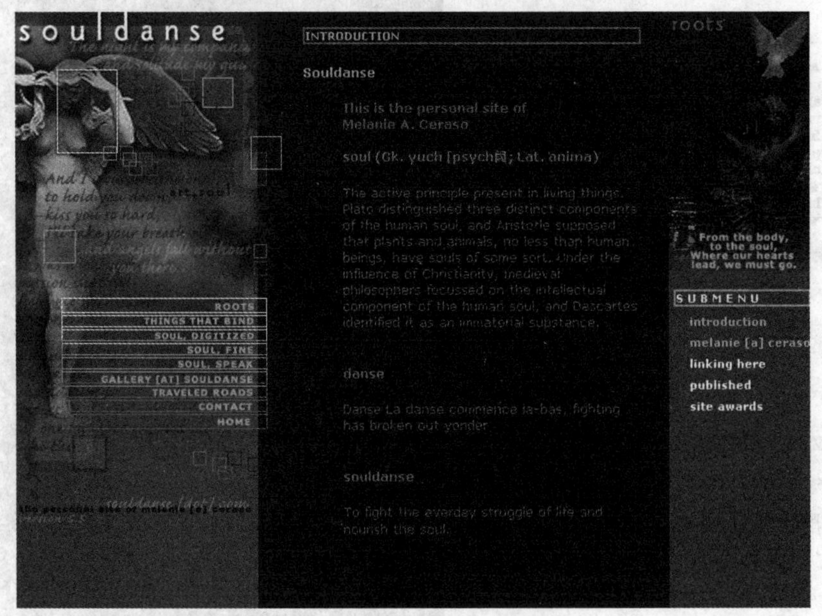

图 11.20　垂直多次分割

4. 垂直变化分割

垂直变化分割是将垂直分割进行特异性处理，容易取得耳目一新的效果。如图 11.21 所示，将垂直分割应用于网页设计，在分割处粘贴一个典型提示图案，分割手法灵活多变，营造出和谐统一的美感。

11.4.3　水平垂直分割

水平垂直分割是将水平与垂直分割同时使用，它们之间容易形成对比关系，较之单向分割更为丰富、实用而灵活多变。下面举例说明。

如图 11.22 所示，采用典型的“门”型构图，艳丽的嫩绿色和略带变化的分割方式，打破了构成方式的呆板，使页面更具个性化和青春气息。

Note

图 11.21　垂直变化分割

图 11.22　“门”型构图

如图 11.23 所示，采用“匡”型构图，顶部为主栏目导航，左侧为次级栏目导航，由于两个页面色调的冷暖不同，给人以不同的视觉心理感受。

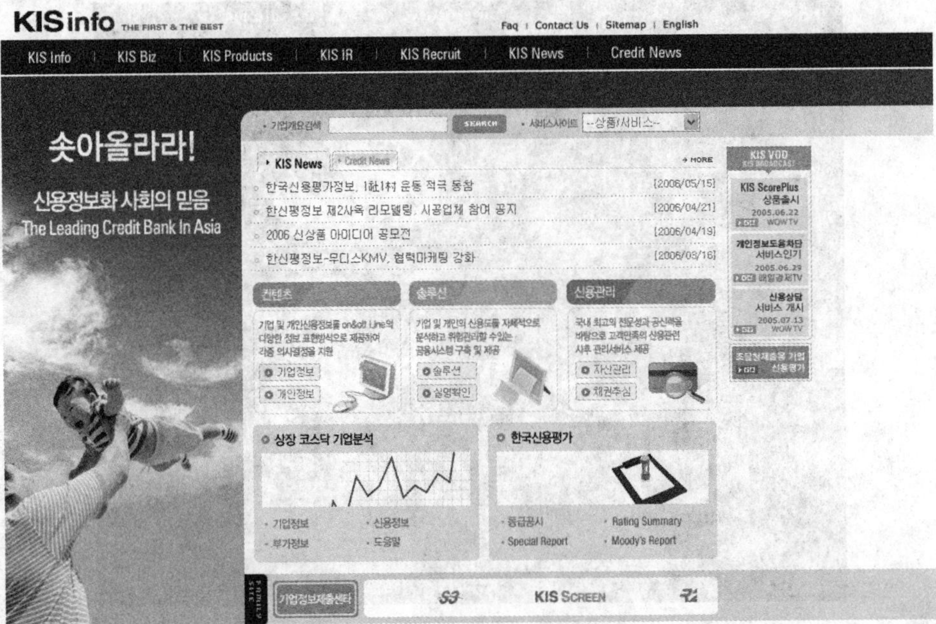

图 11.23 “匡”型构图

如图 11.24 所示的网站页面，在左右分割的版面中，以贯穿的水平路面来连接左右，标志和主栏目菜单得以强化而突出，同时，人物形象打破了分割界线，人物目光对浏览者的视线进行诱导，这些都减弱了左右对比，加强了联系，显示出运动性网站的力量感。

图 11.24 运动构图

Note

如图 11.25 所示，一改常规的版式构图，将主栏目菜单置于页面右侧，左边为主体产品形象，明暗色的对比加强了版式特征，此独到之处十分吸引人。

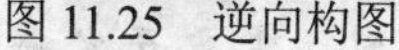

图 11.25 逆向构图

至于其他几种版式构成的类型，与前面介绍的视觉流程类型几乎完全相同，这里不再赘述。网页界面的版式设计实际上没有固定的格式可循，在实际的设计实务中，我们还应根据网页界面的内容和要求，勇于突破传统和形式框架的束缚，突破创新。

第12章 网站策划和规划

任何一个网站，在建站之初都会有一个设想，或者说有一种期望，希望站点能帮助实现不同的愿望，例如，宣传企业形象、商业赢利，或者内部信息交流等。不论是正规的商业网站还是个人网站，要想把网页做得丰富多彩，吸引大量浏览者访问，网站策划设计是至关重要的。

网站开发是一门艺术，也是一项技术。需要开发者的创意和设计，当然也要遵循一定的规范。经过无数网站设计师多年的总结和经验，网站设计形成了很多固定的操作规范，理解和运用这些规范会给开发工作带来方便。在网站开发中建立一套既定的规范无疑会建立良好的沟通和合作基础，极大地提高工作效率。

【学习重点】

- 网站定位
- 网站创意
- 网站设计与材料搜集
- 制订网站规划
- 设计网站结构
- 网站目录和文件规范

Note

12.1 网站定位

有效的策划归于策划人的信息与设想的浏览者之间是否默契的交流。尽管这听起来很抽象，但要明白在网络上浩如烟海的信息中，人们被网络、电子信箱、信件、报纸、商业广告、路边广告等各种信息充斥着，如何才能使自己的信息得到人们的注意并由此产生效果。有效策划的第一步要明确下面 4 个问题。

☑ 确定网站想要表达什么？

☑ 浏览者为什么需要这些信息？

☑ 准备给浏览者留下什么样的印象？

☑ 让浏览者看完信息之后有什么反应？

当回答这些问题时，其实已经在向制作出一个能达到目的的网站前进了一步。

12.1.1 确定网站想要表达什么

明确自己的信息，听起来是个很显然的道理，但有很多网站就是在这一点上做得很不好。用户不会经常访问那些信息很混乱的网站，这些网站看过之后甚至还不能确认它是在推销商品，还是想告诉有关信息，或者仅仅只是在浪费浏览者的时间。

当人们访问网站时，浏览者需要尽快了解网站的信息，需要对此产生兴趣，从而停留在那儿、学到东西、做出反馈。通过明确想要说什么，才可以知道信息应该如何传递。

用户不妨使用草稿纸简单记下想要告诉观众的东西，用简单的话来描述建站的目的。

12.1.2 了解浏览者为什么需要这些信息

抓住浏览者注意力的关键是要明白他们需要或者想要了解什么信息。通过关注观众的需求，可以使自己更容易地做规划，做出来的网站也更能吸引观众。

将浏览者访问网页的可能存在的初衷罗列出来。

☑ 解决实际问题。

☑ 浏览网页很舒服。

☑ 可以与网页进行交互。

☑ 了解奇闻异事、专业知识、时事新闻。

☑ 给浏览提供机会。

☑ 提高个人思想认识。

☑ 能开阔视野。

这张清单并不包含所有理由，列在这里仅作为一个参考。如果可能，在简要记下浏览者需要信息时，将这些理由区分一下先后顺序。

哪些卖点最可能获得浏览者的注意力？等到制订网站结构时，这些理由的先后顺序会有一些帮助。

Note

12.1.3　给浏览者留下什么样的印象

彻底了解站点给人的印象，可以从以下几个方面来理清思路。

（1）如果只用一句话来描述自己的站点，应该是？

参考答案：

有创意，很专业，有（技术）实力，有美感，有冲击力等。

（2）想到自己的站点，可以联想到的色彩是？

参考答案：

热情的红色，幻想的天蓝色，聪明的金黄色等。

（3）想到自己的站点，可以联想到的画面是？

参考答案：

一份早报，一辆法拉利跑车，人群拥挤的广场，杂货店等。

（4）如果网站是一个人，他拥有的个性是？

参考答案：

思想成熟的中年人，狂野奔放的牛仔，自信憨厚的创业者等。

（5）作为站长，希望给浏览者的印象是？

参考答案：

敬业，认真投入，有深度，负责，纯真，直爽，淑女等。

（6）用一种动物来比喻，你的网站最像？

参考答案：

猫（神秘高贵），鹰（目光锐利），兔子（聪明敏感），狮子（自信威信）等。

（7）浏览者觉得你和其他网站的不同是？

参考答案：

可以信赖，信息最快，交流方便等。

（8）浏览者和你交流合作的感受是？

参考答案：

师生，同事，朋友，长幼。

现在可以自己先填写一份答案，然后让其他网友填写。比较后的结果会显示自己网站现在的差距、弱点及需要改进的地方。

12.1.4　想让浏览者做什么

设想网站制作完毕，浏览者浏览网页时会有什么行为？列一个清单如下。

☑　发邮件向站点获取更多信息。

☑　填写订单。

☑　打电话购买产品或服务。

☑　按要求完成调查表或申请表。

☑　参加网站投票。

☑　注册会员。

☑　把站点加入收藏夹，定期访问。

明确想让浏览者做什么是非常重要的。可能在上面的清单里没有列出全部。但在建站时一定要确

信已经记录下了所有想要的行为，如果可能，将它们在清单上按优先顺序排好。

12.2　网 站 创 意

Note

创意是网站生存的关键。如何挖掘创意的来源？一个出色的创意并不是信手拈来的，它需要完成很多工作。对一个创意策划人员来讲，首先要有敏锐的头脑去捕捉稍纵即逝的灵感，其次是用坚持不懈的工作来实现创意。

创意到底是什么，如何产生创意呢？

创意是引人入胜，精彩万分，出奇不意的；

创意是捕捉出来的点子，是创作出来的奇招……

创意来自生活。一个好的创意百分之一来自灵感，而其余百分之九十九来自不懈的努力。

12.2.1　创意是传达信息的一种特别方式

例如，Web designer（网页设计师），我们将其中的 E 字母大写：wEb dEsigEr，感觉怎么样，这其实就是一种创意。

创意并不是天才者的灵感，而是思考的结果。根据美国广告学教授詹姆斯的研究，创意思考的过程分为 5 个阶段。

- ☑ 准备期：研究所搜集的资料，根据旧经验，启发新创意。
- ☑ 孵化期：将资料咀嚼消化，使意识自由发展，任意结合。
- ☑ 启示期：意识发展并结合，产生创意。
- ☑ 验证期：将产生的创意讨论修正。
- ☑ 形成期：设计制作网页，将创意具体化。

12.2.2　创意是将现有的要素重新组合

例如，网络与电话结合，产生 IP 电话。从这一点上出发，任何人都可以创造出不同凡响的创意。而且，资料越丰富，越容易产生创意。就好比万花筒，筒内的玻璃片越多，所呈现的图案越多。如果有心可以发现，网络上最多的创意来自与现实生活的结合（或者虚拟现实），例如在线书店、电子社区、在线拍卖。

创意思考的途径最常用的是联想，这里提供了网站创意的 25 种联想线索。

- ☑ 把它颠倒。
- ☑ 把它缩小。
- ☑ 把颜色换一下。
- ☑ 使它更长。
- ☑ 使它闪动。
- ☑ 把它放进音乐里。
- ☑ 结合文字音乐图画。
- ☑ 使它成为年轻的。
- ☑ 使它重复。
- ☑ 使它变成立体。

☑ 参加竞赛。
☑ 参加打赌。
☑ 变更一部分。
☑ 分裂它。
☑ 使它罗曼蒂克。
☑ 使它速度加快。
☑ 增加香味。
☑ 使它看起来流行。
☑ 使它对称。
☑ 将它向儿童诉求。
☑ 价格更低。
☑ 给它起个绰号。
☑ 把它打包。
☑ 免费提供。
☑ 以上各项延伸组合。

提示： 创意的目的是更好地宣传推广网站。如果创意很好，却对网站发展毫无意义，那么创意也就没有实用价值。

12.3 网站设计与素材搜集

网站设计与网站制作是有区别的。它们的区别在于设计是一个思考的过程，而制作只是将思考的结果表现出来。一个成功的网站首先需要一个优秀的设计，然后辅之优秀的制作。设计是网站的核心和灵魂，一个相同的设计可以有多种制作表现的方式。

12.3.1 设计网站主题和名称

设计一个站点，首先遇到的问题就是定位网站主题。

所谓主题也就是你的网站的题材。网络上的网站题材千奇百怪，琳琅满目。只要想得到，就可以把它制作出来。下面是美国《个人电脑》杂志（PC Magazine）评出的排名前 100 位的全美知名网站的 10 类题材。

第 1 类：网上求职。
第 2 类：网上/即时信息。
第 3 类：网上社区/讨论/邮件列表。
第 4 类：计算机技术。
第 5 类：网页/网站开发。
第 6 类：娱乐网站。
第 7 类：旅行。
第 8 类：参考/资讯。
第 9 类：家庭/教育。
第 10 类：生活/时尚。

每个大类都可以继续细分，例如，娱乐类再分为体育/电影/音乐大类，音乐又可以按格式分为MP3、VQF、Ra，按表现形式分古典、现代、摇滚等。以上都只是最常见的题材，还有许多专业的、另类的、独特的题材可以选择，如中医、热带鱼、天气预报等，同时，各个题材相联系和交叉结合可以产生新的题材，例如，旅游论坛（旅游+讨论），经典足球播放（足球+影视）按这样分下去，题材可以有成千上万个，你不会再为题材重复，难以选择而烦恼了。

其实网站名称也是网站设计的一部分，而且是很关键的一个要素。例如"电脑学习室"和"电脑之家"显然是后者简练；"迷笛乐园"和"MIDI 乐园"显然是后者明晰；"儿童天地"和"中国幼儿园"显然是后者大气。和现实生活中一样，网站名称是否正气、响亮、易记，对网站的形象和宣传推广也有很大影响。下面列出 3 点建议。

☑ 名称要正。就是要合法、合理、合情。不能用反动的、色情的、迷信的或危害社会安全的名词语句。

☑ 名称要易记。根据中文网站浏览者的特点，除非特定需要，网站名称最好用中文名称，不要使用英文或者中英文混合型名称。如 beyond studio 和超越工作室，后者更亲切好记。另外，网站名称的字数应该控制在 6 个字（最好 4 个字）以内，如"XX 阁""XX 设计室"，4 个字的可以用成语，如"一网打进"。字数少还有个好处，一般友情链接的小 LOGO 尺寸是 88×31，而 6 个字的宽度是 78 左右，适合于其他站点的链接排版。

☑ 名称要有特色。名称平实就可以接受，如果能体现一定的内涵，给浏览者更多的视觉冲击和空间想象力，则为上品。如音乐前卫、网页陶吧、天籁绝音。在体现出网站主题的同时，能点出特色之处。

总之，定位题材和名称是设计一个网站的第一步，也是很重要的一部分。如果能找到一个满意的名称，花一天时间翻字典也是值得的。

12.3.2 确定网站的栏目和版块

建立一个网站好比写一篇文章，首先要拟好提纲，文章才能主题明确，层次清晰；也好比造一座高楼，首先要设计好框架图纸，才能使楼房结构合理。

初学者最容易犯的错误就是：确定题材后立刻开始制作。当一页一页制作完毕后才发现网站结构不清晰，目录庞杂，内容东一块西一块。结果不但浏览者看得糊涂，自己扩充和维护网站也相当困难。

栏目的实质是一个网站的大纲索引，索引应该将网站的主体明确显示出来。在制定栏目时，要仔细考虑，合理安排。一般的网站栏目安排要注意以下几方面。

☑ 一定记住要紧扣网站的主题。

一般的做法是：将主题按一定的方法分类并将它们作为网站的主栏目。主题栏目个数在总栏目中要占绝对优势，这样的网站显得专业，主题突出，容易给人留下深刻印象。

☑ 设一个最近更新或网站指南栏目。

如果首页没有安排版面放置最近更新内容信息，就有必要设立一个"最近更新"的栏目。这样做是为了照顾常来的访客，让网站的主页更有人性化。

如果主页内容庞大（超过 15MB），层次较多，而又没有站内的搜索引擎，最好设置"本站指南"栏目。可以帮助初访者快速找到他们想要的内容。

☑ 设定一个可以双向交流的栏目。

不需要很多，但一定要有。如论坛、留言本、邮件列表等，可以让浏览者留下他们的信息。有调查表明，提供双向交流的站点比简单的留一个 E-mail 的站点更具有亲和力。

Note

☑ 设一个下载或常见问题回答栏目。

网络的特点是信息共享。如果看到一个站点有大量的优秀的有价值的资料，肯定希望能一次性下载，而不是一页一页浏览存盘。在自己的主页上设置一个资料下载栏目，会得到大家的喜欢。有些站点为了广告显示量，一篇文章还要分几页显示，这就显得比较费劲。另外，如果站点经常收到网友关于某方面的问题来信，最好设立一个常见问题回答的栏目，既方便了网友，也可以节约自己更多时间用以学习。

至于其他的辅助内容，如关于本站、版权信息等可以不放在主栏目里，以免冲淡主题。总结以上几点，得出划分栏目需要注意以下方面：

☑ 尽可能删除与主题无关的栏目。

☑ 尽可能将网站最有价值的内容列在栏目上。

☑ 尽可能方便访问者的浏览和查询。

上面说的是栏目，我们再看看版块设置。版块比栏目的概念要大一些，每个版块都有自己的栏目。举个例子：网易的站点分新闻、体育、财经、娱乐、教育等版块，每个版块下面又各有自己的主栏目。一般的个人站点内容少，只有主栏目（主菜单）就够了，不需要设置版块。如果自己觉得的确有必要设置版块的，应该注意以下方面：

☑ 各版块要有相对独立性。

☑ 各版块要有相互关联。

☑ 版块的内容要围绕站点主题。

关于版块方面，主要是门户站点等较大 ICP 需要考虑的问题，一般小型网站可以忽略。

12.3.3 搜集素材

多好的想法如果不能被很好地表现，那么也无法被认可，现在的任务就是在网络上对所有有助于自己的相关材料进行搜集。

下面是一些可以搜集到的书面内容：

☑ 公司传销材料（销售说明，内容说明）。

☑ 公司情况说明书。

☑ 广告。

☑ 新闻稿（包括传单、招贴画、邀请信）。

☑ 课程指南。

☑ 公司培训资料（手册、指南）。

☑ 期刊（报纸、杂志、公告）。

☑ 表格（订单、调查表、申请表）。

寻找如下类别的图像：

☑ 照片（可能的话要原始图片）。

☑ 美术作品（标识、插图、图标、标示牌）。

不管是图片，还是美术作品，有可能的话最好使用原图。大多数复制到印刷品上（例如杂志和报纸）的图片采用了过渡调色技术（有时是指经过过滤），这是一个可以让图片在纸上看起来更好一些的优化过程。过渡调色技术可以产生非常漂亮的打印输出，然而将其扫描作为网络图片时，会看到有非常难看的点状图案，被称为波纹图案。除非用非常复杂的图片编辑软件，否则很难将其除去。

下面是能搜集到的其他材料：

Note

- ☑ 录像（广告、公司的录像）。
- ☑ 新闻文章（印刷品、声音、网上文章或者录像带等）。
- ☑ URL 地址。
- ☑ 分类的参考资料。

12.4 制订网站规划

开发者在与客户达成协议之后，应不要急于着手制作，可先仔细分析客户的需求并结合自己的经验拟一份初步的网站建设方案给客户。这是很关键的一步，与客户进行良好的沟通将为后面工作省去很多不必要的麻烦。

12.4.1 制作规划中的几个问题

写规划时不要为了省事而套用原来的或类似的规划方案。很多客户虽然不是电脑高手，但是在看文档时格外的仔细，尤其是对电子文件，甚至会去看看你的属性，是谁写的，写给谁的，这样的客户会让人十分恼火，但是他们的做法无可挑剔。所以，在写规划文案时尽量不用原来的文件修改另存。

写规划时要全面考虑问题，能站在不同的角度、利用不同的方法去思考问题。例如：

作为运营者，可能关心的是成本、费用、收益，也就是自己想做什么，做想做的要花费多少，花费后自己可以得到什么。因而，对于运营者的规划方法就是让他们能够认为物有所值，这里说的价值不但是网站设计本身的，还有就是在运营过程中得到的。

作为技术实施者，可能关心的是技术难度、实施过程、最终效果，也就是从技术角度对功能实现的简单或困难程度，实现某功能所需要经过的必然阶段和技术实现后可以呈现在大家面前的最终效果。因而，对于技术实施者的规划方法就是让他们有发挥的空间，对他们存在某些技术挑战，而避免技术实施者因为网站的简单化或者模块化而消极的应对，一旦技术人员消极，那么最终损失的不是用户，而是企业本身。

作为一般浏览者，能关心的是内容、效果、实用程度，也就是是否有自己需要的东西，是否搭配协调浏览舒适，是否操作简单、方便。因而，对于一般浏览者的规划方法就是让网站结构尽量扁平，可以让用户在最短的时间内了解整个网站所要展现的主要内容。同时，一般的浏览者更关心的是产品和可以得到的服务，而不是什么公司资格、公司介绍之类的东西，因而产品/服务正在逐步地成为各个网站中第一个被介绍给一般浏览者的事物。

写规划时要把功能和栏目（内容）进行绑定，避免出现功能一个不少但被压缩到了 3~5 个栏目（内容）中削减费用，或者栏目（内容）一个不少，功能被极力压缩，做了半天没赚头。

例如，某企业做站点就需要企业介绍、企业新闻、产品介绍、联系方式、留言板 5 个基本单元，如果按照通常的习惯企业介绍、产品介绍、联系方式用静态页面，企业新闻、留言板用动态，很多企业会选择企业新闻使用静态页面，理由是新闻少，没必要用动态。而这时就会出现费用问题，如果说一个新闻模块是 1000 元，而改为静态最多也就 50 元/页，致使原本只有 2000~3000 元的交易变成了 1000 元左右，而后续的服务更是难做了。而如果换个方法，将企业介绍和企业新闻合并还叫企业介绍，其中不但有企业介绍、企业新闻，而且还可以让企业自由发布任何其他信息，如总经理致辞、企业结构图等，这样就等于将一个简单的栏目变成了复杂的，可以突出企业的同时突出其领导人物个人形象的，管理者一般就不会轻易地在这样的栏目中开刀了。

Note

12.4.2 网站规划书

网站规划书应该尽可能涵盖网站规划中的各个方面，其包含的内容如下。

1. 市场分析

☑ 相关行业的市场是怎样的，市场有什么样的特点，是否能够在互联网上开展公司业务。

☑ 市场主要竞争者分析，竞争对手上网情况及其网站规划、功能作用。

☑ 公司自身条件分析、公司概况、市场优势，可以利用网站提升哪些竞争力，建设网站的能力（费用、技术、人力等）。

2. 功能定位

☑ 为什么要建立网站，是为了宣传产品，进行电子商务，还是建立行业性网站，是企业的需要还是市场开拓的延伸。

☑ 整合公司资源，确定网站功能。根据公司的需要和计划，确定网站的功能：产品宣传型、网上营销型、客户服务型、电子商务型等。

☑ 根据网站功能，确定网站应达到的目的作用。

☑ 企业内部网（Intranet）的建设情况和网站的可扩展性。

3. 技术解决方案

根据网站的功能确定网站技术解决方案。

☑ 采用自建服务器，还是租用虚拟主机。

☑ 选择操作系统，用 UNIX、Linux 还是 Windows 2000/NT。分析投入成本、功能、开发、稳定性和安全性等。

☑ 采用系统性的解决方案（如 IBM、HP 等公司提供的企业上网方案）、电子商务解决方案，还是自己开发。

☑ 网站安全性措施，防黑、防病毒方案。

☑ 相关程序开发，如网页程序 ASP、JSP、CGI、数据库程序等。

4. 内容规划

根据网站的目的和功能规划网站内容。

☑ 一般企业网站应包括公司简介、产品介绍、服务内容、价格信息、联系方式、网上订单等基本内容。

☑ 电子商务类网站要提供会员注册、详细的商品服务信息、信息搜索查询、订单确认、付款、个人信息保密措施、相关帮助等。

☑ 如果网站栏目比较多，则考虑采用网站编程专人负责相关内容。

网站内容是网站吸引浏览者最重要的因素，无内容或不实用的信息不会吸引匆匆浏览的访客。可事先对人们希望阅读的信息进行调查，并在网站发布后调查人们对网站内容的满意度，以及时调整网站内容。

5. 网页设计

☑ 网页美术设计一般要与企业整体形象一致，要符合 CI 规范。要注意网页色彩、图片的应用及版面规划，保持网页的整体一致性。

☑ 在新技术的采用上要考虑主要目标访问群体的分布地域、年龄阶层、网络速度、阅读习

惯等。

☑ 制订网页改版计划，如半年到一年时间进行较大规模改版等。

6. 网站维护

☑ 服务器及相关软硬件的维护，对可能出现的问题进行评估，制定响应时间。
☑ 数据库维护，有效地利用数据是网站维护的重要内容，因此数据库的维护要受到重视。
☑ 内容的更新、调整等。
☑ 制定相关网站维护的规定，将网站维护制度化、规范化。

7. 网站测试

网站发布前要进行细致周密的测试，以保证正常浏览和使用。主要测试内容有以下方面。

☑ 服务器稳定性、安全性。
☑ 程序及数据库测试。
☑ 网页兼容性测试，如浏览器。
☑ 根据需要的其他测试。

8. 发布与推广

网站测试后进行发布与公关、广告活动。

12.5 网站结构规划

在设计网站界面之前，不妨先勾画出站点结构图。心中有了蓝图，就有助于构建网站的某一部分或者某个网页。注意，网站有许多类型，并不是所有网站的设计目的都是让用户尽快找到所需要的信息。有些网站完全是为娱乐目的而设计的，有些则是教育用的，所以其界面设计应当能引导用户，而不是让他们自己找路。

12.5.1 网站结构

网站结构指的是网站中各网页页面是如何组织在一起的。网站结构有 3 种基本类型，即层次结构、线性结构、网状结构。

1. 层次结构

层次结构是网站制作最常用的一种结构。在一个层次化的网站结构中，浏览者可以很容易地知道自己在网站中的位置。单击上一级链接，可以获得更广泛的信息，而单击下一级链接可获得更具体的信息。

在层次结构中，主页对它以下的内容提供了总体概览，还定义了一些指向更深层次的页面的链接。如图 12.1 所示页面顶部，通过导航栏和位置提示栏浏览者可以轻松在网站中定位。

2. 线性结构

另一种组织网页文档的方式是使用线性或是有序的组织。在一个线性结构中，主页是题目，或者是介绍，而其他的页面则是按照这种结构有序地跟从。在一个严格的线性结构中，链接从一个页面到另一个页面，典型地说是向前向后。由于只有极少的地方可以去，所以在一个线性结构中，一般可以

Note

轻易地确定在上下文中的位置。使用网页页面来描述一个过程采取线性的结构十分合适，但只能用在局部。

图 12.1　层次结构

如图 12.2 所示的页面底部显示的页码数字导航链接，引导浏览者在一条线上前后定位。

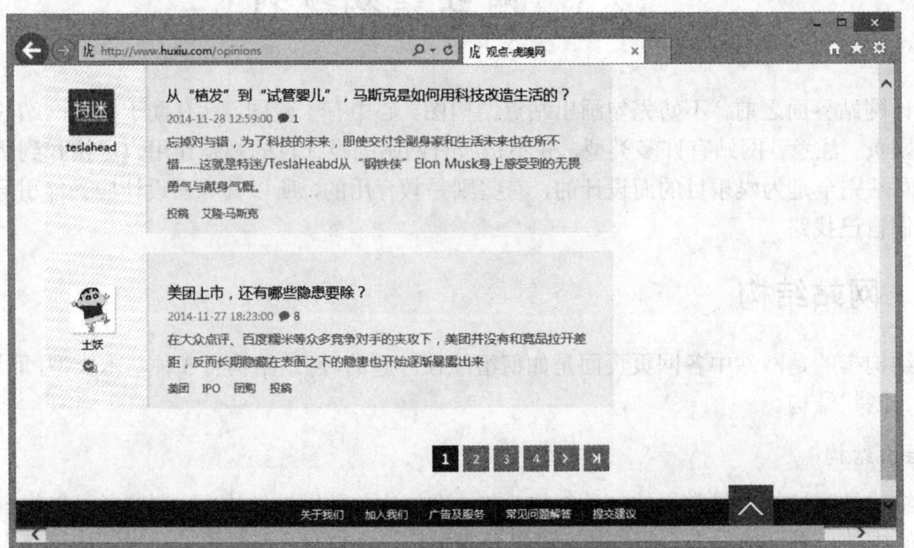

图 12.2　线性结构

3. 网状结构

网状结构是一系列具有很少或者根本不具有总体结构的文档结构。将每个页面系在一起的唯一东西就是链接。网状结构倾向于自由流动以及允许浏览者无序地在各个页面之间跳转。这种结构需要谨慎使用，如果用户浏览该网点时，他的浏览目的是无序或随意的，那么可以使用这种模式。如图 12.3 所示，在右侧主体框架页里，随意散布着一些链接，在这些链接之间没有任何联系（前后关系、父子关系），浏览者可以随意地单击查看想要的内容。

图 12.3　网状结构

12.5.2　设计网站导航规范

1. 当导航按钮连接到当前页时

为达成界面设计的一致性，网页页面设计者可让该按钮不再具有超链接的功能；或将该按钮的彩度、亮度降低（如深绿色变成淡绿色、亮红色变成暗红色），使浏览者能够明白导航按钮不再具有超链接的功能。

2. 适当、有效率地使用超链接

适当、有效率地使用超链接，是一个优良的导航系统不可或缺的要素之一。但过分滥用超链接，反而损害了网页页面行文的流畅与可亲性。

在一篇长短适中的网页页面里（3、4 个屏幕页面），文章里提供的外部文字式超链接最好不要太多，以使全页行文能够顺畅，而浏览者也不至于眼见一大堆超链接，反而不知从何浏览才好。如果真有那么多的超链接必须提供给浏览者，不妨将这些超链接以列表的方式列在目录页上，或者放在页面底部，既不妨碍行文的顺畅，又使浏览者一目了然，如图 12.4 所示。

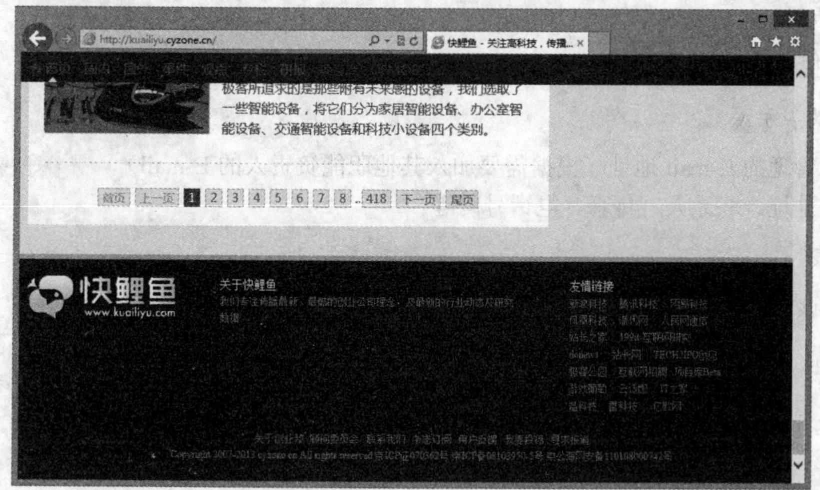

图 12.4　列表的形式列出所有链接

3. 超链接的提示字符串长短适中

让超链接的提示字符串长短适中且行文自然，避免字符串过长（如整行、整句都是链接字符串）或过短（如仅一个字的链接）都不利于浏览者的阅读或单击。

Note

4. 注意超链接颜色与单纯叙述文字的颜色区别

应将网页内的文本颜色与超链接用色区分开来，方便浏览。例如，纯粹的叙述文字采用较暗、较深的颜色来呈现，如黑色、墨绿色、暗褐色，超链接文字则以较鲜明抢眼的色彩来强调，如亮黄色、翠绿色、鲜橘色，至于单击过的超链接则采用较低于原超链接亮度的颜色显示。

5. 在网页文件里提供必要的链接

将篇幅过长的文件分隔成数篇较小的网页页面会大大地增加界面的亲和性，但在导航按钮与超链接的配置上，网页页面设计者则要更细心周全地安排，使得浏览者不论身处哪个页面，都能够快速准确地找到其他任何一个页面。

网页页面设计者应特别提供“上一页”、“下一页”、“跳到子目录页”与“返回首页”等之类的导航按钮或超链接。

6. 在较长的网页页面内提供目录表与大标题

理想的网页页面长度以不超过 3、4 个屏幕页面为佳。但是如果基于某些特殊理由，网页页面一定要做得很长，那么不要忘了在此长篇的网页页面最上头，提供一个目录表，网页页面的内容也标上大小标题，以利于清楚阅读。尤其重要的是，在这些标题与目录表里分别设置锚点，以使网页页面真正发扬互动性、便捷性功能。

12.5.3 网站框架规范

网站要具备下面框架规范。

1. 网站介绍

☑ 背景介绍。
☑ 栏目介绍（提供链接）。

2. 站点地图

结构图（提供链接）。

3. 站点联系方式

☑ 网站管理的 E-mail 地址（根据需要加入其他职能负责人的 E-mail）。
☑ 通信地址、联系人、传真、电话号码等。

4. 反馈表

反馈表应该包括下面几项内容：

☑ 姓名。
☑ 年龄。
☑ 职业。
☑ 单位。
☑ 联系方式。

- ☑ 意见建议。

（根据实际情况就以上各项作调整，力求简洁有效）

5. 内容及栏目设置要求

- ☑ 在每页中都要包含相关的、引人入胜的内容。特别是要销售一种产品时，每个页面都要用详细的内容和图像精心修饰一番。
- ☑ 网页上的语言尽量通俗易懂。
- ☑ 用符号突出特别重要的内容，不要过多，保持页面的简洁。
- ☑ 不要把站点建成单纯的网上公司介绍，适当发布行业信息。

6. 常见问题解答

- ☑ 将所有问题列于页面的上部，并将每个问题与答案链接在一起。
- ☑ 对专业用语及技术术语进行解释。
- ☑ 回答共性问题节省网管和访问者的时间和精力。

7. 搜索工具

- ☑ 在搜索框中输入关键词语或词组，在单击查寻按钮后，本站相关的网页列表就会出现在屏幕中。
- ☑ 有效查寻的说明。

8. 新闻

- ☑ 在最新更新的信息边加注一个亮丽的小图标“新”。
- ☑ 为最新消息创建单独页面，并在一段时间后将新闻放置于适当的目录下。
- ☑ 在主页或每个页面下加注一行文字，表明本站点或每个单独的页面最近一次被更新的时间。
- ☑ 提供其他网站链接，以提供更多相关信息。

9. 相关站点链接

- ☑ 每个链接作简要说明，并对它被链接的原因进行阐述。
- ☑ 每周对各链接站点作定期的访问，删除那些死链接站点。
- ☑ 为站点创建纯文本的版本。

10. VI 标准化要求

- ☑ LOGO 及中英文标准字体（包括应用范例）。
- ☑ 网站标准色（包含扩展范例）。
- ☑ 链接图标（尺寸：88×3lpx/468×60px）各两个（包括应用范例）。

11. 网站建设尺寸规范

- ☑ 页面标准按 1024×768 分辨率制作，实际尺寸为 1000×600px。
- ☑ 页面长度原则上不超过 3 屏，宽度不超过 1 屏。
- ☑ 全尺寸 Banner 为 468×60px，半尺寸 Banner 为 234×60px，小 Banner 为 88×3lpx。
- ☑ 另外 120×90、120×60 也是小图标的标准尺寸。

12. 用户反馈表

网站中应该有用户反馈表，而且内容要详细。

12.6 网站目录和文件规范

Note

在网站开发中，目录和文件命名是有讲究的。好的文件名应具有通用性，即一个工作小组的成员都能够方便地理解每一个文件的意义，其次当在文件夹中按名称排序时，相同类别的文件可以排列在一起，以便进行查找、修改或替换。

12.6.1 建立目录的原则

建立目录的原则是以最少的层次提供最清晰简便的访问结构。

一般网站根目录中可以建立 images、common、temp 3 个子目录，根据需要也可以建立 media 子目录。

- ☑ images 目录中存放不同栏目的页面用到的公共图片，如 LOGO、Banner、导航菜单、按钮等。
- ☑ common 子目录中存放 CSS、js、php、include 等公共脚本文件。
- ☑ temp 子目录存放客户提供的各种文字图片等原始资料。
- ☑ media 子目录中存放 Flash、AVI、QuickTime 等多媒体文件。

原则上根目录中应按照首页的栏目结构，给每一个栏目建立一个目录文件夹，根据需要在每一个栏目的目录中建立一个 images 和 media 的子目录用以放置此栏目专有的图片和多媒体文件，如果这个栏目的内容特别多，又分出很多下级栏目，可以相应原地再建立其他目录。

temp 目录中的文件往往会比较多，建议以时间为名称建立目录，将客户陆续提供的资料归类整理。

除非有特殊情况，目录、文件的名称全部用小写英文字母、数字、下划线的组合，其中不得包含汉字、空格和特殊字符；目录的命名以英文为主，尽量不要以拼音作为目录名称，经验证明，用拼音命名的目录往往在一个月后连自己都看不懂。

- ☑ 根目录：指 DNS 域名服务器指向的索引文件的存放目录。
- ☑ 根目录文件：根目录只允许存放 index.html（default.html 或 main.html）首页文件，以及其他必需的系统文件。
- ☑ 每个语言版本的网页分别存放于独立的目录。例如：
  - ➢ 简体中文网页存放在 gb 目录。
  - ➢ 繁体中文网页存放在 big5 目录。
  - ➢ 英语网页存放在 en 目录。
  - ➢ 日语网页存放在 jp 目录。
- ☑ 每个主要功能（主菜单）建立一个相应的独立目录。
- ☑ 根目录下的 images 存放公用图片目录，每个目录下的私有图片存放于各自独立的 images 目录。
- ☑ 所有的 JS 文件存放在根目录下的\script 目录。
- ☑ 所有的 CSS 文件存放在根目录下的\style 目录。

12.6.2 网站文件命名规范

网站文件命名应遵循如下规范：

- ☑ 以英文命名。

- ☑ 以最少的字母达到最容易理解的意义，习惯上根据菜单名的英语翻译取主要单词为文件名称，例如：
  - ➢ 关于我们：about。
  - ➢ 信息反馈：feed。
  - ➢ 产品信息：product。
- ☑ 文件名应小写。
- ☑ 所有文件名字母间连线都为下划线。
- ☑ 图片命名原则以图片英语字母为名，如网站标志的图片为 logo.gif，鼠标感应效果图片命名规范为“图片名+_+on/off”。

下面以“新闻”（包含“国内新闻”和“国际新闻”）这个栏目来说明 html 文件的命名原则。

- ☑ 在根目录下开设 news 目录。
- ☑ 第一条默认新闻取名 index.htm。
- ☑ 所有属于“国内新闻”的新闻依次取名为 china_1.htm、china_2.btm……
- ☑ 所有属于“国际新闻”的新闻依次取名为 intemation_1.htm、intemation_2.htm……
- ☑ 如果文件的数量是两位数，请将前 9 个文件命名为 china_01.htm、china_02.htm……以保证所有的文件能够在文件夹中正确排序。

12.7 案例分析：资讯类网站策划和设计

资讯站是指以文章为主的网站，这是互联网站的最基本组成形态之一，也是 Web 1.0 的基本表现形式。很多个人或公司建站，都是从资讯站开始的。中国互联网上最具代表的资讯站非新浪莫属。最早的新浪，只专注做一件事，就是把传统媒体的新闻搬到互联网上，从而成为中国最大的新闻门户。

虽然现在大唱 Web 2.0 应用型网站，甚至连新浪也在积极寻求转型，进行二次创业，但是资讯站这种形式绝不会成为历史。相反，在很长一段时间内，它还将继续作为网站的基本形态出现在互联网上，下面详细介绍如何运营和推广资讯类网站。

12.7.1 资讯站的定位

做网站的第一步是先定位。应该说现在做资讯类网站是比较难定位的，原因有以下两点。

第一，资讯站是最早、最基本的互联网站形式之一，数量最多，覆盖各行各业，用户能想到和不能想到的，基本上都有人做了。

第二，资讯站太容易被复制，哪怕我们花 10 年做了一个资讯站，但是别人用一套好的采集程序，可能一夜之间就能做出个一模一样的，甚至比我们做的还要好。

所以，要想做出好的资讯站，还得从差异化入手。要学会挖掘空白市场，或是在现有的市场中挖掘蓝海。这里和大家分享 4 种做网站策划时寻找差异化的思路。

1. 行业细分差异化

互联网的发展方向，正在朝着精准化和细分化发展，这是未来的趋势，所以寻找差异化时，首项考虑的也是细分化差异。

众所周知，阿里巴巴是 B2B 领域的巨头，基本上可以说是一家独大，在这个领域很难有人与之抗衡。但并不是说 B2B 领域就没机会了。国内有一个网站叫“中国化工网”，做的是和阿里巴巴一

样的事，也是行业的B2B，但是人家一样获得了成功。原因是较之阿里巴巴的大而全，其定位更精准，只专注于化工领域。

那是不是说化工领域也没机会了呢？也不一定。中国还有一个网站叫“中国香料化学网”，同样定位于B2B，而且同样是化工领域，但是其在化工的基础上又继续深入细分了市场，定位到了化工行业中的香料领域，也取得了成功。

Note

2. 用户群的差异化

除了从行业入手外，我们还可以从用户群入手。例如，donews（http://www.donews.com/）、admin5（http://www.admin5.com/）、推一把（http://bbs.tui18.com/）、17pr（http://www.17pr.com/）等，同样是互联网领域的行业网站，但是他们用户群却不同：donews主要是针对编辑记者，admin5主要是针对站长，推一把主要是针对网络营销推广人员，17pr主要是针对公关人员。

3. 用户行为差异化

例如，落伍者（http://www.im286.com/）、admin5（http://www.admin5.com/）和chinaz（http://www.chinaz.com/）3大站长网，虽然都定位于站长人群，表面上看是竞争关系，但是却没有斗得鱼死网破，反而都取得了巨大成功。其原因就是他们满足的用户需求不同，差异化明显，互不干涉。

落伍者主打的是社区交流功能，皆在为大家提供一个交流平台；admin5 最早主推的是站长交易，重点是打造一个安全、可靠的站长交易网站；而chinaz最早主攻的是源码下载，皆在打造一个资源仓库。

即使是同样的目标人群，他们具体的行为和需求也是不尽相同的，所以我们可以从这方面入手。例如，对于手机消费者来说，他们的消费行为有3个阶段：交易前、交易中和交易后，我们可以专门针对他们交易前的行为和需求建站。

例如，提供产品资讯、导购信息、产品库等，也可以针对交易后的行为和需求建站，如手机的维护和保养、手机使用技巧、手机软件下载等。

4. 内容差异化

资讯站的核心是内容，所以从内容本身寻求差异化，非常有必要。关于内容建设应该遵循“人无我有、人有我全、人全我精、人精我专、人专我独”的原则。

☑ 人无我有：别人没有的内容而我们有，就是特色。

☑ 人有我全：如果该有的内容大家都有了，那我们就向全面化发展。

☑ 人全我精：如果其他站的内容也很全面了，那我们就要向精品化发展，只做精品内容。

☑ 人精我专：如果别人的内容也比较精了，那么就向专业化发展，做行业内最专业的网站。

☑ 人专我独：如果行业内已经有很专业的网站了，那我们就做自己特色的东西。

除了以上几点外，还要注意名字策划资讯站时，要尽量定位于用户群广、用户价值高的领域。因为资讯站的主要盈利模式基本上是广告，而广告的价值多少一是取决于点击量，二是取决于用户的价值，二者至少要满足其一。

12.7.2 资讯站的主题分类

资讯站主要提供的就是文章阅读，形式比较单一，所以应主要注重的是用户体验，内容的品质及用户找内容的便捷程度是重中之重。

说到内容品质，其实很多人都知道其重要性，但是在实际操作中经常有人问：网站的内容优质，

可为什么就是得不到用户的认可，就是没有流量？这是因为很多人忽略了找内容这一步。

中国的互联网用户与西方的互联网用户不同。西方互联网用户喜欢主动找内容，他们喜欢享受挖掘内容的过程，所以外国网站的首页都比较简练。而中国的互联网用户的整体特点是“懒”，他们喜欢被动接受内容，他们希望网站能够将他们最想要的内容、最优质的内容主动呈现到面前。所以衡量中文网站用户体验好坏的一个重要因素就是找内容的便捷性。而对于资讯站来说，这个便捷性很大程度是体现在频道及栏目的分类上。

Note

12.7.3 资讯站的设计要点

由于资讯站的形式比较单一，所以相对于其他网站来说，设计难度相对比较低。下面介绍设计资讯站的几个基本要点。

1. 页面体验要好

用户在资讯站是以看为主，在这种情况下，研究的感官体验就显得至关重要。所以就需要设计一些漂亮的页面模板，给用户一个好的视觉享受。好的阅读体验，不仅仅是提供好的文章。

2. 更新定时定量

资讯站想做好，内容量一定要有保证，内容数量和质量是大前提。这就需要资讯站每天保持定时和定量的更新。例如，每天早、中、晚更新 3 次。这么做一是可以让用户随时看到新内容，二是有助于搜索引擎优化。至于具体的更新量，越多越好，但是不要浮动太大。如今天更新 10 篇，明天突然更新 1000 篇肯定不行的。

3. 争做内容第一

作为资讯站，将内容作出特色是必须的，而不管什么类型的资讯站，一个共同的最佳卖点就是精而全。听到“精”和“全”这两个字不要害怕，实现起来并不难。

最简单、最容易执行的解决方案：先把所有相关内容源网站收集全，然后将其内容（或近一个时期内的内容）全部转载或采集过来。在转载的过程中，对内容进行筛选，去粗取精。基本内容建设完毕后，每天转载其每天的新内容即可，然后在这个基础上去建设原创和特色内容。

4. 找内容的便捷性

用户到资讯站就是找内容、看内容的，所以用户在你的站点找内容是否方便，非常重要。这直接会影响到用户的阅读体验，也是决定用户下次会不会来的关键。如何增加便捷性呢？关键点有两个。

- ☑ 前面强调的将频道及栏目按照用户的习惯细分。
- ☑ 页面内的导航要明确，要让用户在网站任意页面中都能够清楚地知道自己的位置，都能够很快地找到其他感兴趣的内容，千万不要让用户在网站中迷路。

5. 专题

前面说过，提升网站内容检索便捷性的一个重要手段是将频道与栏目细分，但是尽管频道与栏目分得很详细，也无法做到面面俱到，而且同一栏目中的内容多了，也难免会出项参差不齐的现象。在这种情况下，我们就可以用专题来弥补这些不足。例如将那些无法用栏目体现的内容，单独提出组成专题。

12.7.4 资讯站的推广重点

虽然在后面章节中将详细讲解网站推广的思路和技巧，但是本节针对资讯类型网站的后期运营推

Note

广进行有针对性的点拨，以方便读者有的放矢。

1. 整站权重最重要

资讯站是以内容为主，而且内容量比较大，所以资讯站最主要的流量来源是搜索引擎，总体思路就是提升整站权重，然后通过海量的内容从搜索引擎带来流量。关于具体的 SEO 技术可参考后面章节的网站推广内容，这里就不再详细讲解。下面介绍关于提升权重的最基本原则。

☑ 网站结构合理，符合用户体验，不能让用户及搜索引擎蜘蛛在网站中迷路。
☑ 页面干净漂亮大方，没有垃圾代码、弹窗及过多的 JS 特效等。
☑ 多与权重高的优质网站交换链接。
☑ 每天保持足够量的更新，尤其是主要内容。
☑ 内链的建设。对于资讯站来说，一个最重要的提升权重和关键词排名的方法就是内链系统。一些比较大的网站，都会开发自家的内链系统，当内容页中出现目标关键词时，系统会自动在这些词上添加链接。

2. 黏住用户

若网站要良性发展，必须要黏住用户，如果网站没有粘性，无论怎么推广也没用。而对于资讯站来说，想黏住用户，关键点有如下 3 个：

☑ 内容的质量，这是大前提，也是重中之重。那到底什么是优质内容呢？很简单，只要用户喜欢的内容，就是优质内容。
☑ 内容的数量。如果一个网站，能够把用户想要的同类网站的内容都搜集齐，那用户肯定就不会再去第二个网站。因为这个站点已经能够满足他的需求，并为他节省了大量时间。
☑ 内容的便捷性，如果用户拿着鼠标唱着歌单击进入我们的网站，然后随便单击几次鼠标就能找到他最想要的内容，则一定会爱上我们的网站。

3. 合作推广

要想大幅度提升流量，普通的推广方式比较难奏效，最好的方式是合作，如流量互换等。

12.8 案例引导：盘点热门网站类型

互联网依旧是很多创业者喜爱的方式，选择好网站类型，然后建一个网站，准备足够的内容，如果 SEO 做得出色，很快就会有大量的流量和广告收入。本节整理当前最受欢迎的 22 种网站主题，如果用户想建一个网站，却在为建什么网站好而烦恼时，或许对你有所启发。

12.8.1 音乐影视：主打娱乐消费

音乐影视类网站是很早就开始兴起的网站主题，到今天仍然有非常好的用户忠实度，很多网民仍旧喜欢在网络上看电影、看电视和听音乐。

音乐影视主题的网站可以细分为几类，各分类中典型的网站如下。

☑ 在线音乐：百度 MP3、酷我音乐盒、搜狗音乐、九天音乐等网站。
☑ DJ 音乐：DJ 嗨嗨、DJ 音乐厅、水晶 dj 网、DJ 前卫音乐等网站。
☑ 音乐周边：千千音乐在线、音乐掌门人、原创音乐基地、虾米网等网站。
☑ 宽带电影：狗狗影视、土豆网电影、优酷电影、新浪大片、迅雷看看等网站。

☑ 电影资讯：新浪电影宝库、M1905 电影网、凤凰影视娱乐、Mtime 时光网等网站。

☑ 电影相关：迅雷、电驴、快播（QVOD）等网站。

除这些专注音乐影视主题的站点外，国内各大知名网站基本都有自己的音乐影视分站、频道，如QQ 音乐、QQ 影视（QQlive）等。

☞ **指点迷津**：对于后来者来说，开辟荒地，找冷门和死角，未尝不是一个尝试的方向，如做屌丝音乐分享、交流小站等。如果你是一个音乐发烧友，不妨做专业音乐的小科目等。

12.8.2 娱乐休闲：主打休闲消费

休闲娱乐类主题站点的范围很广，可以包含各种形式的网站。娱乐、明星类主题可以分为以下几类。

☑ 娱乐综合：新浪娱乐、腾讯娱乐、E 视网娱乐、百度娱乐、搜狐娱乐、天涯娱乐八卦、网易娱乐、凤凰网娱乐等网站。

☑ 综艺节目：非诚勿扰、快乐大本营、天天向上、康熙来了等官方网站。

☑ 明星官网：刘德华官网、周杰伦官网、蔡依林官网等。

以娱乐作为主题的站点很多，如中国娱乐网。因为娱乐主题的广泛性和受关注度比较高，除专门做此类主题的网站，各大门户网站也都有自己的娱乐频道，如新浪娱乐和网易娱乐等。

☞ **指点迷津**：对于后来者来说，大众休闲可能需要大投入，做小众休闲，也是不错的选择，如围棋天地、歌友会、广场舞交流、本地娱乐等。

12.8.3 游戏：主打兴趣消费

游戏类站点其实也应该属于休闲类，但是随着游戏的日渐火热，很多网站开始专注于游戏主题。游戏主题的网站分类很多，大致可分为以下几类。

☑ 综合游戏：17173、新浪游戏、太平洋游戏网、QQ 游戏、游侠网等网站。

☑ 休闲小游戏：4399、新浪小游戏、游戏中国、QQ 迷你游戏等网站。

☑ 网络游戏：魔兽世界、地下城与勇士、跑跑卡丁车、龙之谷、QQ 炫舞等网站。

☑ 手机游戏：电玩巴士、玩家网、PSP 中文网、手游天下、街机中国等网站。

☑ 游戏相关：浩方对战平台、VS 竞技游戏平台、QQ 对战平台、百度游戏大厅等网站。

☑ 单机游戏：魔兽争霸、反恐精英 CS、星际争霸、暗黑破坏神 II、植物大战僵尸等网站。

国内知名的游戏主题站点有 17173、多玩游戏等网站。

☞ **指点迷津**：对于后来者来说，游戏开发难度较大，做平台已经没有市场，做些简单的网页游戏，也需要很深的技术功底，因此此类主题不适合初级入场者尝试。

12.8.4 网络服务与应用：主打服务消费

所谓网络服务与应用，实际上就是网络技术主题的网站。需要注意的是，网络服务应用类网站并不是计算机软、硬件网站，这二者是有所不同的。

目前来看，网络服务类网站大多是门户网站中的子栏目独领风骚，如 Enet 网络学院等。国内专注网络服务应用的网站，也有一些处于发展中的独立站点，如 51CTO 等。

☞ 指点迷津：对于后来者来说，可以尝试针对特定问题为突破口，帮助用户解决日常生活中某个难题为服务目标，发展起来会更好。

12.8.5 博客：主打自媒体消费

博客算是一个较新的网络应用，专门做博客主题的网站有很多，但是个人站长想要建设、维护、运营一个博客类主题的站点是比较困难的事情。注意，这里的博客站点是提供博客应用的网站，而不是指个人博客、公司博客。

博客类主题的网站，可细分为博客和微博两类。

☑ 博客：QQ 空间、网易博客、新浪博客、百度空间、博客大巴等网站。

☑ 微博：新浪微博、腾讯微博、网易微博、搜狐微博、凤凰微博等网站。

提到博客主题，基本上都是门户网站子域名，如新浪博客和网易博客等。

☞ 指点迷津：对于后来者来说，可以尝试以博客为工具，建设一个自媒体平台，展示自己，广交朋友，也能够获得不错收获，这对于广大屌丝网友来说，是难度最小、最便捷的方向。

12.8.6 网址导航：主打导流消费

网址导航主题的站点，就是常说的导航站。导航站在国内火红过一段时间，因为有一段时间搜索引擎调整算法，导致导航站的排名得到提升，所以很多人跟风做导航站，但是目前随着搜索引擎算法的变更，很多原本就没有认真做内容，只是抱着侥幸心理、跟风心理做导航站的站长，已经落败。

目前国内的网址导航站，百度旗下的 hao123，Google 旗下的 265 导航是最顶尖的。

☞ 指点迷津：对于后来者来说，可以尝试做垂直、专业、区域导航站。

12.8.7 计算机软/硬件：主打专业知识消费

同上面提到的网络服务应用不同，计算机软/硬件类的网站，关注的是计算机程序、设备的相关资讯，如最新的硬件产品信息、软件故障解决等内容。

计算机软/硬件主题站点，可以细分为硬件资讯和软件下载两类。

☑ 硬件资讯：太平洋电脑网、中关村在线、IT168、PCHome、电脑爱好者、泡泡网、小熊在线、IT 世界硬件、eNet 硬件、电脑论坛、新浪硬件等网站。

☑ 软件下载：天空软件站、华军软件园、太平洋下载、新浪下载、驱动之家、非凡软件、PChome 下载等网站。

这类直接以计算机软/硬件作为主题的站点已经越来越少，而各大门户网站的软/硬件频道却越来越好，如 IT.COM.CN 的硬件频道和天极的硬件频道等，国内的下载站知名的有很多，如天空下载站、华军下载等。

☞ 指点迷津：对于后来者来说，可以尝试计算机软/硬件自媒体，目前国内很多个人网站都是向这个方向发展，通过页面广告获得不菲收益，如 i 黑马、虎嗅网、钛媒体、雷锋网等。

12.8.8 数码及手机：主打技术消费

数码产品、手机资讯是近几年非常火爆的网站主题。出于当今时代对数码产品的追捧，可以预见

的是，这样的主题网站还会流行很长时间。

数码类主题的知名网站主要有中关村数码、新浪数码、太平洋数码、瘾科技、色影无忌、蜂鸟在线、数码之家等网站。

数码类主题通常情况下以门户网站的频道为首，如中关村在线的数码频道、太平洋电脑世界的数码频道等，至于手机主题，做的比较好的独立网站有手机之家等一批网站。

Note

☞ **指点迷津：**对于后来者来说，可以尝试做移动端主题网站，如 ZEALER 手机评测、戴粉网等。

12.8.9 教学及考试：主打教育消费

教学考试类主题网站，一般都有很好的人气，且此类站点的营销方法比较多，盈利点也比较多，是目前值得重视的网站类型。教学考试类主题的网站，同样可以分成以下几类。

☑ 教育：中国教育在线、中小学教师继续教育网、搜狐教育、腾讯教育频道、中国留学网、新浪教育、搜学网、新思考网等网站。

☑ 学科：中学学科网、初中数学网、数学中国、12999 数学网、奥数网、凤凰语文网、中学生作文网（www.xiayuge.com）、无忧无虑中学语文网、中学语文教学资源网、中华语文网等网站。

☑ 论文：百度文库、豆丁网、中国知网、中国论文下载中心、论文网在线、第一范文网、第一课件网等网站。

☑ 培训：新东方学校、中华会计网校、101 远程教育网、北京四中网校、海天考研、尚德机构等网站。

☑ 公务员考试：国家公务员局、新浪公务员考试、无忧公务员考试、华图教育网、腾讯公务员考试、国家公务员招考网等网站。

☑ 考研：新浪考研、研究生招生信息网、中国考研网、考研论坛、医学考研社区、腾讯考研等网站。

☑ 高考/自考/成考：阳光高考、新浪高考、腾讯高考、自考 365、新浪自考频道、中国自考网、中考网等网站。

☑ 英语考试：四六级考试网、英语四六级—新浪考试、新东方英语、我要模考网、托福网考网上报名，太傻留学论坛、雅思网上报名、中国雅思网等网站。

☑ 专业考试：注册会计师考试、中华会计网校、司考吧、考试大、全国计算机等级考试、国家司法考试、新浪司法考试、无忧考网、财考网等网站。

☞ **指点迷津：**目前的网络上，此类站点良莠不齐。对于后来者来说，可以尝试做家教类，或者做小科培训，如钢琴、拉丁舞等，最好做 O2O，线上和线下结合。

12.8.10 医疗保健：主打健康消费

医疗保健类主题的网站，属于长期话题，一直都很受关注。医疗健康类主题可以分为以下几类。

☑ 医疗健康：39 健康网、搜狐健康、好大夫在线、健身 114、人民网健康、新华网健康、寻医问药网、家庭医生在线、药房网等网站。

☑ 健康社区：39 健康社区、糖尿病论坛、搜狐健康社区、天涯医院、肝胆相照等网站。

☑ 医学行业：丁香园、华医网、医学全在线、医学教育网、中国妇产科网、中国医药网、生物医药大辞典、中国心血管网和爱医等网站。医疗保健类的知名站点很多，首推 39 健康网

和寻医问药两个主题网站。

☞ 指点迷津：因为目前网络监管相关条令的缺失，此类站点存在很多边缘化的内容，不建议普通站长做此类主题的站点。

Note

12.8.11 女性时尚：主打女性消费

现在女性主题的站点关注度一向很高，盈利方式大多是出售服饰、美容产品。单从搜索引擎优化难易度而言，女性类主题的站点属于比较难优化的类别，如果搜索引擎优化者想要做此类站点，需要细分市场、精准定位。女性时尚类主题的网站比较火热，可以分成以下几类。

- ☑ 女性：瑞丽女性网、太平洋女性、网易女人、腾讯女性、悦己女性网、TOM 女性、新浪女性、时尚网、搜狐女人、千龙伊氏、空姐网等网站。
- ☑ 时装时尚：瑞丽女性网、服饰流行前线、时尚网、YOKA 时尚网、凤凰时尚、都市客、新浪—服饰潮流、搜孤女人—流行服饰、逛街网等网站。
- ☑ 时尚杂志：公主志、昕薇、时尚新娘、薇薇书屋、瑞丽电子杂志等网站。

☞ 指点迷津：女性时尚类网站，比较知名的有瑞丽女性网、新浪女性频道等。对于普通创业者，做不了此类大站，可以考虑找女性痛点进行突破，做小而美的女性站。前提是创业者知女性、懂女性，有女性的细腻和相同兴趣取向，创业者自身是女性最好。

12.8.12 社交网络和在线社区：主打社区消费

社交网络和在线社区以往是最为吸引人的网络应用，如各种各样的论坛。随着 Web 2.0 的出现，在线社区经过大浪淘沙，单纯以社区形式存在的网站已经极少。

社交和在线社区主要可以分成综合类社区和地方社区两类。

- ☑ 综合社区：百度贴吧、天涯社区、猫扑大杂烩、QQ 校友、热门贴吧、开心网、人人网、新浪论坛、大旗网、水木社区、搜狐社区、网易论坛、华声论坛、西祠胡同等网站。
- ☑ 各地地方社区：北京社区、天津社区等。

☞ 指点迷津：现在主流的在线社区主题网站，主要是各种地方性、行业性网站，如中国教育社区、浙江在线的潮鸣社区等。

12.8.13 生活服务：主打生活消费

生活服务是近年才兴起的一种网站主题，因为随着网络的普及，越来越多的人开始借助网络来了解、获取日常生活中所需的信息，如天气、交通、宠物等方面的内容，这些内容的需求就促使了生活服务类主题网站的出现。

生活服务主题网站可以分为以下几类。

- ☑ 天气：中国天气网、天气在线、中央气象台等网站。
- ☑ 交通：列车时刻查询、Mapbar 公交查询和交通违章查询等网站。
- ☑ 宠物：宠物中国、宠物之家等网站。

☞ 指点迷津：知名的生活服务类网站不少，如中国天气网、北京公众出行网等。做好此类主题站，最好与现实生活接轨，已经在某个领域工作、生活或创业。

12.8.14 房产家居：主打家居消费

房产家居类主题的网站，可以分为租房买房、装修、建筑等方面，细分如下。

☑ 租房买房：搜房网、焦点房地产网、赶集网、58 同城、房价网、新浪房产、安居客、我爱我家、链家在线、淘房网、易居网、淘房屋、超级经纪人、21 世纪不动产、房老大等网站。

☑ 房屋装修：搜房装修家居网、焦点装修家居网、装修图满多、CCTV-交换空间、秀家网、篱笆网、我爱我家装饰论坛、天涯房产观澜、中国建材网、红星美凯龙、土巴兔装修网等网站。

☑ 建筑行业：ABBS 建筑论坛、筑龙网、天工网、中国建造师网、土木在线、房策天下、天圆地方等网站。

☞ **指点迷津：** *房产家居类主题网站随着房地产业的火热，流量大多被知名网站和门户网站的相关频道分化，如搜房网和新浪房产等。*

12.8.15 汽车：主打交通消费

汽车类主题的网站因为定位的消费群体稍显高端，所以绝对人气相对娱乐类站点来说并不高，但是因为汽车已经日渐成为家庭必备的消费品，所以汽车主题的网站也越来越多，受到的关注度也越来越高。汽车类主题的网站可以细分成以下几类。

☑ 汽车资讯：汽车之家、新浪汽车、爱卡汽车网、搜狐汽车、汽车之家报价、太平洋汽车网、网上车市、中国汽车网、腾讯汽车、车 168、易车网、汽车之友、汽车探索等网站。

☑ 用车/养车：驾校一点通、驾驶员考试网、驾驶技巧、百度知道—购车养车、驾驶员模拟考试、无敌改装、汽车口碑榜等网站。

☑ 汽车/摩托车论坛：越野 e 族、爱卡俱乐部、太平洋汽车网论坛、汽车之家社区、新浪汽车社区、摩托坊等网站。

☞ **指点迷津：** *以汽车为主题的知名网站有汽车之家、易车网等。后来者可以尝试通过友会形式做站，如跑友、车友等。*

12.8.16 旅游：主打旅游消费

旅游主题的网站，可以分为咨询、酒店、机票、户外游、地图等几个和旅游相关的站点。

☑ 旅游资讯：携程旅行网、芒果网、艺龙旅行网、国家旅游局、热点景区、中国通用旅游、穷游网、中国古镇网、搜狐旅游频道、新浪旅游等网站。

☑ 旅行社/酒店/机票：中旅总社、中国国旅、如家酒店、中国康辉、中青旅、信天游、锦江之星、7 天连锁酒店、布丁酒店、淘票网等网站。

☑ 自助户外游：绿野、越野 e 族、游多多、中国户外资料网、磨房网、色影无忌行色、自行车旅行网等网站。

☑ 地图：百度地图、图行天下、相约久久、谷歌地图、我要地图等网站。旅游类网站中，大型知名的网站非常多，如携程、绿野等。

☞ **指点迷津：** *后来者可以尝试做本地旅游站点，或者做旅游附加服务网站。*

12.8.17 体育运动：主打体育消费

Note

体育运动类主题可以细分的种类如下。

☑ 体育综合：新浪竞技风暴、搜狐体育、腾讯体育、TOM 鲨威体坛、虎扑体育、体坛周报、网易体育、直播吧、ESPNSTAR 中文网、体育贴吧目录、CCTV5、中国体彩网、凤凰体育、新华体育、奥迅球探网、雅虎体育等网站。

☑ 足球：新浪国际足球、新浪国内足球、搜狐国际足球、ESPN 国际足球、腾讯国际足球、球探比分、雪缘园、网易国际足球、天下足球网等网站。

☑ NBA：NBA 中国官方站、NBA 视频、新浪 NBA、搜狐 NBA、新华网 NBA、鲨威体坛 NBA、腾讯 NBA、网易 NBA 等网站。

☑ 其他：wwe 中文网、39 健身、拳击帝国、新浪 f1 赛车、海峡钓鱼论坛、中国羽球在线、天天羽毛球、新浪台球、精英乒乓论坛、中国象棋大师网、新浪网球等网站。

☞ 指点迷津：体育运动类主题的知名网站，一般都被各大门户网站的专业频道所占据，如新浪竞技风暴、搜狐体育等。此类网站不适合个人创业。

12.8.18 投资金融：主打理财消费

投资金融主题可以细分为以下几类网站。

☑ 财经资讯：东方财富网、新浪财经、证券之星、和讯财经、中国证券网、天天基金网、搜狐财经、大智慧、同花顺、中财网、金融界、中金在线、凤凰财经、网易财经等网站。

☑ 数据行情：新浪股市行情、东方财富网行情、新股申购/中签查询、基金申购状态、外汇牌价、开放式基金每日净值、封闭式基金行情、最近发行基金、今日黄金价格等网站。

☑ 股市周边：中金博客、新浪财经博客、东方财富网博客、搜狐财经博客、天生我财、和讯财经博客、中国证券网博客、老沙博客、徐小明博客、巨潮网、模拟炒股等网站。

☑ 基金：天天基金网、新浪基金、金融界基金、中国基金网、和讯基金、开放式基金每日净值、酷基金网、基金查询、封闭式基金行情、百度基金等网站。

☑ 理财交流：搜狐—理财频道、银行理财产品查询、银行存款利率表、理财工具大全、新浪理财频道、新浪期货、财帮子等网站。金融投资类主题的网站，知名的有中国基金网、财帮子等。

☞ 指点迷津：投资理财类网站行业比较窄，可以做投资理财咨询方面的选题，但是需要这方面的经验积累。

12.8.19 新闻媒体：主打新闻消费

新闻媒体主题可以分为媒体、报刊和时事几类。

☑ 主要媒体报刊：新浪新闻、新华网、腾讯新闻、凤凰网、CCTV、搜狐新闻、环球时报、中国新闻网、网易新闻、百度新闻搜索、联合早报、人民网、南方网、中国广播网、中华网等网站。

☑ 时事论坛：新华网论坛、凤凰网论坛、天涯国际观察、铁血社区、强国社区、天涯杂谈等网站。

☑ 新闻类主题的网站已经是比较久远的网站类型，但是一直都有很好的活力，知名的新闻媒体主题网站有新浪新闻、新华网等。

☞ 指点迷津：新闻主题网站适合新闻职业者做独家新闻媒体。而平台媒体需要资源大、投入大，不适合初入行者。

Note

12.8.20 小说：主打阅读消费

小说类主题网站，也是当下比较热门的网站主题之一。此类网站往往拥有非常庞大的读者和作者群体，并且有比较完善的会员体制和盈利模式。小说类主题网站可以细分成以下的小类。

☑ 小说阅读：起点中文网、小说阅读网、红袖添香、潇湘书院、今日小说排行榜、晋江文学、言情小说吧、快眼看书、幻剑书盟、网络小说目录、新浪读书、榕树下等网站。

☑ 电子书：飞库、天下电子书、云轩阁、狗狗书籍、久久小说网、悠悠书盟、派派小说论坛、新鲜中文网等网站。

☑ 文化文学：腾讯读书、搜狐读书、百度国学、且听风吟、青年文摘、读者、诗歌库、好心情美文站、国家图书馆、天涯在线书库、百度文库等网站。

☞ 指点迷津：小说类主题的知名站点有 www.qzread.com、起点中文网、榕树下等。另外，小说主题的知名站点还包括一些文化文学类的站点，如百度国学、读者等。创作者可以考虑做自媒体，如果喜欢创作，可以在大型小说平台上做个人作家。

12.8.21 人才招聘：主打职业消费

招聘类网站在众多的网络应用中，已经独立一脉，不管是人气、特色、盈利模式都已经非常成熟，知名的招聘网站在年轻网民群体中更是得到非常好的口碑传播效果。

人才招聘类网站可以分为以下几类。

☑ 综合人才网站：中华英才网、5ljob 前程无忧、中国人才热线、智联招聘网等网站。

☑ 地方人才网站：卓博人才网、湖北人才网、深圳人才网、湖南人才网、智通人才网、苏州人才新干线、厦门人才网、南方人才网、杭州人才网、广东人才网等网站。

☑ 行业人才网站：中国卫生人才网、中国酒店人才网、中国外语人才网、职友集、高校人才网、各地毕业生就业信息官网、应届生求职网、中国旅游人才网、中国汽车人才网等网站。

☞ 指点迷津：知名的人才招聘类网站有智联招聘、中华英才网等。初入行者可以考虑特殊群体的职业需求，如互联网职业的拉勾网（http://www.lagou.com/），也可以考虑小门类求职网站，如校园兼职等，或做移动端求职 APP 等。

12.8.22 网络购物：主打购物消费

网络购物是正在蓬勃发展的一类网站，这类网站的主题非常明确，而且一般情况下都很精准，会瞄准某个用户群进行推广。下面是一些网络购物网站的细分主题。

☑ 购物综合：淘宝网、当当网、京东商城、百度有啊、卓越网、拍拍网、阿里巴巴 1688 等网站。

☑ 服装服饰：玛萨玛索男装网、时尚起义服饰、D1 优尚网、乐淘网上鞋城、好乐买品牌鞋城、VANCL 网上商城等网站。

☑ 数码家电：国美电器、北斗手机网、大中电器、绿森数码、锐意网、新蛋网、世纪电器网、

Note

迪信通、苏宁电器等网站。

☑ 女性时尚：麦考林、梦芭莎内衣女装、兰缪时尚内衣、走秀网时尚购物、百丽官方淘秀网、悠品女装百货等网站。

☑ 化妆品：果皮网、天天购物网、N05 化妆品商城、乐蜂时尚化妆品等网站。

☑ 母婴儿童：红孩子母婴、丽家宝贝、母婴之家等网站。

☑ 日用百货：橡果国际购物、1 号店、中粮集团我买网、快乐购、趣玩创意百货、2688 网店等网站。

☑ 团购：拉手网、美团网、爱帮团、满座网、F 团、团宝网等网站。

☑ 其他：麦包包、钻石小鸟、淘宝皇冠店、中国鲜花礼品网等网站。

☞ **指点迷津：** 网络购物是最近几年才流行起来的网站主题，知名的网络购物主题网站首推淘宝、京东等。此类网站不好做，但可以做小店，做特推等精品店。

12.9 案例引导：盘点网站盈利模式

对于广大初学网站开发的读者来说，学习之初首先应该了解并思考网站盈利模式问题，虽然成功不可复制，但是模式却可以借鉴。

12.9.1 广告费

广告是网站生存的最基本盈利模式，各种各样的广告，不同规模的网站都在做，但是在做广告时，读者一定要选好定位。例如，做彩铃，在数码频道、时尚频道或者女性频道比较好做，国内一家知名的通信资讯公司的报告显示，70%的彩铃业务来自女性客户。

关于网站广告的形式有多种多样，简单总结如下。

☑ 网站本身广告

几乎所有网站都有广告位，最常见的是横幅式广告，有些在最上方，有些在网站内容中间和底部。还有些就是内页的大幅广告位，这些尺寸都没严格限制，具体根据自己网站的布局和需求制定。展现形式可为图片、文字、动画。

☑ 悬浮式窗口广告

不影响网站本身布局，内容自由的广告位。如我们经常可以看到左右两侧有悬浮的广告位，以及网站右下角类似腾讯新闻提示框的窗口广告位，这种广告位多为图片和动画，文字类较少。

☑ 弹窗广告

该种广告和网站页面不相关，直接弹出新的窗口。现在各类小说站大多都含有弹窗广告。不过用户体验度差，对网站空间和速度有影响。

☑ 图片广告-NEW

这是新的广告形式，它可以让网站里的图片都成为广告位。在鼠标没有移动到图片上特定区域前，展现出来的是网站本身的样式，如果移动到图片的特定区域，则会出现提示性的广告。这种广告不影响网站本身内容，针对性强，用户体验度高，有发展前途。

网站广告收费形式总结如下。

☑ CPM（COST PER MILLION）每千人成本

这种广告形式是指广告展示 1 千次，就计费一次。现在的弹窗广告就是这种形式。不看重实际效

果，只在乎展示次数。

☑　CPA（COST PER ACTION）

这种广告收费形式是按特定的动作进行收费。例如，成功购买一件东西，注册一个用户，点击一个网页等。这种广告形式对广告主比较不错，根据实际工作来计费。

现在很多免费网站，都以引导客户做出以上行为为工作重点。用广告方面赚的钱保持对用户的免费。因此很多网站采取激励的方式，只要用户完成以上行为，就可以获取积分，积分到一定量之后就可以换取网站服务等。

☑　CPC（COST PER CLICK）

点击付费，根据实际点击进行计费。这个是推广广告最常用的形式。如百度推广、阿里巴巴的网销宝等都是这种形式。

☑　CPS（COST PER SALE）

根据实际销售情况来计算广告费，一般按利润的百分率来计算。淘宝客就是这种模式，根据实际产品销售出去的利润按 30%或 50%的比例分成。

☑　包月

这主要出现在网站的固定广告位上，以一个价格买断一个广告位，不计算展示，不计算点击，也不计算实际销售情况。很多喜欢固定收入的站长比较喜欢这种形式。

在此类盈利模式中，国内做的较好的是新浪（www.sina.com.cn）、搜狐（www.sohu.com）、网易（www.163.com）、雅虎（www.yahoo.com.cn）等门户网站（包括行业门户）。另外，视频网站通过影音载入前后的等待时间播放广告主的在线广告也是一个非常可观的盈利点，如国外的 youtube （www.youtube.com）、国内的 56（www.56.com）、土豆（www.toodou.com）、六间房（www.6rooms.com）等。

12.9.2　技术费

实施这种模式的网站需要拥有专业人才，在某一特殊领域建立良好的声誉。国内的一些 CMS、BBS 系统提供者，如风讯、动易、动网、帝国等。国外的也有类似的免费开源项目，如 WordPress。

WordPress 是一种使用 PHP 开发的博客平台，用户可以利用它在支持 PHP 和 MySQL 数据库的服务器上架设自己的博客。也可以把 WordPress 当作一个内容管理系统（CMS）来使用。WordPress 是一个免费的开源项目。但是最初时，这个项目也仅是一个自娱自乐的网站，由于该网站比较专业，并最先实现开源和免费，于是很多个人网站使用了它。目前 WordPress 是美国最富创新的网站，网站价值超过了几十亿美元。

12.9.3　标准费

这种网站致力于建立业界的标准，一旦标准建立，则可获得丰富报酬。这种网站对于站长来说要求很高，不仅仅要求要有深厚的专业知识，还要有极强的创新能力，如百度、谷歌，他们旨在建立一种搜索行业的标准，后来者只是模仿者，但是模仿者想要超过标准建立者，需要付出很高的代价，而且是几乎不可能的，这类网站还有 hao123、chinabbs、qihoo 等。

对于 hao123 来说，确实是一个奇迹，建站之初，仅仅是作者的一个业余爱好，把自己看到的好玩的网站都收集汇总在一起，然后提供给网友，方便网友访问互联网，但是没有想到最后居然那么成功，最终作者以 5000 万元卖给了百度，并在不经意间建立一个行业的标准，从网址导航成为一种新的门类网站。

12.9.4 服务费

Note

这种网站会深入了解客户的状况，协助他们解决问题，因此能够和客户建立非常好的关系，网站也因客户的成长而赢利。这类网站站长要在某一行业里面有着足够的实力或者说很强的话语权。

这种网站有很多，如提供电子商务解决方案，帮助客户梳理产品流程，降低企业成本，还有一种是论文发表网站，帮助有发表需求的客户发表论文，这种收益绝对比广告来得多，此外还有翻译网站，归根结底，是以提供服务为主。

12.9.5 平台费

这种网站扮演像电话系统交换机的角色，提供一个平台，让买卖双方交易，从中收取费用，因此交易量越大，赢利越高。最成功的网站应该属于淘宝网了，国外的有 eBay 拍卖网站，eBay 也成为全世界最大且最赚钱的拍卖网站公司，其实淘宝网站也是在模仿 eBay 的模式中走向成功的。还有其他一些小型的 C2C、B2B 空间，各种各样的交友网站。

目前这类网站发展空间比较小了，不过读者可以在专业化上谋求发展，如做点卡、虚拟财产，甚至同志交友等。

12.9.6 会员费

这类网站最成功案例还要算 QQ 会员站了，因为这种网站才会拥有如此多的忠实会员，定期向会员收取会员费。如果读者期望通过会员模式盈利，那么在设计网站时，就应该思考网站的内容，网站内容应该具有专、精、深特性，同时在互联网上又无法找到，仅此一家，而这些内容对于特定用户群来说，又是必需的。例如，淘宝营销经验、个人独门秘方、技术专供等。

这类网站想要拥有数量众多的忠实会员必须要在内容上下工夫，但这又与互联网共享的精神相矛盾。例如，建个学习资料的收费会员站，苦心经营一段时间后，读者会发现网上类似的资料满天飞，因此做好内容的同时，一定要想办法控制内容的流失，办法是多种多样，国内有几家提供电子杂志的网站可以借鉴，还有一些论文、电影、文秘网站。 当然做这类网站是比较辛苦的，风险比较大。

注册会员收费，提供与免费会员差异化的服务，这类盈利模式比较成功的网站举例如下。

☑ 阿里巴巴（www.cn.alibaba.com），中国 B2B 网站典范，还有慧聪商情（www.hc360.com）、金银岛（www.315.com.cn）等 B2B 类型网站。

☑ 中国化工网（www.chemnet.com.cn）、我的钢铁（www.mysteel.com）等行业门户网站。

☑ 配货网（www.peihuo.com）等专业服务网站。

☑ 51（www.51.com）等娱乐游戏网站。

12.9.7 增值费

这种模式主要通过短信的途径实现，短信成功的实质是一个运营模式的胜利。中国移动通过利益分成的形式将 SP（内容提供商）团结在一起，形成了一个完整的包括电信运营商、内容提供商、系统和终端设备提供商、用户的产业链，并担负着联系各方、协调整个链条正常运转的最关键责任。中国移动通过这个由运营商主导施行的一种公平的互惠互利商业模式，让各个环节的参与者都真切地得到实惠，而通过榜样的力量更是吸引到了越来越多的公司和个人参与。

目前，它是最赚钱的网络盈利模式之一，几乎每个进入全球排名前 10 万位的商业性网站和个人

网站都在通过 SP 来获取经济回报，不过由于 SP 受到中国移动等运营商的限制，盈利率有些下降，以此类模式为主的上市公司市值较以前有缩水，比较典型的网站有空中网（www.kong.net）、3G 门户（www.3g.net.cn）、Zcom（www.zcom.com）、唯刊（www.vika.cn）、51（www.51.com）等。

12.9.8 游戏费

这类网站主要以网络游戏为平台，通过游戏相关的服务和虚拟物品进行盈利，如虚拟装备和道具买卖。相信很多玩过网络游戏的读者都会了解这种盈利模式的形式。

这方面比较成功的网站包括网易游戏（www.163.com）、盛大游戏（www.poptang.com、www.shanda.com.cn）、九城游戏（www.the9.com、www.ninetowns.com）、久游（www.9you.com）及其游戏地方代理运营商。

12.9.9 电商盈利费

电子商务盈利模式将是未来网站盈利模式的主要方向，它主要通过网上交易获取实际收益，类似的网站形式包括各种网上商店，以及现在正在流行的团购网站，都是电子商务盈利模式的新形式，值得读者认真思考和研究。

这类模式又可以分为以下两种。

☑ 销售别人的产品

根据对象不同可分为 B2C（商家对个人）和 C2C（个人对个人）两种模式。C2C 网站包括淘宝（www.taobao.com）、易趣（www.ebay.com.cn）等，易趣通过在线竞拍，从成功交易中抽取佣金。B2C 网站包括卓越（www.joyo.com）、当当（www.dangdang.com），而豆瓣网（www.douban.com）通过营造社区，推荐销售来抽取佣金。

☑ 销售自己的产品

也就是企业网店，大多数外贸网站和国内中小企业网站都会包含该功能模块，或者建立独立的产品销售网站。

第13章

网站管理

大型网站一般都由成千上万个网页及其他文件构成，合理地组织这些网页和文件在网站后期维护中显得非常重要，完善的组织可以提高站点建设与维护效率。本章首先介绍了如何利用Dreamweaver提供的站点管理工具有效地组织和管理站点文件夹及文件，建立本地文件与远程站点之间的映射关系；接着介绍如何利用【站点管理】窗口将网页的制作与编辑任务分配到工作组成员的方法；最后介绍了在上传站点之前，如何测试站点的完整性与修复错误链接。

【学习重点】

- 上传站点的方法与技巧
- 管理站点中的文件与文件夹
- 测试站点内链接
- 检查站点的兼容性
- 检验站点下载速率

13.1 定义站点

根据网站运行位置的不同，可以把站点分为本地站点和远程站点两种。本地站点以个人系统为服务器环境进行运行，而远程站点则以互联网上的服务器为环境进行运行。大部分初学者在学习和上机时都会在本地上机练习，因此本节具体介绍如何在本地定义站点。

13.1.1 新建静态站点

静态站点，也称为静态页面站点，就是不需要服务器环境的支持也能够运行页面。定义本地站点的具体操作步骤如下。

【操作步骤】

第 1 步，启动 Dreamweaver，选择【站点】|【新建站点】命令，打开【未命名站点 1 的站点定义为】对话框。

第 2 步，在【站点名称】文本框中输入站点名称，如 mysite，在【本地站点文件夹】文本框中设置站点在本地文件中的存放路径，可以直接输入，也可以用鼠标单击右侧的【选择文件】按钮选择相应的文件夹，如图 13.1 所示。

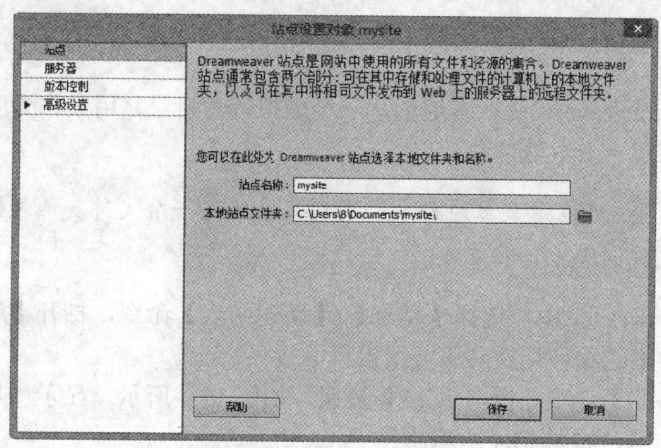

图 13.1　定义本地信息

第 3 步，选择【高级设置】选项卡，展开高级设置选项，在左侧的选项列表中单击【本地信息】选项。然后在【本地信息】对话框中设置本地信息，如图 13.2 所示。

- ☑ 【默认图像文件夹】文本框：设置默认的存放站点图片的文件夹。但是对于比较复杂的网站，图片往往不仅仅只存放在一个文件夹中，因此可以不输入。
- ☑ 【链接相对于】栏：定义当在 Dreamweaver 为站点内所有网页插入超链接时是采用相对路径，还是绝对路径，如果希望是相对路径则可以选中【文档】单选按钮，如果希望以绝对路径的形式定义超链接，则可以选中【站点根目录】单选按钮。
- ☑ Web URL 文本框：输入网站的网址，该网址能够供链接检查器验证使用绝对地址的链接。在输入网址时需要输入完全网址，例如，http://localhost/msite/。该选项只有在定义动态站点后有效。
- ☑ 【区分大小写的链接检查】复选框：选中该复选框可以对链接的文件名称大小进行区分。

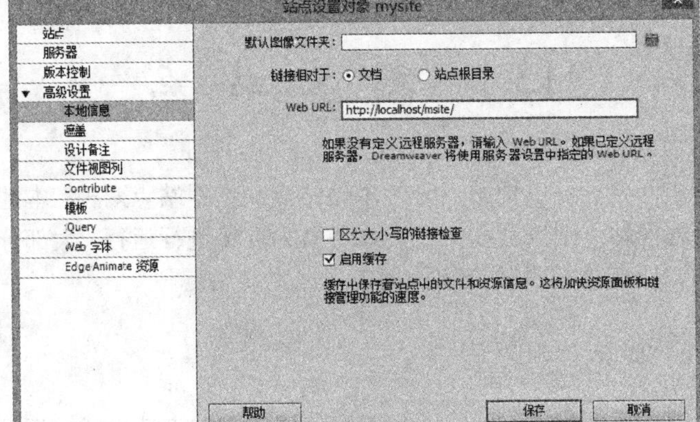

图 13.2　定义高级信息

Note

☑　【启用缓存】复选框：选中该复选框可以创建缓存，以加快链接和站点管理任务的速度，建议用户要选中。

13.1.2　新建虚拟站点

定义本地动态虚拟站点可以在 13.1.1 节介绍的定义本地静态站点基础上，添加虚拟服务器环境设置即可。

【操作步骤】

第 1 步，启动 Dreamweaver，先在本地创建一个虚拟远程目录，用来作为服务器端应用程序的根目录，然后在本地再创建一个本地目录。

> **提示**：为了测试方便，可以定义本地目录和远程目录为同一个文件夹，这样更方便文件管理和测试，避免文件频繁上传和下载。

第 2 步，在 Dreamweaver 中，选择【站点】|【新建站点】命令，打开【站点设置对象 mysite】对话框，单击【服务器】选项，切换到服务器设置面板。

第 3 步，在【服务器】选项面板中单击 + 按钮，如图 13.3 所示。显示增加服务器技术面板，在该面板中定义服务器技术，如图 13.4 所示。

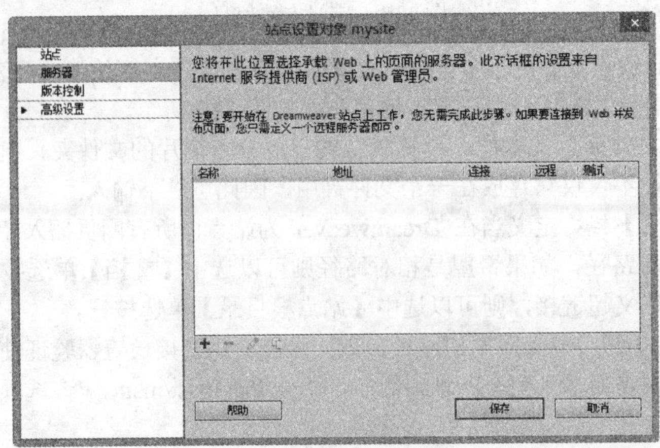

图 13.3　增加服务器技术

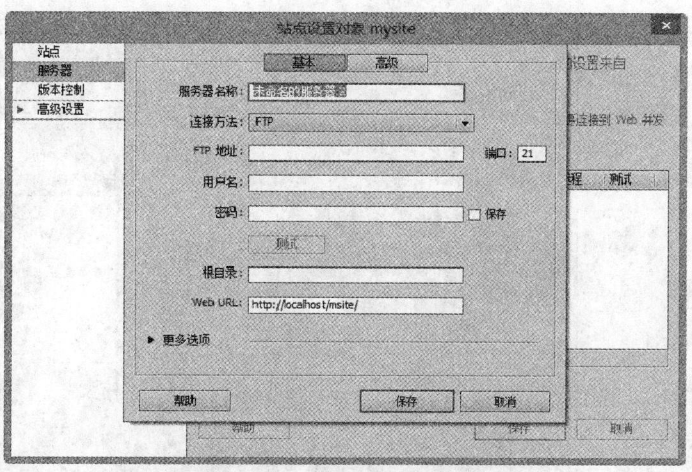

图 13.4　定义服务器技术

第 4 步，在【基本】选项卡中设置服务器基本信息，如图 13.5 所示。

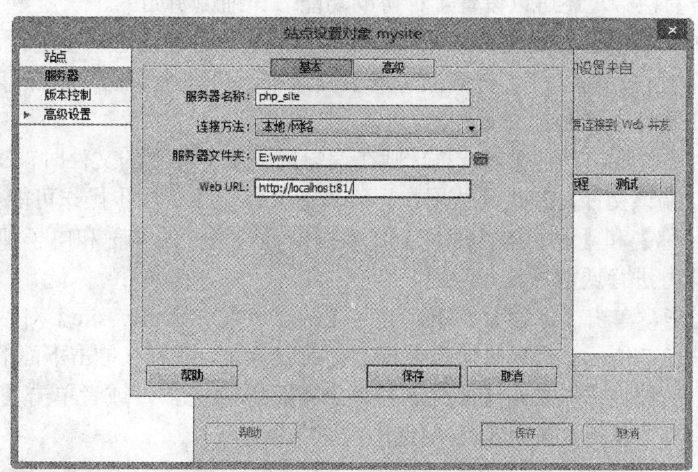

图 13.5　定义基本信息

（1）在【服务器名称】文本框中输入站点名称，如 php_site。

（2）在【连接方式】下拉列表框中选择【本地/网络】选项。实现在本地虚拟服务器中建立远程连接，也就是说设置远程服务器类型为在本地计算机上运行网页服务器。

（3）在【服务器文件夹】文本框中设置站点在服务器端的存放路径，可以直接输入，也可以用鼠标单击右侧的【选择文件】按钮选择相应的文件夹。为了方便管理，可以把本地文件夹和远程文件夹设置相同的路径。

（4）在 Web URL 文本框中输入虚拟服务器的网址，也可以暂时不定义，等设置测试服务器之后，Dreamweaver 会自动设置，其他选项可以保持默认值。

第 5 步，在【站点设置对象 mysite】对话框中选择【高级】选项卡，设置服务器的其他信息，如图 13.6 所示。

在【服务器模型】下拉列表框中选择 PHP MySQL 技术。服务器模型用来设置服务器支持的脚本模式，包括无、ASP JavaScript、ASP VBScript、ASP.NET C#、ASP.NET VB、ColdFusion、JSP 和 PHP MySQL。目前使用比较广泛的有 ASP、JSP 和 PHP 3 种服务器脚本模式。

Note

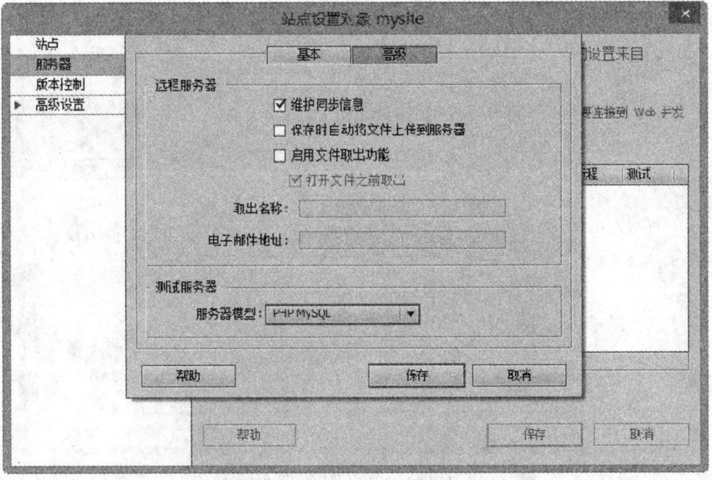

图 13.6　定义高级信息

在【远程服务器】栏中，还可以设置各种协助功能，详细说明如下。

☑　选中【维护同步信息】复选框，可以确保本地信息与远程信息同步更新。

☑　选中【保存时自动将文件上传到服务器】复选框，可以确保在本地保存网站文件时，会自动把保存的文件上传到远程服务器。

☑　选中【启用文件取出功能】复选框，则在编辑远程服务器上的文件时，Dreamweaver 会自动锁定服务器端该文件，禁止其他用户再编辑该文件，防止同步操作可能会引发的冲突。

☑　在【取出名称】和【电子邮件地址】文本框中输入用户的名称和电子邮件地址，确保网站团队内部即时进行通信，相互沟通。

第 6 步，设置完毕，单击【保存】按钮，返回【站点设置对象 php_site】对话框，这样即可建立一个动态网站，如图 13.7 所示。此时如果选中新定义的服务器，则可以单击下面的【编辑】按钮✎重新设置服务器选项。当然也可以单击【删除】按钮−删除该服务器，或者单击【增加】按钮+再定义一个服务器。而单击【复制】按钮⧉复制选中的服务器。

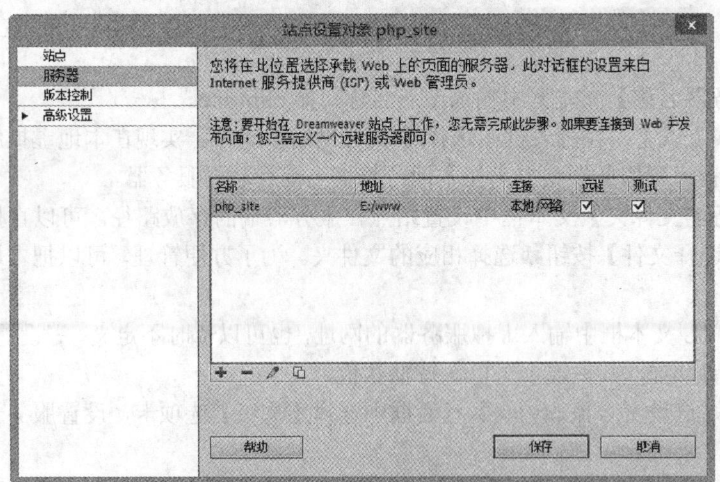

图 13.7　定义测试服务器信息

第 7 步，选择【站点】|【管理站点】命令，打开【管理站点】对话框，用户就可以看见刚刚建

立的动态站点，如图 13.8 所示。

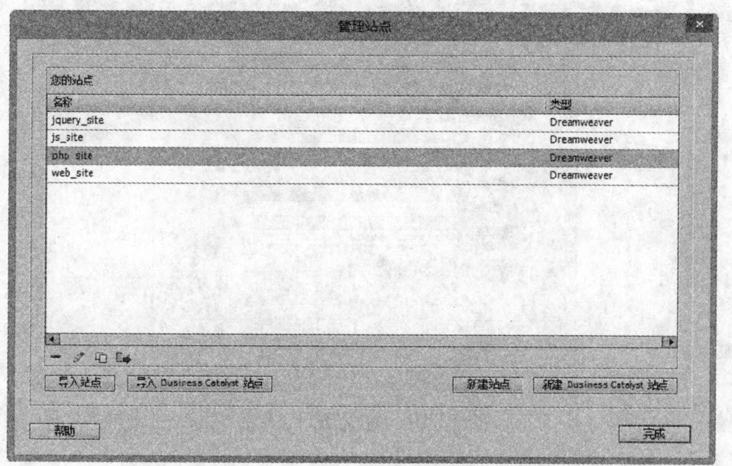

图 13.8　管理站点

第 8 步，选择【窗口】|【文件】命令，或者按 F8 键，打开【文件】面板。单击【文件】下拉列表右侧的向下三角按钮，在打开的下拉列表中选择刚建立的 php_site 动态网站，这时就可以打开 php_site 站点，然后进行站点内容管理，或者创建站点页面等操作，如图 13.9 所示。

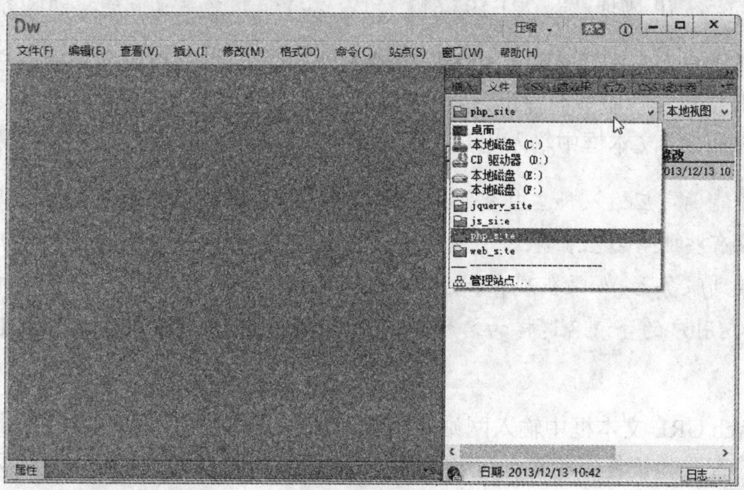

图 13.9　启动站点

提示：用户就可以在该站点下新建文件夹和网页文档，PHP 动态网页的扩展名为.php。本书后面的实例都是在这样的环境下运行和测试。

13.1.3　新建 FTP 站点

通过 FTP 服务器可以把本地站点的文件和文件夹内容上传到远程服务器上，这样就可以不用在本地安装和配置 PHP 环境，让远程服务器帮助完成系统运行任务，当然使用 FTP 服务器之前，先需要购买虚拟空间。

定义 FTP 站点的具体步骤与定义 WWW 服务站点的基本方法相同。不同的是在 13.1.2 节操作步骤的第 4 步中，选择【访问】的方式为 FTP 选项，如图 13.10 所示。

Note

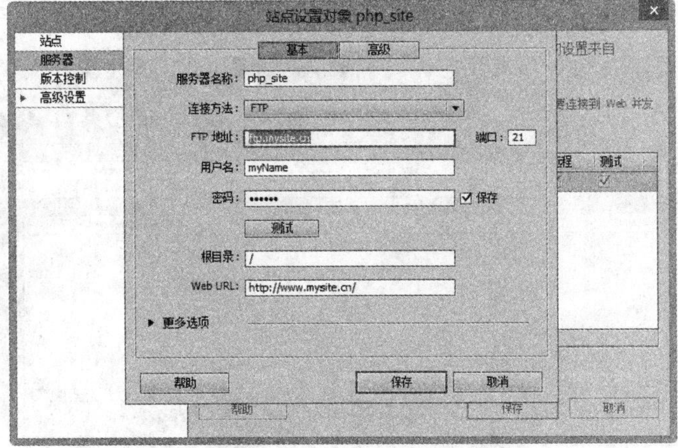

图 13.10　定义 FTP 站点

【操作步骤】

第 1 步，在【FTP 地址】文本框中设置 FTP 主机的名称，如 ftp.mysite.cn。请输入完整的主机名，并且不要附带其他任何文本。特别是不要在主机名前面加上 FTP 协议名。

提示：如果不知道 FTP 主机，可以联系 Web 站点托管服务商索取。如果知道主机名的 IP，也可以直接输入 IP 地址，如 221.195.613.111，这样能够更快速地连接到服务器。

第 2 步，在【用户名】和【密码】文本框中输入用于连接到 FTP 服务器的用户名和密码。该登录名和密码由 Web 站点托管服务商提供，也可以通过 Web 站点托管服务商的后台管理网站进行修改。

第 3 步，在【根目录】文本框中输入用户在远程站点上存储公开显示的文档的主机目录（文件夹）。

提示：如果不能确定应输入哪些内容作为主机目录，请与服务器管理员联系或将文本框保留为空白。在有些服务器上，根目录就是用户首次使用 FTP 连接到的目录。若要确定这一点，请连接到服务器。如果出现在【文件】面板【远程文件】视图中的文件夹具有像 public_html、www 或用户的登录名这样的名称，它可能就是用户应该在【主机目录】文本框中输入的目录。

第 4 步，在 Web URL 文本框中输入网站的网址，该网址能够供链接检查器验证使用绝对地址的链接。在输入网址时需要输入完全网址，如 http://localhost/msite/。

第 5 步，单击【测试】按钮可以测试登录名和密码是否正确，如果连接成功会显示提示对话框。默认情况下，Dreamweaver 会保存密码。如果用户希望每次连接到远程服务器时，Dreamweaver 都提示输入密码，可以取消选中【保存】复选框。

【拓展】如果防火墙配置要求使用被动式 FTP，用户可以单击【更多选项】选项，展开更多选项，如图 13.11 所示。在这里如果选中【使用被动式 FTP】复选框，一般服务商都会提供说明。【使用被动式 FTP】能够使用被动方式建立本地软件与 FTP 服务器的连接，而不是请求

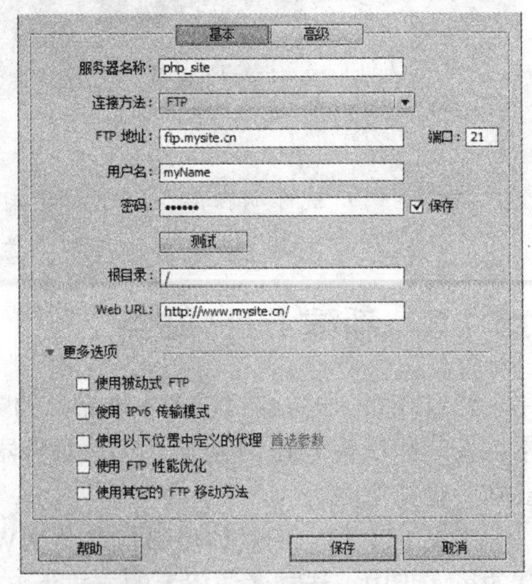

图 13.11　定义 FTP 高级选项

远程服务器来建立它。如果不能确定是否使用被动式 FTP，可以询问系统管理员。

如果使用支持 IPv6 的 FTP 服务器，请选中【使用 IPv6 传输模式】复选框。随着 Internet 协议第 6 版（IPv6）的发展，EPRT 和 EPSV 已分别替代 FTP 命令 PORT 和 PASV。因此，如果用户正试图连接到支持 IPv6 的 FTP 服务器，必须为数据连接使用被动扩展（EPSV）和主动扩展（EPRT）命令。

Note

13.2　管 理 站 点

Dreamweaver 支持多站点的管理，用户可以在 Dreamweaver 中同时定义多个不同服务器类型的站点，然后再利用 Dreamweaver 提供的【管理站点】对话框进行管理。

13.2.1　编辑站点

管理多个已定义的站点可以在【管理站点】对话框中完成。

【操作步骤】

第 1 步，启动 Dreamweaver。选择【站点】|【管理站点】命令，打开【管理站点】对话框，如图 13.12 所示。

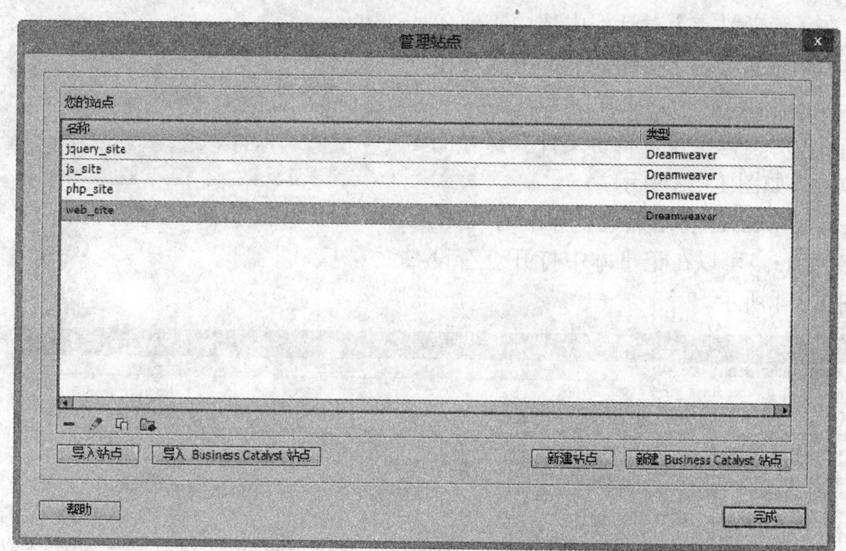

图 13.12　【管理站点】对话框

第 2 步，在【管理站点】对话框的列表框中显示已定义的站点。

第 3 步，从列表框中选择一个站点，然后单击对话框底部的【编辑】按钮，将会打开【站点定义为】对话框，可以模仿 13.1 节介绍的方法重新修改站点的相关设置，包括本地、远程和测试服务器信息等。

第 4 步，选中站点之后，单击【复制】按钮可以快速复制一个站点。复制站点的目的是能够帮助用户快速引用已定义站点的设置信息，这样能够加快站点定义的速度，方便在团队内部共享定义站点的设置，避免重复操作。

Note

提示： 虽然复制站点没有复制站点内部结构和信息，但是复制与被复制的站点设置信息是重复的。例如，本地目录和远程目录都是相同的，所以当用户复制站点后，还需要修改其中的站点设置，特别要修改复制站点的本地目录和远程目录，避免在不同站点内进行操作时可能会发生的冲突。

如果已定义的站点不再需要，建议选择该站点，然后单击【删除】按钮━删除该站点，但是站点所对应的本地目录和远程目录没有被删除，目录中包含的文件和文件夹没有受到影响。如果希望同时也删除目录中包含的内容，则先在【文件】面板中进行删除，或者在本地系统的资源管理器中删除。

13.2.2 备份站点

考虑到系统的安全性和站点移植，用户应备份已定义的站点，避免系统出现问题后，可以恢复丢失的设置信息，也可以实现与团队内其他成员共享站点设置。

【操作步骤】

第 1 步，启动 Dreamweaver。

第 2 步，在【管理站点】对话框中选中需要备份的站点，然后单击【导出】按钮，打开【导出站点】对话框。

第 3 步，在该对话框中设置备份文件要保存的位置和名称即可，如图 13.13 所示。

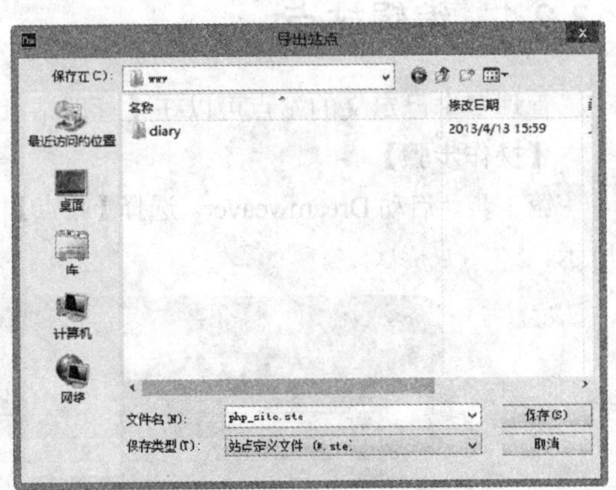

图 13.13 导出站点

第 4 步，Dreamweaver 将站点设置导出为 XML 文件，扩展名为.ste。可以在记事本中打开查看设置信息，如图 13.14 所示。

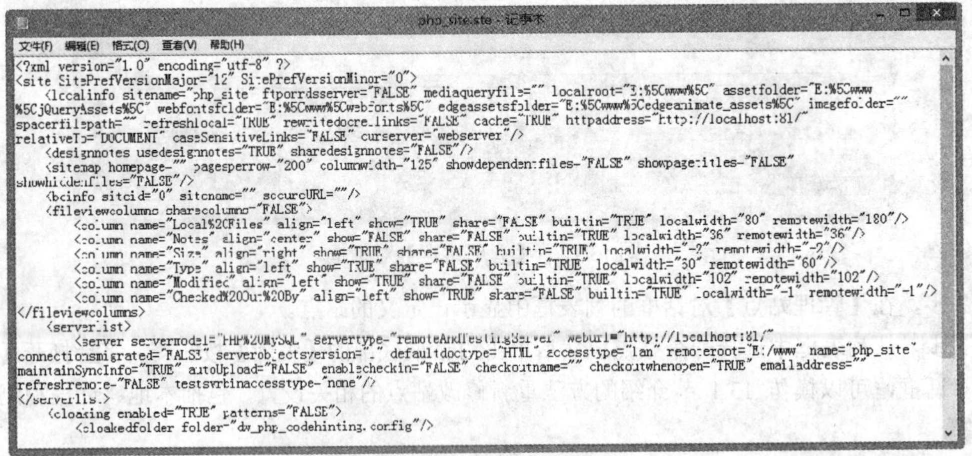


```
<?xml version="1.0" encoding="utf-8" ?>
<site SitePrefVersionMajor="12" SitePrefVersionMinor="0">
    <localinfo sitename="php_site" ftporrdsserver="FALSE" mediaqueryfile="" localroot="E:%5Cwww%5C" assetfolder="E:%5Cwww
%5CjQueryAssets%5C" webfontsfolder="E:%5Cwww%5Cwebfonts%5C" edgeassetsfolder="E:%5Cwww%5Cedgeanimate_assets%5C" imagefolder=""
spacerfilepath="" refreshlocal="TRUE" rewritedocrelinks="FALSE" cache="TRUE" httpaddress="http://localhost:81/"
relativeTo="DOCUMENT" caseSensitiveLinks="FALSE" curserver="webserver"/>
    <designnotes usedesignnotes="TRUE" sharedesignnotes="FALSE"/>
    <sitemap homepage="" pagesperrow="200" columnwidth="125" showdependentfiles="FALSE" showpagetitles="FALSE"
showhiddenfiles="FALSE"/>
    <bcinfo siteid="0" sitename="" secureURL=""/>
    <fileviewcolumns sharecolumns="FALSE">
        <column name="Local%20Files" align="left" show="TRUE" share="FALSE" builtin="TRUE" localwidth="80" remotewidth="180"/>
        <column name="Notes" align="center" show="FALSE" share="FALSE" builtin="TRUE" localwidth="36" remotewidth="36"/>
        <column name="Size" align="right" show="TRUE" share="FALSE" builtin="TRUE" localwidth="-2" remotewidth="-2"/>
        <column name="Type" align="left" show="TRUE" share="FALSE" builtin="TRUE" localwidth="60" remotewidth="60"/>
        <column name="Modified" align="left" show="TRUE" share="FALSE" builtin="TRUE" localwidth="102" remotewidth="102"/>
        <column name="Checked%20Out%20By" align="left" show="TRUE" share="FALSE" builtin="TRUE" localwidth="-1" remotewidth="-1"/>
</fileviewcolumns>
    <serverlist>
        <server servermodel="PHP%20MySQL" servertype="remoteAndTestingServer" weburl="http://localhost:81/"
connectionsmigrated="FALSE" serverobjectsversion="" defaultdoctype="HTML" accesstype="lan" remoteroot="E:/www" name="php_site"
maintainSyncInfo="TRUE" autoUpload="FALSE" enablecheckin="FALSE" checkoutname="" checkoutwhenopen="TRUE" emailaddress=""
refreshremote="FALSE" testsvrbinaccesstype="none"/>
</serverlist>
    <cloaking enabled="TRUE" patterns="FALSE">
        <cloakedfolder folder="dw_php_codehinting.config"/>
```

图 13.14 查看站点设置信息

第 5 步，恢复站点是备份站点的逆过程。在【管理站点】对话框中单击【导入站点】按钮，打开【导入站点】对话框，这时可以选择以前备份的文件（.ste 文件），然后单击【确定】按钮即可。

13.3　设 计 站 点

Note

定义站点之后，Dreamweaver 会自动把该站点设置为当前站点，此时可以在【文件】面板中查看和管理网站结构和文件。使用它来访问站点，管理服务器，或者浏览本地驱动器，查看和管理文件和文件夹。

13.3.1　切换站点

【操作步骤】

第 1 步，启动 Dreamweaver。

第 2 步，在【管理站点】对话框中选中需要编辑的站点。

第 3 步，单击【完成】按钮，则 Dreamweaver 会自动把该站点设置为当前站点，并保存这种状态。

每次启动 Dreamweaver 之后，会自动进入此站点的编辑环境中。此时，在【文件】面板中会默认显示该站点的本地目录内容。

提示：考虑到每一次切换站点时，Dreamweaver 都要重构站点缓存，如果站点内容很多的话，这个过程是很慢的，不建议频繁在多个站点之间来回切换。除非站点内容很小，或者必须在站点之间进行切换。用户可以在【文件】面板的站点下拉列表中快速进行切换，如图 13.15 所示。

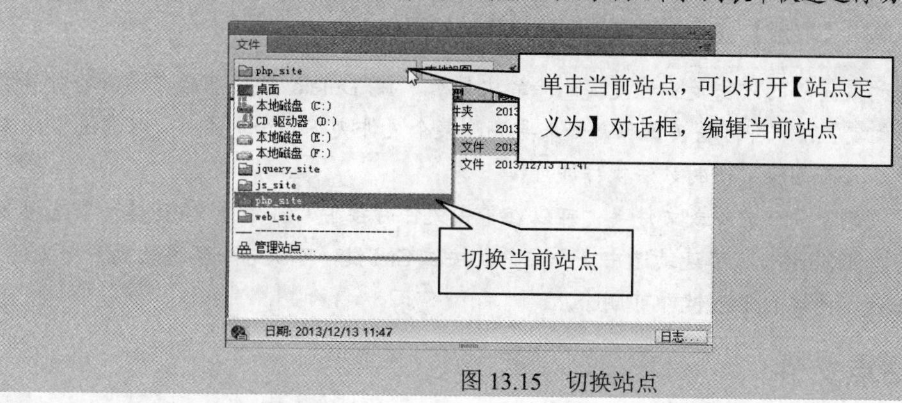

图 13.15　切换站点

13.3.2　编辑站点文件

【操作步骤】

第 1 步，启动 Dreamweaver。

第 2 步，选择【窗口】|【文件】命令，打开【文件】面板，如图 13.16 所示。

提示：【文件】面板的操作与在本地资源管理器中操作相似。网站结构一般通过文件夹来实现，不同版块、不同栏目以及不同类型的文件都可以通过文件夹来进行组织。

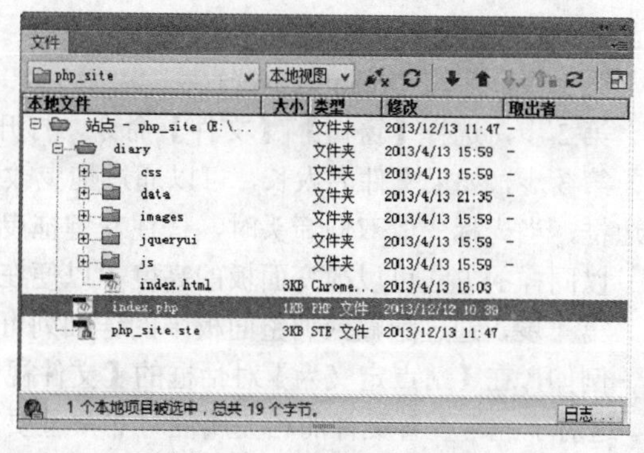

图 13.16　【文件】面板

第 3 步，右击某个文件夹或者文件夹内的文件，在弹出的快捷菜单中选择【新建文件夹】命令，即可在当前文件夹内新建一个子文件夹。

Note

【拓展】文件夹可以多层嵌套，形成多层结构关系，但是不要把这个层次结构设计得太深，2~4 级结构层次基本上够用了。文件的建立与文件夹的操作方法相同，在 PHP 服务器类型的动态网站中新建的文件扩展名为.php。也可以在重命名时修改文件的类型。

- ☑ 会用快捷键。例如，Ctrl+A（全选）、Ctrl+X（剪切文件夹或文件）、Ctrl+C（复制）、Ctrl+D（复制）、Ctrl+V（粘贴）、Del（删除）、F2（重命名）、F5（刷新站点）等。
- ☑ 巧用鼠标左右键。例如，单击文件或文件夹可以重命名，双击可以在编辑窗口中打开文件，双击文件夹名称可以展开文件夹，右击可以弹出快捷菜单，拖动文件和文件夹可以移动位置，按住 Ctrl 键拖动鼠标可以快速复制文件夹或文件等。
- ☑ 使用快捷菜单。选中操作的文件夹或文件，右击，然后在弹出的快捷菜单中可以找到需要的所有操作功能。
- ☑ 使用面板菜单。单击【文件】面板右上角的菜单按钮（▤），从弹出的菜单中选择相应的命令即可。

第 4 步，如果要执行删除操作，可以先选中要删除的文件，然后选择【文件】|【删除】命令，或右击，在弹出的快捷菜单中选择【编辑】|【删除】命令。

ⓘ 警告：在【文件】面板中所有操作都是不能恢复的，因此在【文件】面板中操作时要特别谨慎。

第 5 步，Dreamweaver 会弹出提示对话框，询问用户是否确实要删除所选文件。单击【确定】按钮，删除所选文件；单击【取消】按钮，则取消删除操作。

提示：删除文件的最简单的方法是：选定要删除的文件后，按 Delete 键，然后在弹出的对话框中单击【确定】按钮即可将其删除。如果要删除某个文件夹下的全部文件，只需选中该文件夹，然后按照删除文件的方法操作即可。

如果要一次删除多个文件或文件夹，可以在单击文件时按下 Ctrl 键或 Shift 键协助选中多个文件。按住 Shift 键，可连续选中多个文件；按住 Ctrl 键，可以选中不连续的多个文件。选定文件后，再按 Delete 键即可删除。

13.3.3 查看站点文件

在网站创建与维护的过程经常需要查看文件和文件夹，当网站内容越来越多时，有时是非常麻烦的。下面介绍一些快捷操作方法。

【操作步骤】

第 1 步，启动 Dreamweaver。

第 2 步，选择【窗口】|【文件】命令，打开【文件】面板。

第 3 步，如果文件名太长，可以通过拖曳改变【文件】面板的宽度来实现，把光标移到面板的左右边框，当光标变成双向箭头时，按住左键拖曳即可快速改动面板的宽度。

以同样的方法可以改变面板的高度，以便在列表框中看到更多的文件，方便浏览和操作。

第 4 步，通过隐藏或调整面板中的详细列可以加快浏览速度。

例如，在【站点定义为】对话框的【文件视图列】分类中设置默认列的显示或隐藏，以及排列顺序。这对于经常查看文件的相关属性时非常重要。例如，如果经常关注文件的修改时间，则可以把【修改】列调整到前面（选中该项，然后单击▲和▼按钮来调整排列顺序）。

第 5 步，如果觉得文件大小信息没有多大参考价值，则可以双击【大小】选项，在打开的选项中取消选中【显示】复选框，如图 13.17 所示。这样可以集中精力浏览文件或参考关注的文件信息，避免其他无用的文件影响。

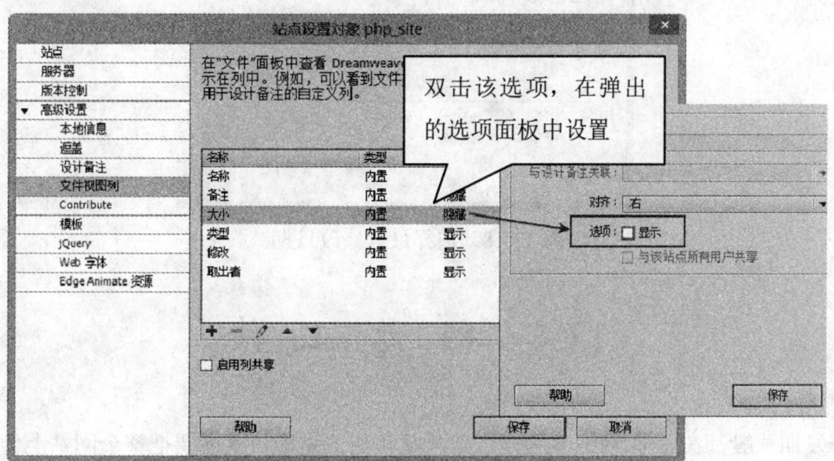

图 13.17　设置文件视图列

【拓展】在【文件】面板右上角单击面板菜单按钮（▤），从弹出的下拉菜单中选择【查看】|【显示隐藏文件】命令，可以浏览网站中所有隐藏文件。这些隐藏文件多半由系统自动产生，用来辅助完成某些功能。例如，存回和取出文件（.lck 文件）、设计备注文件（.mno 文件）等。这样信息对于网站管理至关重要，一般不要轻易删除。通过开启显示隐藏文件，但是不要觉得这些文件无用而全部删除。

13.3.4　站内文件快速定位

在庞杂的站点内定位文件不是件很容易的事情，但是 Dreamweaver 提供了很多支持功能，使得在站点中查找选定、打开、取出或最近修改过的文件非常容易。也可以在本地站点或远程站点中查找较新的文件。

1. 在站点内定位打开的文件

在 Dreamweaver 的主窗口的菜单栏中选择【站点】|【在站点定位】命令，Dreamweaver 会自动在【文件】面板中帮用户找到打开的文件，并使其处于选中状态。

2. 选择取出的文件

取出的文件一般都会在文件图标后面显示一个“√”符号。如果网站结构比较复杂，在不同文件夹中进行操作，这样被取出的文件会很多。但是在工作时，由于忙可能会忘记很多被取出的文件，因此会妨碍其他成员的编辑操作。这时，用户不妨在【文件】面板菜单中选择【编辑】|【选择取出的文件】命令，则 Dreamweaver 会自动把所有取出的文件选中显示，这样用户就可以一目了然地知道站点内被取出的文件情况。

3. 选择修改的文件

如何确定站点内最近修改的文件？在【文件】面板菜单中选择【编辑】|【选择最近修改期】命令，Dreamweaver 会打开【选择最近修改日期】对话框，如图 13.18 所示。在该对话框中用户可以设置时间段来查找最近修改的文件，或者指定某个时间段的文件，然后单击【确定】按钮，Dreamweaver

Note

会自动高亮显示所有符合条件的文件。

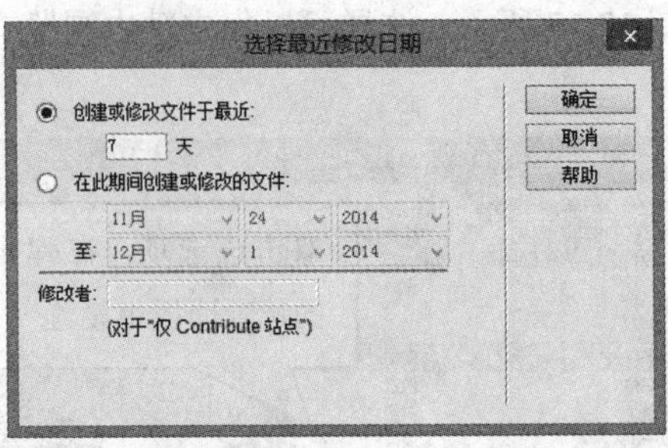

图 13.18　选择最近修改日期

13.4　网站上传

在网站开发期一般都在本地/网络中进行，当开发和测试完毕，就需要把整个网站上传到远程服务器上，当然在上传之前，用户应该定义远程 FTP 站点。下面介绍如何快速把网站上传到远程服务器上。

13.4.1　快速上传

上传之前，应确定网站是团队开发，还是个人建设。如果是在协作环境中工作，建议在上传之前，先利用存回和取出功能把需要上传的文件取出来，避免别人同时操作。如果只有一个人在远程站点上工作，就不需要考虑这些问题了。

【操作步骤】

第 1 步，启动 Dreamweaver。

第 2 步，选择【窗口】|【文件】命令，打开【文件】面板。

第 3 步，在【文件】面板的工具栏中单击【连接到远端主机】按钮先建立本地与远程服务器的连接。如果连接成功，则该按钮会显示为，再次单击可以挂断连接。

第 4 步，连接之后，单击【刷新】按钮刷新本地目录，以保证本地目录为最新内容。

第 5 步，如果是第一次上传，不妨选中本地站点根目录，然后单击【上传文件】按钮。

第 6 步，Dreamweaver 会询问是否上传整个站点，单击【确定】按钮，则系统自动把本地目录中所有文件上传到远程服务器上。

第 7 步，如果单击【文件】面板底部的【日志】按钮，则可以查看上传日志，如图 13.19 所示。

在这个后台文件活动日志中，用户可以查看哪些文件上传成功，哪些文件上传失败，以便即时采取措施，继续上传失败的文件。

当网站内容很多时，网站上传会持续很长时间，这时用户可以隐藏【后台文件活动】对话框，让文件上传在后台继续操作，这样就可以继续执行其他任务。

第 8 步，如果不是初次上传，建议在【文件】面板中选择部分文件夹或文件进行上传，这样能够加快上传速度，对于上网速度比较慢的用户，更是应该如此。

第 9 步，当远程服务器为 FTP 服务器时，用户可以开启【FTP 记录】面板，实时跟踪信息的传输情况。方法是在【结果】面板组中选择【FTP 记录】面板，当连接到 FTP 服务器之后，该面板会不断滚动显示实时传输信息，如图 13.20 所示，如果了解 FTP 传输协议，则可以从中洞察到文件上传的更多信息。

图 13.19 上传日志

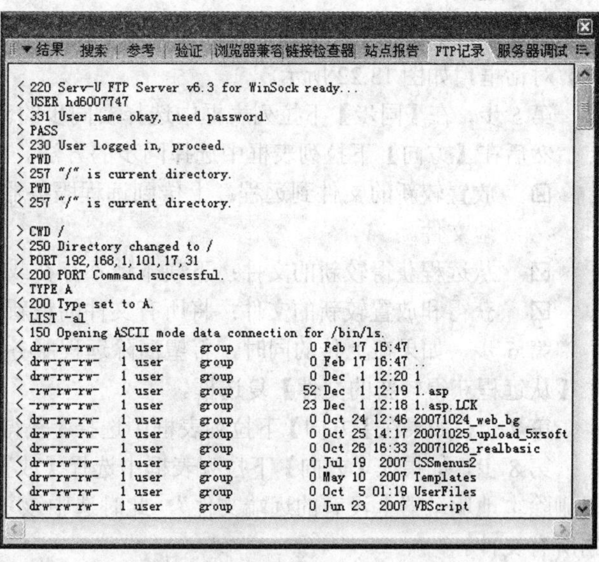

图 13.20 FTP 记录

13.4.2 同步上传

文件同步就是 Dreamweaver 能够保持本地目录或远程目录中的文件都是最新修改的内容。这对于文件反复被上传而不知本地哪些文件是最新的用户来说，使用文件同步操作或许能够解决用户的困扰。实现站点文件同步的方法如下。

【操作步骤】

第 1 步，启动 Dreamweaver。

第 2 步，选择【窗口】|【文件】命令，打开【文件】面板。

第 3 步，在工具栏中单击【展开以显示本地和远端站点】按钮，然后在本地站点选中部分文件或者整个站点，如图 13.21 所示。

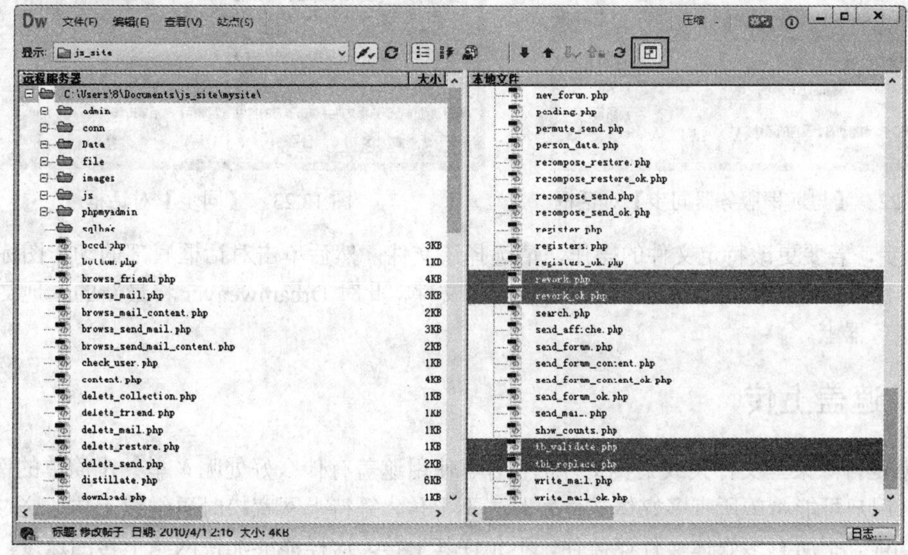

图 13.21 在本地选择部分上传文件

Note

第 4 步，单击【文件】面板中的【同步】按钮。此时，Dreamweaver 会打开【与远程服务器同步】对话框，如图 13.22 所示。

第 5 步，在【同步】下拉列表框中选择要同步的范围，有两种选择：同步选中的文件或者整个站点。然后在【方向】下拉列表框中选择同步的方法。

☑ 放置较新的文件到远程：上传到远程服务器上不存在或自从上次上传以来已更改的所有本地文件。

☑ 从远程获得较新的文件：下载本地不存在或自从上次下载以来已更改的所有远程文件。

☑ 获得和放置较新的文件：将所有文件的最新版本放置在本地和远程站点上。

第 6 步，如果在上传的同时，希望清除远程服务器上多余的文件（相对于本地目录），则可以选中【从远程获得较新的文件】复选框。

第 7 步，如果在【方向】下拉列表框中选择【获得和放置较新的文件】选项，则该复选框不可用。

第 8 步，如果在【方向】下拉列表框中选择【放置较新的文件到远程】选项，则该复选框显示为“删除本地驱动器上没有的远端文件”，此时选中该复选框，则将删除远程站点中没有相应本地文件的所有文件。

第 9 步，如果在【方向】下拉列表框中选择【从远程获得较新的文件】选项，则该复选框显示为“删除远端服务器没有的本地文件”，此时选中该复选框，则将删除本地站点中没有相应远程文件的所有文件。

第 10 步，单击【预览】按钮，此时 Dreamweaver 会自动检查本地和远程文件中哪个属于最新，并根据用户在【同步文件】对话框中设置进行反应。

第 11 步，如果每个选定文件的最新版本都已位于本地和远程站点并且不需要删除任何文件，则将显示提示对话框，提示无须进行任何同步。否则将显示【同步】对话框，允许用户是否把最新的文件上传到远程服务器，如图 13.23 所示。此时，可以在该对话框中选择是否上传、获取、删除和忽略。

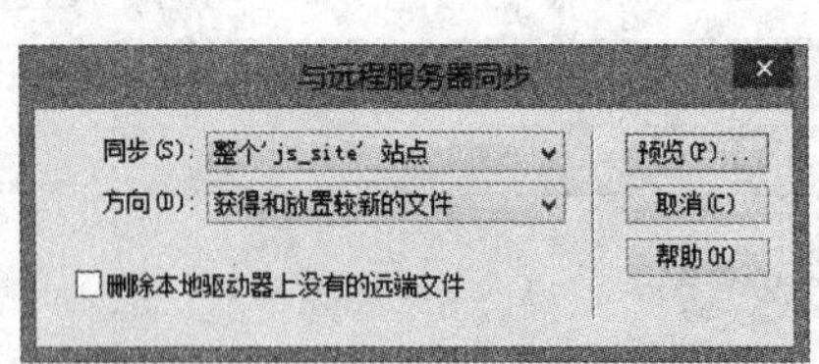

图 13.22 【与远程服务器同步】对话框

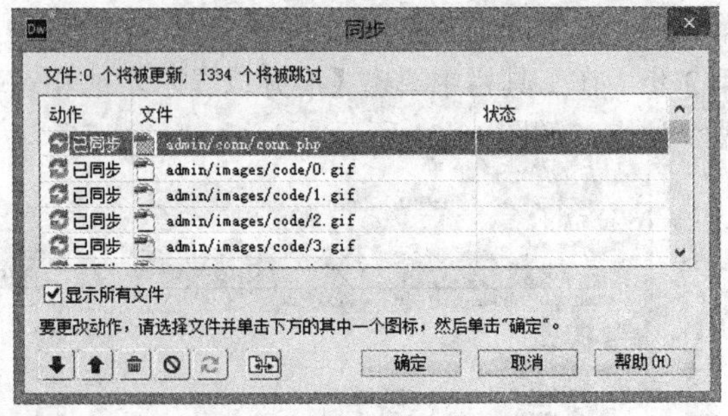

图 13.23 【同步】对话框

第 12 步，若要更改特定文件的操作，请选择该文件，然后单击对话框底部的动作图标之一进行操作。用户也可以直接单击【确定】按钮同步所有文件，此时 Dreamweaver 将最新的本地文件自动上传到远程服务器上。

13.4.3 遮盖上传

遮盖就是排除某些文件夹或某类文件的操作。使用遮盖有什么好处呢？举一个简单的例子，在网站上传中，用户可能希望所有多媒体文件暂时先不上传，等待上网宽松时再继续上传，这时用户可以利用遮盖功能，把所有多媒体文件遮盖住，不允许其上传。这样能够加快网站上传的速度。当然遮盖功能不仅影响文件上传，还会影响获取、存回、取出和声称报告等操作。

【操作步骤】

第 1 步，启动 Dreamweaver。

第 2 步，选择【窗口】|【文件】命令，打开【文件】面板。

第 3 步，在默认状态下，站点遮盖功能是被启动的。用户可以关闭遮盖功能，如图 13.24 所示，当禁用站点遮盖功能之后，所有遮盖文件都会取消遮盖。当再次启用站点遮盖功能时，所有先前遮盖的文件将恢复遮盖。

第 4 步，在【站点设置对象 js_site】对话框的【遮盖】分类选项中，用户可以设置要遮盖的文件类型，选中【遮盖具有以下扩展名的文件】复选框，然后在下面的文本框中输入要遮盖的文件类型，以扩展名来表示，例如，.png 就表示遮盖站点中名称以.png 结尾的所有文件。如果遮盖多个类型的文件，则应该使用空格分隔多个文件类型，不要使用逗号或分号。

第 5 步，启动遮盖功能之后，在本地或远程目录中选择一个或多个文件夹。

第 6 步，在右键菜单中选择【遮盖】|【遮盖】命令，即可对选中文件夹执行遮盖功能。此时一条红线将穿过受影响的文件夹以及内部文件，如图 13.25 所示，指示它们已被遮盖。注意，遮盖功能只能够作用于文件夹或某一类文件上面，不能作用于单个文件。

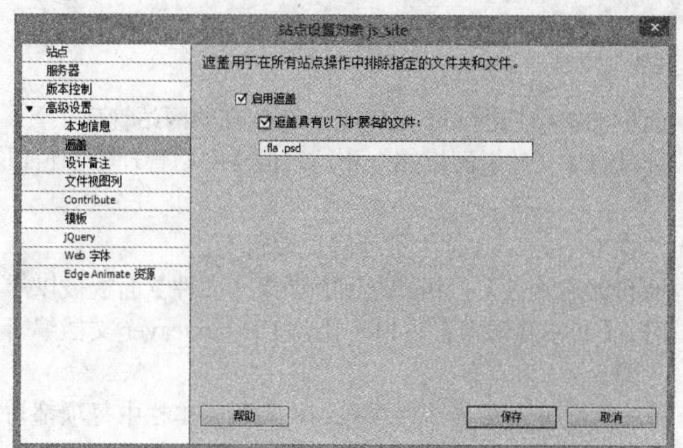

图 13.24　设置遮盖

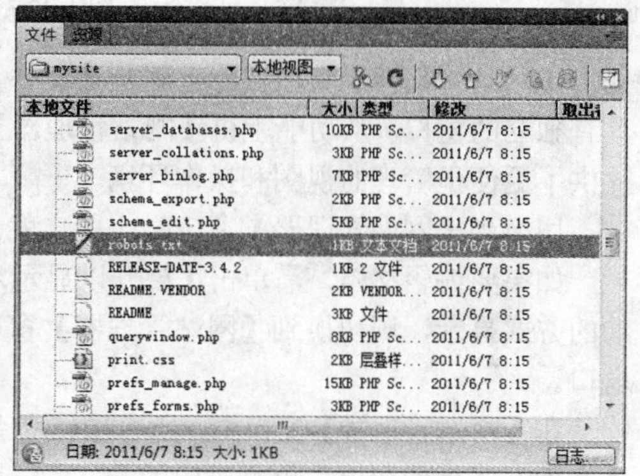

图 13.25　遮盖的文件

第 7 步，用户可以在右键菜单中选择【全部取消遮盖】命令来取消所有文件的遮盖，但这不会禁用遮盖，而且无法重新遮盖所有先前被遮盖的文件夹和文件，除非对各个文件夹和文件类型逐个重新设置遮盖。

13.5　远程管理

上传站点之后，就要对站点进行维护与管理了。站点管理不像上传站点那样一下子就能完成，它涉及站点文件的方方面面，是一个长期而繁琐的过程，专业站点管理人员几乎每天都要去做这些工作。

Dreamweaver 提供的远程管理功能比较强大，操作也非常直观。Dreamweaver 中的网站远程管理都可以在【网站管理器】窗口中完成。

13.5.1　认识网站管理器

在【文件】面板的工具栏中单击【展开以显示本地和远端站点】按钮，把【文件】面板切换到

Note

【网站管理器】窗口，如图 13.26 所示。

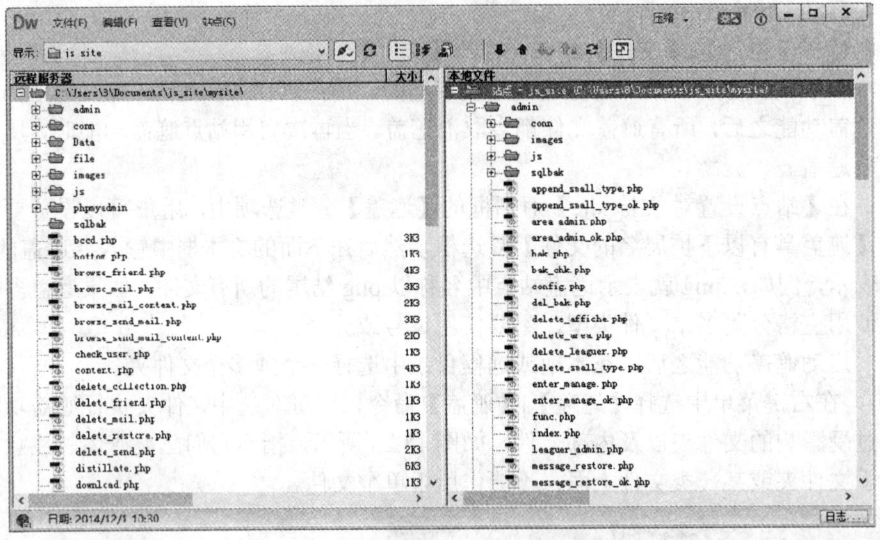

图 13.26 【网站管理器】窗口

【网站管理器】窗口实际上就是【文件】面板的扩展视图，不过它是一个独立的网站管理工具，具有独立的窗口。从功能上讲【网站管理器】窗口与【文件】面板完全相同，但【网站管理器】窗口提供了更便于管理的视图和操作环境。

切换到【网站管理器】窗口时，用户就无法在 Dreamweaver 中进行网页编辑操作。

如果要编辑文档，需单击【展开以显示本地和远端站点】按钮返回。如果【文件】面板被以浮动的方式显示，则切换到【网站管理器】窗口时，【网站管理器】窗口将覆盖 Dreamweaver 文档编辑窗口。

在【网站管理器】窗口中，所有操作命令和功能都可以在菜单栏中找到，实际菜单栏中每项都与【文件】面板的面板菜单是对应的。

工具栏集成了【文件】面板中的工具栏，但是把视图下拉选项设计为按钮形式，也是从操作的便利性考虑的。单击窗口工具栏中的【测试服务器】按钮，用户还可以查看测试服务器中的文件，如果单击【站点文件】按钮可以返回远程视图。

13.5.2 操作远程文件

【网站管理器】窗口提供了可视化操作方式允许用户快速进行远程文件操作。在窗口左侧的【远程目录】列表框中，用户可以直观地查看远程服务器上的文件，并借助本地操作方式来操作远程文件。例如，复制、粘贴、删除、拖动。如果是宽带网的话，用户基本上感觉不到操作的延迟，犹如在本地自由地操作文件。

使用【网站管理器】窗口可以方便备份远程站点内容。在远程目录中选中指定文件或整个站点，单击工具栏中的【获取文件】按钮，从远程服务器下载文件（获取文件是与上传文件的反操作）。用户可以利用这个功能随时备份远程站点或部分文件，防止远程服务器因意外事故，而丢失网站数据。虽然一般服务商都会定期备份服务器，但是如果自己能够随时下载备份，这样会更放心。而对于团队协作开发中，这种做法更值得提倡。

在【网站管理器】窗口中准确定义远程文件。用户也许正在右侧列表框的本地目录中查看一些文

件，想确知远程目录是否存在该文件，以及这些所在的位置。这时用户可以在本地选中文件，然后在窗口菜单栏中选择【编辑】|【远端站点中定位】命令，则 Dreamweaver 会自动帮助用户在左侧列表框中选中显示对应的文件。反之，用户可以在远程目录中选中文件，然后在窗口菜单栏中选择【编辑】|【本地站点中定位】命令会自动在本地目录中选中对应文件。这个功能对于网站结构复杂、内容繁多的站点来说，是一个不错的小功能。

Note

另外，用户在【选择】菜单中选择【较新的本地文件】和【较新的远端文件】命令，可以分别在本地和远程目录中选中最新修改的文件。这在多人协作开发中是一个很重要的功能，这样用户可以快速知道远程服务器上哪些文件被同事修改过。

13.6　合 作 开 发

大型或商业网站一般都是团队合作的结晶，依靠个人的力量是远远不够的。例如，在一个团队中美工负责图样，设计师负责网页布局和前台效果设计，网页编辑负责内容的编排，开发人员负责后台逻辑开发，规模比较大的网站甚至还有网站策划、数据库开发和维护、网站测试评估等人员。多人共同操作一个网站，不可避免地会发生操作冲突问题，在这种情况下，如果一时疏忽或协调不好，很容易出现两个（或更多）人同时修改同一页面的情况，更新时相互覆盖，造成页面的混乱，甚至可能使得某人长时间的工作付之东流。因此，Dreamweaver 提供了一套技术来保证团队开发中的协作问题。

13.6.1　远程文件存回和取出

存回和取出是 Dreamweaver 提供的一项技术，它可以保证一个文档在某个时间内只能够由一个人进行操作，其他人不允许进行操作。要启动存回和取出功能，必须在定义站点时在【远程信息】中设置勾选【启动存回和取出】功能。

【操作步骤】

第 1 步，启动 Dreamweaver。

第 2 步，选择【窗口】|【文件】命令，打开【文件】面板。

第 3 步，当需要编辑某个公共文件时，在【文件】面板的本地视图中选中该文件。

第 4 步，单击面板顶部的【取出文件】按钮，该文件图标后面会显示一个灰色的锁状标识，表示该文件处于只读状态，此时文件处于被锁定状态。这时在其他成员的站点内将会看到一个红色的√，表示该文件已经被他人编辑，同时可以查看到编辑者的姓名。

原则上 Dreamweaver 会禁止他人操作，如果真要操作，则给出一个提示对话框，提示是否覆盖取出者的操作。

第 5 步，如果取出者双击打开文件，则 Dreamweaver 会提示是否取出，如果单击【取出】按钮，则该文件就处于取出状态，此时该成员编辑的【文件】面板远程视图和本地视图中，取出文件图标后面会跟随一个绿色的√，表示该文件已经被取出，在【取出者】列中会显示该成员的姓名。

第 6 步，当在【远程信息】选项中选中【打开文件之前取出】复选框，则每当用户打开一个文件，Dreamweaver 都会把该文件转换为取出状态，其他成员就无法打开该文件，这样能够防止用户在操作文件时忘记了单击【取出文件】按钮。

如果某个文件已经被其他成员取出，则用户就无法操作该文件，Dreamweaver 会禁止操作。团队成员之间可以在【取出者】列单击取出者名称自动发送电子邮件以实现相互联系。

第 7 步，当编辑完毕之后，不要忘记把取出的文件存回，方法是选中存回的文件，单击【存回文件】按钮，存回操作实际上就是解锁该文件，以便其他成员能够继续操作。此时在该文件图标后面出现一个灰色的锁状标识（），表示该文件处于只读状态。如果要取消只读属性，可以右击该文件，在弹出的快捷菜单中选择【取消只读属性】命令即可。

Note

13.6.2 使用设计备注实现合作开发

设计备注相当于开发日志，是设计人员在设计过程中随手记录的心得和体会，以方便日后阅读程序，发现问题后便于维护。更重要的是团队成员之间通过设计备注可以交流心得、沟通信息。Dreamweaver 支持设计备注功能。

1. *启动站点设计备注*

【操作步骤】

第 1 步，启动 Dreamweaver。

第 2 步，选择【站点】|【管理站点】命令。

第 3 步，在打开的【管理站点】对话框中选择要启动设计备注的站点。

第 4 步，单击【编辑】按钮，打开【站点设置对象 js_site】对话框。

第 5 步，在【高级设置】选项中选择【设计备注】选项，然后在右侧选中对应的选项，如图 13.27 所示。

☑ 如果选中【维护设计备注】复选框，可以在本地启动设计备注，Dreamweaver 仅在本地维护设计备注，但不将这些备注与站点文件一起上传。

☑ 如果选中【启用上传并共享设计备注】复选框，则 Dreamweaver 会自动将与站点关联的设计备注与其余的文档一起上传。以便与其他成员共享设计备注。当下载文件时，Dreamweaver 也会自动获取相关的设计备注文件，以便了解其他成员的设计心得或开发信息。当然如果网站由自己独立开发，就没有必要选择该选项了，这样能够提高文件传输的性能。

☑ 如果要删除所有设计备注文件，只需要单击【清理设计备注】按钮即可，Dreamweaver 会自动删除站点的所有本地设计备注文件。

2. *为文件创建设计备注*

用户可以为任何文件创建设计备注，如模板文件、图像、Flash 等，甚至还可以为网页中的 Applet、ActiveX 控件、图像、Shockwave 对象等创建设计备注。

【操作步骤】

第 1 步，启动 Dreamweaver。

第 2 步，选择【窗口】|【文件】命令，在【文件】面板中打开一个文件，然后在面板菜单中选择【文件】|【设计备注】命令，或者在右键菜单中选择【设计备注】命令，打开【设计备注】对话框，如图 13.28 所示。

第 3 步，在【基本信息】选项卡的【状态】下拉菜单中选择一种文档的状态（如草稿、保留 1、保留 2、保留 3、alpha、beta、最终版和特别注意）。

第 4 步，单击日期图标（）为备注添加当前本地日期。然后在【备注】文本区域中输入备注信息。选中【文件打开时显示】复选框，则在每次打开文件时显示设计备注文件。

第 5 步，切换到【所有信息】选项卡中，可以增加多条消息，以便其他会员补加信息。单击按钮可以添加新的名/值对，如图 13.28 所示。

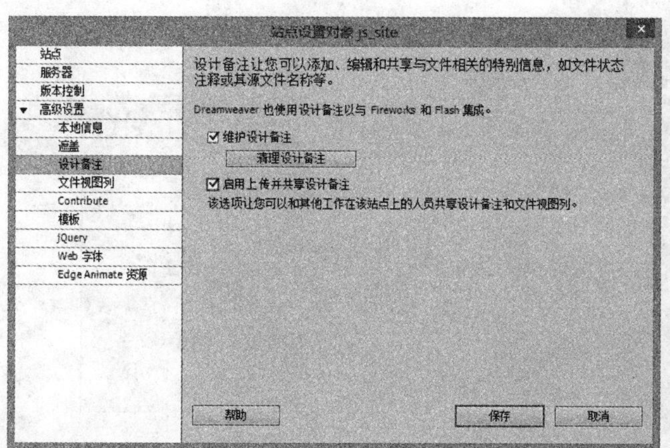

图 13.27 设计备注

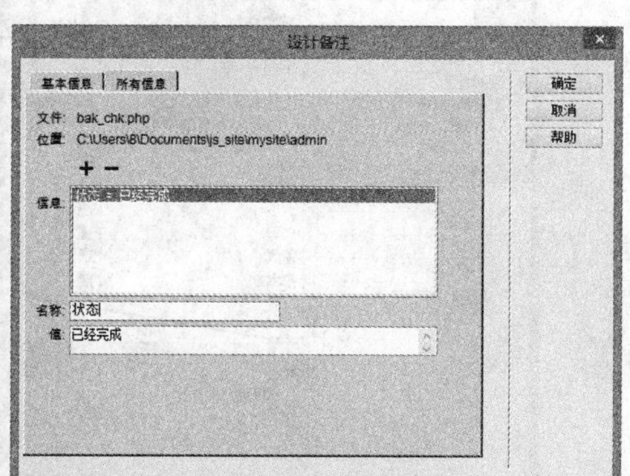

图 13.28 添加备注

第 6 步，单击【确定】按钮即可。Dreamweaver 将创建的备注保存到名为_notes 的文件夹中（隐藏状态），与当前文件处在相同的位置。文件名是文档的文件名加上.mno 扩展名。例如，如果文件名是 index.html，则创建的设计备注文件名为 index.html.mno。

3. 阅读设计备注

如果在创建设计备注时选中【文件打开时显示】复选框，则当该文件被打开时，会自动打开【设计备注】对话框。如果没有则可以选择【文件】|【设计备注】命令，打开【设计备注】对话框。

13.6.3 使用自定义列实现合作交互

团队开发中的信息交互和沟通是件很重要的事情。毕竟在多人组成的开发小组中，各自独处一隅，甚至身在天涯海边，虽说各种通信工具发达（如电话、E-mail、QQ、MSN、传真等），相互之间的联系也比较快速，但是比较麻烦。

使用设计备注来实现相互沟通，但是它还不够直观，适合慢时交流，不适合即时应答或提示。这时团队内部不妨利用【文件】面板的自定义列来实现即时提示效果。

【操作步骤】

第 1 步，启动 Dreamweaver。

第 2 步，选择【站点】|【管理站点】命令，打开【管理站点】对话框。

第 3 步，选择预定义的站点，然后单击【编辑】按钮，打开【站点设置对象 js_site】对话框。

第 4 步，在【高级设置】选项中选择【文件视图列】选项。

第 5 步，单击⊞按钮，则 Dreamweaver 会自动生成一个 untitled 列，在【列名称】文本框中输入列的标题，该名称将显示在【文件】面板的列标题栏中。

第 6 步，在【与设计备注关联】下拉列表框中选择一个值，或者输入一个值（建议输入与列名称一致的值），这样好在【设计备注】中查看或修改其值。

第 7 步，在【设计备注】中修改自定义列的值，也可以在自定义列中修改【设计备注】中的名/值对，如图 13.29 所示。这样在【文件】面板中查看 Dreamweaver 站点时，有关文件和文件夹的信息将在列中显示。

第 8 步，在【对齐】下拉列表框中选择列标题和列信息的对齐方式。选中【显示】复选框保证该列被显示在【文件】面板中。

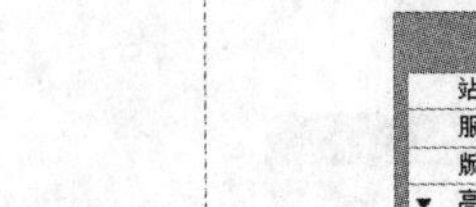

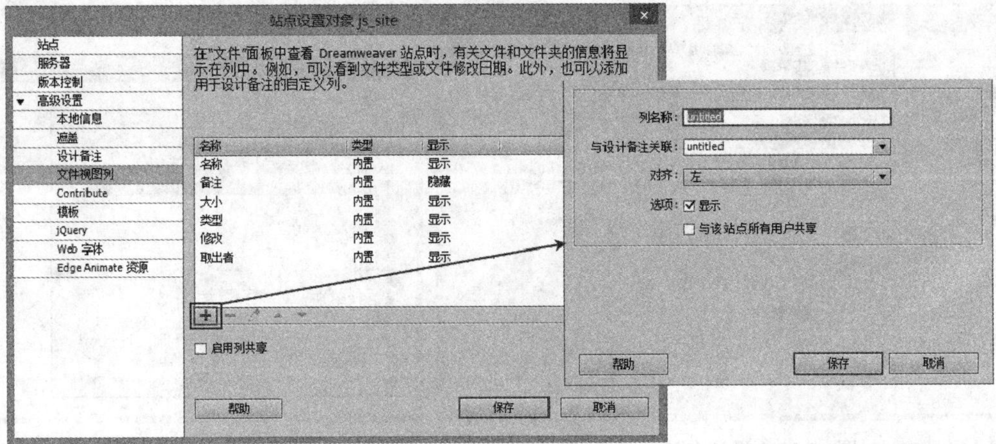

图 13.29　自定义列

第 9 步，选中【启用列共享】和【与该站点所有用户共享】复选框，这时 Dreamweaver 会提示用户开启站点设计备注功能，并保证共享设计备注。

第 10 步，还可以更改列的排列顺序、隐藏列（文件名列除外）、删除列（仅限自定义的列）、重命名列（仅限自定义的列）、建立列与设计备注的关联（仅限自定义的列）。增加自定义列时最多允许增加 10 列。

13.7　站点测试和维护

在建立远端站点并将其声明为可浏览之前，应在本地机上对本地站点进行完整的测试，使网页在浏览器中显示出预期的效果。测试的主要内容包括检验网页与目标浏览器的兼容性、在浏览器中预览网页、检验下载的时间和网页文件的大小等。

测试实际上就是模拟用户访问站点的过程，从中发现问题并对设计加以改进。站点测试和维护是网站开发中一项不可或缺的环节。许多成功的经验表明，让不是很熟悉计算机的人来参加站点的测试工作，效果非常好。这些人会提出许多专业人员没有顾及到的问题或一些好的建议。

13.7.1　检查断开链接

网站开发的过程就是不断重新设计、重新组织的过程，修修补补、涂涂改改是经常的事情，也许某个链接的页面已被移动或删除，但是链接还存在。因此用户应该使用【链接检查器】对站内所有链接进行测试。

【操作步骤】

第 1 步，启动 Dreamweaver。

第 2 步，选择【窗口】|【结果】命令。

第 3 步，在 Dreamweaver 主窗口底部将打开【结果】面板组，从中选择【链接检查器】面板，如图 13.30 所示。

第 4 步，按图中的提示进行操作，即可快速检查站点内所有断开的链接。也可以在菜单中选择【站点】|【检查站点范围的链接】命令快速进行操作，检测的结果将显示在【链接检查器】面板中。

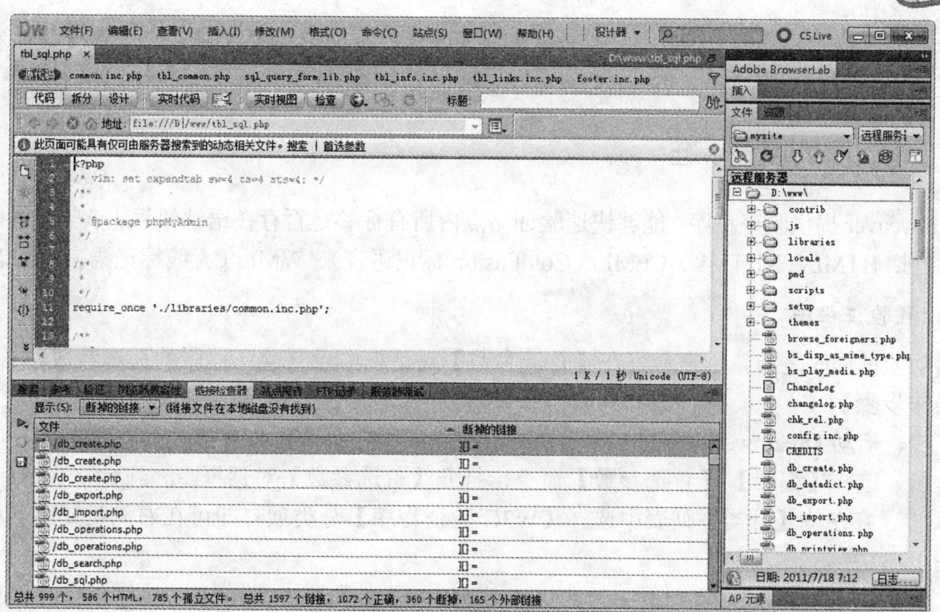

图 13.30 【链接检查器】面板

第 5 步，发现问题之后，就应该赶紧修复，这里有两种方法可以实现。

第一，直接在【链接检查器】面板中修复断开的链接和图像引用。方法是在【断开的链接】列中（而不是【文件】列）单击断开的链接，此时链接处于可编辑状态，然后在其中设置正确的链接路径即可。

第二，在【属性】面板中修复的链接和图像引用。方法是先在【文件】列中双击打开文件，在编辑窗口中会以【代码】视图自动选中显示断开的链接，此时用户在【属性】面板中修复链接即可。这种方法的优势是可以单击【属性】面板中【链接】文本框右侧的文件夹图标，进行快速选择修复。

第 6 步，如果在同一文件中还有其他断开的链接，Dreamweaver 会提示修复其他文件中的这些引用。单击【是】按钮，Dreamweaver 将更新列表中引用此文件的所有文档。

第 7 步，如果网站开启了【启用存回和取出】功能，则 Dreamweaver 将尝试取出需要更改的文件。如果不能取出文件，则 Dreamweaver 将提示不能更改断开的引用。

13.7.2 检查孤立文件

孤立的文件就是那些文件本身还在站内，但是站内没有任何文件链接到该文件。孤立的文件很多时候是在操作中遗忘的废的文件，对于这些无用的垃圾一定要清理出去，否则会占用空间和带宽，不利于网站的维护和管理。

孤立的文件是不会被访问的，除非用户直接访问该文件，例如，新闻的目录页。但是并不是所有孤立的文件都是废文件，有些文件虽然自己没有被别的文件链接，但是它却链接着别的文件。此种情况下，操作时就应该小心了，最好是打开文件看看页面内容，避免误删文件。

查找孤立的文件可以在【链接检查器】面板中实现。

【操作步骤】

第 1 步，启动 Dreamweaver。

第 2 步，在【链接检查器】面板中单击【检查链接】按钮▶，然后在检查类型下拉菜单中选择【孤立的文件】选项，Dreamweaver 将显示没有孤立的文件。

第 3 步，选中要删除的文件，然后按 Delete 键即可快速删除。

提示：对于孤立的图像文件来说，可以大胆地删除，但是对于网页文件，建议最好打开看看所包含的内容，再决定是否删除。

13.7.3 验证 Web 标准

Dreamweaver 提供验证程序，能够快速验证站点内所有标签是否存在语法错误。该验证程序可以检测的语言包括 HTML、XHTML、CFML（ColdFusion 标记语言）、WML（无线标记语言）和 XML 等。

1. 设置验证程序

在启动验证程序之前，用户最好在【首选参数】对话框中设置验证程序的首选参数。

【操作步骤】

第 1 步，启动 Dreamweaver。

第 2 步，选择【编辑】|【首选参数】命令，打开【首选参数】对话框。

第 3 步，在左侧【分类】列表中选择【W3C 验证程序】分类项，即可在右侧设置验证程序的参数，如图 13.31 所示。

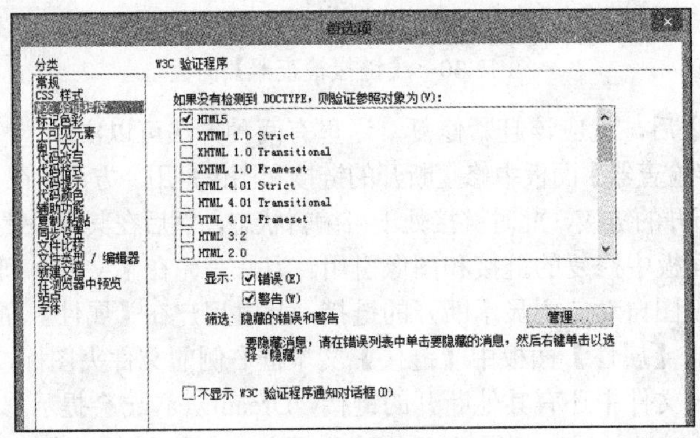

图 13.31　设置要验证参照的标签库

第 4 步，设置要验证参照的标签库，同一标签库或语言只能选择一个版本。

第 5 步，单击【管理】按钮，可以在打开的对话框中选中要在验证程序报告中包含的错误和警告类型。

2. 验证站点标签

在【结果】面板组中选择【验证】面板，然后单击面板左侧的【验证】按钮，从弹出的下拉菜单中选择【验证当前文档】选项，则 Dreamweaver 会自动对当前文档进行标签的语法验证，如图 13.32 所示。

所有检测到的记录分类说明如下。

☑ 如果前面标识图标显示为❶，则表示该记录是一条语法错误，用户可以根据指示的文件名、所在的行，以及错误描述进行修复。Dreamweaver 暂时还没有提供自动修复功能，所以还需要用户手动逐条修改。有些错误可能是因为用户设置的验证版本较低，而该版本还支持这种语法功能，所以应根据实际需要酌情选择修改。修改时，直接双击【文件】列的文件名，Dreamweaver 会自动打开该文件，在【拆分】视图下选中显示错误的标签或属性。

☑ 如果前面标识图标显示为⚠，则表示该记录是一条非标准的用法，Dreamweaver 提出警告，建议不要使用，最好能够修复。

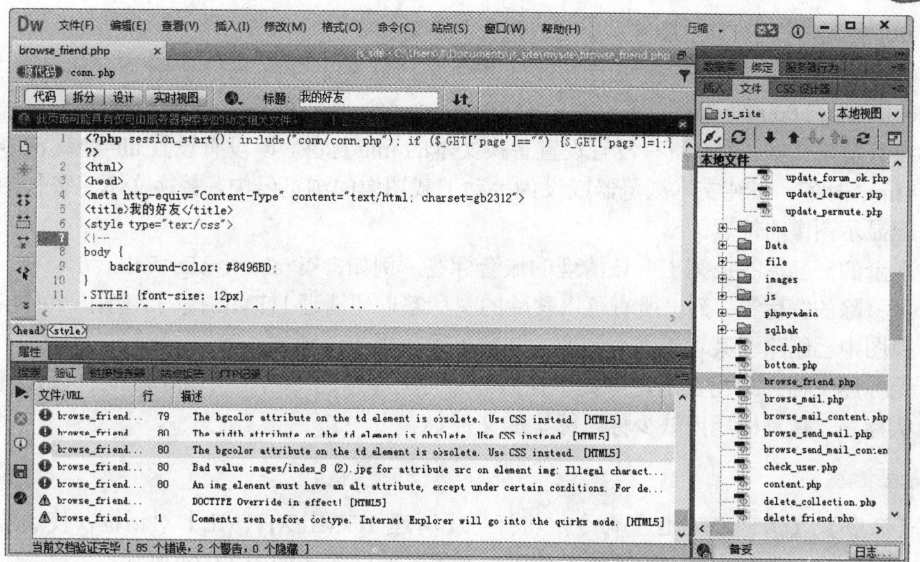

图 13.32　验证整个当前本地站点

☑　如果前面标识图标显示为▣，则表示该记录是一条消息，Dreamweaver 提示该用法已经过时，或将被淘汰，建议避免使用。

☑　如果前面标识图标显示为▣，则表示该记录是一条嵌套错误，Dreamweaver 会提示用户在使用时标签嵌套出现错误，例如，缺少封闭标签，或者嵌套的层次不正确。因此用户应该及时修复过来。对于 IE 浏览器来说，它会很智能地帮助用户进行纠错显示，但是对于其他标准浏览器来说，就会认为这是一个错误而不予解析。

如果在【验证】面板左侧单击【浏览报告】按钮▣，则 Dreamweaver 会自动生成报告，以网页的形式把所有记录列出来，这样用户可以在放大的窗口中预览所有验证信息。

3. 站点报告

站点报告是 Dreamweaver 提供的另一个站点验证工具，该工具能够允许用户有选择地进行验证，这样能够使验证工具更具目的性。

【操作步骤】

第 1 步，启动 Dreamweaver。

第 2 步，在【结果】面板组的【站点报告】面板中单击左侧的【报告】按钮▶，用户也可以选择【站点】|【报告】命令。

第 3 步，打开【报告】对话框，如图 13.33 所示。在该对话框中可以自定义要验证的项目，并进行流程控制。

第 4 步，在【报告在】下拉列表框中选择要报告的内容，并设置要运行的任意一种报告类型（工作流程或 HTML）。只有在【文件】面板中已经有选定文件的情况下，才能运行【站点中的已选文件】报告。

第 5 步，如果选择了工作流程报告，单击【报告设置】按钮进行设置，如果选择不止一个工作流程报告，则对每个报告都需要单击【报告设置】按钮进行设置。其中几个选项说明如下。

☑　取出者：创建一个报告，列出某特定小组成员取出的所有文档。

☑　设计备注：创建一个报告，列出选定文档或站点的所有设计备注。

☑　最近修改的项目：创建一个报告，列出在指定时间段内发生更改的文件。

第 6 步，如果选择 HTML 报告，则可以进行如下选择。

☑ 可合并嵌套字体标签：列出所有可以合并的嵌套字体标签以便清理代码。例如，<font color="#FF0000"><font size="4">STOP!</font></font>将被显示出来。

☑ 没有替换文本：列出所有没有设置替换文本的 img 标签，即没有设置 alt=""或 title=""属性的<img>标签。在纯文本浏览器或设为手动下载图像的浏览器中，替换文本将替代图像出现在应显示图像的位置。

☑ 多余的嵌套标签：列出应该清理的嵌套标签。例如，<i>abc<i>efg</i>hij</i>。

☑ 可移除的空标签：列出所有可以移除的空标签以便清理 HTML 代码。例如，可能在【代码】视图中已删除了某项或某个图像，却留下了应用于该项的标签。

☑ 无标题文档：列出在选定参数中找到的所有无标题的文档。Dreamweaver 报告所有具有默认标题、重复标题或缺少标题标签的文档。

4. 清理标签

选择【命令】|【清理 HTML】命令，将打开【清理 HTML/XHTML】对话框，使用该对话框则可以快速清除当前文档中的指定标签或者错误、不规范的标签，如图 13.34 所示。

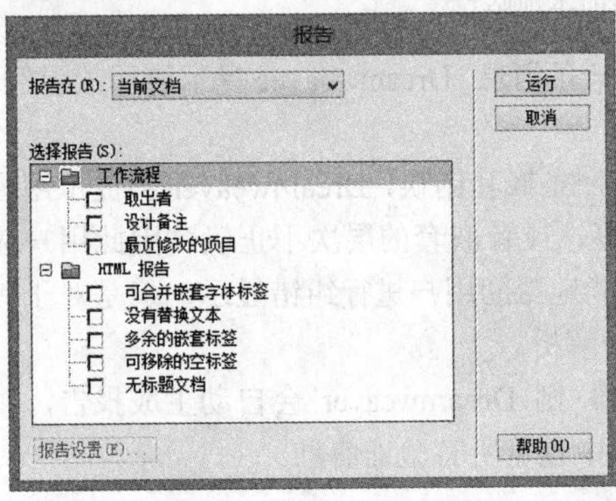

图 13.33 【报告】对话框

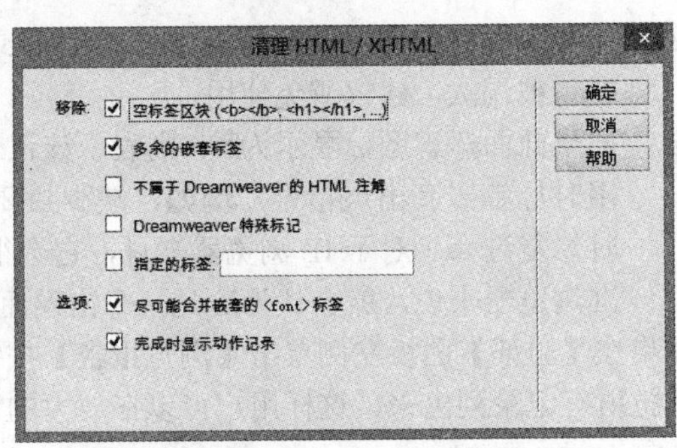

图 13.34 【清理 HTML/XHTML】对话框

第14章 网站推广和SEO

中国有句古话："好酒不怕巷子深"。这话在很多地方都有一定的道理，但运用到互联网上却行不通。现在每天都有成千上万个新网站推出，即使自己的主页再出色，也应该努力进行宣传。

在推广站点之前，必须确定所制作的站点是否独具特色，内容是否充实？如果只是确定了站点的框架或只是首页上的内容，就不要急着进行推广。等站点已经制作得较完整之后，再开始"促销"。网络推广方法很多，但真正实用的方法却少之又少，适合普通用户的方法就更加少了。本章分析当前网络比较有效的几种推广方法。

【学习重点】

- 精心设计网站域名
- 在各大搜索引擎上注册站点
- 在电子邮件签名中添加站点地址
- 到BBS上公布站点信息
- 通过友情链接推广

14.1 网站推广概述

不要被各种术语所迷惑了，网站推广就分为两种：一种是花钱的，一种是免费的。花钱的推广有很多，尤其是广告，可以选择在门户、中小型网站投放广告，也可以到杂志上投放广告，还可以与知名网站合作，搞团购之类的活动。

不花钱的推广，包括通过链接交换、QQ、邮件、博客、微博、站群等方式进行，最终目的就是留下个人网址或相关信息。在不花钱的推广方法中，推荐SEO优化，如果稍微懂点SEO的话，那么网站将获得稳定的流量和潜在客户。

14.1.1 写给网站推广初学者

☑ 网站推广是一个不断变化的过程

推广就是推销自己的网站，和人推广自己一样。例如，我每天很勤奋地写博客，然后一篇博客到处发，到任何一个博客写评论，在网易、搜狐、新浪、百度等媒体上都能见到，甚至在微博客上都能见到文章链接。这虽然讨厌，但总归是让很多人知道。

推广是一种日积月累的过程，而在这个过程中只是每日在一些特定的网站发帖，那么这种推广只能是一种愚蠢的体力劳动，在这个过程中，似乎看不出任何变化。

变化，是推广最大的特点。你是干体力活的推广员，还是不断进取的营销师，全在自己用不用心。

☑ 推广是一个不断迎合客户的过程

推广不仅仅是在特定的网站发帖这么简单，除了发帖之外，还需要每日观察统计数据，根据数据提出更优秀的推广方案，下面会介绍如何通过数据分析做精准推广。

经过一段时间的积累，来访的用户会越来越多，随着推广的深入，网站在SEO方面也要进行相应的变化，一成不变地推广是没有意义的。

14.1.2 网络推广4个层次

网站推广可以分为4个层次，具体说明如下。

☑ 第一层次：纯体力推广者

初期网络推广非常简单，机械的换ID、在不同网站发贴，按照写好的基本思路扮演不同角色，在A网是富婆、在B网是农民、在论坛就是路见不平一声吼的甲、乙、丙、丁，这是最普通的马前卒。

最典型的是在各个分类、招聘、兼职网站都能看到这类人，一般大部分都是学生，都会注明“发帖者”“网络推广”的字眼。通常搞网站的人会叫这类人是“水军”“人肉spam”。

☑ 第二层次：全能网络推广者

稍微深入后，则需要熟悉各个类型的大小论坛，要熟悉SNS、Blog、门户网站、微博、IM软件等各种网络有效沟通发布平台，而通常这个层次的人更看重做搜索引擎优化（SEO）。

例如，许多人会在微博、博客中分享自己所收集的论坛网址列表，这类人通常也会带领若干成员成为全能网络推广领袖，这个阶段依然是兼职占多数，不过却要花费不少精力。

网络推广工作往往是从兴趣或兼职开始，大部分人只想赚点零花钱，能做到领队也差不多到头了。通常搞网站的人会叫这类人是“高手”“牛人”“专家”。

☑　第三层次：网络推手

再深入一步，则需要掌握上文所述的每一种推广平台的属性、特点和运作方法，掌握大量各平台ID，能够结合产品选择最佳的宣传平台和方式。做到这个程度已经是资深推广人员了，可以在业界小有名气了，基本上都是全职网络推广。

例如，先制造事件，或者塑造“负面明星”，让人骂，骂得越厉害，关注度就越高，靠负面事情先把知名度炒起来，第二步再把形象板正过来，让网民同情你，再花点钱删删帖，负面形象基本就没了。通常搞网站的人会叫这类人是“网络推手”。

☑　第四层次：资深网络推广者

最后这种网络推广要求最高，需要能够根据不同的产品的特性、预算并结合时下的热点和手头的平台资源策划完整的网络推广方案，做到这个程度一般是有一定规模的工作室或专业的从业公司的资深行销策划，这也是行业中最缺的人才，通常也叫“策划”“营销”。

做一个出色的网络推广人员，需要有耐力、加班熬夜的过人体魄、顶得住客户无理要求的抗压能力、不断吸收身边各种知识的学习能力，最重要的是不能急功近利、懂得脚踏实地。

14.1.3　网站推广常见问题

网站推广的方法很多，但真正做好的却没有几人，这是为什么呢？主要是在推广过程中出现的效率问题上。

☑　现象一：边聊天边搞推广。

好不容易抽出时间搞网站推广，突然企鹅的脑袋一个劲晃动，还是聊会吧，虽然聊天能增强人际关系，但原本一个小时可以把网址推广出去的工作，却用了两个小时。有时候跌跌撞撞做推广，总是会发生难免的差错。

☑　现象二：喜欢随意浏览网页。

在网站推广的过程中，难免会到处点击，如果不能够很好地控制自己，如果没有很强的计划性，点开一百个链接一个个地看，看完了，心情舒畅，推广的事又拖后了。

☑　现象三：没有明确目的。

在网站推广过程中，很容易失去方向。因此，推广网站要有目的性，而不是上前就点击，到一些不相关的网站推广网站，连拉带拽、故布疑阵，用尽各种手段说到：“欢迎到我的博客或者小站”。例如，在我的博客中每天都有一堆群发垃圾评论。如果你的网站是关于减肥、保健方面的内容，偏偏跑到我这个网站设计博客搞推广，首先用户群就不对，再次，我不删你评论才怪呢。所以说，发布信息一定要有针对性。

☑　现象四：喜欢听别人忽悠。

原本想好一个小时应该完成的工作，竟然不自觉地就跑到站长站听别人忽悠去了，尤其是在一些推广经验分享的文章里，深陷不能自拔，于是放下手头推广工作，紧闭双眼，开始幻想。

如何保持定力，不被互联网世界纷纷扰扰的东西所打扰，是一个问题。在我半年时间细心推广博客的经验里，终于找到一条可行的办法：在网络推广时，关掉 QQ，摘下耳机，告诉自己，我只有一个小时。

14.2　精心设计网站域名

网站推广的第一步就是注册一个好记的域名。爱上网或对网络有兴趣的朋友可能都有这样的切身

体会：当行走在大街上时，到处都是.com 的广告，有些看一眼就能记住，有些则不然。当然，它们的广告效应也会有差别。

Note

14.2.1 域名概述

从技术上讲，域名只是互联网中用于解决网站地址问题的一种方法。可以说只是一个技术名词。但是，由于互联网已经成为了全世界人的互联网，域名也自然地成为了一个社会科学名词。域名是互联网上的一个服务器或一个站点系统的名字，在全世界，没有重复的域名。无论是国际或国内域名，全世界接入互联网的人都能够准确无误地访问到。从社会科学的角度看，域名已成为了互联网文化的组成部分。从商界看，域名已被誉为“企业的网上商标”。没有一家企业不重视自己产品的标识——商标，而域名的重要性及其价值，也已经被全世界的企业所重视。

14.2.2 域名命名规范

域名名称一般由 26 个英文字母和 10 个阿拉伯数字以及横杠“_”组成。

国内域名的注册，有很多不同于国际域名注册的地方，在对域名的命名上有比较多的限制，包括以下方面。

- ☑ 不得使用 CHINA、CHINESE、CN、NATIONAL 等作为域名的一部分。
- ☑ 不得使用公众知晓的其他国家或者地区名称、外国地名、国际组织名称。
- ☑ 未经各级地方政府批准，不得使用县级以上（含县级）行政区划名称的全称或者缩写。
- ☑ 不得使用行业名称或者商品通用名称。
- ☑ 不得使用他人已在中国注册过的企业名称或商标名称。
- ☑ 不得使用对国家、社会或者公共利益有损害的名称。

对于公司站点来说，把公司名称注册为域名是一个较好的选择。这样让用户在记住公司名称的同时，也记住了公司站点的域名。这是业界一条不成文的做法，也是非常行之有效的方法。

相信很多爱上网的朋友都有过这样的经历：如果要查找某公司的产品信息，但是只知道该公司名称，而不知道公司域名，这时往往就在浏览器地址栏中输入“www.公司名称（英文）.com”，然后按 Enter 键，基本上都能满意而归。如要查找有关 Dreamweaver 的信息，知道它是 Adobe 公司发行的软件后，就可以在浏览器的地址栏中输入“www. adobe.com”，并按 Enter 键，可打开 Adobe 公司的站点，执行相应的搜索，就可以查找到想要的信息。

> 提示：国内域名由中科院域名管理中心负责，国际域名由设在美国的 Internet 信息管理中心 InterNIC 和它设在世界各地的分支机构负责批准域名的申请。

14.3 友情链接推广

用户可以在互联网上查找与自己站点主题类似的站点，通过友好协商后相互交换链接。随着链接站点的增多，形成类似“蜘蛛网”般的外链后，可以吸引大量的浏览者。彼此互相宣传，效果非常好。

14.3.1 诚恳地申请友情链接

在网上有很多人在讲如何申请友情链接，方法其实都大同小异，只要认真做了，就一定要找到权

重比较高的友情链接。

> 提示：友情链接几乎不会给你的网站带来流量，但是又是一件必须要做的推广工作。
>
> 由于这种合作方式一般是通过友好协商建立的，所以合作过程中可能会出现很多问题。这就要求在寻找链接伙伴时，本着诚信、公平的原则建立合作关系。另外，不要单纯为了增加彼此链接的数量，而忽视了其他站点的质量，“宁缺勿滥”才是正确的选择。
>
> 例如，在我的博客上线第一天，优化推广工作是以做友情链接为主。通过 Z-Blog 的官方网站，我找到了很多博客网站设计、网站优化类的博主，并在他们的博客当中留言希望能与他们做链接。这一天大概给 58 个左右的博主留言，希望能做友情链接，有 E-mail 的均发送了 E-mail。截止到晚上 21:40，就收到了 19 个人回复，有 14 人愿意和我做友情链接，5 人拒绝和我做连接，原因是对搜索引擎不友好，百度没有收录，所以暂不交换链接，待贵博客收录正常后，再交换链接也不迟。

14.3.2 如何寻找友情链接

申请友情链接比较简单，关键问题是如何寻找合适的目标链接，下面列举一些比较好的寻找友情链接方法。

☑ 友情链接互换 QQ 群。

优点：通过 QQ 群寻找友情链接是最快捷的方法，直接可以联系到站长本人，省时省力，可快速链接。

缺点：QQ 群里的网站什么类型的都有，而且里面的人大部分都是为了 SEO 才去做友情链接的，没有感情基础。

☑ 去论坛专版、SNS 网站群组交换链接。

这个方法是很多站长都用的方法，把个人网站信息发布上去，顺带推广而已。

优点：可以快速发布。

缺点：容易作为广告被删除，目标散，劳动量大，效果比较低。

☑ 在别人的友情链接中寻找友情链接。

在申请友情链接时，找到一些权重比较高的网站，当然，人家是不会和你做链接的。那么这时候，我们就找他的友情链接中的小网站，看看哪些权重比较高，然后就主动发信息给他，这样申请链接的成功率是很高的。

☑ 在自己网站的链接中寻找友情链接。

与上面方法类似，但前提是自己网站已经建立了友情链接。如果发现自己网站有更高 PR 的链接，那么就去找这个站长。原因很简单：高 PR 的链接愿意和你的友链的网站做链接，那么你的网站也比较容易和这个高 PR 的网站做上链接。那么就厚着脸皮去找这个高 PR 的网站做链接，总有一个人会给你做友情链接的。

☑ 努力和一个大网站做友情链接。

这应该算是品牌效应。所谓的大网站，就是类似于门户网站的链接，PR 可能不高，但这是以后做友情链接的砝码。

例如，我博客刚刚独立的时候做了一个政府网站的单向链接，其实这是我参与的一个项目。这样当我在申请链接的时候会告诉他：“某政府网站都给我博客做单向链接了”。在得到他的证实之后，就很容易得到友情链接。所以无论用什么手段，尽可能地找一个门户网站做链接，博客做一个门户频道链接就行。

14.3.3 友情链接资源

网上有太多复杂和重复的寻找友情链接的方法，但操作永远比理念更重要。如果要找到适合自己申请友情链接的方式，则需要练就一副火眼金金的眼睛，并不断去尝试。

下面提供一些友情链接资源。

☑ go9go 友情链接平台：http://www.go9go.cn。
☑ go9go 友情链接初级 3 群（PR0-PR3）38093333。
☑ go9go 友情链接中级 2 群（PR4-PR5）92522636。
☑ go9go 友情链接高级群（PR6 以上）86017541。
☑ go9go 友情链接顶级群（PR7 以上）83687665。

14.4 平 台 推 广

网络推广离不开网络平台，根据不同平台种类，我们将最常用的网络推广方法分为 3 类：一类是利用高权重平台进行网络推广，一类是利用高流量平台进行网络推广，另一类是高权重和高流量平台综合推广。

14.4.1 利用高权重平台进行网络推广

高权重平台指的是一些高权重的论坛、微博等，如天涯、豆瓣、优酷、贴吧等。先看一个利用高权重平台进行网络推广的例子。

【示例 1】在百度搜索“古剑奇谭 51”，如图 14.1 所示。

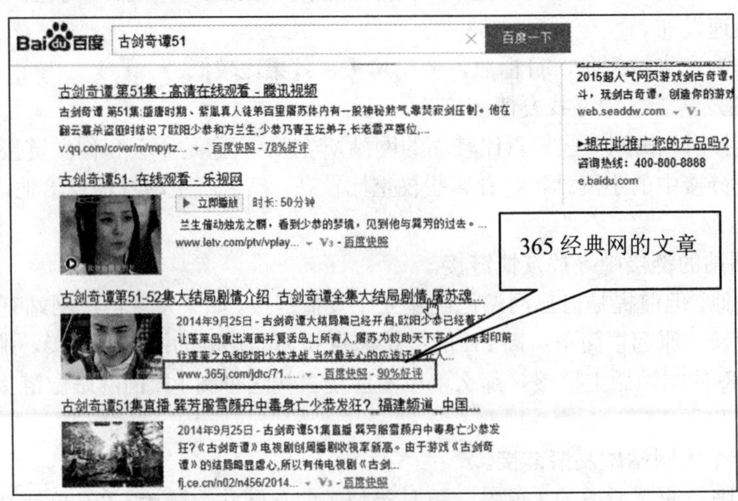

图 14.1 百度搜索“古剑奇谭 51”

在首页可以发现 365 经典网发的文章，感兴趣的读者可以点开看看别人的文章页是怎么操作的。

【示例 2】该示例是利用腾讯微博操作的，百度搜索“婴儿车”，如图 14.2 所示。

在百度首页出现了一个腾讯微博关于婴儿车的介绍。

Note

图 14.2 百度搜索“婴儿车”

通过这两个例子，可以发现用户完全可以利用高权重平台进行网络推广，而且目前有很多人依然在操作。利用高权重平台进行网络推广的优点如下：

☑ 可快速提高热门词的百度排名。例如，热门电视剧、热门事件等。我们可以创造出这些热门词相关的长尾词进行网络推广，结合高权重平台可以快速得到很好的排名。

☑ 流量损失小。通过高权重平台吸引的流量损失小，因为我们是直接从百度获取的流量。

利用高权重平台推广也存在着一些缺点：

☑ 运行周期长。利用高权重平台进行推广没有立竿见影的效果，需要自身花费一些时间和精力进行维护，如做外链，定期更新等。

☑ 运营风险高。可能刚刚把关键词的排名做上去，就会被删除，前功尽弃。

14.4.2 利用高流量平台进行网络推广

高流量平台是指目的性强、流量大的网络平台。例如，各大门户网站的博客、新闻源、蘑菇街社区、美丽说社区、热门帖子等。

【示例】利用高流量平台进行网络推广，在豆瓣的一个小组里的一个热门帖子里面做推广的，如图 14.3 所示。

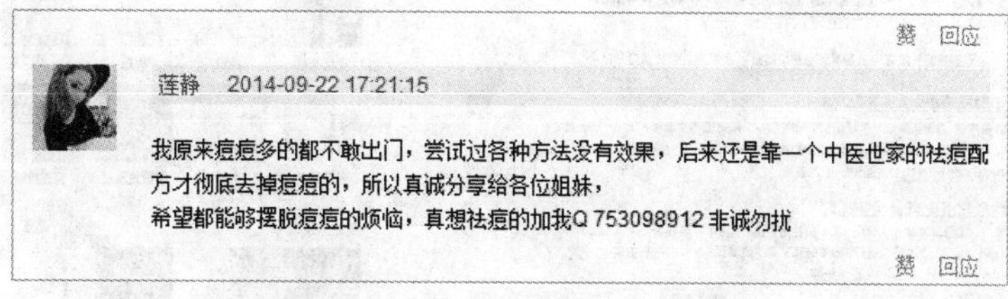

图 14.3 使用豆瓣小组进行推广

可以看出这个人在这个小组里悄悄地留下了 QQ 号。利用高流量平台进行网络推广的优点如下：

☑ 转化快。因为是利用高流量平台，在很短的时间内就会获得很大的流量，可以帮助我们在很短的时间内完成流量转化。

☑ 流量极其精准，转化率高。高流量平台吸引过来的流量几乎全部都是精准流量。

利用高流量平台进行网络推广也存在很多缺点：

☑ 流量损失大。因为利用别人的流量再转化成自己的流量，这样一个繁琐的过程必定要损失很大一部分流量。

☑ 操作繁琐，消耗大量人力。这种方法需要大范围的留联系方式，这样效果才会明显，这个过程特别繁琐。

Note

14.4.3 利用高权重和高流量平台综合推广

这类方法最常见的是软文推广。

【示例】百度搜索“老中医祛痘怎么样，会不会有副作用”，在百度知道中可以看到其中有个答复，如图 14.4 所示。

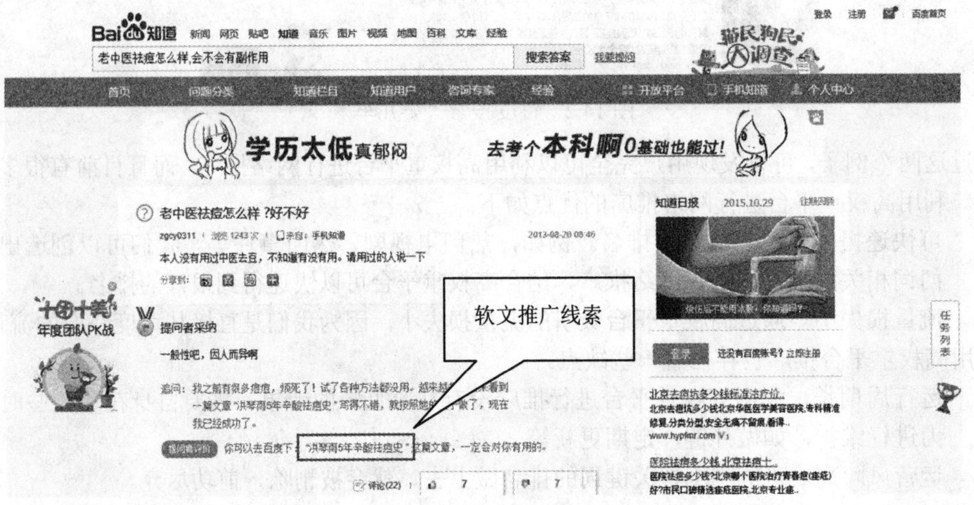

图 14.4 百度搜索

接着，百度“洪琴雨 5 年辛酸祛痘史”，如图 14.5 所示。

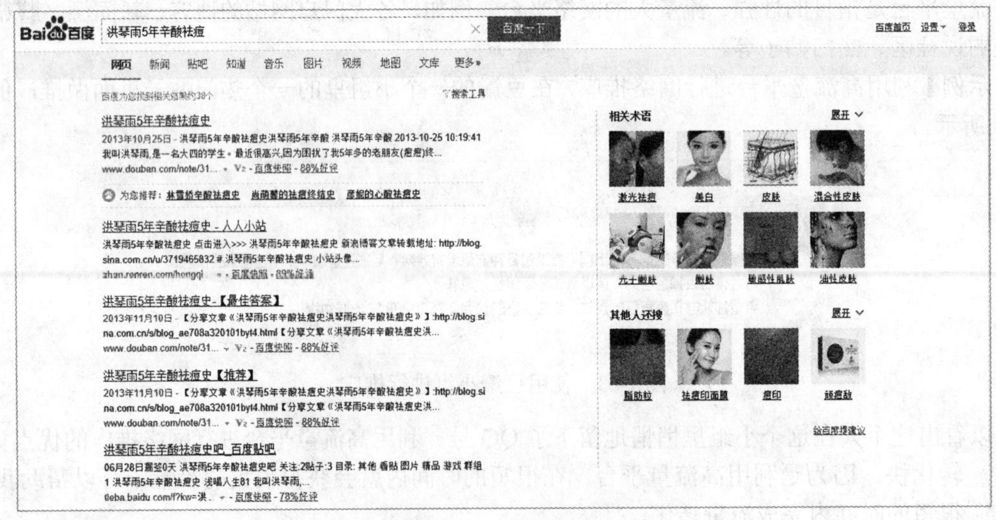

图 14.5 百度搜索

可以看出这是一个典型的利用高权重和高流量平台综合推广的例子。先利用百度这个高流量平台，然后将流量转化到高权重平台，最终完成流量转化。

这种方法的优势很多。

☑ 避免在百度知道留链接。在百度知道留链接是很难的，这个方法可以避免不能留链接的尴尬。

☑ 综合利用了两种性质平台的优势。

但这种方法的缺点也是不容忽视的。

☑ 多重流量转化会大大降低流量的质量和精准度。

☑ 需要耗费更多的经历去维护两种平台。

以上只是从网络平台的角度分析了网络上常见的几类网络推广的方法，目的是为用户指明一个方向，每个人都要根据自己的实际情况选择实际的推广方法。

14.4.4 豆瓣网推广

豆瓣相比很多网站来说，它有无可比拟的品牌推广的优势。豆瓣网的用户不像人人网实名制那么拘谨，也不像新浪微博粉丝那么没有黏性，豆瓣网是一个以“兴趣爱好”为基础的社交平台。豆瓣网在社交网络中排名第二，alexa 中国网站排名 22，世界排名 108，足可以看到它汇集了多少用户。而像豆瓣网这种开放自由的网络环境，无疑是网络推广者最需要去争取的地盘。

豆瓣拥有庞大的自发形成的小组，每天产生数十万话题，聚集了各种各样的人群，每一个人都能轻松找到他喜欢的主题和一群志同道合的人，如图 14.6 所示。

图 14.6 豆瓣社区

豆瓣网主要客户群体是以 80 后、90 后为主，遍及各个行业白领、高校学生、自由职业者。而这样的一个客户群体已经拥有很高的购买力了。所以与艺术、健康、娱乐、衣食住行相关的产品在豆瓣网推广，都可以获得很好的效果。

在豆瓣小组发外链是很容易的，也可以获得良好排名。豆瓣小组就像一个论坛，只要话题得当就会有人气，带来流量和转化率。

从豆瓣带去流量和转化率，养活了很多淘宝卖家、淘宝客、博客主。如图 14.7 所示是关于“淘宝”的某个小组的外链、话题和活跃度的截图。

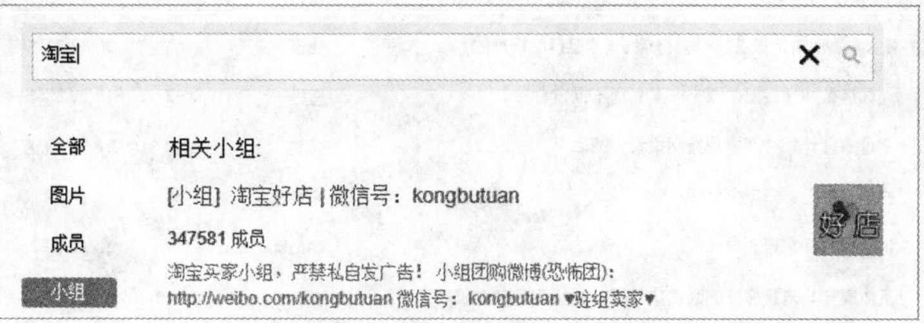

搜索“淘宝”出现的第一个小组

图 14.7 豆瓣小组

Note

淘宝好店 | 微信号：kongbutuan　加入小组

创建于2008-12-06　组长：夏天的黑T恤

淘宝买家小组，严禁私自发广告！

小组团购微博(恐怖团)：http://weibo.com/kongbutuan
微信号：kongbutuan

♥驻组卖家♥

【丽芙韩妆】面膜马油，一家值得信赖的护肤小店→【https://dou.bz/4flJgl】

【独秦庄园】简约知性美→【http://dou.bz/1laBxp】

【自在工作室】选一款简约的包包：【http://dou.bz/1Bufz8】

商务合作QQ-89321000

【恐怖团 第68期】卖家报名10-31截止，地址：http://mengxie.com/thread-1205-1-1.html

小组标签　淘宝　美容　服饰　团购　购物

推荐

小组外链

最近话题 / 最热话题　+ 发言

话题	作者	回应	最后回应
[推荐] 凡事可以赚钱的好方法，我们都该试试			
【恐怖团】运动裤+钱包+手机套+风衣(11.2截团)	杨桃		10-27 15:20
【恐怖团】眉笔+手套+内衣+T恤(10.31截团)	杨桃		10-25 13:53
组内声明：小组内求好店攻略，如何拒绝卖家。	杨桃	66	10-23 12:55
【恐怖团】卫衣+项链+皮裤+蜂蜜(10.29截团)	杨桃		10-23 12:06
【恐怖团】Shero优品打底小铺独家团(10.27截团)	杨桃		10-21 09:45
日本商社公司专业批发~~食品，酵素，卡乐比麦片，...	小su	16	10-19 20:33
【恐怖团】纯露+短靴+布包+毛衣(10.25截团)	杨桃		10-19 12:42
【恐怖团】短靴+手链+项链+棉T(10.23截团)	杨桃	1	10-18 20:53
【恐怖团】水光针+围巾+T恤+四件套(10.21截团)	杨桃	1	10-16 11:05
【恐怖团】保温杯+裤袜+帽子+单鞋(10.19截团)	杨桃		10-13 11:17
天气这么冷了，又是双十一了，还不抓紧囤货？	豆豆	3	10-29 09:49
靠谱的设计师在家里承接网页设计的活	兵戈		10-29 09:47
原创、手工，淘宝	开物志	1	10-29 09:36
秋冬季节补水要趁早	christing		10-29 09:28
实体清仓！老板好好的眼镜店不开，去搞房地产，破...	= 。=*	10	10-29 00:36

小组活跃的话题

图 14.7　豆瓣小组（续）

对于很多网络推广的朋友来说，可能未曾接触过豆瓣网推广或者仅仅停留在发帖推广的阶段。这些都没有触及到在豆瓣网推广品牌的最有效的手段。下面将总结笔者在豆瓣网推广的主要手段。

☑ 做好基本的推广操作：加入小组，加友邻。

在注册和完善豆瓣账号资料后，最基础和最重要的是加入小组和加友邻。加入那些和自己推广的产品相关度高和人气较足的小组，以及关注“活跃度”高的豆友。你的小组和友邻的基数越大和质量越好，那么以后推广工作就进行得越顺利。

一般小组是杜绝明显的广告的，所以在小组发帖和回帖时，尽可能发与小组相关话题和广告不明显的信息。

☑ 做好运营和转化率的关键：创建小组。

运营自己的小组，比在别人的小组里面发帖有效得多。但在小组运营的初期，要注意以下几点。

☑ 小组的主题定位不能太细分，不然没人气。如果运营一个家具类电子商务的网站，那么不妨以“家居生活”为主题。

☑ 前期小组的介绍页面要亲切和有煽动性。

☑ 前期 1000 个用户，需要主动去邀请，以及搭建起小组管理团队。

如上面关于“淘宝”的小组的截图，就是一个运营比较成熟的小组。小组介绍页中就可以加外链引流量，卖广告位等。

☑ 超强的曝光度：策划线上活动和同城活动。

豆瓣网的同城活动和线上活动模式一直做得很成功。它不仅有很高的关注度和参与度，更有一大批媒体人采集同城活动信息。所以在豆瓣上的活动在网络上的转载率很高，而且传统媒体也会偶尔采集相关同城活动。笔者举办的豆瓣同城活动就曾两次登上平面媒体。

创建活动的同时，也要去小组推广活动，和邀请“友邻”为活动前期积累人气，如图 14.8 所示。

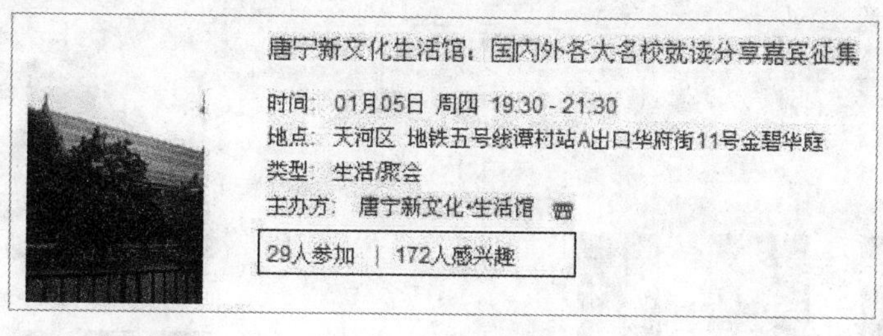

图 14.8　推广活动

☑ 随心所欲打造品牌：创建小站。

如果预备经营一个品牌形象，那么不要忘了创建一个小站。如果说小组是论坛，那么小站就是主题网站。在这个小站里，可以随心所欲地发布相关产品、促销、新闻等。如图 14.9 所示是小站相关功能的截图。

如果想推广一个公司、产品或者简单一个话题，都可以利用小站来建立自己的根据地，而且这个小站的名称也将会获得良好的排名。如图 14.10 所示是小站截图。

豆瓣看起来简单，其实它的用户扩展和黏合度很高。如果网络推广者能花点时间经营豆瓣的推广，将会有很大的收获。在豆瓣，最合适的是全方位的品牌推广，让产品拥有自己的小组、小站、活动，加大品牌的曝光度和凝聚力。

Note

图 14.9 创建小站

图 14.10 小站排名

14.5 自媒体推广

自媒体概念的产生确实让很多人思想顿悟，可以让自己成为一个明星，拥有自己的粉丝，与粉丝分享自己的思想。当然，很多人都想成为明星，但是又有多少人真正成了一个明星。

14.5.1 打造成功的自媒体

在美国，有一个八九岁的小孩，年收入竟然达百万美金。这个孩子利用视频的形式，给同龄孩子

Note

介绍玩具或者游戏机之类。他爸爸负责拍摄视频，小家伙负责给同龄孩子演示如果玩这个玩具或者游戏机，点评好不好玩之类的。

然后他爸爸将该视频上传到 Youtube。因为形式新颖，每期视频都有百万观众观看，每年光是玩具厂商广告费就高达 130 万美金。现在流行试吃员、试睡员、电影试片员、旅游体验师等，这个孩子不就是试玩员吗。

仔细分析会发现，这个小孩的成功模式其实就是自媒体时代的产物。

他和他的爸爸通过运营 Youtube 这个自媒体，将其打造成为儿童玩具界的自明星，成明星了，在该领域中，自然就会拥有自己的影响力、号召力，所以获得玩具厂商的广告费、赞助费之类的是非常自然而然的事情。

很多读者都会觉得自媒体、自明星对于自己来说太遥远了。其实不然，即使你是传统意义上的草根、屌丝，没有财力和物力，但是这并不会影响你通过自媒体成为自明星。

现在，各种各样的网络平台，让几乎每一个人都成为了自媒体。我们都可以通过 QQ、微信、微博、视频等方式，来影响我们生活圈子里的人。因此，每一个人都有同样的机会，利用自媒体平台去盈利和推广。

正如上面案例当中的小男孩和他的爸爸，他们其实就是普通人，但是他们通过打造自己的自媒体平台，同样成为了自明星。下面介绍如何利用自媒体实现自我推广。

1. 清楚自己的目标群体

在做自媒体之前，也要清楚自己的目标群体是谁。

例如，上面介绍的美国熊孩子，他的目标群体就是与自己年龄相仿的小孩们和孩子家长。

红极一时的绿豆专家张悟本，他的目标群体就是那些希望身体健康，热衷于养生的中老年人。

美食撰稿人文怡，她的目标群体就是对于美食制作有兴趣的人以及全职太太。

新女学创始人苏芩，她的目标群体是国内 20~45 岁的女性群体。

2. 清楚目标群体需要什么

在网络营销中，经常提到一个专业术语：痛点。什么是痛点？就是一个群体存在什么问题。有这个痛点，我们可以推断出，目标群体需要什么。

案例当中，和他年龄相仿的小孩们和他们的家长，是目标群体，他们的痛点是什么？

他们存在的问题就是，市场上的玩具非常得多，形形色色，各种各样，而且都没有提供试玩的机会。你很难知道，哪个玩具好玩，哪个玩具真正地适合自己的小孩，这种玩具怎么玩等。

所以这些都是该目标群体的痛点。

有了这些痛点，我们就很容易知道他们需要的是什么了。

他们需要一个途径，向他们详细地介绍哪个玩具好，这些玩具都应该如何去玩，通过这样的介绍和心得，他们可以由此作出准确的判断，既选择适合自家小孩喜欢的玩具，又能够不浪费财力物力。

3. 清楚自己扮演什么角色

清楚自己的目标群体，以及他们的痛点，那么自己能够给目标群体做些什么？

在互联网中，已经兴起了很多这种“点评式”的平台，如大众点评网等。上面提及的试吃员、试睡员、电影试片员、旅游体验师等，其实都是这个领域催生下的新兴职业。

为什么会出现这样的平台和职业呢？

因为，越来越多的人有不同的消费需求，但是在消费之前，他们都需要一个先驱者，提供给他们可观、实在的意见，这样有助于他们选择。其实也反映了人们的从众心理。

而这个也恰恰决定了两个非常关键的因素。

☑ 角色定位。你要成为目标群体眼中的“先驱者”。说白了，一个产品好不好，一个方法好不好，这个玩具好不好玩，这个面膜好不好用，这个馆子里的菜好不好吃，空口无凭，你要真正去做了，去体验了，你说的话，才有说服力。

☑ 能够给目标群体些什么？当然要给目标群体需要的。目标群体需要的就是“先驱者”给的“可观，实在”的意见。

例如，要去操作护肤美白领域，那么就要选择一个美白产品，自己或是找人使用后，通过照片、视频等证明你是“先驱者”，并且给出使用后的心得和意见。这个就是目标群体所真正需要的。只要给他们这些，才能被你吸引，持续关注，最终成为粉丝。

提示： 做自媒体的核心是“你帮助的人越多，你得到的就越多”。

对自己有一个准确的定位，知道自己想做什么，能做什么，在清楚自己的情况下再来决定做什么方面的自媒体。例如，对于我来说，由于自己擅长数据库营销，并且认识到数据库营销思维可以帮助更多的商家企业赚钱，提升他们业务的转化率，可以避免同行竞争等多个好处，对他们的业务会有很大的帮助，于是我给自己的定位就是做数据库营销，把数据库营销思维以及方法传播出去，帮助更多的人。

做自媒体的核心是提供价值。

这个理由很简单，那就是给粉丝不断地提供价值。因为在给粉丝提供价值的时候，帮助他们解决了不少问题，于是粉丝对你心存感激，就会信赖你，从而成为忠实粉丝，他们就会经常回访，关注你。

4. 选择适合的自媒体平台以及工具

首先，根据定位的领域来选择使用哪种形式呈现，如文字、图片、音频或者视频。视频的展示性最好，当然，与文字、图片结合在一起，效果最佳。

自媒体平台有很多，可以利用 QQ 空间、博客、微博、微信。当然，也可以直接建立一个个人网站，作为自己的自媒体平台。

在上面案例中男孩爸爸将视频制作后，上传到了 Youtube。众所周知，那是世界上最大的视频网站，流量可想而知。

同样，国内也有不错的视频网站，如土豆、优酷、网易公开课、腾讯课堂，审核并不是很严格，而且都很支持原创视频，流量也很大，是不错的推广平台。

例如，文怡刚开始也是名不见经传，只是在博客当中发表自己的美食制作的心得、攻略。她的博客就是她的自媒体。慢慢坚持下来，她现在已经成为了自明星，主持节目，出书，办培训班，代理各种烹饪用品等。

5. 推广自媒体平台

如何更加有效地推广，不外乎两种方法，一是借助高权重平台，二是借力该领域的名人明星。高权重平台如下。

☑ 博客：新浪博客、搜狐博客、天涯博客、网易博客。

☑ 微博：新浪微博、腾讯微博。腾讯微博的收录和排名要优于新浪微博。

☑ 论坛：天涯、豆瓣、百度贴吧、猫扑、西祠胡同。

☑ 垂直网站：去相关的垂直网站，如果选择领域是母婴系列，那就是母婴方面的垂直网站。

Note

☑ 视频网站：优酷、土豆、第56步，腾讯、网易等视频网站。

☑ 问答平台：知乎、百度知道、搜狗问问、360问答。

把提供给目标群体需要的客观、实在的意见录制成视频也好，或写成文字，选好关键词，放到这些平台即可。

定期更新，现在不同领域的名人明星几乎都有微博微信，加他们的微博，私信他们，态度诚恳、谦虚。

6. 自媒体如何盈利

自媒体盈利模式包括以下两个方面。

☑ 挂广告：出售广告是大部分人选择的赚钱模式，这个模式适合那些流量大的、不容易产品化，服务化的自媒体。

现在很多朋友做自媒体都会盲目地选择挂广告，但是只有几百个IP，挂广告是不赚钱的，如果改变下思维方式，用那几百个IP来卖暴利产品，利润会很惊人。

☑ 卖产品或者服务：这个赚钱模式是比较稳定的模式，因为这个模式可以赚大钱，如果做得好赚钱的速度也会超出想象。

其实自媒体也就是一个打造精准数据库的一个过程，自媒体也就是一个建立信任的媒介，让大家认识你、信任你，再对你的精准数据库做营销，他们购买你的产品会是一个顺理成章的过程。通过卖产品来做自媒体，小流量也可以赚大钱。对于产品这块，可以有很多，可以找人合作、可以找人定制、自己也可以是产品或者服务。

以个人经验，在刚开始做自媒体时，不要想太多盈利的事情，很多人都会提前制订出方案，但是实践的时候才发现，根本不是自己想的那么一回事。所以，爽性就先将盈利的事情忘记。因为当自媒体逐渐稳定后，真正适合你的盈利途径会自然而然地产生。到时候，会有大小广告商主动找你，和你谈合作的。当然，你也可以自己包装产品，自己销售。

例如，文怡导购的一款厨师机，六分钟就狂销了四百多万。这足以说明，当自媒体运营稳定的时候，盈利是一件自然而成的事。

14.5.2 自媒体平台推荐

自媒体平台类似于新浪博客，注册就可以开设博客等，而自媒体平台也是，所有巨头都在自家后院搭建了免费平台供网民自由使用。下面设计国内比较好的自媒体平台。

☑ 微信公众平台

微信载体是微信手机客户端，海量用户，营销效果好，它的公众平台是目前最热的。

地址：https://mp.weixin.qq.com。

☑ 米聊订阅发布平台

VIP账号订阅发布平台，目前米聊注册用户27000万，VIP账号采取邀请制。

地址：http://vip.miliao.com/。

☑ 搜狐新闻自媒体平台

据说搜狐新闻客户端安装量第一，它的自媒体平台也很给力，后台很简洁，发布很方便，笔者在该平台发布文章，几乎是秒过。流量的话还行，个别文章会有上千的阅读量。

地址：http://mp.k.sohu.com/server/openquicklogin.jsp。

☑ 网易新闻媒体开放平台

网易新闻手机客户端是一款不错的APP。

地址：http://open.m.163.com/。

☑ 网易云阅读开放平台

推荐这个平台，云阅读采取的是抓取网站 RSS 源，这样站长省去了更新内容的烦恼。注册过程也简单，但没有任何推荐的情况下，流量也很少。

地址：http://open.yuedu.163.com/。

☑ 360 自媒体平台

从 360 导入流量很多，建议使用。

地址：http://wemedia.so.com/。

☑ 百度百家自媒体平台

百度联盟的广告全部分给自媒体人，申请较难。申请方式 Baijia@baidu.com。

地址：http://baijia.baidu.com/。

☑ 今日头条媒体平台

文章人工审核，发布速度比较慢，但是数据特别亮眼，往往一些趣味性的文章可以达到 60 万的阅读量，上千的收藏量。

地址：http://mp.toutiao.com/。

☑ 微淘公众平台

很早进入微淘的都能得到官方推荐，很适合淘宝卖家、淘宝客注册使用。用淘宝 ID 登录后台，这个信息流的账号运营者将来自淘宝商家、媒体机构，或来自某个消费领域的意见领袖等。

地址：http://we.taobao.com/。

☑ 新浪微博粉丝服务平台

新浪旗下公众账号，单击【我的主页】|【管理】即可找到该功能，仅限+V 用户。信息都是以私信的形式发送。信息达到率较高。

地址：http://weibo.com。

☑ 易信公众平台

这里主要是营销人太多，真正用户较少。网易与中国电信推出的“易信”，除了具备微信的大多数功能之外，易信与微信最大的区别：可通过易信给用户发送手机短信。

地址：https://plus.yixin.im/login。

☑ 飞信公众平台

其优势是能以短信形式推送到手机上，中国移动推出的公众平台，认证非常麻烦，还要填表格、提交营业执照、加盖公章等。

地址：http://gz.feixin.10086.cn/。

另外，一些视频为主的站也有自媒体平台，如优酷土豆、微视，这里就不做介绍了。

14.6 软文推广

软文无疑是网络推广的必备利器，它对于网站或者品牌推广的重要性是有目共睹的，软文营销是成本最低、效果最好的营销方式。但并不是每个网络推广员或者站长都要充当文艺青年，写得一手好的文章，也并不是所有人都可以把软文发布到知名网站上去，软文发布到大型门户网站和新闻媒体可以为品牌推广带来很好的效果。下面简单介绍软文推广技巧。

14.6.1　软文写作技巧

软文写作是站长必会的一项技能，利用软文能够减轻许多负担，特别是在现在站长界如此激烈竞争的环境下，许多人都在做 SEO 优化，但是拼的除了技术之外就是资源了，谁的资源更多，谁就能够更快地发展，而软文写作一直是站长的苦恼之处，毕竟写作是一门很深的学问，需要积累，需要文笔。本节不详细说明软文写作技巧，仅结合案例有针对性地进行具体说明。

Chinaz（站长之家）和 Admin5（站长网）是国内两大知名站长类网站，每天有数以万计的站长访问，向 Chinaz 和 Admin5 投稿已成为站长作为软文推广渠道必选之地。我也经常向这两个网站投稿，有的通过，有的没通过。

对于大部分站长来说，没通过审核的除了文章质量不高之外，另一个重要原因是和该站的整体内容取向不符，下面就以 Chinaz 和 Admin5 为例通过一些数据和分析来说明两者之间的内容取向。

☑　Alexa 流量对比

如图 14.11 所示，可以看到 Chinaz 要高于 Admin5，这主要与两家的用户群有关，Admin5 大多为草根站长；Chinaz 不仅有站长，还有 IT 从业人员、设计师、程序员，很多用户都会到 Chinaz 下载素材和源码。

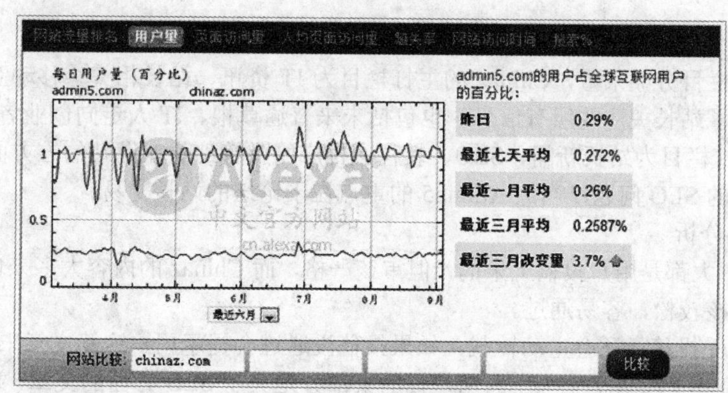

图 14.11　Alexa 流量对比

☑　流量分布与业务对比

Chinaz 和 Admin5 的子域名分布如图 14.12 所示。

Admin5.com的用户分布于这些子域名:		Chinaz.com的用户分布于这些子域名:	
62.54%	bbs.admin5.com	21.69%	tool.chinaz.com
24.62%	admin5.com	14.23%	seo.chinaz.com
8.25%	down.admin5.com	12.73%	chinaz.com
1.25%	tuan.admin5.com	11.49%	alexa.chinaz.com
1.00%	e.admin5.com	11.25%	bbs.chinaz.com
0.56%	union.admin5.com	6.83%	down.chinaz.com
0.45%	idc.admin5.com	4.56%	pr.chinaz.com
0.23%	2011.admin5.com	3.84%	link.chinaz.com
0.21%	seo.admin5.com	2.45%	whois.chinaz.com
0.20%	sc.admin5.com	2.32%	mytool.chinaz.com
0.18%	tool.admin5.com	1.78%	sc.chinaz.com
0.10%	ziti.admin5.com	1.52%	jy.chinaz.com
0.07%	zj.admin5.com	1.50%	my.chinaz.com
0.06%	px.admin5.com	0.87%	font.chinaz.com

图 14.12　流量分布与业务对比

从 Alexa 统计上来看，Admin5 有 62.54%的流量都产生于 Admin5 论坛，而且 24.62%的用户都会阅读 Admin5 的文章。

而 Chinaz 则不同了，大部分站长去 Chinaz 为的是用“站长工具”，如图 14.12 所示，在抓取的前 10 个子域名中，有 7 个都是和站长工具相关，两家网站的业务范围一下就能明了。

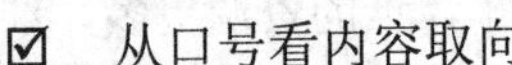

☑ 从口号看内容取向

Chinaz 的口号是“我们致力于为中文网站提供动力!”，Admin5 的口号是“站长必上的网站-站长信息和服务中心”。

从口号上来看，反映出两者之间的业务取向，Chinaz 的主营业务为网站数据分析、源码下载和软文推广，反映出 Chinaz 确实能为网站提供动力，尤其是站长工具。

而 Admin5 主营业务为站长交易、IDC 托管和软文推广，所以论坛占了大部分流量，凡是站长能遇到的问题在 Admin5 基本都能找到解决办法。

☑ 导航栏目分析

Chinaz 和 Admin5 的导航栏对比图如图 14.13 所示。

图 14.13　导航栏目分析

从导航栏上的栏目分类来看，Chinaz 的主打栏目为 IT 资讯、站长相关、移动互联、设计、程序方面的，几乎囊括了站长关注的所有信息，也包括未来普通草根、IT 人走向创业者的资讯。

Admin5 的主打栏目为站长新闻、SEO、教程、推广网赚等站长在做站的方方面面问题，能实际解决大多数新站长的 SEO 问题，当然 Admin5 的重点在于论坛的站长交易。

☑ 用户投稿分析

Admin5 的文章大都是用户投稿上来的，但审核严格，而 Chinaz 的内容大多来自互联网上，也有部分用户投稿，审核较松，容易通过。

Chinaz 不仅接受投稿，还会主动转载，如果投稿没通过会提示用户这篇文章未通过。

而 Admin5 大部分都是用户投稿，而用户投的大部分是关于 SEO 方面的文章，站长不投，Admin5 不发，很少转载（新闻除外），如果投稿没通过，便会删除。

从两家网站首页内容上来看（首页内容最能反映一个网站的特色），Admin5 大部分文章是以通俗易懂的文字进行，干货、SEO、推广方面的内容较多，而 ChinaZ 内容比较高端，适合创业者、IT 从业者阅读。有什么样的内容就会有什么样的用户。

【拓展】Admin5 每天接受投稿 300~400，通过只有 100，其中 200 多篇会被退稿。稿子审核时间：一天 3 次，上午 9:00—12:00，下午 13.30—17:00，晚上 20.30—23:00。

栏目页每天只更新 3 次，由于织梦系统更新比较慢，数据有几十万，所有上午、下午更新。投稿的文章中，有 200 多篇 SEO 的文章，内容重复度非常高。

为了方便用户投稿，下面介绍 Admin5 发稿要注意的问题。

☑ 文章和新闻中不能含有外部链接和超链接。

☑ 与站长相关或者与互联网密切相关。

☑ 标题力求简短、醒目、新颖、吸引人，杜绝标题党，标题尽量不少于 9 个汉字，不多于 22 个汉字。

☑ 文章新闻应避免用“今天”“昨天”，应改成具体日期。

☑ 统一用中文标点符号，英文的不要用，除非是英文或者数字间可以用，标题不要用叹号和逗号、问号、顿号、破折号，括号可以用；还有文章中禁止表情符号。

Note

☑ 文章至少在 500 字以上，文章有配图更好，图片控制在 620px 以内。

哪些稿子不会被通过？

☑ 文章网址不符合国家规定，链接地址是私服、赌博、发票等国家不容许的网址，即使写得再好也会退稿，接软文的时候最好也不要接这样的网址。

☑ 与 IT、互联网、站长不相关的稿子。

☑ 文章可读性不高，编辑最多的退稿原因，每天有 100 多篇稿子因为这个因素，要么是 SEO 文章特别多，要么就是老生常谈，要么就是纯理论的东西。用户看到这篇文章要深受启发，抱着与大家分享的精神来写文章，这样的效果才明显。

☑ SEO 类的文章要与案例分析来写，如分析美乐乐家具网的网站，百度搜索带来的流量 30 万 IP，那么就分析这个网站优化做得好的原因。

☑ 每天有 200 多篇投稿 SEO 的文章。用心写，把自己擅长的东西写出来，别人肯定会给比较好的评价，而且软文的转载效果就很好。

提示：把 SEO 优化的内容细分化。如网站要用标签，标签对网站优化的作用，优化中很细的东西写出来。只要把一种推广方式写得非常详细，这种软文就非常成功了，不要写大而全的软文，如网站推广的 99 种方法等，网友看了之后一种方法都不实用。在软文写出来，别人可以按照文中思路去操作。

抄袭别人的稿子，把别人的稿子换成自己的链接，然后投稿。随便拿文章在 Google 和百度搜索，如果搜出来的话，就会直接删除。

☑ 伪原创，先根据搜索引擎搜索，再根据编辑的经验判断是否是伪原创的文章。

怎么写软文？

很多站长朋友喜欢写流水账，这种文章只是个人日记，但要把一些经历的闪光点、得失点写出来，这样才能对站长有所帮助、受到什么启发。在写文章之后就要考虑这个事情。

建议一篇文章只写一个核心点。如“标题怎么优化”，把标题怎么优化上去的写出来，就是非常好的一篇内容。每个文章最好只有一个观点。

转载的文章，如互联网新闻，会直接取消链接。如果想到网址，建议写“快评”，一些名博经常写新闻评论型文章，但许多站长写得非常少。如团购网站倒闭，那么你对团购行业的看法，它们未来的出路，团购真的是无药可救了吗。写上自己的观点。这样的文章是非常有价值的，这对于团购行业从业人员，或即将从业的人有很大的帮助。

越是权重大、知名度高的网站，即使不带链接，只带个网址，带来的权重也是非常高的。比论坛、博客权重带来的效果还高。

如何获得写作灵感？

文章要想写得好，素材要积累，每天要看互联网新闻、增加自己的阅历和知识度，如百度新闻、新浪科技、搜狐，还可以去国外的站长网站挖掘点数据过来，去 Admin5 发很好通过的，国外没有“站长”这个叫法，都是一些公司运作。

很多人也不是天生写稿子写得那么多，都是练出来的，如坚持一个月写 3~5 篇，坚持半年以上。再加上每天阅读的互联网新闻，这样在写一篇文章时就能融入自己的观点。写文章要越挫越勇，现在付出得越多，虽然暂时看不到回报，但付出到一定程度，就一定会得到回报，就像网站权重一样。

14.6.2 软文提交技巧

软文推广和提交网址的相关文章同样是千篇一律，其实方法都是大同小异。说实话，我并没有通

过在各大网站发布软文获得什么流量，唯一能看到的是“卢松松”这几个字在百度和 Google 中的相关网页在逐渐增多而已。不过我相信尽管起到立竿见影的效果，但长期的积累，卢松松这 3 个字会在站长中形成一定的印象。

1. 选准发布渠道

要做到软文内容与发布的网站内容一致，因为只有这样才能受到更多的关注。关注的人越多软文起到的推广作用才会更加明显，同时转载的几率也会更大。

例如，站长、网站技术类文章就可以发布到中国站长站、站长网、建站中国等网站上面。一般我在这几个平台发布完文章之后，就会立刻把自己的文章加入网站目录，如乐收网络收藏夹、新浪微博、feerbook、奇客等网址分享网站上面。

2. 不要马上把文章发布到其他网站

一般我们写的文章都会发布到自己的网站上，一定要等到文章被收录以后再开始外发，因为引擎在判断文章的原创归属时首先根据的是权重。一个网站权重高收录的快，可能发布出去半小时就收录了，而自己网站上的文章可能几天也收录不了。那么搜索引擎就会认为文章源是其他网站上面的，自己网站上就成为转载抄袭了。所以如果文章还没有被收录，请不要把文章发布出去。

3. 文章标题要足够吸引人的眼球

例如，在发布“网站推广的方法和手段”这篇文章时，把标题改为“博客半年排名上升 10000%的推广经验”。尽管很夸张，但却在 Admin5 中有上千的点击率。同样的内容，换做两个不同的标题，在站长站和 Admin5 中，文章的点击率悬殊就很大。标题是吸引网民点击浏览自己文章的敲门砖。

4. 文章的内容一定要有特点

文章要有主题，不能让网友觉得文章不知所云。内容要有价值，网友看完认为这篇文章很值得阅读和学习，让他感受到你的观点和知识。另外在文章中适当地加入图片或者权威数据说明，这样的效果更直观、更具有说服力。

5. 放弃首页，多给文章页增加收藏

在建立博客初期，我一般在网址分享站提交首页，但发现没什么效果，不实用。而且稍微大一点的网址导航站不会收录自己的博客。所以我就放弃了提交网站首页的想法，大量地在 feerbook、奇客、冬瓜、糖果、火兔、雅蛙等分享站提交内容页，并且把一部分文章的标题改得很具煽动性。

14.6.3 软文提交网站资源

☑ 火兔（嘀咕网）

http://huotu.com

☑ 新浪微博

http://t.sina.com.cn

☑ 豆瓣

http://www.douban.com。

☑ 5G

http://www.5gme.com

☑ 奇客

http://www.diglog.com

☑ feerbook

http://feerbook.com

☑ 奇客网

http://www.hi-chic.com/

☑ 冬瓜

http://www.dongua.com

☑ 雅蛙

http://www.yaawa.com

☑ 乐收网络收藏夹

http://leshou.com

☑ 好诶网

http://www.haoei.com/

以上网站能给个人网站带来上千的日 IP，但软文的推广是需要大量此类网站做铺垫的，如果感兴趣，可以在 Google 中搜索此类网站，并在每个网站中发布出去，假以时日就会发现，尽管每个网站能带来的流量很少很少，但是坚持下去就会有效果。

14.6.4 软文代发技巧

普通用户都能发布软文的地方就是网站论坛，如果自己没时间发布，最关键的是自己没有渠道去发布，可以花很低的价格去猪八戒任务平台找人群发，让别人帮代发，用户需要提供让人发布的网站和论坛。但这些任务平台上的个人很难发布到新闻媒体网站。

1. 软文发布地方

找人代发，首先要考虑发布软文的位置。很多网站，从没听过也没有见过，权重也不高，根本没人看得到，这样虽然是发布了，但是效果却不好。

一般情况下，如果一篇好的文章一旦被大点的门户新闻网站发布了，其他网站会互相转载发布，这种传播效果可想而知，根本不需要去一个个地发布，所以最重要的是要看文章发布的网站，而不只是看发布的数量。

软文街（http://www.ruanwen.la/）包含 1000 多家媒体网站资源，包括搜狐、腾讯、新浪、人民网等知名媒体网站，能发布到这些知名媒体网站，效果就非常好，如图 14.14 所示。

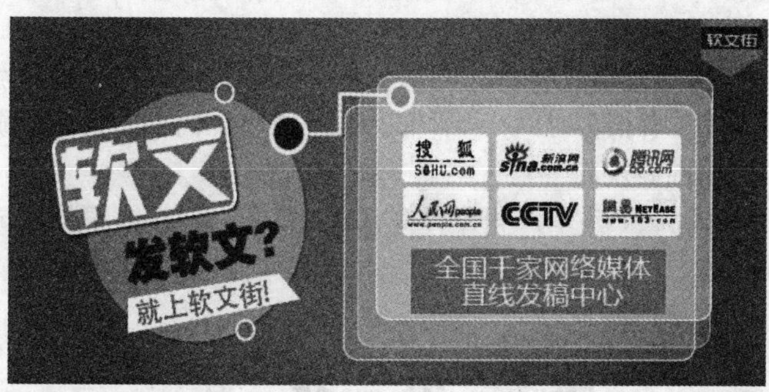

图 14.14 软文街

2. 软文发布的速度及稳定性

软文发布成功，当然希望最快被搜索引擎收录，不然发了也没什么用，很多时候，公司要进行一个活动宣传或者新品发布，或者需要发布一个公司新闻。但是，迟迟几天发布不出去，新闻都变旧闻，活动时间都快到了，还没有发布，这样对推广宣传没有什么作用。因此，在选择软文发布时，往往要考虑发布的时间以及成功性，确保能够及时发布成功。

Note

稳定性就是要求软文发布后，不会被删除，而且要能保证得到搜索引擎的收录，这样对自己的网站或者自己的品牌推广才能发挥效果，发布到流量大的网站是为了让更多人看到。

发布后能被长期稳定的收录就是为了增加自身网站的权重，把这些流量引到自己的网站上或者让更多的人关注到自己的品牌，所以在选择软文发布时，一定要选择正规的软文发布公司，速度和稳定性缺一不可。

3. 软文发布的可持续性和便捷性

可持续性简单地说就是，今天发布了一篇，明天还想发，要能够及时快速地发布，不需要再去谈论太多的问题，也就是说白了，自助式发布，不需要再去找人，谈价格之类的繁琐事情。

软文发布也是追求长久合作的，如果效果好，大家也不愿意频繁地更换平台来发布，这样可以节省时间和成本。

便捷性要求只要有文章就可以自己去发，拥有自己的会员操作中心，想发去哪里可以自己选择，不同的文章发在不同的地方自己也拥有完全的自主权。像软文街平台拥有自己的会员中心，在后台发布文章也很简单。

在软文街大体经过这几个步骤：第一步，注册账号，充值款项；第二步，填写标题、内容，选择发布媒体；第三步，等待发布成功，显示回链。

很简单的三步操作就可以发布软文了，而且注册开户也很简单，支持网银、支付宝、财付通等在线充值。

4. 软文发布综合服务

综合服务就是除了软文代发，另外提供的服务，包括软文代写、软文收录保证等其他与软文相关的服务。如果没有足够的时间去写软文，或者对软文写作不是很精通，这些就很重要。

这时候可以把软文代写也包出去了，另外去找很麻烦的，很多代写的又不代发，有的可以代发，但是不提供代写。所以就要选择能够提供完善的配套服务的机构来进行软文代写和代发，当初我选择软文街来进行软文代发，其实最主要的一点是发布渠道多和后期保障完善，因为软文街和 1000 多家网站媒体合作，一篇文章可以发布到千余家网站上，成功率也高，收录也不错，还能上百度新闻展示，对品牌推广效果相当不错。软文街针对核心企业客户还推出软文策划、收录查询、效果跟踪、删稿补发、定时发布等服务。

像这样简单方便快捷的一站式软文代写、代发，能为我们省去很多时间和费用，只需要简单的几步就能实现自助发稿，不用花费很多时间一个个的网站去发布，时间、人力、成本费用可控，效果可以及时跟踪，定向发布，精准展现。

当然，不止是软文街，现在很多个人和公司都有这块业务，建议大家可以试一试每个平台，最终选择一家适合自己的即可。

14.7 微推广

微推广就是利用社交工具，如微信或微博等，做特定营销，初期很多人都是通过频繁在朋友圈发布硬广告来做，也有一部分人领略到微推广的本质，利用它的社交属性来做营销：先交友，后推广，

自然先打造个人品牌，树立信任，树立圈子影响力，产品自然好做。这其中技巧需要掌握，用文字、图片巧妙地展现自己和产品，将广告做得有趣，将数量发布控制得当，将群聊做得合理，将准客户能挖掘到手。了解自己，了解产品，了解客户，了解平台属性。

14.7.1 微博推广

现在微博很火，做网站推广的人都会试探性地在新浪微博中做推广。下面介绍如何在新浪微博推广个人网站。

【操作步骤】

第 1 步，做好新浪微博推广的前期工作。

用户需要注册一个账号进行推广，可以把主题、头像、名字设置成和网站一致。做好这些基本工作后，新浪微博在关联博客中填写个人网站的网址，这样通过 RSS 抓取，你的博客更新一篇博文的话，在新浪微博中就会自动增加一条微博。

第 2 步，只有关注别人，别人才能成为你的粉丝。

新浪微博的推广手法和新浪博客是同一种营销模式，那就是利用名人效应。可你在这里不是名人，没人知道你。用户唯一能做的就是广泛关注与个人兴趣相关的人。只要别人关注你了，你发布的每一条消息才能在别人微博中出现，尽管点击率不是很高。

第 3 步，在我做新浪微博的初期，通过新浪微博导入的 IP 流量挺多，但越往后就越少。因为本人对新浪微博关注少。后来发现有好几个网友是从新浪微博来的，于是进一步激发了我对新浪微博推广的兴趣。下面是个人在实践中总结的几点比较有效的推广方法。

方法 1：在新浪微博里评论。

偶然有一天突然发现从新浪微博来了好多人，后来发现原来我在微博里帮一些人解答过关于网站技术的问题，我觉得它比问答网站更具时效性，尽管你帮助了别人没有得到积分，但他们会把你和你的网址加入收藏夹、记在心里。当然如果你对网站方面技术不太了解，可以聊聊其他话题。可以肯定的是，闲聊的网站推广效果肯定不行。

方法 2：巧用热门话题。

众所周知，新浪微博的热门话题这个功能类似于热门标签，我们要做的就是不断地发表包含这些标签的内容，然后在内容的最后加入个人网站的网址，这样新浪微博的用户在搜索这些词时，就会看到我们的微博内容。而且，这些热门词汇也是我们的博客做热门关键词的一个风向标。

方法 3：在新浪微博狂轰乱炸。

此方法是我广泛用的厚脸皮推广方法，是沿用我在 QQ 群的第二点推广方式。在新浪微博狂轰乱炸，其实本人也不想用这个厚脸皮式的推广方法，但由于工作关系，个人时间并不多，这方法不得已才用的。

微博客的网站有很多，几乎每个微博客类的网站我都使用过，但个人感觉新浪微博是做网站推广效率最好的平台。原因如下：

- ☑ 新浪微博访问速度快。
- ☑ 无须输入验证码。
- ☑ 不弹出新窗口，实时刷新网页。
- ☑ 更具时效性。

14.7.2 使用微信公众平台

据媒体报道微信用户数已经突破 6 亿，微信已经成为重要营销渠道，很多企业都开通了微信号，

但是99%微信号都没有专人负责运营。为了帮助更多人可以理解企业微信公众平台怎么有效运营，下面介绍一些实战经验。

☑ 区别订阅号和服务号

企业订阅号可以每天发一条信息，服务号只能一个月发一条信息，对于一般小企业来讲，用服务号一般不现实，因为一个月才发一次信息，客户可能早就忘记了，当然也要看具体需求，因为服务号提供的功能比订阅号更强大，如服务号可以申请自定义菜单。

☑ 微信对企业的帮助

微信营销本质是互动，传递价值，维护老客户，影响新客户，很多企业把微信当成宣传工具，每天广告准时发送，这样微信号是没有生命力的。

☑ 利用好信息中的“阅读原文”

这个很容易忽略掉细节，大家都知道微信信息中没有办法放超链接，只有在“阅读原文”上可以放超链接，通过“阅读原文”可以给企业手机网站增加客户，也可以链接以前发送的微信信息。

☑ 微信公众平台设置关键词自动回复

把每次发送的文章都设上对应关键词，如输入“1000”，查阅《企业微信公众平台订阅号运营十个秘决》，输入“m”查看文章目录，除了刚才日常设置，还可以在“实时消息”看到客户的提问，把一些问题整理起来，通过关键词设置，为客户推送答案，节约客服沟通时间。

☑ 微信二次开发

想通过微信给客户提供更多便利功能，只能通过二次开发来实现，如客户查询产品信息，或是和客户CRM系统对应，提醒客户等。

建议微信和企业手机网站相结合，如回复关键词“公司介绍”，在接口中实现把手机版关于公司介绍发送到微信当中。

☑ 每次推送微信时不要超过3条图文消息

如果推送的信息过多，就会没有重点，如果重点要告诉客户一件事，建议只发一条信息。切记信息中图片不能过多，3张以内比较合适，图片大小要控制在50KB以下，图文信息打开速度影响用户阅读率。

微信营销关键在内容的质量。高质量的内容会得到众多人的分享，会形成病毒营销。

☑ 微信互动是关键

掉粉是经常会有的事情，我们要做的是尽可能满足客户需求，如通过微信可以查询产品价格，可以申报产品故障，像中信银行微信，每次消费、还款都会有提醒，如果条件允许，一定要提供专职负责微信客服。

明确每一次沟通、互动、推送的对象是谁，读者对这个人越了解，信任度就越高，包括他的公司职位、姓名、联系方式。

☑ 让客户主动加微信

要想在很短时间里获取大量的粉丝，必须靠媒体。如公司官方网站、微博、QQ空间、个人名片、公司宣传手册、杂志等，要动用一切渠道来宣传，这样每天才能获得稳定的粉丝增长量。

不要忘记员工个人微信的力量，如果一个员工朋友圈中有100个客户，那么100个员工累积起来就有10000个客户微信，员工参与分享企业微信是成功推广的捷径。

☑ 模仿是学习微信运营最快的一招

推荐几个不错微信公共账号：淘宝鬼脚七、金错刀、澳康达名车广场，在“添加朋友”中查找公众号，就可以找到他们。

关注竞争对手的微信，如果关注了50个竞争对手的微信，就会有50个账号在教你怎样做好微信

营销。用户要做的就是优化他们所有的方法。记住：竞争对手是最好的老师。

☑　善用微信中“数据统计”

很多运营问题都可以通过数据分析了解到，如发布的内容客户喜欢吗?

通过数据统计，可以清晰地了解到粉丝量，每天新关注人数、掉粉数量；通过“用户属性”看到订阅用户性别、省份；通过“图文分析”了解每次信息推送情况，如送达人数，图文页阅读人数，原文页阅读人数，分享转发人数。

☑　分组管理客户

群发图文图片时，可以针对性别、地区、客户组别，如果客户有会员等级之分，可以按等级分组，因为并不是所有客户品味都一样，如关注奔驰的客户，喜欢内容可能和奥迪客户不一样。

如果有100个精准粉丝，用户可以提供有价值的内容，一个月拥有10000个粉丝不是梦想。

14.7.3　挖掘精准微信用户

现在的行情，如果想要得到一个精准微信用户，成本价大致在一元钱左右一位，可想而知精准微信用户的价值是多么大。对于没有太多钱投入的初级用户来说，我们该如何找到这些目标用户。

很多用户使用漂流瓶、摇一摇、LBS地理位置等方式进行寻找，效果不是很好，下面介绍另一种有效方式。

很多微信用户把自己的QQ与微信进行绑定，这样方便在手机上输入纯数字，会比纯英文或英文和数字混合用更容易操作。实际上我们可以通过这个细节挖到精准微信用户。

大家都知道做微信营销，不知道对方账户，一切都变得无从下手，因为没有他们的微信号，就没办法和他成为朋友，不能成为朋友，就无从谈起微信营销。

但是现在微信和QQ号绑定了，那这个问题就很好地解决了，下面讲解怎么通过QQ号与微信绑定找出精准用户。

第1步，找到自己经营行业里的大牛，如服装行业，直接访问他的QQ空间，如果是行业大牛，QQ空间一般会开放。如果把QQ空间设置权限，那98%判断错了，他不是真正的大牛。

第2步，直接打开大牛QQ空间的日志列表，从他写的第一篇日志开始浏览，直到最后一篇日志，关注所有日志下面的好友评论，加他们QQ为好友，如图14.15所示。

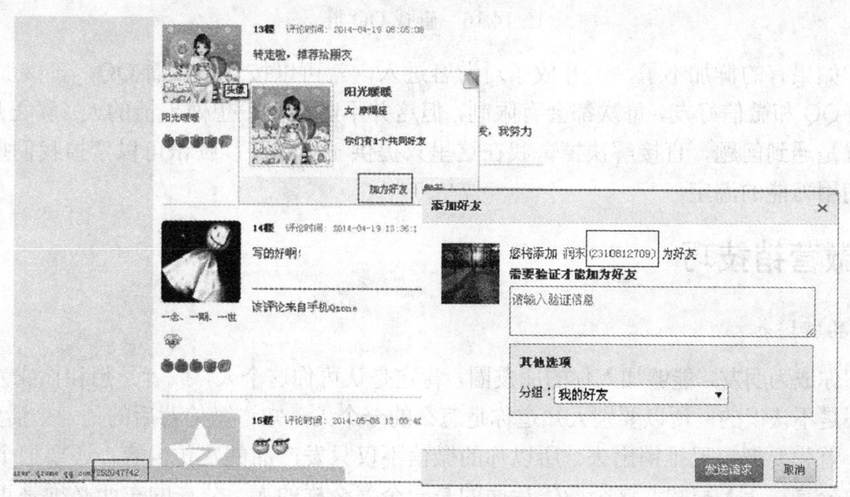

图14.15　加为QQ好友

Note

这一步会遇到的问题：

☑ 加好友，需要验证。如果问题是：如我叫什么名字，请直接放弃。

☑ 一次性点加入，不能在 10 分钟内超过 20 个左右好友，如果超过了，腾讯会要求输入验证码。

☑ 输入验证码后，再加到 20 个左右好友，腾讯会直接拒绝加好友。

第 3 步，记录好刚加用户的 QQ 号，打开自己的微信，直接进入“添加朋友”界面，输入加为好友的 QQ，直接申请加为好友。

这步会遇到的问题：

☑ 此好友没有开通微信，则先加他为好友，等他有微信了再说。

☑ 此 QQ 号没绑定微信号，建议暂时放弃。

☑ 注意微信加好友频繁也会在一段时间内被禁，直接提示“查找失败”。

第 4 步，搜索行业关键词群，尽可能多地申请入群，如图 14.16 所示。

图 14.16　查找 QQ 群

第 5 步，如果有的群加不了，但开放了对游客进入，就可以按逐个查看 QQ，直接加好友。

当然，加 QQ 和微信好友，每次都会有限制，但这并不影响真正想做事情的人。真正想成功的人，唯一能做的就是遇到问题，直接解决掉。我在这里只提供一个思路：腾讯可以禁掉我们批量加好友，但禁不掉我们用万能的淘宝。

14.7.4　微营销技巧

1. 个人品牌培养

既然能和你成为朋友，能够加入你的朋友圈，肯定是认可你这个人，或者是想和你成为朋友。不管是认识的，还是不认识的。所以要别人知道你是怎么的一个人，知道微信背后的是一个活生生的人。

做营销，首先要把自己推销出去。所以你的微信不仅只发产品的宣传内容，还要把个人生活、生活感悟、其他分享，让人家知道这个微信后面的是一个怎么样的人。分享的东西必须是正面的、积极的、正能量的，塑造你的个人品牌。

2. 情感培养

大家知道了你是一个怎么样的人，对你产生了好感，这个适合你就可以很好地利用人家对你的好印象，进行一些产品的推销，要慢慢地，循序渐进，不要一天发很多产品的宣传，这样很容易让人家反感。

3. 学会分享

当朋友购买你的产品之后，要第一时间分享出去，让人家看到原来有这么多人购买，并且还有一个不错的购物体验，购买后和收到货后都要分享出去。分享的时候一定要把订单信息、对话内容截图放上去，显得更真实，这是一个刺激其他朋友购买的有效方式。如某个朋友帮你买了，你分享了，而另一个朋友和你，还有这个购买的都是朋友，他看到后，觉得应该要支持一下你。

4. 互动策略

在朋友圈里，要让朋友圈好友知道你的存在，如好友发了一些不错的内容或者信息，要给予评论，如果不知道评论什么至少也要点一个赞。如果经常与好友互动，自然会产生好感，这个是非常重要的一个行为。

如果总是没人参加互动，会显得冷清，这时可以装着有人评论，自己留几条评论。例如，就算一条回复也没有，也可以如此回复：感谢大家这么热情的支持，泪流满面啊！这样别人以为真的有很多回复，看见会觉得很热闹。

朋友圈发布的文字内容，多留问号，互动自然增加。没事的时候，给朋友点个赞。点赞多了，大家就熟悉了，互动起来会很自然。

5. 营销策略

根据不同的朋友进行营销。一般是比较好的朋友以开玩笑的方式进行营销，这个一定要掌握好一个度，不要太强求，适可而止。

做广告需要技巧，不可太突兀。例如，发了一个有意思的产品，希望让大家知道如何购买，但点赞的多，一个问购买地址的也没有，自己又不能直接说，这时可以统一回复：问我购买方式的人太多了，我统一告诉大家啊。这样即提醒那些人购买，又不显得唐突。

不管是哪个朋友买了，买了多少，都要感谢人家，并且要当着全世界的人感谢，人家支持你，也许不是因为你的产品好，而是认可你的人，所以要知道，他的这次购买，我们是欠他们一个人情，记得哪天你要偿还。一个懂得感恩的人，才能得到人家的尊重和继续的帮助。

6. 账号管理

不少用户注册了很多号，如服务号、企业号、个人号，但都没有做好。如果是中等规模的企业，做一个服务号是最佳选择。订阅号的难度比服务号要大，不是每个人都可以用订阅号做好自媒体。根据自己的业务和自身实力来选择。

朋友圈的玩法不只是卖货，朋友圈也不只是只有个人能玩，企业也可以做个人号、朋友圈。对于高客单价的产品，对于需要信任的产品，对于回头率高的产品，其实都可以做个人号。很多时候，朋友圈的影响力比公众号更大。

宣传账号的噱头要具体，直接公布微信号没有任何意思，就算曝光再高，也很难转化，除非是大明星。

公众号的内容，避免内容太单一。例如，电商类的账号，如果每天都是电商文章，这个账号就没啥意思了。企业类的账号，每天都和企业相关，也会很枯燥。有一个主线，然后增加其他内容。

公众号的维护，注意塑造小编的形象，让他有鲜明的性格特点。小编偶尔可以撒个娇。例如：“昨天的活动中奖率设置太高了，公司要开除我，老板说除非有100个人回复支持小编……”

如果使用个人号，有个功能一定要用好：分组功能。可以把一些私密的朋友和客户分开，可以解决多账号的问题，可以错开高频互动时间。

用QQ号绑定微信。以后就直接推广QQ号，当某个微信满了，就绑定下一个微信。这样可以统一推广。重要的群聊要保存到通讯录，避免以后找不到。

添加好友的时候，注意写验证信息，不要使用默认的。如果实在不知道该写什么，就说朋友推荐认识的。

7. 粉丝管理

对于刚开始起步做微信的企业，复杂的数据报表意义不大。关注互动和粉丝数，前期粉丝数更重要，没有粉丝做活动的性价比太低。想办法把老客户转化成为微信好友，转化成为关注粉丝最重要。

如何突破人数限制？有个简单的办法，每个号增加到4000人左右，然后开通第二个号，复制头像和昵称，然后同步朋友圈内容。这样可以形成矩阵。每次发朋友圈，可以多个号一起同步。

8. 软文技巧

微信文章的标题注意前13个字。这13个字会直接影响文章的打开率。尽量写得吸引人眼球。为什么是前13个字？因为微信提醒的时候只能看见13个字，部分手机更多一些。

写好标题和文摘。微信文章的打开率决定于文章标题，其次是文章摘要，再其次是首图。其中标题占50%，其他两者占50%，如果这三者没有配合好，文章内容再好，也会受大影响。

微信文章的标题有时候可以加一些辅助的情感说明。例如，此视频被4000万人转发，央视都曝光了！但这种方式有点low，不建议多用。

单图文文章，一定要好好写摘要，摘要的好坏会决定文章的打开率。最鄙视那种默认摘要的那些文章，太浪费资源，太不负责任。

单图文文章的摘要，有几种写法都很受欢迎。例如，选择文章里有哲理的两句话，引用文章中某个很有冲击力的观点，用疑问句来引起大家兴趣，你自己的夸张的判断。例如，看懂这篇文章，你烦恼减少90%。

文章配图很重要。文章太长要有多张图，现在手机流量问题已经不是问题了，不要担心多图。有个诀窍，如果不知道该配什么图，可以直接配风景图。每个人都不会觉得别扭。

9. 转发技巧

朋友圈如果发链接，一定要发短链接。太长的链接影响美观，让人没有点击的欲望。生成短链接的方法就是，把链接放到腾讯微博上发布一次，会自动生成短链接，然后复制过来。当然，新浪微博或者短链接生成网站的也可以。

朋友圈转发文章的时候，要增加自己的评论或者摘录文章中的观点。这相当于给文章做背书，可以让朋友更加信任或者产生好奇，会增加点击率。特别是你希望很多人看这篇文章的时候。例如，你转发的是你自己的文章。这样还有个好处，就是别人在朋友圈转发你的文章，可以直接复制你的文字描述。

微信文章写好以后，要想到别人转发会是什么效果。转发有两种，一种是朋友圈，还有一种是微信群。在微信群内转发时，会显示前面36个汉字，默认是文章前36个汉字。如果有摘要，会自动显示摘要。

分篇发布。在公众号中，如果发系列原创文章，对于吸引粉丝有很好的效果，也会增加互动。看

过的粉丝会等着看下一篇，看了下一篇的粉丝会回到你的账号中看前几篇。

朋友圈的发布时间最好不要固定，太有规律就不够生活化。但是可以固定区间，例如早上 8 点—10 点之间，发的内容也不能太有规律。同一时间发多条朋友圈会给人感觉很不好。

朋友圈可以先写文字，再配图片，这是常规做法；也可以先发图片，然后统一回复文字，这种做法可以自动提醒很多人看。

Note

14.8 论坛推广

做论坛推广很容易，但是发帖很容易被删，如果不讲解技巧，论坛推广的效果会很低。下面结合具体示例介绍如何做好论坛推广。

14.8.1 精选论坛

国内比较大的论坛包括如下几个。

☑ 百度贴吧

百度贴吧的地位不容忽视，主要是百度贴吧与百度搜索引擎关系紧密，它具有得天独厚的优势，除了自身流量大的优点，还有就是收录和权重方面的强大优势。所以，通过百度贴吧做 SEO 是最合适不过的。

☑ 天涯社区

天涯的流量相当巨大，同时也是炒作最好的平台。所以天涯当中有很多高质量的炒作大帖。如果在天涯红起来，其实很简单，只要用心，敢炒，只要你的帖子存在众人攻击的漏洞，只要你的帖子剑指当前人们关注的热点，那么，帖子绝对会火。

如果没有多少精力的时候，只需要占据这两个论坛就可以。如果还有精力，可以考虑占据最火的十大论坛，如西祠胡同、猫扑等，效果会更好。

14.8.2 设计好帖子

选择好论坛后，下面介绍如何发帖。下面以百度贴吧为例进行说明。

对于 SEO，很多用户将它复杂化了，其实没有那么复杂，做 SEO 需要一定的时间积累，并不是几个小时或是几天就会有迅猛的效果。

SEO 就是内容、外链以及关键词。就是这么简单。所以，大家不要过分关注各种繁复的教程，真心没有用。

要点一，选好关键词。

选择关键词一般存在两个误区。

☑ 做什么领域就直接选择什么领域的关键词。

☑ 过分堆积关键词象。

这两种情况都会导致 SEO 的效果不好。前者是因为选择的关键词过于热门，很难有出头之日。后者就是因为关键词过于堆积，造成目的太过明显，容易造成蜘蛛不抓取，甚至直接屏蔽，这样连收录都没有，就更不用说什么排名了。

选择关键词，先要去考察一下，哪些词还有机会。关键词有很多，同行们不会每一个关键词都会涉及，所以一定有空白。仔细找找总是有的。这里建议大家选择长尾关键词和冷门关键词。

Note

大家在做关键词的时候，可以看看自己所选择的关键词是否存在易错字或是很容易发生语法错误等情况，只要有这样的情况存在，那么就可以将错就错，将容易发生错误的关键词作为自己的主攻场地，一方面这样竞争力大大减少，另一方面又有固定的流量进入，这样，那些输入错字来搜索的朋友就会成为目标。

例如，很多用户非常喜欢看湖南卫视的《变形计》，看到这个名字，大家就一定要有敏锐的洞察力，因为人们搜索的时候，很容易将“变形计”搜索成为“变形记”，如图 14.17 所示。

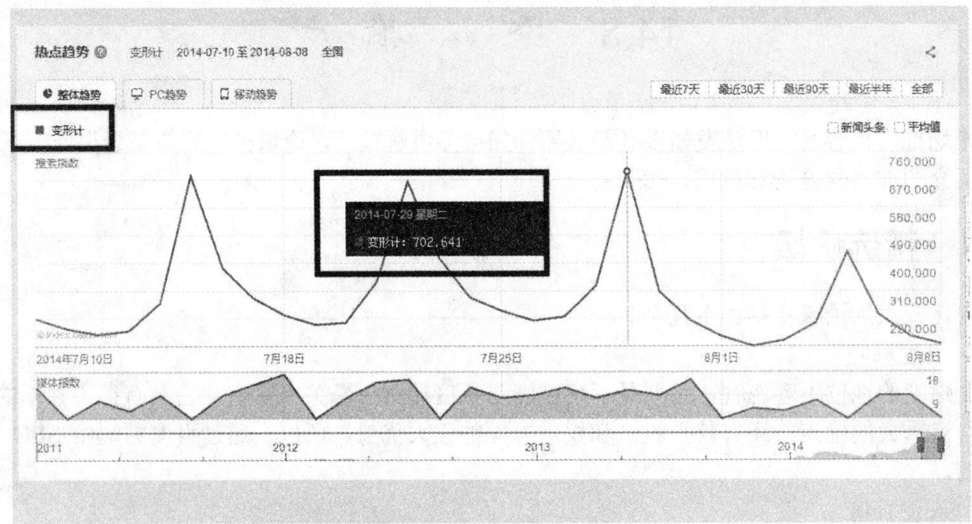

统计“变形计”热点趋势

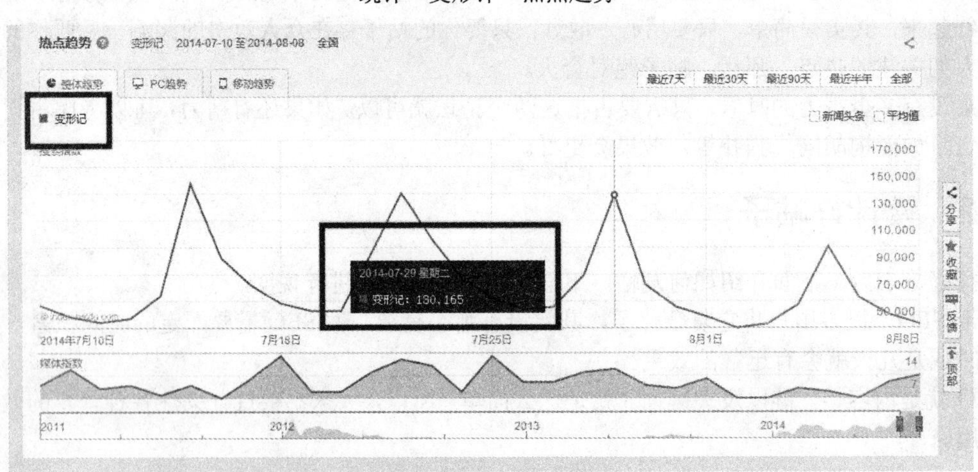

统计“变形记”热点趋势

图 14.17　比较“变形计”和“变形记”搜索趋势

一个字之差，效果差好多。首先，《变形计》是每周一晚上更新，所以会发生在周二的时候搜索量大大提高的情况。同样的时间，但是一个字之差，搜索量相差非常多。但是，在这里我们还是看到了很大的商机。

☑　本身固定的强大的搜索自然流量。

☑　竞争度大大减少，如果在这里创下好的排名，只要肯下工夫并不难，光是广告费就能够节

省很多。

要点二：如何发高质量帖子+留链接。

贴吧发帖一般会有两个难题。

☑ 帖子太水，没人看，很容易就沉了，没有起到营销的作用。

☑ 帖子引流留链接，一留就被删帖。

贴吧做 SEO 的好处很多，单单从物质上来讲，我们不用去做网站，也不用一切从零开始做流量。但是，最大的弊端就是总有一种被人牵制的感觉，谁都惹不起，吧主惹不起，否则删帖；百度更惹不起，否则会屏蔽。所以，如果想要在贴吧中做 SEO，将帖子做到首页，就必须要学会“退让”。

首先，帖子的内容一定要是高质量的软文，中间穿插“不痛不痒”的干货。当然，帖子内容要与自己的产品以及贴吧的流量契合。

其次，要想拥有高人气的帖子，就必须要“小号推大号”了。买一批百度贴吧账号，然后推发帖的大号。这样的效果在于能够很快地让帖子获得人气，其次就是可以自然而然地带出链接，这样的链接一般都在“楼中楼”中，很难被发现，而且是“小号”提问，发帖大号回答，不算是主动推广，因此吧主以及百度都是默许的，如图 14.18 所示。

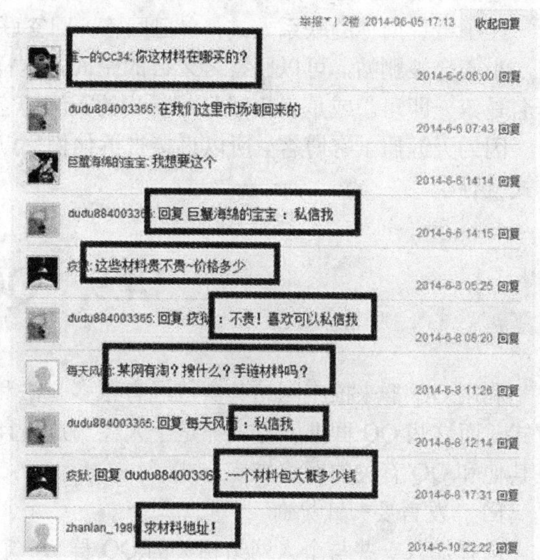

图 14.18 小号推大号范例

去淘宝批量购买一批百度账号，最好买老号，价格也不贵，一元 10 个左右。这种批量的百度贴吧老号，最好用专门的顶贴机来使用，不过现在真正的顶贴机非常的少，价格上也都上千了，而且使用上都是有期限的，所以不推荐这种方法。

也可以发动朋友、同学等熟人，然后让他们帮顶贴以及回复即可。也可以去威客站点，如猪八戒，花钱发任务让人给你顶贴和回复。一般花费上五六十元就可以产生一个大热的帖子。当然，要边测试边看效果，然后继续投入，千万不要盲目地花钱，否则得不偿失。

至于引流的链接可以直接是链接，如微信、QQ 号，甚至个人图片，也可以加入二维码。但是注意，二维码不要太显眼，其次有二维码的图片不要出现在首页，放在后面的页面中。如果直接留链接，可以使用网站间隔法。

14.8.3 论坛发帖技巧

在发布的帖子中需要加入一些干货，也就是一些小技巧之类的，用自己的经历来说，然后一定要记住，说自己用这些技巧后的变化。最好就是贴出一些图片来佐证。图片可以直接去淘宝找。

通过技巧的讲解，让大家认为你是真正有内容的，那么就会相信你，会愿意继续向你讨教。通过图片也好，自身经历的佐证，这样是对人们进行欲望肯定。在这里，一定要注意，加入夸张营销。这个帖子没有用，非常可惜，如果用了，流量绝对会增加 10 倍。

大的论坛，如天涯，流量是非常大的，一个帖子一旦发布，很容易就沉了。所以需要有人帮顶帖，多回复，这样发布的帖子自然排在前面。只有帖子排在前面，才有机会吸引更多精准的流量。

为了避免帖子下沉，可以使用小号推大号的方法，让帖子更快地拥有人气，人都有从众心理的。如果大家对于这个帖子都肯定，回复都积极，肯定是一个好帖子，无形中加入了很多影响分。当有越来越多真实的流量加入帖子后，就可以不再去用小号推了，因为真实的流量已经会为你宣传了。

在威客网中，关于论坛发帖的任务都是比较热门的。如果花钱去发帖子不如去让别人帮顶帖，因为做 1000 个水贴不如做一个精品帖子。

☑ 水帖子没有说服力，即使引了流量，转化率也不高。

☑ 精品帖子其实就是活活的 SEO，因为永久都存在，它会永远地帮你获取精准的流量。

如何用小号推大号?

让小号帮你回复帖子。给他们每次回复的内容和时间，如回复 10 次 1 元钱。简单易行，操作任务的愿意，用不到五十元钱就可以快速地拥有一个精品帖子。

让小号提问你的联系方式，自己回答。回答联系方式的时候，不一定非要回答自己的 QQ 或是微信，小心会被删帖，可以回答×××的空间，这样他们百度一下，也会找到。只要确保这样的搜索，排名是第一即可。或是直接回复，看我的天涯博客。

因为天涯旗下有博客。所以直接告诉他们，点击我的 id，进入的就是你的博客。博客中包含联系方式就行了。

14.9 QQ 群推广

利用 QQ 群来推广网站其实已经有很多方法和技巧，下面列举一些本人认为推广效果比较明显的方式。而这些 QQ 群推广方式都是个人经历过，且效果良好，这里说到的不仅仅是 QQ 群，也涉及一些其他和 QQ 有关的网络推广方式。

☑ 发言要一针见血

选择加入一些与个人网站相关的 QQ 群，一定要是活跃的 QQ 群。当大家都在一起讨论一个话题时，讨论得不可开交，你可以猛然说一句一针见血的话，让大家觉得你说的很不错，然后马上停止发言，不再继续参与他们的争论。隔三差五来一次评论。这样一来会有一部分人感觉你很牛，都会对你的神秘产生好奇，会查看你的资料，进而进入你的网站。

优点：不耽误时间，能产生比较忠实的网站用户。

缺点：会受到不可思议的语言攻击，考验忍受力。

☑ 到处发小广告

狂加 QQ 群，加入之后，就直接发布广告和群邮件，发广告后立马闪人。

优点：不用绞尽脑汁推广，IP 增加见效快，锻炼厚脸皮。

缺点：被踢几率 99%，影响人品和口碑。

☑ QQ 好友印象

QQ2009 开始有好友印象这个功能，因为是刚出来的功能，没有先例，所以最开始本人是找了几个好友试试效果。我在对他的印象中贴的是“mysite.com”，但发现没效果，因为域名太长，别人记不住。于是我就贴上了我的博客“某某网站”。过了半个月之后，我的好友就给我反馈说：你什么时候改名字叫什么网站了？因为都是对好友做的实验，所以他们都不会删除这段评价。多给女性的好友中做实验，因为女性 QQ 号的资料浏览率远大于男性 QQ 号。

优点：一劳永逸，增加网站的曝光率。

缺点：效果不明显。

☑　在 QQ 群邮件中发布有用资源

我有 3 个“我是设计师”QQ 群，对我来说是很稳定，人气也是比较旺的群。所以一般都会不定期地发布一些关于网站制作的软件教程、资源等。尤其是网站资源，我都发布在群邮件中，一般会在压缩包中加入自己的广告。这样，即使有隐性广告，网友们不但不会骂你，而且还会感谢你。所以你发布的东西一定要对群友有用才行。

优点：利己利人，产生忠实的访客。

缺点：做好人不难，难的是做一辈子好人。

☑　修改网名

在 QQ 群中如果写本人名称，别人只会知道这是一个名称。如果写 mysite.com，域名太长，没人记得住。最后我写的是网站名称，这样大家都会知道我有一个网站。而且我是 QQ 会员，所以在 QQ 群里排名都是靠前的。在群里存在的时间长了，自然就会有人搜索我的网站。搜索网站名称的虽然不多，只有 2~10 个，但每天都很稳定。

优点：增加网站曝光率和你名字的搜索量。

缺点：想让别人认可你很难，需要长期进驻某个群。

☑　聊天

如果喜欢在群里聊天，那就在群里聊天要时不时地在口中说出你的网站。每次都说，说的多了，别人自然就有印象了。如果你的用户群是 100 人，那么你只需要服务好其中的 20 人就够了，这 20 人就会自然地在与其他人聊天时说出你的网站。

优点：网站的目标人群非常明确。

缺点：天天聊，可能重心转移到 QQ 群上而不是网站上了。

14.10　名片推广

IT 从业者会经常参加一些 IT 聚会，如拿福能博主聚会、参观 Google、网易的五道口沙龙，而每次这种聚会，都能收到一大堆名片。

一张小小的名片，确实不起眼，但名片的宣传效果比它费用大十几倍的宣传单相比，其优点有过之而无不及。对我来说，凡是被我收到的名片，都会潜意识地看看他的网站，实际上每个参会者都是如此。

一盒名片有 100 张，按北京的价格来说，20 多块钱就能印一盒，好点的 50 块钱，一般两盒起印，也就是 200 张，成本不到 50 块钱。最重要的是，大家都有收集名片的习惯，不会随意丢弃名片。如果做 200 张 A4 纸大小的宣传单，最少也要 200 元以上，而且会发现身后的垃圾桶全是个人散发的传单。

14.10.1　地区网站适合做名片推广

很多做互联网的朋友都喜欢参加各种各样的聚会活动，刚开始要互相介绍一番，有了名片就方便多了。此外，由于名片可以设置很多头衔，如主席、CEO、首席、创始人、部长等职务，如果有一张印有头衔的网站名片，和同行交流起来就会更有自信。所以我们看到站长大会上大多数人都是什么总头之类的。

名片推广方式很强大，我觉得名片推广的方式非常适合地区类网站做推广，因为大家都在一个地方，一看名片都来自同一个网站的话，办起事来方便多了。

14.10.2 制作网络名片

如果说上面介绍低成本花钱印制名片的方法还不给力的话，下面介绍两种免费制作网络名片的方法。

☑ 在线制作网络名片

这种方法早就有了，每次在 QQ 中出现陌生人对话时，总会先发一长串的名片介绍，有的是纯粹的写字，有的是利用在线名片生成工具制作的。这种方法很简单，在百度搜索一下“在线名片制作”，就能找到许多提供免费制作网络名片的网站。如图 14.19 所示是一款网络名片。

☑ 制作二维码名片

这是一种新兴的方式，利用智能手机安装的识别软件，在拍摄二维码后，就能得到相关信息。我们看到很多商品后面都有一段二维码，通过手机就可以验证商品的信息真伪。

同样，我们也可以利用二维码的方式为自己制作“二维码名片”。在百度搜索一下“二维码名片制作”也能找到免费制作二维码名片的网站，如图 14.20 所示就是利用 mayacode 在线制作的二维码名片。

图 14.19 网络名片

图 14.20 二维码名片

14.11 论 坛 推 广

有些人为了能实现网站在短期内人气飙升，就到各个论坛注册大量 ID，花了一两天就把广告贴贴满了所有网站，隔几天回去一看，被删的一干二净，这是非常业余的论坛推广手法。

正确做法：论坛发帖前要有个心理准备，决定花个半年时间把这件事情做好，每天在同一个论坛不要发过多帖子，最少每个星期回来看一次，第二次发帖最好不要再发与之前相同的话题，也可以不时去顶一下别的帖子，争取每个 ID 马甲都具有一定威望值，这样版主就不会轻易删除你 ID 下的帖子了。记住，欲速则不达。

【操作步骤】

第 1 步，通过搜索引擎或导航站收录相关论坛，以中小论坛为主，如收集 SEO 方面的，搜索网站推广论坛之类的关键词，收集几十个即可。还可以通过在文档站搜索“带外链的××论坛 TOP 榜”一类词。

第 2 步，花几天时间，把收集到的每一个论坛都注册至少一个 ID，ID 命名最好与论坛主题相关，注册好后别急着发帖，先晾着，然后换个 IP 或第二天再注册另一个马甲，如此反复，主要看打算注册多少个马甲，注册论坛时很可能会舍弃 30%的论坛列表。

第 3 步，再花费一星期时间，用心编写几十个要推广的宣传内容，用记事本、Word 保存好。

第 4 步，每天到这些论坛发帖，根据不同论坛状况，在编写的宣传语中有选择性地进行发帖，并记录好帖子的网址，方便下次进入，这期间很可能还会再舍弃 20%的论坛列表。因为有些论坛发帖繁琐、审核过慢等原因。

提示：用马甲战术的话，主要是重新拨号，换 IP，再重新登录，要不两个 ID 的 IP 相同，版主就知道是广告了，最方便的方法是用在线代理的方法来登录马甲，到网上搜下“在线代理”即可。

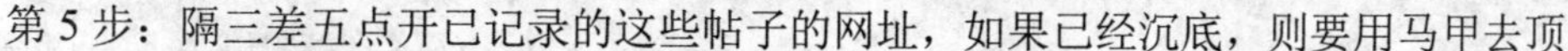

第 5 步：隔三差五点开已记录的这些帖子的网址，如果已经沉底，则要用马甲去顶。

第 6 步：如此坚持半年，一般会初见成效，如果没有效果则要反思或放弃此种方法进行推广。

提示：论坛发帖最忌讳的就是新 ID 发广告，因为很多站长都希望快速见效的心理，刚注册好的 ID，还没几分钟就发广告上去，这样肯定会被删除。越想尽快达到宣传效果，越是没效果，帖子都被删光了，还谈什么效果？

且一旦在论坛发布的广告信息被百度收录，而后被版主删除，蜘蛛再来的时候发现此帖已不在，如此反复，很容易把你的网站降权。

14.12 使用收藏夹做推广

收藏夹不仅可以用来收藏个人经常访问的网站，还能作为自己的知识库分享和整理。同时还可以利用收藏夹来提高自己的推广效率。

随着各大浏览器都有书签同步功能，这大大提高了我们的工作效率，原来可能推广一个博客需要花几十分钟收集网站，收集的过程中可能又看新闻去了，严重影响了推广的效率。后来我把常去的、可以推广的网站加入收藏夹，发现推广效率大大增加。

在推广书签中可以分几类，因为我的博客主要是和站长相关的，所以把分类分得很细。例如，微博这一栏，收藏了常去的几大微博，而作为网络推广专员的一些人，他们也会选择这些地方。

☑ 顶客类网站：是常用的推广网址，基本上每发一篇博文就会在顶客类网站上提交链接，因为这类网站会直接给你带来流量，而且比较稳定。这个文件夹包含 DIGG、奇客、抽屉和顶客。因为顶客类网站在中国太少，关闭的太多，所以能收集到的网站只有这些。

☑ 微博：微博也是常用的推广网址，但由于微博新闻性强、信息量大，发布的信息很快就会被淹没掉，但有部分微博是可以增加外链的，如腾讯微博。

☑ 软文发布：顾名思义，这里面的网站都是收集了可以投稿的网站，如 Chinaz、Admin5、z123、im286 等站长类网站，这个收藏夹里也只有几个网站，因为一旦文章投递成功，其他站长类网站都会互相转载。

☑ 论坛：就是常去的论坛网址了，当然还是我常去的一些论坛，如 28 推、zblog、wp、落伍者，论坛的推广方法可以参考其他小节专题介绍。

什么样的栏目收集什么样的网址，当然最重要的是需要用户细心、长期的去收集。同时，在执行一项推广任务时，还可以巧用收藏夹来分析推广效果。例如，论坛发帖，我们可以把这个帖子加入收藏夹，过段时间再来看看是否被删、回帖量、点击率等，这样就能大致地分析出这篇帖子是否推广成功。同时，还可以隔三差五地到这个帖子里，给自己顶顶帖。

提示：利用收藏夹推广也要做好精准推广，不能什么网址都收藏，当初我还在收藏夹中加了个人喜欢的博客，不过随着时间的推移，博客这个文件夹中竟然有 300 多个网址，于是就设计了一个博客大全网站，在首页位置中收藏个人常去的一些网址，这样就不用每次都点收藏夹。

Note

14.13 博客群推广

博客群是博客推广的一种方式，就是用户在各大门户网站批量建造博客，各个博客之间相互友情链接，最终回到自己网站。一般著名的博客网站，如月光博客、牟长青、可能吧等，都会在其他 BSP（博客服务提供商）开有分支博客，每天发的文章，会转载到自己的 BSP 博客上。

1. 博客群的优势

它可以为用户带来实实在在的流量，每个博客、每篇文章都是自己的一个外链接，这样可以迅速提高网站的 PR 以及排名，还可以提高网站的口碑。

对于职业 SEO 来说，博客群还是非常有效果的。

2. 常用 BSP 博客网站

新浪、搜狐、网易、QQ、百度、雅虎、博客网、中国博客、Google、和讯、优博、donews、中翼、中华网、中金在线、天涯海角社区、博客大巴、歪酷网、猫扑、博思、yo 第 2 步，Csdn、MSN space、聚友博客、19 楼、第 51 步、yoho、TOM 博客、CCTV 博客、强国博客、大学博客、西陆空间、大河博客等。

3. 如何选择合适的 BSP

下面比较主要 BSP 优势，以便有选择性地使用。

- ☑ 和讯网收录是最快的，且是大家公认的 Google 最喜欢的博客，一般发文 5 分钟之内 Google 就能收录。
- ☑ 新浪和天涯更新上有优势，一般几分钟就能收录了。新浪博客的收录快但权重低于百度空间。
- ☑ 百度空间在百度的权重高，文章必然会被百度搜索引擎有效抓取，而且排名也会优先，就是收录稍慢。
- ☑ 中金在线的博客在 Google 新闻搜索中有很好的表现，基本上前一天的文章，第二天在 Google 新闻搜索中就能找到。
- ☑ 搜狐博客的情感、女性、健康、财经、娱乐、八卦类博文比较强，且博客与圈子的互助推广。

提示：博客群建多了也不好，自己更新维护起来麻烦不说，而且容易让搜索引擎认为用户网站重复率高。BSP 有很多，基本所有大中型网站都提供博客服务，根据自己网站主题选择合适的几个 BSP 即可。一般本人用的就两个：新浪博客和 5G。

4. 如何更新维护群建博客

批量注册博客不是很难，难就难在如何长期坚持更新和维护这些 BSP 博客。

首先，使用火狐、遨游之类的浏览器，单独建立一个收藏夹，把已经群建好确定要使用的博客，统统放入这个收藏夹。

然后登录一次，选择记住账号密码即可。这样，以后更新群建博客，批量打开即可。

Note

5. 使用博客群建软件

搜索博客群建，百度上有好多推广和软件，这些软件能自动模拟蜘蛛抓取这些博客地址网站并且自动注册，但是所有软件都有个问题：注册率太低了，即使注册成功了，但发送率更低，我发现能群发成功的大部分是一些垃圾博客。

最大的问题，群发就代表只能先写好一篇或者几篇文章去群发，这样千篇一律的东西大量地出现搜索引擎会收录？

这其实是群建博客最大的弊端，无法遏制重复的问题，导致搜索引擎很容易判断出来，不给予收录。

其次，使用博客群发软件，即使发送成功，但过几天去访问，博主都会删除这些博文，能留住的软文基本都是质量差的，而且Google已经考虑这些博客带的链接了。

所以，建议普通站长不要购买甚至下载什么破解版的群发软件，它不能给你的网站增加外链、权重。

搞博客群建是个体力活，建议不要注册太多博客，不然以后维护起来会很累。用心经营好几个群建博客即可。博客群建好后，可以手动提交网址。

14.14 英文站推广

很多用户在做英文产品站，或者外贸B2B导航等类型站。英文广告平均每IP单价收益是0.15美元，而中文广告的单价只有0.01~0.03美元之间，在国内的广告单价是国外的1/15，所以国外的流量是个宝，一旦把外贸站做出来，收益是相当可观的。

除了早期就做外贸的公司外，现在很多的中小型工厂自己也开始涉及外销业务，随之而来的B2B交易网站越来越多，对于平台的选择则成了外贸企业一个很头疼的问题。

- ☑ 全世界已经有上千个贸易平台，很难辨别适合自己的平台。
- ☑ 各自独立的贸易平台发展各自的买家群体，造成了买家资源的分散。
- ☑ 各个贸易平台要求不同的数据语言及格式，传统企业无所适从。
- ☑ 任何一个贸易网站都只能服务于一部分买家和供应商，任何一个买家也不会局限于某一个贸易网站进行采购。

对于这样的现状，很多初学者也想在英文网站中分一杯羹，于是很多站长开始大量做英文产品站和英文目录站，但是对于众多起点高的同行站点和大量的B2B平台，现在的英文产品站和英文目录站就很难超越。但也有聪明人不做产品站和目录站，而做起了英文导航站。这样既省去了更新内容、版权的麻烦，也不需要懂多么高深的英文，重要的是网站内容可以细分到某一类产品。下面介绍一下英文站的建设与推广方法。

1. 选择空间

国内的空间，无论是双线还是三线，因为只是国内的运营商，对国外提速完全没有帮助，要选择一些有国外加速支持的空间，但由于国内的带宽出口量太少，在国外访问是很慢的。

现在最流行的要算美国空间，国外访问速度很快，国内速度还是比较好。对于以做英文为主的站

长，买个国外空间很有必要，或者服务器在香港的也比较好。

2. 网站设计

英文网站的设计要符合外国人的习惯，如果搞不清楚怎么做，可以多参考些国外的网站案例模仿着做。具体方法和步骤就不再展开。

3. 网站推广

想要通过外贸站来获得安全稳定的收入，就必须要获取国外的真实流量，对于大部分人来说难度有点大。下面给大家一个推广思路，希望用户能举一反三。

☑ 花钱竞价排名

应该说竞价推广是最直接、最有效的方式了，据统计 80%的人通过搜索找货源，如通过 Directindustry、Google、Yahoo、Bing、阿里巴巴等。

☑ 免费的 SEO 优化推广

找到要做的关键词，如“B2B 外贸站（英文）”，然后逐一点开前几位的网站，分析他们的网站结构，并模仿之。

然后再建立一些英文博客，最好在国外，如 Yahoo! BLOG，把国内的相关文章翻译成英文，关键词加入网站链接，努力把文章发布到国外的论坛、相关贸易网站上。

争取和国外某些同类型网站做友情链接，争取加入网页目录，如 dmoz。这么做的目的是增加自身网站权重。

最后，不断添加 B2B 网站及网站介绍，翻译的是否准确不是问题，因为搜索引擎看不懂语法，再用同样的方法，不断地到不同网站开通新博客，不断地翻译文章，不断地申请友情链接。

这是一个获取国外真实 IP 的办法，但也是最有效果的方法。随着网站权重和流量不断增加，流量将成正比增长，当然收入也会跟着增长。

繁琐而简单的推广方法更容易推广，不过因为做的人很少，所以只要克服困难、勇于实践，做英文网站就一定能出成效。

14.15 淘宝推广

随着互联网的发展、电子商务的火爆，越来越多的企业和个人投入到互联网创业的大潮中，而通过淘宝创业，成为了众多投资和创业者的首选。但是创业是艰难的，成功是要付出代价的。淘宝确实让一部分人尝到了“淘宝”的甜头，但是更多人体会到的却是辛酸。据有关资料显示，在淘宝中有77%的卖家倒下了，仅 23%的卖家活了下来。下面介绍如何在淘宝内做免费和付费推广。

1. 淘宝内免费推广方式

☑ 提高淘宝搜索的排名

橱窗推荐的宝贝，会显示在搜索结果中，也就是排在更前面一点，而买家找东西主要就是依靠搜索，所以橱窗位一直以来都是珍贵的“资源”。

橱窗推荐位数不是固定数额的，而是根据宝贝数、开店时间、信用度（卖家信用度+买家信用度的一半）及交易额而定的。在【我的淘宝】|【出售中的宝贝】中设置。在通常情况下，按照下架时间先后进行排列。就是说越是快要下架的商品，排得会相对靠前。所以在做橱窗推荐时，就要推荐快要下架的商品。但是当橱窗推荐的商品到了下架时间时，商品就会自动重新上架。这时下架时间又为

6 天 23 小时或 13 天 23 小时。

如果用户没有及时更换橱窗推荐，所推荐的商品就不是要快下架的状况。如果没有及时更换橱窗推荐，所推荐的商品就不是快要下架的状态。所以橱窗推荐要不停地去关注、去更换不同的产品，只有这样才能有更多客户来发现你的商品。通常建议一天一更换。

淘宝高级搜索页搜索的结果和首页搜索的结果有很大差别，搜索不再以时间为排名依据，默认显示的是“人气宝贝”，主要是由浏览量、销售量、卖家等级等几个因素决定的。

☑ 淘社区

淘社区里聚集了千千万万的卖家和买家，这些人基本上都是淘宝的忠实粉丝和网购用户，所以千万不要忽略淘社区的威力。特别是信誉度为 0 的卖家，非常适合在淘社区“混”。

就是通过淘社区，用自己的个人魅力来赢得潜在消费者的认可，属于以情感人。例如，笔者的朋友以前推广一个新店时，由于没有推广经费，人手也不足，所以选择的主要推广方法就是淘社区推广。当时他的做法比较简单，每天只做一件事：转载热门的娱乐新闻。由于内容选择的比较好，发的帖子经常被加精甚至是推荐。记得第一次被加精后，店铺从原来的 1、2 单，直接增到一天 5 单以上，效果非常明显。

另外，淘宝“十大网络创业先锋”宋琳阿姨在推广过程中也曾用过此方法，不过当时她主要写的是自己在淘宝的创业经历，效果也非常好。

对于优质内容，淘宝社区会在首页和右下角弹窗进行推荐，一旦被推荐，不但会使店铺的曝光率大大提升，也会增加销售。

☑ 淘江湖

淘江湖其实就是淘宝推出的 SNS 平台，在 SNS 网站中排名第三，分享宝贝是 SNS 营销的制胜法宝。

☑ 店铺收藏

在淘宝中有店铺收藏的功能，我们应该尽可能地吸引买家来收藏我们的店铺。优点：

- ➢ 买家能够及时接收到我们店铺的信息，增加回头率。
- ➢ 店铺的收藏量提高了，会增加在用户心中的信誉度。
- ➢ 收获多了，会增加排名。

增加收藏的方法主要有 3 种。

- ➢ 与用户交流时，主动邀请他们收藏。
- ➢ 装修店铺时，在醒目位置放置收藏按钮，并鼓励用户收藏。
- ➢ 与其他网店相互收藏。

☑ 聚划算

淘宝推出了自己的团购平台：聚划算。不过与其他团购平台不同的是，淘宝官方不提供产品，聚划算里的产品都是来自淘宝卖家，且聚划算每天推出的新品不只一款，而是多款。它相当于一个淘宝店团购的聚合平台，是为淘宝卖家服务的。这个平台的推广和促销效果非常好。

如果用户的网店信誉度达到 1 钻以上，可在【我的淘宝】|【活动报名】中报名参加聚划算。

☑ 活动推广

对淘宝店来说，活动是最重要也是最有效的促销方式之一，所以一定要重视并大力执行。最好能做到每周都有新活动。一般常见的活动形式有满就送、买就送、搭配套餐、限时打折、限时抢购、店铺 VIP 会员折扣、红包积分、店铺优惠券、节假日促销活动等。

☑ 与其他店铺交换友情链接

交换友情链接是最初级的推广方式，还是有一定效果的。

Note

2. 淘宝内付费推广方式

很多人担心淘宝竞价的非理性，其实大可不必。只有懂得花钱，才更懂得如何挣钱。当然，刚开始尝试时，要理性投入，不要盲目推广。先由浅入深地慢慢尝试，逐渐深入。

在众多付费推广方式中，淘宝内部的付费推广效果最佳，因为淘宝平台聚集了大量的网购用户，是最精准的平台。淘宝的付费推广方式主要有以下几种。

☑ 直通车

淘宝直通车相当于搜索引擎的竞价排名，通过付费的方式，可以在淘宝的搜索结果页中获得更好的展示机会。同搜索引擎竞价排名一样，卖家可以针对每个竞价词自由定价，并且可以看到排名位置，并按照实际被点击次数付费。每个关键词最低出价 0.05 元，最高出价 100 元，每次加价最低为 0.01 元。

在操作上，与竞价差不多，关键词选择最为重要，这条可以结合竞价排名中的选词技巧，主要就是找到潜在用户最可能搜索到的词。

☑ 超级卖霸

超级卖霸是淘宝重拳推出的宝贝展示集中营，搜集了全网最热卖的宝贝，将其展示在全网客流量最大的位置。由于其拥有超大的活动流量，完美的主题策划，且投入费用优惠、效果数据可以实时监控等优势，效果非常显著。

具体参与办法是登录【我的淘宝】|【我是卖家】|【我要推广】，然后点击超级卖霸活动进行报名。

☑ 钻石展位

钻石展位就是指淘宝内部页面的广告，主要也是通过竞价方式，让用户广告展示在淘宝首页或其他页面中。它是按 CPM（展示）计费的。

☑ 淘代码

由浙江报业集团与阿里巴巴合资成立的《淘宝天下》杂志创刊。从第 14 期开始，《淘宝天下》杂志上开始出现由几个字母加上一串数字组成的代码，《淘宝天下》称之为“淘代码”。每一串“淘代码”都指向淘宝网上的某一款产品。当用户在淘宝上输入这串数字来搜索这款商品时，登载这串代码的《淘宝天下》将会从购买代码的商户处获得单击广告费，如果交易完成，他们又能获得一笔销售分成。

从线上转载纸媒的推广方式适合于一些大型的企业或品牌，对于一般小卖家来说，费用较高，但效果很明显。

☑ 阿里妈妈淘宝联盟

阿里妈妈旗下的淘宝客，相当站长都不陌生，可以说这是淘宝店中性价比最高的付费推广方式，而且也没有风险。因为它是按效果付费，只有成功产生销售后，卖家才会支付佣金。而这个佣金由卖家自主设定。做淘宝客推广，主要需要注意以下几个事项：

- 适宜的佣金比例。如果佣金少了，则愿意帮推广的人就少，所以在能力接受范围内，尽可能地提高佣金比例。只有高的佣金比例，对淘宝客才有吸引力。只有在众多商品中脱颖而出，首先吸引淘宝客的目光，才能带来好的销量。千万不要吝啬少赚的那点利润，眼光要放长远。
- 选择优质的产品进行推广。淘宝客们也不是傻子，劣质产品、滞销品他们肯定不会去推广的。即使他们推广了，买家也不会感兴趣。只有热销产品才能带给淘宝客和买家信心。
- 多推应季品。很多产品都有季节性的，要根据季节的不同和市场的需求，及时调整推广思路和产品设置。

- 设置有吸引力的介绍。一定要在介绍中突出产品的特色和卖点，如卓越的功能、超值的赠品、低廉的促销价格等。因为淘宝客在选择产品时，会选择有卖点的产品进行推广。还有用户的卖点突出，才能吸引淘宝客的目光。而且不把卖点说清楚，淘宝客即使帮你，也不知道如何去打动消费者。
- 主要挖掘淘宝客。如果发现了优秀的淘宝客推手，一定不要放过，可以主动邀请他帮你推广产品。另外，身边的朋友、每一个光顾过的客人，都可能是潜在的优秀淘宝客。特别是那些买过产品的顾客，因为他们有过真实体验，让他们去现身说法，经常会取得意想不到的效果。

14.16　通过数据分析做精准推广

对于一个网站站长来说，应该熟悉各种网站统计工具，如 51la、CNZZ、Google Analytics 等，掌握网站每天 IP、PV、来路、关键词等信息变动。下面通过例子介绍如何做数据分析。

1. 通过数据分析做精准网站推广

我们通过申通快递网站数据进行说明，如图 14.21 所示。

从图 14.21 可以看到申通快递的流量非常之大，每天有几十万访问量，来源最多依次为淘宝、直接输入网址、京东等，那么可以得出结论，申通是和淘宝有合作，其中在淘宝物流查询中，淘宝、paipai、京东是引用了申通的网站数据。

通过逆向思维，假如用户同时注册了 10 个微博账号，那么尝试用发带链接的文字，通过一段时间的数据观察，发现如果有两个微博的来路最多，那以后就主攻这两个微博，这样避免微博太多，其他的微博则可以用数据同步工具同步过去。

对于一些 digg 网站，一旦推荐到首页，在来路中能排到第二甚至第一的位置，流量能够很快提升，查看哪篇文章被推荐了，以后就在这类 digg 网站中发表同类文章。

2. 通过数据分析做精准网站设计

每个统计工具下面都有个访问者信息，包含着访客的浏览深度、操作系统、用的什么浏览器、屏幕是多大的，如图 14.22 所示。

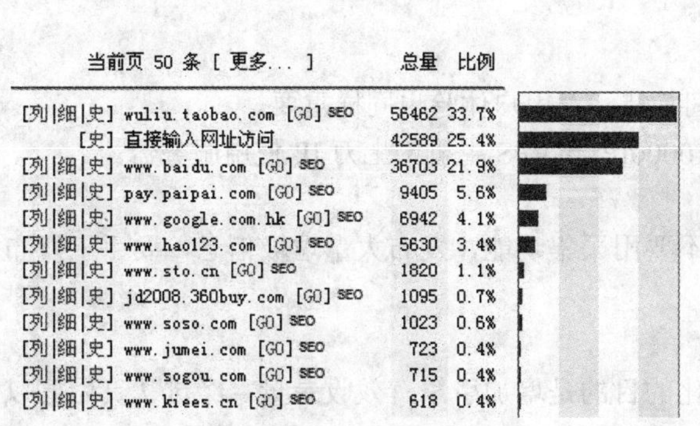

当前页 50 条 [更多...]	总量	比例
[列|细|史] wuliu.taobao.com [GO] SEO	56462	33.7%
[史] 直接输入网址访问	42589	25.4%
[列|细|史] www.baidu.com [GO] SEO	36703	21.9%
[列|细|史] pay.paipai.com [GO] SEO	9405	5.6%
[列|细|史] www.google.com.hk [GO] SEO	6942	4.1%
[列|细|史] www.hao123.com [GO] SEO	5630	3.4%
[列|细|史] www.sto.cn [GO] SEO	1820	1.1%
[列|细|史] jd2008.360buy.com [GO] SEO	1095	0.7%
[列|细|史] www.soso.com [GO] SEO	1023	0.6%
[列|细|史] www.jumei.com [GO] SEO	723	0.4%
[列|细|史] www.sogou.com [GO] SEO	715	0.4%
[列|细|史] www.kiees.cn [GO] SEO	618	0.4%

图 14.21　申通快递网站流量来源

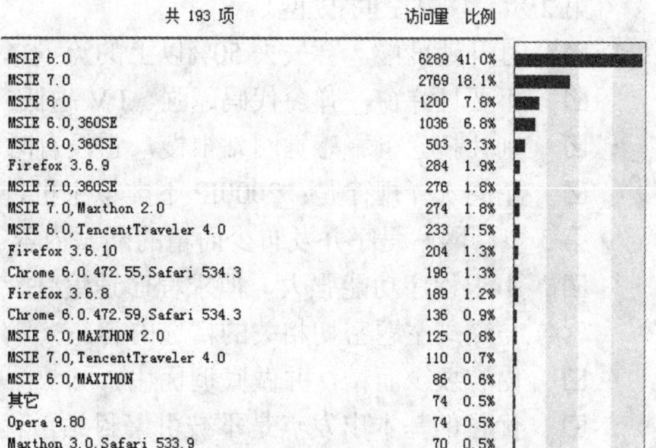

共 193 项	访问量	比例
MSIE 6.0	6289	41.0%
MSIE 7.0	2769	18.1%
MSIE 8.0	1200	7.8%
MSIE 6.0, 360SE	1036	6.8%
MSIE 8.0, 360SE	503	3.3%
Firefox 3.6.9	284	1.9%
MSIE 7.0, 360SE	276	1.8%
MSIE 7.0, Maxthon 2.0	274	1.8%
MSIE 6.0, TencentTraveler 4.0	233	1.5%
Firefox 3.6.10	204	1.3%
Chrome 6.0.472.55, Safari 534.3	196	1.3%
Firefox 3.6.8	189	1.2%
Chrome 6.0.472.59, Safari 534.3	136	0.9%
MSIE 6.0, MAXTHON 2.0	125	0.8%
MSIE 7.0, TencentTraveler 4.0	110	0.7%
MSIE 6.0, MAXTHON	86	0.6%
其它	74	0.5%
Opera 9.80	74	0.5%
Maxthon 3.0, Safari 533.9	70	0.5%

图 14.22　访客所用浏览器统计

通过以上数据分析得出，访客依然有 70%为 IE 内核，IE6 用户仍然占据 41%的比例。因此，在

网站设计时，最好在IE6环境下制作，IE7、IE8、火狐为测试环境。通过数据分析，应该清楚认识到网页是为客户设计的，而不是为自己或者技术标准设计的，这时如果用户放弃对IE6的支持，那么对于流量的影响将不堪设想。

访客的屏幕大小、所在地点、接入商都是很有用的数据，知道那个运营商访客最多，就能清楚是把博客主线路放入电信还是联通线路，甚至是把网站放在用户最多的城市。

Note

3. 通过数据分析做SEO优化

例如，如果网站的某一篇文章获得了很好排名，并且带来不少流量，但随着时间推移，排名慢慢掉下去了，这时可以看看流量统计中的关键词搜索量，看看哪些流量是通过这篇文章来的。为了稳固这个排名，应该有周期性的，适当给这篇文章增加些外链。

提示：网上免费统计工具比较多，大家在用的一定就是自己要用的。例如，在网站中放入51la和Google Analytics两个统计工具，51la的数据统计很宽泛，什么都包含，但不精准，而Google Analytics分析数据的参数能力很强。

14.17 网站SEO优化

SEO是一项长期而枯燥的工作，有时甚至需要几个月才能看到效果，必须坚持做下去：耐心+细心=合格的SEO。

影响SEO效果的因素很多，把已知的因素克服掉，解决掉就够了，千万不要为了SEO而SEO，SEO是技术，更是艺术，让搜索引擎觉察不出网站经过SEO，才是最强、最好的，别让搜索引擎找到SEO的毛病。自然SEO才是SEO的最高境界，看似很难却很简单。具体要点和步骤如下：

第1步，准备个好域名。

☑ 尽量在5位数以内，方便用户识别记忆。
☑ 尽量用顶级的域名，有利于搜索排名。
☑ 做中文站最好用拼音注册，符合中国人的拼写习惯。
☑ 域名的安全性，最好选择有些权威的注册商。
☑ 好域名或者说主域名最好注册3年以上，因为百度在扒正规站的时候，会看这些资料。

第2步，网站空间很重要。

☑ 打开速度慢，会失去50%以上的流量。
☑ 不要挂弹窗，弹窗代码越强，PV越低。
☑ 别让搜索引擎感觉网站很慢，它没有时间等待，对用户体验也同样重要。
☑ 空间选择规律是：2000IP下虚拟主机、10000IP下VPS主机、上万IP使用服务器。

第3步，网站程序并发布少而精的网站内容。

☑ 不求程序功能强大，但求程序速度快。不要用采集功能，发布大量垃圾信息，要手工发布与网站主题密切相关的精选内容。
☑ 内容要少而精，并做底调优化。
☑ 优化的基本出发点是不被引擎封站，优化的目的是增加引擎有效收录量。经过认真做好以上要点，网站就会有珍贵的初期流量。

第4步，网站美工也一定要符合自己网站的类型，现在网站模板到处都是。

第 5 步，刷流量，提高 alexa 排名：要想获得更大的流量，就需要网站本身要有流量。引擎喜欢流量大、排名高的网站。新站引擎收录量少得可怜，我们就可以采用刷流量的办法。操作要点。

☑ 刷出的流量要稳定。

☑ 建议刷到 alexa 排名 20 万左右为止，坚决不能刷出排名 10W 以内。以免被 alexa 封闭。据观察，alexa 不关心 20 万以外的网站，就算刷站，它也不会惩罚。所以刷到 20 万左右是比较安全的。

Note

第 6 步，不要频繁改版，搜索引擎会认为网站不可靠。

第 7 步，坚持更新内容。

有了内容、有了排名，引擎自然经常会光顾你的网站。排名接近 10 万的时候，仅百度收录页面数应该能达到 2~3 万。建议每天更新至少 10 篇，最多不超过 800 篇的内容。这时会发现，每隔几天，流量就翻翻。

☑ 最好发原创内容。

☑ 如果是采集的，也不要直接发布，一定要做一些改动后再发布。例如，修改标题、重新排版，把长标题改成简洁的标题等。引擎喜欢原创，这样做的目的，就是让引擎认为你的内容是原创。不要是 100%克隆。这也是保证不被引擎封闭的重要保证。

第 8 步，添加网页标题（title）。一是简单，二是简洁（在 20 字内）。

第 9 步，添加描述性 meta 标签。

☑ 要合理添加 meta 标签，很多搜索引擎是依据它来排名的。

☑ 百度比较偏重于 keywords 标签，切记不可多，关键的三五就好了。切记不要重复关键字。

☑ 而 Google 比较偏重于 description 标签，描述要符合网站的内容，最好在 20 字以内。

第 10 步，在网页粗体文字（一般为文章标题）中也填上关键词。

第 11 步，确保在网页正文第一段中就出现关键词。

第 12 步，导航设计要易于搜索引擎搜索。可以用热门关键字作栏目。

第 13 步，网站导航：网站导航要易于使用。要确保新访问者能够通过网站导航简单、方便、快速地找到他所要的内容。

第 14 步，标题：正确使用栏目标题，也可产生意想不到的效果。h1 标签是很重要的，尽量用一些网站关键词。

第 15 步，搜索框：如果没有一个搜索框，建议最好加一个，导航有时是不够用的。加一个搜索框可能要很久，但如果在网站上加入 Google 搜索框这种第三方搜索框却是很快的。

第 16 步，不要引导：把网站上所有的“点击这里”都改掉，访问者不会通过点击“点击这里”来了解里面的内容，最好用“下载站长”或“每个月的文章归档”等代替“点击这里”。

第 17 步，Title & Alt Attributes：如果还没有使用它，最好使用，并把它加入导航页等一切页面。即 title 和 alt 说明，用于图片和链接。

第 18 步，网站的通用性。

如果网站上有一些不好的代码，例如，设置浏览器窗口大小、在新的窗口打开新的页面等，这可能会使访问者感到反感，最好去掉。检查网站在不同的浏览器下的显示是否正常。

第 19 步，不用大量的图片组成首页。

☑ 任何一个搜索引擎都喜欢结构明显，而不喜欢把页面做成一张皮，让搜索引擎分不清重点所在。

☑ 考虑到网络速度因素，不是每个访客的网络都很快。

第 20 步，不要把首页做成 Flash。

真正的搜索引擎对图片的识别能力很差，首页做成 Flash，不仅不利于搜索引擎排名，而且还减慢了进入主页的速度，在一定程度上为客户尽快找到网站设置了障碍。

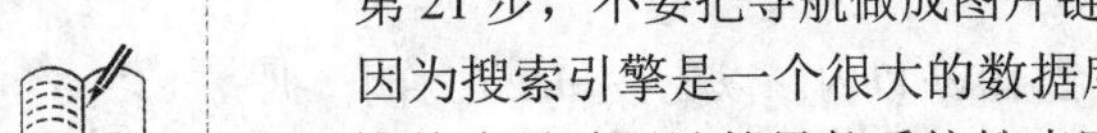

第 21 步，不要把导航做成图片链接。

因为搜索引擎是一个很大的数据库，而不是一个图片库，搜索引擎首页搜索引擎到的是网站的标题，接着才通过网站的导航系统搜索网站其他内页，所以如果网站导航是文字连接，搜索引擎就很容易搜索到其他页面，如果是图片链接则不能达到这个效果。

第 22 步，隐私信息：在页面底部加上声明，对客户信息、网友信息给予隐私保护，显示网站比较正规，尽管你的网站是一个个人小站，但是加上这条不妨碍 Google 看重你。

第 23 步，主体信息完备：如关于我们，内容尽量详细，有利于网站对于搜索引擎的可信度。

第 24 步，网站及时备案：获得 ICP 的备案许可，搜索引擎会针对当地的法律法规进行计算设计。

第 25 步，联系方式信息：详细、完整的联系方式，搜索引擎也可以看到网站的联系方式。

第 26 步，版权信息：最好写上，Google 比较重视有版权信息的网站。

第 27 步，robots.txt 设置：关于 robots.txt 文件的设置也需要注意，有些死目录就别让搜索搜出来了，这样会导致出现死连接。

第 28 步，标题：在各个页面检查相关但不相同的标题（tag），检查它们是不是简短并能够表达文章的内容。

第 29 步，外部链接：每一个内容页面都应该链接一两个该关键字的有名大站，要注意的是链接的方式，要先写出关键字，再将这个关键字直接链接到该站台。

第 30 步，内部链接：网站里面可能有很多内容，确定同类内容互相链接，而不同类内容千万不要互相链接。例如，讲食品的页面请链接到讲水果的页面。

同类内容的内部链接可以让 Google 的 pagerank 在网页里互相传递，如果只对个别网页作最佳化，有可能会发生的情况是，网站里只有少数几个页面的排名可以往前，但是若是做好内部链接的话，可以让每个网页的排名都靠前。

第 31 步，加强关键词：加强一些关键词和短语，加上一些特别的标签，如加粗字体和斜体，不过这也不能使用得过于频繁。

第 32 步，关键字放置位置。

关键字密度以及关键字放置位置，拿出自己的关键字，在下列 6 个地方各使用一次：标题、meta 标签、网址里面、粗体关键字、斜体关键字、页面上半部（网页内容比较前面的地方，建议用个标题），具体描述如下。

- ☑ 标题标记：< title>文本< /title>
- ☑ meta 标记：< meta name="description" c>
- ☑ < meta name="keywords" c>
- ☑ 大标题标记：< h1>文本< /h1>等
- ☑ 链接标记：<a href=[url=http://www.uusem.com/index.php]http://www.uusem.com/index.php [/url]>文本
- ☑ 网页正文：< body>文本< /body>
- ☑ alt 标记：< img src="1.gif" border=0 alt="关键字">
- ☑ 注释标记：< !--文本-->
- ☑ 输入标记：< input type="hidden" name="hidden" value="关键字">
- ☑ 网址：http://www.关键字.com/关键字.htm

提示：不要过度优化，搜索引擎会认为作弊。小则降权，严重者封站。

第 33 步，确认网站的每一页都可以被搜索引擎索引进去，网站里的链接要做好。另外，在网站还没有完善时，不要让网站上线，如果随便让自己的建设中的网站进入搜索引擎，并且被打了低分之后，要让分数上升就不是那么容易了。

14.18　超越 SEO 竞争对手

在 SEO 搜索引擎优化中，对竞争对手网站的分析，是每一个 SEO 工作者应该熟知的内容。在一个行业中，是不是总感觉几个网站排名都是那么好，我们怎么做都觉得无法超越。当自己在做网站的过程中，是否对竞争对手的网站进行分析，如何有效把握竞争对手的优化手法呢？

14.18.1　选择恰当的竞争对手

做 SEO 第一点就是要找到竞争对手，如果连谁是自己真正的竞争对手都不知道的话，那怎么能做到知己知彼呢？

选择竞争对手是有技巧的，不是盲目选择，当然不同类型的网站，对手的选择也略有侧重。

☑　侧重技术的个人站点

选择那些比自己排名高出很多的网站并不合适。选择好竞争对手的时候，首先要观察一下竞争对手的网页 PR 值，再用雅虎查下对手网站的反向链接数量，看看是否外链数量很多，且 PR 很高，千万不要选择这样的竞争对手。由于外链资源比较强，不做 SEO，不做内容，随便写几个字的文章或者转载文章都比其他网站排名靠前。外链在 SEO 中的作用是比较明显的，至少目前搜索引擎很重视一个网站的外链。

选择的竞争对手太强，只会让自己对 SEO 技术失去信心，对 SEO 效果产生迷茫，选择合适的竞争对手不但可以帮助自己更快地了解网站的不足之处，还可以逐步提升网站的竞争力。

懂得分析网站是否有 SEO 技术成分，但不一定可以让自己稳超竞争对手，至少可以清楚看到自己网站哪些地方优化的不足，做的不够，把自己网站已知的不足做好，加上外链，加上内容的资源的整合，相信网站做任何一个关键词，网站排名都不会很低，搜索引擎给网站的权重高了，做什么关键词都易如反掌，要是搜索引擎看不起网站，那再怎么 SEO 都是白费时间。

☑　侧重营销的商业站点

确定一个竞争对手，相信在大多数的行业中，都是非常容易的事儿。然而，在其他情况下，确定竞争对手就不是那么容易。竞争对手可能是自己的主要关键词排名的网站，或者是直接长尾关键词的竞争对手的网站，因此竞争对手可能是一个很长的名单。很明显我们不能监视所有的人。

在百度中执行搜索，检索自己的目标关键词，在弹出的搜索结果中显示的网站/公司的名单。我们可以认为这些是自己的主要竞争对手。

14.18.2　竞争对手分析步骤

【操作步骤】

第 1 步，网站初步分析。

当确定了一个竞争对手之后，第一步要做的就是进入他的网站，并对网站进行简单的分析，看一看网站是否是一个专业的设计网站，或是直接用 CMS 模板设计的网站。

再看网站是否有大量的内容，以及其网站的内容质量如何，网站是否是使用了静态或动态的URL，这些是基本的现场检查。

简单的分析之后，竞争对手网站就可以传递出很多有价值的东西，将这些内容进行记录。然后再进入其他竞争对手的网站，对他也进行同样的分析，得出结论，并根据他们的网站简单分析，来看一看自己的网站。

完成这些简单分析之后，就应该对竞争对手进行全面分析了。

第 2 步，分析竞争对手使用的关键词。

关键词的排名表现，是 SEO 能够成功的最重要的决定性因素。那么用户就应该去分析竞争对手正在使用哪些正确的关键词，并且这些关键词在搜索引擎中都有很好的排名。

然后，对竞争对手网站的关键词进行分析，看关键词在做排名优化时，是否会存在一定的难度。对于关键词进行分析，看百度首页中，这些网站关键词的竞争，以及单个关键词是否可以在短期内优化到首页，如果自己来做这个关键词，会怎么做，又怎么能在几个月内将这些关键词排到百度首页。

当感觉这个关键词对于个人网站比较重要，那么就要对这个关键词在竞争对手网站中如何布局进行更直接的分析。再看对手网站中的长尾关键词是如何进行布局的，比较自己与竞争对手的区别在什么地方。

提示： 用户可以使用网站关键词建议工具来检查哪些关键词应该为自己的网站做的很好。在做检查时，可能会发现自己跳过了很多有用的关键词，并开始优化自己的网站。

还应该检查竞争对手的关键词的密度。此外，不要忘了检查关键词的位置，如标题、标签、图像标签、链接等。不同的关键词，不同的长尾，都要进行不同的分析和检测。根据对手内容来确定自己的关键词应该如何去布局。

第 3 步，检查竞争对手的反向链接。

良好的搜索引擎优化排名，反向链接起着决定性作用。这就是为什么需要彻底检查竞争对手的反向链接。看他们的数量和来源、锚文本等，你会得到竞争对手正在做这方面的线索。

很多时候，可能会得到一些反向链接的思路，也就是说，如果看到竞争对手有流行的网站的反向链接，而自己却不知道，如果你可以从他们那里获得反向链接，那么可以与网站管理员进行联系，看他们是如何做到的。

对于竞争对手网站的反向锚文本链和反向链接分析，我们可以使用百度外链工具进行检测和查找，并根据竞争对手发布的外链，来完成自己网站的外链建设。

将外部链接的这部分做得比竞争对手更好，然后再从内容出发，让自己的网站更加的利于用户。

第 4 步，检查其他 SEO 因素。

关键词和反向链接是很重要的，但并不能代表一切。为了彻底了解竞争对手如何排名，还需要检查他的网页排名在谷歌和其他引擎中的表现，如雅虎、Bing、搜狗、搜搜等。应该看看竞争对手的网站与搜索引擎索引的网页数量，从不同的角度对其网站进行分析。

第 5 步，评估竞争对手在社会化媒体中的存在。

社会化媒体往往会带动大量的流量到一个网站。这就是为什么不能跳过竞争对手的原因。如何在社会化中留下自己的网站内容或是链接呢？

这对于一些新的网站来说比较难，但只要肯努力，相信是可以做到的。社会书签网站是一个社会化媒体的类型，用户可以去研究。在一些重大的社会书签网站看看，看看竞争对手受欢迎程度如何。

第6步，分析竞争对手正在使用的PPC广告，如谷歌的Adwords PPC、百度推广、搜狗推广等。

使用好谷歌的 Adwords（谷歌的竞争分析工具）。它可以比较 PPC 以及竞争对手的活动。分析竞争对手的不同流量来源，看他的网站在其他的网站或是媒体是否有广告。如果有，就可以很好地确定超越方法，或是追赶方法。

第7步，分析竞争对手的变化，以及内部链接的建设。

第8步，研究对手的SEO手法，根据他们的手法来完善自己网站的优化手法。

第9步，去竞争对手网站进行用户体验度检测。

14.18.3 竞争对手策略分析

SEO竞争对手策略分析一般可以由如下几个环节来展开。

1. whois信息

简单来说，whois就是一个用来查询域名是否已经被注册，以及注册域名的详细信息的数据库（如域名所有人、域名注册商、域名注册日期和过期日期等）。通过whois来实现对域名信息的查询。判断对手网站域名注册时间以及相关的域名的历史。

一般来说，一个老的域名，一次注册几年的网站在搜索引擎中会有一个相对较高的权重。具体查询地址：http://whois.chinaz.com/。

2. PageRank

虽然 PR 对网站排名的作用在减小，PR 已经不重要，虽然现在通过 301、URL 转发等手段可以劫持网站的 PR 值，以获得较高的 PR 值，网页级别高有时也同样不能说明网页与关键词相关，甚至有时并不代表你的网页有多重要。

不过对于SEO来说，网页PR还是很重要的，最起码它定义了一个标准的衡量指标，某种意义上它起着门槛的作用。也就是说这是个硬性指标，有总比没有好，PR 虽然不是万能的，但是没 PR 万万不能，所以PR还是要作为一个参考标准的。PR查询地址：http://pr.chinaz.com/。

3. 搜索引擎收录

查询竞争对手网站在搜索引擎中的收录页面，以及自己网站定位相关的关键词排名情况，以及具体网站的更新频率，包括网页更新时间，网站内容文章是否保持更新。

记住如果竞争对手比较勤快，那么就很可怕，为此必须要比对手再勤快20%，才有可能超越他，所以分析网站的收录问题尤为重要。

4. 竞争对手网站的内链和外链

在搜索引擎排名算法机制中，链接可以比喻为投票。外部链接就是网站之间的互相投票，而内部链接则代表了网站内的各页面互相投票。外部链接可以提高网站权威、排名靠前，而内部链接主要是看网站的内部链接的结构是否合理，内部链接优化，就是在用户友好的基础上，不断在页面内添加文字链接。

一个好的网站应该是网站的权重四通八达的传递，这样页面之间的内部链接互相投票、互相传递权威度。外链主要看数量和质量是否优质，再加上适当地导出链接即可。因此，用户在做友情链接时，可以顺着友情网站去找友情链接，这样能够减少工作时间，也更有效率一点。

5. 网站分析

分析对手的网站的整体结构框架，页面设计是否符合用户体验，目录的深浅，网站各栏目内容相

关性，图片有无加 alt 标签，代码是否精简，栏目结构是否清晰，网站 URL 是否静态化处理。还有网站的域名是否易于品牌识别，空间是否稳定，打开速度快与否等网站基础原因。

Note

提示：关于 URL 静态化是目前搜索引擎对 HTML 页面抓取速度较之 ASP 或 PHP 等其他动态页面快。

6. 网站内容的原创性

查看竞争对手的文章是否原创，基本就是复制文章的标题去百度查看是否抄袭。网站文章内容原创性在各大搜索引擎中对排名的影响越来越重要。

7. keywords、title、description

首先查看关键词布局，如果一个网站的关键词布局比较好，在排名上具有很大的优势，关键词布局包括 keywords 在各个页面的分布、keywords 出现频率、keywords 竞争难易度等因素。

分析对手的标题是否具有竞争优势，标题和描述写法至少要组织得有意义，顺带融进一到两个主要关键词为佳。至于罗列的关键词有罗列的好处，单一的关键词有单一的好处。

8. 用户体验

用户体验就是让多数访问网站的群体在最短的时间内找到他们想要的东西，并接受它。具体包括以下 4 点。

- ☑ 品牌（branding）。
- ☑ 易用性（usability）。
- ☑ 功能性（functionality）。
- ☑ 内容（content）。

最直接的做法就是简单地查看竞争对手网站是否有产品搜索、站内搜索、在线客服、留言系统、资质荣誉证书、权威认证。网络使所有东西商品化，要赢得客户关键不是产品，而是用户体验，而用户体验从用户进入网站开始，就要布局好，给访客以信任权威的感觉。这些都是最基本的企业 SEO 用户体验的要求。

9. 网站的口碑

通过与客户详谈，或者通过百度检索，初步了解一下竞争对手在业界的口碑，基本实力，网络营销的力度。

10. 制订 SEO 实施计划

结合以上调研的结果，制订出一份针对竞争对手的 SEO 优化项目计划，并在最短的时间内付诸实行。当然计划是死的，要随时保持机动性、灵活性。由于竞争对手也可能会随时根据市场调整 SEO 策略，所以要保持对竞争对手网站各方面的实时监察。

14.18.4 竞争对手页面分析

分析竞争对手的网站包括很多方面的内容，本节重点介绍如何分析竞争对手首页源代码。

【操作步骤】

第 1 步，打开对手网站首页，在浏览器中直接右击浏览的网页，选择查看原代码文件，然后按照由上到下的顺序观察首页代码。

第 2 步，观察整个网页中是否含有 H1 标签，这是一个字体标签，H 后面跟的数值越小，表示的

字体越大，说明该关键词越重要，一般用 H1 标签的关键词都是整个网站核心的关键词。注意一下，页面中是否用 H1 标签去描述某关键词。

第 3 步，分析网页标题 title、keywords、description 标签里是否包含关键词，一般越靠前的那个词越重要，越有可能是他想要突出的关键词，也有可能是一句短语。

具体包含了哪个关键词，用户可以通过网站主题内容去分析，试着猜一下该网站的关键词，一般很明显就能看出来，不会太多修饰或隐藏。

Note

第 4 步，再往下看，网页内容中是否出现字体标签，如加粗（B）、斜体（I）等标签，一般在这些标签之间的词不是关键词，就是长尾关键词，如何区分可以根据网站标题适当分析、理解。一般这些标签在首页出现的几率不会太高，甚至没有。

第 5 步，注意一下网页内容中是否含有图片，一般图片都会用注释 alt 属性，观察是否含有与网站标题，或主题相近的关键词或长尾关键词，适当分析。

> 提示：图片加上有效的 alt 注释，对 SEO 是不错的做法，有效并非去堆砌关键词或长尾关键词，如果堆砌关键词，后果会很严重。

第 6 步，看一下首页脚注区域，如网站备案、网站统计条等，一般会在该位置做几个文字链接，看一下文字链接注释标签是不是含有关键词或长尾关键词，仔细找一定会发现什么，很可能在一个不起眼的小角落。

第 7 步，综合观察以上几点，一定可以发现竞争对手的不足之处，对手没有优化到的地方我们可以去做，做到的地方我们要比他做得更好。

14.19　长尾关键词优化

长尾关键词是指网站上非目标关键词，但也可以带来搜索流量的关键词。长尾关键词是长尾理论在关键词研究上的延伸。长尾关键词特征：词比较长，往往是两三个单词组成，甚至是长短语，存在于内容页面，除了内容页的标题，还存在于内容中，搜索量非常少，并且不稳定。

长尾关键词带来的客户，转化为网站产品客户的概率比目标关键词低很多。但是，如果存在大量长尾关键词的网站，其带来的总流量是非常大的。例如，目标关键词是“服装”，其长尾关键词可以是“男士服装”“冬装”“户外运动装”等。

长尾关键词基本属性：可延伸性，针对性强，范围广。

长尾具有两个特点：细和长。细，说明长尾是份额很少的市场，在以前这是不被重视的市场；长，说明这些市场虽小，但数量众多。众多的微小市场累积起来就会占据市场中可观的份额，这就是长尾的思想。

14.19.1　如何寻找长尾关键词

下面介绍如何准确找到相关长尾词。

☑　利用百度相关

在百度搜索列表底部会显示相关搜索关键词，如图 14.23 所示。相关搜索的长尾词搜索量一般比较大，但优化的难度也就比较难。

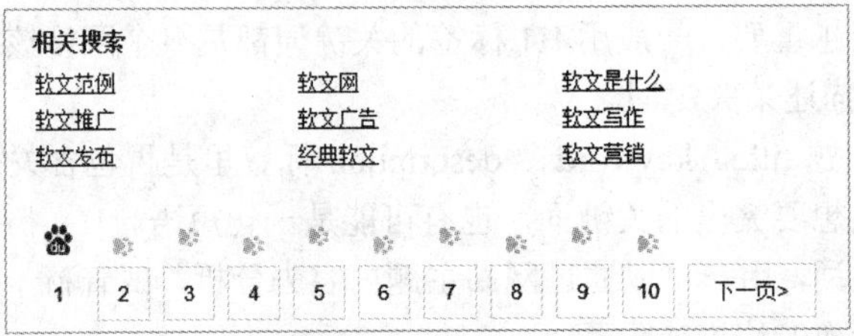

图 14.23　相关搜索

☑　利用百度竞价账号

通过百度竞价账号能够看到相关关键词信息，这是非常实用的工具。百度竞价账号不是单单用来竞价的，还是一个关键词分析工具。但一般人是无法使用的，需要开通账号，费用比较高，一般需要几千元。

☑　长尾词查询工具

利用长尾词专用查询工具，也可以获取相关长尾词的分布列表，如图 14.24 所示。当然，该工具信息一般更新速度慢，时效性和参考价值没有百度竞价账号显示的信息准确。

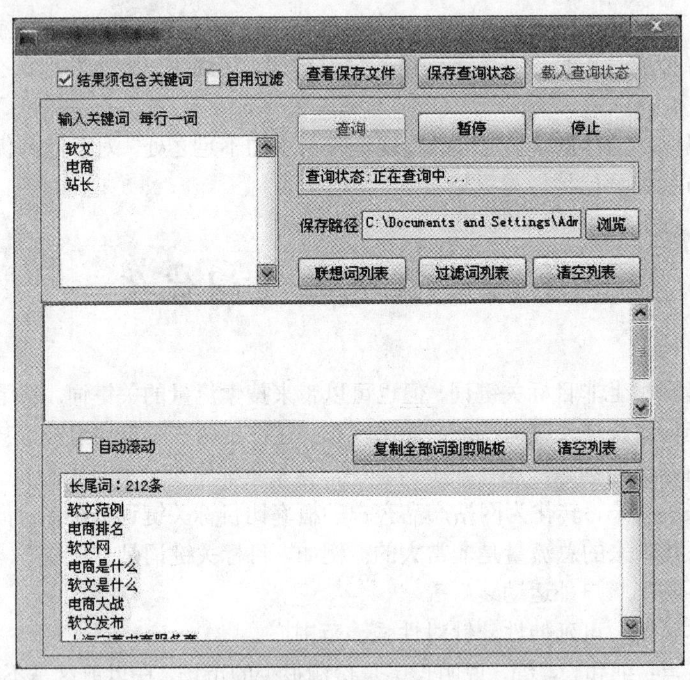

图 14.24　长尾词查询工具

☑　爱站网关键词挖掘

爱站是广大站长喜欢用的工具，爱站关键词挖掘与百度竞价账号的功能非常相似，甚至比百度竞价的还多了个搜索量，参考功能更强大、更好用。不过有一点比不了百度竞价账号，爱站只能分析有搜索指数的关键词。至于其他站长工具的关键词，与爱站网提供的功能差不多，这里就不再介绍。

14.19.2　如何优化长尾关键词

☑　站外长尾关键词优化

用户可以利用 B2B、分类信息论坛，或者利用发文章或图片的第三方网站，有钱的用户喜欢使用

新闻门户发文章带长尾词，没钱的可以自己用 B2B、论坛等发布。

一般来说，灰色行业永远是技术先驱者的乐园，做 SEOer 或者网站营销都应该长期关注和研究这些行业，会得到非常多的最新优化手法。

☑　站内长尾关键词优化

例如，一个关于酒桌的网站，经过一周打理后，长尾词从原来的 30 多个上涨到现在 66 个，增涨一倍多，如图 14.25 所示。

<table>
<tr><th>序号</th><th>关键字</th><th>指数</th><th>排名</th><th>收录量</th><th>网页标题</th></tr>
<tr><td>1</td><td>酒桌上的开场白</td><td>34</td><td>7</td><td>1760000</td><td>酒桌上的开场白谁来说合适?_酒桌文化礼仪知识</td></tr>
<tr><td>2</td><td>酒桌文化</td><td>194</td><td>9</td><td>1450000</td><td>酒桌Blog—中国人酒桌上的那点事</td></tr>
<tr><td>3</td><td>酒文化知识</td><td>193</td><td>9</td><td>2250000</td><td>酒文化|酒桌文化礼仪知识_酒桌Blog</td></tr>
<tr><td>4</td><td>酒文化入门</td><td>8</td><td>9</td><td>28100</td><td>酒文化|酒桌文化礼仪知识_酒桌Blog</td></tr>
<tr><td>5</td><td>和领导吃饭祝酒词</td><td>126</td><td>16</td><td>230000</td><td>和领导吃饭祝酒词|酒桌上的客套话_酒桌文化礼仪知识</td></tr>
<tr><td>6</td><td>请领导吃饭祝酒词</td><td>50</td><td>18</td><td>233000</td><td>和领导吃饭祝酒词|酒桌上的客套话_酒桌文化礼仪知识</td></tr>
<tr><td>7</td><td>酒桌礼仪</td><td>202</td><td>22</td><td>1380000</td><td>酒桌Blog—中国人酒桌上的那点事</td></tr>
<tr><td>8</td><td>酒桌上的笑话</td><td>113</td><td>22</td><td>1760000</td><td>酒桌上的几个笑话_酒桌文化礼仪知识</td></tr>
<tr><td>9</td><td>三八妇女节祝酒词</td><td>1</td><td>22</td><td>296000</td><td>三八妇女节祝酒词和三八节祝词_酒桌文化礼仪知识</td></tr>
<tr><td>10</td><td>酒场客套话</td><td>8</td><td>25</td><td>40100</td><td>...关注酒桌上的礼仪规矩、教你如何说客套话笑话、如何敬</td></tr>
<tr><td>11</td><td>劝酒词</td><td>225</td><td>26</td><td>1060000</td><td>劝酒词|酒桌文化礼仪知识_酒桌Blog</td></tr>
<tr><td>12</td><td>酒桌上的礼仪</td><td>292</td><td>27</td><td>1390000</td><td>酒桌Blog—中国人酒桌上的那点事</td></tr>
<tr><td>13</td><td>敬酒词</td><td>541</td><td>30</td><td>1260000</td><td>女人在酒桌上的客套话和敬酒词_酒桌文化礼仪知识</td></tr>
</table>

图 14.25　站内长尾关键词优化

仔细观察可以发现长尾词对应着标题，所以在整理文章、优化长尾词时应该首先优化标题，然后再把文章内容排版好。一个网站想要做大量的长尾关键词，就应有大量的内容来支持。因此，对于站长或 SEOer 来说，做网站的重点应该花在建立长尾词和文章内容上面，而不是发外链。

14.20　网站内链优化策略

网站优化包括两种：站外优化和站内优化，两种优化对于网站的排名都起着至关重要的作用。站外优化主要是以外链为主，用户可以去各大论坛、网站投稿获得，没有太多的技巧性。但内链就不同了，它在任何一个网站的排名中都有着非常大的影响力，所以合理地规划自己网站的内链网络，能够让自己的网站内部优化效果最大化。下面具体介绍如何去做好内链工作。

1. 勿将所有内链都指向主页

对于很多新手站长而言，这样的错误并不少见，也是网站内部优化中最常见的问题。他们将网站的所有内链统统指向主页，这样做的目的是：想通过让蜘蛛爬行的方式快速地去提升主页的权重。所以无论是栏目页、内容页，只要能添加关键词的，就统统指向首页。

这样的做法非但对网站排名权重有帮助，还会使网站被降权。由于将所有的关键词都指向首页，当蜘蛛每爬行一个内链时进入的都是一个页面，而关键词不同，蜘蛛就会认为这是一种欺骗，欺骗的后果无疑就是网站遭殃，所以站长一定要避免这样的低级错误。

Note

2. 内链适可而止、非多多益善

很多站长都喜欢在内容中添加很多的锚文本内链进去。例如，美文类站点有很多的分类栏目，如情感、爱情、伤感、唯美、故事等，当网站内容中同时出现这些关键词时，站长们会选择统统进行链接到相关的栏目。以为这样又不是链接到同一个页面，蜘蛛肯定不会认为是欺骗行为，而且还能够游览，且分给这些栏目一些权重。

但结果并非如愿。因为在很早之前，百度站长平台已经明确表示：这样的手法属于堆积关键词作弊，即便侥幸能够在短期内获得不错的权重，但终将会被搜索引擎处罚。

3. 保证所链接的页面具有相关性

当我们添加一个内链时，首先要考虑的是：所链接到的页面和本文有着怎样的联系，是否具有相关性？

如果你是访客的话，看完本文之后，在推荐这条内容时，你会点击查看吗？这点很重要。并不是说想链接就去链接，完全没有顾忌用户体验和蜘蛛的感受，那么这样做的内链没有任何意义。一次两次没关系，时间久了，网站内链网络就会变得一团糟，蜘蛛在爬行时会出现很多困惑，自然而然地会影响网站的权重评分。

4. 关键词锚文本的合理分配

对于任何网站而言，除了网站主题的关键词之外，往往还会给网站栏目、内容增加一些长尾关键词。如果这些长尾关键词也能有不错排名的话，我们就需要让蜘蛛知道这些长尾关键词的存在，并且能够让蜘蛛通过页面多多地去给予长尾关键词页面一些权重。

这时就需要去做好内链的分配工作。例如，在求答网 http://www.qiudaw.com/中，多数文章尾部都添加一些相关长尾关键词页面推荐选项，这样不但可以让蜘蛛很好地去爬行和抓取，而且也非常利于用户体验。

站在用户的角度，如果你想要找一些励志的故事，当打开网站的一个页面时，阅读了一下，感觉内容不错，看完之后发现下面还有一些相关的其他励志故事，那么这个时候可能会去点击相关链接。

网站内链对于一个网站有着非常重要的作用，可以这样说，它左右了网站多数关键词的排名，也赋予了网站一个强大的“血脉网络”，所以用户如果想要个人网站有一个好的发展，那么就要注重网站内链工作，做一个合理的内链分配计划，并且去加强网站自身的内容质量和内链的质量。只有这样，你的网站才能够发挥内部优化的最大效果。

第15章

安装 PHP 服务器

（视频讲解：80 分钟）

在本地系统中安装 PHP 服务器，需要安装的组件包括以下方面：

- Apache 服务器模块（或者 IIS 服务器模块）。
- PHP 程序执行模块。
- MySQL 数据库服务器模块。
- PHP 开发工具。
- MySQL 数据库管理工具。

最后两项工具安装属于可选操作。对于初学者来说，Apache+PHP+MySQL（或者 IIS+PHP+MySQL）环境搭建门槛比较高，也可以使用一键安装工具包在本地创建 PHP 本地服务器，等初步掌握 PHP 开发之后，再逐步使用手动配置环境。本书主要以 Windows 系统为基础进行介绍，不涉及 UNIX 和 Linux 系统配置。

【学习重点】

- 安装 PHP 工具包
- 安装 PHP 服务器
- 安装 MySQL 数据库
- 配置 Apache 服务器
- 配置 PHP
- 配置 MySQL 数据库

15.1　安装 Apache+PHP+MySQL 工具包

Note

配置 PHP 运行环境的最简单方法就是使用工具包。工具包将 Apache、PHP、MySQL 等服务器软件或工具安装、配置完成之后进行打包处理，功能类似系统克隆盘。开发人员只需要将这些工具包解压到本地即可使用，无须安装和配置，非常方便。

目前网上有很多种 PHP 环境配置工具包，如 XAMPP、Wamp Server、Vertrigo Server、PHPNow、PHPStudy、AppServ、EasyPHP 等。

AppServ 和 EasyPHP 都是 Apache+PHP+MySQL 开发环境，适合初学者选用，而 XAMPP 等其他几个工具相对复杂些，适合有一定基础的读者使用。

> **提示：** 在安装工具包之前，建议读者不要同时安装 Apache、PHP 和 MySQL 服务工具，如果已经安装，则应该先拆卸它们，再开始安装。安装过程很简单，只需要将程序解压到或者安装到指定目录即可使用。下面以 AppServ 工具包为例介绍如何在 Windows 中快速搭建 PHP 环境。

【操作步骤】

第 1 步，访问 AppServ 官方网站下载 AppServ 工具包（http://www.appservnetwork.com/）。这里下载的是 AppServ 8.4.0 版本，包括如下版本软件。

☑ Apache 2.4.20。

☑ PHP 5.6.22。

☑ PHP 7.0.7

☑ MySQL 5.7.13。

☑ phpMyAdmin 4.6.2。

第 2 步，双击下载到本地的 appserv-win32-8.4.0.exe 文件，打开如图 15.1 所示的 AppServ 启动界面。

第 3 步，单击 Next 按钮，打开如图 15.2 所示的 AppServ 安装协议界面。

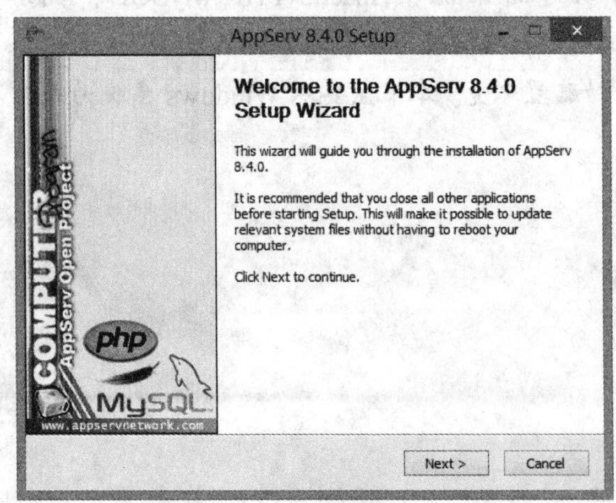

图 15.1　启动 AppServ

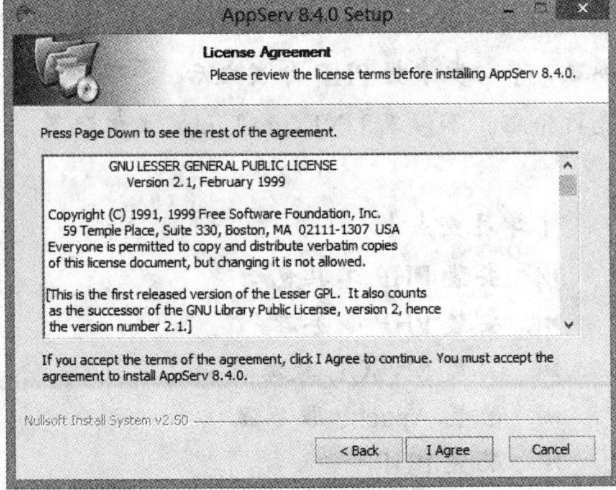

图 15.2　接受安装协议

第 4 步，单击 I Agree 按钮，打开如图 15.3 所示的对话框，在该对话框中设置安装路径，默认路径为 C:\AppServ，AppServ 安装完毕，Apache、PHP 和 MySQL 都将以子目录的形式存储在该目录下。

第 5 步，单击 Next 按钮，打开如图 15.4 所示的对话框，在该对话框中选择要安装的程序和组件，

默认为全部选中状态。

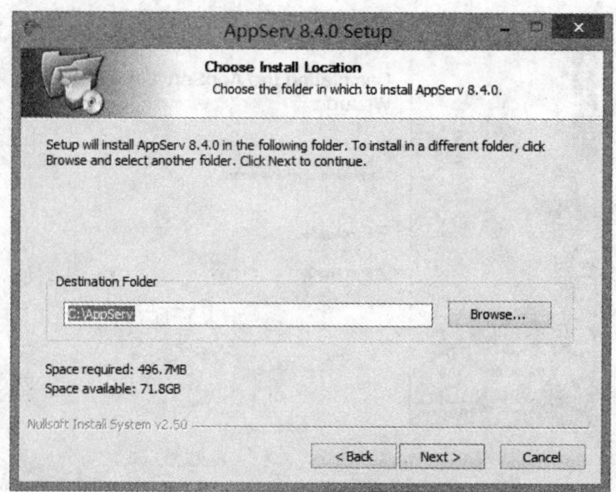

图 15.3　选择安装路径

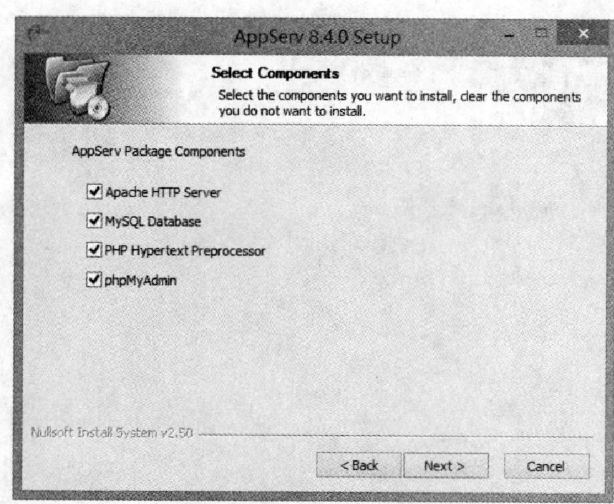

图 15.4　选择安装的组件

第 6 步，单击 Next 按钮，打开如图 15.5 所示的对话框，在该对话框中设置 Apache 服务的端口号，以及计算机的名称和用户邮箱。其中服务器端口号设置非常重要，只有正常设置端口号，才能够正常启动服务器配置，默认为 80。如果 80 被 IIS 或者其他网络程序占用（如迅雷、QQ 等），则需要修改相应的端口号，或者停用相冲突的网络程序。

第 7 步，单击 Next 按钮，打开如图 15.6 所示的对话框，在该对话框中设置 MySQL 数据库的 root 用户登录密码和数据库字符集。这里设置字符集为中文简体，这样就可以在 MySQL 数据库中采用中文简体字符集读写数据。注意，所设置的数据库登录密码一定要记牢，因为在应用程序开发中，只有使用该密码才能够访问数据库，这里设置密码为"11111111"，在后面程序开发中，统一使用"11111111"为数据库访问密码。

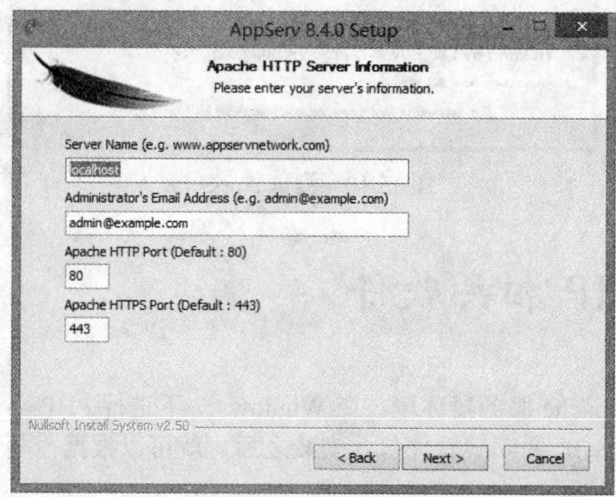

图 15.5　设置端口号

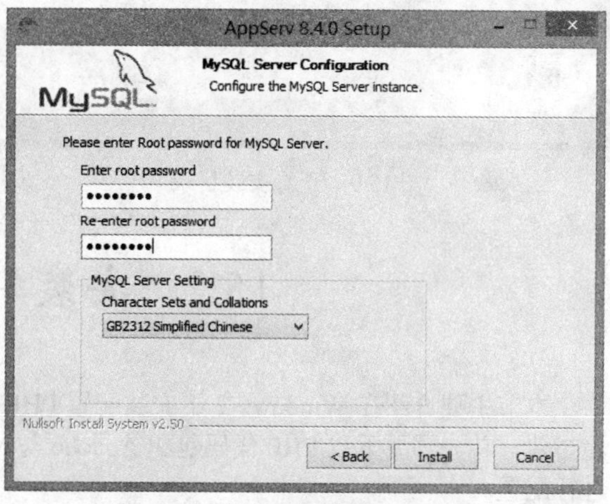

图 15.6　设置数据库登录密码

第 8 步，单击 Install 按钮，打开如图 15.7 所示的对话框，显示安装进度，开始安装工具包中选中的程序。

第 9 步，安装完毕，显示如图 15.8 所示的对话框，按默认设置，单击 Finish 按钮完成安装。

第 10 步，安装完毕，在 C:\AppServ 目录下可以看到 5 个子文件夹，它们分别对应 Apache 2.4、php 5、php 7、MySQL 和 www，如图 15.9 所示。读者可以把所有测试网页文件存储到 C:\AppServ\www

Note

目录下。

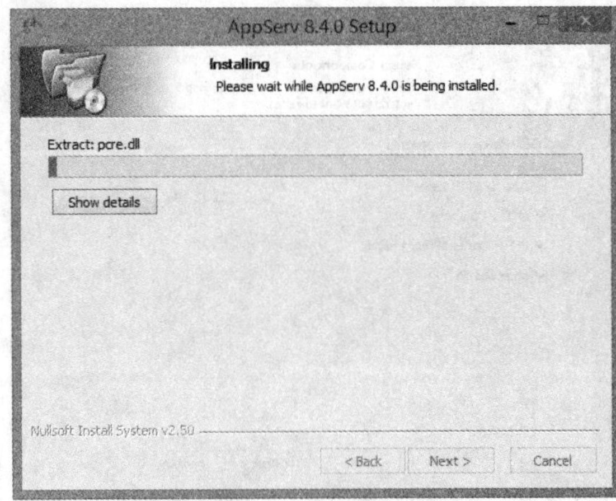

图 15.7　显示安装进度

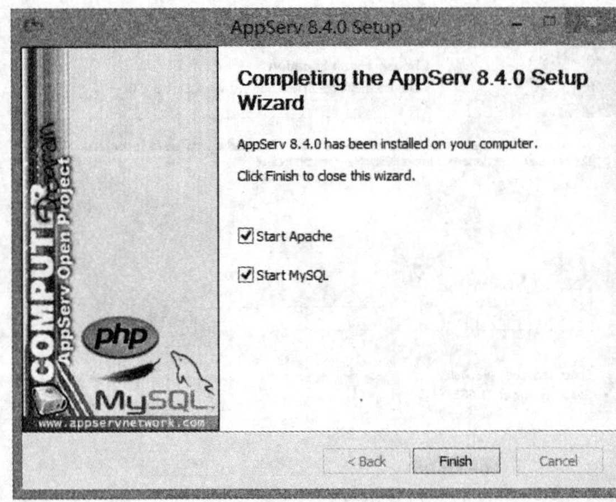

图 15.8　完成安装

第 11 步，在浏览器地址栏中输入 http://localhost/或者 http://127.0.01/，如果能够打开并显示如图 15.10 所示的页面内容，则说明安装 AppServ 工具包成功。

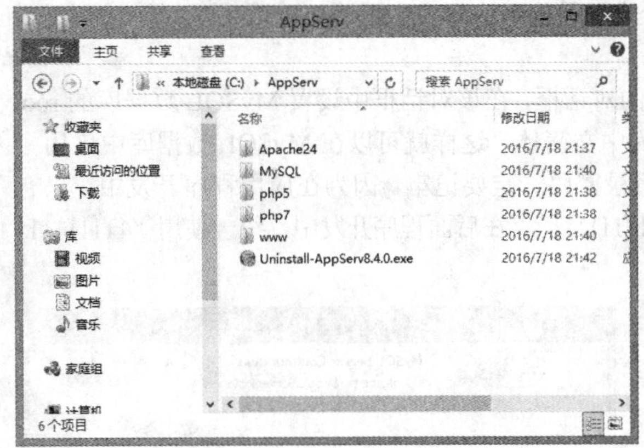

图 15.9　查看安装目录

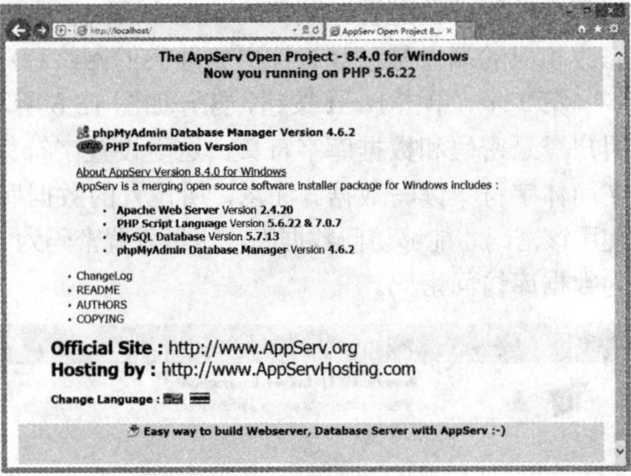

图 15.10　测试 AppServ

15.2　安装 PHP 相关软件

本节主要介绍在 Windows 7 下安装配置 PHP+Apache 服务器环境。在 Windows 7 下进行 PHP 环境搭建，首先需要下载 PHP 代码包和 Apache 与 MySQL 的安装软件包。安装之后，就可以根据需要进行配置。

15.2.1　安装 Apache

Apache 是世界使用排名第一的 Web 服务器，可以运行在几乎所有的计算机平台上，一些大型商业网站都通过 Apache 发布站点。作为自由软件，并完全对用户进行开放。Apache 的特点是简单、速度快、性能稳定，并可做代理服务器来使用。相比 IIS 来说，Apache 与 PHP 的兼容性更好，执行代码的效率更高，运行起来也更加稳定。下面将演示在 Windows 下通过安装包自动安装 Apache

服务器。

【操作步骤】

第 1 步，下载 Apache 服务器软件。访问 http://httpd.apache.org/download 页面，在该页面下载 Stable Release-Latest Version 或者 Legacy Release-2.2 Branch。其中，Stable Release-Latest Version 表示最新稳定版，Legacy Release-2.2 Branch 表示传统 2.2 版本。

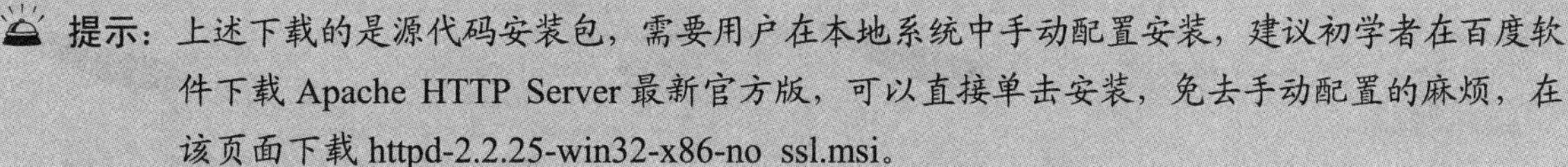

提示：上述下载的是源代码安装包，需要用户在本地系统中手动配置安装，建议初学者在百度软件下载 Apache HTTP Server 最新官方版，可以直接单击安装，免去手动配置的麻烦，在该页面下载 httpd-2.2.25-win32-x86-no_ssl.msi。

第 2 步，双击下载到本地的 httpd-2.2.25-win32-x86-no_ssl.msi 文件，打开如图 15.11 所示的 Apache HTTP Server 2.2 启动界面。

第 3 步，单击 Next 按钮，打开如图 15.12 所示的安装协议界面，选中第一个选项，表示同意安装协议。

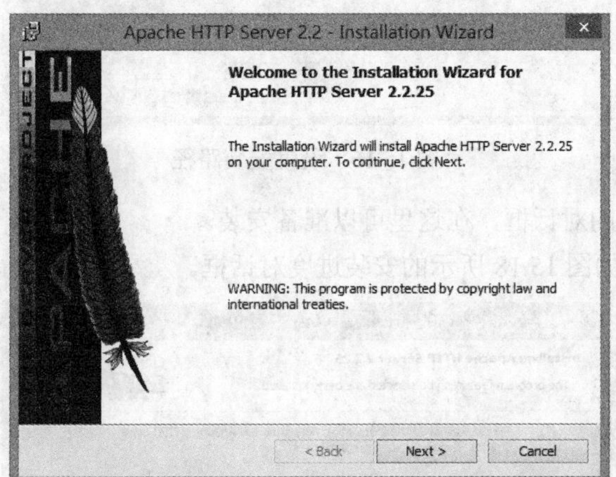

图 15.11　启动 Apache HTTP Server 2.2

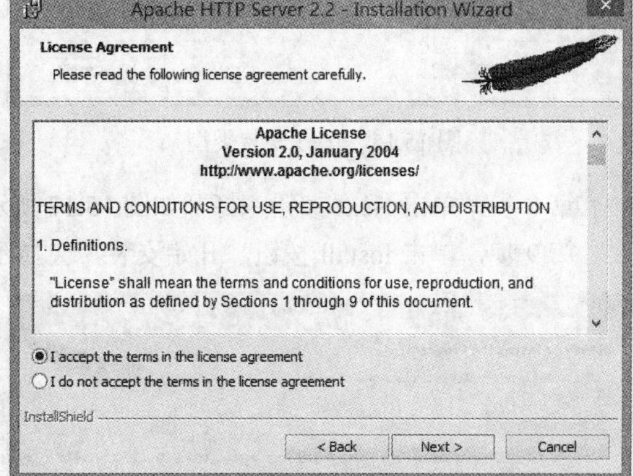

图 15.12　接受安装协议

第 4 步，单击 Next 按钮，打开如图 15.13 所示的对话框，查看帮助信息。

第 5 步，单击 Next 按钮，打开如图 15.14 所示的对话框，在服务器信息设置窗口中填写站点的域名、服务器名称以及管理员电子邮箱地址等信息。

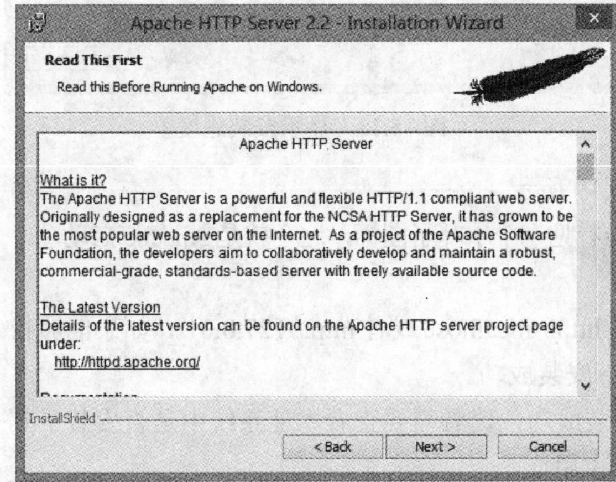

图 15.13　查看帮助信息

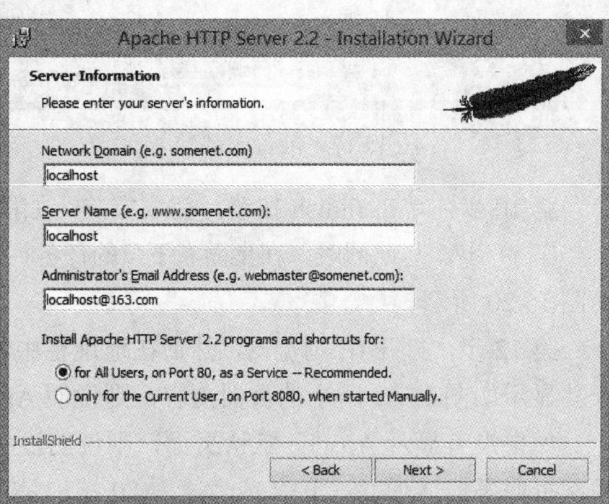

图 15.14　设置服务器信息

Note

第 6 步，单击 Next 按钮，打开如图 15.15 所示的对话框，在这里选择安装类型，一般保持默认的 Typical 典型模式即可。

第 7 步，单击 Next 按钮，打开如图 15.16 所示的对话框，在这里设置安装目录，默认为 C:\Program Files\Apache Software Foundation\Apache2.2\。读者可以单击右边的 Change 按钮修改此路径。

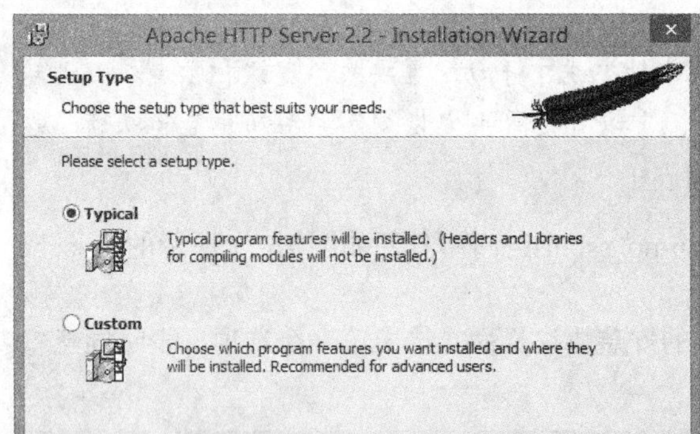

图 15.15　选择安装类型

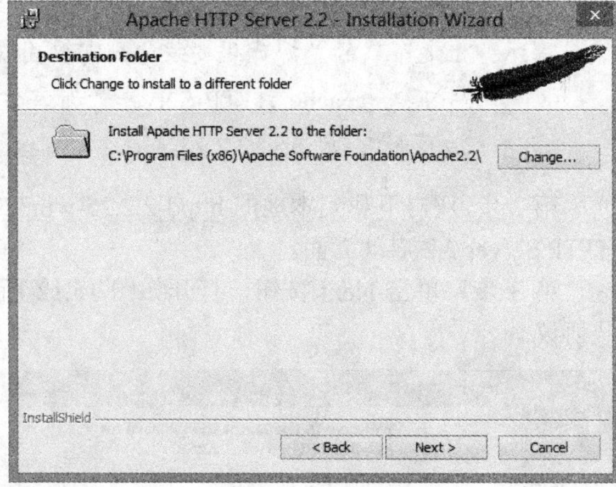

图 15.16　设置安装路径

第 8 步，单击 Next 按钮，打开如图 15.17 所示的对话框，在这里可以准备安装。

第 9 步，单击 Install 按钮，开始安装，会显示如图 15.18 所示的安装进度对话框。

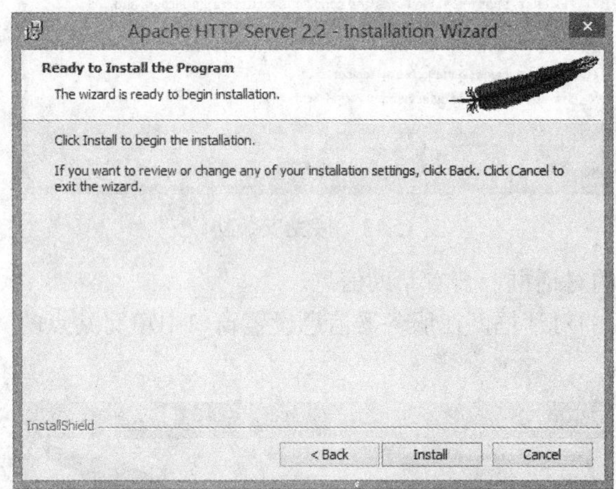

图 15.17　准备安装

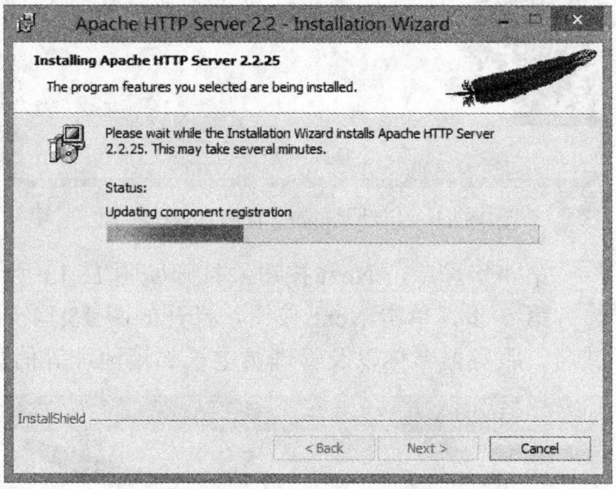

图 15.18　显示安装进度

第 10 步，单击 Finish 按钮，完成安装，如图 15.19 所示。

第 11 步，与此同时，在桌面右下角的任务栏内会看见一个小叶子图标，这个就是 Apache 启动项，如图 15.20 所示。

第 12 步，打开 IE 浏览器，然后在地址栏中输入 http://localhost/或者 http://127.0.01/，如果能够打开并显示如图 15.21 所示的页面内容，则说明 Apache 安装成功。

如果没有显示 Apache 默认页面，则说明没有安装成功，读者需要查看本地系统中是否安装了其他网页服务器（如 IIS 等），或者查看 80 端口是否被占用。

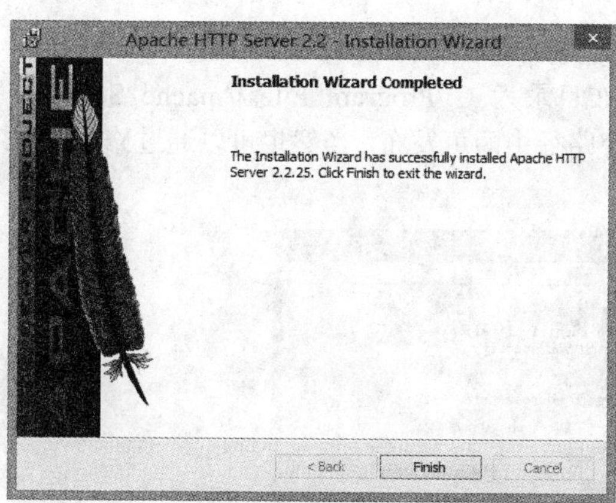

图 15.19　完成安装

图 15.20　Apache 服务启动项

图 15.21　显示正常安装 Apache 服务器

15.2.2　配置 Apache

完成 Apache 安装之后，还需要设置 Apache 配置文件（httpd.conf）。在默认情况下，该文件存放在 C:\Program Files\Apache Software Foundation\Apache2.2\conf\目录下，读者可以在资源管理器中直接打开和编辑，如图 15.22 所示。

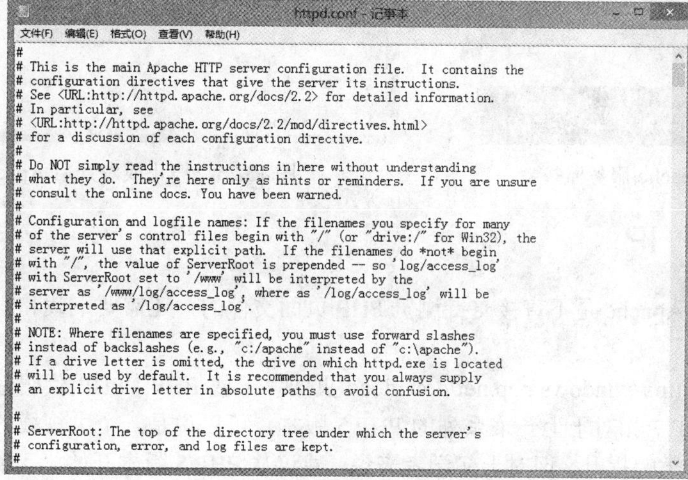

httpd.conf - 记事本

文件(F)　编辑(E)　格式(O)　查看(V)　帮助(H)

```
#
# This is the main Apache HTTP server configuration file.  It contains the
# configuration directives that give the server its instructions.
# See <URL:http://httpd.apache.org/docs/2.2> for detailed information.
# In particular, see
# <URL:http://httpd.apache.org/docs/2.2/mod/directives.html>
# for a discussion of each configuration directive.
#
# Do NOT simply read the instructions in here without understanding
# what they do.  They're here only as hints or reminders.  If you are unsure
# consult the online docs. You have been warned.
#
# Configuration and logfile names: If the filenames you specify for many
# of the server's control files begin with "/" (or "drive:/" for Win32), the
# server will use that explicit path.  If the filenames do *not* begin
# with "/", the value of ServerRoot is prepended -- so 'log/access_log'
# with ServerRoot set to '/www' will be interpreted by the
# server as '/www/log/access_log', where as '/log/access_log' will be
# interpreted as '/log/access_log'.
#
# NOTE: Where filenames are specified, you must use forward slashes
# instead of backslashes (e.g., "c:/apache" instead of "c:\apache").
# If a drive letter is omitted, the drive on which httpd.exe is located
# will be used by default.  It is recommended that you always supply
# an explicit drive letter in absolute paths to avoid confusion.

#
# ServerRoot: The top of the directory tree under which the server's
# configuration, error, and log files are kept.
#
```

图 15.22　httpd.conf 文档内容

在 httpd.conf 中可以看到 Documentroot 处注明的是“C:/Program Files/Apache Software Foundation/Apache2.2/htdocs”。这说明在默认情况下 Apache 的发布目录为 C:/Program Files/Apache Software Foundation/Apache2.2/htdocs，只要将网站文件存储到这个路径中即可发布，当然也可以通过修改这个路径来实现修改发布目录路径的目的，如图 15.23 所示。

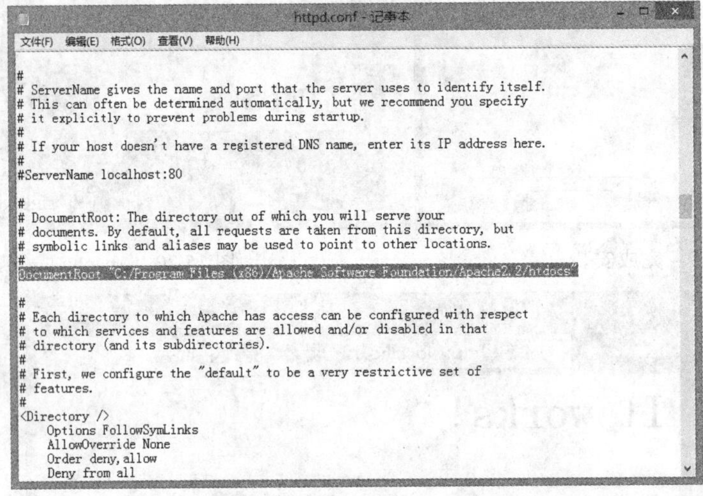

图 15.23　设置网站发布路径

如果要启动、关闭 Apache 服务，则只需要右击任务栏中的 Apache 图标，从弹出的快捷菜单中选择 Open Apache Monitor 命令，如图 15.24 所示。在打开的 Apache Service Monitor 对话框中，可以单击 Stop 按钮停止 Apache 服务，或者单击 Start 按钮开启 Apache 服务，如图 15.25 所示。

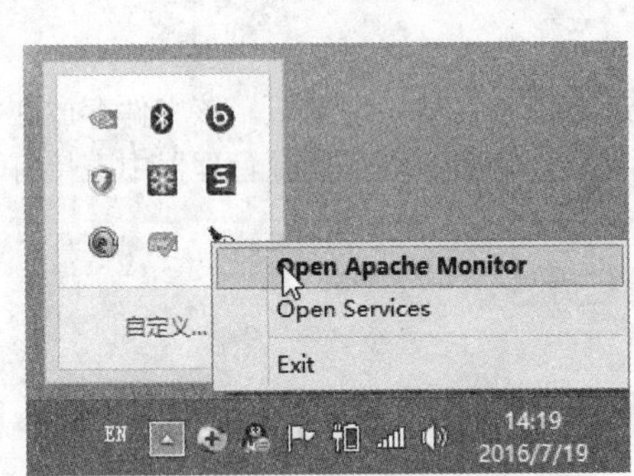

图 15.24　打开 Apache 服务监控器

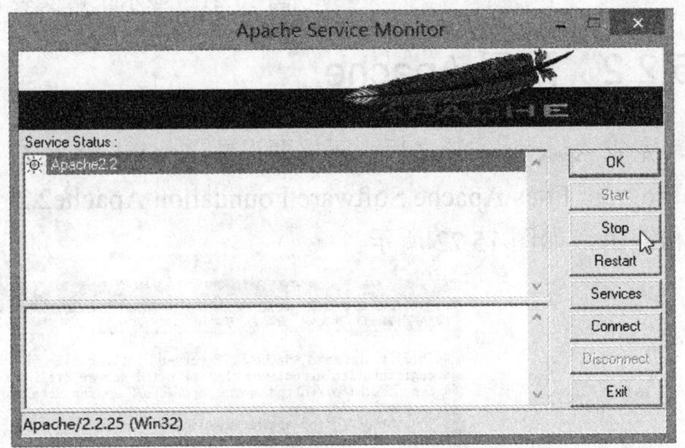

图 15.25　停止或者开启 Apache 服务

15.2.3　安装 PHP

在默认情况下，Apache 是不直接支持浏览 PHP 页面文件的，还需要下载和安装 PHP。

【操作步骤】

第 1 步，访问 http://windows.php.net/download/页面，下载 PHP。PHP 代码包有两个流行版本：PHP 5 和 PHP 7。PHP 7 相对于上一个系列的 PHP 5 版本，可以说是一个大规模的革新，尤其是在性能方面实现跨越式的大幅提升。但对于初学者来说，建议从 PHP 5 版本开始学习基础知识，以降低学习难度。

提示：在 PHP 官网上下载 PHP 安装包，都有 VC9、VC11 或 VC14 的标识：

VC9 表示该版本 PHP 是用 Visual Studio 2008 编译的，Apache HTTP Server 2.2 支持 VC9 版本；而 VC11 是用 Visual Studio 2012 编译、VC14 是用 Visual Studio 2014 编译，Apache HTTP Server 2.4 支持 VC11 及其以上版本。依此类推，这意味着如果下载 VC9 版本，就需要先安装 Visual C++ Redistributable for Visual Studio 2008 SP1，如果下载的是 VC11 版本，就需要先安装 Visual C++ Redistributable for Visual Studio 2012。

搭建 PHP 还要看操作系统的版本，如果操作系统是 32 位，就选择带“x86”的版本，如果是 64 位的，就选择带“x64”的版本。

另外，None Thread Safe 表示非线程安全，在执行时不进行线程（thread）安全检查；Thread Safe 就是线程安全，执行时会进行线程（thread）安全检查，以防止有新要求就启动新线程，浪费系统资源。

第 2 步，双击下载到本地的 php-5.3.9-Win32-VC9-x86.msi（http://windows.php.net/downloads/releases/archives/）文件，打开如图 15.26 所示的启动界面。

第 3 步，单击 Next 按钮，打开如图 15.27 所示的安装协议界面，选中选项同意安装协议。

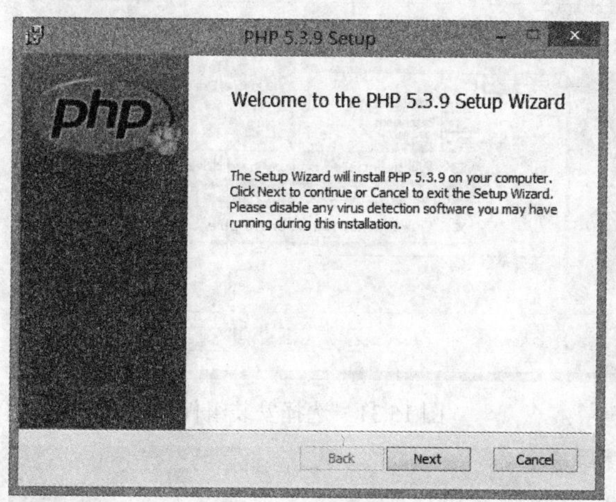

图 15.26　启动 PHP 5.3 安装程序

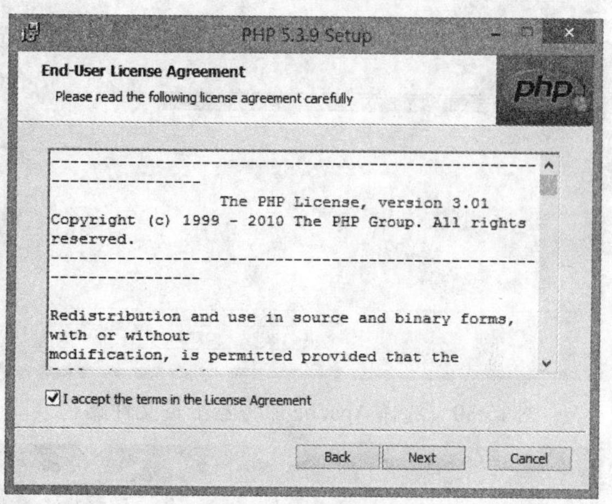

图 15.27　接受安装协议

第 4 步，单击 Next 按钮，打开如图 15.28 所示的对话框，在这里设置安装目录，默认为 C:\Program Files\PHP\。读者也可以单击 Browse 按钮修改此路径。

第 5 步，单击 Next 按钮，打开如图 15.29 所示的对话框，在这里设置服务器类型，在 15.2.1 节中曾经安装了 Apache HTTP Server 2.2，故这里选中 Apache 2.2.x Module 单选按钮。

第 6 步，单击 Next 按钮，打开如图 15.30 所示的对话框，在这里设置 Apache 服务器的配置文件路径，在 15.2.2 节中曾经介绍过 Apache 服务器的配置文件路径为 C:\Program Files(x86)\Apache Software Foundation\Apache2.2\conf\。

第 7 步，单击 Next 按钮，打开如图 15.31 所示的对话框，在这里设置要安装的 Apache 服务器组件，这里不妨选择安装全部组件。

第 8 步，单击 Next 按钮，打开如图 15.32 所示的对话框，在这里可以准备安装。

第 9 步，单击 Install 按钮，开始安装，会显示如图 15.33 所示的安装进度对话框。

第 10 步，单击 Finish 按钮，完成安装。

Note

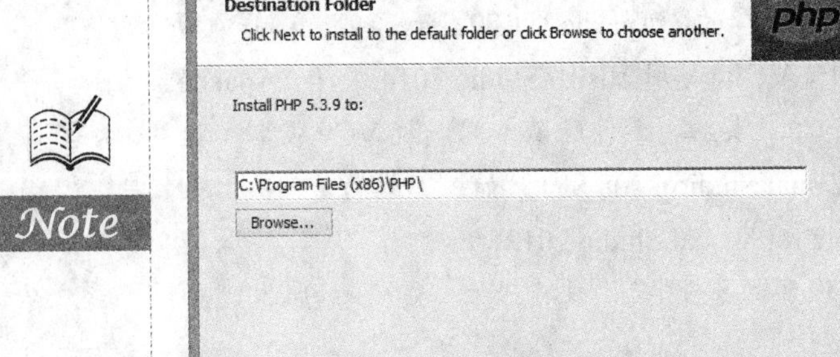

图 15.28　设置安装路径

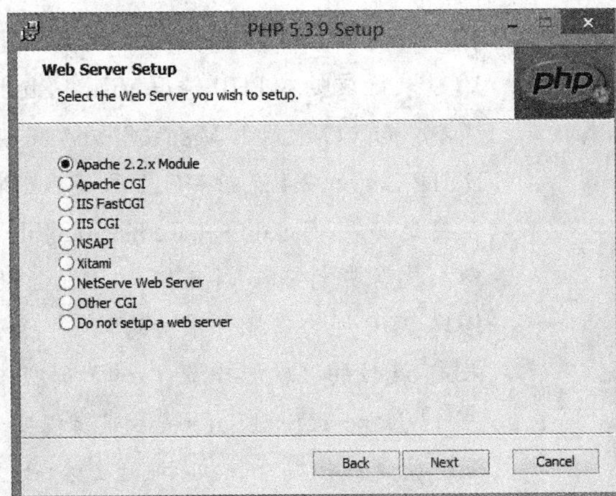

图 15.29　设置服务器类型

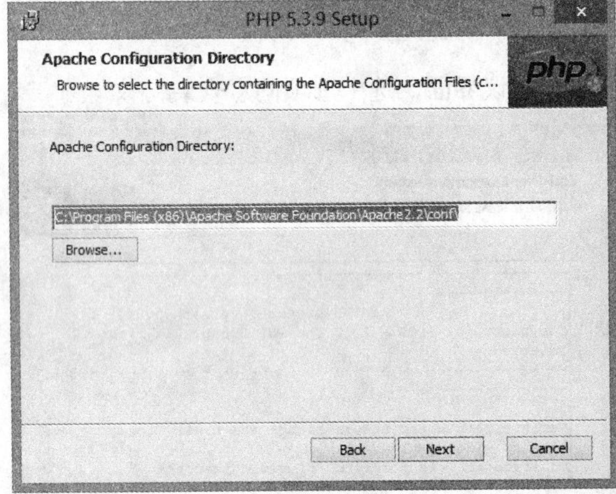

图 15.30　选择 Apache 服务器配置文件路径

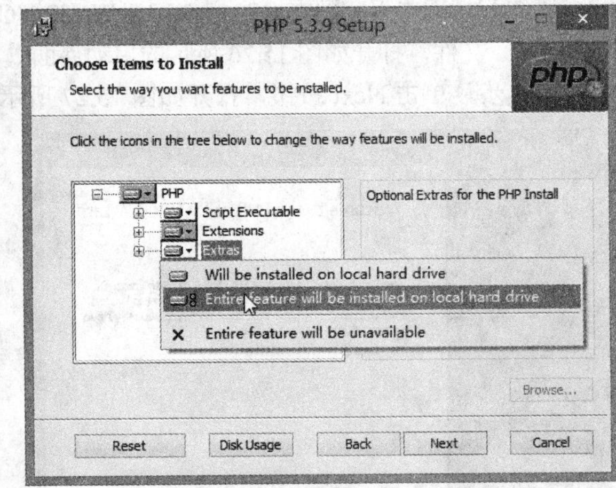

图 15.31　选择安装组件

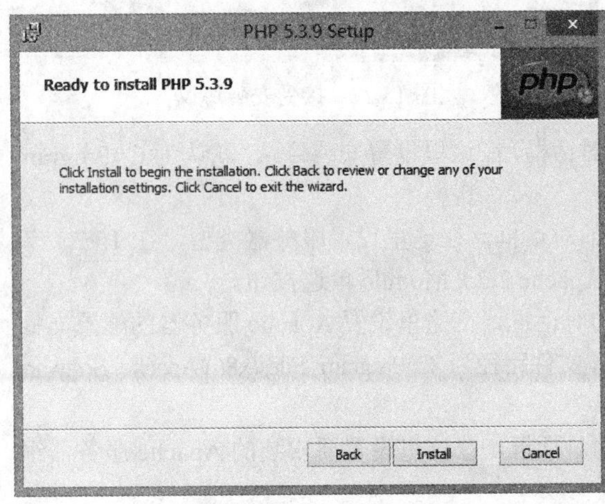

图 15.32　准备安装

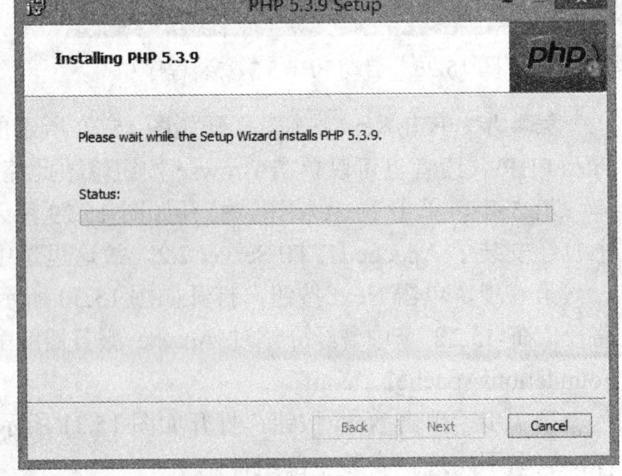

图 15.33　显示安装进度

在实际开发中建议读者使用压缩包进行安装，这种方式可能需要复杂的 PHP 初始配置，但是它更适合开发。

【操作步骤】

第 1 步，访问 PHP 官方网站（http://www.php.net/downloads.php），下载 PHP 5.6 的 win 安装包，如果要下载其他版本的 PHP，可以访问 http://windows.php.net/downloads/releases/archives/。

第 2 步，下载完毕，解压 ZIP 文件到任意目录即可，如 D:\php，解压到该目录后，就一定要记住该路径，并不能够随意改动路径，因为后面的环境参数都需要参考该路径。

15.2.4 配置 PHP

配置 PHP 的具体操作步骤如下。

第 1 步，在 PHP 安装目录下，把 php.ini-development（或 php.ini-recommended）更名为 php.ini。

第 2 步，打开 php.ini 配置文件，找到 Dynamic Extensions 设置组，把常用模块前面的分号去掉，建议启用 MySQL、MySQLi、PDO、CURL 等模块，随着开发需要，可以选择启用更多模块。

第 3 步，设置或更改 date.timezone=PRC。该配置表示定义显示时间的时区，PRC 为 People's Republic of China 的简称，即中华人民共和国，也就是显示日期使用中国的时区。

第 4 步，设置或更改 session.save_path = "D:/php/tmp"，路径可根据本地系统情况自由配置，建议配置到单独目录。该配置定义 session 文件的存放位置，如果没有配置，则不会生成 session 文件，如果配置的目录不存在，则会报错。

第 5 步，设置或更改 extension_dir = "D:/php/ext/"，路径按自己的情况配置。该配置增加 PHP 的拓展功能，拓展功能都在 ext 目录下面。

第 6 步，可以根据需要有选择性地设置其他变量参数。当然，随着 PHP 开发的不断深入，读者还可以个性化设置更多环境变量。

☑ 如果要禁止某些全局变量或调整优先级，可以修改 variables_order 选项。

☑ 如果要禁用某些函数，可以配置 disable_functions 选项。

☑ ignore_user_abort 选项可以设置 PHP 在浏览器关闭后依然运行，计划任务等采用的就是这种技巧。

☑ expose_php 选项决定是否向服务器暴露自己所使用的脚本类型。

☑ memory_limit 默认为 128MB，设置 PHP 运行允许的最大内存，如果 PHP 程序运行时经常提示内存溢出，建议把这个值调整为 270MB。

☑ request_order 选项允许调整 GET 和 POST 的优先顺序。

☑ upload_max_filesize = 2MB 允许上传文件的最大尺寸。同样的控制选项还有 max_file_uploads。

☑ session.cookie_httponly 选项设置 Cookies 不会被客户端语言（如 JavaScript）读取到，可防御 XSS 攻击。

第 7 步，在 Apache 安装目录下（如 C:\Program Files\Apache Software Foundation\Apache2.2\conf)，找到 conf/httpd.conf 配置文件，做如下修改和配置，如果没有该选项则添加，有则编辑。注意，这一步操作非常关键，读者务必正确设置。

☑ ServerRoot "C:/Program Files/Apache Software Foundation/Apache2.2"

设置 Apache 服务器的安装目录。

☑ Listen localhost:80

设置 Apache 监听端口。

☑ LoadModule php5_module d:/php/php5apache2_2.dll

必设选项。装载 PHP 模块，该项必须正确设置，否则 PHP 将无法工作。

☑ PHPIniDir "d:/php"

PHP 配置文件目录，在配置文件中可能会没有该选项，则建议添加这一行代码。

☑ DocumentRoot "D:/www"

必设选项。网页文件的存放位置，即本地虚拟服务器的远程文件夹，所有开发的 PHP 页面都必须放置在该目录下才能够被 PHP 识别和解析。同时找到下面的语句：

```
<Directory "C:/Program Files(x86)/Apache Software Foundation/Apache 2.2/htdocs">
```

修改为：

```
<Directory "D:/www">
```

☑ 添加 PHP 默认索引文件（可选）

```
<IfModule dir_module>
    DirectoryIndex index.html index.htm index.php
</IfModule>
```

☑ 添加 PHP 应用类型（可选）

```
<IfModule mime_module>
    AddType application/x-httpd-php .php
</IfModule>
```

☑ 添加 PHP 伪静态（可选）

```
<IfModule mime_module>
    AddType application/x-httpd-php .html
</IfModule>
```

15.2.5 测试 PHP

完成上述安装和配置工作，PHP 环境就基本搭建好了，下面可以测试 PHP 环境，确保它能够正常工作。

【操作步骤】

第 1 步，新建一个 test.php 文件，注意扩展名为.php。

第 2 步，在 test.php 文件中输入如下代码：

```
<?php
echo "Hello World";
?>
```

第 3 步，把 test.php 文件保存到 D:/www 中，即在 15.2.4 节配置环境变量时，DocumentRoot"D:/www"选项的设置目录。

第 4 步，启动浏览器，在地址栏中输入“http://localhost/test.php”，按 Enter 键后如图 15.34 所示，则说明环境搭建成功。

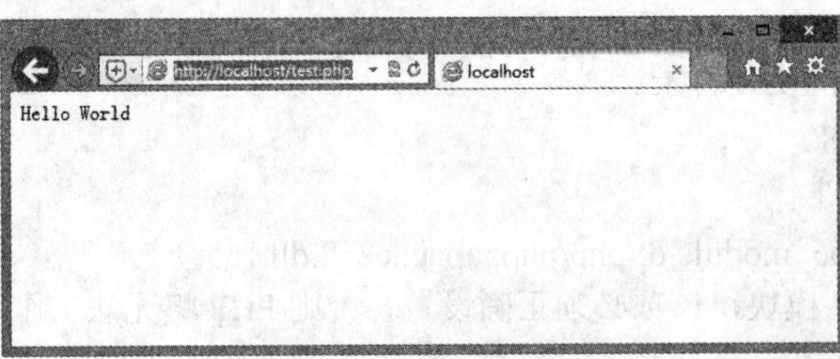

图 15.34 测试环境

Note

15.3 安装 MySQL

使用 Apache+PHP 配合，可以开发出脱离数据库支持的 Web 应用程序，但是缺乏数据库支持的网站是不完善的。PHP 与 MySQL 是黄金搭档，所以下面还要讲解 MySQL 数据库的安装和设置。

【操作步骤】

第 1 步，下载 MySQL 数据库服务软件。访问 http://www.mysql.com/，单击 Downloads 菜单项，进入下载页面，选择最新的 MySQL 软件进行下载即可。也可以在 http://downloads.mysql.com/archives/installer/页面选择下载不同的 MySQL 版本。

> 提示：目前 MySQL 主流版本为 MySQL 5，包括 MySQL 5.5、MySQL 5.6 和 MySQL 5.7，各版本核心功能和用法基本相同，读者可根据需要选用。MySQL 提供两个安装版本：
>
> ☑ MySQL Community Server：社区版本，开源免费，但不提供官方技术支持。
>
> ☑ MySQL Enterprise Edition：企业版本，需付费。
>
> 在运行 MySQL 安装程序时，如果希望通过网络在线安装，则选择 mysql-installer-web-community；如果在运行 MySQL 安装程序时不可以上网，则选择 mysql-installer-community，通俗地说就是在线安装，还是离线安装。

第 2 步，下面以安装 MySQL 5.7 社区版为例进行说明。双击下载到本地的 mysql-installer-community-5.7.13.0.msi 文件，打开如图 15.35 所示的安装协议界面，选中复选框，表示同意安装协议。

第 3 步，单击 Next 按钮，打开如图 15.36 所示的对话框，选择安装类型。

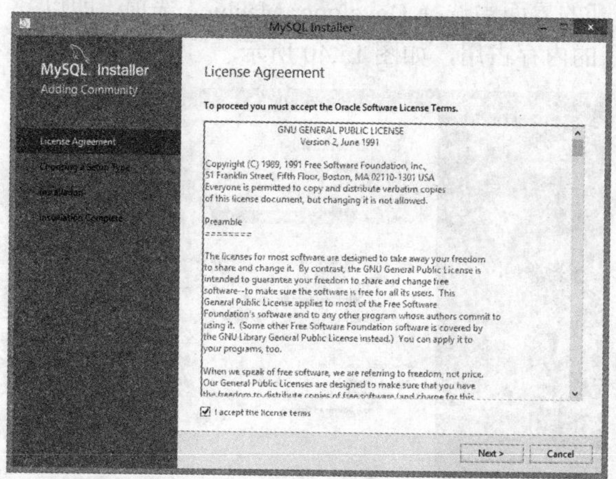

图 15.35 接受安装协议

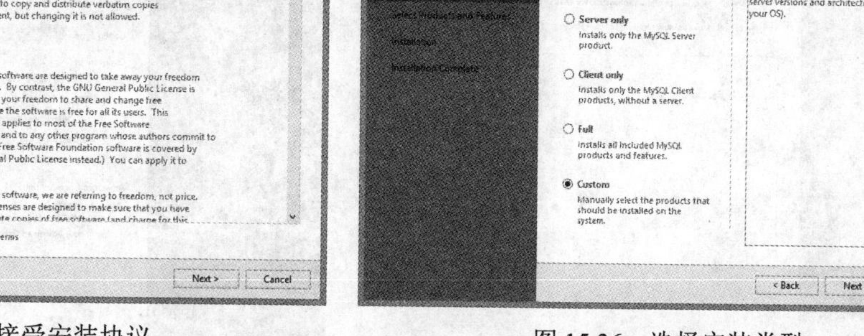

图 15.36 选择安装类型

☑ Developer Default：默认安装类型，开发模式。该选项代表典型个人用桌面工作站，如果机器上运行着多个桌面应用程序，可将 MySQL 服务器配置成使用最少的系统资源。

☑ Server only：仅作为服务器。该选项代表服务器，MySQL 服务器可以同其他应用程序一起运行，例如 FTP、Email 和 Web 服务器，MySQL 服务器配置成使用适当比例的系统资源。

☑ Client only：仅作为客户端。

☑ Full：完全安装类型。

Note

☑ Custom：自定义安装类型。作为服务器类型数据库安装，需选择自定义安装类型，安装需自定义安装路径。

第 4 步，单击 Next 按钮，打开如图 15.37 所示的对话框，选择安装选项。

☑ MySQL Servers：必选项，核心组件，可根据系统位数对应选择。

☑ Applications 应用和 MySQL Connectors 连接器可不选。

☑ Documentation：类似于帮助文档资料可选。

第 5 步，单击 Next 按钮，在打开的界面中单击 Execute 按钮，开始执行安装，如图 15.38 所示。

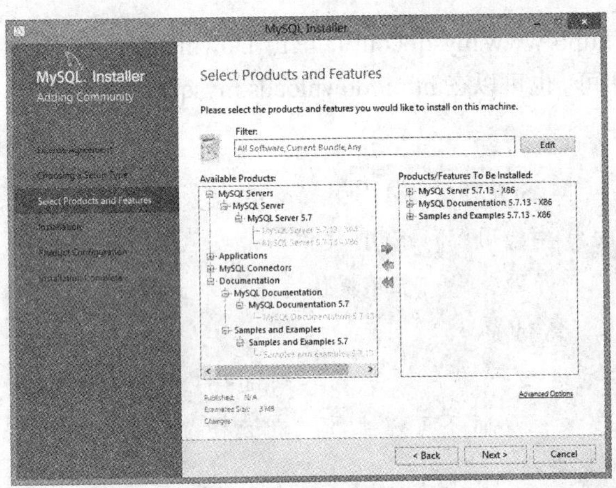

图 15.37　选择安装选项

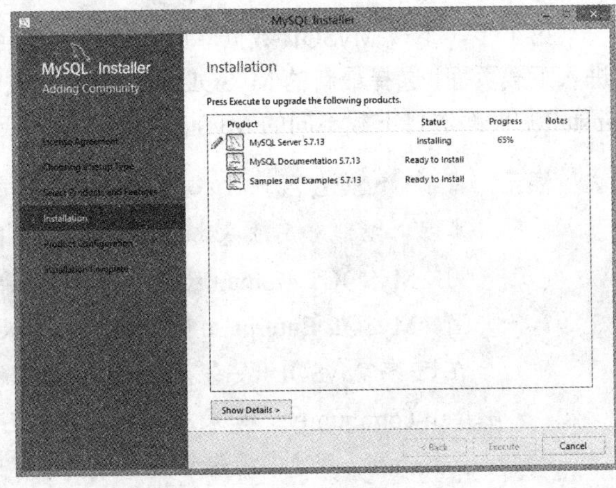

图 15.38　执行安装

第 6 步，安装成功后，每个选项列表前会显示对号提示图标。单击 Next 按钮，会显示 Product Configuration 产品配置向导界面，如图 15.39 所示。

第 7 步，单击 Next 按钮，选择配置选项。在打开的界面中选择 Developer Machine 选项，即以开发机模式启动，这样有利于减少 MySQL 服务运行时的内存占用，如图 15.40 所示。

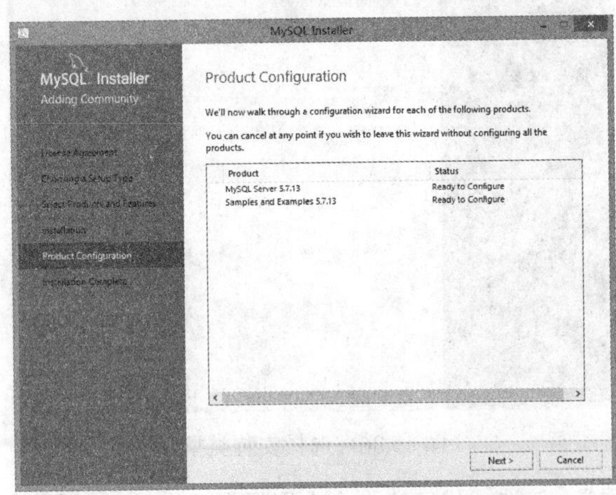

图 15.39　MySQL 产品配置向导界面

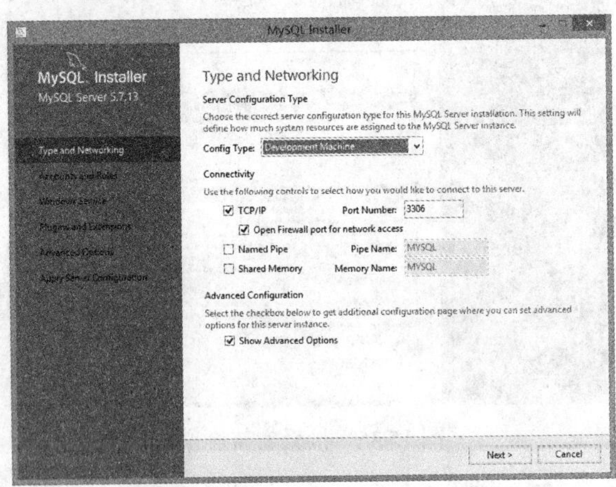

图 15.40　选择开发机模式

☑ Developer Machine：开发机器。作为初学者，选择 Developer Machine 即可。

☑ Server Machine：服务器。如果服务程序及库装在同一台机上，建议选择 Server Machine。

☑ Dedicated MySQL Server Machine：专用 MySQL 服务器。该选项代表只运行 MySQL 服务的服务器，如果没有运行其他应用程序，MySQL 服务器配置成使用所有可用系统资源。

在界面下面可选中 Show Advanced Options 复选框。其他选项可以按默认设置即可。

第 8 步，单击 Next 按钮，在打开的界面中设置 MySQL 服务器访问密码，本书后面章节中访问 MySQL 数据库的实例都以 11111111 作为访问密码，如图 15.41 所示。也可以在该界面添加访问用户。

第 9 步，单击 Next 按钮，在打开的界面中设置 Windows 服务默认值，如图 15.42 所示。

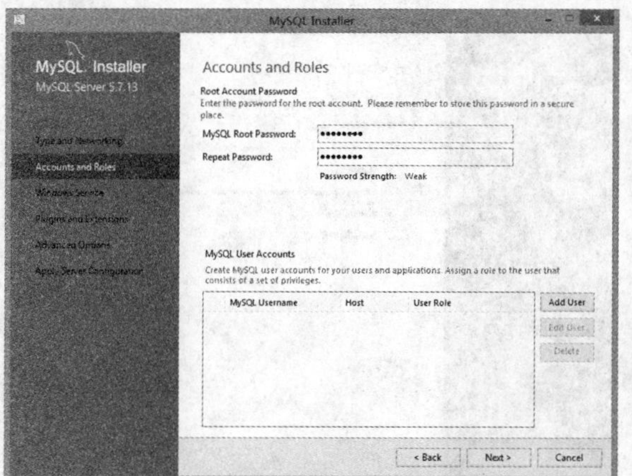

图 15.41　设置数据库访问密码

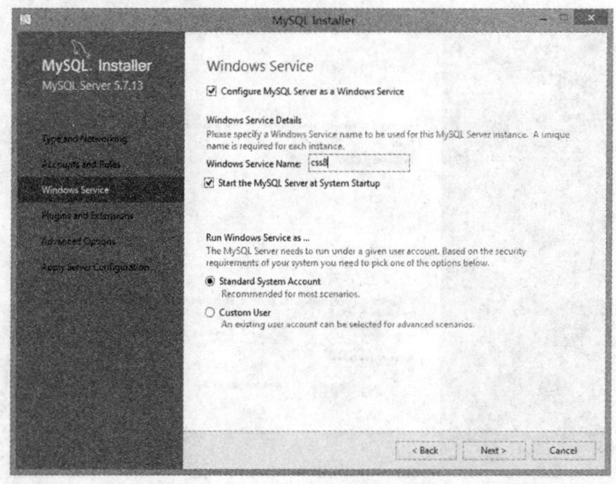

图 15.42　设置 Windows 服务默认值

第 10 步，单击 Next 按钮，设置插件和扩展。在该界面中保持默认。

第 11 步，单击 Next 按钮，配置日志，如图 15.43 所示。可自定义路径存放日志文档方便管理。

☑　Error Log：错误日志。记录启动、运行或停止 mysqld 时出现的问题。

☑　General Log：通用日志。记录建立的客户端连接和执行的语句，占用资源多，默认不启用。

☑　Show Query Log：慢查询日志。记录所有执行时间超过 long_query_time 秒的所有查询或不使用索引的查询。

☑　Bin Log：二进制日志。记录所有更改数据的语句，还用于复制，启用主从备份时一定要启用此日志。

第 12 步，单击 Next 按钮，在打开的界面中单击 Execute 按钮，开始执行环境参数配置，如图 15.44 所示。

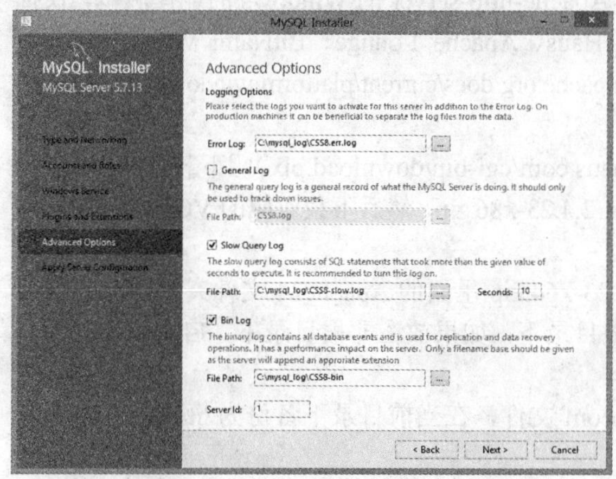

图 15.43　设置日志路径

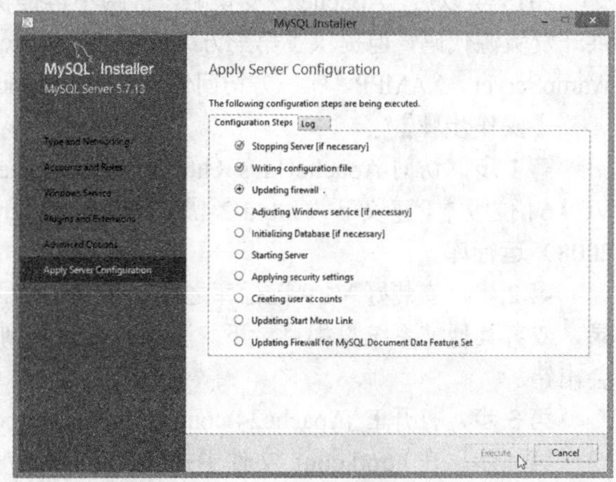

图 15.44　执行环境参数配置

第 13 步，配置完毕，并重启 MySQL 服务器即可。

第 14 步，如果选中了 Documentation 帮助文档选项（参见第 4 步），还会继续配置 Samples and

Examples 参数，按提示单击 Next 按钮即可。如图 15.45 所示，按要求输入 MySQL 数据库访问密码，连接数据库。

Note

第 15 步，单击 Execute 按钮，开始执行环境参数配置，如图 15.46 所示。

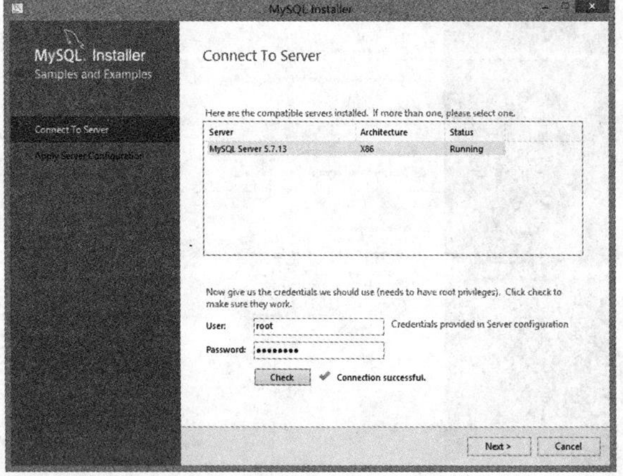

图 15.45　连接到数据库

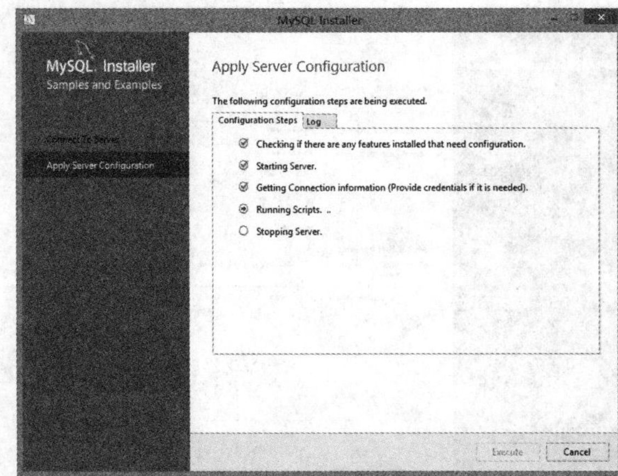

图 15.46　应用服务器配置

第 16 步，最后单击 Finish 按钮，完成整个 MySQL 数据库服务环境的安装和配置操作。

15.4　手动搭建 PHP 服务器

对于熟悉 PHP 开发的用户来说，更喜欢使用手动方式搭建 Apache+PHP 服务器环境，手动搭建 PHP 环境的优势不言而喻，用户可以自由设置个性化 PHP 环境，能够更深入地理解 PHP 内部环境。

15.4.1　搭建 Apache 运行环境

2015 年以后，Apache 改变策略，官网不再提供 Apache-http-server 的 Windows 的编译版本，仅提供开发版源代码，但提供了第三方编译版本：ApacheHaus、Apache Lounge、BitNami WAMP Stack、WampServer、XAMPP。第三方访问信息：http://httpd.apache.org/docs/current/platform/windows.html#down。

【操作步骤】

第 1 步，访问 ApacheHaus（http://www.apachehaus.com/cgi-bin/download.plx），下载 Apache 2.4.x VC9 64 位版本。建议下载 httpd-2.4.23-x64.zip 或 httpd-2.4.23-x86.zip，然后下载对应的 VC9（Visual C++ 2008）运行库。

第 2 步，安装好 VC9 运行库之后，将 httpd-2.4.23-x64.zip 里面的 Apache24 文件夹放到 E 盘根目录，或者其他非系统盘根目录下。注意：必须放到根目录下，如果放在非根目录下，启动和加载模块会出错。

第 3 步，打开 E:\Apache24\conf 目录下的 httpd.conf 文件，在当前目录下备份为 httpd.conf。

第 4 步，在 httpd.conf 文件中找到如下代码：

```
ServerRoot "${SRVROOT}"
```

修改为：

```
ServerRoot "E:/Apache24"
```

该行代码设置 Apache 程序的启动位置。

第 5 步，在 httpd.conf 文件中如果找到如下代码。如果没有则添加，如果已经添加，则忽略本步操作。

```
#ServerName www.example.com
```

把前面的“#”注释符号去掉，定义服务器的域名（访问网址）。如果是在本地定义虚拟服务器，可以修改为：

```
ServerName localhost:80
```

第 6 步，在 httpd.conf 文件中找到如下代码：

```
DocumentRoot "${SRVROOT}/htdocs"
```

修改为：

```
DocumentRoot "E:/www"
```

定义网站根目录在本地系统中的物理路径。

第 7 步，在 httpd.conf 文件中找到如下代码：

```
<Directory "${SRVROOT}/htdocs">
```

修改为：

```
<Directory "E:/www">
```

定义网站在本地系统中的物理路径，统一各种请求的物理路径。

第 8 步，在 httpd.conf 文件中找到如下代码：

```
DirectoryIndex index.html
```

修改为：

```
DirectoryIndex index.html index.php index.htm
```

定义网站支持更多的默认页。

第 9 步，在 httpd.conf 文件中找到如下代码：

```
ScriptAlias /cgi-bin/ "${SRVROOT}/cgi-bin/"
```

修改为：

```
ScriptAlias /cgi-bin/ "E:/Apache24/cgi-bin/"
```

第 10 步，在 httpd.conf 文件中找到如下代码：

```
<Directory "@exp_cgidir@">
```

修改为：

```
<Directory "E:/Apache24/cgi-bin">
```

第 11 步，启动 Apache。在“运行”对话框中输入 cmd 命令，确定之后打开命令提示符。在命令提示符中输入 E:，按 Enter 键切换到 E 盘下；继续输入 cd Apache24\bin，按 Enter 键进入 E:/Apache24/bin 目录下；最后输入 httpd，按 Enter 键启动 Apache 服务器。

Note

提示：如果 httpd.conf 配置正确的话，输入 httpd 按 Enter 键后是没有任何提示信息的，此时表明启动 Apache 成功。如果显示如图 15.47 所示的提示，则说明服务器端口号被占用，需要重设端口号。

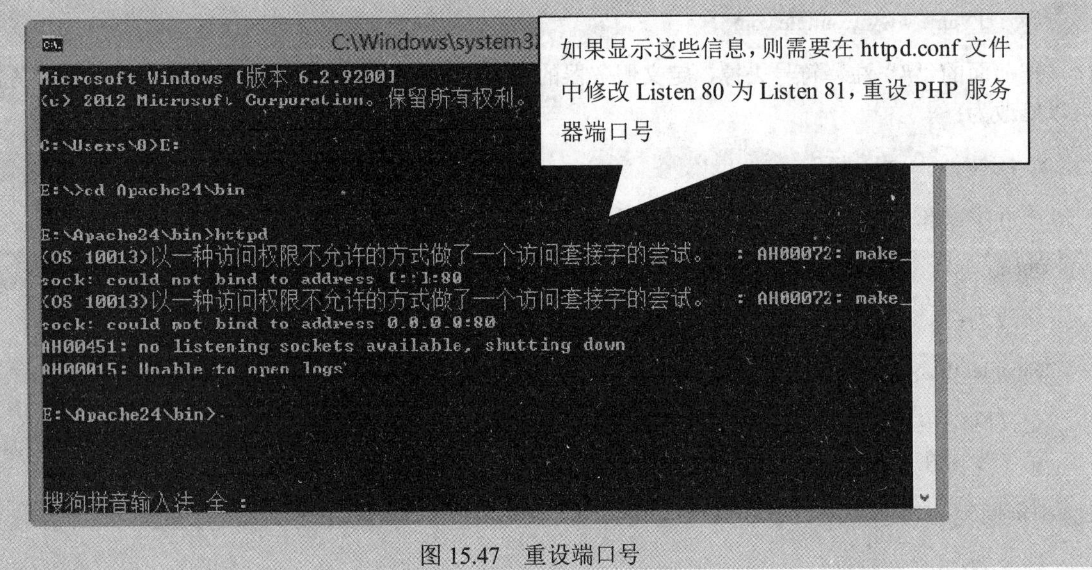

图 15.47　重设端口号

第 12 步，测试 Apache。可以把 Apache24\htdocs 目录下的 index.html 复制到 E:\www 目录下，用浏览器访问 http://localhost:81/，在浏览器中显示如图 15.48 所示的提示，则说明 Apache 已经正确安装了。

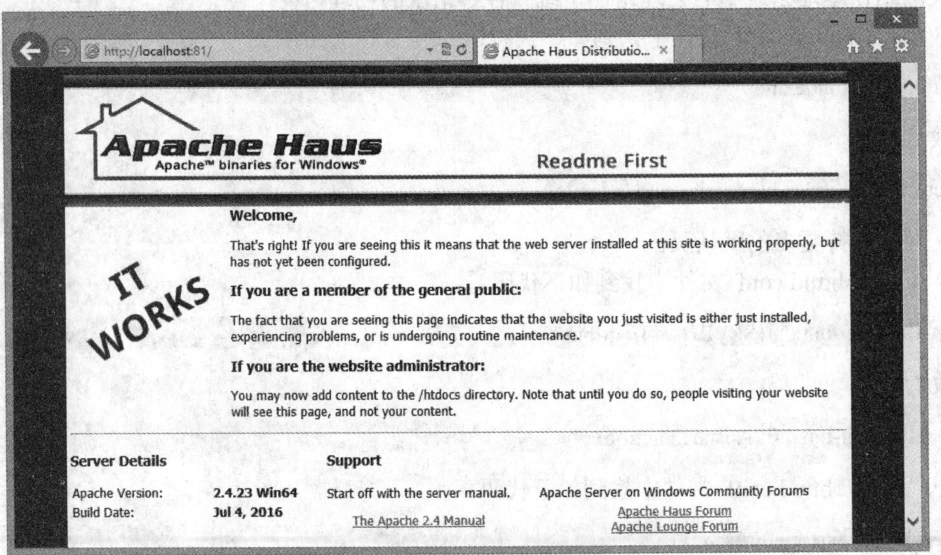

图 15.48　启动 Apache 成功

第 13 步，加入 Windows 系统服务，让 Apache 自动启动。以管理员身份启动命令提示符，在命令提示符下进入 E:/Apache24/bin 目录，然后输入 httpd.exe -k install -n "Apache24"。"Apache24"为 Apache 在 Windows 服务中的名字。

第 14 步，输入 httpd.exe -k install -n "Apache24"后按 Enter 键，会显示成功安装的提示，Windows 服务列表中也会显示 Apache24 服务项。这时可以选择启动，启动 Apache 服务，如图 15.49 所示。

Note

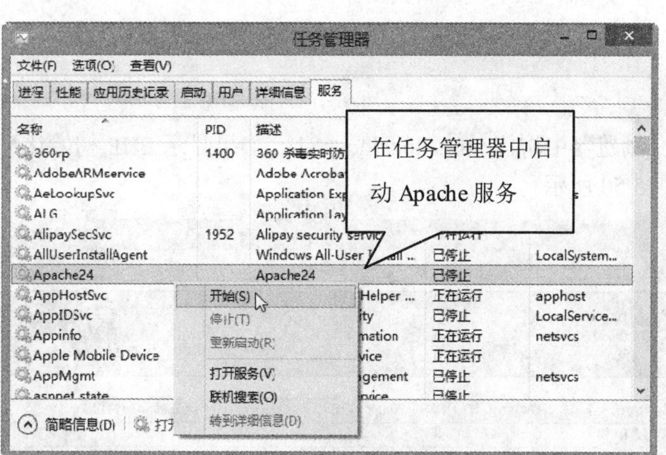

图 15.49　启动 Apache 服务

提示：如果要卸载 Apache 服务，先要停止这个服务，然后输入 httpd.exe -k uninstall -n "Apache24" 卸载这个服务。以后可以通过 Apache24\bin 文件夹下的 ApacheMonitor.exe 来控制 Apache。任务栏也会显示这个软件，使用它可以很方便地管理 Apache 的运行。

15.4.2　运行 PHP 编译器

运行 PHP 编译器相对简单，首先访问 http://windows.php.net/download/下载最新 PHP 压缩包，这里以最新的 PHP 7.0.9 为例进行说明。

【操作步骤】

第 1 步，下载 php-7.0.9-Win32-VC14-x64.zip，解压文件，复制到要安装的位置。这里以 E:\php7 为例进行说明。

第 2 步，由于 PHP 7 版本是由 VC14 编译，这意味着需要安装 VC 2015 运行环境，同时需要 Apache 2.4 才可以运行 PHP 7。访问微软官网，在 http://www.microsoft.com/zh-cn/download/details.aspx?id= 48145 页面下载 vc_redist.x86.exe，运行安装。

提示：安装 VC14 之前，必须开启 3 个服务：Windows Modules Installer、Windows Update、Window Defender Service，否则一定会安装失败。

第 3 步，在 E:\php 7 目录下复制 php.ini-development，重命名为 php.ini。

第 4 步，打开 Apache24\conf 目录下的 httpd.conf 配置文件，添加如下代码：

```
# php7 support
LoadModule php7_module "E:/php7/php7apache2_4.dll"
AddHandler application/x-httpd-php .php
# configure the path to php.ini
PHPIniDir " E:/php7"
```

上面代码用来支持 PHP，其中 E:/php7 为 PHP 程序的根目录。由于使用的是 Apache2.4.23，所以 php7_module 为 php7apache2_4.dll。

第 5 步，在 Windows 8 下重启 Apache 服务器，使上面的配置选项生效。

第 6 步，测试 PHP。删除 E:/www 目录下其他文件，新建文本文件，另存为 index.php，在其中

输入：

```
<?php phpinfo(); ?>
```

第 7 步，保存，在浏览器中访问 http://localhost:81/，如果显示 PHP 初始化配置信息，则说明 PHP 已经成功安装，如图 15.50 所示。

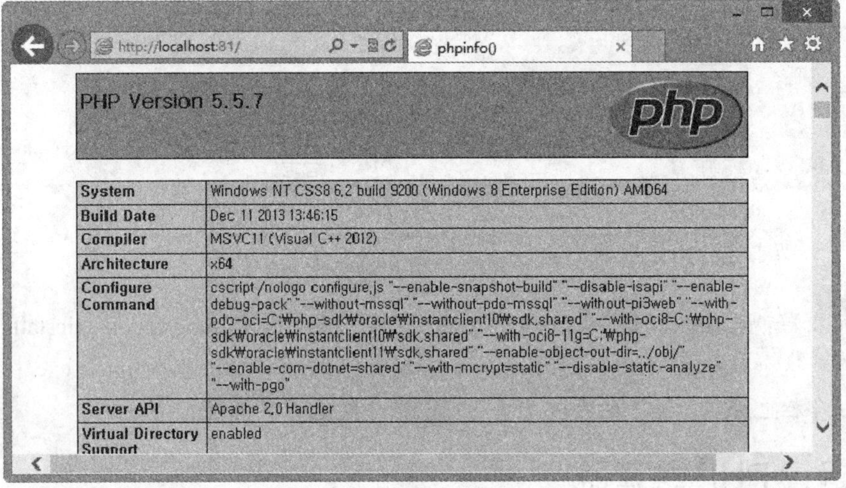

图 15.50　成功安装 PHP

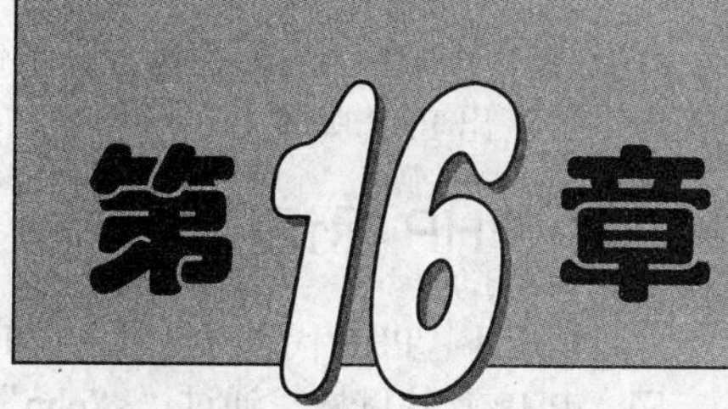

PHP 快速入门

（视频讲解：140 分钟）

PHP 是一种嵌入式服务器端编程语言，简单易学，快速上手，它具有强大的扩张性。随着PHP 开发不断普及，越来越多的初学者选择 PHP 作为网站开发的首选语言。本章主要讲解 PHP 基本用法和使用规则，为后面各章深入学习奠定基础。

【学习重点】

- PHP 基本语法
- PHP 数据类型、变量和常量
- PHP 运算符和表达式
- PHP 控制语句
- PHP 函数、类和对象
- PHP 编码规范

16.1 PHP 基本语法

Note

PHP 使用一对特殊的标签包含脚本代码，与 HTML 结构代码混合在一起。当服务器解析页面时，能够自动过滤出 PHP 脚本并进行解释、执行，最后把生成的静态网页信息传递给客户端显示。

16.1.1 PHP 标记

一般情况下，PHP 代码都是嵌入在 HTML 文档中的，PHP 代码在 HTML 结构中有 4 种存在形式。

☑ PHP 默认风格，通过“<?php”和“?>”一对标签分隔 HTML 和 PHP 代码。如：

```
<?php
    #这里是 PHP 代码
?>
```

利用这种风格，可以在 HTML 文档中任意混合 PHP 和 HTML 代码。如：

```
<?php if ($expression) { ?>
<strong>$expression 变量为 true.</strong>
<?php } else { ?>
<strong>$expression 变量为 false.</strong>
<?php } ?>
```

上面代码能够正常工作，这种方法对于输出大段文本而言，脱离 PHP 解析模式通常比将所有内容用 echo()或者 print()方法输出会更有效率。

☑ 脚本风格，通过<script>标签包含 PHP 代码，然后通过 language 属性指明脚本语言为 PHP。如：

```
<script language="php">
    #这里是 PHP 代码
</script>
```

☑ 简写风格，是在默认风格基础上去掉 php 关键字，以方便快速书写代码。如：

```
<?
    #这里是 PHP 代码
?>
```

☑ ASP 风格，通过“<%”和“%>”一对标签分隔 HTML 和 PHP 代码。如：

```
<%
    #这里是 PHP 代码
%>
```

注意：如果使用简写风格或者 ASP 风格，则事先应该在 php.ini 配置文件中修改如下配置，把这两个参数值都设置为 On。考虑到这两种风格的移植性较差，通常不推荐使用。

```
short_open_tag = On
asp_tags = On
```

当开发需要发行的程序或者库，或者在用户不能控制的服务器上开发 PHP 程序，因为目标服务器可能不支持短标记，为了代码的移植及发行，确保不要使用简写风格或者 ASP 风格。

16.1.2 PHP 注释

任何语言都有注释语法，这些注释不被编译和执行，但是能够帮助开发人员阅读和维护代码。PHP 支持 3 种语法注释格式，简单说明如下。

☑ C++语言风格单行注释。

```
<?php
    //这里是 PHP 注释语句
?>
```

☑ C 语言风格多行注释。

```
<?php
    /*
    PHP 代码
    多行注释
    */
?>
```

多行注释语法格式不可嵌套使用，所有被包含在“/*”和“*/”分隔符内的字符都是注释信息，将不被解释。

☑ Shell 语言风格注释。

```
<?php
    #这里是 PHP 注释语句
?>
```

在单行注释中，不要包含“?>”字符，否则服务器会误以为 PHP 代码结束，因此停止后面代码的解释。例如，在下面代码中，将会看到在网页中显示的多处字符，如图 16.1 所示。

```
<?php
    echo "PHP 代码!!!"                          //输出字符串?>不该显示的注释语句
?>
```

图 16.1 错误的注释语句

16.1.3 PHP 指令分隔符

与 C、Perl 语言一样，PHP 需要在每个语句后用分号结束指令。一段 PHP 代码中的结束标记隐含表示了一个分号，因此在一个 PHP 代码段中的最后一行可以不用分号结束。如果后面还有新行，则代码段的结束标记包含了行结束。例如：

```
<?php
    echo "这是一行命令";
?>
```

或者

```
<?php echo "这是一行命令" ?>
```

Note

在文档末尾的 PHP 代码段，结束标记可以不要，有些情况下当使用 include()或者 require()方法时省略结束标记会更有利，这样文档末尾多余的空格就不会显示，之后仍然可以输出响应标头。在使用输出缓冲时也很便利，就不会看到由包含文件生成的空格。如：

```
<?php echo '这里省略了结束标记';
```

16.2 PHP 数据类型

PHP 支持 8 种基本的数据类型。包括 4 种标量类型，如 boolean（布尔型）、integer（整型）、float（浮点型，也称为 double，即双精度）、string（字符串）；两种复合类型，如 array（数组）、object（对象）；两种特殊类型，如 resource（资源）、NULL（NULL）。

注意：PHP 变量的类型不需要声明，PHP 能够根据该变量使用的上下文环境在运行时决定。

16.2.1 标量类型

标量类型是基本数据结构，用来存储简单的、直接的数据，PHP 标量类型包括 4 种，简单说明如表 16.1 所示。

表 16.1 标量类型

类 型	说 明
boolean（布尔型）	最简单的数据结构，仅包含两个值，如 true（真）和 false（假）
string（字符串）	就是连续的字符序列，包含计算机所能够表示的一切字符的集合
integer（整型）	只包含整数，包括正整数和负整数
float（浮点型）	包含整数和小数

1. boolean（布尔型）

布尔型是使用频率最高的数据类型，也是最简单的类型。布尔类型是 PHP 4 开始引进，要指定一个布尔值，使用关键字 true 或 false 即可，这两个值不区分大小写。 设置变量的值为布尔型，则直接将 TRUE 或 FALSE 关键字赋值给变量即可。如：

```
<?php
$foo = True; //设置变量$foo 的值为真
?>
```

通常可以利用某些运算符返回布尔值，并将其传递给控制流程，以便控制流程方向。如：

```
<?php
if ($action == "show_version") { // == 是一个操作符，它检测两个变量是否相等，并返回一个布尔值
    echo "The version is 1.23";
}
?>
```

当然下面的用法是没有必要的：

```
if ($show_separators == TRUE) {
    echo "<hr>\n";
}
```

也可以使用下面这种简单的方式：

```
if ($show_separators) {
    echo "<hr>\n";
}
?>
```

注意：在 PHP 中，美元符号$是变量的标识符，所有变量都应该以$字符开头，无论是声明变量，还是调用变量，都应该使用$符号。

2. 整型

整型数值只包含整数，在 32 位操作系统中，整型有效范围为-2147483648~+2147483647。整型值可以使用十进制、十六进制或八进制表示，前面可以加上可选的符号（-或者+）。八进制表示数字前必须加上 0（零），十六进制表示数字前必须加上 0x。例如：

```
<?php
$a = 1234;                    //十进制数
$a = -123;                    //负数
$a = 0123;                    //八进制数（等于十进制 83）
$a = 0x1A;                    //十六进制数（等于十进制 26）
?>
```

PHP 不支持无符号整数，整数值的字长可以用常量 PHP_INT_SIZE 来表示，自 PHP 4.4.0 和 PHP 5.0.5 后，最大值可以用常量 PHP_INT_MAX 来表示。

注意：如果向八进制数传递了一个非法数字（8 或 9），则后面其余数字会被忽略。如：

```
<?php
var_dump(01090);              //八进制 010 =十进制 8
?>
```

如果给定的一个数超出了整数范围，将会被解释为浮点数。同样如果执行的运算结果超出了整数范围，也会返回浮点数。如：

```
<?php
$large_number = 2147483647;
var_dump($large_number);              //输出为 int(2147483647)
$million = 1000000;
$large_number = 50000 * $million;
var_dump($large_number);              //输出为 float(50000000000)
?>
```

3. 浮点型

浮点数也叫双精度数或者实数，可以使用下面几种方法定义。

```
<?php
$a = 1.234;                   //标注格式定义
$b = 1.2e3;                   //科学计数法格式定义
```

```
$c = 7E-10;                                    //科学计数法格式定义
?>
```

Note

注意：浮点型的数值只是一个近似值，应避免使用浮点型数值进行大小比较，因此浮点数结果精确不到最后一位。如果确实需要更高的精度，应该使用任意精度数学函数或者 gmp 函数。例如，floor((0.1+0.7)*10) 通常会返回 7，而不是预期中的 8，因为该结果内部的表示其实是类似 7.9，类似的十进制表达式 1/3 返回值为 0.3。

4. 字符串

字符串都是由一系列的字符组成，一个字符就是一个字节。可以通过单引号、双引号、heredoc 语法结构和 nowdoc 语法结构（PHP 5.3.0 以后）定义字符串。

☑ 单引号

定义一个字符串的最简单的方法是用单引号把它包围起来。如果想要输出一个单引号，需在它的前面加个反斜线（\）。在单引号前或在字符串的结尾处想要输出反斜线，需要输入两条（\\）。注意，如果在任何其他的字符前加了反斜线，反斜线将会被直接输出。

```
<?php
echo '单行字符串';
echo '多行
字符串';
echo '"I\'ll be back"';                         //输出："I'll be back"
echo 'C:\\*.*?';                                //输出：C:\*.*?
echo 'You deleted C:\*.*?';                     //输出：You deleted C:\*.*?
echo 'This will not expand: \n a newline';      //输出：This will not expand: \n a newline
echo 'Variables do not $expand $either';        //输出：Variables do not $expand $either
?>
```

在单引号字符串中的变量和特殊含义的字符将不会被替换，按普通字符输出，但是双引号所包含的变量会自动被替换为实际数值。

☑ 双引号

如果字符串是包围在双引号（"）中，PHP 将对一些特殊的字符进行解析，这些特殊字符都要通过转义符来显示，常用转义字符说明如表 16.2 所示。

表 16.2 常用转义字符

转义字符	输出
\n	换行(LF or 0x0A (10) in ASCII)
\r	回车(CR or 0x0D (13) in ASCII)
\t	水平方向的 tab(HT or 0x09 (9) in ASCII)
\v	竖直方向的 tab (VT or 0x0B (11) in ASCII) (since PHP 5.2.5)
\f	换页(FF or 0x0C (12) in ASCII) (since PHP 5.2.5)
\\	反斜线
\$	美金 dollar 标记
\"	双引号
\[0-7]{1,3}	符合该表达式顺序的字符串是一个八进制的字符
\x[0-9A-Fa-f]{1,2}	符合该表达式顺序的字符串是一个十六进制的字符

与单引号字符串一样，如果输出上述之外的字符，反斜线会被打印出来。

☑ heredoc 结构

第 3 种定义字符串的方法是用 heredoc 句法结构：<<<。在该提示符后面，要定义个标识符，然后是一个新行。接下来是字符串本身，最后要用前面定义的标识符作为结束标志。

结束时所引用的标识符必须在一行的开始位置，而且标识符的命名也要像其他标签一样遵守 PHP 的规则：只能包含字母、数字和下划线，并且不能用数字和下划线作为开头。

```
<?php
$ str = <<<EOD
Example of string
spanning multiple lines
using hereda syntax.
EOD;
echo $str
?>
```

注意：结束标识符这行除了可能有一个分号（;）外，绝对不能包括其他字符。这意味着标识符不能缩进，分号的前后也不能有任何空白或 Tabs 键。更重要的是结束标识符的前面必须是个被本地操作系统认可的新行标签，如在 UNIX 和 Mac OS X 系统中是\n ，而结束标识符（可能有个分号）的后面也必须跟个新行标签。

heredoc 结构就像是没有使用双引号的双引号字符串，在 heredoc 结构中引号不用被替换，但是上文中列出的字符（\n 等）也可使用。变量将被替换，但在 heredoc 结构中字符串表达复杂变量时，要格外小心。

☑ nowdoc 结构

如果说 heredoc 结构类似于双引号字符串，那么 nowdoc 结构就是类似于单引号字符串的。nowdoc 结构很像 heredoc 结构，但是 nowdoc 不进行解析操作。这种结构很适合用在不需要进行转义的 PHP 代码和其他大段文本。

一个 nowdoc 结构也用和 heredoc 结构一样的标记<<<，但是跟在后面的标志符要用单引号括起来，即<<<'EOD'。heredoc 结构的所有规则适用于 nowdoc 结构，尤其是结束标志符的规则。例如：

```
<?php
$str = <<<'EOD'
Example of string
spanning multiple lines
using nowdoc syntax.
EOD;
?>
```

16.2.2 复合类型

复合类型包括两种数据，即数组和对象，简单说明如表 16.3 所示。

表 16.3 复合类型

类　型	说　明
array（数组）	一组有序数据集合
object（对象）	对象是类的实例，使用 new 命令创建

Note

1．数组

在 PHP 中数组实际上是一个有序映射。映射是一种把 values 关联到 keys 的类型。此类型在很多方面做了优化，因此可以把它当成真正的数组，或列表（向量）、散列表（是映射的一种实现）、字典、集合、栈、队列以及更多可能性。数组元素的值也可以是另一个数组。树形结构和多维数组也是允许的。

定义数组可以使用 array()结构。该函数能够接受任意数量用逗号分隔的键（key）/值（value）对，键值之间通过=>运算符连接。键（key）可以是一个整数或字符串，值（value）可以是任意类型的数据。例如：

```
<?php
$arr = array("foo" => "bar", 12 => true);
echo $arr["foo"];                              //bar
echo $arr[12];                                 //1
?>
```

在 PHP 中索引数组与关联数组是相同的，它们都可以同时包含整型和字符串的下标。例如：

```
<?php
$arr = array("somearray" => array(6 => 5, 13 => 9, "a" => 42));
echo $arr["somearray"][6];                     //5
echo $arr["somearray"][13];                    //9
echo $arr["somearray"]["a"];                   //42
?>
```

如果给出的值没有指定键名，则取当前最大的整数索引值，而新的键名将是该值加 1。如果指定的键名已经有了值，则该值会被覆盖。

使用 true 作为键名，将定义整数 1 为键名。使用 false 作为键名，将定义整数 0 为键名。使用 NULL 作为键名，将定义空字符串为键名。使用空字符串作为键名将新建（或覆盖）一个用空字符串作为键名的值，这和用空的方括号不一样。

注意：不能使用数组和对象作为键（key）。

另外，还可以通过在方括号内指定键名来给数组赋值。也可以省略键名，在这种情况下给变量名加上一对空的方括号（“[]”）。如：

```
$arr[key] = value;
$arr[] = value;
```

这是一种定义数组的替换方法。要改变一个值，只要给它赋一个新值。如果要删除一个键/值对，可以使用 unset()函数。如：

```
<?php
$arr = array(5 => 1, 12 => 2);
$arr[] = 56;                                   //等于$arr[13] = 56;
$arr["x"] = 42;                                //添加一个新元素，键名为"x"
unset($arr[5]);                                //从数组中移除一个元素
unset($arr);                                   //删除整个数组
?>
```

注意：这里所使用的最大整数键名不一定就在当前数组中。它只要在上次数组重新生成索引后曾经存在过就行了。如：

```
<?php
$array = array(1, 2, 3, 4, 5);                    //创建一个简单的数组
print_r($array);
//现在删除其中的所有元素，但保持数组本身不变
foreach ($array as $i => $value) {
    unset($array[$i]);
}
print_r($array);
$array[] = 6;                                     //添加一个单元（注意新的键名是 5，而不 0）
print_r($array);
$array = array_values($array);                    //重新索引
$array[] = 7;
print_r($array);
?>
```

解析上面代码，则输出如图 16.2 所示。

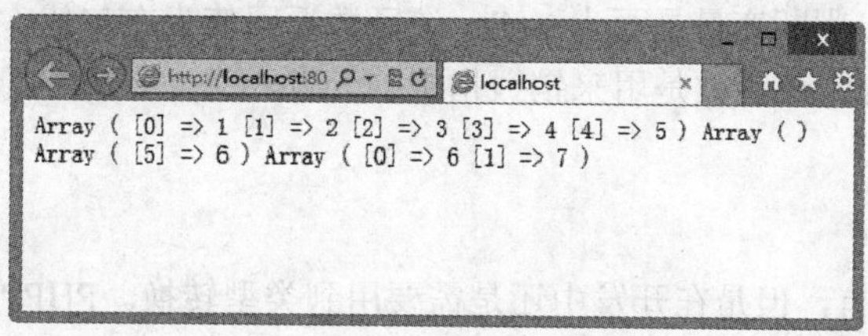

图 16.2 输出效果

2. 对象

对象是面向对象编程的基础，在 PHP 中使用 new 语句实例化一个类，即可创建一个对象，如：

```
<?php
class foo{                                        //创建一个类
    function do_foo() {
        echo "Doing foo.";
    }
}
$bar = new foo;                                   //创建对象
$bar->do_foo();                                   //调用对象包含的函数
?>
```

16.2.3 特殊类型

特殊数据类型包括资源和空值两种，简单说明如表 16.4 所示。

表 16.4 特殊类型

类　型	说　明
resource（资源）	资源也称为句柄，是一种特殊的变量，保存到外部资源的一个引用。资源一般通过专门的函数来定义和使用
null（空值）	特殊的值，表示变量没有值，唯一的值是 null

1. 资源

资源类型从 PHP 4 开始引进，由于资源类型变量保存有为打开文件、数据库连接、图形画布区域

等的特殊句柄，因此将其他类型的值转换为资源类型没有意义。

在使用资源时，系统会自动启用垃圾回收机制，释放不再使用的资源，避免占用系统资源。因此，很少需要手工释放内存。

Note

2. 空值

空值就是表示该变量没有设置任何值，其值为一个特殊的值 null，该值不区分大小写，null 和 NULL 是等效的。当变量被赋予空值，可能有 3 种情况：变量还没有被赋值，或者变量被主动赋 null 空值，或者被 unset()函数处理过的变量。如：

```
<?php
$var = NULL;
?>
```

将一个变量转换为 null 类型，将会删除该变量。从 PHP 4 开始，unset()函数就不再有返回值，所以用户不要试图获取或者输出 unset()。

使用 is_null()函数可以判断变量是否为 null，该函数返回值为布尔值，如果变量为 null，则返回 true，否则返回 false，而 unset()函数是用来销毁指定的变量。

16.2.4 类型转换

PHP 是一种弱类型语言，但是在开发中还是需要用到类型转换。PHP 中的类型转换与 C 语言一样，非常简单，只需要在变量前面加上用括号括起来的类型名称即可，具体说明如表 16.5 所示。

表 16.5 类型强制转换

转换操作符	说　明
(boolean)	转换为布尔型
(string)	转换为字符串
(integer)	转换为整型
(float)	转换为浮点数
(array)	转换为数组
(object)	转换为对象

除了使用强制转换外，还可以使用 settype()函数转换数据类型。该函数包含参数值，第一个值为变量名，第二个参数值为要转换的类型字符串，包括 boolean、float、integer、string、null、array、object。settype()函数返回值为布尔值，如果数据类型转换成功，则返回 true，否则返回 false。例如，输入下面代码，然后运行结果如图 16.3 所示。

```
<?php
$num = '3.1415926abc';                    //声明字符串变量
echo (integer)$num;                       //把变量强制转换为整型
echo '<p>';
echo $num;                                //输出原始变量值
echo '<p>';
echo settype($num, 'float');              //输出把变量转换为浮点数的结果
echo '<p>';
echo $num;                                //被转换为浮点数后的变量值
?>
```

图 16.3　输出数据类型转换

Note

1. 转换为布尔值

要明确地将一个值转换成 boolean，应该使用(bool)或者(boolean)来强制转换。但是很多情况下不需要用强制转换，因为当运算符、函数或者流程控制结构需要一个 boolean 参数时，该值会被自动转换。

在 PHP 中，并不是 false 才是假的，在某些特殊情况下，下面这些 boolean 值也被认为是假的。

☑　0：整型值零。

☑　0.0：浮点型值零。

☑　"0"：字符串值零。

☑　""：空白字符串。

☑　空数组：不包括任何元素的数组。

☑　空对象：不包括任何成员变量的对象（仅 PHP 4.0 适用）。

☑　特殊类型 NULL（包括尚未设定的变量）。

☑　从没有任何标记的 XML 文档生成的 SimpleXML 对象。

其他所有其他值都被认为是 true（包括任何资源）。注意，-1 和其他非零值（不论正负）一样，被认为是真。

```
<?php
var_dump((bool) "");                    //bool(false)
var_dump((bool) 1);                     //bool(true)
var_dump((bool) "1");                   //bool(true)
var_dump((bool) array());               //bool(false)
var_dump((bool) "false");               //bool(true)
?>
```

2. 转换为整型

要明确地将一个值转换为整型，可以使用(int)或(integer)强制转换。不过大多数情况下都不需要强制转换，因为当运算符、函数或流程控制需要一个整型参数时，值会自动转换。还可以通过函数 intval()将一个值转换成整型。

当从布尔值转换为整数值时，false 将被转换为 0，true 将被转换为 1。当从浮点数转换成整数时，将向零取整。如果浮点数超出了整数范围，则结果不确定，因为没有足够的精度把浮点数转换为确切的整数结果，在此情况下没有警告，甚至没有任何通知。

注意： 不要将未知的分数强制转换为整数型，这样会导致不可预料的结果。如：

```
<?php
echo (int) ( (0.1+0.7) * 10 );          //显示 7
?>
```

3. 转换为字符串

一个值可以通过在其前面加上(string)或用 strval()函数来转变成字符串。在一个需要字符串的表达

式中，字符串会自动转变。例如，在使用函数 echo()或者 print()时，或在一个变量和一个字符串进行比较时，就会发生这种转变类型。

☑ 一个布尔型的 true 值被转换成字符串"1"，而布尔型的 false 值将被转换成""（空的字符串）。这种转变可以在布尔值和字符串之间随意进行。

☑ 一个整数或浮点数将被转变为数字的字面样式的字符串（包括浮点数中的指数部分），使用指数计数法的浮点数(16.1E+6)也可转变。

☑ 数组转换成字符串"Array"，因此，echo()和 print()无法显示出数组的值。如果显示一个数组值，可以用 echo $arr['foo']这种结构。

☑ 资源总会被转变成"Resource id #1"这种结构的字符串，其中的 1 是 PHP 分配给该资源的独特数字。

☑ NULL 总是被转变成空的字符串。

16.2.5 检测数据类型

PHP 内置了众多检测数据类型的函数，可以根据需要对不同类型数据进行检测，判断变量是否属于某种特定的类型，如果符合则返回 true，否则返回 false。具体说明如表 16.6 所示。

表 16.6 数据类型检测函数

检 测 函 数	说 明
is_bool	检测变量是否为布尔值类型
is_string	检测变量是否为字符串类型
is_float	检测变量是否为浮点数类型
is_double	检测变量是否为浮点数类型
is_integer	检测变量是否为整型
is_int	检测变量是否为整型
is_null	检测变量是否为空值类型
is_array	检测变量是否为数组类型
is_object	检测变量是否为对象类型
is_numeric	检测变量是否为数字，或者是数字组成的字符串

例如，下面示例先使用 is_float()函数检测变量是否为浮点数，然后根据检测返回值，即时进行提示。

```
<?php
$num = '3.1415926abc';
if(is_float($num))
    echo '变量$num 是浮点数！';
else
    echo '对不起，变量$num 不是浮点数！';
?>
```

16.3 PHP 变量和常量

本节主要介绍 PHP 变量和常量的基本使用规格。变量包含普通变量、可变变量和预定义变量，常量包括普通常量和预定义常量。

16.3.1 声明和使用变量

变量本质上是系统内存中单元的命名，系统为程序中每个变量分配一个存储单元，在这些存储单元中可以存储任何类型的数据。

与其他语言不同，在 PHP 中使用变量之前是不需要特别声明的（注意，在 PHP 4 之前是需要声明变量的），只需要为变量赋值即可，但是 PHP 中的变量名称必须使用$字符作为前缀，变量区分大小写。

为变量赋值，可以使用=运算符实现，左侧运算符左侧为变量，右侧为所赋的值，如：

```
<?php
$num = '3.1415926abc';
?>
```

变量名不能够以数字、特殊字符开头。除了直接赋值外，还可以使用如下方法为变量赋值。

一是变量之间的赋值。如：

```
<?php
$num1 = '3.1415926';
$num2 = $num1 ;
echo   $num2;                                    //显示'3.1415926'
?>
```

注意： 变量之间赋值，只是传递值，变量在内存中的存储单元还是各自独立的，互不干扰。

二是引用赋值。从 PHP 4 开始，PHP 引入了引用赋值的概念。引用的概念是，用不同的名称访问同一个变量的内容，当改变其中一个变量的值时，另一个变量的值也跟着发生变化。使用&运算符表示引用，例如，在下面示例中，$num2 引用$num1，修改$num1 变量的值，则$num2 变量的值也随之发生变化。

```
<?php
$num1 = '3.1415926';
$num2 = &$num1 ;                                 //引用变量$num1
$num1 = 'string';                                //修改变量$num1 的值
echo   $num2;                                    //显示变量$num2 的值也被更改为字符串'string'
?>
```

16.3.2 变量作用域

变量都必须在有效的范围内使用，如果超出有效范围，则变量就失去意义。变量的作用域如表 16.7 所示。

表 16.7 变量的作用域

作 用 域	说 明
局部变量	在函数的内部定义的变量，其作用域是所在函数
全局变量	被定义在所有函数以外的变量，其作用域是整个 PHP 文件，但是用户自定义的函数内部是不可用的。如果希望在用户自定义的函数内部使用全局变量，则应该使用 global 关键字声明变量
静态变量	能够在函数调用结束之后仍可以保留变量值，当再次回到作用域时，又可以继续使用原来的值。而一般的变量是在函数调用结束之后，其存储的数据将被清除，所占用的内存空间将被释放。但是要使用静态变量，则必须使用 static 关键字声明变量

例如，在下面示例中，函数体内是无法引用全局变量的。

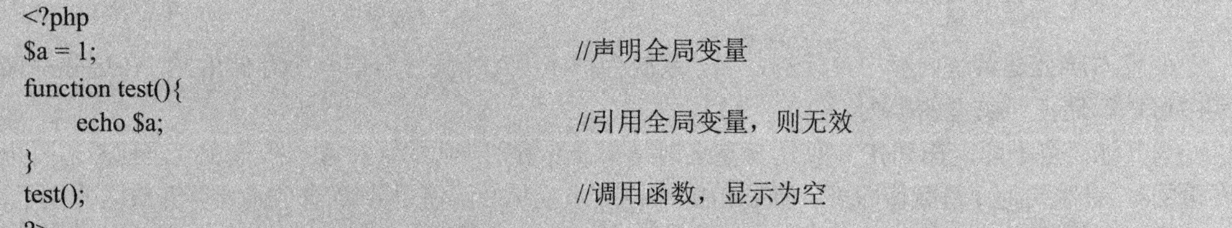

```
<?php
$a = 1;                                  //声明全局变量
function test(){
    echo $a;                             //引用全局变量，则无效
}
test();                                  //调用函数，显示为空
?>
```

但是，如果在函数体使用 global 关键字声明变量之后，则可以在函数内引用全局变量。

```
<?php
$a = 1;                                  //声明全局变量
function test(){
    global $a;                           //声明全局变量
    echo $a;                             //引用全局变量，有效
}
test();                                  //调用函数，显示为 1
?>
```

静态变量仅在局部函数域中存在，但当程序执行离开此作用域时，其值并不会丢失。例如，在下面示例中静态变量$count 能够持续存储现在叠加的值。

```
<?php
function test(){
    static $count = 0;                   //声明静态变量
    $count++;                            //递加变量值
    echo $count;                         //显示变量值
    if ($count < 10) {                   //如果变量值小于 10，则继续调用函数
        test();
    }
}
test();                                  //调用函数
echo "<p>";
test();                                  //第二次调用函数
?>
```

静态变量提供了一种处理递归函数的方法。递归函数是一种调用自己的函数，用户在写递归函数时要小心，因为可能会无穷递归下去，所以必须确保有充分的方法来中止递归。这个简单的函数递归计数到 10，使用静态变量$count 来判断何时停止，当时即便函数中止，如果继续调用函数，用户会发现$count 的值是从 11 开始的，而不是 0，演示效果如图 16.4 所示。

图 16.4　递归函数中的静态变量应用

16.3.3　可变变量

可变变量是一种特殊的变量，它允许动态改变变量的名称，也就是说该变量的名称由另外一个变量的值来确定。定义可变变量的方法是在变量前面添加一个$符号。如：

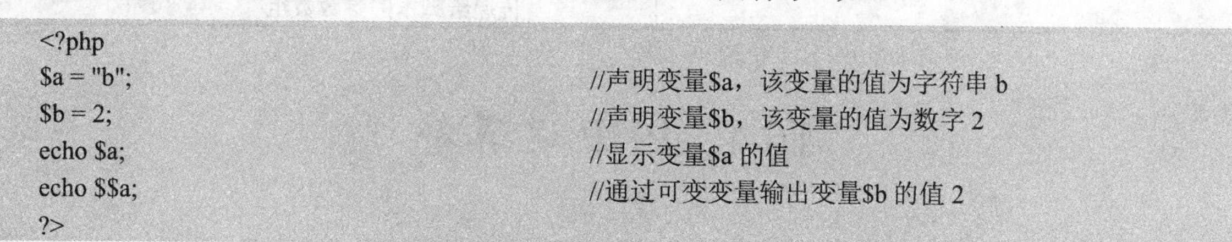

```
<?php
$a = "b";                    //声明变量$a，该变量的值为字符串 b
$b = 2;                      //声明变量$b，该变量的值为数字 2
echo $a;                     //显示变量$a 的值
echo $$a;                    //通过可变变量输出变量$b 的值 2
?>
```

有时使用可变变量名是很方便的。一个可变变量获取了一个普通变量的值作为这个可变变量的变量名。如：

```
<?php
$a = 'hello';
$$a = 'world';
echo "$a ${$a}";
echo "$a $hello";
?>
```

在上面示例中，可变变量$$a 的名称可以是变量$a 的值，可以直接使用变量$a 的值来引用可变变量，并获取它的值。其中{$a}表达式表示获取变量$a 的值，因此${$a}和$hello 所表达的意思相同，都表示可变变量$$a 的一个名称。

16.3.4　预定义变量

PHP 提供了大量的预定义变量，通过这些预定义变量可以获取用户会话、用户操作环境和本地操作系统等信息。由于许多变量依赖于运行的服务器的版本和设置及其他因素，所以并没有详细地说明文档。一些预定义变量在 PHP 以命令行形式运行时并不生效。常用预定义变量说明如表 16.8 所示。

表 16.8　PHP 常用预定义变量

预定义变量	说　明
$GLOBALS	引用全局作用域中可用的全部变量
$_SERVER	服务器和执行环境信息
$_GET	HTTP GET 变量
$_POST	HTTP POST 变量
$_FILES	HTTP 文件上传变量
$_REQUEST	HTTP Request 变量
$_SESSION	Session 变量
$_ENV	环境变量
$_COOKIE	HTTP Cookies
$php_errormsg	前一个错误信息
$HTTP_RAW_POST_DATA	原生 POST 数据

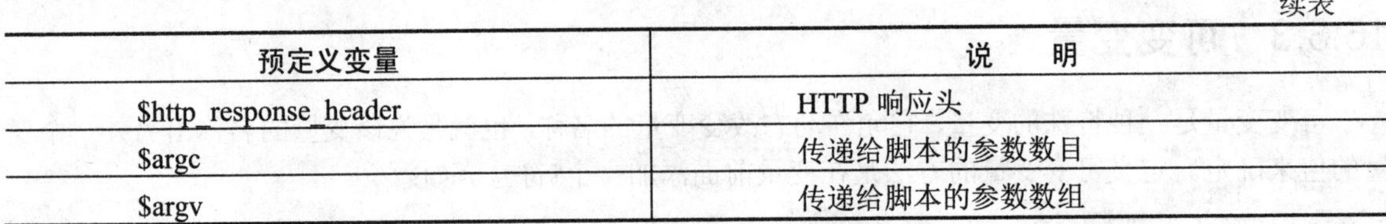

Note

续表

预定义变量	说　　明
$http_response_header	HTTP 响应头
$argc	传递给脚本的参数数目
$argv	传递给脚本的参数数组

16.4 PHP 运算符

运算符是用来对变量、常量和数据进行计算的符号，它可以通过一或多个值（即表达式）产生另一个值（即整个结构为一个表达式）。因此，用户可以理解任何会返回一个值的结构都是运算符，而那些没有返回值的就不是运算符，如函数可以视为一个运算符，而 echo 命令就不是一个运算符。PHP 提供了 3 种类型的运算符。

☑ 一元运算符：只运算一个值，如 !（取反运算符）或++（递加运算符）。

☑ 有限二元运算符：PHP 支持的大多数运算符都是这种。

☑ 三元运算符：?:。它应该被用来根据一个表达式在另两个表达式中选择一个，而不是用来在两个语句或者程序路线中选择。注意，为了避免误用，建议把整个三元表达式放在扩号里。

16.4.1 算术运算符

算术运算符用来处理四则运算的符号，在数学计算中应用比较多。常用算术运算符如表 16.9 所示。

表 16.9 算术运算符

算术运算符	说　　明
-	取反。如-$a 表示变量$a 的负值
+	加法。如$a + $b
–	减法。如$a – $b
*	乘法。如 a * $b
/	除法。如$a / $b
%	取模。如$a % $b，获得$a 除以$b 的余数

16.4.2 赋值运算符

基本的赋值运算符是=。一般用户会把=符号误解为“等于”，其实不是的。它实际上意味着把右边表达式的值赋给左边的运算数。

赋值运算表达式的值也就是所赋的值。也就是说，“$a = 3”的值是 3。这样就可以做一些小技巧，如：

```
<?php
$a = ($b = 4) + 5;
?>
```

在上面示例中，变量$a 的值为 9，而变量$b 的值就成了 4。

在基本赋值运算符之外，还有适合于所有二元算术、数组集合和字符串运算符的组合运算符（如表 16.10 所示），这样可以在一个表达式中使用它的值并把表达式的结果赋给它。

表 16.10 组合运算符

组合运算符	说 明
.=	先连接后赋值。如$a .= $b 等于$a = $a . $b
+=	先加后赋值。如$a += $b 等于$a = $a + $b
−=	先减后赋值。如$a −= $b 等于$a = $a - $b
*=	先乘后赋值。如$a*= $b 等于$a = $a * $b
/=	先除后赋值。如$a /= $b 等于$a = $a / $b

16.4.3 字符串运算符

有两个字符串运算符。一个是连接运算符（.），它返回其左右参数连接后的字符串。另一个是连接赋值运算符（.=），它将右边参数附加到左边的参数后。如：

```
<?php
$a = "Hello ";
$b = $a . "World!";   //$b ="Hello World!"
$a = "Hello ";
$a .= "World!";       //$a = "Hello World!"
?>
```

16.4.4 位运算符

位运算符允许对整型数中指定的位进行求值和操作。如果左右参数都是字符串，则位运算符将操作字符的 ASCII 值。在 PHP 中位运算符说明如表 16.11 所示。

表 16.11 位运算符

位 运 算 符	说 明
&	按位与（And）。如$a & $b 将把$a 和$b 中都为 1 的位设为 1
|	按位或（Or）。如$a | $b Or 将把$a 或者$b 中为 1 的位设为 1
^	按位异或（Xor）。如$a ^ $b 将把 $a 和$b 中不同的位设为 1
~	按位非（Not）。~ $a 将$a 中为 0 的位设为 1，反之亦然
<<	左移（Shift left）。如$a << $b 将$a 中的位向左移动$b 次（每一次移动都表示乘以 2）
>>	右移（Shift right）。如$a >> $b 将$a 中的位向右移动$b 次（每一次移动都表示除以 2）

例如，在下面示例中使用位运算符对变量中的值进行位运算操作。

```
<?php
echo 12 ^ 9;                        //输出为 '5'
echo "12" ^ "9";                    //输出退格字符（ascii 8）
echo "hallo" ^ "hello";             //输出 ascii 值#0 #4 #0 #0 #0
echo 2 ^ "3";                       //输出 1
echo "2" ^ 3;                       //输出 1
?>
```

16.4.5 比较运算符

比较运算符允许对两个值进行比较，返回结果为布尔值，如果比较结果为真，则返回值为 true，否则返回值为 false。PHP 中的比较运算符如表 16.12 所示。

Note

表 16.12 比较运算符

比较运算符	说　明
==	等于。如$a == $b 返回值等于 true，则说明$a 等于$b
===	全等。如$a === $b 返回值等于 true，则说明$a 等于$b，并且它们的类型也相同
!=	不等。如$a !=$b 返回值等于 true，则说明$a 不等于$b
<>	不等。如$a <>$b 返回值等于 true，则说明$a 不等于$b
!==	非全等。如$a !==$b 返回值等于 true，则说明$a 不等于$b，或者它们的类型不同
<	小于。如$a <$b 返回值等于 true，则说明$a 严格小于$b
>	大于。如$a >$b 返回值等于 true，则说明$a 严格大于$b
<=	小于等于。如$a <=$b 返回值等于 true，则说明$a 小于或者等于$b
>=	大于等于。如$a >=$b 返回值等于 true，则说明$a 大于或者等于$b

如果比较一个整数和字符串，则字符串会被转换为整数。如果比较两个数字字符串，则作为整数比较。此规则也适用于 switch 语句。

```
<?php
var_dump(0 == "a");                    // 0 == 0 -> true
var_dump("1" == "01");                 // 1 == 1 -> true
var_dump("1" == "1e0");                // 1 == 1 -> true
?>
```

16.4.6 逻辑运算符

逻辑运算符用来组合逻辑运算的结果，是程序设计中一组非常重要的运算符。PHP 的逻辑运算符如表 16.13 所示。

表 16.13 逻辑运算符

逻辑运算符	说　明
and	逻辑与。如果$a 与$b 都为 true，则$a and $b 返回值等于 true
&&	逻辑与。如果$a 与$b 都为 true，则$a && $b 返回值等于 true
or	逻辑或。如果$a 或$b 有一个为 true，则$a or $b 返回值等于 true
||	逻辑或。如果$a 或$b 有一个为 true，则$a || $b 返回值等于 true
xor	逻辑异或。如果$a 或$b 有一个为 true，另一个为 flase，则$a xor $b 返回值等于 true
!	逻辑非。如果$a 为 true，则!$a 返回值等于 flase

例如，下面的 foo()函数不会被调用，因为它们被运算符“短路”了。

```
<?php
$a = (false && foo());
$b = (true || foo());
$c = (false and foo());
$d = (true or foo());
?>
```

16.4.7 错误控制运算符

PHP 支持错误控制运算符：@。当将其放置在一个 PHP 表达式之前，该表达式可能产生的任何

错误信息都被忽略。如果激活 track_errors 特性，表达式所产生的任何错误信息都被存放在变量$php_errormsg 中。此变量在每次出错时都会被覆盖，所以如果想用它的话就要尽早检查。如：

Note

```
<?php
$a = 1 / 0;
?>
```

运行上面代码，则会产生一个异常，并在浏览器中呈现出来。如果避免错误信息显示在浏览器中，则可以在表达式前面添加@运算符，实现代码如下：

```
<?php
$a = @(1 / 0);
?>
```

注意：@运算符只对表达式有效。对初学者来说一个简单的规则就是：如果能从某处得到值，就能在它前面加上@运算符。例如，可以把它放在变量、函数和 include()调用、常量等之前。不能把它放在函数或类的定义之前，也不能用于条件结构前。

16.4.8 运算符优先级

运算符优先级指定了两个表达式绑定得有多紧密。例如，表达式 1 + 5 * 3 的结果是 16，而不是 18，因为乘号的优先级比加号高。不过可以使用括号来强制改变优先级。例如，(1 + 5) * 3 的值为 18。如果运算符优先级相同，则使用从左到右的左联顺序。

PHP 的运算符在运算中遵循的规则是：优先级高的运算先执行，优先级低的操作后执行，同一优先级的操作按照从左到右的顺序进行。PHP 运算符优先级如表 16.14 所示。

表 16.14 运算符优先级

<table>
<tr><th>结合方向</th><th>运算符</th><th>附加信息</th></tr>
<tr><td>非结合</td><td>clone new</td><td>clone 和 new</td></tr>
<tr><td>左</td><td>[</td><td>array()</td></tr>
<tr><td>非结合</td><td>++ --</td><td>递增/递减运算符</td></tr>
<tr><td>非结合</td><td>~ - (int) (float) (string) (array) (object) (bool) @</td><td>类型</td></tr>
<tr><td>非结合</td><td>instanceof</td><td>类型</td></tr>
<tr><td>右结合</td><td>!</td><td>逻辑操作符</td></tr>
<tr><td>左</td><td>* / %</td><td>算术运算符</td></tr>
<tr><td>左</td><td>+ - .</td><td>算术运算符和字符串运算符</td></tr>
<tr><td>左</td><td><< >></td><td>位运算符</td></tr>
<tr><td>非结合</td><td>< <= > >= <></td><td>比较运算符</td></tr>
<tr><td>非结合</td><td>== != === !==</td><td>比较运算符</td></tr>
<tr><td>左</td><td>&</td><td>位运算符和引用</td></tr>
<tr><td>左</td><td>^</td><td>位运算符</td></tr>
<tr><td>左</td><td>|</td><td>位运算符</td></tr>
<tr><td>左</td><td>&&</td><td>逻辑运算符</td></tr>
<tr><td>左</td><td>||</td><td>逻辑运算符</td></tr>
<tr><td>左</td><td>? :</td><td>三元运算符</td></tr>
</table>

Note

续表

结合方向	运算符	附加信息
右	= += -= *= /= .= %= &= |= ^= <<= >>=	赋值运算符
左	and	逻辑运算符
左	xor	逻辑运算符
左	or	逻辑运算符
左	,	多处用到

16.5 PHP 表达式

表达式是 PHP 语言基础。在 PHP 中几乎所写的任何东西都是一个表达式。简单但却最精确的定义一个表达式的方式就是“任何有值的东西”。

最基本的表达式形式是常量和变量。当输入“$a=5”，即将值 5 分配给变量$a。很明显，5 是一个值为 5 的表达式。稍微复杂的表达式例子就是函数。如：

```
<?php
function foo (){
    return 5;
}
?>
```

函数也是表达式，表达式的值即为它们的返回值。既然 foo()返回 5，表达式 foo()的值也是 5。通常函数不会仅仅返回一个静态值，而可能会进行计算，完成特定任务。

PHP 是一种面向表达式的语言，从这一方面来讲几乎一切都是表达式。另外一个很好的面向表达式的例子就是前、后递增和递减。PHP 和多数其他语言的用户应该比较熟悉变量++和变量--符号。即递增和递减运算符。在 PHP 2 中，语句$a++没有值（不是表达式），这样的话用户不能为其赋值或者以任何其他方式来使用它。PHP 通过将其变为了表达式，类似 C 语言，增强了递增/递减的能力。在 PHP 和 C 语言中，有两种类型的递增：前递增和后递增，本质上来讲，前递增和后递增均增加了变量的值，并且对于变量的影响是相同的。不同的是递增表达式的值。前递增，写作++$variable，求增加后的值（PHP 在读取变量的值之前，增加变量的值，因而称之为前递增）。后递增，写作$variable++，求变量未递增之前的原始值（PHP 在读取变量的值之后，增加变量的值，因而叫做后递增）。

常用到表达式类型是比较表达式。这些表达式求值 FALSE 或 TRUE。PHP 支持 >（大于）、>=（大于等于）、==（等于）、!=（不等于）、<（小于）、<=（小于等于）。PHP 还支持全等运算符===（值和类型均相同）和非全等运算符!==（值或者类型不同）。这些表达式都是在条件判断语句，如 if 语句中。

表达式可以被当成语句。这时，可以在一个表达式加一个分号结尾。在“$b–$a–5;”中，$a=5 是一个有效的表达式，但它本身不是一条语句。而“$b=$a=5;”是一条有效的语句。

16.6 PHP 流程控制

任何 PHP 脚本都是由一系列语句构成的。一条语句可以是一个赋值语句，一个函数调用，一个

循环，一个条件语句或者是一个什么也不做的空语句。语句通常以分号结束，用户可以使用大括号将一组语句封装成一个语句组。语句组本身可以当作是一行语句。本节将重点介绍 PHP 流程控制结构和语句，这里主要包括条件语句和循环语句。

16.6.1 if 条件语句

if 结构是很多语言（包括 PHP 在内）最重要的特性之一，它允许按照条件执行代码片段。PHP 的 if 结构和 C 语言相似。

```
<?php
if (expr)
    statement
?>
```

如果表达式 expr 的值为 true，PHP 将执行 statement，如果值为 false，将忽略 statement。例如，在下面示例中，如果$a 大于$b，则将显示"a 大于 b"。

```
<?php
if ($a > $b)
    echo "a 大于 b";
?>
```

经常需要按照条件执行不止一条语句，当然并不需要给每条语句都加上一个 if 子句。可以将这些语句放入语句组中。例如，如果$a 大于$b，则将显示"a 大于 b"，并且将$a 的值赋给$b。

```
<?php
if ($a > $b) {
    echo "a 大于 b";
    $b = $a;
}
?>
```

if 语句可以无限层地嵌套在其他 if 语句中，这给程序的不同部分的条件执行提供了充分的弹性。

16.6.2 else 条件语句

用户经常需要设计在满足某个条件时执行一条语句，而在不满足该条件时执行其他语句，这正是 else 语句的功能。else 延伸了 if 语句，可以在 if 语句中的表达式的值为 false 时执行语句。例如，在下面示例中，如果$a 大于$b 时，显示"a 大于 b"，反之则显示"a 不大于 b"。

```
<?php
if ($a > $b) {
    echo "a 大于 b";
} else {
    echo "a 不大于 b";
}
?>
```

else 语句仅在 if 以及 elseif 语句中的表达式的值为 false 时执行。

16.6.3 else if 条件语句

else if 与 else 条件语句一样，它延伸了 if 语句，可以在原来的 if 表达式值为 false 时执行不同语句。但是与 else 不一样的是，它仅在 else if 的条件表达式值为 true 时执行语句。例如，在下面示例中，如果$a 大于$b 时，显示"a 大于 b"，如果相等，则显示"a 等于 b"，都不成立则显示"a 小于 b"。

```
<?php
if ($a > $b) {
    echo "a 大于 b";
} elseif ($a == $b) {
    echo "a 等于 b";
} else {
    echo "a 小于 b";
}
?>
```

在同一个 if 结构中可以有多个 elseif 语句。第一个表达式值为 true 的 elseif 语句（如果有的话）将会执行。在 PHP 中，也可以写成 elseif，它和 else if 语句的行为完全一样。句法分析的含义有少许区别，elseif 的语句仅在之前的 if 或 elseif 的表达式值为 false，而当前的 elseif 表达式值为 true 时执行。

注意：elseif 与 else if 只有在使用大括号的情况下才认为是完全相同。

16.6.4 switch 条件语句

elseif 语句可以设计多重选择，但是比较繁琐，为了避免 if 语句的冗长结构，用户可以使用 switch 语句简化编程。switch 语句适合于这样的环境：当需要把同一个变量（或表达式）与很多不同的值比较，并根据它等于哪个值来执行不同的代码。

```
<?php
switch ($i) {
    case 0:
        echo "i= 0";
        break;
    case 1:
        echo "i=1";
        break;
    case 2:
        echo "i=2";
        break;
}
?>
```

switch 语句是一行接一行地执行，开始时没有代码被执行，仅当一个 case 语句中的值和 switch 表达式的值匹配时，PHP 才开始执行语句，直到 switch 的程序段结束或者遇到第一个 break 语句为止。如果不在 case 的语句段最后写上 break 的话，PHP 将继续执行下一个 case 中的语句段。如：

```
<?php
switch ($i) {
    case 0:
```

```
            echo "i=0";
        case 1:
            echo "i=1";
        case 2:
            echo "i=2";
    }
    ?>
```

如果$i 等于 0，PHP 将执行所有的输出语句，如果$i 等于 1，PHP 将执行后面两条输出语句，只有当 $i 等于 2 时，才会得到预期的结果，只显示“i=2”。所以，别忘了 break 语句很重要。

在 switch 语句中条件只求值一次，并用来与每个 case 语句比较。而在 elseif 语句中条件会再次求值。如果条件比较复杂，或者在一个很多次的循环中，那么选用 switch 语句可能会快一些。

在一个 case 中的语句也可以为空，这样只不过将控制转移到了下一个 case 中的语句。如：

```
<?php
switch ($i) {
    case 0:
    case 1:
    case 2:
        echo "i<3";
        break;
    case 3:
        echo "i=3";
}
?>
```

default 语句比较特殊，它匹配其他 case 都不匹配的情况。如：

```
<?php
switch ($i) {
    case 0:
        echo "i=0";
        break;
    case 1:
        echo "i=1";
        break;
    case 2:
        echo "i=2";
        break;
    default:
        echo "i 不是 0、1、2";
}
?>
```

case 表达式可以是任何求值为简单类型的表达式，即整型或浮点数以及字符串，不能是数组或对象，除非它们被解除引用成为简单类型。同时，PHP 还允许使用分号（;）代替 case 语句后的冒号（:），如：

```
<?php
switch($i){
    case 1;
    case 2;
```

```
        case 3;
            echo "i=3";
            break;
        default;
            echo '...';
}
?>
```

Note

注意：与其他语言不同，在 switch 结构中，continue 语句作用类似于 break 语句。如果在循环中有一个 switch 结构并希望 continue 到外层循环中的下一个轮回，可以使用 continue 语句。

16.6.5 while 循环语句

while 循环是 PHP 中最简单的循环类型。其基本格式如下：

```
while (expr)
    statement
```

while 语句的含义很简单，它告诉 PHP 只要 while 表达式的值为 TRUE，就重复执行嵌套中的循环语句。表达式的值在每次开始循环时检查，所以即使这个值在循环语句中改变了，语句也不会停止执行，直到本次循环结束。有时如果 while 表达式的值一开始就是 FALSE，则循环语句一次都不会执行。

例如，下面两个循环语句完全一样，都显示数字 1 到 10。

```
<?php
$i = 1;
while ($i <= 10) {
    echo $i++;
}
$i = 1;
while ($i <= 10) {
    print $i;
    $i++;
}
?>
```

16.6.6 do-while 循环语句

do-while 与 while 循环非常相似，区别在于表达式的值是在每次循环结束时检查而不是在开始时，因此 do-while 循环语句保证会执行一次循环，而 while 循环就不一定了，如果表达式的值为 false 则整个循环立即终止。如：

```
<?php
$i = 0;
do {
   echo $i;
} while ($i > 0);
?>
```

在上面示例中，循环正好运行一次，因为经过第一次循环后，当检查表达式的真值时，其值为 false

（$i 不大于 0）而导致循环终止。

16.6.7 for 循环语句

for 循环是 PHP 中最复杂的循环结构。它的行为与 C 语言的相似。其语法格式如下：

```
for (expr1; expr2; expr3)
    statement
```

第一个表达式（expr1）在循环开始前无条件求值一次。第二个表达式 expr2 在每次循环开始前求值。如果值为 true，则继续循环，执行嵌套的循环语句。如果值为 false，则终止循环。第三个表达式 expr3 在每次循环之后被求值（执行）。

每个表达式都可以为空或包括逗号分隔的多个表达式。表达式 expr2 中，所有用逗号分隔的表达式都会计算，但只取最后一个结果。expr2 为空，PHP 会认为其值为 true，意味着将无限循环下去。这可能不像想象中那样没有用，因为经常会希望用 break 语句来结束循环而不是用 for 的表达式真值判断。

例如，下面示例中 4 个循环结构将显示 1 到 10 数字。

```
<?php
/*循环 1 */
for ($i = 1; $i <= 10; $i++) {
    echo $i;
}
/*循环 2*/
for ($i = 1; ; $i++) {
    if ($i > 10) {
        break;
    }
    echo $i;
}
/*循环 3 */
$i = 1;
for (;;) {
    if ($i > 10) {
        break;
    }
    echo $i;
    $i++;
}
/*循环 4 */
for ($i = 1, $j = 0; $i <= 10; $j += $i, print $i, $i++);
?>
```

在上面示例中第一个循环结构比较常见，但是后面 3 种循环形式在特殊情况下比较实用，建议用户灵活掌握它们，学会在 for 循环中使用空的表达式有时会发现很方便。

for 循环经常用在遍历操作，例如，在下面示例中对数组进行遍历，以便改变数组中某些元素的值。

```
<?php
$people = Array(
        Array('name' => 'Kalle', 'salt' => 856412),
```

```
            Array('name' => 'Pierre', 'salt' => 215863)
            );
for($i = 0; $i < sizeof($people); ++$i){
      $people[$i]['salt'] = rand(000000, 999999);
}
?>
```

Note

在上面代码中，for 的第二个表达式需要获取数组的长度，因此每次循环时都要计算一遍数组的长度，这样就影响到循环的执行效率。由于数组的长度始终不变，可以使用一个中间变量来存储数组长度，然后用这个变量作为 for 循环的第二个表达式。这样在循环时就可以直接使用该变量的值，不用每次重新计算。如：

```
<?php
$people = Array(
            Array('name' => 'Kalle', 'salt' => 856412),
            Array('name' => 'Pierre', 'salt' => 215863)
            );
for($i = 0, $size = sizeof($people); $i < $size; ++$i){
      $people[$i]['salt'] = rand(000000, 999999);
}
?>
```

16.6.8 foreach 循环语句

PHP 4 引入了 foreach 结构，该结构仅能用于数组，当试图将其用于其他数据类型或者一个未初始化的变量时会产生错误，因此可以把它视为一种遍历数组的简便方法。

foreach 结构有两种语法：

```
foreach (array_expression as $value)
      statement
foreach (array_expression as $key => $value)
      statement
```

第一种格式遍历给定的 array_expression 数组。每次循环中，当前单元的值被赋予给变量$value，并且数组内部的指针向前移一步，因此下一次循环中将会得到下一个单元。

第二种格式与第一种循环格式相同，只是它不仅获取每个单元的值，还可以获取单元的键名，其中当前单元的键名也会在每次循环中被赋给变量$key。虽然这种格式不常用，但它是第一种格式的有益扩展。自 PHP 5 起，foreach 结构还可以遍历对象。

当 foreach 开始执行时，数组内部的指针会自动指向第一个单元。这意味着不需要在 foreach 循环之前调用 reset()。

除非数组是被引用，foreach 所操作的是指定数组的一个备份，而不是该数组本身。foreach 对数组指针有些副作用。除非对其重置，在 foreach 循环中或循环后都不要依赖数组指针的值。但是从 PHP 5 开始，可以很容易地通过在$value 之前加上&运算符来修改数组的元素。此方法将以引用赋值而不是复制一个值。如：

```
<?php
$arr = array(1, 2, 3, 4);
foreach ($arr as &$value) {
      $value = $value * 2;
```

```
}
?>
```

则执行完毕，数组$arr 的值变成 array(2, 4, 6, 8)。

Note

16.6.9 流程控制的替代方法

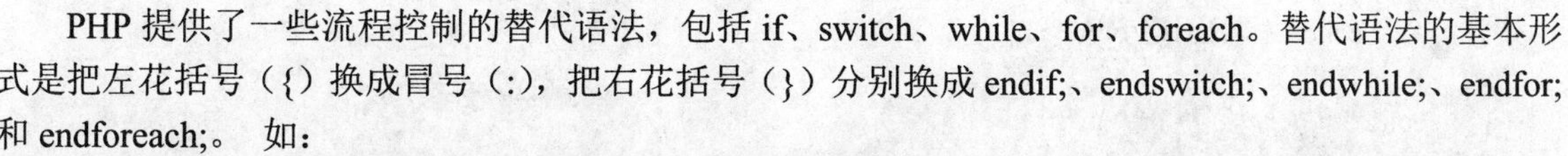

PHP 提供了一些流程控制的替代语法，包括 if、switch、while、for、foreach。替代语法的基本形式是把左花括号（{）换成冒号（:），把右花括号（}）分别换成 endif;、endswitch;、endwhile;、endfor;和 endforeach;。如：

```
<?php
if ($a == 1):
    echo "a=1";
elseif ($a == 2):
    echo "a=2";
else:
    echo "a<>1、2";
endif;
?>
```

16.6.10 break 控制流程语句

break 语句能够结束当前 for、foreach、while、do-while 或者 switch 结构的执行。同时 break 可以接受一个可选的数字参数来决定跳出几重循环。如：

```
<?php
$i = 0;
while (++$i) {
    switch ($i) {
    case 5:
        echo " 5<br />\n";
        break 1;                                    /*只退出 switch */
    case 10:
        echo " 10 <br />\n";
        break 2;                                    /*退出 switch 和 while 循环*/
    default:
        break;
    }
}
?>
```

16.6.11 continue 控制流程语句

continue 在循环结构用来跳过本次循环中剩余的代码，并在条件求值为真时开始执行下一次循环。它可以接受一个可选的数字参数来决定跳过几重循环到循环结尾。如：

```
<?php
$i = 0;
while ($i++ < 5) {
```

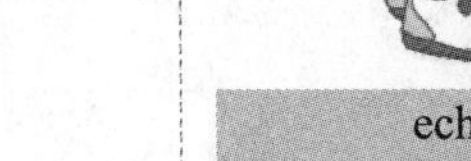

```
    echo "3 层循环<br />\n";
    while (1) {
        echo "  2 重循环<br />\n";
        while (1) {
            echo "  1 重循环<br />\n";
            continue 3;
        }
        echo "不输出该句<br />\n";
    }
    echo "不执行该句<br />\n";
}
?>
```

注意：在 PHP 中 switch 语句被认为是可以使用 continue 的一种循环结构。

16.6.12 goto 控制流程语句

goto 语句可以用来跳转到程序中的某一指定位置。该目标位置可以用目标名称加上冒号来标记。如：

```
<?php
goto a;
echo 1;
a:
echo 2;
?>
```

在上面示例中，将输出 2，而不是 1。

PHP 中的 goto 有一定限制，只能在同一个文件和作用域中跳转，也就是说无法跳出一个函数或类方法，也无法跳入到另一个函数。同时也无法跳入到任何循环或者 switch 结构中。常见的用法是用来跳出循环或者 switch，可以代替多层的 break。该语句仅在 PHP 5.3 及以上版本有效。

16.6.13 include 和 require 控制流程语句

include 和 require 语句包含并运行指定文件。这两种结构除了在如何处理失败之外完全一样。include 产生一个警告，而 require 则会导致一个致命错误。换句话说，如果想在遇到丢失文件时停止处理页面就用 require。include 就不是这样，脚本会继续运行。同时也要确认设置了合适的 include_path。

include 和 require 语句寻找包含文件的顺序先是在当前工作目录的相对的 include_path 下寻找，然后是当前运行脚本所在目录相对的 include_path 下寻找。例如，include_path 是 .，当前工作目录是/www/，脚本中要 include 一个 include/a.php，且在该文件中有一句 include "b.php"，则寻找 b.php 的顺序先是/www/，然后是/www/include/。如果文件名以./ 或者../ 开始，则只在当前工作目录相对的 include_path 下寻找。

当一个文件被包含时，其中所包含的代码继承了 include 所在行的变量范围。从该处开始，调用文件在该行处可用的任何变量在被调用的文件中也都可用。不过所有在包含文件中定义的函数和类都具有全局作用域。

例如，新建 vars.php 文件：

```
<?php
$color = 'green';
```

```
$fruit = 'apple';
?>
```

再创建 test.php 文件：

```
<?php
echo "A $color $fruit"; // A
include 'vars.php';
echo "A $color $fruit";
?>
```

如果 include 出现于调用文件中的一个函数里，则被调用的文件中所包含的所有代码将表现得如同它们是在该函数内部定义的一样，所以它将遵循该函数的变量范围。

```
<?php
function foo(){
    global $color;
    include 'vars.php';
    echo "A $color $fruit";
}
foo();
echo "A $color $fruit";
?>
```

当一个文件被包含时，语法解析器在目标文件的开头脱离 PHP 模式并进入 HTML 模式，到文件结尾处恢复。由于此原因，目标文件中应被当作 PHP 代码执行的任何代码都必须被包括在有效的 PHP 起始和结束标记之中。

16.7 PHP 函数

在开发过程中，经常需要反复重复某种操作或者处理，如数据查询、字符串操作等，如果每个模块的操作都需要重复输入一次代码，不仅执行效率低，而且后期维护都比较麻烦，这时不妨考虑使用函数来解决这个难题。

16.7.1 定义和调用函数

在 PHP 语言中，定义函数的语法格式如下：

```
function fun_name($arg_1, $arg_2, ..., $arg_n){
    fun_body;
}
```

其中，function 表示声明自定义函数必须使用的关键字，fun_name 表示函数的名称，$arg_1、$arg_2、$arg_n 等为函数的参数，参数之间通过逗号分隔，参数个数不限，也可以省略参数。

函数名和 PHP 中的其他标识符命名规则相同。有效的函数名以字母或下划线打头，后面跟字母、数字或下划线。可以用正则表达式表示为：[a-zA-Z_\x7f-\xff][a-zA-Z0-9_\x7f-\xff]*。函数名是大小写无关的，不过在调用函数时，通常使用其在定义时相同的形式。

fun_body 表示函数体，在函数体中可以包含任意多行代码，这些代码是函数的功能主体，并由这

些代码执行和完成指定的任务。注意，任何有效的 PHP 代码都有可能出现在函数内部，甚至包括其他函数和类定义。

Note

当定义好函数之后，就可以调用函数了，调用函数的方法比较简单，只需要引用函数名，并赋予正确的参数即可，格式如下：

```
fun_name($arg_1, $arg_2, ..., $arg_n) ;
```

函数必须在其调用之前定义。

例如，下面示例中在自定义函数中定义函数，然后分别进行调用。

```
<?php
function foo(){
   function bar() {
      echo "I don't exist until foo() is called.\n";
   }
}
/*现在还不能调用 bar()函数，因为它还不存在*/
foo();
/*现在可以调用 bar()函数了，因为 foo()函数
    的执行使得 bar()函数变为已定义的函数*/
bar();
?>
```

在 PHP 中所有函数都具有全局作用域，可以在内部定义，在外部调用，反之亦然。

注意：PHP 不支持函数重载，也不可能取消定义或者重定义已声明的函数。

在 PHP 中可以调用递归函数。如：

```
<?php
function recursion($a){
      if ($a < 20) {
            echo "$a\n";
            recursion($a + 1);                              //调用函数自身
      }
}
?>
```

在调用递归函数时，应该设置循环调用的条件和次数，因为可能会破坏堆栈从而使当前脚本终止。

16.7.2 函数参数

通过参数列表可以传递信息给函数，这个信息列表是以逗号作为分隔符的表达式列表。在调用函数时，需要向函数传递参数，被传入的参数被称为实参，而在定义函数时指定的参数，被称为形参。参数传递的方式有按值传递、按引用传递和默认参数 3 种。

1. 按值传递参数

将实参的值复制到对应的形参中，在函数内部的操作针对形参进行，操作的结果不会影响到实参，即函数返回后，实参的值不会改变。如：

```
<?php
function fun($m){
```

```
        $m = $m * 2 +    1;
        echo "在函数内：\$m = ".$m;                    //显示 11
}
$m = 5;
fun($m);                                              //调用函数
echo "在函数外：\$m = ".$m;                            //显示 5
?>
```

2. 按引用传递参数

按引用传递参数是将实参的内存地址传递给形参中，这时在函数内部的所有操作都会影响到实参的值，此时再次调用实参，也会发现实参的值发生变化。如：

```
<?php
function fun(&$m){
        $m = $m * 2 +    1;
        echo "在函数内：\$m = ".$m;                    //显示 11
}
$m = 5;
fun($m);                                              //调用函数
echo "在函数外：\$m = ".$m;                            //显示 11
?>
```

3. 默认参数（可选参数）

还有一种设置参数的方式，即可选参数。可以指定某个参数为可选参数，将可选参数放置在参数列表的末尾，并且指定其默认值。如：

```
<?php
function fun(&$m, $n=0){
        $l = $m    +    $n;
        if($n == 0)
                echo "\$m = ".$l."<p>";
        else
                echo "\$m    +    \$n = ".$l."<p>";
}
$m = 5;
$n = 5;
fun($m);                                              //显示：$m = 5
fun($m, $n);                                          //显示：$m + $n = 10
?>
```

PHP 还允许使用数组和特殊类型 NULL 作为默认参数，默认值必须是常量表达式，不能是诸如变量、类成员，或者函数调用等表达式。

注意：当使用默认参数时，任何默认参数必须放在任何非默认参数的右侧；否则，函数将不会按照预期的情况工作。

16.7.3 函数返回值

使用 return 关键字可以返回函数值。如果在一个函数体内调用 return 语句，将立即结束该函数的执行，并将它的参数作为函数的值返回。如：

```
<?php
function square($n){
    return $n * $n;
}
echo square(5);                                          //返回 25
?>
```

如果在全局范围中调用 return 语句，则当前脚本文件将中止运行。如果当前脚本文件是被 include 的或者 require 的，则控制交回调用文件。return 也会终止 eval 语句或者脚本文件的执行。

返回值可以包括数组和对象的任意类型。但是函数不能返回多个值，但可以通过返回一个数组来得到类似的效果。如：

```
<?php
function small_n (){
    return array (0, 1, 2);
}
list ($zero, $one, $two) = small_n();
?>
```

如果需要函数返回一个引用，必须在函数声明和指派返回值给一个变量时都使用引用操作符&。如：

```
<?php
function &foo(){
    return return $ref;
}
$newref = &foo();
?>
```

16.7.4 可变函数

PHP 支持可变函数，即如果一个变量名后有圆括号，PHP 将寻找与变量的值同名的函数，并且尝试执行它。可变函数可以用来实现包括回调函数、函数表在内的一些用途。下面通过一个示例体会什么是可变函数。

```
<?php
function fun1(){
    echo "函数 1<p>";
}
function fun2(){
    echo "函数 2<p>";
}
$m = "fun1";
$m();                                                    //调用 fun1 函数
$m = "fun2";
$m();                                                    //调用 fun2 函数
?>
```

通过上面示例可以看到，函数的调用是通过改变变量的变量名实现的，通过在变量名后面加上一对小括号，PHP 就会自动寻找与变量名相同的函数，并且执行它，如果找不到对应的函数，则系统会自动报错。

16.7.5 取消引用

当不需要引用时，可以使用 unset()函数取消引用。该函数能够断开变量名与引用的内容之间的联系，而不是销毁变量内容。如：

Note

```
<?php
$a = 1;
$b = &$a;                                    //定义引用
echo   $b;                                   //显示 1
unset($b);                                   //取消引用
echo   $b;                                   //显示空
?>
```

16.8 PHP 类和对象

PHP 5 开始引入了新的对象模型。完全重写了 PHP 处理对象的方式，允许更佳性能和更多特性。本节将重点介绍 PHP 类和对象的定义和应用，以帮助用户掌握强大的对象化编程开发的方法和技巧。

16.8.1 定义和调用类

使用 class 关键字可以定义类，在类中可以声明类成员和方法。例如，在下面示例中定义了类 A，该类中包含一个方法 f()。

```
<?php
class A{
    function f(){
        echo "类方法";
    }
}
?>
```

在类中，伪变量$this 是一个对调用对象的引用，即引用类的实例。再看一个示例，在这个示例中分别声明了类成员和方法。

```
<?php
class A{
    public $var = '默认值';                     //声明成员
    public function f(){                       //声明方法
        echo $this->var;
    }
}
?>
```

使用 new 关键字可以调用类，即使用 new 关键字创建一个对象的实例，然后就可以引用类成员和方法了。如：

```
<?php
$a = new A();                                  //实例化类
```

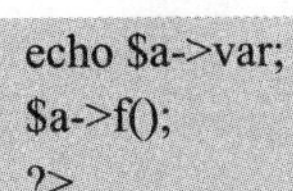

```
echo $a->var;                                    //引用对象的成员，显示'默认值'
$a->f();                                         //引用对象的方法，显示'默认值'
?>
```

当把一个对象已经创建的实例赋给一个新变量时，新变量会访问同一个实例，就和用该对象赋值一样。此行为和给函数传递入实例时一样。可以用克隆给一个已创建的对象建立一个新实例。

在一个类中可以使用 extends 关键字继承另一个类的方法和成员。但不能扩展多个类，只能继承一个基类。例如，在下面示例中，分别定义 A 和 B 类，其中 A 是基类，B 是子类，然后就可以在 B 类中调用基类的成员或者方法。

```
<?php
class A{                                         //定义 A 类
    public $var = '默认值';                       //声明成员
    public function f(){                         //声明方法
        echo $this->var;
    }
}
class B extends A{                               //定义 B 类
    function e() {                               //声明方法
        parent::f();                             //调用 A 类的方法 f()
    }
}
$b = new B();                                    //实例化 B 类
$b->e();                                         //调用对象$b 的 e()方法，显示'默认值'
?>
```

16.8.2 类属性

类的变量成员被称为属性，或者字段、特征，本书统一称为属性。 属性声明是由关键字 public、protected 或者 private 开头，然后跟一个变量来组成。属性中的变量可以初始化，但是初始化的值必须是常数，这里的常数是指在编译阶段时就为常数，而不是在编译阶段之后在运行阶段运算出的常数。

类成员都必须使用关键字 public、protected 或 private 进行定义。由 public 关键字定义的类成员可以在任何地方被访问。由 protected 定义的类成员可以被其所在类的子类和父类访问，当然该成员所在的类也可以访问。由 private 定义的类成员则只能被其所在类访问。

为了兼容 PHP 4，PHP 5 声明属性依然可以直接使用关键字 var，或者放在 public、protected、private 之前。但是 var 并不是必需的。如果直接使用 var 声明属性，而没有 public、protected 或 private，PHP 5 会认为这个属性为 public。

在类的成员方法里面，可以通过$this->property（property 是属性名字）这种方式来访问类的属性、方法，但是要访问类的静态属性或者在静态方法里面却不能使用，而是使用 self::$property。在类的非静态方法里面可以使用伪变量$this，这个伪变量是调用该方法的实例化对象引用。

```
<?php
class MyClass{
    public $public = 'Public';
    protected $protected = 'Protected';
    private $private = 'Private';
    function printHello() {
        echo $this->public;
```

```
            echo $this->protected;
            echo $this->private;
        }
}
$obj = new MyClass();
echo $obj->public;                          //正常执行，显示：public
echo $obj->protected;                       //会产生一个致命错误
echo $obj->private;                         //会产生一个致命错误
$obj->printHello();                         //输出：public、protected 和 private
?>
```

16.8.3 类常量

在类中还可以定义常量，常量的值将始终保持不变，常量的值必须是一个定值，不能是变量、类属性或其他操作（如函数调用）的结果。在定义和使用常量时不需要使用$符号，常量的值不能为关键字 self、parent 或 static。例如，在下面示例中定义并使用一个类常量。

```
<?php
class MyClass{
    const constant = '常量值';                  //声明类常量
    function showConstant() {
        echo    self::constant . "\n";         //在类方法中引用常量
    }
}
echo MyClass::constant . "\n";                 //直接读取类常量
$class = new MyClass();
$class->showConstant();                        //调用类的方法显示常量值
?>
```

16.8.4 构造函数和析构函数

PHP 5 允许开发者在一个类中定义一个方法作为构造函数，具有构造函数的类会在每次创建对象时先调用该方法，一般在构造函数中做一些初始化工作。其语法格式如下：

```
void __construct ([ mixed $args [, $... ]] )
```

如果子类中定义了构造函数，则不会自动调用父类构造函数。要执行父类构造函数，需要在子类的构造函数中调用 parent::__construct()。

```
<?php
class BaseClass {
    function __construct() {
        print "对象初始化构造函数";
    }
}
class SubClass extends BaseClass {
    function __construct() {
        parent::__construct();
        print "初始化子类";
    }
}
```

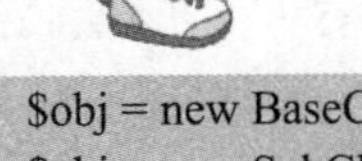

```
$obj = new BaseClass();                          //自动显示：对象初始化构造函数
$obj = new SubClass();                           //自动执行父类和子类的构造函数
?>
```

为了实现向后兼容性，如果 PHP 5 在类中找不到__construct()函数，它就会尝试寻找旧式的构造函数，也就是和类同名的函数。

析构函数就是在对象的所有引用都被删除或者当对象被显式销毁时执行。其语法格式如下：

```
void __destruct ( void )
```

例如，在下面示例中将会自动执行构造函数和析构函数。

```
<?php
class MyClass {
    function __construct() {
        print "构造函数";
    }
    function __destruct() {
        print "析构函数";
    }
}
$obj = new MyClass();
?>
```

与构造函数一样，父类的析构函数不会被引擎自动调用。要执行父类的析构函数，必须在子类的析构函数体中显式调用 parent::__destruct()。

16.8.5 对象继承

继承是面向对象编程的基本特性，PHP 的对象模型也支持继承。继承将会影响到类与类、对象与对象之间的关系。当扩展一个类，子类就会继承父类的所有公有和保护方法。但是子类的方法会覆盖父类的方法。

例如，在下面示例中，子类 bar 继承父类 foo 的 printPHP()方法，同时重写了父类的 printItem()方法。

```
<?php
class foo{
    public function printItem($string) {
        echo 'Foo: ' . $string;
    }
    public function printPHP(){
        echo 'PHP is great.';
    }
}
class bar extends foo{
    public function printItem($string) {
        echo 'Bar: ' . $string;
    }
}
$foo = new foo();
$bar = new bar();
```

```
$foo->printItem('baz');                    //显示：Foo: baz
$foo->printPHP();                          //显示：PHP is great
$bar->printItem('baz');                    //显示：Bar: baz
$bar->printPHP();                          //显示：PHP is great
?>
```

继承对于功能的设计和抽象是非常有用的，而且对于类似的对象增加新功能就无须重新再写这些公用的功能。

16.8.6 抽象类

抽象类不能直接被实例化，必须先继承该抽象类，然后再实例化子类。抽象类中至少包含一个抽象方法。如果类方法被声明为抽象的，那么其中就不能包括具体的功能实现。继承一个抽象类时，子类必须实现抽象类中的所有抽象方法。如果抽象类中某个抽象方法被声明为 protected，那么子类中实现的方法就应该声明为 protected 或者 public，而不能定义为 private。如：

```
<?php
abstract class AbstractClass{
    abstract protected function getValue();        //强制子类必须定义的方法
    public function printOut() {                   //普通方法（非抽象方法）
        print $this->getValue() . "\n";
    }
}
class Class1 extends AbstractClass{
    protected function getValue() {                //具体化抽象方法
        return "子类 1";
    }
}
$class1 = new Class1;
$class1->printOut();                               //显示：子类 1
?>
```

注意：抽象类的子类中的普通方法执行方式和其他类相同。

16.8.7 接口

接口（interface）就是另一种特殊形式的抽象类，你可以指定某个类必须实现哪些方法，但不需要定义这些方法的具体内容。使用 interface 关键字可以定义一个接口，结构与标准类一样，但其中定义所有的方法都是空的。如：

```
<?php
//声明一个 iTemplate 接口
interface iTemplate{
    public function setVariable($name, $var);
}
//实现接口
class Template implements iTemplate{
    private $vars = array();
    public function setVariable($name, $var) {
        $this->vars[$name] = $var;
```

```
    }
}
?>
```

Note

要实现一个接口，可以使用 implements 操作符。类中必须实现接口中定义的所有方法，否则会报错。如果要实现多个接口，可以用逗号来分隔多个接口的名称。实现多个接口时，接口中的方法不能有重名。

接口中定义的所有方法都必须是 public，这是接口的特性。接口也可以继承，通过使用 extends 操作符。接口中也可以定义常量，接口常量和类常量的使用完全相同，它们都是定值，不能被子类或子接口修改。

16.9 PHP 编码规范

严谨的代码编写习惯将让用户受益终生，下面就 PHP 开发中一些约定俗成的编码规范进行汇总，以方便用户学习。

16.9.1 命名规范

1. 变量

- ☑ 全局变量使用$g_开头，如$g_data_list。
- ☑ 一般的变量使用小写字母命名，单词之间使用下划线分隔。
- ☑ 变量名字应该使用名词或者形容词+名词的方式。如$value，$new_value。
- ☑ 不要将在循环中频繁使用的临时变量等用于其他用途，如$i、$j。

2. 常量

常量使用大写字母命名，单词之间使用下划线分隔，如 DB_HOST。

3. 函数

函数采用小写字母命名，单词之间使用下划线分隔。函数的命名建议使用动词+名词的方式，如 get_user_img。

4. 类

类使用英文的大小写来分隔单词，包括首个单词，所有单词的首字母大写，如 PageManager。在类中，方法放到属性定义前边，公用方法放到专用方法前边；一般情况下，一个类对应到一个文件；当一些类关系紧密时，可以存放在一个文件中；存放类的文件采用 ClassName.class.php 方式命名。

5. 方法

方法使用英文的大小写来分隔单词，除首个单词外，其他单词的首字母大写，如 getCurrentPage()；不要采用不常用的缩写，如 where2go()；使用常用的缩写时，只大写首字母，如 getHtml()。

16.9.2 版式规范

1. 语义分隔

各个函数、方法之间应该采用空行间隔；同一个函数中联系紧密的语句之间可以不换行，其他情

况需要换行。

2. 空格

☑ 逻辑运算符前后必须加空格，例如：

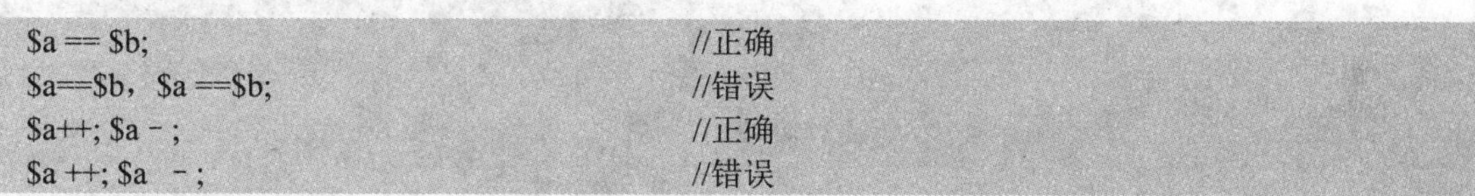

```
$a == $b;                                    //正确
$a==$b，$a ==$b;                             //错误
$a++; $a--;                                  //正确
$a ++; $a --;                                //错误
```

☑ 加减运算符不能加空格。

☑ 多个参数分隔时必须加空格，例如：

```
$g_pro, $g_user, g_show;                     //正确
get_db_info($host, $user, $passwd);          //正确
$g_pro,$g_user,$g_show;                      //错误
get_db_info($host,$user,$passwd);            //错误
```

☑ 语法关键字后必须加空格，例如：

```
for ($i = 0; $i < 10; $i++)                  //正确
for($i = 0; $i < 10; $i++ )                  //错误
```

3. 字符串和变量连接

字符串与变量连接使用‘.’号时，必须在‘.’前后加空格，使用“”号时，必须在变量前后加“{}”。例如：

```
$my_name = 'file_' . $var1;                  //正确
$my_name = "file_{$var1}";                   //正确
$my_name = 'file_'.$var1;                    //错误
$my_name = "file_$var1";                     //错误
```

4. 圆括号

函数名后括号不需要加空格，语法关键字后的括号必须加空格。例如：

```
for ($i = 0; $i < 10; $i++)                  //正确
strlen($my_name);                            //正确
for($i = 0; $i < 10; $i++ )                  //错误
strlen ($my_name);                           //错误
```

5. 花括号

花括号必须为上下对应。例如，下面写法是正确的。

```
if ($a) {
    $b = $a;
}
```

6. 数组定义

数组定义和使用时在key值前后必须加单引号。例如：

☑ 正确

```
array(
    'name' => 'd5s.cn',
```

```
        'gender' => 'php'
);
```

☑ 错误

Note

```
array(
    name => 'd5s.cn',
    gender => 'php'
);
```

7. SQL 字符串

在 PHP 中嵌入的 SQL 语句关键字全部采用大写；表名和字段名要用反引号（`）引起来以防止因为字段名中包含空格而出现错误；数据值两边用单引号'包括，并且应确保数据值中的单引号已经转义，以防止 SQL 注入。例如：

```
$sql = "SELECT `user`.`name` FROM `user` WHERE `id` = '$id'"; //正确
$sql = "select name.user from name where id = $id";           //错误
```

16.9.3 注释规范

不写不必要的注释，只有当代码不能很好地说明逻辑时，才用注释补充；把注释看成程序的一部分，在编写/维护代码时同时编写/维护注释；注释完全采用 PHPDocumentor 的规范，以方便用其生成 API 级文档。下面给出各个部分的注释示范。

1. 文件头注释

注释包括以下方面。

（1）项目、模块名称，文件名称、功能说明。

（2）模块或文件的使用说明。

（3）作者、日期。

（4）修改记录。

示范：

```
<?php
/******************************************
* 项目名称：ZMedia 数据抓取服务
* 文件名称：ZMedia_Spider.php
* 文件功能：服务运行入口
******************************************
* 运行方式：php ./ZMedia_Spider.php [-s] [控制信号] [-d]
* 参数说明：
* -s 控制信号：start（开始运行）、stop（结束运行）、restart（重新启动）
* -d 调试状态，终端窗口显示输出调试信号，否则无窗口运行输出到日志
*
* 如：php ./ZMedia_Spider.php -s restart -d debug
*
******************************************
* 创建日期：2015-05-01
* 创建作者：张三
******************************************
```

```
* 修改记录:
* 2015-05-01，V1.0，创建文件
*****************************************/
```

2. 类注释

注释包括以下方面。

（1）类名称。

（2）作者、日期。

（3）修改记录。

示范：

```
<?php
/******************************************
* 文件功能：日志记录类
******************************************
* 创建日期：2015-05-21
* 创建作者：张三
******************************************
* 修改记录:
* 2015-05-21，V1.0，创建文件
*****************************************/
```

3. 函数/类方法注释

注释包括以下方面。

（1）函数/类方法的功能说明。

（2）输入参数说明。

（3）输出结果说明。

（4）（可选）实现流程说明。

示范：

```
/***********************************************************
* 功能：PHP 截取 UTF-8 字符串，解决半字符问题。
* 说明：英文、数字（半角）为 1 字节（8 位），中文（全角）为 3 字节
***********************************************************
* 输入：$str 源字符串
* $len 左边的子串的长度
* 输出：取出的字符串，当$len 小于等于 0 时，会返回整个字符串
***********************************************************/
function utf_substr($str, $len)
```

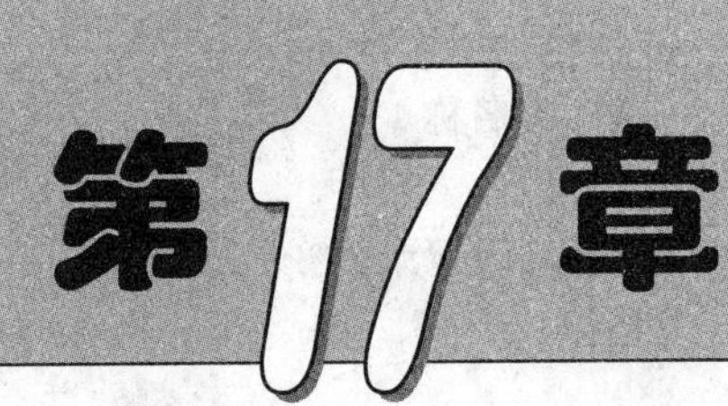

请求和获取信息

（视频讲解：51分钟）

现在的网站已经从提供静态信息的形式发展到交互式的提供动态信息业务的方式。Web 的信息服务形式可以概括为两点：向客户提供信息；记录客户提交的信息。要提供这两种服务，需解决的问题是：如何快速地让用户获取需要的信息，如何有效地记录用户提交的信息，以便网站做出快速、准确的响应。

用户可以通过表单和 URL 附加的查询字符串向服务器传递信息，PHP 也定义了不同的方法来获取它们，然后通过强大的服务器计算能力和数据库支持做出快速响应，完成用户请求到网站响应的交互式循环。本章将详细介绍 PHP 是如何实现用户请求到网站响应的交互过程。

【学习重点】

- 设计表单
- 提交表单数据
- 使用 PHP 获取表单数据
- 使用 PHP 获取查询字符串

Note

17.1　定 义 表 单

表单一直是前台设计和后台开发共同处理的对象。前台需要考虑表单设计的可用性、实用性，而后台开发则需要考虑如何借助表单设计实现数据交互的高效、安全和完整。

17.1.1　表单结构

表单不仅指一个<form>标签，实际上它是一个复杂的数据控件，提供数据输入的接口和数据传输的规则，这有别于网页中其他标签。表单另一个特殊之处就是它包含多个表单域对象，只有协同合作，整个表单才能够正常工作，实现信息交互的目的。

一个完整的表单必须包含表单框（<form>标签）、表单域（数据输入域）和表单事件（提交按钮，触发表单数据被提交的界面），如图 17.1 所示。

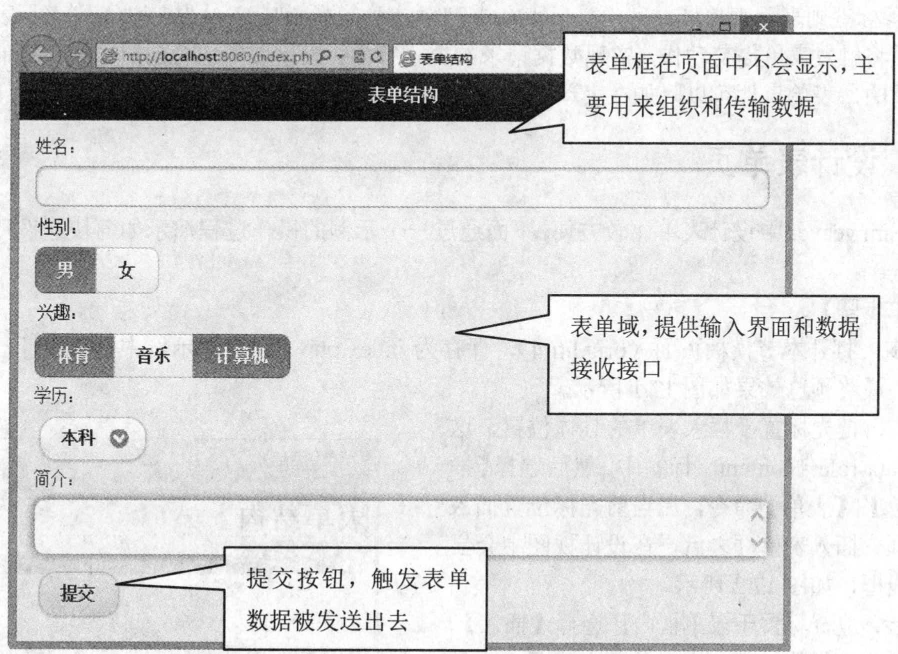

图 17.1　设计完整的表单结构

如果使用 html 表示，则代码如下：

```
<form id="form1" name="form1" method="post" action="">
    <label>姓名：<input type="text" name="textfield" id="textfield" /> </label>
    <fieldset data-role="controlgroup" data-type="horizontal">
        <legend>性别：</legend>
        <label><input name="sex" type="radio" value="男" checked />男</label>
        <label><input name="sex" type="radio" value="女" />女</label>
    </fieldset>
    <fieldset data-role="controlgroup" data-type="horizontal">
        <legend>兴趣：</legend>
```

Note

```
            <label><input name="interest" type="checkbox" value="体育" />体育</label>
            <label><input name="interest" type="checkbox" value="音乐" />音乐</label>
            <label><input name="interest" type="checkbox" value="计算机" />计算机</label>
        </fieldset>
        <label>学历：
            <select name="level" data-inline="true">
                <option value="level1">中学</option>
                <option value="level2">专科</option>
                <option value="level3">本科</option>
                <option value="level4">研究生</option>
            </select>
        </label>
        <label>简介：<textarea name="intr" cols="40" rows="4"></textarea></label>
        <label><input name="" type="submit" value="提交"   data-inline="true" data-theme="e" /></label>
    </form>
```

在上面代码中，<form>标签构成了表单包含框，其他元素都必须包含在其中，而<input>、<select>和<textarea>标签则表示表单域，其中<input name="" type="submit" value="提交" />则表示表单事件，单击该按钮将触发表单提交动作，实现数据请求的交互行为。表单域所包含的对象没有限制，但是表单框是必需的，表单事件可以附加在表单框上或者其他表单域上。

17.1.2 设计表单页

在 Dreamweaver 中设计表单比较方便，下面通过一个示例的操作过程演示如何快速设计一个表单页面。

【操作步骤】

第 1 步，打开本节模板页面（orig.html），保存为 index.php。在这个示例中，将设计一个完整的表单结构，最终预览效果如图 17.1 所示。

第 2 步，把光标置于插入表单的具体位置，这里为<div data-role="content">标签中。然后选择【插入】|【表单】|【表单】命令，在当前光标位置插入一个表单框。插入表单框之后，在设计视图中会显示红色虚线框，如图 17.2 所示。

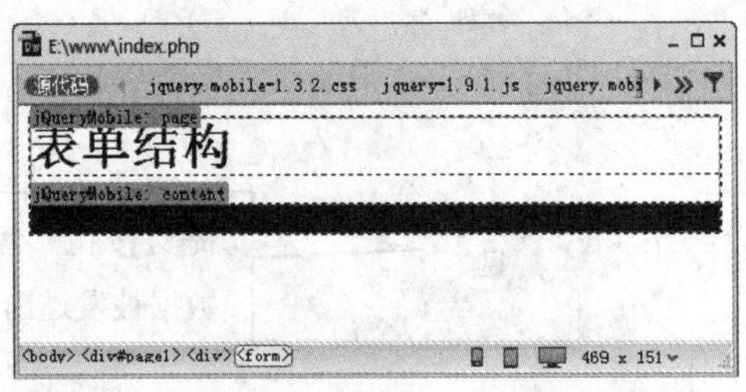

图 17.2 插入表单框

第 3 步，把光标置于表单框内，选择【插入】|【表单】子菜单中的任意一个表单项，如【文本】菜单选项，在表单框内的当前光标位置插入一个表单对象。

> 提示：如果插入的文本框不位于表单框<form>标签内，则 Dreamweaver 会弹出提示对话框提示是否增加表单标签。

第 4 步，在页面中插入一个文本表单对象之后，选中该表单项，在【属性】面板中设置表单对象的属性，如图 17.3 所示，该面板显示文本框的全部属性，可以进行快速设置。

第 5 步，以同样的方式，继续插入其他表单对象，然后在【属性】面板中设置属性即可。不同表单对象及其属性说明请参阅 17.1.3 节讲解。

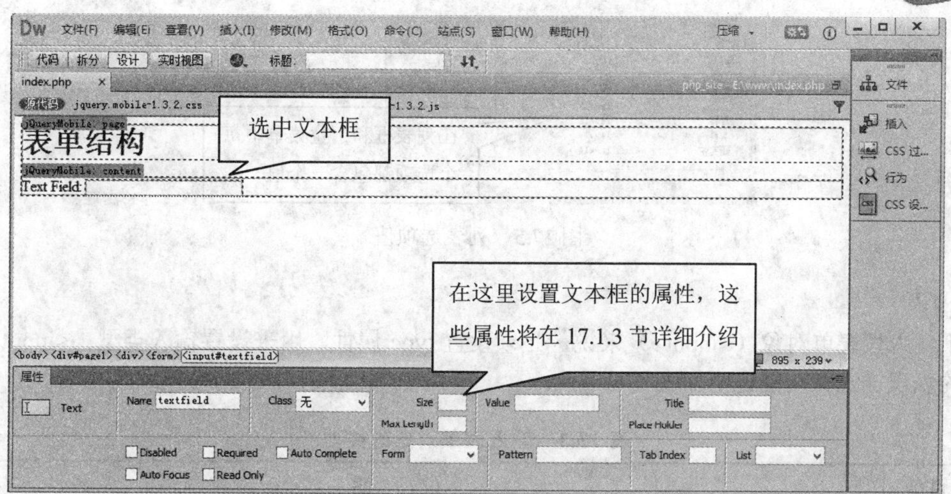

图 17.3　设置表单对象的属性

17.1.3　设置表单基本属性

表单属性众多，不过大部分表单对象都定义有最基本的属性，这些基本属性具有通用性，下面简单归纳这些基本属性。

1. name

表单一般使用 name 属性来标识对象，作为数据传输中的名称，服务器端根据表单的 name 属性值捕获表单对象包含的数据。因此在表单设计中，每个对象都必须定义 name 属性，如图 17.4 所示。

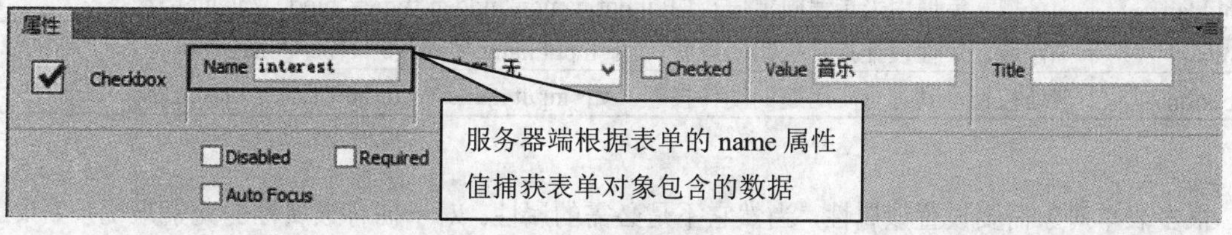

图 17.4　复选框的 name 属性

提示： 在客户端 JavaScript 脚本中，以及 css 样式中，id 值才是表单对象的唯一标识。由于按钮对象不包含附加数据，因此可以忽略 name 属性。

【拓展】 为表单元素设置 name 属性值时，应该遵循如下原则：

☑ 在页面中 name 属性值不能够重复，否则服务器在捕获数据时会发生错误。

☑ name 属性名应易懂、好记。因为在 PHP 脚本中经常会引用这些名称。易懂，能够保证看到名称就可以知道该对象包含的数据内容；好记，能够保证在脚本中输入表单对象的名称时，不会出错。

2. value

大部分表单对象都需要使用 value 属性来设置在页面中显示的文本或者向服务器传递的值。例如，按钮需要使用 value 属性定义按钮的显示名称；文本框使用 value 属性设置文本框的默认值，该值会被传递给服务器；单选按钮、复选框、隐藏域和列表框/下拉菜单需要使用 value 属性来设置被传递给服务器的值。如图 17.5 所示是列表框的选项值列表。

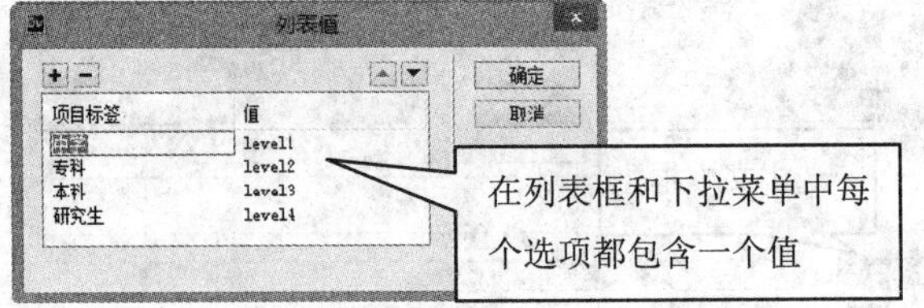

图 17.5　列表选项值

3. type

对于输入性表单对象（<input>）来说，必须设置 type 属性，用来设置输入类型。<input>标签在页面中的表现样式和功能说明如表 17.1 所示。

表 17.1　输入表单对象的类型

type 属性值	说　明
text	文本框，字符单行显示，适合输入少量文本。如<input name="text" type="text" />
password	密码域，所有字符都显示为星号，专用密码输入。如<input name="password" type="password" />
checkbox	复选框，可以同时选择多项，专用多项选择设计。如<input name="checkbox" type="checkbox" value="?" />
radio	单选按钮，只能选择一项，多个单选按钮需要组合使用，专用单项选择设计。如<input name="radio" type="radio" value="?" />
submit	提交按钮，专用提交表单数据的触发按钮。如<input name="" type="submit" />
reset	重置按钮，专用清空表单元素内的输入数据。如<input name="" type="reset" />
file	文件域，专门用来上传二进制数据流。如<input name="file" type="file" />
hidden	隐藏域，专门用来传递固定值。如<input name="hidden" type="hidden" value="?" />
image	图像域，个性设计提交按钮的形状。如<input name="image " type="image" />
button	普通按钮，具有更广用途的动作按钮。如<input name=" button " type="button" />

4. size

很多表单对象需要设置该属性，当然它不是必需的属性。对于拥有该属性的元素来说，如果默认设置，则浏览器将以默认值进行显示。

不同元素的 size 属性功能也不同，例如，在列表框中 size 属性用来设置列表框显示的高度，而文件域、文本框和密码域会使用 size 属性设置对象显示宽度，如图 17.6 所示。

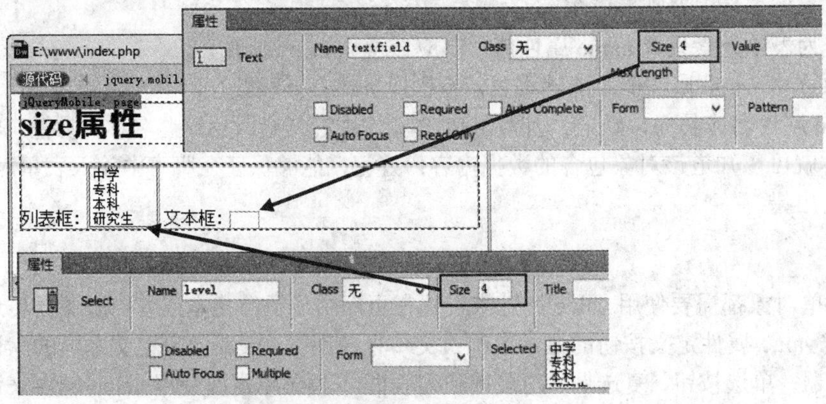

图 17.6　列表框和文本框中的 size 属性

5. disabled

每个表单对象定义有 disabled 属性，定义 disabled 属性可以禁止使用该元素。disabled 属性使用也比较特殊，它没有属性值，直接插入到标签中即可。如：

```
<input name="password " type="password" disabled />
```

该属性常用在客户端脚本中动态控制表单元素，例如，当提交按钮被单击后，设置 disabled 属性使其处于禁用状态，避免再次提交表单。

6. readonly

readonly 属性常用在输入性表单对象中，如文本框、密码域、文本区域，用来禁止输入任何信息。其用法如下：

```
<textarea name="textfield" readonly="readonly"></textarea>
```

7. checked

checked 属性与 disabled 属性一样没有属性值。常用在选择性表单对象中，定义对象处于被选中状态，如单选按钮和复选框。例如：

```
<input name="" type="radio" value="" checked />
```

在列表框或者下拉菜单中，为了表示被选中的项目，常用 selected 属性，例如：

```
<select name="select">
    <option value="1">1</option>
    <option value="2" selected="selected">2</option>
    <option value="3">3</option>
</select>
```

17.1.4 使用表单对象

表单对象在页面中呈现不同的 UI 效果，具有不同的数据输入体验，但是它们的功能都是相同的，即接收数据。表单将根据不同表单对象接收并传递数据。服务器也将以表单对象作为信息单元对表单数据进行捕获。

1. 文本框

文本框比较常用，任何类型的信息都可以通过文本框实现交互。文本框包含很多属性，常用属性及其语法格式如下：

```
<input
    name="textfield"              <!--必设属性-->
    type="text"                   <!--必设属性-->
    id="textfield"                <!--可选属性-->
    value="单行文本框"            <!--默认值，可选属性-->
    size="20"                     <!--定义文本框的宽度，即文本框的显示长度-->
    maxlength="20"                <!--定义文本框的大小，即最多接收字符数-->
/>
```

【拓展】文本框体现了信息接收的多样性和自由性，用户可以在文本框中输入任意数据，这些都没有限制。但是这也为后台数据处理带来麻烦。例如，如果获取用户的性别信息，使用文本框让用户输入性别，就会存在很多问题。有的用户可能会输入“男”，也有的用户可能会输入“men”，或者有的用户输入“先生”“男人”等。所以在使用文本框时应该考虑下面几个问题：

☑ 信息是否确定。确定的信息就不需要用户输入，直接使用隐藏域传递即可。

☑ 信息是否具体。具体的信息就应该让用户进行选择，而不是让用户进行输入。

☑ 信息是否模糊。模糊的信息应该使用文本框，而不能设计选项或者列表让用户进行操作。

Note

在实际应用中文本框多用于要求用户输入个人信息，如姓名、地址等不确定的简单信息。

2. 密码域

密码域也是一种文本框，不过它是一种特殊用途的文本框，与普通文本框不同之处就在于它在页面中不显示所有输入字符，而是全部用星号代替，这样的设计目的是为了防止密码不被旁观者恶意窃取，如图 17.7 所示。

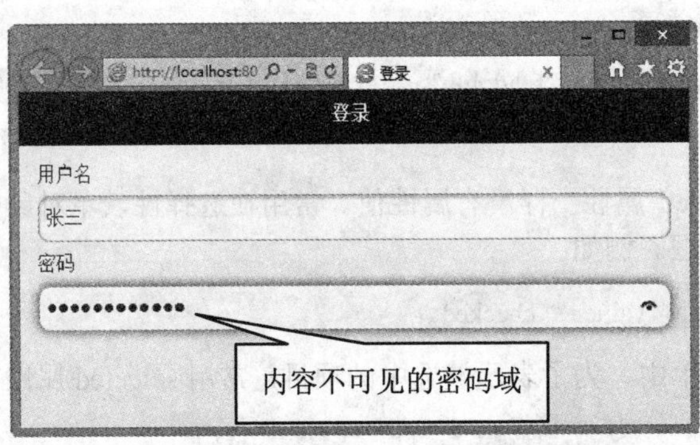

图 17.7　文本框与密码域效果比较

3. 文本区域

文本区域就是多行文本框，由于它能够多行显示输入的信息，常被设计为接收大容量信息的项目。例如，个人简介、对象说明、详细计划、图书目录、多行列表等。

与文本框不同，文本区域使用 textarea 元素定义。文本区域的代码格式如下：

```
<textarea
    name="textarea"                 <!--必设属性-->
    cols="20"                       <!--定义文本区域显示的列数（宽度），以字符为单位-->
    rows="5"                        <!--定义文本区域显示的行数（高度）-->
    wrap="physical">                <!--定义换行方式 -->
    <!--这里是文本区域显示的输入信息，也可以在此设置默认显示信息-->
</textarea>
```

【拓展】与文本框相比，文本区域有如下 3 个特征：

☑ 文本区域元素是一个封闭式标签，这有别于文本框等输入性表单元素 input。

☑ textarea 元素没有 value 属性，可以在标签中间定义默认显示信息。

☑ textarea 元素提供了 3 个比较特殊的属性，其中 wrap 属性用来定义当输入文本内容大于文本区域定义的宽度时，如何进行显示。它包含两个属性值，说明如表 17.2 所示。

表 17.2　wrap 属性值列表

属 性 值	说　明
soft	默认值，当在表单中提交时，textarea 中的文本不换行
hard	当在表单中提交时，textarea 中的文本换行（包含换行符）。当使用 hard 时，必须定义 cols 属性

4. 单选按钮

单选按钮传递的信息非常简单，可以用一个字节来表示，如 1、0、true 或 false。从开发的角度分析，由于单选按钮传递的信息比较单纯，很容易被服务器处理，常常被用于脚本中实现逻辑判断。例如，判断是男是女、是对是错、是否同意等。

通过设置相同的 name 属性值，可以把多个单选按钮捆绑在一起，设计为单选按钮组。例如，下面代码设计一个性别选项，效果如图 17.8 所示。

```
<fieldset data-role="controlgroup">
    <legend>性别</legend>
    <label>
        <input name="sex" type="radio" value="男" checked />男</label>
    <label>
        <input name="sex" type="radio" value="女" />女</label>
</fieldset>
```

【拓展】使用单选按钮时，应该注意下面几个问题。

☑ 单选按钮必须分组才能够完成任务。多个单选按钮通过定义相同的 name 属性捆绑在一起。

☑ 被分为一组的单选按钮在浏览时，只能有一个可以选中。

☑ 单选按钮传递的值一般都比较单纯，建议不要在单选按钮中附加过多的信息，最好是连续的数字编号或者逻辑值。这样即加快数据的传输速度，同时也方便服务器的处理。

5. 复选框

复选框传递的信息也比较单一，但是当多个复选框捆绑在一起时，可以设计多项选择，方便用户快速选择，而不用手动输入信息。

捆绑复选框的方法是为多个复选框定义相同的 name 属性值，例如，下面代码定义了一个复选框组，效果如图 17.9 所示。

```
<fieldset data-role="controlgroup">
    <legend>兴趣</legend>
    <label>
        <input name="interest" type="checkbox" value="体育" />体育</label>
    <label>
        <input name="interest" type="checkbox" value="音乐" />音乐</label>
    <label>
        <input name="interest" type="checkbox" value="计算机" />  计算机</label>
</fieldset>
```

图 17.8　单选按钮组

图 17.9　复选框组

设计复选框时，应把一组复选框排列在一起，并命名为有规律的名字，以方便后台处理。因为在脚本中需要逐一获取每个复选框传递的值，并根据复选框是否被选中来决定采用哪些选项值。

Note

6. 列表菜单

列表框与单选按钮和复选框一样都是属于选择性表单对象，所接收的信息一般都是固定的，通过用户的选择来向服务器传递指定信息。但是它们在使用上也有区别。

- ☑ 单选按钮和复选框能够在页面中显示全部选项，这样方便浏览，对于选项比较少时，使用单选按钮或复选框会比较经济。如果选项过多，就会占用过多的页面，而浪费空间。
- ☑ 列表框能够把所有选项包含在一个框内，可以隐藏部分或全部选项。这对于选项很多时，就显得很实用。例如，在选择国籍、省份、区号等大量选项的信息时，一般都会采用下拉菜单来设计。

列表框和下拉菜单同属于一个表单元素（select），只不过它们的显示样式不同。

如果在 select 元素中不设置 size 属性，则该元素会显示为下拉菜单样式，如图 17.10 所示。

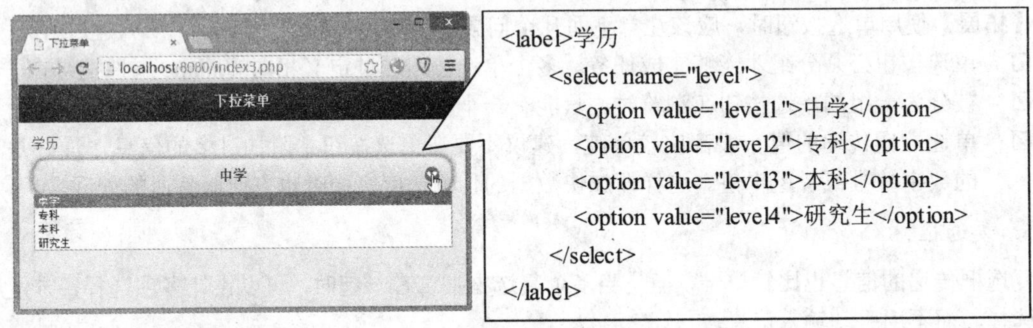

图 17.10　下拉菜单样式

如果以列表框形式显示，则可以使用 size 属性指定列表框的高度，设计显示几个选项。还可以通过 multiple 属性定义列表框是否为多选，效果如图 17.11 所示。

定义 multiple 属性之后，列表框与复选框功能类似；没有指定 multiple 属性或者没有定义 size 属性，列表框或下拉菜单在功能上与单选按钮组相同。select 包含的 option 元素是一个可选对象，可以是任意多个选项。

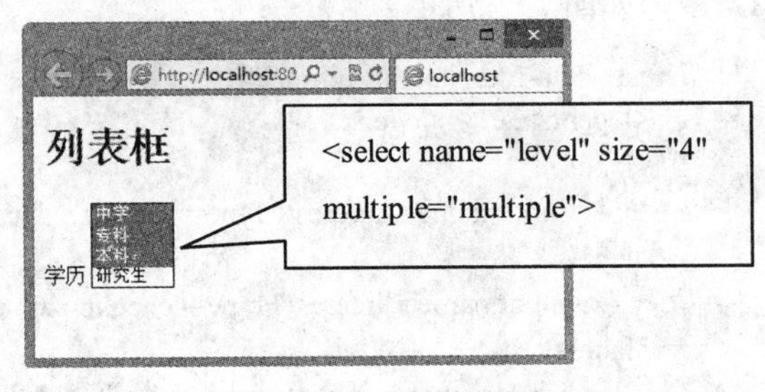

图 17.11　列表框样式

7. 文件域

文件域是一个复合控件，由文本框和浏览按钮组成，文件域常用来传递二进制数据流，如文件、图片等。文件域用法如下，效果如图 17.12 所示。

```
<label>上次文件
    <input name="file" type="file" />
</label>
```

8. 按钮

按钮不负责接收和传递数据，仅作为执行具体操作的事件。单击按钮时将触发一个动作，并执行

相应的行为，以完成某项任务。按钮有多种类型，例如：

负责提交表单数据的提交按钮：

```
<input name="" type="submit" value="提交" />
```

负责恢复表单域的默认显示的重设按钮：

```
<input name="" type="reset" value="重置" />
```

没有包含特定行为的普通按钮：

```
<input name="" type="button" value="普通按钮" />
```

9. 图像域

图像域实际上就是一个提交按钮，它允许用户选择图像作为按钮的显示界面，因此适合设计个性按钮样式。例如，下面代码使用图像域设计一个提交按钮，效果如图 17.13 所示。

```
<input name="submit" type="image" value="提交" src="images/submit.gif" alt="提交" align="middle" height="40" />
```

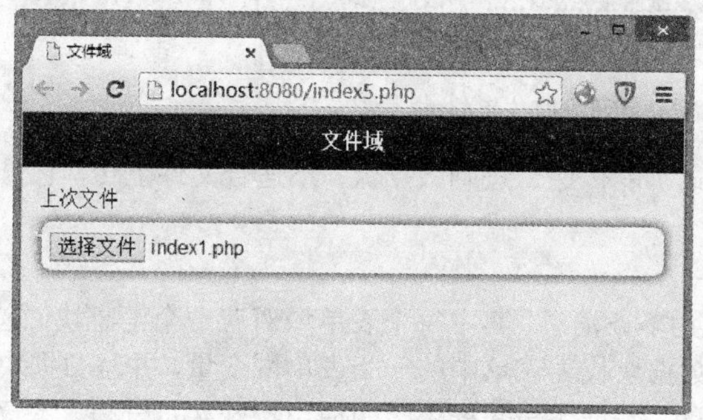

图 17.12　文件域

图 17.13　图像域设计的提交按钮

10. 隐藏域

隐藏域主要用来在表单中传递固定的值，该对象不会显示在页面中，但是其值可以在网页源代码中查看。一般使用隐藏域来传递一些配置信息或者辅助信息，以弥补提交表单时，很多数据在表单中无法传递的问题，但是要避免使用隐藏域传递个人隐私信息，或者传递一些完整的、大容量信息。因为这样既不安全，也给数据传输增加负荷。

隐藏域使用比较简单，代码格式如下：

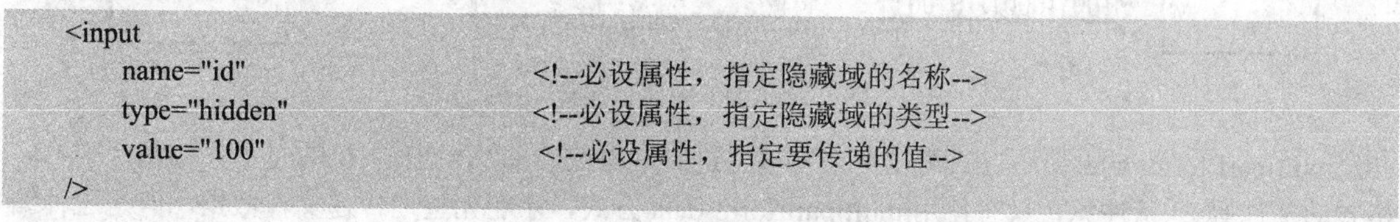

```
<input
    name="id"                    <!--必设属性，指定隐藏域的名称-->
    type="hidden"                <!--必设属性，指定隐藏域的类型-->
    value="100"                  <!--必设属性，指定要传递的值-->
/>
```

17.2　提 交 数 据

提交表单数据需要考虑提交数据类型的设置，选择提交数据的方法，设置后台接收数据的文件，即指定表单提交数据的 URL。下面针对这些技术难点进行详细说明。

17.2.1 定义传输类型

为了正确编码和解码表单数据，form 元素定义一个 enctype 属性，该属性可以定义表单数据的编码类型。常用类型包括两种，说明如下，另外还可以设置 text/plain 类型，以直接字符形式进行传递，该类型不常用。

☑ application/x-www-form-URLencoded

application/x-www-form-URLencoded 是默认编码类型。表单数据被编码为“名/值”对的形式（这是标准的编码格式）。

这种编码方式将空格用“+”代替，非字母和数字字符用以“%hh”表示的该字符的 ASCII 编码代替（汉字就是这种形式），而变量和值使用“=”连接在一起，各个变量和值对之间使用“&”连接。通过这种方式把表单中输入的数据进行打包，并发送到服务器端，示意图如图 17.14 所示。

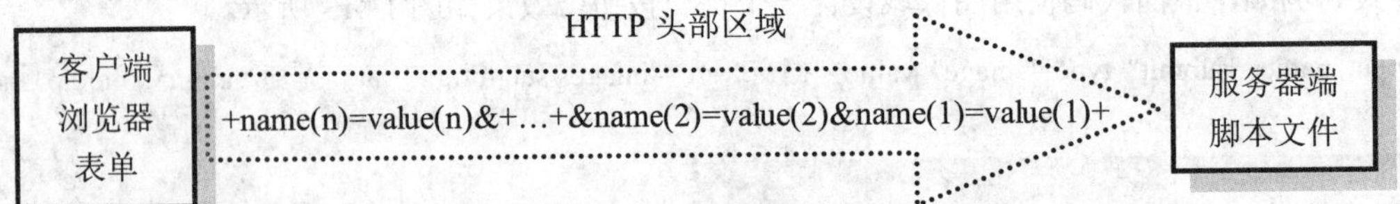

图 17.14　URLencoded 编码数据传输格式

application/x-www-form-URLencoded 编码方式不能传递二进制数据流，不适合文件上传，它只能提交符合 ASCII 编码的文本字符串。

☑ multipart/form-data

multipart/form-data 编码可以把表单数据编码为多条消息，其中每个表单域对应一个消息块。这种方式传输的消息包含了一系列的数据块，每一个数据块代表表单中的一个表单域变量，并且数据块的排列顺序与页面中表单域的排列顺序是一一对应的。数据块与数据块之间使用特殊字符分隔，示意图如图 17.15 所示。

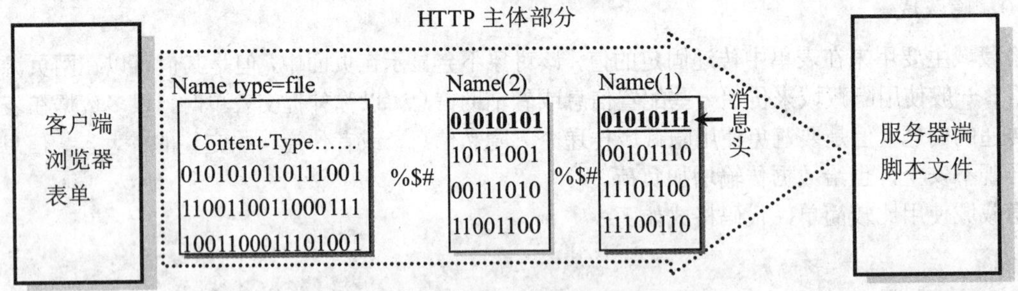

图 17.15　form-data 编码数据传输格式

multipart/form-data 编码方式可以用来传输二进制数据或者非 ASCII 字符的文本（如图片、不同格式的文件等）。请注意，只有使用 multipart/form-data 方式，才能完整地传递文件数据。但是这种编码方式在客户端和服务器端都会有很多限制。

提示：multipart/form-data 编码方式，必须使用 POST 方法，GET 方法无法处理这样的表单数据。

17.2.2 定义提交方法

指定表单数据的编码类型之后，还需要设置表单数据的发送方法。form 元素通过 method 属性定

义发送表单数据的方法。method 属性取值包括 get 和 post（默认）。这两种方法在数据传输过程中分别对应于 http 协议中的 GET 和 POST 方法。这两种方法的区别如下。

☑ GET 方法是将表单数据作为字符串附加到 URL 后面，用“?”符号进行区分，每个表单域（名/值对）之间用“&”符号隔开，然后把整个字符串发送到服务器端。例如：

```
http://www.baidu.com/s?id=1&method=get
```

由于系统环境变量的长度限制了输入字符串的长度，因此 GET 方法所发送的信息不能太长，一般在 4000 字符左右，而且不能含有非 ASCII 码字符。

由于 GET 方法通过在浏览器的地址栏中以显式方式传递表单数据，也带来信息安全性问题，因此使用时必须要小心。

☑ POST 方法是将表单数据进行加密，并随 HTTP 数据流一同发送到服务器。这种方法发送的数据量基本上没有什么限制，因此在表单设计中作为推荐选项进行设置。如果设计上传文件时，必须设置 POST 方法。

17.2.3　定义请求地址

提交表单后，把表单数据上传到服务器，实际上就是把表单数据传递给另一个文件。从 Web 开发的角度来分析，提交表单其实就是页面之间的数据传递。

在表单设计中必须确定数据发送的目标，这个目标可能就是准备接收表单数据的 PHP 文件。只有这样网页交互的任务才能够得以实现。form 元素为此提供了 action 属性，该属性可以定义要接收表单数据的页面。例如：

```
<form id="form1" name="form1" method="post" action="text.php">
    …
</form>
```

上面代码定义了表单数据传递给同一目录中的 text.php 文件。URL 可以是相对路径，也可以是绝对路径，具体设置可以根据需要而定。

另外，还可以定义 target 属性，指定打开目标页面的方式，包括_blank、_self、_parent 和_top 4 个值，简单说明如下。

☑ _blank：表示在一个新的窗口中打开指定文件。

☑ _self：表示在当前窗口中打开指定文件。

☑ _parent：表示在当前框架的父框架窗口中打开指定文件，如果没有父框架，等价于_self。

☑ _top：表示在顶部浏览器窗口中打开指定文件，如果没有框架，等价于_self。

action 属性不仅可以指定 URL 字符串，也可以是一个电子邮件地址，采用电子邮件方式时，用 action=mailto:邮件地址来表示，例如：action="maito:zhangsan@163.com"。

17.3　获取表单数据

PHP 获取客户端传递的数据主要是通过预定义变量$_POST 和$_GET 来实现的。其中$_POST 变量是一个数据集合，负责存储表单以 POST 方法提交的数据，而$_GET 变量负责存储 URL 字符串后面附加的查询字符串参数值。本节将详细介绍使用$_POST 获取表单数据的一般方法，在 17.4 节再详细介绍$_GET 的使用方法。

17.3.1 获取文本框的值

Note

表单数据被准确发送到服务器端后，服务器后台程序就可以捕获、接收这些数据了，并根据需要对这些数据进行各种处理，例如，把表单数据写入到数据库，或者对数据进行简单的处理后再响应给客户端浏览器，也可以利用表单数据进行各种复杂的计算，以实现 Web 应用的目的。

使用$_POST 获取文本框值很简单。例如，在本地站点根目录下新建一个 index.html 文件，设计一个表单界面，在其中添加一个文本框，同时定义表单的 action 属性为 request.php，当提交数据后，request.php 将接收数据并响应给用户，演示效果如图 17.16 所示。

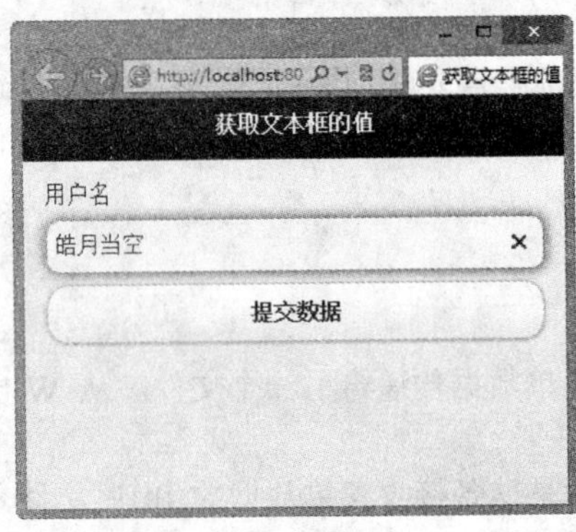

提交表单

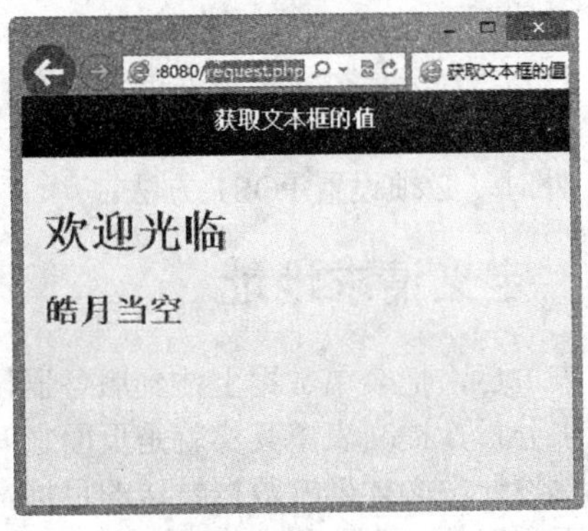

响应信息

图 17.16　示例效果

【操作步骤】

第 1 步，启动 Dreamweaver CC，选择【文件】|【新建】命令，打开【新建文档】对话框，如图 17.17 所示。在该对话框中选择“空白页”选项，设置页面类型为“HTML”，设置文档类型为“HTML5”，然后单击【确定】按钮，完成文档的创建操作。

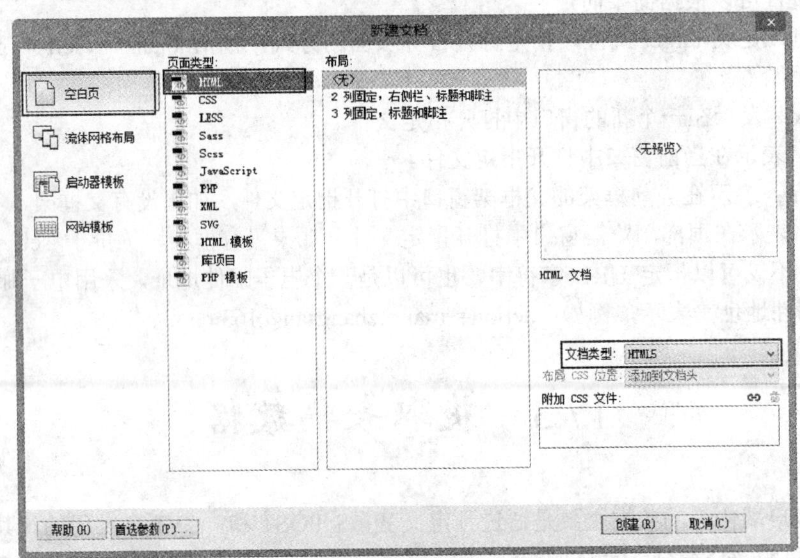

图 17.17　新建 HTML5 类型文档

第 2 步，按 Ctrl+S 快捷键，保存文档为 index.html。打开模板页（orig.html），完全复制该页面的

代码到 index.html 中。

第 3 步，把光标置于插入表单的具体位置，这里为<div data-role="content">标签中。然后选择【插入】|【表单】|【表单】命令，在当前光标位置插入一个表单框。

第 4 步，选中表单框<form>标签，然后在【属性】面板中设置 action 和 metho 属性值，定义请求文件为同目录下的 request.php，请求的方式为 POST，设置如图 17.18 所示。

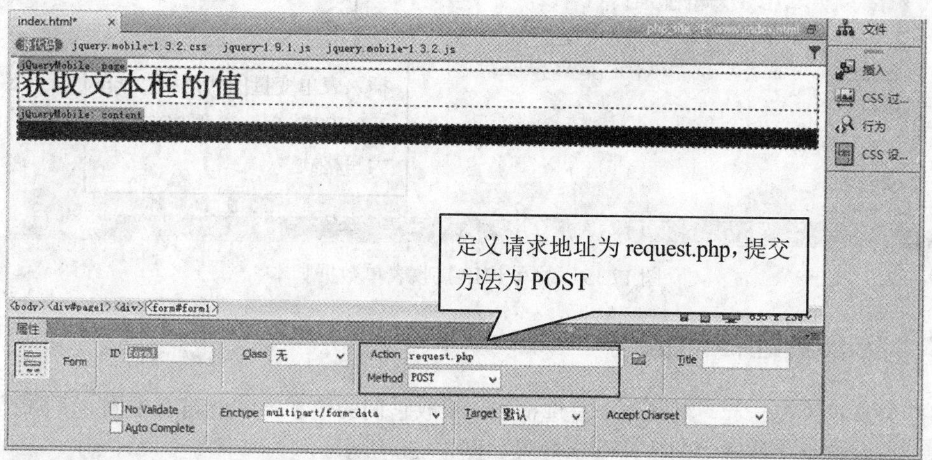

图 17.18 设置<form>标签属性

第 5 步，把光标置于<form>标签内，再插入一个文本框和提交按钮，定义文本框的 name 属性值为 user，提交按钮的 value 属性值为“提交数据”，设计完整的表单结构代码如下：

```
<form id="form1" name="form1" method="post" action="request.php">
    <label>用户名
        <input name="user" type="text" id="user" /></label>
        <input type="submit" value="提交数据" />
</form>
```

第 6 步，选择【文件】|【另存为】命令，把 index.html 另存为 request.php。在 request.php 文档中，清除表单结构，然后在<div data-role="content">标签中输入文本“欢迎光临”，在【属性】面板中设置“格式”为一级标题。

第 7 步，按 Enter 键另起一行，设置格式为二级标题。选择【插入】| PHP |【表单变量】命令，插入一个表单变量。

第 8 步，切换到代码视图，设置表单变量的名称为 user，该名称为 index.html 文档中文本框的 name 属性值。同时在表单变量前面输入 echo 命令，表示在页面中输出表单变量的值，如图 17.18 所示。完整代码如下：

```
<div data-role="content">
    <h1>欢迎光临</h1>
    <h2><?php echo $_POST["user"]; ?></h2>
</div>
```

【拓展】在某些 PHP 版本中，可以直接使用$name 获取表单对象的值，但是需要在配置文件 php.ini 中设置 register_globals = on，就可以直接使用$name 获取表单元素的值。

第 9 步，在浏览器中预览 index.html 页面，然后在表单中输入信息，单击【提交数据】按钮提交表单，则在打开的 request.php 页面中立即显示刚输入的信息，如图 17.19 所示。

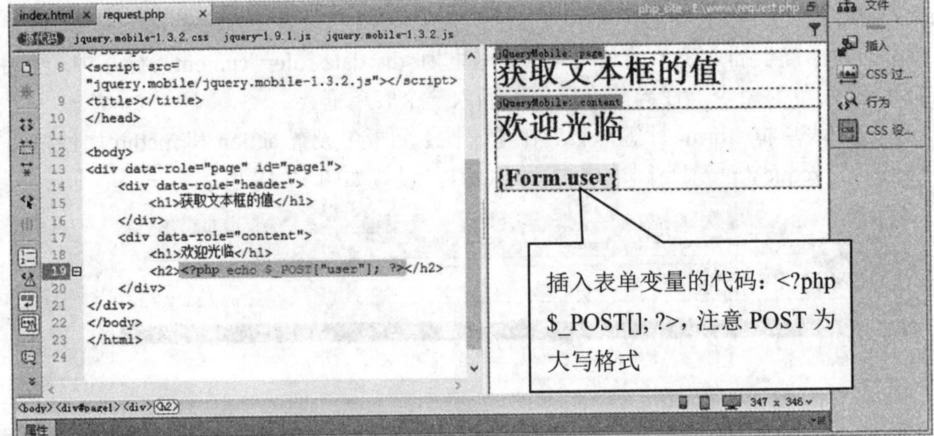

图 17.19　编写 PHP 接收表单数据脚本

17.3.2　获取复选框的值

当多个复选框绑在一起，组成一个复选框组，获取它们的值和方法就略有不同。下面示例将演示如何快速获取复选组中被选中的值，演示效果如图 17.20 所示。

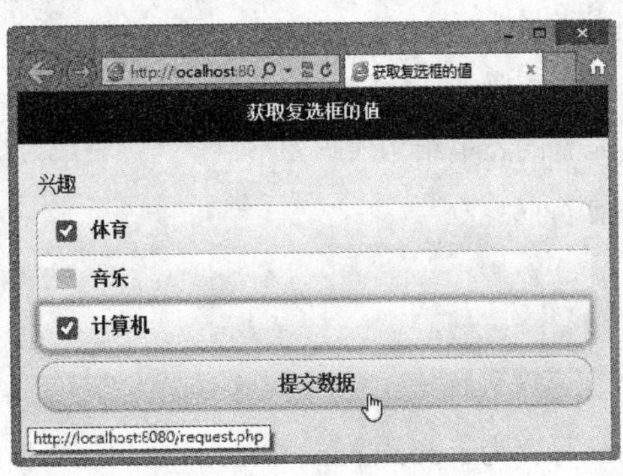

提交表单

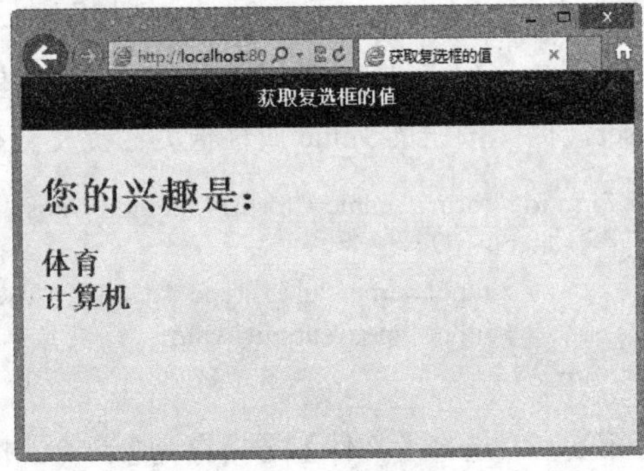

响应信息

图 17.20　示例效果

【操作步骤】

第 1 步，打开模板页（orig.html），另存为 index.html。

第 2 步，把光标置于<div data-role="content">标签，然后选择【插入】|【表单】|【表单】命令，在当前光标位置插入一个表单框。

第 3 步，选中表单框<form>标签，在【属性】面板中设置 action 和 metho 属性值，定义请求文件为同目录下的 request.php，请求的方式为 POST。

第 4 步，把光标置于<form>标签内，插入 3 个复选框和一个提交按钮，定义复选框的 name 属性值都为 interest[]，而 value 属性值分别为“体育”、“音乐”和“计算机”；定义提交按钮的 value 属性值为“提交数据”，设计完整的表单结构代码如下：

```
<form id="form1" name="form1" method="post" action="request.php">
    <fieldset data-role="controlgroup">
        <legend>兴趣</legend>
```

```
        <label><input name="interest[]" type="checkbox" value="体育" />体育</label>
        <label><input name="interest[]" type="checkbox" value="音乐" />音乐</label>
        <label><input name="interest[]" type="checkbox" value="计算机" />计算机</label>
    </fieldset>
    <input type="submit" value="提交数据" />
</form>
```

Note

提示：在复选框组和单选按钮组中，其 name 属性值必须定义为数组类型，即名称后面要加一个中括号，表示该变量为一个数组类型，这样才能够存储多个值。

第 5 步，选择【文件】|【另存为】命令，把 index.html 另存为 request.php。在 request.php 文档中，清除表单结构。然后在<div data-role="content">标签中输入文本“您的兴趣是：”，在【属性】面板中设置“格式”为一级标题。

第 6 步，按 Enter 键另起一行，设置格式为二级标题。选择【插入】| PHP |【表单变量】命令，插入一个表单变量。

第 7 步，切换到代码视图，设置表单变量的名称为 interest，该名称为 index.html 文档中文本框的 name 属性值。同时在表单变量前面输入 echo 命令，表示在页面中输出表单变量的值。完整代码如下：

```
<div data-role="content">
    <h1>您的兴趣是：</h1>
    <h2><?php echo $_POST["interest"]; ?></h2>
</div>
```

提示：此时在浏览器中进行测试，会发现如图 17.21 所示的效果，说明还不能够直接使用表单变量$_POST["interest"]获取完整的用户选择信息。

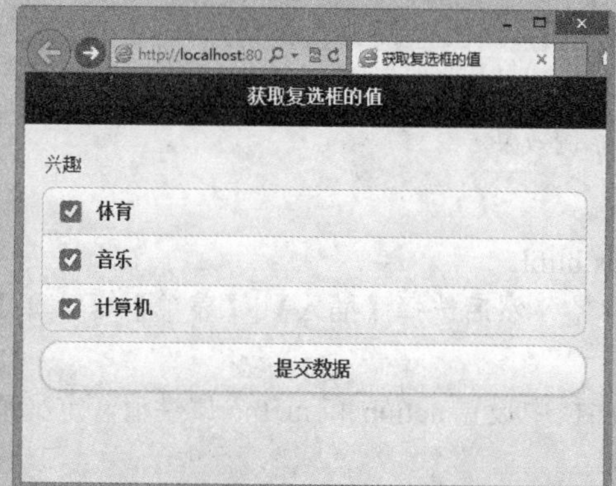

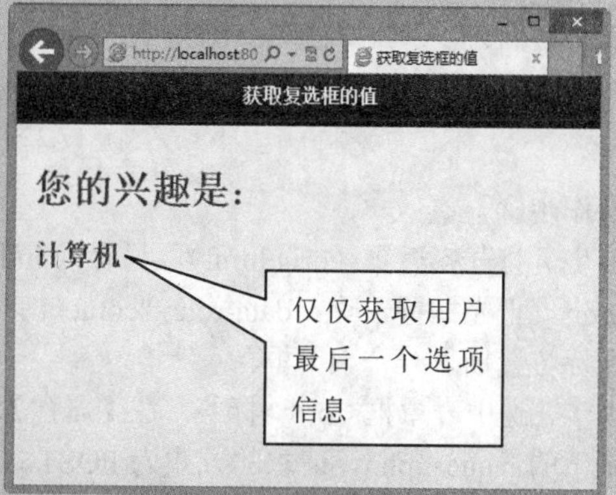

图 17.21　获取不完整的信息

如果要获取用户完整的选择操作的信息，则可以把$_POST["interest"]视为一个数组，然后通过迭代方式获取。

第 8 步，切换到代码视图，重新编写代码，使用 count()函数计算$_POST["interest"]数组的大小，结合 for 循环语句就可以输出所有被选中的复选框的值了，完善后的脚本如下：

```
<div data-role="content">
    <h1>您的兴趣是：</h1>
    <h2><?php
    $interest = $_POST["interest"];
```

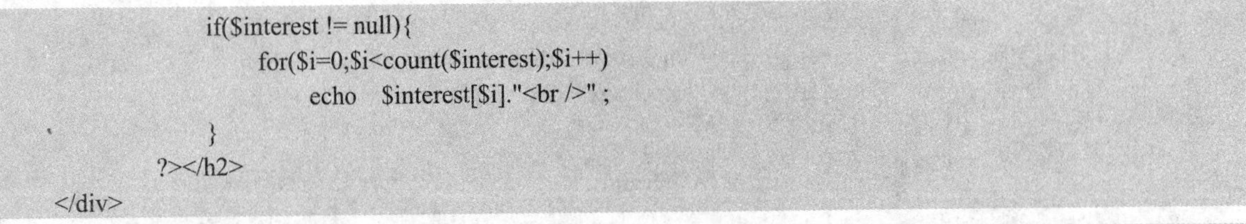

```
            if($interest != null){
                  for($i=0;$i<count($interest);$i++)
                        echo   $interest[$i]."<br />" ;
            }
      ?></h2>
</div>
```

Note

提示：使用$_POST 变量获取复选框组的值时，必须设置 name 值为 interest，而不是 interest[]，否则将不识别复选框组的值。

第 9 步，在浏览器中预览 index.html 页面，然后在表单中选中复选框，单击【提交数据】按钮提交表单，则在打开的 request.php 页面中立即显示所有被选中的复选框信息，如图 17.20 所示。

17.3.3 获取下拉菜单的值

获取下拉菜单的值与文本框获取方法完全相同，下面示例演示了如何快速获取用户表单中下拉菜单的选取值，演示效果如图 17.22 所示。

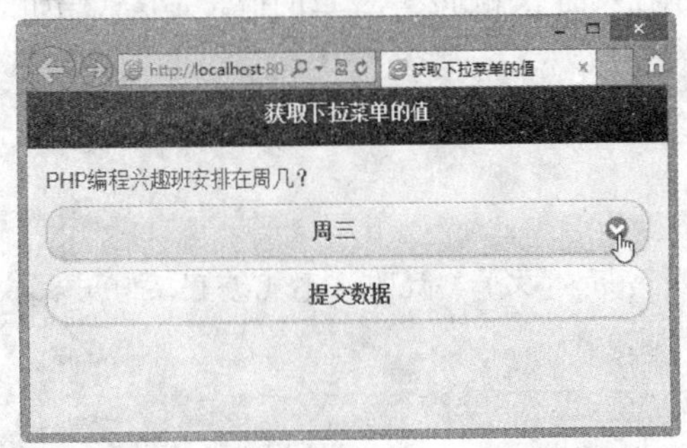

提交表单

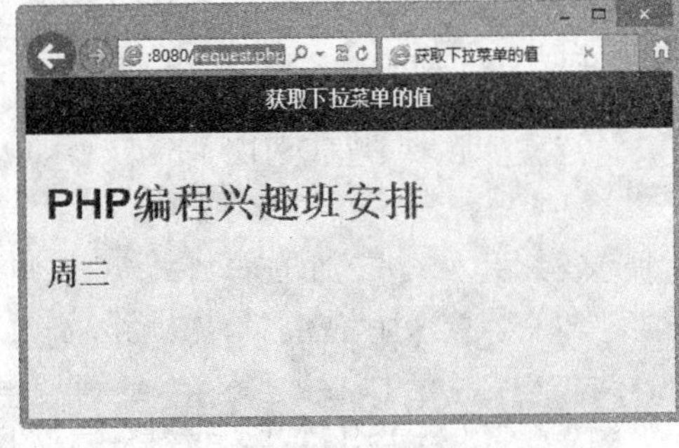

响应信息

图 17.22　示例效果

【操作步骤】

第 1 步，打开模板页（orig.html），另存为 index.html。

第 2 步，把光标置于<div data-role="content">标签，然后选择【插入】|【表单】|【表单】命令，在当前光标位置插入一个表单框。

第 3 步，选中表单框<form>标签，在【属性】面板中设置 action 和 metho 属性值，定义请求文件为同目录下的 request.php，请求的方式为 POST。

第 4 步，把光标置于<form>标签内，插入一个下拉菜单和一个提交按钮，定义下拉菜单的 name 属性值为 interest，下拉菜单选项的 value 属性值分别为“周一”、“周二”、“周三”、“周四”和“周五”，为了避免没有安排，再添加一个空选项；定义提交按钮的 value 属性值为“提交数据”，设计完整的表单结构代码如下：

```
<div data-role="content">
      <form id="form1" name="form1" method="post" action="request.php">
            <label for="interest">PHP 编程兴趣班安排在周几？</label>
            <select name="interest" id="interest">
                  <option value=""></option>
                  <option value="周一">周一</option>
                  <option value="周二">周二</option>
```

```
                <option value="周三">周三</option>
                <option value="周四">周四</option>
                <option value="周五">周五</option>
            </select>
            <input type="submit" value="提交数据" />
        </form>
</div>
```

Note

第 5 步，选择【文件】|【另存为】命令，把 index.html 另存为 request.php。在 request.php 文档中，清除表单结构。然后在<div data-role="content">标签中输入文本“PHP 编程兴趣班安排”，在【属性】面板中设置“格式”为一级标题。

第 6 步，按 Enter 键另起一行，设置格式为二级标题。切换到代码视图，重新编写代码，结合 if 条件语句对下拉菜单的值进行判断，最后输出响应信息，完善后的脚本如下：

```
<div data-role="content">
    <h1>PHP 编程兴趣班安排</h1>
    <h2><?php
            $interest = $_POST["interest"];
            if($interest != null){
                echo  $interest;
        }
          else{
            echo  "没有安排";
            }
    ?></h2>
</div>
```

第 7 步，在浏览器中预览 index.html 页面，然后在下拉菜单中选择一个选项，单击【提交数据】按钮提交表单，则在打开的 request.php 页面中立即显示用户在下拉菜单中的选择信息，如图 17.22 所示。

17.3.4 获取列表框的值

获取下拉菜单的值与获取文本框的值完全相同，由于列表框允许多选，所以在获取列表框的值时，可以模仿复选框组的方法获取用户提交的值。下面示例演示如何快速获取用户提交的列表框值，并以按钮的形式显示出来，效果如图 17.23 所示。

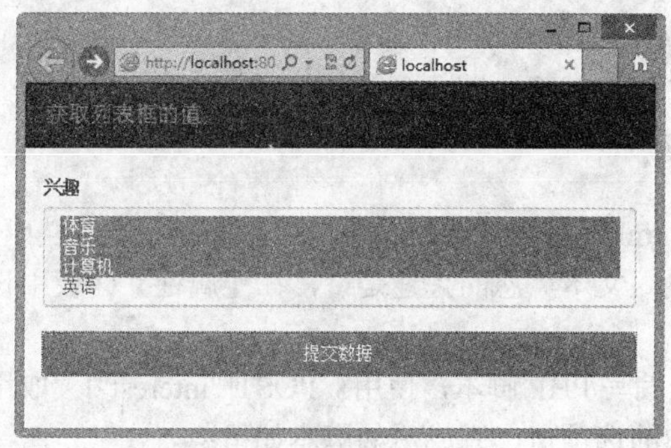

提交表单

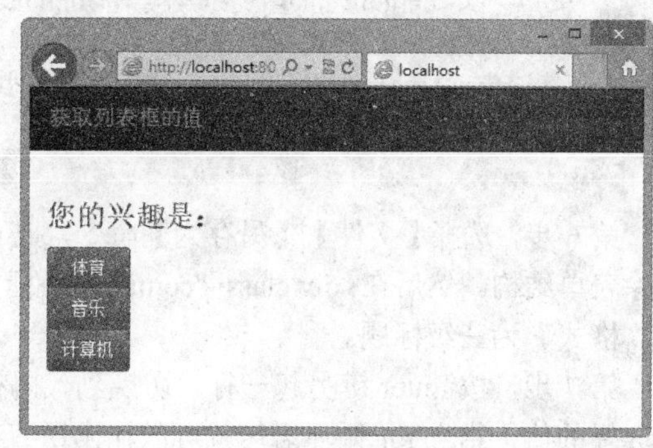

响应信息

图 17.23 示例效果

Note

【操作步骤】

第 1 步，打开模板页（orig.html），另存为 index.html。

第 2 步，把光标置于<div class="container">标签中，然后选择【插入】|【表单】|【表单】命令，在当前光标位置插入一个表单框。

第 3 步，选中表单框<form>标签，在【属性】面板中设置 action 和 metho 属性值，定义请求文件为同目录下的 request.php，请求的方式为 POST。

第 4 步，把光标置于<form>标签内，插入一个列表框和一个提交按钮，定义列表框的 name 属性值为 interest[]，定义列表选项的属性值分别为“体育”、“音乐”、“计算机”和“英语”；定义提交按钮的 value 属性值为“提交数据”，如图 17.24 所示。

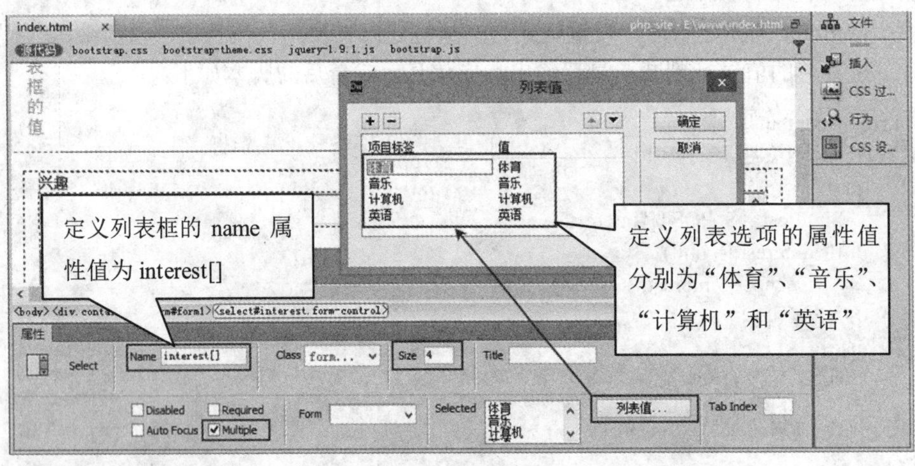

图 17.24　设计列表框

第 5 步，切换到代码视图，可以看到设计完整的表单结构代码如下：

```
<div class="container">
    <form id="form1" name="form1" method="post" action="request.php">
        <label for="interest">兴趣</label>
        <select name="interest[]" id="interest" size="4" multiple class="form-control">
            <option value="体育">体育</option>
            <option value="音乐">音乐</option>
            <option value="计算机">计算机</option>
            <option value="英语">英语</option>
        </select><br>
        <input type="submit" value="提交数据" class="btn btn-success btn-block" />
    </form>
</div>
```

第 6 步，选择【文件】|【另存为】命令，把 index.html 另存为 request.php。在 request.php 文档中，清除表单结构。然后在<div class="container">标签中输入文本“您的兴趣是:”，在【属性】面板中设置“格式”为三级标题。

第 7 步，按 Enter 键另起一行，切换到代码视图，编写 PHP 脚本，使用$_POST["interest"]读取用户选择的值，结合 for 循环语句就可以输出所有被选中的选项值，完成后的脚本如下：

```
<div class="btn-group-vertical">
    <?php
```

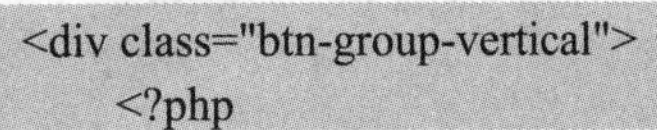

```
        $interest = $_POST["interest"];
        if($interest != null){                                    //判断列表框的返回值是否为空
            for($i=0;$i<count($interest);$i++)                    //通过 for 循环输出选中的列表框的值
                echo    '<div class="btn btn-primary">'.$interest[$i].'</div>';
        }
?>
</div>
```

第 8 步，在浏览器中预览 index.html 页面，然后在列表框中选中多个选项，单击【提交数据】按钮提交表单，则在打开的 request.php 页面中立即显示所有被选择的列表项目，如图 17.23 所示。

17.3.5　获取密码域和隐藏域的值

获取密码域和隐藏域的值的方法与获取文本框的值方法相同，都是直接通过 name 属性快速读取值。下面示例演示了如何获取用户提交的用户名和密码，并根据隐藏域提交的值进行适当提示，演示效果如图 17.25 所示。

提交表单

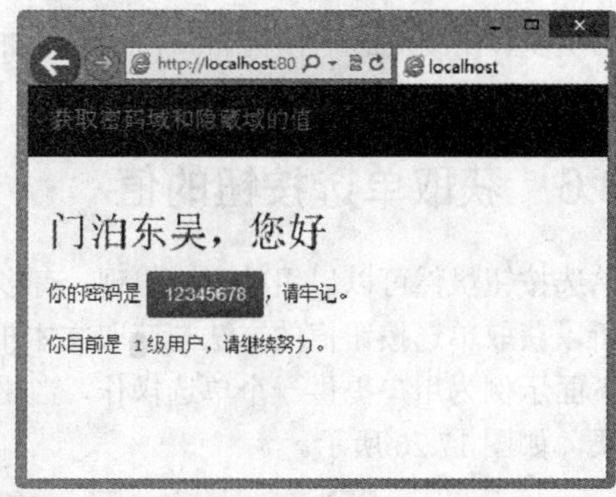

响应信息

图 17.25　示例效果

【操作步骤】

第 1 步，打开模板页（orig.html），另存为 index.html。

第 2 步，把光标置于<div class="container">标签中，然后选择【插入】|【表单】|【表单】命令，在当前光标位置插入一个表单框。

第 3 步，选中表单框<form>标签，在【属性】面板中设置 action 和 metho 属性值，定义请求文件为同目录下的 request.php，请求的方式为 POST。

第 4 步，把光标置于<form>标签内，插入一个文本框、一个密码域、一个隐藏域和一个提交按钮，定义输入文本域的 name 属性值分别为 user、pass 和 grade；定义提交按钮的 value 属性值为“提交数据”。

第 5 步，切换到代码视图，可以看到设计完整的表单结构代码如下：

```
<div class="container">
    <form id="form1" name="form1" method="post" action="request.php">
        <div class="input-group input-group-lg">
            <span class="input-group-addon"><span class="glyphicon glyphicon-user"></span></span>
            <input type="text" name="user" class="form-control" placeholder="请输入用户名">
        </div><br>
        <div class="input-group input-group-lg">
```

```
            <span class="input-group-addon"><span class="glyphicon glyphicon-lock"></span></span>
            <input type="password" name="pass" class="form-control" placeholder="请输入密码">
        </div><br>
        <input name="grade" type="hidden" value="1" />
        <input type="submit" value="提交数据" class="btn btn-success btn-block" />
    </form>
</div>
```

Note

第 6 步，选择【文件】|【另存为】命令，把 index.html 另存为 request.php。在 request.php 文档中，清除表单结构。然后在<div class="container">标签中输入下面 HTML 代码和内容，并使用$_POST 方法在标签中嵌入从客户端获取的输入域的值。

```
<div class="container">
    <h2><?php echo $_POST["user"] ?>，您好</h2>
    <p>你的密码是 <span class="btn btn-primary"><?php echo $_POST["pass"] ?></span>，请牢记。</p>
    <p>你目前是 <code><?php echo $_POST["grade"] ?></code>级用户，请继续努力。</p>
</div>
```

第 7 步，在浏览器中预览 index.html 页面，然后输入用户信息，单击【提交数据】按钮提交表单，则在打开的 request.php 页面中立即显示如图 17.25 所示的效果。

17.3.6 获取单选按钮的值

单选按钮虽然可以以组的形式出现，有多个可供选择的值，但是在同一个时间内只能够选择一个值，所以获取单选按钮值的方法与获取文本框的值方法相同，都是直接通过 name 属性快速读取值。

下面示例为用户提供一个单选操作，当用户提交不同的选项后，后台服务器将显示不同风格的图片效果，如图 17.26 所示。

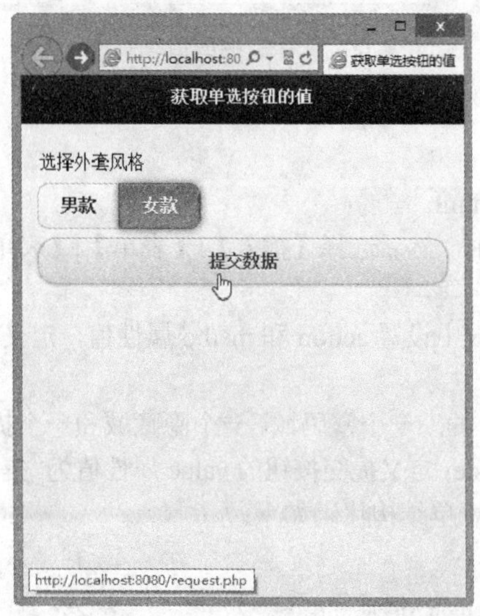

提交表单

响应信息

图 17.26 示例效果

【操作步骤】

第 1 步，打开模板页（orig.html），另存为 index.html。

第 2 步，把光标置于<div data-role="content">标签，然后选择【插入】|【表单】|【表单】命令，在当前光标位置插入一个表单框。

第 3 步，选中表单框<form>标签，在【属性】面板中设置 action 和 metho 属性值，定义请求文件为同目录下的 request.php，请求的方式为 POST。

第 4 步，把光标置于<form>标签内，插入一个单选按钮组和一个提交按钮，定义单选按钮组的 name 属性值为 sex，选项的 value 属性值分别为 men 和 women，设计完整的表单结构代码如下：

```
<div data-role="content">
    <form id="form1" name="form1" method="post" action="request.php">
        <fieldset data-role="controlgroup" data-type="horizontal">
            <legend>选择外套风格</legend>
            <label>
                <input name="sex" type="radio" value="men" checked />男款</label>
            <label>
                <input name="sex" type="radio" value="women" />女款</label>
        </fieldset>
        <input type="submit" value="提交数据" />
    </form>
</div>
```

第 5 步，选择【文件】|【另存为】命令，把 index.html 另存为 request.php。在 request.php 文档中，清除表单结构。然后切换到代码视图，编写 PHP 脚本代码：

```
<?php
    $interest = $_POST["sex"];
    if($interest == "men"){
        echo    '<h1>男款外套</h1>';
        echo    '<img src="images/3.jpg" alt=""/>';
    }
    else{
        echo    '<h1>女款外套</h1>';
        echo    '<img src="images/2.jpg" alt=""/>';
    }
?>
```

第 6 步，在浏览器中预览 index.html 页面，然后在单选按钮组中选择一个选项，单击【提交数据】按钮提交表单，则在打开的 request.php 页面中立即显示不同风格的外套图片，如图 17.26 所示。

17.3.7　获取文件域的值

文件域的作用是实现文件上传，文件域有一个特有的属性 accept，用于指定上传文件的类型，如果要限制上传文件的类型，则可以通过设置该属性完成。

下面示例为用户提供简单的文件上传操作，当用户上传文件后，后台服务器将以响应的方式显示用户提交的文件名，如图 17.27 所示。

【操作步骤】

第 1 步，打开模板页（orig.html），另存为 index.html。

第 2 步，把光标置于<div data-role="content">标签，然后选择【插入】|【表单】|【表单】命令，在当前光标位置插入一个表单框。

Note

提交表单

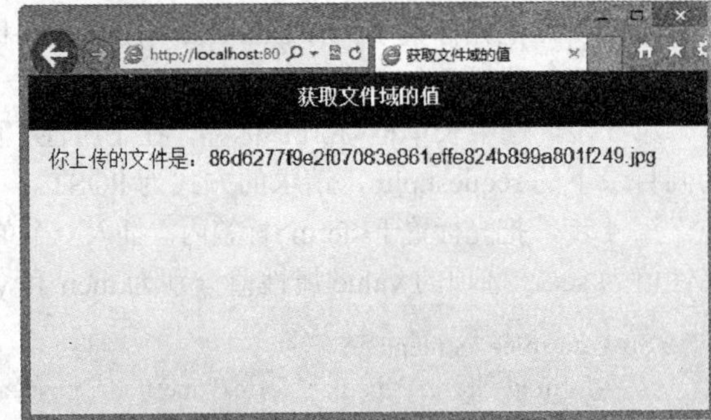

响应信息

图 17.27 示例效果

第 3 步，选中表单框<form>标签，在【属性】面板中设置 action 和 metho 属性值，定义请求文件为同目录下的 request.php，请求的方式为 POST。

第 4 步，把光标置于<form>标签内，插入一个文件域和一个提交按钮，定义文件域的 name 属性值为 file，提交按钮的 value 属性值为“提交数据”。设计完整的表单结构代码如下：

```
<form action="request.php" data-ajax="false" method="post"   name="form1" id="form1">
    <label>选择照片
        <input name="file" type="file" />
    </label>
    <input type="submit" data-theme="e" data-icon="check" value="提交数据" />
</form>
```

第 5 步，选择【文件】|【另存为】命令，把 index.html 另存为 request.php。在 request.php 文档中，清除表单结构。然后切换到代码视图，编写 PHP 脚本代码：

```
<?php
    $file = $_POST["file"];
    echo "你上传的文件是：";
    echo   $file ;
?>
```

第 6 步，在浏览器中预览 index.html 页面，然后单击【浏览】按钮，选择一个本地文件，单击【提交数据】按钮提交表单，则在打开的 request.php 页面中立即显示用户选择的文件名，如图 17.27 所示。

【拓展】本示例仅演示了如何获取文件域中的值，但是没有真正获取用户上传的图片，如果要获取用户上传的文件，还需要设置表单的编码类型为 enctype="multipart/form-data"。

如果要获取用户上传的文件，需要使用全局变量$_FILES（在 PHP 4.1.0 以前版本中用$HTTP_POST_FILES 替代）。此数组包含所有上传的文件信息，$_FILES 数组的内容如下所示，其中'userfile'表示文件域的名称。

- ☑ $_FILES['userfile']['name']：客户端机器文件的原名称。
- ☑ $_FILES['userfile']['type']：文件的 MIME 类型，如“image/gif”。
- ☑ $_FILES['userfile']['size']：已上传文件的大小，单位为字节。
- ☑ $_FILES['userfile']['tmp_name']：文件被上传后在服务端存储的临时文件名。
- ☑ $_FILES['userfile']['error']：和该文件上传相关的错误代码。

文件被上传后，默认会被存储到服务端的默认临时目录中，可以在 php.ini 中的 upload_tmp_dir

设置存储路径。

17.4　获取查询字符串

如果在表单中设置 method 属性的值为 GET 方法，则表单数据将通过 URL 附加的查询字符串把数据传递给服务器，此时使用$_GET 来获取用户提交的数据。本节将详细介绍查询字符串的使用，以及使用$_GET 获取表单数据的一般方法。

17.4.1　认识查询字符串

查询字符串由一个或多个“名/值”对的字符串组成，多个“名/值”对之间通过特殊字符（&）连接在一起，构成一长串的字符串，常被用来传递一些简单的参数。其语法格式如下：

```
name1=value1&name2=value2&...&namen=valuen
```

其中 name1=value1 就表示一个“名/值”对。在所有参数中，name 表示查询字符串的参数名称，而 value 表示查询字符串的参数值。指定其中参数的名称就可以获取该参数的值。

查询字符串附加在 URL 后面，存储在 HTTP 请求的头部区域，因此所传输的数据结构就比较简单，不能够存储大容量的信息，一般能够发送最大数量约为 2000 个字符，作为查询字符串的一部分发送的、超过这个数目的其他数据将不会被处理。

查询字符串与 URL 通过问号（?）连接在一起。这样 PHP 脚本就能够准确获取查询字符串的内容，而 URL 也能够正确定位到指定目标。例如：

```
<a href="detail.php?id=1&class=3&subclass=24&key=li">显示查询信息</a>
```

上面的超链接中就提供了 4 个参数，detail.php 页面通过这 4 个参数可以在数据库中查询到指定信息的记录。

查询字符串中的参数可以同名，但 HTTP 请求仍然能够把所有参数传递出去，不管这些参数名是否重复。例如：

```
<a href="detail.php?id=1&class=3&subclass=24&key=li& id=3&class=2&subclass=21&key=wang ">显示查询信息</a>
```

17.4.2　获取查询字符串的值

使用$_GET 预定义变量可以获取查询字符串的值，其用法与$_POST 相同。下面示例演示了如何使用$_GET 变量获取用户提交的用户名和密码，演示效果如图 17.28 所示。

【操作步骤】

第 1 步，打开模板页（orig.html），另存为 index.html。

第 2 步，把光标置于<div class="container">标签中，然后选择【插入】|【表单】|【表单】命令，在当前光标位置插入一个表单框。

第 3 步，选中表单框<form>标签，在【属性】面板中设置 action 和 metho 属性值，定义请求文件为同目录下的 request.php，请求的方式为 GET。

第 4 步，把光标置于<form>标签内，插入一个文本框、一个密码和一个提交按钮，定义输入文本

Note

域的 name 属性值分别为 user 和 pass；定义提交按钮的 value 属性值为“提交数据”。

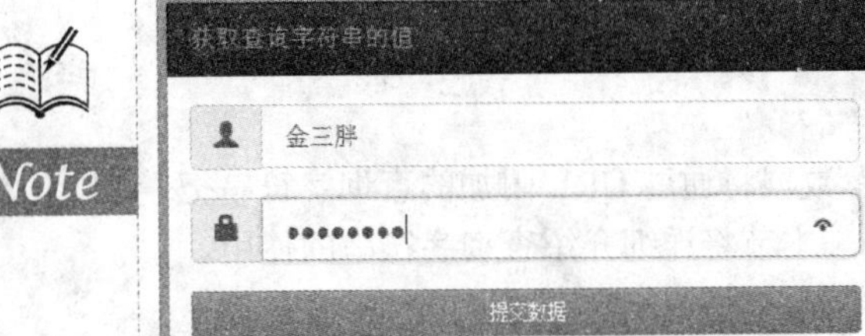

提交表单

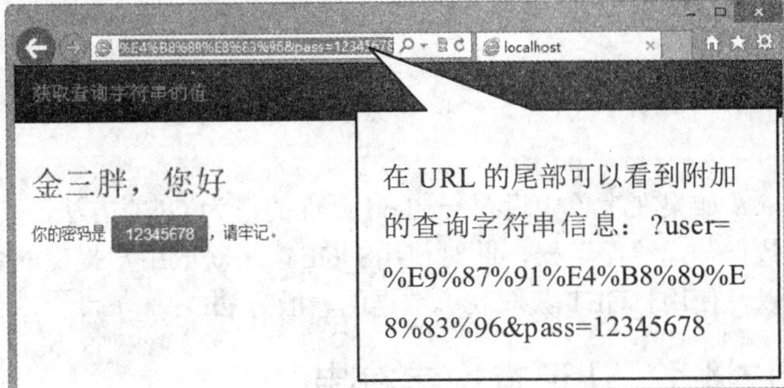

响应信息

图 17.28　示例效果

第 5 步，切换到代码视图，可以看到设计完整的表单结构代码如下：

```
<form id="form1" name="form1" method="get" action="request.php">
    <div class="input-group input-group-lg">
        <span class="input-group-addon"><span class="glyphicon glyphicon-user"></span></span>
        <input type="text" name="user" class="form-control" placeholder="请输入用户名">
    </div><br>
    <div class="input-group input-group-lg">
        <span class="input-group-addon"><span class="glyphicon glyphicon-lock"></span></span>
        <input type="password" name="pass" class="form-control" placeholder="请输入密码">
    </div><br>
    <input type="submit" value="提交数据" class="btn btn-success btn-block" />
</form>
```

第 6 步，选择【文件】|【另存为】命令，把 index.html 另存为 request.php。在 request.php 文档中，清除表单结构。然后在<div class="container">标签中输入下面 HTML 代码和内容，并使用$_GET 方法在标签中嵌入从客户端获取的输入域的值。

```
<div class="container">
        <h2><?php echo $_GET["user"] ?>，您好</h2>
        <p>你的密码是 <span class="btn btn-primary"><?php echo $_GET["pass"] ?></span>，请牢记。</p>
</div>
```

第 7 步，在浏览器中预览 index.html 页面，然后输入用户信息，单击【提交数据】按钮提交表单，则在打开的 request.php 页面中立即显示如图 17.28 所示的效果。

【拓展】也可以在超链接尾部附加一个字符串信息。例如：

```
<a href="request.php?id=1">显示查询信息</a>
```

然后在 request.php 文件中输入下面代码就可以获取这个值。

```
<?PHP
$id = $_GET["id"];
echo "当前编号是：";
    echo   $id ;
?>
```

最后，在浏览器中预览页面，然后单击超链接，则在打开的 request.php 文件中立即显示用户上传的 id 编号值。

17.4.3 查询字符串编码

通过 17.4.2 节示例可以发现，URL 参数在传输过程中被处理过，即参数被编码。在接收页面的地址栏中显示如下的 URL 查询字符串：

```
http://localhost:8080/request.php?user=%E9%87%91%E4%B8%89%E8%83%96&pass=12345678
```

在上面的查询字符串中，所有双字节的汉字全部被编码显示。但对于 ASCII 字符则不进行编码处理。查询字符串未被解析之前，以编码形式呈现在浏览器中的地址文本框中，这在一定程度上可以防止双字节字符信息被直接看到，当然这不是加密，自然无法保护查询字符串的信息安全。

实际上，在查询字符串中有几个特殊的字符，了解这些字符所代表的意思，可以准确获取查询字符串中的参数信息，如表 17.3 所示。

表 17.3 查询字符串中特殊字符列表

特殊字符	说 明
&	该字符在查询字符串中表示“与”的意思，用来描述附加在 QueryString 数据集合内的独立“名/值”对，通俗说就是多个参数的连字符
?	该字符在查询字符串中表示起始的意思，它附加在客户 URL 中被请求的文件扩展名之后
%	该字符用来对其他特殊字符进行编码，一般用于对双字节字符进行编码。例如，%CD%F5 就表示汉字“王”的编码，其中 CD 和 F5 表示十六进制的数字，用来表示“王”字符在字符编码表中的坐标位置
+	该字符在查询字符串中表示一个空格

在 PHP 中对字符串进行编码可以通过 urlencode()函数实现。

例如，在下面示例中有两条超链接，使用 urlencode()函数对在 URL 中的查询字符串进行编码，一个是经过编码，一个没有经过编码，则在传输过程中可以看到地址栏中不同的显示效果，如图 17.29 和图 17.30 所示。

```
<a href="request.php?name=这是秘密信息，需编码" data-role="button">未编码信息</a>
<a href="request.php?name=<?PHP echo URLencode("这是秘密信息，需编码传输"); ?>" data-role="button">编码信息</a>
```

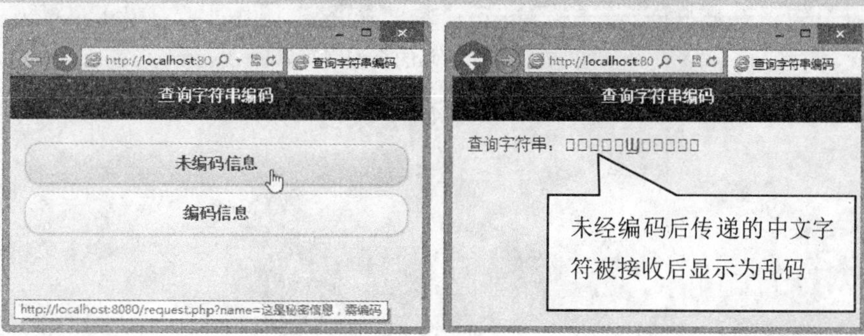

图 17.29 未经编码的查询字符串

Note

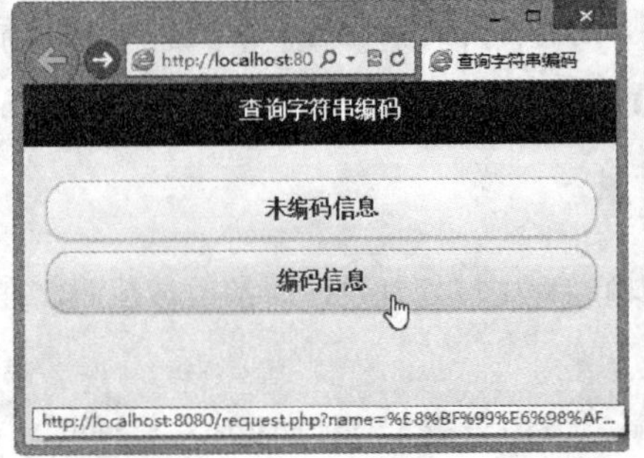

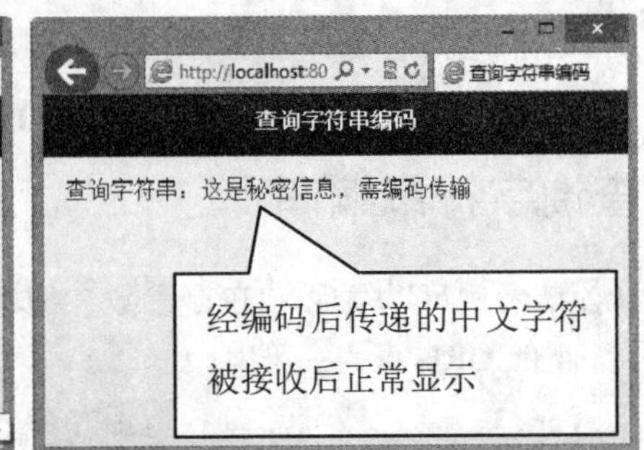

图 17.30　经编码的查询字符串

17.4.4　查询字符串解码

对于 URL 传递的参数直接使用$_GET 方法获取，而对于进行 URL 加密的查询字符串，则需要使用 urlencode()函数对获取的字符串进行解码。例如：

```
<a href="request.php?name=<?PHP echo urlencode("这是秘密信息，需编码传输"); ?>" data-role="button">显示查询信息</a>
```

然后，在 request.php 文件中输入下面脚本。

```
<?PHP
$name = urldecode($_GET["name"]);
echo "查询字符串：";
echo    $name ;
?>
```

运行结果如图 17.31 所示。

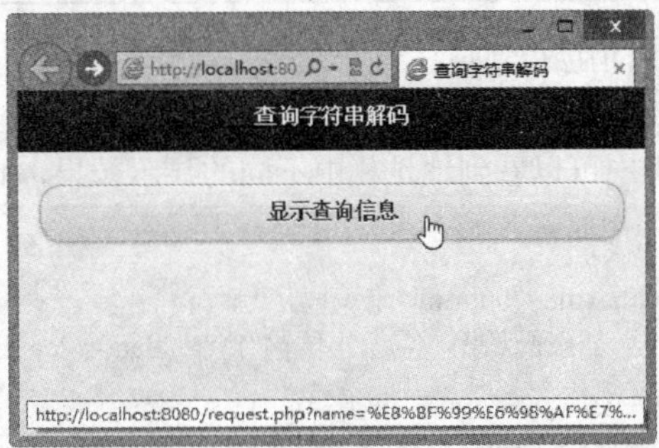

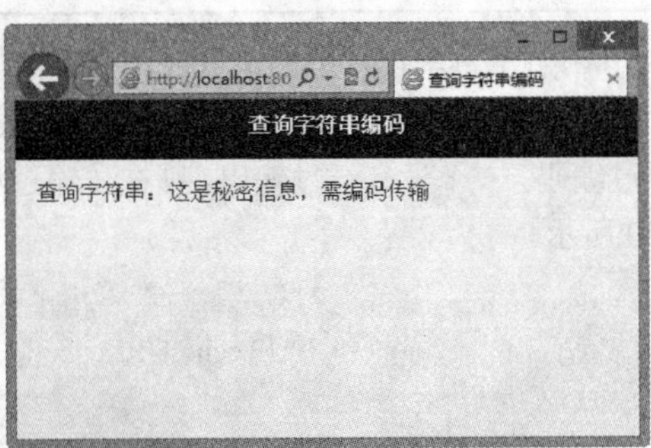

图 17.31　经解码的查询字符串

第18章

响应和处理信息

（视频讲解：80分钟）

在网站中会存在大量的数据需要传递，有些数据需要在整个网站内共享，还有些数据仅供用户个人使用，其他用户不可分享，还有很多数据需要在用户系统中长期存储等，如果仅靠PHP脚本中自定义变量，是无法完成这些任务的。而HTTP协议是无状态的，服务器是不会记录用户足迹的，要想跟踪用户访问足迹和用户系统、配置，都需要PHP提供一些预定义变量，帮助用户完成这些数据存储和传输任务。

另外，用户经常需要处理表单，如表单验证、输入字符串修剪、把表单数据输入到数组中进行存储等操作。只有熟练字符串、数组和正则表达式的基本用法，才能够在Web开发中熟练驾驭客户端信息处理。本章主要介绍PHP中Cookie、会话变量的使用，以及信息处理的各种方法和技巧。

【学习重点】

- 会话管理
- 处理Cookioe信息
- 处理字符串信息
- 处理数组信息
- 使用正则表达式处理复杂信息

18.1 会话管理

Note

HTTP 协议是一种无状态的协议，对于服务器来说，每个用户的访问就是一个新的请求，请求之后，就不再保持联系。如果用户在 Web 站点内访问，服务器根本无法获知用户的已经驻留信息。Session 技术的引入正是弥补这个缺陷，当用户在 Web 站点的多个页面切换时，使用 Session 变量可以记录该用户的一些有用信息，Web 应用程序就是利用这些信息来跟踪用户在站内的活动。

18.1.1 认识会话变量

PHP 会话变量在 Dreamweaver 中被称为阶段变量。Session 中文翻译为会话、会议的意思，其本义是指有始有终的一系列动作或消息。在 PHP 中 Session 代表服务器与客户端之间的一个会话，它从用户点击进入站点开始，直到该用户离开网站，当然也可以使用 PHP 提前结束这个会话，终止 Session 对象的运行。

Session 会话具有针对性，不同的用户拥有不同的会话内容。一旦用户进入网站，PHP 都会自动为该用户建立一个 Session 对象，Session 对象之间通过 SessionID 属性进行标识和区别，SessionID 属性值是一个永远都不会重复的随机值。用户在网站内的不同页面切换时，只能访问自己的 Session 变量，而不能访问其他用户的 Session 变量。

一般利用 Session 可以存储用户的访问信息，如用户姓名、访问时间、访问页面、用户的客户端信息等，以及在每个页面的停留时间等，通过这些基本信息能够挖掘出很多有价值的参考信息，如浏览者操作习惯、个人兴趣爱好等。Session 还可以存储用户的会话信息，例如，当在网上商城购物时，利用 Session 可以作为购物车，用来存储用户已选购的每件商品。

由于 Session 能够详细记录用户的隐私，对于网站来说虽然很方便，但是用户的隐私也在不知不觉中被网站获取，对于个人信息安全构成了一定的威胁，因此对于 Session 技术的引入也备受争议。

18.1.2 启动会话

在 PHP 配置文件（php.ini）中，有一组与 Session 相关的配置选项。通过对一些选项重新设置新值，就可以对 Session 进行配置，否则使用默认的 Session 配置。

Session 的设置不同于 Cookie，必须先启动，在 PHP 中必须调用 session_start()函数，以便让 PHP 核心程序，将与 Session 相关的内建环境变量预先载入至内存中。session_start()函数的语法格式如下：

```
Bool session_start ( void )        //创建 Session，开始一个会话，进行 Session 初始化
```

函数 Session_start()有两个作用：一是开始一个会话，二是返回已经存在的会话。这个函数没有参数，且返回值均为 true。

如果使用基于 Cookie 的 Session，在使用该函数开启 Session 之前，不能有任何输出的内容。因为基于 Cookie 的 Session 是在开启的时候，调用 session_start()函数会生成一个唯一的 Session ID，需要保存在客户端电脑的 Cookie 中，和 setCookie()函数一样，调用之前不能有任何的输出，空格或空行也不行。如果已经开启过 Session，再次调用 session_start()函数时，不会再创建一个新的 Session ID。因为当用户再次访问服务器时，该函数会通过从客户端携带过来的 Session ID，返回已经存在的 Session。所以在会话期间，同一个用户在访问服务器上任何一个页面时，都是使用同一个 Session ID。

如果不想在每个脚本都使用 session_start()函数来开启 Session，可以在 php.ini 中设置“session.auto_start=1”，则无须每次使用 Session 之前都要调用 session_start()函数。但启用该选项也有一些限制，则不能将对象放入 Session 中，因为类定义必须在启动 Session 之前加载。所以不建议使用 php.ini 中的 session.auto_start 属性来开启 Session。

Note

18.1.3 注册和读取会话

在 PHP 中使用 Session 变量，除了必须要启动之外，还要经过注册的过程。注册和读取 Session 变量，都要通过访问$_SESSION 数组完成。

自 PHP 6.1.0 起，$_SESSION 如同$_POST、$_GET 或$_COOKIE 等一样成为超级全局数组，但必须在调用 session_start()函数开启 Session 之后才能使用。与$HTTP_SESSION_VARS 不同，$_SESSION 总是具有全局范围，因此不要对$_SESSION 使用 global 关键字。在$_SESSION 关联数组中的键名具有和 PHP 中普通变量名相同的命名规则。

【示例】注册 Session 变量代码如下：

```
<?php
session_start();                          //启动 Session 的初始化
$_SESSION["username"]="skygao";           //注册 Session 变量，赋值为一个用户的名称
$_SESSION["password"]="123456";           //注册 Session 变量，赋值为一个用户的密码
?>
```

执行该脚本后，两个 Session 变量就会被保存在服务器端的某个文件中。该文件的位置是通过 php.ini 文件，在 session.save_path 属性指定的目录下，为这个访问用户单独创建的一个文件，用来保存注册的 Session 变量。例如，某个保存 Session 变量的文件名为“sess_040958e2514bf112d61a03ab8adc8c74”，文件名中含 Session ID，所以每个访问用户在服务器中都有自己保存 Session 变量的文件。而且这个文件可以直接使用文本编辑器打开，该文件的内容结构如下：

```
变量名|类型:长度:值;                        //每个变量都使用相同的结构保存
```

本例在 Session 中注册了两个变量，如果在服务器中找到为该用户保存 Session 变量的文件，打开后可以看到如下内容：

```
username|s:6:"skygao";password|s:6:"123456";     //保存某用户 Session 中注册的两个变量内容
```

18.1.4 注销和销毁会话

当完成一个会话后，可以删除 Session 变量，也可以将其销毁。如果用户想退出网站，就需要提供一个注销的功能，把所有信息在服务器中销毁。

可以调用 session_destroy()函数结束当前的会话，并清空会话中的所有资源。该函数的语法格式如下：

```
bool session_destroy ( void )                 //销毁和当前 Session 有关的所有资料
```

相对于 session_start()函数，该函数用来关闭 Session 的运作，如果成功则传回 true，销毁 Session 资料失败则返回 false。

该函数并不会释放和当前 Session 相关的变量，也不会删除保存在客户端 Cookie 中的 Session ID。因为$_SESSION 数组和自定义的数组在使用上是相同的，不过可以使用 unset()函数来释放在 Session 中注册的单个变量。如下所示：

```
unset($_SESSION["username"]);                    //删除在 Session 中注册的用户名变量
unset($_SESSION["passwrod"]);                    //删除在 Session 中注册的用户密码变量
```

Note

提示： 不要使用 unset($_SESSION)删除整个$_SESSION 数组，这样将不能再通过$_SESSION 超全局数组注册变量了。但如果想把某个用户在 Session 中注册的所有变量都删除，可以直接将数组变量$_SESSION 赋上一个空数组。如下所示：

```
$_SESSION=array();                    //将某个用户在 Session 中注册的变量全部清除
```

PHP 默认的 Session 是基于 Cookie 的，Session ID 被服务器存储在客户端的 Cookie 中，所以在注销 Session 时也需要清除 Cookie 中保存的 Session ID，而这就必须借助 setCookie()函数完成。

【示例】 清除客户端 Cookie 中保存的会话信息。

在 Cookie 中，保存 Session ID 的 Cookie 标识名称就是 Session 的名称，这个名称是在 php.ini 中，通过 session.name 属性指定的值。在 PHP 脚本中，可以通过调用 session_name()函数获取 Session 名称。删除保存在客户端 Cookie 中的 Session ID，代码如下：

```
<?php
    if (isset($_COOKIE[session_name()])) {                  //判断 Cookie 中是否保存 Session ID
        setcookie(session_name(), '', time()-3600, '/');    //删除包含 Session ID 的 Cookie
    }
?>
```

通过前面的介绍可以总结出来，Session 的注销过程共需要 4 个步骤。在下面的脚本文件 destroy.php 中，提供完整的 4 个步骤代码，运行该脚本就可以关闭 Session 并销毁与本次会话有关的所有资源。代码如下：

```
<?php
//第一步：开启 Session 并初始化
session_start();
//第二步：删除所有 Session 的变量，也可用 unset($_SESSION[xxx])逐个删除
$_SESSION = array();
//第三步：如果使用基于 Cookie 的 Session，使用 setCooike()删除包含 Session ID 的 Cookie
if (isset($_COOKIE[session_name()])) {
    setcookie(session_name(), '', time()-42000, '/');
}
//第四步：最后彻底销毁 Session
session_destroy();
?>
```

18.1.5 传递会话

使用 Session 跟踪一个用户，是通过在各个页面之间传递唯一的 Session ID，并通过 Session ID 提取这个用户在服务器中保存的 Session 变量。常见的 Session ID 传送方法有以下两种。

- ☑ 基于 Cookie 的方式传递 Session ID，这种方法更优化，但由于不总是可用，因为用户在客户端可以屏蔽 Cookie。
- ☑ 通过 URL 参数进行传递，直接将会话 ID 嵌入到 URL 中去。

在 Session 的实现中通常都是采用基于 Cookie 的方式，客户端保存的 Session ID 就是一个 Cookie。

当客户禁用Cookie时，Session ID就不能再在Cookie中保存，也就不能在页面之间传递，此时Session失效。不过PHP 5在Linux平台可以自动检查Cookie状态，如果客户端将它禁用，则系统自动把Session ID附加到URL上传送。而使用Windows系统作为Web服务器则无此功能。

1. 通过Cookie传递Session ID

如果客户端没有禁用Cookie，则在PHP脚本中通过session_start()函数进行初始化后，服务器会自动发送HTTP标头将Session ID保存到客户端电脑的Cookie中。类似于下面的设置方式：

```
setCookie(session_name(), session_id(), 0, '/')                    //虚拟向Cookie中设置Session ID的过程
```

在第一个参数中调用session_name()函数，返回当前Session的名称作为Cookie的标识名称。Session名称的默认值为PHPSESSID，是在php.ini文件中由session.name选项指定的值。也可以在调用session_name()函数时提供参数改变当前Session的名称。

在第二个参数中调用session_id()函数，返回当前Session ID作为Cookie的值。也可以通过调用session_id()函数时提供参数设定当前Session ID。

第三个参数的值0，是通过在php.ini文件中由session.cookie_lifetime选项设置的值。默认值为0，表示Session ID将在客户机的Cookie中延续到浏览器关闭。

最后一个参数'/'，也是通过PHP配置文件指定的值，在php.ini中由session.cookie_path选项设置的值。默认值为'/'，表示在Cookie中要设置的路径在整个域内都有效。

如果服务器成功将Session ID保存在客户端的Cookie中，当用户再次请求服务器时，就会把Session ID发送回来。所以当在脚本中再次使用session_start()函数时，就会根据Cookie中的Session ID返回已经存在的Session。

2. 通过URL传递Session ID

如果客户浏览器支持Cookie，就把Session ID作为Cookie保存在浏览器中。但如果客户端禁止Cookie的使用，浏览器中就不存在作为Cookie的Session ID，因此在客户请求中不包含Cookie信息。如果调用session_start()函数时，无法从客户端浏览器中取得作为Cookie的Session ID，则又创建了一个新的Session ID，也就无法跟踪客户状态。因此，每次客户请求支持Session的PHP脚本，session_start()函数在开启Session时都会创建一个新的Session，这样就失去了跟踪用户状态的功能。

在PHP中提出了跟踪Session的另一种机制，如果客户浏览器不支持Cookie，PHP则可以重写客户请求的URL，把Session ID添加到URL信息中。可以手动地在每个超链接的URL中都添加一个Session ID。如下所示：

```
<?php
session_start();
echo '<a href="demo.php?'.session_name().'='.session_id().'">链接演示</a>';
?>
```

【示例】本例中使用两个脚本程序，演示了Session ID的传送方法。在第一个脚本test1.php中，输出链接时将SID常量附加到URL上，并将一个用户名通过Session传递给目标页面输出。如下所示：

```
<?php
session_start();                                        //开启Session
$_SESSION["username"]="admin";                          //注册一个Session变量，保存用户名
echo "Session ID: ".session_id()."<br>";                //在当前页面输出Session ID
?>
<a href="test2.php?<?php echo SID ?>">通过URL传递Session ID</a>      <!--在URL中附加SID-->
```

在脚本 test2.php 中，输出 test1.php 脚本在 Session 变量中保存的一个用户名。又在该页面中输出一次 Session ID，通过对比可以判断两个脚本是否使用同一个 Session ID。另外，在开启或关闭 Cookie 时，注意浏览器地址栏中 URL 的变化。代码如下：

```
<?php
session_start();                                          //开启 Session
echo $_SESSION["username"]."<br>";                        //输出 Session 变量的值
echo "Session ID: ".session_id()."<br>";                  //输出 Session ID
?>
```

如果把客户端的 Cookie 禁用，单击 test1.php 页面中的超链接会出现下面的结果，在地址栏中会把 Session ID 以 session_name=session_id 的格式添加到 URL 上。

如果客户端的 Cookie 可以使用，则会把 Session ID 保存到客户端的 Cookie 中，而 SID 就成为一个空字符串，不会在地址栏中的 URL 后面显示。启用客户端的 Cookie，重复前面的操作。

18.1.6 设置会话有效期

在大多数网站和应用程序中需要限制会话的时间，如 12 个小时、一个星期、一个月等，这时就需要设置 Session 会话的有效期限，过了有效期限，用户会话就被关闭。

1. 客户端没有禁止 Cookie

使用 session_set_cookie_params()设置 Session 的失效时间，此函数是 Session 结合 Cookie 设置失效时间，如果设置 Session 在 1 分钟后失效，则实现的代码如下：

```
<?php
$time = 60;
session_set_cookie_params($time);
session_start();
$_SESSION["unsename"] = 'Mr';
?>
```

session_set_cookie_params()必须在 session_start()之前调用。不过不推荐使用该函数，此函数在浏览器上会出现问题，所以一般手动设置失效时间。

【示例 1】手动设置失效时间的代码如下：

```
<?php
session_start();
$time = 60;
setcookie(session_name(),session_id(),time()+$time,"/");  //手动设置会话失效时间
$_SESSION["unsename"] = 'Mr';
?>
```

session_name 表示 Session 的名称，session_id 表示客户端用户的标识，因为 session_id 是随机产生的唯一名称，所以 Session 是相对安全的，失效时间和 Cookie 的失效时间一样，最后一个参数为可选参数，是放置 Cookie 的路径。

2. 客户端禁止 Cookie

当客户端禁用 Cookie 时，Session 页面间传递会失效，解决这个问题有 4 种方法。

☑ 在登录之前提醒用户必须开启 Cookie，这是很多论坛的做法。

- ☑ 设置 php.ini 文件中的 session.use_trans_sid = 1，或者编译时打开-enable-trans-sid 选项，让 PHP 自动跨页传递 session_id。
- ☑ 通过 GET 方法，使用隐藏域传递 session_id。
- ☑ 使用文件或者数据库存储 session_id，在页面传递中手动调用。

第二种情况比较被动，因为普通开发者是无法修改服务器中的 php.ini 配置文件，第三种情况就不可以使用 Cookie 设置保存时间，但是登录情况没有变化，第四种情况比较重要，特别是在企业级开发中经常使用到。

【示例 2】下面代码演示了以第三种方法使用 GET 方式进行传递：

```
<form  method="post" action="session1.php?<?=session+name();?>=<?=session_id();?>">
    用户名：<input type="text" name="user" size="20"><br />
    密  码：<input type="password" name="password" size="20"><br />
    <input type="submit" value="提交" />
</form>
```

然后，在 session1.php 文件中设置要接收 session_id 值，并进行处理，示例代码如下：

```
<?php
$sess_name = session_name();                    //获取 Session 名称
$sess_id = $_GET[$sess_name];                   //以 GET 方式获取 session_id
session_id($sess_id);                           //把 session_id 值存储到 Session 对象中
session_start();
$_SESSION["admin"] = "Mr";
?>
```

18.1.7 会话安全

PHP 不能保证会话信息只能被会话者看到。根据其存放的数据，还需要采取更多措施来主动保护会话的完整性。当然这些做法会降低用户的方便程度。

下面行为都会将会话 ID 泄露给第三方，使第三方能够访问所有与指定 ID 相关联的资源。

- ☑ URL 携带会话 ID。如果连接到外部站点，包含有会话 ID 的 URL 可能会被存在外部站点的引用日志中。
- ☑ 如果会话 ID 未加密，以明文方式在网络中传输，就很容易被第三方监听到。

在默认情况下，所有与特定会话相关的数据都被存储在由配置选项 session.save_path 指定的目录下的一个文件中。对每个会话会建立一个文件。这是由于每打开一个会话即建立一个文件，不论是否有数据写入到该文件中。

为此用户需要学习和使用会话加密方法，具体说明如下。

- ☑ session_encode：对 Session 信息进行编码。

```
string session_encode(void);
```

该函数返回的字符串中包含全局变量中各变量的名称与值，如 a|s:12:"it is a test";c|s:4:"lala";。a 是变量名，s:12 代表变量 a 的值"it is a test"的长度是 12，变量间用分号“;”分隔。

- ☑ session_decode：对 Session 信息进行解码。

```
boolean session_decode (string data)
```

该函数可对 Session 信息进行解码，成功则返回逻辑值 true。PHP 5 不再使用 session_id，而是把它变成一个常量 SID，并保存在 Cookie 中。如果客户端禁用了 Cookie，PHP 会自动通过 URL 自动传动 SID，其条件是设置 php.ini 中的 session.use_trans_sid = 1。最后使用 strip_tags()输出 SID，以避免 XSS 相关的攻击。

很多 PHP 开发人员喜欢使用 Session 会话变量，大量使用会话变量能够帮助你设计更多人性化的功能。仔细分析原因：

- ☑ 传递简单。在 Web 应用程序内的页面间传递一个变量值，使用 Session 变量要比通过查询字符串传递变量值更简单。
- ☑ 使用方便。读者可以在任何时候直接使用 Session 变量。
- ☑ 更容易设计出针对不同用户的设计体验。Web 设计的趋势就是要以用户体验为中心，自然使用 Session 变量是最佳选择。

但是当初学者逐渐掌握 Session 的使用时，也应该注意几个问题，避免在开发中乱用 Session 变量。

- ☑ Session 过于依赖进程。Session 状态存储在服务器的进程中。所以当 inetinfo.exe 进程崩溃时，Session 会话信息就会全部丢失。
- ☑ Session 过于依赖 Cookie。用户会话信息都存储在 Cookie 中，如果客户端完全禁用掉了 Cookie 功能，Session 提供的功能也就自然失效了。
- ☑ Session 作用域的局限性。用户会话信息不能够实现应用程序之间迁移。例如，百度网站的 Web 服务器可能不止一个，当用户登录其中一个频道之后，可能需要去各个频道中浏览，但是每个频道都在不同的服务器上，如果想在这些 Web 服务器共享 Session 会话信息就是一个很麻烦的问题。
- ☑ 任何变量和对象都会占用系统资源。Session 变量同样需要有单独的运行时间和存储空间。过多地使用 Session 变量就会导致大量代码冗余，并且使服务器运行成本提高。
- ☑ 当一个用户访问某个页面时，每个 Session 变量的运行环境便自动生成，这些 Session 变量可能会在用户离开该页面后仍然保留，直到有效期过后。这必然构成对用户安全的威胁。同时，如果在 Session 中存储较大的对象（如 ADO 组件中的 Recordsets、Connections 对象等），当站点访问量增大时，服务器将会因此而无法正常运行。
- ☑ 由于创建 Session 变量比较随意，可随时调用，不需要开发者去声明，所以过度使用 Session 变量将会导致代码阅读性差，而且不好维护。

鉴于 PHP 提供的 Session 变量存在很多局限性，使得 PHP 中 Session 成为了一个更加强大的功能。但是在 PHP 中，个人建议你要少用 Session，只有在必要时选择使用，以简化 Web 开发。

18.2 Cookie 管理

Session 对象是利用 Cookie 技术来实现会话信息的处理，当用户向服务器发出请求时，服务器会同时在客户端浏览器中创建一个 Cookie，并把 Cookie 信息保存在用户本地计算机中。当这个 Session 结束时，这个 Cookie 信息也将同时过期并被清除。

18.2.1 认识 Cookie

Cookie 也称为小甜饼，它是存储在客户端计算机中的一个文本文件，文本中包含一组字符串。每当用户访问包含 Cookie 的页面时，PHP 页面就会在用户的计算机上建立一个文本文件，并把一些相

关信息保存到该文本文件中。这就意味着每当一个用户访问网站，网站就可以秘密地在用户的本地硬盘上建立并保存相关信息。该文件可以包含任何设置信息，如用户个人信息、站点状态和用户操作习惯等。

Cookie 信息存在潜在的风险，它可能被黑客读取。为了防止类似问题的发生，Cookie 设置了一套机制只允许客户端 Cookie 被创建它的域所存取，其他浏览器或网站都无法存取同一个 Cookie 文件。例如，www.baidu.com 只能访问 baidu.com 创建的 Cookie。

有了 Cookie，网站就不用担心用户的去留，每当用户进入网站时，服务器就会自动从客户端计算机中读取该站的 Cookie，并据此对 Cookie 信息进行分析和判断，例如，已访问时间、访问日志、用户的个人信息等。如果没有发现 Cookie，就可以判断该用户是新用户，并执行相应的操作。

所有 Cookie 都被存放在客户端临时文件夹中，存放 Cookie 的文本文件命名规则为：用户名@网站名.txt。

例如，访问百度网站之后，则在 Cookies 目录下就会发现“zhu@baidu[1].txt”的文本文件。有些文件可能会使用 IP 地址来描述网站，如“zhu@220.1518.60.111[1].txt”。

这些 Cookie 文本文件可以被任何文本编辑器打开，打开后会显示类似如图 18.1 所示的一长串字符串。

这些文本文件有的是临时文件，用来跟踪用户的进程，直到用户离开网站时就被自动删除。还有一些文件是长久保存的，该文件可以根据所设置的 Cookie 有效期长久保存，当用户再次登录网站时，又可以进行读取操作。

图 18.1 Cookie 文本文件

18.2.2 创建 Cookie

在 PHP 中通过 setcookie()函数创建 Cookie。使用 setcookie()函数的前提是客户浏览器支持 Cookie，如果客户禁用 Cookie，setcookie()将返回 false。语法格式如下：

```
setcookie(name,value,expire,path,domain,secure)
```

setcookie()函数向客户端发送一个 HTTP cookie。如果成功，则该函数返回 true，否则返回 false。setcookie()函数的参数说明如表 18.1 所示。

表 18.1 setcookie()函数参数说明

参 数	说 明
name	必需。定义 cookie 的名称
value	必需。定义 cookie 的值
expire	可选。定义 cookie 的有效期
path	可选。定义 cookie 的服务器路径
domain	可选。定义 cookie 的域名
secure	可选。定义是否通过安全的 HTTPS 连接来传输 cookie

【示例 1】如何设置并发送 cookie。

```
<?php
$value = "my cookie value";
```

```
//发送一个简单的 cookie
setcookie("TestCookie",$value);
?>
```

注意：在发送 cookie 时，cookie 的值会自动进行 URL 编码。接收时会进行 URL 解码。如果不需要这样，可以使用 setrawcookie()函数进行代替。

Note

【示例 2】设置一个 24 小时有效期的 cookie。

```
<?php
$value = "my cookie value";
//发送一个 24 小时过期的 cookie
setcookie("TestCookie",$value, time()+3600*24);
?>
```

如果要把 cookie 保存为浏览器进程，即浏览器关闭后就失效。那么可以直接把 expiretime 设为 0。如：

```
<?php
$value = "my cookie value";
//发送一个关闭浏览器即失效的 cookie
setcookie("TestCookie",$value, 0);
?>
```

参数 path 表示 Web 服务器上的目录，默认为被调用页面所在目录，这里还有一点要说明的，如果网站有几个不同的目录，如一个购物目录、一个论坛目录等，那么如果只用不带路径的 Cookie 的话，在一个目录下的页面里设置的 Cookie 在另一个目录的页面里是看不到的，也就是说，Cookie 是面向路径的。实际上，即使没有指定路径，Web 服务器会自动传递当前的路径给浏览器的，指定路径会强制服务器使用设置的路径。

解决这个问题的办法是在调用 setcookie()函数时加上路径和域名，域名的格式可以是"http://www.phpuser.com/"，也可以是".phpuser.com"。

参数 domain 可以使用的域名，默认为被调用页面的域名。这个域名必须包含两个"."，所以如果指定顶级域名，则必须使用".mydomain.com"。设定域名后，必须采用该域名访问网站 cookie 才有效。如果使用多个域名访问该页，那么这个地方可以为空或者访问这个 cookie 的域名都是一个域下面的。

参数 secure 如果设为"1"，表示 cookie 只能被用户的浏览器认为是安全的服务器所记住。

注意：value、path、domain 3 个参数可以用空字符串""代换，表示没有设置。expire 和 secure 两个参数是数值型的，可以用 0 表示。expire 参数是一个标准的 UNIX 时间标记，可以用 time()或 mktime()函数取得，以秒为单位。secure 参数表示这个 Cookie 是否通过加密的 HTTPS 协议在网络上传输。

httponly 参数如果设为 1，则表示 cookie 只能被 HTTP 协议所使用，任何脚本语言都不能获取 PHP 所创建的 cookie，这就有效削弱了来自 XSS 的攻击。

当前设置的 Cookie 不是立即生效的，而是要等到下一个页面或刷新后才能看到。这是由于在设置的这个页面里 Cookie 由服务器传递给客户浏览器，在下一个页面或刷新后浏览器才能把 Cookie 从客户的机器里取出传回服务器的原因。

18.2.3 读取 Cookie

在 PHP 中可以通过$_COOKIE 变量读取浏览器端的 Cookie 值。

【示例】读取 Cookie 值。

Note

```
<?php
if(!isset($_COOKIE["vtime"])){                              //如果 Cookie 不存在
	setcookie("vtime",date("y-m-d H:i:s"));                 //设置一个 Cookie 变量
	echo "第一次访问"."<br>";                                //输出字符串
}else{                                                      //如果 Cookie 存在
	echo "上次访问时间为：".$_COOKIE["vtime"];               //输出上次访问网站的时间
	echo "<br>";
	setcookie("vtime",date("y-m-d H:i:s"),time()+60);       //设置带 Cookie 失效时间的变量
}
echo "本次访问时间为：  ".date("y-m-d H:i:s");               //输出当前的访问时间
?>
```

在上面示例中，首先检测 Cookie 文件是否存在，如果不存在，则新建一个 Cookie；如果存在，则读取 Cookie 值，并显示用户上次访问时间。

18.2.4 删除 Cookie

创建 Cookie 之后，如果没有设置它的失效时间，则 Cookie 文件在关闭浏览器时会被自动删除，如果在关闭浏览器之前删除 Cookie，可以有两种方法。

（1）使用 setcookie()函数删除，只要将该函数的第二个参数设置为空，将第三个参数设置为小于当前系统时间即可，例如：

```
setcookie("vime","",date("y-m-d H:i:s"),time()-1);
```

如果把第三个参数设置为 0，则表示直接删除 Cookie 值。

（2）在 IE 浏览器中，选择【工具】|【Internet 选项】命令，打开【Internet 选项】对话框，在【常规】选项卡中单击【删除 Cookie】按钮即可。

18.3 字符串处理

在 Web 编程中，字符串总是被大量地生成和处理。例如，获取字符串的长度、提取字符串中指定位置的字符等。正确地使用和处理字符串，对于 PHP 开发者来说越来越重要。

本节从最简单的字符串定义一直引导读者到高层字符串处理技巧，希望读者通过学习，了解和掌握 PHP 字符串，达到举一反三的目的，为了解和学习其他的字符串处理技巧打好基础。

18.3.1 格式化字符串

通常，在使用用户输入的字符串（通常来自 HTML 表单界面）之前，必须对它们进行整理。整理字符串的第一步是清理字符串中多余的空格。虽然这一步操作不是必需的，但如果要将字符串存入一个文件或数据库中，或者将它和别的字符串进行比较，这就是非常有用的。为了实现该功能，PHP 提供了 3 个非常有用的函数。在脚本的开始处，当给表单输入变量定义简短变量名称时，可以使用 trim()函数来整理用户输入的数据，如下所示：

```
$name=trim($name);
$email=trim($email);
$feedback=trim($feedback);
```

Note

trim()函数可以除去字符串开始位置和结束位置的空格，并将结果字符串返回。默认情况下，除去的字符是换行符和回车符（\n 和\r）、水平和垂直制表符（\t 和\v）、字符串结束符（\0）和空格。除了这个默认的过滤字符列表外，也可以在该函数的第二个参数中提供要过滤的特殊字符。根据特定用途，可能会希望使用 ltrim()函数或 rtrim()函数。

这两个函数的功能都类似于 trim()函数，它们都以需要处理的字符串作为输入参数，然后返回经过格式化的字符串。这 3 个函数的不同之处在于 trim()将除去整个字符串前后的空格，而 ltrim()只从字符串的开始处（左边）除去空格，rtrim()只从字符串的结束处（右边）除去空格。

PHP 具有一系列可供使用的函数来重新格式化字符串，这些函数的工作方式是各不相同的。

☑ HTML 格式化

nl2br()函数将字符串作为输入参数，用 HTML 中的
标记代替字符串中的换行符。这对于将一个长字符串显示在浏览器中是非常有用的。例如，使用这个函数来格式化顾客反馈信息并将它返回到浏览器中：

```
<p><? php echo nl2br($text); ?> </p>
```

提示：HTML 将忽略纯空格，所以如果不使用 nl2br()函数来过滤这个输出结果，那么它看上去就是单独的一行。

☑ 打印格式化

常用 echo 命令将字符串输出到浏览器。PHP 也支持 print()函数，它实现的功能与 echo 命令相同，但具有返回值，总是返回 1。

使用函数 printf()和 sprintf()，还可以实现一些更复杂的格式。它们的工作方式基本相同，只是 printf()函数是将一个格式化的字符串输出到浏览器中，而 sprintf()函数是返回一个格式化了的字符串。

这两个函数的基本语法如下：

```
string sprintf (string format [, mixed args...])
int printf (string format [, mixed args...])
```

传递给这两个函数的第一个参数都是字符串格式，它们使用格式代码而不是变量来描述输出字符串的基本形状。其他参数是用来替换格式字符串的变量。

【示例】在使用 echo 时，把要用的变量直接打印至该行中，如下所示：

```
echo "总订单数量是：$total.";
```

要使用 printf()函数得到相同的结果，应该使用如下语句：

```
printf ("总订单数量是：%s.", $total);
```

格式化字符串中的%s 是转换说明。它的意思是用一个字符串来代替。在这个例子中，它会被已解释成字符串的$total 代替。如果保存在$total 变量中的值是 12.4，这两种方法都将它打印为 12.4。

printf()函数的优点在于它可以使用更有用的转换说明来指定$total 为一个浮点数，它的小数点后面应该有两位小数，如下所示：

```
printf ("总订单数量是：%.2f", $total);
```

经过这行代码的格式化处理，存储在$total 中的 12.4 将打印为 12.40。

可以在格式化字符串中使用多个转换说明。如果有 n 个转换说明，在格式化字符串后面就应该带有 n 个参数。每个转换说明都将按给出的顺序被一个重新格式化过的参数代替。

```
printf ("总订单数量是：%.2f (含运费%.2f) ",$total, $total_shipping);
```

在这里，第一个转换说明将使用变量$total，而第二个转换说明将使用变量$total_shipping。

每一个转换说明都遵循同样的格式，如下所示：

```
%['padding_character][-][width][.precision]type
```

所有转换说明都以%开始。如果想打印一个“%”符号，必须使用“%%”。参数 padding_character 是可选的。它将被用来填充变量直至所指定的宽度。该参数的作用就像使用计算器那样在数字前面加零。默认的填充字符是一个空格，如果指定了一个空格或 0，就不需要使用“'”作为前缀。对于任何其他填充字符，必须指定“'”作为前缀。

字符“-”是可选的。它指明该域中的数据应该左对齐，而不是默认的右对齐。

参数 width 告诉 printf()函数在这里为将被替换的变量留下多少空间（按字符计算）。

参数 precision 表示必须是以一个小数点开始。它指明了小数点后面要显示的位数。

转换说明的最后一部分是一个类型码。其支持的所有类型码如表 18.2 所示。

表 18.2　转换说明的类型码

类　型	说　明
b	解释为整数并作为二进制数输出
c	解释为整数并作为字符输出
d	解释为整数并作为小数输出
f	解释为双精度并作为浮点数输出
o	解释为整数并作为八进制数输出
s	解释为字符串并作为字符串输出
u	解释为整数并作为非指定小数输出
x	解释为整数并作为带有小字母 a~f 十六进制数输出
X	解释为整数并作为带有大字母 a~f 十六进制数输出

当在类型转换代码中使用 printf()函数时，参数的顺序并不一定要与转换说明中的顺序相同。

☑　字符串大小写

可以重新格式化字符串中的字母大小写。例如，如果电子邮件中的主题行字符串是以$subject 开始，可以通过几个函数来改变它的大小写。这些函数的功能概要如表 18.3 所示。该表的第一列显示了函数名，第二列描述了它的功能，第三列显示了如何在字符串$subject 中使用它，最后一列显示了该函数的返回值。

表 18.3　字符串大小写函数和它们的效果

函　数	说　明	使　用	返 回 值
strtoupper()	将字符串转换为大写	strtoupper($subject)	FEEDBACK FROM_WEB SITE
strtolower()	将字符串转换为小写	strtolower($subject)	feedback from web site
ucfirst()	如果字符串的第一个字符是字母，就将该字符转换为大写	ucfirst($subject)	Feedback from web site
ucwords()	将字符串每个单词的第一个字母转换为大写	ucwords($subject)	Feedback From Web Site

Note

除了使用字符串函数来重新格式化一个可见的字符串之外，也可以使用其中的一些函数来重新格式化字符串，以便将其存入数据库。对于字符串来说，某些字符肯定是有效的，但是当将数据插入到数据库中时可能会引起一些问题，因为数据库会将这些字符解释成控制符。这些有问题的字符就是引号（单引和双引）、反斜杠（\）和 NULL 字符。

需要找到一种标记或是转义它们的办法。以便使像 MySQL 这样的数据库能够理解所表示的是有实际意义的特殊文本字符，而不是控制序列。为了将这些字符进行转义处理，可以在它们前面加一个反斜杠。例如，"（双引号）就变成\"（反斜杠双引号），\（反斜杠）就变成\\（反斜杠反斜杠）。这个规则对所有特殊字符都通用，所以如果在字符串中存在\\字符，就需要用\\\进行替换。

PHP 提供了两个专门用于转义字符串的函数。在将任何字符串写到数据库之前，如果 PHP 的默认配置还没有启用该功能，读者应该使用 addSlashes()函数将它们重新格式化，例如：

```
$feedback = addSlashes($feedback);
```

与许多其他字符串函数一样，addSlashes()函数需要一个字符串作为输入参数，经过该函数处理，将返回一个重新格式化后的字符串。

如果设置了 PHP 的配置参数 magic_quotes_gpc，则 PHP 将自动添加或去除反斜杠。在 PHP 新版本的默认安装情况下，该指令是启用的。gpc 表示 GET、POST 和 cookie，是第一个字母的组合。这就意味着，来自这些方法或方式的变量将被自动包括在引号内。使用 get_ magic_quotes_gpc()函数，可以检查系统上的这个指令是否已经启用，如果来自这些方法的变量被自动引用在引号中，该函数将返回 true。如果系统上该指令为启用的，在显示用户数据之前，必须调用 stripslashes()函数；否则，这些反斜杠会被显示出来。

18.3.2 连接和分割字符串

一般地，如果想查看字符串的各个部分。例如，查看句子中的单词（如在拼写检查时），或者要将一个域名或电子邮件地址分割成一个个的组件部分。PHP 提供了几个字符串函数（和一个正则表达式函数）来实现此功能。

explode()函数能够劈开字符串，具体语法如下：

```
array explode(string separator, string input, int limit);
```

这个函数带有一个输入字符串作为参数，并根据一个指定的分隔符字符串将字符串本身分割为小块，将分割后的小块返回到一个数组中。可以通过可选的参数 limit 来限制分成字符串小块的数量。

【示例 1】如果通过顾客的电子邮件地址获得域名，可以使用如下所示的代码：

```
$email_array = explode("@", $email);
```

在这里，调用函数 explode()将顾客的电子邮件地址分割成两部分：用户名称，它保存于$email_array[0]中，而域名保存在$email_array[1]中。现在，就可以测试域名来判断顾客的来源，分别进行不同的反馈处理。

```
if ($email_array[1]=="bigcustomer.com")
    $toaddress = "bob@bobsdomain.com";
else
    $toaddress = "feedback@bobsdomain.com";
```

注意：如果域名是大写的或者大小写混合的，这个函数就无法正常使用。这时可以通过将域名转换成全是大写或小写的方法来避免这个问题，然后再按如下所示方法进行检查是否匹配。

```
if (strtolower($email_array[1])=="bigcustomer.com")
    $toaddress = "bob@bobsdomain.com";
else
    $toaddress = "feedback@bobsdomain.com";
```

使用 implode()或 join()函数可以实现与函数 explode()相反的效果，这两个函数的效果是一致的。例如：

```
$new_email = implode("@", $email_array);
```

以上代码是从$email_array 中取出数组元素，然后用第一个传入的参数字符将它们连接在一起。这个函数的调用同 explode()十分相似，但效果却相反。

与函数 explode()每次都将一个字符串全部分割成若干小块不同，strtok()函数一次只从字符串中取出一些片段。对于一次从字符串中取出一个单词的处理来说，strtok()函数比 explode()函数的效果更好。

strtok()函数的基本语法如下：

```
string strtok(string input, string separator);
```

分隔符可以是一个字符，也可以是一个字符串，但是，需要注意的是，输入的字符串会根据分隔符字符串中的每个字符来进行分割，而不是根据整个分隔字符串来分隔。

调用函数 strtok()并不是那么简单。为了从字符串中得到第一个片段，可以调用 strtok()函数，并带有两个输入参数：一个是要进行片段化处理的字符串，还有一个就是分隔符。为了从字符串中得到片段序列，可以只用一个参数（分隔符），该函数会保持它自己的内部指针在字符串中的位置。如果想重置指针，可以重新将该字符串传给这个函数。

【示例 2】使用 strtok()函数获取字符串片段。

```
$token = strtok($feedback, " ");
echo $token."<br>";
while ($token!=""){
    $token = strtok(" ");
    echo $token."<br>";
};
```

通常，使用像 empty()这样的函数来检查顾客是否在表单中真正输入了反馈信息。在上面代码中，将顾客反馈中的每个片段打印在每一行上，并一直循环到不再有字符片段。在这个过程中，空字符串将被自动跳过。

使用 substr()函数可以访问一个字符串给定起点和终点的子字符串。当需要得到某个固定格式字符串中的一部分时，它会非常有用。substr()函数的基本语法如下：

```
string substr(string string, int start, int [length] );
```

这个函数将返回字符串的子字符串副本。

【示例 3】使用 substr()函数截取字符串。

```
$test = "Your customer service is excellent";
substr($test, 1);
```

如果只用一个正数作为子字符串起点来调用这个函数，将得到从起点到字符串结束的整个字符串。上面示例将返回“our customer service is excellent”。注意，字符串的起点和数组一样是从零开始的。

Note

【示例 4】如果只用一个负数作为子字符串起点来调用它，将得到一个原字符串尾部的一个子字符串，字符个数等于给定负数的绝对值。例如：

```
$test = "Your customer service is excellent";
substr($test, -9);
```

上面代码将返回“excellent”。

length 参数可以用于指定返回字符的个数（如果它是正数），或是字符串序列的尾部（如果它是负数）。例如：

```
substr($test, 0, 4);
```

将返回字符串的前 4 个字符，即“Your”。下面的代码：

```
echo substr($test, 4, -13);
```

将返回从第 4 个到倒数第 13 个字符，即“customer service”，第 1 个字符的位置为 0，因此位置 5 就是第 6 个字符。

18.3.3 比较字符串

一般常用==运算符来比较两个字符串是否相等。使用 PHP 可以进行一些更复杂的比较。这些比较分为两类：部分匹配和其他情况。

在比较字符串之前，先看看字符串排序函数：strcmp()、strcasecmp()和 strnatcmp()。它们可用于字符串的排序。当进行数据排序时，这些函数是非常有用的。

strcmp()函数的基本用法如下：

```
int strcmp(string str1, string str2);
```

该函数需要两个进行比较的参数字符串。如果这两个字符串相等，该函数就返回 0，如果按字典顺序 strl 在 str2 后面（大于 str2）就返回一个正数，如果 strl 小于 str2 就返回一个负数。这个函数是区分大小写的。

函数 strcasecmp()除了不区分大小写之外，其他用法和 strcmp()一样。

函数 strnatcmp()也不区分大小写，但将按“自然排序”比较字符串，所谓自然排序是按人们习惯的顺序进行排序。例如，strcmp()会认为 2 大于 12，因为按字典顺序 2 要大于 12，而 strnatcmp()函数则是相反。关于自然排序可以访问 http://www.linuxcare.com.au/projects/natsort/网页了解更多信息。

使用 strlen()函数可以检查字符串的长度。如果传给它一个字符串，这个函数将返回字符串的长度。例如，如下所示的代码将返回 5：

```
echo strlen("hello")
```

这个函数可以用来验证输入的数据。

【示例】检验一个保存在$email 变量中的电子邮件地址的基本方法就是检查它的长度。根据推理，如果一个国家的代码没有二级域名，只有一个字母的服务器名称和一个字母的电子邮件地址，那么它的最小长度是 6 个字符，如 a@ a.to。因此，如果一个地址没有达到这个长度就会提示错误。

```
if (strlen($email) < 6){
    echo "邮箱地址非法";
    exit; //退出 PHP 程序
}
```

很明显，这是一个验证信息是否有效的非常简单的方法。

18.3.4　匹配字符串

通常，需要检查一个更长的字符串中是否含有一个特定的子字符串。这种部分匹配通常比测试字符串的完全等价更有用处。

在智能表单例子中，希望根据反馈信息中的一些关键词将它们发送到适当的部门。例如，如果希望将关于 Bob 商店的信件发到销售经理那里，就需要知道消息中是否出现了单词 shop 或它的派生词。

在了解了前面所介绍的函数后，就可以使用函数 explode()和 strtok()在消息中检索每个单词，然后通过运算符==或函数 strcmp()对它们进行比较。

然而，还可以调用一个字符串函数或正则表达式匹配函数来完成相同的操作。这些函数可以用于在一个字符串中搜索一个模式。

为了在一个字符串中查找另一个字符串，读者可以使用函数 strstr()、strchr()、strrchr()和 stristr()中的任意一个。

函数 strstr()是最常见的，它可以用于在一个较长的字符串中查找匹配的字符串或字符。注意，在 PHP 中，函数 strchr()和 strstr()完全一样，虽然其函数名的意思是在一个字符串中查找一个字符，类似于 C 语言中的同样函数。在 PHP 中，这两个函数都可用于在字符串中查找一个字符串，包括查找只包含一个字符的字符串。

strstr()函数的基本用法如下：

```
string strstr(string haystack, string needle);;
```

在调用时，必须向函数传递一个要被搜索的子字符串参数和一个目标关键字字符串参数。如果找到了目标关键字的一个精确匹配，函数会从目标关键字前面返回被搜索的字符串，否则返回值为 false。如果存在多个目标关键字，返回的字符串从出现第一个目标关键字的位置开始。

【示例 1】在智能表单应用程序中，可以按如下方式决定将邮件送到哪里：

```
if (strstr($feedback, "shop"))
    $toaddress = " shop@mysite.com";
else if (strstr($feedback, "delivery"))
    $toaddress = " delivery@mysite.com";
else if (strstr($feedback, "bill"))
    $toaddress = " bill@mysite.com";
```

首先，这段代码将检查反馈信息中特定的关键字，然后将邮件发送给适当的人。函数 strstr()有两个变体。第一个变体是 stristr()，它几乎和 strstr()一样，其区别在于不区分字符大小写。对于智能表单应用程序来说，这个函数非常有用，因为用户可以输入 delivery、Delivery 或 DELIVERY，以及其他大小写混合的情况。第二个变体是 strrchr()，它与 strstr()一样，但 strrchr()会查找指定字符在字符串中最后一次出现的位置。

函数 strpos()和 strrpos()的操作和 strstr()类似，但它不是返回一个子字符串，而是返回目标关键字子字符串在被搜索字符串中的位置。更有趣的是，现在的 PHP 手册建议使用 strpos()函数替代 strstr()

Note

函数来查看一个子字符串在一个字符串中出现的位置，因为前者的运行速度更快。

函数 strpos()的基本语法如下：

```
int strpos(string haystack, string needle, int [offset] );
```

返回的整数代表被搜索字符串中第一次出现目标关键字子字符串的位置。通常，第一个字符是位置。

例如，下面代码将会在浏览器中显示数值 4。

```
$test = "Hello world";
echo strpos($test, "o");
```

在这个例子中，只是用一个字符作为目标关键字参数，实际上目标关键字参数可以是任意长度的字符串。

该函数的可选参数 offset 是用来指定被搜索字符串的开始搜索位置。例如：

```
echo strpos($test, "o", 5);
```

以上代码会在浏览器中显示数值 7，因为 PHP 是从位置 5 开始搜索字符“0”的，所以就看不到位置 4 上的那个字符。

【示例 2】函数 strrpos()与 strpos()是一样的，但返回的是被搜索字符串中最后一次出现目标关键字子字符串的位置。在任何情况下，如果目标关键字不在字符串中，strpos()或 strrpos()都将返回 false，因此，这就可能带来新的问题，因为 false 在一个如 PHP 这样的弱类型语言中等于 0，也就是说字符串的第一个字符。可以使用运算符===来测试返回值，从而避免这个问题。

```
$result = strpos($test, "H");
if ($result === false)
    echo "没有发现";
else
    echo "发现位置".$result;
```

查找替换功能在字符串中非常有用。可以使用查找替换从而通过 PHP 生成个性化文档。例如，用人名来替换<name>，用地址来替换<address>。也可以使用这项功能来删改特定的术语，例如在一个论坛应用程序中，或是在智能表单应用程序中。需要再次提到的是，可以用字符串函数或者正则表达式函数来实现此功能。

进行替换操作最常用的字符串函数是 str_replace()。该函数的基本语法如下：

```
string str_replace(string needle, string new_needle, string haystack);
```

这个函数用 new_needle 替换所有 haystack 中的 needle。并且返回 haystack 替换后的结果。可选的第四个参数是 count，它包含了要执行的替换操作次数。

读者可以以数组的方式传递所有参数，该函数可以很好地完成替换。可以传递一个要被替换单词的数组，一个替换单词的数组，以及应用这些规则的目标字符串数组。这个函数将返回替换后的字符串数组。

例如，因为人们使用智能表单来投诉，所以可能会用一些具有感情色彩的单词。作为程序员，通过使用一个包含了带有感情色彩单词的数组$offcolor，替换掉一些不文明的用语，如下所示的代码就是在 str_replace()函数中使用数组的例子。

```
$feedback = str_replace($offcolor, "%!@*", $feedback);
```

函数 substr_replace()则用来在给定位置中查找和替换字符串中特定的子字符串。基本用法如下：

```
string substr_replace(string string, string replacement, int start, int [length] );
```

这个函数使用字符串 replacement 替换字符串 string 中的一部分。具体是哪一部分则取决于起始位置值和可选参数 length 的值。

start 的值代表要替换字符串位置的开始偏移量。如果它为 0 或是一个正值，就是一个从字符串开始处计算的偏移量。如果它是一个负值，就是从字符串末尾开始的一个偏移量。

【**示例 3**】如下代码会用 X 替换$test 中的最后一个字符：

```
$test = substr_replace($test, "X", -1);
```

参数 length 是可选的，它代表 PHP 停止替换操作的位置。如果不给定它的值，它会从字符串 start 位置开始一直到字符串结束。

如果 length 为零，替换字符串实际上会插入到字符串中而覆盖原有的字符串。一个正的 length 表示要用新字符串替换掉的字符串长度。一个负的 length 表示从字符串尾部开始到第 length 个字符停止替换。

18.4 使用数组

在 PHP 中，变量都是标量变量，这些变量只能存储单个数值。而数组是一个可以存储一组或一系列数值的变量。一个数组可以具有许多个元素。每个元素有一个值，如文本、数字或另一个数组。一个包含其他数组的数组称为多维数组。

PHP 支持数字索引数组和相关数组。如果曾经使用过某种编程语言，读者可能会很熟悉数字索引的数组，但是如果没有使用过 PHP 或 Perl，可能就从来没有见过相关数组。相关数组允许用户使用更有意义的数据作为索引。每个元素除了可以使用数字索引外，还可以使用字符串或其他有意义的信息作为索引。

18.4.1 认识 PHP 数组

一个标量变量就是一个用来存储数值的命名区域。同样，一个数组就是一个用来存储一系列变量值的命名区域，因此，可以使用数组组织标量变量。例如，定义一个按数组格式存储的 3 种产品的列表，数组变量的名称为$products，它保存了 3 个变量值。

拥有数组信息后，就可以用它完成很多有用的事情。使用循环结构，可以完成针对数组中每个值的相同操作，这样就可以节省许多工作。数组信息的整个集合可以作为一个单元进行移动。通过这种方式，只要使用一行代码，所有的数值就可以传递给一个函数。例如，按字母顺序对产品进行排序。要完成此操作，可以将整个数组传递给 PHP 的 sort()函数。

存储在数组中的值称为数组元素。每个数组元素有一个相关的索引（也称为关键字），它可以用来访问元素。在大多数编程语言中，数组都具有数字索引，而且这些索引通常是从 0 或 1 开始的。

PHP 允许使用数字或字符串作为数组的索引。可以将数组的索引设置为传统的数字型，也可以将索引设置为任何所希望的索引，这样可以使得索引更有意义和有用。根据是否使用标准数字索引数组或更有趣的索引值的不同，编程方法也各不相同。

Note

18.4.2 定义数字索引数组

大多数编程语言都支持数字索引数组。在 PHP 中，数字索引的默认值是从 0 开始的，当然也可以改变它。要创建一个数组，可以使用如下所示的代码：

```
$products = array("Tires", "Oil", "Spark Plugs");
```

以上代码将创建一个名为$products 的数组，它包含 3 个值：Tires、Oil 和 Spark Plugs。注意，就像 echo 语句一样，array()实际上是一个语言结构，而不是一个函数。

根据对数组内容的需求不同，可能不需要再像以上例子一样对它们进行手工的初始化操作。如果所需数据保存在另一个数组中，可以使用运算符=简单地将数组复制到另一个数组。

【示例 1】如果需要将按升序排列的数字保存在一个数组中，可以使用 range()函数自动创建这个数组。如下这行代码将创建一个从 1 到 10 的数字数组：

```
$numbers = range(1, 10);
```

range()函数具有一个可选的第三个参数，这个参数允许设定值之间的步幅。例如，如需建立一个 1 到 10 之间的奇数数组，可以使用如下代码：

```
$odds = range(1, 10, 2);
```

range()函数也可以对字符进行操作，如下例所示：

```
$letters = range("a", "z");
```

如果信息保存在磁盘文件中，可以从这个文件直接载入到数组中。如果数组中使用的数据保存在数据库中，可以从数据库中直接载入数组。还可以使用不同的函数来提取数组中的一部分数据，或对数组进行重新排序。

要访问一个变量的内容，可以直接使用其名称。如果该变量是一个数组，可以使用变量名称和关键字或索引的组合来访问其内容。关键字或索引将指定要访问的变量。索引在变量名称后面用方括号括起来。

【示例 2】使用$products[0]、$products[1]、$products[2]，就可以访问数组$products 的内容了。在默认的情况下，0 元素是数组的第一个元素。这和 C 语言、C++、Java 以及许多其他编程语言的计数模式是相同的。如果你对这些内容很陌生，就应该先熟悉一下。像其他变量一样，使用运算符=可以改变数组元素的内容。如下代码将使用“Fuses”替换第一个数组元素中的“Tires”。

```
$products[0] = "Fuses" ;
```

而如下代码可以增加一个新的元素“Fuses”到数组末尾，这样，可以得到一个具有 4 个元素的数组：

```
$products[3] = "Fuses" ;
```

要显示其内容，可以使用如下代码：

```
echo "$products[0] $products[1] $products[2]";
```

注意：虽然 PHP 的字符串解析功能非常强大和智能，但是可能会引起混淆。当将数组或其他变量嵌入双引号中的字符串时，如果不能正确解释它们，可以将它们放置在双引号之外。以上的 echo 语句是没有语法错误的，但是在更复杂的例子中，读者将发现变量被放置在双引号之外更安全。

【示例 3】就像 PHP 的其他变量一样，数组不需要预先初始化或创建。在第一次使用它们时，它们会自动创建。如下代码创建了一个与前面使用 array()语句创建的$products 数组相同的数组：

```
$products[0] = "Tires";
$products[1] = "Oil";
$products[2] = "Spark Plugs";
```

如果$products 并不存在，第一行代码将创建一个只有一个元素的数组。而后续代码将在这个数组中添加新的数值。数组的大小将根据所增加的元素多少动态地变化。这种大小调整功能并没有在其他大多数编程语言中应用。

【示例 4】由于数组使用有序的数字作为索引，所以使用一个 for 循环就可以很容易地显示数组的内容。

```
for($i = 0; $i < 3; $i++)
    echo "$products[$i]";
```

以上循环语句将给出类似于前面的结果，但是，相对于通过手工编写代码来操作一个大数组来说，这样做需要手工输入的代码更少。使用一个简单的循环就可以访问每个元素是数字索引数组的一个非常好的特性。也可以使用 foreach 循环，这个循环语句是专门为数组而设计的。在这个例子中，可以按如下所示的方式使用它：

```
foreach( $products as $current)
    echo "$current";
```

以上代码将依次将$products 数组中每个元素的值保存到$current 变量中，并且打印它们。

18.4.3 使用不同索引的数组

在$products 数组中，允许 PHP 为每个元素指定一个默认的索引。这就意味着，所添加的第一个元素为元素 0，第二个为元素 1 等。PHP 还支持相关数组。在相关数组中，可以将每个变量值与任何关键字或索引关联起来。

【示例 1】创建一个以产品名称作为关键字、以价格作为值的相关数组。代码如下：

```
$prices = array("Tires" =>100, "Oil"=>10, "Spark Plugs"=>4);
```

关键字和值之间的符号只是一个在大于号之前的等于符号。同样，可以使用变量名称和关键字来访问数组的内容，因此就可以通过如下方式访问保存在 prices 数组中的信息。

```
$prices["Tires"];
$prices["Oil"];
$prices["Spark Plugs"];
```

【示例 2】创建一个与$prices 数组相同的数组。这种方法并不是创建一个具有 3 个元素的数组，而是创建一个只有一个元素的数组，然后再加上另外两个元素。代码如下：

```
$prices = array("Tires" =>100);
$prices["Oil"] = 10;
$prices["Spark Plugs"] = 4;
```

与下面这段代码有些不同，但其功能与以上代码是等价的。在这种方法中，并没有明确地创建一个数组。数组是在向这个数组加入第一个元素时创建的。

```
$prices["Tires"] = 100;
$prices["Oil"] = 10;
$prices["Spark Plugs"] = 4;
```

Note

因为相关数组的索引不是数字，因此无法在 for 循环语句中使用一个简单的计数器对数组进行操作。但是可以使用 foreach 循环或 list()和 each()结构。当使用 foreach 循环语句对相关数组进行操作时，foreach 循环具有不同的结构。可以在前面的例子中使用这个循环语句，也可以按如下方式使用关键字。

```
foreach( $prices as $key => $value)
    echo $key.'=>'.$value.'<br />';
```

【示例 3】也可以使用 each()打印$prices 数组的内容，代码如下：

```
while($element = each($prices)){
    echo $element['key'];
    echo '=>';
    echo $element['value'];
    echo '<br />';
}
```

以上脚本段的输出结果如图 18.2 所示。

图 18.2　使用 each()遍历数组

each()函数能够返回数组的当前元素，并将下一个元素作为当前元素。因为在 while 循环中调用 each()函数，它将按顺序返回数组中每个元素，并且当它到达数组末尾时，循环操作将终止。

在上面这段代码中，变量$element 是一个数组。当调用 each()时，它将返回一个带有 4 个数值和 4 个指向数组位置的索引的数组。位置 key 和 0 包含了当前元素的关键字，而位置 value 和 1 包含了当前元素的值。虽然这与选哪一种方法没什么不同，但选择了使用命名位置，而不是数字索引位置。

此外，还有一种更为高级和常见的方式来完成相同的操作。函数 list()可以用来将一个数组分解为一系列的值。可以按照如下方式将函数 each()返回的两个值分开：

```
list($product, $price) = each($prices);
```

以上代码使用 each()从$prices 数组中取出当前元素，并且将它作为数组返回，然后再指向下一个元素。它还使用 list()将从 each()返回的数组中所包含 0、1 两个元素变为两个名为$product 和$price 的新变量。可以循环遍历整个$prices 数组，使用如下所示的简短脚本显示它的内容：

```
while(list($product, $price) = each($prices))
    echo "$product => $price<br />";
```

这段代码的输出结果与前面脚本的输出结果相同，但它更容易阅读，因为 list()允许为新变量命名。需要注意的一点是，当使用 each()函数时，数组将记录当前元素。如果希望在相同的脚本中两次使用该数组，就必须使用函数 reset()将当前元素重新设置到数组开始处。要再次遍历 prices 数组，可以使用如下所示的代码：

```
reset($prices) ;
while(list($product, $price) = each($prices))
    echo "$product => $price<br />";
```

以上代码可以将当前元素重新设置到数组开始处，再次遍历数组。

Note

18.4.4　数组操作符

只有一个特殊的操作符集适用于数组。这个集合中的大多数操作符都有与之对应的标量操作符，如表 18.4 所示。

表 18.4　数组操作符

操 作 符	说　明	使 用 方 法	使 用 说 明
+	联合	$a+$b	返回一个包含了$a 和$b 中所有元素的数组
==	等价	$a==$b	如果$a 和$b 具有相同的元素，返回 true，否则返回 false
===	恒等	$a===$b	如果$a 和$b 具有相同的元素以及相同的顺序，返回 true，否则返回 false
!=	非等价	$a!=$b	如果$a 和$b 不是等价的，返回 true，否则返回 false
!==	非恒等	$a!==$b	如果$a 和$b 不是恒等的，返回 true，否则返回 false
<>	非等价	$a<>$b	如果$a 和$b 不是等价的，返回 true，否则返回 false

这些操作符通常都是非常直观的，但是联合需要进一步解释一下。联合操作符尝试将$b 中的元素添加到$a 的末尾。如果$b 中的元素与$a 中的一些元素具有相同的索引，它们将不会被添加。即$a 中的元素将不会被覆盖。

在表 18.4 中还可以看出，所有等价操作符都适用于标量变量。只要记住了，+对标量类型执行加法操作，而联合对数组执行加法操作，即使你对集合算术不感兴趣，其行为还是明了的。通常，不能将数组与标量类型进行比较。

18.4.5　多维数组

数组不一定就是一个关键字和值的简单列表，一数组中的每个位置还可以保存另一个数组。使用这种方法，可以创建一个二维数组。可以把二维数组当成一个矩阵，或者是一个具有宽度和高度或者行和列的网格。

【示例 1】如果希望保存 Bob 产品的多个数据，可以使用二维数组。使用一个二维数组显示了 Bob 的产品，每一行代表一种产品，每一列代表一个产品属性。使用 PHP，可以编写如下代码来建立二维数组。

```
$products = array(array( 'TIR', 'Tires', 100),
                  array( 'OIL', 'oil', 10),
                  array( 'SPK', 'Spark Plugs', 4));
```

从这个定义中可以看出$products 数组包含 3 个子数组。

前面介绍过，访问一维数组中的数据时，需要使用数组的名称和元素的索引。除了一个元素具有两个索引（行和列）外，二维数组和一维数组是类似的（最上边的是第 0 行，最左边的是第 0 列）。

【示例 2】要显示这个数组的内容，可以使用代码按顺序手动访问每个元素。

```
echo '|'.$products[0][0].'|'.$products[0][1].'|'.$products[0][2].'|<br />';
echo '|'.$products[1][0].'|'.$products[1][1].'|'.$products[1][2].'|<br />';
echo '|'.$products[2][0].'|'.$products[2][1].'|'.$products[2][2].'|<br />';
```

Note

【示例 3】还可以使用双重 for 循环来实现同样的效果。

```
for($row=0 ;$row<3;$row++){
    for($colum=0; $colum<3; $colum++){
        echo '|'.$products[$row][$colum];
    }
    echo '|<br />';
}
```

以上两种代码都可以在浏览器中产生相同的输出，如图 18.3 所示。

这两个例子唯一的区别就是，如果对一个大数组使用第二种代码，那么代码将简洁得多。

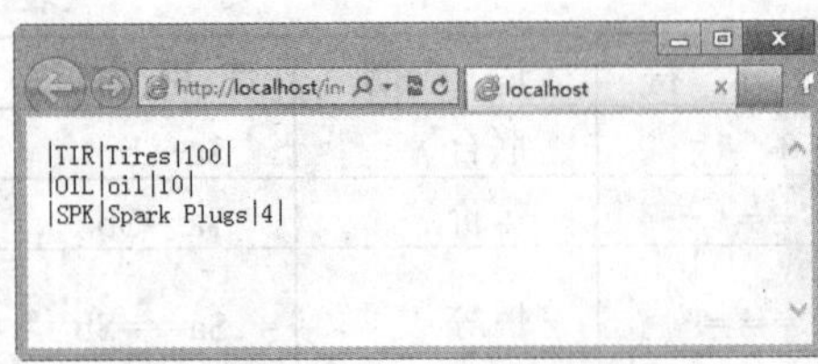

图 18.3　二维数组输出

【示例 4】一般用户更喜欢创建列名称来代替数字，要保存产品的相同集合，可以使用如下所示的代码：

```
$products = array(array('Code' => 'TIR',
                        'Description' => 'Tires',
                        'Price' => 100),
                  array('Code' => 'OIL',
                        'Description' => 'oil',
                        'Price' =>10),
                  array('Code' => 'SPK',
                        'Description' => 'Spark Plugs',
                        'Price' =>4));
```

如果希望检索单个值，那么使用这个数组会容易得多。注意，将所描述的内容保存到用它的名称命名的列中，与将其保存到所谓的第一列中相比，前者更容易记忆。使用描述性索引，不需要记住某个元素是存放在[x][y]位置的。使用一对有意义的行和列的名称作为索引可以很容易找到所需的数据，但是却不能使用一个简单的 for 循环按顺序遍历每一列。

【示例 5】使用如下代码可以显示这个数组内容：

```
for ( $row = 0; $row < 3; $row++ ){
    echo '|'.$products[$row]['Code'].
        '|'.$products[$row]['Description'].
        '|'.$products[$row]['Price'].'|<BR>';
}
```

【示例 6】使用 for 循环遍历外部的数字索引数组$products。$products 数组的每一行都是一个具有描述性索引的数组。在 while 循环中使用 each()和 list()函数，可以遍历整个内部数组。因此，需要一个内嵌有 while 循环的 for 循环。

```
for ( $row = 0; $row < 3; $row++ ){
    while ( list( $key, $value ) = each( $products[ $row ] ) ){
        echo "|$value";
    }
```

```
        echo "|<BR>";
    }
```

不必局限在二维数组上，按同样的思路，数组元素还可以包含新数组，这些新的数组又可以再包含新的数组。三维数组具有高、宽、深的概念。如果能轻松地将一个二维数组想象成一个有行和列的表格，那么就可以将三维数组想象成一堆像这样的表格。每个元素可以通过层、行和列进行引用。

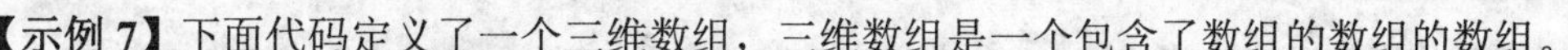

【示例 7】下面代码定义了一个三维数组，三维数组是一个包含了数组的数组的数组。

```
$categories = array( array ( array( "TIR", "Tires", 100 ),
                             array( "OIL", "Oil", 10 ),
                             array( "SPK", "Spark Plugs", 4 )
                     ),
                     array ( array( "TIR", "Tires", 100 ),
                             array( "OIL", "Oil", 10 ),
                             array( "SPK", "Spark Plugs", 4 )
                     ),
                     array ( array( "TIR", "Tires", 100 ),
                             array( "OIL", "Oil", 10 ),
                             array( "SPK", "Spark Plugs", 4 )
                     )
              );
```

【示例 8】因为这个数组只有数字索引，可以使用嵌套的 for 循环来显示它的内容，代码如下：

```
for ( $layer = 0; $layer < 3; $layer++ ) {
    echo "Layer $layer<BR>";
    for ( $row = 0; $row < 3; $row++ ) {
        for ( $column = 0; $column < 3; $column++ ) {
            echo "|".$categories[$layer][$row][$column];
        }
        echo "|<BR>";
    }
}
```

根据创建多维数组的方法，可以创建四维、五维或六维数组。在 PHP 中，并没有设置数组维数的限制，但一般很难设想一个多于三维的数组。大多数的实际问题在逻辑上只需要使用三维或者更少维的数组结构就可以了。以上代码在浏览器中输出效果如图 18.4 所示。

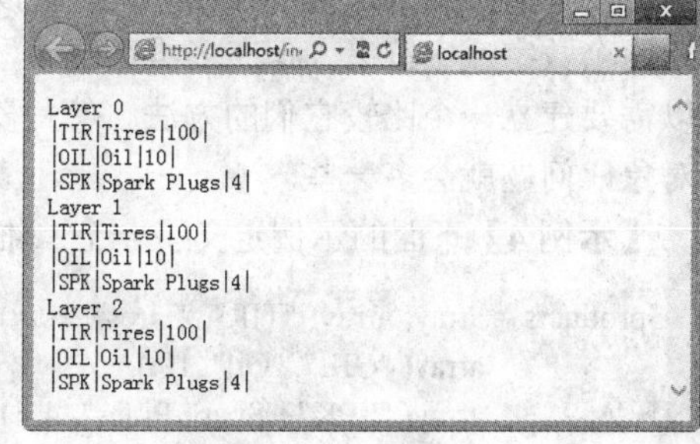

图 18.4　三维数组输出

18.4.6　数组排序

对保存在数组中的相关数据进行排序是一件非常有意义的事情。使用并且排序一个一维数组是非常简单的。

【示例 1】常用 sort()函数进行排序。下面代码可以将数组按字母升序进行排序。

```
$products = array( "Tires", "Oil", "Spark Plugs" );
sort($products);
```

现在，数组$products 所包含元素的顺序是：Oil、Spark Plugs、Tires。

【示例 2】还可以按数字顺序进行排序。如果具有一个包含了 Bob 产品价格的数组，就可以按数字升序进行排序，如下所示：

```
$prices = array( 100, 10, 4 );
sort($prices);
```

现在，产品价格的顺序将变成：4、10、100。

注意：sort()函数是区分字母大小写的。所有的大写字母都在小写字母的前面。所以 A 小于 Z，而 Z 小于 a。

sort()函数的第二个参数是可选的。这个可选参数可以传递 SORT_REGULAR（默认值）、SORT_NUMERIC 或 SORT_STRING。指定排序类型的功能是非常有用的，例如，当要比较可能包含有数字 2 和 12 的字符串时。从数字角度看，2 要小于 12，但是作为字符串，"12"却要小于"2"。

也可以使用 asort()函数和 ksort()函数对相关数组进行排序。如果用相关数组存储各个项目和它们的价格，就需要用不同的排序函数使关键字和值在排序时仍然保持一致。

【示例 3】创建一个包含 3 个产品及价格的数组，然后将它们按价格的升序进行排序。代码如下：

```
$prices = array( "Tires"=>100, "Oil"=>10, "Spark Plugs"=>4 );
asort($prices);
```

函数 asort()根据数组的每个元素值进行排序。在这个数组中，元素值为价格而关键字为文字说明。如果不是按价格排序而要按说明排序，就可以使用 ksort()函数，它是按关键字排序而不是按值排序。这段代码会让数组的关键字按字母顺序排列：Oil、Spark Plugs、Tires。

```
$prices = array( "Tires"=>100, "Oil"=>10, "Spark Plugs"=>4 );
ksort($prices);
```

sort()、asort()和 ksort()这 3 个不同的排序函数都使数组按升序排序。同时它们每个都对应有一个反向排序的函数，可以将数组按降序排序。实现反向排序的函数是 rsort()、arsort()和 krsort()。

反向排序函数与排序函数的用法相同。函数 rsort()将一个一维数字索引数组按降序排序。函数 arsort()将一个一维相关数组按每个元素值的降序排序。函数 krsort()将根据数组元素的关键字将一维数组按照降序排序。

对多于一维的数组进行排序，或者不按字母和数字的顺序进行排序，要复杂得多。PHP 知道如何比较两个数字或字符串，但在多维数组中，每个元素都是一个数组。PHP 不知道如何比较两个数组，所以需要建立一个比较它们的方法。在大多数情况下，单词和数字的顺序是显而易见的，但对于复杂的对象，问题就会多一些。

【示例 4】下面的示例定义了一个二维数组。这个数组存储了 3 种产品的代码、说明和价格。

```
$products = array( array( "TIR", "Tircs", 100 ),
                   array( "OIL", "Oil", 10 ),
                   array( "SPK", "Spark Plugs", 4 ) );
```

如果对这个数组进行排序，最后的顺序会是怎样呢？因为知道各个数组内容所代表的意义，所以至少会有两种有用的排序方法。可能对产品的说明按字母排序，或者对价格按大小排序。两种结果都有可能，但需要用函数 usort()告诉 PHP 如何比较各个元素。要实现此功能，需要编写自己的比较函数。

【示例 5】下面代码对订单数组中的第二列说明，按字母进行排序：

```
function compare($x, $y){
    if ( $x[1] == $y[1] )
        return 0;
    else if ( $x[1] < $y[1] )
        return -1;
    else
        return 1;
}
usort($products, "compare");
```

在这个例子中，函数被命名为 compare()。许多函数都带有参数。compare()函数有两个参数：一个为$x，另一个为$y。该函数的作用是比较两个值的大小。$x 和$y 将是主数组中的两个子数组，分别代表一种产品。因为计数是从 0 开始的，说明字段是这个数组的第二个元素，所以为了访问数组$x 的说明字段，需要输入$x[1]和$y[1]来比较两个传递给函数的数组的说明字段。

当一个函数结束时，它会给调用它的代码一个答复。该答复称为返回值。为了返回一个值，在函数中使用关键词 return。例如，return 1；该语句将数值 1 返回给调用它的代码。

为了能够被 usort()函数使用，compare()函数必须比较$x 和$y。如果$x 等于$y，该函数必须返回 0；如果$x 小于$y，该函数必须返回负数；而如果$x 大于$y，则返回一个正数。根据$x 和$y 的值，该函数将返回 0、1 或-1。

以上代码的最后一行语句调用了内置函数 usort()，该函数使用的参数分别是希望保存的数组（$products）和比较函数的名称字符串。

【示例 6】如果要让数组按另一种顺序存储，只要编写一个不同的比较函数即可。要按价格进行排序，就必须查看数组的第三列，从而创建如下所示的比较函数。

```
function compare($x, $y){
    if ( $x[2] == $y[2] )
        return 0;
    else if ( $x[2] < $y[2] )
        return -1;
    else
        return 1;
}
```

当调用 usort($products, "compare")时，数组将按价格的升序来排序。

usort()中的“u”代表“user”，因为这个函数要求传入用户定义的比较函数。asort 和 ksort 对应的版本 uasort()和 uksort()也要求传入用户定义的比较函数。

类似于 asort()，当对非数字索引数组的值进行排序时，uasort()才会被使用。如果值是简单的数字或文本，则可以使用 asort。如果要比较的值像数组一样复杂，可以定义一个比较函数，然后使用 uasort()。

类似于 ksort()，当对非数字索引数组的关键字进行排序时才使用 uksort()。如果值是简单的数字或文本就使用 ksort。如果要比较的对象像数组一样复杂，可以定义一个比较函数，然后使用 uksort()。

sort()、asort()和 ksort()函数都分别对应一个带字母“r”的反向排序函数。用户定义的排序没有反向变体，但可以对一个多维数组进行反向排序。由于用户应该提供比较函数，因此可以编写一个能够返回相反值的比较函数。

【示例 7】要进行反向排序，$x 小于$y 时函数需要返回 1，$x 大于$y 时函数需要返回-1，这样就做成了一个反向排序。

Note

```
function reverseCompare($x, $y){
    if ( $x[2] == $y[2] )
        return 0;
    else if ( $x[2] < $y[2] )
        return 1;
    else
        return -1;
}
```

调用 usort($products, "reverseCompare")时，数组会按价格的降序来排序。

在一些应用程序中，可能希望按另一种方式式对数组排序。函数 shuffle()将数组各元素进行随机排序。函数 array_reverse()给出一个原来数组的反向排序。

18.4.7　数组其他操作

前面已经提到，每个数组都有一个内部指针指向数组中的当前元素。当使用函数 each()时，就间接地使用了这个指针，但是也可以直接使用和操作这个指针。

如果创建一个新数组，那么当前指针就将被初始化，并指向数组的第一个元素。调用 current ($array_name)将返回第一个元素。

调用 next()或 each()将使指针前移一个元素。调用 each($array_name)会在指针前移一个位置之前返回当前元素。next()函数则有些不同，调用 next($array_name)是将指针前移，然后再返回新的当前元素。

使用 reset()函数将返回指向数组第一个元素的指针。类似地，调用 end($array_ name)可以将指针移到数组末尾。reset()和 end()可以分别返回数组的第一个元素和最后一个元素。

要反向遍历一个数组，可以使用 end()和 prev()函数。prev()函数和 next()函数相反，它是将当前指针往回移一个位置然后再返回新的当前元素。

【示例 1】如下所示的代码将反向显示一个数组的内容。

```
$value = end ($array);
while ($value){
    echo "$value<br>";
    $value = prev($array);
}
```

如果$array 数组的声明如下：

```
$array = array(1, 2, 3);
```

在这个例子中，浏览器中的输出结果就会是：3、2、1。

使用 each()、current()、reset()、end()、next()、pos()和 prev()，可以编写出自己的、能按任何顺序浏览数组的代码。

有时候，读者可能希望以相同方式使用或者修改数组中的每一个元素。array_walk()函数允许进行这样的操作。函数 array_walk()的原型如下：

```
int array_walk(array arr, string func, [mixed userdata])
```

其调用方法类似于 usort()函数的调用，array_walk()函数需要 3 个参数。第一个是 arr，也就是需要处理的数组。第二个是 func，也就是用户自定义并将作用于数组中每个元素的函数。第三个参数 userdata 是可选的，如果使用它，它可以作为一个参数传递给自己的函数。

【示例 2】这个用户自定义函数是一个以指定格式显示各个元素的函数。如下所示的代码通过在$array 数组的每个元素中调用用户自定义的 my_print()函数，从而将每个元素显示在一个新行中。

```
function myPrint($value){
    echo "$value<BR>";
}
array_walk($array, myPrint);
```

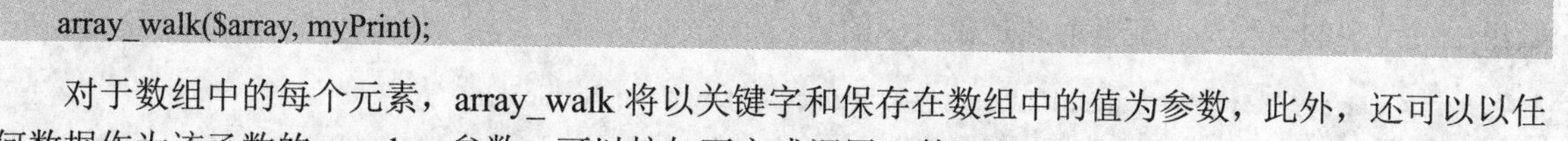

对于数组中的每个元素，array_walk 将以关键字和保存在数组中的值为参数，此外，还可以以任何数据作为该函数的 userdata 参数。可以按如下方式调用函数：

```
Yourfunction(value, key, userdata)
```

在大多数情况下，函数只能处理数组中的值。但是，在某些情况下，可能还需要使用 userdata 参数向函数传递一个参数。在少数情况下，可能还需要对数组关键字和值进行处理。在 MyPrint()函数中，可以忽略关键字参数和 userdata 参数。

【示例 3】编写一个带有一个参数的函数，这个函数可以用来修改数组的值。

```
function myMultiply(&$value, $key, $factor){
    $value *= $factor;
}
array_walk($array, "myMultiply", 3);
```

在上面代码中定义了一个名为 my_multiply()的函数，它可以用所提供的乘法因子去乘以数组中的每个元素。需要使用 array_walk()函数的第三个参数来传递这个乘法因子。因为需要这个参数，所以在定义 my_multiply()函数时必须带有 3 个参数——一个数组元素值（$value）、一个数组元素的关键字（$key）和参数（$factor）。可以选择忽略这个关键字。

此外，还有一个需要注意的问题是传递参数$value 的方式。在 my_multiply()的函数定义中，变量前面的地址符（&）意味着$value 是按引用方式传递的。按引用方式传递允许函数修改数组的内容。

函数 sizeof()可以返回数组元素的个数。可以得到一个常规标量变量中的元素个数，如果传递给这个函数的数组是一个空数组，或者是一个没有经过设定的变量，返回的数组元素个数就是 0。

函数 array_count_values()更加复杂一些。如果调用 array_count_values($array)，这个函数将会统计每个特定的值在数组$array 中出现过的次数（这就是数组的基数集）。这个函数将返回一个包含频率表的相关数组。这个数组包含数组$array 中的所有值，并以这些值作为相关数组的关键字。每个关键字所对应的数值就是关键字在数组$array 中出现的次数。

【示例 4】创建数组。

```
$array = array(4, 5, 1, 2, 3, 1, 2, 1);
$ac = array_count_values($array);
```

将创建一个名为$ac 的数组，该数组包括：

关键字（Key）	值（Value）
4	1
5	1
1	3
2	2
3	1

其结果表示数值 4、5、3 在数组$array 中只出现一次，1 出现了 3 次，2 出现了两次。

对于一个非数字索引数组，该数组会有许多关键字：名值对，可以使用函数 extract()将它们转换成一系列的标量变量。extract()的函数原型如下：

```
extract(array var_array [, int extract_type] [, string prefix] );
```

Note

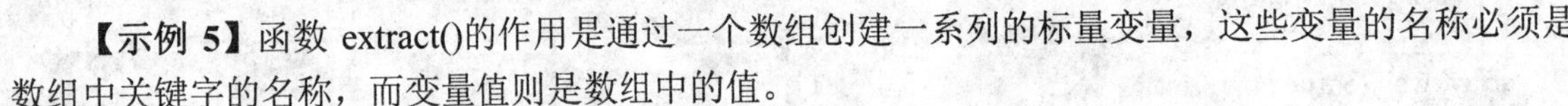

【**示例 5**】函数 extract()的作用是通过一个数组创建一系列的标量变量，这些变量的名称必须是数组中关键字的名称，而变量值则是数组中的值。

```
$array = array( "key1" => "value1", "key2" => "value2", "key3" => "value3");
extract($array);
echo "$key1 $key2 $key3";
```

这段代码的输出如下：

```
value1 value2 value3
```

这个数组具有 3 个元素，它们的关键字分别是 key1、key2 和 key3。使用函数 extract()，可以创建 3 个标量变量$key1、$key2 和$key3。从输出结果中，可以看到$key1、$key2 和$key3 的值分别为“value1”、“value2”和“value3”。这些值都来自原来的数组。

extract()函数具有两个可选参数：extract_type 和 prefix。变量 extract_type 将告诉 extract()函数如何处理冲突。有时可能已经存在了一个和数组关键字同名的变量，该函数的默认操作是覆盖已有的变量。

18.5 正则表达式

PHP 支持两种风格的正则表达式语法：POSIX 和 Perl。这两种风格的正则表达式是 PHP 编译时的默认风格。在 PHP 5.3 版本中，Perl 风格不能被禁用。然而，这里将介绍更简单的 POSIX 风格，但如果你已经是一位 Perl 程序员，或者希望了解更多关于 PCRE 的内容，可以阅读在线手册：http://www.php.net/pcre。

到目前为止，进行的所有模式匹配都使用了字符串函数。只限于进行精确匹配，或精确的子字符串匹配。如果希望完成一些更复杂的模式匹配，应该用正则表达式。正则表达式在开始时很难掌握，但却是非常有用的。

18.5.1 字符类

正则表达式是一种描述一段文本模式的方法。到目前为止，前面所用到过的精确（文字）匹配也是一种正则表达式。例如，前面曾搜索过正则表达式的术语，如 shop 和 delivery。

在 PHP 中，匹配正则表达式更有点像 strstr()匹配，而不像相等比较，因为是在一个字符串的某个位置（如果不指明，则可能在字符串中的任何位置）匹配另一个字符串。例如，字符串"shop"匹配正则表达式 shop。它也可以匹配正则表达式 h、ho 等。

除了精确匹配字符外，还可以用特殊字符来指定表达式的元意。例如，使用特殊字符，可以指定一个在字符串开始或末尾肯定存在的模式，该模式的某部分可能被重复，或模式中的字符属于特定的某一类型。此外，还可以按特殊字符的出现来匹配。

使用字符集可以马上给出比精确匹配功能还要强大的正则表达式。字符集可以用于匹配属于特定类型的任何字符，事实上它们是一种通配符。

首先，可以用字符作为一个通配符来代替除换行符（\n）之外的任一个字符。例如，正则表达式：

```
.at
```

可以与 cat、sat 和 mat 等进行匹配。通常，这种通配符匹配用于操作系统中的文件名匹配。但是，使用正则表达式，可以更具体地指明希望匹配的字符类型，而且可以指明字符所属的一个集合。在前面的例子中，正则表达式匹配 cat 和 mat，但也可以匹配#at。如果要限定它是 a 到 z 之间的字符，就可以像下面这样指明：

```
[a-z]at
```

任何包含在方括号中的内容都是一个字符类，一个被匹配字符所属的字符集合。注意，方括号中的表达式只匹配一个字符。可以列出一个集合，例如：

```
[aeiou]
```

可以用来表示元音子母。也可以描述一个范围，正如前面用连字符那样，也可以是一个范围集：

```
[a-zA-Z]
```

这个范围集代表任何的大小写字母。

此外，还可以用集合来指明字符不属于某个集。例如：

```
[^a-z]
```

可以用来匹配任何不在 a 和 z 之间的字符。当把脱字符号（^）包括在方括号里面时，表示否定排出的意思。

除列出了集合和范围，许多预定义字符类也可以在正则表达式中使用，简单说明如下。

☑ [[:alnum:]]：文字数字字符。
☑ [[:alpha:]]：字母字符。
☑ [[:lower:]]：小写字母。
☑ [[:upper:]]：大写字母。
☑ [[:digit:]]：小数。
☑ [[:xdigit:]]：十六进制数字。
☑ [[:punct:]]：标点符号。
☑ [[:blank:]]：制表符和空格。
☑ [[:space:]]：空白字符。
☑ [[:cntrl:]]：控制符。
☑ [[:print:]]：所有可打印的字符。
☑ [[:graph:]]：除了空格外所有可打印字符。

18.5.2 重复

很多时候，会希望指明某个字符串或字符类将不止一次地出现。可以在正则表达式中使用两个特殊字符代替。符号“*”表示这个模式可以被重复 0 次或更多次，符号“+”则表示这个模式可以被重复 1 次或更多次。这两个符号应该放在要作用的表达式的后面。例如：

```
[[:alnum:]]+
```

表示至少有一个字母字符。

18.5.3 子表达式

Note

通常，将一个表达式分隔为几个子表达式是非常有用的，例如，可以表示"至少这些字符串中的一个需要精确匹配"。可以使用圆括号来实现，与在数学表达式中的方法一样。例如：

```
(very )*large
```

可以匹配 large、very large、very very large 等。

18.5.4 子表达式计数

可以用在花括号（{}）中的数字表达式来指定内容允许重复的次数。可以指定一个确切的重复次数，如{3}表示重复 3 次。也可以指定一个重复次数的范围，如{2, 4}表示重复 2~4 次。还可以指定一个开底域的重复范围，如{2,}表示至少要重复两次。例如：

```
(very ){1, 3}
```

表示匹配 very、very very 和 very very very。

18.5.5 定位

[a-z]模式将匹配任何包含了小写字母字符的字符串。无论该字符串只有一个字符，或者在整个更长的字符串中只包含一个匹配的字符，都没有关系。

也可以确定一个特定的子表达式是否出现在开始、末尾或在两个位置都出现。当要确定字符串中只有要找的单词而没有其他单词出现时，它将相当有用。

脱字符号（^）用于正则表达式的开始，表示子字符串必须出现在被搜索字符串的开始处，字符$用于正则表达式的末尾，表示子字符串必须出现在字符串的末尾。

【示例】以下是在字符串开始处匹配 bob：

```
^bob
```

这个模式将匹配 com 出现在字符串末尾处的字符串：

```
com$
```

最后，这个模式将匹配只包含 a 到 z 之间一个字符的字符串：

```
^[a-z]$
```

18.5.6 分支

可以使用正则表达式中的一条竖线来表示一个选择。例如，如果要匹配 com、cdu 或 net，就可以使用如下所示的表达式：

```
(com)|(edu)|(net)
```

18.5.7 特殊字符

如果要匹配特殊字符，如.、{或者 $，就必须在它们前面加一个反斜杠（\）。如果要匹配一个反斜杠，则必须用两个反斜杠（\\）来表示。

在 PHP 中，必须将正则表达式模式包括在一个单引号字符串中。使用双引号引用的正则表达式将带来一些不必要的复杂性。PHP 还使用反斜杠来转义特殊字符，例如反斜杠。

如果希望在模式中匹配一个反斜杠，必须使用两个反斜杠来表示它是一个反斜杠字符，而不是一个转义字符。

同样，由于相同的原因，如果希望在一个双引号引用的 PHP 字符串中使用反斜杠字符，必须使用两个反斜杠。这可能会有些混淆，这样要求的结果将是表示一个包含了反斜杠字符的正则表达式的一个 PHP 字符串需要 4 个反斜杠。PHP 解释器将这 4 个反斜杠解释成两个。然后，由正则表达式解释器解析为一个。

$符号也是双引号引用的 PHP 字符串和正则表达式的特殊字符。要使一个$字符能够在模式中匹配，必须使用\\$。因为这个字符串被引用在双引号中，PHP 解释器将其解析为\$，而正则表达式解释器将其解析成一个$字符。

☑ 在 POSIX 正则表达式中，用于方括号外面特殊字符。
- \ ：转义字符。
- ^ ：在字符串开始匹配。
- $：在字符串结尾匹配。
- . ：匹配任意字符，除了换行符外（\n）。
- | ：选择分支的开始。
- (：子模式的开始。
-) ：子模式的结束。
- *：重复零次或者多次。
- +：重复一次或者多次。
- {：最小或者最大量记号的开始。
- }：最小或者最大量记号的结束。

☑ 在 POSIX 正则表达式中，用于方括号里面特殊字符。
- \：转义字符。
- ^：非，仅用在开始位置。
- -：用于指明字符范围。

18.5.8 设计智能表单

在智能表单应用程序中，正则表达式至少有两种用途。第一种用途是在顾客的反馈中查找特定的名词。使用正则表达式，可以做得更智能一些。使用一个字符串函数，如果希望匹配 shop、customer service 或 retail，就必须做 3 次不同的搜索。如果使用一个正则表达式，就可以同时匹配所有 3 个，如下所示：

```
shop|customer service|retail
```

第二个用途是验证程序中用户的电子邮件地址，这需要通过用正则表达式来对电子邮件地址的标准格式进行编码。这个格式中包含一些数字或标点符号，接着是符号“@”，然后是包括文字或数字和字符组成的字符串，后面接着是一个“.”（点号），后面包括文字或数字以连字符组成的字符串，可能还有更多的点号，直到字符串结束，它的编码如下：

```
^[a-zA-Z0-9_]+@[a-zA-Z0-9\-]+\.[a-zA-Z0-9\-\.]+$
```

子表达式^[a-zA-Z0-9_]+表示至少由一个字母、数字、下划线、连字符、点号或者这些字符组合为开始的字符串。注意，当在一个字符类的开始或末尾处使用点号时，点号将失去其特殊通配符的意义，只能成为一个点号字符。

符号@匹配字符@。

而子表达式[a-zA-Z0-9\-]+与包含文字数字字符和连字符的主机名匹配。注意，去除了连字符，因为它是方括号内的特殊字符。

字符组合“\.”匹配“.”字符。在字符类外部使用点号，因此必须对其转义，使其能够匹配一个点号字符。

子表达式[a-zA-Z0-9\-\.]+$匹配域名的剩下部分，它包含字母、数字和连字符，如果需要还可包含更多的点号直到字符串的末尾。

不难发现，有时一个无效的电子邮件地址也会符合这个正则表达式，找到所有无效电子邮件几乎是不可能的，但是经过分析，情形将会有所改善。可以按许多不同的方式精化这个表达式。例如，可以列出所有有效的顶级域。

18.5.9 查找子字符串

查找字符串是正则表达式的主要应用。在 PHP 中，可以使用正则表达式的两个函数：ereg()和eregi()。ereg ()函数的基本用法如下：

```
int ereg(string pattern, string search, array [matches]);
```

该函数搜索字符串 search，在 pattern 中寻找与正则表达式相匹配的字符串。如果发现了与 pattern 的子表达式相匹配的字符串，这些字符串将会存储在数组 matches 中，每个数组元素对应一个子表达式。

函数 eregi()除了不区分大小写外，其他功能与 ereg()一样。

【示例】可以使用如下所示的代码对智能表单例子进行修改：

```
if (!eregi("^[a-zA-Z0-9_]+@[a-zA-Z0-9\-]+\.[a-zA-Z0-9\-\.]+$", $email)){
    echo "That is not a valid email address. Please return to the"." previous page and try again.";
    exit;
}
$toaddress = "feedback@bobsdomain.com"; // the default value
if (eregi("shop|customer service|retail", $feedback))
    $toaddress = "retail@bobsdomain.com";
else if (eregi("deliver.*|fulfil.*", $feedback))
    $toaddress = "fulfilment@bobsdomain.com";
else if (eregi("bill|account", $feedback))
    $toaddress = "accounts@bobsdomain.com";
if (eregi("bigcustomer\.com", $email))
    $toaddress = "bob@bobsdomain.com";
```

18.5.10 替换子字符串

与前面使用的 str_replace()函数一样，也可以使用正则表达式来查找和替换子字符串。在正则表达式中，可以使用的两个函数是 ereg_replace()和 eregi_replace()，基本用法如下：

```
string ereg_replace(string pattern, string replacement, string search);
```

该函数在字符串 search 中查找正则表达式 pattern 的字符串，并且用字符串 replacement 来替换。

函数 eregi_replace()除了不区分大小写外，其他与 ereg_replace()相同。

18.5.11　分割字符串

另一个实用的正则表达式函数是 split()，基本用法如下：

```
array split(string pattern, string search, int [max]);
```

这个函数将字符串 search 分割成符合正则表达式模式的子字符串，然后将子字符串返回到一个数组中。整数 max 指定进入数组中的元素个数。

【示例】该函数对分割电子邮件地址、域名或日期是非常有用的。

```
$domain = "yallara.cs.rmit.edu.au";
$arr = split ("\.", $domain);
while (list($key, $value) = each ($arr))
echo "<br>".$value;
```

以上代码将主机分割为 5 个部分，并将它们分别输出到一行。

一般而言，对于同样的功能，正则表达式函数运行效率要低于字符串函数。如果应用程序足够简单，那么就用字符串表达式。但是，对于可以通过单个正则表达式执行的任务来说，如果使用多个字符串函数，则是不对的。

第19章

访问MySQL数据库

（视频讲解：115分钟）

PHP+MySQL是目前最为成熟、稳定、安全的企业级网站开发技术，广泛应用于超大型站点，如百度网站（www.baidu.com/index.php）。其成熟的架构、稳定的性能、嵌入式开发方式、简洁的语法，能够帮助用户迅速开发高效执行、安全可靠、可跨平台移植、无附加成本的商业网站。

Linux操作系统、Apache网络服务器、MySQL数据库、PHP语言构成了Web开发的最佳组合，也称为LAMP模式。在LAMP模式开发中，MySQL数据库和PHP语言又是所有技术的开发核心，本章将详细介绍MySQL数据库入门知识，以及最基本的读写操作。

【学习重点】

- 认识MySQL
- 操作MySQL服务器
- 使用命令行语句访问MySQL
- 使用PHP访问MySQL

19.1　认识 MySQL

MySQL（www.mysql.com）是一种关系型数据库管理系统，为瑞典 MySQL AB 公司开发。2008 年被 SUN 公司收购，2009 年 SUN 又被 Oracle 收购。目前，MySQL 被广泛地应用在互联网上的大中型网站中。

由于其体积小、速度快，总体拥有成本低，尤其是开放源码这一特点，许多中小型网站为了降低网站总体拥有成本而选择了 MySQL 作为网站数据库。MySQL 具有如下特点。

- ☑ 功能强大：MySQL 提供了多种数据库存储引擎，各种引擎各有所长，适用于不同的应用场合，用户可以选择最合适的引擎以得到最高的性能。
- ☑ 支持跨平台：MySQL 支持至少 20 种以上的开发平台，包括 AIX、FreeBSD、HP-UX、Linux、Mac OS、Novell Netware、OpenBSD、OS/2 Wrap、Solaris、Windows 等多种操作系统。这使得在任何平台下编写的程序都可以进行移植，而不需要对程序做任何的修改。
- ☑ 运行速度快：高速是 MySQL 的显著特性，在 MySQL 中，通过使用优化的单扫描多连接，能够极快地实现连接，SQL 函数使用高度优化的类库实现，运行速度极快。
- ☑ 支持面对对象：PHP 支持混合编程方式，编程方式可以为纯粹的面对对象、纯粹的面向过程和面向对象与面向过程混合编程 3 种方式。
- ☑ 安全性高：灵活安全的权限和密码系统允许基本主机的验证，连接到服务器时，所有密码传输均采用加密形式，从而保证了密码的安全。
- ☑ 成本低：MySQL 数据库是一种完全免费的产品，用户可以直接从网上下载。
- ☑ 支持多种语言开发：MySQL 使用 C 和 C++编写，为多种编程语言提供了 API。这些编程语言包括 C、C++、Eiffel、Java、Perl、PHP、Python、Ruby 和 Tcl 等。
- ☑ 数据库存储容量大：MySQL 数据库最大有效表尺寸通常是由操作系统对文件大小的限制决定的，而不是由 MySQL 内部限制决定的。表空间的最大容量可达 64TB，可以轻松处理拥有上千万条记录的大型数据库。
- ☑ 支持强大的内置函数：PHP 提供了大量的内置函数，几乎涵盖了 Web 应用开发中所有的功能，它内置了数据库连接、文件上传等功能，为快速开发 Web 应用提供了方便，优化的 SQL 查询算法，有效地提高了查询速度。
- ☑ 应用灵活：既能够作为一个单独的应用程序应用在客户端服务器网络环境中，也能够作为一个库而嵌入到其他的软件中提供多语言支持。
- ☑ 其他功能：支持多线程，充分利用 CPU 资源；提供 TCP/IP、ODBC 和 JDBC 等多种数据库连接途径；提供用于管理、检查、优化数据库操作的管理工具。

19.2　使用 MySQL 服务器

控制 MySQL 服务器的方法有两种：通过系统服务器，也可以通过命令提示符。不管使用哪种方法都可以启用、连接和关闭 MySQL。

Note

19.2.1 启动 MySQL 服务器

启动 MySQL 服务器的方法有两种：系统服务器和命令提示符，下面以 Windows 8 为例介绍每种方法的操作流程。

1. 通过系统服务器启动 MySQL 服务器

如果把 MySQL 设置为 Windows 服务，则可以通过选择【控制面板】|【管理工具】|【服务】命令，打开【服务】窗口，在服务器的列表中找到 MySQL 服务选项，然后通过右键快捷菜单命令，或者工具栏中的【启动】命令，快速启用 MySQL 服务，如图 19.1 所示。

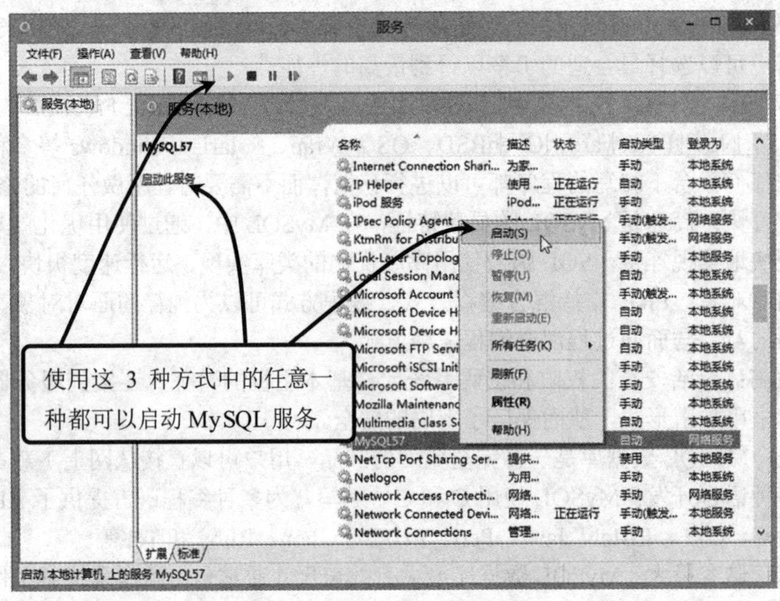

图 19.1 启动 MySQL 服务

2. 在命令提示符中启动 MySQL 服务器

右击窗口左下角的【开始】图标，在弹出的【开始】菜单中，选择【命令提示符（管理员）】命令，打开 DOS 窗口，如图 19.2 所示。

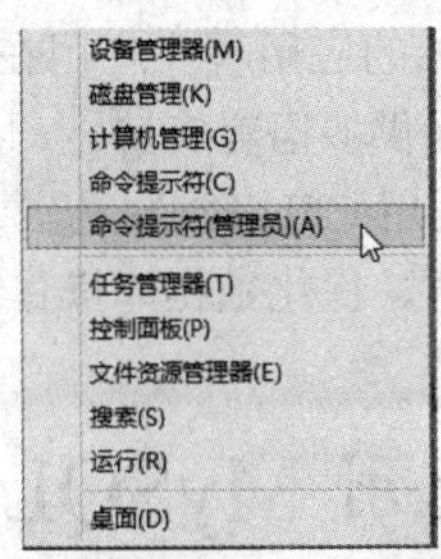

图 19.2 选择【命令提示符（管理员）】命令

在 DOS 窗口的命令提示符下输入：

```
\>net start mysql57
```

然后按 Enter 键，即可启动 MySQL 服务器，如图 19.3 所示。

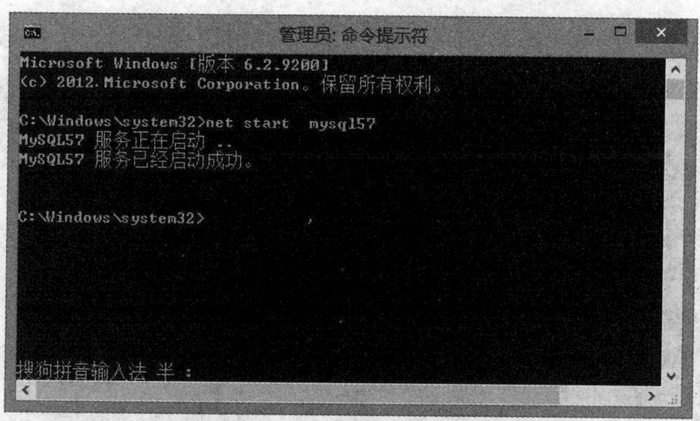

图 19.3　启动 MySQL 服务

19.2.2　连接和断开 MySQL 服务器

下面分别介绍如何快速连接和断开 MySQL 服务器的方法。

1. 连接 MySQL 服务器

连接 MySQL 服务器可以通过 mysql 命令实现。在 MySQL 服务器启动之后，选择【开始】|【运行】命令，打开【运行】对话框，在其中输入 cmd 命令，按 Enter 键，打开 DOS 窗口。

输入下面的代码，按 Enter 键进入 MySQL 服务器安装目录下的 bin 子目录。

```
cd C:\Program Files\MySQL\MySQL Server 5.7\bin
```

然后，在 DOS 窗口的命令提示符下输入：

```
mysql –h localhost-u root –p
```

如图 19.4 所示。

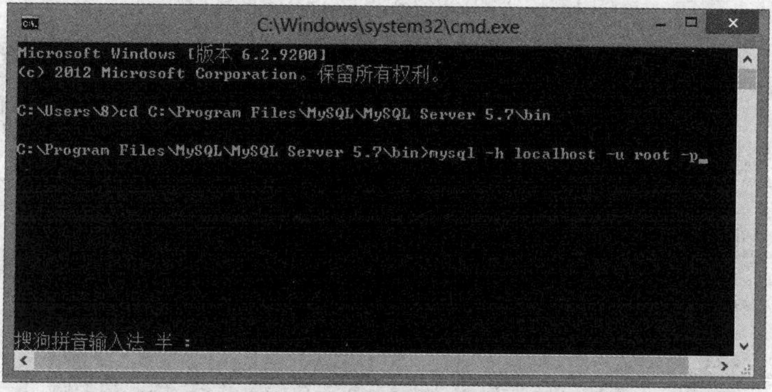

图 19.4　连接 MySQL 服务

其中，mysql 关键词表示连接命令，-u 关键词表示用户参数，其后可以跟随 MySQL 数据库的用户名，参数关键词与值之间不要忽略空格。-h 关键词表示 MySQL 服务器所在地址，在连接本地 MySQl 服务器时，该参数可以省略，当然也可以输入 192.0.0.1 或 localhost，表示本地地址。-p 关键词表示用户密码，可以先不输入密码，为了保护 MySQL 数据库的密码安全，可以采用图 19.4 所示方式不输入密码，如果此时输入密码，在-p 后面的密码将以明文形式显示。

按 Enter 键，服务器会要求再次输入登录密码，此时输入的密码将以星号隐藏显示，如图 19.5 所示。

最后，按 Enter 键，即可连接到 MySQL 服务器，如图 19.6 所示。此时即可进入到 mysql 中，mysql

的提示符是 mysql>。注意，如果是连接到另外的机器上，则需要加入一个参数-h，设置机器 IP。

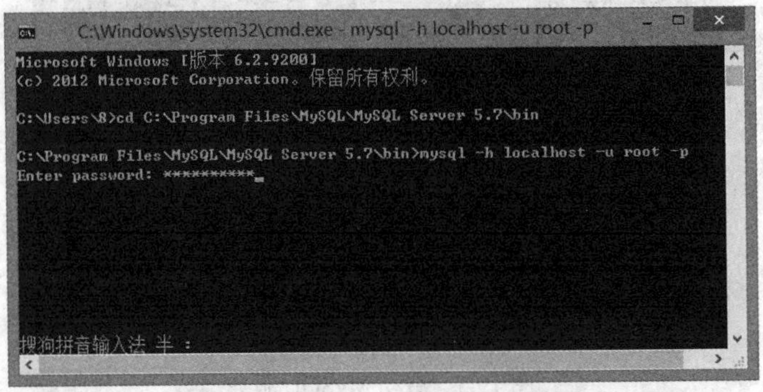

Note

```
C:\Windows\system32\cmd.exe - mysql  -h localhost -u root -p
Microsoft Windows [版本 6.2.9200]
(c) 2012 Microsoft Corporation。保留所有权利。

C:\Users\8>cd C:\Program Files\MySQL\MySQL Server 5.7\bin

C:\Program Files\MySQL\MySQL Server 5.7\bin>mysql -h localhost -u root -p
Enter password: **********_

搜狗拼音输入法 半 :
```

图 19.5　输入 MySQL 服务密码

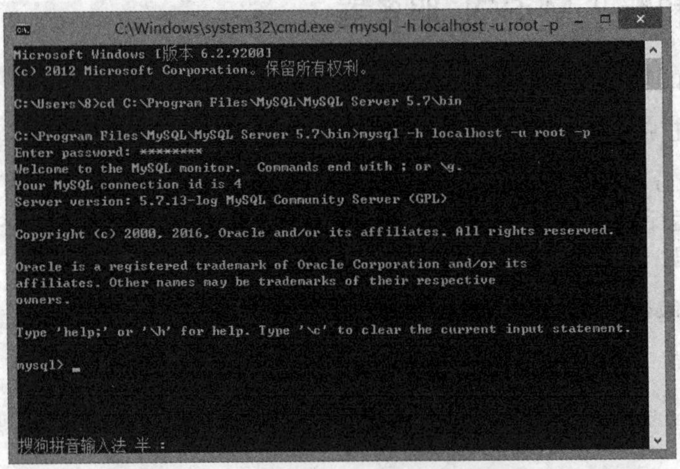

```
C:\Windows\system32\cmd.exe - mysql  -h localhost -u root -p
Microsoft Windows [版本 6.2.9200]
(c) 2012 Microsoft Corporation。保留所有权利。

C:\Users\8>cd C:\Program Files\MySQL\MySQL Server 5.7\bin

C:\Program Files\MySQL\MySQL Server 5.7\bin>mysql -h localhost -u root -p
Enter password: ********
Welcome to the MySQL monitor.  Commands end with ; or \g.
Your MySQL connection id is 4
Server version: 5.7.13-log MySQL Community Server (GPL)

Copyright (c) 2000, 2016, Oracle and/or its affiliates. All rights reserved.

Oracle is a registered trademark of Oracle Corporation and/or its
affiliates. Other names may be trademarks of their respective
owners.

Type 'help;' or '\h' for help. Type '\c' to clear the current input statement.

mysql> _

搜狗拼音输入法 半 :
```

图 19.6　显示成功连接到 MySQL 数据库

提示： 如果感觉上述方法比较麻烦，则不妨选择【开始】| MySQL | MySQL Server 5.7 | MySQL 5.7 Command Line Client 命令，打开 MySQL 客户端命令行窗口，在窗口中输入用户密码，该密码为安装 MySQL 时设置的，最后按 Enter 键即可，如图 19.7 所示。

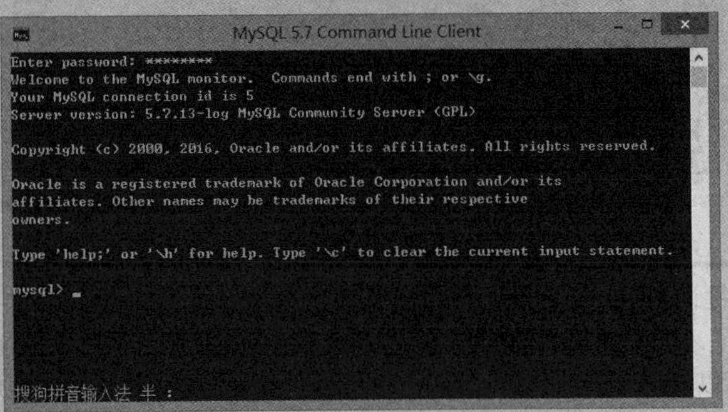

图 19.7　快速连接 MySQL 服务

2. 断开 MySQL 服务器

连接到 MySQL 服务器之后，可以通过在 MySQL 提示符下输入 exit 或者 quit 命令断开 MySQL

连接，输入代码如下，如图 19.8 所示。

```
mysql> quit
```

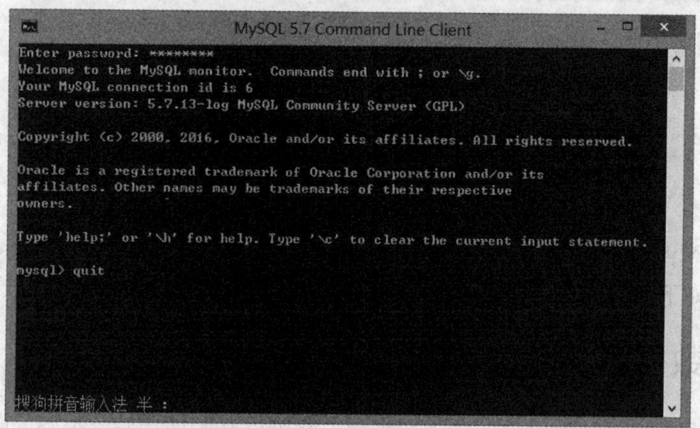

图 19.8　断开连接 MySQL 服务

19.2.3　停止 MySQL 服务器

停止 MySQL 服务器的方法有两种：系统服务器和命令提示符（DOS）。

1. 通过系统服务器停止 MySQL 服务器

如果将 MySQL 设置为 Windows 服务，则可以通过系统服务器进行操作。选择【开始】|【控制面板】|【管理工具】|【服务】命令，打开【服务】窗口，在服务器的列表中找到 MySQL 服务选项，然后通过右键快捷菜单命令，或者工具栏中的【停止】命令，快速停止 MySQL 服务，如图 19.9 所示。

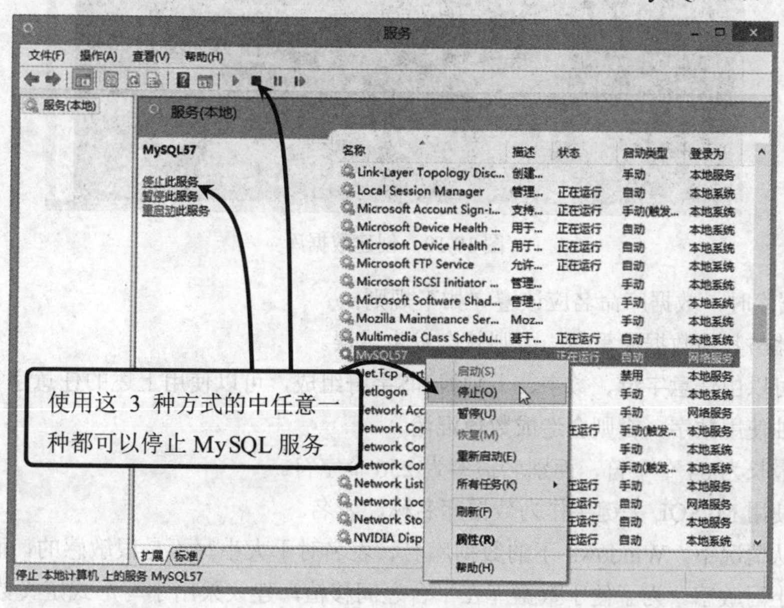

图 19.9　停止 MySQL 服务

2. 在命令提示符中停止 MySQL 服务器

右击窗口左下角的【开始】图标，在弹出的【开始】菜单中，选择【命令提示符（管理员）】命

令，在 DOS 窗口的命令提示符下输入：

```
net stop mysql57
```

按 Enter 键，即可停止 MySQL 服务器。

Note

19.3 MySQL 命令行数据库

启动并连接到 MySQL 服务器，即可对 MySQL 数据库进行操作，操作 MySQL 数据库的方法比较简单，具体介绍如下。

19.3.1 创建数据库

如果管理员在设置权限时为用户创建了数据库，就可以开始使用它；否则，用户就需要自己创建数据库，创建数据库的语法格式如下：

```
mysql> CREATE DATABASE 数据库名称;
```

【示例】在本地创建一个 db_admin 数据库，则输入的命令如图 19.10 所示。

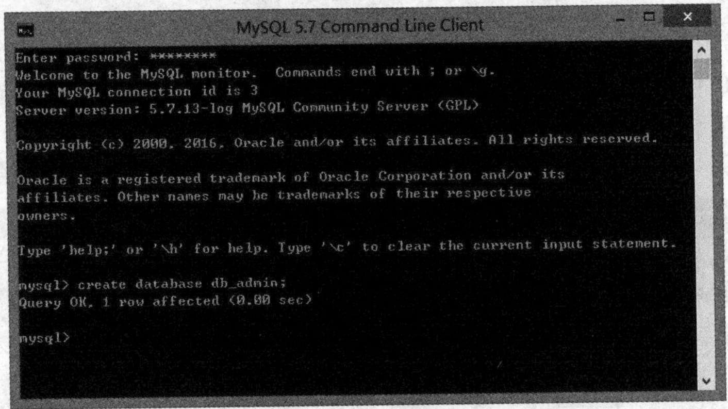

图 19.10　创建数据库

在创建数据库时，数据库命名应该遵守如下规则：

☑ 不能够与其他数据库重名，否则就会发生错误。

☑ 名称可以由任意字母、数字、下划线和$字符组成，可以使用上述的任意字符开头，但不能够单独使用数字，否则会造成数值混淆。

☑ 名称最长为 64 个字符，而别名最多为 256 个字符。

☑ 不要使用 MySQL 关键字作为数据库名称、表名。

☑ 在默认情况下，Windows 下的数据库名、表名对于大小写不是很敏感的，而在 Linux 下会对大小写敏感。为了便于数据库在平台之间移植，建议采用小写形式定义数据库的名称。

19.3.2 查看数据库

成功创建数据库之后，就可以使用 SHOW 命令查看 MySQL 服务器中的数据库信息。具体语法

格式如下：

```
mysql> SHOW DATABASES;
```

该语句不需要附加任何数据库名称。

【示例】输入上面语句，然后按 Enter 键，即可看到在 MySQL 服务器中创建的所有数据库名称，如图 19.11 所示。

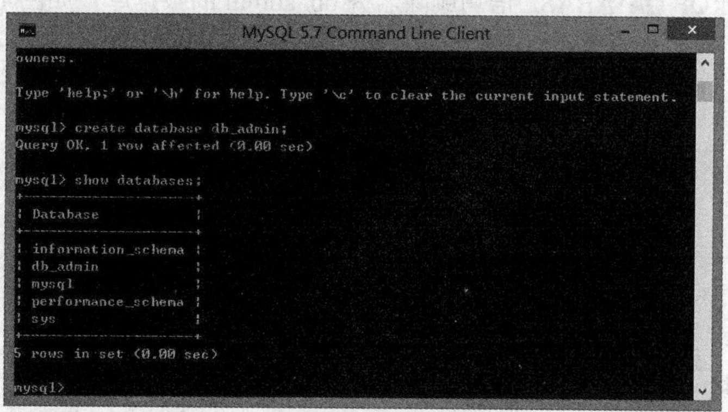

图 19.11　查看数据库

19.3.3　选择数据库

创建数据库并不表示选定并使用它，还需要明确地选择数据库。为了向 MySQL 服务器指定当前要操作的数据库，可以使用 USE 语句选择一个数据库。具体语法格式如下：

```
mysql> USE  数据库名称;
```

【示例】选择名称为 db_admin 的数据库，设置其为当前默认的数据库，如图 19.12 所示。

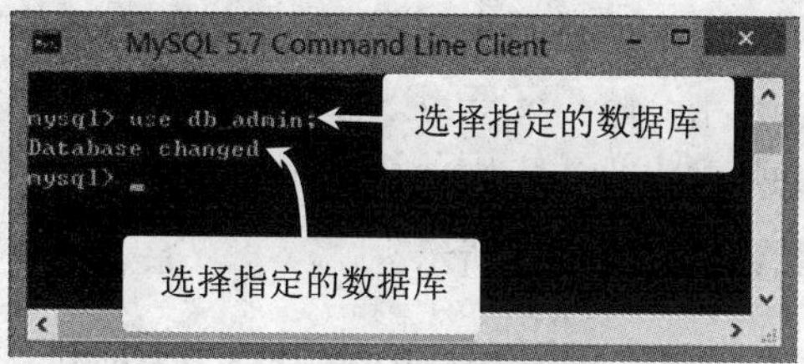

图 19.12　选择数据库

当用户成功选择数据库之后，就可以使用 SQL 语句对数据库进行操作了。

> **注意：**数据库只需要创建一次，但是必须在每次启动 mysql 会话时在使用前先选择它。用户可以根据上面的例子执行一个 USE 语句来实现。也可以在调用 mysql 命令时，通过命令行选择数据库，只需要在提供连接参数之后指定数据库名称。例如：
>
> ```
> \> mysql -h host -u user -p db_admin;
> Enter password: ******
> ```
>
> 上面显示的命令行中的 db_admin 不是密码。如果想要在命令行上在-p 选项后提供密码，则不能插入空格，如-pmypassword，不是-p mypassword。但是，不建议在命令行输入密码，因为这样会暴露密码，能被在机器上登录的其他用户窥探到。

19.3.4 删除数据库

删除数据库可以使用 DROP DATABASE 语句实现，语法格式如下：

```
mysql> DROP DATABASE 数据库名称;
```

【示例】通过 DROP DATABASE 语句删除名为 db_admin 的数据库，如图 19.13 所示。

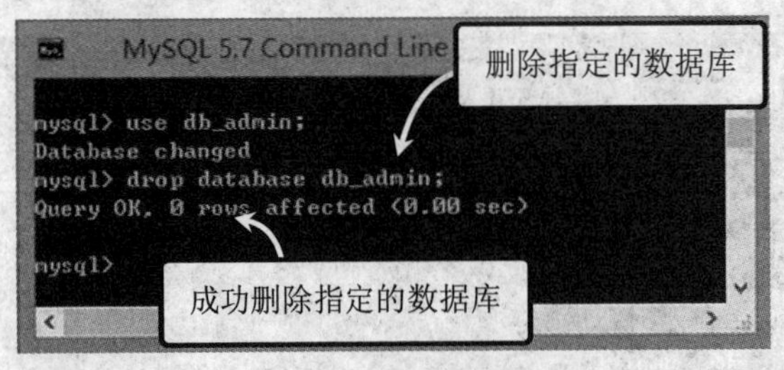

图 19.13 删除数据库

19.4 MySQL 命令行数据表

在对 MySQL 数据表进行操作之前，用户应先使用 USE 语句选择数据库，然后才可以在数据库中进行数据表操作，如创建数据表、修改表结构、数据表更名、删除数据表等，下面对此进行详细介绍。

19.4.1 创建数据表

使用 CREATE TABLE 语句可以创建数据表，语法格式如下：

```
CREATE [TEMPORARY] TABLE [IF NOT EXISTS] 数据表名称
[(create_definition,…)][table_options] [select_statement]
```

CREATE TABLE 语句参数说明如表 19.1 所示。

表 19.1 CREATE TABLE 语句参数说明

关 键 字	说 明
TEMPORARY	使用该关键字，则表示创建一个临时表
IF NOT EXISTS	该关键字可以避免表不存在时 MySQL 报告错误
create_definition	表的列属性部分。MySQL 要求在创建表时，表至少包含一个列
table_options	表的一些特性参数
select_statement	SELECT 语句描述部分，用它可以快速地创建表

create_definition 子句定义数据表的列属性，每一列定义的具体格式如下：

```
col_name type [NOT NULL | NULL] [DEFAULT default_value]
        [AUTO_INCREMENT] [PRIMARY KEY] [reference_definition]
```

属性 create_definition 的参数说明如表 19.2 所示。

表 19.2　属性 create_definition 参数说明

参　数	说　明
col_name	表示字段名
type	字段类型
NOT NULL | NULL	指出该列是否允许是空值，系统一般默认允许为空值，所以当不允许为空值时，必须使用 NOT NULL
DEFAULT default_value	表示默认值
AUTO_INCREMENT	表示是否自动编号，每个表只能有一个 AUTO_INCREMENT 列，并且必须被索引
PRIMARY KEY	表示是否为主键，一个表只能够有一个 PRIMARY KEY。如果表中没有一个 PRIMARY KEY，而某些应用程序需要 PRIMARY KEY，MySQL 将返回第一个没有任何 NULL 列的 UNQUE 键作为 PRIMARY KEY
reference_definition	为字段添加注解

创建数据表的格式比较复杂，可以简单地概括为如下形式：

```
create table 表名 (列名 1 属性, 列名 2 属性...);
```

【示例】使用 CREATE TABLE 语句在 MySQL 数据库 db_admin 中创建一个名为 tb_user 的数据表，该表包含 id、name 字段，如图 19.14 所示。

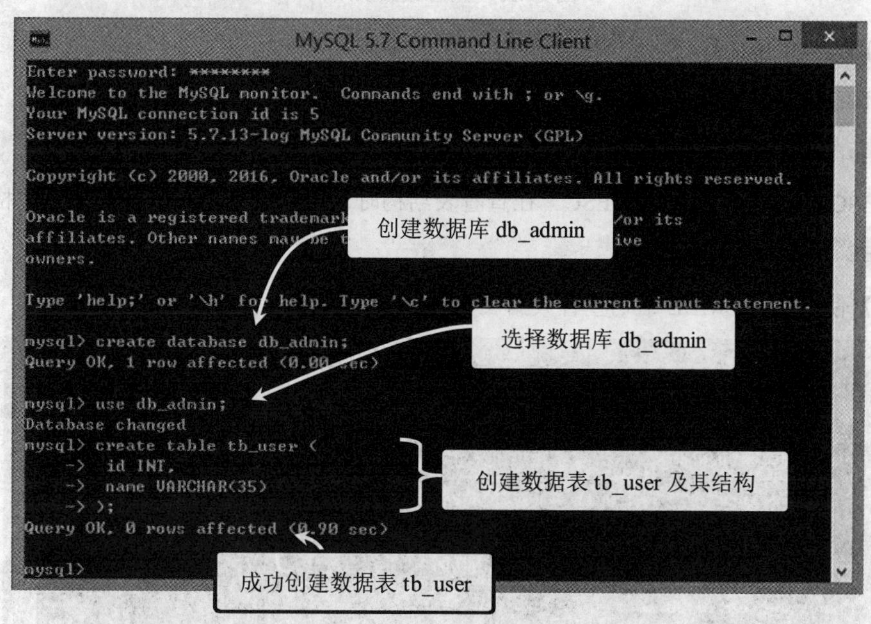

图 19.14　创建数据表

19.4.2　查看数据表结构

创建数据表成功之后，可以使用 SHOW COLUMNS 语句或者 DESCRIBE 语句查看指定数据表的表结构。

1. 使用 SHOW COLUMNS 语句

SHOW COLUMNS 语句的语法格式如下：

```
SHOW [FULL]COLUMNS FROM 数据表名 [FROM 数据库名];
```

或者

```
SHOW [FULL]COLUMNS FROM  数据库名.数据表名;
```

【示例】使用 SHOW COLUMNS 语句查看数据表 tb_user 的表结构，如图 19.15 所示。

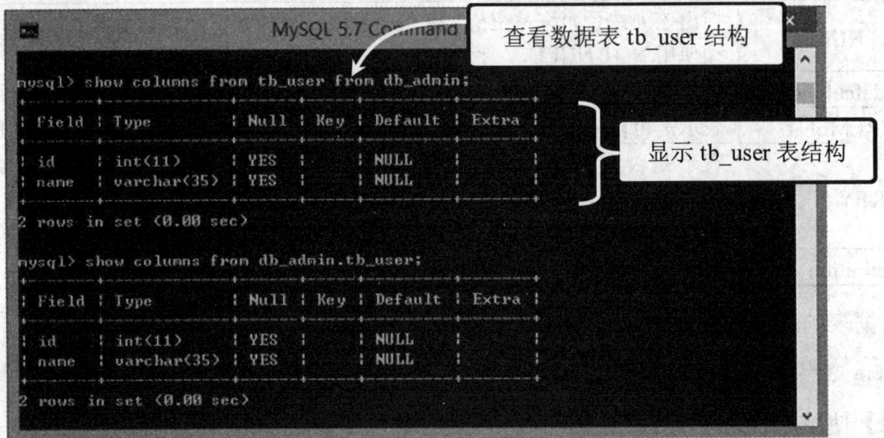

图 19.15　查看数据表结构

2. 使用 DESCRIBE 语句

DESCRIBE 语句的语法格式如下：

```
DESCRIBE  数据表名;
```

其中 DESCRIBE 可以简写为 DESC。在查看表结构时，可以只列出某一列的信息，格式如下：

```
DESCRIBE  数据表名  列名;
```

【示例】使用 DESCRIBE 语句查看数据表 tb_user 的表结构，如图 19.16 所示。

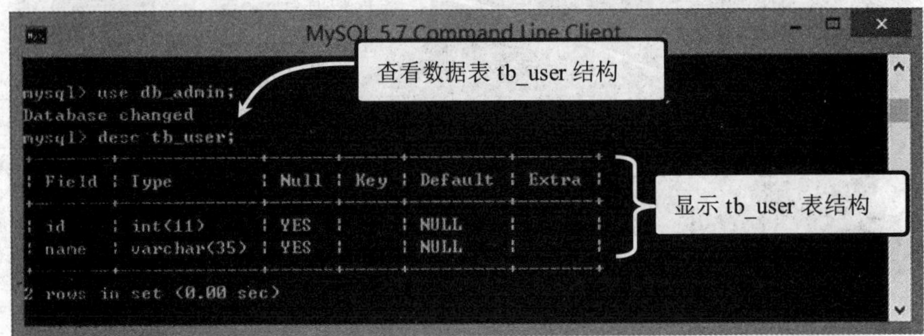

图 19.16　查看数据表结构

19.4.3　修改数据表结构

修改数据表结构可以使用 ALTER TABLE 语句。修改数据表结构包括增加、删除字段、修改字段名称或者字段类型，设置取消主键外键、设置取消索引以及修改表的注释等。该语句的语法格式如下：

```
ALTER [IGNORE] TABLE  数据表名  alter_spec[,alter_spec]...
```

当指定 IGNORE 时，如果出现重复关键的行，则只执行一行，其他重复的行被删除。

其中 alter_spec 子句可以定义要修改的内容，其语法格式如下：

```
alter_specification:
    ADD [COLUMN] column_definition [FIRST | AFTER col_name ]                //添加新字段
  | ADD [COLUMN] (column_definition,...)                                   //添加新字段
  | ADD INDEX [index_name] [index_type] (index_col_name,...)               //添加索引名称
  | ADD [CONSTRAINT [symbol]]
        PRIMARY KEY [index_type] (index_col_name,...)                      //添加主键名
  | ADD [CONSTRAINT [symbol]]
        UNIQUE [index_name] [index_type] (index_col_name,...)              //添加唯一索引
  | ALTER [COLUMN] col_name {SET DEFAULT literal | DROP DEFAULT}           //修改字段名称
  | CHANGE [COLUMN] old_col_name column_definition
        [FIRST|AFTER col_name]                                             //修改字段类型
  | MODIFY [COLUMN] column_definition [FIRST | AFTER col_name]             //修改子句定义字段
  | DROP [COLUMN] col_name                                                 //删除字段名称
  | DROP PRIMARY KEY                                                       //删除主键名称
  | DROP INDEX index_name                                                  //删除索引名称
  | RENAME [TO] new_tbl_name                                               //更改表名
```

ALTER TABLE 语句允许指定多个动作，其动作之间可以使用逗号进行分隔，每个动作表示对表进行一次操作。例如，在上面示例中，为 tb_user 数据表添加 email 字段，类型为 varchar(50) not null，将字段 name 类型改为 varchar(50)，则代码如下：

```
ALTER TABLE tb_user ADD email varchar(50) NOT NULL, MODIFY name varchar(50);
```

在命令行模式下运行情况如图 19.17 所示。为了检验修改是否成功，可以使用“desc tb_user;”命令查看修改的结果。

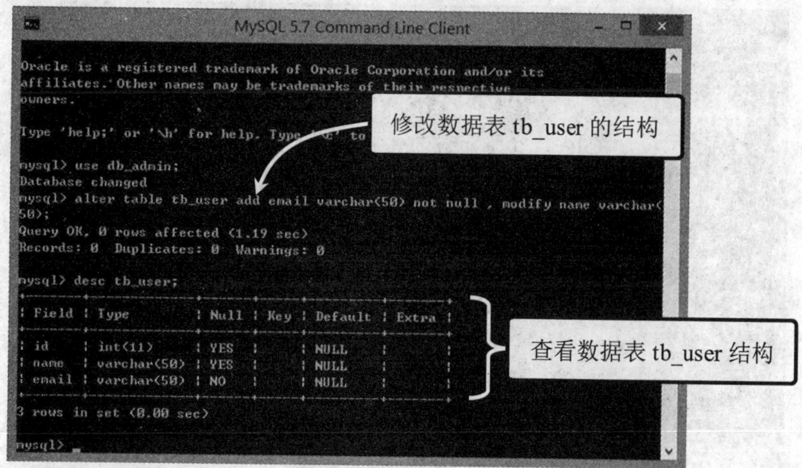

图 19.17　修改数据表结构

注意：*在修改数据表结构之前，应提前把数据表中的数据全部删除，然后才能够进行修改操作。*

19.4.4　重命名数据表

使用 RENAME TABLE 语句可以重命名数据表，具体语法如下：

```
RENAME TABLE 数据表名 1 TO 数据表名 2;
```

该语句可以同时为多个数据表进行重命名，多个表之间可以使用逗号进行分隔。

【示例】使用 RENAME TABLE 语句重命名数据表 tb_user 为 tb_admin，如图 19.18 所示。

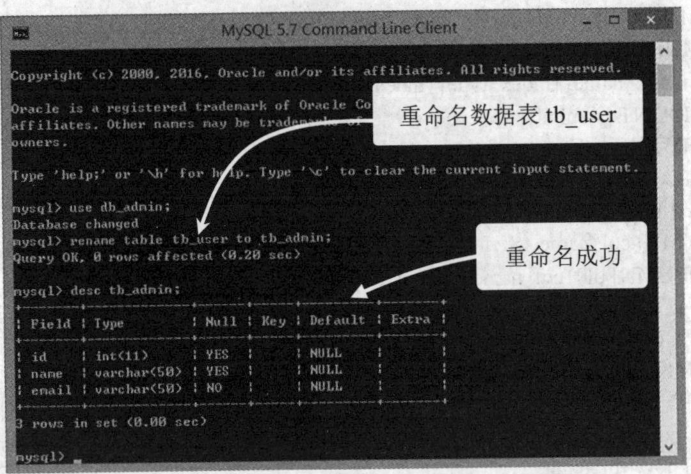

图 19.18　重命名数据表

19.4.5　删除数据表

删除数据表与删除数据库的操作类似，使用 DROP TABLE 语句即可实现。具体语法如下：

```
DROP TABLE 数据表名;
```

【示例】删除数据表 tb_admin，则操作效果如图 19.19 所示。

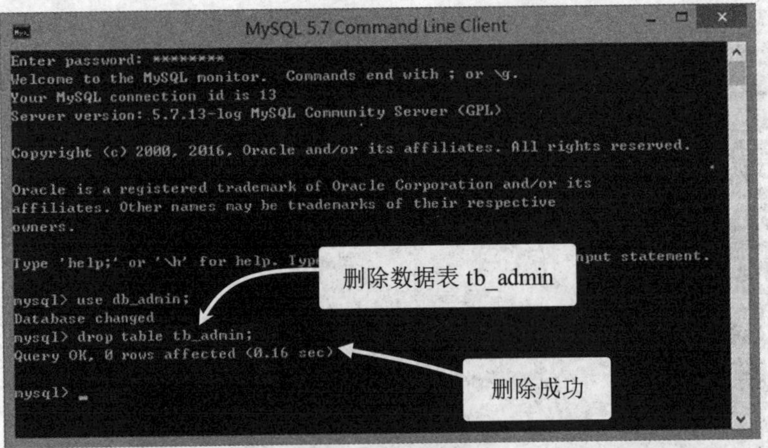

图 19.19　删除数据表

注意：在删除数据表时应该慎重，一旦删除数据表，那么表中的数据全部被清除，如果没有备份数据，则数据将无法恢复。

在删除数据表时，如果指定的表不存在，则将会产生一个错误，为了防止出现错误，可以在删除语句中加入 IF EXISTS 关键字就可以避免出错，格式如下：

```
DROP TABLE IF EXISTS 数据表名;
```

19.5 MySQL 命令行语句

在数据表中插入、查询、修改、删除记录都可以在 MySQL 命令行中使用 SQL 语句完成。下面分别进行介绍。

19.5.1 插入记录

在建立一个空的数据库和数据表之后，用户就可以向数据表中插入数据，具体语法格式如下：

```
INSERT INTO table_name [(col_name,...)] VALUES (value,...) ;
```

在 MySQL 中，一次可以同时插入多条记录，各行记录的值清单在 VALUES 关键字后以逗号分隔。而在标准的 SQL 语句中一次只能够插入一行记录。

【示例】在新建的 db_user 数据库的 tb_admin 表中插入两条记录，如图 19.20 所示。

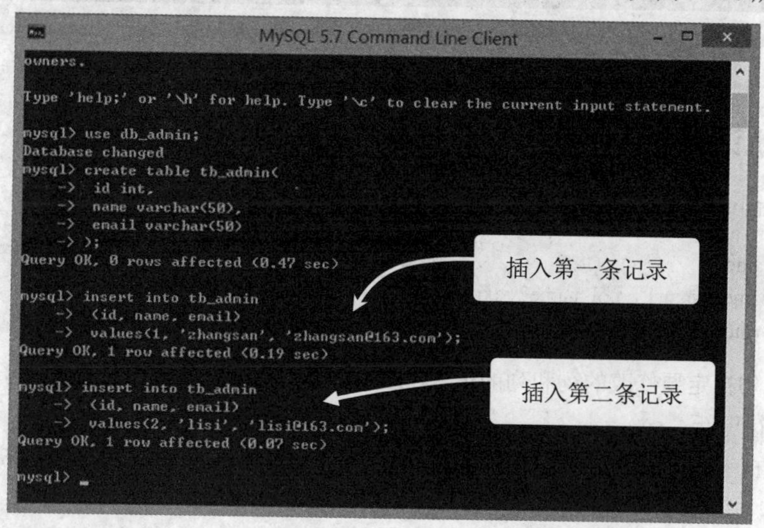

图 19.20 插入记录

19.5.2 查询记录

查询记录可以使用 SELECT 语句，该语句是 SQL 最强大的命令。它的使用形式复杂，功能强大，应用灵活。为了方便学习，下面简单介绍 SELECT 语句的基本用法，具体语法格式如下：

```
SELECT
    select_expr, ...                                //要查询的内容，选择哪些列
    [FROM table_references                          //要查询数据表
    [WHERE where_definition]                        //指定查询条件
    [GROUP BY {col_name | expr | position}
      [ASC | DESC], ... [WITH ROLLUP]]              //对查询结果进行分组
    [HAVING where_definition]                       //查询时满足的第二个条件
    [ORDER BY {col_name | expr | position}
```

```
    [ASC | DESC] , ...]                                    //对查询结果进行排序
  [LIMIT {[offset,] row_count | row_count OFFSET offset}]  //限制输出的结果
```

在使用 SELECT 语句时，应先确定所要查询的列，*表示所有列，多列之间通过逗号进行分隔。如果针对多个数据表进行查询，则在指定的字段前面添加表名，通过点号进行连接，这样就可以防止表之间字段重名而造成的错误。

Note

【示例】在上面示例中的 tb_admin 数据表中查询 id、name、email 列，并设置查询条件为 id 值为 1，如图 19.21 所示。

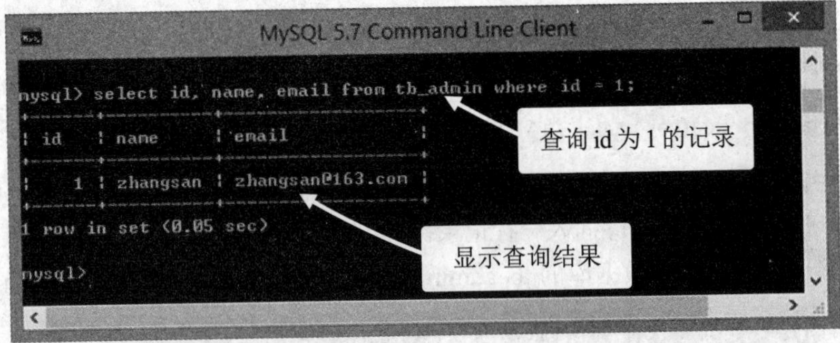

图 19.21　显示查询记录

19.5.3　更新记录

要更新记录可以使用 UPDATE 语句，该语句格式如下：

```
UPDATE tbl_name
    SET col_name1=expr1 [, col_name2=expr2 ...]
    [WHERE where_definition]
```

其中 SET 子句指定要修改的列和列的值，WHERE 子句是可选的，如果省略该子句，则将对所有记录中的字段进行更新。

【示例】将 tb_admin 表中用户名为 zhangsan 的 email 字段值更改为 zhangsan@126.com，如图 19.22 所示。

```
MySQL 5.7 Command Line Client

mysql> update tb_admin set email = 'zhangsan@126.com' where id = 1;
Query OK, 1 row affected (0.10 sec)
Rows matched: 1  Changed: 1  Warnings: 0

mysql> select * from tb_admin;
+----+----------+------------------+
| id | name     | email            |
+----+----------+------------------+
|  1 | zhangsan | zhangsan@126.com |
|  2 | lisi     | lisi@163.com     |
+----+----------+------------------+
2 rows in set (0.00 sec)

mysql> _
```

更新记录中的字段值

查询修改后的数据表结果

图 19.22　更新记录

19.5.4 删除记录

要删除记录可以使用DELETE语句，该语句格式如下：

```
DELETE FROM tbl_name
    [WHERE where_definition]
```

在执行删除操作时，如果没有指定WHERE子句，则将删除所有的记录，因此在操作时务必要特别慎重。

【示例】将tb_admin表中用户名为zhangsan的记录删除，如图19.23所示。

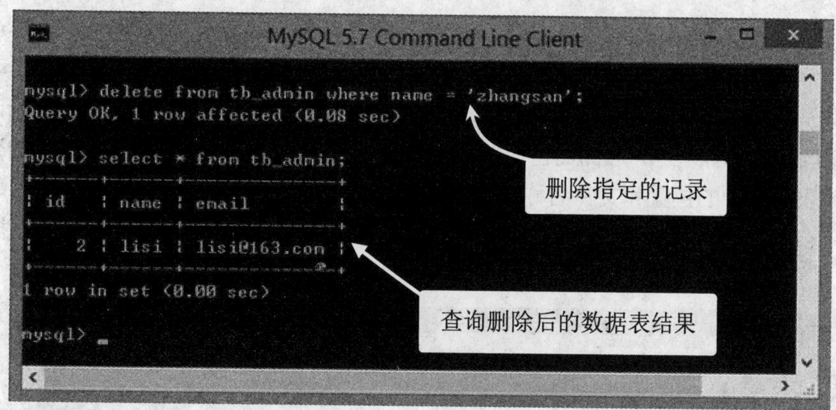

图19.23 删除记录

在实际应用中，执行删除时，一般根据id字段值作为删除的条件，这样可以精确删除记录，避免误删除数据表。

19.6 MySQL备份和恢复

为了避免MySQL数据库出现意外，建议养成良好按期备份数据的习惯。这样不管是系统崩溃，或者后期误操作都不会对长期积累的数据造成致命的破坏。

19.6.1 备份数据

在命令行模式下，备份数据可以使用MYSQLDUMP命令，通过该命令可以将数据以文本文件的形式存储到指定的文件夹下。通过MYSQLDUMP命令备份数据的具体步骤如下：

【操作步骤】

第1步，在MySQL服务器启动之后，选择【开始】|【运行】命令，打开【运行】对话框，在其中输入cmd命令，按Enter键，打开DOS窗口。

第2步，输入下面的代码，按Enter键进入MySQL服务器安装目录下的bin子目录中。

```
cd C:\Program Files\MySQL\MySQL Server 5.7\bin
```

第3步，在DOS窗口的命令提示符下输入如下命令，如图19.24所示。

```
mysqldump –h localhost –uroot –p db_admin > E:\db_admin.txt
```

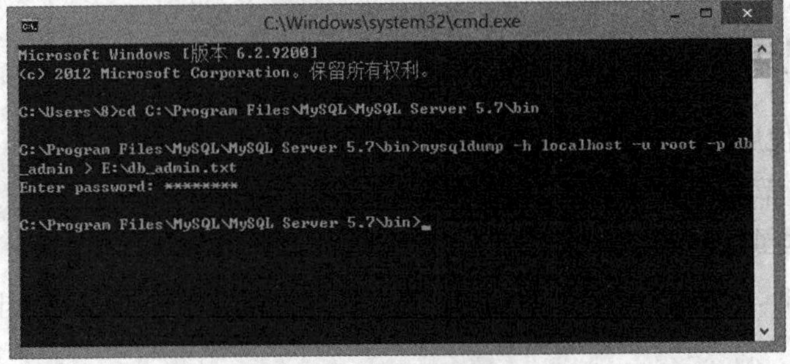

图 19.24　备份数据库

其中，mysqldump 关键词表示备份命令，-h 关键词表示 MySQL 服务器所在地址，-u 关键词表示用户参数，其后可以跟随 MySQL 数据库的用户名，参数关键词与值之间可以忽略空格。-p 关键词表示用户密码，可以先不输入密码，为了保护 MySQL 数据库的密码安全，可以采用图 19.24 所示方式不输入密码，如果此时输入密码，在-p 后面的密码将以明文形式显示。db_admin 表示要备份的数据库名称，D:\db_admin.txt 表示备份的位置和文件名称。

第 4 步，按 Enter 键，即可完成备份，此时可以在 E 盘根目录下查看已经备份的数据库文件，该文件以文本文件形式存在，打开备份数据的文本文件，则显示代码如图 19.25 所示。

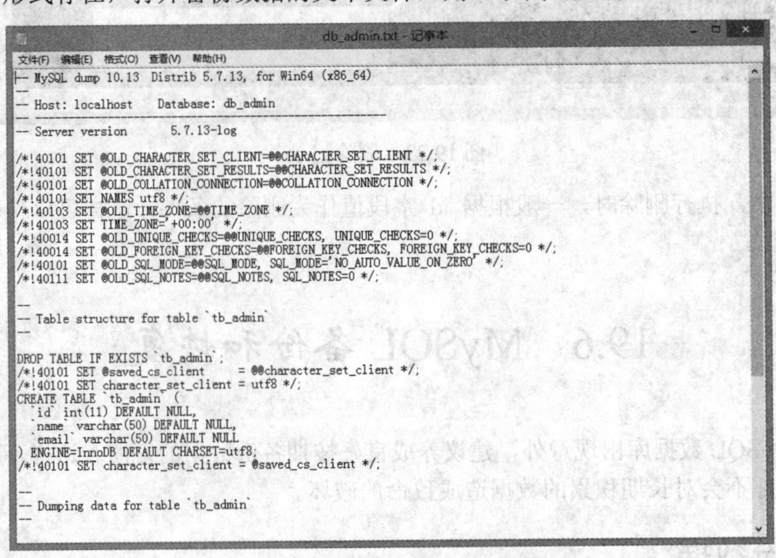

图 19.25　备份数据库的备份文件

19.6.2　恢复数据

既然可以对数据库进行备份，那么也可以对数据库文件进行恢复。执行恢复的命令格式如下：

```
\>mysql –uroot –proot db_admin < D:\db_admin.txt
```

其中，mysql 表示使用命令，-u 后的 root 表示用户名，-p 后的 root 表示密码，也可以省略，按提示输入密码。db_admin 表示数据库名，<后的字符串表示备份数据库文件的存储位置。

【操作步骤】

第 1 步，在 MySQL 服务器启动之后，选择【开始】|【运行】命令，打开【运行】对话框，在对话框中输入 cmd 命令，按 Enter 键打开 DOS 窗口。

第 2 步，输入下面的代码，按 Enter 键进入 MySQL 服务器安装目录下的 bin 子目录中。

```
cd C:\Program Files\MySQL\MySQL Server 5.7\bin
```

第 3 步，在 DOS 窗口的命令提示符下输入如下命令，如图 19.26 所示。

```
mysql –uroot –p db_admin < D:\db_admin.txt
```

Note

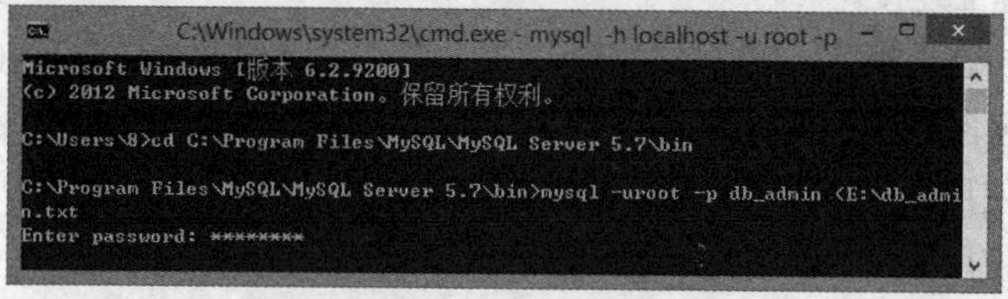

图 19.26　恢复数据库

其中，mysql 关键词表示启动和恢复命令，-u 关键词表示用户参数，其后可以跟随 MySQL 数据库的用户名，参数关键词与值之间可以忽略空格。-p 关键词表示用户密码，可以先不输入密码，为了保护 MySQL 数据库的密码安全，可以采用图 19.26 所示方式不输入密码，如果此时输入密码，在-p 后面的密码将以明文形式显示。db_admin 表示要恢复到的数据库名称，D:\db_admin.txt 表示恢复数据库文件的位置和文件名称。

第 4 步，按 Enter 键，即可完成恢复，此时可以在 MySQL 服务器中查看数据库是否恢复成功，如图 19.27 所示。

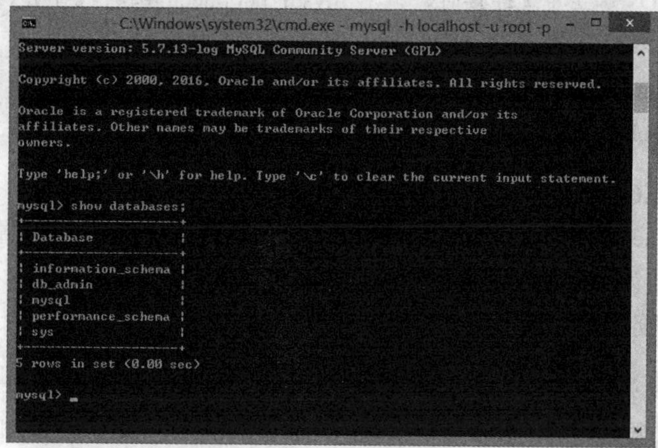

图 19.27　成功恢复数据库

19.7　PHP 操作 MySQL

PHP 内置了大量的数据库操作函数，调用这些函数可以很方便地与各种类型的数据库进行通信，使 Web 开发变得更加简单灵活。

19.7.1　PHP 与 MySQL 通信

使用 PHP 访问 MySQL 数据库一般需要 5 步。

Note

【操作步骤】

第 1 步，连接 MySQL 服务器。可以使用 PHP 的 mysql_connect()预定义函数建立与 MySQL 服务器之间的连接。

第 2 步，选择 MySQL 数据库。可以使用 mysql_select_db()预定义函数选择 MySQL 服务器中的数据库，并与数据库建立连接。

第 3 步，执行 SQL 查询操作。在选择数据库之后，就可以使用 mysql_query()函数执行 SQL 语句，对数据库的操作主要包含 5 种方式。

- ☑ 查询数据：使用 select 语句实现数据的查询功能。
- ☑ 显示数据：使用 select 语句显示数据的查询结果。
- ☑ 插入数据：使用 insert into 语句向数据库中插入数据。
- ☑ 更新数据：使用 update 语句修改数据库中的记录。
- ☑ 删除数据：使用 delete 语句删除数据库中的记录。

第 4 步，关闭记录集。数据库操作完成之后，需要关闭记录集，以释放系统资源：

```
mysql_free_result($result);
```

提示：如果在多个网页中频繁访问数据库，则可以建立与数据库服务器的持续连接来提高效率。因为每一次与数据库服务器进行连接需要较长的时间和较大的资源开销，持续连接相对来说会更有效，建立持续连接时，调用 mysql_pconnect()函数代替 mysql_connect()函数，在本程序结束时，不需要调用 mysql_close()函数关闭连接，下一次程序在此执行 mysql_pconnect()函数时，系统会自动直接返回已经建立的持续连接的 ID 号，而不需要再去连接数据库。

第 5 步，关闭 MySQL 服务器。

每调用 mysql_connect()或 mysql_query()函数时，都会耗费系统资源。当大量用户访问网站，可能会降低系统运行效率，为了避免发生各种异常，建议在完成数据库操作之后，应使用 mysql_close()函数关闭与 MySQL 服务器的连接，以节省资源。

```
mysql_close($link);
```

PHP 访问 MySQL 数据库的一般步骤可以使用图示直观演示，如图 19.28 和图 19.29 所示。

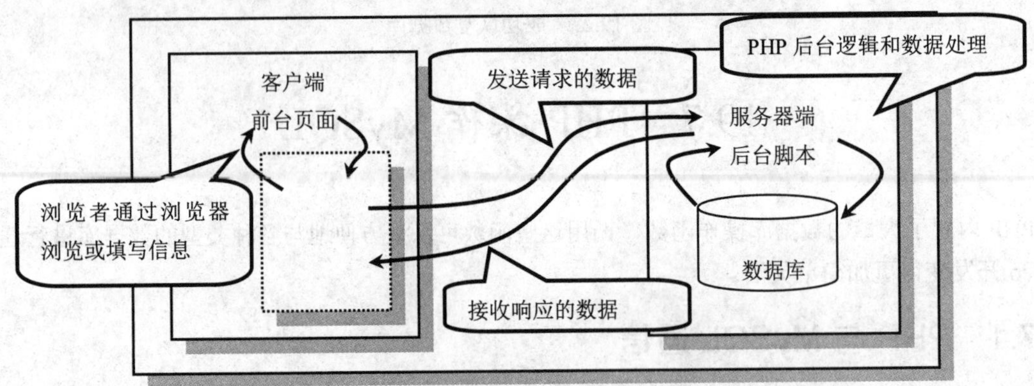

图 19.28　浏览器与服务器的联系

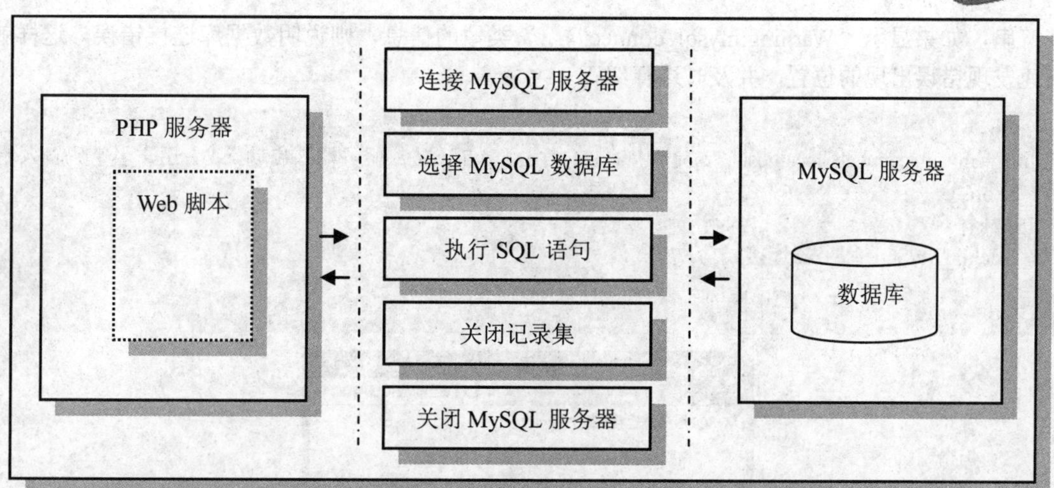

图 19.29 PHP 与 MySQL 的联系

19.7.2 连接 MySQL 服务器

使用 PHP 操作 MySQL 数据库之前，应该建立与 MySQL 服务器的连接，具体语法格式如下：

```
mysql_connect ([ string $server [, string $username [, string $password [, bool $new_link [, int $client_flags ]]]]] )
```

其中主要参数说明如下。

- ☑ server：表示 MySQL 服务器。可以包括端口号，如"hostname:port"，或者到本地套接字的路径，如对于 localhost 的":/path/to/socket"。如果 PHP 指令 mysql.default_host 未定义，则默认值是'localhost:3306'。
- ☑ username：表示用户名。默认值是服务器进程所有者的用户名。
- ☑ password：表示密码。默认值是空密码。
- ☑ new_link：如果用同样的参数第二次调用 mysql_connect()，将不会建立新连接，而将返回已经打开的连接标识。参数 new_link 改变此行为并使 mysql_connect()总是打开新的连接，甚至当 mysql_connect()曾在前面被同样的参数调用过。
- ☑ client_flags：client_flags 参数可以是 MYSQL_CLIENT_SSL、MYSQL_CLIENT_COMPRESS、MYSQL_CLIENT_IGNORE_SPACE 或 MYSQL_CLIENT_INTERACTIVE 常量的组合。

执行该函数后，将会返回一个值，如果成功则返回一个 MySQL 连接标识，失败则返回 FALSE。

【示例】在下面代码中，调用 mysql_connect()函数连接本地的 MySQL 服务器，如果连接成功，则显示提示信息，如图 19.30 所示。

```
<?php
$link = mysql_connect("localhost", "root", "11111111");
if($link){
    echo "MySQL 服务器连接成功！";
}
?>
```

使用 mysql_connect()函数可以连接到本地或者远程服务器，这样就为数据的异地存储提供安全保障。为了方便查询因为连接出现的错误，建议在连接中添加 die()函数，该函数能够实现屏蔽的错误处理机制，在本例中可以使用 mysql_error()函数提取 MySQL 函数的错误文本，如果没有出错，则返回空字符串，如果显示"Warning:mysql_connect()…"类似的信息，则说明数据库连接错误，这样就可以快速发现错误出现的位置，并及时进行纠正。

Note

```
<?php
$link = mysql_connect("localhost", "root", "11111111") or die("MySQL 服务器未启动，或者用户名密码输入错误"
.mysql_error());
if($link){
    echo "MySQL 服务器连接成功！";
}
?>
```

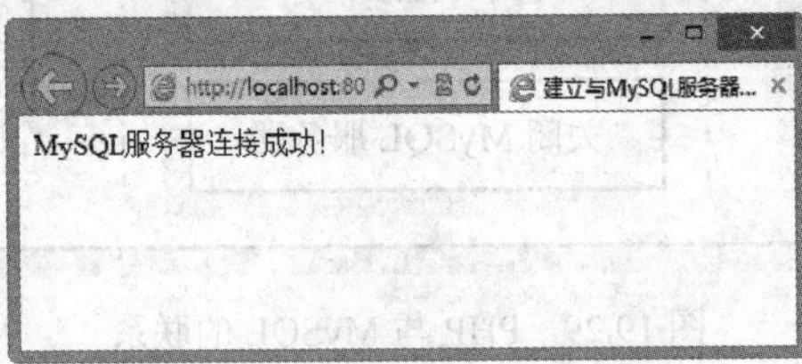

图 19.30　成功建立与 MySQL 服务器的连接

19.7.3　选择 MySQL 数据库

连接到 MySQL 服务器之后，就可以使用 mysql_select_db()函数选择数据库，具体语法如下：

```
mysql_select_db( string $database_name [, resource $ link_identifier ] )
```

其中，database_name 参数表示数据库名称，link_identifier 参数表示 MySQL 服务器连接标识符，该参数值应该是 mysql_connect()函数的返回值。如果选择成功，则 mysql_select_db()函数返回 true，否则返回 false。

mysql_select_db()设定与指定的连接标识符所关联的服务器上的当前激活数据库。如果没有指定连接标识符，则使用上一个打开的连接。如果没有打开的连接，mysql_select_db()函数将无参数调用 mysql_connect()函数来尝试打开一个连接并使用它。

【示例】在下面代码中，调用 mysql_connect()函数连接本地的 MySQL 服务器，然后使用 mysql_select_db()函数访问数据库 db_admin，如果连接成功，则显示提示信息，如图 19.31 所示。

```
<?php
$link = mysql_connect("localhost", "root", "11111111") or die("MySQL 服务器未启动，或者用户名密码输入错误".mysql_error());
$db_selectd = mysql_select_db("db_admin", $link);
if($db_selectd){
    echo "MySQL 数据库连接成功！";
}
?>
```

图 19.31　成功建立与 MySQL 数据库的连接

19.7.4　执行 SQL 语句

要对数据库中数据表进行操作，一般可以调用 mysql_query()函数来执行 SQL 语句。该函数的语法格式如下：

```
resource mysql_query ( string $query [, resource $link_identifier ] )
```

mysql_query()函数能够在指定的连接标识符关联的服务器中的当前活动数据库中发送一条查询。如果没有指定 link_identifie，则使用上一个打开的连接。如果没有打开的连接，函数会尝试无参数调用 mysql_connect()函数来建立一个连接。

> 注意：查询字符串不应以分号结束，查询结果将会被缓存。
>
> mysql_query()仅对 select、SHOW、EXPLAIN 或 DESCRIBE 语句返回一个资源标识符，如果查询执行不正确则返回 false。对于其他类型的 SQL 语句，mysql_query()在执行成功时返回 true，出错时返回 false。非 false 的返回值意味着查询是合法的并能够被服务器执行，这并不说明任何有关影响到的或返回的行数，很有可能一条查询执行成功了但并未影响到或并未返回任何行。

【示例 1】执行一个添加会员记录的 SQL 语句的代码如下：

```
<?php
    $link = mysql_connect("localhost", "root", "11111111") or die("MySQL 服务器未启动，或者用户名密码输入错误".mysql_error());
    $db_selectd = mysql_select_db("db_admin", $link);
    $sql = 'insert into tb_admin (id, name, email) values(1, "wang", "wang@163.com")';
    $result = mysql_query($sql, $link);
    if($result){
        echo "成功的向数据表 tb_admin 中插入 1 条记录！";
    }
?>
```

然后，在命令行中查询数据表中插入的数据，如图 19.32 所示。

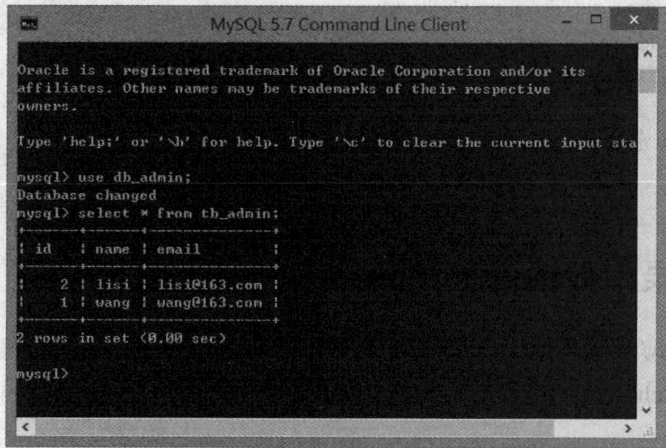

图 19.32　查询插入的数据

mysql_unbuffered_query()函数向 MySQL 发送一条 SQL 查询语句，但不获取和缓存结果的行，而 mysql_query()函数能够自动获取并缓存结果集。一方面，这在处理很大的结果集时，会节省可观的内存，同时在获取第一行后会立即对结果集进行操作，而不用等着整个 SQL 语句都执行完毕。

Note

【示例 2】下面以示例 1 为基础，继续演示几则 SQL 语句的代码。

☑　更新数据表中指定记录

```
<?php
$link = mysql_connect("localhost", "root", "11111111") or die("MySQL 服务器未启动，或者用户名密码输入错误".mysql_error());
$db_selectd = mysql_select_db("db_admin", $link);
$sql = "update tb_admin set id = 11, name = 'wang1', email = 'wang@263.net' where name = 'wang'";
$result = mysql_query($sql, $link);
if($result){
    echo "成功更新数据表 tb_admin 记录！";
}
?>
```

☑　查询数据表中指定记录

```
<?php
$link = mysql_connect("localhost", "root", "11111111") or die("MySQL 服务器未启动，或者用户名密码输入错误".mysql_error());
$db_selectd = mysql_select_db("db_admin", $link);
$sql = "select * from tb_admin    where name = 'wang1'";
$result = mysql_query($sql, $link);
if($result){
    echo "成功完成记录查询！";
}
?>
```

☑　删除数据表中指定记录

```
<?php
$link = mysql_connect("localhost", "root", "11111111") or die("MySQL 服务器未启动，或者用户名密码输入错误".mysql_error());
$db_selectd = mysql_select_db("db_admin", $link);
$sql = "delete from tb_admin    where name = 'wang1'";
$result = mysql_query($sql, $link);
if($result){
    echo "成功删除指定记录！";
}
?>
```

19.7.5　获取记录集数组信息

使用 mysql_query()函数执行 SQL 语句，接下来使用 mysql_fetch_array()函数从返回的数组结果集中获取信息。mysql_fetch_array()函数的语法格式如下：

```
array mysql_fetch_array(resource $result [, int $ result_type ] )
```

☑　参数 result 表示资源类型，要传入的是由 mysql_query()函数返回的数据指针。

☑ 参数 result_type 是可选参数，整数类型，要传入的是 MYSQL_ASSOC（关联索引）、MYSQL_NUM（数字索引）和 MYSQL_BOTH（同时包含关联和数字索引的数组），本参数的默认值是 MYSQL_BOTH。

该函数返回根据从结果集取得的行生成的数组，如果没有更多行则返回 false。mysql_fetch_array()函数是 mysql_fetch_row()的扩展版本。除了将数据以数字索引方式存储在数组中之外，还可以将数据作为关联索引存储，用字段名作为键名。

如果结果中的两个或以上的列具有相同字段名，最后一列将优先。要访问同名的其他列，必须用该列的数字索引或给该列起个别名。对有别名的列，不能再用原来的列名访问其内容。

注意： 本函数返回的字段名区分大小写，这是最容易忽略的问题。

【示例】使用 mysql_fetch_array()函数获取返回记录集中逐行记录数组，并把结果打印出来，显示效果如图 19.33 所示。

```
<?php
$link = mysql_connect("localhost", "root", "11111111") or die("MySQL 服务器未启动，或者用户名密码输入错误".mysql_error());
$db_selectd = mysql_select_db("db_admin", $link);
$sql = "select * from tb_admin";
$result = mysql_query($sql, $link);
while($info = mysql_fetch_array($result, MYSQL_NUM)){
    printf ("ID: %s Name: %s Email: %s", $info[0], $info[1], $info[2]);
    printf ("<br />");
}
mysql_free_result($result);
?>
```

图 19.33 把查询的数据显示出来

19.7.6 获取记录集对象信息

使用 mysql_fetch_array()函数能够获取查询记录集中的一条记录，并把它转换为数组格式。不过使用 mysql_fetch_object()函数同样能够获取查询结果集中的一行数据，但是它会把获取的记录转换为对象。

mysql_fetch_object()函数的语法格式如下：

```
object mysql_fetch_object ( resource $result )
```

该函数能够返回根据所取得的行生成的对象，如果没有更多行则返回 false。mysql_fetch_object()函数和 mysql_fetch_array()函数类似，只有一点区别，即返回一个对象而不是数组，因此也只能通过字段名来访问数组，而不是偏移量（数字是合法的属性名）。

```
$row -> col_name
```

其中$row 表示结果集，而 col_name 表示列名。注意，该函数返回的字段名是区分大小写的。

【示例】使用 mysql_fetch_array()函数获取查询记录集中的记录，并通过对象形式显示出来，如图 19.34 所示。

Note

```
<?php
$link = mysql_connect("localhost", "root", "11111111") or die("MySQL 服务器未启动，或者用户名密码输入错误".mysql_error());
$db_selectd = mysql_select_db("db_admin", $link);
$sql = "select * from tb_admin";
$result = mysql_query($sql, $link);
echo "<table border='1' width='100%'><tr><th>ID</th><th>Name</th><th>Email</th></tr>";
while($info = mysql_fetch_object($result)){
    echo "<tr><td>" . $info->id    . "</td>";
    echo "<td>" . $info->name    . "</td>";
    echo "<td>" . $info->email . "</td></tr>";
}
echo "</table>";
mysql_free_result($result);
?>
```

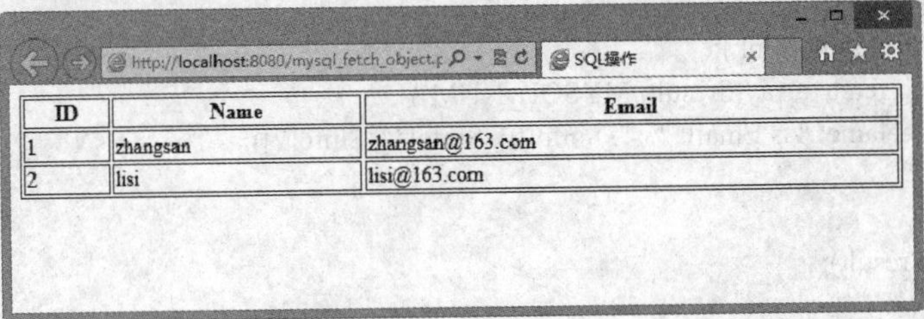

图 19.34　把查询的数据显示出来

从执行速度上分析，mysql_fetch_object()函数与 mysql_fetch_array()一样，也几乎和 mysql_fetch_row()一样快（差别很不明显）。

19.7.7　获取记录集行信息

mysql_fetch_row()函数与 mysql_fetch_object()和 mysql_fetch_array()函数一样都是从返回的查询记录集中获取一条记录，但是 mysql_fetch_row()函数能够把取出的一行转换为枚举数组进行输出。

其语法格式如下：

```
array mysql_fetch_row ( resource $result )
```

该函数能够返回根据所取得的行生成的数组，如果没有更多行则返回 false。

mysql_fetch_row()从和指定的结果标识关联的结果集中取得一行数据并作为数组返回。每个结果的列存储在一个数组的单元中，偏移量从 0 开始。依次调用 mysql_fetch_row() 将返回结果集中的下一行，如果没有更多行则返回 false。

【示例】使用 mysql_fetch_row()函数获取查询记录集中的记录，并通过数组形式显示出来，如图 19.35 所示。

```
<?php
$link = mysql_connect("localhost", "root", "11111111") or die("MySQL 服务器未启动，或者用户名密码输入错
```

```
误".mysql_error());
    $db_selectd = mysql_select_db("db_admin", $link);
    $sql = "select * from tb_admin";
    $result = mysql_query($sql, $link);
    echo "<table border='1' width='100%'><tr><th>ID</th><th>Name</th><th>Email</th></tr>";
    while($info = mysql_fetch_row($result)){
        echo "<tr><td>" . $info[0]   . "</td>";
        echo "<td>" . $info[1]   . "</td>";
        echo "<td>" . $info[2] . "</td></tr>";
    }
    echo "</table>";
    mysql_free_result($result);
    ?>
```

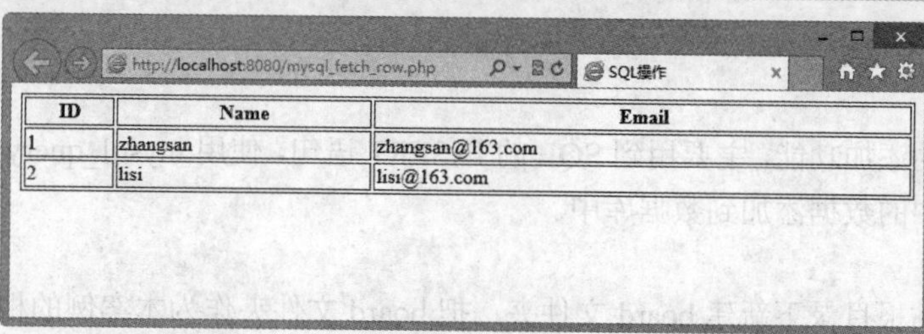

ID	Name	Email
1	zhangsan	zhangsan@163.com
2	lisi	lisi@163.com

图 19.35　把查询的数据显示出来

19.7.8　获取记录集记录数

如果要想了解 SQL 查询记录集的记录数，可以使用 mysql_num_rows()函数实现，该函数的具体语法格式如下：

```
int mysql_num_rows ( resource $result )
```

mysql_num_rows()函数能够返回结果集中行的数目。该函数仅对 SELECT 语句有效，如果要取得被 INSERT、UPDATE、DELETE 查询所影响到的行的数目，请使用 mysql_affected_rows()函数。

【示例】使用 mysql_num_rows()函数获取查询记录集中的记录数，如图 19.36 所示。

```
<?php
    $link = mysql_connect("localhost", "root", "11111111") or die("MySQL 服务器未启动，或者用户名密码输入错误".mysql_error());
    $db_selectd = mysql_select_db("db_admin", $link);
    $sql = "select * from tb_admin";
    $result = mysql_query($sql, $link);
    echo "共计查询到 ： " . mysql_num_rows($result)   . " 条记录";
    mysql_free_result($result);
    ?>
```

图 19.36　显示查询的记录数

> 提示：如果使用 mysql_unbuffered_query()函数执行 SQL 语句，则直到结果集中的所有行都被提取后 mysql_num_rows()函数才能返回正确的值。

Note

19.8 案例实战：设计电子公告牌

PHP 数据库操作是 Web 开发中比较核心的技术，本节将通过 PHP 与 MySQL 结合开发一个电子公告管理模板，了解 PHP+MySQL 开发的基本操作思路。电子公告栏主要功能包括动态添加、修改、删除、查询和浏览公告信息。在操作之前，请安装本书源代码中的 db_board 数据库，db_board 数据库的创建和安装过程可以参考第 20 章的内容。

19.8.1 添加公告

实现公告信息的添加功能，主要用到 SQL 的 INSERT 语句，使用 mysql_query()函数执行 INSERT 语句，完成将表单中的数据添加到数据库中。

【操作步骤】

第 1 步，在网站根目录下新建 board 文件夹，把 board 文件夹作为本案例的根目录。

第 2 步，新建 index.php 文件，在首页导航栏中为“添加公告”定义导航链接，链接到 add.php 文件，为了简化操作，这里使用图像地图快速定义超链接，如图 19.37 所示。

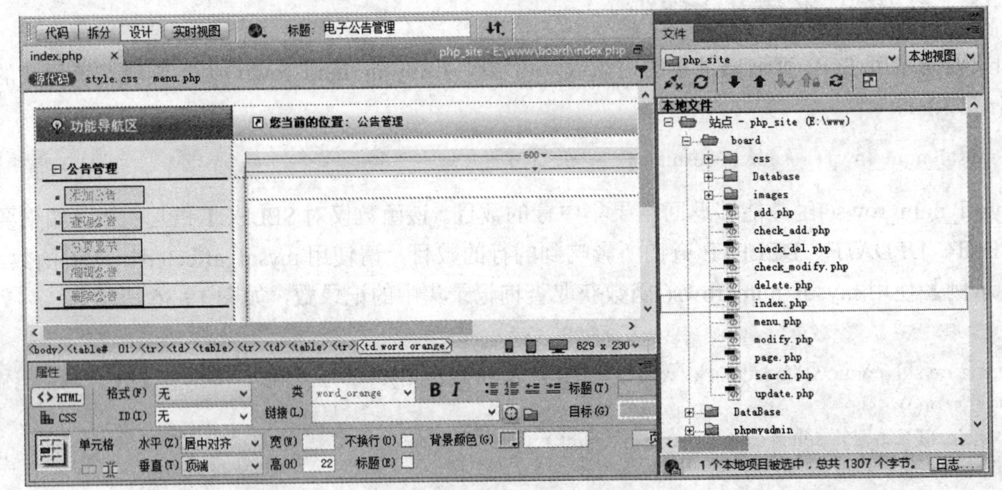

图 19.37 定义热点链接

第 3 步，新建 add.php 文件，在该页面中添加一个表单。在表单中包含一个文本框、一个文本区域和两个操作按钮，其中一个为提交按钮，另一个为重置按钮。设置<form>标签的 action 属性值为 check_add.php，表单结构的代码如下，设计的效果如图 19.38 所示。

```
<form name="form1" method="post" action="check_add.php">
  <table width="520" height="212"   border="0" cellpadding="0" cellspacing="0" bgcolor="#FFFFFF">
    <tr>
      <td width="87" align="center">公告主题：</td>
      <td width="433" height="31"><input name="txt_title" type="text" id="txt_title" size="40">    * </td>
```

Note

```
        </tr>
        <tr>
          <td height="124" align="center">公告内容：</td>
          <td><textarea name="txt_content" cols="50" rows="8" id="txt_content"></textarea></td>
        </tr>
        <tr>
          <td height="40" colspan="2" align="center"><input name="Submit" type="submit" class="btn_grey" value="保存" onClick="return check(form1);">  
            <input type="reset" name="Submit2" value="重置"></td>
        </tr>
      </table>
    </form>
```

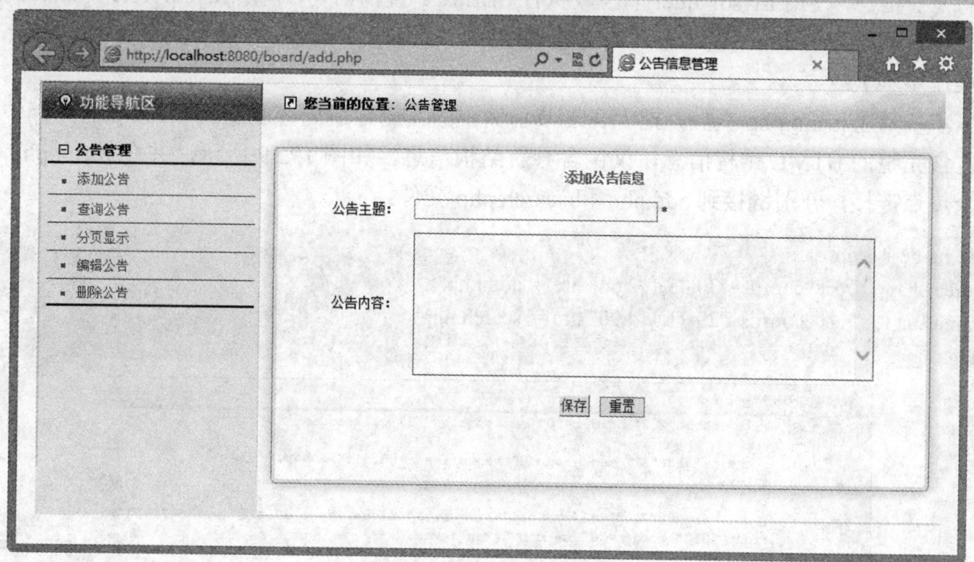

图 19.38　设计的添加公告表单

第 4 步，新建 check_add.php 文件，对表单提交的信息进行处理。首先，连接数据库服务器和数据库，设置数据库编码格式。然后，通过 POST 方法获取表单提交的信息，最后把表单信息编写为 SQL 字符串，并使用 INSERT 语句把表单提交的信息写入 MySQL 数据库。详细代码如下：

```
<?php
    $conn=mysql_connect("localhost","root","11111111") or die("数据库服务器连接错误".mysql_error());
    mysql_select_db("db_board",$conn) or die("数据库访问错误".mysql_error());
    mysql_query("set names utf8");                                   //设置字符编码
    $title=$_POST['txt_title'];                                      //获取标题信息
    $content=$_POST['txt_content'];                                  //获取内容信息
    $createtime=date("Y-m-d H:i:s");                                 //设置插入时间
    $sql=mysql_query("insert into tb_board(title,content,createtime) values('$title','$content','$createtime')"); //执行插入操作
    if($sql){
        echo "<script>alert('公告添加成功');window.location.href='add.php';</script>";
    }
    mysql_free_result($sql);                                         //关闭记录集
```

```
    mysql_close($conn);                                          //关闭数据库连接
?>
```

Note

在上面的代码中，date()函数用来获取系统的当前时间，内部的参数用来指定日期时间的格式，这里需要注意的是字母 H 要求大写，它代表时间采用 24 小时制计算。在公告信息添加成功后，使用 JavaScript 脚本弹出提示对话框，并在 JavaScript 脚本中使用 window.location.href='add.php'重新定位到公告信息添加页面。

19.8.2 查询公告

实现添加公告信息后，下面来浏览和查询公告信息，本实例主要使用 SELECT 语句动态检索数据库中的公告信息，使用 mysql_query()函数执行 SELECT 查询语句，使用 mysql_fetch_object()函数获取查询结果，通过 do…while 循环语句输出查询结果。

【操作步骤】

第 1 步，新建 menu.php 文件，把 19.8.1 节示例中的左侧导航内容复制到 menu.php 文档中，文档内容不包含完整的 HTML 结构信息，仅包含导航结构信息，如图 19.39 所示，并在 menu.php 文档中定义两个热点链接，分别链接到 add.php 和 search.php 文件。

```
<map name="Map">
  <area shape="rect" coords="30,45,112,63" href="add.php">
  <area shape="rect" coords="29,71,114,90" href="search.php">
</map>
```

```
<table width="202" border="0" cellspacing="0" cellpadding="0">
  <tr>
    <td height="34" background="images/image_03.gif"> </td>
  </tr>
  <tr>
    <td height="310" valign="top"><img src="images/image_09.gif" width="202"
 height="310" border="0" usemap="#Map"></td>
  </tr>
</table>

  <map name="Map">
    <area shape="rect" coords="28,146,110,165" href="delete.php" />
    <area shape="rect" coords="27,121,109,140" href="update.php">
    <area shape="rect" coords="27,71,109,90" href="search.php">
    <area shape="rect" coords="27,98,109,117" href="page.php">
    <area shape="rect" coords="30,45,112,64" href="add.php">
  </map>
```

图 19.39　设计 menu.php 文档结构

第 2 步，分别在 index.php、add.php 文档中使用 include()函数包含 menu.php 文件，代码如下：

```
<?php include("menu.php");?>
```

第 3 步，新建 search.php 文件，在该页面中添加一个查询表单，表单中包含一个搜索文本框和一个提交按钮，表单结构代码如下：

```
<form name="form1" method="post" action="">
  查询关键字  <input name="txt_keyword" type="text" id="txt_keyword" size="40">
    <input type="submit" name="Submit" value="搜索" onClick="return check(form)">
</form>
```

并添加表单验证代码，用来防止用户随意输入字符或者空提交查询。

```
<script language="javascript">
function check(form){
    if(form.txt_keyword.value==""){
        alert("请输入查询关键字!");form.txt_keyword.focus();return false;
    }
    form.submit();
}
</script>
```

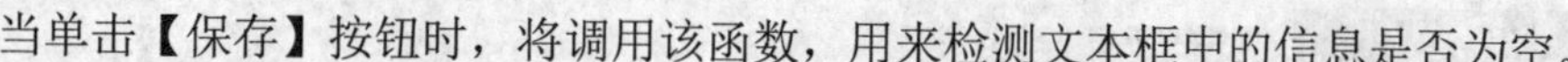

当单击【保存】按钮时，将调用该函数，用来检测文本框中的信息是否为空。

第 4 步，在该文档中添加如下 PHP 和 HTML 混合代码，在 PHP 脚本中连接数据库，设置数据库的编码格式为 UTF8。通过 POST 方法获取表单提交的查询关键字，通过 mysql_query()函数获取执行模糊查询，通过 mysql_fetch_object()函数获取查询结果，通过 do…while 循环语句把查询结果输出显示，最后关闭记录集和数据库连接。

```
<?php
if ( isset( $_POST['txt_keyword'] ) ) {
    $conn=mysql_connect("localhost","root","11111111") or die("数据库服务器连接错误".mysql_error());
    mysql_select_db("db_board",$conn) or die("数据库访问错误".mysql_error());
    mysql_query("set names utf8");
    $keyword=$_POST['txt_keyword'];
    $sql=mysql_query("select * from tb_board where title like '%$keyword%' or content like '%$keyword%'");
    $row=mysql_fetch_object($sql);
    if(!$row){
        echo "<font color='red'>您搜索的信息不存在，请使用类似的关键字进行检索!</font>";
    }else{
?>
                                <table class="table">
                                    <tr>
                                        <th width="221">公告标题</th>
                                        <th width="329">公告内容</th>
                                    </tr>
<?php
        do{
?>
                                    <tr bgcolor="#FFFFFF">
                                        <td><?php echo $row->title;?></td>
                                        <td><?php echo $row->content;?></td>
                                    </tr>
<?php
        }while($row=mysql_fetch_object($sql));
        mysql_free_result($sql);
        mysql_close($conn);
?>
                                </table>
```

```
<?php
    }
}
?>
```

第 5 步，在 IE 浏览器中输入 http://localhost/board/search.php，按 Enter 键，即可看到所有的公告信息，在搜索文本框中输入关键字，然后单击“搜索”按钮，在页面底部会自动显示搜索的相关公告信息，如图 19.40 所示。

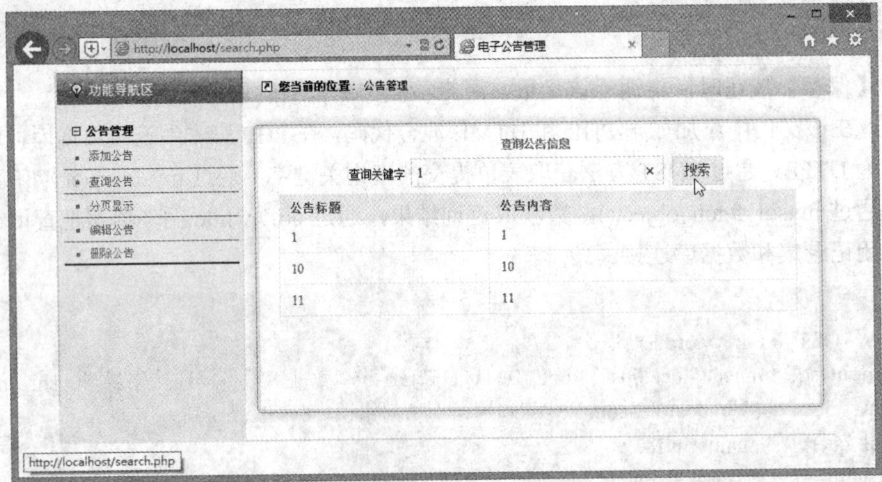

图 19.40　搜索公告信息

19.8.3　更新公告

在添加公告信息之后，可能会需要对公告内容进行再次编辑，为此本节讲解如何添加更新公告内容的功能。

【操作步骤】

第 1 步，打开 menu.php 文档，添加如下热点链接，以便导航到 update.php 文档。可以借助 Dreamweaver 可视化工具快速添加。

```
<map name="Map">
  <area shape="rect" coords="27,122,113,141" href="update.php">
</map>
```

第 2 步，新建 update.php 文件，在该页面中使用 SELECT 语句检索全部的公告信息，并通过表格结构显示出来，然后为每条记录绑定一个编辑图标，为该图标添加超链接，链接到 modify.php 文档，演示代码如下：

```
<a href="modify.php?id=<?php echo $row->id;?>">
  <img src="images/update.gif" width="20" height="18" border="0">
</a>
```

第 3 步，新建 modify.php 文件，在该文档中实现对 update.php 文件传递过来的 id 值所对应的记录进行编辑。首先，完成数据库的连接，并根据超链接传递过来的 id 值，从数据库中找到对应的记录。代码如下：

```
<?php
if ( ! isset( $_GET["id"] ) ){
        echo"<script>alert('你没有选择操作记录。');</script>";
}
else{
        $conn=mysql_connect("localhost","root","11111111") or die("数据库服务器连接错误". mysql_error());
        mysql_select_db("db_board",$conn) or die("数据库访问错误".mysql_error());
        mysql_query("set names utf8");
        $id=$_GET["id"];
        $sql=mysql_query("select * from tb_board where id=$id");
        $row=mysql_fetch_object($sql);
?>
```

第 4 步，在该页面中添加表单结构，并把对应的字段值绑定到文本框和文本区域中，同时添加一个隐藏域、提交按钮和重置按钮，设置<form>标签的 action 的属性值为 check_modify.php 文档。具体代码如下：

```
<form name="form1" method="post" action="check_modify.php">
    <table width="520" height="212"   border="0" cellpadding="0" cellspacing="0" bgcolor="#FFFFFF">
        <tr>
            <td width="87" align="center">公告主题：</td>
            <td width="433" height="31"><input name="txt_title" type="text" id="txt_title" size="40" value="<?php
echo $row->title;?>"> <input name="id" type="hidden" value="<?php echo $row->id;?>"></td>
        </tr>
        <tr>
            <td height="124" align="center">公告内容：</td>
            <td><textarea name="txt_content" cols="50" rows="8" id="txt_content"><?php echo $row->content;?>
</textarea></td>
        </tr>
        <tr>
            <td height="40" colspan="2" align="center"><input name="Submit" type="submit" class="btn_grey"
value="修改" onClick="return check(form1);">  
                <input type="reset" name="Submit2" value="重置"></td>
        </tr>
    </table>
</form>
```

第 5 步，新建 check_modify.php 文档，在该文档中清除所有的 HTML 结构代码，输入下面代码。当运行示例代码，在 index.php 页面单击编辑公告超链接，进入到 update.php 页面，在该页面中单击其中任意一条公告信息后的编辑图标，进入 modify.php 页面，在该页面显示指定的公告信息，并被绑定到表单域中，此时用户就可以对其进行编辑，编辑完毕，最后单击【修改】按钮，由 check_modify.php 文档负责把编辑后的信息重新写入到数据库中，实现对数据的更新操作，运行结果如图 19.41 所示。

```
<?php
$conn=mysql_connect("localhost","root","11111111") or die("数据库服务器连接错误".mysql_error());
mysql_select_db("db_board",$conn) or die("数据库访问错误".mysql_error());
mysql_query("set names utf8");
$title=$_POST["txt_title"];
```

Note

```
$content=$_POST["txt_content"];
$id=$_POST["id"];
$sql=mysql_query("update tb_board set title='$title',content='$content' where id=$id");
if($sql){
    header("Location:update.php");
}else{
    echo "<script>alert('公告信息编辑失败！');history.back();window.location.href='modify.php?id=$id';</script>";
}
?>
```

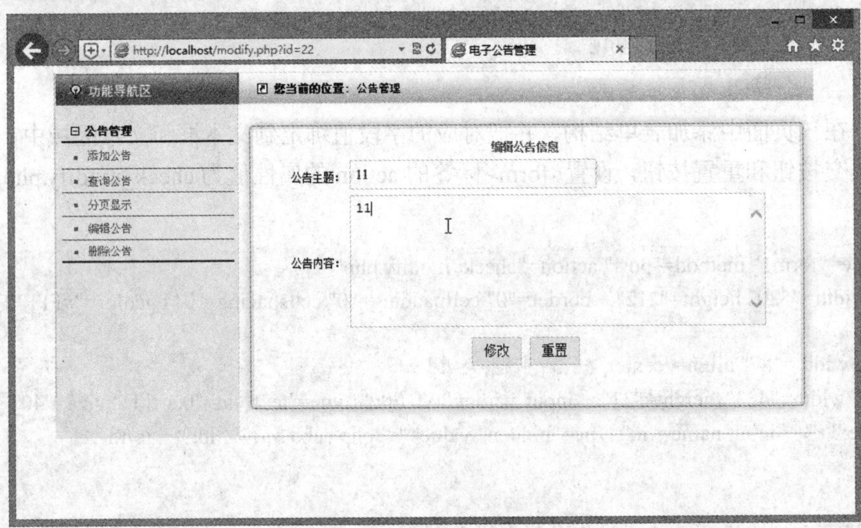

图 19.41　更新公告信息

19.8.4　删除公告

如果公告信息已经不再需要，或者添加错误的公告信息，则应该把它删除。同时为了节省资源，定期删除不需要的公告内容也是公告管理的一项主要内容。下面利用 DELETE 语句，根据指定的 id 值，动态删除数据库中指定的公告信息。

【操作步骤】

第 1 步，在菜单导航页中添加删除操作的热点链接，并链接到 delete.php 文件。

第 2 步，新建 delete.php 页面，在该页面中使用 SELECT 语句检索出全部的公告信息，使用 do…while 循环语句通过表格形式输出显示，并在每条记录后面添加一个单元格，插入一个删除图标，并为图标定义超链接，链接到 check_del.php 文件，将公共信息的 id 值绑定到参数中，其关键代码如下：

```
<a href="check_del.php?id=<?php echo $row->id;?>">
    <img src="images/delete.gif" width="22" height="22" border="0">
</a>
```

第 3 步，新建 check_del.php 文件，在该文档中根据超链接传递过来的 id 值，执行 DELETE 删除语句，删除数据表中指定的公告信息。具体代码如下：

```
<?php
$conn=mysql_connect("localhost","root","11111111") or die("数据库服务器连接错误".mysql_error());
mysql_select_db("db_board",$conn) or die("数据库访问错误".mysql_error());
```

```
    mysql_query("set names utf8");
    $id=$_GET["id"];
    $sql=mysql_query("delete from tb_board where id=$id");
    if($sql){
        echo "<script>history.back();window.location.href='delete.php?id=$id';</script>";
    }else{
        echo "<script>alert('公告信息删除失败！');history.back();window.location.href='delete.php?id=$id';</script>";
    }
?>
```

由于该页面是动态代码，没有指定编码格式，当在浏览器中浏览时，会出现乱码现象，为了解决这个问题，可以在页面中显式添加编码格式：

```
<meta http-equiv="Content-Type" content="text/html; charset=utf-8">
```

第 4 步，运行示例，在 index.php 页面中单击删除公告信息超链接导航，打开 delete.php 页面，在该页面中单击每一条公共信息后的删除图标，就会弹出一个提示对话框，单击【确定】按钮，完成对指定的公告信息删除操作，如图 19.42 所示。

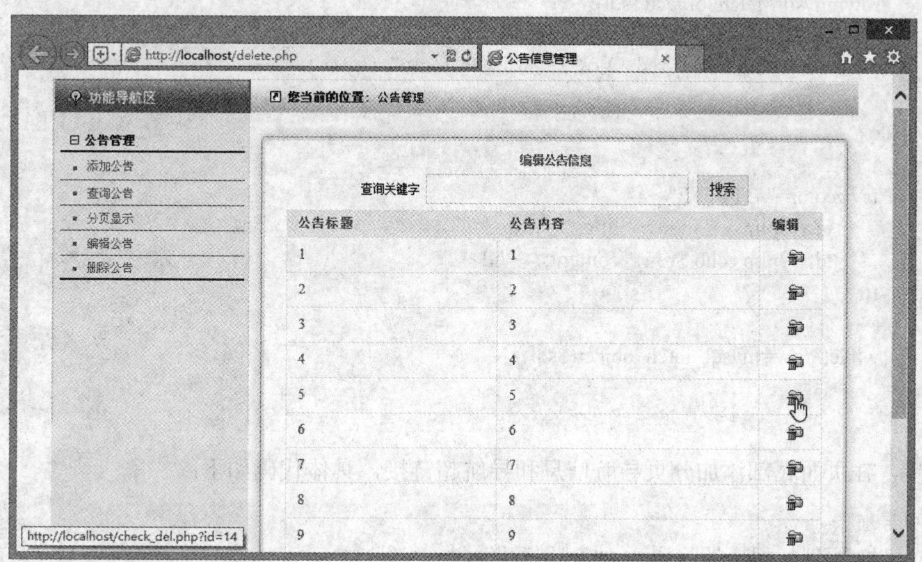

图 19.42　删除公告信息

19.8.5　分页显示

当添加的公告信息很多时，在一页中显示会影响浏览，为了方便用户快速浏览公告信息，可以把公告信息进行分页显示。

【操作步骤】

第 1 步，在菜单导航页中添加分页操作的热点链接，并链接到 page.php 文件。

第 2 步，新建 page.php 页面，在该页面中使用 SELECT 语句检索出全部的公告信息，使用 do…while 循环语句通过表格形式输出显示，具体代码如下：

```
<?php
$conn=mysql_connect("localhost","root","111111") or die("数据库服务器连接错误".mysql_error());
mysql_select_db("db_board",$conn) or die("数据库访问错误".mysql_error());
```

```
mysql_query("set names utf8");
if ( isset( $_GET["page"] ) )
    $page = $_GET["page"];
else
    $page = "";
$page = $_GET["page"];                                      //获取查询字符串传递的当前页信息
/* $page 为当前页，如果$page 为空，则初始化为 1   */
if ($page==""){
    $page=1;}
    if (is_numeric($page)){
        $page_size=5;                                       //每页显示 5 条记录
        $query="select count(*) as total from tb_board order by id desc";
        $result=mysql_query($query);                        //查询符合条件的记录总条数
        $message_count=mysql_result($result,0,"total");//要显示的总记录数
        $page_count=ceil($message_count/$page_size); //根据记录总数除以每页显示的记录数求出所分的页数
        $offset=($page-1)*$page_size;                       //计算下一页从第几条数据开始循环
        $sql=mysql_query("select * from tb_board order by id desc limit $offset, $page_size");
        $row=mysql_fetch_object($sql);
        if(!$row){
            echo "<font color='red'>暂无公告信息!</font>";
        }
        do{
    ?>
        <tr bgcolor="#FFFFFF">
            <td><?php echo $row->title;?></td>
            <td><?php echo $row->content;?></td>
        </tr>
<?php
        }while($row=mysql_fetch_object($sql));
    }
?>
```

第 3 步，在页面底部添加分页导航信息和导航超链接，具体代码如下：

```
<!--分页导航条-->
<table width="550" border="0" cellspacing="0" cellpadding="0">
  <tr>
    <td width="37%">  页次：<?php echo $page;?>/<?php echo $page_count;?>页 记录：
<?php echo $message_count;?> 条  </td>
    <td width="63%" align="right">
<?php
if($page!=1){                                                           /*如果当前页不是首页*/
    echo "<a href=page.php?page=1>首页</a> ";                      /*显示“首页”超链接  */
    echo "<a href=page.php?page=".($page-1).">上一页</a> ";        /*显示“上一页”超链接*/
}
if($page<$page_count){                                                  /*如果当前页不是尾页*/
    echo "<a href=page.php?page=".($page+1).">下一页</a> ";        /*显示“下一页”超链接*/
    echo  "<a href=page.php?page=".$page_count.">尾页</a>";             /*显示“尾页”超链接*/
}
mysql_free_result($sql);
mysql_close($conn);
```

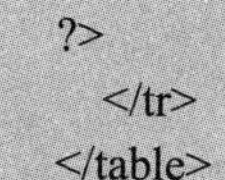

```
?>
  </tr>
</table>
```

Note

第 4 步，运行示例，在 index.php 页面中单击分页公告信息超链接导航，打开 page.php 页面，在该页面中单击底部的分页超链接文本，可以快速浏览不同页面信息，如图 19.43 所示。

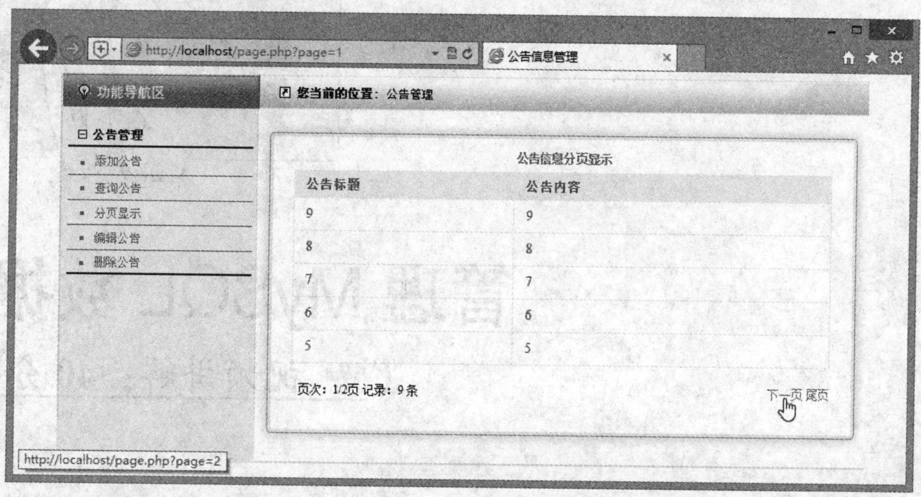

图 19.43　分页显示公告信息

第 20 章

管理 MySQL 数据库

（视频讲解：40 分钟）

phpMyAdmin 是使用 PHP 编写的，以网页方式管理 MySQL 数据库的一个开源管理工具。使用 phpMyAdmin 可以在网页中方便地输入 SQL 语句，尤其是要处理大量数据的导入和导出时更为方便。其中一个更大的优势在于由于 phpMyAdmin 和其他 PHP 页面一样在网页服务器上执行，可以远程管理 MySQL 数据库，方便地建立、修改、删除数据库和表。

【学习重点】

- 安装和配置 phpMyAdmin
- 管理账户和权限
- 管理数据库
- 设计数据库

20.1　安装和配置 phpMyAdmin

作为 MySQL 数据库管理工具，phpMyAdmin 可以通过图形化方式对 MySQL 数据库进行操作，为用户操作 MySQL 数据库提供极大的便利。本节主要介绍 phpMyAdmin 工具的安装和配置。

20.1.1　为什么使用 phpMyAdmin

phpMyAdmin 与其他 PHP 程序一样在网页服务器上执行，但是用户可以在任何地方、任何时间使用 phpMyAdmin 产生的 HTML 页面在远端管理 MySQL 数据库，方便地建立、修改、删除数据库及资料表。因此也成为一个简易方式输入繁杂 SQL 语法的较佳途径，尤其要处理大量资料的汇入及汇出时更为方便。

对于广大 PHP 开发用户，特别是初学者来说，在下面情况下会用到 phpMyAdmin，而不需要通过执行系统命令来管理 MySQL 数据库，非常适合对数据库操作命令不熟悉的数据库管理者。

☑　需要修复 MySQL 数据库。
☑　设置 MySQL 数据库用户权限。
☑　检查和浏览 MySQL 数据库。
☑　执行 SQL 语句。
☑　恢复和备份 MySQL 数据库
☑　其他可能会用到一些常见问题。

当然，phpMyAdmin 也存在一个缺点：由于它必须安装在 Web 服务器中，所以如果没有合适的访问权限，其他用户有可能进入操作，损害网站数据的安全。

20.1.2　安装 phpMyAdmin

phpMyAdmin 的安装过程比较简单，也很容易出错，特别是在配置参数时需要小心。

【操作步骤】

第 1 步，访问 phpMyAdmin 官方网站（http://www.phpmyadmin.net/），下载最新版本的 phpMyAdmin 压缩包，如图 20.1 所示。

图 20.1　下载 phpMyAdmin

第 2 步，将下载文件解压缩到 PHP 服务器 Web 访问路径下。文件夹名称可以定义为 phpmyadmin。也可以根据需要重命名文件夹，但是需要修改配置参数，确保访问路径对应。

第 3 步，在 PHP 服务器安装目录下建立临时文件夹 tmp，然后为该文件夹添加 Everyone 用户，并设置该用户读写控制权限，如图 20.2 所示。

第 4 步，在 PHP 服务器安装目录下打开 php.ini 配置文件，找到 session.save_path 参数，把前面的分号删除，取消注释命令，同时设置为：

```
session.save_path = "E:/php/tmp"
```

> 提示：php.ini 配置文件中包含 3 处 session.save_path 选项，根据需要都应进行修改。同时应该根据本地电脑中的 PHP 安装路径来进行设置。

第 5 步，在 php.ini 配置文件中找到 session.auto_start 参数，设置为：

```
session.auto_start = 1
```

> 提示：当该参数值设置为 1 时，表示启动会话。默认是 0，即禁用会话。

第 6 步，在 phpmyadmin 文件夹中找到 config.sample.inc.php 配置文件，复制为 config.inc.php，然后打开该文件，添加如下配置选项。

```
$cfg['PmaAbsoluteUri'] = 'http://localhost:80/phpmyadmin';
$cfg['blowfish_secret'] = 'cookie';
$cfg['DefaultLang'] = 'zh-gb2312';
$cfg['DefaultCharset'] = 'gb2312';
$cfg['Servers'][$i]['auth_type'] = 'cookie';
```

第 7 步，修改完以后，重启 Apache 服务器，在 IE 浏览器地址栏中输入"http://localhost:80/phpmyadmin/user_password.php"。

第 8 步，按 Enter 键之后，如果显示如图 20.3 所示，则说明 phpMyAdmin 安装成功。

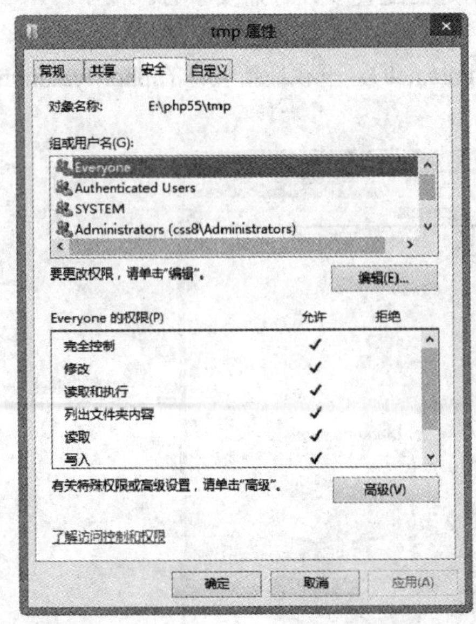

图 20.2　添加并设置 Everyone 用户权限

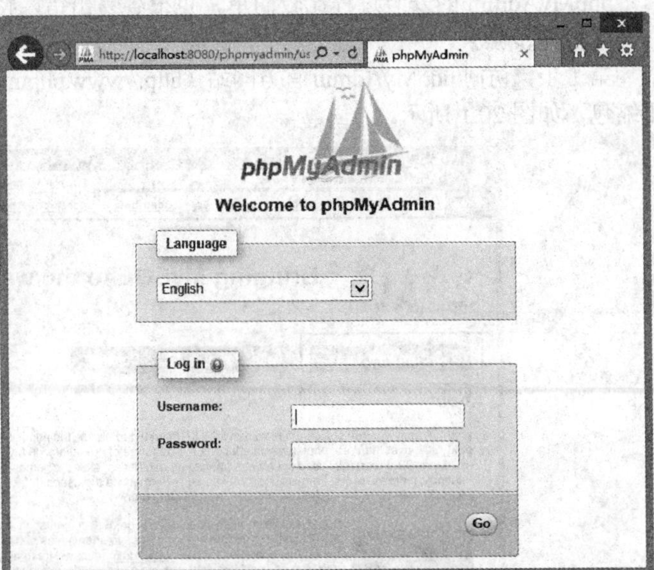

图 20.3　成功安装 phpMyAdmin

20.1.3 配置 phpMyAdmin

phpMyAdmin 配置参数都存储在 config.inc.php 文件中。如果该文件不存在，可以在 libraries 目录中找到 config.default.php，将它复制到 phpmyadmin 目录下，并更名为 config.inc.php。

涉及界面设计（如颜色）的参数，存放在 themes/pmahomme/layout.inc.php 文件中。也可以创建 config.footer.inc.php 文件和 config.header.inc.php 文件添加站点的自定义代码，这些代码将显示在页眉和页脚。

【示例】下面的代码分别配置了 phpMyAdmin 的不同参数。

$cfg[PmaAbsoluteUri]设置 phpMyAdmin 安装目录的完整 URL（包括完整的路径）。注意，在某些浏览器中，URL 大小写比较敏感。不要忘记结尾处的反斜杠。从 2.3.0 版本开始，可以尝试不填写该参数，phpMyAdmin 可以自动检测到正确的配置。

本节介绍安装 phpMyAdmin 的基本配置，打开 libraries 目录下的 config.default.php 文件，依次找到下面各项，按照说明配置即可。

☑ 访问网址

```
$cfg['PmaAbsoluteUri'] = '';
```

这里填写 phpMyAdmin 的访问网址。

☑ MySQL 主机信息

```
$cfg['Servers'][$i]['host'] = 'localhost';
```

填写 localhost 或 MySQL 所在服务器的 IP 地址，如果 MySQL 和该 phpMyAdmin 在同一服务器，则按默认值 localhost 进行填写。

```
$cfg['Servers'][$i]['port'] = '';
```

MySQL 端口默认为 3306，保留为空即可，如果安装 MySQL 时使用了其他的端口，需要在这里填写。

☑ MySQL 用户名和密码

```
$cfg['Servers'][$i]['user'] = 'root'; //填写 MySQL 访问 phpMyAdmin 使用的 MySQL 用户名，默认为 root
$cfg['Servers'][$i]['password'] = ''; //填写对应上述 MySQL 用户名的密码
```

☑ 认证方法

$cfg['Servers'][$i]['auth_type'] = 'cookie';考虑到安全的因素，建议这里填写 cookie。

认证方法包括 cookie、http 和 config，config 方式无须输入用户名和密码，是不安全的，不推荐使用。当该项设置为 cookie 或 http 时，登录 phpMyAdmin 需要数据用户名和密码进行验证；PHP 安装模式为 Apache，可以使用 http 和 cookie；PHP 安装模式为 CGI，可以使用 cookie。

☑ 设置短语密码

```
$cfg['blowfish_secret'] = '';
```

如果认证方法设置为 cookie，需要设置短语密码。

20.2 管理账户和权限

Note

账户管理是 phpMyAdmin 的核心功能，它提供可视化的方式帮助用户快速添加用户，并设置用户权限，同时把用户与数据库绑定在一起，具体说明如下。

20.2.1 登录 phpMyAdmin

在开发网站之前，应先设计好数据结构，创建数据库和数据表结构。下面介绍如何使用 phpMyAdmin 定义数据库：设计数据库名称为 db_board，该数据库中包含一个 tb_board 数据表，用来存储用户留言信息。为 20.2.2 节案例提供数据库基础。

【操作步骤】

第 1 步，启动 IE 浏览器，在地址栏中输入“http://localhost:80/phpMyAdmin/”，按 Enter 键确认启动 phpMyAdmin。

第 2 步，登录 MySQL 数据库。在登录界面输入 MySQL 数据库的用户名和密码，本地 MySQL 默认用户名为 root，密码为用户安装 MySQL 服务器时设置的用户密码，输入完毕，单击【执行】按钮即可，如图 20.4 所示。

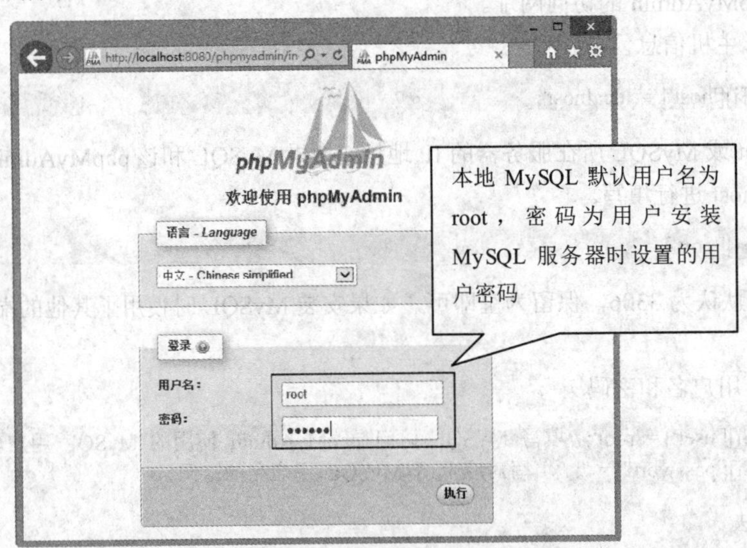

图 20.4 登录 phpMyAdmin

提示：在 phpMyAdmin 管理中，没有【确认】按钮，一般都是使用【执行】按钮，其实意思是一样的。

提示：不管是本机测试、服务器维护，还是虚拟主机用户管理 MySQL，都要用到 phpMyAdmin 在线软件来管理 MySQL。登录地址：本机或者服务器用户一般默认的地址是“ip:端口”，虚拟主机用户请咨询服务器提供商，服务器用户为了使用方便，可以给 phpMyAdmin 绑定一个域名。登录时必须使用拥有创建数据库权限的账号，一般顶级的管理员账号默认为 root 账号。

第 3 步，成功登录之后进入 phpMyAdmin 工具主界面，在 phpMyAdmin 工具主界面中可以看到本地 MySQL 数据库以及服务器配置信息。在主界面左侧是 MySQL 服务器中已经定义的数据库，单击可以打开对应的数据库，在主界面右侧顶部显示一行工具栏，利用这些工具按钮，可以快速对 MySQL 数据库进行操作，主界面视图如图 20.5 所示。

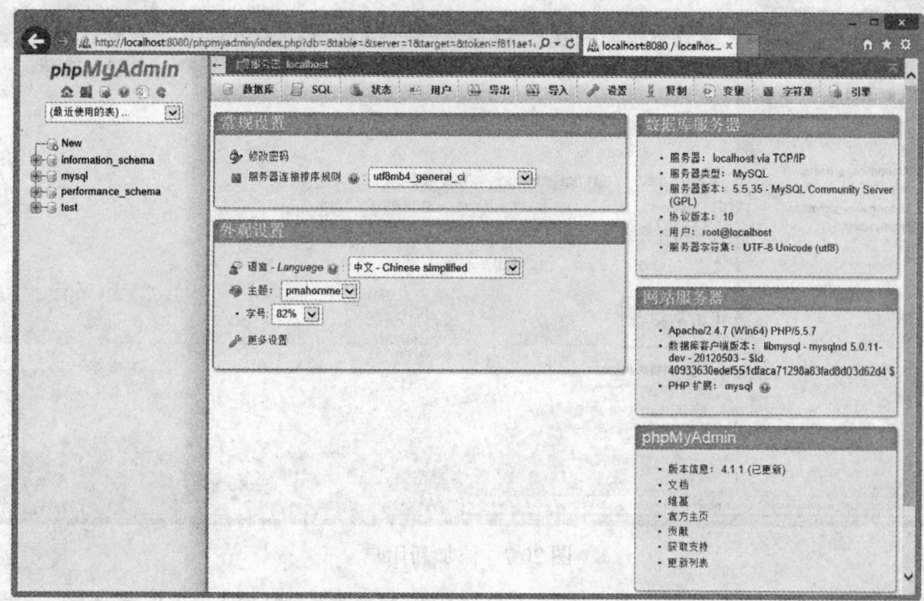

图 20.5 phpMyAdmin 主界面

20.2.2 添加用户和权限

在服务器或者虚拟主机管理上，每个网站都会创建一个唯一专属使用数据库的用户名，这是为了安全和管理的需要。添加用户和设置用户权限的操作步骤如下：

【操作步骤】

第 1 步，启动 phpMyAdmin，登录之后进入 phpMyAdmin 首页，在首页右侧内容区域主导航栏中单击【用户】链接选项，如图 20.6 所示。

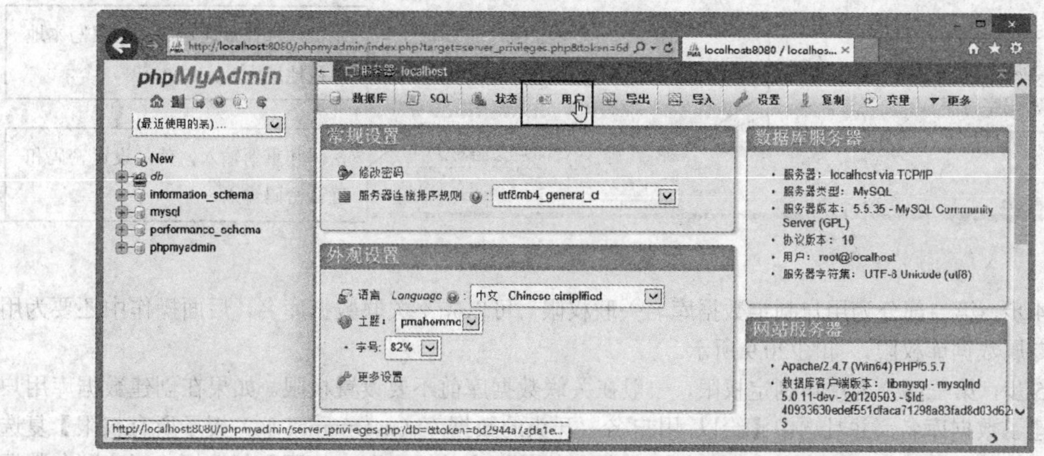

图 20.6 选择【用户】导航菜单项

Note

第 2 步，在用户管理页面中，显示当前的 MySQL 已经存在的会员账号列表。在这里可以对所有用户的权限、配置项进行重设，或者添加和删除用户。在【用户概况】列表框底部单击【添加用户】链接，进入用户创建过程，添加一个新用户，如图 20.7 所示。

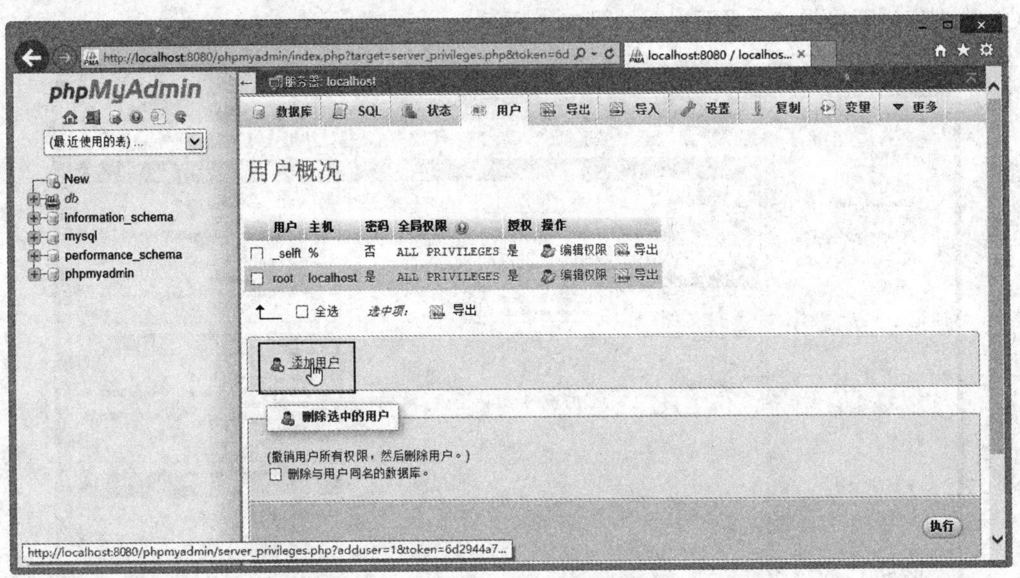

图 20.7　添加新用户

第 3 步，打开添加用户页面，在该页面中显示用户创建的全部过程，分为 3 部分，其中第一部分为用户账户密码设置部分，如图 20.8 所示。

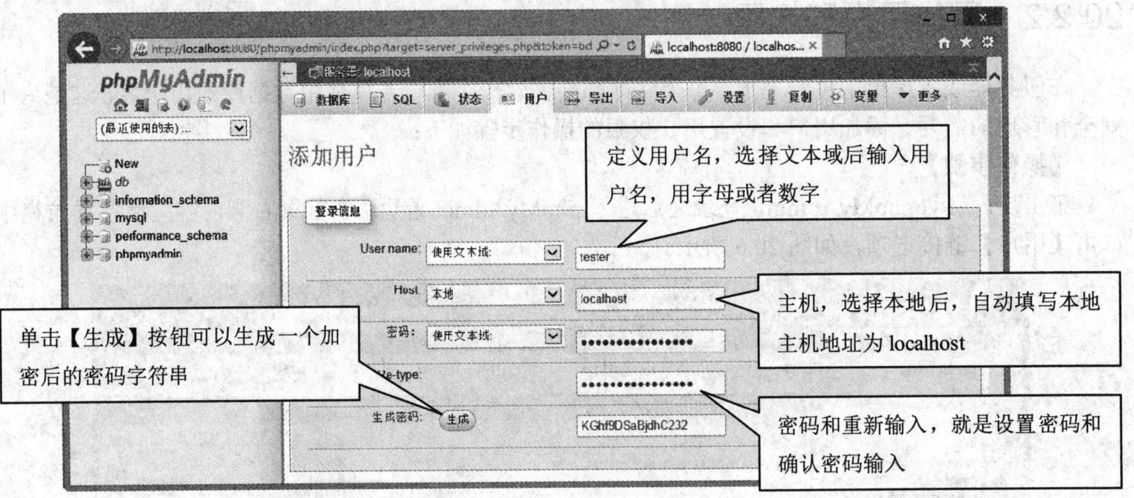

图 20.8　填写登录信息

第 4 步，第二部分为用户制定数据库名关联权限。可以先不关联数据库名，后面操作中还要为用户指定专属数据库权限，如图 20.9 所示。

第 5 步，第三部分为用户制定权限，一般在关联数据库前不要设置权限。如果在创建数据库用户名前创建了数据库名，并且选中【给以 用户名_ 开头的数据库（username_%）授予所有权限】复选框，这里就可以设置。如果选中【创建与用户同名的数据库并授予所有权限】复选框，创建同名数据

库名，这里也可以设置。数据和结构都可以开启权限，但是管理不要开启，当然如果开设了一个管理员账号，就需要开启管理权限，如图 20.10 所示。

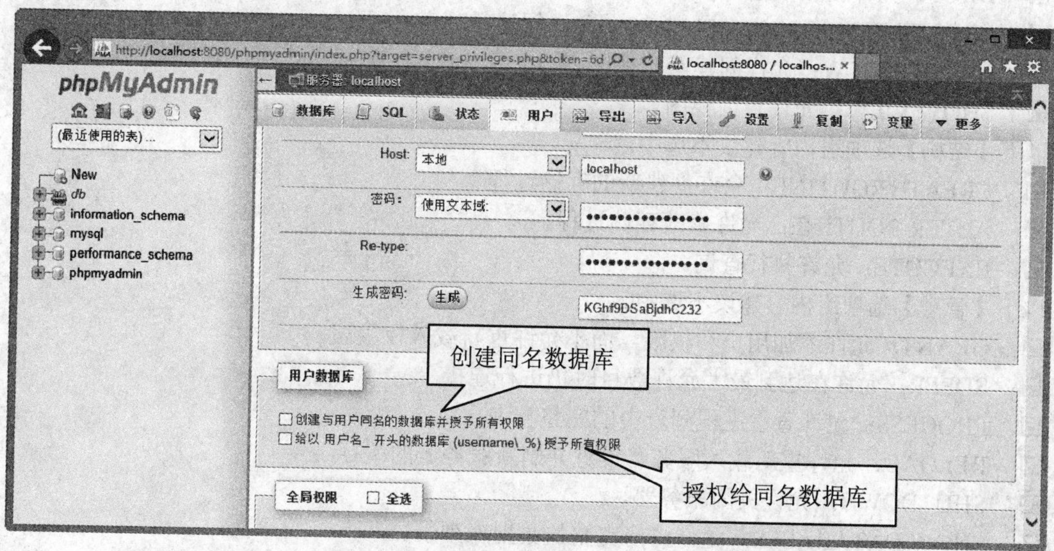

图 20.9　为用户制定数据库名关联权限

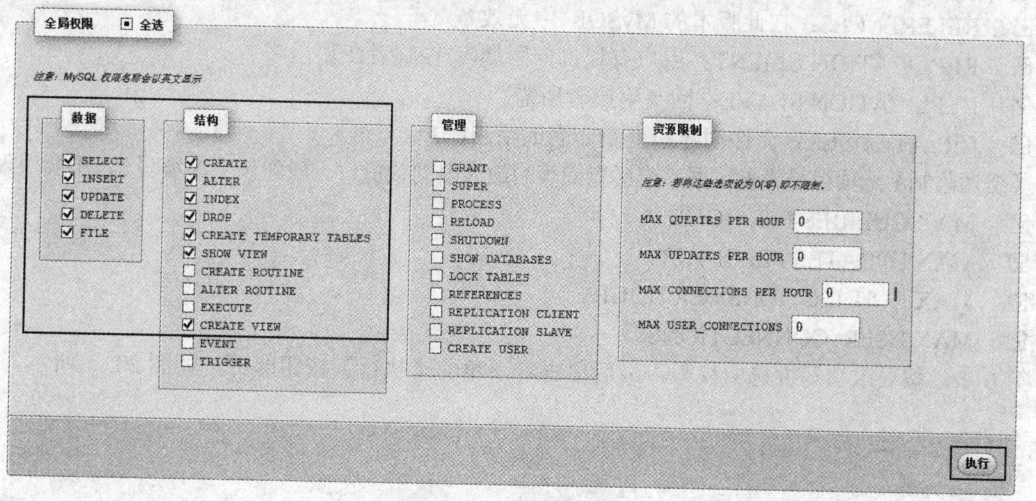

图 20.10　设置用户权限

【知识提示】

一般【数据】选项组中的 5 个复选框全部选中，简单说明如下。

☑　SELECT：是指允许读取数据。

☑　INSERT：是指允许插入和替换数据。

☑　UPDATE：是指允许更改数据。

☑　DELETE：是指允许删除数据。

☑　FILE：是指允许从数据中导入数据，以及允许将数据导出至文件。

【结构】选项组中的前 7 个复选框应该被选中，简单说明如下。

☑　CTEATE：允许创建新的数据库和表。

☑　ALTER：允许修改现有表的结构。

☑ INDEX：允许创建和删除索引。

☑ DROP：允许删除数据库和表。

☑ CREATE TEMPORARY TABLES：允许创建暂时表。

☑ CREATE VIEW：允许创建新的视图。

☑ SHOW VIEW：允许查询视图。

以下【结构】选项组内容建议不选中。

☑ CREATE ROUTINE：允许创建新的存储过程。

☑ ALTER ROUTINE：允许修改存储过程。

☑ EXECUTE：允许执行查询。

以下【管理】选项组内容建议不选中。

☑ GRANT：允许添加用户和权限，而不允许重新载入权限表。

☑ SUPER：允许在达到最大允许数目时仍进行连接。

☑ PROCESS：允许查看进程列表中的完整查询。

☑ RELOAD：允许重新载入服务器设置并刷新服务器的缓存。

☑ SHUTDOWN：允许关闭服务器。

☑ SHOW DATABASES：允许访问完整的数据库列表。

☑ LOCK TABLES：允许锁住当前线索的表。

☑ REFERENCES：在此版本的 MySQL 中无效。

☑ REPLICATION CLIENT：用户有权询问附属者/控制者在哪里。

☑ REPLICATION SLAVE：回复附属者所需。

☑ CREATE USER：允许创建和重新命名的用户账户。

【资源限制】选项组是设置数据库连接查询等的最大限制数量，一般建议全部填写 0，不要做限制。

☑ MAX QUERIES PER HOUR。

☑ MAX UPDATES PER HOUR。

☑ MAX CONNECTIONS PER HOUR。

☑ MAX USER_CONNECTIONS。

第 6 步，按要求填写并选中权限，最后单击右下角的【执行】按钮即可，如图 20.11 所示。

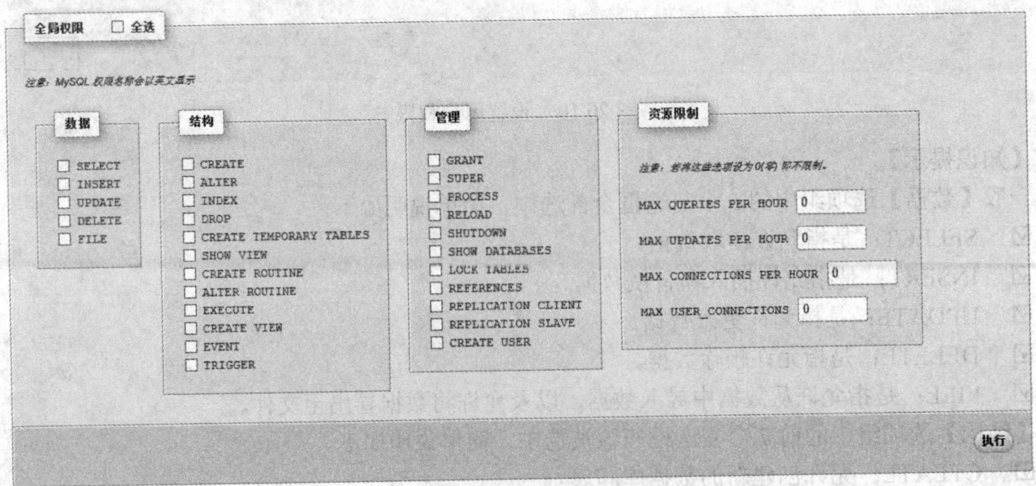

图 20.11　执行新建用户

第 7 步，执行新建用户之后，返回用户列表，在页面右侧单击【编辑权限】链接，然后可以返回上一步设置界面，重新修改该用户的各种权限，如图 20.12 所示。

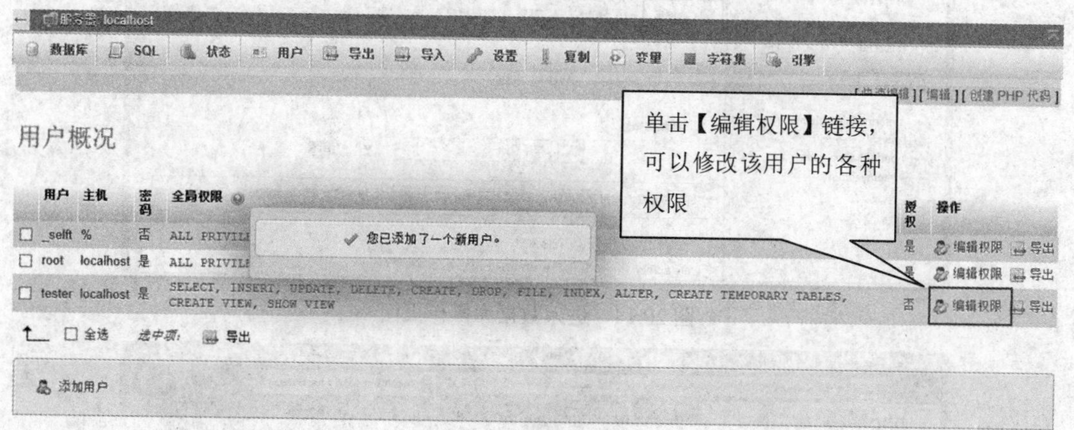

图 20.12　编辑用户权限

第 8 步，phpMyAdmin 直接由 MySQL 权限表取得用户权限。修改完用户权限后，需要返回 phpMyAdmin 用户列表页面，重新加载一下授权，如图 20.13 所示。

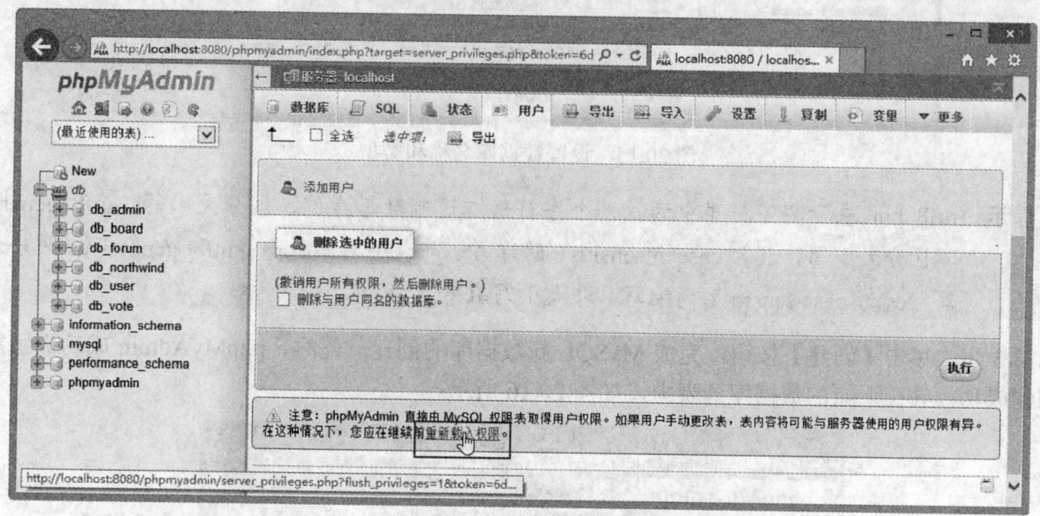

图 20.13　重新载入权限

20.2.3　创建数据库

在 phpMyAdmin 中可以快速创建一个数据库。

【操作步骤】

第 1 步，启动 phpMyAdmin，在首页左侧导航列表中单击【New】选项，或者在右侧内容区顶部导航栏中单击【数据库】导航选项，切换到数据库内容页，如图 20.14 所示。

第 2 步，在【新建数据库】文本框中输入数据库的名称，一般用字母表示，如 db_test。在【排序规则】下拉菜单中选择数据库的类型，一般选择 gb2312_chinese_ci 表示简体中文，不区分大小写的意思。还有一个 gb2312_bin 表示简体中文，二进制。当然，在设置数据库数据类型时要与页面和程序的字符编码保持一致。例如，这里设置数据库 db_test 的类型为 utf8_genera_ci，如图 20.15 所示。

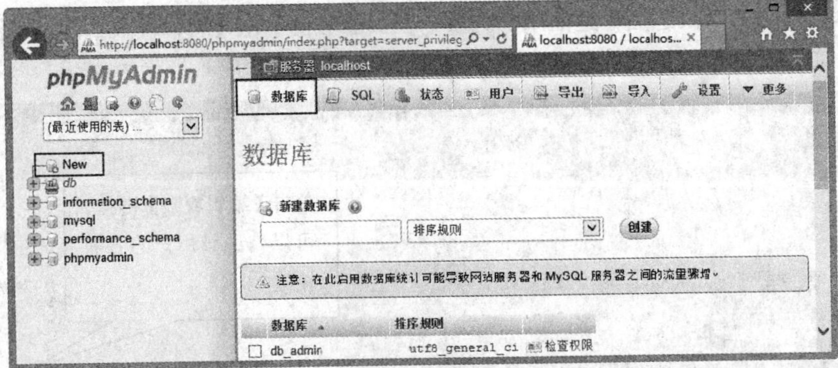

图 20.14　进入数据库操作页面

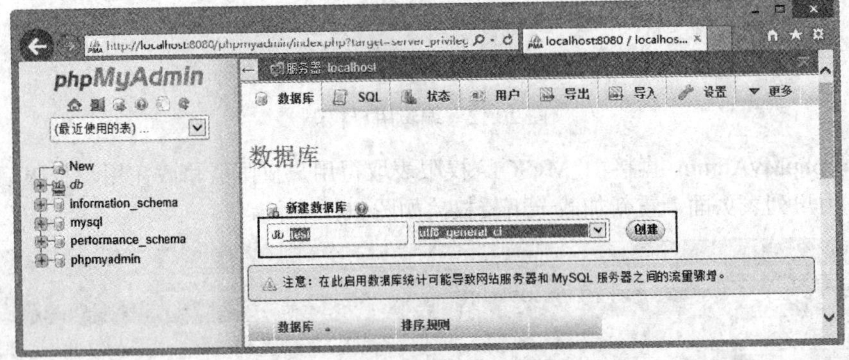

图 20.15　设置数据库名称和类型

提示：utf8_bin 表示将字符串中的每一个字符用二进制数据存储，区分大小写。utf8_genera_ci 不区分大小写，ci 为 case insensitive 的缩写，即大小写不敏感。utf8_general_cs 区分大小写，cs 为 case sensitive 的缩写，即大小写敏感。

第 3 步，单击【创建】按钮，完成 MySQL 新数据库的创建。此时，phpMyAdmin 成功提示数据库创建成功，并在下面的数据库列表中，如图 20.16 所示。

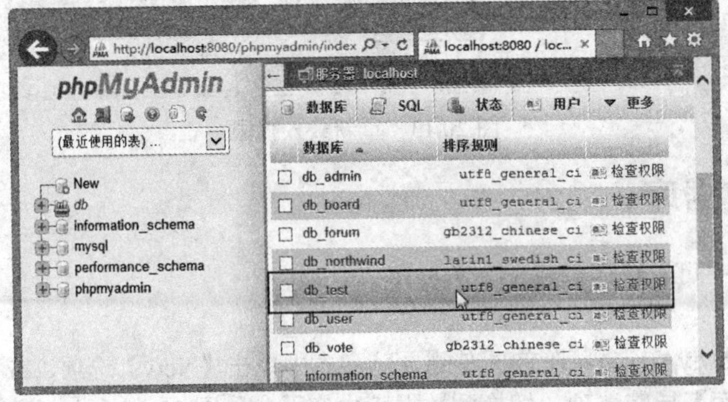

图 20.16　显示创建的数据库

20.2.4　关联用户和数据库

在 20.2.2 节中介绍了如何添加用户及其权限，在 20.2.3 节中介绍了如何创建数据库，下面介绍如

何关联权限，把数据库和用户捆绑在一起。

【操作步骤】

第 1 步，启动 phpMyAdmin，登录之后进入 phpMyAdmin 首页，在首页右侧内容区域主导航栏中单击【用户】链接选项。

Note

第 2 步，在用户管理页面中，显示当前的 MySQL 已经存在的会员账号列表。在这里可以对所有用户的权限、配置项进行重设，或者添加和删除用户。选择要操作的数据库用户名，单击【编辑权限】链接，如图 20.17 所示。

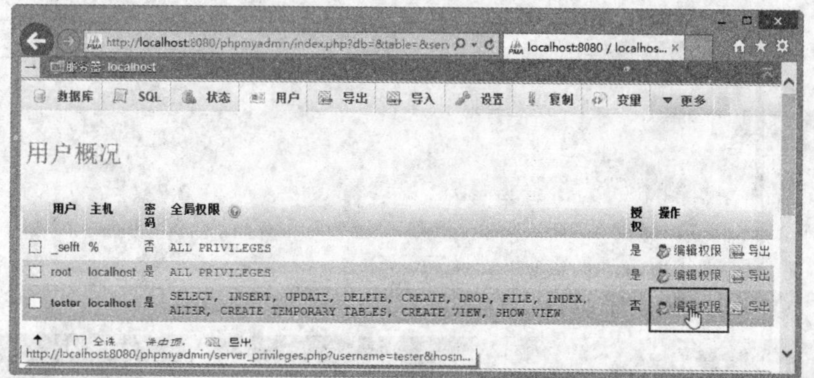

图 20.17　编辑用户权限

第 3 步，在打开的用户权限页面中，下翻页面找到“按数据库指定权限”设置项目，从数据库列表中找到已定义的 db_test 数据库，如图 20.18 所示。

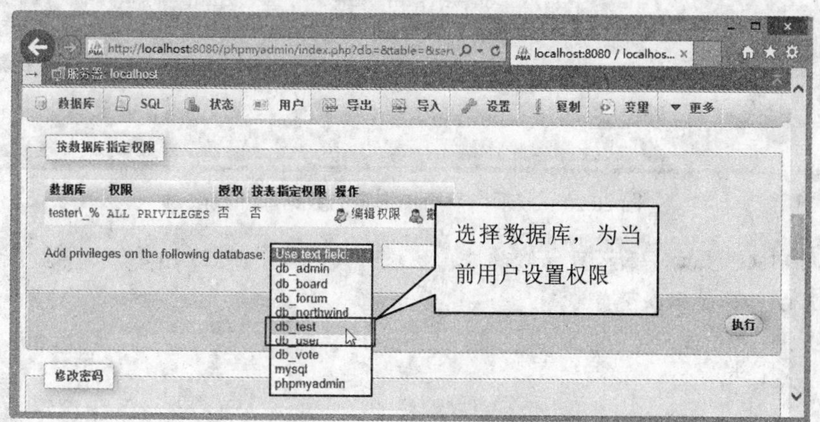

图 20.18　选择数据库

第 4 步，在打开的页面中，将用户'tester'@'localhost' 和数据库 db_test 进行绑定，并指定用户操作该数据库的权限明细，如图 20.19 所示。

第 5 步，一般选中【数据】选项组的全部权限，以及【结构】选项组的 7 个权限，详细说明可以参阅 20.2.2 节说明，当然可以全部选中【数据】和【结构】选项组中的选项，这个问题不大，【管理】选项组中的选项就不要选了。

第 6 步，设置完毕，单击右下角的【执行】按钮，完成用户和数据库的绑定操作，由于按照上面的设置后，就看不到数据库授权绑定的情况，需要重新进入用户编辑权限页面，才能够看到新绑定的权限信息，如图 20.20 所示。

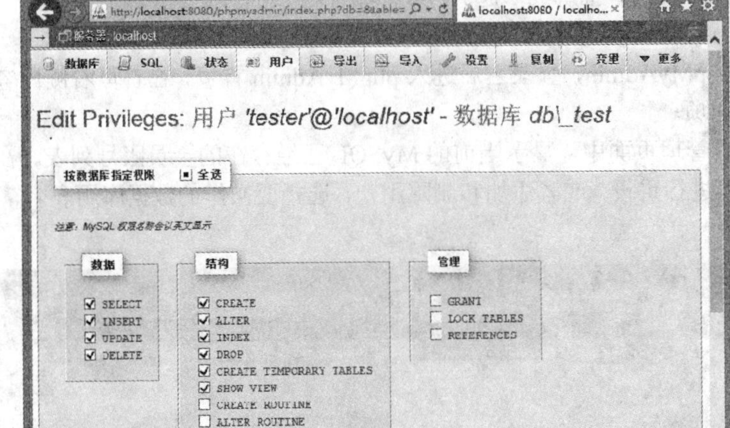

图 20.19　设置用户操作当前数据库的权限

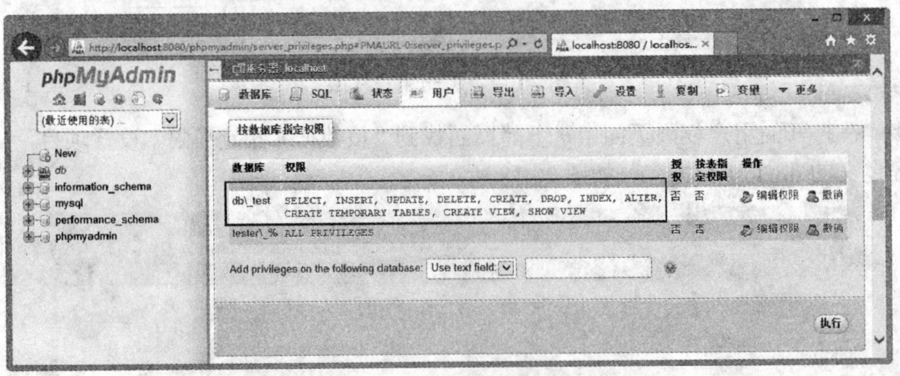

图 20.20　显示当前用户绑定的数据库和权限

提示：在用户权限页面下面还可以修改用户登录密码，如图 20.21 所示。如果不需要修改密码，则可以忽略该部分设置。

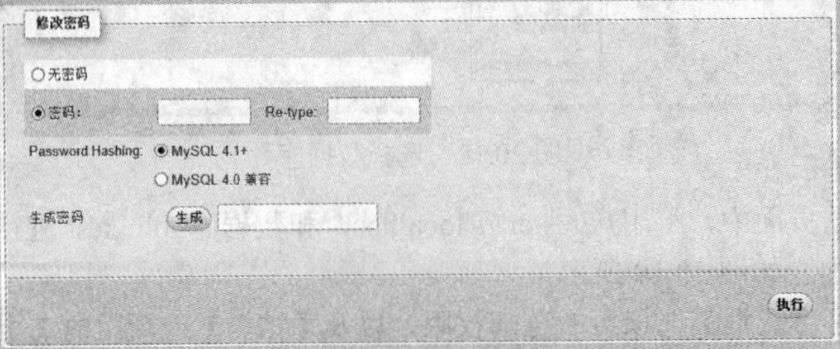

图 20.21　修改密码

下面的第四部分为更改登录信息，也就是修改数据库用户名的信息，如图 20.22 所示。当网站数据库用户名泄密后，可以在这里快速更改用户登录信息。

第五部分为复制数据库用户名，在这里可以创建一个同样权限的数据库用户名，如图 20.23 所示。该部分功能一般用不到。

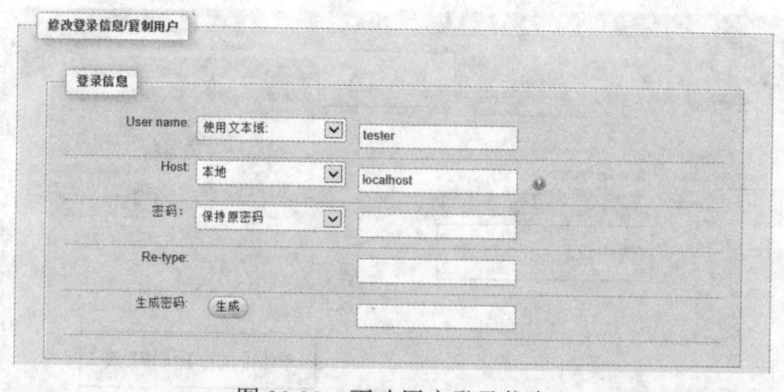

图 20.22　更改用户登录信息

Note

图 20.23　复制数据库用户名

【拓展】当一台服务器多个人管理时，就需要创建多个管理员账号，创建新的 MySQL 管理员用户名其实很简单：

按前面小节介绍的方法添加一个新用户名，设置好用户名和密码，在数据库用户名关联的数据库名中不要绑定任何数据库，然后在用户权限设置项目中选中全部权限，单击【执行】按钮，即可快速创建一个管理员账号。

要删除一个数据库，则可以管理员身份进入 phpMyAdmin，按如图 20.24 所示操作即可。

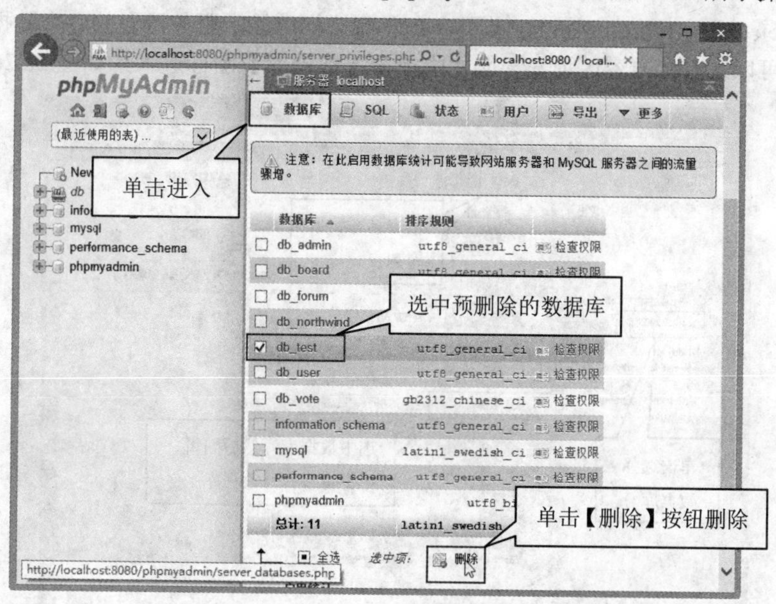

图 20.24　删除数据库

要删除用户名，则可以管理员身份进入 phpMyAdmin，按如图 20.25 所示操作即可。

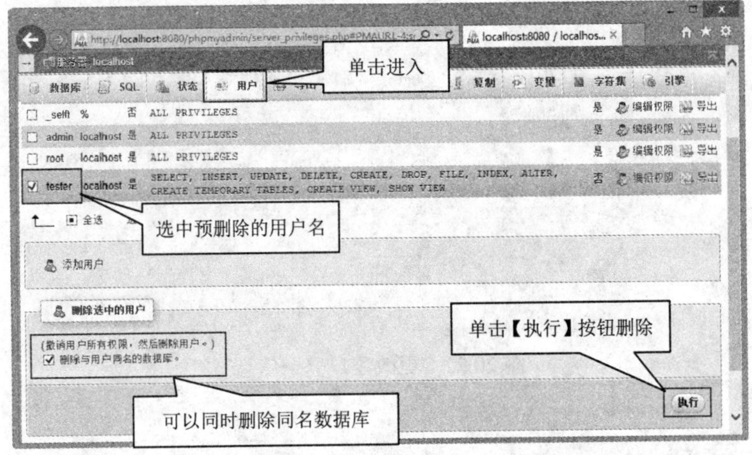

图 20.25　删除用户名

20.3　管理数据库

数据库管理是用户最头疼的事情，但是借助 phpMyAdmin 可视化界面，数据库操作变得非常简单，下面就数据库常规操作进行说明。

20.3.1　检查和修改数据库

当需要检查和修改数据库时，可以按如下步骤操作。

【操作步骤】

第 1 步，登录并进入 phpMyAdmin 首页，在左侧边栏中显示服务器上的各个数据库，点选即可进入数据库，也可以在右侧内容区顶部导航栏中单击【数据库】图标进入，如图 20.26 所示。

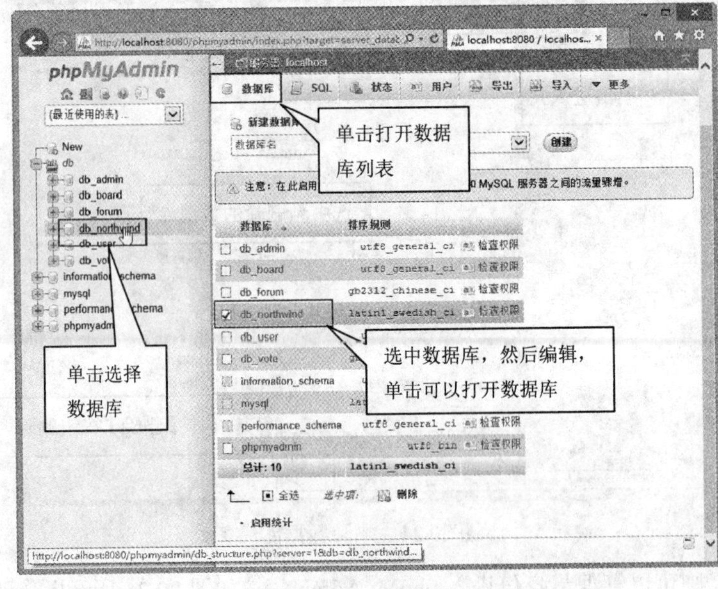

图 20.26　打开数据库

Note

第 2 步，进入数据库以后，现在左边的侧边栏里显示着数据库的各个表，单击就可以进入，也可以单击右边的图标，如图 20.27 所示。

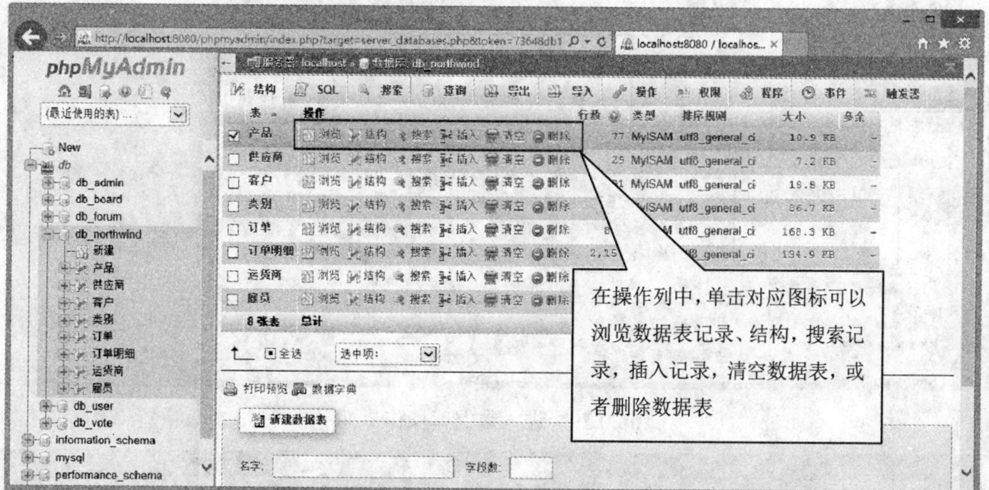

图 20.27　操作数据表

第 3 步，当单击数据表的结构操作图标，可以打开数据表结构，在这里可以对数据表字段进行插入、修改、删除等各种操作，如图 20.28 所示。

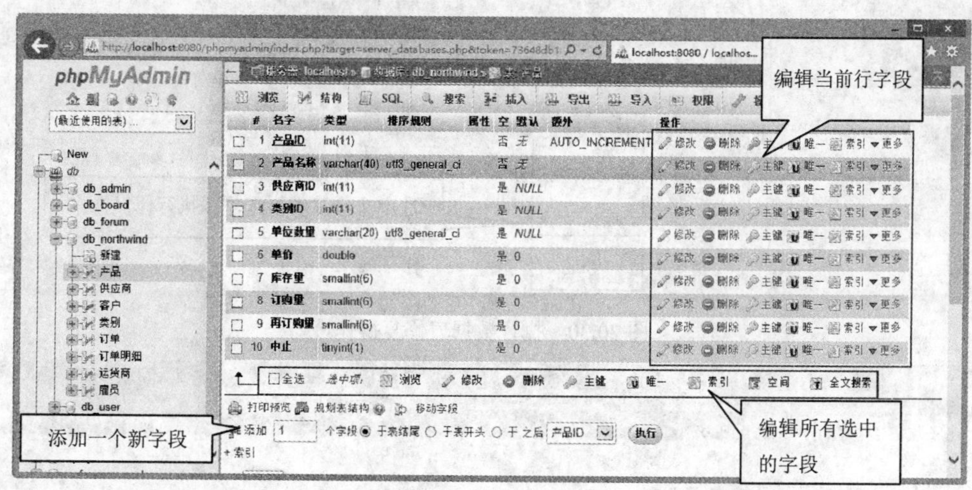

图 20.28　编辑字段

20.3.2　修复数据库

数据表损坏时，可以通过 phpMyAdmin 进行修复。

【操作步骤】

第 1 步，登录 phpMyAdmin，进入需要修复的数据库页面，如图 20.29 所示。

第 2 步，在数据库操作界面中，选中一个数据表，然后在数据表列表下面的【选中项】列表中选中【修复表】选项，如图 20.30 所示。

第 3 步，执行修复操作之后，phpMyAdmin 会显示修复状态信息，显示当前数据表被修复的情况，如图 20.31 所示。

Note

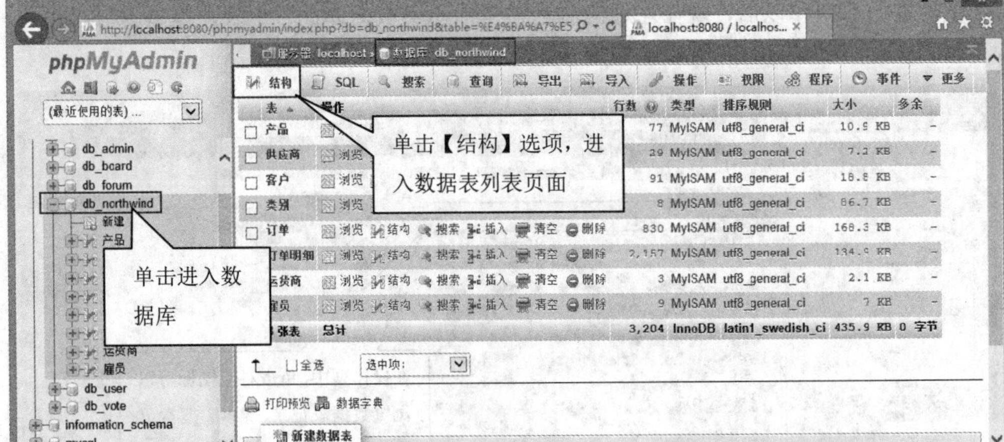

图 20.29　进入数据库操作界面

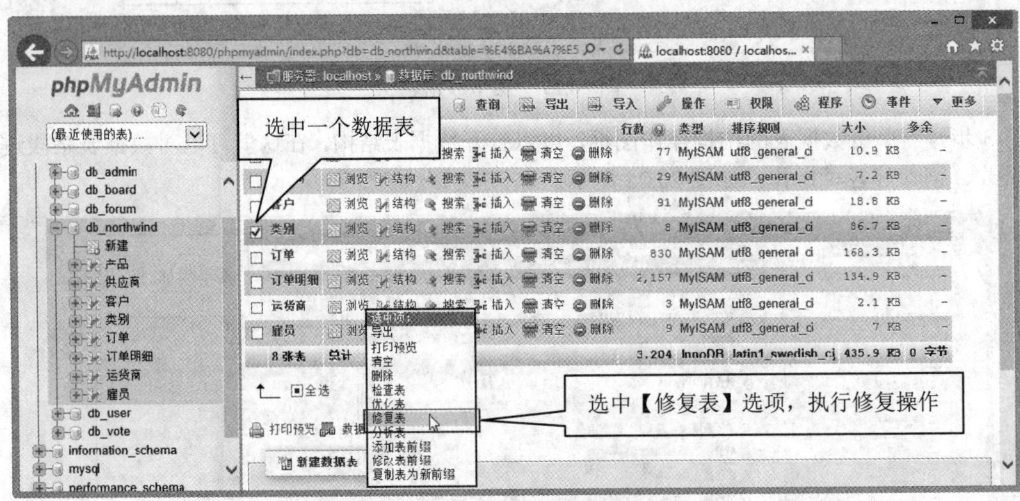

图 20.30　执行数据表修复操作

图 20.31　显示修复操作后的数据表状态

20.3.3 备份数据库

在 PHP 网站建设中，针对 MySQL 数据库的维护是日常工作，MySQL 数据库的导入和导出实现备份功能就是其中之一。本节介绍如何使用 phpMyAdmin 对 MySQL 数据库进行导入和导出操作，以实现数据库备份。

【操作步骤】

第 1 步，启动 phpMyAdmin，登录之后进入 phpMyAdmin 首页，在首页右侧内容区域主导航栏中单击【导出】链接选项，如图 20.32 所示。

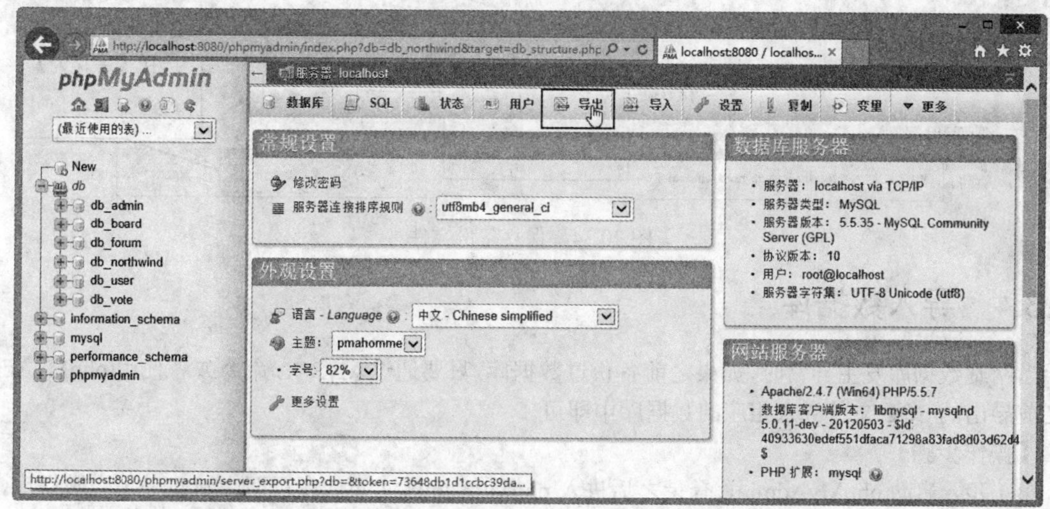

图 20.32 选择【导出】导航菜单项

第 2 步，导出页面包含左右两大部分，左侧为需要导出的数据库列表，可以选择全部导出，也可以选择导出某个数据库。然后在右侧选择 phpMyAdmin 导出的文件类型，默认导出的是 SQL 格式导出，其他常用的导出格式有 CSV、WORD、XLS、YAML 等，如图 20.33 所示。

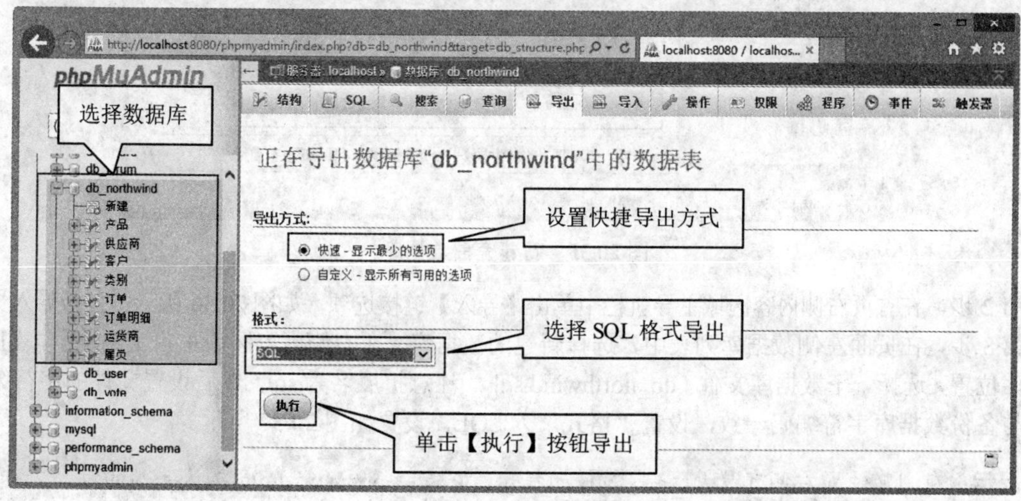

图 20.33 设置导出选项

第 3 步，单击【执行】按钮，此时浏览器会弹出保存提示条，从中选择【另存为】命令，打开【另

Note

存为】对话框，把 SQL 文件保存到本地文件夹中，如图 20.34 所示。

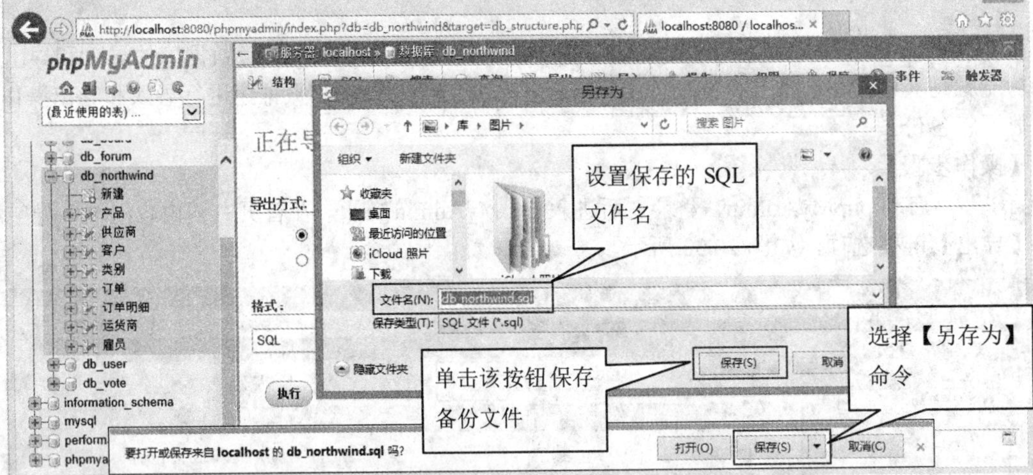

图 20.34　保存备份文件

20.3.4　导入数据库

当网站数据库发生异常时，如果之前备份过数据库，只要通过 MySQL 命令或者使用 phpMyAdmin 将之前导出的 SQL 文件导入相应的数据库中即可。

【操作步骤】

第 1 步，启动 phpMyAdmin，登录之后进入 phpMyAdmin 首页，在页面中新建一个空数据库，或者选择一个已经建立好的数据库，如图 20.35 所示。

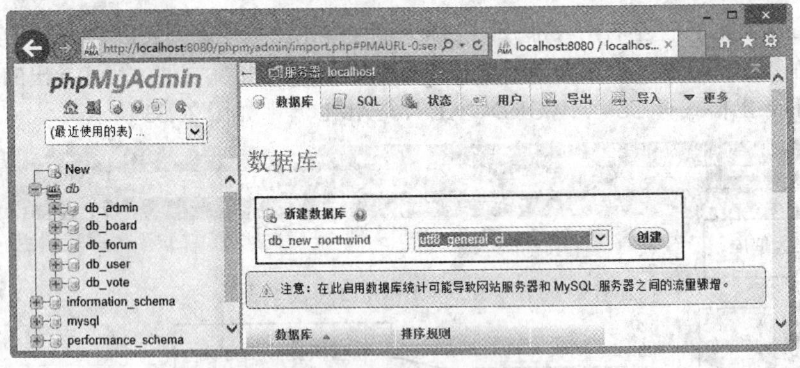

图 20.35　新建空白数据库

第 2 步，在首页右侧内容区域主导航栏中单击【导入】链接选项，如图 20.36 所示，打开导入页面。

第 3 步，在页面左侧数据库列表中，选择新建的数据库，在右侧内容区域单击【浏览】按钮，浏览文件位置，选择一个数据库文件（db_northwind.sql），注意扩展名为 sql，然后设置文件的字符编码，确保与备份数据库字符编码一致，设置“格式”为 SQL，设置如图 20.37 所示。

> **提示：** 在浏览位置右侧有最大限制 2MB 的提示，它表明 phpMyAdmin 默认导入的最大文件大小限制为 2MB，如果希望 phpMyAdmin 导入大文件，最简单的方法是修改 php.ini 配置文件中文件上传大小的配置。

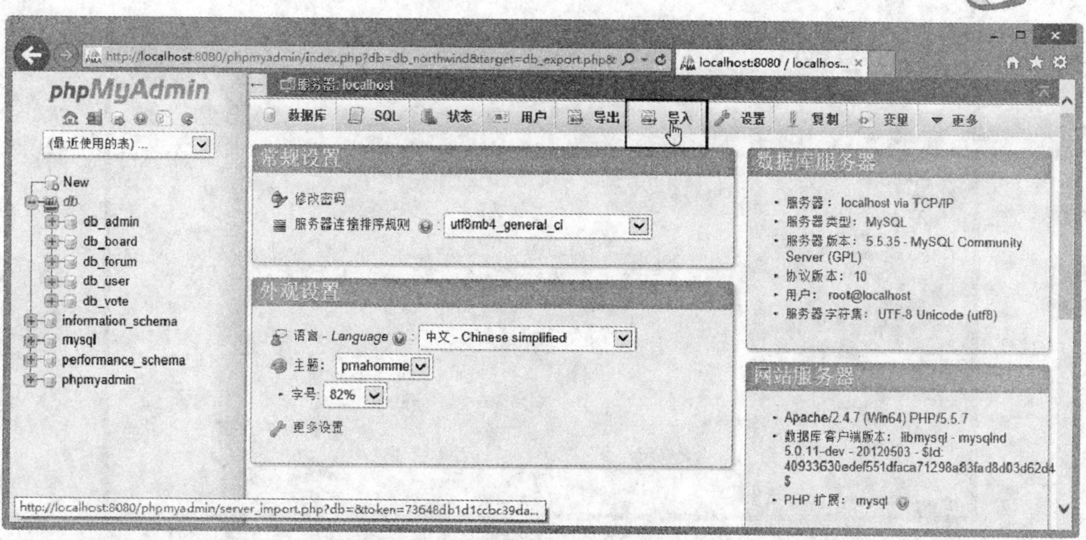

图 20.36　选择【导入】导航菜单项

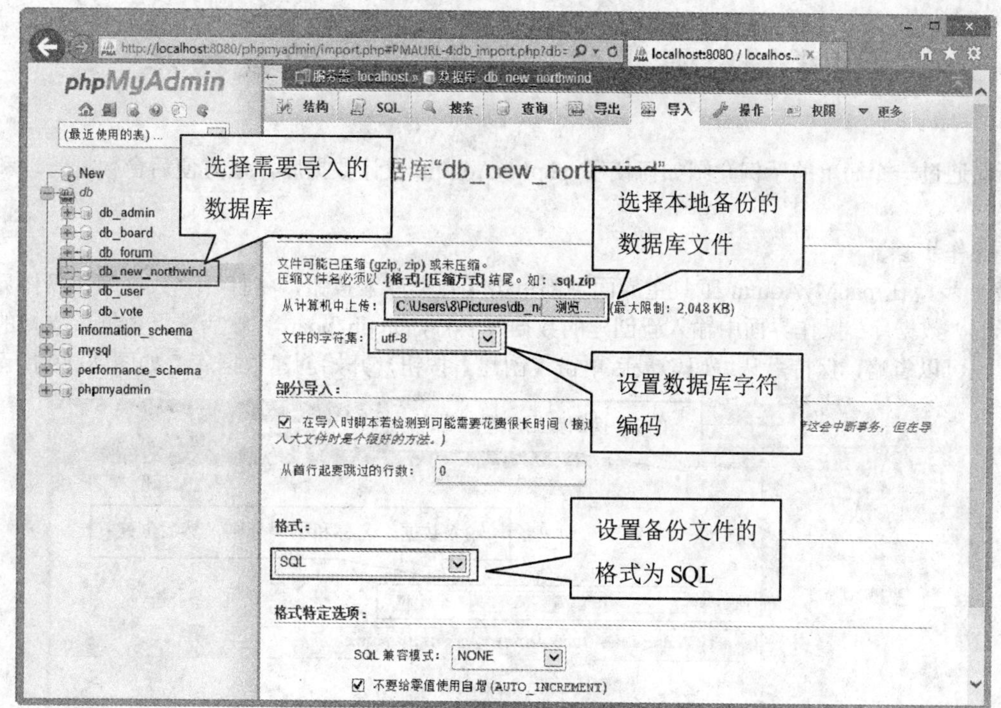

图 20.37　设置导入选项

第 4 步，导入文件的字符集，默认是 utf8，这里需要注意 phpMyAdmin 导入、导出的 SQL 文件字符集必须要相一致，否则会导致 MySQL 数据库出现乱码。

部分导入说明：主要应用在大文件上传中断时，可以从中断行开始继续导入。

导入文件格式与 phpMyAdmin 导出页面部分类似，只要选择正确的 phpMyAdmin 导入文件格式即可。

第 5 步，单击【执行】按钮，即可完成 phpMyAdmin 的导入操作，最后会显示导入操作成功的提示信息，如图 20.38 所示。

Note

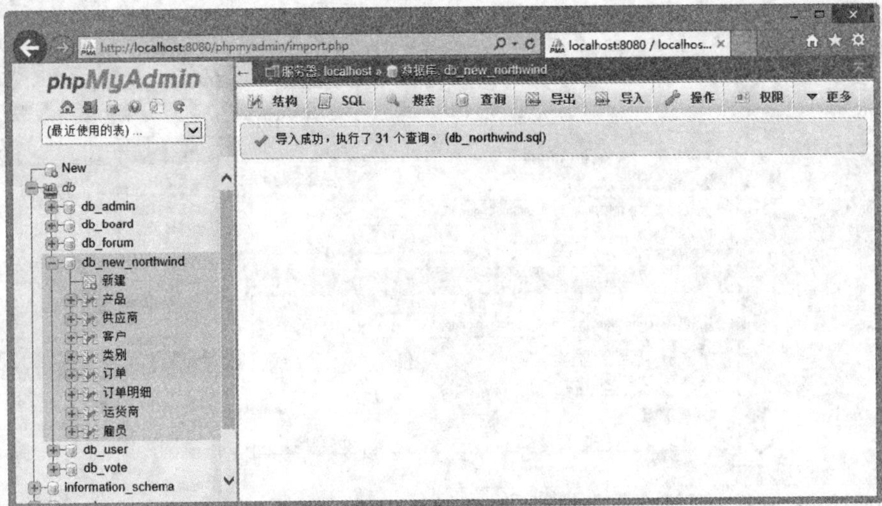

图 20.38 完成数据库导入操作

20.4 案例实战：设计简单的数据库

下面通过一个简单的示例介绍如何使用 phpMyAdmin 设计数据库，以方便后台数据管理和网站开发。

【操作步骤】

第 1 步，在 phpMyAdmin 工具主界面顶部单击【数据库】按钮，将打开“数据库”操作界面。在打开的“数据库”操作界面中输入新创建的数据库名称，如 db_board，然后选择数据库支持的字符编码，也可以省略，保持默认编码，最后单击【创建】按钮，开始创建数据库，如图 20.39 所示。

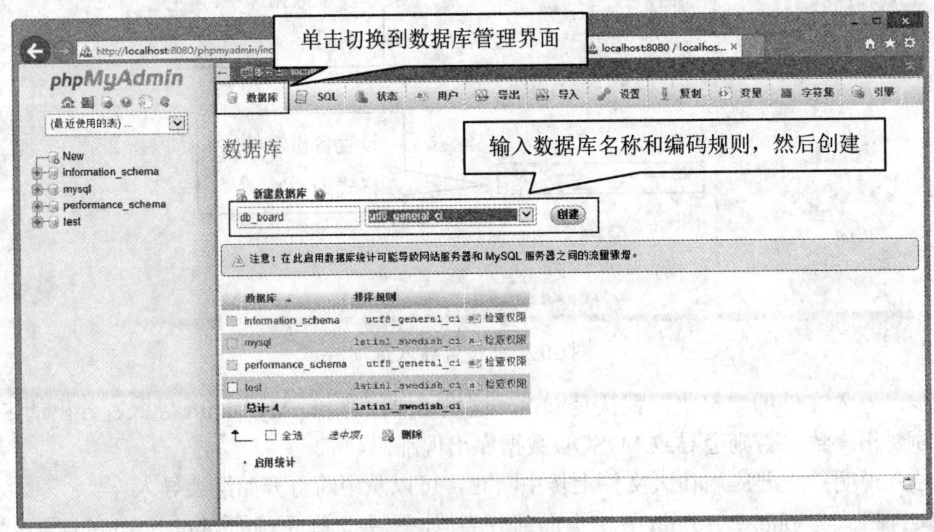

图 20.39 定义新的数据库

第 2 步，创建完毕数据库，重新刷新页面，这时就可以在 phpMyAdmin 工具主界面左侧数据库列表中看到新定义的数据库名称，单击该数据库名称即可打开数据库，如图 20.40 所示。

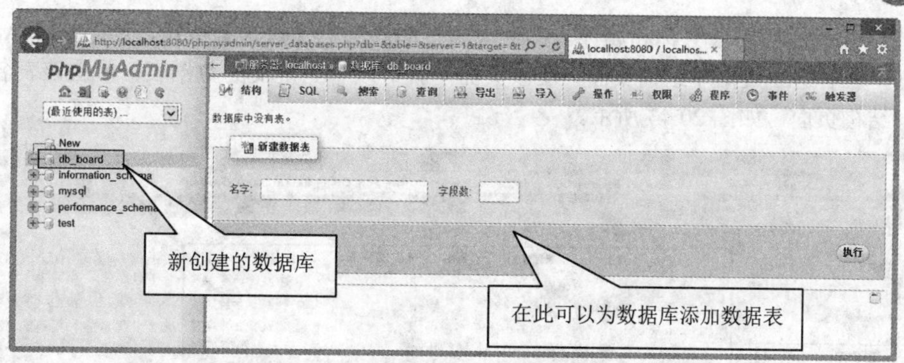

图 20.40　打开数据库

第 3 步，在打开的数据库主界面中，输入数据表名称，以及该表包含的列数，单击【执行】按钮即可定义数据表，如图 20.41 所示。

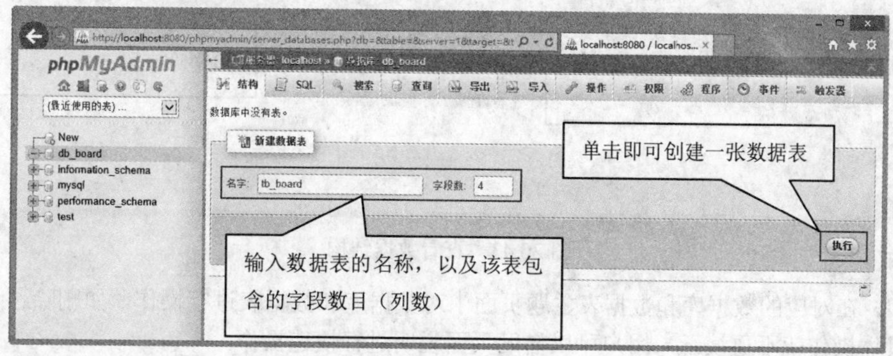

图 20.41　定义数据表

第 4 步，定义数据结构，在弹出的数据表界面中，输入数据表结构，包括数据表中每个字段的名称、数据类型、数据长度等选项，如图 20.42 所示。

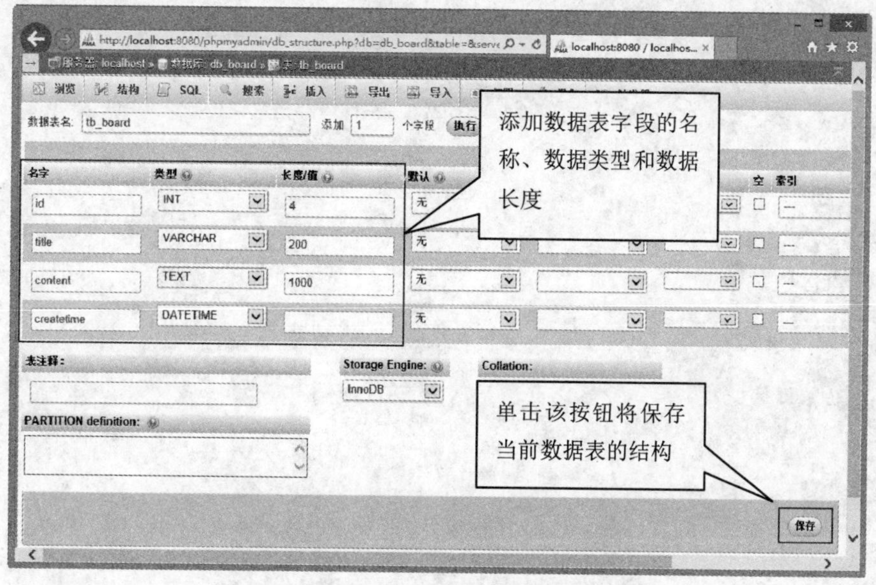

图 20.42　定义数据表结构

第 5 步，填写完毕字段名称和属性，然后单击页面底部的【保存】按钮，则 phpMyAdmin 会自动保存数据，然后返回数据库结构页面，在该页面中就可以看到定义的数据表，单击该表名称，即可打开数据表结构页面，如图 20.43 所示。

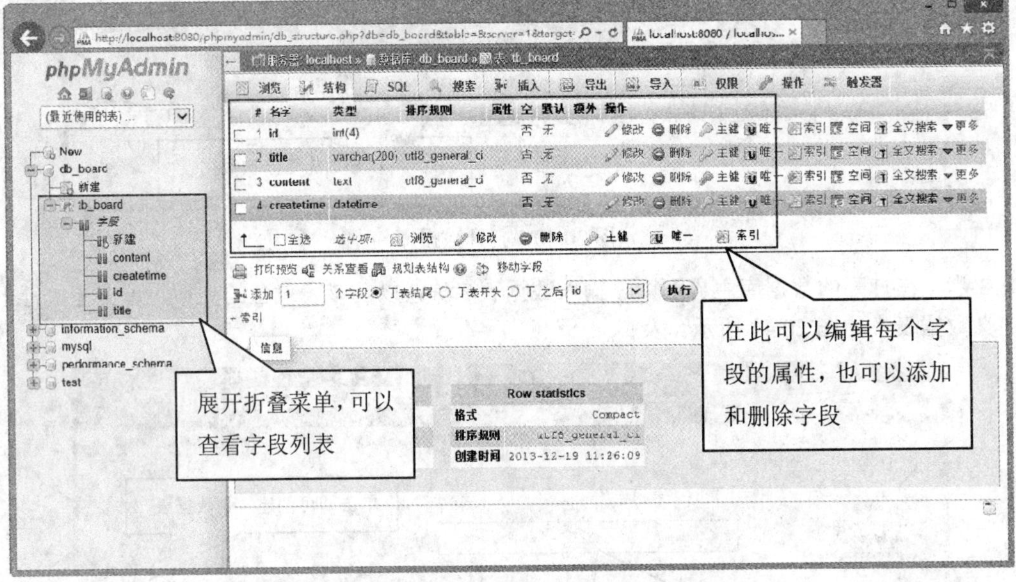

图 20.43　查看数据结构

第 6 步，在对应的数据库和数据表主题页面中对数据库和数据表进行操作，如删除、修改、添加等操作。具体操作就不再演示，用户可以借助页面说明进行快速操作。

第21章

使用PHP操作文件

（视频讲解：65分钟）

在网站开发中，考虑到网络安全问题，文件操作一直是比较难的技术门槛。在CMS应用系统中，文件操作是非常有用的，用户经常遇到生成文件目录、文件（夹）编辑等操作。PHP能够非常好地支持文件操作，借助配置文件和函数可以轻松操作文件和文件夹，自如应对远程用户上传的文件。

【学习重点】

- 使用PHP操作本地文件
- 使用PHP操作本地目录
- 远程操作文件
- 文件上传
- 操作XML文档

21.1 操 作 文 件

Note

文件操作包括打开/关闭文件、读写文件等。掌握文件处理需要读者理清思路，并能够灵活应用常用文件操作函数。当然，读者也应该清楚文件操作的一般步骤：

第 1 步，打开文件。

第 2 步，读写文件，文件操作的主要内容都包含在该步骤中，如显示文件内容、编辑内容、写入内容等，或者设置文件属性，如文件遍历、文件属性等。

第 3 步，关闭文件。

21.1.1 打开和关闭文件

打开文件使用 fopen()函数，关闭文件使用 fclose()函数。注意，在打开文件时应该务必小心，一不小心可能就会把文件内容删除。

1. 打开文件

操作文件之前，应该先打开文件，这是进行文件存取的第一步。在 PHP 中使用 fopen()函数打开文件。语法格式如下：

```
resource fopen( string $filename , string $mode [, bool $use_include_path [, resource $zcontext ]] )
```

参数 filename 指定要打开的文件路径和文件名，可以是相对路径，也可以是绝对路径，如果没有任何前缀则表示打开的是本地文件。

参数 Node 表示打开文件的方式，可取的值说明如表 21.1 所示。

表 21.1 fopen()中参数 Node 的取值列表

取 值	模式名称	说 明
r	只读	读模式，将文件指针指向文件头，进行读取
r+	读写	读写模式，将文件指针指向文件头，进行读写。在现有文件内容的末尾之前进行写入就会覆盖原有的内容
w	只写	写模式，将文件指针指向文件头并将文件大小截为零。如果文件不存在则尝试创建之，进行写入文件
w+	读写	写模式，将文件指针指向文件头并将文件大小截为零。如果文件不存在则尝试创建之
a	追加	写入方式打开文件，将文件指针指向文件末尾。如果文件不存在则尝试创建之
a+	追加	读写方式打开文件，将文件指针指向文件末尾。如果文件不存在则尝试创建之
x	慎重写	写模式打开文件，从文件头部开始写，如果文件存在，则该文件将不被打开，而是返回 false
x+	慎重写	读写模式打开文件，从文件头部开始写，如果文件存在，则该文件将不被打开，而是返回 false
b	二进制	以二进制模式进行操作，用于与其他模式进行连接，如果文件系统能够区分二进制文件和文本文件，可能会使用它。Windows 可以区分，UNIX 则不可区分，推荐使用这种选项，便于获取最大程度的可移植性，它是默认模式
b+	文本	用于与其他模式进行结合，这种模式只是 Windows 下的一个选项

第三个参数 use_include_path 是可选的，该参数在配置文件 php.ini 中指定一个路径，如果希望服务器在这个路径下打开所指定的文件，则可以设置为 1 或者 true。

【示例 1】下面代码使用 fopen()函数打开指定的外部文件。

```
<?php
$handle = fopen("/home/rasmus/file.txt", "r");
$handle = fopen("/home/rasmus/file.gif", "wb");
$handle = fopen("http://www.example.com/", "r");
$handle = fopen("ftp://user:password@example.com/somefile.txt", "w");
?>
```

如果在打开和写入文件上遇到问题，记住要确保所使用的文件是服务器进程所能够访问的。在 Windows 平台上，要小心转义文件路径中的每个反斜线，或者用斜线。如：

```
<?php
$handle = fopen("c:\\data\\info.txt", "r");
?>
```

2. 关闭文件

对文件操作结束后，应该关闭文件，否则会引起错误，在 PHP 中可以使用 fclose()函数关闭文件，该函数的语法如下：

```
bool fclose( resource $handle )
```

该函数将 handle 指向的文件关闭。成功时返回 true，在失败时返回 false。注意，文件指针必须有效，并且是通过 fopen()或 fsockopen()成功打开的。如：

【示例 2】下面使用 fclose()函数关闭打开的文件。

```
<?php
$handle = fopen('somefile.txt', 'r');
fclose($handle);
?>
```

21.1.2 读取文件内容

从文件中可以读取一个字符、一行字符或者整个文件，还可以读取任意长度的字符串。

1. 读取整个文件

读取整个文件可以使用 readfile()、file()和 file_get_contents()函数。这 3 个函数的用法说明如下。

☑ readfile()

readfile()函数用于读入一个文件，并将其写入到输出缓冲，如果出现错误则返回 false。语法格式如下：

```
int readfile( string $filename [, bool $use_include_path [, resource $context ]] )
```

该函数能够返回从文件中读入的字节数。如果出错返回 false，显示错误信息。

如果想在 include_path 中搜索文件，可以使用可选的第二个参数并将其设为 true。

注意：使用 readfile()函数不需要打开和关闭文件，不需要 echo、print 等输出语句，直接写出文件路径即可。

Note

☑ file()

file()函数可以读取整个文件的内容，不过 file()函数将文件内容按行存放在数组中，包含换行符在内，如果失败，则返回 false。语法格式如下：

```
array file( string $filename [, int $use_include_path [, resource $context ]] )
```

与 file_get_contents()函数一样，只除了 file()将文件作为一个数组返回。数组中的每个单元都是文件中相应的一行，包括换行符在内。如果失败，file()函数将返回 false。如果想在 include_path 中搜寻文件的话，可以将可选参数 use_include_path 设为"1"。

【示例 1】通过 HTTP 从 URL 中取得 HTML 源文件，并将文件读入数组。

```
<?php
$lines = file('http://www.baidu.com/');
//在数组中循环，显示 HTML 的源文件并加上行号
foreach ($lines as $line_num => $line) {
    echo "Line #<b>{$line_num}</b> : " . htmlspecialchars($line) . "<br />\n";
}
?>
```

☑ file_get_contents()

file_get_contents()函数能够将文件内容读入一个字符串，如果有 offset 和 maxlen 参数，将在参数 offset 指定的位置开始读取长度为 maxlen 的内容。如果失败，则返回 false。

```
string file_get_contents(string $filename [, bool $use_include_path [, resource $context [, int $offset [, int $maxlen ]]]] )
```

file_get_contents()函数是用来将文件的内容读入到一个字符串中的首选方法。如果操作系统支持还会使用内存映射技术来增强性能。如果要打开有特殊字符的 URL（如空格），就需要使用 urlencode()进行 URL 编码。

【示例 2】使用上述 3 个函数分别读取 me.txt 文本文件内容，me.txt 文本文件内容如图 21.1 所示，则演示效果如图 21.2 所示。案例详细代码如下：

```
<body>
<dl>
  <dt>使用 readfile()函数读取文件内容：</dt>
  <dd>
    <?php readfile('me.txt'); ?>
  </dd>
  <dt>使用 file()函数读取文件内容：</dt>
  <dd>
    <?php
        $f_arr = file('me.txt');
        foreach($f_arr as $cont){
            echo $cont."<br>";
        }
    ?>
  </dd>
  <dt>使用 file_get_contents()函数读取文件内容：</dt>
  <dd>
    <?php
```

```
            $f_chr = file_get_contents('me.txt');
            echo $f_chr;
        ?>
    </dd>
</dl>
</body>
```

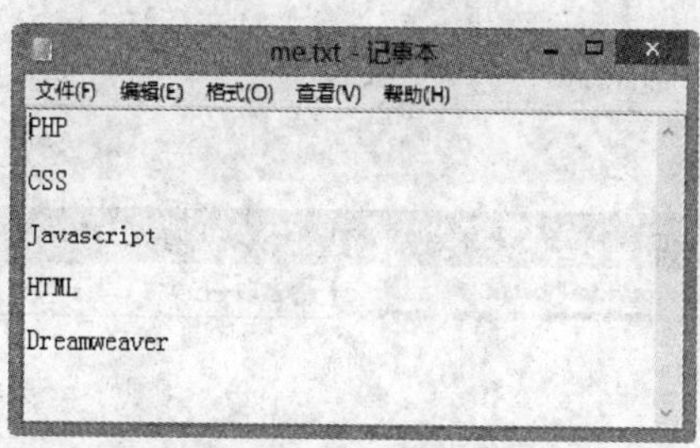

图 21.1　me.txt 文本文件内容

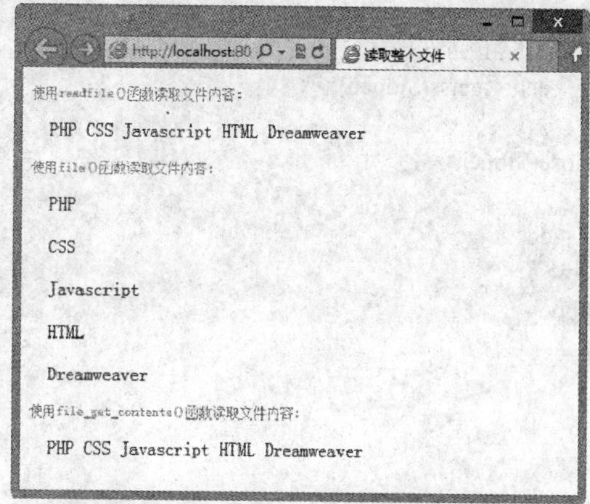

图 21.2　读取文本文件内容并进行显示

2. 读取一行数据

读取单行和数据可以使用 fgets()和 fgetss()函数，具体说明如下。

☑　fgets()

fgets()函数用于一次读取一行数据，语法格式如下：

```
string fgets( int $handle [, int $length ] )
```

该函数能够从参数 handle 指向的文件中读取一行并返回长度最多为 length-1 字节的字符串。在读取中如果碰到换行符（包括在返回值中）、EOF 或者已经读取了 length-1 字节后停止。如果没有指定 length，则默认为 1KB，或者说 1024 字节。如果读取出错，则返回 false。

☑　fgetss()

fgetss()函数是 fgets()函数的变体，两者功能完全相同，用于读取一行数据，同时 fgetss()函数会过滤掉读取内容中的 HTML 和 PHP 标记。其语法格式如下：

```
string fgetss( resource $handle [, int $length [, string $allowable_tags ]] )
```

【示例 3】使用上述两个函数分别读取 me.php 页面内容，me.php 代码如图 21.3 所示，则演示效果如图 21.4 所示。案例详细代码如下：

```
<body>
<dl>
  <dt>使用 fgets 函数：</dt>
  <dd>
<?php
$fopen = fopen('me.php','rb');
while(!feof($fopen)){
      echo fgets($fopen);
}
```

Note

```
fclose($fopen);
?>
    </dd>
    <dt>使用 fgetss 函数：</dt>
    <dd>
<?php
$fopen = fopen('me.php','rb');
while(!feof($fopen)){
    echo fgetss($fopen);
}
fclose($fopen);
?>
    </dd>
</dl>
</body>
```

```
<ul>
    <li style="color:red;">Red</li>
    <li style="color:green;">Green</li>
    <li style="color:blue;">Blue</li>
    <li style="color:pink;">Pink</li>
    <li style="color:gray;">Gray</li>
    <li style="color:black;">Black</li>
</ul>
```

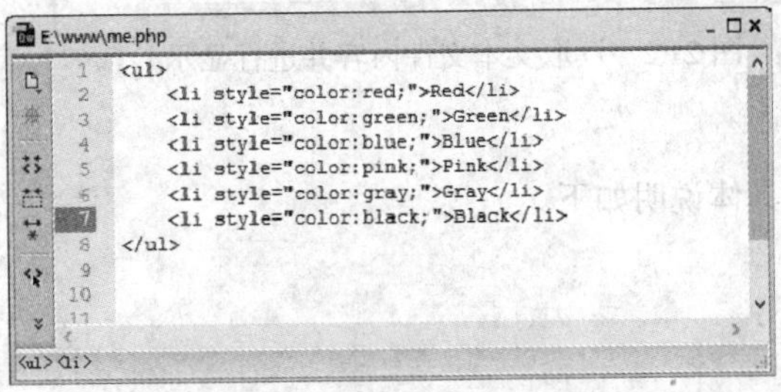

图 21.3　me.php 网页源代码

图 21.4　读取网页内容并显示出来

3. 读取一个字符

如果要获取一个字符，则使用 fgetc()函数，当对文件中某个字符进行查找时，需要有针对性地对某个字符进行读取，此时使用 fgetc()函数就派上了用场。fgetc()函数的语法格式如下：

```
string fgetc( resource $handle )
```

该函数返回一个包含有一个字符的字符串，该字符从 handle 指向的文件中得到。碰到 EOF 则返回 false。

注意：文件指针必须是有效的，必须指向由 fopen()或 fsockopen()成功打开的文件，并且还没有调用 fclose()函数关闭文件。

【示例 4】打开 this.txt 文件，逐个字符地读取文件内容并显示出来。

```
<?php
$fopen = fopen('this.txt','rb');
while(false !== ($chr = fgetc($fopen))){
echo $chr;
}
fclose($fopen);
?>
```

如果要读取多个字符，则可以使用 fread()函数，该函数的用法如下：

```
string fread( int $handle , int $length )
```

fread()函数从文件指针 handle 读取最多 length 个字节。该函数在读取完最多 length 个字节数，或到达 EOF 时，就会停止读取文件。如果出错就返回 false。

Note

【示例 5】打开 this.txt 文件，然后读取前面 38 个字符。

```
<?php
$fopen = fopen('this.txt','rb');
echo fread($fopen,38);
fclose($fopen);
?>
```

21.1.3　写入文件内容

写入数据比较常用，在 PHP 中可以使用 fwrite()和 file_put_contents()函数向文件中写入数据。fwrite()函数也可以写作 fputs()函数，它们的用法相同，其语法格式如下：

```
int fwrite( resource $handle , string $string [, int $length ] )
```

fwrite()把 string 的内容写入文件指针 handle 处。如果指定了 length，当写入了 length 个字节或者写完了 string 以后，写入就会停止。该函数将返回写入的字符数，出现错误时则返回 false。

注意：如果给出了 length 参数，则 magic_quotes_runtime 配置选项将被忽略，而 string 中的斜线将不会被抽去。

file_put_contents()函数是 PHP5 新添加的，该函数的语法格式如下：

```
int file_put_contents( string $filename , string $data [, int $flags [, resource $context ]] )
```

该函数的功能与依次调用 fopen()、fwrite()和 fclose()功能一样。参数说明如下。

- ☑ filename：指定要被写入数据的文件名。
- ☑ data：要写入的数据。类型可以是 string、array 或者是 stream 资源。
- ☑ flags：可以是 FILE_USE_INCLUDE_PATH、FILE_APPEND、LOCK_EX（获得一个独占锁定），然而使用 FILE_USE_INCLUDE_PATH 时要特别谨慎。
- ☑ context：一个 context 资源。

该函数将返回写入到文件内数据的字节数。

【示例】分别调用上述两个函数向服务器中的文件写入一段，代码如下（fwrite.php），演示效果如图 21.5 所示。

```
<?php
$filepath = "that.txt";
$str = "<dd>你自己的代码如果超过 6 个月不看，再看的时候也一样像是别人写的</dd>";
echo "<dt>fwrite 函数写入文件：</dt>";
$fopen = fopen($filepath,'wb') or die('文件不存在');
fwrite($fopen,$str);
fclose($fopen);
readfile($filepath);
echo "<dt>file_put_contents 函数写入文件：</dt>";
file_put_contents($filepath,$str);
```

```
readfile($filepath);
?>
```

Note

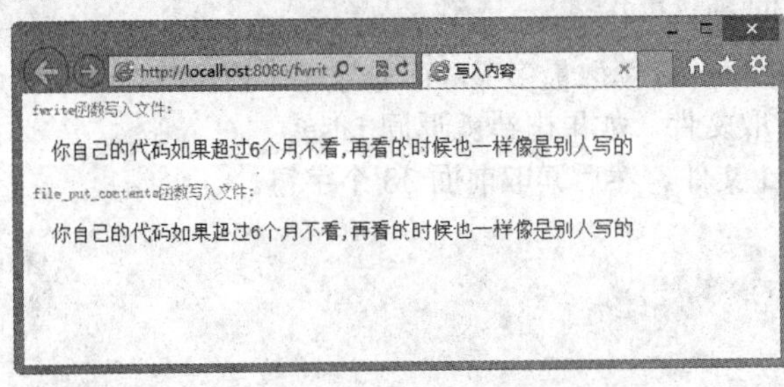

图 21.5　向文件中写入内容

21.1.4　编辑文件

除了对文件内容进行读写外，读者还可以对文件自身的很多属性进行操作，如复制文件、重命名文件、查看和修改文件日期等。完成这些任务主要依靠 PHP 强大的内置函数来完成，这些函数使用简单，用法也大同小异，详细说明如表 21.2 所示。

表 21.2　PHP 常用文件操作函数

函　　数	说　　明
bool copy(string $source , string $dest)	将文件从 source 复制到 dest。成功时返回 true，或者在失败时返回 false
bool rename(string $oldname , string $newname [, resource $context])	尝试把 oldname 重命名为 newname。成功时返回 true，或者在失败时返回 false
bool unlink(string $filename)	删除 filename。成功时返回 true，或者在失败时返回 false
int fileatime(string $filename)	返回文件上次被访问的时间，如果出错则返回 false。时间以 UNIX 时间戳的方式返回
int filemtime(string $filename)	返回文件上次被修改的时间，出错时返回 false
int filesize(string $filename)	返回文件大小的字节数，如果出错返回 false 并生成一条 E_WARNING 级的错误
mixed pathinfo(string $path [, int $options])	返回一个关联数组包含有 path 的信息。包括以下的数组单元：dirname、basename 和 extension
string realpath(string $path)	返回规范化的绝对路径名。如果失败，则返回 false
array stat(string $filename)	获取由 filename 指定的文件的统计信息。如果 filename 是符号连接，则统计信息是关于被连接文件本身的，而不是符号连接。lstat()和 stat()相同，只除了它会返回符号连接的状态。如果出错，stat()返回 false，并且发出一条警告

在读写文件时，除了 file()和 readfile()等少数几个函数外，其他操作函数在使用前，都必须先使用 fopen()函数打开文件，最后再使用 fclose()函数关闭文件。而读取文件信息的函数，则不需要打开文件，如 filesize 和 filename 等。

21.2　操　作　目　录

目录是一种特殊的文件，要浏览目录下的文件，读者需要先打开目录，浏览完毕，应该关闭目录，

这与文件操作类似。目录操作主要包括打开目录、浏览目录和关闭目录。

21.2.1　打开和关闭目录

打开和关闭目录与打开和关闭文件操作相同，但是打开的文件如果不存在，就会自动创建一个新文件，而打开的目录如果不存在，则会报错。

1. 打开目录

使用 opendir()函数可以打开目录，该函数的语法格式如下：

```
resource opendir( string $path [, resource $context ] )
```

参数 path 表示要打开的目录路径。如果打开成功，则返回目录句柄的 resource；如果失败，则返回 false。

> 注意：如果 path 不是一个合法的目录或者因为权限限制或文件系统错误而不能打开目录，opendir()返回 false 并产生一个 E_WARNING 级别的 PHP 错误信息。为了避免错误信息，可以在 opendir()函数前面加上@符号来抑制错误信息的输出。

2. 关闭目录

关闭目录使用 closedir()函数，该函数的语法格式如下：

```
void closedir( resource $dir_handle )
```

参数 dir_handle 表示目录句柄的 resource，之前是由 opendir()所打开的。

【示例】打开和关闭目录的结构代码如下：

```
<?php
$dir = "php/";
if (is_dir($dir)) {
    if ($dh = opendir($dir)) {
        while (($file = readdir($dh)) !== false) {
            echo "filename: $file filetype: " . filetype($dir . $file) . "<br>";
        }
        closedir($dh);
    }
}
?>
```

21.2.2　浏览目录

浏览目录可以使用 scandir()函数，该函数的语法格式如下：

```
array scandir( string $directory [, int $sorting_order [, resource $context ]] )
```

参数 directory 表示要被浏览的目录，sorting_order 表示默认的排序顺序是按字母升序排列。如果使用了可选参数 sorting_order（设为 1），则排序顺序是按字母降序排列。

该函数返回一个 array，包含有 directory 中的文件和目录。如果操作成功，则返回包含有文件名的 array，如果失败则返回 false。如果 directory 不是个目录，则返回布尔值 false 并生成一条 E_WARNING 级的错误。

Note

【示例】对指定的目录进行扫描，并读取其中包含的文件和文件夹（scandir.php），演示效果如图 21.6 所示。

```
<?php
$path = 'php';
if(is_dir($path)){
    $dir = scandir($path);
    foreach($dir as $value){
        echo $value."<br>";
    }
}else{
    echo "目录错误！";
}
?>
```

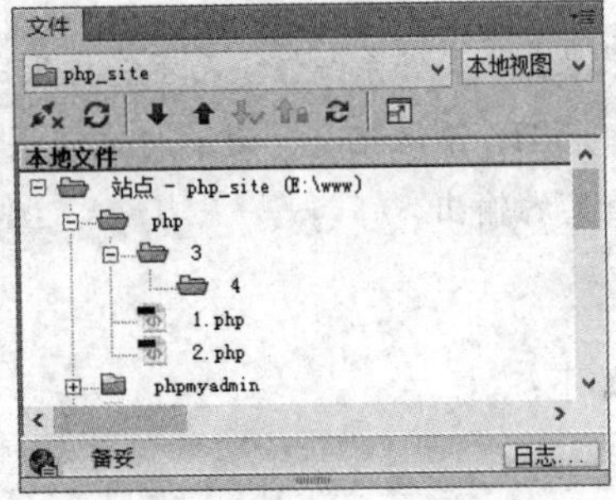

目录结构和内容

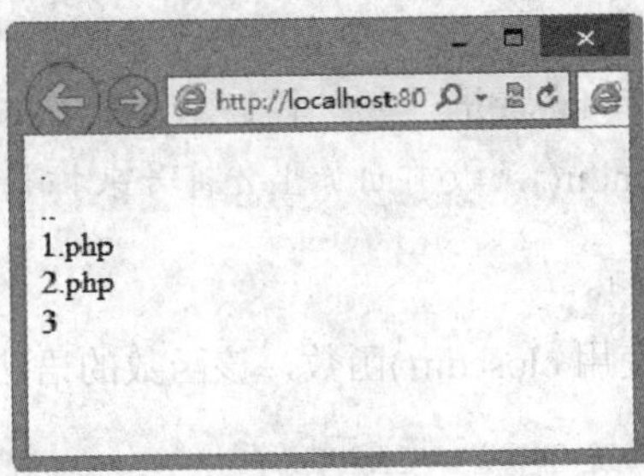

在网页中读取目录内容效果

图 21.6　浏览目录内容

21.2.3　编辑目录

除了浏览目录外，读者还可以进行各种常规操作，如新建目录、删除目录、获取目录的信息等，这些函数用法也大同小异，详细说明如表 21.3 所示。

表 21.3　PHP 常用目录操作函数

函　　数	说　　明
bool mkdir(string $pathname [, int $mode [, bool $recursive [, resource $context]]])	尝试新建一个由 pathname 指定的目录
bool rmdir(string $dirname)	尝试删除 dirname 所指定的目录。该目录必须是空的，而且要有相应的权限。成功时返回 true，或者在失败时返回 false
string getcwd(void)	取得当前工作目录。如果成功则返回当前工作目录，失败返回 false
bool chdir(string $directory)	将 PHP 的当前目录改为 directory
float disk_free_space(string $directory)	给出一个包含有一个目录的字符串，本函数将根据相应的文件系统或磁盘分区返回可用的字节数
float disk_total_space(string $directory)	给出一个包含有一个目录的字符串，本函数将根据相应的文件系统或磁盘分区返回所有的字节数
string readdir(resource $dir_handle)	返回目录中下一个文件的文件名。文件名以在文件系统中的排序返回
void rewinddir(resource $dir_handle)	将 dir_handle 指定的目录流重置到目录的开头

21.3 远程操作文件

在21.1节和21.2节中主要介绍了PHP操作文件和目录的基本方法，本节将结合案例讲解如何在网站开发中对远程文件进行操作，以及如何实现文件上传操作等。

21.3.1 远程访问

在实现远程访问之前，读者需要在php.ini中配置如下参数：

```
allow_url_fopen = On
```

在php.ini配置文件中找到上述参数，然后把值改为On，即开启远程访问功能，这样PHP就支持通过URL方式访问远程文件，并对远程文件执行操作。

配置完毕，重启服务器即可使用HTTP或者FTP的URL格式访问远程文件。

21.3.2 远程定位和查询

PHP通过文件指针的方式进行远程文件的定位和查询，文件指针函数包括rewind()、fseek()、feof()和ftell()。

1. rewind()

该函数将文件handle的指针设置为文件流的开头。其语法格式如下：

```
bool rewind( resource $handle )
```

如果操作成功则返回true，否则返回false。如果将文件以附加（"a" 或者 "a+"）模式打开，写入文件的任何数据总是会被附加在后面，不管文件指针的位置。

2. fseek()

该函数能够实现指针的定位。其语法格式如下：

```
int fseek( resource $handle , int $offset [, int $whence ] )
```

该函数能够在与handle关联的文件中设定文件指针位置，如果操作成功则返回0；否则返回-1。注意移动到EOF之后的位置不算错误。

新位置从文件头开始以字节数度量，是以whence指定的位置加上offset。whence定义为如下几个值。

☑ SEEK_SET：设定位置等于offset字节。
☑ SEEK_CUR：设定位置为当前位置加上offset。
☑ SEEK_END：设定位置为文件尾加上offset。要移动到文件尾之前的位置，需要给offset传递一个负值。

如果没有指定whence，默认为SEEK_SET。

3. feof()

该函数能够测试文件指针是否到了文件结束的位置，其语法格式如下：

```
bool feof( resource $handle )
```

如果文件指针到了 EOF 或者出错时则返回 true，否则返回一个错误，其他情况则返回 false。

4. ftell()

该函数返回文件指针读/写的位置，其语法格式如下：

```
int ftell( resource $handle )
```

handle 指定的文件指针的位置，也就是文件流中的偏移量。如果出错，返回 false。

注意： 文件指针必须是有效的，且必须指向一个通过 fopen()或 popen()成功打开的文件。在附加模式（加参数 "a" 打开文件）中 ftell()会返回未定义错误。

【示例】 使用上述几个函数分别读取文件的大小、指针位置，输出指定位置内容（rewind.php），则演示效果如图 21.7 所示。案例详细代码如下：

```
<?php
$filename = "this.txt";
$total = filesize($filename);
if(is_file($filename)){
    echo "<dl>";
    echo "<dt>文件总字节数：</dt><dd>".$total."</dd>";
    $fopen = fopen($filename,'rb');
    echo "<dt>初始指针位置是：</dt><dd>".ftell($fopen)."</dd>";
    fseek($fopen,21);
    echo "<dt>使用 fseek()函数后指针位置：</dt><dd>".ftell($fopen)."</dd>";
    echo "<dt>输出当前指针后面的内容：</dt><dd>".fgets($fopen)."</dd>";
    if(feof($fopen))
        echo "<dt>当前指针指向文件末尾：</dt><dd>".ftell($fopen)."</dd>";
    rewind($fopen);
    echo "<dt>使用 rewind()函数后指针的位置：</dt><dd>".ftell($fopen)."</dd>";
    echo "</dl>";
    fclose($fopen);
}else{
    echo "文件不存在";
}
?>
```

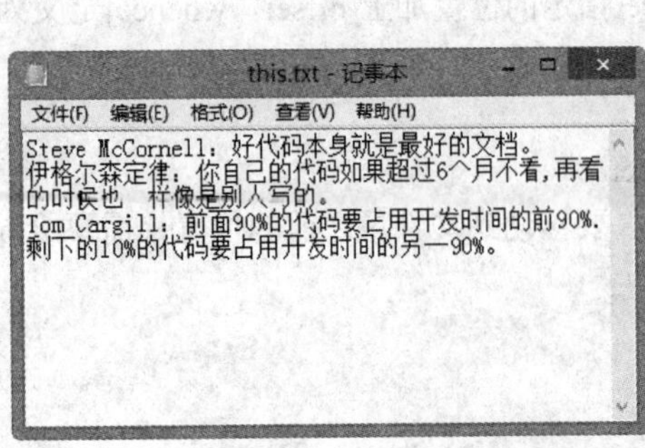

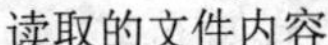
读取的文件内容

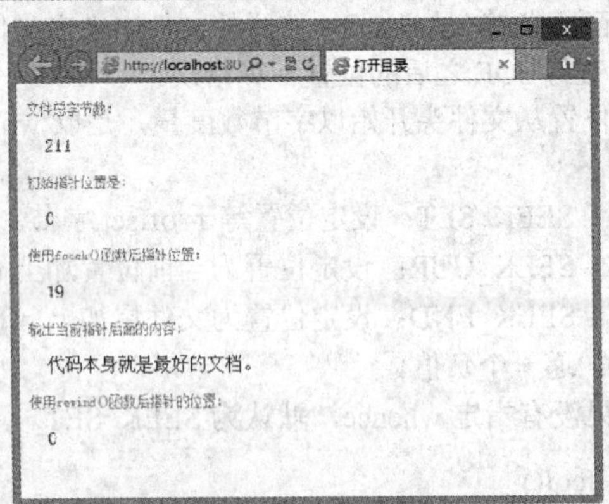

在网页中显示读取的文件内容

图 21.7　文件指针及应用

21.3.3 文件锁定

当用户在操作文件时，为了避免其他用户同时操作该文件，应该在操作之前锁定文件。在 PHP 中锁定文件的函数是 flock()，该函数的语法格式如下：

```
bool flock( int $handle , int $operation [, int &$wouldblock ] )
```

flock()函数操作的 handle 必须是一个已经打开的文件指针。参数 operation 可以是如下几个值。

- ☑ 共享锁定（读取的程序），将 operation 设为 LOCK_SH。
- ☑ 独占锁定（写入的程序），将 operation 设为 LOCK_EX。
- ☑ 释放锁定（无论共享或独占），将 operation 设为 LOCK_UN。

如果不希望 flock()在锁定时堵塞，则给 operation 加上 LOCK_NB。flock()允许执行一个简单的可以在任何平台中使用的读取/写入模型，可选的第三个参数会被设置为 true。锁定操作也可以被 fclose()释放。执行该函数时，如果成功则返回 true，失败返回 false。

【示例】在下面示例中将锁定文件 me.txt，然后再打开它。

```
<?php
$fp = fopen("me.txt", "w+");
if (flock($fp, LOCK_EX)) {                          //进行排他型锁定
    fwrite($fp, "Write something here\n");
    flock($fp, LOCK_UN);                            //释放锁定
} else {
    echo "不能够锁定该文件!";
}
fclose($fp);
?>
```

由于 flock()需要一个文件指针，因此可能不得不用一个特殊的锁定文件来保护打算通过写模式打开的文件的访问，在 fopen()函数中加入"w"或"w+"。

21.4 远程文件上传

通过 HTTP 协议上传文件，需要在 php.ini 配置文件中对上传参数进行修改和设置，同时需要了解预定义变量$_FILES 和 move_uploaded_file()函数的使用，其中$_FILES 变量用来对上传文件进行限制和判断，然后使用 move_uploaded_file()函数完成文件上传操作。

21.4.1 初始化配置参数

在实现远程访问之前，读者需要在 php.ini 中配置文件上传的相关信息。打开 php.ini，找到并设置如下几个配置选项。

☑ file_uploads = on ;

是否允许通过 HTTP 上传文件的开关。默认为 ON，即是开启的。

☑ upload_tmp_dir =

文件上传至服务器上存储临时文件的地方，如果没指定就会用系统默认的临时文件夹。

☑ upload_max_filesize = 2m ;

允许上传文件大小的最大值，默认为 2MB。

☑ post_max_size = 8m ;

通过表单 POST 给 PHP 所能接收的最大值，包括表单里的所有值，默认为 8MB。

Note

一般设置好上述 4 个参数后，在网络正常的情况下上传小于等于 8MB 的文件不成问题。但如果要上传大于 8MB 的大文件，只设置上述四项还不一定能行。除非网速等于大于 100M/S，否则读者还需要设置如下参数。

☑ max_execution_time = 600 ;

每个 PHP 页面运行的最大时间值（秒），默认为 30 秒。如果设置为 0，则表示没有时间限制。

☑ max_input_time = 600 ;

每个 PHP 页面接收数据所需的最大时间，默认为 60 秒。

☑ memory_limit = 8m ;

每个 PHP 页面占用的最大内存，默认为 8MB。

把上述参数修改后，在网络所允许的正常情况下，就可以上传大体积文件。

21.4.2 设置预定义变量$_FILES

$_FILES 变量存储的是上传文件的相关信息，这些信息对于上传功能有很大的作用，该变量以二维数组的形式保存的信息如表 21.4 所示。

表 21.4 预定义变量$_FILES 元素

元 素 名	说 明
$_FILES[filename][name]	存储上传文件的文件名
$_FILES[filename] [size]	存储上传文件的大小，单位为字节
$_FILES[filename] [tmp_name]	文件上传时，首先在临时目录中被保存为临时文件，该变量为临时文件名
$_FILES[filename] [type]	上传文件的类型
$_FILES[filename] [error]	存储了上传文件的结果，如果返回 0，则说明上传成功

【示例】如何获取上传文件的相关信息，页面代码如下（$_FILES.php），演示效果如图 21.8 所示。

```
<body>
<form action="" method="post" enctype="multipart/form-data">
   <dl>
      <dt>上传文件：</dt>
      <dd>
         <input type="file" name="upfile"/>
         <input type="submit" name="submit" value="上传" />
      </dd>
   </dl>
</form>
   <dl>
        <dt>上传文件信息：</dt>
<?php
if(!empty($_FILES)){
      foreach($_FILES['upfile'] as $name => $value)
            echo "<dd> ". $name.' = '.$value.'</dd>';
```

```
}
?>
  </dl>
</body>
```

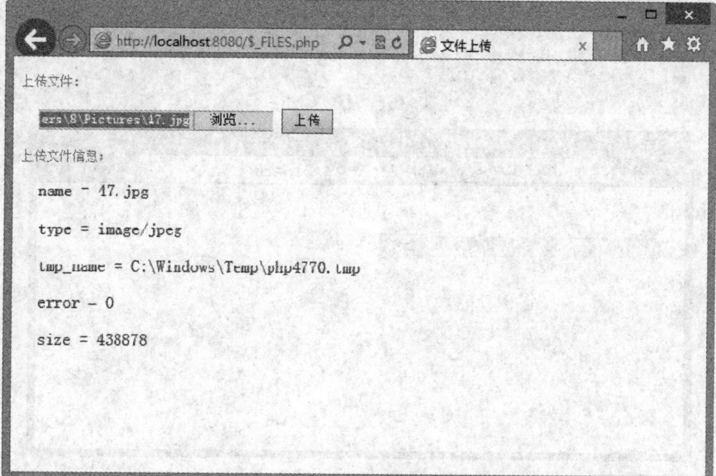

图 21.8　上传文件的信息

21.4.3　上传文件

要上传文件，必须调用 move_uploaded_file()函数，该函数的语法格式如下：

```
bool move_uploaded_file( string $filename , string $destination )
```

该函数将检查并确保由参数 filename 指定的文件是合法的上传文件，即通过 PHP 的 HTTP POST 上传机制所上传的。如果文件合法，则将其移动为由 destination 指定的文件。

如果 filename 不是合法的上传文件，不会出现任何操作，move_uploaded_file()将返回 false。如果 filename 是合法的上传文件，但出于某些原因无法移动，不会出现任何操作，move_uploaded_file()将返回 false。此外还会发出一条警告。如果目标文件已经存在，将会被覆盖。

【示例】如何使用 move_uploaded_file()函数将远程文件上传到服务器上指定目录中，页面代码如下（move_uploaded_file.php），演示效果如图 21.9 所示。

```
<body>
<form action="" method="post" enctype="multipart/form-data">
  <dl>
    <dt>上传文件：</dt>
    <dd>
      <input type="file" name="upfile"/>
      <input type="submit" name="submit" value="上传" />
    </dd>
  </dl>
</form>
<?php
if(!empty($_FILES[up_file][name])){
    $fileinfo = $_FILES[up_file];                                    //获取文件信息
    if($fileinfo['size'] < 1000000 && $fileinfo['size'] > 0){        //判断文件大小
```

```
            move_uploaded_file($fileinfo['tmp_name'],$fileinfo['name']);      //将上传的文件移动到新位置
            echo '<p>上传成功</p>';
        }else{
            echo '<p>无法上传</p>';
        }
}
?>
</body>
```

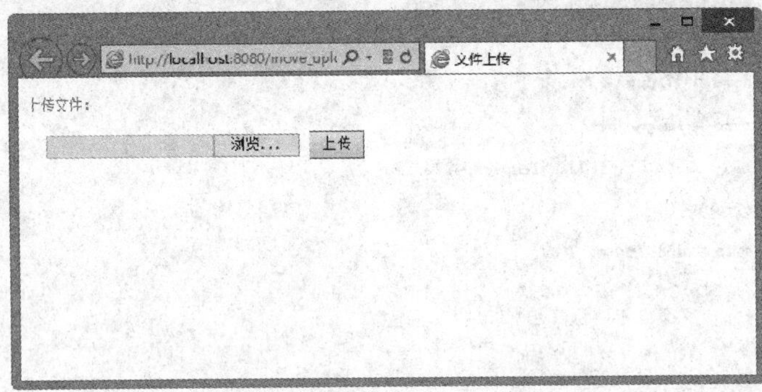

图 21.9　执行文件上传操作

21.5　操作 XML 文档

XML 是目前比较流行的语言，是 Web 开发中常用的数据格式，无论是 RSS 订阅、Web 服务，还是 Ajax 技术，都需要与 XML 有着直接的联系，通过 PHP 可以对 XML 数据进行操作。

21.5.1　创建 XML 文档

PHP 不仅可以动态生成网页，还可以生成 XML 文档。

【示例】快速生成 XML 文档（xml.php）。代码如下：

```
<?php
header('Content-type:text/xml');
echo '<?xml version="1.0" encoding="gb2312"?>';
echo '<留言本>';
echo '<留言>';
echo '<用户名 性别="男" QQ="666666666" Email="zhangsan@263.net">张三</用户名>';
echo '<留言内容>这里是张三的留言</留言内容>';
echo '<留言时间>2014-2-5 16:39:26</留言时间>';
echo '</留言>';
echo '<留言>';
echo '<用户名 性别="女" QQ="777777777" Email="lisi@263.net">李四</用户名>';
echo '<留言内容>这里是李四的留言</留言内容>';
echo '<留言时间>2014-3-5 16:39:26</留言时间>';
echo '</留言>';
echo '</留言本>';
?>
```

Note

在生成的 XML 文档代码中第一行必须使用 header()函数设置文档的类型。在浏览器中预览，则演示效果如图 21.10 所示。

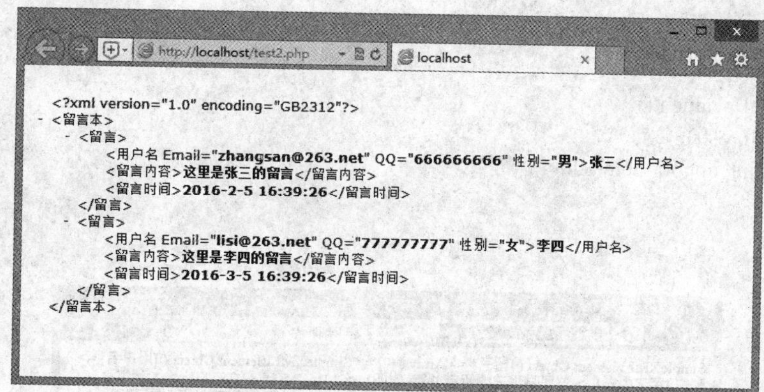

图 21.10　生成的 XML 文档

21.5.2　创建 SimpleXML 对象

PHP 对 XML 数据的操作有很多方法，如 XML 语法解析函数、DOMXML 函数和 SimpleXML 函数等，其中 SimpleXML 函数操作比较简单，本节所有 PHP 操作 XML 数据都采用这种方法。

使用 SimpleXML 首先要创建对象，创建 SimpleXML 对象的方法有 3 种。

- ☑ simplexml_load_string()函数：将创建的字符串解析到内存中。
- ☑ simplexml_load_file()函数：将指定的文件解析到内存中。
- ☑ simplexml_import_dom()函数：将一个使用 DOM 函数创建的 DOMDocument 对象导入到内存中。

【示例】分别使用上述 3 个函数导入 XML 文档，然后使用 print_r()函数输出 XML 对象到页面中，显示效果如图 21.11 所示。

```
<?php
header('Content-Type:text/html;charset=utf-8');
/*第一种方法*/
$xml1 = simplexml_load_file("message.xml");
print_r($xml1);
/*第二种方法*/
$str = <<<XML
<?xml version="1.0" encoding="gb2312"?>
<留言本>
  <留言>
    <用户名 性别="男"  QQ="666666666"  Email="zhangsan@263.net">张三</用户名>
    <留言内容>这里是张三的留言</留言内容>
    <留言时间>2016-2-5 16:39:26</留言时间>
  </留言>
  <留言>
    <用户名 性别="女"  QQ="777777777"  Email="lisi@263.net">李四</用户名>
    <留言内容>这里是李四的留言</留言内容>
    <留言时间>2016-3-5 16:39:26</留言时间>
  </留言>
</留言本>
```

Note

```
XML;
$xml2 = simplexml_load_string($str);
echo '<p>';
print_r($xml2);
/*第三种方法*/
$dom = new domDocument();
$dom -> loadXML($str);
$xml3 = simplexml_import_dom($dom);
echo '<p>';
print_r($xml3);
?>
```

```
SimpleXMLElement Object ( [留言] => Array ( [0] => SimpleXMLElement Object ( [用户名] => 张三 [留言内容] => 这里是张三的留言 [留言时间] => 2016-2-5 16:39:26 ) [1] => SimpleXMLElement Object ( [用户名] => 李四 [留言内容] => 这里是李四的留言 [留言时间] => 2016-3-5 16:39:26 ) ) )

SimpleXMLElement Object ( [留言] => Array ( [0] => SimpleXMLElement Object ( [用户名] => 张三 [留言内容] => 这里是张三的留言 [留言时间] => 2016-2-5 16:39:26 ) [1] => SimpleXMLElement Object ( [用户名] => 李四 [留言内容] => 这里是李四的留言 [留言时间] => 2016-3-5 16:39:26 ) ) )

SimpleXMLElement Object ( [留言] => Array ( [0] => SimpleXMLElement Object ( [用户名] => 张三 [留言内容] => 这里是张三的留言 [留言时间] => 2016-2-5 16:39:26 ) [1] => SimpleXMLElement Object ( [用户名] => 李四 [留言内容] => 这里是李四的留言 [留言时间] => 2016-3-5 16:39:26 ) ) )
```

图 21.11　输出的 SimpleXML 对象

通过上面示例可以看到，不同数据源的 XML，只要结构相同，那么输出的结果都是相同的。

21.5.3　读取 XML 元素

创建 XML 对象之后，就可以调用 SimpleXML 对象的函数来读取数据，这里主要调用 children()函数和 foreach 循环语句遍历所有子节点元素。

【示例】使用第一种方法，通过 simplexml_load_file()函数导入外部 XML 文档，然后遍历该文档结构，使用 children()函数获取每个子元素信息打印在页面中，如图 21.12 所示。

```
<?php
header('Content-Type:text/html;charset=utf-8');
$xml = simplexml_load_file("message.xml");
foreach($xml->children() as $layer_1){
    echo '<hr>';
    print_r($layer_1);
    echo '<p>';
    foreach($layer_1->children() as $layer_2){
        print_r($layer_2);
        echo '<br>';
    }
    echo '<hr>';
}
?>
```

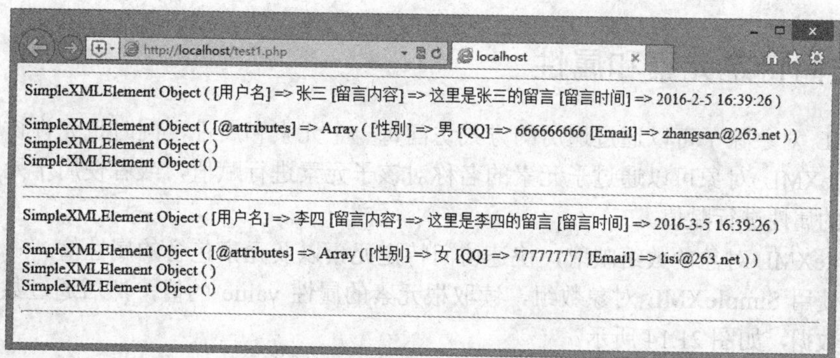

图 21.12　遍历 XML 文档元素

21.5.4　读取 XML 属性

使用 SimpleXML 对象的 attributes()函数可以读取 XML 文档中元素的属性，其用法与 children()函数相似。

【示例】使用第一种方法，通过 simplexml_load_file()函数导入外部 XML 文档，然后遍历该文档结构，使用 attributes()函数获取每个元素属性信息，并把这些属性信息显示在页面中，如图 21.13 所示。

```
<?php
header('Content-Type:text/html;charset=utf-8');
$xml = simplexml_load_file("message.xml");
foreach($xml->children() as $layer1){
    foreach($layer1->attributes() as $n => $v){
        echo $n.'='.$v;
        echo '<br>';
    }
    echo '<hr>';
    foreach($layer1->children() as $layer2){
        foreach($layer2->attributes() as $n1 => $v1){
            echo $n1."=".$v1;
            echo '<br>';
        }
    }
    echo '<hr>';
}
?>
```

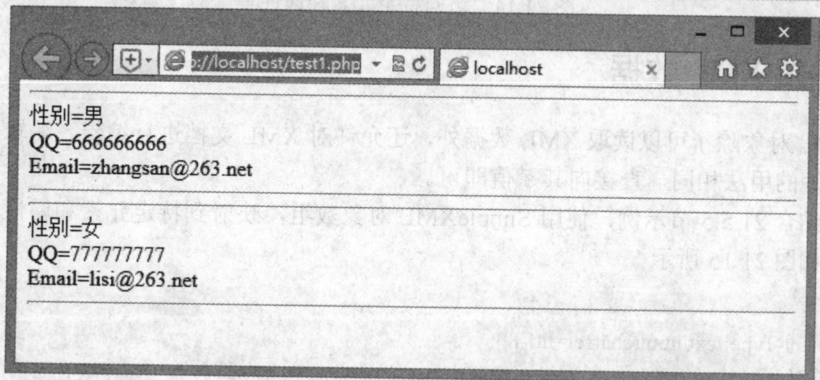

图 21.13　遍历 XML 文档属性

21.5.5 访问特定元素和属性

Note

SimpleXML 对象除了可以通过遍历的方式访问每一个元素和属性，同时也允许访问特定的元素和属性，SimpleXML 对象可以通过子元素的名称对该子元素进行赋值，或者使用子元素的名称数组来对该子元素的属性进行赋值。

通过 SimpleXML 对象的数组映射，快速访问特定元素以及元素包含的属性值。

【示例】使用 SimpleXML 对象数组，读取根元素的属性 value 的值，然后通过数组映射，找到子元素包含的数据，如图 21.14 所示。

```
<?php
header('Content-Type:text/html;charset=utf-8');
$str = <<<XML
<?xml version='1.0' encoding='utf-8'?>
<book value='留言本'>
    <book1>
        <name>大事记</name>
    </book1>
    <book2>
        <name value='日常琐事'/>
    </book2>
</book>
XML;
$xml = simplexml_load_string($str);
echo $xml['value'].'<br>';
echo $xml->book1[0]->name.'<br>';
echo $xml->book2[0]->name['value'].'<br>';
?>
```

图 21.14　访问特定元素和属性

21.5.6 编辑 XML 数据

SimpleXML 对象除了可以读取 XML 数据外，还允许对 XML 文档进行编辑。编辑的方法与读取特定元素和属性的用法相同，直接向其赋值即可。

【示例】结合 21.5.5 节示例，使用 SimpleXML 对象数组，映射到特定元素和属性，然后重新为其赋值，演示如图 21.15 所示。

```
<?php
header('Content-Type:text/html;charset=utf-8');
$str = <<<XML
<?xml version='1.0' encoding='gb2312'?>
```

```
<book value='留言本'>
    <book1>
        <name>大事记</name>
    </book1>
    <book2>
        <name value='日常琐事'/>
    </book2>
</book>
XML;
$xml = simplexml_load_string($str);
$xml['value'] = iconv('gb2312','utf-8','我的留言本');
$xml->book1[0]->name = iconv('gb2312','utf-8','国内外大事记');
$xml->book2[0]->name['value'] =   iconv('gb2312','utf-8','家庭日常琐事');

echo $xml['value'].'<br>';
echo $xml->book1[0]->name.'<br>';
echo $xml->book2[0]->name['value'].'<br>';
?>
```

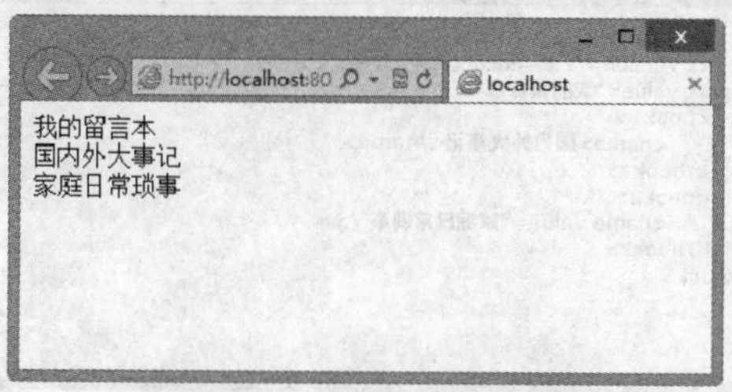

图 21.15 编辑 XML 数据

提示：iconv()函数是编码转换函数，该函数能够把不同编码的字符转换为特定格式的字符，这样就能够避免在编辑 XML 数据时，因为编码不一致导致的乱码现象。在本例中通过把 gb2312 编码转换为 utf-8，从而实现字符数据的一致性。

21.5.7 保存 XML 数据

当使用 SimpleXML 对象编辑 XML 数据之后，这些被修改的数据仅在内存中存在，原文档并没有发生变化，为此还需要对编辑后的 XML 数据进行保存，只有这样才能够确保编辑行为有效。保存 XML 数据主要用到 file_put_contents()函数。

【示例】使用 file_put_contents()函数把 21.5.6 节修改后的 XML 数据保存为 book.xml，并重新读取保存的 book.xml 文档数据，如图 21.16 所示。

```
<?php
header('Content-Type:text/html;charset=utf-8');
$str = <<<XML
<?xml version='1.0' encoding='utf-8'?>
<book value='留言本'>
    <book1>
        <name>大事记</name>
    </book1>
    <book2>
```

```
            <name value='日常琐事'/>
        </book2>
    </book>
    XML;
    $xml = simplexml_load_string($str);
    $xml[value] = '我的留言本';
    $xml->book1[0]->name = '国内外大事记';
    $xml->book2[0]->name['value'] = '家庭日常琐事';
    //格式化$xml 对象
    $modi = $xml->asXML();
    //保存 XML 文档
    file_put_contents('book.xml',$modi);
    //读取 XML 文档内容
    $str = file_get_contents('book.xml');
    echo $str;
    ?>
```

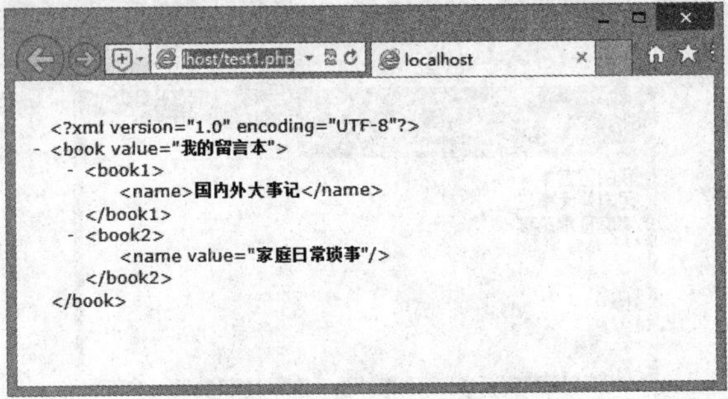

图 21.16　保存 XML 文档

第22章

综合案例：设计留言板

（视频讲解：70分钟）

留言板是网站与访客进行沟通的简单工具。用户在留言板上可以发表自己的一些看法，而管理员可以对用户的看法及时作出回应，实现良好互动。留言板的形式多种多样，有简易留言板、分类留言板、具有版主回复的留言板等。

【学习重点】

- 能够开发一个功能完善的留言板
- 增添签写留言
- 添加敏感词、过滤敏感词
- 给版主的悄悄话、回显版主信息
- 版主单帖管理

22.1 设计思路

Note

留言板的基本功能是方便用户查看留言、发表留言，管理员查看留言、回复留言和删除留言。本章留言板是高级的留言管理系统，实现了签写留言，添加私人留言（即悄悄话功能）、支持简单的表情图标及人物头像、添加关键字过滤功能、回复留言、管理留言、查询留言、向文本文件中添加敏感词、回显版主信息、版主单帖管理和支持屏蔽悄悄话显示等特色功能。

本模块在介绍基本功能实现的同时，介绍了一些新的编程方法和 SQL 语句构造技巧。在留言板的实现中，运用了 MySQL 数据库的多表联合查询。另外，在管理留言时一次可以删除多条留言信息，并可以同时删除该留言的回复信息，这种方法应用 in 关键字实现，并且需要一定的技巧来构造 SQL 语句。

22.1.1 框架规划

留言板的前台主要功能结构如图 22.1 所示。

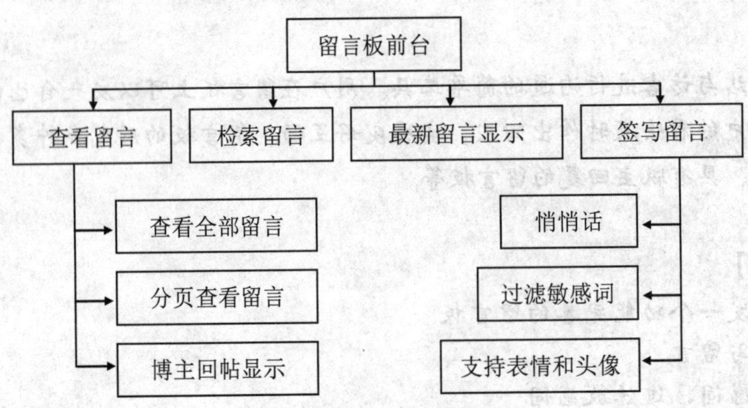

图 22.1 前台功能结构图

留言板的后台主要功能结构如图 22.2 所示。

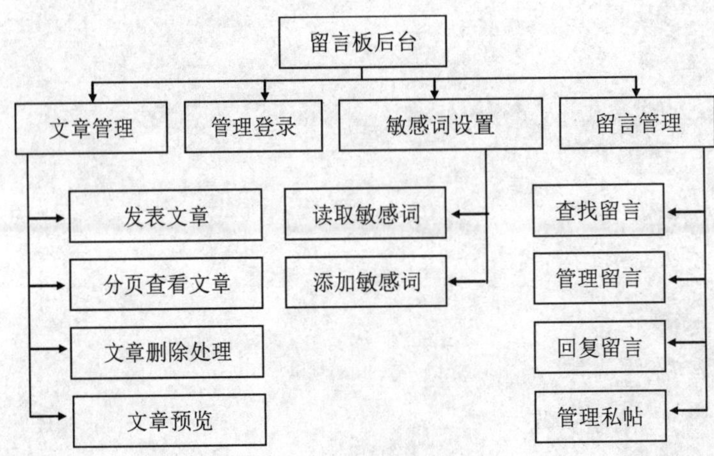

图 22.2 后台功能结构图

22.1.2　设计流程

留言板设计流程很简单，首先签写留言信息，然后对留言内容进行敏感词过滤，如果提交成功，则将留言信息显示在前台首页，最后由管理员对留言信息进行后台管理。留言板模块的设计流程如图 22.3 所示。

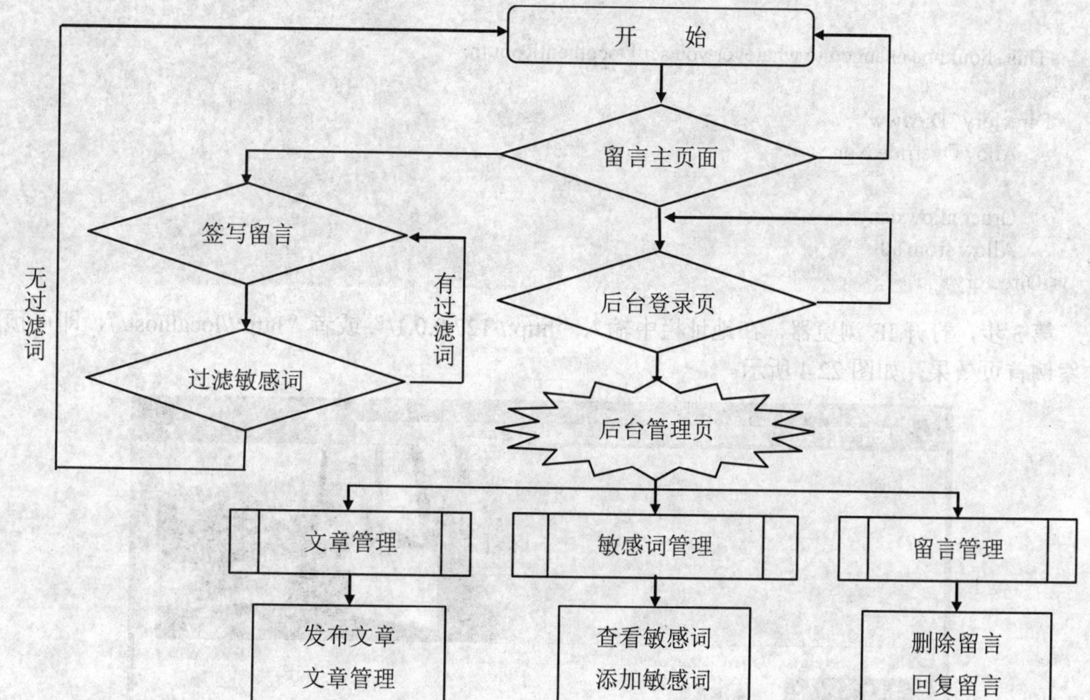

图 22.3　设计流程图

22.2　案 例 预 览

在具体学习之前，用户有必要先借助本书完成源代码体验网站运行的整体效果，为具体实践奠定扎实的基础。

【操作步骤】

第 1 步，附加 MySQL 数据库。在光盘源代码目录中，将本章实例子目录下 database 文件夹中的 db_leaveword 文件夹复制到 MySQL 配置文件 my.ini 中定义的数据库存储目录中，具体位置应根据读者在安装 MySQL 的设置而定，默认路径如下：

```
#Path to the database root
datadir="C:/ProgramData/MySQL/MySQL Server 5.7/Data/"
```

第 2 步，将程序发布到 PHP 服务器站点根目录下。具体位置应根据读者在安装 Apache 的设置而定，即在 httpd 配置文件中定义的站点文档位置。

```
#
# DocumentRoot: The directory out of which you will serve your
# documents. By default, all requests are taken from this directory, but
# symbolic links and aliases may be used to point to other locations.
#
DocumentRoot "D:/www"

#
# This should be changed to whatever you set DocumentRoot to.
#
<Directory "D:/www">
    AllowOverride None

    Order allow,deny
    Allow from all
</Directory>
```

第 3 步，打开 IE 浏览器，在地址栏中输入“http://127.0.0.1/”或者“http://localhost/”，即可预览本案例首页效果，如图 22.4 所示。

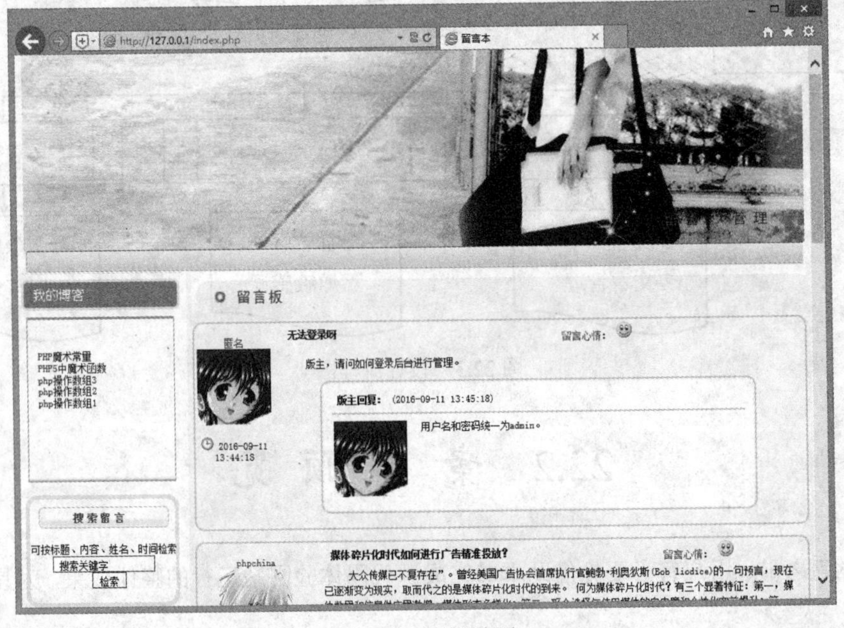

图 22.4　网站首页

 提示：在地址栏中输入的 127.0.0.1 的默认端口号为 80，在安装 Apache 服务器时如果端口号采用的不是默认设置，而是用户自定义的（如 8080），那么需要在地址栏中输入“127.0.0.1:8080”，即可正确运行程序。

在本案例首页中单击【留言】超链接，可以发表留言。单击【管理】超链接，输入管理员用户名 admin，密码 admin，进入后台主页面，如图 22.5 所示。在后台可对文章、留言信息及敏感词进行管理。

提示：在留言管理中，使用“是否回复”条件查询时，用 1 和 0 表示回复和未回复。

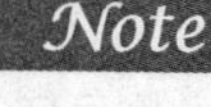

Note

图 22.5　网站后台管理首页

22.3　难 点 详 解

本案例结构设计也不是很复杂，但对于初学者来说，仍然将面临许多未知的技术难题和门槛，为此本节就案例中几个主要难点技术进行说明。

22.3.1　过滤敏感词

敏感词是指网站管理者为了正常经营，减少不必要的纠纷，消除不良影响，人为设定的一些较易引起人们歧义的词汇。当系统或管理员发现帖子里含有特定的敏感词汇时，该帖会自动被限制发表或删除。

一般来说，敏感词主要包括以下几类：

☑　党和国家领导人。

☑　宗教信仰敏感词汇。

☑　关于群体事件的词汇，如上访、静坐、示威、游行、双规等。

☑　突发性事件。这类突发性事件一般是指网络突发事件，如重大事件的当事人，管理员有权将其设为敏感词，而不能发表。

一个词汇是否可以作为禁用词汇，在概念上并没有明确的规定，只有网站的管理员可以结合自身网站的特点、社会与外界的各方面因素进行自定义设管，设置成功后将自动生效。

很多微博、论坛、评论、贴吧都有过滤敏感词的功能。过滤敏感词通常使用一对一的过滤形式。例如，要过滤“色情”这个词汇，那么就是考虑内容里边是否包含“色情”这个词，对于敏感词过滤，本系统主要使用正则表达式 preg_match()函数实现。

preg_match()函数用来在字符串中搜索所有与给出的正则表达式匹配的内容，如果存在则返回

true，否则返回 false。基本语法如下：

```
int preg_match( string $pattern , string $subject [, array &$matches [, int $flags = 0 [, int $offset = 0 ]]] )
```

Note

参数说明如下。

- ☑ pattern：要搜索的模式，字符串类型。
- ☑ subject：输入字符串。
- ☑ matches：如果提供了参数 matches，它将被填充为搜索结果。$matches[0]将包含完整模式匹配到的文本，$matches[1]将包含第一个捕获子组匹配到的文本，依此类推。
- ☑ flags：flags 可以被设置为以下标记值。PREG_OFFSET_CAPTURE 如果传递了这个标记对于每一个出现的匹配返回时会附加字符串偏移量，相对于目标字符串。
- ☑ offset：默认搜索从目标字符串的开始执行，可选参数 offset 用于指定从目标字符串的某个未知开始搜索（单位是字节）。

preg_match()函数返回 pattern 的匹配次数。它的值将是 0 次（不匹配）或 1 次，因为 preg_match()在第一次匹配后将会停止搜索，preg_match_all()不同于此，它会一直搜索 subject 直到到达结尾。如果发生错误，preg_match()返回 false。

本系统实现过滤敏感词的实现方法如下：

首先，应用 file()函数读取存储在文本文件中的敏感词汇，每个敏感词独立成一行，并将其存储在数组$file_word 中。

然后，应用 For 循环语句自动读取数组元素敏感词，直接通过正则表达式检验用户提交的留言信息是否含有敏感词。

当用户发表留言信息后，提交留言信息时，将留言信息与存储在数组中的敏感词进行对比，如果留言信息中含有敏感词，那么将弹出提示信息，否则留言信息发布成功。

实现敏感词过滤的关键代码如下（note_check.php）：

```
<?php
require("global.php");
if($_POST){
    if (is_file("./filterwords.txt")){//判断给定文件名是否为一个正常的文件
        $filter_word = file("./filterwords.txt");      //把整个文件读入一个数组中
        $str=$_POST['content'];
        for($i=0;$i<count($filter_word);$i++){       //应用 For 循环语句对敏感词进行判断
            //应用正则表达式，判断传递的留言信息中是否含有敏感词
            if(preg_match("/".trim($filter_word[$i])."/i",$str)){
                echo "<script> alert('留言信息中包含敏感词！ ');history.back(-1);</script>";
                exit;
            }
        }
    }
}
?>
```

preg_match()函数中的"/i"，是指在进行敏感词汇比较时不区分字母大小写。

在用户提交留言信息后，系统将签写的留言信息与系统设定的敏感词进行一一对比，如果在用户签写的留言信息中存在敏感词，例如设置“游行”为敏感词，则当留言中出现“游行”一词时，就会弹出留言中含有敏感词的警告信息，如图 22.6 所示。

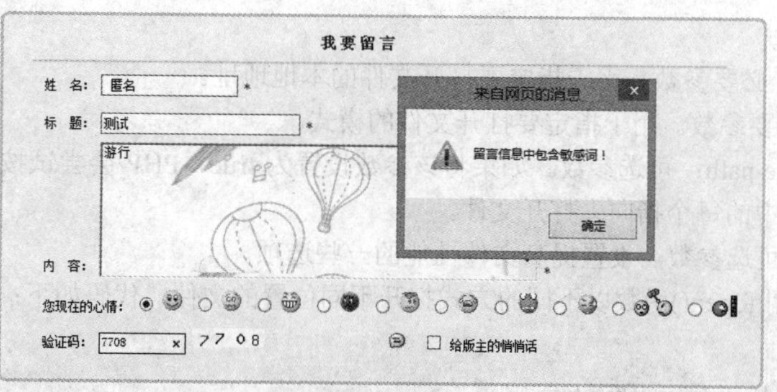

图 22.6 过滤敏感词

22.3.2 添加敏感词

在本系统中，敏感词汇可以由管理员自定义设置。在后台的添加敏感词页面中添加敏感词汇，将其写入文本文件中，从而完成自定义敏感词汇的功能。向文本文件添加敏感词汇的效果如图 22.7 所示。

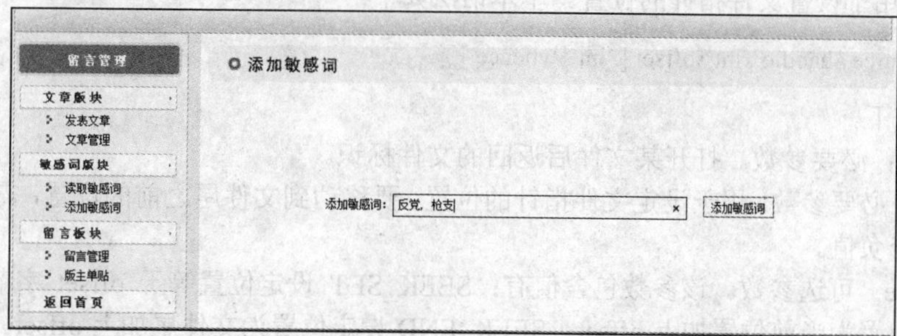

图 22.7 添加敏感词

在 PHP 中向文本文件写入字符串主要用到下面 5 个函数。

☑ is_writable()函数

is_writable()函数用于判断某文件是否存在，并且是否可写，如果满足条件则返回 true，否则返回 false。基本语法如下：

```
bool is_writable( string $filename )
```

filename 参数可以是一个允许进行是否可写检查的目录名。示例代码如下：

```
<?php
$filename = 'test.txt';
if (is_writable($filename)) {
    echo '当前文件可写';
} else {
    echo '当前文件不可写';
}
?>
```

☑ fopen()函数

fopen()函数用于打开某文件，并返回该文件的标识指针。该文件可以是本地文件，也可以是远程文件，通过 URL 指定。如果打开失败，则函数返回 false。基本语法如下：

```
resource fopen( string $filename , string $mode [, bool $use_include_path [, resource $zcontext ]] )
```

Note

参数说明如下。

☑ filename：必要参数。用于指定要打开文件的本地地址。

☑ mode：必要参数。用于指定要打开文件的模式。

☑ use-include-path：可选参数。如果将该参数设置为 true，PHP 会尝试按照 include_path 标准包含路径中的每个指向去打开文件。

☑ context：可选参数。设置提高文件性能的一些选项。

【示例 1】 使用 fopen()函数以不同的方式打开不同位置的文件，代码如下：

```
<?php
$handle = fopen("/home/rasmus/file.txt", "r");
$handle = fopen("/home/rasmus/file.gif", "wb");
$handle = fopen("http://www.example.com/", "r");
$handle = fopen("ftp://user:password@example.com/somefile.txt", "w");
?>
```

☑ fseek()函数

fseek()函数用于设置文件指针的位置。基本语法如下：

```
int fseek( resource $handle , int $offset [, int $whence ] )
```

参数说明如下。

☑ handle：必要参数。打开某文件后返回的文件标识。

☑ offset：必要参数。用于设定文件指针的位置。要移动到文件尾之前的位置，需要给 offset 传递一个负值。

☑ whence：可选参数。该参数包含值有：SEEK_SET 设定位置等于 offset 字节；SEEK_CUR 设定位置为当前位置加上 offset；SEEK_END 设定位置为文件尾加上 offset。

【示例 2】 使用 fopen()函数打开文件 test.txt，然后读取该文件 4096 个字节的内容，最后应用 fseek()函数将文件指针恢复到原位置。

```
<?php
$fp = fopen('test.txt', 'r');
$data = fgets($fp, 4096);
fseek($fp, 0);
?>
```

☑ fwrite()函数

fwrite()函数用于将字符串写入指定的文件中，并可以规定写入字节的大小。基本语法如下：

```
int fwrite( resource $handle , string $string [, int $length ] )
```

参数说明如下。

☑ handle，必要参数。文件标识指针。

☑ string：必要参数。要写入某文件的字符串。

☑ length：可选参数。指写入文件的长度，如省略该参数，将指定字符串的所有内容写入文件中。

【示例 3】 使用 fwrite()函数将字符串写入 test.txt 文件中。代码如下：

```
<?php
$filename = 'test.txt';
$somecontent = "添加这些文字到文件\n";
```

```
//首先确定文件存在并且可写
if (is_writable($filename)) {
    //使用添加模式打开$filename，因此文件指针将会在文件的开头，那就是当使用 fwrite()时，$somecontent
将要写入的地方
    if (!$handle = fopen($filename, 'a')) {
        echo "不能打开文件 $filename";
        exit;
    }
    //将$somecontent 写入到打开的文件中
    if (fwrite($handle, $somecontent) === FALSE) {
        echo "不能写入到文件 $filename";
        exit;
    }
    echo "成功地将 $somecontent 写入到文件$filename";
    fclose($handle);
} else {
    echo "文件 $filename 不可写";
}
?>
```

☑　fclose()函数

fclose()函数用于关闭指定的文件标识指针所指的文件。基本语法如下：

```
bool fclose( resource $handle )
```

参数 handle 为 fopen()函数或者 fsockopen()函数成功打开某文件后所返回的文件标识。例如，应用 fopen()函数打开“c:/me.php”，然后使用 fclose()函数关闭该文件，代码如下：

```
<?php
  $handle = fopen('c:/me.php ', 'r');
  fclose($handle);
?>
```

在留言板系统中，通过以上介绍的函数实现向文本文件 filterwords.txt 中添加敏感词的功能。具体代码如下（manage/word_add.php）：

```
<?php
if($_POST){ //提交表单信息
    $filename="../filterwords.txt";
    if(is_writable($filename)){//判断文件是否存在
        $file=fopen($filename,'r+');
    }
    else{
        echo "文件".$filename."不可写";
    }
    //在文件尾写文件
    fseek($file,0,SEEK_END);
    $word=$_POST[txt_word];
    fwrite($file,$word);
    fwrite($file,"\r\n");
    fclose($file);
}
?>
```

在开发留言板模块的过程中，添加敏感词是本模块的一个重点，也是本模块的亮点。在向文本文件中写入敏感词汇时，总会将添加的敏感词写到一行上，这样在读取敏感词汇时，就不能正确读出敏感词汇。为了找出问题的原因，来分析一下添加敏感词的原理。

Note

首先，指定存储敏感词的文件，然后以写的方式打开该文件，将指针定位到文件的末尾，写入敏感词，最后关闭。

经过仔细的分析，找到问题的原因，那就是在将指针定位到文件的末尾后，向文本文件中写入敏感词，这时，指针的焦点仍然在当前行的末尾，并没有换行，所以在添加下一个敏感词时仍然写入到该词的末尾，这样就将多个敏感词汇写在一行上了，因此出现了问题。

解决的方法是，在每添加一个敏感词后，需要及时按 Enter 键换行，然后再添加下一个敏感词。因此，在应用 fwrite()函数写入敏感词后，添加这样一条语句。

```
fwrite($file,"\r\n");
```

在应用以上方法添加敏感词后，该问题迎刃而解。

22.3.3 读取敏感词

在本留言板中，敏感词汇是由管理员自定义添加的。在后台的添加敏感词版块中添加敏感词汇，将其写入文本文件中，从而完成自定义敏感词汇的功能。向文本文件添加敏感词汇的运行效果如图 22.8 所示。

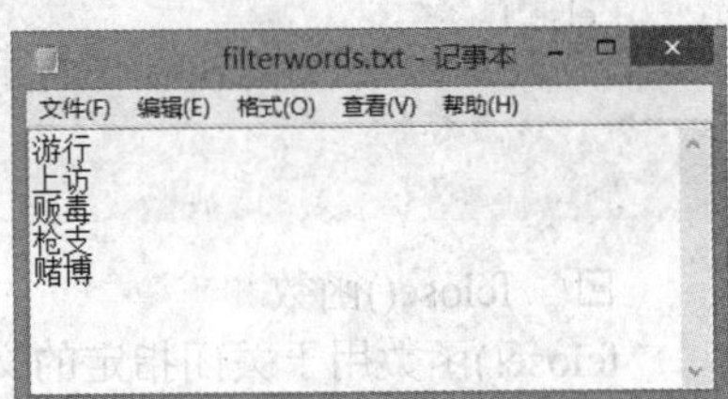

图 22.8 添加的敏感词

下面详细讲解应用 PHP 读取文本文件中敏感词汇应用的主要函数。

☑ is_readable()函数

is_readable()函数用于判断某文件是否存在，并且是否可读，如果满足上述条件则返回 true，否则返回 false。基本语法如下：

```
bool is_readable( string $filename )
```

参数 filename 用于指定文件的完整路径。

【示例 1】使用 is readable()函数判断 test.txt 是否为一个可读文件，代码如下：

```
<?php
$filename = 'test.txt';
if (is_readable($filename)) {
    echo '此文件为只读';
} else {
    echo '此文件为非只读';
}
?>
```

☑ file()函数

file()函数用于读取某文件的内容，并将结果保存到数组中，数组内每个元素的内容对应读取文件的一行。基本语法如下：

```
array file( string $filename [, int $use_include_path [, resource $context ]] )
```

参数说明如下。

☑ filename：必要参数。用于指定读取文件的完整路径。

☑ use_include_path：可选参数。如果将该参数设置为 true，PHP 会尝试按照 include-path 标准包含路径中的每个指向去打开文件。

☑ context：可选参数。设置提高文件流性能的一些选项。

file()将文件作为一个数组返回。数组中的每个单元都是文件中相应的一行，包括换行符在内。如果失败，file()函数将返回 false。如果也想在 include_path 中搜寻文件，可以将可选参数 use_include_ path 设为“1”。

【示例 2】通过 HTTP 从 URL 中取得 HTML 源文件，将一个文件读入数组，然后把 HTML 源代码显示出来。

```
<?php
//将一个文件读入数组
$lines = file('http://www.example.com/');
//在数组中循环，显示 HTML 的源文件并加上行号
foreach ($lines as $line_num => $line) {
    echo "Line #<b>{$line_num}</b> : " . htmlspecialchars($line) . "<br />\n";
}
?>
```

☑ each()函数

each()函数用于返回当前指针位置的数组值，并将指针推进一个位置。返回的数组包含 4 个键，键名为 0、1、key 和 value。其中，键 0 和 key 包含键名，而键 1 和 value 包含相应的数据。如果程序在执行 each()函数时，指针已经位于数组末尾，则返回 false。基本语法如下：

```
array each( array &$array )
```

参数 array 用于指定函数要操作的数组。

【示例 3】将数组 foo 中的值进行转换操作，输出形式如下。

```
<?php
$foo = array("bob", "fred", "jussi", "jouni", "egon", "marliese");
$bar = each($foo);
print_r($bar);
?>
```

$bar 现在包含有如下的键/值对：

```
Array{
    [1] => bob
    [value] => bob
    [0] => 0
    [key] => 0
}
```

通常情况下，应用 each()函数的工作原理与 list()函数相配合遍历数组。代码如下：

```
<?php
$fruit = array('a' => 'apple', 'b' => 'banana', 'c' => 'cranberry');
reset($fruit);
while (list($key, $val) = each($fruit)) {
    echo "$key => $val\n";
}
?>
```

上面代码输出结果：

```
a => apple
b => banana
c => cranberry
```

在本系统留言模块中，通过上面 3 个函数实现读取文本文件中的敏感词汇（manage /word_read.php）。

```
<?php
$filename="../filterwords.txt";
if(is_readable($filename)){
    $arr=file($filename);
}
else{
    echo "文件".$filename."不可读";
}
while(list($name,$value)=each($arr)){ //遍历数组
    $a.="$value".",";
}
echo "<br>敏感词如下：<br>".$a;
?>
```

22.3.4 设计验证码

验证码技术，是为了防止用户名被暴力破解，在签写留言页面中要求输入验证码，通常情况下，如果输入的验证码错误，将重新刷新页面，所签写的留言信息被清空，这样给用户操作造成了一定的损失。为了避免这一现象的发生，本模块在实现签写留言信息时，验证码在当前页进行验证，即使验证码输入错误，也不会丢失留言信息，而会保留原始的留言信息，效果如图 22.9 所示。

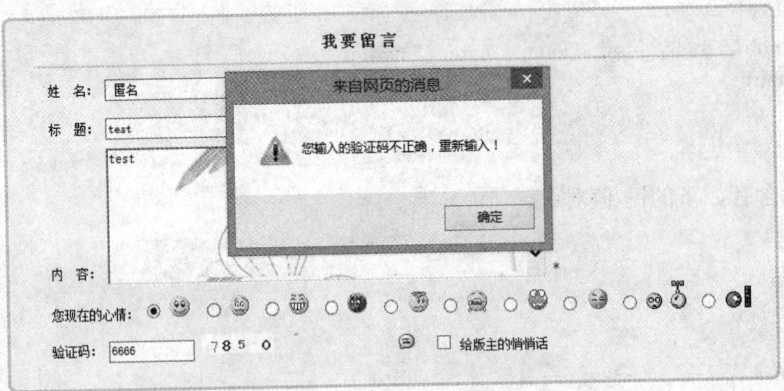

图 22.9 验证码错误提示

【操作步骤】

第 1 步，设置验证码的表单元素，然后添加一个隐藏域，用来记录随机数的值。

```
<input name="checkcode" type="text" id="checkcode" size="12" />
<input type="hidden" name="createcheckcode" value="">
```

第 2 步，获取验证码。验证码通过 Math.random()函数生成随机数的方式得到，rand()函数可以获取指定范围内的随机数。在签写留言页面上生成一组 4 位的随机数（index.php）。

```
<script language="javascript">
var num1=Math.round(Math.random()*10000000);
var num=num1.toString().substr(0,4);
document.form1.createcheckcode.value=num;
document.write("<img name=codeimg4 src='checks.php?num="+num+"'>");
</script>
```

Note

第3步，显示随机数图片。显示随机数的方式很多，将随机数写入一个图片中再显示是目前常用的方法。

【拓展】在PHP中，可以使用GD函数库来实现显示随机数图片。用户需要先在php.ini配置文件中去除extension = php_gdz.dll前面的分号，打开GD函数库扩展，然后重新启动Apache服务器即可。

☑ imagecreate()函数

imagecreate()函数用来创建一个基于调色板的空白图像源，这是生成图片的第一步。该函数的基本语法如下：

```
resource imagecreate( int $x_size , int $y_size )
```

参数$x_size和$y_size分别指定了图像的宽和高。

☑ imagecolorallocate()函数

imagecolorallocate()函数可以为创建后的图像分配颜色。该函数的基本语法如下：

```
int imagecolorallocate( resource $image , int $red , int $green , int $blue )
```

参数image是一个图像源。red、green和blue则表示红、黄、蓝3种颜色。每种颜色的取值范围在1~255之间。

☑ imagestring()函数

图像创建完成后，就可以使用imagestring()函数添加图像文字。该函数的语法如下：

```
bool imagestring( resource $image , int $font , int $x , int $y , string $s , int $col )
```

imagestring()函数使用col颜色将字符串s画到image所代表的图像的x、y坐标处，这是字符串左上角坐标，整幅图像的左上角为0、0。如果font是1、2、3、4或5，则使用内置字体。

☑ imagepng()函数

该函数将创建完成的图片以png的格式输出。该函数的语法如下：

```
bool imagepng( resource $image [, string $filename ] )
```

参数image是要保存的图像源，参数filename是要保存的图像名。如果省略，则直接输出到浏览器。

☑ imagedestroy()函数

图像保存完毕后，使用imagedestroy()函数来释放内存。该函数的语法如下：

```
bool imagedestroy( resource $image )
```

在本系统中，应用GD函数库生成随机图片的实现方法如下（checks.php）：

```
<?php
session_start();                                        //启动 Session 会话
header("content-type:image/png");                       //设置创建图像的格式
$image_width=70;                                        //设置图像宽度
$image_height=18;                                       //设置图像高度
$new_number=$_GET[num];
$num_image=imagecreate($image_width,$image_height);     //创建一个画布
```

Note

```
imagecolorallocate($num_image,255,255,255);                    //设置画布的颜色
for($i=0;$i<strlen($new_number);$i++){                         //循环读取 SESSION 变量中的验证码
    $font=mt_rand(3,5);                                        //设置随机的字体
    $x=mt_rand(1,8)+$image_width*$i/4;                         //设置随机字符所在位置的 X 坐标
    $y=mt_rand(1,$image_height/4);                             //设置随机字符所在位置的 Y 坐标
    $color=imagecolorallocate($num_image,mt_rand(0,100),mt_rand(0,150),mt_rand(0,200)); //设置字符的颜色
    imagestring($num_image,$font,$x,$y,$new_number[$i],$color);  //水平输出字符
}
imagepng($num_image);                                          //生成 PNG 格式的图像
imagedestroy($num_image);                                      //释放图像资源
?>
```

提交表单信息后，调用自定义函数 check_form()来实现在当前页验证输入的验证码是否正确（index.php）。

```
<script language="JavaScript">
function check_form(form1){
    //…
    if(form1.checkcode.value==""){
        alert("验证码不能为空！");form1.checkcode.focus();return false;
    }
    if(form1.checkcode.value!=num){
        alert("您输入的验证码不正确，重新输入！");form1.checkcode.focus();return false;
    }
}
</script>
```

22.3.5 复选框全选

在网页中根据数据库内容应用 For 循环语句动态创建复选框的个数，被全选或反选的复选框必须设置 name 为 note_id[]，复选框的值是留言信息的 ID 号。

```
<input type="checkbox" name="note_id[]"   value="<?php echo $id;?>" />
```

添加一个全选的复选框，作为要选择的内容。当选中该复选框时，调用自定义函数 check_all()来设置复选框的全选。

```
<input type="checkbox" name="select_all" onClick="check_all(this.form)" />
<span class="style1">全选</span>  
```

全选的实现，遍历所有的复选框 form.elements[i]，然后设置各多选项的 checked 属性为 true。代码如下（manage/index.php）：

```
<script language="JavaScript">
//选择表单中所有 check_box
function check_all(form){
    for(var i=0;i<form.elements.length-2;i++){
        var e=form.elements[i];
        e.checked=true;
    }
}
</script>
```

设置或获取复选框的状态，其值 true 为选中，false 为未选中。在登录后台首页，选中【全选】复选框，所有 name 为 note_id[]的复选框将被选中。

添加一个反选的复选框，作为取消选择的内容。当选中【反选】复选框时，调用自定义函数 inverse()，设置复选框当前值的相反设置。

Note

```
<input type="checkbox" name="select_reverse" onClick="inverse(this.form)" />
<span class="style1">反选</span>
```

反选的实现，遍历所有复选框 form.elements [i]，获取复选框的 checked 属性值，如果是 true，则设置为 false，否则设为 true，即作为当前值的相反设置，演示效果如图 22.10 所示。

```
<script language="JavaScript">
//反选表单中 checkbox
function inverse(form){
    for (var i=0;i<form.elements.length-2;i++){
        var e = form.elements[i];
        e.checked == true ? e.checked = false : e.checked = true;
    }
}
</script>
```

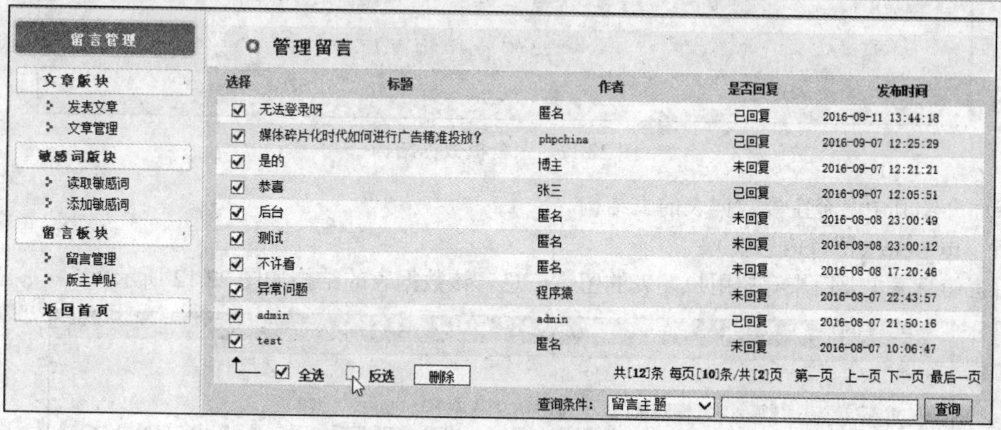

图 22.10　全选复选框

22.4　页面开发

本节将详细讲解整个网站的开发过程。在开发过程中，读者应该重视下面两个问题，虽然它们不是本书讲解的重点，但是它们对于网站的点击维护具有重要价值。

- ☑ 设计美观得体的页面是开发人员所必须考虑的要素之一，当然为了提高页面访问速度，尽量将页面图片存储为 gif 或 jpg 格式，这两种格式图片具有所占空间小、画面质量高等特点，从而可以有效提高网站的传输率。
- ☑ 一个优秀的 Web 程序，不仅应具有合理的代码编写规则和较高的代码执行效率，合理的页面设计方式和美观的页面也是不可缺少的，为了保证整个留言板页面的一致性，在设计页面时，将留言板的头部内容存储在 header.html 文件中，将用于显示版权信息的尾部内容存

储在 footer.html 文件中，这样，在新建留言板的功能页面时，只需在页面的适当位置应用 include 语句调用这两个静态页文件即可。应用这种页面设计方式，还可以提高程序的开发效率和易维护性。

Note

22.4.1 设计数据结构

留言板模块是一个中小型的信息平台，关于数据库的选择需要充分考虑到成本问题及用户需求，如跨平台等问题，而 MySQL 是世界上最为流行的开放源码的数据库，是完全网络化的跨平台的关系型数据库系统，因此，本系统采用 MySQL 数据库作为数据库开发平台。

数据库的设计与功能的层次紧密相连。结合实际情况及对用户需求的分析，留言板中应用的 db_leaveword 数据库主要包含 4 张数据表，如图 22.11 所示。

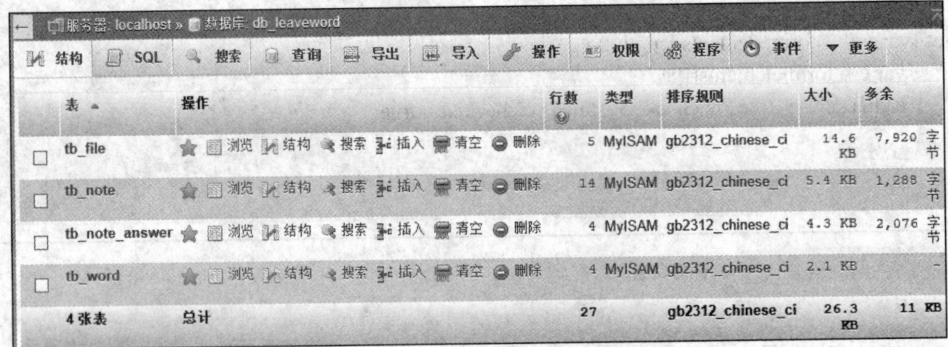

服务器: localhost » 数据库: db_leaveword

结构 SQL 搜索 查询 导出 导入 操作 权限 程序 事件 更多

表	操作	行数	类型	排序规则	大小	多余
tb_file	浏览 结构 搜索 插入 清空 删除	5	MyISAM	gb2312_chinese_ci	14.6 KB	7,920 字节
tb_note	浏览 结构 搜索 插入 清空 删除	14	MyISAM	gb2312_chinese_ci	5.4 KB	1,288 字节
tb_note_answer	浏览 结构 搜索 插入 清空 删除	4	MyISAM	gb2312_chinese_ci	4.3 KB	2,076 字节
tb_word	浏览 结构 搜索 插入 清空 删除	4	MyISAM	gb2312_chinese_ci	2.1 KB	-
4 张表	总计	27		gb2312_chinese_ci	26.3 KB	11 KB

图 22.11　留言板数据结构

下面介绍其中两个主要数据表的表结构。

☑　tb_note（留言信息表）

留言信息表主要用来存储用户发表的留言信息。该数据表的结构如图 22.12 所示。

服务器: localhost » 数据库: db_leaveword » 表: tb_note

浏览 结构 SQL 搜索 插入 导出 导入 权限 操作 触发器

#	名字	类型	排序规则	属性	空	默认	额外	操作
1	note_id	int(11)			否	无	AUTO_INCREMENT	修改 删除 主键 唯一 更多
2	note_user	varchar(20)	gb2312_chinese_ci		否	无		修改 删除 主键 唯一 更多
3	note_title	varchar(40)	gb2312_chinese_ci		否	无		修改 删除 主键 唯一 更多
4	note_content	varchar(500)	gb2312_chinese_ci		否	无		修改 删除 主键 唯一 更多
5	note_mood	varchar(200)	gb2312_chinese_ci		否	无		修改 删除 主键 唯一 更多
6	note_time	datetime			否	无		修改 删除 主键 唯一 更多
7	note_user_pic	varchar(200)	gb2312_chinese_ci		否	无		修改 删除 主键 唯一 更多
8	note_answer	int(1)			否	0		修改 删除 主键 唯一 更多
9	note_flag	int(1)			否	0		修改 删除 主键 唯一 更多

图 22.12　留言信息表数据结构

☑　tb_note_answer（回复信息表）

回复信息表主要用来存储管理员回复用户的留言信息。该数据表的结构如图 22.13 所示。

← 服务器: localhost » 数据库: db_leaveword » 表: tb_note_answer

浏览 结构 SQL 搜索 插入 导出 导入 权限 操作 触发器

#	名字	类型	排序规则	属性	空	默认	额外	操作
1	noan_id	int(11)			否	无	AUTO_INCREMENT	修改 删除 主键 唯一 更多
2	noan_note_id	int(11)			否	无		修改 删除 主键 唯一 更多
3	noan_content	varchar(500)	gb2312_chinese_ci		否	无		修改 删除 主键 唯一 更多
4	noan_time	datetime			否	无		修改 删除 主键 唯一 更多
5	noan_user_name	varchar(10)	gb2312_chinese_ci		否	无		修改 删除 主键 唯一 更多

图 22.13 回复信息表数据结构

22.4.2 访问数据库

本节将定义数据库访问类，PHP 通过 class 关键字加类名来定义类。具体格式如下：

```
<?php
class MyClass {
    //类代码
}
?>
```

两个大括号中间的部分，就是类的全部内容。上面的 MyClass 就是一个最简单的类。MyClass 类仅仅有一个类的骨架，什么功能都没有实现，不过这并不影响它的存在。

注意：一个类，就是一对大括号之间的全部内容都要在一段代码段中，即一个“<?php”和“?>”之间，不能分割成多个块，下面用法是不合法的：

```
<?php
class MyClass {
    //类代码
?>
<?php
    //类代码
}
?>
```

为了便于维护，减少代码冗余，本系统使用了一个简单的自定义数据库类。定义数据库访问类的代码如下（common/db_mysql.class.php）：

```
<?php
/**********************************************
*数据库访问类
**********************************************/
class DB_MySQL{
//============================
var $Host = "127.0.0.1";                    //服务器地址
var $Database = "db_leaveword";             //数据库名称
var $User = "root";                         //用户名
var $Password = "111111";                   //用户密码
//============================
```

```
var $Link_ID = 0;                          //数据库连接
var $Query_ID = 0;                         //查询结果
var $Row_Result = array();                 //结果集组成的数组
var $Field_Result = array();               //结果集字段名组成的数组
var $Affected_Rows;                        //影响的行数
var $Rows;                                 //结果集中记录行数
var $Fields;                               //结果集中字段个数
var $Row_Position = 0;                     //记录指针位置索引
```

定义构造函数。其中，$this 是指向当前对象的指针。代码如下：

```
function __construct(){
     $this->connect();
}
```

定义解析函数。代码如下：

```
function __destruct(){
     mysql_close($this->Link_ID);
}
```

定义连接服务器和选择数据库的方法。代码如下：

```
function connect($Database = "",$Host = "",$User = "",$Password = ""){
if ("" == $Database){
  $Database = $this->Database;
}
if ("" == $Host){
  $Host      = $this->Host;
}
if ("" == $User){
  $User      = $this->User;
}
if ("" == $Password){
  $Password = $this->Password;
}
if ( 0 == $this->Link_ID ) {
$this->Link_ID=@mysql_pconnect($Host, $User, $Password);
         if (!$this->Link_ID) {
         $this->halt("连接数据库服务端失败!");
         }
         if (!mysql_select_db($this->Database,$this->Link_ID)) {
              $this->halt("不能打开指定的数据库:".$this->Database);
         }
    }
    return $this->Link_ID;
}
```

定义释放内存方法。代码如下：

```
function free(){
     if ( @mysql_free_result($this->Query_ID) )
     unset ($this->Row_Result);
```

```
        $this->Query_ID = 0;
    }
```

定义执行查询方法。代码如下：

```
function query($Query_String){
    /*释放上次查询占用的内存*/
    if ($this->Query_ID){
        $this->free();
    }
    if(0 == $this->Link_ID){
        $this->connect();
    }
    //设置中文字符集
    @mysql_query("set names gb2312",$this->Link_ID);
    $this->Query_ID = @mysql_query($Query_String,$this->Link_ID);
    if (!$this->Query_ID){
    $this->halt("SQL 查询语句出错: ".$Query_String);
    }
    return $this->Query_ID;
}
```

定义以数组方式返回结果集的方法。代码如下：

```
function get_rows_array(){
    $this->get_rows();
    for($i=0;$i<$this->Rows;$i++){
        if(!mysql_data_seek($this->Query_ID,$i)){
            $this->halt("mysql_data_seek 查询语句出错");        //调用自定义函数
        }
        $this->Row_Result[$i] = mysql_fetch_array($this->Query_ID);
    }
    return $this->Row_Result;
}
```

定义以对象返回的结果集数组的方法。代码如下：

```
function get_fields_array(){
    $this->get_fields();
    for($i=0;$i<$this->Fields;$i++){
        $obj = mysql_fetch_field($this->Query_ID,$i);
        $this->Field_Result[$i] = $obj->name;
    }
    return $this->Field_Result;
}
```

定义返回结果集的记录行数的方法。代码如下：

```
function get_rows(){
    $this->Rows = mysql_num_rows($this->Query_ID);
    return $this->Rows;
}
```

定义返回结果集中字段个数的方法。代码如下：

```
function get_fields(){
    $this->Fields = mysql_num_fields($this->Query_ID);
    return $this->Fields;
}
```

Note

定义执行 SQL 语句并返回由查询结果中第 1 行记录组成的数组。代码如下：

```
function fetch_one_array($sql){
    $this->query($sql);
    return mysql_fetch_array($this->Query_ID);
}
```

定义打印错误信息的方法。代码如下：

```
function halt($msg){
    $this->Error=mysql_error();
    printf("<BR><b>数据库发生错误:</b> %s<br>\n", $msg);
        printf("<b>MySQL 返回错误信息:</b> %s <br>\n",$this->Error);
}
```

22.4.3　写入留言

在签写留言时，同时支持过滤敏感词、添加留言心情、支持给版主写悄悄话（私帖），还可以选择有个性的头像。同时，为了方便用户查看留言后及时签写留言信息，在留言板首页的查看留言的正下方设置了签写留言版块，以及在留言板头部导航栏中设置了签写留言的超链接。用户可以进行双向选择签写留言信息。签写留言页面的运行结果如图 22.14 所示。

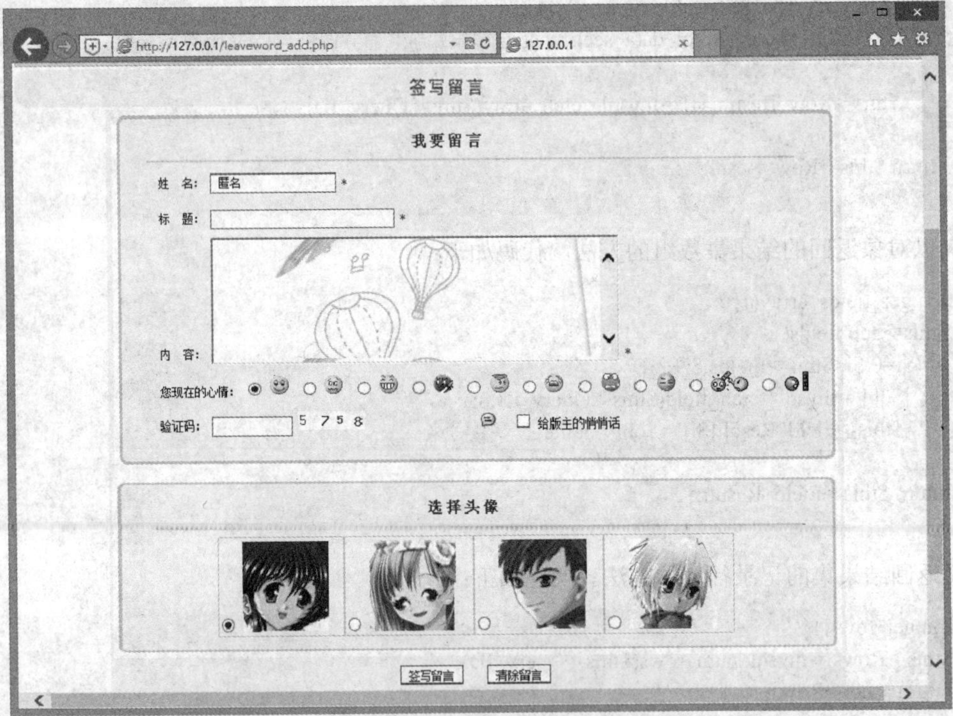

图 22.14　签写留言

Note

签写留言功能的实现过程如下。

【操作步骤】

第 1 步，使用 include 语句引用顶部头文件 header.html。

```
<?php include("header.html");?>
```

第 2 步，使用 include 语句引用底部的版权信息文件 footer.html。

```
<?php include("footer.html");?>
```

第 3 步，设计表单结构。签写留言页面涉及的 HTML 表单的重要元素如表 22.1 所示。

表 22.1　签写表单结构的元素

name	type	说　明	设 置 属 性
form1	form	表单	action="note_check.php" method="post"
user_name	text	用户昵称	value=" 匿名" maxlength="64"
title	text	留言标题	maxlength="64" size="30"
content	textarea	留言内容	cols="60" rows="8" style="background:url(./images/mrbccd.gif)"
mood	radio	心情	value="<img src='images/face/1.gif'>" checked="checked" …
checkcode	text	验证码	id="checkcode" size="12"
createcheckcode	hidden	隐藏域	value=""
checkbox	checkbox	私帖	value="1"
head	radio	头像	checked="checked" value="01" …
Submit	submit	提交	class="btn1" id="submit" value="签写留言" onclick="return check_form(form1);"
reset	reset	恢复	class="btn1" value="清除留言"

第 4 步，提交表单信息到数据处理页，首先需要对用户的留言信息进行敏感词过滤，然后应用 POST 方法接收用户提交的留言信息（note_check.php）。

```
<?php
require("global.php");
if($_POST){
    if (is_file("./filterwords.txt")){                              //判断给定文件名是否为一个正常的文件
        $filter_word = file("./filterwords.txt");                   //把整个文件读入一个数组中
        $str=$_POST['content'];
        for($i=0;$i<count($filter_word);$i++){                      //应用 For 循环语句对敏感词进行判断
            if(preg_match("/".trim($filter_word[$i])."/i",$str)){      //应用正则表达式，判断传递的留言信息中是否含有敏感词
                echo "<script> alert('留言信息中包含敏感词！');history.back(-1);</script>";
                exit;
            }
        }
    }
    $content =$_POST['content'];
    $user_name = $_POST['user_name'];
```

```
        $title = $_POST['title'];
        $mood=$_POST['mood'];
        $head = $_POST['head'].".gif";
        $note_flag=$_POST['checkbox'];
        if($note_flag!=1){$note_flag=0;}
        $datetime=date("Y-m-d H:i:s");
        $sql = "insert into tb_note (note_user,note_title,note_content,note_mood,note_time,note_user_pic,note_flag)
values('".$user_name."','".$title."','".$content."','".$mood."','".$datetime."','".$head."','".$note_flag."')";
        $DB->query($sql);
        $url = "./index.php";
        redirect_once($url);
    }
?>
```

变量$note_flag 用来记录用户发送的留言信息是否为私帖，即给版主的悄悄话，该变量的默认值为 1（非私帖），如果该变量不等于 1，则赋予其值为 0，说明是私帖，在接下来的查看留言信息时会对私帖进行处理。

22.4.4　显示留言

留言显示主要技术难度就是分页显示问题。分页查看留言是指将留言信息按查询结果分页显示，版主信息回显是针对该留言信息版主做出的回复。当用户从数据库中查询出的留言信息较多时，如果用一个页面来显示所有的记录，不仅运行速度较慢，也会给用户浏览带来诸多不便。这时就可以通过对查询结果进行分页显示来解决这一问题。分页查看留言信息及版主信息回显页面的运行结果如图 22.15 所示。

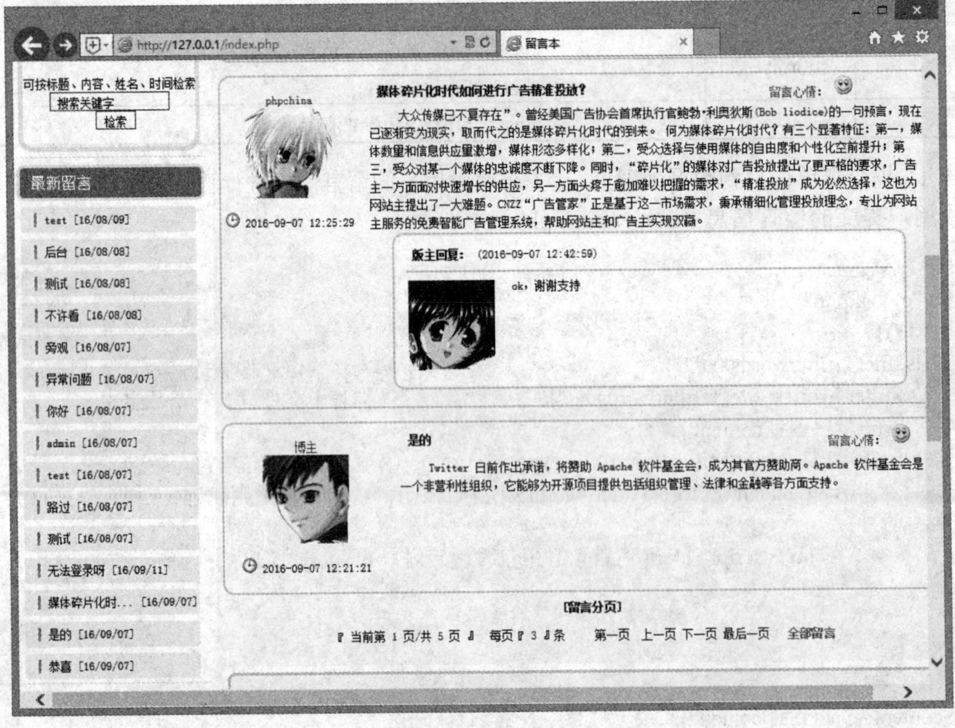

图 22.15　分页显示留言

在检索留言信息时，应用了左外联接技术（left join ...on）将两个表或多个表连接起来，返回部分或全部匹配行。左外联接基本用法如下：

```
select field1[field2…]
   from tablet left [outer]
         on join_condition
[where search_calition]
```

参数 left outer join 表示表之间通过左连接方式相互连接，也可以简写成 left join，参数 on join_condition 指多表建立连接所使用的连接条件。参数 where search condition 是可选项，用于设置查询条件。

提示：外联接分为左外联接和右外联接，除了上面介绍的左外联接外，还有一个右外联接 right outer join，右外联接返回的查询结果包含左表中的所有符合连接条件以及右表中所有满足查询条件的行。

分页查看留言信息，不但可以减少页面纵向延伸的面积，同时也不会影响网站的运行速度。下面讲解分页查看留言的实现过程，版主信息回显功能的实现方法穿插在分页中进行讲解（index.php）。

【操作步骤】

第 1 步，调用数据源文件。

```
require("global.php");
```

第 2 步，应用左外联接实现多表联合查询巧妙地构造 SQL 语句，检索留言信息表和回复信息表中的数据，并按签写留言的时间降序排列。联合查询构造的 SQL 语句如下：

```
$sql = "select tb_note.*,answ.* from tb_note left join";
$sql .= " (select noan_note_id,noan_content,noan_time from tb_note_answer) as answ ";
$sql .= " on answ.noan_note_id = tb_note.note_id ";
$sql .= " order by note_time desc ";
```

第 3 步，确定记录跨度$row_per_page，即每页显示的记录数，这里设置为每页显示 3 条留言信息。也可以根据页面的实际情况由设计者自己规定。根据公式“总记录数/跨度”，如果有余数则进位取整来计算总页数$page count。获取传递的当前页数$page_num，通过三目运算符计算判断第一页或者是最后一页的位置。最后为 SQL 语句添加 limit 子句，计算查询的起始行位置，并执行 SQL 语句，将结果集存储到数组中。

```
if($_GET){
    //得到要提取的页码
    $page_num = $_GET['page_num']? $_GET['page_num']: 1;
}
else{
    //首次进入时，页码为 1
    $page_num = 1;
}
//得到总记录数
$DB->query($sql);
$row_count_sum = $DB->get_rows();
//每页记录数，可以使用默认值或者直接指定值
$row_per_page = 3;
```

Note

```
//总页数
$page_count = ceil($row_count_sum/$row_per_page);
//判断是否为第一页或者最后一页
$is_first = (1 == $page_num) ? 1 : 0;
$is_last = ($page_num == $page_count) ? 1 : 0;
//查询起始行位置
$start_row = ($page_num-1) * $row_per_page;
//为 SQL 语句添加 limit 子句
$sql .= " limit $start_row,$row_per_page";
//执行查询
$DB->query($sql);
$res = $DB->get_rows_array();
//结果集行数
$rows_count=count($res);
```

第 4 步，通过 for 循环语句分页显示查询结果。代码如下：

```
<?php
for($i=0;$i<$rows_count;$i++){
    $title=$res[$i]['note_title'];                    //标题
    $author = $res[$i]['note_user'];                  //作者
    $note_content=$res[$i]['note_content'];           //内容
    $mood=$res[$i]['note_mood'];                      //心情
    $datetime = $res[$i]['note_time'];                //时间
    $note_pic=$res[$i]['note_user_pic'];              //头像
    $id = $res[$i]['note_id'];                        //当前行 note_id
    $note_flag=$res[$i]['note_flag'];                 //是否是版主悄悄话
    $note_answer=$res[$i]['note_answer'];             //显示版主是否回复标识
    //版主回复的留言信息
    $noan_content=$res[$i]['noan_content'];
    $noan_time=$res[$i]['noan_time'];
?>
```

第 5 步，输出留言人、留言头像和留言时间。代码如下：

```
<?php echo "<font color=#205401>".$author."</font>";?>
<img src="images/face/pic/<?php echo $note_pic;?>" width="90" height="90">
<?php echo $datetime;?>
```

第 6 步，留言心情的实现过程如下：

```
<th width="61%" height="24" align="left" scope="col">  
    <?php if($note_flag==1){echo "(给版主的悄悄话...)";} else{ echo $title;}?></th>
    <td width="16%" align="left" scope="col"><span class="STYLE13">留</span><span class="STYLE21">言
</span><span class="STYLE16">心</span><span class="STYLE20">情</span>： <?php echo $mood;?></td>

<?php if($note_flag==1){ echo "<img src='images/whisper.gif'> (给版主的悄悄话...)";}else{ echo $note_
content; }?>
```

第 7 步，本模块中的前台首页留言信息显示区，通过嵌入在留言信息中的特殊方式显示版主回复的信息，如图 22.15 所示。版主信息回显的实现方法如下：

```
<?php
if($note_flag==0 and $note_answer==1){
```

```
?>
<TABLE width="500" cellPadding=2 cellSpacing=1 bgcolor="#205401" >
    <TBODY>
        <TR>
            <TD width="500" bgcolor="#FFFFFF" style="padding-top:10px; padding-left:10px; padding-bottom:10px; padding-right:10px;line-height:18px"><SPAN
                style="FONT-WEIGHT: bold; COLOR: #000000"> 版主回复：</SPAN> <SPAN style="COLOR: #000000">(<?php echo $noan_time;?>)</SPAN> 
            <hr color=#205401 size=1 style="width:500px; " >
            <IMG src="images/face/pic/01.gif" width="90" height="90" class=face style="FLOAT: left; MARGIN: 2px 5px 5px 2px">  <SPAN style="COLOR: #000000"><?php echo $noan_content;?></SPAN> </TD>
        </TR>
    </TBODY>
</TABLE>
<br>
<?php } ?>
```

第 8 步，留言信息分页汇总。代码如下：

```
<td align="center" bgcolor="#F9F8EF">『 当前第 <font color="#AA0066"><?php echo $page_num;?></font> 页/共 <font color="#AA0066"><?php echo $page_count;?> </font>页 』  每页『 <font color="#AA0066"><?php echo $row_per_page;?></font> 』条    
<?php
if(!$is_first){
?>
    <a href="./index.php?page_num=1">第一页</a> <a href="./index.php?page_num=<?php echo ($page_num-1) ?>">上一页</a></td>
```

第 9 步，输出分页控制链接，实现“第一页”、“上一页”、“下一页”和“最后一页”的链接指向，并进行页码参数传递。代码如下：

```
<?php
}
else{
?>
    第一页  上一页
<?php
}
if(!$is_last){
?>
    <a href="./index.php?page_num=<?php echo ($page_num+1) ?>">下一页</a> <a href="./index.php?page_num=<?php echo $page_count ?>">最后一页</a>
    <?php
}
else{
?>
    下一页  最后一页
    <?php
}
?>
```

第 10 步，查看全部留言信息。单击【全部留言】超链接，传递变量 id=-1 到处理页 user_ note_ read.php，注意，这里传递给 id 的值是-1。

```
<a href="./user_note_read.php?id=-1" target="_blank"> <span class="style2">全部留言</span> </a>
```

当 id 的值等于-1 时，执行下面的 SQL 语句，没有 where 条件进行限制，检索全部的留言信息和版主回复信息（user_note_read.php）。

```
$note_id = $_GET['id']; //得到超链接中的参数
$sql = "select note.*,noan.* from tb_note as note left join tb_note_answer as noan on note.note_id = noan.noan_note_id";
 if($note_id!="-1"){
 $sql.=" where note.note_id = ".$note_id;
 }
//最后加上排序语句，按 note_time 降序，按 noan_time 降序
$sql .= " order by note.note_time desc";
$DB->query($sql);
$note = $DB->get_rows_array($sql);
```

22.4.5 检索留言

信息检索是对已存在于数据库中的数据按条件进行筛选浏览，是查看历史信息和确认数据操作最为快速、有效的办法。

在留言板首页的搜索留言版块中输入欲查询的关键字，如“幸福”，单击【检索】按钮，对指定条件的留言信息进行模糊查询，并输出与查询条件相匹配的结果集到浏览器。其中，对查询结果的处理有 3 种显示形式：第 1 种是无版主回复的留言信息；第 2 种是带版主回复的留言信息；第 3 种是给版主悄悄话的留言信息（由于是私帖，对真实的留言信息进行屏蔽，以特殊方式进行显示），在首页（index.php）的搜索框中输入“PHP”关键字，然后执行搜索，则搜索结果如图 22.16 所示。

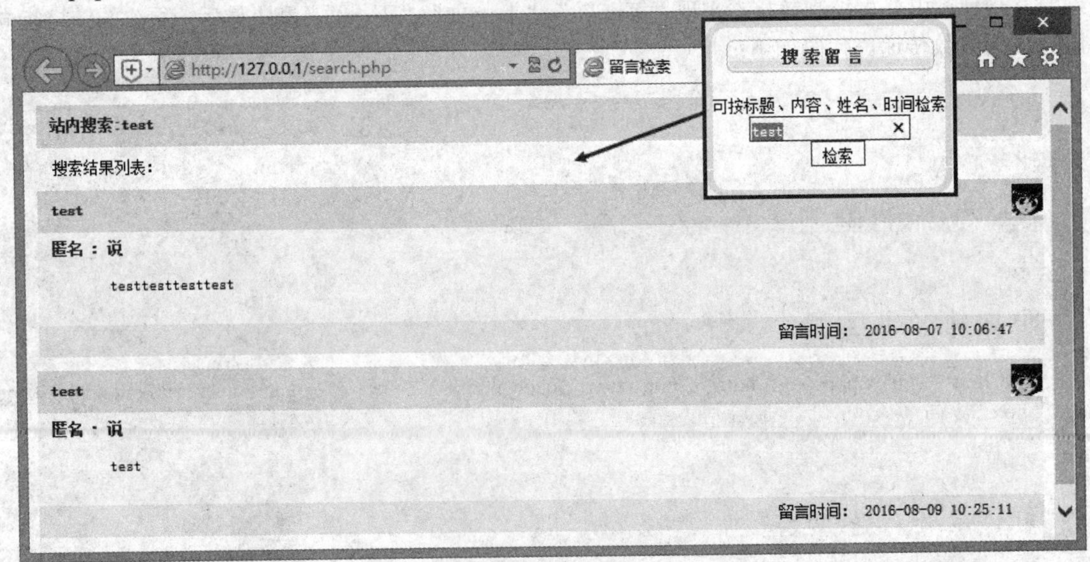

图 22.16 检索留言

在对数据进行查询后，本系统使用 LIKE 进行模糊查询。LIKE 关键字需要使用通配符在字符串内查找指定的模式，所以读者需要了解通配符及其含义。通配符的含义如表 22.2 所示。

表 22.2　LIKE 关键字中的通配符及说明

通　配　符	说　　明
%	由零个或更多字符组成的任意字符串
-	任意单个字符
[]	用于指定范围，如[a~h]，表示 a 到 h 范围内的任何单个字符
[^]	用于指定范围外，如[^a~h]，表示 a 到 h 范围外的任何单个字符

对于满足数据表中多个字段中的任一字段时，可以使用 or 运算符将多个条件连接起来。

检索留言及回复信息的实现过程如下。

【操作步骤】

第 1 步，在 left.php 页面中添加留言信息检索模块的表单元素。代码如下（left.php）：

```
<form target="_blank" method="post" action="search.php">
<table width="180" height="40" border="0" align="center" cellpadding="0" cellspacing="1">
    <tr>
        <td align="center" valign="middle" bgcolor="#FFFFFF"><input name="key_words" type="text" class=
"btn1" value=" 搜索关键字" size='19' /> 
            <input name="submit" type="submit" class="btn1" value="检索" />
        </td>
    </tr>
</table>
</form>
```

第 2 步，提交表单信息到数据处理页，连接数据库文件，获取用户提交的查询条件。应用 left join 左外联接进行留言信息表和回复信息表多表联合查询，检索匹配条件的留言信息。代码如下（search.php）：

```
<?php
require("global.php");
if($_POST){
    $key_words = $_POST['key_words'];
    //检索留言信息
    $sql = "select note.*,noan.* from tb_note as note left join tb_note_answer as noan on note.note_id = noan.
noan_note_id";
    $sql.=" where note.note_title like '%".$key_words."%' or note.note_content like '%".$key_words."%' or note.
note_time like '%".$key_words."%' or note.note_user like '%".$key_words."%'";
    $DB->query($sql);
    $note = $DB->get_rows_array($sql);
    $note_count = count($note);
}
?>
```

第 3 步，应用 foreach 结构遍历数组，输出符合查询条件的留言信息及回复信息结果集。代码如下：

```
<?php
foreach($note as $v){
    $id = $v['note_id'];
    $note_title = $v['note_title'];
    $note_content = $v['note_content'];
    $note_user = $v['note_user'];
    $note_time = $v['note_time'];
    $note_user_pic = $v['note_user_pic'];
```

```
        $note_answer=$v['note_answer'];
        $note_flag=$v['note_flag'];
        //回复信息表中的数据
        $noan_id = $v['noan_id'];
        $noan_note_id =$v['noan_note_id '];
        $noan_content = $v['noan_content'];
        $noan_user = $v['noan_user_name'];
        $noan_time = $v['noan_time'];
        //符合条件的留言信息
        if($note_count){
?>
```

第 4 步，输出留言信息的主题和用户头像。代码如下：

```
<?php if($note_flag==1){echo "(给版主的悄悄话...)";}
else{ echo $note_title;}
?>
<img src="images/face/pic/<?php echo $note_user_pic;?>
```

应用 if 条件语句进行判断，如果变量$note_flag 等于 1，说明用户提交给版主的是私帖，其他用户没有查看权限，需输出“给版主的悄悄话”字符串和用户头像，否则输出留言主题和用户头像。

第 5 步，输出留言信息的昵称。如果用户提交的并非私帖，则输出用户昵称。代码如下：

```
<?php if($note_flag!=1){ echo $note_user;?>
```

第 6 步，对给版主的私帖进行特殊处理。如果变量$note_flag 等于 1，说明用户提交给版主的是私帖，输出图片标识和给“给版主的悄悄话”提示字符串，否则输出留言内容。代码如下：

```
<?php if($note_flag==1){ echo "<img src='images/whisper.gif'> (给版主的悄悄话...)";}else{ echo $note_
content; }?>
```

第 7 步，输出版主回复信息，如果变量$note_flag 等于 0，说明不是给版主的私帖。如果$note_ answer 等于 1，说明该留言信息版主给予了回复。当同时满足这两个条件时，输出留言信息和对应该留言版主的回复信息。代码如下：

```
<?php if($note_flag==0 and $note_answer==1){?>
<TABLE width="700" align="center" cellPadding=2 cellSpacing=1 bgcolor="#D9D2B6" class=embedbox >
      <TBODY>
          <TR>
                <TD width="700" bgcolor="#FFFFFF" style="padding-top:6px; padding-left:10px; padding-bottom:
2px; padding-right:10px;line-height:18px"><SPAN style="FONT-WEIGHT: bold; COLOR: #000000"> 版主回
复：</SPAN> <SPAN style="COLOR: #000000">(<?php echo $noan_time;?>)</SPAN> 
                    <hr color=#D9D2B6 size=1 style="width:700px; " >
                    <IMG src="images/face/pic/01.gif" width="90" height="90" class=face style="FLOAT: left;
MARGIN: 2px 5px 5px 2px">  <SPAN style="COLOR: #000000"><?php echo $noan_content;?>
</SPAN> </TD>
                </TR>
          </TBODY>
    </TABLE>
<?php } ?>
```

第 8 步，输出留言时间。代码如下：

```
留言时间： <?php echo $note_time; ?>
<?php
        }
}
?>
```

22.4.6　回复留言

版主回复留言功能是建立在后台留言信息管理的基础上，在后台首页面，包括分页、单条、多条留言及回复删除、版主回帖、查找、查看留言功能，基于这几项功能的实现方法在本章都做了不同层次的讲解，因此本节重点讲解版主回复留言功能的实现方法。通过选择相应的留言信息标题，跳转到版主回复留言页面。版主回复留言页面的前后运行结果如图 22.17 所示。

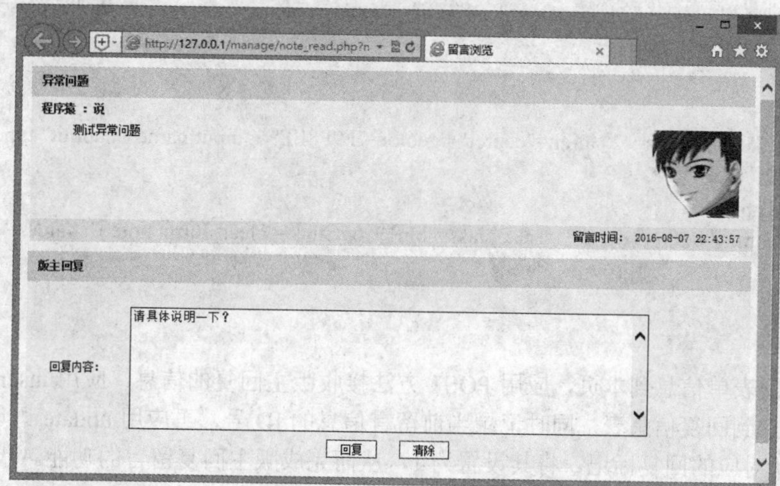

后台留言回复显示界面

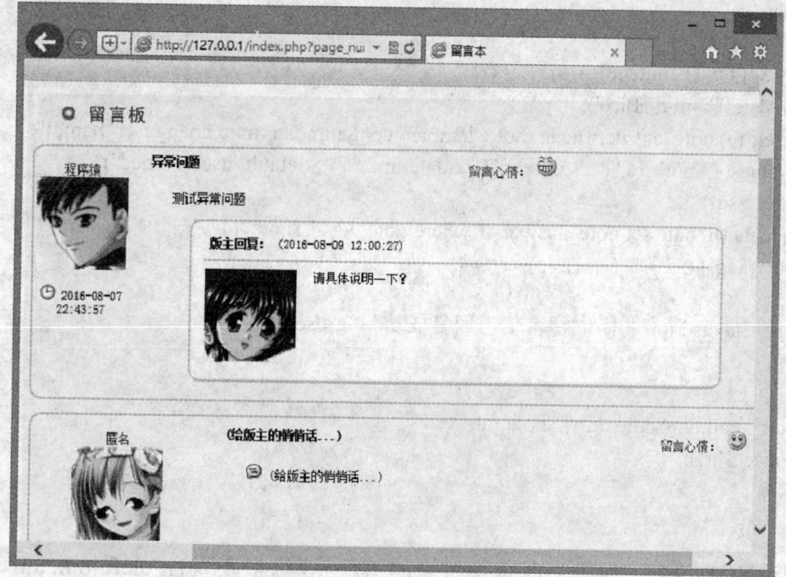

前台留言回复显示界面

图 22.17　留言回复

版主回复留言功能的实现过程如下。

【操作步骤】

第 1 步，在留言板后台管理首页，以分页的形式显示留言的全部信息（不包含给版主的悄悄话留言）。如标题、作者、是否回复以及发布时间。在留言标题上添加如下超链接（manage/index. php）。

```
<a href="note_read.php?note_id=<?php echo $id?>" target="_blank"><?php echo $title;?></a>
```

第 2 步，用户单击留言标题信息，将该留言的 id 号传递给数据处理页面 note_read.php，在该页面添加版主回复的表单元素。代码如下（manage/note_read.php）：

```
<form name="note" action="" method="post" onSubmit="return(check_form())">
  <tr>
    <td width="111" height="24" align="center" bgcolor="F9F8EF">回复内容：<br></td>
    <td width="661" height="24" bgcolor="F9F8EF"><textarea name="content" rows="8" cols="80"></textarea>
</td>
  </tr>
  <tr>
    <td height="35" colspan="2" align="center" bgcolor="F9F8EF"><input name="submit" type="submit" class=
"btn1" value="  回复  " size="8">
          
        <input name="button" type="reset" class="btn1" onClick="clear_form('note')" value=" 清除 "size="8">
</td>
  </tr>
</form>
```

第 3 步，提交表单信息到本页，应用 POST 方法接收版主回复的信息，应用 insert 语句将版主回复的留言信息添加到回复信息表，同时记录当前留言信息的 ID 号，再应用 update 语句更新留言信息表中的该 ID 号所对应的回复标记，将其设置为 1，从而完成版主回复留言的功能。代码如下：

```
<?php
require("user.php");
if($_POST){
    $content = $_POST['content'];
    $datetime=date("Y-m-d H:i:s");
    $sql = "insert tb_note_answer (noan_note_id,noan_content,noan_time,noan_user_name)";
    $sql .= " values(".$note_id.",'".$content."','".$datetime."','".$default_user_name."')";
    $DB->query($sql);
    $sql1= "update tb_note set note_answer=1 where note_id='".$note_id."'";
    $DB->query($sql1);
?>
<script language="javascript">alert("留言信息回复成功！");</script>
<?php
    //跳转
    $url = "note_read.php?note_id=".$note_id;
    redirect_once($url);
}
?>
```

第 4 步，构造 SQL 语句，根据当前传递过来的 ID 号通过多表联合（left join...on 外联接语句）检索出该 ID 号所对应的留言信息及回复信息。

```
<?php
require("../global_manage.php");
if($_GET){
    $note_id = $_GET['note_id'];                    //得到超链接中参数
}
else
    $note_id = -1;                                  //如果是非超链接方式进入，则$note_id 为-1
//根据$note_id 不同情况进行查询
$sql = "select note.*,noan.* from tb_note as note left join tb_note_answer as noan on note.note_id = noan.noan_
note_id ";
//如果是查询指定留言，则加上 where 子句
if($note_id != -1){                                 //查询指定留言
    $sql .= " where note.note_id = ".$note_id;
}
//加上排序语句，按 note_time 降序，按 noan_time 降序
$sql .= " order by note.note_time desc,noan.noan_time desc";
$DB->query($sql);
$note = $DB->get_rows_array($sql);
?>
```

最后，应用 foreach 遍历数组的方法输出存储在数组$note 中的留言信息及版主回复信息，其实现方法与 22.4.5 节的输出方式类似，这里不再赘述，请读者参见光盘源代码。

第 5 步，管理员可以对版主回复的留言信息进行删除。在输出的版主回复信息中添加【删除】超链接。

```
<a href="answer_del.php?id=<?php echo $noan_id;?>&note_id=<?php echo $id;?>">删除</a>
```

第 6 步，单击【删除】超链接，将版主回复的留言 ID 传递到处理页 answer_del.php，应用 delete 语句删除回复信息表中指定 ID 的数据，从而完成删除版主回复的留言信息。代码如下（answer_del.php）：

```
<?php
require("../global_manage.php");
    //获取传递来的 file_id 及查询条件
    $id = $_GET['id'];
    $note_id=$_GET['note_id'];
    $sql = "delete from tb_note_answer where noan_id = ".$id;
    $DB->query($sql);
    ?>
    <script language="javascript">alert("成功删除版主回复的留言信息！");</script>
    <?php
        //将原来的查询条件返回
        $url = "./note_read.php?note_id=$note_id";
        redirect_once($url);
?>
```

22.4.7　删除留言

在留言板的后台首页，可以对留言信息及版主的回复信息进行管理。选中【全选】复选框可以实现快速选择当前页的所有留言信息。选中【反选】复选框可以实现快速在原有留言选择的状态进行反

项选择，单击【删除】按钮，即可删除选中的留言信息及其对应的版主回复信息。批量删除留言及回复信息页面前后的对比效果如图 22.18 所示。

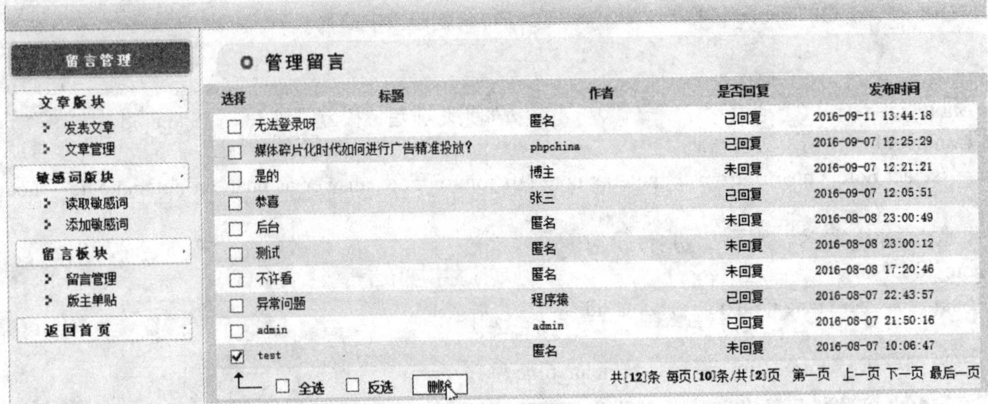

删除前

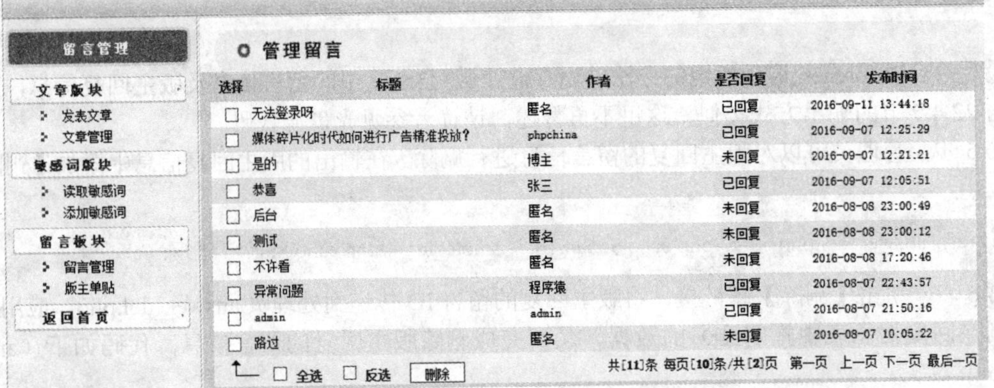

删除后

图 22.18　删除留言

批量删除留言及回复信息功能的实现过程如下。

【操作步骤】

第 1 步，设置批量删除留言信息的表单元素如下（manage/index.php）：

```
<form action="./note_delete.php" method="post" name="note" id="note">
  <tr valign="middle" bgcolor="<?php echo $col;?>" height="24">
    <td align="center"><input type="checkbox" name="note_id[]"   value="<?php echo $id;?>" /></td>
    <td><!--在标题上添加连接-->
      <a href="note_read.php?note_id=<?php echo $id?>" target="_blank"><?php echo $title;?></a></td>
    <!--作者-->
    <td><?php echo $author;?></td>
    <td align="center"><?php if($answer==0){ echo "未回复"; }else{ echo "已回复";}?></td>
    <td><?php echo $time;?></td>
  </tr>
  <input type="checkbox" name="select_all" onClick="check_all(this.form)" />
  <span class="style1">全选</span>  
```

```
    <input type="checkbox" name="select_reverse" onClick="inverse(this.form)" />
    <span class="style1">反选</span>  
    <input name="submit" type="submit" value = " 删除 " class="btn1" />
</form>
```

第 2 步，单击【删除】按钮，提交表单元素到数据处理页 note_delete.php。

第 3 步，用 POST 方法接收留言信息的 ID 号。代码如下（manage/note_delete.php）：

```
require("../global_manage.php");
if($_POST){
    //获取传递来的 news_id 及查询条件
    $note_id = $_POST['note_id'];
    $note_id_str = "";
```

第 4 步，巧妙地构造 SQL 语句，计算用户选择留言的个数，当变量$note_id 的值大于 1 时，表示选择多条留言，否则表示选择一条留言。当选择一条留言时，直接应用 where 条件语句指定数组的第 0 个元素来检索该条留言执行删除操作即可。当选择多条留言时，应用 each 遍历数组，每个 ID 号之间用逗号进行分隔，对循环输出的 ID 串应用 substr()函数删除结尾多余的逗号，最后使用 in 关键字删除所有被选择的留言及该留言所对应的回复信息。其中，$sql 构造的 SQL 语句实现删除留言信息，而$sql 构造的 SQL 语句实现删除指定留言 ID 所对应的回复信息。代码如下：

```
$sql = "delete from tb_note";                              //删除留言信息表中的数据
$sql1="delete from tb_note_answer";                       //删除留言回复信息表中的数据
if(count($note_id)>1){      //当选择多个留言时
    while(list($name,$value)=each($note_id)){             //遍历数组
        $a.="$value".",";
    }
    $a= substr($a,0,-1);
    //使用 in 关键字删除所有被选择留言
    $sql .= " where note_id in(".$a.")";                  //指定多个条件值
    $sql1.= " where noan_note_id in(".$a.")";             //指定多个条件值
}
//只删除一条留言
else{
    $sql .= " where note_id = ".$note_id[0];              //指定单个条件
    $sql1.="    where noan_note_id=".$note_id[0]; //指定单个条件
}
$DB->query($sql);
$DB->query($sql1);
?>
```

第 5 步，留言信息及回复信息删除成功后，弹出提示信息，并返回到留言板后台首页。

```
<script language="javascript">alert("留言信息删除成功！");</script>
<?php
    //将原来的查询条件返回
    $url = "./index.php";
    redirect_once($url);
}
?>
```

22.4.8 设计悄悄话

Note

在留言板后台管理页面中，单击左侧导航菜单中的【版主单帖】超链接，进入版主悄悄话管理页面，该页面主要实现查看给版主的悄悄话留言、分页浏览、删除悄悄话留言功能。其中，删除悄悄话与删除留言的实现方法基本相同。本节重点讲解查看给版主的悄悄话功能，页面运行结果如图 22.19 所示。

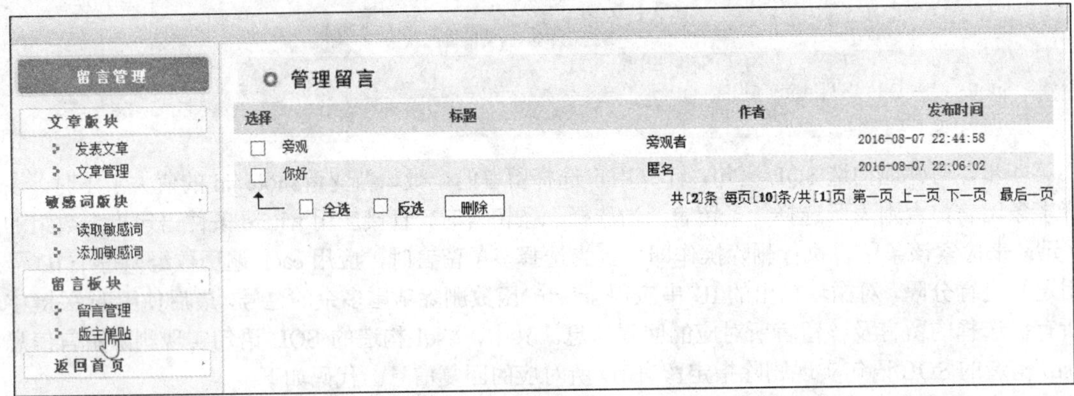

打开悄悄话留言

查看悄悄话

图 22.19 悄悄话实现

查看给版主的悄悄话功能的实现过程如下。

【操作步骤】

第 1 步，在左侧导航栏中，添加【版主单帖】导航链接。代码如下（manage/m_left.php）：

```
<a href="../manage/manage_note.php">版主单贴</a>
```

第 2 步，单击【版主单帖】导航链接，打开管理悄悄话留言页面，在留言标题栏中添加如下语句（manage/manage_note.php）：

```
<a href="m_note_read.php?note_id=<?php echo $id;?>" target="_blank"> <?php echo $title;?> </a>
```

第 3 步，将留言的 ID 号传递到数据处理页，构造 SQL 语句，查询留言 ID 和私帖字段标记为 1 的留言信息，应用 foreach 遍历数组，并将悄悄话留言信息循环输出到浏览器端（manage/m_note_read.php）。

```
<?php
require("../global_manage.php");
$note_id = $_GET['note_id'];                                //得到超链接中的参数
//根据$note_id 不同情况进行查询
$sql = "select * from tb_note where note_id='".$note_id."' and   note_flag=1 ";
$DB->query($sql);
$note = $DB->get_rows_array($sql);
?>
<?php
    foreach($note as $v){
        $id = $v['note_id'];                                //留言 ID 号
        $note_title = $v['note_title'];                     //留言标题
        $note_content = $v['note_content'];                 //留言内容
        $note_user = $v['note_user'];                       //留言人
        $note_time = $v['note_time'];                       //留言时间
        $note_user_pic=$v['note_user_pic'];                 //留言人头像
?>
<table width="778px" align="center" cellpadding="0" cellspacing="0" bgcolor="" style="border:0;margin:10; align:
center;">
    <tr height='32px' class='toptitle1' bgcolor='#ccddee'>
      <td width='11' bgcolor="#D9EBB9"></td>
      <td height="27" colspan="2" bgcolor="#D9EBB9"><!--回复相对留言的缩进距离-->
        <strong><font color="#559380"><?php echo $note_user; ?></font></strong>  <span class=
"style1 STYLE14">给版主的悄悄话</span> </td>
      <td width="23" bgcolor="#D9EBB9"> </td>
    </tr>
    <tr height='26px'>
      <!--标题行-->
      <td bgcolor="#F9F8EF"></td>
      <td colspan="2" bgcolor="#F9F8EF"><span class="style1"><?php echo $note_title;?></span> </td>
      <td bgcolor="#F9F8EF"><span class="style2"> <a href="note_answer.php?note_id=<?php echo $id;?>"></a>
</span> </td>
    </tr>
    <tr height='26px'>
      <!--内容行-->
      <td bgcolor="#F9F8EF"></td>
      <td width="683" valign="top" bgcolor="#F9F8EF"><?php echo $note_content; ?> </td>
      <td width="59" bgcolor="#F9F8EF" style="padding-bottom:10px"><img src="../images/face/pic/<?php echo
$note_user_pic;?>"><br>
      </td>
      <td bgcolor="#F9F8EF"> </td>
    </tr>
    <tr class="bg_author">
      <!--留言人信息-->
      <td></td>
      <td colspan="2" align="right">留言时间： <?php echo $note_time; ?></td>
      <td align="right"> </td>
    </tr>
  </table>
<?php }?>
```

第23章

综合案例：设计在线论坛

（视频讲解：106 分钟）

随着互联网的发展，网络信息不断丰富，以动态性和交互性为特征的论坛是当中最丰富、最开放和最自由的网络信息资源，也是最受欢迎的一种信息交流方式。

论坛是一种比较普遍的网上交流手段，其表现形式多种多样，有个人论坛、平台论坛、技术论坛和圈子论坛等，虽说名目众多，但都在围绕着一个“论”字在进行，其原理是相同的，对某个事物、事情或者人物发表自己的意见和看法。本章将详细讲解论坛的开发流程和关键技术。

【学习重点】

- 能够开发一个功能完善的在线论坛
- 增添主题导航
- 设计帖子置顶、引用、收藏
- 设计回帖屏蔽、无刷新交流

23.1 设计思路

网络论坛和互联网上的其他信息一样，具有范围广，内容庞杂，动态变化性强等特点，但是两个最重要的特点是交互性和时效性。交互性是指论坛用户能够参加到论坛信息的交流过程中来，可以在论坛中发布自己的信息并且可以得到其他用户的反馈，这是网络论坛信息最基本和最重要的特征。一位用户发布信息，往往有很多人回应，可以开展多人讨论，这是一个多向交流信息的过程，它使人们能够便捷地进行交流。由于互联网信息传播的快捷与方便以及网络论坛的交互性，使得人们能够及时地从论坛中获取某一技术和行业的发展动态与最新的进展，专业技术论坛中信息的时效性更强，往往一些最新的技术信息都可以从论坛中获取。

23.1.1 设计流程

论坛是一个发布帖子和回复帖子的过程，为了使其更加合理、完美，本模块增加了帖子置顶、帖子引用、帖子收藏和屏蔽帖子等特殊功能，以及一些辅助的功能，包括我的信息、我的好友和我参与的帖子等。为了便于对论坛进行管理，增加了管理员管理论坛的功能，包括发布帖子、回复帖子、帖子类别和置顶帖子以及数据的备份和恢复等内容。根据上述的功能描述，整理出论坛模块的功能结构图，如图 23.1 所示。

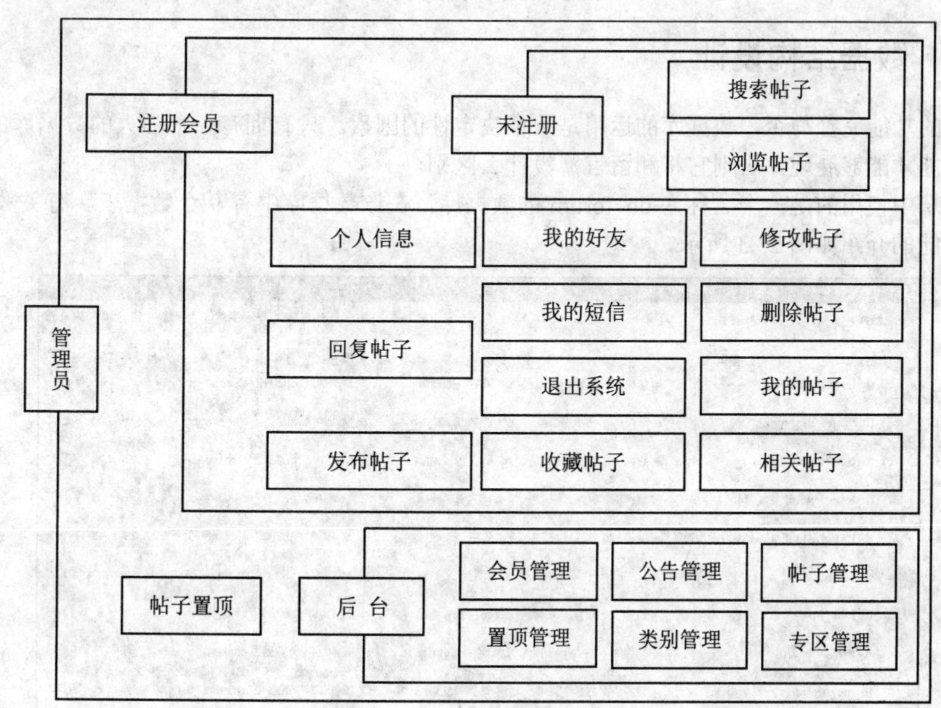

图 23.1　论坛模块的功能结构图

然后根据功能结构图中描述的功能，设计一个完整的论坛模块的开发流程，如图 23.2 所示。

Note

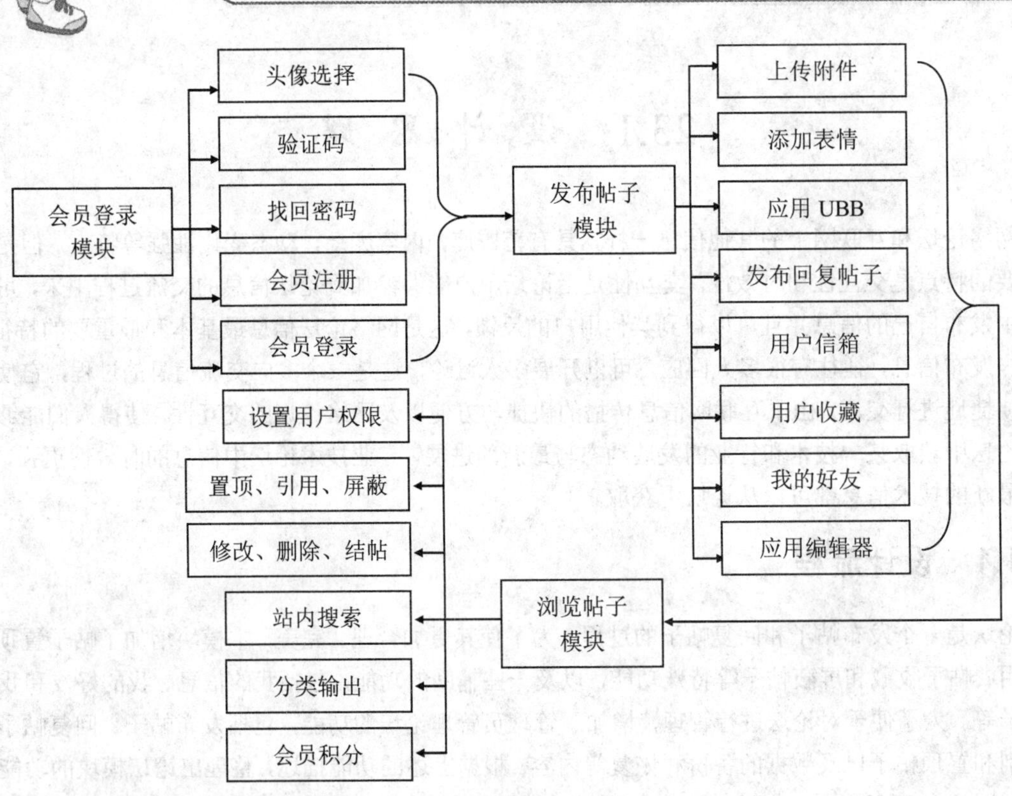

图 23.2　网站设计流程

23.1.2　数据结构设计

论坛的功能完善与否，数据库的运用是一个决定性的因素。只有拥有一个强大的数据库的支持，论坛的功能才能够展现，否则它将和留言簿没什么区别。

本论坛中使用的是一个名称为 db_forum 的数据库，在该数据库中有 9 个数据表。有关数据表名称及表功能的介绍如图 23.3 所示。

服务器: localhost » 数据库: db_forum

结构　SQL　搜索　查询　导出　导入　操作　权限　程序　事件　触发器　设计器

表	操作	行数	类型	排序规则	大小	多余
tb_forum_affiche	浏览 结构 搜索 插入 清空 删除	1	MyISAM	gb2312_chinese_ci	2.1 KB	60 字节
tb_forum_big_type	浏览 结构 搜索 插入 清空 删除	6	MyISAM	gb2312_chinese_ci	2.1 KB	20 字节
tb_forum_restore	浏览 结构 搜索 插入 清空 删除	29	MyISAM	gb2312_chinese_ci	4 KB	132 字节
tb_forum_send	浏览 结构 搜索 插入 清空 删除	31	MyISAM	gb2312_chinese_ci	7.6 KB	684 字节
tb_forum_small_type	浏览 结构 搜索 插入 清空 删除	6	MyISAM	gb2312_chinese_ci	2.2 KB	44 字节
tb_forum_user	浏览 结构 搜索 插入 清空 删除	5	MyISAM	gb2312_chinese_ci	3 KB	292 字节
tb_mail_box	浏览 结构 搜索 插入 清空 删除	12	MyISAM	gb2312_chinese_ci	2.6 KB	-
tb_my_collection	浏览 结构 搜索 插入 清空 删除	7	MyISAM	gb2312_chinese_ci	3.5 KB	352 字节
tb_my_friend	浏览 结构 搜索 插入 清空 删除	7	MyISAM	gb2312_chinese_ci	2.2 KB	20 字节
9 张表	总计	104		gb2312_chinese_ci	29.4 KB	1.6 KB

图 23.3　设计数据库结构

下面对数据库中几个相对比较复杂的数据表的功能和结构进行介绍。

☑ tb_forum_user 数据表，用于存储用户的注册信息。其中包括 13 个字段，字段属性的说明如图 23.4 所示。

☑ tb_forum_send 数据表，用于存储论坛中发布帖子的数据。其中包括 11 个字段，字段属性的说明如图 23.5 所示。

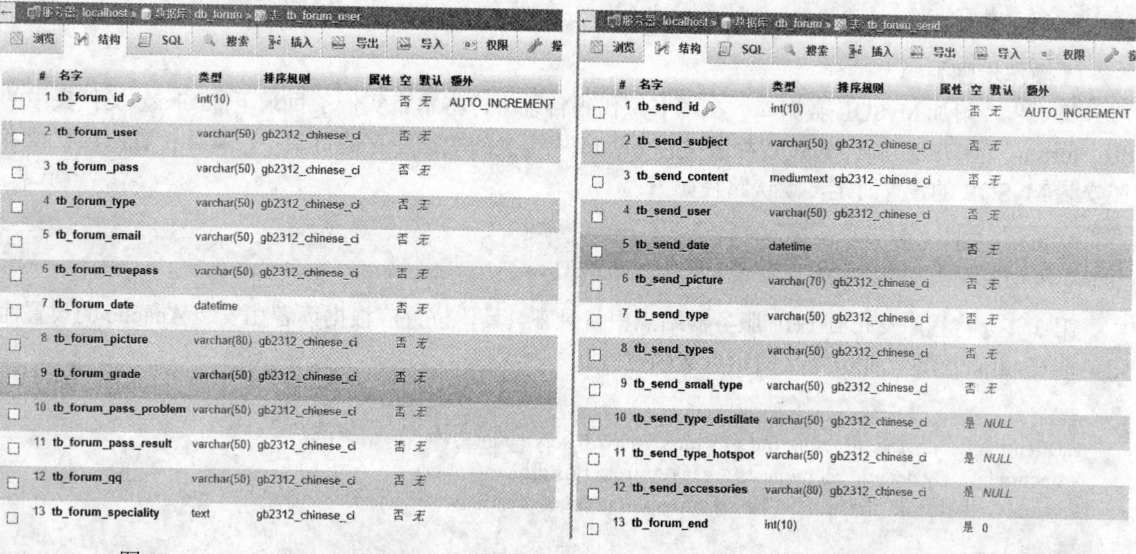

#	名字	类型	排序规则	属性	空	默认	额外
1	tb_forum_id	int(10)			否	无	AUTO_INCREMENT
2	tb_forum_user	varchar(50)	gb2312_chinese_ci		否	无	
3	tb_forum_pass	varchar(50)	gb2312_chinese_ci		否	无	
4	tb_forum_type	varchar(50)	gb2312_chinese_ci		否	无	
5	tb_forum_email	varchar(50)	gb2312_chinese_ci		否	无	
6	tb_forum_truepass	varchar(50)	gb2312_chinese_ci		否	无	
7	tb_forum_date	datetime			否	无	
8	tb_forum_picture	varchar(80)	gb2312_chinese_ci		否	无	
9	tb_forum_grade	varchar(50)	gb2312_chinese_ci		否	无	
10	tb_forum_pass_problem	varchar(50)	gb2312_chinese_ci		否	无	
11	tb_forum_pass_result	varchar(50)	gb2312_chinese_ci		否	无	
12	tb_forum_qq	varchar(50)	gb2312_chinese_ci		否	无	
13	tb_forum_speciality	text	gb2312_chinese_ci		否	无	

图 23.4　tb_forum_user 数据表

#	名字	类型	排序规则	属性	空	默认	额外
1	tb_send_id	int(10)			否	无	AUTO_INCREMENT
2	tb_send_subject	varchar(50)	gb2312_chinese_ci		否	无	
3	tb_send_content	mediumtext	gb2312_chinese_ci		否	无	
4	tb_send_user	varchar(50)	gb2312_chinese_ci		否	无	
5	tb_send_date	datetime			否	无	
6	tb_send_picture	varchar(70)	gb2312_chinese_ci		否	无	
7	tb_send_type	varchar(50)	gb2312_chinese_ci		否	无	
8	tb_send_types	varchar(50)	gb2312_chinese_ci		否	无	
9	tb_send_small_type	varchar(50)	gb2312_chinese_ci		否	无	
10	tb_send_type_distillate	varchar(50)	gb2312_chinese_ci		是	NULL	
11	tb_send_type_hotspot	varchar(50)	gb2312_chinese_ci		是	NULL	
12	tb_send_accessories	varchar(80)	gb2312_chinese_ci		是	NULL	
13	tb_forum_end	int(10)			是	0	

图 23.5　tb_forum_send 数据表

☑ tb_forum_restore 数据表，用于存储论坛中回复帖子的数据。其中包括 7 个字段，参数说明如图 23.6 所示。

☑ tb_my_collection 数据表，用于存储用户收藏的帖子。其中包括 7 个字段，各个字段属性的说明如图 23.7 所示。

#	名字	类型	排序规则	属性	空	默认	额外
1	tb_restore_id	int(10)			否	无	AUTO_INCREMENT
2	tb_restore_subject	varchar(50)	gb2312_chinese_ci		否	无	
3	tb_restore_content	mediumtext	gb2312_chinese_ci		否	无	
4	tb_restore_user	varchar(50)	gb2312_chinese_ci		否	无	
5	tb_send_id	int(10)			否	无	
6	tb_restore_date	datetime			否	无	
7	tb_forum_counts	varchar(50)	gb2312_chinese_ci		否	0	
8	tb_restore_accessories	varchar(80)	gb2312_chinese_ci		是	NULL	
9	tb_restore_tag	int(10)			否	0	

图 23.6　tb_forum_restore 数据表

#	名字	类型	排序规则	属性	空	默认	额外
1	tb_collection_id	int(10)			否	无	AUTO_INCREMENT
2	tb_collection_subject	varchar(50)	gb2312_chinese_ci		否	无	
3	tb_collection_address	varchar(150)	gb2312_chinese_ci		否	无	
4	tb_collection_label	varchar(50)	gb2312_chinese_ci		否	无	
5	tb_collection_summary	mediumtext	gb2312_chinese_ci		否	无	
6	tb_collection_user	varchar(50)	gb2312_chinese_ci		否	无	
7	tb_collection_date	datetime			否	无	

图 23.7　tb_my_collection 数据表

在本模块中包括 9 个数据表，由于篇幅所限，这里只介绍了其中 4 个相对比较复杂的数据表，有关其他数据表的内容和属性可以参考本书源代码。

23.2　案例预览

在具体学习之前，用户有必要先借助本书完成源代码体验网站运行的整体效果，为具体实践奠定

扎实的感性基础。

注意：本章案例涉及 PHP 文件近 80 多个，用户在代码阅读和上机练习时主要以光盘源代码为准，本章内容仅简单介绍网站设计的精髓，以及部分技术要点，所显示的代码仅是局部文件和片段。

Note

【操作步骤】

第 1 步，附加 MySQL 数据库。在本书源代码目录中，将本章实例子目录下 database 文件夹中的 db_ forum 文件夹复制到 MySQL 配置文件 my.ini 中定义的数据库存储目录中，具体位置应根据读者在安装 MySQL 的设置而定，默认路径如下：

```
#Path to the database root
datadir="C:/ProgramData/MySQL/MySQL Server 5.7/Data/"
```

第 2 步，将程序发布到 PHP 服务器站点根目录下。具体位置应根据读者在安装 Apache 的设置而定，即在 httpd 配置文件中定义的站点文档位置。

```
#
# DocumentRoot: The directory out of which you will serve your
# documents. By default, all requests are taken from this directory, but
# symbolic links and aliases may be used to point to other locations.
#
DocumentRoot "D:/www"

#
# This should be changed to whatever you set DocumentRoot to.
#
<Directory "D:/www">
    AllowOverride None
    Order allow,deny
    Allow from all
</Directory>
```

第 3 步，打开 IE 浏览器，在地址栏中输入“http://127.0.0.1/index.php”或者“http://localhost/index.php”，即可预览本站效果。后台管理需要访问 http://127.0.0.1/admin/index.php。

提示：在地址栏中输入的 127.0.0.1 的默认端口号为 80，在安装 Apache 服务器时如果端口号采用不是默认设置，而是用户自定义的（如 8080），那么需要在地址栏中输入“127.0.0.1:8080”，即可正确运行程序。

本程序提供了两个系统模块，一个为前台会员交流模块，另一个是后台管理员管理模块。

☑ 前台主界面如图 23.8 所示。首先单击【注册】按钮，注册用户名和密码，然后进行登录，即可发表帖子、回复帖子、加好友、给好友发送短信等操作。

所有注册的用户都是会员，会员可以发表及回复帖子，并可修改及删除自己的帖子。本论坛只有一个版主（用户名 admin，密码 admin），版主可以对论坛中所有的帖子进行删除。一个管理员（用户名 admin，密码 admin），管理员具有所有权限。读者可以在后台修改用户权限。

☑ 版主登录处和会员登录一样。管理员登录需要在前台首页地址后加 admin（http://127.0.0.1/admin/），即可进入后台登录页面，如图 23.9 所示。输入管理员用户名、密码及验证码，单击【登录】按钮，进入后台主页面。

图 23.8　程序前台主界面

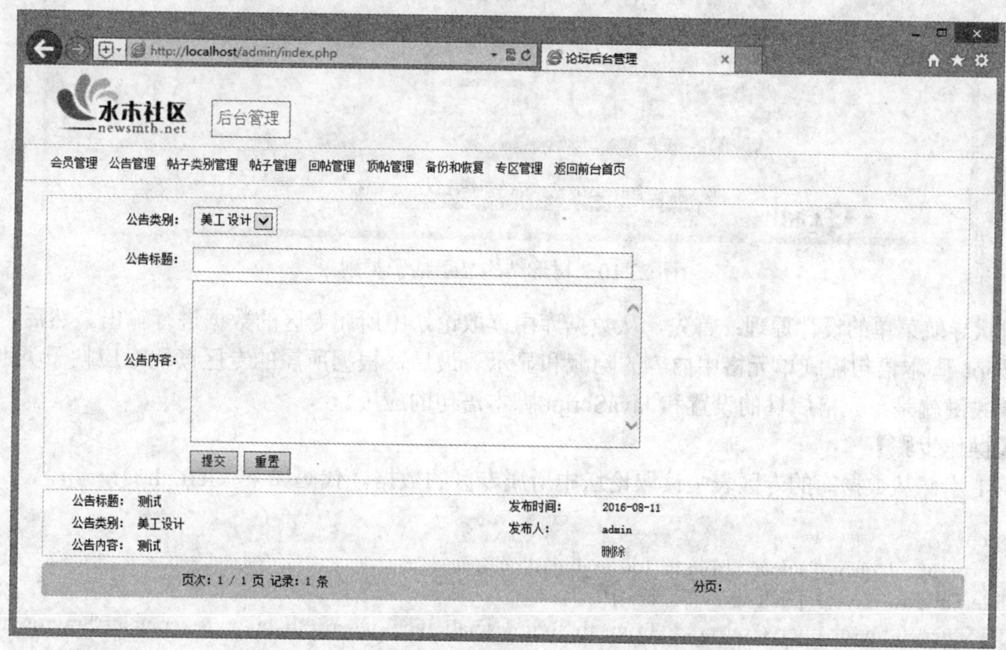

图 23.9　后台主页面

23.3　难 点 详 解

在论坛模块的开发过程中，用户应该掌握关键技术，只有这样才能够完成本论坛的开发。下面就对论坛中用到的关键技术进行详细介绍。

23.3.1 主题导航

Note

通过树状导航菜单能够对网站中的内容进行合理的分类处理，进而使网站的布局更加合理。这里将树状导航菜单的技术应用到论坛中帖子类别的处理中，改变了以往那种以整页篇幅输出帖子类别的设计思路，使论坛中帖子类别的输出更加合理、规范。运行结果如图 23.10 所示。

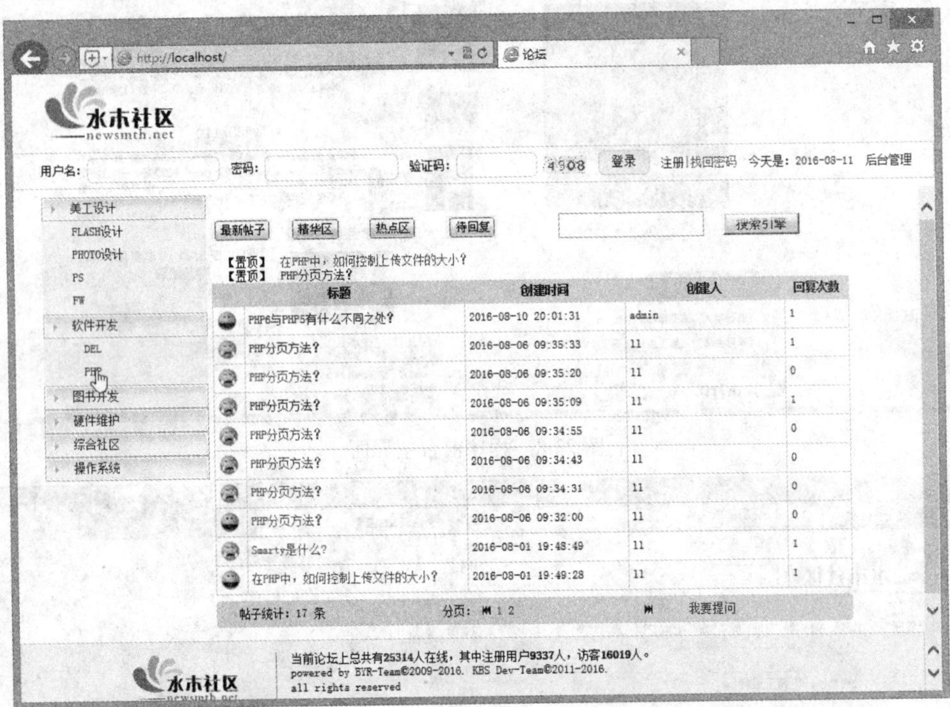

图 23.10　树形结构显示帖子类别

树状导航菜单的设计原理：首先，从数据库中读取论坛中所属专区的数据进行输出。然后，通过 JavaScript 脚本语句控制单元格中内容的隐藏和显示。最后，根据所属的专区读取对应帖子类别的数据。其关键就是单元格属性的设置和 JavaScript 脚本语句的应用。

【操作步骤】

第 1 步，从数据库的专区表中读取论坛中所属专区的数据。代码如下（left.php）：

```
<?php
$query=mysql_query("select * from tb_forum_big_type");
while($myrow=mysql_fetch_array($query)){
    $querys=mysql_query("select * from tb_forum_small_type where tb_big_type_content='$myrow[tb_big_type_content]'");
$myrows=mysql_fetch_array($querys);
?>
```

第 2 步，创建表格，输出所属专区的数据，应用 onClick 事件调用 JavaScript 语句 open_close()控制单元格中内容的隐藏和显示，其中还为单元格中的内容设置了超链接，链接到指定的文件。代码如下：

```
<td width="84%" height="24" background="images/index_5.jpg" onClick="javascript:open_close(id_a<?php echo $myrow['tb_big_type_id'];?>)" >     <a href="content.php?content=<?php echo $myrow
```

```
['tb_big_type_content'];?>&&content_1=<?php echo $myrows['tb_small_type_content'];?>" target="contentFrame">
<?php echo $myrow['tb_big_type_content'];?></a></td>
```

第 3 步，创建表格，设置表格 ID 的值和 style 的值。以帖子的所属专区为查询条件，从类别数据表中读取符合条件的数据，将读取到的数据循环输出到单元格中。同样也为单元格中的内容设置了超链接，链接到指定的文件。代码如下：

```
    <table width="170" border="0" cellpadding="0" cellspacing="0" bgcolor="#8394BF" id="id_a<?php echo $myrow
['tb_big_type_id'];?>" style="display:none">
        <?php
            $query_1=mysql_query("select * from tb_forum_small_type where tb_big_type_content='$myrow[tb_
big_type_content]' ");
            while($myrow_1=mysql_fetch_array($query_1)){
        ?>
        <tr>
            <td align="right"> </td>
            <td height="23">  
                <a href="content.php?content=<?php echo $myrow['tb_big_type_content'];?>&&content_1=<?php
echo $myrow_1['tb_small_type_content'];?>" target="contentFrame">
                    <?php echo $myrow_1['tb_small_type_content'];?></a></td>
        </tr>
        <?php }?>
        <tr><td height="2" colspan="2" align="right"></td></tr>
    </table>
```

其中调用 JavaScript 脚本的代码如下：

```
<script language="javascript">
function open_close(x){
        if(x.style.display==""){
            x.style.display="none";
        }else if(x.style.display=="none"){
            x.style.display="";
        }
}
</script>
```

主要功能是实现单元格的隐藏和显示。即当单元格处于显示状态时，单击单元格则执行隐藏的操作。当单元格处于隐藏状态时，单击单元格则执行显示的操作。

在第 2 步的程序代码中，content.php 为指定链接的文件，其中栏目标识 content 为帖子的所属专区，而标识 content_1 则是帖子的类别，通过超链接的 target 属性指定链接文件的名称为 contentFrame。

到此树状导航菜单技术介绍完毕。有关树状导航菜单的具体应用可以参考 left.php 文件。

23.3.2　置顶帖子

帖子置顶就是将指定的帖子在网页的最上方显示，用于突出帖子的特殊性。只有管理员拥有帖子置顶的权限，其他任何人都不具备这个权限。帖子置顶操作过程如图 23.11 所示。

帖子置顶的操作原理：根据帖子的 ID 设置一个超链接，在链接的 permute_send.php 文件中实现帖子置顶的操作。

Note

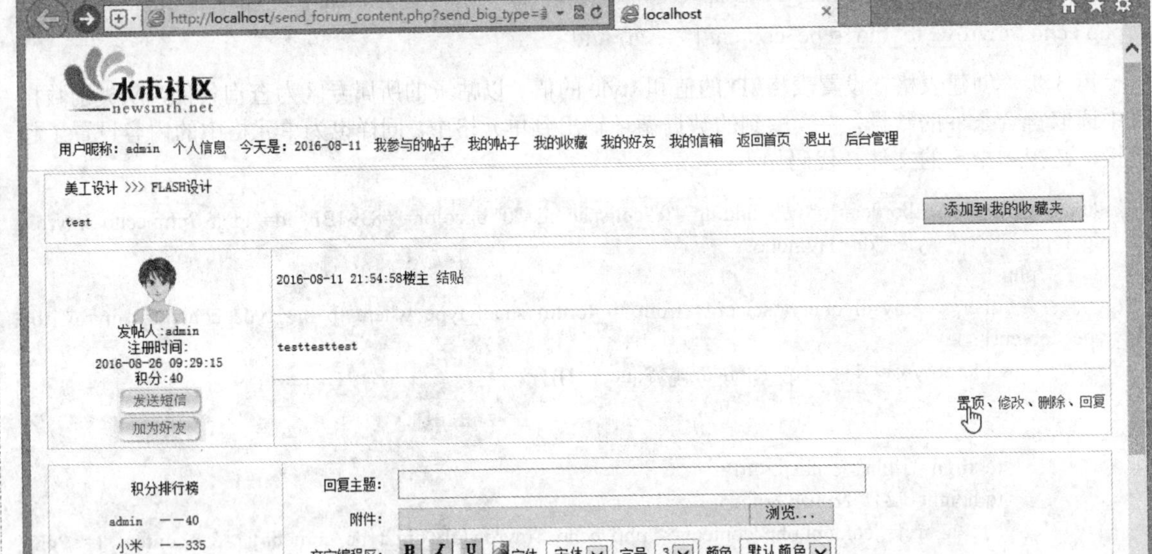

图 23.11　置顶帖子

【操作步骤】

第 1 步，在 send_forum_content.php 文件中，创建一个【置顶】超链接，链接的标识为对应帖子的 ID，链接到文件 permute send.php 中，在该文件中实现帖子置顶的操作（send_forum_content.php）。

```
<a href="permute_send.php?permute_id=<?php echo $myrow_3[tb_send_id];?>">置顶</a>
```

第 2 步，创建 permute_send.php 文件，实现帖子置顶的操作。首先，判断当前的用户是否是管理员，这里用户权限的设置是通过用户信息表（tb_forum_user）中 tb_forum_type 字段的值来控制的，如果 tb_forum_type 的值是 1，则代表注册的会员，如果值是 2 则代表是管理员。

如果当前用户是管理员，将指定帖子的 tb_send_type 字段的值更新为 1。否则不执行更新数据的操作，并且弹出提示信息"您不具备该权限!"，返回到上一页。代码如下（permute_send.php）：

```
<?php session_start();    include("conn/conn.php");
$query=mysql_query("select * from tb_forum_user where tb_forum_user='$_SESSION[tb_forum_user]' and tb_forum_type='2'");
if(mysql_num_rows($query)>0){
    $query=mysql_query("update tb_forum_send set tb_send_type='1' where tb_send_id='$_GET[permute_id]'");
    if($query==true){
        echo "<script> alert('帖子置顶成功!'); history.back();</script>";
    }else{
        echo "<script> alert('帖子置顶失败!'); history.back();</script>";
    }
}else{
    echo "<script> alert('您不具备该权限!'); history.back();</script>";
}
?>
```

帖子置顶技术讲解完毕，有关该技术的完整应用可以参考论坛模块中的程序。

23.3.3 引用帖子

帖子引用是指在浏览帖子时，针对某个回复的帖子或者自己的看法与楼上的看法相同，此时就可以单击引用超链接，直接将楼上回复的帖子进行引用，作为自己的回复帖子进行提交。帖子引用的操作流程如图 23.12 所示。

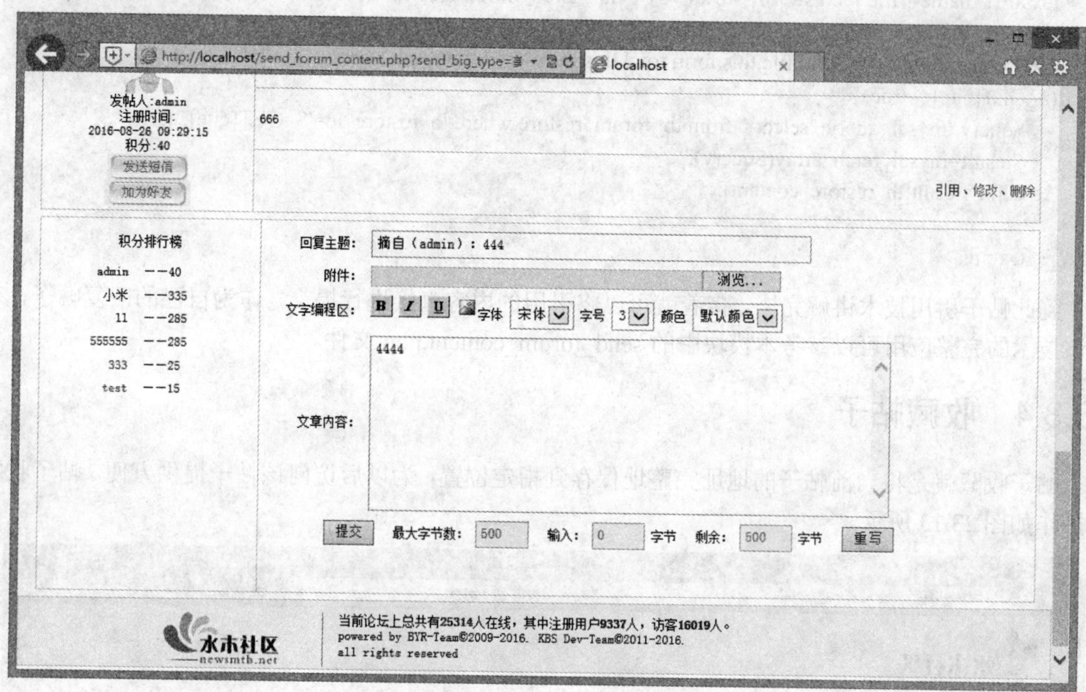

图 23.12 引用帖子

帖子引用的实现原理：首先，在帖子浏览的页面中针对每个回复的帖子设置一个【引用】超链接，这里将其链接到本页 send_forum_content.php 文件中，设置链接标识 cite 为回复帖子的 ID，添加锚点 bottom。然后，在指定输出回帖内容的表格中添加一个命名锚记，实现同一页面的引用跳转；最后，在输出引用内容的文本域中，根据超链接中传递的栏目标识，从数据库中读取到指定的回帖数据，将引用的内容进行输出。

【操作步骤】

第 1 步，创建引用的超链接，并且设置链接的栏目标识 cite 和锚点 bottom。代码如下（send_forum_content.php）：

```
<a href="send_forum_content.php?send_big_type=<?php echo $_GET[send_big_type];?>&&send_small_type=<?php echo $_GET[send_small_type];?>&&send_id=<?php echo $_GET[send_id];?>&&cite=<?php echo $myrow_4[tb_restore_id];?>#bottom">引用</a>
```

第 2 步，在指定的位置设置一个命名锚记。实现同一页面的跳转。代码如下：

```
<a name="bottom" id=" bottom"></a>
```

第 3 步，在要输出引用内容的文本域中进行编辑，根据超链接栏目标识 cite 的值，从数据库中读取到对应的回复帖子的标题和内容，并且将读取的数据输出到文本域中。代码如下：

Note

```
<?php
if($_GET[cite]==true){
    $query=mysql_query("select * from tb_forum_restore where tb_restore_id='$_GET[cite]'");
    $result=mysql_fetch_array($query);
    echo "摘自（".$result[tb_restore_user]."）：".$result[tb_restore_subject];
}
?>
<textarea name="file" cols="70" rows="10" id="file" onKeyDown="countstrbyte(this.form.file,this.form.total,
this.form.used,this.form.remain);"
onKeyUp="countstrbyte(this.form.file,this.form.total,this.form.used,this.form.remain);"><?php
if($_GET[cite]==true){
    $query=mysql_query("select * from tb_forum_restore where tb_restore_id='$_GET[cite]'");
    $result=mysql_fetch_array($query);
    echo $result[tb_restore_content];
}
?></textarea>
```

到此帖子引用技术讲解完毕，接着就可以将引用的内容直接进行提交，作为自己的回复帖子，有关该技术的完整应用可以参考本模块中的 send_forum_content.php 文件。

23.3.4　收藏帖子

帖子收藏就是将当前帖子的地址完整地保存到指定位置，为以后访问该帖子提供方便。帖子收藏的操作如图 23.13 所示。

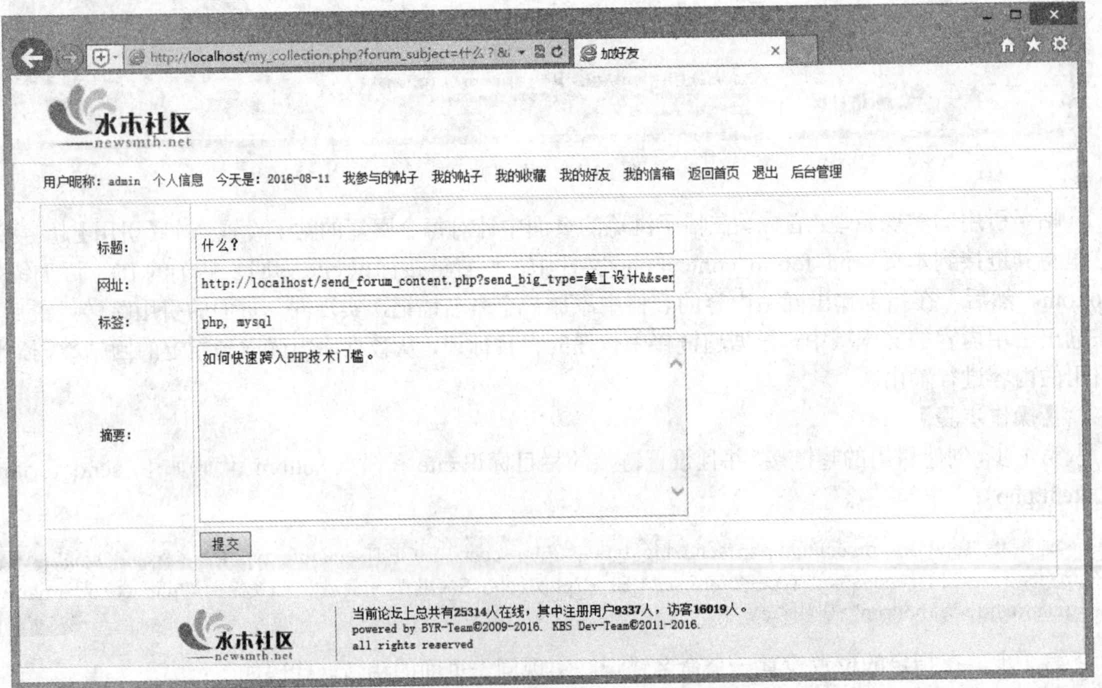

图 23.13　收藏帖子

帖子收藏实现的关键是如何获取当前页面的完整地址。获取当前页面的完整地址主要应用的是服务器变量$ -SERVER。关键代码如下（send_forum_content.php）：

```
<?php session_start(); include("conn/conn.php"); include("function.php");
$self=$_SERVER['HTTP_REFERER'];              //获取链接到当前页面的前一页面的 URL 地址
$u=$_SERVER['HTTP_HOST'];                    //获取当前请求的 Host 头信息的内容
$r=$_SERVER['PHP_SELF'];                     //获取当前正在执行脚本的文件名
$l=$_SERVER['QUERY_STRING'];   //获取查询（query）的字符串（URL 中第一个问号 ? 之后的内容）
$url="http://"."$u"."$r"."?"."$l";           //将获取的变量组成一个字符串，即完整的路径
?>
```

在获取到完整的地址之后，接下来将帖子的标题、当前页面的完整路径和当前用户数据提交到 my_couection.php 页中，生成一个表单，最后将数据提交到 my_coflection_ok.php 文件中，完成帖子的收藏。提交帖子完整地址和帖子标题的程序代码如下：

```
<?php if($_SESSION[tb_forum_user]==true){    ?>
<form name="form1" method="post" action="my_collection.php?forum_subject=<?php echo
$myrow_3[tb_send_subject];?>&&collection_user=<?php echo $_SESSION[tb_forum_user];?>">
    <td width="173" height="22" align="center" valign="bottom">
    <input type="hidden" name="my_collection" value="<?php echo $url;?>">
    <input type="submit" name="Submit" value="添加到我的收藏夹">
</td>
</form>
<?php } ?>
```

创建 my_collection.php 文件，生成一个表单，为收藏的帖子添加标签和说明，最后将数据提交到 my_colleetion_ok.php 文件中，将帖子收藏的数据添加到指定的数据表中。到此帖子收藏技术讲解完毕，相关的程序代码请参考本书源代码中的内容，这里不再赘述。

23.3.5 屏蔽回帖

屏蔽回帖是管理员的权限，在论坛的后台管理中进行操作。回复是否被屏蔽是根据回复帖子数据表中 tb_restore_tag 字段的值来判断的，如果帖子 tb_restore_tag 字段的值为 1，则说明该帖子被屏蔽；否则帖子没有被屏蔽。因此屏蔽回帖就是将指定帖子的 tb_restore_tag 字段的值更新为 1。

屏蔽回帖主要通过两个文件来完成，一个是 message_restore.php，输出回复帖子的内容，创建执行屏蔽帖子的 form 表单。另一个是 message_store.php，根据提交的数据，实现屏蔽帖子的操作。关键代码如下（admin/message_restore_ok.php）：

```
<?php session_start(); include("conn/conn.php");
if($Submit=="屏蔽"){
    while(list($name,$value)=each($_POST)){
        $result=mysql_query("update tb_forum_restore set tb_restore_tag='1' where tb_restore_id='".$name."'");
    if($result==true){
        echo "<script>alert('屏蔽成功!'); window.location.href='index.php?title=回帖管理';</script>";}}
    }
    if($Submit2=="取消"){
        while(list($name,$value)=each($_POST)){
            $result=mysql_query("update  tb_forum_restore  set  tb_restore_tag='0'  where  tb_restore_id=
'".$name."'");
    if($result==true){
        echo "<script>alert('取消屏蔽!'); window.location.href='index.php?title=回帖管理';</script>";}}
}
?>
```

23.3.6　短信提醒

Note

短信提醒的无刷新输出主要应用的是 Ajax 技术。通过 Ajax 技术调用指定的文件查询是否存在新的消息，并且将结果返回，通过 span 输出 Ajax 中返回的查询结果。运行结果如图 23.14 所示。

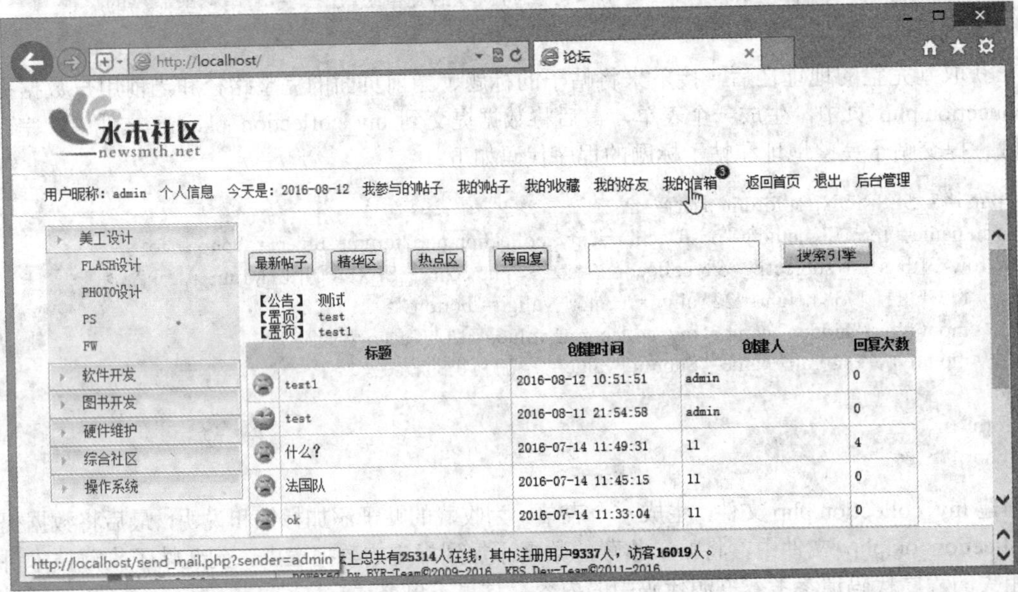

图 23.14　短信提醒

```
<script type="text/javascript" src="js/xmlHttpRequest.js"></script>
<script language="javascript">
function show_counts(sender){
    url='show_counts.php?sender='+sender;
    xmlHttp.open("get",url, true);
        xmlHttp.onreadystatechange = function(){
        if(xmlHttp.readyState == 4){
            tet = xmlHttp.responseText;
            show_counts11.innerHTML=tet;
            var show_counts = document.getElementById("show_counts");
            if(tet>0){ show_counts.innerHTML=tet; show_counts.style.display="inline";}
            else{show_counts.innerHTML="";show_counts.style.display="none";}
        }
    }
    xmlHttp.send(null);
}
</script>
<script language="javascript">
setInterval("show_counts('<?php echo $_SESSION["tb_forum_user"];?>')",1000);
</script>
```

使用<div>标签显示最新的消息。

```
<span id="show_counts"></span>
```

23.4　页　面　开　发

本章案例网站比较复杂，涉及的文件众多，受篇幅所限，不能逐一讲解每一个文件的设计过程，下面就几个主要页面的开发过程进行分析。

23.4.1　发布帖子

发布帖子是为登录的会员提供一个发布帖子的操作平台。在该平台中可以选择发布帖子的类别，自定义帖子的主题，选择表情图，选择上传附件以及通过文本编辑器对发布帖子的内容进行编辑。发布帖子的运行结果如图 23.15 所示。

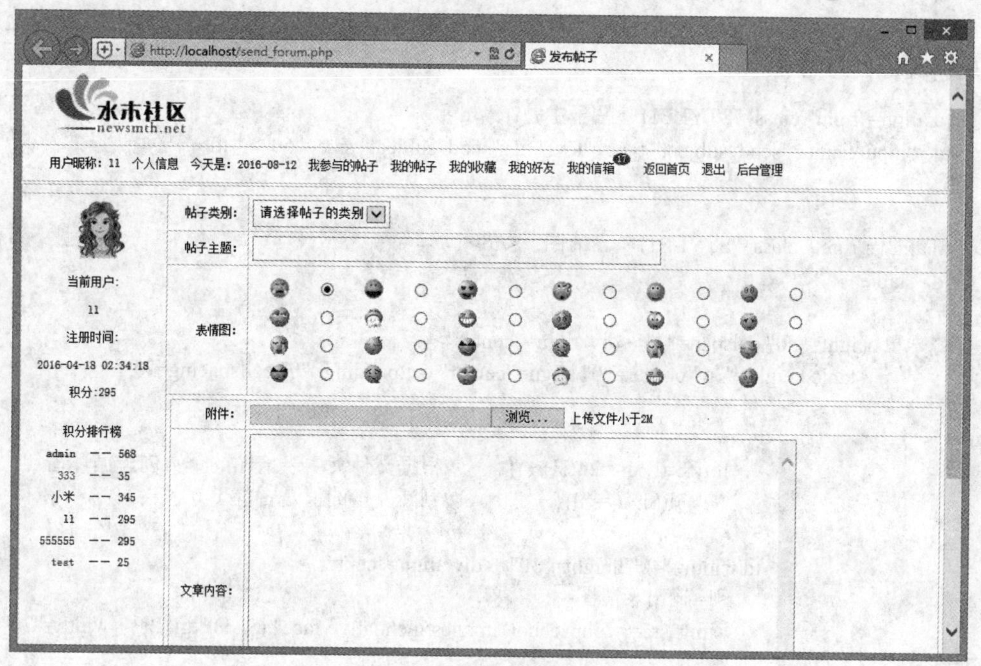

图 23.15　发布帖子

发布帖子主要由两个文件构成，一个是发布帖子内容的填写文件 send_forum.php；另一个是提交数据的处理文件 send_forum_ok.php。

在 send_forum.php 文件中，可以将该文件中的内容分成 3 个部分：第 1 部分初始化 Session 变量，连接数据库以及调用 js 文件。第 2 部分输出当前登录会员的个人信息。第 3 部分构建 from 表单，实现发布帖子数据的提交。

【操作步骤】

第 1 部分，初始化 Session 变量，连接数据库以及调用指定的包含文件，并且判断当前用户是否是会员，如果不是将不能进行帖子发布操作（send_forum.php）。

```
<?php session_start(); include("conn/conn.php");
if($_SESSION[tb_forum_user]==true){
?>
<script type="text/javascript" src="js/editor.js"></script>
```

第 2 部分，从数据库中读取出当前会员的个人信息，并且进行输出。代码如下：

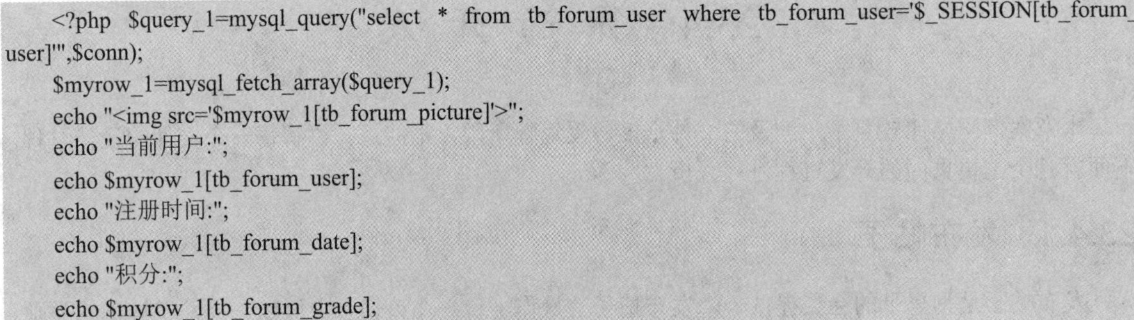

```
<?php $query_1=mysql_query("select * from tb_forum_user where tb_forum_user='$_SESSION[tb_forum_user]'",$conn);
$myrow_1=mysql_fetch_array($query_1);
echo "<img src='$myrow_1[tb_forum_picture]'>";
echo "当前用户:";
echo $myrow_1[tb_forum_user];
echo "注册时间:";
echo $myrow_1[tb_forum_date];
echo "积分:";
echo $myrow_1[tb_forum_grade];
?>
```

第 3 部分，创建 form 表单，提交发布帖子的数据，包括帖子的类别、主题、表情图、文本内容和发布人。在对帖子内容进行填写时，应用的是一个文本编辑器，通过文本编辑器可以对提交的内容进行编辑。关键代码如下：

```
    <td align="right" class="STYLE11">帖子主题：</td>
    <td><input name="send_subject" type="text" id="send_subject" size="60"></td>
  </tr>
  <tr>
    <td align="right" class="STYLE11">表情图：</td>
    <td><table>
    <tr>
        <td height="80" colspan="2"><div align="center">
            <table height="30" border="0" align="center" cellpadding="0" cellspacing="0">
                <tr>
                    <?php
                        for($i=1;$i<=24;$i++){        //根据文件夹中表情图的个数创建循环语句
                            if($i%6==0){              //判断变量的值是否等于 0
                    ?>
                    <td width="40" height="30"><div align="center">
                        <!--输出表情图-->
                        <img src=<?php echo("images/inchoative/face".($i-1).".gif");?> width="20" height="20"></div></td>
                    <td width="40" height="30"><div align="center">
                        <!--创建单选按钮-->
                        <input type="radio" name="face" value="<?php echo("images/inchoative/face".($i-1).".gif");?>">
                    </div></td>
                </tr>
                    <?php   }else{       ?>
                    <td width="40" height="30"><div align="center">
                        <img src=<?php echo("images/inchoative/face".($i-1).".gif");?> width="20" height="20"></div></td>
                    <td width="40" height="30"><div align="center">
                        <input type="radio" name="face" value="<?php echo("images/inchoative/face".($i-1).".gif");?>" <?php if($i==1) { echo "checked";}?>>
                    </div></td>
                    <?php        }  }       ?>
```

```
            </table>
        </div></td>
    </tr>
</table></td>
<tr>
    <td width="107" align="right" class="STYLE11">文章内容：</td>
    <td width="569">
<textarea name="menu" cols="1" rows="1" id="menu" style="position:absolute;left:0;visibility:hidden;"></textarea>
<script type="text/javascript">
var editor = new FtEditor("editor");
editor.hiddenName = "menu";
editor.editorWidth = "100%";
editor.editorHeight = "300px";
editor.show();
</script>
<input type="hidden" name="tb_forum_user" value="<?php echo $_SESSION[tb_forum_user];?>"></td></tr>
```

有关 send_forum.php 文件的讲解到此结束，完整代码请参考本书源代码中的内容。下面介绍表单处理页 send_forum_ok.php 文件。在该文件中将表单中提交的数据存储到数据库中，完成发布帖子信息的存储。程序代码如下(send_forum_ok.php)：

```
<?php session_start(); include_once("conn/conn.php");
$tb_send_type=0;                                    //设置帖子是否置顶
$tb_send_types=0;                                   //判断帖子是否有回复
$tb_send_small_type=$_POST[send_sort];              //获取表单中提交的数据
$tb_send_subject=$_POST[send_subject];              //获取表单中提交的数据
$tb_send_picture=$_POST[face];                      //获取表单中提交的数据
$tb_send_content=trim($_POST["menu"]);              //获取表单中提交的数据
$tb_send_user=$_POST[tb_forum_user];
$tb_send_date=date("Y-m-j H:i:s");
if($_FILES[send_accessories][size]==0){             //判断是否有附件上传
$result=mysql_query("insert into tb_forum_send(tb_send_subject,tb_send_content,tb_send_user,tb_send_date,tb_send_picture,tb_send_type,tb_send_types,tb_send_small_type) values ('".$tb_send_subject."','".$tb_send_content."','".$tb_send_user."','".$tb_send_date."','".$tb_send_picture."','".$tb_send_type."','".$tb_send_types."','".$tb_send_small_type."')",$conn);
echo mysql_error();
    if($result){
        mysql_query("update tb_forum_user set tb_forum_grade=tb_forum_grade+5",$conn);
            echo "<script>alert('新帖发表成功!');history.back();</script>";
        mysql_close($conn);
    }else{
            echo "<script>alert('新帖发表失败!');history.back();</script>";
            mysql_close($conn);
    }
}
if($_FILES[send_accessories][size] > 20000000){       //判断上传附件是否超过指定的大小
    echo "<script>alert('上传文件超过指定大小！ ');history.go(-1);</script>";
    exit();
}else{
$path = './file/'.time().$_FILES['send_accessories']['name']; //定义上传文件的路径和名称
if (move_uploaded_file($_FILES['send_accessories']['tmp_name'],$path)) { //将附件存储到服务器
```

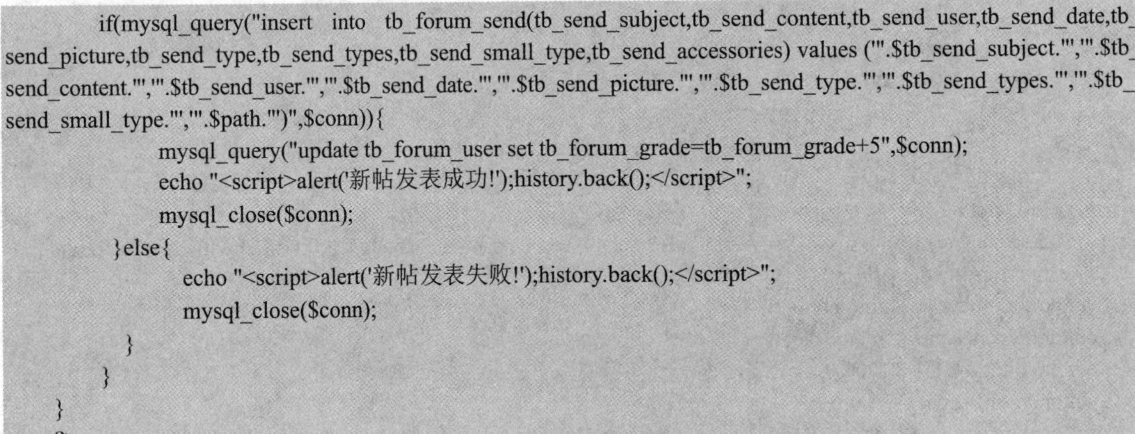

```
        if(mysql_query("insert  into  tb_forum_send(tb_send_subject,tb_send_content,tb_send_user,tb_send_date,tb_send_picture,tb_send_type,tb_send_types,tb_send_small_type,tb_send_accessories) values ('".$tb_send_subject."','".$tb_send_content."','".$tb_send_user."','".$tb_send_date."','".$tb_send_picture."','".$tb_send_type."','".$tb_send_types."','".$tb_send_small_type."','".$path."')",$conn)){
                mysql_query("update tb_forum_user set tb_forum_grade=tb_forum_grade+5",$conn);
                echo "<script>alert('新帖发表成功!');history.back();</script>";
                mysql_close($conn);
            }else{
                    echo "<script>alert('新帖发表失败!');history.back();</script>";
                    mysql_close($conn);
                }
            }
    }
?>
```

至此帖子发布功能的实现过程介绍完毕，完整代码可以参考本书源代码中的内容。

23.4.2 浏览帖子

浏览帖子包括帖子类别和帖子内容的浏览。首先可以浏览到根据不同类别进行划分的帖子主题，然后可以在相应的帖子主题中浏览到具体帖子的内容。帖子主题和帖子内容浏览的运行结果如图 23.16 所示。

浏览主题

图 23.16 浏览帖子

Note

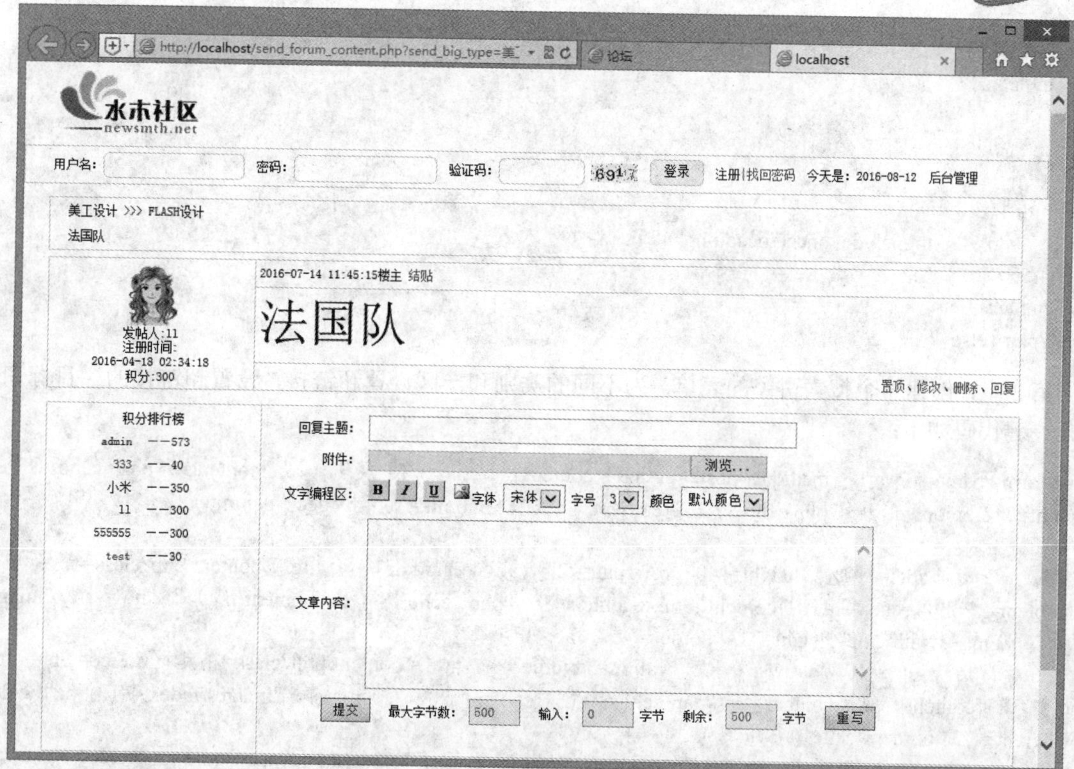

浏览内容

图 23.16　浏览帖子（续）

浏览帖子是从帖子类别的输出开始的，首先在网站的左侧框架中应用树状导航菜单输出帖子的类别，根据树状导航菜单中输出帖子的类别，设置超链接，将指定类别的帖子在右侧的框架中输出，即在 content.php 文件中输出帖子的内容。关键代码如下（left.php）：

```
<td width="84%" height="24" background="images/index_5.jpg" onClick="javascript:open_close(id_a<?php echo $myrow['tb_big_type_id'];?>)" >     <a href="content.php?content=<?php echo $myrow['tb_big_type_content'];?>&&content_1=<?php echo $myrows['tb_small_type_content'];?>" target="contentFrame"><?php echo $myrow['tb_big_type_content'];?></a></td>
```

这里的 content.php 文件是在右侧的框架中输出的内容，超链接中的 target 属性获取的是右侧框架中的链接文件的名称，设置栏目标识变量 content，代表帖子的所属专区，content_1 代表帖子的类别。

```
<td height="23">  
    <a href="content.php?content=<?php echo $myrow['tb_big_type_content'];?>&&content_1=<?php echo $myrow_1['tb_small_type_content'];?>" target="contentFrame">
<?php echo $myrow_1['tb_small_type_content'];?></a></td>
```

然后，在 content.php 文件中输出对应类别帖子的内容。其中应用 switch 语句，根据获取的栏目标识变量$class 的不同值，分别调用不同的文件，输出不同类别中帖子的内容。content.php 文件的关键代码如下：

【操作步骤】

第 1 步，判断论坛的所属专区和类别是否为空，如果为空则输出默认的内容，否则将输出对应专区和类别中帖子的内容（content.php）。

Note

```
<?php  if($_GET[content]=="" and $_GET[content_1]==""){ ?>
<table>
  <tr>
    <td height="10"> </td>
  </tr>
  <tr>
    <td><?php include_once("bccd.php");?></td>
  </tr>
</table>
<?php }else{?>
```

第 2 步，创建一个搜索引擎的表单，为不同的类别和专区设置超链接，设置超链接的栏目标识变量。关键代码如下：

```
<form name="form1" method="post" action="content.php?class=搜索引擎&&content=<?php echo $_GET[content];?>&&content_1=<?php echo $_GET[content_1];?>" onSubmit="return check_submit();">
        <tr>
          <td width="10%" height="40" rowspan="2" valign="middle"><a href="content.php?class=最新帖子&&content=<?php echo $_GET[content];?>&&content_1=<?php echo $_GET[content_1];?>"><img src="images/index_7 (1).jpg" width="65" height="23" border="0"></a></td>
          <td width="10%" rowspan="2" valign="middle"><a href="content.php?class=精华区&&content=<?php echo $_GET[content];?>&&content_1=<?php echo $_GET[content_1];?>"><img src="images/index_7 (2).jpg" width="55" height="23" border="0"></a></td>
          <td width="10%" rowspan="2" valign="middle"><a href="content.php?class=热点区&&content=<?php echo $_GET[content];?>&&content_1=<?php echo $_GET[content_1];?>"><img src="images/index_7 (3).jpg" width="52" height="23" border="0"></a></td>
          <td width="10%" rowspan="2" valign="middle"><a href="content.php?class=待回复&&content=<?php echo $_GET[content];?>&&content_1=<?php echo $_GET[content_1];?>"><img src="images/index_7 (4).jpg" width="55" height="23" border="0"></a></td>
          <td width="25%" height="38" align="right" valign="bottom"><input name="tb_send_subject_content" type="text" size="20" />
              </td>
          <td width="25%" rowspan="2"><input type="image" name="imageField" src="images/index_71.jpg" /></td>
        </tr>
    </form>
```

第 3 步，编写 switch 语句，根据栏目标识变量$class 的不同值，调用不同的文件。代码如下：

```
<?php
switch($_GET['class']){
    case "最新帖子":
        include("new_forum.php");
    break;
    case "精华区":
        include("distillate.php");
    break;
    case "热点区":
        include("hotspot.php");
    break;
    case "待回复":
```

```
            include("pending.php");
        break;
        case "搜索引擎":
            include("search.php");
        break;
        case "":
            include("new_forum.php");
        break;
    } }
    ?>
```

根据$class 变量的不同值调用不同的文件，在被调用的这些文件中，读取数据库中数据的方法都是相同的，都是根据所属的类别从数据库中读取出符合条件的数据，进行分页显示。

这里以“最新帖子”中调用的 new_forum.php 文件为例，对被调用文件的创建方法进行讲解。在 new_forum.php 文件中，主要就是以超链接栏目标识中传递的变量$_ GET[content]和$_GET[content_1]为条件，从数据库中读取出符合条件的数据。

【操作步骤】

第 1 步，首先输出的是所属专区中公告和置顶帖子的标题信息，并且设置超链接，链接到 send_affiche.php 和 send_forum_content.php 文件，在对应的文件中输出公告和置顶帖子的详细内容。关键代码如下（new_forum.php）：

```
<?php
$query_1=mysql_query("select * from tb_forum_send where tb_send_type='1' and tb_send_small_type='".$_GET[content_1]."'");
while($myrow_1=mysql_fetch_array($query_1)){
?>
  <tr>
    <td width="10%" align="center"><span class="STYLE4">【置顶】</span></td>
    <td colspan="4" width="90%"><a href="send_forum_content.php?send_big_type=<?php echo $_GET[content];?>&&send_small_type=<?php echo $myrow_1[tb_send_small_type];?>&&send_id=<?php echo $myrow_1[tb_send_id];?>" target="_blank"><?php echo $myrow_1[tb_send_subject];?></a></td>
  </tr>
<?php }?>
```

第 2 步，根据栏目标识传递的变量，从数据库中读取出对应的专区和类别中帖子的数据，并且定义变量，实现数据的分页显示；在输出帖子的标题时，设置超链接，链接到 send_fonun_content.php，在该文件中输出帖子的详细信息。关键代码如下：

```
<?php
  if($_GET['page']){
    $page_size=10;              //定义每页输出 10 条数据
    //按照指定的类别从数据库中读取帖子的数据
    $query="select count(*) as total from tb_forum_send where tb_send_small_type='".$_GET[content_1]."'";
    $result=mysql_query($query);
    $message_count=mysql_result($result,0,"total");
    $page_count=ceil($message_count/$page_size);
    $offset=($_GET['page']-1)*$page_size;
    //从数据库中读取帖子的数据，按照帖子发布的 ID 值进行降幂排列输出
    $query_2=mysql_query("select * from tb_forum_send where tb_send_small_type='".$_GET[content_1]."' order by tb_send_id desc limit $offset, $page_size");
```

Note

```
        while($myrow_2=mysql_fetch_array($query_2)){
    ?>
      <tr>
        <td width="5%" align="center" bgcolor="#FFFFFF"><img src="<?php echo $myrow_2[tb_send_picture];?>"
/></td>
        <td  width="35%"  align="center"  bgcolor="#FFFFFF"><a  href="send_forum_content.php?send_big_type=
<?php echo $_GET[content];?>&&send_small_type=<?php echo $myrow_2[tb_send_small_type];?>&&send_id=<?php
echo $myrow_2[tb_send_id];?>" target="_blank"><?php echo $myrow_2[tb_send_subject];?></a></td>
        <td width="25%" align="center" bgcolor="#FFFFFF"><?php echo $myrow_2[tb_send_date];?></td>
        <td width="25%" align="center" bgcolor="#FFFFFF"><?php echo $myrow_2[tb_send_user];?> </td>
    <td width="10%" align="center" bgcolor="#FFFFFF">
        <?php   $query_s=mysql_query("select * from tb_forum_restore where tb_send_id='$myrow_2[tb_send_id]'");
    echo mysql_num_rows($query_s);
    ?></td>
    </tr>
    <?php }}?>
```

上述讲解的是帖子主题浏览的实现方法，下面介绍帖子内容浏览功能的实现。

帖子内容的输出是通过上面提到的 send_forum_content.php 文件来完成的。在该文件中输出帖子的详细内容、发帖人的信息、回复帖子的内容和回复人的信息，并且还对登录用户进行了权限设置。普通用户只能浏览帖子的详细信息，不能进行其他任何操作。

会员登录，不但可以浏览帖子的详细信息，而且可以对帖子进行回复和引用，收藏帖子、发送短信以及加对方为好友；如果浏览的是当前会员自己发布或者回复的帖子，还可以对帖子进行修改、删除和结帖的操作。

管理员登录，可以执行上述会员具有的所有操作，并且还可以对帖子进行置顶的操作，这是会员所不具备的。

下面对 send_forum_content. php 文件进行分步讲解，看看各个部分的功能都是如何实现的。

【操作步骤】

第 1 步，初始化 Session 变量，连接数据库，通过 include 语句调用包含文件，通过$_SERVER 预定义变量获取当前页面的完整连接地址，用于实现帖子收藏的功能，有关帖子收藏技术的讲解请参考 23.3.4 节中的内容。

第 2 步，输出发帖人的信息和发布的帖子信息，并且为发送短信、加为好友、结帖、置顶、修改、删除和回复的操作设置超链接。

主要代码如下（send_forum_content.php）：

```
<!--从数据库中读取出指定帖子的发布人的信息-->
<?php
$query_1=mysql_query("select * from tb_forum_send where tb_send_id='$_GET[send_id]'",$conn);
$myrow_1=mysql_fetch_array($query_1);
$query_2=mysql_query("select * from tb_forum_user where tb_forum_user='$myrow_1[tb_send_user]'",$conn);
$myrow_2=mysql_fetch_array($query_2);
echo "<img src='$myrow_2[tb_forum_picture]'>"."<br>";
echo "发帖人:";
echo $myrow_2[tb_forum_user]."<br>";
echo "注册时间:"."<br>";
echo $myrow_2[tb_forum_date]."<br>";
echo "积分:";
echo $myrow_2[tb_forum_grade]."<br>";
```

```
    if($_SESSION[tb_forum_user]==true){
    echo "<a href='send_mail.php?receiving_person=$myrow_2[tb_forum_user]&&sender=$_SESSION[tb_forum_user]' target='_blank'><img src='images/index_8.jpg' width='76' height='24' border='0'></a>"."<br>";
    echo "<a href='my_friend.php?friend=$myrow_2[tb_forum_user]&&my=$_SESSION[tb_forum_user]' target='_blank'><img src='images/index_8 (1).jpg' width='82' height='24' border='0'></a>";
    }
    ?></span></td>
        <td width="780" height="20%" bgcolor="#FFFFFF"><?php echo $myrow_3[tb_send_date]; ?> 楼主
    <?php
    if($myrow_1[tb_forum_end]!=1){
    ?>
    <a href="end_forum.php?send_id=<?php echo $_GET[send_id];?>&send_user=<?php echo $myrow_3[tb_send_user];?>">结贴</a>
    <?php
    }else{
    echo "已结贴";
    }
    ?></td>
      </tr>
    <tr>
        <td height="60%" bgcolor="#FFFFFF"><?php
    echo $myrow_3[tb_send_content];
    ?>
    <td height="20%" align="right" bgcolor="#FFFFFF"><?php if($myrow_3[tb_send_accessories]==true){echo "
    <a href='download.php?accessories=$myrow_3[tb_send_accessories]'>附件</a>";}?>    
    <a href="permute_send.php?permute_id=<?php echo $myrow_3[tb_send_id];?>">置顶</a>、
    <a href="recompose_send.php?recompose_id=<?php echo $myrow_3[tb_send_id];?>&&recompose_user=<?php echo $myrow_3[tb_send_user];?>">修改</a>、
    <a href="delete_send.php?delete_id=<?php echo $myrow_3[tb_send_id];?>&&delete_send_forum=<?php echo $myrow_3[tb_send_user];?>">删除</a>、
    <a href="send_forum_content.php?send_big_type=<?php echo $_GET[send_big_type];?>&&send_small_type=<?php echo $_GET[send_small_type];?>&&send_id=<?php echo $_GET[send_id];?>#bottom">回复</a></td>
```

第 3 步，输出与该帖子相关的回复帖子的信息，以及回复人的信息，同样也为发送短信、加为好友、引用、修改和删除操作设置了超链接。其中在输出回复帖子的内容时，还对回帖内容进行判断，判断该帖子是否被管理员屏蔽。实现的方法与第 2 步相同，这里不再赘述，完整代码请参考本书源代码中的内容。

第 4 步，积分排行，该功能的实现主要就是从会员信息表中读取会员的积分数据，并且按照降幂排列，输出积分最高的前 10 名用户。程序代码如下：

```
<?php
$sql=mysql_query("select tb_forum_user,tb_forum_grade from tb_forum_user order by tb_forum_grade desc limit 10");
while($myrow=mysql_fetch_array($sql)){
?>
        <tr>
          <td width="45%" height="19" align="right">
<a href="person_data.php?person_id=<?php echo $myrow[tb_forum_user];?>"><?php echo $myrow[tb_forum_user];?></a>
 </td>
          <td width="55%" align="left">——<?php echo $myrow[tb_forum_grade];?></td>
```

```
        </tr>
<?php }?>
```

第 5 步，send_forum_content.php 文件的第 5 部分是一个 form 表单，用于提交回复帖子的信息。

Note

23.4.3 回复帖子

回复帖子实现对指定的帖子进行回复的操作，回复帖子的运行结果如图 23.17 所示。

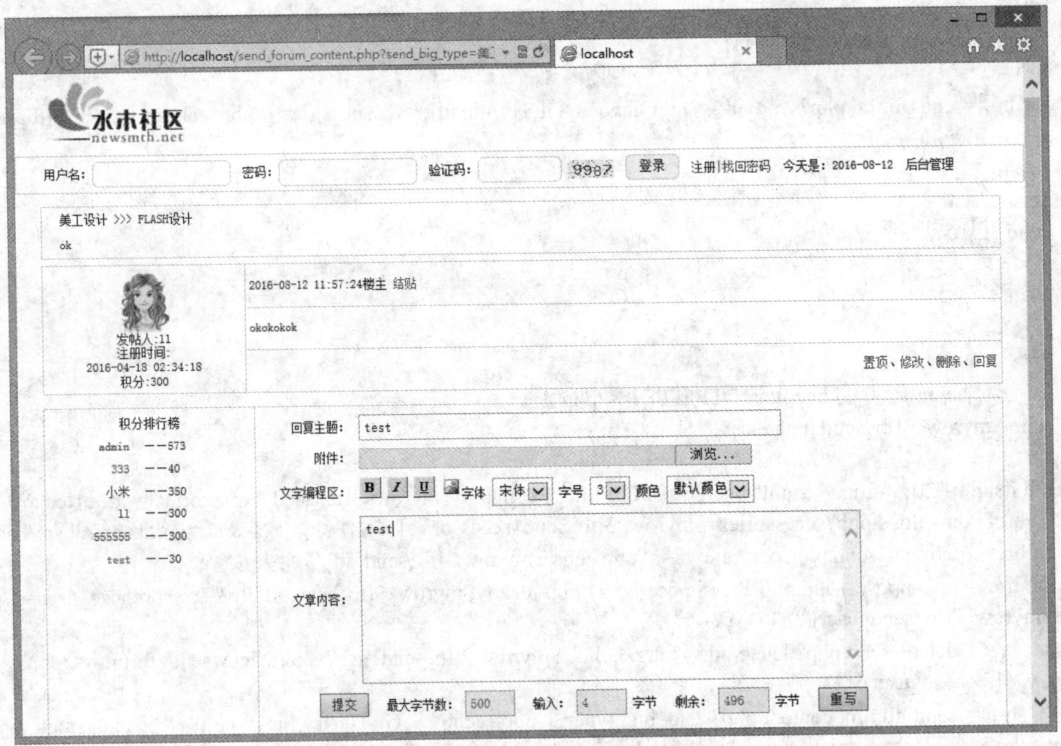

图 23.17 回复帖子

回复帖子中提交的 form 表单存储在 23.4.2 节中介绍的 send_forum_content.php 文件中。在这个 form 表单中，将回复主题、附件、回复内容、发布帖子 ID 和回复人信息都提交到 send_forum_content_ok.php 文件中进行处理，完成帖子的回复。

在对回复内容进行编辑时还应用了 UBB 技术，实现对回复的内容进行编辑，并且还对回复内容的字节数进行了控制。

UBB 技术的实现是通过 UBBCode.js 文件来完成的，该文件存储于根目录下的 js 文件夹中。限制和统计回复内容字节数的方法是通过 text.js 文件来完成的，该文件同样存储于根目录下的 js 文件夹中。form 表单的关键代码如下（send_forum_content.php）：

```
<form action="send_forum_content_ok.php" method="post" enctype="multipart/form-data"   name="myform">
<tr><a name="bottom" id="bottom"></a><!--定义命名锚记-->
    <td width="103" height="30" align="right">回复主题：</td>
    <td width="617"><input name="restore_subject" type="text" id="restore_subject" size="60" value="
<?php
if($_GET[cite]==true){
    $query=mysql_query("select * from tb_forum_restore where tb_restore_id='$_GET[cite]'");
```

```
    $result=mysql_fetch_array($query);
    echo "摘自（".$result[tb_restore_user]."）：".$result[tb_restore_subject];
    }
    ?>
    "><input type="hidden" name="tag" value="<?php echo $myrow_1[tb_forum_end];?>" ></td></tr>
            <tr>
              <td height="30" align="right">附件：</td>
              <td><input name="restore_accessories" type="file" size="45"></td>
            </tr>
            <tr>
              <td height="30" align="right">文字编程区：</td>
              <td width="617"><img src="images/UBB/B.gif" width="21" height="20" onClick="bold()"> 
<img src="images/UBB/I.gif" width="21" height="20" onClick="italicize()"> <img src="images/UBB/U.gif"
width="21" height="20" onClick="underline()"> <img src="images/UBB/img.gif" width="21" height="20"
onClick="img()"> 字体
                <select name="font" class="wenbenkuang" id="font" onChange="showfont(this.options[this.selectedIndex].
value)">
                    <option value="宋体" selected>宋体</option>
                    <option value="黑体">黑体</option>
                    <option value="隶书">隶书</option>
                    <option value="楷体">楷体</option>
                  </select>
                字号<span class="pt9">
                  <select
        name=size class="wenbenkuang" onChange="showsize(this.options[this.selectedIndex].value)">
                    <option value=1>1</option>
                    <option value=2>2</option>
                    <option
          value=3 selected>3</option>
                    <option value=4>4</option>
                    <option value="5">5</option>
                    <option value="6">6</option>
                    <option value="7">7</option>
                  </select>
                  颜色
                  <select  onChange="showcolor(this.options[this.selectedIndex].value)"  name="color"  size="1"
class="wenbenkuang" id="select">
                    <option selected>默认颜色</option>
                    <option style="color:#FF0000" value="#FF0000">红色热情</option>
                    <option style="color:#0000FF" value="#0000ff">蓝色开朗</option>
                    <option style="color:#ff00ff" value="#ff00ff">桃色浪漫</option>
                    <option style="color:#009900" value="#009900">绿色青春</option>
                    <option style="color:#009999" value="#009999">青色清爽</option>
                  </select>
                </span></td>
            </tr>
            <tr>
              <td align="right">文章内容：</td>
              <td width="617">
```

Note

```
<textarea name="file" cols="70" rows="10" id="file" onKeyDown="countstrbyte(this.form.file,this.form.total,this.form.used,this.form.remain);"
onKeyUp="countstrbyte(this.form.file,this.form.total,this.form.used,this.form.remain);"><?php
    if($_GET[cite]==true){
        $query=mysql_query("select * from tb_forum_restore where tb_restore_id='$_GET[cite]'");
        $result=mysql_fetch_array($query);
    echo $result[tb_restore_content];
    }
    ?></textarea>
    <input type="hidden" name="tb_send_id" value="<?php echo $_GET[send_id];?>">
    <input type="hidden" name="tb_restore_user" value="<?php echo $_SESSION[tb_forum_user];?>"></td>
                </tr>
                <tr>
                  <td height="25" colspan="2">        
    <input name="submit" type="submit" id="submit" value="提交" onClick="return check();">
                      最大字节数：
    <input type="text" name="total" disabled="disabled" class="textbox" id="total" value="500" size="5">
                      输入：
    <input type="text" name="used" disabled="disabled" class="textbox"   id="used" value="0" size="5">
                    字节    剩余：
    <input type="text" name="remain" disabled="disabled" class="textbox" id="remain" value="500" size="5">字节
  
    <input name="reset" type="reset" id="reset" value="重写"></td>
                </tr>
                <tr>
                  <td height="35" colspan="2">   </td>
                </tr>
            </form>
```

到此回复帖子的提交文件的内容讲解完毕，接下来介绍回复帖子的处理页 send_forum_content_ok.php 文件。

在该文件中实现对回复帖子中提交的数据进行存储，并且更新帖子的回复次数，以及将发布帖子数据表中的 tb_send_types 字段更新为 1，表明该帖子已经有回帖。

在 send_forum_content_ok.php 文件中，首先获取到 form 表单中提交的数据，然后判断回复的内容中是否包含附件，如果不存在附件，则直接将获取的数据添加到指定的数据表中，并且更新帖子的回复次数和发布帖子数据表中 tb_send_types 字段的值为 1。

如果存在附件，而附件的大小超过上传文件大小的限制，则将给出提示信息“上传文件超过指定大小!”。

如果存在附件，并且在指定的范围之内，则先将该附件存储到服务器中指定的文件夹下，然后再将附件在服务器中的存储路径和其他数据一起存储到指定的数据表中，同样也更新帖子的回复次数和发布帖子数据表中 tb_send_types 字段的值为 1。程序代码如下（send_forum_content_ok.php）：

```
<?php session_start(); include_once("conn/conn.php");
if($_SESSION[tb_forum_user]==true){                          //判断是否是正确登录
$tb_restore_subject=$_POST[restore_subject];                 //获取回复帖子的主题
$tb_restore_content=$_POST[file];                            //获取上传的附件
$tb_restore_user=$_POST[tb_restore_user];                    //获取回复人
$tb_send_id=$_POST[tb_send_id];                              //获取要回复帖子的 ID
```

```
    $tb_restore_date=date("Y-m-d H:i:s");                    //定义回复时间
    if($_FILES[restore_accessories][size]==0){               //判断是否有附件上传
    if(mysql_query("insert into tb_forum_restore(tb_restore_subject,tb_restore_content,tb_restore_user,tb_send_id,tb_
restore_date) values ('".$tb_restore_subject."','".$tb_restore_content."','".$tb_restore_user."','".$tb_send_id."','".$tb_restore_
date."')",$conn)){
        mysql_query("update tb_forum_restore set tb_forum_counts=tb_forum_counts+1",$conn);
        mysql_query("update tb_forum_send set tb_send_types=1 where tb_send_id='$tb_send_id'",$conn);
        echo "<script>alert('回复成功!');history.back();</script>";
        mysql_close($conn);
    }else{
        echo "<script>alert('回复失败!');history.back();</script>";
        mysql_close($conn);
    }}
    if($_FILES[restore_accessories][size] > 20000000){ //判断上传的附件是否超过规定文件的大小
        echo "<script>alert('上传文件超过指定大小！ ');history.go(-1);</script>";
        exit();
    }else{
    $path = './file/'.time().$_FILES['restore_accessories']['name']; //定义上传文件的名称和存储的路径
    if (move_uploaded_file($_FILES['restore_accessories']['tmp_name'],$path)) {//将附件存储到服务器指定的文件
夹下
    if(mysql_query("insert into tb_forum_restore(tb_restore_subject,tb_restore_content,tb_restore_user,tb_send_id,tb_
restore_date,tb_restore_accessories) values ('".$tb_restore_subject."','".$tb_restore_content."','".$tb_restore_user."','".$tb_
send_id."','".$tb_restore_date."','".$path."')",$conn)){
      mysql_query("update tb_forum_restore set tb_forum_counts=tb_forum_counts+1",$conn);
      mysql_query("update tb_forum_send set tb_send_types=1 where tb_send_id='$tb_send_id'",$conn);
      echo "<script>alert('回复成功!');history.back();</script>";
      mysql_close($conn);
      }else{
        echo "<script>alert('回复失败!');history.back();</script>";
        mysql_close($conn);
      }
    }}
    }else{
      echo "<script>alert('对不起，您不可以回复帖子，请先登录到本站，谢谢!');history.back();</script>";
    }
    ?>
```

至此帖子回复功能讲解完毕，详细的程序代码可以参看本书源代码中的内容。

23.4.4　结帖

结帖功能是对会员自己发布的帖子进行操作，当获取到满意的答案之后，就可以对帖子进行结帖操作，一旦结帖之后就不可以再对该帖进行回复。其运行结果如图 23.18 所示。

结帖功能避免了在论坛中对一个帖子无休止的回复，浪费系统资源，同时也确保了论坛中帖子的规范性。

论坛的管理员也具备这个权限，可以根据帖子的回复情况，在确定已经有满意答案的情况下，而帖子发布人又没有进行结帖操作的，可以由管理员来执行这项操作。管理员的结帖操作是在论坛后台管理的帖子管理中完成的。

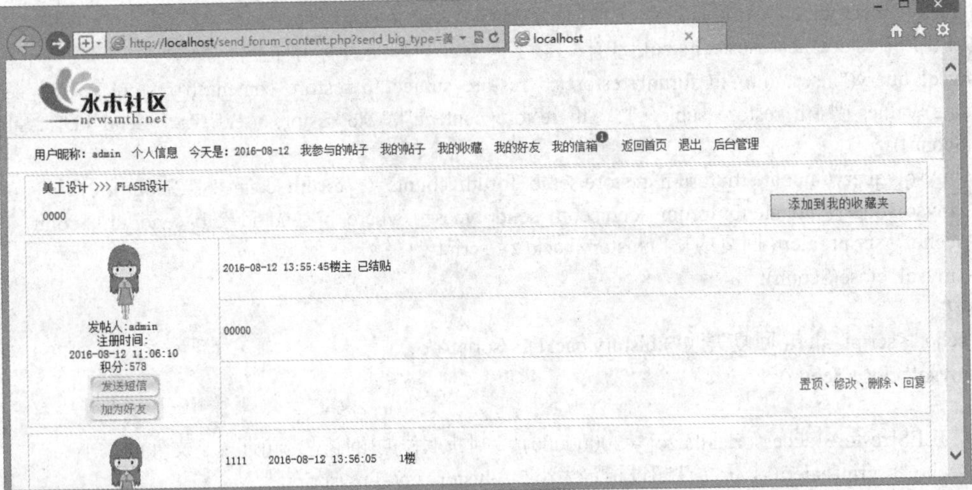

图 23.18　结帖激活

帖子是否已经结帖是根据帖子在数据表中 tb_ forum_ end 字段的值来判断的，如果字段的值为 1，则说明帖子已经结帖，否则没有结帖。所以结帖操作就是将指定帖子在数据表中的 tb_forum_end 字段的值更新为 1。

在论坛模块中，结帖操作是通过在 send_forum_f content.php 文件中设置的一个“结帖”的超链接来执行的。通过“结帖”这个超链接，链接到 send_forum.php 文件，在这个文件中根据传递的 ID 值，执行更新指定帖子 tb_forum_ end 字段值的操作。

在 send_forum_content.php 文件中设置“结帖”的超链接，其中根据 tb_forum_end 字段的值来判断输出的内容。代码如下（send_forum_content.php）：

```
<?php
if($myrow_1[tb_forum_end]!=1){
?>
<a href="end_forum.php?send_id=<?php echo $_GET[send_id];?>&send_user=<?php echo $myrow_3[tb_send_user];?>">结帖</a>
<?php
}else{
echo "已结帖";
}
?>
```

在 end_forum.php 文件中，执行结帖的操作，以$send_id 变量传递的帖子 ID 值为依据，程序代码如下（end_forum.php）：

```
<?php session_start(); include("conn/conn.php");
if($_GET[send_id]==true and $_GET[send_user]==$_SESSION[tb_forum_user]){
    $result=mysql_query("update tb_forum_send set tb_forum_end='1' where tb_send_id='".$_GET[send_id]."'");
    if($result==true){
        echo "<script>alert('结帖激活!'); history.back();</script>";
    }
}else{
        echo "<script>alert('您不具备该权限!'); history.back();</script>";
}
?>
```

23.4.5　搜索帖子

Note

站内搜索是指在站内按照指定的关键字，从论坛发布的帖子和回复的帖子中查询出符合条件的数据。站内搜索主要应用的是 where 条件语句中的 like 运算符，通过该运算符实现模糊查询的功能。

在论坛模块中，站内搜索从 content.php 文件中设置的站内搜索文本框开始，将要搜索的关键字提交到 search.php 文件中，在该文件中执行模糊查询，并将查询的结果输出，如图 23.19 所示。

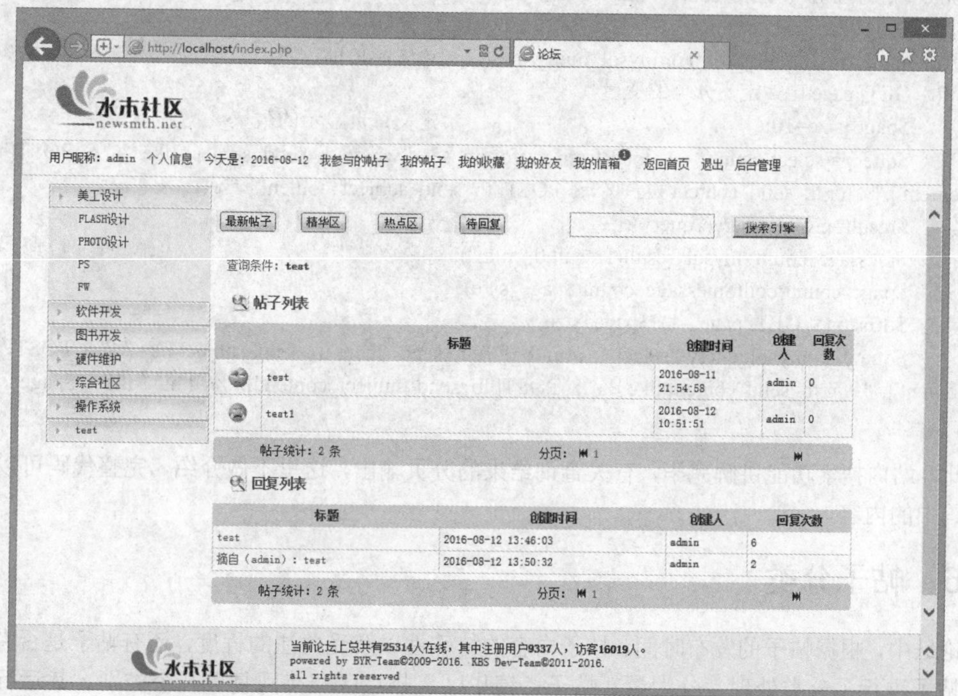

图 23.19　搜索帖子

在 content.php 文件中，创建一个 form 表单，提交站内搜索的关键字；将关键字提交到 search.php 文件中。程序代码如下（content.php）：

```
<form name="form1" method="post" action="content.php?class=搜索引擎&&content=<?php echo $_GET[content];?>&&content_1=<?php echo $_GET[content_1];?>" onSubmit="return check_submit();">
    <tr>
        <td width="25%" rowspan="2"><input type="image" name="imageField" src="images/index_71.jpg" /></td>
    </tr>
</form>
```

search.php 文件，根据表单中提交的关键字，分别在发布帖子和回复帖子中执行模糊查询，将查询的结果以分页的形式输出到页面中。模糊查询的关键代码如下（search.php）：

```
<?php session_start(); include("conn/conn.php");          //初始化 session 变量，连接数据库
if($_GET['page']==""){ $_GET['page']=1; }                  //判断变量的值是否为空，用于分页显示
if($_GET['pages']==""){ $_GET['pages']=1; }                //判断变量的值是否为空，用于分页显示
if($_GET[link_type]==""){ $_GET[link_type]=0; }
if($_GET['link_types']==""){ $_GET['link_types']=0; }
```

Note

```
    $content=$_GET[content];                              //获取帖子的类型
    $content_1=$_GET[content_1];                          //获取帖子的类别
    //从发布的帖子中查询
    $query_6=mysql_query("select * from tb_forum_send where tb_send_subject like '%".$_POST['tb_send_subject_content']."%' or tb_send_content like '%".$_POST['tb_send_subject_content']."%'");
    //从回复的帖子中搜索
    $query_7=mysql_query("select * from tb_forum_restore where tb_restore_subject like '%".$_POST['tb_send_subject_content']."%' or tb_restore_content like '%".$_POST['tb_send_subject_content']."%'");
    //统计查询的结果
    if(mysql_num_rows($query_6)>0 or mysql_num_rows($query_7)>0 ){
        if($_GET['page']){ //定义分页的变量
            $page_size=10;                                //定义每页显示的数量
            $query="select count(*) as total from tb_forum_send where tb_send_subject like '%".$_POST['tb_send_subject_content']."%' or tb_send_content like '%".$_POST['tb_send_subject_content']."%'";
            $result=mysql_query($query);
            $message_count=mysql_result($result,0,"total");
            $page_count=ceil($message_count/$page_size);
            $offset=($_GET['page']-1)*$page_size;
            $query_2=mysql_query("select * from tb_forum_send where tb_send_subject like '%".$_POST['tb_send_subject_content']."%' or tb_send_content like '%".$_POST['tb_send_subject_content']."%' limit $offset, $page_size");
    ?>
```

至此，站内搜索功能讲解完毕，有关查询结果的分页输出，这里不做介绍，完整代码可以参考本书源代码中的内容。

23.4.6 帖子分类

在论坛中，根据帖子的发布时间、帖子内容的特殊性以及受关注的程度，还有帖子是否有人回复等，对帖子进行了分类处理，分为最新帖子、精华区、热点区和待回复等几个类别。其运行结果如图 23.20 所示。

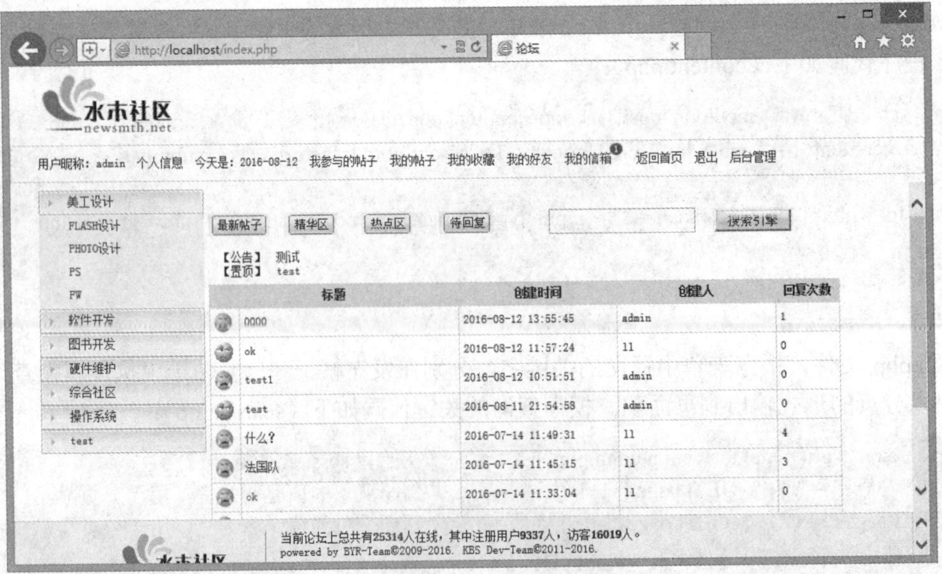

图 23.20 帖子分类

☑ 最新帖子：根据帖子的 ID，按照 ID 值降序排列，输出最新的 10 条帖子信息。关键代码如下（new_forum.php）：

```
<?php
    if($_GET['page']){
     $page_size=10; //定义每页输出 10 条数据
     //按照指定的类别从数据库中读取帖子的数据
     $query="select count(*) as total from tb_forum_send where tb_send_small_type='".$_GET[content_1]."'";
     $result=mysql_query($query);
     $message_count=mysql_result($result,0,"total");
     $page_count=ceil($message_count/$page_size);
     $offset=($_GET['page']-1)*$page_size;
     //从数据库中读取帖子的数据，按照帖子发布的 ID 值进行降幂排列输出
     $query_2=mysql_query("select * from tb_forum_send where tb_send_small_type='".$_GET[content_1]."' order by tb_send_id desc limit $offset, $page_size");
     while($myrow_2=mysql_fetch_array($query_2)){
?>
```

Note

☑ 精华区、热点区和待回复：这 3 个类别的实现方法相同，都是根据数据库中帖子指定的字段值进行判断，精华区根据字段 tb_send_type_distillate 的值判断。热点区根据字段 tb_send_type_hotspot 的值判断，而待回复则根据字段 tb_send_types 的值判断。这里以精华区帖子的输出为例，其关键代码如下（distillate.php）：

```
<?php
    if($_GET['page']){ //实现精华区帖子的分页输出
     $page_size=10; //每页显示 10 条记录
     //执行查询语句，以 tb_send_type_distillate 字段的值是否为 1 为条件，如果为 1 则是精华帖子，否则不是
     $query="select count(*) as total from tb_forum_send where tb_send_small_type='$_GET[content_1]' and tb_send_type_distillate=1";
     $result=mysql_query($query);
     $message_count=mysql_result($result,0,"total");
     $page_count=ceil($message_count/$page_size);
     $offset=($_GET['page']-1)*$page_size;
     $query_2=mysql_query("select * from tb_forum_send where tb_send_small_type='$content_1' and tb_send_type_distillate='1' limit $offset, $page_size");
     while($myrow_2=mysql_fetch_array($query_2)){
?>
  <tr>
     <td width="5%" align="center" bgcolor="#FFFFFF"><img src="<?php echo $myrow_2[tb_send_picture];?>"></td>
     <td bgcolor="#FFFFFF"><a href="send_forum_content.php?send_big_type=<?php echo $_GET[content];?>&&send_small_type=<?php echo $myrow_2[tb_send_small_type];?>&&send_id=<?php echo $myrow_2[tb_send_id];?>" target="_blank"><?php echo $myrow_2[tb_send_subject];?></a></td>
     <td width="25%" bgcolor="#FFFFFF"><?php echo $myrow_2[tb_send_date];?></td>
     <td width="25%" bgcolor="#FFFFFF"><?php echo $myrow_2[tb_send_user];?></td>
     <td width="10%" bgcolor="#FFFFFF"><?php $query_s=mysql_query("select * from tb_forum_restore where tb_send_id='$myrow_2[tb_send_id]'");
  echo mysql_num_rows($query_s);
  ?></td>
```

```
    </tr>
<?php }}?>
```

Note

上述介绍的是如何从数据库中获取到指定类别的帖子，下面讲解这些帖子的类别是如何设置的。

最新帖子不需要任何设置，只要是帖子发布之后，自动会生成一个 ID 值，根据 ID 值自动可以读取到最新的帖子。

而精华区、热点区和待回复则都需要设置。其中设置精华区和热点区帖子的方法相同，都是在论坛的后台管理中进行操作，通过 form 表单，创建复选框，将指定帖子的 tb_send_type_distillate 或者 tb_send_type_ hotspot 字段的值设置为 1，运行结果如图 23.21 所示。

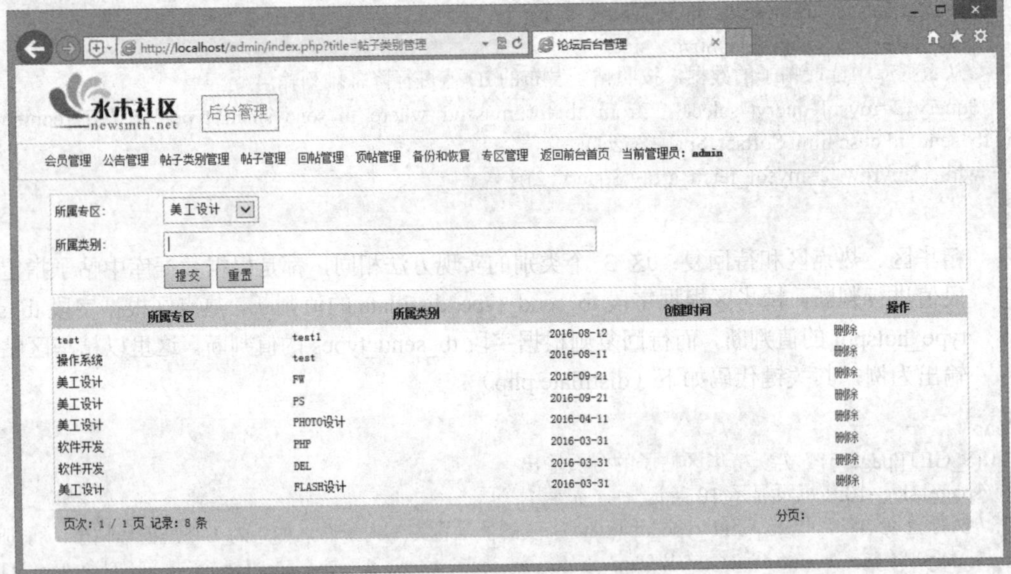

图 23.21　帖子分类管理

帖子类别的设置操作通过两个文件完成，一个是 update_ forum.php，用于提交要设置类别帖子的 ID；另一个是 update_forum_ok.php，根据提交的 ID 值执行设置帖子类别的操作。

在 update_forum.php 文件中，首先创建一个 form 表单，从数据库中读取帖子的数据，并且为每个帖子设置一个复选框，复选框的值是帖子的 ID。再分别创建精华帖子和热点帖子的【提交】按钮，同时也创建取消帖子类别的按钮。最后将数据提交到 update_forum_ok.php 文件中。关键代码如下（admin/update_forum.php）：

```
<form name="form1" method="post" action="update_forum_ok.php">
  <tr>
    <td width="72" height="35" align="center"><span class="STYLE3">选项</span></td>
    <td width="271" align="center"><span class="STYLE3">帖子主题</span></td>
    <td width="214" align="center"><span class="STYLE3">发布人</span></td>
    <td width="192" align="center"><span class="STYLE3">发布时间</span></td>
    <td width="100" align="center"><span class="STYLE3">精华区</span></td>
    <td width="77" align="center"><span class="STYLE3">热点区</span></td>
    <td width="77" align="center"><span class="STYLE3">是否结帖</span></td>
  </tr>
<?php
   if($_GET['page']){
```

```
$page_size=10;                                                    //每页显示两条记录
$query="select count(*) as total from tb_forum_send where tb_send_id ";    //从数据库中读取数据
$result=mysql_query($query);
$message_count=mysql_result($result,0,"total");                   //获取总的记录数
$page_count=ceil($message_count/$page_size);                      //获取总的页数
$offset=($_GET['page']-1)*$page_size;
$query=mysql_query("select * from tb_forum_send where tb_send_id order by tb_send_id desc limit $offset,
$page_size");
while($myrow=mysql_fetch_array($query)){
?>
<tr>
<td height="25" align="center" class="STYLE1"><input name="<?php echo $myrow[tb_send_id];?>"
type="checkbox" value="<?php echo $myrow[tb_send_id];?>"></td>
<td align="center" class="STYLE1"><?php echo $myrow[tb_send_subject];?></td>
<td align="center" class="STYLE1"><?php echo $myrow[tb_send_user];?></td>
<td align="center" class="STYLE1"><?php echo $myrow[tb_send_date];?></td>
<td align="center" class="STYLE1"><?php echo $myrow[tb_send_type_distillate];?></td>
<td align="center" class="STYLE1"><?php echo $myrow[tb_send_type_hotspot];?></td>
<td align="center" class="STYLE1"><?php if($myrow[tb_forum_end]==1){echo "已结贴";}else{echo "未结
贴";}?></td>
</tr>
<?php }}?>
<tr>
<td height="25" align="center"> </td>
<td align="center"><input name="button" type=button class="buttoncss" onClick="checkAll(form1,status)"
value="全选">
<input type=button value="反选" class="buttoncss" onClick="switchAll(form1,status)">
<input type=button value="不选" class="buttoncss" onClick="uncheckAll(form1,status)"></td>
<td align="center"><input type="submit" name="Submit" value="精华帖">
<input type="submit" name="Submit3" value="取消"></td>
<td align="center"><input type="submit" name="Submit2" value="热门帖">
<input type="submit" name="Submit4" value="取消"></td>
<td colspan="3" align="center"><input type="submit" name="Submit5" value="结帖">
<input type="submit" name="Submit6" value="取消"></td>
</tr>
</form>
```

在 update_forum_ok.php 文件中，根据表单中提交的帖子的 ID 值，通过 while 语句和 list()函数，循环读取表单中提交的帖子的 ID 值，执行设置帖子类别和取消帖子类别的操作，关键代码如下（admin/update_forum_ok.php）：

```
<?php session_start(); include("conn/conn.php");
if($Submit=="精华帖"){
    while(list($name,$value)=each($_POST)){
        $result=mysql_query("update tb_forum_send set tb_send_type_distillate='1' where tb_send_id='".$name."'");
    if($result==true){
        echo "<script>alert('精华帖激活成功!'); window.location.href='index.php?title=帖子管理';</script>";}}
}
if($Submit3=="取消"){
```

```
while(list($name,$value)=each($_POST)){
        $result=mysql_query("update tb_forum_send set tb_send_type_distillate='0' where tb_send_id='".$name."'");
    if($result==true){
        echo "<script>alert('精华帖取消!'); window.location.href='index.php?title=帖子管理';</script>";}}
}
?>
```

在设置帖子类别的过程中，使用的是批量更新技术，其主要通过 while 循环语句和 list()、each()函数来完成。

☑ each()函数

each()函数返回数组中当前指针位置的键名和对应的值，并向前移动数组指针。键值对被返回为 4 个单元的数组，键名为 0、1、key 和 value。单元 0 和 key 包含数组单元的键名，1 和 value 包含数据，如果内部指针越过了数组的末端，则函数返回 false。基本语法如下：

```
array each( array &$array )
```

参数 array 为输入的数组。

☑ list()函数

list()函数把数组中的值赋给一些变量。与 array()函数类似，不是真正的函数，而是语言结构。list()函数仅能用于数字索引的数组，并且数字索引从 0 开始。基本语法如下：

```
void list( mixed $varname , mixed $... )
```

参数 mixed 为被赋值的变量名称。

而待回复则是在回复帖子的操作中完成的，当回复帖子提交成功后，执行更新回复帖子中字段 tb_send_types 的值为 1，表明该帖子已经有回复，有关程序代码可以参考前面小节的内容，这里不再赘述。

23.4.7 置顶管理

顶帖管理是针对管理员的帖子置顶权限而设置的，因为不可能将某个帖子永远置顶，所以创建了顶帖管理这个功能。该功能存在于论坛的后台管理中，实现帖子置顶和取消置顶的操作。运行结果如图 23.22 所示。

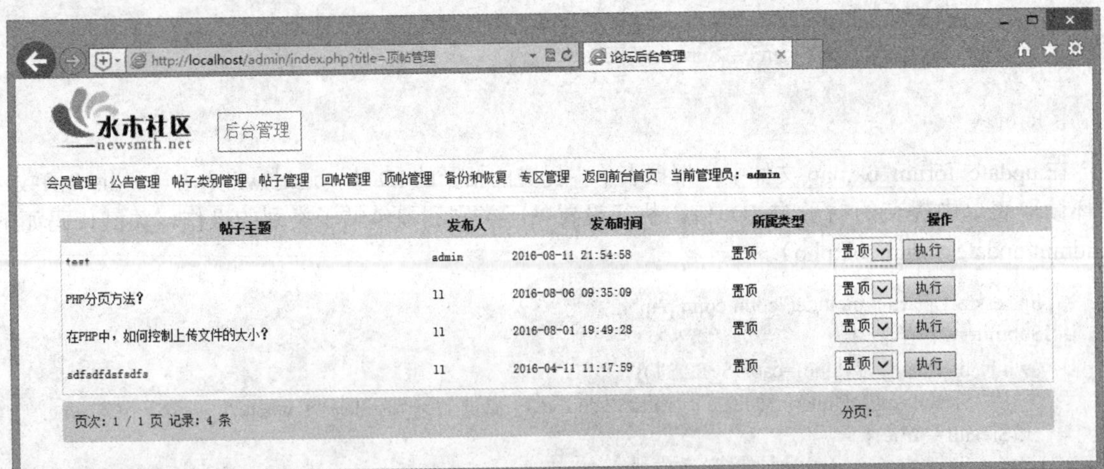

图 23.22　帖子置顶管理

顶帖管理功能的实现应用了两个文件，一个是 permute_admin.php，用于从数据库中读取出置顶帖子的数据，进行分页输出，并且创建 form 表单，为每个帖子设置一个下拉列表框，实现帖子置顶和取消置顶的操作，关键代码如下（permute_admin.php）：

```
<?php
    if($_GET['page']){
     $page_size=5;                                                        //每页显示两条记录
     $query="select count(*) as total from tb_forum_send where tb_send_type=1";    //从数据库中读取数据
     $result=mysql_query($query);
     $message_count=mysql_result($result,0,"total");                      //获取总的记录数
     $page_count=ceil($message_count/$page_size);                         //获取总的页数
     $offset=($_GET['page']-1)*$page_size;
     $query=mysql_query("select * from tb_forum_send where tb_send_type=1 order by tb_send_id desc limit
$offset, $page_size");
  while($myrow=mysql_fetch_array($query)){
  ?>
    <tr>
      <td height="25" align="left">  <span class="STYLE1"><?php echo $myrow[tb_send_subject];?>
</span></td>
      <td align="center"><span class="STYLE1"><?php echo $myrow[tb_send_user];?></span></td>
      <td align="center"><span class="STYLE1"><?php echo $myrow[tb_send_date];?></span></td>
      <td align="center"><span class="STYLE1"><?php echo $myrow[tb_send_type];?></span></td>
      <td align="center">
  <form action="update_permute.php?update_id=<?php echo $myrow[tb_send_id];?>" method="post" name="form1"
class="STYLE1">
      <select name="tb_send_type" id="tb_send_type">
            <option value="1">置顶</option>
            <option value="0">取消</option>
      </select>
      <input type="submit" name="Submit" value="执行">
  </form></td>
    </tr>
  <?php }}?>
```

在 update_permute.php 文件中，根据表单中提交的值和帖子 ID 的值，执行帖子置顶和取消置顶的操作。关键代码如下（update_permute.php）：

```
<?php include("../conn/conn.php");
$update_id=$_GET[update_id];      //获取帖子的 ID 值
//执行帖子置顶或者取消置顶的操作
$query=mysql_query("update tb_forum_send set tb_send_type='$_POST[tb_send_type]' where tb_send_id=
'$update_id'");
if($query==true){
    echo "<script>alert('更新成功!');history.back();</script>";
}else{
    echo "<script>alert('更新失败!');history.back();</script>";
}
?>
```

23.4.8 管理信息

Note

用户信息包括个人信息和短信息，在前台导航条中可以进入。个人信息在 rework.php 文件中设计，短信息模块在 send_mail.php 文件中进行管理，在该文件中完成我的信息模块的操作。其运行结果如图 23.23 所示。

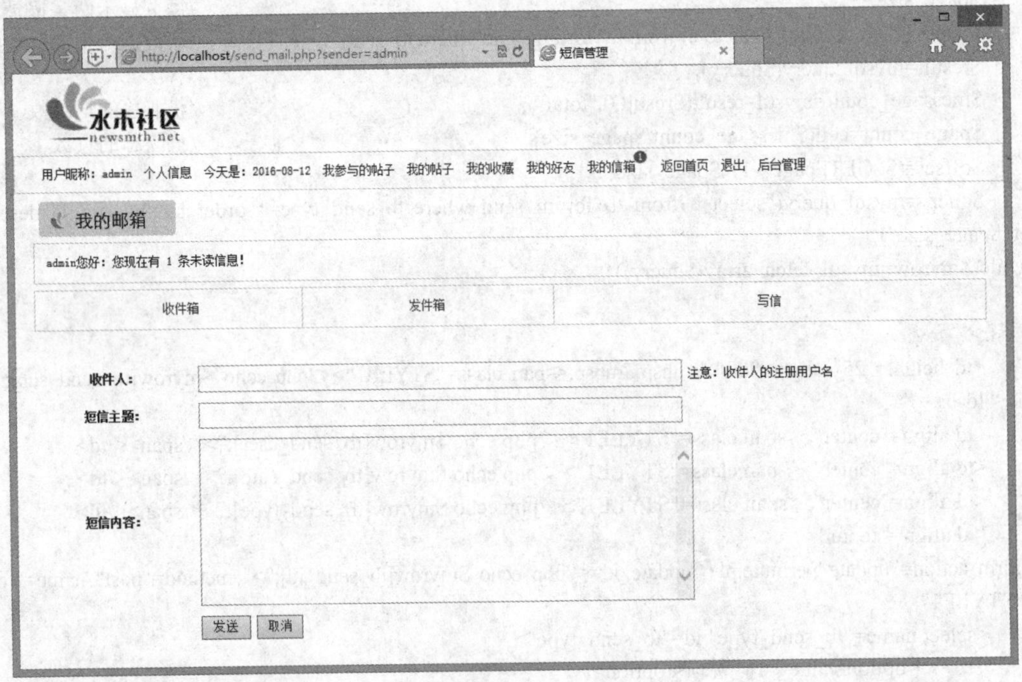

图 23.23 短信息管理

短信息模块中主要包括写信、收件箱和发件箱 3 个功能。这 3 个功能都在 send_mail.php 文件中完成。

在 send mail.php 文件中，应用 switch 语句，根据栏目标识的变量值，实现不同功能之间的切换输出。关键代码如下（send_mail.php）：

```
<table class="w950 table3 padding6" align="center">
    <tr><td><?php echo $_GET['sender'];?>您好：您现在有<?php
        $sender = $_GET['sender'];
        $query=mysql_query("select * from tb_mail_box where tb_receiving_person='$_GET[sender]' and
tb_mail_type=0");
        $myrow=mysql_num_rows($query);
        echo $myrow;
?>条未读信息！</td>
    </tr>
</table>
<table class="w950 table" align="center">
    <tr>
        <td width="263" height="39" align="center">    <a href="send_mail.php?sender=
<?php echo $_GET['sender'];?>&&mails=收件箱">收件箱</a></td>
        <td width="244" align="center"><a href="send_mail.php?sender=<?php echo $_GET['sender'];?>&&mails=
```

```
发件箱">发件箱</a></td>
            <td width="425" align="center"><a href="send_mail.php?sender=<?php echo $_GET['sender'];?>&&mails=
写信">写信</a></td>
        </tr>
    </table>
    <?php
    if( isset( $_GET['mails'])){
        $mails = $_GET['mails'];
    }else{
        $mails = "";
    }
    switch($mails){
        case "":
            include("write_mail.php"); break;
        case "写信":
            include("write_mail.php"); break;
        case "收件箱":
            include("browse_mail.php"); break;
        case "发件箱":
            include("browse_send_mail.php"); break;
    }
    ?>
```

写信通过 write_mail.php 和 write_mail_ok.php 文件完成。通过 write_mail.php 文件来创建 form 表单，提交发送信息的内容。通过 write_mail_ok.php 文件来对表单中提交的内容进行处理，并且将发送信息存储到指定的数据表中作为发送记录。

收信通过 browse_mail.php、browse_mail_content.php 和 delete_mail.php 3 个文件来完成。通过 browse_mail.php 文件从数据库中读取出收到信息的内容，将信息内容进行分页输出，并且设置超链接，链接到 browse mail_content.php 文件。在 browse_mail_content.php 文件中查看信息的详细内容。通过 delete_mail.php 文件，实现对收信箱中的信息进行管理，删除指定的信息。

发信通过 browse_send_mail.php 和 browse_send_mail_content.php 两个文件来完成。通过 browse_send_mail.php 文件输出数据库中存储的发送记录，并且根据信息的标题进行分页输出，设置超链接，链接到 browse_send_mail_content.php 文件，在该文件中输出发送信息的详细内容。

由于篇幅所限，上述 3 个功能的代码这里没有给出，完整代码请参看本书源代码中的内容。

23.4.9　管理好友

我的好友功能也是从 send_ forum_ content.php 文件中设置的超链接开始。我的好友链接的是 my_friend.php 文件。在该文件中完成添加好友的操作，并且向好友发送一条信息。其运行结果如图 23.24 所示。

在 my_friend.php 文件中，创建 form 表单，实现好友的提交，将数据提交到 my_friend_ok.php 文件中，在该文件中完成好友的添加，并且向好友发送一条短信。my_friend_ok.php 文件的程序代码如下：

```
<?php include("conn/conn.php");
if( !isset( $_SESSION["tb_forum_user"] )){
    echo "<script> alert('请先登录后再操作!'); history.back();</script>";}
```

Note

```
$tb_my=$_POST['my'];
$tb_friend=$_POST['friend'];
$tb_date=date("Y-m-d");
$tb_receiving_person=$_POST['receiving_person'];
$tb_mail_subject=$_POST['mail_subject'];
$tb_mail_content=$_POST['mail_content'];
$tb_mail_sender=$_POST['mail_sender'];
$tb_mail_date=date("Y-m-d");
$querys=mysql_query("select * from tb_forum_user where tb_forum_user='$tb_receiving_person'");
if(mysql_num_rows($querys)>0){
    $querys=mysql_query("insert into tb_my_friend(tb_my,tb_friend,tb_date)values('$tb_my','$tb_friend','$tb_date')");
    $query=mysql_query("insert into tb_mail_box(tb_receiving_person,tb_mail_subject,tb_mail_content,tb_mail_
sender,tb_mail_date)values('$tb_receiving_person','$tb_mail_subject','$tb_mail_content','$tb_mail_sender','$tb_mail_date')");
    if($query==true){
        echo "<script>alert('完成好友添加，并向 Ta 发送一封短息!');history.back(); </script>";
    }
}else{
    echo "<script>alert('对不起，不存在该用户!');history.back();</script>";
}
?>
```

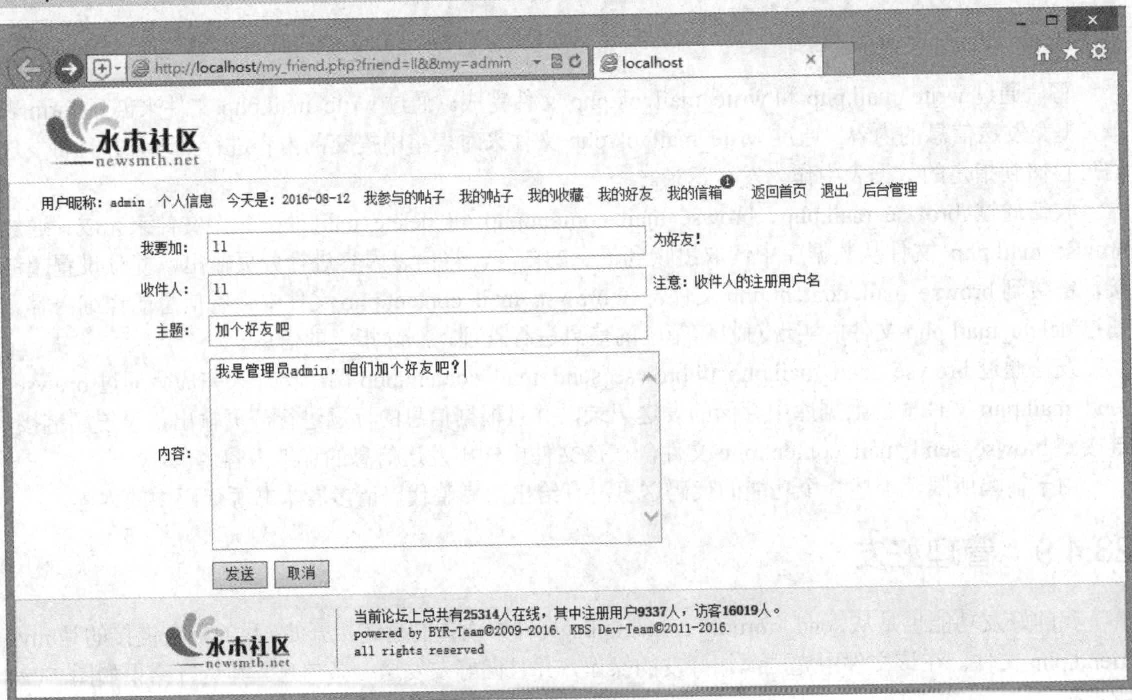

图 23.24　添加好友

在完成好友的添加之后，在会员登录成功的页面中有一个“我的好友”的超链接，单击该链接进入 browse_friend.php 文件中，在该文件中可以查看到所有的好友。当单击好友的名称时将链接到 person_data.php 文件，通过该文件可以查看到好友的详细信息。在 browse_friend.php 文件中，还创建了一个 form 表单，将数据提交到 delete_friend.php 文件中，实现对指定好友进行删除的操作。其运行结果如图 23.25 所示。

图 23.25 好友管理

23.4.10 数据备份和恢复

论坛中数据的备份和恢复主要应用的是 exec()函数，通过该函数执行服务器中的外部程序，实现备份数据和恢复数据的操作。数据备份和恢复的运行结果如图 23.26 所示。

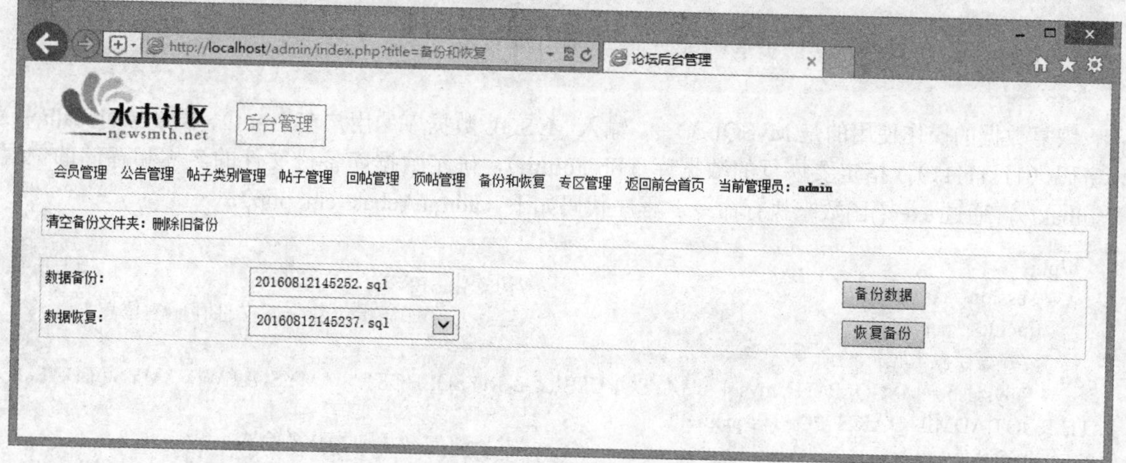

图 23.26 备份和恢复数据

exec()函数执行服务器中的外部程序。基本语法如下：

```
string exec( string $command [, array &$output [, int &$return_var ]] )
```

参数说明如下。

- ☑ command：必选参数。字符串命令。
- ☑ output：可选参数。数组输出。
- ☑ return_var：可选参数。执行命令返回来的状态变量。

在执行数据的备份和恢复操作之前，首先要确立与数据库的连接，并且要定义服务器的目录，以及 mysql 命令执行文件的路径。程序代码如下（admin/config.php）：

```
<?php
define('PATH',$_SERVER['DOCUMENT_ROOT']);          //服务器目录
```

Note

```
    define('ROOT','/');                                    //论坛根目录
    define('ADMIN','admin/');                              //后台目录
    define('BAK','sqlbak/');                               //备份目录
    define('MYSQLPATH','D:\\www\\');                       //mysql 执行文件路径
    define('MYSQLDATA','db_forum');                        //mysql 数据库
    define('MYSQLHOST','localhost');                       //mysql 服务器 IP
    define('MYSQLUSER','root');                            //mysql 账号
    define('MYSQLPWD','11111111');                         //mysql 密码
?>
```

在确定了与 MySQL 数据库的连接和执行文件的路径之后，就可以进行备份和恢复数据的操作。

备份数据库主要应用的是 MySQL 中的 mysgldump 命令，输入 MySQL 数据库的用户名（root）、服务器（localhost）和密码（11111111），指定要备份的数据库（db_forum），确定数据库备份文件的名称和存储的位置（sglbak/），最后通过 exec()函数来执行这个命令。程序代码如下（admin/bak_chk.php）：

```
<?php
    session_start();                                       //初始化 session 变量
    include "config.php";                                  //连接数据库
    //编写备份数据库的命令
    $mysqlstr = MYSQLPATH.'mysqldump -u'.MYSQLUSER.' -h'.MYSQLHOST.' -p'.MYSQLPWD. ' --opt -B
'.MYSQLDATA.' > '.PATH.ROOT.ADMIN.BAK.$_POST['b_name'];
    exec($mysqlstr);                                       //执行备份数据库的命令
    echo "<script>alert('备份成功');location='index.php?title=备份和恢复'</script>";
?>
```

恢复数据的操作使用的是 MySQL 命令，输入 MySQL 数据库的用户名（root）、服务器（localhost）和密码（11111111），指定要恢复的数据库（db_forum），确定数据库备份文件的名称和存储的位置（sqlbak/），通过 exec()函数来执行命令。程序代码如下（admin/rebak_chk.php）：

```
<?php
    session_start();                                       //初始化 SESSION 变量
    include "config.php";                                  //连接数据库，指定数据库文件存储的位置
    //编写恢复数据库的命令
    $mysqlstr = MYSQLPATH.'mysql -u'.MYSQLUSER.' -h'.MYSQLHOST.' -p'.MYSQLPWD.' '.MYSQLDATA.' <
'.PATH.ROOT.ADMIN.BAK.$_POST['r_name'];
    exec($mysqlstr);                                       //执行恢复数据库操作的命令
    echo "<script>alert('恢复成功');location='index.php?title=备份和恢复'</script>";
?>
```